U0199151

“十三五”国家重点图书出版规划项目

国家出版基金项目
NATIONAL PUBLICATION FOUNDATION

中国主要树种造林技术

第二版

（下册）

中国林业出版社
China Forestry Publishing House

图书在版编目（CIP）数据

中国主要树种造林技术 / 沈国舫主编 . --2版 . --
北京：中国林业出版社，2020.12
ISBN 978-7-5219-0752-0

Ⅰ. ①中⋯　Ⅱ. ①沈⋯　Ⅲ. ①造林—主要树种—介绍
—中国　Ⅳ. ①S722.1

中国版本图书馆CIP数据核字（2020）第161591号

策划编辑：刘家玲　李　敏
责任编辑：李　敏　刘家玲　肖　静　甄美子　宋博洋　曾琬淋

出版　中国林业出版社（100009　北京市西城区德内大街刘海胡同 7 号）
　　　　http://www.forestry.gov.cn/lycb.html　　　　电话：（010）83143519
印刷　河北京平诚乾印刷有限公司
版次　2020 年 12 月第 2 版
印次　2020 年 12 月第 1 次印刷
开本　889mm×1194mm　1/16
印张　129.5
字数　3429 千字
定价　1290.00 元

《中国主要树种造林技术》（第二版）

编撰工作领导小组

组　长：张建龙

副组长：张永利　彭有冬

成　员（以姓氏笔画为序）：

王祝雄　闫　振　孙国吉　李世东　杨　超

沈国舫　张　炜　张守攻　金　旻　周鸿升

郝育军　郝燕湘　胡章翠　徐济德　黄采艺

曹福亮　程　红

编写委员会

主　编：沈国舫

副主编：曹福亮　张守攻　刘东黎　马履一　赵　忠

各片区（类）编写组组长：

东北片区：沈海龙　　　　华北片区：贾黎明

西北片区：王乃江　　　　华东片区：高捍东

华中片区：谭晓风　　　　华南片区：徐大平

西南片区：李根前　　　　经济林类树种：谭晓风

竹类树种：范少辉

编　委（以姓氏笔画为序）：

丁贵杰　马履一　王胜东　王浩杰　龙汉利

叶建仁　刘家玲　江　波　李吉跃　李建贵

李根前　余雪标　沈国舫　沈海龙　张　露

张守攻　张彦东　范少辉　林思祖　赵　忠

赵垦田　姜笑梅　骆有庆　贾黎明　徐大平

徐小牛　高捍东　曹福亮　谢耀坚　谭晓风

学术秘书组

组　长：贾黎明

副组长：刘家玲　高捍东

秘　书（以姓氏笔画为序）：

马海宾　王乃江　任利利　刘家玲　苏文会

李　敏　李国雷　李树战　杨立学　肖　静

汪贵斌　陈　仲　陈凤毛　段　劼　段爱国

敖　妍　贾忠奎　贾黎明　高捍东　席本野

焦军影　戴腾飞

目　录
C O N T E N T S

上　册

序：一部林学巨著的诞生与传承
第二版前言
第一版前言

第一篇 ｜ 裸子植物

1. 银杏 ……………………………………… 2
2. 红松 …………………………………… 11
3. 华山松 ………………………………… 30
4. 西伯利亚红松 ………………………… 41
　　附：大别山五针松 ………………… 46
　　　　海南五针松 …………………… 48
　　　　台湾五针松 …………………… 49
　　　　华南五针松 …………………… 49
　　　　乔松 …………………………… 49
　　　　北美乔松 ……………………… 50
5. 白皮松 ………………………………… 51
6. 油松 …………………………………… 58
　　附：黑松 …………………………… 75
　　　　赤松 …………………………… 75
7. 樟子松 ………………………………… 77
　　附：欧洲赤松 ……………………… 85
　　　　长白松 ………………………… 86
8. 马尾松 ………………………………… 87
9. 黄山松 ………………………………… 106
10. 云南松 ……………………………… 111
　　附：高山松 ………………………… 121

11. 思茅松 ……………………………… 122
12. 南亚松 ……………………………… 130
13. 国外松 ……………………………… 133
　　附：辐射松 ………………………… 155
14. 红皮云杉 …………………………… 158
　　附：鱼鳞云杉 ……………………… 167
15. 青海云杉 …………………………… 168
16. 雪岭云杉 …………………………… 175
17. 青杆 ………………………………… 179
　　附：白杆 …………………………… 182
18. 云杉 ………………………………… 183
　　附：川西云杉 ……………………… 189
　　　　紫果云杉 ……………………… 189
19. 丽江云杉 …………………………… 190
20. 欧洲云杉 …………………………… 195
　　附：西加云杉 ……………………… 200
　　　　沙地云杉 ……………………… 200
21. 杉松 ………………………………… 201
　　附：臭冷杉 ………………………… 203
22. 冷杉 ………………………………… 205
23. 长白落叶松 ………………………… 220
24. 兴安落叶松 ………………………… 229
25. 华北落叶松 ………………………… 237
　　附：西藏红杉 ……………………… 244
　　　　四川红杉 ……………………… 244
　　　　太白红杉 ……………………… 245
　　　　红杉 …………………………… 245
26. 新疆落叶松 ………………………… 246
27. 日本落叶松 ………………………… 249

28. 金钱松 ⋯⋯⋯⋯⋯⋯⋯⋯⋯ 262

29. 雪松 ⋯⋯⋯⋯⋯⋯⋯⋯⋯⋯ 265

30. 南方铁杉 ⋯⋯⋯⋯⋯⋯⋯⋯ 269

　　附：长苞铁杉 ⋯⋯⋯⋯⋯⋯ 271

31. 云南油杉 ⋯⋯⋯⋯⋯⋯⋯⋯ 273

32. 黄杉 ⋯⋯⋯⋯⋯⋯⋯⋯⋯⋯ 278

　　附：澜沧黄杉 ⋯⋯⋯⋯⋯⋯ 280

33. 华东黄杉 ⋯⋯⋯⋯⋯⋯⋯⋯ 281

　　附：北美黄杉 ⋯⋯⋯⋯⋯⋯ 284

34. 杉木 ⋯⋯⋯⋯⋯⋯⋯⋯⋯⋯ 286

35. 秃杉 ⋯⋯⋯⋯⋯⋯⋯⋯⋯⋯ 304

36. 柳杉 ⋯⋯⋯⋯⋯⋯⋯⋯⋯⋯ 309

　　附：日本柳杉 ⋯⋯⋯⋯⋯⋯ 312

37. 水杉 ⋯⋯⋯⋯⋯⋯⋯⋯⋯⋯ 313

38. 落羽杉 ⋯⋯⋯⋯⋯⋯⋯⋯⋯ 320

39. 水松 ⋯⋯⋯⋯⋯⋯⋯⋯⋯⋯ 325

40. 北美红杉 ⋯⋯⋯⋯⋯⋯⋯⋯ 331

41. 肯氏南洋杉 ⋯⋯⋯⋯⋯⋯⋯ 334

42. 侧柏 ⋯⋯⋯⋯⋯⋯⋯⋯⋯⋯ 336

43. 翠柏 ⋯⋯⋯⋯⋯⋯⋯⋯⋯⋯ 343

44. 柏木 ⋯⋯⋯⋯⋯⋯⋯⋯⋯⋯ 348

　　附：冲天柏 ⋯⋯⋯⋯⋯⋯⋯ 356

　　　　墨西哥柏 ⋯⋯⋯⋯⋯⋯ 357

45. 巨柏 ⋯⋯⋯⋯⋯⋯⋯⋯⋯⋯ 358

46. 红桧 ⋯⋯⋯⋯⋯⋯⋯⋯⋯⋯ 363

47. 日本扁柏 ⋯⋯⋯⋯⋯⋯⋯⋯ 367

48. 福建柏 ⋯⋯⋯⋯⋯⋯⋯⋯⋯ 370

49. 圆柏 ⋯⋯⋯⋯⋯⋯⋯⋯⋯⋯ 375

　　附：铅笔柏 ⋯⋯⋯⋯⋯⋯⋯ 378

50. 叉子圆柏 ⋯⋯⋯⋯⋯⋯⋯⋯ 379

　　附：铺地柏 ⋯⋯⋯⋯⋯⋯⋯ 384

51. 鸡毛松 ⋯⋯⋯⋯⋯⋯⋯⋯⋯ 385

52. 竹柏 ⋯⋯⋯⋯⋯⋯⋯⋯⋯⋯ 387

53. 三尖杉 ⋯⋯⋯⋯⋯⋯⋯⋯⋯ 390

54. 海南粗榧 ⋯⋯⋯⋯⋯⋯⋯⋯ 393

55. 中国红豆杉 ⋯⋯⋯⋯⋯⋯⋯ 396

　　附：云南红豆杉 ⋯⋯⋯⋯⋯ 402

　　　　南方红豆杉 ⋯⋯⋯⋯⋯ 402

56. 东北红豆杉 ⋯⋯⋯⋯⋯⋯⋯ 403

57. 榧树 ⋯⋯⋯⋯⋯⋯⋯⋯⋯⋯ 406

第二篇 ｜ 被子植物

双子叶植物

58. 毛白杨 ⋯⋯⋯⋯⋯⋯⋯⋯⋯ 416

　　附：河北杨 ⋯⋯⋯⋯⋯⋯⋯ 424

59. 新疆杨 ⋯⋯⋯⋯⋯⋯⋯⋯⋯ 425

60. 山杨 ⋯⋯⋯⋯⋯⋯⋯⋯⋯⋯ 434

　　附：山新杨 ⋯⋯⋯⋯⋯⋯⋯ 437

61. 响叶杨 ⋯⋯⋯⋯⋯⋯⋯⋯⋯ 438

62. 青杨 ⋯⋯⋯⋯⋯⋯⋯⋯⋯⋯ 442

63. 小叶杨 ⋯⋯⋯⋯⋯⋯⋯⋯⋯ 449

　　附：小青杨 ⋯⋯⋯⋯⋯⋯⋯ 457

　　　　辽宁小钻杨 ⋯⋯⋯⋯⋯ 458

64. 大青杨 ⋯⋯⋯⋯⋯⋯⋯⋯⋯ 463

　　附：香杨 ⋯⋯⋯⋯⋯⋯⋯⋯ 468

　　　　甜杨 ⋯⋯⋯⋯⋯⋯⋯⋯ 469

65. 藏川杨 ⋯⋯⋯⋯⋯⋯⋯⋯⋯ 470

66. 滇杨 ⋯⋯⋯⋯⋯⋯⋯⋯⋯⋯ 475

67. 欧洲黑杨 ⋯⋯⋯⋯⋯⋯⋯⋯ 480

　　附：钻天杨 ⋯⋯⋯⋯⋯⋯⋯ 481

　　　　箭杆杨 ⋯⋯⋯⋯⋯⋯⋯ 484

68. 美洲黑杨（南方型）⋯⋯⋯⋯ 485

69. 美洲黑杨（北方型）⋯⋯⋯⋯ 499

70. 欧美杨 ⋯⋯⋯⋯⋯⋯⋯⋯⋯ 508

71. 大叶杨 ⋯⋯⋯⋯⋯⋯⋯⋯⋯ 517

72. 胡杨 ⋯⋯⋯⋯⋯⋯⋯⋯⋯⋯ 520

　　附：胡杨类杂交种 ⋯⋯⋯⋯ 524

73. 旱柳 ⋯⋯⋯⋯⋯⋯⋯⋯⋯⋯ 529

74. 垂柳 ⋯⋯⋯⋯⋯⋯⋯⋯⋯⋯ 537

75. 圆头柳 ⋯⋯⋯⋯⋯⋯⋯⋯⋯ 543

76. 白柳 ⋯⋯⋯⋯⋯⋯⋯⋯⋯⋯ 546

77. 左旋柳 ⋯⋯⋯⋯⋯⋯⋯⋯⋯ 552

78. 杞柳 ⋯⋯⋯⋯⋯⋯⋯⋯⋯⋯ 556

79. 沙柳 ⋯⋯⋯⋯⋯⋯⋯⋯⋯⋯ 560

80. 康定柳 ⋯⋯⋯⋯⋯⋯⋯⋯⋯ 563

81. 钻天柳 ⋯⋯⋯⋯⋯⋯⋯⋯⋯ 566

82. 麻栎 ⋯⋯⋯⋯⋯⋯⋯⋯⋯⋯ 570

83. 栓皮栎 ⋯⋯⋯⋯⋯⋯⋯⋯⋯ 574

84. 蒙古栎 ⋯⋯⋯⋯⋯⋯⋯⋯⋯ 581

　　附：辽东栎 ⋯⋯⋯⋯⋯⋯⋯ 587

85. 槲栎 589
　　附：槲树 592
86. 川滇高山栎 593
　　附：高山栎 596
87. 北美红栎 597
　　附：夏栎 600
88. 苦槠栲 601
89. 甜槠栲 603
90. 红锥 605
　　附：栲树 607
91. 鹿蹄栲 608
92. 青钩栲 611
　　附：钩栲 614
93. 板栗 617
94. 锥栗 634
95. 石栎 644
96. 青冈 647
97. 赤皮青冈 650
98. 水青冈 654
99. 樟树 657
　　附：云南樟 664
　　　　沉水樟 665
　　　　猴樟 666
100. 浙江楠 668
101. 闽楠 672
102. 桢楠 677
103. 华东楠 683
104. 润楠 688
　　附：华润楠 689
　　　　刨花润楠 691
105. 滇润楠 692
106. 红润楠 697
107. 檫木 701
108. 山鸡椒 706
109. 醉香含笑 709
110. 乐昌含笑 714
111. 深山含笑 717
112. 福建含笑 720
113. 鹅掌楸 723
114. 厚朴 728

115. 望春玉兰 734
116. 华木莲 737
117. 乳源木莲 740
118. 海南木莲 743
119. 灰木莲 745
120. 合果木 748
121. 观光木 752
122. 槐树 756
123. 砂生槐 763
124. 刺槐 766
　　附：四倍体刺槐 782
125. 印度紫檀 783
　　附：檀香紫檀 787
　　　　大果紫檀 789
126. 降香黄檀 791
　　附：交趾黄檀 796
127. 印度黄檀 797
128. 钝叶黄檀 802
　　附：思茅黄檀 807
　　　　火绳树 808
　　　　南岭黄檀 809
129. 红豆树 810
130. 花榈木 814
131. 海南红豆 817
132. 紫穗槐 819
133. 柠条 824
　　附：毛条 829
134. 花棒 830
　　附：杨柴 832
　　　　踏郎 832
135. 木豆 833
136. 葛藤 836
137. 山槐 839
138. 格木 842
139. 铁刀木 845
140. 洋紫荆 848
　　附：羊蹄甲 851
141. 皂荚 852
142. 任豆 855
143. 油楠 858

144. 凤凰木 ……………………………… 861
145. 马占相思 ……………………………… 865
    附：黑木相思 ……………………………… 870
        台湾相思 ……………………………… 871
        卷荚相思 ……………………………… 872
146. 儿茶 ……………………………… 873
147. 南洋楹 ……………………………… 876
148. 银合欢 ……………………………… 879
149. 五味子 ……………………………… 882
    附：华中五味子 ……………………………… 886
150. 连香树 ……………………………… 887
151. 黄刺玫 ……………………………… 891
152. 火棘 ……………………………… 894
153. 花楸 ……………………………… 897
    附：欧洲花楸 ……………………………… 900
154. 杏 ……………………………… 902
    附：西伯利亚杏 ……………………………… 910
        东北杏 ……………………………… 911
        山桃 ……………………………… 911
        欧李 ……………………………… 912
155. 巴旦木 ……………………………… 913
156. 杜梨 ……………………………… 921
157. 悬钩子 ……………………………… 926
158. 黑茶藨子 ……………………………… 932
159. 拟赤杨 ……………………………… 936
160. 白辛树 ……………………………… 940
161. 山茱萸 ……………………………… 943
162. 灯台树 ……………………………… 947
163. 光皮树 ……………………………… 951
164. 毛梾 ……………………………… 960
165. 蓝果树 ……………………………… 964
166. 喜树 ……………………………… 969
167. 珙桐 ……………………………… 973
168. 刺五加 ……………………………… 976
    附：短梗五加 ……………………………… 978
        东北刺人参 ……………………………… 980
169. 辽东楤木 ……………………………… 981
170. 蓝靛果 ……………………………… 983
171. 枫香 ……………………………… 990
172. 阿丁枫 ……………………………… 993

    附：细青皮 ……………………………… 995
173. 米老排 ……………………………… 996
174. 长柄双花木 ……………………………… 1001
175. 悬铃木 ……………………………… 1003
176. 杨梅 ……………………………… 1011
177. 白桦 ……………………………… 1016
    附：枫桦 ……………………………… 1021
        黑桦 ……………………………… 1021
178. 光皮桦 ……………………………… 1022
179. 西南桦 ……………………………… 1026
180. 桤木 ……………………………… 1033
181. 旱冬瓜 ……………………………… 1039
182. 台湾桤木 ……………………………… 1043
183. 辽东桤木 ……………………………… 1047
184. 榛 ……………………………… 1049

下 册

185. 核桃 ……………………………… 1061
186. 深纹核桃 ……………………………… 1073
187. 胡桃楸 ……………………………… 1086
188. 山核桃 ……………………………… 1094
189. 薄壳山核桃 ……………………………… 1102
190. 枫杨 ……………………………… 1108
191. 青钱柳 ……………………………… 1112
192. 黄杞 ……………………………… 1120
193. 木麻黄 ……………………………… 1123
194. 白榆 ……………………………… 1135
195. 黄榆 ……………………………… 1143
    附：裂叶榆 ……………………………… 1145
        蒙古黄榆 ……………………………… 1145
196. 欧洲白榆 ……………………………… 1147
197. 大叶榉 ……………………………… 1151
198. 青檀 ……………………………… 1155
199. 朴树 ……………………………… 1163
    附：昆明朴 ……………………………… 1166
200. 桑树 ……………………………… 1167
201. 榕树 ……………………………… 1173
    附：黄葛树 ……………………………… 1177
        高山榕 ……………………………… 1178

九丁榕 …………………………… 1179

菩提树 …………………………… 1180

202. 波罗蜜 ……………………… 1182

203. 杜仲 …………………………… 1186

204. 山桐子 ………………………… 1195

205. 红花天料木 …………………… 1200

206. 土沉香 ………………………… 1203

207. 澳洲坚果 ……………………… 1208

208. 银桦 …………………………… 1212

209. 柽柳 …………………………… 1215

附：多枝柽柳 …………………… 1220

210. 番木瓜 ………………………… 1221

211. 紫椴 …………………………… 1225

212. 蚬木 …………………………… 1229

213. 山杜英 ………………………… 1232

214. 猴欢喜 ………………………… 1236

215. 可可 …………………………… 1239

216. 木棉 …………………………… 1242

附：爪哇木棉 …………………… 1244

217. 轻木 …………………………… 1245

218. 白刺 …………………………… 1248

附：西伯利亚白刺 ……………… 1250

四合木 …………………… 1251

霸王 …………………… 1252

219. 三年桐 ………………………… 1253

220. 千年桐 ………………………… 1264

221. 乌桕 …………………………… 1268

222. 橡胶树 ………………………… 1275

223. 蝴蝶果 ………………………… 1283

224. 麻疯树 ………………………… 1286

225. 重阳木 ………………………… 1290

226. 茶树 …………………………… 1294

227. 油茶 …………………………… 1326

228. 滇山茶 ………………………… 1339

229. 木荷 …………………………… 1346

230. 西南木荷 ……………………… 1353

231. 华南厚皮香 …………………… 1358

232. 中华猕猴桃 …………………… 1361

附：软枣猕猴桃 ………………… 1369

233. 坡垒 …………………………… 1370

234. 青皮 …………………………… 1373

235. 望天树 ………………………… 1376

236. 越橘 …………………………… 1379

237. 笃斯越橘 ……………………… 1382

238. 红厚壳 ………………………… 1388

239. 铁力木 ………………………… 1392

240. 桉树类 ………………………… 1395

附：尾叶桉 …………………… 1399

巨桉 …………………… 1408

赤桉 …………………… 1409

粗皮桉 …………………… 1410

细叶桉 …………………… 1411

蓝桉 …………………… 1412

史密斯桉 ………………… 1414

邓恩桉 …………………… 1416

本沁桉 …………………… 1418

大花序桉 ………………… 1419

柠檬桉 …………………… 1420

托里桉 …………………… 1422

241. 乌墨 …………………………… 1423

242. 红树类 ………………………… 1425

附：秋茄 …………………… 1428

桐花树 …………………… 1430

木榄 …………………… 1433

海桑 …………………… 1435

无瓣海桑 ………………… 1438

白骨壤 …………………… 1441

243. 榄仁树 ………………………… 1444

附：小叶榄仁 ………………… 1445

244. 铁冬青 ………………………… 1447

附：小果冬青 ………………… 1449

245. 苦丁茶 ………………………… 1451

246. 檀香 …………………………… 1454

247. 沙枣 …………………………… 1459

248. 翅果油树 ……………………… 1465

249. 沙棘 …………………………… 1468

附：江孜沙棘 ………………… 1476

250. 枣 ……………………………… 1478

251. 枳椇 …………………………… 1493

252. 柿 ……………………………… 1496

附：甜柿 ·················· 1503
253. 黄檗 ·················· 1504
254. 黄皮树 ·················· 1509
255. 花椒 ·················· 1512
256. 臭椿 ·················· 1522
　　附：千头椿 ·················· 1525
257. 乌榄 ·················· 1526
　　附：橄榄 ·················· 1528
258. 印楝 ·················· 1530
259. 川楝 ·················· 1533
260. 麻楝 ·················· 1535
261. 香椿 ·················· 1538
262. 毛红椿 ·················· 1542
263. 大叶桃花心木 ·················· 1545
264. 非洲楝 ·················· 1548
265. 文冠果 ·················· 1550
266. 荔枝 ·················· 1553
267. 龙眼 ·················· 1557
268. 无患子 ·················· 1561
　　附：川滇无患子 ·················· 1564
269. 栾树 ·················· 1565
270. 复羽叶栾树 ·················· 1569
　　附：全缘叶栾树 ·················· 1571
271. 伯乐树 ·················· 1572
272. 漆树 ·················· 1575
273. 盐肤木 ·················· 1578
274. 火炬树 ·················· 1581
275. 黄连木 ·················· 1584
276. 南酸枣 ·················· 1587
277. 腰果 ·················· 1590
278. 杧果 ·················· 1593
279. 人面子 ·················· 1597
280. 黄栌 ·················· 1600
281. 元宝槭 ·················· 1605
　　附：茶条槭 ·················· 1610
282. 色木槭 ·················· 1612
　　附：白牛槭 ·················· 1615
　　　　拧筋槭 ·················· 1616
283. 梣叶槭 ·················· 1617
284. 七叶树 ·················· 1620

附：浙江七叶树 ·················· 1623
　　欧洲七叶树 ·················· 1623
285. 省沽油 ·················· 1624
286. 银鹊树 ·················· 1629
287. 圆齿野鸦椿 ·················· 1633
288. 水曲柳 ·················· 1637
　　附：花曲柳 ·················· 1647
289. 暴马丁香 ·················· 1649
　　附：紫丁香 ·················· 1652
290. 白蜡树 ·················· 1653
291. 绒毛白蜡 ·················· 1657
　　附：美国白蜡 ·················· 1660
　　　　美国红梣 ·················· 1660
292. 新疆白蜡 ·················· 1661
293. 桂花 ·················· 1665
294. 油橄榄 ·················· 1673
295. 女贞 ·················· 1680
296. 连翘 ·················· 1683
297. 团花 ·················· 1686
298. 香果树 ·················· 1690
299. 小粒咖啡 ·················· 1693
300. 楸树 ·················· 1696
　　附：滇楸 ·················· 1701
　　　　梓树 ·················· 1702
　　　　灰楸 ·················· 1702
301. 柚木 ·················· 1703
302. 石梓 ·················· 1711
　　附：海南石梓 ·················· 1713
303. 牡丹（油用）·················· 1714
304. 胡椒 ·················· 1718
305. 沙拐枣 ·················· 1722
306. 梭梭 ·················· 1725
　　附：白梭梭 ·················· 1730
307. 宁夏枸杞 ·················· 1731
308. 泡桐 ·················· 1737
　　附：白花泡桐 ·················· 1747
309. 辣木 ·················· 1749

单子叶植物

310. 棕榈 ·················· 1755

311. 蒲葵 …………………………………… 1762
312. 油棕 …………………………………… 1766
313. 椰子 …………………………………… 1770
314. 王棕 …………………………………… 1773
315. 假槟榔 ………………………………… 1775
316. 槟榔 …………………………………… 1778
317. 棕榈藤 ………………………………… 1781
318. 香糯竹 ………………………………… 1787
319. 泰竹 …………………………………… 1790
320. 黄金间碧竹 …………………………… 1792
321. 撑篙竹 ………………………………… 1794
322. 硬头黄竹 ……………………………… 1797
323. 车筒竹 ………………………………… 1799
324. 青皮竹 ………………………………… 1802
325. 料慈竹 ………………………………… 1804
326. 粉单竹 ………………………………… 1807
327. 大木竹 ………………………………… 1810
328. 麻竹 …………………………………… 1813
329. 吊丝竹 ………………………………… 1820
330. 梁山慈竹 ……………………………… 1823
331. 巨龙竹 ………………………………… 1827
332. 龙竹 …………………………………… 1833
　　　附：云南龙竹 …………………… 1838
　　　　　锡金龙竹 …………………… 1838
333. 甜龙竹 ………………………………… 1839
　　　附：版纳甜龙竹 ………………… 1843
334. 黄竹 …………………………………… 1844
335. 台湾桂竹 ……………………………… 1846
336. 簕竹 …………………………………… 1848
337. 毛竹 …………………………………… 1851
338. 桂竹 …………………………………… 1864
　　　附：寿竹 ………………………… 1866
339. 毛金竹 ………………………………… 1867
340. 淡竹 …………………………………… 1869
341. 假毛竹 ………………………………… 1871
342. 水竹 …………………………………… 1873
343. 早竹 …………………………………… 1875
344. 石竹 …………………………………… 1882
345. 早园竹 ………………………………… 1883
346. 浙江淡竹 ……………………………… 1886

347. 红哺鸡竹 ……………………………… 1888
　　　附：乌哺鸡竹 …………………… 1889
　　　　　花哺鸡竹 …………………… 1890
　　　　　白哺鸡竹 …………………… 1890
348. 刚竹 …………………………………… 1891
349. 高节竹 ………………………………… 1893
350. 金佛山方竹 …………………………… 1897
351. 合江方竹 ……………………………… 1901
352. 方竹 …………………………………… 1903
353. 刺黑竹 ………………………………… 1905
354. 缺苞箭竹 ……………………………… 1907
355. 云南箭竹 ……………………………… 1909
356. 黄甜竹 ………………………………… 1911
357. 福建酸竹 ……………………………… 1913
358. 苦竹 …………………………………… 1915
359. 绿竹 …………………………………… 1918
360. 大绿竹 ………………………………… 1921
361. 慈竹 …………………………………… 1923
362. 茶竿竹 ………………………………… 1926
363. 巴山木竹 ……………………………… 1928
364. 斑苦竹 ………………………………… 1930
365. 香竹 …………………………………… 1933
366. 四季竹 ………………………………… 1935
367. 箬竹 …………………………………… 1938
　　　附表1　竹类虫害 ……………… 1942
　　　附表2　竹类病害 ……………… 1952

参考文献 …………………………………… 1958
附录1　林业有害生物防治常用药剂及使用
　　　　方法汇总表 …………………… 2008
附录2　主要造林树种木材的物理力学性质
　　　　简表 …………………………… 2016
树种中文名索引 …………………………… 2028
树种拉丁名索引 …………………………… 2037

185 核桃

别　名｜胡桃
学　名｜*Juglans regia* L.
科　属｜胡桃科（Juglandaceae）胡桃属（*Juglans* L.）

核桃是我国最重要的经济林树种之一，有2000多年的栽培历史（郗荣庭，1990），与扁桃、腰果、榛子并称为世界"四大坚果"，其面积和产量均居首位。2017年，我国核桃栽培总面积793.3万hm²，也居全国各种经济林栽培面积之首；核桃总产量417.4万t（《中国林业年鉴》，2017），2020年核桃优势区域年产量将达到500万t。核桃是国家林业和草原局退耕还林工程的生态经济型树种，其涵盖范围广、适应性强、产业链条长、产品种类多，能吸收大量劳动力，发展核桃产业是山区就业和农民增收的有效途径；对于保障国家粮油安全，促进区域绿色发展，全面实现小康社会具有非常重要的战略意义。

一、分布

世界各大洲均有核桃的自然分布或栽植，我国在21°29′~44°54′N，77°15′~124°21′E，年平均气温3~23℃。绝对最低温-28.9~-5.4℃，绝对最高气温27.5~47.5℃。无霜期90~300天，海拔-30~4200m的温带至亚热带的广袤平原及丘陵地区范围内广泛分布。其主要分布区是华北区、西北区、中南区大部、华东区北部以及四川和西藏东南部。其分布的北界与年平均气温明显相关，如以甘肃兰州为中心。东部和西部的北界分别同年平均气温8℃和6℃等温线接近。除分布于海拔1200~1600m山坡下部或峡谷沟底的新疆野生核桃外，其他各区的是经过世代种植或引种栽培的人为分布（郗荣庭和张毅萍，1995）。

根据生态适应性，我国核桃（含深纹核桃）栽植划分为六大分布区域（裴东和鲁新政，2011）：东部近海分布区（包括辽宁省、北京市、天津市、河北省、山东省、安徽省、江苏省、河南省）、黄土丘陵分布区（包括山西省、陕西省、甘肃省、青海省、宁夏回族自治区、河南省）、秦巴山区分布区（包括河南省、湖北省、陕西省、四川省、重庆市）、新疆沙漠绿洲区（包括新疆维吾尔自治区）、云贵高原分布区（包括四川省、云南省、贵州省、广西壮族自治区）和西藏分布区（包括西藏自治区）。东部近海分布区东邻渤海、黄海，北连燕山山脉，西接太行山山脉，南到淮河，是海拔10~1550m的广阔地区；黄土丘陵分布区在太行山以西的黄河中上游流域，以海拔250~1700m为主，在河湟地区分布在海拔1700~2500m；秦巴山区分布区。包括秦岭和大巴山的广阔区域以及四川盆地、长江中游和汉江中上游流域海拔100~2200m的地区；云贵高原分布区，在横断山脉东部，邛崃山以南海拔1000~2900m的云贵高原地区和海拔800~1570m的桂中地区；新疆沙漠绿洲区，主要分布在天山北麓、准噶尔盆地西南海拔600~1600m及天山东端的吐鲁番海拔30m以下，天山南麓、塔里木盆地边缘和昆仑山北麓海拔1000~1500m的绿洲；西藏分布区，主要分布在横断山脉及其西、北部海拔1500~3870m的藏东地区和雅鲁藏布江沿岸海拔200~3836m的藏南地区。

二、生物学和生态学特性

1. 植物学特征

落叶乔木。幼树皮多光滑，老时纵裂。小枝

河南省洛宁县专用砧木品种扦插苗圃 '中宁强' 良种（马庆国摄）

四川省冕宁县品种嫁接苗圃 '清香' 良种（马庆国摄）

陕西省黄龙县标准化示范园 '中林1号' 良种（马庆国摄）

髓部呈薄片状分隔。芽具鳞。叶为奇数羽状复叶，互生，有时顶叶退化；小叶对生，多具锯齿，稀全缘。雄花序为柔荑花序，花被6裂，花药成熟时为杏黄色；雌花序顶生，小花簇生，子房外密生细柔毛，柱头2裂，偶有3～4裂，呈羽状反曲。果实为假核果，外果皮（青皮）由总苞和花被发育而成，肉质，表面光滑或有小凸起，完全成熟时多伴不规则开裂，少不开裂；每个果实有种子1个，稀2个。内果皮（核壳）骨质，表面具不规则刻沟、刻窝、凸起或皱纹；果核内不完2～4室，壁内及隔膜内常具空隙。种皮膜质，极薄，子叶肉质，富含脂肪和蛋白质。

2. 生长发育进程

整个生命周期可以划分为4个阶段。幼龄期从种子萌发至雌花开放，播种苗在3～10年，其中早实核桃为3～5年，晚实核桃为6～10年；生长结果期从始果到稳定结果，一般持续10～20年；盛果期是果实产量达到高峰并持续维持稳产的时间，其中早实核桃8～12年，晚实核桃15～25年，盛果期长短与品种特性和栽培管理措施有关；衰老更新期一般是盛果期后出现骨干枝枯死，产量明显下降，更新枝发生等现象的时期。其开始的早晚与品种特性、立地条件和栽培管理水平关系密切，其中晚实核桃一般从80～100年开始，早实核桃进入这一时期相对较早。

在核桃树年生长周期中，萌芽受气候影响较大，当日平均气温稳定在9℃左右时，芽体开始膨大；14～16℃展叶开花，开始抽发新梢；25～30℃树体进入旺盛生长期，每年长达4个月左右，幼龄树和壮枝一年可以出现2～3次生长高峰，一般新梢4月下旬至5月底为第一次生长，6月下旬开始第二次生长，持续到8月下旬；果实发育期的起点是从上一年花芽分化时开始算起，一般需要130天，发育过程分为4个阶段：

迅速生长期、硬核期、油脂转化期和果实成熟期；秋季日平均气温<10℃开始落叶进入休眠期。

3. 适生立地和适应性

为喜温暖树种，最适栽培区域在年平均气温、极端最低气温、极端最高气温分别为8~16℃、−25~2℃、38℃以下，有霜期150天以下，年日照时数>2000h。喜光，光照影响生长、花芽分化、果实质量和产量。全年日照时数要在2000h以上，才能保证核桃的正常发育，如低于1000h，核壳、核仁均发育不良。喜土质疏松、排水良好、地下水位低于1.5m的含钙质微碱性土壤，生长最适pH 6.5~8.5，且土壤含盐量宜在0.25%以下。最忌晚霜危害，从展叶至开花期间的气温低于−2℃，持续时间>12h以上低温，会造成当年绝收。而气温长时间高于40℃的干热危害，会造成果实和叶片灼伤，果园郁闭会造成产量下降。栽培区年降水量从12.6（新疆吐鲁番）~1518.8mm（湖北恩施），但降水量600~800mm的地区核桃就能生长良好，对于降水量较低地区，如果适时适量灌溉，仍能保证产量（郗荣庭和张毅萍，1995）。长时间降水会导致果实发育受阻和病害发生。耐干燥空气，而对土壤水分却比较敏感，土壤过旱或过涝均不利于生长和结实。长期晴朗而干燥的气候，充足的日照和较大的昼夜温差，有利于促进开花结实和提高果实品质。

三、良种选育

通过实生选种、杂交育种和引种来选育核桃良种。收集国内外具特异遗传性状的野生资源、乡土种质资源、农家类型和地方品种，通过对这些资源地域分布、原生境和生存现状调查，对生态适应性和重要农艺性状（如坚果品质、抗性、丰产性和其他特异特征等）进行评价，在保持优良农艺性状基础上，选育核桃新品种（奚声珂等，1995）。我国核桃杂交育种工作则始于20世纪60年代中后期。1990年，经林业部鉴评出16个我国首批早实型核桃新品种。20世纪50年代初，国内各主要核桃科研和教学单位先后从美国、日本、欧洲引进了一批核桃优良品种。20世纪80年代通过种间杂交，近年通过选优获得一批优良果材兼用品种。

1. 优良无性系特性及适用范围

'中林1号' 中国林业科学研究院林业研究所（以下称"中国林科院林业所"）选育的雌先型品种。长势较强，生长迅速，丰产，较易嫁接繁殖；坚果品质中等，壳有一定的强度，坚果圆形，核仁浅黄色至黄色，出仁率约54%，尤宜作加工品种。适生能力较强，可在华北、华中及西北地区栽培。

'中林3号' 选育单位同上的雌先型品种。长势较强，较易嫁接繁殖；坚果品质上等，坚果椭圆形，核仁浅黄色，出仁率约60%。适生能力较强，可在北京、河南、山西、陕西等地区栽培。

'中林5号' 选育单位同上的雌先型品种。该品种为早熟品种，坚果圆形，核仁黄色，出仁率约58%，宜带壳销售。适于在华北、中南、西南年平均气温10℃左右的气候区栽培，尤宜进行密植栽培。

2. 优良品种特性及适用范围

'绿玥'（品种权号：20160044） 中国林业科学研究院林业所和会理县林业局选育的新品种。树势强健，树冠半圆形；坚果圆形，壳面刻窝少且浅，缝合线较平，平均单果重13.31g，壳厚为1.16cm，内褶壁退化，易取整仁，出仁率51%，核仁较饱满，色浅黄，风味浓郁。成熟期较本地其他核桃提前1个月，可作鲜食品种。适宜在四川西南山地种植，栽培技术与普通核桃相同。

'紫玥'（品种权号：20160045） 中国林业科学研究院林业所和会东县林业局选育的新品种。树势强，主干不明显，多分枝，树冠半圆形；坚果长椭圆形，平均单果重13.96g，果形均匀，取仁较易，出仁率56.86%，种仁饱满，风味香无涩味，内种皮紫色。适应性较强，适宜在四川省1800~2400m核桃适生区域栽培，栽培技术与普通核桃相同。

'中牧查香'（品种权号：20150109） 中国林业科学研究院林业所和西藏大学农牧学院选育的新品种。该品种树势中庸，雄先型；坚果长椭圆形，果基平或圆，果顶果肩圆或钝尖，壳面较光滑，色浅，缝合线微隆起，结合较松；核壳刻窝较深，壳厚0.15～0.16cm，内褶壁退化；核仁充实饱满，黄白色，出仁率53.4%～55.3%。可在我国西北、西南和华东等核桃适生区域栽培。

'凹底大官帽'（品种权号：20150078） 中国林业科学研究院林业所选育的文玩核桃雄先型新品种。树势强，树姿直立，树冠圆锥形；坚果扁圆形，果底平但脐部内凹，果顶圆尖，果形一致，宜配对，外形纹理美观，为手疗佳品。作为文玩核桃可在北方地区适量发展，也可作抗寒育种材料。在普通核桃栽培区均可栽培。

3. 良种特性及适用范围

'中宁异'（豫S-SV-JM-024-2019） 选育单位中国林业科学研究院林业所的果材兼用和砧用新品种。干形通直，树体高大，树冠紧凑，顶端优势明显，材积量大，生长速度快，木材结构紧密，力学强度高，纹理美观、色泽亮丽，易加工，嫁接亲和力强，生长健壮，增强抗性，提高果实质量，根系发达，对土壤要求不严，耐干旱，抗逆性强。适宜在华北、西北、华东和西南核桃主产区应用。

'中宁盛'（豫S-SV-JH-014-2018） 选育单位中国林业科学研究院林业所的果材兼用和砧用新品种。树体高大、树势强健，树姿较紧凑，干形通直。坚果无胚或少胚少结实或不结实。耐干旱、耐瘠薄能力较强，可作为优良的园林绿化树种，与核桃嫁接亲和力高，采用嫩枝扦插方法繁殖系数高。适宜在我国河南、云南和北京等地应用。

'中宁强'（豫S-SV-J-002-2012） 选育单位中国林业科学研究院林业所的果材兼用和砧用品种。树干通直，根系发达，分枝力强，生长速度快，抗干旱，耐瘠薄，嫁接亲和力高，可采用嫩枝扦插方法繁殖，果材兼用可收获珍贵家具用材。适宜在华北、西北、华东和西南核桃主产区

应用（张俊佩等，2015）。

'中宁奇'（豫S-SV-J-001-2012） 选育单位中国林业科学研究院林业所的果材兼用和砧用品种。生长势旺、干形通直、抗逆性强、抗根腐病、耐盐碱、耐黏重和排水不良土壤、亲和力高、适生范围广，年胸径生长量1.8cm，是核桃的2倍，宜采用嫁接、扦插的无性繁殖方法育苗，果材兼用可收获珍贵家具用材。适宜在华北、西北、华东和西南核桃主产区应用。

'宁林香'（豫S-SV-JR-002-2015） 中国林业科学研究院林业所和洛阳农林科学院选育的早实品种。丰产性好，较避早霜，抗病性强。坚果长圆形，平均单果重14.5g，壳厚1.0～1.1mm，内褶壁退化，出仁率57.4%。易取整仁，仁乳白色，风味浓香，无涩味，品质上等。适宜在河南省核桃适生区栽培。

'中核4号'（豫S-SV-JR-001-2013） 中国农业科学院郑州果树研究所选育品种。果壳极薄，核仁饱满，香味浓，丰产性较好。适合作鲜食用。适宜在河南省北、西和中部等地区栽培。

'辽瑞丰'（辽S-ETS-JR-006-2013） 辽宁省经济林研究所选育品种。坚果椭圆形，核仁黄白色，出仁率约58.3%，适宜在辽宁省大连地区种植栽培。

'寒丰'（国S-SV-JR-038-2008） 选育单位辽宁省经济林研究所的雄先型品种。早实类型。坚果卵圆形，核仁浅黄色，出仁率约56%。适应性强，耐旱，丰产，坚果外形美观，商品性能好，品质优良。适宜在华北、西北丘陵山区栽培。

'辽宁1号'（京S-SV-JR-060-2007） 选育单位辽宁省经济林研究所的雄先型品种。早实类型，较耐寒、耐旱。适应性强，丰产。坚果圆形，核仁黄白色，出仁率约59.6%。适宜在我国北方地区栽培。

'辽宁4号'（京S-SV-JR-061-2007） 选育单位辽宁省经济林研究所的雄先型品种。早实类型，适应性强，丰产，坚果品质优良，坚果圆形，核仁黄白色，出仁率约59.7%。适宜在我国

北方地区栽培。

'辽宁7号'（京S-SV-JR-042-2007）　选育单位辽宁省经济林研究所的雄先型品种。早实类型，适应性强，连续丰产性好，坚果品质优良，坚果壳面极光滑，核仁黄白色，出仁率约62.6%。适宜在我国北方栽培。

'清香'（国S-SV-JR-019-2013）　河北农业大学从日本引种的雄先型品种。适应性强，对炭疽病、黑斑病及干旱、干热风的抵御能力强。坚果近圆锥形，核仁浅黄色，出仁率约53%，嫁接亲和力强，成活率高。目前，在河北、河南、山东、湖北和四川有栽培。

'冀龙'（冀S-SV-JH-013-2005）　河北农业大学选育品种。抗病性及抗寒力均较强。坚果外形纹理美观，为手疗佳品。可在北方发展文玩核桃或抗寒育种材料。在普通核桃栽培区均可发展。

'京香3号'（京S-SV-JR-018-2009）　北京市农林科学院林业果树研究所选育品种。适应性强，较耐瘠薄，抗病，丰产性强。坚果品质优，坚果扁圆形，核仁深黄色，出仁率约61%。适宜北方核桃产区稀植大冠栽培。

'鲁核1号'（国S-SV-JR-038-2012）　山东省林业科学研究院选育品种。坚果圆锥形，可用于生食，榨油。适宜在山东、山西、河北、陕西、湖北等核桃栽培区发展。

'鲁果2号'（国S-SV-JR-039-2012）　选育单位山东省林业科学研究院。坚果圆柱形，出仁率约57.5%，易取整仁，可用于生食，榨油。适宜在山东、山西、河北、陕西、湖北等核桃栽培区发展。

'岱丰'（国S-SV-JR-036-2012）　选育单位山东省林业科学研究院。坚果长椭圆形，出仁率约57.5%，可用于生食，榨油。适宜在山东、山西、河北、陕西、湖北等核桃栽培区发展。

'岱香'（国S-SV-JR-037-2012）　选育单位山东省林业科学研究院。坚果圆形，可用于生食，榨油。适宜在山东、山西、河北、陕西、湖北等核桃栽培区发展。

'香玲'（京S-SV-JR-058-2007）　山东省果树研究所选育的雄先型品种。早实类型，早期丰产，盛果期产量较高，大小年不明显。坚果近圆形，核仁浅黄色，出仁率约63%。适宜土层肥沃地区栽培。

'鲁光'（京S-SV-JR-059-2007）　山东省果树研究所杂交育成的雄先型品种。早实类型，树势强健，早期丰产。坚果较大、近圆形，品质上等，核仁浅黄色，出仁率约60%。适宜土层肥沃地区栽培。

'豫丰'（豫S-SV-JR-002-2013）　河南省林业科学研究院选育品种。耐寒耐旱耐贫瘠，抗逆性强。坚果椭圆形，核仁浅黄色，以短果枝结果为主，有穗状结果现象。适宜在河南省核桃适生区栽培。

'宁林1号'（豫S-SV-JR-003-2012）　河南省洛宁县吕村林场选育品种。坚果长圆形，核仁黄白色，出仁率约62%，香而不涩。适宜在河南省豫西山区种植发展。

'晋香'（晋S-SC-JR-001-2007）　山西省林业科学研究院选育品种。抗寒、耐旱，抗病性较强，丰产，适宜矮化密植栽培，但要求肥水条件要求较高。坚果圆形，仁色浅，出仁率约64%，适宜在我国北方平原或丘陵区土肥水条件较好地区栽培。

'晋丰'（晋S-SC-JR-002-2007）　山西省林业科学研究院选育品种。抗晚霜能力较强，耐旱，丰产性强，可矮化密植栽培，但对肥水条件要求较高，肥水不足常有露仁现象。坚果圆形，核仁饱满，色浅，出仁率约65%。适宜在华北、西北丘陵山区发展。

'晋龙1号'（国S-SV-JR-022-2003）　山西省林业科学研究院选育的晚实品种。树体抗寒、耐旱和抗病性能力强。坚果个大，核仁浅黄色，出仁率约61.3%，味香。适宜在华北、西北地区降水量>400mm，海拔1200m以下、平均气温9℃以上、无霜期150天以上区域栽培。

'温185'（新S-SV-JR-041-2004）　新疆林业科学研究院选育的雌先型品种。早实类型，产量高，丰产稳产，抗逆性强。坚果圆形，核仁浅黄色，出仁率约65.9％，宜作带壳销售品种使用。主要在新疆、河南、陕西、辽宁等省栽培。

'新新2号'（新S-SV-JR-038-2004） 选育单位新疆林业科学研究院的雄先型品种。早实丰产型，盛果期产量高，适应性广，抗病力强，较耐干旱。坚果长圆形，核仁浅黄色，出仁率约53.2％，宜带壳销售。适于密植集约栽培，为新疆阿克苏和喀什地区密植园栽培的主要品种。

'扎343'（新S-SV-JR-005-1995） 选育单位新疆林业科学研究院的雄先型品种。早实丰产型，为雌先型品种的授粉树种。适应性广，抗性强，坚果椭圆形或似卵形，核仁黄色，出仁率约54.02％，宜作带壳销售品种发展。适宜在新疆核桃产区发展。

'川早1号'（国R-SV-JS-019-2014） 四川省林业科学研究院选育品种。坚果扁圆形，核仁黄白色，出仁率约51.60％，核仁饱满，味香，可加工或鲜食。适宜在四川、重庆山区土壤疏松肥沃、土层厚度1m以上、土壤pH 6.0～7.5的核桃适生区栽培。

四、苗木培育

1. 嫁接

穗条采集 穗条从采穗圃或优良母树上采集，选择树冠外围生长健壮、无病虫害、当年生的半木质化发育枝，随采随接。新梢长到30～40cm时摘心，可保留5～7个芽，5～7天后采穗。若采穗圃距离较远，穗条采后应立即去掉复叶，下部插入水桶中并置于阴凉条件下运输至苗圃待用（张俊佩等，2010a）。

嫁接时间 当年生新枝半木质化时开始芽接（华北地区5月中旬至6月中旬）。

穗条取芽 接芽以接穗中上部3～5个饱满芽为好。用双刃刀在穗条上选定芽处横切一刀至木质部，使刀上、下刃距芽相等，然后用双刃刀的单侧刃分别在芽两侧各纵割一刀，轻轻扭下带护芽肉的芽片，长3～5cm，宽1.5～2.0cm。

砧木处理 选择地径达1～2cm的砧木，在距地面30cm左右选取光滑处，取与接穗芽片相同大小的砧木皮片，撕下砧木皮片，使砧木接口右下角处留有一长2～3cm、宽2～3mm的放水口。

砧穗嵌合 将取好的芽片迅速嵌入切好的砧木接口处，并使上、下、左三个方向紧密相贴，然后用塑料条自下而上绑扎，松紧适度。注意接芽外露，接口右下角处放水口外露。

接后除萌 芽接后及时抹除砧木上的萌芽，接穗成活后及时剪除接芽以上剩余砧木。及时进行土、肥、水管理，中耕除草和病虫害防治。

苗木出圃 秋末苗木落叶后至土壤封冻前及翌年春季土壤解冻后至萌芽前进行。起苗时，要保护好主干和根系，严防断顶、伤皮、劈根；起出苗木要防止失水。

苗木假植 对起苗后至栽植地不超过7天的苗木进行临时假植，可成捆植于湿沙或沙壤土中，埋严根系，并及时浇水。

2. 扦插

苗圃 选择交通方便、背风向阳、地势平坦、土层深厚（≥1m）肥沃、排灌良好、地下水位较低（≥2m）、pH 6.5～8.0的壤土或沙壤土地块作苗圃地，忌重茬。修畦整地时施足底肥，施充分沤熟农家肥2000～3000kg/亩，复合肥（如尿素或磷酸二铵）40～50kg/亩为宜。整地时用甲基托布津或多菌灵等喷施消毒。

温室 一般采用普通插床，周边用砖砌成，顺插床方向在床底中间设一条宽20cm、深15cm并有一定斜度的排水沟，沟内铺填鹅卵石，与床底平。然后自下而上分层填入10cm厚的5mm直径碎石子和10～15cm厚的粗沙。

催芽 2月下旬至3月上旬，选取健壮、无病虫害的1～2年生母株，用0.1％～0.3％高锰酸钾药液或喷施70％的甲基托布津1000倍液或40％的多菌灵600～800倍液对粗沙进行灭菌消毒。然后在温室的催芽池上布设自动喷雾装置进行催芽，苗干均匀摆放于湿粗沙上，间隔2～3cm，在上层均匀覆4～6cm厚粗沙埋干并及时灌透水。催芽过程中使温棚内温度和湿度分别保持在20～30℃和80％～90％。

河北省易县林粮间作园'辽宁1号'核桃良种（刘昊摄）

洛阳市洛宁县果材兼用核桃丰产园'中宁盛'良种+'清香'良种（宋晓波摄）

阿克苏地区温宿县万亩核桃丰产园'温185'良种（王宝庆摄）

插穗采集 将配制好的纯河沙基质装入扦插温室的插床。催芽处理40～45天苗干陆续发芽生长出嫩枝，选取基部黄化、半木质化、生长健壮的嫩枝作为插穗。用刀片或手将嫩枝从母株干部分离并保持枝条和叶面的湿润，剪掉下部1/2～2/3的复叶片，然后将插穗基部2～3cm用吲哚丁酸（IBA）溶液速蘸。

扦插方法 在营养杯内用木棍插出插孔，将插穗轻轻插入，露出插穗上部叶片，然后用手压实基质。扦插过程中忌风吹日晒，插穗随取随插，避免损伤下端切口。扦插完毕后，及时对插床喷透水一次。温室关闭门窗。

五、林木培育

1. 立地与整地

（1）立地选择

选择平地和缓坡地，土层厚度≥1.5m，地下水位≥2.0m，或坡度<25°，坡面整齐、开阔的阳坡和半阳坡地，土壤pH 6.5～8.5的壤土和沙壤土为宜。

（2）整地

地势平缓、土层深厚的地方应整平、熟化，坡地应修筑梯田或挖大鱼鳞坑。有条件的地方，用腐熟的厩肥、堆肥和饼肥等有机肥作基肥，每穴施20～30kg，与回填表土充分拌匀，然后填满，待稍沉降后栽植，也可以结合换土、种草、合理间作和沟头防护等，对林地土壤进行改良，达到改善土壤质地和保持水土的目的。

2. 栽植

（1）苗木

根据栽植区域的气候、土壤等自然条件，按照"适地适树"的原则，选择1～3年生的核桃优良品种嫁接苗。

（2）密度

核桃纯林：早实核桃株行距（4～5）m×（5～6）m，晚实核桃株行距（5～6）m×（8～10）m。核桃间作园：早实核桃株行距（5～6）m×（6～8）m，晚实核桃株行距（6～8）m×（10～12）m（张俊佩等，2010b）。

（3）时间

分春栽和秋栽两种，春栽在土壤解冻后至发芽前，秋栽从落叶后到土壤解冻以前均可。北方春旱区，苗木根系伤口愈合较慢，发根较晚，适宜秋栽。秋栽要在苗木根茎部培土成堆来防寒。

（4）方法

核桃苗木主根很长，栽植时挖深、宽各1m的大坑，将基肥和熟土填入坑底，再将苗木放入坑中，使根系舒展，填入细松土至半坑位置，用手将苗木轻轻向上提一下，使根系与土壤紧密接触，分层踏实，填土至八成时浇水，水渗透后封土。

（5）品种配置

核桃具有风媒传粉、有效传粉距离短、雌雄异熟及品种间坐果率差异较大等特点。造林时选择2～3个能互相授粉的主栽品种，按每8～10行主栽品种配置1行授粉品种栽植。原则上，主栽品种与授粉品种的最大距离应小于100m，主栽品种与授粉品种的比例为8：1，同时保证授粉品种雄花盛开期与主栽品种雌花盛开期相一致。

3. 栽后管理

（1）土壤管理

幼龄林 定植后的5年内进行翻耕，深度达10～15cm，夏季可浅，秋季宜深。

结果期林 主要包括水土保持和翻耕熟化。浅翻适用于土壤条件较好或深耕有困难的地方，于每年春、秋季进行，深度20～30cm，以树干为中心，在2～3m半径范围内进行。对于平地核桃林或面积较大的核桃梯田，可采用深翻。每年或隔年沿着须根分布边缘，向外扩宽40～50cm，深达60cm左右，挖成圆形或半圆形沟，将表层和底层土壤互换。针对山地核桃林，由于坡度较大，可采用修梯田、挖鱼鳞坑等措施来减少水土流失（张毅萍和朱丽华，2006）。

（2）施肥管理

施肥量 幼树以施氮肥为主，成年树应注意增加钾、磷肥。按树冠投影面积每平方米计算，施肥量可参照如下标准：早实核桃，1～10年生树年施肥量为氮肥50g、钾肥20g、磷

肥20g、农家肥5kg；晚实核桃，在结果前1～5年，施氮肥50g，钾、磷肥各10g，进入结果期后（6～10年），施氮肥50g，钾、磷肥各20g，农家肥5kg。

种类　根据施肥时期分为施基肥和追肥。厩肥是效果最好的基肥种类，供应不足可用绿肥代替，有灌溉条件可将种植的绿肥植物直接翻压在树盘下。如果土壤瘠薄、水分条件差，先将绿肥植物刈割，经高温堆沤后再施入土壤，一般在春秋两季进行。追肥，前两次分别在核桃展叶初期至开花前和幼果发育期，以速效氮为主，第三次在坚果硬核期，以氮、磷、钾复合肥为主，施肥量分别占全年追肥量的50%、30%和20%。

方法　环状施肥常用于4年生以下幼树；条状沟施肥适合幼树或成年树；放射状施肥常用于5年以上的幼树。叶面喷肥对缺水少肥地区尤为实用，可与土壤施肥相结合。

（3）水分管理

萌芽前后　春季开始萌动，发芽抽枝，如春旱少雨，需要进行灌溉，补充萌芽水。

花芽分化前和开花后　进入果实迅速生长期和花芽分化期，需要及时灌水以满足果实发育和花芽分化对水分的需求。在硬核期前也需要灌透水一次，以确保核仁的饱满。

采收后　可以结合秋季施基肥同时进行，不仅补充水分，还有利于土壤保墒，促进基肥的分解，提高幼树越冬能力，有利于翌年萌芽和开花。

（4）整形修剪

①幼树整形修剪

对核桃幼树进行合理的整形修剪，使其树冠具有良好的通风透光条件，维持其营养生长与生殖生长之间的良好平衡，为成年树的丰产、稳产打下基础。

定干　树干高低与栽培管理方式、树高以及间作等密切相关，应充分结合品种特点、栽培条件等来确定树干高度。如单一从早实丰产角度考虑，则以低干为宜；若果材兼用，可定干在2.5m以上。

树形培养　树形一般为疏散分层形和自然开心形。核桃分枝力强，能抽生二次枝和徒长枝，修剪时应注意疏除过密枝，处理好背下枝。

二次枝处理　一是，二次枝生长过旺并对其他枝条生长构成威胁时，可在其未木质化之前从基部剪除；二是，在一个结果枝上抽生3个以上二次枝，可选择1～2个健壮枝保留，其余疏除；三是，在夏季，若选留二次枝生长过旺，可进行摘心，促使其木质化，控制其向外发展；四是，一个结果枝上抽生1个二次枝，长势较强，可在春季或夏季短截，促其分枝，继续培养成结果枝。春季短截的发枝粗壮，夏季短截的分枝数量多，短截强度以中、轻度为宜。

徒长枝利用　徒长枝一般第二年就能抽生5～10个结果枝。果枝由顶向基部长势逐渐减弱，枝条变短。第三年中下部小果枝会干枯脱落，出现光秃带，结果部位向顶枝转移，易造成枝条下垂。对于这种情况，可在夏末秋初，通过短截或摘心的方法，促使徒长枝的中下部果枝生长健壮，以达到充分利用粗壮徒长枝培养健壮结果枝组的目的。

旺盛营养枝处理　春季树体萌动前以轻剪为宜，修剪越轻，二次枝数量减少，总发枝量、果枝量和坐果数越多，且可大大降低冬季抽条率。

过密枝和背下枝处理　早实核桃按照去弱留强的原则在春季树体萌动前疏除过密枝条，注意贴枝条基部剪除。一般每株树上短截枝的数量占总枝量的1/3。尽量使短截枝在树冠内均匀分布，根据发育枝长短分别进行轻度和中度短截，一般不采用重短截。晚实核桃的背下枝生长势要强于早实核桃，应在背下枝抽生初期将其从基部剪除。

②结果初期树修剪

修剪应去弱留强，或先放后缩，放缩结合，防止结果部位外移。对早实核桃二次枝，夏末秋初可用摘心或短截的方法促其形成结果枝；对过密二次枝，秋季落叶前去弱留强；对徒长枝，翌年春季树体萌动前可采用留、疏、改相结合方法处理。同时，应及时去除过密枝、干枯枝、病虫枝、细弱枝和重叠枝。

③盛果期树修剪

主要是调节生殖生长与营养生长的关系，改善树冠通风透光条件，不断更新结果枝，从而达到高产稳产的目的。

外围枝和骨干枝修剪 应及时对过弱的骨干枝进行回缩，回缩部位可选在有斜上生长侧枝前部。遵循去弱留强的原则，疏除过密的外围枝，也可以选择适当的短截，从而增强树冠的通风透光性，促进保留枝芽的健壮生长。

结果枝组的培养与更新 培养结果枝应大、中、小适当配置，均匀分布在各级主、侧枝上，使树冠内部不空，外部不密，通透良好，枝组间保持0.6~1.0m的距离。对部分留用的徒长枝控制旺长，结合夏季摘心和秋季在春、秋梢交界处短截促进分枝，对树冠内健壮发育枝采用先放后缩、去直留平的方法，对着生在骨干枝上的辅养枝回缩改造。多年结果后的结果枝应及时更新。大型结果枝控制其高度和长度；中型结果枝及时回缩更新，使其内部交替结果，同时注意控制过旺枝的生长。2~3年生小型结果枝，可根据树冠空间分布而定，疏除弱小和结果不良的枝条。

徒长枝和辅养枝的利用与修剪 要根据树冠内膛空间和生长势而定。若内膛枝条过密，可将大部分徒长枝从基部疏除；若内膛空间充足，且附近结果枝衰弱，可以将徒长枝培养成结果枝组，促进结果枝组的更新复壮。辅养枝若影响主、侧枝的生长应及时去除或回缩，与骨干枝生长不发生矛盾，可保留。辅养枝应短于附近主侧枝，避免其过旺生长。长势中等，分枝较好，且有足够利用空间时，可剪去枝头，将其改造成结果枝组。

④衰老树修剪

此时期，树冠、树外围枝条下垂，生长量明显减弱，小枝干枯严重，同时萌发大量徒长枝，产量显著下降，为延长结果年限，对衰老树要进行及时的更新复壮。

主干更新 对干高适宜的开心形植株，将每个主枝基部锯掉。若是主干形，选择从第一层主枝上部锯掉树冠，然后从以上各主枝基部锯断，使主枝基部的潜伏芽萌芽发枝；对于主干过高的植株，直接从主干上合适位置将树冠全部锯掉，使锯口下端的潜伏芽萌发新枝，从新枝中选留生长健壮、方向合适的枝条2~4个，培育成主枝。

主枝侧枝更新 选择健壮的主枝，保留0.5~1.0m，其余部分锯掉，促其在锯口处萌发新枝，每个主枝在适宜方向选留2~3个健壮枝条，培育成一级侧枝。在每个主枝上选择2~3个位置适合的侧枝，并对每个侧枝中下部的旺盛分枝短截。重剪枯梢枝，促其下部发枝以替代原枝头；对大型结果枝组或明显衰弱的侧枝进行重回缩，诱发新枝；疏除所有枯枝、病枝、下垂枝和单轴延长枝。

（5）劣质低产林高接换优

嫁接时期和方法 以从芽萌动到末花期嫁接为宜，砧木应选用6~30年生的低产劣质健壮树，在嫁接前7天锯好接头。多头高接时，锯口距离原枝基部20~30cm，幼龄树可直接锯断主干。嫁接方法以插皮接为宜。

接后管理 应及时除去砧木上萌蘖，接后2个月左右将接口处解绑，检查成活率，嫁接未成活的应及时补接，一般采用绿枝劈接或芽接，高接后修剪，应按照去弱留强的原则，选留合适的主侧枝，培养良好的树冠。

4. 果实采收和采后处理

（1）果实采收

采收时期 早熟和晚熟品种，采收期可相差10~25天，大多集中在白露前后。核桃青皮颜色变淡，呈浅绿色或黄绿色，有近3成的果实青皮出现裂缝，容易剥离时即可采收。

采收方法 对于矮化密植园，手摘即可。对较高树体可用软木或竹竿轻敲枝条或直接触落果实。对于机械化程度较高的核桃园，采收前10~20天，喷施0.5‰~2.0‰的乙烯利催熟，采收时振动机抱住树干将果实震落。采收时，应按品种采收，好果与病虫果分开放置。

（2）采后处理

脱青皮 采收后，将青果堆放在阴凉通风

处，厚度不超过50cm，一般3～5天即可离皮。对不易脱青皮果实，可用3‰～5‰乙烯利溶液浸蘸青果，厚度30cm左右，置于通风处，2～3天即可脱皮。若果实量非常大，可采用机械脱皮。

清洗 一般用清水即可，无需漂白。

干燥 核桃主要采用烘烤和自然晾晒的方法进行干燥。

分级 按照GB/T 20398—2006核桃坚果质量等级分级。

贮藏 长期贮存的商品核桃要求含水量不超过8%。贮存时间不超过翌年6月，室温贮藏即可；若过夏，则需要低温贮藏，温度0～4℃，低温贮藏可达2年。

六、主要有害生物防治

目前已知核桃的病害30多种，虫害达120余种。由于各核桃产区的生态环境条件不同，病虫害种类、分布及危害程度也各异。

1. 主要病害种类及防治方法

东部近海分布区、黄土丘陵分布区和秦巴山区分布区的主要病害有核桃黑斑病、白粉病、溃疡病、枝枯病等。云贵高原分布区和西藏分布区的主要病害有核桃腐烂病、炭疽病、枝枯病等。新疆沙漠绿洲区气候干旱，除核桃腐烂病外，其他病害较少。

（1）核桃黑斑病（*Xanthomonas juglandis*）

又名黑腐病，由细菌黄单胞杆菌（*Xanthomonas campestris*）引起，危害叶、新梢及果实。主要表现为危害部位呈现大小形状不等的黑褐色病斑，引起叶片卷曲，新梢枯死，病果脱落。病害从伤口、皮孔侵染，雨季扩展极快，危害最重。防治方法：树木落叶后，及时清园消毒，保护伤口，防治侵染；发病期连续2～3次喷洒相关化学试剂，杀死病原菌。

（2）核桃腐烂病（*Cytospora juglandicola*）

又名核桃黑水病，由真菌胡桃壳囊孢（*Cytcospora juglandicola*）引起，发病率较高，主要危害枝、干皮层，造成枝条干枯，严重者整株死亡。病斑初期近梭形，暗灰色，水浸状，微肿起，手指按压有酒糟气味泡沫状的液体流出。病菌孢子借雨、风和昆虫等传播，自伤口侵入，逐渐扩展蔓延危害。发病高峰期为春秋两季，尤以4～5月危害最重。防治方法：加强园地管理，增强树势，清理烧毁病害枝，尽早刮净病斑，树干涂白，减少侵染。

（3）核桃炭疽病（*Walnut anthracnose*）

由真菌（*Gloeosporium fructigenum*）侵染引起，主要危害果实，产生圆形或不规则形状黑褐色病斑，中央凹陷，严重时全果腐烂，干缩脱落。雨季高温、高湿环境发病较重。防治方法：实施园地综合管理，增强树势，清理烧毁病害残体，树干涂白，喷洒杀菌剂和化学药剂，减少侵染。

2. 主要虫害种类及防治方法

东部近海分布区、黄土丘陵分布区和秦巴山区分布区普遍发生且危害严重的虫害主要有核桃举肢蛾、核桃横沟象、云斑天牛等。云贵高原分布区和西藏分布区的主要害虫有茶蓑蛾、核桃扁叶甲、樟蚕、水青蛾、豹纹木蠹蛾等。新疆沙漠绿洲区气候干旱，除沙枣尺蠖危害较严重外，其他病虫较少。

（1）核桃举肢蛾（*Atrijuglans hetauhei*）

又名核桃黑，危害较大的虫害，幼虫危害果实，果肉被串食成孔洞，果皮变黑，脱落或干缩在树枝上。在北方产区1年发生1～2代，6月下旬羽化，7～8月危害，9月老熟入土化蛹。防治方法：4月上旬刨树盘喷洒相关化学药剂，杀死部分越冬幼虫；6月中旬化学药剂喷杀幼虫，每10天1次，连续3次；8月底以前摘毁被害果，以消灭当年幼虫；结冻前翻耕土壤，冻死部分越冬幼虫。

（2）木橑尺蠖（*Culcula panterinaria*）

杂食性害虫，一般食叶肉留下叶脉，将叶片食成网状，1年发生1代，在江浙地区可发生2～3代，5月上旬羽化，6月下旬产卵，7～8月危害，9月老熟入土化蛹。防治方法：蛹密度大的地区，在土壤封冻前和早春解冻后，清园刨蛹；成虫具强趋光性，可用灯光诱杀；喷洒相关化学药剂杀死1～3幼虫。

（3）云斑天牛（*Batocera horsfieldi*）

又名多斑白条天牛，主要蛀食枝干，危害严

重乃至死亡，2～3年发生1代，羽化成虫4～6月飞出，补充营养后产卵，7月孵化幼虫，危害韧皮部和木质部，8月老熟化蛹，9～10月成虫在蛹室内羽化，就地越冬。秋冬季或早春树干涂白和清园杀灭越冬幼虫和成虫；5～6月人工捕杀和灯光诱杀成虫，幼虫危害期采用虫孔注药和毒签熏杀幼虫；喷洒相关化学药剂杀死成虫；保护和招引益鸟。

（4）草履蚧（*Drosicha corpulenla*）

又名草鞋蚧、桑虱，若虫和雌成虫常堆集在枝干、嫩梢、叶片和芽腋上，吮吸汁液危害，1年发生1代。虫卵在土中越夏和越冬，翌年1～2月开始孵化，雄性若虫4月下旬化蛹，5月上旬蛹化为雄成虫，雌性若虫3次蜕皮后即变为雌成虫，经交配后潜入土中产卵。防治方法：在树干涂黏胶带，阻杀上树若虫。在雌成虫下树产卵前，在树根周围挖宽1m、深0.3m左右光滑圆坑，坑内放置树叶杂草，诱使雌虫在草中产卵，集中消灭；喷洒相关化学药剂杀死若虫；利用害虫天敌。

（5）核桃横沟象（*Dyscerus juglans*）

又名根象甲，我国核桃产区普遍发生。幼虫串食根颈部皮层，危害期长达8个月以上，轻者减产，重者死亡，2～3年发生1代。12月至翌年2月为越冬期，3～4月越冬成虫开始活动，5～10月为产卵期，3～11月为危害期。防治方法：根颈部涂抹浓石灰浆，阻止成虫产卵，冬季翻树盘，剥去根颈粗皮，破坏虫卵发育环境；用化学药剂喷洒树体和根颈部，毒杀幼虫和蛹；保护白僵菌和寄生蝇等害虫天敌。

七、综合利用

核桃是经济林树种，其生产的坚果即是食品、油料，也是工业原料，而果材兼用型核桃还兼具用材、防护和绿化及观赏功能。

核桃仁营养价值极高、风味独特，所含不饱和脂肪酸90%以上为人体必需脂肪酸，特别是预防心脑血管疾病的ω-3多不饱和脂肪酸（亚麻酸），位于常见坚果之首；核仁中人体可吸收性蛋白在96%以上；含18种氨基酸，其中8种为人体必需；核桃较之其他干鲜果品，碳水化合物含量较低，但矿物质和某些维生素的含量较高，是世界公认的保健食品。核桃仁还是食品行业的重要配料。

核桃还可压榨出核桃油，油中的脂肪酸主要是油酸和亚油酸，约占总量的90%，亚油酸（ω-6脂肪酸）和亚麻酸（ω-3脂肪酸）是人体必需的两种脂肪酸，亚麻酸是人体合成前列腺素、EPA（二十碳五烯酸）和DHA（二十二碳六烯酸）的前体物质，对维持人体健康、调节生理机能有重要作用。

此外，核桃木材材质软硬适中，色泽淡雅，花纹美丽，质地细腻，尺寸稳定，耐冲击、韧性好，加工性能优良，经打磨后光泽宜人，且容易上色，为世界室内装饰名贵用材，是制作高级家具、军工用材、高档商品包装箱及乐器的优良材料，在国内外市场中均占有重要地位。

核桃壳可以制作高级活性炭，或用于油毛毡工业及石材打磨，也可以磨碎作肥料。核桃青皮可制农药、栲胶，用于染料、制革、纺织等行业。

核桃树体高大，树姿挺拔，树冠枝叶繁茂，多呈半圆形，具有较强的拦截烟尘、吸收二氧化碳和净化空气的能力，国内外常用作行道树或观赏树种。

（裴东，张俊佩）

别　名｜铁核桃、茶核桃、漾濞核桃
学　名｜*Juglans sigillata* Dode
科　属｜胡桃科（Juglandaceae）胡桃属（*Juglans* L.）

我国现有核桃属植物9种，广泛栽培于山西、河北、新疆等北方产区的是核桃（*Juglans regia*），而西南地区种植的核桃主要是深纹核桃，即铁核桃、茶核桃、漾濞核桃。目前，深纹核桃种植面积已超过全国核桃种植面积的40%，成为规模最大、参与人口最多、群众积极性最高的经济林产业。深纹核桃产业对西南山区经济发展以及长江、珠江上游生态环境保护具有十分重要的意义。

一、分布

深纹核桃原产于我国，主要分布于云南、贵州全境以及四川、湖南、广西西部和西藏南部，沿怒江、澜沧江、金沙江、岷江和雅鲁藏布江等流域分布，垂直分布高度300（贵州）～3300m（西藏）（郗荣庭和张毅萍，1994）。云南是深纹核桃的起源和分布中心，全省16个州（市）124个县（市、区）有分布，水平分布从21°08′32″N的勐腊县到29°15′08″N的德钦县，跨越8°05′36″；从97°31′39″E的盈江县到106°11′47″E的富宁县，跨越8°40′08″；垂直分布从海拔700m（耿马、屏边县等地）至2900m（剑川、德钦等地），其中1800～2200m地区种植较多、生长较好、比较适宜（杨源，2002；肖良俊等，2013）。

二、生物学和生态学特性

1. 形态特征

落叶乔木。树皮灰白色，老树树皮具暗褐色浅纵裂。侧枝青灰色，小枝青绿色或黄褐色，具白色皮孔，髓心片状。顶芽圆锥形，腋芽扁圆形，芽鳞具有短柔毛。奇数羽状复叶，长60cm左右，叶柄基部肥大，叶痕大而明显；小叶多为7～13枚，顶叶较小或退化似针状，小叶卵状披针形或椭圆状披针形，先端渐尖，基部歪斜，叶缘全缘或具微锯齿，侧脉12～23对，基部脉腋簇

生柔毛，表面绿色光滑，背面浅绿色。雄花序粗壮，柔荑状下垂，长5～25cm，每穗柔荑花序具小花100朵左右，每小花有雄蕊25枚；雌花序顶生或侧芽状着生，雌花多2～3朵，稀有1或4朵，偶见穗状结果，花序轴密生腺毛，柱头两裂，初开时呈粉红色后变为浅绿色，授粉后变成黑色、

深纹核桃古树（迪庆）（肖良俊摄）

漾濞深纹核桃与新疆核桃杂交新品种云新高原结果状（昆明）（赵廷松摄）

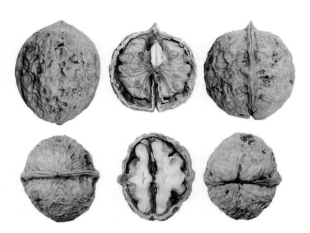

漾濞深纹核桃果实（昆明）（吴涛摄）

枯萎。果实近圆球形，黄绿色，幼果时表面有黄褐色绒毛，成熟时无毛，果面有白色腺点；果核扁圆球形，表面有刻纹，内种皮黄白色，极薄，仁黄白色或黄褐色，味香醇（方文亮和宁德鲁，2015）。

2. 生物学特性

（1）根系生长特性

深纹核桃是深根性树种，根系发达、分布深广。晚实品种盛果期的核桃树（80年左右），在土层较深厚的种植地，其主根可深达5～7m，侧根伸长的半径可达15～20m，根幅一般为树冠的2～3倍。1～2年生时核桃树的主根生长较快，侧根生长较慢；3年生以后，侧根在水平方向上的生长加快，主要分布在20～60cm的土层中。然而，不同品种和类型的深纹核桃幼苗根系的生长表现有较大的差异。在同一立地条件下，2～3年生的苗木主根长和根幅，表现出早实品种大于晚实品种（方文亮和宁德鲁，2015）。

（2）新梢生长特性

深纹核桃枝条的生长与树龄、管理、营养状况以及着生的部位等有关。生长势旺的核桃树一年有2次抽梢生长，即春梢、夏梢，很少有秋梢。长势差的核桃树，一般只有1次春梢生长。深纹核桃树的背后枝由于吸水能力较强，生长旺盛，比背上枝强，是不同于其他树种的一个重要特性。成年树外围树冠的枝条多生有混合芽，翌年春其顶芽多萌生成结果枝，侧芽萌发枝延伸，易

形成树冠外围结果多、内膛结果少的现象（方文亮和宁德鲁，2015）。

（3）开花习性

深纹核桃是雌雄花同株异花树种。雌雄花期往往不同，称为"雌雄异熟性"。雌花先开的称为"雌先型"，雄花先开的称为"雄先型"；而很少有雌雄花同开的"雌雄同熟"现象。晚实品种的深纹核桃树绝大多数为雄先型，雄花比雌花早开15天左右；在同一株树上雄花开放亦会有先后，相差3～5天。在云南漾濞地区，雄花期为3月上中旬，雌花期为3月下旬至4月上旬。早实品种的深纹核桃具二次开花的特点，但数量很少，二次花的类型多种多样，有雌、雄花呈穗状花序，有单性花序，也有雌雄同序，有花序下部是雌花、上部是雄花，极个别的有雌、雄同花现象（方文亮和宁德鲁，2015）。

（4）结果习性

深纹核桃的雌花授粉后约15天合子开始分裂，迅速分化出胚轴、胚根、子叶及胚芽，从授粉到坚果成熟需要150天左右。深纹核桃果实的发育分为四个时期：①果实速长期。晚实品种的深纹核桃从4月上旬至5月中旬的45天左右为果实的速长期，果实的体积、重量迅速增长，胚囊不断扩大，核壳逐渐形成，仁色白而嫩。②硬核期。6月下旬至7月中旬30天左右，核壳从顶端向基部逐渐硬化，种核内隔膜、褶壁的弹性及硬度逐渐增加，壳面呈现刻纹，硬度加大，核仁渐呈

白色、脆嫩。果实大小定型，其内的营养物质迅速积累、油脂迅速转化。③油脂转化期。7月中旬至8月下旬50天左右，已定型的果实营养物质迅速积累，重量仍在增加，核仁不断充实饱满，种仁的水分下降，油脂不断上升，核仁风味由甜变香。④果实成熟期。9月上旬至中旬，果实重量略有增加，果实青皮的颜色由绿变黄，向阳的果皮会出现红色，有少量果实的青皮出现裂口，坚果容易剥出，果实表现出生理与自然的成熟状态，白露节前后成熟采收。对早实品种而言，果实生长发育期要比晚实品种提早20～35天，表现出早成熟、早上市的特点。深纹核桃开始结果的年龄因类型、品种及栽培管理水平而异。一般情况下，晚实品种开始结果的年龄为8～10年，进行集约化栽培管理的5～6年；先开雄花2～3年，才开雌花结果。早实品种2～3年开花结果（异株授粉），而结果1～2年后才有雄花。成年的深纹核桃以健壮的中、短结果母枝坐果率较高，晚实品种在同一个结果母枝上以顶芽及第一、二侧芽结果最好。坐果结实的多少，与品种、环境条件、树体营养状况等密切相关。晚实品种一般每果序结果1～4个，多为2～3个，其比例达60%以上，也有极少数果序结果5～6个；早实品种每果序结果1～3个，多数2个，占50%左右，亦有极少数果序结果4～6个，甚至还有穗状结果。深纹核桃树的结果枝，有80%以上的果枝具连续抽生、连续结果的习性，随树龄的增加，其结果部位迅速外移，果实产量集中在树冠外沿，内膛结果较少（方文亮和宁德鲁，2015）。

3. 生态习性

深纹核桃是喜温、喜光树种，属温带干果树种，但不同类型和品种对温度的要求不同。深纹核桃类型中的漾濞深纹核桃、大姚三台核桃、华宁大白壳核桃、大砂壳核桃、昌宁细香核桃等要求年平均气温12.7～16.9℃，最适年平均气温在15℃左右。一些铁核桃和夹绵核桃类型的单株或品系，能生长在年平均气温5～17℃的地区。过高或过低的温度都不利于深纹核桃的生长、开花、结果。在2～3月遇到-4℃左右的低温时，深纹核桃的芽、花及叶易受冻害而枯萎。在年平均气温19℃左右的地区，因核桃树营养生长过旺，而生殖生长较差，导致结果少或不结果（方文亮和宁德鲁，2015）。

深纹核桃是喜光树种，其种植地全年日照时数不应少于2000h，若低于1000h则树体生长、结果不良，影响核壳、核仁的发育及坚果的品质。日照充足利于深纹核桃树当年的萌芽、展叶、抽梢、开花、结果，对其果实产量、质量的提高极为有利；光照不足，如种植过密而郁闭的核桃园，深纹核桃树的生长、结果差，果实产量低，只有边缘树结果；同一株树只有外沿结果，内膛结果很少。因此，在选择深纹核桃种植园地，确定种植的株行距及对树体进行整形修剪时，应考虑要有充足的光照条件（方文亮和宁德鲁，2015）。

深纹核桃要求较湿润的条件，主产区的年降水量为800～1200mm。在冬春水量较多的年份，生长良好、产果量高、质量好，病害也少；在雨量少的地区或是冬季水量较少的年份，应搞好种植园地的水土保持工作，旱季适量灌水，减少因干旱造成核桃树的落花落果、生长不良。深纹核桃又是不耐水涝的树种，土壤水分过多、通气不良，会使核桃树的根系生理机能减弱，造成生长不良，甚至根腐而死。因此，在积水地种植须开沟排涝。在选择深纹核桃种植地时应尽量选择能灌能排的地块，以便进行排灌管理（方文亮和宁德鲁，2015）。

深纹核桃树适于在坡度平缓、土层深厚湿润、背风向阳的立地条件下生长，喜疏松肥沃的土壤，pH 5.5～7.0，以pH 6.0～7.0最佳；深纹核桃喜肥，对其种植地应增加土壤中有机质的含量，多施农家肥，适量施用化肥（方文亮和宁德鲁，2015）。

深纹核桃是抗风力较弱的树种，风也是影响其核桃树生长发育的因素之一。在冬春季节多风的地区，生长在迎风坡面上的深纹核桃树，由于风的频繁干扰，影响到树体发育和开花结果。因此，栽植时应选风较小的地块或在种植园周围营造防护林，但适宜的风量、风速有利于核桃树的授粉，增加果实产量（方文亮和宁德鲁，2015）。

三、良种选育

根据云南省林业科学院等单位的研究结果，可对深纹核桃的良种选育做如下概述（方文亮和宁德鲁，2015；裴东和鲁新政，2011；范国才和张茂钦，2006）。

1. 深纹核桃品种群

根据深纹核桃壳的厚度，可将其分为三大品种群。

（1）深纹核桃品种群

又称茶核桃、绵核桃、薄壳核桃等，多为嫁接繁殖，少数实生。该类型的核桃树一般树干分枝较低，侧枝向四周扩张，树冠庞大成伞形或半圆球形，果枝密集，结实量高。树皮粗糙，裂纹较深，小枝棕黄色。侧芽大而圆。小叶黄绿色，呈长椭圆状披针形。果实扁圆形，外果皮光滑、黄绿色，有黄白色斑点。坚果种壳厚0.5～1.1mm，用手可捏开；内褶壁明显而不发达，内隔膜纸质或膜质，种仁容易整仁取出。出仁率48%～56%，种仁含油率68%左右，味极香，具有很高的经济价值和用途。

（2）铁核桃品种群

又称坚核桃、硬壳核桃、野核桃等，为天然实生种。树干通直高大，分枝高、角度小，树冠小，果枝少，果实产量低。树皮灰褐色，裂纹浅。小枝绿色有绒毛，皮孔大而凸起。侧芽小而尖。小叶阔披针形，深绿色，有明显的锯齿。果实多为椭圆形，略尖，外果皮深绿色、粗糙，有红毛和黄色斑点。坚果壳厚（1.3mm以上），刻纹深密；内褶壁发达，内隔膜坚实骨质，种仁少，很难取出。出仁率25%～30%，种仁含油率70%左右，油香，经济价值较低。铁核桃类型的植株适应性强，生长势旺。其坚果除榨油外，多用作培育砧木苗及制作各种工艺品。该类型未详细区分品种。

（3）夹绵核桃品种群

又称二异子核桃或中间核桃，多为实生品

系，少有嫁接繁殖。果实性状介于深纹核桃与铁核桃之间，为中间类型。坚果出仁率30%～48%，壳厚1.1～1.3mm，种仁含油率70%左右。有的品种适应性强，在立地条件较差的情况下仍能获得较高的产量。

2. 深纹核桃主要栽培品种

（1）农家栽培品种

云南省林业科学院于1964—1968年在对云南省核桃种质资源调查的基础上，经分析、评比、鉴定，筛选出20多个农家核桃栽培品种，现对推广应用的主要农家栽培品种介绍如下。

'漾濞深纹核桃'（云S-SC-JS-003-2012）为云南早期无性系优良品种，已有2000多年的栽培历史，是目前国内栽培面积最大的品种。主要分布在漾濞、永平、云龙、昌宁、凤庆、楚雄、隆阳、景东、南华、巍山、洱源、大理、腾冲、新平、镇沅、云县、临翔等地，垂直分布范围为海拔1470～2450m。坚果重12.3～13.8g，核仁重6.4～7.9g，出仁率53.2%～58.1%。仁含油率67.3%～75.3%（不饱和脂肪酸占90%左右），含蛋白质12.8%～15.13%。1年生嫁接苗定植后一般7～8年开花结果，丰产树盛果期株产坚果100kg左右，高者达250kg，每平方米树冠投影面积产仁量0.18～0.22kg。适宜滇西、滇中、滇西南、滇南北部海拔1600～2200m的地区栽培。

'大姚三台核桃'（云S-SC-JS-004-2012）主要分布在云南省大姚、宾川及祥云等地，后来发展到新平、双柏、武定、昆明、楚雄、南华等县（市），垂直分布范围为海拔1500～2500m。坚果重9.49～11.57g，仁重4.6～5.5g，出仁率45%～51%，仁含油率69.5%～73.1%，含蛋白质14.7%。1年生嫁接苗定植后7～8年结果，盛果期平均株产果80kg，高产达300kg，每平方米树冠投影面积产仁0.25 kg左右。适宜滇中、滇西、滇西南、滇南北部海拔1600～2200m的地区栽培。

'昌宁细香核桃'（云S-SV-JS-012-2015）为云南省早期无性繁殖优良品种之一，主要分布在滇西昌宁、龙陵、隆阳、施甸、腾冲等地，其分布地的海拔高度1600～2200m。坚果

重8.9～10.1g，出仁率53.1%～57.1%。仁含油率71.6%～78.6%，含蛋白质14.7%。1年生嫁接苗定植后5～6年结果，盛果期平均株产果约85kg，每平方米树冠投影面积产仁0.18kg。适宜滇西、滇中、滇西南海拔1600～2200m的地区栽培。

'华宁大白壳核桃'（云S-SV-JS-003-2014） 为早期云南核桃无性繁殖品种，主要栽培于云南省华宁县海拔1500～2000m地区。坚果重11.7～13.0g，核仁重6.1～7.5g，出仁率51.9%～57.4%。1年生嫁接苗定植后5～6年结果，盛果期株产果40～60kg，每平方米树冠投影面积产仁0.13kg。适宜滇中海拔1500～2000m的地区栽培。

'娘青核桃' 早期的云南核桃无性繁殖品种，主要栽培于云南省漾濞县，分布区海拔高度1750～2400m。坚果重10.9～12.2g，仁重4.5～5.7g，出仁率40.9%，仁含油率70.4%～75.6%，含蛋白质14.8%。1年生嫁接苗定植后5～6年结果，较丰产，盛果期株产坚果43.8～78.5kg，每平方米树冠投影面积产仁0.16kg。主要适宜滇西、滇中海拔1750～2400m的地区栽培。

'圆菠萝核桃'（又称阿本冷核桃） 为云南省早期无性繁殖品种。坚果重10.9g，核仁重5.5g，出仁率50%～55%，仁含油率65.5%～71.3%。盛果期株产果42～70kg，每平方米树冠投影面积产仁0.16kg。适宜滇西的云龙、漾濞、永平、洱源等地海拔2000～2500m的高山区栽培。

（2）实生选育良种

'华宁大砂壳'（云S-SV-JS-012-2013） 平均单果17.8～22.4g，出仁率56.45%，仁含油率69.32%。种植后5～6年开始开花结实，7～12年亩产干果45～120kg，13年以上亩产180kg以上，盛产期每平方米树冠投影面积产仁0.26kg，树龄可达百年以上。适宜于滇中海拔1650～2600m的地区种植。

'永11号'（云S-SC-JS-009-2016） 实生选育的晚实品种，坚果重11.0g，出仁率

52%～60%，仁含油量71.2%，每平方米树冠投影面积产仁0.30kg。适宜云南海拔2000～2350m的地区种植。

'鲁甸大麻1号核桃'（云S-SV-JS-009-2014） 平均单果重14.25g，出仁率51.5%，仁含油率66.8%，蛋白质含量18.83%。5年进入初产期，13年进入盛产期，果实10月上旬成熟，盛产期每平方米树冠投影面积产仁0.23kg。适宜于昭通市鲁甸县海拔1600～2200m的地区种植。

'鲁甸大麻2号核桃'（云S-SV-JS-013-2015） 平均单果重14.2g，出仁率51.3%，仁含油率69.2%，蛋白质含量18.55%。每平方米树冠投影面积产仁0.36g/m²。适宜于昭通市鲁甸县海拔1600～2100m的地区种植。

'漾江1号'（滇S-SV-JS-002-2006） 平均单果重13.5g，仁重7.0g，出仁率50.0%～54.6%，仁含油率70.53%～72.2%。适宜云南省海拔1600～2200m的地区种植。

（3）杂交选育良种

云南省林业科学院针对云南核桃生产中存在结实晚（8年左右才开花结果）、效益慢、种壳刻纹深密、欠美观等问题，在国内外首次选用我国南方著名的晚实良种'漾濞深纹核桃''三台核桃'（*J. sigillata*）与北方新疆早实核桃优株'云林A7号'（*J. regia*）进行种间杂交，评定出我国南方首批5个早实杂交核桃新品种，即'云新高原''云新云林''云新301''云新303''云新306'。云南大理白族自治州选用漾濞深纹核桃作父本、娘青核桃作母本进行种内杂交，选育出漾杂'1号漾杂''2号漾杂''3号漾杂'等优良品种。

'云新高原'（滇S-SV-Jrs-002-2004） 平均单果重13.4g，出仁率52%，仁含油率70%左右。1年生嫁接苗定植后2～3年结果，8年进入盛果期，株产10～15kg。适宜滇西、滇中、滇东、滇东北及滇西北海拔1600～2400m的地区种植。

'云新云林'（滇S-SV-Jrs-003-2004） 平均单果重10.7g，出仁率54.3%。1年生嫁接苗定植后2～3年结果，8年进入盛果期，株产10kg左

右。适宜滇西、滇中、滇东、滇东北及滇西北海拔1600～2400m的地区种植。

'云新301'（滇S-SV-Jrs-004-2010） 平均单果重7.06g，出仁率65.07%，仁含油率68.4%。1年生嫁接苗定植后2～3年结果，8年进入盛果期，株产10kg左右。适宜滇西、滇中、滇东、滇东北及滇西北海拔1600～2400m的地区种植。

'云新303'（滇S-SV-Jrs-005-2010） 平均单果重10.6g，出仁率60.09%，仁含油率68.6%。1年生嫁接苗定植后2～3年结果，8年进入盛果期，株产6～10kg。适宜滇西、滇中、滇东、滇东北及滇西北海拔1600～2400m的地区种植。

'云新306'（滇S-SV-Jrs-006-2010） 平均单果重10.4g，出仁率60.59%，仁含油率68.4%。1年生嫁接苗定植后，2～3年结果，8年进入盛果期，株产10kg左右。适宜滇西、滇中、滇东、滇东北及滇西北海拔1600～2400m的地区种植。

'漾杂1号'（云S-SV-JS-005-2011） 平均单果重15.6g，出仁率54%，仁含油率72%，蛋白质含量14.5%。适宜云南省海拔1800～2300m的地区种植。

'漾杂2号'（云S-SV-JS-006-2011） 平均单果重14.7g，出仁率58.87%，仁含油率含量70.04%，蛋白质含量14.32%。适宜云南省海拔1800～2300m的地区种植。

'漾杂3号'（云S-SV-JS-007-2011） 平均单果重13.4g，出仁率53.85%，仁含油率71.65%，蛋白质含量13.56%。适宜云南省海拔1800～2300m的地区种植。

四、苗木培育

根据方文亮和宁德鲁（2015）的研究结果，深纹核桃苗木培育主要包括以下关键技术。

1. 种子采收与处理

（1）种子采收

用于培育砧苗的种子（坚果）应采自铁核桃类型，其果实成熟一般在9月中下旬（白露节前后）。当果实有1/3～1/2裂果时，表明果实已经成熟，即可进行采收。

（2）种子处理

将采收来的铁核桃果实或种子，按果实带青皮与否分开处理。带青皮或不带青皮的新鲜果实（种子）可直接秋播，脱青、晾干后的种子可贮藏在通风阴凉干燥地方，待来年春播。

2. 砧木苗培育与管理

（1）砧木苗培育

1～2年生实生苗培育：采用当年饱满成熟的新鲜铁核桃种子，或采收后经风干贮藏的干种子播种育苗。干种子用于春播，在播种前先在流水中浸泡7～10天或用100～300mL/L的赤霉素溶液浸泡5～7天后在阳光下暴晒，待多数种子缝合线裂开时即可播种；新鲜种子用于秋播，移苗砧培育播种的株行距为5cm×15cm，沟播深度20～25cm。播时将种子缝合线垂直于地面平放沟内，种尖朝一个方向，播后覆土厚5～8cm，床面覆盖草类或薄膜，适时浇水、施肥、除草、排涝及病虫害防治。在气候温暖地区，管理较好，砧木地径达0.8cm的苗木达80%左右，即可进行嫁接。在气候较冷、管理较差的情况下，要2年才有80%的砧木苗达到嫁接标准。

芽苗砧木苗的培育：芽苗砧木苗培育分秋播和春播。秋播是将采到的种子及时用湿沙埋藏催芽，做法是在苗圃地内选择一块背风向阳的地块，挖出或用砖砌成一个宽1m、长10m左右（可据地形而定）、深0.5m的催芽坑或催芽床。其底部垫30cm厚的湿沙，将待播的种子按缝合线与地面垂直、种尖方向一致的要求依秩序紧密地排放在其上。摆放一层后，用湿沙覆盖10cm厚，浇透水，床面用薄膜覆盖，床上搭建塑料拱棚，以利保湿、增温、促进种子发芽。在催芽期间必须保持催芽床沙子湿润，不能时干时潮，晴天中午温度高时应打开塑料棚两端散热，以防发芽后的苗木被灼伤。至翌年2月至3月初，所育的芽苗砧高达20～30cm、地径达0.5～1.0cm时即取出嫁接。春播育苗是将用水或赤霉素处理后的种子进行湿沙催芽培育砧木苗，催芽方法及管理同秋播。近几年来，景东地区的农户探索出一种刨土芽苗砧嫁接的新方法。播种株行距为10cm×25cm，当种子发出芽时，及时从覆盖

物下放出其芽。到翌年1月底至2月上中旬，苗高达30～40cm、地径粗0.5～1.0cm时，即可刨开芽苗根部的土壤进行嫁接。

（2）砧木的管理

遮阴　在气候较热的地区育苗，种子发芽初期应适时覆草或搭设遮阳网，防止出土幼苗受到日灼伤害。

中耕除草　苗木出齐后，进行2～3次中耕除草；如果雨水较多，根据杂草滋生情况，可增加1～2次。

摘心　夏末秋初，对长势较旺、高度在50cm以上的砧木苗进行摘心处理以培育壮苗，摘心处理可与中耕相结合进行。

灌水　灌水应在春季进行，视土壤湿度状况，灌水2～3次。

施肥　5～6月期间，生长旺盛苗木每亩施尿素10～15kg，土壤肥沃可不施；7月每亩追施磷酸二氢钾8～10kg；半年砧苗待苗木基本出齐后，

结合灌溉每亩追施尿素5～10kg。

排水　雨季要注意及时排涝。

3. 嫁接苗的培育

（1）良种接穗的采集与处理

1月上中旬至2月初，采集良种核桃枝条制作接穗，所采穗条必须是生长健壮、芽眼饱满、木质化程度较高、无病虫害的1年生营养枝或结果枝。

（2）穗条的处理

采集的穗条应放在阴凉通风的室内3～5天后，将其剪成只有10个左右饱满芽的接穗进行蜡封处理。蜡封接穗的方法是：将工业用石蜡和蜂蜡按10：1的比例放入加热器皿中，加热至100～110℃，把剪好的接穗迅速插入蜡液中蘸蜡，使整条接穗用蜡封严，待蜡封接穗冷却后装入纸箱（纸箱周围戳有通气孔），置于阴凉通风的室内贮藏，一般可贮存30～50天。

（3）嫁接

嫁接时间　根据育苗地霜期长短和气温高低

万亩连片的深纹核桃林（大理）（肖良俊摄）

而定，霜期短、春季气温高的地区1月中旬至2月中旬嫁接；霜期长、春季气温低的地区2月中旬至3月中旬嫁接。

①**插皮接** 又称皮下接、斜马接。此方法适用于直径3cm以上的砧木。首先削接穗，在准备好的2年生接穗的一面，从1、2年间的节间处开始，向下削长约5cm的马耳形斜面（大面）；在其另一面削1~2cm长的斜面（小面不要过髓心），接穗削好后将斜面含入口中。接着切砧木，其中方法有两种：一种是砧木切成马耳形斜面，修滑切面后在斜面下端用刀尖顺树皮纵开3cm左右，将树皮往两边轻轻挑开，迅速插入接穗，使砧木斜面下端高出接穗斜面1cm以上，以防止砧木上部干枯后影响接穗成活；另一种方法是将砧木切削成横切面，修滑切面后，先用一个和接穗粗度大致相同的小木楔从砧木树皮与木质部之间插入，撑开接口，插入木楔的深度要小于接穗斜面的长度，拔出小木楔后，立即将削好的接穗插入接口。然后用插皮接进行嫁接，如果砧木大，树皮能把接穗箍紧，可以不必绑扎，但要黏山药、接蜡等涂封接口。此法操作简单，成活率高，也很适用于高枝接等。

②**切接** 又称破头接、劈接、割接。选择3年生以上，直径不小于3cm的砧木，在离地面约20cm处将砧木切断，修滑切面，然后在横切面上用刀纵切约5cm的切口，切好后将准备好的2年生接穗，从1、2年生的节间处（群众称为马蹄或磨盘节）开始，分别将两面削成同等的两个斜面，斜面长度与砧木切口的深度大致一样。削好后将接穗的斜面含在嘴里，再用刀尖将砧木切口形成层处变黑了的氧化单宁轻轻刮掉，迅速将接穗插入砧木切口，插时要使接穗和砧木的形成层（群众称黄衣）密切结合，用塑料薄膜将砧木切口紧紧绑扎，并用拌过泥的牛粪、黏山药或接蜡封闭接口。

③**芽苗砧嫁接法** 适宜在气候温暖或较热的地区采用，嫁接时间为1月中旬至3月上旬。将培育好的芽砧苗刨起后，在芽砧苗最粗的部位上3~5cm处剪断，采用切接。插入接穗时要对准砧木的形成层，用塑料条包扎接口，松紧适

度。嫁接后将芽苗砧嫁接苗栽入苗床，株行距10cm×30cm，接口可露出土面（气温高地区）或浅埋于土下（气温低地区），浇透水，床面覆盖地膜，接穗露出膜面，膜上压细土，保湿增温。此法从育砧到嫁接直至苗木出圃只需1年时间，育苗周期短、效率高、成本低。

④**移苗砧嫁接法** 此方法适应范围较广，冷热地区均可采用，嫁接时间为1月中旬至3月上中旬。滇南、滇西南较热地区可在1月中旬开始嫁接，滇西、滇中等地在2月上中旬开始嫁接，滇西北、滇东北较冷地区可在3月上中旬开始嫁接。其嫁接方法是：用挖起的1~2年生移苗砧及良种的蜡封接穗在室内嫁接。采用单芽切接，嫁接后栽入苗床，株行距10cm×30cm。在较冷地区，种植时可将接口埋在土下，较热地区接口可露于土上。栽后踩实土壤，浇透水，床面覆盖地膜，接芽需露出膜面，以免烫死，膜面上压细土，以利苗床的增温保湿，提高嫁接苗的成活率。该方法从培育苗砧到嫁接直至苗木出圃需2年时间。移苗砧挖起后应于嫁接地旁、背阴潮湿地中假植。

⑤**蓄热保湿嫁接法** 该方法主要用于寒冷地区，可采用切接或插皮接，将削好的接穗插入砧木接口，对准形成层，绑紧，然后在其接口部位绑扎一个蓄热保湿塑料袋。将袋的下口紧扎于接口的下方，使接口和部分接穗包在蓄热保湿袋内，袋内装入湿锯木（腐殖土或细湿土），松紧适度，扎紧上口，接穗顶芽必须外露（若包在袋内，接穗就会烫死）。袋内中午的温度可达40℃左右，湿度在85%左右，形成一个高温、高湿的小温室。套袋绑扎完毕后，在蓄热保湿袋底部用尖木棍通一个小孔排水，避免雨天袋中水分过多浸泡使接口腐烂，影响嫁接成活率。在7月中下旬当抽梢50~70cm、接口愈合牢靠时即可去除保湿增温袋及绑扎带。去袋前，先将袋的上方打开7天后，将套袋及绑扎带一起用力划去。

⑥**芽苗砧刨土嫁接法** 该方法多用于气温较高或温暖的地区。1月中旬至3月上旬，将已育成的芽砧苗根颈部位的土刨开，露出的较粗根颈作为嫁接部位，采用单芽切接的方法嫁接后，将所

刨出的细土恢复至原位，冷凉地区可埋接口，热地区外露接口，浇透水，床面覆盖地膜。接芽必须露出膜外，以防灼伤至死。

（4）嫁接苗的管理

①为防止人、畜危害，应禁止人、畜进入苗圃地和通行。

②嫁接后经常进行检查，发现接蜡破裂，要随时补涂，保持接口密封。

③嫁接苗的砧木易萌发、生长大量幼芽，影响嫁接成活与接芽的生长，应及时抹去，发芽后7～10天抹一次。

④嫁接苗的新梢长达50～70cm即可解除嫁接口上的绑扎条。有时为了防止起苗和运输途中接口劈开，可待种植时才解绑亦可。

⑤嫁接后，如果在当年或第二年结果，在幼果刚形成时即摘除，使养分集中供应新梢生长，以便早日形成冠幅。

⑥加强肥水管理和病虫防治。

4. 苗木出圃

起苗时应保持嫁接苗主侧根的完整，非合格苗不能出圃。起苗后不能立即运走的苗木要及时假植，浇透水，用草覆盖。苗木外运必须进行包装打捆，喷上水，挂好标签，注明品种、数量、起苗日期等。

五、林木培育

根据方文亮和宁德鲁（2015）的研究结果，可将深纹核桃的栽培技术归纳如下。

1. 园地选择与整理技术

（1）园地选择

深纹核桃种植园应在年平均气温12.7～16.9℃、海拔高度1600～2200m的范围内选择，并要求土壤土层深厚肥沃，以保水、透气良好的壤土或沙壤土为宜。具体地块应选择在背风向阳的平地、缓坡地（坡度不超过25°）、箐沟平地、山脚、农耕旱地的田边地角以及房前屋后，同时要求园地交通方便、排灌条件好。

（2）园地整理

对于坡度＜15°的坡地，可直接挖穴栽植；对于坡度在15°～25°的坡地，沿等高线将坡地改造为台地后挖穴栽植。坡度＞25°则不宜种植核桃。

栽植穴的长×宽×深为（80～100）cm×（80～100）cm×（80～100）cm，挖穴时将表土与心土（石）分开堆放。回填时，每穴用50～80kg农家肥（厩肥、绿肥、堆肥等）及1kg普钙或1.5kg钙镁磷肥与表土拌匀填入穴内。如果土壤黏重或下层为石砾、不透水层，则应加大、加深栽植穴规格，并进行土壤改良。

2. 品种选择与配置

（1）良种选择

可选用漾濞深纹核桃、三台核桃等传统主栽品种，也可选用近年来经过审（认）定的优良品种。

（2）苗木选择

选择粗壮通直、上下均称、无冻害风干、充分木质化、色泽正常、根系发达、主根较短、接口处愈合良好、无病虫害和机械损伤、有较多侧根和须根的健壮苗，各项指标至少达到省颁标准的1级或2级苗规定。

（3）定植时间

在灌溉条件较好的地方，应采用春种（立春前）；在缺水且无法灌溉的地方，秋末冬初核桃苗已进入休眠、秋雨尚未结束，土壤湿度较大时进行秋栽。

（4）栽植密度

晚实品种的栽植密度为120～180株/hm^2，即株行距为（7～8）m×（8～9）m；早实品种的栽植密度为300～450株/hm^2，即株行距为（4～5）m×（5～6）m。

（5）栽植技术

定植前，应剪除苗木的伤根及烂根，解去绑扎嫁接口的薄膜。有条件的地方，可用0.1‰生根粉或吲哚丁酸溶液蘸根后栽植。在原有栽植穴的中央根据苗木根系长度再挖定植穴，然后将苗木放入穴中使其根系舒展，填入部分细土后轻提苗木，让其根系舒顺再填入一些细土踩实，在填土约一半时先浇水1次，让所浇水分能达到定植苗的根部，再继续填土至与地面相平，全面踩实后围出树盘再浇第二次水。待水渗透后，再用细土覆盖穴面，盖上薄膜，用细土压紧即可。

3. 栽后管理

栽后1年内是成活生长的关键阶段，需要加强管理，促进成活及快速生长，其中的管理工作主要包括以下内容。

（1）灌水覆盖

定植后应立即灌足定根水，为了防止水分散失和树盘土壤板结，待水渗干后用薄膜或秸秆等进行树盘覆盖，四周用细土压实。这样有利于增温保湿，促进根系愈合生长，提高成活率。

（2）追肥

雨季追肥1~2次，若追肥2次，应在雨季初期的5月底追肥1次、7月中旬追肥1次，每穴施氮肥50g、磷肥40g、钾肥20g。

（3）松土除草

除草与松土可同时进行，时间主要视杂草生长状况而定，云南在6月和9月除草较佳，还可结合追肥和灌水一起进行。

（4）病虫害防治

如遇积水应及时排出，以防根腐病的发生。如有病虫害发生，应采用综合防治方法及时防治。

（5）防火护林

火灾对核桃林木危害很大，而且火灾后易发生病虫害，故核桃园要严加防火。同时，核桃园内禁止放牧，如遇鼠类等危害要及时建立防护措施，以防损害。

（6）除砧芽

嫁接口以下发出砧芽或砧木新枝，要及时抹除，以保证嫁接苗的正常生长。

（7）防寒防冻

定植的第一年冬季，应关注天气情况，如遇极端低温，要及时采取防护措施以防冻害发生而造成大面积幼树死亡。

4. 园地管理

（1）幼树阶段

①土壤管理

深翻改土　一般在秋季果实采收后到树叶变黄前（9月中旬至10月中旬）进行，园地深翻可与施基肥相结合。秋末冬初、土壤湿度较大时，先将农家肥按每亩3000~5000kg、普钙200kg的用量均匀撒入地内作基肥，然后翻土深度达30cm左右，并将土块耙细。

中耕除草　在雨后、浇水后和干旱季节进行中耕除草，可以解除地表板结，切断毛细管，减少水分蒸发，增加土壤通气，促进肥料分解，减少病虫害。中耕深度以15~25cm为宜，中耕除草每年3~5次。

合理间作　提倡间种矮秆作物，以耕代抚。在间种中应注意两个问题：一是不能间种玉米、高粱、向日葵等高秆作物及瓜类等攀缘植物，以免影响核桃树的光照；二是间作要在不影响核桃树生长的前提下进行，一般应掌握在树冠外围间作的原则。

②科学施肥

施肥方式　通常采用的方式主要有放射状、环状、穴状、条状等。

肥料种类　施肥以施氮肥为主，磷钾肥为辅。到一定年龄后可施有机肥，如厩肥、人粪尿、畜禽粪、绿肥等。

施肥量　早实核桃2~3年生每平方米冠影面积年施无机肥量50g、4~6年生75g；从3年生开始施用厩肥，施用量为每平方米冠影面积5kg。晚实核桃2~4年生每平方米冠影面积年施无机肥量40g，5~10年生为60g，11年以后为75g；厩肥从第五年开始施用，施用量为每平方米冠影面积5kg，以后每隔1年施1次。

施肥时间　厩肥和堆肥在秋季落叶后和春季发芽前施入，绿肥6~7月直接埋入土中。追肥多以速效肥为主，每年在生长期间追肥2~3次。

③灌溉

2~3月，核桃进入萌动期，开始发芽抽枝。这时春旱缺水，应结合施肥进行灌水，可促进开花坐果。

3~4月，雌花受精后，果实迅速生长，雌花芽开始分化和形成。这一时期需要大量的水分和养分，干旱时应进行灌水。

5~7月，核仁开始发育，花芽分化也进入高

潮，需要足够的水分供应。此时已进入雨季，一般不需灌水，如遇长期高温干旱则需灌水。

10月末至11月初，结合秋施基肥进行一次灌水，不仅有利于土壤保墒，而且会提高幼树新枝的抗寒性。

（2）成年树阶段

①土壤管理

合理间作 主要有水平间作、立体间作两种方式。

耕翻土壤 每年或隔年进行一次深翻，沿着大量须根分布区的边缘向外扩宽40～50cm，深度60cm左右，挖成半圆形或圆形的沟，翻盖时将上层土放在底层、底层土放在上面；在深秋初冬季节耕翻可施入基肥，在夏季耕翻可压入绿肥，注意要分层将其埋入沟内。在土壤条件较好或深翻有困难的地段采用浅翻。耕翻土壤每年春季进行1～2次为宜，深度20～30cm，以树干为中心、2～3m为半径，有条件的地方可对全园进行浅翻。

树下覆盖 树冠下用稻草、玉米秆、秸秆或其他枯落物覆盖，厚度5cm左右，以不露出地面为宜。

②科学施肥

成年核桃树需要的营养量较大，对氮、磷、钾的需要更多，施肥应坚持无机和有机结合、基肥和追肥结合的原则。

施足基肥 25～30年生，每株需氮1.5～1.8kg；如果用厩肥，用量不低于200kg；用速效化肥（如尿素）作为补肥，可在9月追施，其用量不低于每株2.5kg。基肥的施用春秋皆可，但以早施为好。结合施基肥，追施一些速效氮素效果更佳。

增施追肥 在春季萌动前，追施氮、磷肥，施肥量占全年的50%。5、6月以后，追肥量占全年的30%。7月以后，追肥以速效磷为主，并辅以少量的氮钾肥，追肥量占全年的20%。追肥施用方式多采用放射状、轮状或半圆形、条状。追肥数量以每年每株1.5～2.0kg为宜。

③灌溉与排水

灌溉 成年核桃园灌溉期有3次，一是2～3月，此期核桃进入萌动期，并开始发芽、抽枝、展叶、开花，对水的需求量较大，多数地方也正值春旱。二是4～7月，此期核桃的新梢生长迅速，雌花受精后果实迅速发育膨大，雌花开始分化和形成，对水的需求量仍较大。如果雨季来得迟而出现干旱，需要及时灌水。三是果实采收后的10月下旬到落叶前，可结合秋施基肥灌足灌透，既有利于基肥腐烂分解，又利于受伤根系的恢复和增加树体贮藏营养，为来年萌芽、开花和结果奠定营养基础。

排水 山地核桃园可在梯地内侧挖排水沟，既可排水又可作蓄水、灌水用，使多余积水流入排水沟进行排水；平地核桃园可挖固定排水沟顺沟排出园外，也可采用临时排水沟，即根据降雨强度对局部积水的核桃树及时挖临时排水沟排除积水。

5. 整形修剪

（1）整形方法

根据深纹核桃的生物学特性，应适时进行定干、整形。树形以3～4大主枝开心形最理想，光照足又通风，其次是疏散分层形。但要注意，不同品种特性不同，应采用适当的树形。

（2）幼树整形修剪

定干 定干高度1.0～1.5m，促进其抽生侧枝。

培养树形 以开心形为主，适当采用疏散分层形。

修剪 早实核桃主要是疏除过密枝、交叉枝、重叠枝，控制利用二次枝，短截改造徒长枝，剪除下垂枝、干枯枝、细弱枝、雄花枝和病虫枝等。晚实核桃主要是短截发育枝，使其扩大分枝，剪除背上弱枝、下垂枝、病虫枝等。

修剪时间 以秋末冬初为宜。

（3）成年树修剪

初果期修剪 修剪中应去旺留壮，先放后缩，或放、缩结合培养枝组，间疏各种无用的密挤枝、细弱枝、徒长枝，使各类枝条分布均匀，尤其是内膛枝条要疏密适度。

盛果期修剪 应及时回缩骨干枝和下垂枝，疏除过密、过弱的内膛外围枝，对有利用空间拓展的外围枝可适当短截。在盛果期，培养结果枝组的原则是大、中、小配置适当，在各级主、侧枝上分布均匀，在树冠内膛里大外小、下多上少，形成内部不空、外部不密的合理树形。对辅养枝修剪应采用留、疏、改相结合的办法，当其与骨干枝不发生矛盾时可保留不动，若影响主枝生长时要及时去除或回缩，实现树体的大枝大、小枝小、小枝多、大枝少的立体丰产、稳产的核桃树形。

衰老树的修剪 将长势很弱的腐朽主枝全部锯掉，使其重新发出枝条，并选留新主枝，由其萌发出新的侧枝，以逐渐恢复树势，促进开花结果。将一些生长势很弱的侧枝和干枯枝锯掉，让其重新萌发侧枝。对主干进行回缩也能长出新枝，形成新的树冠、复壮树势。更新后的核桃树，要加强施肥、灌水、松土除草、防治病虫害等综合管理工作。

6. 低产核桃园的改造

（1）高接换种

对于实生劣质低产林或品种不好原因造成的低产核桃园，可以通过高接换种进行改良。其中，必须坚持适地适良种的原则，接穗选用当地主栽品种及近年选育出的良种，在2月上中旬至3月上旬进行改接（马婷和宁德鲁，2013）。

（2）加强管理

对于土壤条件较差、水土流失严重的山地核桃园，应通过修筑梯田、挖鱼鳞坑等工程，结合种植绿肥作物改良土壤、控制水土流失、蓄水保土。在此基础上，每年进行土壤深翻、拓宽树盘活土层，改善根系生长条件；深翻土壤时，施入有机肥或压绿肥。对于树龄较大、立地条件较好、放任多年的核桃树，如因栽植过密导致过分郁闭，应通过适当间伐或修剪调整树体结构、改善光照条件、培养合理的结果枝组，达到立体结果。同时加强土、肥、水管理，增厚活土层，及时控制病虫害，达到高产优质（马婷和宁德鲁，2013）。

六、主要有害生物防治

参见核桃主要有害生物防治。

七、综合利用

深纹核桃是一种综合利用经济价值很高的木本油料树种，亦是生产优质材的用材树种。核桃仁、青皮、种壳、花粉、雄花序、树皮、枝叶及木材均可开发利用。产区的群众说核桃全身是宝，称它为"摇钱树""铁杆庄稼""绿色银行"（方文亮和宁德鲁，2015）。

1. 核桃仁的利用价值

深纹核桃仁营养十分丰富，每1000g仁中含脂肪590~720g、蛋白质174g、碳水化合物104g，以及粗纤维素58g、灰分15g、钨1.1g、磷3.6g、铁0.04g、胡萝卜素0.001g、硫胺素0.003g、核黄素0.001g。核桃仁蛋白质中含8种氨基酸，7种矿质元素及多种维生素。核桃仁中的油脂比重为0.92左右，折光率1.47，碘值161.7，酸值5.1，皂甙值194.5，非皂化物0.5%。用核桃仁榨取的核桃油，其饱和脂肪酸仅10%，不饱和脂肪酸高达90%。

核桃仁具有健脑开窍、补中益气、润肠润肺、生津养血、通经活络、滋阴壮阳、延年益寿的功效，特别对老年人而言，是一种健康长寿的滋补性食品。在历史上有许多以核桃仁为原材料加工制作的食品，如核桃蘸、核桃薄脆、核桃仁咸甜罐头、琥珀核桃仁罐头、玫瑰核桃仁片等。

目前，核桃仁的加工品种较多，有核桃油、核桃乳、核桃粉、核桃胶囊等；核桃药膳有人参胡桃汤、阿胶核桃、核桃乌发汤、核枣丸等。

2. 木材的利用价值

深纹核桃的木材因色泽淡雅、纹理致密、不翘不裂、材性良好而成为世界性的优良材种，可用作军工用材，是制作高档家具、文具、仪器盒匣、钢琴盖壳的优良材料，亦是客车车厢装饰及雕刻工艺等的最佳用材。

3. 青皮的利用价值

青皮是深纹核桃果实的果肉部分。青皮内

含胡桃醌植物碱和萘醌等，既有医疗用途又可提制染料，青皮还可治一些皮肤疾病及胃神经痛等。此外，青皮可提取棕色染料，可染羊毛及丝织品。

4. 坚果壳的利用价值

深纹核桃坚果的壳称为核桃壳。核桃壳主要含氮、磷、钾、钨、镁等元素，还有6%的戊糖及纤维素。目前主要作为锅炉燃料，造成资源的浪费。事实上，它可用来炼制活性炭，制成药用炭、针剂炭、净化炭及电镀炭等，这些产品多用于国防和医药卫生事业。以核桃壳为原料提取的棕色素略带清香味，并具有良好的耐热性和抗氧化性，而且提取后的残渣仍可用于生产核桃壳超细粉等产品，是核桃壳高效利用的途径之一。不同粒度核桃壳粉用途非常广泛，可用作金属器件、模具等的清洗和抛光，作为堵漏填充剂、高性能过滤材料、高级涂料、高级化妆品及牙膏、肥皂等日化产品原料。

5. 花粉的利用价值

深纹核桃的每穗雄花序有花粉0.13～0.50g，其中含蛋白质25.38%、氨基酸总量21.33%、可溶性糖11.08%，含矿物质钾5883mg/100g、磷5775mg/100g、钨1330mg/100g、镁1296mg/100g、铝226.8mg/100g、铁91.4mg/100g、硫84.92mg/100g、锌56.41mg/100g、锰35.09mg/100g、铜11.11mg/100g、硼4.14mg/100g、钡2.91mg/100g、锶2.55mg/100g、铅1.8mg/100g、钼1.06mg/100g、钒0.8mg/100g、镍0.54mg/100g、镉0.18mg/100g、钴0.17mg/100g、铬0.16mg/100g，含维生素类物质尼克酸28.19mg/100g、硫胺素（VB_1）4.81mg/100g、核黄素（VB_2）1.72mg/100g、维生素K1.18mg/100g、维生素E0.44mg/100g、维生素D0.69mg/100g、β-胡萝卜素0.15mg/100g，营养物质丰富，是制作花粉保健食品的宝贵原料。另外，深纹核桃雄花序经开水焯和冷水浸泡后可拌凉菜，也可炒食。将采收到的雄花序经烤干处理后，包装作为生态食品上市，深受人们喜欢。

6. 分心木的利用价值

分心木为核桃果核内的木质隔膜，富含黄酮、氨基酸等营养物质，具有涩精缩尿、止血止带、止泻痢之功效，可用于治疗遗精滑泄、尿频遗尿、崩漏、带下、泄泻、痢疾等。

（宁德鲁，方文亮，马婷）

别　名 | 核桃、楸子（东北）、核桃楸、山核桃（东北、河北）
学　名 | *Juglans mandshurica* Maxim.
科　属 | 胡桃科（Juglandaceae）胡桃属（*Juglans* L.）

胡桃楸是我国东北东部山地地带性顶极群落阔叶红松混交林的主要伴生树种，是我国东北地区珍贵的阔叶树种，与水曲柳和黄波罗一起并称为"东北三大硬阔"，其材质坚硬、致密，纹理清晰美观，材性较好，为军工、建筑、家具、运动器材、仪器等的优质用材，也是制造胶合板的良好原料，在国际木材市场享有盛誉。种仁含油率40%～63%，营养丰富，可食用，又为重要的滋补中药。树皮、叶和果肉含多种活性成分，能够提高免疫力，并可制杀虫农药、抗癌、抗禽流感药物（Yang et al., 2015）；果壳可制活性炭，雕刻为工艺品，亦作为"把玩"物件。寿命长，树干通直、挺拔，树姿雄伟，叶片大，秋叶呈金黄色，是城乡绿化的良好树种。因为多年来的掠夺式采伐和绿化大苗移植，导致该树种资源急剧减少，被列为国家Ⅲ级重点保护野生植物（《中国珍稀濒危保护植物名录》，1984年国务院环境保护委员会公布；1987年国家环境保护局，中国科学院植物所修订）、Ⅱ级重点保护野生植物（《国家重点保护野生植物名录》，国务院1999年批准）和国家二级珍贵树种（《中国主要栽培珍贵树种参考名录》，2017年国家林业局修订版）。

一、分布

　　胡桃楸属第三纪残遗种，起源古老，集中分布在我国东北的东部长白山、小兴安岭、完达山及辽宁东部山地，在内蒙古、山西、河南、河北、甘肃、华北地区也有零星分布，它向北延伸至大兴安岭与俄罗斯远东地区，往东南到朝鲜北部和日本。目前，胡桃楸在我国主要分布于温带针阔混交林和阔叶林区域，尤其在东北山地红松阔叶林中较多，常与水曲柳形成胡桃楸、水曲柳群系。从分布范围和数量上看，长白山和小兴安岭是胡桃楸的最适生长区域。常生于海拔300～1000m的中下部山坡和向阳的沟谷，多与红松、臭冷杉、水曲柳、黄檗和椴树、榆树等组成针阔混交林或落叶阔叶混交林。

二、生物学和生态学特性

　　落叶乔木。树高可达25m，胸径达80cm，树冠宽卵形，树干通直。树皮灰色或暗灰色，光滑浅裂。小枝淡灰色，粗壮，髓心片状分隔。奇数羽状复叶，小叶7～17（～19）枚，长椭圆形或卵状长椭圆形，长6～18cm，宽2～7cm，先端锐尖或短渐尖，基部通常歪斜，边缘有细锯齿，叶痕猴脸形。雌雄同株。种子较大，千粒重达8500～12000g。根系较深，根蘖性和萌芽力较强。树龄较长，可达250多年。花期5～6月，果8～9月成熟。

　　喜光，不耐庇荫，在茂密的林冠下不易更新，多单株混生在红松阔叶混交林内，在次生阔叶林内可沿河谷形成小片林，常与水曲柳、黄波罗、春榆、山杨、紫椴等混生。深根性树种，适宜生长在土层深厚、肥沃、排水良好的山坡中下腹或河岸腐殖质多的湿润疏松土壤上，过于干燥或排水不良的土壤条件，生长不良。耐寒性较强，能耐-40℃严寒；根系发达，主根明显，根蘖性和萌芽力较强，常常由伐根的休眠芽和不定芽萌生而长成；主干易分叉，在林内能形成通直树干，在空旷地散生时，往往分叉早，干形较

黑龙江省林口林业局湖水苗圃胡桃楸床播苗（祁永会摄）

差，影响材质。

胡桃楸在天然林内成熟龄约为150年，寿命可达250余年。在硬阔叶树种中是一个生长较快的珍贵树种，在天然次生林内，其树高、胸径、材积的生长均处于优势地位，在较好的立地条件下，20年生，平均树高14.3m，平均胸径13.3cm。如果幼龄阶段处于庇荫状态，生长较慢，以后随着受光条件的改变，生长逐渐加快，一般40～60年生以前高生长迅速，以后直径生长较快；100～110年以后高生长趋于停止，但直径生长仍有所增加。天然林20年生左右开始结实，种子约2年或3年丰收一次，30～100年生结实能力强。用种子或萌芽繁殖，在次生林内多以萌芽更新为主，更新幼苗能耐一定庇荫，喜光性随年龄的增加而加强。萌芽更新较实生苗生长较快，但多呈丛生状，需加强抚育，且易发生心腐病。实生苗在空旷地造林时需注意晚霜危害，人工实生林一般在

15～20年以后，其高、径生长就要超过萌生林。

三、良种选育

胡桃楸种源选择试验开展较晚。20世纪90年代，根据胡桃楸的形态性状等指标，进行了东北地区胡桃楸最佳种源地和种源区的区划，将东北地区的胡桃楸种源划分为4个种源区，即长白山完达山种源区、吉林中部浅山种源区、辽宁东部种源区、小兴安岭松花江地区种源区，确定了吉林舒兰种源为最佳种源。胡桃楸的生长性状、适应性状和形态性状是以经向变异为主、纬向为辅的经纬双向渐变为规律的，地理变异总趋势受纬度和经度的双重控制，但以纬度影响略大些，呈现东北到西南的变化趋势（刘桂丰等，1991）。

黑龙江省林业科学研究所分别在东北三省共选择了具有代表性的13个种源及其113个家系，通过对各种源及其家系子代苗的生长以及与环境

因子等评价分析认为：胡桃楸种源间和种源内部存在丰富的变异，初选出6个优良种源，其苗高、基径生长量分别高出13个种源平均值的21%、22%以上。不同种源苗高与纬度和年平均气温有一定的相关性，且呈负相关，其可以适度地北移，在移栽地的生长优于当地的种源，但是如果北移太远，则将会遭受冻害。初选出优良家系26个，其苗高生长量比对照家系总平均值增加了21.0%～43.7%，地径增加了18.9%～22.0%。

吉林省林业科学研究院对吉林省长白山区，按1°经纬度网格，选择并收集了14个胡桃楸种源，通过对1～2年生胡桃楸不同种源苗期观测，筛选出5个生长表现较好的种源。

四、苗木培育

胡桃楸以有性繁殖为主，扦插繁殖技术也取得了突破，嫁接育苗多用于采穗圃和坚果林营建。

1. 播种育苗

（1）种子采集、调制和贮藏

采种应在优良林分和母树林中进行。应根据培育目的不同，选择合适的优良母树采种，在9月中旬开始采收。由于胡桃楸种实成熟后立即掉落，适宜地面采收和脱皮净种。新采种子常温下堆放，生活力可保持180天，在保持种子安全含水量（10%～15%）、低温（10℃以下）密封条件下，生活力可保持2年以上。

（2）种子播种前催芽处理方法

混沙层积催芽 在播种前一年的秋季结冻前，选择管理方便、排水良好的地方挖深0.8～1.5m、宽1.0m左右的沟，沟的长短可根据需要处理种子的多少和环境条件而定。在沟底部铺10cm厚的河卵石，河卵石上铺10～15cm厚的湿沙，然后将种沙混合均匀放入沟内（种沙比为1∶3）进行混沙催芽，方法与其他混沙催芽法相同。翌春播种前筛出种子，摊平晾晒，种子裂嘴后即可播种。

浸泡催芽法 于播种前15天左右，先将胡桃楸种子用0.5%的高锰酸钾消毒30min，消毒后及时用清水清洗干净，然后浸种，每隔2～3天换水1次，待种子充分吸水后放容器内摊开翻动催芽，

上覆湿草帘保湿，草帘子干时及时喷水，待种子有30%裂嘴时即可播种。

（3）播种作业

作床播种 苗床育苗分为高床育苗和低床育苗。高床适宜于寒冷和排水不良地区，低床适宜于干旱地区。作床前先将圃地深翻一遍，然后作床。作床后进行床面镇压，灌足底水，待底水下渗后，再播种。苗床点播时将种子核尖向下，可提前5～7天出土，而且出苗粗壮，抗逆性强。播种多采用"品"字形，播种前要精细整地，打埂作床，按0.5m行距开沟，点播株距10cm为宜，深5～7cm，覆土厚度5～7cm，覆土后轻轻镇压，覆盖苇帘，及时浇水。当幼苗大量出土时，及时撤除苇帘子，以免引起幼苗黄化或弯曲。

作垄播种 胡桃楸比较适宜垄播。作垄后进行垄面镇压，然后在垄上起沟点播，沟深约5～7cm，把裂嘴种子种尖朝下放好，种子间距离10～15cm，覆土厚度5～7cm，播种后进行镇压，覆盖苇帘，及时浇水。当幼苗大量出土时，及时撤除苇帘子。

苗期管理 播种后20～30天开始出苗，在幼苗出土前应注意保墒，幼苗出土后要特别防止日灼害，适时喷水降温。幼苗出齐后要及时浇水、除草、松土，保持床面无杂草，疏松、湿润。追肥2次，6月中旬追尿素1次，每公顷用量150～225kg，8月中旬追施1次过磷酸钙，每公顷

黑龙江省林口林业局红石林场胡桃楸与落叶松混交林林相（逄宏扬摄）

用量225～300kg或叶面喷施0.3%磷酸二氢钾，每公顷用量60～75kg，以促使苗木充分木质化。苗期喷施波尔多液2～3次，以防止发生病害。

苗木越冬　苗高达35cm以上或地径0.8cm、苗高25cm以上可出圃栽植。达不到标准的可继续培育1年，床播留苗密度以40～50株/m²为宜，垄播留苗密度以7～10株/m为宜。胡桃楸苗在越冬时无需防寒即可安全过冬，也可10月下旬入假植场或窖藏越冬。

胡桃楸除采用处理过的种子进行播种外，还可在9月下旬胡桃楸落果期，收集黄绿色果，采用青果秋播，播种方法、密度、覆土厚度、苗期管理及苗木越冬等与常规育苗方式相同。

2. 嫩枝扦插育苗

（1）生根类型

胡桃楸嫩枝扦插生根类型分为皮部生根和愈伤组织两种类型。其中，皮部生根约占生根数量的92%左右，愈伤组织生根约占生根数量的8%左右。

（2）插床设置与基质选择

插床可以设置在温室或塑料大棚内，插床为高床，基质铺设从底部向上依次为炉灰渣10～15cm，河沙10～15cm，最上面铺15～20cm插壤。实验证明，采用蛭石作为插壤可取得较好的生根效果，平均生根率可达55%，最高可达82.2%。

（3）插条选取与插穗剪取

在6月底或者7月初，当室外环境最低温度达到18℃以上，在采穗圃中选取生长健壮、无病虫害的当年生半木质化的枝条作为插条。采穗圃采穗的母株年龄与生根率呈负相关，实验证明，2年生母株采穗平均生根率达82.2%，比3年生和5年生的分别高出13.3%和30.3%。一般要求母株年龄在5年以下，才能确保扦插生根。插穗长度为8～12cm，插条的小头直径0.4cm以上，保留2～3个腋芽，顶芽留1/3～1/2叶片，插条上端在芽上1～2cm处平剪，下端单面斜切。

（4）插床消毒

扦插前将基质灌透水，用5%高锰酸钾淋溶消毒24h以上，扦插前再用清水喷淋干净，待基质含水量在60%～70%时进行扦插。

（5）激素处理

以0.5‰ NAA+0.5‰ IBA的混合液促进生根效果最好。一般插穗插入混合溶液中浸泡2h，浸根深度3～4cm。

（6）扦插方法

一般采用开沟法，沟深3～4cm，将插穗按密度4cm×5cm或5cm×5cm摆放，沟内填满基质压实。扦插一般选择在日出前、日落后或阴雨天进行，以减少插穗自身的水分散失。

（7）插后管理

温湿度管理　插壤温度在22～27℃，插棚内环境温度在25～30℃最佳。空气相对湿度保持在90%～95%，插壤湿度保持在60%左右。通过喷（浇）水和通风调节温湿度。

光照调控　扦插后2周内，透光度保持在20%，当插穗产生愈伤组织后（约20天）逐渐增加光照，生根初期透光度保持30%～50%，大量生根期透光度60%～70%。

追肥与除草　插后20天起至移植前，每隔7～10天喷施叶面肥，促进苗木生长，同时要及时除去插床杂草，以减少杂草与幼苗争肥、争水。

（8）移栽与管理

一种方法是在根系平均长度达到5～8cm时，采取垅植法或营养杯移植，然后进入圃地管理阶段。二是在根系生长停止的秋季，苗木充分木质化之后起苗混沙窖藏或垅植法在大地越冬。三是留床越冬，第二年春季采取垅植法或营养杯移植到圃地。

3. 嫁接育苗

胡桃楸嫁接方法很多，但目前以嵌芽接效果较好。嫁接时间在6月上旬或叶片刚刚萌发时较好。选接穗前，应选择生长健壮、无病虫害的植株作为采穗母树。芽接所用的芽应是木质化较好的当年发育枝。芽接所用接穗随用随采，如需短暂贮藏，运输时应采取保护措施，但贮藏时间一般不超过2～3天，且贮藏时要用塑料膜包好，要通风，里面放些湿苔藓或湿锯末等，或蘸保水剂。嫁接前扣低棚，高度不低于苗高加上当年高生长，两侧用遮阳网围住，这样既保证了提高嫁接地地温，又能通风。嫁接用的刀片，一般用新的剃须刀片即可，反复使用时需用酒精去油脂，但酒精必须挥发后再使用。绑条用聚氯乙稀薄膜，裁成宽1cm、长45～50cm。接芽的粗度不大于砧木贴接部位的粗度。嫁接过程一刀完成，保证切面平直，砧木切削与接芽切口长度相同。在砧木切削处下面划1条长度2cm左右直线，深至韧皮部的刀口，即流水线。将接芽与砧木形成层对齐，用塑料薄膜绑紧，系实。嫁接40天后解绑带，如在圃地嫁接应保证通风透光。其他管理方式与常规育苗管理方式相同。

五、林木培育

胡桃楸造林可以采用植苗造林和直播造林两种方法。

1. 立地选择

胡桃楸适宜在温带地区栽植。在山区宜选择坡度≤15°的山坡中下部、河谷两岸或山间平地，坡向以阴坡或半阴半阳坡最佳；在凹形坡地上生长均好于线形坡和凸形坡。胡桃楸喜欢土壤深厚肥沃、排水良好的地段，应选择疏松、湿润、排水良好、土层厚度＞45cm为宜。胡桃楸不耐水渍，易受霜冻危害，立地选择在保证土壤湿润的同时，不应选择排水不良的低洼地和临时性积水地，以及迎风口、窄沟谷等易发生霜害的地段。考虑到霜冻的危害，应避免在常有逆温现象出现或裸露的皆伐迹地上造林，一般在郁闭度为0.2～0.4的林下造林能减轻霜冻的危害。在东北东部山地影响胡桃楸生长的主要立地因子是坡度、土壤A层厚、坡向、坡形和坡位，最佳适生立地是较缓的阴坡和半阴半阳坡的中下部。

2. 清林与整地

（1）清林

凡杂草和灌木丛生的造林地，在整地前必须进行清林作业。造林地内珍贵树种及其幼树、幼苗和经济植物都要保留，损伤率一般不得超过15%。可全面、带状或团块状割除地表的灌木和杂草，割灌、割草的留茬高≤10cm。

（2）整地

造林整地可在春、夏、秋季进行。在东北东部山地可主要在夏季整地，因夏季杂草嫩小，草籽尚未成熟，地温高、雨水多、易腐烂，可增加土壤肥力。整地方式主要采用带状或穴状整地。穴状整地的穴面圆形，穴径50～70cm，穴深25cm以上。整地时将穴内土壤翻松，土块打碎，拣出树根、草根等杂物。带状整地带宽1m，带间距离1.5～3.0cm，沿等高线设带。在新采伐迹地，新撂荒地杂草少，土壤结构好，可随整地随造林。秋季播种造林，亦可随整地随播种。

3. 植苗造林

（1）苗木包装运输

将选出的优质苗木用草帘或苗箱包装，苗根向内，互相重叠，内加含水填充物。上山苗木宜早晚运输，装运苗木的车辆要用苫布盖严，防止风干，运输时间长应每隔2h浇1次水，到达目的地后，立即打开包装进行造林。

（2）苗木处理

栽植前为提高造林成活率，对苗木进行相应的处理，对地上部分进行截干、修枝等措施，减少造林后地上部分的水分散失。对地下部分的处理有修根、水浸、蘸根等措施，保证根系湿润、维持苗木体内水分平衡。植苗时应使用苗木罐装苗，罐内需有≥10cm深的水，经过蘸浆，药剂处理的苗木必须适时浇水，始终保持苗木根系湿润，以提高造林成活率。

（3）造林时间

胡桃楸裸根苗造林在春季和秋季成活率相差不大，栽植时间可选择春、秋两季，春季应顶浆造林，秋季应在土壤冻结前完成栽植。在易发生冻拔害的地区可选择春季造林，避免秋季造林在春季化冻时发生冻拔害。造林方法主要采用穴植法，即将苗栽植于穴中央，要扶正、深浅适中、根系舒展，先填表土，后填心土，轻提苗、踏实，踏实后的穴面在苗木根颈以上1～2cm处。在易发生冻拔害的地段，也可采用缝植法。

（4）初植密度

依据培育目的，其造林密度不同，速生丰产林、林化工业原料林、水源涵养林、果材林的最低初植密度分别为1500株/hm²、3300株/hm²、1500株/hm²和1100株/hm²。

自然状态下，胡桃楸果穗脱落后，数个胡桃楸果实集中落于很小一块区域内，自然萌发形成一个小群团，群团内数株胡桃楸竞争生长，可形成干形通直、枝丫稀少的良材。因此，人工营造用材林可以模仿自然，进行群团状种植点配置（3～5株1m株距密集栽植），以控制早期分杈，促进良好干材形成。

（5）混交树种选择与配置

很多研究证明胡桃楸与针叶树混交优于纯林。根据东北林业大学等单位的研究，胡桃楸与落叶松、红松和云杉等针叶树种混交均具有增产的效应，尤其胡桃楸与落叶松混交增产效应更加明显；可采用胡桃楸和落叶松等针叶树种带状混交造林，胡桃楸和针叶树分别3～5行组成一条带（史凤友等，1991）。

4. 直播造林

一般在9月下旬至11月上旬落雪前播种。为防止鼠害，可在播种前将种子拌0.25%～0.30%的磷化锌。春季造林则需要对种子进行催芽处理后播种，每穴播种2～3粒，每公顷需种量在90～120kg，点播时将种子核尖向下，可提前5～7天出土，播种后覆土厚度5～8cm，踩实。有关直播造林的密度、混交树种选择与配置、抚育方法参照"植苗造林"。

5. 幼林抚育

胡桃楸幼林抚育以除草松土为主。

造林后应连续抚育4年，总抚育次数8次（3-2-2-1）或7次（3-2-1-1）。采用3-2-2-1型抚育，造林当年抚育3次，第一次抚育时间为6月上旬，铲除穴面上的杂草，播种造林的要注意防止穴内土壤透风，必要时可在苗周围轻轻踩压；第二次抚育时间为6月下旬，铲草扩穴；第三次抚育时间为7月中下旬，带状割草。第二和第三年，均抚育2次，每年第一次抚育时间为6月上中旬，以除草为主；第二次抚育时间为7月下旬，以割草为主。第四年，进行带状割灌，伐除非目的树种，保护好天然珍贵幼树。采用3-2-1-1型抚育，造林当年抚育3次，第一次镐抚，造林后立即进行；第二、第三次刀抚；第二年抚育2次，第一次镐抚，第二次刀抚；第三年刀抚1次；第四年刀抚1次。

镐抚主要用于清除穴面杂草、扩穴。刀抚主要用于割灌、清除杂草，适宜在夏季进行。刀抚时可采用块状抚育、带状抚育或者全面抚育的方式进行。多以带状抚育为主，带宽1.5～2.0m。对于直播造林，在造林后第三年，每穴择优保留1株。

6. 透光抚育

主要指造林后，经过3～5年幼苗期，目的树种定居成功，乡土灌草进入，林分郁闭度提高，树冠交错，此时需要按照近自然经营的方式进行第一次幼龄抚育（透光伐）。首先要选择目标树，已经影响目标树生长的干扰树，先标记后伐除，为目标树生长创造条件。透光伐以促进林木个体生长为目标，郁闭度保持在0.6～0.7为宜。

7. 修枝

修枝一般10年生左右开始。用利刀快速割去不需要的枝条，保证截面小、愈合快、结疤小。修枝季节以冬末春初较好，修枝强度一般为保留树冠约占全高3/5～2/3，修去下边的枯死枝、下垂枝、遮阴枝以及影响主干干形完满的粗枝。另外要及时清除断头、偏冠、弯曲、病腐、生长势弱的单株。一般修枝进行2～3次。

8. 间伐

（1）人工林的间伐

根据林木生长与密度变化状况，人工用材林第一次抚育间伐可选在15～20年生时。以后每5～8年间伐一次。对于混交林的抚育间伐首先应保证胡桃楸能更好地生长，同时要调整好林内的种间关系。采用"留优去劣"的原则，进行选择性均匀间伐。

（2）天然林的间伐

主要进行密度调整和质量调整，保留目标

树。针对林龄与密度结构不合理的林分，根据不同起源、不同林龄阶段与之相适应的密度来确定合理保留密度，通过间伐对森林密度进行调整。质量调整间伐是根据用材林经营方向确定的森林经营质量指标，通过保留优质、高价、珍贵树种，伐除劣质、低价、低效树种，提高优质树种的比例，提高林木生长量，提高林地生产力水平。但在经营实践中要充分注意森林对生物多样性的生态要求，保留一定比例的多树种的种源树，以确保森林生态服务功能的发挥。间伐时应尽力做到林木分布均匀，不出现林窗。间伐强度可用郁闭度控制，伐后郁闭度在0.5以上。

9. 主伐与更新

（1）主伐

天然林中胡桃楸要在81～120年才能达到成熟进行主伐。在一些大径级用材林也可以根据胸径大小控制主伐时间，胡桃楸一般要在胸径60cm以上才能进行主伐。主伐年龄的确定要充分考虑工艺成熟和经济成熟两方面要求，既要林分材积平均生长量达到较高数量，同时又要考虑其经济效益达到最大化。建议对天然林采用择伐方式进行主伐。

（2）更新

采用天然更新为主，人工补植为辅的森林更新方式。

利用天然母树下种更新 在择伐的林分中，应选择保留那些树冠较大、枝冠比高、结实率高的单株作为母树，靠母树下种进行天然更新。

人工促进更新 通过疏伐、割灌、破土皮等方法，为天然下种更新创造较好的条件；也可以通过创造林隙来实现更新，林隙的面积控制在优势木树高1～1.5倍的直径面积，最大不能超过0.5hm²为宜。

萌芽更新 胡桃楸萌芽能力强，可以利用萌芽更新。

更新幼苗管理 更新幼苗一般需要30%～50%的光照率才能健康生长，光照不足会逐步死亡而成为无效更新，只有当更新幼苗长到起测径时，才能视为更新成功。在这段时间内要进行适当的

透光抚育。

六、主要有害生物防治

蔡万里等（2011）研究表明，胡桃楸病害主要是胡桃楸枯枝病，虫害相对较多。主要病虫害种类及其防治措施归纳如下。

1. 胡桃楸枯枝病（*Walnut melanconis*）

主要危害胡桃楸的幼嫩枝条，影响生长。防治方法：①坚持适地适树，保持健壮树势，提高抗病能力；②及时清除病株及病枝，集中烧毁，以防止蔓延；③冬季进行涂白石灰剂，防冻、防虫、防旱，防止病菌侵入；④主干部发病应及时刮治病皮，并涂1%硫酸铜，伤口涂保护剂；⑤田间喷杀菌剂防治。

2. 核桃金花虫（*Gastrolina depressa thoracica*）

主要危害核桃及胡桃楸叶部，影响树木生长使果实歉收。防治方法：①早春用杀虫剂喷杀越冬成虫；②利用成虫假死性震落扑杀；③利用天敌灭虫。

3. 胡桃楸天蚕蛾（*Dictyoploca cachara*）

主要危害胡桃楸树叶，影响树木生长并使产量大减，甚至导致整株枯死。防治方法：①发现危害时用白僵菌林间喷雾防治；②冬季刮除树上的越冬卵，摘除蛹茧，烧毁或深埋；③利用天敌灭虫。

4. 四点象天牛（*Mesosa myops*）

主要危害胡桃楸幼嫩枝叶。防治方法：①抚育整枝、防冻、防病、防机械损伤，增强树势；②尽快伐除严重的被害单株或用磷化锌毒扦堵洞除治，也可在幼虫危害初期在虫孔处局部喷洒杀螟松、氧化乐果等杀虫剂；③人工捕杀成虫。

5. 胡桃楸麦蛾（*Chelaria gibbosella*）

幼虫主要危害嫩叶。防治方法：①加强苗木检疫；②剪除干枯枝，消灭越冬虫卵；③成虫羽化盛期末产卵前，用烟雾剂杀虫；④用黑光灯或糖醋液诱杀成虫；⑤幼虫初孵期及幼虫转移危害期，向树冠及枝梢喷洒药剂杀虫；⑥保护和利用天敌。

6. 合目大蚕蛾（*Caligula boisduvali fallax*）

主要危害胡桃楸枝叶。防治方法：①人工捕杀幼虫和摘茧；②黑光灯诱蛾；③应用1亿～2亿孢子/mL苏云金杆菌，或1×10⁹角体/mL枝型多角体病毒致死虫尸液喷杀银杏大蚕蛾幼虫；④应用药剂喷杀3龄以前幼虫。

7. 核桃举肢蛾（*Atrijuglans hetauhei*）

主要危害幼虫钻入核桃青皮内蛀食，受害果逐渐变黑而凹陷。防治方法：①秋末或早春深翻树盘，可消灭部分幼虫；②及时摘除虫果和捡拾落果，并将其集中处理；③成虫羽化出土前，于树冠下的地面上喷施药剂；④产卵盛期用杀虫剂进行防治。

七、材性及用途

目前，对胡桃楸材质材性测试和评价研究较少。佟达等（2012）研究认为，胡桃楸人工林幼龄材与成熟材的分界点为树木生长的第18年；胡桃楸边材的基本密度、气干密度和全干密度高于心材，边材的基本密度为0.337g/cm³、气干密度为0.426g/cm³、全干密度为0.421g/cm³；边材含水率低于心材，边材的抗弯强度高于心材。胡桃楸径向气干与全干干缩率为4.266%和5.591%，弦向气干与全干干缩率为6.095%和7.861%，体积气干与全干干缩率为10.433%和13.669%。胡桃楸树干通直，木段径级较大，材质较致密、略重、较坚硬；木材力学强度大，并富有韧性，抗弯强度大，刨、切面光滑耐磨；材色主要是明度较高的棕黄色，纹理清晰美观、光洁度好，油漆性能好；易胶着，适宜锯解、切削、雕刻。其木材可广泛用于高档家具、办公和住宅等高档装饰，也常用于建筑、运动器械、乐器、木制工艺品加工和军事等领域。

胡桃楸种子含蛋白15%～20%、脂类50%～63.14%、糖类15%，还含有磷、铁、钙等金属元素及维生素B₁、B₂、C、E等，脂肪酸以肉豆蔻酸、棕榈酸、硬脂酸、油酸、亚油酸、亚麻酸为主。每100g核桃仁相当于2500g鸡蛋或4500g牛奶的营养价值。核桃仁味甘、性温，具有润肌黑发、通脉、补气、化痰润肺功能，是滋补强壮、健身益寿之佳品。因此，胡桃楸还是非常有培育前景的经济林树种。

（祁永会，杨雨春，张丽杰，袁显磊，葛文志，王君）

别　名｜昌化山核桃、小胡桃
学　名｜*Carya cathayensis* Sarg.
科　属｜胡桃科（Juglandaceae）山核桃属（*Carya* Nutt.）

山核桃起源于第三纪及白垩纪，是被子植物中较古老的类群之一，亦被称为世界四大干果之一。其主要分布于天目山区，具有核仁肥厚、含油量高等特点，属于天然纯野生干果类，是中国干果中品味最好、营养价值最高的种类之一，在我国乃至世界均享有很高的知名度。作为经济林树种，其果肉香脆可口，肥厚甘美，经炒食又可制作各种糕点。坚果富含人体必需氨基酸，22种矿质元素，维生素E和磷脂，具有润肺强肾、降低血脂、预防冠心病等功效。山核桃壳可用于制取活性炭、碳酸钾和焦磷酸钾。作为优良的用材林树种，其木材质地坚硬、纹理直、抗腐、抗冲击性能强，但易翘裂，经处理后为优良军工用材，亦为车轮、船及建筑的好材料。

一、分布

山核桃主要分布浙江、安徽交界的天目山区，地处29°～31°N，118°～120°E，包括浙江省临安市、淳安县、桐庐县、富阳市、安吉县，安徽省宁国市、绩溪县、歙县、旌德县。总面积约170万亩，大年产3.5万t，产值超过17亿元。在山核桃主产区农户的山核桃收入占总收入的70%，是天目山区农民脱贫致富的主要经济树种。近年来，在四川、重庆、河南、湖南、湖北、贵州、云南等地均有引种栽培（乔雪等，2017）。

二、生物学和生态学特性

山核桃结果枝由生长枝的顶芽和侧芽（短枝状裸芽）组成，侧芽翌年能发育成带雄花芽的结果母枝（生产上称仁果类为结果枝，以下均称结果枝），多数结果枝着生于同一枝形成结果枝组，结果枝组是产量的基础。结果枝可由生长枝的顶芽、侧芽（短枝状裸芽）、结果枝基部（雄花序下方）裸芽以及结果枝果序基本裸芽发育而成。幼龄期以生长枝的顶芽最先转化为结果枝，此后侧芽是形成结果枝的主要来源；成林主要由结果

山核桃林分（夏国华摄）

山核桃结果状（夏国华摄）

枝果序基本裸芽发育形成。进入结果期，结果枝组能不断更新形成结果枝，这是山核桃高产的生物学基础，结果枝的更新主要由果序基本的1～2个侧芽发育而成。

山核桃雄花芽着生在结果枝基部，呈宽卵形至卵状三角形，长0.45～0.55cm，5月上旬果序基部的1～2个芽发育成翌年结果枝。5月下旬随果实膨大而生长，至7月下旬下端第二至第四个芽进行雄花芽的分化，此后进入休眠期，翌年3月下旬开始进行花序轴的伸长生长，5月上旬成熟散粉。雌花芽着生在结果枝顶端。4月初，结果枝顶端开始伸长，雌花芽开始分化，4月中旬进入花芽形态分化期，生长锥快速生长，进入花序分化期。4月中下旬，顶芽由锈黄色转为黄绿色（黄色为表面的鳞腺），陆续可见雌花柱头呈青绿色，通常顶端有3朵小花，两侧雌花发生早，先突起膨大，基部无花柄，中间（顶端）一个较小，出现晚，通常具花柄。此后柱头迅速伸长膨大，由于柱头四周生长快，中间生长慢，在纵剖面上呈双峰状，柱头继续膨大，颜色也发生相应的变化，因此可以从柱头的颜色判断雌花生长发育时期。4月下旬，雌花顶端显现绿色圆点后即进入显花期，柱头合拢，之后子房逐渐膨大，柱头开始向两侧横向生长，两侧开始出现微红色，雌花柱头正面突起不断扩大，表面成皱褶状，颜色先后变为鲜红色、紫红色，最后变为紫黑色，此时幼果已经形成，此后幼果不断膨大，进入果实生长期。

5月上中旬开始出现落花落果，至5月下旬落果量约为总落果量的10%，该阶段的落花落果主要由雌花授粉受精不良所致，并且通常出现在果序顶端的果实。大量落果期集中在6月中下旬至7月上旬，落果量占落果总量的60%左右。该阶段正值当年果实体积快速增长、结果枝形成、翌年雄花芽大量分化的关键时期，营养生长与生殖生长、生殖生长与生殖生长竞争激烈，加上6月正值梅雨天气，光照不良，光合作用弱，从而引起严重的落花落果。7月中旬以后落果少，此时为果实膨大后期，新梢生长量少，雄花芽前期分化基本完成，并进入了休眠期，此时的落果主要由果实间营养竞争引起。

山核桃坐果后，体积膨大没有明显的生长停滞期。5月中旬至7月中旬果蒲体积增长迅速，至7月中旬完成果径（果蒲）生长量的70%以上，该阶段为翌年结果枝大量形成、雄花芽完成前期形态分化的时期，植物体需要消耗大量的养分，因此存在激烈的营养生长与生殖生长、生殖生长与生殖生长的竞争，突出地表现为6月的落果高峰，因此该阶段的肥水条件、光照条件对山核桃产量影响大，不仅影响到当年的产量，也影响到翌年的产量。

7月中旬至果实成熟采收前，果实体积生长缓慢，同时翌年结果枝基本停止生长，雄花序完成前期分化并进入休眠期，果实进入内含物充实期。7月中旬，果实中仅种皮及胚可见，胚呈圆筒状，种皮厚、鲜黄色，胚乳为透明澄清的液体，略有黏性，子叶形成4瓣的雏形；8月上旬果实胚乳变为浓稠状，并逐渐被子叶吸收，子叶明显膨大；8月中旬，子叶完全充满整个果核腔室，胚乳则完全被吸收，但此时种仁尚不饱满。果实种仁充实的关键时期在7月中旬至8月中旬，此时需要大量的水分和养分来维持果实正常的生长发育，主要是糖转变为蛋白质、糖转变为脂肪以及脂肪酸间的转化作用，因此该阶段是种仁油脂和粗蛋白积累的关键时期，高温干旱明显增加空瘪籽的比率。

山核桃为中性偏阴树种，年光照时数1700～

1800h，喜冬暖夏凉、雨量充沛、空气湿润的山地环境，年平均气温15～20℃，年降水量1000～2000mm，年平均相对湿度79%。山核桃必须经受60～80天连续5℃左右的低温，否则将不开花或开花不盛，结果不多。4～5月气温在15℃以上，遇到10℃以下低温天气影响花的发育。幼年期易受日灼危害，但能在郁闭度为0.8的林下生长。成林投产后需要充足的光照，但在低海拔的低山丘陵地区、阳光直射的阳坡生长受抑制，在夏秋季节易受高温干旱危害，使果实发育受到影响。低海拔阴坡的山核桃坚果较重，出仁率、果仁含油率等性状略优于阳坡的山核桃。以海拔200～700m的缓坡、半阴坡或半阳坡为宜。土层瘠薄的向阳坡、山脊迎风坡和土壤为粗砾、重黏土以及积水的地段均不宜栽山核桃。

山核桃喜深厚肥沃，微酸至中性、透水性强、保水性好、盐基饱和度高的土壤，怕干燥、强酸和积水的土壤。天然分布区所处立地为震旦系—奥陶系不纯碳酸盐岩类，泥盆系砂砾岩类，侏罗系流纹质熔结凝灰岩、凝灰熔岩等组成的火山岩类，主要包括：①碳质灰岩、碳质页岩组合，发育形成碳质黑泥土，俗称"油黑泥"，沙黏比为0.5左右，质地为轻黏土，在这些岩类上，山核桃生长最好。②钙质泥页岩、泥质灰岩互层组合，发育形成黄红泥，俗称"黄泥土"，沙黏比1.0左右，质地为重壤土，在这些岩类上，山核桃生长好，在长期套种的黄泥土上，山核桃高产稳产。③泥灰岩、白云质灰岩组合，发育形成油黄泥，俗称"板砂土"，沙黏比0.9左右，质地为重壤土，在这些岩类上，山核桃生长好。碳质黑泥土、黄红泥和油黄泥上的土壤质地一般为重壤—轻黏土，其吸湿水含量在2.7%～10.1%，而石砾（1～10mm粒径）含量一般在7%～25%，土壤质地疏松透气，保水保肥性能好。④泥页岩组合，发育形成黄泥土，沙黏比约为1.9，质地为中壤土，其吸湿水含量1.48%～2.95%，山核桃生长较差。此外，黄泥沙土、砾黄泥土等石砾组成过高（35%～90%），保水保肥性能差，在这些岩类上，山核桃的产量和质量都很低。

90%以上的山核桃分布在碳酸盐岩类出露区，这类岩层含钙质高，同时由于岩性不纯，各种矿质营养元素含量高。在这些岩类上生长的山核桃苗壮茂盛，单株产量高，亩产量在80kg以上。

三、良种选育

'浙林山1号'（浙S-SC-CC-010-2015） 大籽型品种。试验点栽植8年，树高6.2m，根径9.6cm，冠幅5.2m×5.8m，栽植4年进入始花期，7年量产。成熟果实为核果状坚果，果实球形，果长3.15～3.85cm（平均3.50cm），果径3.00～3.70cm（平均3.42cm），密被锈黄色腺鳞，有明显4纵脊，成熟时4瓣开裂，出籽率23.15%；果核近圆形，籽长2.15～2.55cm（平均2.35cm），籽径2.05～2.43cm（平均2.21cm），风干重4.59g/粒，出仁率51.32%；种仁含粗脂肪66.58%。以湖南山核桃为砧木嫁接，适应性较强，生长量较大，苗期较抗日灼、抗旱耐涝性较强，较抗干腐病。缺点：出籽率偏低，可以通过配方施肥、生长期合理追肥和适度修剪进行改善。应加强预防天牛类蛀干害虫、山核桃花蕾蛆、山核桃干腐病等危害。

'浙林山2号'（浙S-SC-CC-011-2015） 大籽型品种。试验点栽植8年，树高6.5m，根径9.8cm，冠幅5.4m×5.9m，栽植4年进入始花期，7年量产。成熟果实为核果状坚果，果实球形，果长3.05～3.64cm，果径3.12～3.36cm，密被锈黄色腺鳞，有明显4纵脊，成熟时4瓣开裂，出籽率30.15%；果核近圆形，籽长2.02～2.26cm，籽径1.98～2.22cm，风干重4.12g/粒，出仁率48.74%，含油率71.10%。以湖南山核桃为砧木嫁接，适应性较强，生长量较大，苗期较抗日灼、抗旱耐涝性较强，较抗干腐病。缺点：出籽率偏低，可以通过配方施肥、生长期合理追肥和适度修剪进行改善。应加强预防天牛类蛀干害虫、山核桃花蕾蛆、山核桃干腐病等危害。

'浙林山3号'（浙S-SC-CC-012-2015） 早熟型品种。籽粒中等偏大。试验点栽植8年，树

高5.8m，根径8.5cm，冠幅4.8m×5.4m，栽植4年进入始花期，7年量产。该品种萌芽展叶期、开花结果以及果实成熟明显早，较其他品系提早10～12天；成熟果实为核果状坚果，果实球形，果径3.02～3.42cm（平均3.21cm），密被锈黄色腺鳞，有明显4纵脊，成熟时4瓣开裂，出籽率26.84%；果核近圆形，籽径1.90～2.15cm（平均1.96cm），风干重3.98g/粒，出仁率43.79%；种仁含粗脂肪68.73%。以湖南山核桃为砧木嫁接，适应性较强，生长量较大，苗期较抗日灼、抗旱耐涝性、抗干腐病。缺点：易受到早春低温危害，可以通过低海拔阳坡种植、配方施肥、生长期合理追肥进行避免或改善。应加强预防天牛类蛀干害虫、山核桃花蕾蛆、山核桃干腐病等危害。

四、苗木培育

砧木培育 选择湖南山核桃、薄壳山核桃壮年结实树，大量自然脱落时采收。采收后经过脱蒲、净重后阴干，忌暴晒。湖南山核桃种子不耐贮藏，育苗宜随采随播，即秋播，秋播在9月中下旬进行，经室内增温催芽，种子裂口后在钢架大棚播种，翌年春季萌芽前移栽。薄壳山核桃净种后沙藏至翌年春，催芽后播种。移栽后及时除草、清沟。施肥采取以有机肥为主，化肥为辅，施足基肥，适当追肥的原则。基肥以有机肥为主，堆肥、厩肥、饼肥、人粪尿等充分腐熟后结合耕翻施入，并适当增施氮、磷、钾速效肥。追肥以速效肥为主，薄肥勤施，施用时在苗行间开沟，均匀施入后覆土；亦可用猪粪尿将肥料稀释后，浇灌于苗行间，一般每隔30天施一次，苗木封顶前1个月停施。灌溉要适时、适量。苗木生长初期（4～5月）少量多次；苗木速生期（6～8月）要多量少次；苗木生长后期（9月以后）控制灌溉。雨季要内水不积，外水不淹；旱季及时灌溉。梅雨季节结束后要搭遮阴架，50%透光率的遮阳网进行遮阴降温。

山核桃树体（夏国华摄）

嫁接苗培育 选择生长健壮、根系发达、地径≥0.8cm的健壮砧木，在秋季落叶后进行移栽，株行距15cm×30cm。落叶后至萌动前采集采穗圃树冠中上部外围粗壮、节间短、芽健壮、饱满的1年生枝条为接穗。穗条修剪后以100根为一捆，用塑料薄膜密封，贮藏于0～5℃冷库备用。在砧木萌动至小叶张开前嫁接，一般是在4月上中旬嫁接。嫁接前，剔除有病、不新鲜的穗条和有病、细弱的砧木，再次喷农药杀菌，农药的使用同砧木培育。

嫁接方法 采用切接。砧木距地面约10cm处截干，从横截面1/5～1/4处纵切，深约3cm，在小切面木质部约2.5cm，以约45°斜角向内斜切一刀，剔除上部木质部，保留韧皮部。接穗取单芽接穗，长约4.5cm，芽上留1.0cm，芽下约3.0cm。在接穗芽背面切成长切面约3cm，芽下约0.5cm处下刀切成浅切面（略带木质部）。至2.5cm处转约45°角向内斜切至底部，呈楔形。接穗长切面形成层对准砧木大切面的两边形成层，至少对准一边，浅切面与砧木小切面韧皮部和末端形成层贴合。用塑料薄膜密封全部切面，再绑紧。绑扎时避免砧穗形成层移位，露出接穗短枝状芽。嫁接后及时抹芽，山核桃萌芽力强，抹芽要掌握"抹早、抹小、抹了"。在嫁接后的2个月内，每10～15天抹芽一次，穗条抽梢后，可以适当延长抹芽间隔期。接芽抽梢后要及时搭遮阳网，防止日灼和水分过度蒸腾。及时除草，结合灌溉进行施肥，做到少量多次、薄肥勤施。6月中旬后施追肥，以氮为主，施肥时要结合松土和灌溉，同时防止肥害。9月初施肥以磷钾肥为主。生长期内做好木橑尺蠖、地下害虫（蛴螬）、立枯病、白绢病、枯梢病、根腐病等的防治。

五、林木培育

1. 造林及其幼林管理

山核桃造林以山地为主，由于水土流失可造成山区生态环境恶化，林地涵水能力下降，也不利于林地的可持续经营。因此，造林地整地时应尽量减少水土流失。山核桃造林整地要"山顶戴帽子，山腰扎带子，山脚穿鞋子"，即山顶原始植被保持不开垦，山腰保留生土杂木灌丛带，山脚植被也保护好的方法。山核桃造林整地方式主要有全面整地、梯土整地、带状整地和块状整地。生产中要结合具体的立地条件，进行林下套种，修建台地筑坎、挖鱼鳞坑等措施，全面做好山核桃林地水土保持工作。

造林时间以冬季落叶后最佳，有利于根系恢复和成活；但在冬季气温较低，易发生冻拔现象的山区，宜选择春季造林，造林不迟于清明。造林密度以18～22株/亩为宜。造林前，挖大穴、施大肥。定植穴100cm×100cm×60cm，每穴施腐熟栏肥50kg加1kg缓释复合肥，磷肥0.25kg，加表土拌匀后回填表土10cm。苗木扶正，回填表土至根颈处，将苗向上提10cm，踏实泥土，再覆土至高出地面15cm，呈馒头状。苗木高大、造林地风大处可对苗木进行搭支架等加固处理。

2. 幼林管理

幼林期生长快，抗性弱，喜阴怕旱、怕日灼危害。侧方遮阳是保苗的重要措施，此外，要因地制宜地利用空隙地发展生产以短养长。立地条件好、坡度小的新造林可套种玉米、高粱等高秆作物；造林4～8年的林地还可以套种中药材，豆科绿肥作物；立地条件差的林地应该保留林内杂灌木。造林地部分植被受到破坏，容易造成水土流失。阶梯或带状整地的林地每年要清沟固堤固坎，块状整地的林地结合每年挖穴松土将挖出来的石块在树基部下方做鱼鳞坑。立体条件好的林地套种农作物外，一般林地下可种植低矮植被保持水土。如沿水平带种植茶叶、决明等灌木；林内种植黑麦草、麦冬等地被植物。每年雨季后及时除草松土，将根迹杂草刈割后覆盖于树干基部，以减少高温季节土壤水分蒸发。块状整地的林地每年要向外扩穴以增加山核桃根系生长范围，生长季节松土一般不超过10cm，深挖在冬季进行，一般2～3年一次，深度30cm左右。

幼树营养生长旺盛，应适当增加氮肥施用量，氮、磷、钾的比例以5∶2∶3为宜，2～3年生，每株施复合肥0.5kg，腐熟的有机肥

15～20kg，4年后分别增加到1kg和20～30kg，于3月中下旬和9月初分2次等量施入。肥料施在树冠滴水线内侧，采用环状施肥，在沟底先施有机肥，然后撒复合肥，以提高肥效。

通过幼林整形修剪等园艺栽培技术的实施可以培养骨架结构牢固，枝条分布均匀，结果数量大的矮化树体结构。主干分层形是适宜的树形。具体培养步骤如下：主干高约80cm定干，保留3～4个方向分布均匀的侧枝，选留一粗壮直立向上的主干。定植第三年对第一层主枝进行拉枝，并辅以摘心以促发新枝，主干高约100cm时摘心，再选留3～4个分布均匀的枝做第二层主枝，第五年拉枝培养第二层主枝，对第一层直立枝进行拉枝。重复上述操作，培养第三层主枝。如此重复，培养成具有明显主干，层次分明，树高8～10m，三角状广卵型的树冠。

3. 成林管理

密度控制和树形管理　山核桃自然整枝能力强，密度大往往导致树体高大，树冠狭窄，结果面积小。针对不同林分要区别对待，总体要控制盛果期林分的郁闭度在0.8以内，根据不同的树龄选择疏伐或移栽。对于15～20年生郁闭度0.9以上林分，对林内小树进行移栽，郁闭度控制在0.8以内；30年以上的按照去弱留强、去小留大的原则进行疏伐，郁闭度控制在0.8以内，适当增施肥料。山核桃高产林分密度12～15株/亩，林地郁闭度约0.7。

施肥管理　要施好2次关键肥，第一次在5月上中旬幼果膨大前期，以施速效肥为主。坐果后至7月中旬果实体积增长迅速，同时翌年结果枝大量形成需要消耗大量的养分，存在明显的营养生长与生殖生长、生殖生长与生殖生长之间的竞争，营养亏缺导致6月中旬至7月上旬大量落果；第二次在8月下旬施果后长效肥，以有机肥为主。果实采收至落叶前，是结果枝充实期，养分大量积累，这对翌年雌花的分化至关重要，将直接影响翌年的产量。施肥量以每产10kg果蒲施1kg复合肥计算，具体因地因树施肥。树体营养丰富，少施肥或不施肥；树体营养亏缺，要施重肥。采

用半环状沟施，在树冠滴水线内侧环状开沟深施后覆土。

水分管理　7月下旬至8月中旬为种仁充实的关键时期，而此时往往为高温干旱季节，水分亏缺往往导致空瘪籽比率增加。现有山核桃林均为山地，水分管理困难，可采用根迹覆盖、修筑蓄水池、简易蓄水坑等形式进行水分管理。

授粉管理　山核桃的雄花花期短，在晴暖的天气单株花期仅3天左右，而雌花花期长，并有等待授粉的习性，雌花授粉后第三天柱头就变黑枯萎，如进行套袋隔离花粉，1周内柱头不凋，10天内尚有部分授粉后可结实。山核桃花期为4月下旬至5月上旬，易出现连续的阴雨天气，致使雄花不能正常散粉，雌花坐果率降低。因此，要充分利用不同海拔高度散粉期的差异，采集储藏花粉进行人工授粉。在雄花开始散粉时，于上午8:00～10:00时采集雄花序（薄壳山核桃亦可），摊于避风向阳的硫酸纸上暴晒1～2天，傍晚收集花粉，硫酸纸包装，置于封口塑料袋中，存于冰箱备用。当雌花柱头呈鲜红色，并出现黏液时是授粉适期。将花粉与滑石粉以1∶3的比例混合均匀后置3层纱布袋中在上风口进行抖粉，或用喷粉机授粉，也可将花粉溶于5%的蔗糖水溶液中，进行喷雾授粉，花粉悬浊液宜在1h内喷完。

六、主要有害生物防治

1. 山核桃蚜虫（*Kurisakia sinocarye*）

刺吸山核桃嫩芽、树叶，受害严重林分芽、树叶萎蔫，雄花枯死，雌花开不出，树势减弱，产量下降。1年发生4代，以第二、三代蚜危害最大。第二代蚜（干雌）体扁，椭圆形，腹背有两条绿色斑带和不甚明显的瘤状腹管；触角5节；无翅；体长约2mm。第三代蚜（性母）体长约2mm，成虫为有翅蚜，前翅长为体长的两倍；腹背有两条绿色斑带及明显的瘤状腹管。防治方法：①3月下旬至4月初用5%吡虫啉乳剂1∶0～1∶3在树干胸高部位环状打孔滴药防治，每孔间隔10cm，孔洞的倾斜角为45°，孔洞深至木质部1cm以上，每孔滴药2mL左右。②4月初喷

5%蚜虫净乳油1：1000～1500倍效果较好。③保护瓢虫、食蚜蝇等天敌。危害特征：受害部位枯萎褪色、卷缩，甚至枯死。

2. 刺蛾类食叶害虫

刺蛾类食叶害虫属鳞翅目，主要包括黄刺蛾、褐刺蛾、扁刺蛾、龟形小刺蛾、中华绿刺蛾。

黄刺蛾（*Cnidocampa flavescena*） 幼虫体长18～25mm，头黄褐色，体黄绿色，体背具1个哑铃形褐色大斑，各节背侧有1对枝刺。

桑褐刺蛾（*Setora postornata*） 幼虫体长23～35mm，黄绿色，背线蓝绿色，每节有4个黑点，亚背线枝刺有红、黄两型。

扁刺蛾（*Thosea sinensis*） 幼虫体长22～26mm，翠绿色，体扁平，背中有白色纵线1条，线两侧有蓝绿色窄边，两边各有橘红至橘黄色小点1列，背两边丛刺极小，侧面丛刺发达。

龟形小刺蛾（*Narosa nigrisigna*） 幼虫体长约8mm，近椭圆形，龟状，翠绿色。体表光滑，无刺毛，有金黄色纹，亚背线浅黄色，各节背线和侧线处有一暗色点。中胸背板上有6个淡黄色斑，腹部亚背线处有2～4对红点。防治方法：①结合山核桃林地冬季管理，人工挖除越冬茧。②黑光灯诱杀成虫。③2.5%溴氰菊酯乳油或20%杀灭菊酯乳油2000倍液喷雾防治幼虫。

3. 山核桃花蕾蛆

山核桃花蕾蛆（*Contarinia caryafloralis*）属双翅目瘿蚊科。幼虫刺吸山核桃雌雄花序以及幼叶的汁液，受害雄花序弯曲、肿大、发黑，雌花总苞肿胀，柱头枯萎凋谢，严重影响山核桃的产量。老熟幼虫体长1.0～1.8mm，黄白色，前胸腹面有1个黄褐色的"Y"状剑骨片。防治方法：树冠喷药，在雄花序长2cm左右时，用5%吡虫啉乳油1000～1500倍液或25%广治乳油600～800倍液，或50%潜蝇灵2000～2500倍液进行喷雾防治，隔7～10天喷一次。

4. 天牛类蛀干害虫

山核桃蛀干害虫主要是天牛类，属鞘翅目，包括桑天牛、云斑天牛、山核桃枝天牛。天牛类成虫啃食树干、新枝树皮，幼虫常在树干或枝条基部危害蛀食韧皮部，后钻入木质部，木屑充满虫道并有些外露，影响山核桃生长，受害严重的大枝枯死，甚至整株枯死。

桑天牛（*Apriona germari*） 成虫体长35～50mm，虫体和前翅面黑色，密被黄褐色短毛。头部中央有1条纵沟，前胸背面有横的皱纹，两侧中间各有一刺，翅基密生黑色颗粒凸起。幼虫乳白色，前胸背板后半部密生放射状褐色颗粒，其中有3对尖叶形白纹。

云斑天牛（*Batocera horsfieldi*） 成虫体长35～65mm，灰黑或黑褐色，头中央有1条纵沟，前胸背面有1对肾形白斑或黄斑，鞘翅上有2或3列10余个白色或黄色绒毛组成的云状斑，翅基有颗粒状瘤突，头至腹末两侧有1条白色绒毛组成的宽带。幼虫乳白至淡黄色，前胸背有1个"山"字形褐斑，前方近中线处有2个黄色小点，内各生刚毛1根。

山核桃枝天牛（*Linda carra*） 成虫体长8～13mm，体棕褐色，鞘翅上有两对黑色毛瘤，中后部有1条白色云状宽带，宽带上有4个黑斑，整个鞘翅上有不规则点刻。幼虫、老熟幼虫体长7～10mm，体淡黄白色，头褐色，前胸背板淡褐色，前半部分色深分成2块，具刚毛，后半部色较淡，光滑。防治方法：①天牛产卵痕明显，可用木锤敲击，杀死卵或小幼虫。②排泄孔明显，可用铁丝刺杀幼虫。③树干涂白，可防产卵，对卵及幼虫也有一定的杀伤效果。④幼虫期用棉花浸蘸绿色威雷，塞入蛀孔，再以黄泥封口。⑤清除林中断枝，并烧毁，减少虫源。⑥危害严重的林分，用内吸性好的5%吡虫啉1：1进行打孔滴药。⑦成虫期挂诱捕器或灯光诱杀成虫。

5. 咖啡木蠹蛾（*Zeuzera coffeae*）

成虫全体灰白色，体长11～26mm，翅展10～18mm。雌大雄小。雌蛾触角丝状，雄蛾触角基半部羽毛状，端半部丝状。在中胸背板两侧有3对青蓝色鳞毛组成的圆斑；翅灰白色，在翅脉间密布大小不等的青蓝色斑点，翅的外缘与翅脉接处有8个近圆形的青蓝色斑。老熟幼虫体长

25～47mm，宽4～6mm，红褐色，体上多白色细毛，头部淡黄褐色，前胸背板有3块黑褐色硬板。腹部末端臀板骨化强，与前胸背板同样黑褐色，故称"两头虫"。防治方法：①排泄孔明显，用棉花浸蘸5%吡虫啉，塞入蛀孔，再以黄泥封口。②危害严重的林分，用内吸性好的5%吡虫啉1∶1进行打孔滴药。③成虫期挂诱捕器或灯光诱杀成虫。

6. 山核桃干腐病 (*Botryosphaeria dothidea*)

开始发生于树干的中下部，随着病害的不断发展，逐渐向树干的中上部和枝条上发展。初期病斑明显，出现水渍状，随着病害的扩展，病斑呈黑色，后中心部不规则开裂，流出黑色汁液，天气干燥时病部有褐色胶质物。皮层发黑腐烂，病斑大多为梭状或长椭圆形木质部变黑，可深达髓心。后期病部失水干陷，病健交界处产生愈伤组织，呈现一个明显的溃疡斑。后期在病部上有很多黑色子实体。防治方法：①4月中下旬开始防治。②秋冬落叶后或春季放叶前，清除病枝集中烧毁。③每年4～5月份干腐病的病原菌孢子发生盛期，在病株上采用"涂干（控制溃疡斑和子实体的形成）+喷雾（防止新侵染发生，铲除树体内病菌）"的防治策略，对病树采用刮除病斑或在病斑上深划线后喷施福美胂，连续喷雾3次防治，效果达95%以上，也可采用戊唑醇和腐霉利1∶5复配后涂抹病部防治。

7. 山核桃枝枯病 (*Melanconium oblongum*)

病菌大多侵害1～3年生嫩枝，从顶梢开始，然后向下蔓延直到主干。受害枝上的叶片逐渐枯黄脱落。皮层开始变黄褐色，后呈红褐色，最后成褐色，皮层内木质部变黑。翌年在病枝上形成许多黑色子实体。防治方法：①冬季或早春前，清除病枯枝，并集中烧毁，减少侵染源。②加强科学管理，增施肥料，增强树势。③提高抗病能力。④每年4、5月，分生孢子释放传播期，可喷洒70%甲基托布津可湿性粉剂的800～1000倍液或50%杀菌王500倍液，每隔1周喷1次，连喷3次，效果良好。

七、材性及用途

山核桃的木材质地坚硬、纹理直、抗腐、抗冲击性能强，但易翘裂，经处理后为优良军工用材，亦为车轮、船及其他建筑的好材料（章亭洲，2006）。

山核桃是古老的孑遗树种之一，被称为活化石。其果实为我国特有的木本油料和干果，其果肉香脆可口，肥厚甘美，经炒食又可制作各种糕点。山核桃坚果千粒重3040～4425g，出仁率44%～49%，干仁含油率70%～74%，蛋白质含量8%～10%，氨基酸含量高达25%，其中人体必需氨基酸占7种，果肉中还含有22种矿物质元素，特别是钾、钙、锌含量高于一般干果仁，具有很高的营养价值，富含维生素E和磷脂，具有润肺强肾，降低血脂，预防冠心病等功效。山核桃油脂中油酸、亚油酸等不饱和脂肪酸含量极高，是易消化和预防高血脂、冠心病的优良食用油，药用价值上有润肠、滋补功效，是营养丰富无污染的绿色食品。此外，其壳可用于制取活性炭，也被用于生产碳酸钾和焦磷酸钾。其青果皮具毒素，可用于制造抗癌药物。

（黄坚钦）

薄壳山核桃

别　名｜美国山核桃、长山核桃、长寿果、碧根果
学　名｜*Carya illinoensis* (Wangenn.) K. Koch
科　属｜胡桃科（Juglandaceae）山核桃属（*Carya* Nutt.）

薄壳山核桃起源可追溯至白垩纪时代，其树体高大，材质优良，为世界著名的高档干果、油料树种和材果兼用优良树种，现以美国为中心产区，分布于美国、墨西哥、意大利、法国和中国等地。作为经济林树种，坚果具有个大、壳薄、出仁率高、取仁容易、产量高等特点，生食、炒食、加工皆宜。并且其果仁色美味香甜，无涩味，营养丰富，富含油脂（80%）、不饱和脂肪酸（97%）、蛋白质（11%）、碳水化合物（13%）、各种氨基酸、维生素B$_1$、维生素B$_2$，是理想的防止老年痴呆和降低冠心病的保健食品，也是上等的烹调用油和色拉油油料树种。作为用材林树种，其树干通直，材质坚实，纹理细致，富有弹性，不易翘裂，是建筑、军工、室内装饰和制作高档家具的理想材料。

一、分布

薄壳山核桃原产于美国，主要分布在美国密西西比河流域，现分布北至印第安纳州、伊利诺伊州南部，南至佛罗里达州北部，西至加利福尼亚州，东至北卡罗来纳州，大约有20个州均有薄壳山核桃，全美面积约130万亩。目前，薄壳山核桃已引种到世界各国，墨西哥、加拿大、印度、澳大利亚、以色列、西非、中国等都有引种。

薄壳山核桃在中国的主适生区位于25°～35°N，100°～122°E之间的亚热带东部和长江流域，包括江苏、上海、浙江、福建、重庆、安徽全部，江西、湖南、湖北大部分地区和贵州东北部、四川东部和南部以及河南南阳、驻马店以南的部分地区。北部次适生区包括山东全部和河北（石家庄以南）、河南（南阳、驻马店以北）、湖北（十堰以北）和陕西（西安以南部分地区）。南部次适生区包括贵州大部分地区和云南（大理以南，景洪以北，宾川、华坪以东）、广东（韶关、南雄以北）和广西（桂林以北）的部分地区。云南省的初步引种证明，薄壳山核桃发展具有极大的潜力。边缘区包括北方和南方两部分。北方边缘区包括天津、北京全部和辽宁（辽东湾）、河北（石家庄以北）、山西（太原以南）、陕西（延安以南、西安以北）、甘肃（兰州以南）和四川（松潘）部分地区。南方边缘区包括云南（景洪以南）、广西（桂林以南、柳州以北）、广东（韶关、南雄以南，英德以北）和台湾（台北以北）的部分地区。薄壳山核桃在这些地区作园林绿化树种或用材树种都适宜，但果用栽培时，必须注重引进适宜的品种和采用合理的栽培技术。

二、生物学和生态学特性

薄壳山核桃自然分布区的无霜期在140～280天，主产区的无霜期多在220天以上，年≥10℃的有效积温为3300～5400℃，对寒冷度的最低积温要求是500℃。东南部的年降水量一般为1000～1600mm，西部和北部干旱地区的年降水量为500～800mm。薄壳山核桃最适宜温度为年平均气温15～20℃。北方品种能耐-29℃的低温，南方品种只能耐-18℃的低温。薄壳山核桃能耐受的极端高温是46.5℃。薄壳山核桃喜欢土层深

薄壳山核桃结果状（夏国华摄）

厚、质地疏松、富含腐殖质、湿润且排水良好的沙壤土或壤土，不适于过于黏重的酸性土壤。薄壳山核桃对土壤pH要求不严，在pH为5.8～8.0的范围内均可良好生长。薄壳山核桃耐湿能力强，在水沟或池塘边的薄壳山核桃树生长结果良好。

薄壳山核桃短果枝的芽一般都为混合芽，芽体比较饱满，鳞片紧包，近圆形，萌发后长出结果枝和复叶，基部侧芽形成雄花序，并在近顶端形成雌花序。在华东地区花芽于3月中下旬开始萌动，3月底顶芽和雄花芽绽开，顶芽抽生结果枝，雄花芽抽生雄花序。4月初开始展叶，20天以后基本达到叶面积最大值。混合芽于3月下旬萌动后抽生结果枝，4月底于结果枝顶端发育成具6～8朵小花的穗状花序。在雌花显蕾初期，二裂柱头合拢，此时无授粉受精能力，经5～8天后，子房逐渐膨大，柱头开始向两侧张开，此为始花期。当呈倒"八"字形张开时，柱头正面呈现突出且分泌物增多，此为雌花可授期。雌花有7～9天的等待授粉习性。雄花芽于3月中旬开始萌动，经9～12天后芽开始绽开，芽绽开后长出3束柔荑花序，花序直挺。4月中旬花序伸长，开始软垂，雄花序迅速伸长，小花形成，并由深绿色变成浅绿色。4月下旬，花苞开放，花药发育，每个花序由114～126朵小花组成。雄蕊散粉期经过花萼开裂—即将散粉期—散粉初期—散粉盛期—散粉末期—小花脱落的变化过程。果实于9月中下旬至10月下旬成熟。

三、良种选育

美国现有品种1000余个，其中'斯图尔特'（Stuart）品种栽培范围最大，占全美嫁接树的27%，此外还有'西雪莱'（Western Schley）、'满意'（Desirable），分别占全美嫁接树的12.9%和9.5%。近几年'泡尼'（Pawnee）、Mandan等一些新品种被释放出来，并开始大面积栽培。20世纪60年代我国筛选出Madan、'威斯顿'（Western）、'肖肖尼'（Shoshoni）、'泡尼'（Pawnee）等品种，已经在浙江、安徽、江西、江苏、云南、湖南、湖北、贵州等省得到推广。

'泡尼'（Pawnee） 该品种坚果属中偏大果型，果壳薄，易于取仁。雄花先熟型。树干挺直，树体相对较小，生长结实正常，早实丰产，适应性强，抗逆性好。嫁接后3年结果，10月上中旬成熟，平均单果重32.54g，平均单籽重10.85g，平均出籽率33.34%，平均出仁率58.56%，平均含油率71.09%，平均总蛋白含量7.03%，平均总糖含量16.14%。该品种是雄花先熟型，雌花可授期4月底至5月上旬，雄花散粉期4月底至5月初，须配置与该品种花期相近的其他品种栽培，以促进开花结实与果实饱满。

'威斯顿'（Western） 坚果长椭圆形，果顶锐尖稍有弯曲，果基锐尖，果形不对称，果壳粗糙。种仁棕黄色，脊沟深而紧，脱壳时易导致种仁破裂。嫁接后3年结果，10月中下旬成熟，平均单果重33.03g，平均单籽重平11.73g，平均出籽率35.52%，平均出仁率59.85%，平均含油率71.93%，平均总蛋白含量6.24%，平均总糖含量12.29%。该品种是雄花先熟型。雌花期4月下旬至5月上旬，雄花散粉期5月上旬至中旬。须配置与该品种花期相近的其他品种栽培，以促进开花结实与果实饱满。

'肖肖尼'（Shoshoni） 该品种坚果短椭圆形，易脱壳，雌花先熟型，生长结实正常，早实丰产，适应性强，抗逆性好。嫁接后3年结果，11月上旬成熟，平均单果重27.72g，平均单籽重10.77g，平均出籽率38.85%，平均出仁率

49.67%，平均含油率69.47%，平均总蛋白含量9.78%，平均总糖含量12.15%。该品种是雌花先熟型，雌花可授期4月底至5月上旬，雄花散粉期5月上旬至中旬，须配置与该品种花期相近的其他品种栽培，以促进开花结实与果实饱满。

'特贾斯'（Tejas） 该品种坚果长椭圆形，果基、果顶尖，种仁脊沟宽而浅，易脱壳雌花先熟型，株型较大，生长结实正常，早实丰产，适应性强，抗逆性好。嫁接后3年结果，一般在10月下旬成熟，平均单果重40.45g，平均单籽重12.23g，平均出籽率30.25%，平均出仁率42.73%，平均含油率67.92%，平均总蛋白含量8.77%，平均总糖含量15.05%。该品种是雌花先熟型，雌花可授期4月底至5月上旬，雄花散粉期5月上旬至中旬，须配置与该品种花期相近的其他品种栽培，以促进开花结实与果实饱满。

'斯图尔特'（Stuart） 树势强旺，树姿较直立，骨干枝着生部位较低，中心干不明显，主枝再生能力强。萌芽晚，雌花熟型，需配置授粉树。结果晚，约需10年，但进入盛果期后产量较高，中等水平园每公顷产量可达1480～1680kg。坚果成熟期中等，果形卵圆，中大，每千克100～136粒，壳较厚，出仁率稍低（45%～55%），但内隔壁不太发达，可取半仁。

'威其塔'（Wichita） 树势强旺，树姿较直立，侧枝萌发力中等，早果性强，丰产性好。出仁率较高，种仁品质优良。宜于集约化栽培。雌花先熟型，定植时以'切尼'（Cheyenne）、'凯普·菲尔'（Cape Fear）和'满意'等品种作授粉组合效果好。

四、苗木培育

1. 砧木苗培育

薄壳山核桃嫁接砧木必须采用本砧，砧木苗可以是籽播、根蘖或扦插繁殖，实际生产上主要以种子苗培育为主。常用培育方式为容器育苗和裸地育苗。采集10～11月充分成熟、籽粒饱满、无病虫害、无破损的种子，用0.5%的高锰酸钾溶液浸种2h，用湿沙贮藏或直接播种。直

接播种一般为随采随播，春播应在3月上旬或中旬完成。容器采用无纺布或塑料制作，容器高22～24cm，上口直径14～16cm。壤土5份、泥炭土3份、珍珠岩或稻壳1份、腐熟农家肥1份或每立方米配方土加缓释肥2～3kg。消毒应在营养土配置过程中进行，一般用70%五氯硝基苯粉剂与80%代森锌粉剂以1∶1比例混合配制成"五代合剂"处理营养土，按每立方米60～100g配制成30倍份的"药土"，均匀拌入营养土中，进行灭菌处理。裸地苗圃选择地势平坦、背风向阳、土层厚度1m以上、地下水位1.5m以下、土壤疏松透气、pH 6～8的壤土、沙壤土、轻壤土。育苗前应结合整地，使用50%辛硫磷按2g/m²混拌少量细土撒于土壤表面和95%敌克松粉剂350g兑水50kg均匀喷施表面进行土壤杀虫灭菌处理。基肥以有机肥为主，每亩应施腐熟的农家肥150～200kg，偏碱的土壤加施磷肥20kg，结合整地均匀播施入深土层中。播种时种子平放，种尖朝向一致。播种深度为3～4cm，覆土后浇水，及时用塑料小拱棚、地膜或稻草覆盖。育苗播种密度一般为行距0.5m、株距0.3m左右，每亩6000株左右。幼苗出土展叶后，要适时结合灌溉追施肥料。培育容器

薄壳山核桃树体（夏国华摄）

薄壳山核桃林（夏国华摄）

苗时，5月中旬至7月下旬分3次追施复合肥，每个营养钵施肥量分别为10g、12g、15g，9月上旬每隔15天喷施1次0.2%～0.5%的磷酸二氢钾；培育裸根苗时，5月中旬追施尿素1次，用量5～10kg/亩，6月中旬追施尿素1次，用量10～15kg/亩，7～8月追施磷钾肥2次。

2. 嫁接苗培育

选1～2年生生长健壮的实生苗，枝接地径0.7cm以上，芽接地径0.5cm以上。枝接用的穗条采集于落叶后到芽萌动前（整个休眠期），选粗0.6～1.5cm的发育枝，枝条应发育良好，生长健壮，髓心较小，无病虫害，采穗后，用石蜡：蜂蜡＝8：2混合液封剪口，然后将穗条按长短和粗细分级，每30～50枝一捆，最后用标签标明品种，并用塑料薄膜包裹捆扎，在4℃下冷藏至嫁接期。芽接穗条应采集当年发育生长健壮、芽体饱满、无病虫害的半木质化枝条，剪下后立即去掉复叶，留1cm左右长的叶柄，每20～30枝一捆，标明品种，并用塑料薄膜包裹保湿。嫁接的

方法分两类：一类是春季的枝接，包括双舌接、四裂接（香蕉接法）、劈接、插皮接、带木质芽接等，以双舌接最常用；另一类是夏秋季（北方6～8月）的芽接，以方块芽接成活率最高，成活率85%左右，效果很好。芽接后10天，剪除接口以上砧木，并剪留2～3片复叶。到接芽新梢长到20cm以上时，再从接芽以上2cm处剪砧。嫁接后2个月内，砧木上易萌发幼芽，应及时抹掉，以免影响接芽萌发和生长。在嫁接后的2周内，禁忌灌水施肥，当新梢长到10cm以上时每亩追施尿素5～10kg，6月中旬每亩追施尿素10～15kg，7～8月追施磷钾肥2次。可将追肥、灌水与松土除草结合起来进行。果用薄壳山核桃嫁接苗一般地下1～2年、地上1～2年，育苗周期2～3年。

五、林木培育

1. 种植及管理

薄壳山核桃园要有主栽品种，同时也要考虑授粉树品种的选择。一般选3～4个品种，可

选1~2个主栽品种，配以2~3个授粉品种。一般栽培密度控制在每亩15~20株。春季萌芽前造林，挖坑要1m³，深0.8~1.0m，挖穴时将表土和心土分开堆放，回填时每穴先用腐熟的有机肥30~50kg，与表土充分混合均匀，回填到穴底部，再用心土填至穴深2/3处，灌水沉实。用0.05%~0.1%的萘乙酸或生根粉蘸根处理。种植深度以苗子原来地径低于地表5~10cm为宜，避免嫁接部位埋于地下。栽后的当年至少要灌2次水，遇干旱年份要多浇几次，保证苗木生根成活所需要的水分。刚栽植的1~2年，可以不施肥，或很少施肥，但要严格控制杂草。以后根据果树需要适时适量施肥、浇水。

2. 合理施肥

薄壳山核桃有两个需水关键期，一个是果实膨大期，一般在4月至5月底以前，该时期充足的水分供应，可使果实体积充分长大；另一个是果实灌浆期，在夏末秋初，至少每2周灌溉1次，该时期能耐受的最长的干旱胁迫时间为3周，否则树体会受害，导致落果，严重时会减产一半。一般认为，果园土壤的含水量在土壤最大田间持水量的60%~80%时，最适宜果树的生长发育，当低于60%时应进行灌水。

3. 整形修剪

薄壳山核桃的特点是树体高大，寿命长，嫁接树的结果年限可达百年以上，最长的可达500年以上，因而合理的树形就显得尤为重要。一般定干高度在1.0~1.5m，在主干上部可抽生2次枝，可以利用它选出第一层主枝，以后可随着中央领导干的延长，每年选留1层主枝。薄壳山核桃树高5m以上时，为管理方便，可落头开心，使树冠不再继续增高。进入结果期以后，树冠逐渐增高，大枝数量增多，可分年疏剪多余大枝；对不能再利用的徒长枝，也应及时疏除。对于较下垂的结果枝组，要及时回缩复壮，适当短截，但修剪量仍应从轻。当相邻树的主枝发生轻度交叉重叠时，可以利用疏枝回缩的方法修剪，但严重时只有进行间伐疏密了。

根据修剪的时期不同，可分为休眠季修剪和生长季即夏季修剪。休眠季修剪可提前或推后，也可在冬季进行。为了早果丰产，更应该重视夏季修剪。夏季修剪易于操作，修剪量小，有利于缓和树势。常用修剪方法有疏枝、短截、回缩、摘心、枝条变向等。枝条变向包括拉枝、撑枝、别枝等。若伤口较大，要涂消毒剂和保护剂。消毒剂可用2%硫酸铜溶液。保护剂可直接用油漆涂抹。

六、主要有害生物防治

薄壳山核桃主产区果园常见的虫害有数十种，重要的害虫有7~8种，其中主要是美核桃象甲、天牛、核桃木蠹蛾、胡桃小蠹蛾、山核桃巢斑螟、胡桃黑蚜和胡桃黄蚜等。薄壳山核桃园常见病害中，有真菌性病害，如山核桃黑斑病、白粉病、红霉病、顶梢枯死病、白绢病；细菌性病害，如根腐病；由类菌质体引起的病害，如丛枝病；线虫引起的病害，如根结线虫；生理性病害，如缺锌引起的莲座丛叶病等。要根据不同的病害采取不同的防治方法。

美核桃象甲（*Alaidodes juglans*） 土壤结冻前清除树冠下的枯枝落叶和杂草，刮掉树干基部的老皮，集中烧毁，并对树下土壤进行耕翻，成虫进入产卵盛期开始每隔10~15天喷1~2次西维因或亚胺硫磷等杀虫剂。

黑斑病（*Pestalotiopsis microspora*） 薄壳山核桃的主要病害。通风良好和阳光充足可有效预防黑斑病的发生。初发现叶片有黑色斑点时，喷1∶1∶100波尔多液可抑制发生。发病严重的地区在核桃萌芽前喷2倍液石硫合剂，雌花开花前后和幼果期喷50%甲基托布津800~1000倍液；40%的退菌特800倍液1~3次。结合修剪清除病枝、病果并烧毁，减少初次感染病源。及时防治举肢蛾、山核桃蚜虫、长足象等果实害虫，减少伤口和传播媒介。

天牛（*Cerambycidae*） 主要以幼虫蛀食，对树干危害最严重。当卵孵化出幼虫后，初龄幼虫即蛀入树干，最初在树皮下取食，待龄期增大后，即钻入木质部危害，影响树木的生长发育，

使树势衰弱，导致病菌侵入，也易被风折断，受害严重时，整株死亡。对于天牛的成虫，可以在六七月放管氏肿腿蜂进行生物防治，或喷施"绿色威雷"杀灭成虫。而对天牛幼虫的防治，最有效的办法就是注药防治，将药剂注入蛀孔内，并将孔口封堵，利用药剂的熏蒸作用杀死幼虫。

刺蛾（*Thosea sinensis*） 为杂食性害虫，危害薄壳山核桃的种类有褐刺蛾、黄刺蛾、青刺蛾等，其中尤以褐刺蛾数量最多，危害最烈。防治方法：6～7月间，当第一代幼虫盛发时，喷射1000倍液的敌百虫效果很好。黑光灯诱杀成幼虫危害期喷50%的辛硫磷乳油1000倍，10%～20%的速灭杀丁3000～4000倍，50%的杀螟松乳油1000～1500倍。冬季消灭越冬茧（青刺蛾、黄刺蛾的越冬茧在树皮及枝条上，可进行搜杀；褐刺蛾的茧在树干附近土内，可挖掘出来捣杀）。

白粉病（*Microspharea yamadai*, *Phyllactinia corylea*） 主要发生在叶背，呈白色海绵状，受害叶片容易硬化，发黄凋萎造成新梢生长缓慢，对植株生长和开花结果均有不同程度的影响。防治方法：春季发病前和发病初期，用50%甲基托布津可湿性粉剂1000倍液、50%灭菌丹可湿性粉剂1500～2000倍液等喷雾预防或防治，发生期每隔7～10天喷1次，连续2～3次。

核桃炭疽病（*Gloeosporium fructigenum*） 选栽抗病品种。加强栽培管理，改善果园的通风透光条件。清除病枝、落叶并集中烧毁。树上交替喷洒保护性杀菌剂。

叶斑病（*Alternaria alternata*） 冬季结合清园，扫除枯枝叶以减少病源。春季在抽梢叶期喷射叶枯青1000倍药液或1∶0.5∶100波尔多液

1～2次。

根腐病（*Fusarium oxysporum*, *Pythium aphanidermatum*） 主要发生在4月中旬至6月下旬，灌根病区边缘开沟隔离，及时排水，沟内撒石灰，也可用根腐灵1∶300或15%三唑铜可湿性粉剂1∶400～500进行喷施。

七、材性及用途

薄壳山核桃为世界著名的高档干果、油料树种和材果兼用优良树种。其树干通直，材质坚实，纹理细致，富有弹性，不易翘裂，是建筑、军工、室内装饰和制作高档家具的理想材料。其坚果个大（80～100粒/kg），壳薄，出仁率高（50%～70%），取仁容易，产量高（1500～2250kg/hm^2），生食、炒食、加工皆宜。并且其果仁色美味香甜，无涩味，营养丰富，约含油脂80%，优于油茶（44%）、核桃（60%）和文冠果（57%）；不饱和脂肪酸含量达97%，优于茶油（91%）、核桃油（89%）、花生油（82%）、棉籽油（70%）、豆油（86%）和玉米油（86%），为干果食用及榨油的原料；含有蛋白质11%，碳水化合物13%，含对人体有益的各种氨基酸比油橄榄高，还富含维生素B_1、B_2，每千克果仁约有32kJ热量，同时每100g种仁中含有对人体健康有益的微量元素硒6μg（核桃为4.60μg、山核桃为4.62μg）、锌4.53mg（核桃为3.09mg、山核桃为2.17mg），是理想的防止老年痴呆和降低冠心病的保健食品，也是上等的烹调用油和色拉油的油料树种。

（黄坚钦）

190 枫杨

别　名｜大叶柳、水槐树、魁柳、元宝枫、水沟树、水麻柳
学　名｜*Pterocarya stenoptera* C. DC.
科　属｜胡桃科（Juglandaceae）枫杨属（*Pterocarya* Kunth）

> 枫杨分布广泛，在华北、华中、华东、华南和西南各地均有分布，在长江流域和淮河流域最为常见（徐勤锋等，2010）。适应性强，初期生长较慢，3～4年后加快，10～15年可以成材，材质优良，用途广泛，是护岸防风、防浪固土的优良耐湿树种，也是四旁绿化、长江中下游江河滩地兴林灭螺及综合开发的主要造林树种之一。

一、分布

枫杨广泛分布于我国南亚热带和暖温带地区，即22°～40°N，100°～122°E。东起台湾、福建、浙江，西至甘肃文县、四川、云南，南起广东沿海，北至河北遵化，共跨越17个省（自治区）。多垂直分布在海拔1500m以下的沿溪涧河滩、阴湿山坡地的林中，朝鲜也有分布，现已广泛栽植作庭园树或行道树。

二、生物学和生态学特性

落叶乔木，高达30m，胸径1m。裸芽，密被锈褐色毛，雄花芽具短柄，卵状椭圆形。羽状复叶，叶轴有窄翅，顶生小叶有时不发育，小叶9～23枚，矩圆形或窄椭圆形，叶缘具细锯齿，下面脉腋有星状毛。雌雄同株，雄花序生于叶腋，雌花序生于枝顶。果序下垂，坚果近球形，两侧具矩圆形果翅。

喜光树种，不耐庇荫。耐湿性强，但不耐长期积水和水位太高之地。深根性树种，主根明显，侧根发达。萌芽力很强，生长很快。对有害气体二氧化硫及氯气的抗性弱。

三、苗木培育

枫杨的繁殖大多以播种为主，也可以进行扦插或压条（张占敏和侯利峰，2013）。

枫杨果序（四川盐边县）（肖兴翠摄）

1. 种子采集

选择10～20年生，干形通直、发育良好、无病虫害的母树采种。8月上旬果实成熟，果翅变为黄褐色或褐色时将果穗采下或等散落地面后扫集，种子采回后即可播种。也可去翅晾干或拌沙贮藏，春季播种。

2. 选地作床

苗圃地选择地势平坦、土层深厚、肥沃、排水条件良好、背风向阳且交通便利的地段。在选好的苗圃地上施用腐熟厩肥75t/hm²或复合肥750kg/hm²，均匀撒施后再深翻、细耙、作畦，畦宽2～3m、高10～15cm、长20cm，整平畦面。

3. 播种技术

播种前先用65℃温水浸种，搅拌冷却后换清水浸种72h，其间每隔24h换水1次。按20～25cm行距条播，播种量120～150kg/hm²，播后覆土1.5～2.0cm。随采随播（秋播），将浸种后的种子密播于沙床上催芽，待芽苗长出后，移植到容器内或大田里，大田移植株行距为15cm×30cm，浇定根水，覆盖农膜。

4. 苗期管理

加强苗期水肥及除草管理，春播苗全年除草3～4次、追肥3～4次，在速生期每15天追施1次硫酸铵，每次75kg/hm²；在生长后期追施1次过磷酸钙，用量为225kg/hm²；苗高10～15cm时间苗，单行留苗7～8株/m。秋播苗10月底以前中午温度较高，应揭开农膜通风，夜间盖上农膜，2月初揭除农膜炼苗，至翌年3月苗高25～30cm时即可造林或分床移栽，移栽整地施肥可按播种苗的方法，穴植株行距50cm×60cm（关秋芝等，2008）。

苗木刚出土时用70%敌克松500～800倍液喷施土壤防治立枯病。对于2年生苗木，于春季土壤解冻后至谷雨前，用50%辛硫磷乳油1000倍液浇施根部或制成诱饵毒杀地老虎（白云峰等，2012）。

四、林木培育

1. 造林地选择

选择地势平坦、水源充足、排水良好、土壤深厚肥沃的沙壤土为造林地，通常用于丘陵、平原、水网地区的四旁栽植，或用于不宜种植农作物的河滩地、平坦地或旷野营造小片纯林。

2. 造林地整理

宜在造林前整地。零星及单行植树采用穴垦，穴的规格不小于60cm×60cm×50cm，穴距3～4m。成带、成片造林，实行间作时采用全垦整地，深度25～30cm（蒋鹏和李文骅，2012）。

3. 栽植技术

根据不同的栽培目的应选择不同的造林密度，一般大径材大株行距为3m×4m或4m×6m；培养小径材株行距可为2m×3m或3m×3m；培育干形优良的枫杨以及防风护浪林，初植株行距2m×3m，5～6年后进行隔株间伐；四旁栽植的株行距为3m×4m。

4. 幼林抚育

主要是间作、除草和修枝。间作在造林当年开始，以间种豆科作物为主，也可间种花生、棉花和小麦。结合间作，对幼林进行除草松土和施肥，一般可连续间作2～3年。没有间作的枫杨林地，应在造林后1～2年的5～6月和8～9月各除草松土1次；第三年后于5～6月进行1次，直到郁闭为止。枫杨萌蘖力较强，定期进行枝叶修剪以促进主干生长。造林后1～3年，可在秋冬季节生长停止时或早春进行整形与修枝，郁闭前以整形为主，适当修除下部枝条、疏除竞争枝。造林4～5年，修剪至树高1/3处；造林6～10年，修剪至树高1/2处。造林10年后，可修枝到树高1/3～1/2处（孙莹莹等，2016）。

5. 主伐更新

一般枫杨数量成熟龄为20～25年。但近些年来，各地采取了促进速生丰产措施，采伐利用的年限提早了10年左右。

枫杨伐根萌芽力很强，采伐之后可采用萌芽更新。从伐根上选留一株健壮的培养成材，但在大的伐根上可留养两株。同时要对林地加强管理，促其速生、早日成材。

五、主要有害生物防治

主要病害有白粉病、丛枝病，虫害有地老

虎、黑跗眼天牛、桑雕象鼻虫、枫杨灰褐圆蚧、柳白圆蚧。

1. 白粉病

症状多发生于叶背，初期叶上为退绿斑，发生严重时，布满粉霉层，后期病叶上布满黑色小点即病原菌的有性阶段闭囊壳。病原为子囊菌门球针壳属（*Phyllactinia*）的榛球针壳菌 *P. corylea*。菌丝体内生，分生孢子单胞无色。病菌以闭囊壳在病残体上越冬。翌年春暖，条件适宜时，释放子囊孢子进行初侵染，以后产生分生孢子进行再侵染，借风雨传播。此病发生期较长，5～9月均可发生，以8～9月发生较为严重。防治方法：①注意清洁卫生，花期结束后及时拔除被害茎叶烧毁，减少侵染源。②注意透风透光，不宜栽植过密，增施磷钾肥料，提高植株抗病能力。③药剂防治可在发芽前或生长期两个阶段进行，应注意避开植物的开花期和高温期（32℃以上）用药。冬季或早春植物休眠期可用3～5波美度石硫合剂喷苗圃地面；初春发芽期，可使用0.3～0.5波美度石硫合剂，采用铲除剂时，结合清除病原效果更好。药剂可选用25%粉锈宁可湿性粉剂1500～2000倍液，或用70%甲基托布津可湿性粉剂1000倍液。每10天喷1次，喷药次数视病情发展而定。

2. 丛枝病

在长江以南发病普遍，症状表现为整个枝丛颜色呈黄绿色，基部显著肿大，叶片黄绿色，明显小，并略有皱曲，多着生于粗侧枝或主干上，并且主要表现在多年的大树上。发生严重时，病枝根本不开花。病原为半知菌类的胡桃微座孢菌（*Microstroma juglandis*）。病菌以子座及分生孢子梗在病枝内越冬，翌年5月病叶产生白粉状子实体，病菌在病枝上可存活多年。大树感病后，并不一定都表现出丛枝，只有当病菌侵入枝梢和芽内时，才有丛枝现象表现。防治方法：在树木发芽前喷施石硫合剂80倍液；及时清理枯枝落叶和病残

枫杨单株（四川盐边县）（肖兴翠摄）

体，病丛枝要及时剪除，并烧毁。

3. 地老虎

地老虎危害苗木。防治方法：对2年生苗木，于春季土壤解冻后至谷雨前，用化学药剂浇施根部或制成诱饵毒杀地老虎（白云峰等，2012）。

4. 黑跗眼天牛

黑跗眼天牛成虫取食嫩枝皮层，幼虫蛀害枝干，重者可使幼树枯死。防治方法：在成虫交尾产卵盛期，人工捕杀成虫；成虫产卵后用小刀挖开产卵槽，清除卵粒和幼虫；在产卵刻槽上涂化学药剂杀死幼虫；幼虫进入木质部后用浸蘸化学药剂的棉签塞入蛀孔，毒杀幼虫。

5. 桑雕象鼻虫

桑雕象鼻虫成虫在枫杨叶面取食，形成有规则的条纹，使叶片枯干，变为黄褐色，7~8月危害严重，可使受害树无一完整叶片。防治方法：早晚当成虫群集于叶面和叶背活动时，进行人工捕杀；7~8月成虫危害严重时，趁清晨露水未干前，喷化学药剂防治。

6. 枫杨灰褐圆蚧、柳白圆蚧

蚧类寄生树木枝干和叶片上，以刺吸式口器插入植物组织内吸取营养，使树木枝枯、叶黄，严重的枯萎而死。蚧类又能分泌蜜露诱发煤烟病。防治方法：最好在若虫发生初期，喷洒化学药剂防治；当蚧类的介壳形成后，可人工擦落或压死；同时保护利用红点唇瓢虫控制害虫虫口密度。

六、材性及用途

枫杨是具有木质材料和非木质材料（观赏、药用、食用等）等多种用途的优良资源树种。其木材灰褐色至褐色，纹理常具交错结构，材质轻软，容易加工。在武汉称柳木，主要用作家具和农具，也可修建房屋、桥梁，制作茶叶箱，以及作火柴和人造棉原料。树皮的内皮层含纤维素多（60%~80%），纤维拉力大（平均20kg），可制上等绳索。树皮煎水可治疗癣和麻风溃疡。在血吸虫危害地区，常用树叶杀灭钉螺。茎皮及树叶煎水或捣碎制成粉剂，可作杀虫剂，也可除治泥鳅、黄鳝，以防危害堤埂。树皮、叶、根及根茎均含鞣质，提取出来可用于治疗创伤、灼伤、神经性皮炎，具有抑菌消炎、祛风止痛、清热解毒的效果（夏鹏飞，2014）。枫杨树果与皮提取物对油茶炭疽病菌和链格孢菌具有抑制作用（史红安等，2016）。种子含油率28.83%，可以榨制工业用油。因此，枫杨可作为多用途经济树种栽培。同时，枫杨枝叶茂密，根系发达，是固堤护岸林和行道树的优良树种。苗木可作砧木，用于嫁接核桃。在南方，枫杨还被作为紫胶寄主树。

（肖兴翠）

四川犍为枫杨枝条
及果序（肖兴翠摄）

191 青钱柳

别　名｜摇钱树、甜茶树、麻柳、青钱李
学　名｜*Cyclocarya paliurus* (Batal.) Iljinsk.
科　属｜胡桃科（Juglandaceae）青钱柳属（*Cyclocarya* Iljinsk.）

青钱柳是我国特有的单种属植物，集药用、保健、材用和观赏等多种价值于一身。青钱柳树干通直，自然整枝良好，根系十分发达，适应性强。现有的青钱柳天然林资源不仅数量少，而且零星分布于深山老林和一些自然保护区中。近年在其主要分布区省份作为特色药用树种被大规模种植开发，面积20余万亩。在南方丘陵山地大力发展青钱柳人工林，同时加强青钱柳天然林保护，对助力脱贫攻坚、提升南方山区的生态和经济效益均有重要意义。

一、分布

青钱柳主要分布于我国亚热带地区的江西、浙江、安徽、福建、湖北、四川、贵州、湖南、广西、重庆等省（自治区、直辖市），河南、陕西和云南也有少量分布。水平分布东界为浙江宁波的太白山，西界为云南的镇康，南界为云南的屏边，北界为河南的嵩县。青钱柳在我国的垂直分布范围变动较大，东部地区420～1100m，西部地区420～2500m（方升佐等，2017）。

青钱柳多生于山区、溪谷、林缘、林内或石灰岩山地，喜温暖、湿润、肥沃且排水良好的酸性红壤或黄红壤，常与鹅掌楸、南方红豆杉、银鹊树、大叶楠、青冈、紫楠、浙江柿、香槐、柳杉、四照花、天竺桂、毛竹等混生，组成常绿与落叶阔叶混交林群落。由于气候和土壤条件的差异，不同区域青钱柳群落特征存在明显差异。在浙江龙王山马峰庵，青钱柳与鹅掌楸、千金榆和山胡椒等14种主要乔木、灌木树种组成群落，多数为落叶阔叶树。在福建永春牛姆林青钱柳天然林群落中，青钱柳主要与狗牙锥、刨花楠、密花山矾、红楠、华南吴茱萸、拟赤杨、米槠、梨茶、芬芳安息香、日本杜英等乔木和灌木树种伴生。

二、生物学和生态学特性

1. 基本特性

落叶大乔木。高可达30m，胸径可达100cm以上。裸芽被褐色腺鳞，奇数羽状复叶，小叶7～13片，花期4～5月，果期7～9月。先端钝或突尖。雄性柔荑花序自1年生枝条的叶痕腋内生出，雌性荑荑花序单独顶生。果实扁球形，径约7mm，果实中部围有水平方向的径达2.5～6cm的革质圆盘状翅，顶端具4枚宿存的花被片及花柱。

2. 生长特性

树干通直，常处于林分林冠上层，自然整枝良好。在天然林中，40～50年生的大树枝下高可达9m。大树喜光，幼苗、幼树稍耐阴，根系十分发达，主侧根多分布在40～80cm的土层中。在天然林中，树高生长20年前为速生阶段，0～10年为高峰期，胸径生长20年前为速生阶段，10年左右达到最大值，材积生长20年后逐渐加大，20～40年为速生阶段，30年达到高峰。人工栽培青钱柳比天然林生长快，通过对黎川县岩泉林场20年生青钱柳人工纯林的调查，青钱柳高生长在前20年，年生长可达0.5～0.6m；胸径平均生长量为0.7cm，20年生青钱柳平均树高11.8m，平均胸径14.5cm。通过对福建农林大学西芹林场23年生青钱柳与杉木混交林中青钱柳平均木、亚优势木

的生长过程进行分析，应用有序样木费歇尔分割法，将青钱柳的生长过程划分为四个阶段：1～3年为幼林生长期，4～14年为速生期，15～26年为干材生长期，26年以后进入成熟期；亚优势木胸径连年与平均生长量相较比平均木推迟2年，到22年之前胸径连年生长量均大于1.0cm；而平均木仅在12年生之前大于1.0cm，亚优势木的树高亦有推迟趋势，到23年生时，不论是亚优势木或平均木均未达到数量成熟。

3. 开花结实和种子特性

雌雄同株异花，为典型的雌雄异型异熟树种。不同植株雌雄花成熟时序不同，同一株树的雌雄花发育存在明显的花期不遇现象。雌花的可授期为10天左右，雄花的散粉期为7天左右。在人工幼龄林群体中，有2类共5种开花表现型：两性植株包括雌先型、雄先型和同步型，单性植株包括雌株和雄株；观察发现幼龄林群体中雌株居多，两性植株比例较小。连续2年定株观察表明，开花表现型的变化主要表现为单性植株转变为两性植株；雌先型和雄先型表达稳定，极少发生逆转；两性植株中，有52.2%的植株其雌花、雄花花期完全错开，而47.8%的植株其雌花、雄花花期有部分（少量全部）重叠。青钱柳雌先型雄花的发育过程始于3月中旬，3月下旬至4月上旬形成雄蕊原基，4月中旬雄蕊基本形成并进一步分化；4月下旬花药内形成花粉囊，此时小孢子母细胞减数分裂形成四分体，四分体解体产生小孢

子；5月上旬初步形成花粉粒，5月中旬花粉成熟散出，花序凋谢。同一花序的发育顺序是从花序轴的基部向顶端逐渐发育成熟，从成熟的时间上看，基部和顶端花粉囊散粉时间差异在1～3天内。根据解剖学观察表明，雄配子体的发育可以分成三个阶段：花药及花药壁的发育、小孢子的发生、雄配子体发育。青钱柳花药壁发育为基本型；花药壁中的绒毡层类型为腺质绒毡层；小孢子母细胞的减数分裂类型为连续型；小孢子四分体呈四面体形；成熟的花粉多为2-细胞花粉，少数为3-细胞型。雌花的发育过程始于3月中旬，3月下旬胚珠原基开始发育。在4月中旬，出现孢原细胞；4月下旬时，雌花内部进入大孢子母细胞阶段。在5月上旬，雌花内部已经进入成熟八核胚囊发育阶段。根据雌花外部形态与解剖学观察，雌配子体的发育可以分成胚珠的发育、大孢子发生及雌配子体发育三个阶段。

种子饱满率较低，平均在15%～20%。去翅种子千粒重100～180g。青钱柳种子具有深休眠特性。目前的研究结果表明，青钱柳种胚基本不存在休眠，果皮和种皮存在一定的机械束缚和透水、透气性障碍，果皮中存在活性较强的内源抑制物质是引起种子休眠的主要原因。目前生产上主要采用经夏越冬隔年沙藏法（自然变温层积催芽）以解除种子休眠。

4. 适应性

青钱柳为喜光、深根性树种，其侧根较为发

青钱柳雌花柱头3裂（南京）（方升佐摄）　　青钱柳种实（南京）（方升佐摄）　　开始散粉的青钱柳雄花（南京）（方升佐摄）

达，对土壤水肥条件要求较高，喜湿润，在酸性、石灰质土壤上均能生长，在空气湿度较大的环境生长良好，在土壤干旱瘠薄的地方则生长不良，不耐水湿。幼苗幼树稍耐阴，如果长期生存于林冠下，幼树则趋于衰亡。青钱柳每年有大量的凋落物，分解速率高，是良好的肥料树种，与常绿针叶树种混合造林后，可改善土壤结构，提高土壤肥力，并能充分发挥涵养水源的功能。

三、良种选育

青钱柳分布范围较广，由于突变、隔离及自然选择等原因，分化并产生了种内有差别的地理生态种源和家系。通过种源收集和种源试验，现已初步筛选出一些优良的地理种源（家系）。

Liu等（2018a，2018b）对采自青钱柳分布区11个省份29个天然居群进行了研究，结果表明，不同天然居群叶片提取物活性成分的含量差异显著，其中水溶性多糖变化范围为18.72～53.59mg/g，含量最高的居群为湖北五峰；水提物和醇提物的总酚酸、总黄酮和总三萜含量的变化范围为0.06～1.57mg/g、0.52～6.88mg/g、0.05～8.15mg/g，含量最高的分别为四川沐川、广西金钟山和湖北五峰居群。

以不同种源/家系2年生苗木生长指标（苗高、地径的年增长值、复叶面积、复叶干重）和主要药用成分（微量元素铁、锰、铜、锌、硒、黄酮类物质、谷甾醇、总三萜和多糖）的含量为选择依据，初步选择出一批优良药用和材用种源（家系）。

在青钱柳苗期试验的基础上，进行了多点造林试验，系统研究了基因与环境交互作用对生长和主要次生代谢产物积累的影响。以树高和胸径为选择指标，初步筛选出4个优良材用家系：昆明2#、剑河1#、剑河2#和剑河3#，而安吉5#、庐山6#和昆明5#等3个家系可以作为立地条件较好环境下的造林材料。以总黄酮含量为选择指标，初步筛选出2个优良药用家系：鹤峰10#和剑河1#，舒城4#、鹤峰2#和剑河3#可以作为环境条件较好立地下的造林材料。以总三萜含量为选择指标，初步筛选出4个优良药用家系：昆明2#、昆明3#、剑河1#和剑河3#，庐山6#和鹤峰10#可以作为环境条件较好立地下的造林材料。

4年生青钱柳的胸径生长、微纤丝角、木材的基本密度和木材结晶度在家系之间都存在显著差异。不同家系青钱柳的平均胸径在4.93～6.47cm；微纤丝角的变异幅度为19.0°～30.6°，且随着年龄的增大，微纤丝角呈现递减的变化趋势；木材基本密度和结晶度的变化范围分别为0.441～0.547g/cm³和37.63%～46.62%。不同种源7年生青钱柳树高和胸径生长也存在显著差异，变化范围分别为7.30～9.91m和6.7～10.0cm；木材基本密度变异范围为463～554g/cm³，少数种源间有显著差异；1～7年的平均微纤丝角变异范围为18.1°～23.2°，而3～7年和5～7年的平均微纤丝角变异范围分别为17.0°～23.3°和15.2°～21.8°；木材结晶度的变异范围为51.4%～74.1%。结果还发现，种源地的经纬度与所测定青钱柳的木材特性相关性明显；微纤丝角从髓芯至韧皮部逐渐降低，呈良好的直线关系，且与所测定的木材特性显著相关（邓波等，2014）。

四、苗木培育

青钱柳育苗目前主要采用播种育苗方式。这里重点介绍南京林业大学提出的青钱柳裸根苗培育（LY/T2311—2014）和容器苗培育技术（Tian et al.，2017）。

1. 裸根苗培育

采种与调制 选择干形好、生长健壮、无病虫危害的母树，9～10月待果实由青转黄时进行采种。将采回的果实在通风干燥的室内阴干，搓碎果翅，扬净备用。

种子层积 室内堆藏选择靠近墙角的地方，地面先铺5～10cm厚湿沙，再按一层种子、一层沙子的方式，堆高至距地面20～30cm处，上面覆盖5～10cm厚的沙子。室外层积催芽采用一层种子、一层沙子的方式，把种子撒于沙床上，厚度20～30cm，上覆5～10cm沙子。浇透水。床面覆盖稻草或遮阳网。种子层积至第三年早春。层积过程中发现沙子干燥，应及时喷水。沙子湿度以手握成团但不滴水为宜。

江苏省溧阳市大石山青钱柳白茶复合经营示范林（尚旭岚摄）

圃地选择　宜选择交通方便、地势平坦、排灌通畅，土层深厚、肥沃，微酸性沙质壤土或壤土，地下水位≥1m的地块。

整地作床　冬季土壤封冻前翻耕，整地深度≥30cm。翻耕前撒硫酸亚铁8～10kg/亩、杀螟硫磷2～3kg/亩。结合翻耕施入有机肥（有机质≥45%，氮+五氧化二磷+氧化钾≥5%）1800～2250kg/hm²。圃地四周开挖排水沟，深50～60cm。翌年春季播种前精细整地。作高床。床高25～30cm，宽100～120cm，步道宽35～40cm。

播种　2月下旬至3月中旬，日平均气温≥15℃、地温≥10℃即可播种。采用条播，行距25～30cm，沟深3～5cm，沟宽2～3cm。将经过层积处理的种子均匀撒入播种沟内，覆土1～2cm，轻轻镇压，床面覆盖2～3cm稻草或其他覆盖物，浇透水。

苗期管理　播种后30～40天，待幼苗基本出齐，分两次揭除覆盖物，间隔约5天。幼苗长高至7～10cm开始间苗和补苗，苗木株距为20～25cm。6月底定苗，留苗量10000～12000株/亩。以人工除草为主，结合除草进行松土。出苗期和幼苗生长初期多次适量浇灌，保持床面湿润；苗木速生期宜适当增加浇水次数和浇水量；9月中旬开始，逐渐减少浇水次数，维持苗木不干旱即可。苗木速生期追施尿素3.5～5.0kg/亩，分3～5次进行。6月初进行第一次施肥，施肥量先少后多。9月中旬停止追肥。

苗木出圃　地上部分生长停止后至春季萌动前起苗，修剪过长根系后进行苗木分级，分为两个等级：Ⅰ级苗木，大于5cm的Ⅰ级侧根数≥10条，主根长度≥20cm，地径≥0.80cm，苗高≥60cm；Ⅱ级苗木，大于5cm的Ⅰ级侧根数8～10条，主根长度15～20cm，地径0.60～0.80cm，苗高40～60cm。

2. 容器苗培育

容器选择 无纺布容器，规格（口径×高度）为：（8~10）cm×（10~12）cm。

基质配制 黄心土：珍珠岩：草炭土：有机肥（有机质≥45%，氮+五氧化二磷+氧化钾≥5%）的体积比为2：2：4：2或2：2：3：3。

容器摆放 将装好基质的容器整齐摆放到育苗架或铺有聚丙烯塑料地布的苗床上，容器间保留3~5cm间隙。

基质消毒 芽苗移植前3~5天，采用50%多菌灵可湿性粉剂800倍液或70%甲基托布津可湿性粉剂800倍液等浇灌基质进行消毒。

芽苗移植 2月中下旬，将经过层积的种子与湿沙（体积比为1：3）充分混合后撒播于室外沙床上，厚5~8cm，上覆2~3cm沙子。保持床面湿润。待芽苗长至4~7cm高时，选阴天、晴天清晨或傍晚起苗。用竹棍距芽苗基部2cm处斜插入根部，向上用力松动沙子，用手轻轻拔出芽苗，整齐堆放在盛有清水的容器内，用湿毛巾盖好备用。修剪芽苗根系，保留根长3~4cm。用竹棍在装好基质的容器中心位置左右摇动形成一个小穴，植入芽苗使其根颈部稍低于基质面，用手轻轻按实根部基质。采用喷灌浇透水。

苗期管理 用透光率为50%~70%的遮阳网遮阴。9月中旬撤除遮阳网。结合除草定期挪动容器或截断伸出容器外的根系。幼苗生长初期多次适量浇灌；苗木速生期宜适当增加浇水次数和浇水量；9月中旬开始，逐渐减少浇水次数，维持苗木不干旱即可。浇水后发现容器内基质下沉，及时填满。选阴天、晴天清晨或傍晚，叶面喷施0.1%~0.5%尿素水溶液，浓度随苗木生长逐渐提高。施肥后用清水冲洗苗株。6月初开始施肥，之后每20天追肥1次，9月中旬停止施肥。

苗木出圃 容器苗质量指标为地径≥0.50cm，苗高≥40cm，根团完整。

3. 扦插育苗

种条采集 5月中旬至8月上旬，从采穗圃培育的健壮母树上采集半木质化枝条。采穗过程中应注意保湿。

制穗 去掉梢部幼嫩部分，截成10~15cm的插穗（保留1~2个节间），插穗上端保留3~4片小叶，剪掉其余的叶片。

生根激素处理 以600mg/L吲哚丁酸溶液加入滑石粉调成糊状，将剪取好的插穗下端3~4cm蘸取吲哚丁酸糊状生根剂（DB32/T 1964-2011），或以600mg/L吲哚丁酸溶液浸泡处理1h。

扦插 以泥炭土：蛭石：珍珠岩＝1：1：1（体积比）或泥炭土：珍珠岩＝7：3为基质，扦插的密度一般以插穗叶片相接，但不重叠为宜，扦插深度为4~5cm。扦插时先用比插穗直径稍粗的小木棍在苗床上插一个小孔，然后将插穗插入基质中，然后将插穗周围的基质压实。扦插完毕，向苗床浇1次透水，使插穗与基质紧密结合。

插后管理 扦插后进行遮阴，并采用间歇性喷雾设施对插穗进行喷雾保湿。扦插当天及时喷施800倍多菌灵或甲基托布津，以后每隔5~7天喷施1次。喷药在傍晚停止喷雾时进行，插穗生根后可适当减少喷药次数。

生根后的管理 插穗生根以后，空气湿度要求逐渐降低，减少喷雾次数，每次喷雾持续时间也适当缩短。逐渐增加透光强度和通风时间，使其逐步适应外部环境。

移植 插条成活后，要及时移植，可移到苗圃地或营养袋内。移植后，要加强管护，在移栽初期采取遮阴、浇水等措施，成苗后要做好除萌、抹芽、松土和防治病虫害等工作。

4. 嫁接育苗

2月下旬至3月上旬进行本砧枝接，在青钱柳树液流动前1~2周内，选取地径＞1cm的1年生青钱柳容器苗为砧木，从青钱柳优良母树上采集1年生枝制穗，采用切接或插皮舌接法进行枝接。7月中旬至9月上旬进行本砧芽接，选取地径＞0.8cm的1年生青钱柳容器苗为砧木，从青钱柳优良母树上采集当年生半木质枝条，以接穗上一饱满芽为中心，取下长3~4cm、宽1.0~1.5cm的芽片，在砧木距地面15~20cm处，做一个与芽片大小相同或稍大些的切口，迅速将接芽贴在砧木切口木质部上，并将砧木一侧的纵向刀口延长

形成导流道，用于排放伤流液。

五、林木培育

1. 造林地的选择

造林地宜选择河岸冲积土、山地缓坡、土层深厚肥沃、排水良好的迹地，背风湿润沟谷和山坡中下部等立地作为造林地。土壤有效层厚度在0.5m以上，土壤容重在1.4g/cm³以下，常年平均地下水位在1.0m以上（DB32/T 1964–2011）。培育叶用人工林还应注意选择自然生态环境良好，土壤、水源及大气未受污染的造林地。

2. 造林密度

用材林造林初植密度625～1111株/hm²，株行距3.0m×3.0m～4.0m×4.0m。

叶用林造林密度950～1333株/hm²，株行距2.5m×3.0m～3.0m×3.5m。

3. 造林整地

在造林前一年的秋冬季或造林当年早春整地。根据地形确定整地方式。整地前，应清理林地杂灌。

全面整地 采用机械整地，适用于坡度<5°的缓坡地。垦深50～60cm，农田、水库、沟渠上方的造林地，应保留宽15～50m的缓冲带。

水平带状整地 适用于坡度5°～15°的造林地。可采用机械整地，沿等高线作业，带宽2.0～2.5m，垦深50～60cm。

穴状整地 适用于坡度15°～25°、地形地貌较复杂的造林地。采用人工挖穴或机械挖穴，穴深50～60cm。如遇母岩或留存树桩，应适当调整穴位，尽量保证穴位排列整齐。

按规划的种植点挖栽植穴，规格为60cm×60cm×50cm（长×宽×深）。将穴内土块打碎，拣出杂物。每穴施入充分腐熟和无害化处理后的农家肥6～8kg或经认证机构认证的商品有机肥1.0～1.5kg，与碎土拌匀，上覆10～15cm表土。

4. 造林

宜在秋季落叶后至翌春萌芽前造林，一般从11月上旬至翌年3月上旬。容器苗的造林季节可适当延长。

一般使用1年生裸根实生苗的合格苗；当造林地杂草、灌木石砾较多，坡度>20°时，使用2年生移植苗或1年生容器苗。苗木质量要达到行业或地方技术规程要求的I、II级苗标准。苗木宜随起随栽。需长途运输的裸根苗，将苗木根系蘸泥浆，再用草帘包装后运输。

栽植容器苗时，先去除不可降解的容器，然后将苗木轻放至种植穴中央，扶正，回填土至穴满，踏实后培一层浮土。栽植裸根苗前，未蘸泥浆的苗木根系先进行蘸泥浆处理。栽植时，抖开根系，将苗木轻放至种植穴中央，扶正，回填土至穴的一半深度，轻提苗，踏实，再回填土至穴满，踏实后培一层浮土。栽植深度要以高于苗木出圃土痕3～5cm为宜。栽后浇透水。

5. 抚育管理

（1）用材林抚育管理

抚育年限为5年，每年抚育2次，每年4月初、9月初各抚育1次，主要抚育内容有割灌、松土除草、整形修枝。

种植穴中心1m内的杂草和灌木割除掉，将其平放在幼树的周围，但不得压倒幼树，杂草灌木过多可堆置行间。草灌留存高度不得超过20cm。

人工松土以植株为中心，在穴面上进行松土。每年2次，第一次松土在原穴范围内松土深度5～10cm，扩穴部分松土深度10～15cm；第二次松土时，可加深至15～20cm。机械松土则采用行间带耕方式进行松土，并将新土培至苗木土痕以上1～2cm，苗要扶正，踏实苗根部，不伤苗、不伤根、不漏抚。

在农林间作的情况下，行间的松土除草结合农作物的松土除草工作完成；对郁闭后的林分，可不再进行松土除草，根据不同树种和草灌种类，可选用适宜的化学除草剂除草。

造林后对顶梢折断或顶芽受损的植株，及时把苗木回剪到下边第一个完整侧芽上端1cm处，使这个侧芽发育成为主梢；对枯梢苗，应选留苗木上部与主干夹角最小的一个侧枝，将其以上部分全部剪去。

每个生长季节末都进行一次修枝，剪去树冠

中下部粗大侧枝，一直持续到林木形成4m高通直主干为止。修剪时贴近树干，不留茬。修剪粗枝需用修枝锯时，应先在侧枝下方锯一浅口，然后由上向下锯，侧枝断裂时要避免撕裂树皮。修枝后及时剪去下部主干上长出的萌条。修枝强度：对1~4年生幼树可少量修枝；5~10年生修枝到树高的1/3处；10年以后可修枝到树高3/5处。

（2）叶用林抚育管理与采收

造林后的前3年可间作豆科作物、花生、紫云英等矮秆作物或绿肥植物。间作的植物要与青钱柳保持50cm以上的距离。

造林后的前3年每年除草2次，分别于5月和9月在原穴面上进行，应做到除早、除小和除了。造林3年后，杂灌杂草影响树木生长发育时，以植株为中心直径1.0m以内的草灌和藤蔓全部割除，平铺于树盘周围。

造林后的前3年结合除草进行松土。第一次在原穴范围内松土深度5~10cm，第二次可加深至10~20cm。

造林3年后，每年垦复1次，深度15~30cm，在秋季采收后进行。坡度小于5°的缓坡地进行全园深翻，坡度在5°~15°的进行株行间深翻，坡度在15°~25°的进行扩穴深翻。

造林后的前3年，每年结合松土除草工作进行施肥，施用商品有机肥1.0~1.5kg/（株·次）。造林3年后每年施肥2次，分别在春夏采收和秋季采收后进行，施肥量为1.5~2.5kg/（株·次），用量应根据树龄和长势逐年增加。施肥时沿树冠外缘垂直投影处开环状沟，沟深30cm以上，将肥料均匀施于沟内，盖土压实。

2年生截干移植苗造林当年新梢萌发后选留5~6个分布均匀的侧枝，定期抹去多余的萌芽。1年生裸根苗或容器苗造林后树高达1.0m以上的，于休眠期进行截干处理，保留60~70cm高主干，翌年新梢萌发后选留5~6个分布均匀的侧枝，定期抹去多余的萌芽。进入休眠期后进行修剪，树高控制在0.8~1.2m，同时剪除过密枝、细弱枝和病虫枝等。此后，每年休眠期重复此项修剪工作。

造林后第3年可开始采收叶片。4~6月，每隔20~30天采收一次。采摘时每一根枝条适当保留一些芽和叶，每次采收量应小于全树叶量的60%。9~10月初进行秋季采收，保留树冠上部10%~20%的叶片，其余叶片全部采收。采后及时加工处理。

六、主要有害生物防治

1. 猝倒病

多发生在4~7月，是青钱柳苗期最常见的一种病害，发病严重时会造成幼苗大量死亡。猝倒病的病原主要是真菌中的腐霉属（*Pythium*）、疫霉属（*Phytophthora*）和丝核属（*Rhizoctonia*）等。症状主要表现为苗期露出土表的茎基部或中部呈水浸状，后变为黄褐色缢缩，子叶尚未凋萎，幼苗即突然猝倒。防治方法：预防为主，防重于治，播种前必须对苗圃地进行消毒。幼苗出土后，要加强圃地管理，及时松土除草与间苗，梅雨季节要及时排水；5月，每10~15天喷施杀菌剂进行防治。

2. 小地老虎（*Agrotis ypsilon*）

小地老虎在全国各地年发生2~7代，各地发生代数随气候不同而异，但大部分地区均以第一代危害最重。在长江流域及其以南地区，小地老虎以蛹及幼虫在土壤及枯枝落叶层中越冬。以幼虫危害苗木，夜出活动，将幼苗茎干距地面1~2cm处咬断，也爬至苗木上咬食嫩茎和幼芽。成虫对黑光灯有很强的趋性；喜食糖、醋等酸甜及有芳香气味的食料。防治方法：精耕细作、清除杂草是消灭地老虎成虫产卵处所和幼虫食料的重要措施；在越冬代发蛾期用黑光灯或糖醋液诱杀成虫；在高龄幼虫盛发期，早晨露水未干时进行人工捕杀；用化学药剂进行灌根。

3. 蜡蝉（Fulgoridae）

1年发生2代。以卵在枝条或叶脉内越冬。初孵若虫群集在新叶或嫩梢的叶片上吸汁危害，3龄后跳跃性很强，分散于叶片或枝干上危害，成虫也喜刺吸植株汁液补充营养。防治方法：冬季刮除越冬卵块或剪除有卵块树枝；在6~8月

若虫发生盛期，可使用空中喷洒化学药剂杀灭若虫。

4. 黄刺蛾 (*Cnidocampa flavescens*)

北方1年发生1代，长江下游地区2代，少数3代。以老熟幼虫结茧在树枝上越冬。初龄幼虫啃食叶片表皮和叶肉，稍大则把叶片吃成不规则的缺刻，严重时仅留有中柄和主脉。防治方法：冬、春季剪除有卵块树枝，减少卵块数量；幼虫盛发期可使用空中喷洒化学药剂杀灭幼虫。

七、综合利用

青钱柳树皮、树叶具有清热解毒、止痛功能，可用于治疗顽癣，长期以来民间用其叶片做茶。现代化学研究表明，青钱柳中含有人体所必需的钾、钙、镁、磷等常量元素，以及对人体保健有重要作用的微量元素如锰、铁、铜、锌、硒、铬、矾、锗等，还含有黄酮类、三萜类、多糖、甾醇、酚酸和氨基酸等有机化学成分。药理活性研究表明，青钱柳具有降糖、降脂、降压、抗肿瘤、抗氧化、抗菌和增强免疫等多种作用，并安全无毒。目前，已开发出以青钱柳叶为主要原材料的茶叶和功能食品，产品降糖、降脂、治疗痛风等效果显著。

青钱柳木材纹理直，结构略细，硬度适中，干燥快，切削容易且切面光滑，适宜作家具、农具、胶合板及建筑材料等。13年生人工青钱柳气干密度在含水率为12%时达0.552g/cm^3，比我国传统的枪托用材——胡桃楸高6%，而与优良家具、枪托和机模用材的黄杞很相近。

青钱柳的树姿优美，果似铜钱，是优良的观赏绿化树种。此外，青钱柳树皮中不仅含有纤维，还含有鞣质可供提制栲胶等。

（方升佐，尚旭岚）

192 黄杞

别　名｜黄榉、三麻柳
学　名｜*Engelhardia roxburghiana* Wall.
科　属｜胡桃科（Juglandaceae）黄杞属（*Engelhardia* Lesch. ex Bl.）

> 黄杞为常绿乔木，木材纹理斜，结构细；材质轻柔，富有弹性；干燥后略有翘曲现象，但不变形；材色清淡调和，美观雅致；木加工和胶接容易，但刨面不光滑；油漆性能一般，不耐湿，易腐，常有虫害。但是，黄杞木材仍属上等家具、高级箱板等良材，也宜作胶合板、建筑、车辆、农具、茶叶箱、器具等用材。黄杞又有黄久、黄果、抄木、黄样等商品材名，是南方习见的商品材之一。

一、分布

黄杞主要分布在我国南方地区，生于海拔200～1500m的林中，主产于西南、东南地区，在四川、贵州、云南、湖南、广东、海南、广西、台湾、福建等地均有分布（王永奇等，2012）。

二、生物学和生态学特性

黄杞高10～20m。树皮褐色，深纵裂。枝条细瘦，实心。裸芽叠生，有柄。全株被橙黄色盾状腺体。偶数羽状复叶，长12～25cm，小叶3～5对，少数1～2对；叶片革质，长椭圆状披针形至长椭圆形，长6～14cm，宽2～5cm，先端渐尖或短渐尖，基部偏斜，全缘，两面光泽。花单性，雌雄同株或稀异株；雌花序1个及雄花序数个长而俯垂，形成一顶生的圆锥花序束；顶端为雌花序，下方为雄花序，或雌雄花序分开，则雌花序单独顶生；雌花及雄花的苞片均3裂，花被片4枚，雄花无柄或近无柄，雄蕊10～12枚，几无花丝；雌花有长1～3mm的花柄，花被片贴生于子房，无花柱，柱头4裂，稍外卷。果序长15～25cm，果实球形或扁球形，坚果状，直径约4mm，密生黄褐色腺体，外果皮膜质，内果皮骨质，苞片托于果实基部，形成膜质状果翅，中间果翅裂片长3～5cm，约为两侧裂片的2倍。花期5～6月，果期8～9月（黄文标，2015）。

黄杞喜光，不耐阴，适生于温暖湿润的气候，

黄杞种实（福建）（陈世品摄）

对土壤要求不严，耐干旱瘠薄，但以在深厚肥沃的酸性土壤上生长较好。

三、苗木培育

1. 大田播种育苗

黄杞应适时采种，当苞片变为淡黄绿色，剖视种仁为新鲜的黄白色时，采收的种子发芽率较高。种子在除去苞片和空粒后，不用干燥，亦不要浸种催芽，即可播种。圃地宜选择在土壤较为深厚、肥沃、湿润、排水良好的地方。播种后约半个月开始发芽，经15天左右发芽完毕。苗高5cm左右，可分床。小苗的根系颇为纤弱，起苗时应注意保存根系，并且即起即栽，否则会降低存活率。苗期管理得当，黄杞幼苗半年生高达50cm以上，便可上山造林。

2. 容器扦插育苗

（1）基质准备

试验前15~20天将基质（装袋前基质用筛目规格为1cm×1cm的筛子过筛）装入7cm×12cm的容器中，每畦苗床装400行容器。容器中的基质用1000倍液40%乙膦铝可湿性粉剂进行消毒灭菌，要求消毒灭菌深度在3cm以上。消毒灭菌后用旧薄膜覆盖4~5天后，容器中的基质浇透清水。

（2）扦插

插穗长度约10cm，扦插前用1000倍液50%甲基托布津胶悬剂浸泡5min进行杀菌处理，基部蘸生根促进剂后直接插入容器，并给予浇水，若发现插穗歪倒的要扶正。注意遮阴，确保插穗不因高温受到伤害，其小环境的相对湿度必须保持在90%以上。

（3）苗期管理

每隔6~10天喷1次浓度为500倍液的叶面肥，叶面肥可交替使用45%氯化钾复合肥、大肥宝，进行插穗叶面追肥。等到插穗基本生根后，采用灌施150~300倍液根部追肥，追肥2~3次，每隔10天施肥1次，追肥以尿素、"信叶"植物根部营养液或高钾型高乐。当插穗根系长度达12cm以上时，就可以进行移苗断根，苗床逐渐过渡到全光照，经过2次移苗后就可以出圃。

四、林木培育

为了达到速生丰产，以容器育苗造林最佳。黄杞的造林密度可视林地的具体条件而定，以株行距2.0m×2.5m为宜。造林后，每年抚育1~2次，3~5年便可郁闭成林。

五、主要有害生物防治

在黄杞的育苗过程中，及时喷施1000倍液50%多菌灵悬浮剂、2000倍液75%农用链霉素可溶性粉剂交互使用以预防病害。如果出现螨虫、蚜虫、地老虎等害虫，可交互使用4000倍液20%氰戊菊酯乳油、1000倍液15%哒螨灵乳油。

六、材性及用途

黄杞用途广泛，既可作绿化及观赏树种，又可作用材树种，也是我国的传统药材。黄杞枝叶茂密、树体高大，适宜在园林绿地中栽植，尤其适宜用作山地风景区绿化的先锋树种。木材纹理通直，结构细致，材质硬而稍重，加工容易，不变形，少开裂，适作上等家具、高级箱板及建筑用材。就药用价值而言，一般在春、夏、秋季采收，洗净，鲜用或晒干。黄杞树皮含可供提制栲胶，其纤维坚韧，既可用来编绳索，亦可用来制人造棉。内皮及根是紫虫胶的次要寄主之一。其叶为《中华本草》所收载，具有清热止痛之功能，用于治疗感冒发热、疝气腹痛。作为甜茶，在广东、广西一带广为使用。大量动物实验表明黄杞叶具有降血糖、降血脂、抗凝血等作用（宋明明等，2013）。

（刘爱琴）

木麻黄

　　木麻黄科（Casuarinaceae）的木麻黄类植物属于双子叶植物，为乔木或灌木，英文俗名she oak，该科有4个属99个种（含亚种），即异木麻黄属（*Allocasuarina*）、木麻黄属（*Casuarina*）、隐孔木麻黄属（*Ceuthostoma*）和裸孔木麻黄属（*Gymnostoma*）。木麻黄天然分布于澳大利亚、东南亚和太平洋群岛。木麻黄在热带及亚热带地区有广泛的引种和栽培，引种最北端已至法国南部的蒙彼利埃（43°35′N）。我国南至南沙群岛和北至舟山群岛（30°44′N）的沿海地区均可种植木麻黄，内陆地区的陕西省汉中市褒河林场（33°20′N）和昆明植物园也已引种成功。但我国木麻黄主要种植在海南、广东、福建、广西、台湾及浙江中南部等的沿海地区及岛屿，海拔自海滨沙滩线至1000m。木麻黄可固氮，且有内生和外生菌根菌，常被作为贫瘠地、干旱地和盐碱地等退化地土壤改良的造林树种，也用于作行道树和庭院绿化树等。其生长迅速，抗风力强，不怕沙压，能耐盐碱。沿海地区营造木麻黄林，不仅可防风固沙、保护农田、扩大耕地面积、提高作物产量，而且还改善生态环境，也为其他树种引进创造了条件。木麻黄是我国南方沿海防风固沙林、薪炭林、农田防护林及工业用材林等的优良树种，木材可作造纸原料及旋切板、建筑模板或顶木等用材，树皮可生产栲胶，枝叶和果实中含多种有用化学成分等，木麻黄已被视为多用途速生树种，有较高的经济价值和显著的生态效益。木麻黄为我国华南和东南沿海主要造林树种。

（仲崇禄）

193 木麻黄

别　名 | 短枝木麻黄、马尾树（广东、海南）、驳骨树（广州）

学　名 | *Casuarina equisetifolia* L.

科　属 | 木麻黄科（Casuarinaceae）木麻黄属（*Casuarina* Adans.）

　　木麻黄可固氮且有内生和外生菌根菌，常被作为贫瘠地、干旱地和盐碱地等退化地土壤改良的造林树种，也用于行道树和庭园绿化等；其生长迅速、抗风力强，不怕沙压，能耐盐碱。木麻黄是我国南方沿海防风固沙防护林树种、薪炭等能源林树种及用材林树种；木材可作造纸、旋切板、建筑模板或顶木等，树皮可生产栲胶，枝叶和果实中含多种有用化学成分等，已成为多用途速生树种，有较高的经济价值和显著的生态效益。

一、分布

　　天然分布于澳大利亚、东南亚和太平洋群岛，纬度跨越塔斯马尼东南部的43°S至关岛的13°28′N，经度在85°～155°E之间，垂直分布为海平面潮线至海拔3000多米的高山，分布区内平均降水量在100～2800mm之间。所有异木麻黄属植物和部分木麻黄属植物是澳大利亚的特有种，其余则分布至东南亚及太平洋群岛，但隐孔木麻黄属却是唯一没有分布于澳大利亚的属。

　　木麻黄在热带及亚热带地区有广泛的引种和栽培，最北端已至法国南部的蒙彼利埃（43°35′N）。1897年，我国台湾省引进（杨政川等，1995）；1919年，福建省泉州市华侨从印度尼西亚泗水引进，1929年又有人在厦门种植；在20世纪20年代，广东省广州市从东南亚地区引种了木麻黄，30年代广东省湛江市从越南引进；40年代前后，海南岛有种植且种类较多；50年代以前，引进木麻黄主要作为行道树和庭园观赏树，很少用于大面积造林。1954年，广东省雷州半岛、吴川和电白等地成功营造了木麻黄沿海防护林（徐燕千和劳家骐，1984）。其后，广东、广西、福建和浙江等省（自治区）沿海各地亦先后营造木麻黄林。目前已成为华南和东南沿海地区主要造林树种之一。

　　我国南至南沙群岛和北至舟山群岛（30°44′N）的沿海地区均可种植木麻黄，内陆地区的陕西省汉中市褒河林场（33°20′N）和昆明植物园（海拔约1900m）也已引种成功。但我国木麻黄主要种植在海南、广东、福建、广西、台湾及浙江中南部等的沿海地区及岛屿，海拔自海滨沙滩线至1000m。目前，种植面积最大的是木麻黄，其次是细枝木麻黄（*C. cunninghamiana*）和粗枝木麻黄（*C. glauca*）。

二、生物学和生态学特性

　　为多年生乔木或灌木，小枝条像针叶、具节且节易断。叶子高度退化，呈一轮细齿状，围节而生，形成4～20枚退化小齿叶。每轮小齿数目即叶子的数目，有时用叶数来识别种。在小枝上，从叶子合生处沿枝的长度方向形成细沟槽，但有的种沟槽深，有的种则较浅。气孔生于细棱之间，裸孔木麻黄属的浅而呈裸露式，其他属深而呈封闭式，因而有"裸气孔"和"隐气孔"之分。多数木麻黄气孔受到沟槽的保护而免受环境影响。木麻黄具有高度退化的雌雄花，似柔荑花序，花穗交互轮生着齿状苞叶，每苞叶两侧又生着2片鳞状小苞片，大多数种雌雄异株，少数种有2%～10%为雌雄同株。靠风传播花粉，授粉后雌花序发育成小的木质化蒴果，上具类似喙状裂片，裂片有长有短。种子带翅，成熟后种子散出，但有些种的蒴果可宿存几个季节，如异木麻黄属植物。多数种花期短，每年都开花结果，而有些种没有规律，如鸡冠木麻黄（*C. cristata*），有春季开花，也有雨季后开花。

原产地的天然分布区有多种生境，其中最典型的是热带滨海沙地，常构成单优群丛。在硬阔常绿或常绿雨林、热带草原森林、沙漠边缘灌丛甚至荒漠中都有木麻黄分布，常见与桉属（*Eucalyptus* spp.）、白千层属（*Melaleuca* spp.）、外果木属（*Exocarpus* spp.）、斑克木属（*Banksia* spp.）或金合欢属（*Acacia* spp.）植物一同构成森林。常为特殊生境上演替系列中的先锋树种。

澳大利亚原产地的平均最高气温为35～37℃，平均最低气温为2～5℃。木麻黄耐高温，生长在澳大利亚中部干旱地区的德凯斯木麻黄（*Allocasuarina decaisneana*）可耐70℃的高温。在我国年活动积温在7000℃以上、绝对低气温在0℃以上的地区均能良好生长，经引种驯化，甚至绝对低气温-7℃地区也有种植，如杭州湾南岸的慈溪市。

耐杂草竞争。木麻黄生长速度快，多数情况下其幼苗完全可以竞争过杂草，适于用作困难立地造林的先锋树种。

耐贫瘠土壤。木麻黄适生于沿海疏松沙地，在酸性土壤上也生长良好，尤其在土层深厚、疏松肥沃的冲积土上更为茂盛。以中性或微碱性最为适宜。多数木麻黄树种能生长在低肥力的土壤，一些树种能在轻质土壤上茁壮生长，而另一些树种则能在重质土壤上茁壮生长（National Academy of Science，1984）。在中国华南海滨，可见到短枝木麻黄、粗枝木麻黄和细枝木麻黄生长在海湾低洼地、海丘沙地和迎海岩石缝隙中。海南、广东、广西和福建等15个地点48个沿海木麻黄林土壤分析结果：pH 4.15～8.70；速效氮10.4～132.4mg/kg；速效

福建省泉州市惠安赤湖国有防护林场木麻黄雌花（仲崇禄摄）

海南省岛东林场短枝木麻黄（仲崇禄摄）

海南省乐东县尖峰镇岭头村海边木麻黄蒴果及雌花
（仲崇禄摄）

海南省文昌市林业科学研究所木麻黄水培扦插苗
（仲崇禄摄）

海南省临高县苗圃场木麻黄育苗（仲崇禄摄）

海南省琼海市国营上埇林场木麻黄与菠萝套种
（仲崇禄摄）

磷1.3～4.4mg/kg；速效钾8.3～112.1mg/kg；交换性钙0.06～12.80cmol/kg；交换性镁0.03～0.71cmol/kg；有效硼0.01～0.31μg/g；全铜2.60～44.21μg/g；全锌3.22～31.90μg/g；全锰8.19～454.90μg/g；全钴1.99～7.99μg/g；全铁0.65～22.01kg/kg。这反映了华南木麻黄林地土壤的养分现状差异很大，多数土壤是贫瘠的。

木麻黄可与弗兰克氏放线菌（*Frankia* Diem et al.，1982）和菌根菌（mycorrhizal fungus）共生，这些是木麻黄植物能耐贫瘠而又速生的主要原因之一。不同的土壤和水分条件、木麻黄种质资源特点都对弗兰克氏放线菌在木麻黄根系上结瘤和林木的生长发育有很大影响（Reddell et al.，1986），一般在疏松的沙地上结瘤生长发育良好，在黏重板结的红土上结瘤则生长发育不

良，且固氮能力在木麻黄种源/家系间有显著差异（Sanginga et al.，1990）。木麻黄每年每公顷可增加氮素约58.5kg。

抗风固沙树种。木麻黄主根深，侧根发达，水平分布常为树冠幅数倍。主根深入沙中常年地下水位以上，须根多集中在40cm以上土层，且树冠均匀，透风良好，树皮坚韧。一般10级以下风时仍能挺立，而12级台风能将其主干和侧枝吹折，可选育出抗12级台风的无性系。

耐干旱树种。在澳大利亚原产地，年降水量为100～1200mm，且雨量集中，干旱季节长；我国南方沿海地区，年降水量1200mm以上，宜于木麻黄生长；在海南省东方市，年降水量900mm，旱季长达6个月，木麻黄仍能正常生长；在云南省元谋县干热河谷，降水量634mm，蒸发

量（3847.8mm）是降水量的6倍，部分立地上能生长良好。其耐旱程度是与地下水的状况有密切关系，在海岸带，地下水位在1～3m的情况，能耐大气干旱。不过，木麻黄在幼苗期不耐干旱，育苗和造林应注意。

耐沙埋和耐盐碱树种。由于树干、树枝均有形成不定根的能力，在顶梢不被埋的情况下，仍能生长良好。短枝木麻黄可耐很深的沙埋。木麻黄不怕海潮浸渍，但忌长期淹浸。海边沙地上的木麻黄，经常受海潮淹及，对生长无不良影响且起到灌溉、施肥促进生长的作用。

木麻黄是速生树种。在中等立地条件，不论幼龄或成熟龄，年均高生长可达1m，年均胸径生长约1.5cm。在水肥条件良好的新冲积土上，3年生植株年均高生长可达2m以上，年均胸径生长可达2cm以上；在土层深厚、疏松肥沃的冲积土上，年均高、胸径生长可分别达到3m和3cm或以上。20年生已达到成熟，35年生以后则已进入衰老期。不同的立地条件，其生长量亦不相同。滨海流动或半流动沙地，潜水位1～3m，并有春雨，旱季15～20cm下层含水量不低于7%，冲击或沉积年代较近，矿质营养物和代换性钙含量较高，木麻黄生长良好，每亩年均蓄积量生长可达1m³左右；内陆肥沃疏松深厚的冲积土，也能达到相当的生长量。滨海细、中沙土，灰、灰黄或灰红色，沉积或冲积年代较近，地表植被较好，氮素营养可能比细沙土稍高，但矿质营养物和代换性钙含量都较低，木麻黄生长中等，每亩年均蓄积量生长为0.5～0.7m³；近海台地或较新沙堤，其相对高5～10m，少或无春雨，干旱季节地下水位低于3m，在15～20cm下层土含水量不低于5%，木麻黄生长较差，每亩年均蓄积量生长为0.3～0.5m³；距离海岸较远的台地或丘陵地，由玄武岩、花岗岩等发育的红壤、砖红壤，土质不大黏重，也非经严重冲刷而变成硬骨土的立地，木麻黄生长正常，每亩年均蓄积量生长约为0.5m³。当然，经选育的优良无性系在上述立地上均会生长更快。

强喜光树种。木麻黄生长期间喜高温多湿。在华南沿海地区1～2月生长停顿，3～4月开始生长，6～9月生长最快，10～11月生长下降，11～12月生长缓慢。有些木麻黄树种还可密植和修剪成形，作为外观优美的绿篱，如短枝木麻黄、约虎恩木麻黄、细枝木麻黄等。

我国种植的主要木麻黄类树种有以下一些。

短枝木麻黄（*Casuarina equisetifolia*）：含本种（*C. equisetifolia* subsp. *equisetifolia*）和印卡纳亚种（*C. equisetifolia* subsp. *incana*），乔木，树高可达30m，胸径70cm以上，主干明显，树干通直，树冠圆锥形；小枝条长10～30cm，节间长5～13mm，粗0.5～1.0mm；每节上有鳞片状小齿叶6～8枚，0.3～0.8mm长；蒴果椭圆形，长1.0～2.4cm，粗0.9～1.3cm，具短柄，蒴果小苞片尖、较薄、较轻度木质化、苞片稍长且被短柔毛，种子灰棕色，不发亮，翅果6～8mm长。小枝和蒴果也具有密和明显的绒毛。

细枝木麻黄（*C. cunninghamiana*）：乔木，高20～40m，胸径0.5～1.5m，树干通直，树冠呈尖塔形，树皮灰色，稍平滑，小块状剥裂或浅纵裂，树皮平滑或裂纹小；枝条近平展或前端稍下垂，近顶端处常有叶贴生的白色线纹；小枝密集，长15～38cm，直径0.5～0.7cm，具浅沟槽及钝棱，节间长4～5mm；小齿叶6～10个，长0.3～0.5mm，狭披针形；蒴果椭圆形，长0.7～1.4cm，粗0.4～0.6cm，蒴果苞片非三角形、钝尖或锐尖、背无条痕、较薄、较轻度木质化且苞片稍长；种子灰白，不发亮，翅果长3～4mm。

粗枝木麻黄（*C. glauca*）：乔木，高10～20m（少数达30m），干直，主干明显，主干有沟或小板根，干上常有萌枝，常产生根蘖，冠较窄，枝条稀疏；树皮微裂，鳞状，灰褐色。齿叶在嫩枝上长而向内弯。小枝分散而下垂，小枝条灰绿至灰黑色，达到38cm长，易断，粗1.0～1.5mm；节间长8～20mm，粗0.9～1.2mm，无毛，偶尔具蜡质，脊平至稍微圆形；小齿叶稍短，狭披针形，齿叶12～17个，少数达20个，直立，长0.6～0.9mm，通常宿存；蒴果长9～18mm，粗7～9mm，蒴果由铁锈色到被白绒毛渐变无毛，

果柄长3~12mm；小苞片钝尖、较薄且轻度木质化；种子黄棕色，间有褐色条斑，不发亮，种翅有中边脉，翅果长3.5~5.0mm。

约虎恩木麻黄［*C. junghuhniana*（同名，山地木麻黄*C.montana*）］：乔木，树高25~35m，胸径0.5~1.0m，干直，主干明显，树皮多平滑，少粗糙或有栓皮，树形雄伟；小枝条绿至灰色，不易断，长15~30cm，粗≤1mm，节间长度10mm；齿叶9~11个，小齿叶稍短；蒴果卵圆或椭圆，（0.6~1.2）cm×（0.6~0.9）cm，蒴果苞片外端呈半圆形，较薄、较轻度木质化且稍长；种子不发亮，种子带翅长4~5mm，灰白至灰棕色，种翅有中边脉。

鸡冠木麻黄（*C. cristata*）：乔木，树高10~20m，直径可达1m，经常产生根蘖，树皮下部鳞状开裂，灰褐色，小枝条硬，新抽枝条的小齿叶直立且较分散。生长健壮品种的小枝下垂，发育不良的品种的小枝展开，长可达25cm；节间通常轻微皱缩，长8~17mm，粗0.6~0.9mm，稍被蜡质，偶尔有稀疏的绒毛，关节部分容易脱落。脊平或带有中间浅凹槽，经常被蜡质；齿叶8~12个，直立，长0.5~0.7mm，宿存；蒴果嫩时带有铁锈色的短绒毛，成熟时几乎无毛，果柄1~14mm长，蒴果13~18mm，有时达到25mm长，粗10~16mm；小苞片尖，三角形，苞片向外辐射状伸展，背有条痕；种子不发亮，种子长约6mm，有明显的中脉。翅果6.0~10.5mm长。

肥木木麻黄（*C. obesa*）：乔木，灌木1~2m或小乔木5~14m，主干不明显，小枝条直立生长，树皮厚，暗灰有条纹，永久性枝条齿叶常脱落，冠稍宽，枝灰绿至深绿；小枝条强壮、硬、暗橄榄绿色至灰色，齿叶在新抽的枝上直立。小枝下垂或展开，达21cm长；节通常被蜡质，干燥后顶端不膨大或轻微膨大，脊平滑；齿叶12~16个，偶尔会轻微展开，长0.3~1.0mm；蒴果球形或两钝，蒴果无柄或着生在长10mm的柄上；蒴果长10~20mm，粗8~10mm，苞片较薄、较轻度木质化且苞片稍长，外端钝平；种子不发亮。

滨海木麻黄（*Allocasuarina littoralis*）：灌木或小乔木，高3~12m，通常直立，冠窄，土壤贫瘠和风害严重地区会成为匍匐状或小于3m的灌木。树皮开裂。树皮纵裂或有栓皮，小枝条细，绿至灰绿色，小枝上举或下垂，达20（少数达35）cm长；节间4~10mm长，直径0.4~1.0mm，平滑，棱沟有毛；脊有棱角或弯曲，具有中间的垄；每轮齿叶6~8个，少数5或9个，直立或少数分散，不重叠，长0.3~0.9mm，通常脱落；蒴果圆柱形，少数宽比长大；柄长4~23mm；蒴果椭圆至圆柱形，蒴果长10~45mm，直径8~21mm；小苞片薄，尖形至钝，具有比小苞片短厚的锥形凸起附属物，偶尔具有2个侧边的凸起，但不形成脊状物，蒴果可长时间宿存于树上。种子深褐色至黑色，发亮，翅果长4~10mm。

森林木麻黄（*A. torulosa*）：乔木，通常雌雄异株，高5~20m。树皮纵向和横向都开裂，有短而尖状隆起，有栓皮；小枝下垂，小枝条细软，暗绿，小枝条老时基部铜棕色，长达14cm；节圆柱形，嫩时四边形，长5~6mm，粗0.4~0.5mm，棱沟内有绒毛；脊轻微弯曲；每轮齿叶4或5个，直立，长0.3~0.8mm；蒴果短圆柱状或筒状，苞片较厚且稍短，苞片背部疣状凸起附属物；柄长8~30mm；蒴果长15~33mm，直径12~25mm；小苞片尖锐，凸起部分被分成比小苞片稍短或一样长的8~12个小瘤，即木质苞片背上有瘤状物开裂后背部紧聚在一起形成脊状。蒴果可长时间宿存于树上。种子浅褐至深褐色，发亮，翅果长7~10mm。

短枝木麻黄是木麻黄科代表性树种。主要造林技术以短枝木麻黄为主进行介绍。

三、良种选育

1. 良种选育方法

木麻黄选育常以种源、家系选择为基础，结合杂交育种创制特异性新品种。目前，我国主要开展了短枝木麻黄、细枝木麻黄、粗枝木麻黄和山地木麻黄的种源/家系多地点选择测定试验，并开展了大量优树子代、杂种子代及其无性系的多地点测试试验。

（1）种源、家系、优树和无性系选择育种

自1986年至今，我国引进木麻黄23个种260多个种源和500多个家系，开展了大量测试，选育出了一批优良种源和家系。并在此基础上，开展了木麻黄优树和无性系选育工作，用于测试的无性系有100多个，且各地均选育出一些适合本地区造林的木麻黄无性系。

（2）杂交育种

木麻黄作为风媒授粉，多数是雌雄异株，是纯粹的远缘杂交植物。木麻黄科内有高度的遗传杂合性，这为杂交育种工作创造了有利条件。异木麻黄属中一些种的遗传系统有很大变化，多倍体现象经常发生，同时四倍体具有减数分裂的规律性和可育性，使遗传分离成为可能。隐孔木麻黄属植物染色体数未做研究，裸孔木麻黄属植物染色体数目$n=8$，木麻黄属植物$n=9$，这两个属染色体都较小且无多倍体和杂合性不广泛。异木麻黄属植物染色体数目$n=10\sim14$，个体较大，同时有些产生多倍体。可能是异木麻黄属的染色体数目是一个古老的多倍体祖先中派生出来的，使这个属存在几个染色体变化系列（Barlow，1983）。

尽管木麻黄属植物杂合性不广泛但确实有，如天然林中发现了杂交种 *C. cunninghamiana* × *C. glauca* 及 *C. cunninghamiana* × *C. cristata*（Wilson and Johnson，1989）。人工种植条件下也有一些杂交种产生，如埃及发现了 *C. cunninghamiana* × *C. glauca*。泰国和印度有许多 *C. junghuhniana* × *C. equisetifolia* 的无性系林。我国木麻黄杂交育种及无性系选育工作始于20世纪50～60年代，70年代初获得第一个杂交种，已获得以下几个主要杂交种组合 *C. equisetifolia* × *C. glauca*，*C. glauca* × *C. equisetfolia*，*C. cunninghamiana* × *C. equisetifolia* 及 *C. cunninghamiana* × *C. glauca*。木麻黄可进行种间杂交，无论正交或反交均有一定亲和力。但以粗枝木麻黄作母本比较好，结果率达45.1%，果实形状、颜色基本上显现出母本性状。杂交F_1代千粒重，正交时介于双亲之间，反交是则小于双亲。同时，F_1代苗木小枝长度、质地、色泽、粗度、节距及齿状叶数等多表现出母本性状。近似父本的个体出现率很低，约占总数6.3%，但这类苗木往往具有很大的杂交优势，是进一步选择和培育的对象。短枝木麻黄与粗枝木麻黄杂交，杂交F_1代苗木生长表现良好，但同一组合的不同亲本植株之间，其杂交后代表现有相当大差异，可见杂交育种优良亲本植株选择是重要的（徐燕千和劳家骐，1984）。2010年以来，获得40余个新杂交组合并开展部分子代测定（张勇，2013）。同时，在海南、广东和福建等地的防护林都是一些天然杂交种的无性系人工林，这些杂种无性系已经经过了长期选育。

（3）辅助育种技术

对木麻黄开展了遗传多样性、遗传转化等研究（Zhong et al.，2011；胡盼，2015；Jiang et al.，2015），为木麻黄分子设计育种、杂交种质创制、基因功能和新品种创制等研究奠定了基础。

（4）种子生产基地和种子园

种子生产基地。目前通常采用的方法是培育母树林；也可选超级苗（选择强度约2%）建立生产种子母树林，种植时各株优树家系采用随机排列；也可以经选择性疏伐后改建成种子生产基地。

种子园，主要采用无性系种子园。木麻黄结实量与年龄、光照和风有关。木麻黄天然林内，全年都可以看到有植株开花结实现象，种子成熟具有周期性。我国华南地区种植的木麻黄从南到北由于热量积累迟早不同，开花成熟期亦不同。海南及广东南部，花期为12月至翌年3月，果实成熟期在7～9月，少部分11月以后，到翌年2月才成熟；福建省及广东省东部花期为3月下旬至5月上旬，10月前后果实大量成熟。开花结实与树种有较大关系，如细枝木麻黄比粗枝木麻黄开花结实的物候期稍早些，但也有相互重叠的现象；海南省，山地木麻黄花期为12月至翌年1月，果实成熟为6～8月。木麻黄花单性，雌雄异株或同株。

采种。采集木麻黄种子园或母树林的果实，或树龄10年以上人工林中生长健壮、树干通直饱

满、无病虫害母树的果实，或直接引进经种源试验证实适于种植地区生长的原产地优良种源区的种子。木麻黄多数树种种植2～5年就有少数植株开花结实，5～6年后进入正常开花结实期，一般以10年生以上成熟母树的种子为好。果实成熟期为每年7月至翌年1月，多集中于10～12月，当果实变深褐色且种子饱满时采集。脱种较容易，蒴果置于阳光下晒2～3天，或在阴凉处放5～7天，待果开裂后具翅种子散出，收集种子，密封并保存在4～5℃条件下低温冰箱或冷库经密封后贮藏备用。大多数原产澳大利亚的木麻黄种子，晒干后放入密闭容器中，室温下可安全储存较长时间，新鲜种子生命力较低的细枝木麻黄种子也能保存1～2年。对短枝木麻黄种子，最好储存在低温条件下。产于东南部和太平洋群岛的木麻黄种子似乎较难储藏，有的树种种子活力仅几个月至1年。

2. 抗逆种质材料及其应用

抗风、抗青枯病、耐盐、耐寒等特性木麻黄有广泛市场需求。木麻黄青枯病是由青枯菌（*Ralstonia solanacearum*）引起的一种严重木麻黄病害。我国抗青枯病育种工作从20世纪70年代开始，已选出许多优良抗病无性系并大面积造林，但目前木麻黄抗病无性系等种质材料仍然缺乏，需要不断选育补充新材料，满足生产需求；沿海地区木麻黄种质材料首要特性是抗风，抗风品种选育是木麻黄选育的重点工作之一，特别是广东、海南、福建等基干林带应用的无性系至少要能抗10级风；在耐盐选育中，开展了种源和无性系层次上选育，获得一些耐盐无性系和种源材料，并用于华南沿海地区林业生产；耐寒选育主要在浙江省开展，培育出了一些耐短期-5℃低温的无性系，耐寒无性系已经用于浙江省中南部沿海防护林建设。

四、苗木培育

可通过种子繁殖，有些树种也可通过幼枝插条进行水培、沙培和微器官组织培养等无性繁殖。但组织培养无性繁殖受树种遗传特性等因素限制，目前木麻黄主要采用种子繁殖和扦插繁殖。

1. 种子繁殖

种子繁殖是多数木麻黄的主要繁殖方式。种子发芽与温度、湿度和光照等因素有关，温度是主要因素。正常条件，多数种可在3～10天内发芽。每个种都有最佳发芽温度，多数树种集中在20～30℃。

圃地选择宜选用生荒地，避免选用种植过茄科及其他作物的土地，如番茄、辣椒、烟草、茄子及花生等，避免土壤中含有青枯病病菌以防木麻黄青枯病。播种床土壤以沙质壤土最为理想。一般采用就地育苗的方法，水源充足、排水好即可用作育苗地。将土壤耙松并清除杂草，保证表土充分细碎，苗床高10～15cm。如土壤太黏重，可混入一些细沙。一般要进行土壤消毒，药剂可选用敌百虫、高锰酸钾、福尔马林、多菌灵或锌硫磷等。施肥可在作床过程中进行，加入1/5～1/3火烧土，或3%磷肥，过细筛后混入土壤。箱或篮等容器作播种用具时，基质通常采用黄心土、沙土和火烧土各1/3，或沙土和火烧土各1/2，再加入2%～3%磷肥。充分混合并消毒后放入播种，此方法虽然费用大，但成苗率高，是可取的育苗方法之一。

播种，播前用0.1%高锰酸钾溶液浸泡种子3～5min，用清水冲洗数次，然后按1：1比例拌入干细沙混合充分搅匀即可播种。9月至翌年6月气温20℃以上播种，一般9～11月播种育苗用于春夏种植，2～6月播种用于冬春种植。具体播种时期应根据各地气候条件、育苗和造林方法以及造林季节而定。通常采用撒播或条播。平整好的苗床淋透水，将处理好的种子均匀撒播于苗床上，然后覆盖细沙土，轻轻压实，覆盖厚度为2～3mm过2～3mm细筛的土，即刚把种子盖上为宜。容器育苗播种量为每平方米6～10g种子；大田育苗每亩2.5～4.0kg，产苗量25万～30万株。播种前也可用45～50℃温水浸种24h或湿沙层积1～3天。为保持土表湿润，播种后可选用松针、稻草或木麻黄针状枝覆盖苗床。播种后马上在床四周放驱蚁药以驱白蚁。也有播后不覆盖，每天用喷雾器按时淋水，直到种子萌发成苗。

芽苗出土前保持苗床表面湿润，用1mm左右细孔花洒或喷雾器淋水。萌芽前适当遮阴和挡雨。如有覆盖，应在苗木出前分批揭除。待苗木出齐后用0.1%~0.5%高锰酸钾或0.1%多菌灵防病处理。苗木出齐后多以腐熟的人或畜的粪尿或速效性化学氮肥进行第一次追肥，浓度1%~3%为宜。每7~10天1次，随苗木生长可适量增加浓度并相应延长间隔时间。冬季育苗时，有些地区应注意防寒，一般用塑料薄膜覆盖。培育常规造林苗，用高10~12cm、直径6~7cm的聚乙烯育苗袋；培育大苗宜用高18~20cm、直径10~12cm的育苗袋。基质用黄心土：沙土：火烧土=2：2：1，加2%~3%腐熟的过磷酸钙混匀，pH 5.0~7.5为宜。

待苗高达5~15cm时进行移苗。移苗前苗袋淋透水，保持基质湿润，如苗根系过多宜适当修剪，必要时用泥水浆根；宜在阴天或晴天的早、晚进行，移后略微压实并淋定根水。移苗后需要加以短期遮光网遮阴，待苗木成活后除去。

2. 扦插繁殖

扦插繁殖是我国培育木麻黄苗的主要途径（梁子超和岑炳沾，1982），利用幼树嫩梢扦插成活率一般可达90%以上。采穗圃母株采用地栽，床宽60~80cm，步道宽50cm，种植株行距为10cm×20cm。待苗木长至70~90cm时截顶，保留高度40~60cm，让侧芽生长。种植当年沟施1次复合肥100g/m²。采条后喷施1%的复合肥1次，每亩用肥量500~750g。采集3个月生嫩枝作插条，插条长8~12cm。母株采穗利用年限一般为2~3年。

用0.1%高锰酸钾溶液浸条3~5min进行插穗表面消毒，然后用清水冲洗插条数次。用50~200mg/kg IBA或10~200mg/kg NAA等生根激素溶液浸插条基部（长2~3cm）24h。然后用如下3种繁殖方式获得生根苗：①水培，将插条直立置于装有洁净水的容器中，水位为插条长度的1/3，容器放置平台上，用50%~70%遮光网遮阴，生

广东省电白县博贺镇龙山木麻黄防护林林相（仲崇禄摄）

根后可采用全光照射。每24h换水1次，换水时挑除霉烂的插条；②沙培，建造水泥地面的沙培池，规格为宽80～100cm，深15～20cm，长度按需要设定。在沙池一侧布设可开关控制的PVC硬塑水管，管上每隔30～40cm钻细孔，使水分可均匀地流入沙池；沙池另一侧设置排水口，必要时能将水快速排除；③土培，需具备喷灌设施的育苗棚或温室，以黄心土：沙土：火烧土（或蛭石）＝2：2：1为基质，将激素处理的插条插于育苗容器的基质中育苗。嫩枝培养15～30天生根。

水培和沙培的插条基部长出2～3条根、根长2～6cm时移植到育苗容器，进行正常管理。

3. 组培繁殖

繁殖材料通常是木麻黄的幼嫩组织，如嫩枝、枝芽、根芽、花芽、未成熟雌花和种子等。

4. 有益共生菌应用

育苗过程中，可人工接种弗兰克氏放线菌和菌根菌，促进苗木生长和提高苗木抗逆性。用分离培养出的弗兰克氏放线菌菌株制成的菌剂，用注射器将菌剂注入苗木根部土壤中或移苗时用菌液蘸根；也可取原有木麻黄人工林下土壤装杯育苗；还可将新鲜根瘤研碎，然后用根瘤兑水液接种。由于后两种方法都可能在接种过程中带入其他病菌，如青枯病菌等，因而建议采用纯培养菌剂接种法为佳。外生菌根菌可用含纯培养菌丝或孢子粉的菌剂接种到苗木根际，使苗木根系侵染上菌根菌，或将含有内生菌根菌孢子的菌剂混入育苗土壤。

5. 移苗后管理

种子苗、扦插苗或组培苗，移苗后即可进行正常管理。一般每天淋水1～2次。移植后两周施第一次肥，可用0.1%腐熟的尿素（含氮量46%）或复合肥（氮：磷：钾＝15：15：15）溶液淋苗，每亩用肥量50～75g，此后每周施肥1次，浓度在0.3%～0.5%，每亩用肥量75～150g。

6. 苗木出圃

出圃前进行调查和分级，常规造林苗高20～70cm，特殊立地造林苗高70～150cm。

五、林木培育

1. 种植技术

造林地选择。海拔1000m以下，坡度30°以下，土壤类型为滨海沙土、沙壤土、砖红壤和赤红壤，土层厚度大于60cm，土壤pH 4.5～8.8。适宜种植区域有沿海前缘和台地、低山丘陵区、行道树和农田林网的林地；其他可种植木麻黄的林地包含盐碱地、面海荒山、采矿地和污染地等退化地。

树种或品系选择与配置。适于栽培的木麻黄树种主要有短枝木麻黄、细枝木麻黄、粗枝木麻黄、山地木麻黄和滨海木麻黄等，但山地木麻黄多数种源不宜种植在海岸前缘沙地。品系采用速生、干形通直、主干无分叉、侧枝小和抗逆性强的品系。品种配置上宜用抗逆性强的树种或品系轮作，或与其他树种混交，可混交的主要树种有桉树类、相思类、松树类或一些乡土树种。目前我国90%或以上木麻黄造林采用无性系水培苗。建议每个县（市）区，至少用8～15个无性系混合造林，混交方式有条状或块状。避免采用单一无性系大面积种植，单一无性系连片种植面积宜小于50hm²。如大于70hm²，建议至少种植总面积5%～10%比例的实生苗。

林地清理和整地。全面砍伐树木和较高灌木，树桩高度不高于15cm。整地方式如下：①山地或壤土立地，整地在种植前1～3个月完成。坡度<15°的林地全垦，穴规格为40cm×40cm×30cm；坡度≥15°的山地，穴状整地，穴规格50cm×50cm×40cm。②海边沙土地，固定沙地可全垦，而流动沙地多采用边挖边种植方式；低洼积水沙地，开深沟排水，起高垄种植，穴规格为30cm×30cm×30cm；退化地宜大苗深埋种植。

肥料施用。用磷肥（过磷酸钙）或复合肥每穴施0.1～0.4kg，或施用土杂肥作基肥，肥料与土壤搅拌均匀，宜在造林前7～10天施肥；沙土地上也可边挖穴与施肥边种植。

初植密度。初植密度为每公顷1100～2800株，其中纸浆材林每公顷2500～2800株，锯材和建筑材林每公顷1100株，生态公益林每公顷1600～2800株。

苗木规格。沿海地区多采用大苗造林，高40～70cm；内陆地区，苗高为20～40cm，特殊困难立地宜采用70～150cm的大苗造林。

种植。以春季或雨季为宜。目前，华南地区多采用春季冷空气雨水造林或夏秋季台风雨水造林。雨水湿透土壤时即可种植，容器苗晴天也可造林，如造林后又有连续阴天或降水，造林成活率会更高。壤土或沙壤土，种植深度比苗木根颈位置上5～15cm；沙土可根据苗木大小，确定种植深度增加至根颈位置上15～20cm。植苗时，要求土壤与苗根系充分接触。造林后3个月内及时查苗补植。而流动沙丘或风大处沙地，过于干旱时，种植深度宜加深至40～50cm，必要时采取设置防风障、先种草或小灌木植物等固沙措施后，再种植。

2. 抚育管理

一般需要进行2～3次补植。在天气条件适合的季节，补植越早越好。除草松土因立地条件而异，滨海固定性沙土和壤质土上种植木麻黄都需要除草松土，每年1～2次为宜。造林当年夏秋，水平带状铲草抚育1次，抚育宽度1m。第2～4年，于植株周围1m×1m穴状铲草抚育1～2次。通常林分在1～3年生时每年追肥1次，每株施复合肥100～250g，离植株根颈为0.3～0.6m处挖穴深20cm，施后覆土。随林龄的增加追肥量增加。在培育大径级锯材时，第四年还应追肥1次，复合肥250g/株。土层特别深厚，肥力较高的林地，可

减少追肥次数。追肥以春夏为宜，可结合除草、修枝等抚育措施进行。在海边沙土上也有采用海肥（如海泥、鱼肥、海藻等杂肥）。滨海地区和铁质砖红壤上常需追施微量元素肥，以0.1～5.0g有效元素/株为宜。微量元素施肥可以叶面喷施或单独施入土壤，也可混入其他肥料中一同施用。处在无枯枝落叶的状态下，木麻黄人工林的第二、三、四代林分中树木生长明显减慢且青枯病发生率较高；相反，长期保存林下枯枝落叶且让其自然分解，第三、四代人工林仍有较高的生产力，青枯病发生率极低且生长快。

多数木麻黄天然整枝和枯枝自然脱落较慢，除海边前缘防护林外，人工修枝是用材林抚育重要措施之一。林分郁闭度达0.7以上，对下部枝条进行修枝，修枝到树高的1/5～1/3。2～3年生幼树修枝到树高的1/5，4～5年生时修枝到树高的1/4，6～7年生时修枝到树高的1/3。修枝截口要平滑，以利于伤口愈合，切忌剥裂树皮。晚秋到早春是修枝的好季节，尤以早春为最佳，有利于伤口愈合。

根据经营目标进行间伐。林分郁闭度达0.8以上，被压木占20%以上时可进行第一次间伐。林分生长较均匀的采用下层抚育间伐，林分分化大的采用综合抚育间伐法。林木遭病虫害、风害或其他特殊损害时应及时进行卫生伐。根据培育目标、预期主伐年龄、初植密度确定首次间伐林龄、次数和强度（见表1，仲崇禄等，2014）。如果是生态公益林，除必要的卫生伐外，一般不提倡间伐。

用作薪炭材的高初始密度林分多采用一次弱

表1　木麻黄人工林抚育间伐的林龄和强度

纸浆材						锯材、建筑材					
主伐龄（年）	株行距（m×m）	首次间伐		二次间伐		主伐龄（年）	株行距（m×m）	首次间伐		二次间伐	
		林龄（年）	强度（%）	林龄（年）	强度（%）			林龄（年）	强度（%）	林龄（年）	强度（%）
10	2×2	5	15			20	3×3	10	25	15	20
15	2×2	6	15	11	15	25	3×3	10	25	17	25

度间伐；用作生产中小径材的中初始密度林分多采用一弱一强2次间伐；用作生产大径材的低初始密度林分，多采用两次中度间伐。木麻黄人工林间伐龄没有固定要求，一般保持每公顷上胸高断面积为15～18m²为宜，超过这个限度即可间伐。华南地区台风频繁，建议在少台风的11月至翌年2月左右间伐。

3. 木麻黄林更新

（1）采伐更新

纸浆材主伐年龄一般10～15年；锯材、建筑材20～25年；生态公益林，仅在重大自然灾害后林分防护效益低时更新。商品林主伐采用小面积块状皆伐。沿海最前缘生态公益林10～100m林带禁止皆伐；青枯病危害严重的林分，采用皆伐方式并焚烧采伐残余物；受台风危害林分，依据危害程度，采用择伐补种或小块状皆伐方式。人工造林更新时，避免连续3代连栽同一树种或品系。

（2）天然更新

立地条件较好的林地，常有天然更新，如我国广东省惠东、陆丰和湛江，福建省的东山、惠安和平潭等地的沿海防护林带中。天然更新因苗木需依靠母树林侧方遮阴保护，其有效更新范围一般为树高的3倍距离左右，以林缘3～5m处较多。粗枝木麻黄的根蘖能力比较强。人工林天然更新由于受人为活动干扰，在数量上是有限的，多采用人工造林更新方式。

六、主要有害生物防治

1. 木麻黄病害

木麻黄青枯病（*Ralstonia solanacearum*）危害林木及苗木，细菌性病原体通常寄生于土壤中，特别是茄科植物生长过的土壤。植株感病后，枯枝枯梢、小枝叶呈黄绿色而脱落，根系腐烂变黑，有水渍臭味，病枝或病根横切后有乳白色或黄褐色黏液溢出。在人工林病区0～100cm的土层内都有病菌分布，其中20～40cm最多，能在土壤中存活6年以上。木麻黄青枯病全年都发生，高温多雨的5～9月发病最严重。台风造成植株根系损伤，易于病菌侵入。除几个新引进种外，我国目前栽培的短枝木麻黄、细枝木麻黄和粗枝木麻黄都受到木麻黄青枯病致命危害，其中短枝木麻黄抗性最低，细枝木麻黄中等，粗枝木麻黄稍强，但抗病性在种源、家系或无性系间有明显差异。因地理位置、经营方式的不同其受害程度有差异，以广东沿海木麻黄受害最严重，而海南、福建和广西等省区受害面积较小且程度也低。木麻黄青枯病常在种植后1～3年时开始发生，一旦发生将无法挽救，直至被感染树木完全枯死。防治方法：①选好圃地，避免选用种过茄科作物或花生等土地育苗，移苗分床、出圃要严格检疫，病苗要烧毁，禁止用病苗造林；同时林分内严重病株要及时清除，连根烧毁，清出隔离带，翻晒土壤，以消灭病原；②抗病无性系选育，通过水培法得到无性系，然后进行抗青枯病育种，选择出高抗病能力的无性系；③化学防治，一旦发现有植株染病，立即把染病植株挖除，将植物体及根系附近的部分土壤清除到林地外，烧毁，并用石灰粉等撒在原株空穴中；④营建混交林可缓冲病害蔓延。

幼苗猝倒病［由腐霉属（*Pythium* spp.）、疫霉属（*Phytophthora* spp.）、丝核属（*Rhizoctonia* spp.）等真菌引起的苗期植物病害］及白粉病（*Oidium* spp.），危害苗木。防治方法：0.5%波尔多液、50%退菌特800～1000倍液或0.1%～0.2%多菌灵或甲基托布津交替施用，除出苗期间和移植期间外，每隔7～10天喷药1次预防。一旦发病，应及时清除病苗及周围土壤，填入含1%多菌灵或百菌清新土。

2. 木麻黄虫害

星天牛（*Anoplophora chinensis*），钻蛀性虫害，危害较大。1年发生1代，以老熟幼虫在树干内越冬，华南地区3月下旬成虫开始羽化出洞，成虫寿命1～2个月，3～7月都有出现；成虫咬食嫩枝皮层，造成枯枝。卵产于距地面30～60cm处的树干中，产卵处树木皮层常裂开，隆起或漏胶。初龄幼虫在树皮下生活，受害部位常见木屑排出，2个月后再向木质部蛀食，多在主干危害。防治方法主要是消灭成虫，消除虫率及早杀小幼虫。防治方法：①物理防治，可人工捕捉，也可在树干基部1m以内用小锤敲打树皮排粪孔附近砸死初龄幼虫，而对蛀入木质部的幼虫，根据排泄物找幼虫位置，剥开虫道捕杀幼虫；②化学防治，用40%氧化乐果乳油加煤油按1∶4混合，在产卵刻槽上方涂25cm宽的药环，防治羽化出洞的成虫，或可用80%敌敌畏乳油5~10倍液注射于蛀孔中，外加黄泥封口。

吹绵蚧（*Icerya purchasi*），群聚于木麻黄枝上吸取树液，或其分泌物引起枝叶烟霉坏死。每年发生世代数目因地而异，华南地区可发生3~4代，各虫态均可越冬，每年8月以后数量逐渐减少。初孵若虫活泼，成虫不再移动。防治方法：生物防治，即利用澳洲瓢虫（*Rodolia cardinalis*）和药剂防治，如用石硫合剂等。另外，改善林分生境，如修枝，使林内变干热来抑制吹绵蚧繁殖。

大蟋蟀（*Brachytrupes portentosus*）和东方蝼蛄（*Gryllotalpa orientalis*），苗木害虫。大蟋蟀若虫及成虫危害苗木，症状为咬断茎枝，夜间活动。以造林初期1~3个月内苗木受害严重。华南地区3~7月雨季之前均有危害活动，特别是干热天气。用药物毒饵诱杀法，药饵用炒米糠、生麸500g拌敌百虫80%可溶性粉剂或晶体15~25g，用量为每处局部投放20~50g于苗床周边，或造林时每株周围放10g药饵。

金龟子（*Scarabaeus* sp.），土壤害虫，主要是幼虫食苗木或幼树根系，在造林初期危害严重。在海南和广东等地都有发现，海南3~7月为危害高峰期。由于金龟子幼虫一直生活在土壤中，所以很难防治。目前采用的防治方法主要有整地时施放农药进行大面积土壤消毒或造林后在苗木周围打洞放入农药，常用农药有敌百虫等。

七、综合利用

大多数木麻黄木材坚硬而重，干材烘干时易发生劈裂和扭曲。木材仍可作顶木、梁、屋顶盖板、工具柄、栅栏、桩木、建筑模板、手杖、地板、门窗框、包装箱、胶合板、镶板以及车削工艺品和家具等。在西澳大利亚，费雷泽木麻黄（*Allocasuarina fraseriana*）制成的家具或工艺品价格昂贵，一个直径45cm左右的雕花工艺盘可标价1650~2300澳元。木麻黄木材对海虫等软体动物的抗性强，因而在我国海南和广东等常用于制作渔船的桅杆、浆、船底板，甚至小船等。木麻黄是世界上优良的薪炭材之一。木材致密，密度为0.8~1.2g/cm³，易劈，燃烧值高达5000kcal/kg，燃烧慢且烟和灰都很少。木麻黄干、根、枝可制成优质木炭，得率高。还常用于烧制建筑用砖、石灰、民用陶器等。

纸浆材和旋切板材也是我国木麻黄木材的主要用途之一。木麻黄特殊处理下可制成木浆，用于生产手纸、印刷纸或人造纤维，但工艺比较复杂。20世纪90年代初，海南率先生产木麻黄木片，出口韩国和日本，用于造纸。20世纪90年代中期，由于加工机械升级，开始生产木麻黄旋切材，厚度1.5~2.3mm，用于胶合板材。

木麻黄树皮的单宁含量为16%~19%，纯度75%~80%，主要成分为儿茶酚（catechol），含量为6%~18%。另外，还含有木麻黄酚（casuarina phenol），属二型茶酚，渗透快，常用于制革工业，能使皮革膨松、柔韧并呈淡红色；也可作为针织物的染料，还可软化渔网。木麻黄树皮生产的栲胶可同著名的坚木（*Dysoxylum excelsum*）和荆树（*Acacia mearnsii*）栲胶相媲美，鞣革快，得革率高，成革色泽好，结实而富有弹性。

木麻黄是世界公认的多用途树种。木材和枝条可加工成活性炭。在干旱地区，木麻黄树种的鲜嫩枝叶可用作家畜饲料或作水田绿肥。Higa等（1987）发现短枝木麻黄小枝叶和果实含甾醇和黄酮类物质，茎、果及心材含酚性成分及鞣质（亦称单宁）成分，Aher等（2009）从木麻黄树皮中提取出抗氧化物质五倍子酸、鞣花酸和右旋儿茶精，并从枝叶中分离出槲皮素等。这些物质可用于工业或制药业。

（仲崇禄，张勇，姜清彬）

194 白榆

别　名｜家榆（河北、河南）、榆树（东北各地、陕西）、钱榆（江苏）
学　名｜*Ulmus pumila* L.
科　属｜榆科（Ulmaceae）榆属（*Ulmus* L.）

　　白榆是我国北方重要的乡土阔叶树种，分布广，寿命长，树形高大挺拔，枝干茂密，树姿优美。它生长迅速，是优质的用材林树种、防护林树种及园林绿化树种；其适应性强，具有良好的耐旱、耐寒、耐盐碱和抗风能力，吸附有毒气体和烟尘性能好；它的枝、叶、树皮和果实具有较高的经济价值和药用价值；白榆材质优良，花纹美丽，木材具有耐湿、耐腐的特点，被广泛用于车辆制造、船具制造、建筑、家具和农具制作等方面。

一、分布

　　白榆是我国重要的乔木树种，分布范围广，几乎遍布中国北方各省，为北方平原农村的常见树种。其南界大致沿昆仑山往东延续，接祁连山、岷山、大巴山、大别山，东到长江以北的江淮平原；其北界直抵中苏、中蒙边界，跨32°~51°40′N，75°~132°2′E，目前栽培区向南扩大到了亚热带的长江以南各省。垂直分布受我国大地形的影响，由东向西逐步抬高，一般分布于海拔1500m以下的平原、山坡、山谷、川地、丘陵及沙岗等处，最高海拔2500m（秦岭、祁连山），人工栽培的海拔高度已达3658m（西藏拉萨）。其分布的自然条件是：年平均气温-2.2~14℃，最冷月平均气温-38~-2℃，最热月平均气温16~58℃，无霜期80~240天，年降水量16.6~800.0mm，干燥度1~16以上。不管是在绝对最低气温达-40℃的哈尔滨市，还是在绝对最高气温47.6℃的新疆吐鲁番，白榆都能生长（张敦论等，1984；张华嵩和李绳式，1990）。

二、生物学和生态学特性

　　喜光树种，落叶乔木，树体高大。生长快，寿命长，一般20~30年成材，寿命可达百年以上，有的400余年仍正常生长。树冠卵圆形或近

河北省盐山县绿农苗圃场白榆优良单株（王玉忠摄）

河北省林业和草原科学研究院金叶榆育苗基地（王玉忠摄）

圆形。幼龄树皮平滑，灰褐色或浅灰色，老龄树皮暗灰色，不规则深纵裂，粗糙。1年生枝条互生或对生。叶互生，羽状排列，叶缘具重锯齿或单锯齿，叶面平滑无毛。花先叶开放，生于去年生枝叶腋处，花两性，紫褐色。果实为翅果。种子位于果实中央，偏而微凸，种皮薄，无胚乳。花期3~4月，果期4~5月。白榆是深根性树种，根系发达，主根和侧根明显，并对栗钙土有较强的穿透能力（朱建峰等，2016；张畅等，2010；张敦论等，1984）。

白榆物候期主要随温度的变化而变化，随纬度和海拔的高度变异。从萌芽开始到落叶为止，整个年生长期的长短不同，平均纬度每差1°，白榆生长期相差7天，越向南、温度越高的地区，白榆的生长期也越长，生长量也就越大。北京地区白榆物候期平均日期为：3月9日前后萌芽，3月20日前后开花，4月8日前后展叶，4月30日前后果熟，11月21日前后落叶（任宪威和李珍，1981；张敦论等，1984）。

白榆树高、胸径、材积生长速度是不同的。树高连年生长高峰期在河北、山东、河南平原为栽后的第4~8年；胸径连年生长高峰期有两次，第一次是栽后6~10年，第二次是28~30年，两次高峰之间为缓慢生长期；材积生长高峰期出现的时间较晚，一般在树高和胸径生长高峰期以后，多半在20~30年。白榆的生长差异除与环境条件有关外，还与土壤条件、栽培密度和管理水平有关。同是18年生的白榆，在土壤肥沃、水分状况良好的立地条件下的材积生长量，较土壤相对瘠薄的立地条件高出近一倍（张敦论等，1984）。

白榆抗寒和耐高温能力强，从寒温带到亚热带均能正常生长；耐大气干旱和土壤干旱的能力强，在西部极度干旱区，如吐鲁番、柴达木等盆地也能正常生长；对土壤条件要求不高，喜肥沃土壤，但也耐土壤贫瘠，其适生的土壤类型有棕壤、褐色土、黑钙土、栗钙土、灰棕漠土、盐碱土等；白榆有较强的耐盐碱性，对各类盐碱土均有较好的适应性，在滨海可耐受0.48%的含盐量，在内陆耐盐量可达0.73%，其中，硫酸盐盐土耐盐极限可达1.00%。白榆根系发达，抗风力、保土力强；萌芽力强，耐修剪；不耐水涝，在地下水位过高或低洼积水地栽植白榆易烂根死亡，如地表水是活水，整个生长季白榆根系都浸在水中，也能生长很好；白榆具抗污染性，叶面滞尘能力强（张敦论等，1984；张华嵩和李绳式，1990；朱建峰等，2016）。

三、良种选育

自20世纪70年代以来，我国在白榆遗传改良方面开展了若干试验研究。例如：全国白榆良种选育协作组选择了一批优良单株和类型，建立了试验性种子园；通过表型测定，初选了一些性状优良的无性系和家系，并进行了示范推广；通过杂交手段，发现了许多有希望的组合，初选了少量表现较好的杂种无性系。但因种种原因，白榆良种选育工作一度中断。近年来，河北、山东等省又开展了白榆良种选育工作，选育了一批优良无性系，特别是金叶榆，得到了广泛的应用。国家种苗网显示：全国现有白榆良种基地6个，其中河北2个，山东1个，新疆3个；建立了2个种子园，共643亩，共收集保存白榆种质资源567个。

1. 良种选育方法

选择育种一直是白榆育种的主要手段。对白榆种源、家系和无性系等开展选育工作，在白榆抗虫、抗逆和园林观赏等方面均可选育出一批适

宜各地生长的优良种源、家系和无性系，如'金叶榆'已广泛应用于我国北方城市园林绿化，表现较优良的类型还有钻天白榆、细皮白榆、密枝白榆、粗皮白榆、小叶榆、垂枝榆、龙爪榆等。此外，榆属植物种间可进行杂交，以白榆和毛果旱榆杂交育成的鲁榆（杂）1号、以白榆和春榆杂交育成的鲁榆（杂）3号在材积生长和干形等方面均性状优良；白榆种内杂交易获得杂种苗，王铁章研究的8个杂交组合中小叶白榆×钻天白榆、细皮白榆×小叶白榆、细皮白榆×钻天白榆的胸径和树高的杂种优势分别为27.2%、18.3%、25.4%、11.8%和18.9%、9.6%（张敦论等，1984）；白榆科间杂交，通过银白杨×白榆远缘杂交，获得的杨×榆F_1的完整植株，属于偏母本的融合型杂种，具抗旱、抗虫等优良特性，是特殊的珍稀物种资源。

2. 良种特点及适用地区

（1）'金叶榆'（'美人榆'）（国S-SV-UP-006-2009）

由河北省林业科学研究院培育的彩叶植物新品种。叶片金黄艳丽、呈卵圆形，平均长3～5cm，宽2～3cm，较普通白榆叶片稍短。枝条萌生力很强，树冠丰满、乔灌皆宜。高度抗寒冷、干旱和盐碱。广泛应用于绿篱、色带、造型。其生长区域为中国的东北、西北、华北及江淮平原等，是我国北方目前彩叶树种中应用范围最广的一个。

（2）'冀榆1号'（阳光女孩）和'冀榆2号'（阳光男孩）

由河北省林业科学研究院选育出的观赏型白榆新品种，适宜在中国的东北、西北、华北及沿海地区栽植。

'冀榆1号'（冀S-SV-UP-028-2014） 树干通直，树冠呈阔卵形；枝条分枝角平展，略有下垂，密度中等，1年生枝呈青绿色；叶片较大，叶边缘皱褶，叶基重度偏斜；幼树树皮灰白色，光滑无纵裂，皮孔横连清晰，枝痕明显。

'冀榆2号'（冀S-SV-UP-029-2014） 树干通直，树冠呈长卵圆形；叶片大且厚，长8.5～12.5cm，宽4.5～6.5cm，上表面有硬毛，粗糙；枝条斜向上伸展，稀疏，1年生枝紫褐色；幼树树皮灰绿色，光滑，皮孔清晰，无纵裂。

（3）'盐山1号'（冀S-SV-UP-033-2013）

由盐山县国家抗盐碱树种良种基地、河北农业大学共同选育的白榆新品种，适宜河北省中南部及生态条件类似地区栽培。树冠倒卵形，树干通直，生长快。枝条稀疏粗壮，叶片大且光亮，长8～18cm，宽4～8cm。叶片基部一边楔形、一边近圆，有光泽，叶缘不规则，重锯齿或单齿，老叶质地较厚。适应性强，树形美观，适宜做观赏树种。

（4）'白洼1号'和'白洼2号'

由山东省林木种苗站和金乡县白洼林场共同选育，适宜在鲁西、鲁西南及鲁中地区栽培。

'白洼1号'（鲁S-SV-UP-012-2012） 干形通直，生长迅速；5年生平均高12.3m，平均胸径17cm，平均单株材积0.124m³，较'鲁榆73009'材积高90.1%；抗病虫，耐盐碱。

'白洼2号'（鲁S-SV-UP-013-2012） 干形通直，生长迅速；5年生平均高11.1m，平均胸径16cm，平均单株材积0.101m³，较'鲁榆73009'材积高53.7%；抗病虫，耐盐碱。

四、苗木培育

白榆有性繁殖和无性繁殖均可，包括播种、压条、嫁接、扦插和组织培养等育苗方式。这里主要介绍应用广泛的播种、扦插和嫁接育苗技术（李秀文等，2010；黄印冉等，2014）。

1. 播种育苗

采种 选15～30年的生长健壮的母树，于种子成熟后采种，种子采收后于通风处自然阴干。最好随采随播，如不能及时播种，应密封贮藏于干燥低温环境下，贮藏期间种子含水量保持在7%～8%，温度低于10℃，可推迟播种30天。

土壤处理 选择靠近水源、排水良好、肥沃的沙壤土或壤土作为苗圃地。在播种前进行整地，深翻20cm以上，亩施有机肥2000～3000kg、磷酸二铵20kg左右。作床前进行土壤消毒和杀虫。播种前，灌水保墒，耙地作床。苗床南北向，长宽可适当调整。东北各地也可采用大垄双行育苗，先作垄、耙碎土块压平，垄面宽50～70cm，垄沟距20cm，垄可长可短。

播种 多采取夏播或随采随播。新鲜种子不用催芽，直接播，最好搓去果翅。播种时先灌水，土不粘手时进行播种。条播，行距30～40cm，播幅3～5cm，沟深2～3cm。覆土厚度0.5cm左右，镇压后覆土，床面可覆盖作物秸秆或草帘保墒。大垄双行条播，条宽3cm，条深3～5cm，条距30cm，覆土0.5cm即可，镇压后覆土。每亩播种量为2.5～5.0kg。播种后，苗出齐前，切忌灌蒙头水，以免土壤板结，影响幼苗出土。

间苗、定苗 一般播后5～7天即可发芽，10天后幼苗可全部出土。床面有覆盖物的，当30%～40%幼苗出土时分批揭除覆盖物。当苗木出现第二对真叶时开始第一次间苗，按照"间弱留壮""间密补稀"的原则，对缺苗断行的床面进行移栽补苗，株距4～5cm。当苗木长出3～4对真叶时进行第二次间苗和定苗。间苗和补苗后应及时灌水。一般地区可在苗高10～15cm时定苗，留苗株距10～15cm，每亩留苗量1.0万～1.5万株。生长期短的地区可在苗高5～6cm时定苗，留苗株距6～10cm，每亩留苗量2万～3万株。

苗期管理 间苗后，浇水和追肥可结合进行。在6～7月追肥，施肥量硫酸铵60kg/hm²或复合肥150kg/hm²，间隔半月后追施第二次。8月中旬停止追肥，并控制土壤水分。灌溉或雨后进行松土，全年进行3～5次除草，并加强病虫害防治。

换床移植 采用2～3年生白榆大苗造林的，在第二年，选择主干突出、生长良好的小苗进行移植，行距30～40cm，株距20cm，每亩留苗量为6000株左右。移栽时埋土超过原土痕2～3cm，踩实后随即浇水。1年生苗定植后需修侧枝以留主干，剪留高度为苗干的30%～40%，并将剪留高度内的侧枝剪去；夏季剪除竞争性侧枝、过长侧枝轻短截，以培育通直粗壮的主干。

2. 扦插育苗

扦插设施 华北和东北地区的插床一般高出地面5～10cm，西北干旱地区可略低于地面。插床周围设固定木桩架，架上固定遮雨塑料膜，塑料膜上用55%～75%遮阳网遮盖，插床周围用1m高的塑料膜围挡。

扦插基质 底层为粗沙，层厚3～5cm；扦插基质层厚15cm，基质为细沙、蛭石和草炭土，体积比为1∶1∶1。扦插前将基质喷透水，再用0.15%的高锰酸钾溶液喷淋，彻底消毒。

插穗 将当年生半木质化细嫩枝条截成12～15cm长段作为插穗，剪去中下部叶片，保留上部2～3片叶，绑缚成捆。在浓度为400mg/kg的吲哚丁酸溶液中浸泡20s。

扦插 在夏秋季进行，扦插深度5cm，株行距3cm×5cm，将插穗周围的基质按实。扦插完立即喷水，保持叶片湿度。

插后管理 插后的15天内，每小时喷水1次，保持叶片湿润，气温过高时，中午可加喷1次；每5天喷1次800～1000倍多菌灵药液；15天左右抽查，待大部分枝条长出新根后，先撤掉塑料膜，5天后再撤遮阳网。

移栽 根系接近木质化时进行移栽，移栽前7天进行通风炼苗，炼苗期间减少喷水。在阴天或傍晚进行移栽，移栽前先开沟，株行距20cm×40cm。移栽时用小铲小心起出放入移植盘中，尽量少伤根，迅速运送到移栽地，苗木种植后，将根部土层压实，随即浇水。移栽后要用55%～75%遮阳网进行一周的遮阴保护。苗木成活后，按嫁接苗进行管理。

3. 嫁接育苗

砧木 用1年生的白榆播种苗或1年生及以上的移植苗作砧木。低接挑选地径0.8～1.2cm的1年生白榆作砧木，在苗木发芽前按株行距20cm×40cm定植，种植前在距地面20cm处截干，种植后马上浇透水；高接选取胸径3cm以上主干通直的白榆作乔木

河北省林业和草原科学研究院白榆人工林林相（河北省）（郑聪慧摄）

河北省盐山县绿农苗圃场白榆人工林林相（王玉忠摄）

苗砧木，按株行距（1.0～1.5）m×（1.0～2.0）m定植，嫁接前在距嫁接点（50～250cm）上方20cm处截干，栽后第一遍浇透水，及时扶正苗木。

接穗　春季萌芽前，选取粗度在0.5～1.2cm的优良品种或无性系的当年生健壮枝条，剪成8～10cm长的接穗，剪口要平整。将接穗在95～100℃石蜡中速蘸后，迅速投入冷水中冷却，捞起后将表面水分沥干，装进编织袋中，置于冷藏库，在1～3℃下冷藏。嫁接时提前4～5h取出接穗，待接穗温度与空气温度一致后再嫁接。

嫁接　嫁接主要在春季进行，以砧木已离皮并未发芽前为宜，避开雨天进行。低接采用切接法，在接穗下端斜剪，斜面长2cm左右，在其反面剪一同样斜面；然后将砧木从离地面5～10cm处剪断，从剪面由外向里剪一斜切口，切口长2cm，将接穗插入切口内，将两者形成层对齐，如果砧木和接穗粗细不一致，可将两者一侧的形成层对齐，然后用塑料薄膜绑紧。1株砧木嫁接1根接穗。高接采用插皮枝接法，用锋利扁铲将接穗基部削成马耳形长斜面，长3cm以上，再从削面背面两侧各轻削一刀，削出2个小侧削面，使其成箭头状，用刀将接穗大削面背面刮出形成层。用刀将砧木皮层撬开，将接穗大削面向砧木木质部，垂直插入接口，使削面贴紧砧木木质部，深度以接穗削面在砧木切口上微露为宜，削面背面的形成层贴紧砧木的形成层。用厚0.08mm的高弹塑料薄膜从上至下将接穗和砧木固定，薄膜上沿高出砧木截面2cm，用0.004mm的密封膜将砧木截面、接穗和砧木的缝隙完全包裹扎紧。根据砧木粗度1株砧木可嫁接2～4根接穗。

接后管理 低接苗嫁接后立即浇水，并及时扶正苗木。半个月后，接穗开始萌发，当萌条长到2～3cm左右时，选留一个健壮枝条，其余蘖条（包括砧木上的蘖条）全部抹掉，之后要连续多次抹除蘖条，一直持续到6月下旬。8月剪去竞争性侧枝，对过长枝轻剪。嫁接1个月后，当嫁接部位完全愈合时，进行解绑。7月中旬前，每20天浇1次水，进入雨季后，减少浇水次数。施肥从6月底开始，以尿素为主，每亩20kg，开沟撒施，结合浇水进行；高接苗应控制浇水次数，防止伤流。接前栽植的砧木在嫁接后及时扶正苗木，马上浇水；接穗发芽后，及时抹去砧木萌生枝条，0.08mm的薄膜可在秋季解绑，0.004mm的普通密封膜要在接穗成活后15天内剪开，以免勒伤接穗。生长过程中要及时抹除砧木萌芽，加强水肥管理。

五、林木培育

1. 立地选择

农区应选择壤土和轻黏土；沙地应在平缓沙地沙丘的下部以及丘间低地，宜选用蒙金土、间层地、粉沙地等；干旱草原应选择水流汇集的丘间滩地、宽浅凹地、沿河阶地等水分条件较好的地段及沙质母质的土壤；盐碱地应选择土壤含盐量低于0.6%的内陆盐土和低于0.45%的滨海盐土，重盐碱地应先改良土壤；黄土高原应选择水土条件较好的阳坡、半阳坡、半阴坡的坡脚和坡的下部，营造白榆护坡林时，必须严格整地。

2. 整地

整地时间 一般随整随造，盐碱地、黄土高原等应在造林前1～2年整地，最好在雨季前或雨季整地。

整地方法 一般有穴状整地、开沟整地和全面整地。草原栗钙土开沟深度大于60cm；坡度小于25°的缓坡地可用隔坡反坡水平沟整地；坡度25°以上的陡坡可用水平沟整地；盐碱地造林，需提前开沟，或修窄台田、灌水或蓄淡水洗碱脱盐，使土壤含盐量降到0.3%以下。

施基肥 基肥要采用充分腐熟的农家肥、生物有机肥、园林废弃物等，每个树坑施0.15～0.25kg，或也可在栽植时将基肥放在树坑的最下层。

3. 造林

多采用植苗造林。

造林时间 春季、雨季和秋季均可，干旱、半干旱地区秋季造林好。雨季造林应带土坨。

树种组成 白榆纯林；白榆与刺槐、杨树、紫穗槐、沙棘、柠条等行间或带状混交；沙地造林时白榆可与樟子松行间混交。

苗木选择与修剪 营造白榆用材林应选择白榆优良品种或无性系，在华北平原宜选用苗高2m以上、地径2cm以上的大苗造林；在西北、东北干旱寒冷区，选用苗高0.5～1.0m的小苗造林，以提高成活率。造林前对白榆苗木进行修枝、修根。如干旱荒山上造林，应截干栽植，留茎干10～15cm；四旁绿化用2～3年生大苗栽植时，应剪去过长主根、病虫根和机械损伤根。

造林密度 土壤肥沃、水分充足、抚育管理条件好时，应当密植，这能促进高生长，形成良好干形，但必须适时间伐，才能保证林木正常生长。一些研究表明，培育白榆小径材时，密度应小些，为2m×2m；培养白榆干形，应先适当密植，至4～5年生第一次间伐，一般株行距为（2～3）m×（1.5～4.0）m，即造林密度为1250～3330株/hm²；盐碱地造林初植密度可以2m×（1～2）m；黄土高原营造水土保持林的密度要稍大些，在反坡梯田植苗造林白榆的密度为1.5m×（1.5～2.5）m；水肥充足、集约经营时，可一次定植，培育檩材株行距为4m×4m，培育坨材株行距为4m×6m。

栽植方法 一般采用"三埋两踩一提苗"，栽植深度以超过苗木原土痕印3cm为宜，过浅或过深对苗木成活和生长都不利。在干旱地方，栽后必须截干留桩，枝桩高5cm左右，同时要用湿土覆盖高于枝桩5cm。要求做到深栽、踏实、截干、埋严。为了提高苗木造林成活率，可采用ABT生根粉等植物生长调节剂进行苗木蘸浆处理。

4. 抚育

灌溉 栽后浇足水，待地皮发白时扶正、踩实、覆土，10～15天后再浇第二次水。为提高造林成活率，可在行内或树盘内覆盖地膜或秸秆。

补植 造林成活率没有达到合格标准的造林地，应在造林季节及时进行补植。

土壤管理与林地保护 造林后应进行松土、除草、混种绿肥压青和培土等工作，以便消灭杂草、蓄水保墒，同时还能有效防治盐碱地熟土层返碱。中耕除草的年限和次数是在造林后1～2年，每年各松土除草3次；第3～5年每年各2次；6～10年，每年1次耕翻行间土壤和除草；10年后隔年耕翻土壤。干旱寒冷地区造林当年冬季可采取覆土、盖草等防寒（旱）措施。采用化学药剂除草时，执行"GB/T 15783—1995主要造林树种林地化学除草技术规程"。造林地应严防牲畜啃食。

修枝 白榆是合轴分枝，许多白榆主干的自然弯曲或低矮与这种分枝习性有密切关系。修枝时间应从栽培的第二年开始，一直到主干形成（6～8m）的第5～6年为止。修枝方法常用"冬打头，夏控侧，轻修剪，重留冠"、去竞争枝、控制树冠比、截干或平茬。

"冬打头"是在冬季休眠期进行，栽后1～3年冬季剪去当年生枝条长度的1/3，并把剪口下3～4个小枝剪去，其余不剪。"夏控侧"是在夏季生长期剪去直立健壮的侧枝，以促进主枝的生长，要控强留弱。当春季长到30cm时，留一个直立健壮的枝作为主干，其余均剪去长度的2/3，以控制生长。6月中下旬和7月中下旬，重点控制直立健壮的侧枝，剪去长度的1/2。"轻修剪，重留冠"是随着幼树年龄的增长，不断调整树冠和树干比例。栽后第一年，树冠占全树高的3/4以上；2～3年的幼树，树冠要占全树高的2/3。据培育林种目标来确定树干高度，达到既定主干高度后，不再剪枝，使树冠扩大，加速生长。

控制竞争枝：使得侧枝粗度是主干的1/3以下。树干上部双头或多头的选一健壮枝条为主干，其余剪除，或中截留小辫，下一年再疏去，以免主梢剪口伤痕大不易愈合。树冠中、下部强枝（粗度是主干的1/3以上）短截，剪掉1/3～1/2；中枝（粗度是主干的1/3以下），除去过密枝，去直留斜，保留斜展枝、弱枝，剪掉光合弱的枝条，其余保留。

截干或平茬：对于生长弱、失去高生长能力的幼树，主干粗度在4cm左右的，可在发芽前截干，截去树干高度的1/2。5月中旬再次萌生后，选留主枝，其余侧枝短截2/3，即定头。6月中旬和7月中旬主要是控制竞争枝。

控制冠高比：栽后2～4年，冠高比2/3～3/4；栽后5～7年，冠高比1/2～2/3。根据培育林种目标的不同，来确定树干高度，达到定干高度后，不再剪枝，使树冠扩大，加速生长。

5. 间伐

间伐时间和强度与立地条件、气候条件、管理水平和经营目的密切相关，间伐年龄以不影响林木生长为原则，郁闭度控制在0.6左右。华北平原区若培育20cm以上的大径材，则间伐后的密度应大于4m×4m。

六、主要有害生物防治

1. 榆紫金花虫（*Ambrostoma quadriimpressum*）

在北方地区1年发生1代。以成虫在树下土中越冬，4月下旬成虫出土上树危害。幼虫、成虫均危害榆树的叶片，严重时将叶肉全部吃光，叶片呈网状或孔状，并提前脱落，造成树木二次发芽，衰弱树势。早春成虫上树后产卵前，可震落捕杀。也可用相关药剂，毒杀其幼虫或成虫。

2. 黑绒金龟（*Serica orientalis*）

1年发生1代。以成虫在土中越冬。4月中下旬成虫出土，6月为产卵盛期，6月中旬孵化出幼虫，8月中下旬老熟幼虫化蛹，蛹经过10天左右羽化为成虫。成虫喜食榆树的嫩叶和幼芽。在成虫出现盛期，可震落捕杀或灯光诱杀。也可直接向被害苗木部位喷洒相关药剂。

3. 芳香木蠹蛾（*Cossus cossus*）

2～3年发生1代。以幼虫在被害树木的木质部或土里过冬。幼虫蛀入枝、干和根茎的木质部内危害，造成树木的机械损伤，破坏生理机能，使树势减弱，形成枯梢或枝干遇风易折，甚至整株死亡。成虫出现初期，在树干基部涂白，防止成虫产卵。6月初，在卵及卵孵化期，向树干喷洒相关药剂。对已蛀入树干内的幼虫，可用注射器将药剂注入虫孔，之后用泥土堵上，以提高药效。

4. 榆毒蛾（*Lvela ochropoda*）

北京、山西1年发生2代。以低龄幼虫在树皮缝或附近建筑物的缝隙处越冬。初孵幼虫只食叶肉，以后吃成孔洞和缺刻，受害处呈灰白色透明网状，危害严重时可将叶片食光。可用相关药剂喷杀幼虫。成虫有趋光性，在成虫盛发期，可安置黑光灯诱杀。

5. 蚜虫（*Aphidoidea*）

参见槐树。

七、材性及用途

白榆是我国重要的用材林树种，能提供建筑、车辆、枕木、家具、地板、农具等用材。边材、心材明显，边材窄、黄白色，心材浅褐色；纹理直，结构粗；稍硬重，耐磨损，耐腐朽，冲击韧性高；弦切板或刨切板的花纹美丽。用途广泛，可供医药用和食用，还可作饲料、绳索、麻袋、线香和蚊香的黏合剂、医药片剂的黏合剂和悬浮剂、培养食用真菌的优质饵木。

（王玉忠，郑聪慧）

195 黄榆

别　名｜大果榆

学　名｜*Ulmus macrocarpa* Hance

科　属｜榆科（Ulmaceae）榆属（*Ulmus* L.）

> 黄榆产于我国东北、华北和西北。黄榆是喜光树种，耐干旱，能适应碱性、中性及微酸性土壤，是优良的先锋树种、水土保持树种及用材树种。黄榆皮部纤维柔韧，可代麻制绳；枝条可编筐；幼果可食；木材坚韧、质细密，可制车辆、家具；种子能驱蛔虫。

一、分布

分布于黑龙江、吉林、辽宁、内蒙古、河北、山东、江苏北部、安徽北部、河南、山西、陕西、甘肃及青海东部。朝鲜及苏联中部也有分布。常生于海拔700～1800m地带的山坡、谷地、台地、黄土丘陵、固定沙丘及岩缝中。

二、生物学和生态学特性

落叶乔木，高达20m，胸径可达40cm；树皮暗灰色或灰黑色，纵裂，粗糙，小枝有时（尤以萌发枝及幼树的小枝）两侧具对生而扁平的木栓翅，间或上下亦有微凸起的木栓翅，稀在较老的小枝上有4条近等宽而扁平的木栓翅；花自花芽或混合芽抽出，在去年生枝上排成簇状聚伞花序或散生于新枝的基部。翅果宽倒卵状圆形、近圆形或宽椭圆形，长1.5～4.7（常2.5～3.5）cm，宽1.0～3.9（常2～3）cm，基部略偏斜或近对称，微狭或圆，顶端凹或圆，果核部位于翅果中部，宿存花被钟形。花、果期4～5月。

黄榆是喜光树种，耐干旱，能适应碱性、中性及微酸性土壤。根系发达，侧根萌芽性强。耐寒冷及干旱瘠薄。在全年无霜期为145天左右、极端最高气温29℃、极端最低气温-30℃、年降水量200mm的气候条件下能正常生长。对土壤要求不高，稍耐盐碱，在沙土、含0.16%苏打盐陵土或钙质土及pH 6.5～7.0的土壤中生长稳健。在土壤和气候条件良好的环境下其寿命较长。

三、苗木培育

黄榆育苗目前主要采用播种育苗方式。

采种　采种母树以15～30年生的健壮树为好。当果实由绿色变为黄白色时，即可采收。采后应置于通风处阴干，清除杂物。可随采随播，如不能及时播种，应密封贮藏。

播种地选择　选择排水良好、肥沃的沙壤土或壤土。

整地　播种前1年秋季整地，深翻20cm以上，每亩施基肥2000～3000kg，并撒敌百虫粉剂1.5～2.0kg，毒死地下害虫。翌春做长10m、宽1.2m的苗床待播。

播种　播种时需先灌水，待水分全部渗入土中、土不黏手时播种。种子可不作处理。

播种时间　其果实4～6月成熟，可在5月下旬播种。

播种方法　条播，播幅宽5～10cm。

播后管理　播后覆土0.5～1.0cm，并稍加镇压，以保持土壤湿润，促进发芽。每亩用种2.5～3.0kg，播后10余天即可出苗。待幼苗长出2～3片真叶时，可间苗，苗高5～6cm时定苗，每亩留苗3万株左右，间苗后适当灌水，并及时除草、松土。6～7月追肥，每亩施人粪尿100kg或硫铵4kg，每隔半月追1次肥，8月初停止追肥，以利幼苗木质化。如幼苗发生炭疽病，每周可喷洒1%波尔多液1次。

四、林木培育

1. 人工林营造

大面积的营造速生丰产林，要选择土壤肥沃、湿润深厚的沙壤土或壤土作林地，并进行细致整地，采用1年生苗木造林，穴的直

黄榆种子（黑龙江省尚志市帽儿山镇）（张鹏摄）

黄榆当年播种苗（黑龙江省尚志市帽儿山镇）（张鹏摄）

黄榆采种母树（黑龙江省尚志市帽儿山镇）（张鹏摄）

径为30～40cm，深30cm左右，行距2m，株距1.5～2.0m，每公顷栽2500～3000株。

2. 观赏树木栽培

在土层较厚、肥沃、水分条件较好的地方栽植容易成活。采用2～3年生的大苗，先挖直径50～60cm、深50cm的大穴，剪去苗木过长的主根，植入穴中，填入细土踩实，然后浇水并培土。

栽植后2～3年内进行松土、除草和培土。黄榆在幼龄期发枝较多，应及时修剪整枝，不同季节修剪侧重点不同。冬季幼树落叶后至翌春发芽前，将当年生主枝剪去1/2，剪口下3～4个侧枝剪去，其余剪去2/3。夏季生长期剪去直立强壮侧枝，以促进主枝生长。还应掌握"轻修枝，重留冠"的原则，不断调整树冠和树干比例。2～3年幼树，树冠要占全树高度的2/3。根据培育目的不同，确定树干的高度，达到定干高度后，不再修枝，使树冠扩大，可加速生长。

五、主要有害生物防治

黄榆病害较少，受榆紫叶甲危害较轻，易受黑绒金龟子、榆天社蛾、榆毒蛾等危害。

黑绒金龟子：可用化学药剂溶液毒杀，或在成虫出现盛期震落捕杀或灯光诱杀。

榆天社蛾：榆天社蛾成虫有较强趋光性，夜间可用灯光诱杀，其幼虫群集时，可喷洒化学药剂毒杀，幼虫有受惊时吐丝落地习性，可利用其震动树干使其落地捕杀，或秋后在树干周围挖蛹。

榆毒蛾：可秋季在树干束草或在干基放木板、瓦片等诱杀幼虫，用苏云金杆菌或青虫菌500～800倍液喷杀幼虫。成虫可用黑光灯诱杀。

六、综合利用

黄榆是优良的用材树种，木材坚硬致密，不易开裂，纹理美观。适用于车辆、枕木、建筑、农具、家具等。其种子产量较高，种子含油量为39%，其中癸酸占脂肪酸总重量的66.5%。这两种物质含量均居榆属树种之首。种子油可供食用

和工业用，癸酸是重要的工业原料，种子还可酿酒、制酱油、入药。黄榆树皮、根皮富含纤维，可供纺编、造纸，亦可提取栲胶，皮中胶质可作纸糊料。幼枝可作编织材料，树叶适作饲料。

黄榆树叶秋季变红，树冠大，适于城市及乡村四旁绿化。在植被恢复比较困难的干旱半干旱山区，应充分利用和发挥黄榆的固土保水作用，改善立地条件。尤其是人工造林困难的地段，应保护好黄榆，以防退化为草地、裸露地。在三北干旱半干旱地区，黄榆是防护林工程的树种之一。

（张鹏）

附：裂叶榆［*Ulmus laciniata* (Trautv.) Mayr］

裂叶榆别名青榆、大青榆、麻榆（河北）、大叶榆、粘榆（东北）、尖尖榆（山西翼城）。主要分布于中国（黑龙江、吉林、辽宁、内蒙古、河北、陕西、山西及河南）、俄罗斯、朝鲜、日本。落叶乔木，高达27m，胸径50cm；树皮淡灰褐色或灰色，浅纵裂，裂片较短，常翘起，表面常呈薄片状剥落；小枝无木栓翅；叶倒卵形、倒三角状、倒三角状椭圆形或倒卵状长圆形。花在上年生枝上排成簇状聚伞花序。翅果椭圆形或长圆状椭圆形，长1.5~2.0cm，宽1.0~1.4cm，除顶端凹缺柱头面被毛外，余处无毛，果核部分位于翅果的中部或稍向下，宿存花被无毛，钟状，常5浅裂，裂片边缘有毛。花、果期4~5月。其木材纹理直，材质好，不翘不裂，可作枕木、矿柱及车辆、农具用材；裂叶榆树干笔直，叶大枝繁，树影婆娑，姿态优美，既可用作庭园绿化，又适宜作行道树。裂叶榆多生于海拔700~2200m排水良好湿润的山坡、谷地、溪边，混生在林内；其适应性强，耐盐碱，耐寒，喜光，稍耐阴，较耐干旱瘠薄。在土壤深厚、肥沃、排水良好的地方生长良好。

裂叶榆主要采用播种繁殖。5月下旬至6月初采种，采种后可进行鲜种混沙塑料棚催芽（种沙温度25℃左右）。白天勤翻动种沙，适量洒水，保持一定湿度。种子经催芽处理后7~10天，见有少量种子裂嘴露白即可播种。裂叶榆的播种量，鲜种为每公顷315~375kg，气干种子为每公顷90~150kg；适宜留苗密度为每公顷36万株，即每平方米60株左右。

裂叶榆也可采用嫁接繁殖。选取1年生健壮的白榆作砧木。2月上中旬从裂叶榆母树采取当年生长健壮、芽饱满、径0.6~1.0cm的1年生壮枝做接穗，每接穗2~3个芽，两端封蜡，放背阴处混湿沙地下贮藏，或用双层塑料封闭，在5℃低温下贮藏备用。春季一般采用袋接方法进行嫁接。3月下旬，树液开始流动时，根据不同用途将砧木截干，削平切口。剪取4~5cm长的接穗，下端削出双马耳形削面，削面要平滑无刺，一边厚，一边薄。在砧木切口处，用劈接刀楔部撬开砧木形成层，把接穗楔形削面插入砧木韧皮部与木质部中间，用塑料薄膜连带接穗接口绑缚。嫁接10~15天后，嫁接体萌芽破膜，嫁接成活。1个月后嫁接体与砧木完全愈合后，剪除嫁接部位的塑料薄膜。嫁接成活后，一要接穗及时抹芽，保留一个健壮芽培养树干；二在风大的季节，要绑支架对嫁接部进行固定保护；三在嫁接成活后要及时清除砧木萌芽，以免影响嫁接体生长。

榆溃疡病、榆枯枝病是裂叶榆常见病害。虫害主要是榆毒蛾、绿尾大蚕蛾等，综合防治方法为灯光诱杀，成虫羽化期利用黑光灯诱杀。

（张丽杰）

附：蒙古黄榆（*Ulmus macrocarpa* var. *mongolica* Liou et Li）

蒙古黄榆别名大果榆，为黄榆的变种。主要分布在吉林、黑龙江、内蒙古等省（自治区），在吉林省通榆县有成片的天然次生林分布。是珍贵造林绿化树种，已列入《吉林省重点保护野生植物名录》（第一批）。蒙古黄榆生长缓慢，木质坚硬，落叶乔木或呈灌木状。树皮灰黑色，纵裂、粗糙。小枝两侧常具对生扁平的木栓质翅。叶宽倒卵形、倒卵状圆形、倒卵状菱形或倒卵形，稀椭圆形，厚革质，大小变异很大。翅果倒卵状椭圆形，长2.0～3.5cm，种子位于翅果的中部，有毛，边缘具睫毛，基部突窄成细柄，种子无胚乳，胚直立，果5～6月成熟。蒙古黄榆是喜光树种，耐干旱，耐严寒，耐瘠薄，适应性较强，在极端低温-40℃，年降雨量200mm的气候条件下能够正常生产。但不耐水湿（能耐雨季水涝）。根系发达，侧根萌芽力强，抗风力、保土力强。叶面滞尘能力强，具抗污染性。在土壤深厚、肥沃、排水良好地块生长良好。

蒙古黄榆以播种繁殖为主。在长势旺盛、健壮林分中选择优树进行采种。每年的5月下旬，种子颜色变为黄色时为适宜采种期。可采用人工震落、地面收集或直接上树人工采集的方法。采种后在通风处阴干。种子调制后宜密封贮藏，贮藏温度不高于15℃。播种时间一般在5月末或6月初，最好随采随播。宜撒播，撒播前灌水，待水全部渗入土壤后，将种子均匀撒于垄（床）面。随播种随覆土，覆土可在1.0～1.5cm间，轻轻镇压，压紧后灌透水。每亩留苗1.8万株左右。间苗最好在灌水后或雨后、土壤湿润不黏时进行，此时土壤松软宜间苗。间苗和补苗后要及时灌水，以免留下土壤空隙，影响幼苗成活和生长。在降雨或灌水后及时松土。松土初期要浅锄，划破表层硬壳即可。随着苗木的逐渐生长，可适当增加松土深度，以不伤苗为度。由于幼苗期生长缓慢，易受杂草危害，还应加强中耕除草。浇水和追肥可结合进行。一般6～7月每亩地可追复合肥8～10kg。蒙古黄榆还可采用嫁接繁殖。主要采用袋接法。砧木培育1～2年后（地径在0.8cm以上）可进行嫁接。入冬以后（12月至翌年4月），采集优树1～2年生枝放入窖内保存。砧木树液开始流动，芽萌动或出叶以后进行嫁接。嫁接后1周开始愈合，10～15天萌芽展叶。当新芽长到20cm时，要及时除萌。同时加强水肥管理，在6月初追施氮肥1次，在7月下旬追施氮磷钾复合肥1次，促进苗木生长和木质化，增强苗木抗寒性。除了采用袋接的方法外，还可采用劈接、插皮接或带木质部芽接等方法。

蒙古黄榆可采用容器苗造林。一般选用规格15cm×20cm或20cm×20cm的塑料袋，基质用苗圃地表土90%，加入10%腐熟堆肥和1%的保水剂。用经过大田培育的1～2年生苗植入容器内培育容器苗。装苗后要及时灌足第一次水，以湿透全部营养土为度，以后视天气情况，每3～5天喷1次水。缓苗期后，可视土壤墒情进行水分管理。为防止苗木徒长，在满足苗木对水分需求的情况下，尽量少浇水。施肥可用地面撒施或喷施。前期喷施浓度0.2%的磷酸二氢钾2～3次，后期喷施浓度0.5%的尿素1次。为预防立枯病发生，每隔7～10天喷200倍等量式波尔多液。喷施药液要均匀，以药液渗到苗根为度。进入雨季即可出圃造林。大面积造林可采取沟状整地方式，开沟规格（宽×深）为50cm×40cm。栽植时划破营养袋底部，并保持苗袋基质不散。沟内挖穴栽植，栽植后整平穴面。栽植时确保栽正、栽直、不凹陷，保证容器苗基质与林地土壤紧密接触，但不可用力敲实。栽植时不破坏沟边，易于灌水。造林后连续3年对幼苗除草松土，扩穴，每年2次。此外，还可以利用蒙古黄榆根蘖强的特性，采取封育和挖沟断根的方式恢复种群数量。

蒙古黄榆常受榆紫叶甲危害。防治方法：使用1%苦参碱1000倍液防治榆紫叶甲，效果较好。也可采用缠结塑料带防治法，用表面光滑的塑料带在主干基部缠绕，宽度在30cm以上，使害虫不能爬上树冠取食。此外，还可采用林内释放捕食性天敌蠋蝽的方法，也可取得较好的效果。

（张建秋，奚爱中，胡连秋）

欧洲白榆

别　名 ｜ 新疆大叶榆（新疆）
学　名 ｜ *Ulmus laevis* Pall.
科　属 ｜ 榆科（Ulmaceae）榆属（*Ulmus* L.）

> 欧洲白榆冠大荫浓，树体高大，适应性强，生长快，是世界著名的四大行道树之一。常列植于公路及人行道，群植于草坪、山坡，密植作树篱，现被新疆乌鲁木齐市定为市树，逐步普及为许多北方城市园林绿化的优良树种，也是防风固沙、水土保持和中度盐碱地造林的重要树种（赵良华和赵凛，2003）。

一、分布

垂直生长于海拔1000m以下丘陵、河谷平原地带，原产欧洲，新疆引种栽培时间较早，在新疆伊犁、石河子、乌鲁木齐等地均有分布。在我国东北温带地区、华北暖温带地区、西北温带草原区和温带荒漠区均有栽培分布。

二、生物学和生态学特性

落叶乔木，树干通直，在原产地高达30m。枝叶茂密，树冠浓绿开阔呈半球形。树皮比其他榆属树种细致光滑，淡褐灰色，幼时平滑，后成鳞状，老则不规则纵裂。冬芽纺锤形。叶倒卵状宽椭圆形或椭圆形，长8～15cm，中上部较宽，先端凸尖，基部明显地偏斜，一边楔形，一边半心脏形，叶边缘具重锯齿，齿端内曲。叶面无毛或叶脉凹陷处有疏毛，叶背有毛或近基部的主脉及侧脉上有疏毛，叶柄长6～13mm，全被毛或仅上面有毛。花常自花芽抽出，20～30朵花排成密集短聚伞花序。翅果卵形或卵状椭圆形，长约15mm，边缘具绒毛，两面无毛，顶端缺口常微封闭，果核部分位于翅果近中部，上端微接近缺口，果梗长1～3cm。花、果期4～5月。

适应性强，抗旱、耐寒也抗高温，在夏

欧洲白榆翅果（薛自超摄）

欧洲白榆叶片（朱鑫鑫摄）

季绝对最高气温达45℃和冬季绝对最低气温达-39.5℃、年降水量195mm的气候条件下均能正常生长（刘佩梁和罗玉姝，2006）。对土壤要求不严，一般在pH 8的沙壤土生长良好。喜好生长于土层深厚、湿润、疏松的沙壤或壤土上。立地条件优越时生长迅速，如新疆伊犁地区21年生行道树平均高达21.2m、胸径25.6cm。定植城市9年的行道树平均高8m（经过二次修顶枝）、平均胸径14.8cm、树冠5.8m。散生单株33年生树高达17m、平均胸径44cm、冠幅12.5m。该树是深根性、寿命长的速生树种。返青早、翅果脱落集中，落叶早，时间短，抗病虫害能力强。

三、苗木培育

可采用播种、嫁接2种方法进行育苗，播种育苗应用较广。

1. 播种育苗

采种与处理　选择生长健壮、干形良好、结实丰富的10~25年生优良母树采种。在种子自然成熟落地后进行扫集或无风天上树采集。采集后清除杂物，通风阴干，并用透气布袋及时运回。种子千粒重10g，1kg种子约10万粒。播种前，用冷水浸种3~5h，种子充分吸水后捞出，与2倍湿沙混拌，均匀摊在硬地上。每天翻动3~5次，适当浇水，保持适宜的温湿度，待部分种子刚露白时，即可播种。

播种前准备　播种前，育苗地施入3000~4000kg/亩腐熟农家肥和3kg/亩多菌灵进行土壤培肥和杀灭地下害虫，然后进行深翻、旋耕，深度25~30cm。作床时床面要平整，床宽1~2m，苗床长根据地势以灌水均匀为宜。

播种　采用条播，生产上播种量一般为3~5kg/亩。行宽30~40cm，开沟深1.5~2.0cm，种子均匀地撒播于沟内，播后踩实，覆土厚约1cm，稍加镇压，小水漫灌，以防种子冲走。

苗期管理　播种5天后陆续开始出苗，15~20天苗木出齐，苗木长出5~8片叶，苗高为8~15cm时适量浇水，以少量多次为宜。从苗木出齐到进入速生期，约为20天，这一时期苗

木缓慢生长。此时，地表温度较高，浇水应在上午12:00前或下午17:00后，以多量少次为宜。当苗高3~4cm时进行第一次间苗，留床密度为1.5万~2.0万株/亩。苗高8~15cm时定苗，密度为1.5万株/亩。间苗和定苗后及时灌水并适时除草松土和施肥。定苗后开始追施尿素，以10kg/亩为宜，施肥后立即灌水。苗木速生期占整个生长期约1/3，管理主要是浇水、追肥和除草。浇水采取多量少次一次浇透的方法；追肥全年3次，每隔15天左右追一次肥，用量在10~20kg/亩为宜。在7月15日停止追施尿素。8月中下旬追施硫酸钾一次20kg/亩，以利于苗木充分木质化（陈军，2011）。

2. 嫁接育苗

用2~3年的钻天榆×新疆白榆实生苗作砧木，采集欧洲白榆1年生枝作接穗进行嫁接。嫁接一般采用春季枝接方法。3月中旬萌动前采条接穗冷藏，保障接穗嫁接时未萌动。在4月上旬至5月上旬枝接为好。接后用薄塑料布条捆扎，接后15~20天萌发抽梢长到8~15cm时，除绑绳。成活率多在90%以上。嫁接苗较实生苗生长迅速。1年生实生苗高80~150cm，嫁接苗则可达150~200cm以上。嫁接苗较实生苗能提前出圃造林，缩短育苗周期，提高苗木出圃量和质量，有效提高经济效益。

为了快速培育大规格苗木，充分发挥欧洲白榆树冠成形早的优势，克服砧木细、树冠大的"头重脚轻"的矛盾，可以选择胸径3~5cm的钻天榆×新疆白榆砧木，春天根据需求，在离地面180~250cm高位皮下接（插皮接）或者切接（腹接）2~3个接穗，利于快速成型出圃。

四、林木培育

1. 立地选择

选择疏松的沙壤或壤土、土层深厚、土壤肥沃的土地，地下水位>1.5m。由于欧洲白榆及其钻天榆×新疆白榆砧木抗逆性皆较强，荒山、沙荒地、河流滩地、废河道、采伐迹地、退耕还林地等有灌溉条件的土地都可造林。

2. 整地

一般采用块状整地和带状整地。在河滩、平原较疏松的沙性土壤上造林或栽植，可全面深耕（或深翻）30cm以上，然后挖穴径60~80cm、深60~80cm大穴。对于某些特殊立地，需采取针对性的整地改土措施。如，有黏质间层的沙地，可带状深翻，带宽1m以上、深80~100cm，实现沙黏拌合。低洼盐碱地区，需挖沟修筑条、台田，排水排盐，然后再整平深翻。在沙地，多采用带状整地，整地宽度为5~15m。整地一般在晚秋或冬初进行，也可根据土壤墒情随整地随造林。

3. 造林

（1）苗木选择

一般采用1~2年生裸根苗木（平均地径2.1cm，平均苗高1.23m）或者胸径＞3cm、高度大于2.5m的带土球苗木造林或栽植。

（2）造林密度

在立地条件比较差的造林地，土壤肥力差，抚育管理条件困难，培育小径材，应当采用密植方式，株行距2m×（3~4）m，每亩栽植84~110株。立地条件好的造林地可适当稀植，株行距（3~4）m×（5~8）m，每亩栽植21~45株，轮伐期15~16年，可培育大径材。

（3）栽植技术

苗木处理　起苗、运苗、栽植的各个环节，都要注意防止苗木失水。起苗前进行提前充分灌水，运苗过程中要保持苗根湿润（保湿包装、运输）。尽量做到起苗、运苗、栽植连续进行，对于不能及时栽培的苗木要进行临时假植，即选择背风干燥处挖沟假植，将苗木根部埋入湿沙或湿土中。

栽植时间　新疆北疆春季造林在4月上旬至4月底。秋季造林10月下旬至11月中旬（封冻前）进行。

栽植方法　栽植时不可栽植过深，裸根苗可以高于原土痕的3~5cm，采用"三埋两踩一提苗"的造林或栽植方法。带土球苗木栽植深度应与土球上沿平齐。带土球大苗采用大穴、大株（行）距、深栽，即"三大一深"的造林或栽植方法。

4. 抚育管理

水肥管理　栽植后马上浇1次透水，每隔7~10天浇透水1次，连续浇3次。12~20天再灌1次水，全年需灌水5~8次。有条件的地区，在7月15日前可结合灌水追肥2~3次，每次每亩15~30kg尿素。8月20日开始控制灌水，10月下旬灌溉越冬水。

整形和修枝　在秋冬或初春季节树木停止生长时进行整形和修枝。以园林绿化为目的树形：

欧洲白榆单株（周洪义摄）

根据需求整形修剪。以用材林为目的树形：主干保持树高的1/2～2/3，主干上侧枝及早全部剪除。整形带保持树高的1/3～1/2，整形带侧枝修剪时去强留弱，即多留细弱枝，增加叶幕，即提高光效利用，又使主干避免大的结疤。侧枝剪口直径在3.5cm内，当年愈伤组织可包严。剪口直径>3.5cm，需要涂油漆或者伤口愈合剂。

5. 防护林营造

防护林造林选择土层深厚、排水良好的沙壤土为宜。常采用1～2年生苗木（平均地径2.1cm，平均苗高1.23m），株行距为1.5m×3.0m或2m×5m（株距宜密些，行距宜大些，以利行间机耕），新疆北疆4月中下旬造林。欧洲白榆幼龄树生长快，宜加强抚育，主要是灌水、培土、扶直、锄草、松土等，有条件情况下，每年施肥1～3次。一般每年灌水5～8次，灌水后立即除草。

五、主要有害生物防治

1. 春尺蠖（*Apocheima cinerarius*）

1年发生1代，以蛹在寄主树干基部周围土壤中越夏、越冬。2月底3月初，当地表3～5cm处地温约达0℃时成虫开始羽化，3月上中旬见卵，4月上旬至5月初幼虫孵化，5月上旬至6月上旬幼虫老熟，入土化蛹越夏、越冬。春尺蠖以幼虫危害树木幼芽、幼叶、花蕾，严重时将树叶全部吃光。此虫害发生期早，幼虫发育快，食量大，常暴食成灾。轻则影响寄主生长，严重时则枝梢干枯，树势衰弱，从而导致蛀干害虫猖獗发生，引起林木大面积死亡。该虫越冬雌成虫无翅，从土中羽化后需爬行上树，因此于成虫羽化前在树干上涂药环、布设黏虫胶阻杀上树成虫。幼虫危害盛期喷施化学农药。早春和晚秋在树干下人工挖蛹，消灭越冬蛹。

2. 脐腹小蠹（*Scolytus seulensis*）

脐腹小蠹是榆树的一种蛀干害虫，在宁夏盐池1年2代，以老熟幼虫或蛹越冬。越冬幼虫于翌年5月上旬开始化蛹，5月中旬为化蛹盛期，6月上旬为成虫羽化盛期。第二代幼虫于6月底、7月初开始化蛹，7月下旬达羽化盛期。成虫和幼虫在寄主的韧皮部和木质部附近取食，喜欢入侵生长不良的树木、伐根、风倒木等，破坏树木的疏导组织，导致大量榆树死亡。对于该虫的防控以预防为主，同时加强树势。调运苗木要加强检疫，杜绝虫害传播。选用健康的苗木，加强管理，在成虫羽化盛期喷施化学农药。及时清除生长不良和濒死的榆树，焚烧或水浸处理，或设置成饵木诱集成虫产卵。保护利用天敌。

六、综合利用

欧洲白榆萌发能力强、耐修剪、造型美观，抗病虫害能力强，是重要的城市行道树种之一。同时，欧洲白榆的树势高大，树冠较稀疏，抗逆性强，因此，也是营造农田防护林和生态环境建设的好树种。其材质坚重，硬度中等，易加工，可塑性高，机械性能良好，可用于建筑、车辆制造、家具生产等。枝条柔美，可编制筐、篮及工艺品。翅果含油，是重要的工业原料。枝、叶、树皮中含单宁，可提取入药（贾德昌，2013）。

（张东亚，杜研）

别　名｜榉木（通称）、榉树（通称）、红榔（贵州）、鸡血榔（贵州）、血榉（江苏扬州）、黄栀榆（浙江）等

学　名｜*Zelkova schneideriana* Hand.–Mazz.

科　属｜榆科（Ulmaceae）榉属（*Zelkova* Spach）

大叶榉产于淮河及秦岭以南，属于国家二级保护树种，生长较慢、材质优良，是珍贵的硬叶阔叶树种；其心材带紫红色，故有"血榉"之称；因其光泽度好、花纹美观、纹理致密，耐磨、耐腐、耐水湿，被列为家具用材一类材、特级原木（中华人民共和国国家标准，2006）。同时，大叶榉树姿高大雄伟、枝细叶密、秋叶红色，具有较高的观赏价值，可作庭荫树和行道树；具有防风和净化空气、耐烟尘和抗二氧化硫的特性，是工厂绿化和四旁绿化的优良树种，也是制作盆景的好材料。

一、分布

大叶榉在长江中下游至华南、西南各省区、台湾有分布，在朝鲜半岛、日本也有分布，以浙江、江苏、安徽、湖北、湖南、江西、贵州分布较多，西南、华北、华东、华中、华南等地区均有栽培。常生于溪间水旁或山坡土层较厚的疏林中，垂直分布一般在800m以下，贵州、云南可达1200m左右。在山区多为天然生长，呈散生状态，或与杉木、青檀（*Pteroceltis tatarinowii*）、榔榆（*Ulmus parvifolia*）、青冈栎（*Cyclobalanopsis glauca*）、朴树（*Celtis sinensis*）等树种混交。

二、生物学和生态学特性

落叶乔木，高达35m，胸径达100cm；树皮灰褐色至深灰色，呈不规则的片状剥落；叶厚纸质，大小形状变异很大，卵形至椭圆状披针形，上面稍粗糙、下面密被灰色柔毛。雄花1～3朵簇生于叶腋，雌花或两性花常单生于小枝上部叶腋；花期3～4月，幼叶与花同放；果期9～11月。大叶榉初期生长稍慢，6～7年后生长加快，其生长能力可持续70～80年而不衰，寿命可达100年以上。10～15年开始结实，20～80年为结果盛期。

深根性，主根发达，侧根扩张，抗风性强。

大叶榉为中等喜光树种，幼年期耐阴。喜温暖湿润气候，适生于年平均气温13～22℃、≥10℃的有效积温4500～8000℃、年降水量1100～1300mm的地区；可承受的最低气温为−14～−8℃，最高气温为38～40℃，干湿季节交替明显的地区大叶榉仍能良好地生长；喜深厚、肥沃、湿润土壤，在红壤、黄壤、钙质土及轻度盐碱地上均可生长，在石灰岩山地比较常见，在干燥贫瘠的立地条件下生长不良。

大叶榉1年生苗（贵州黎平县）（韦小丽摄）

三、苗木培育

1. 播种苗培育

种子采集和处理 选择生长健壮、干形直、分枝高、发育正常、无病虫害的20～50年生的大树采种。10月上旬至10月中下旬，当果实由青转黄褐色后，在母树下铺一张塑料薄膜，于无风天将其敲落收集，去杂阴干后装于麻袋中置阴凉通风处干藏或混沙湿藏。种子千粒重12.4～15.6g。

种子催芽 大叶榉有胚健壮种子一般只有40%～50%，变质涩粒及瘪粒一般占50%～60%。为了提高种子发芽率，保证出苗整齐，减少带菌涩粒在土壤中霉烂，在播种前需对种子进行浸种精选。其方法是用清水浸种6～24h，弃去漂浮空瘪粒，余下饱满种子晾于通风处备用。催芽前进行种子消毒，用50%多菌灵可湿性粉剂100倍液浸种消毒30min，捞出除杂滤干。用冷水浸种，种子与水的容积比为4∶3，浸种12h左右；将浸泡过的种子滤干水分放入湿沙中催芽，湿沙用50%多菌灵可湿性粉剂100倍液消毒，每隔5～7天喷洒1次，连续3～4次，待35%左右种子露白即可播种。

播种技术 宜选择背风向阳、地形平缓，土层深厚、肥沃、湿润的沙壤土至中壤土作苗圃地。在秋末冬初进行深翻，深度25～30cm；翌年春季碎土整平，施足基肥。可施厩肥10500～21000kg/hm²，或施氮、磷、钾复合肥750kg/hm²，深翻入土壤中，按常规要求作床。种子宜条播，行距30cm，选用纯度90%以上的种子播种，播种量75～90kg/hm²。浅播并覆盖细土，播后覆草、锯木屑等保持土壤湿润。因大叶榉种子发芽率低，也可以采用两段式育苗，即先在苗床上培育芽苗，当芽苗长到5～8cm后便进行移栽，株行距20cm×20cm（朱雁等，2012）。

苗期管理 当芽苗出土达50%～60%时，选阴天或晴天傍晚，分批分次撤除覆盖物，适时浇水保持土壤湿润；当幼苗长出2～3片真叶时进行间苗、补缺，间苗后适当浇水，避免苗根松动影响吸水。定苗株数20～30株/m²。苗高6～10cm时常出现顶部分杈现象，形成2个分枝，此时应剪去1个主枝，保留1个生长较旺的主枝。同时，5～8月要加强水肥管理。5月中下旬撒施复合肥，施用量115kg/hm²；6月中旬撒施复合肥，施用量150kg/hm²；7月用0.2%磷酸二氢钾叶面追肥3次；8月结合浇水抗旱淋施尿素，施用量225kg/hm²；10月施磷钾肥，用量225kg/hm²。

2. 容器苗培育

大叶榉容器育苗宜选择大规格（15cm×13cm或15cm×13cm）营养袋作为容器，营养土配方可选心土50%+腐殖土30%+普钙10%+磷肥10%或腐殖土∶泥炭土∶锯木屑（1∶1∶1），也可选用80%森林表土+20%火烧土+2%复合肥。因大叶榉种子发芽率低，容器育苗宜采取两段式，首先在苗床上培养芽苗，待芽苗长出4片真叶时移栽到容器中。苗期共施肥3次，每次按50g/m²撒施，每月除草1次，1年生苗平均高可达1m左右（罗扬，2011）。

3. 扦插苗培育

大叶榉适宜采用嫩枝扦插。6月中旬，采集1～5年生母树树冠下部当年生半木质化枝条作插条；插穗长度8～10cm、粗度1.0～1.5cm，带2～3片叶；为减少水分蒸发，可将叶片各剪去一半。插穗上切口距上芽1cm，下切口距叶芽0.5cm左右，切面多用斜切口，并用GGR 1号200mg/L浸泡4h，生根率达73.5%。扦插基质以蛭石和珍珠岩混合较好。

4. 苗木出圃

1年生裸根苗出圃标准为：Ⅰ级苗，地径≥1.2cm，苗高≥120cm；Ⅱ级苗，1.2cm＞地径≥0.8cm，120cm＞苗高≥80cm（中华人民共和国林业行业标准，2016）。1年生容器苗出圃标准为：Ⅰ级苗，苗高≥45cm，地径≥0.4cm；Ⅱ级苗，0.4cm＞地径≥0.3cm，45cm＞苗高≥33cm（付玉嫔等，2005）。

四、林木培育

1. 立地选择

大叶榉喜光、喜肥沃湿润土壤，在海拔700m以下山坡、谷地、溪边、裸岩缝隙处生长良好，

因此大叶榉造林宜选土层肥厚湿润的酸性、中性土壤，山地成片造林时可选山麓、山谷或其他地势较平缓之处，也可选择四旁进行零星栽植。

2. 整地造林

大叶榉根系发达，整地规格宜大，山区可采用块状或带状整地。栽植穴以直径60～80cm、深40～50cm较好。成片栽植初植密度宜大，以抑制侧枝生长，促进高生长培育干形，具体可根据造林立地等级选择1.5m×1.5m、2.0m×1.5m或2.0m×2.0m。2～3月芽未萌动前，用1年生实生苗栽植，栽植前用10%～15%的过磷酸钙泥浆蘸根，以提高成活率。大叶榉对肥料反应敏感，有条件的地区应在穴底施基肥，每穴施饼肥100g、磷肥60g、厩肥1500g比较好，可提高树高生长量11%、直径生长量31%，从而可提早郁闭成林。栽植时应对苗木进行分级栽植，以使林木生长一致，林相整齐，便于管理。栽植过程中要求根系舒展，严禁大土块和石块压在根部，回填土要实，填土深度至苗根颈部上3～6cm为好。除营造纯林外，还可根据不同的立地条件混交不同的树种，在山顶、山脊可栽马尾松、栎类，山脚、山腰栽植大叶榉，形成马尾松、大叶榉、栎类块状混交林。在立地条件好的山坡下部，可栽植杉木、大叶榉混交林（罗扬，2011）。

3. 抚育管理

大叶榉造林后3～4年内要加强中耕除草抚育，以促进幼林快速生长。每年4～5月和8～9月各进行一次抚育，疏松土壤、扩穴、清除杂草，并将杂草和灌丛枝叶埋在树基周围，腐烂后增加土壤养分和有机质，连续抚育2～3年。在管理时要抓好3点：一是打桩扶正。在有条件的地方栽植时在幼树旁用竹竿或树杆打桩，将苗干绑在桩上，防止主干弯曲，待主干枝下高达5m以上、胸径5～6cm时解除打桩继续培养。据研究，打2m高的木桩将幼树绑于其上，倒伏的株数由8.82%减少到0.98%，高生长和粗生长都有不同程度的增加。二是修枝。大叶榉是合轴分枝，发枝力强、顶芽常不萌发，每年春季由梢部侧芽萌发2～3个竞争枝，不易长出端直主干。幼林开始郁闭后，要及时修枝，培养主干；修枝要适当，修得过少达不到修枝目的，若修枝过度则使叶面积减少影响光合作用，因此应以修除过强和细弱的侧枝为基本原则。三是纵伤。大叶榉树皮光滑，没有纵裂，茎的表皮层下面、韧皮部外面有一圈厚壁细胞环，阻碍形成层的分生作用，影响树干直径生长，可以采取纵伤技术促进树干的增粗生长。陈典等（2004）的研究表明：纵伤可使树径明显增粗，纵伤植株的胸径平均值比对照增大2.3cm，增长率为31.94%。具体做法是：待大叶

大叶榉造林地（韦小丽摄）

大叶榉群落（贵州）（韦小丽摄）

榉胸径达4~5cm时，于早春芽萌动期用利刀对树干的活树皮进行几道纵向切割，深达木质部。

成片栽植的林分，鉴于栽植时初植密度较大，需在幼林郁闭后适时间伐，间伐次数及强度根据培育目标和生长势具体确定，以保持林分始终处在一种有利于生长的群体结构中。

五、主要有害生物防治

1. 大叶榉煤污病

病原为微黑枝孢（*Cladosporium nigrellum*）。症状：叶片及嫩枝易受侵染，形成不规则的褐色斑块，其上生有橄榄绿至褐色的小霉堆状物，影响植物光合作用。防治方法：秋冬季节清除病枝叶，集中烧毁，减少翌年的初侵染源。注意防治蚜虫危害，大面积发生时需定期喷波尔多液等保护剂，每隔10天喷1次，连喷2~3次，防止病害大发生或流行。

2. 大叶榉枝枯病

病原为陷茎点属的一个种（*Trematophoma sp.*）。症状：主要危害主干和侧枝，表现为典型的枝枯症状。在枯死的枝条皮层上密生黑色颗粒状物，即病原菌的子实体。防治方法：初冬开始防冻害，春季防旱害。对幼树要重点保护，对有寒流经过受侵害的树及时修剪保护。当出现病情，可用40%三唑酮多菌灵可湿性粉剂300倍液，或石硫合剂、3波美度石硫合剂刷涂腐病枝干。大的枝干修去受害处，修剪时先剪至健康处，以免病斑上的病原向下传播，修去较大的枝或干时要涂封伤口。

3. 大袋蛾（*Cryptothelea vartegata*）

大袋蛾是大叶榉林分主要食叶害虫。在河南、江苏、浙江、安徽、江西、湖北、贵州等地1年发生1代，在广州发生2代。以老熟幼虫在袋囊中挂在树枝梢上越冬，7~8月幼虫3龄后，昼夜取食榉树叶片，以夜晚食害最盛，严重时可听到沙沙的食叶声，食叶穿孔或仅留叶脉。防治方法：①人工防治。秋、冬季树木落叶后，摘除越冬袋囊，集中烧毁。②化学防治。幼虫孵化后和幼虫孵化高峰期（6月上旬）或幼虫危害期（6月上旬至10月上中旬）采用化学药剂防治。③生物防治。在幼虫孵化高峰期（6月上旬）或幼虫危害期（6月上旬至10月上中旬），用每毫升含1亿孢子的苏云金杆菌溶液喷洒防治。

4. 秋四脉绵蚜（*Etraneura akinire*）

榉树秋四脉绵蚜又名瘿蚜，属瘿绵蚜科，具有转移寄主特征，是榉树重要害虫。该虫以卵在树木枝干、树皮缝中越冬。浙江杭州地区翌年4月上中旬越冬卵孵化为干母若蚜，爬至新萌发的树木叶背面固定危害。4月中下旬在受害叶面形成绿色袋状虫瘿，干母潜伏在其中危害。4月底干母老熟，在虫瘿中胎生仔蚜，即干雌蚜的若蚜。每只干母能繁殖几只到几十只幼虫。5月上旬至5月底，虫瘿破裂，有翅干雌蚜长成，又称春季迁移蚜，迁往高粱、玉米根部胎生繁殖危害，9月迁回榉树产卵。防治方法：该虫有虫瘿保护，一般药物较难治理，须提前预防，在叶片还未完全展开、刚出现少量虫瘿时就进行化学药剂预防。另外，冬季落叶后，用化学药剂对树干树枝喷一遍杀死越冬虫卵。

六、材性及用途

大叶榉的木材为环孔材，具有明显的年轮，心材与边材颜色区别明显，边材浅褐色带黄色、心材紫红色，色泽艳丽，花纹美观；其心材部分导管几乎都被侵填体填充，而侵填体的出现，可以增加木材的天然防腐作用；材质坚硬，硬度可达9N；气干密度达到0.89g/cm³，切面光滑，耐磨性强，不易翘裂，耐腐、耐水湿，用途极为广泛，是高档家具、室内装修、船舶、桥梁的优良用材，民间流传着"无榉不成具"的说法。大叶榉纤维含量达到42.57%，适合做人造棉、绳索和造纸的原料。其叶色四季变换，秋叶有黄色、红色、橙色、绿色等多种，观赏价值佳，适合做行道、庭院和林荫树种，目前我国已选育出'恨天高''冲天''壮榉'等园艺新品种，在江浙一带推广应用。

（韦小丽）

别　名｜檀皮树、掉皮榆、翼朴
学　名｜*Pteroceltis tatarinowii* Maxim.
科　属｜榆科（Ulmaceae）青檀属（*Pteroceltis* Maxim.）

青檀是我国特有的纤维树种、国家级珍稀濒危树种及钙质土壤的重要指标植物。其萌芽力强、耐平茬，主根发达，能深扎于石灰岩缝土中，大量须根密布于主根周围，具有很好的固土保水作用；枝干韧皮纤维是制造宣纸的主要原料，去皮后枝干可作为薪材或生物质能源开发材料，或可用于纸浆造纸；木材坚硬，纹理细致，为农具、家具的优良用材。叶子有高含量粗蛋白（19.43%）及多种氨基酸和微量元素，是一种理想的营养型饲料添加剂，可作为饲料工业原料进行开发。

一、分布

青檀分布较广，零星分布于青海、甘肃、陕西及华北、华东、华中和西南。北至北京昌平区，40°10′N；东到辽宁省蛇岛，121°E；西在青海省境内；分布中心区在华中西部，其中以安徽宣城、宁国、泾县最为集中。

青檀垂直分布在海拔200～1500m，在四川西部海拔1600m处仍有生长。

二、生物学和生态学特性

落叶乔木。高达20m，胸径1.7m。树皮淡灰色，幼树青灰色。老时裂成不规则的长片状脱落，显露出淡灰绿色内皮。小枝具皮孔和被绢状短柔毛或不被毛。叶互生、纸质，卵形或椭圆状卵形，长3.5～13.0cm，宽2.0～5.0cm，边缘有锐锯齿，先端长尾状渐尖，基部宽楔形或近圆形，梢歪斜，具三出脉，侧脉在边缘处弧曲向前，上面无毛或有短硬毛，下面脉腋有簇生毛，叶柄长6～15mm，无毛。花单性，雌雄同株。单被花，无花瓣。雄花簇生，雄蕊5枚，与花萼裂片对生，花药先端有毛；雌花单生于叶腋，花萼4裂，裂片披针形，子房上位，由2心皮合成1室；花柱2裂，羽状，柱头面被紫色粗毛。果横径12～16mm，果梗长1.5～2cm。坚果两侧具宽翅，翅薄木质；翅顶端凹缺，花柱宿存于缺口中央；两侧翅一大一略小，上窄下宽，形似折扇，具皱褶，翅缘波状，灰黄色；果核近圆形。种子无胚乳。

青檀4月开花，幼叶与花同放。果9～10月成熟，成熟后常与叶同时脱落，有时落叶后果实仍宿存枝上。已达结果年龄的母树，结果大小年现象不明显。

青檀根系发达，耐瘠薄，萌蘗性强，生长迅速，寿命长，400～500年生树仍有很强的萌芽能力。

青檀为深根性中等喜光树种，其耐阴性随年龄的增大而降低。12年生以前耐阴性较好，13～25年生之间是喜光树种，26年生以后逐渐变为喜光树种（刘桂华，1996）。青檀适宜温暖湿润气候，在年平均气温12～18℃、绝对低温−20℃、年降水量500～1600mm的条件下均能生长。

青檀在黄色石灰土、红色石灰土、黄壤上生长，有时在只有腐殖质的石缝中也能生长。其自然分布区多为石灰岩山地，对钙质土壤适应性很强，既耐干旱又耐水湿，为钙质土壤的重要指示植物。

青檀1年生播种苗的苗高、地径的生长规律符合S形生长曲线。在青檀的中心栽培区，其生长期可划分为出苗期（5月1日以前）、生长初期

青檀种子和叶(安徽青阳)（方升佐摄）

青檀萌芽更新（安徽萧县皇藏峪）（方升佐）

青檀古树（安徽萧县皇藏峪）（方升佐摄）

（5月1日至6月15日）、生长盛期（6月16日至8月15日）和生长后期（8月16日至10月30日）。青檀1年生苗高平均可达105cm，地径生长量平均可达9.0mm，为中等速生树种（沈香香等，2001）。

在立地条件较好的情况下，青檀当年生苗可高达1.2m以上，3~5年幼树高可达5m，胸径6cm以上。高生长旺盛期为6~10年，粗生长旺盛期为8~12年，在自然分布区常见高达15m、胸径1m的百年大树。

青檀根系发达，主根发达粗壮，侧根多而长。1年生幼苗主根超过树干长的1/2，侧根长达67cm；2年侧根最大长度265cm，且95%的根系密集分布在表土层和淀积层之间；3年主根均在100cm以上并伸展到母质层。

青檀材积生长量旺盛期为10~15年，旺盛期内材积的连年生长量可达0.003~0.004m³，21年生树木材积可达0.0888m³。

青檀3~5年生开始结实。其盛果期持续时间很长，如青阳县酉华乡二酉村的一株青檀树，树龄500多年，现仍枝叶茂盛，每年还大量结实。

三、苗木培育

1. 种子生产

采种应选择20~40年健壮母树。

每年8月下旬至9月上旬青檀种子成熟，果实由青色变深黄色时及时采集。过熟则易飞散。采集的坚果薄摊在通风处阴干，除去果翅即得纯净果核，用作播种材料；也可直接用带翅坚果作为播种材料。坚果出籽率为76%，果核卵圆形，径4~5mm，种子千粒重21~28g，每千克35000~48000粒。果核或不经调制的带翅坚果可以干藏（国家林业局国有林场和林木种苗工作总站，2001）。

青檀的种子具浅生理休眠特性，播种前需进行层积处理，低温层积70天或变温层积40天左右即可打破种子休眠（沈香香，2002）。

2. 苗木培育

（1）播种育苗

播种可以随采随播，即秋季播种，此时播种可使种子在土壤时进行层积处理，以打破种子生理休眠；也可春季播种（3月）。圃地应选择钙质土壤，要求排水良好。播种前首先要精耕细作，施足基肥，至少要施7500kg/hm²以上腐熟的农家肥，然后整地作床。苗床宽0.8~1.0m，床高20~25cm，畦距25~30cm。催芽方法有两种：①将种子装入木桶内，用温水浸种4天，捞出装入箩筐中，上覆稻草，每天翻动1次，并用温水淋湿，3~4天后即可播种。②将种翅揉去，再用清水洗种，去掉不合格种子，然后用温水（45~60℃）浸种24h，隔3~4h换1次温水，将已处理的种子用湿沙催芽，保持沙的湿度和温度，催芽7~10天后有40%~50%种子破胸即可播种。撒播要求播种均匀，种子间距要保持在10cm以上；条播行距要求25~30cm，播沟深2cm，播种量以3~5g/m²为宜。播种后覆土以不见种子为宜，上面再盖一层草。在适宜的温度下，经预处理的种子播种后30天可发芽出土。子叶2片，平展，先端2裂呈倒箭形，基部圆楔形，出土萌发。种子发芽后要在傍晚或阴天将苗床上盖的草揭去。1个月后要清除杂草。如出苗不均则选择阴天移密补稀。幼苗期至少松土锄草6~7次，5~6月结合松土施以混合肥。一般每亩可产高度1m左右的壮苗1万株左右。

（2）扦插育苗

嫩枝扦插　嫩枝扦插宜在5月下旬进行，即当年生枝条已达半木质化，木质化程度太低扦插后插穗易萎蔫，木质化程度过高则难生根成活。在清晨和无风的阴天，剪取生长健壮的幼年母树伐桩上的当年萌条作为插条。制穗要求：穗条长度10~15cm（保留3~4个腋芽），去掉过嫩的梢头部分。插穗上端切口在离腋芽以上1.0~1.5cm处平截，下切口在叶柄基部剪成马蹄形，注意不要损伤腋芽，剪好的插穗放入盆内盖上湿纱布保湿。

扦插前用浓度为200mg/kg的ABT1号生根粉溶液浸泡插穗基部0.5h，扦插时边开沟边扦插，插完后浇透水，搭设塑料拱棚和遮阴棚。注意遮阴保湿，喷水降温，拱棚内的相对湿度保持80%以上，温度不超过30℃。20天左右插穗开始生根，35天左右可开始揭膜炼苗直至撤去阴棚。青檀嫩枝扦插的生根率一般在60%以上，最高可达85%。扦插苗主根少，侧根发达，不宜锄草，以免插条松动和伤害须根，除草时需用手轻拔，要除小、除了。当幼苗长至5~6片叶时，可用0.5%尿素进行根外追肥，以后视苗木的生长情况施以稀薄的腐熟人粪尿2~3次。注意抗旱排涝，及时除草。青檀嫩枝扦插具有成苗快、取条易、育苗成本低等优点，是无性繁殖的主要方法（王鸣凤等，2000）。

硬枝扦插　扦插育苗冬季选取优良母树上萌发的1年生健壮枝条，打成小捆，埋入湿沙中，翌春剪除嫩梢，截制成长10~15cm的插穗（保留2~3个腋芽），插穗基部削成马耳形；也可早春2~3月（树液流动前）截取插穗。将插穗基部在0.2%醋酸溶液中浸泡1h，或用0.5%高锰酸钾溶液浸泡24h，即可取出扦插。圃地应选沙质壤土，或在作床后覆盖15cm左右的黄心土。扦插前用0.1%高锰酸钾稀释液喷透床面土层消毒，喷后覆盖薄膜，24h后揭膜扦插。扦插后搭阴棚，及时松土除草和加强水肥管理（程孝霞等，2005）。

无论硬枝扦插还是嫩枝扦插，都可在全光苗床上进行扦插繁殖，方法参照《总论》。

（3）压条育苗

低秆压条育苗　在矮秆头木作业生长健壮的青檀母树周围40~50cm处开挖10~15cm深、5~10cm宽的小沟，选择1~2年生、长约1.5m、粗近1cm的壮枝，将枝条用利刀环剥0.5cm宽的树皮，埋入土中，上压石块不使枝条弹起，枝梢处垫以石块使其上翘，再堆土压实。压条前要注意选择优良健壮母树；且应避免猛拉猛折，防止折断枝条；压条后还要注意土壤管理。一般压条在3月初进行，5~6月间生根，7月选择阴天切断其与母树的连接，并施以粪肥，促进根系生长。

高秆压条育苗　2月中旬在母树上选取0.5~

0.8cm粗的1年生壮苗，距基部30cm左右处环剥1cm宽的树皮，用20cm见方的塑料薄膜，在切口处绕秆包成球形。下距切口6～7cm处扎紧，内填苔藓和潮润肥土各半，将切口填实，并在高出切口3～4cm处包秆扎紧。翌年早春，自包球下部切断，带球栽植，入土时除去薄膜，以利根系生长（程孝霞等，2005）。

在生产实践中，青檀苗木培育以播种育苗为主，扦插育苗为辅。压条育苗成活率虽高，但产苗量低而且费工，不宜大面积育苗，只适于零星栽植。

四、林木培育

1. 立地选择

青檀对造林地要求不高，向阳山坡、谷地、岩石裸露的荒山等都可栽培；路旁、坎边、沟边，只要带客土，均能生长；尤其适生于钙质

青檀1年生苗木（江苏江宁）（方升佐摄）

土壤、石灰岩或砂岩分布地区，在土层深厚的低山、丘陵缓波、溪旁、河滩及村旁均可栽植，但不宜栽在阳坡黄土和山脊沙筋土上。Fang等（2004）研究表明，生长在不同母岩上的青檀的生物量和檀皮产量存在明显的差异，其顺序为板岩＞千枚岩＞石灰岩＞砂岩。另有研究发现，生长在石灰岩发育土壤上3年生檀皮质量最优（方升佐等，2007）。

2. 整地

冬季全垦整地效果较好，整地深度20～25cm。

3. 造林

（1）造林密度

造林密度随经营模式而定。在地势平缓、土层肥厚的地方，可采用林粮间作的地块，株行距采用3m×4m或4m×4m，即每公顷630～840株；在坡地上，立地条件较差，不能实行林粮间作的地块，则宜加大造林密度，可用2m×2m或2m×3m的株行距，即每公顷1650～2550株。为使林分提早郁闭，减少抚育工作量，还可适当加大造林密度，控制每公顷3000株左右。在裸岩山地石缝中有土即可栽植，宜密不宜稀，按1.5m×1.5m或1.5m×2.0m株行距进行栽植。栽植采用大穴，规格60cm×60cm×40cm。

造林密度对青檀的生物量和檀皮产量影响较大，对现有的人工林调查研究表明，石灰岩山地上生长的青檀以3333株/hm²的生物量最高，以4200株/hm²的檀皮产量最高（Fang et al.，2004）。

不同的立地条件适合不同的经营模式（表1）；在不同立地上，不同经营模式的最佳造林密度也各不相同（表2）。从表2中可以看出，在土层厚度较薄的山地上，以檀皮生产为主的人工林密度以2500～4000株/hm²为佳。

表1 青檀人工林立地条件类型划分

立地类型组	立地类型代号	立地类型的主要特征	主要林种	备注
石灰岩组	A1	坡度<25°，连续土体，基岩裸露率≤10%，土壤A层厚度>20cm，质地壤土至轻黏土，pH 6.5~7.5	林农复合经营	
	B1	坡度25°~35°，连续土体，基岩裸露率≤30%，土壤A层厚度11~20cm，质地壤土至轻黏土，pH 6.5~8.0	青檀工业原料林	小生境类型为石面、构造裂隙、层间裂隙、溶穴、溶槽等
	C1	坡度>35°，半连续土体，基岩裸露率30%~50%，土壤A层厚度11~20cm，质地壤土至黏土，pH 6.5~8.0	青檀工业原料林	
	D1	坡度>35°，零星土体，基岩裸露率50%~80%，土壤A层厚度≤10cm，质地壤土至黏土，pH 6.5~8.5	以生态林为主	
非石灰岩组	A2	坡度<25°，坡位中下部，土壤A层厚度>20cm，质地壤土，pH 6.5~7.5	林农复合经营	包括由砂页岩、页岩、千枚岩、花岗岩、板岩等发育的土壤
	B2	坡度25°~40°，土壤A层厚度11~20cm，质地为沙壤土至轻黏土，pH 5.5~7.5	青檀工业原料林	
	C2	坡度大于25°，土壤A层厚度≤10cm，质地沙质土至黏土，pH 5.5~7.5	以生态林为主	

表2 青檀人工林的优化栽培模式（以12年为一个经营周期）

主要经营方向	优化模式序号	立地类型号	造林密度（株/hm²）	作业方式	间作年限（年）	采条间隔期（年）	地上部分生物生产力 [t/ (hm²·年)]	檀皮产量 [kg/ (hm²·年)]	檀皮质量评价
林农复合经营	1	A1	840~1111	高桩多头	6~8	2~3	6~8	600~800	好
	2	A2	840~1111	高桩多头	6~8	2~3	6~8	600~800	较好
工业原料林	3	B1	2500~3300	高桩多头		3	8~10	880~1100	好
	4	B2	3000~4000	低桩矮林		3	9~11	990~1210	较好
	5	C1	2000~2500	低桩矮林		3	6~8	630~840	好
生态林为主	6	D1	见缝插针	高桩头木		3~4	2~4	200~400	一般
	7	C2	4000~5000	高桩头木		3~4	4~6	480~720	一般

（2）造林季节和方法

青檀造林一般采用植苗造林，冬季或春季"惊蛰"前造林均可。

造林多采用1年生幼苗造林。幼苗主根较深，起苗时深度不少于20～25cm，多带宿土，保持根系完整，并要选萌条多、地径粗壮的苗木。造林用苗为高80cm以上、地径0.6cm以上，顶芽饱满的优质壮苗。尽可能做到随起随栽，栽植时要做到"三埋两踩一提苗"，做到不窝根。通常有三种栽植方法（詹森梁等，1994）。

全苗栽植法 挖50cm×50cm×40cm大小的栽植穴，竖直栽植。栽植时要做到苗正、根舒、压实，此方法适合于一般常规绿化造林。

大穴横栽法 挖100cm×40cm×40cm大穴，每穴左右两枝倾斜栽植，根部相邻，顶端朝外，选择侧枝多且健壮的一侧朝上，另一侧粗壮分枝弯曲朝上，细枝剪除，倾斜角一般30°～45°为宜。此种方法利用青檀萌芽力强的特点，可使青檀产生更多的分枝，从而提高檀皮的产量。

截干造林法 即起苗后，将青檀苗木距离根基部10cm处截断，用根部栽植。截干造林成活率比全苗造林成活率高6.7%，根茎粗比全苗造林大2.6%。截干造林苗木萌发后，可保留3～5个分枝，此种方法具有全苗栽植法和大穴横栽法的优点。

4. 幼林抚育管理

青檀造林后，需适时除草松土。在头三年，1年抚育2次，第一年块状抚育，分别在6月和8月进行，抚育的深度和扩穴直径均比一般林分大。在8月抚育的同时要进行追肥，采用环状沟施法，每穴施复合肥80g。在第二、三年砍灌，疏松土壤，改善环境条件，并在林内进行间种，一般套种矮秆作物及豆类或绿肥，农作物收割后，秸秆还林，增加土壤肥力，以耕代抚的同时也增加了经济收入。但在林分郁闭后，应停止间种。

裸岩山地幼林的管理，特别要注意不能锄草，要割除杂草埋压于根部，既作肥料又可防旱。

如栽植青檀的主要目的是生产檀皮，在栽植

后的第二年末就从离地面3cm处一刀切，并喷植物生长素促进生长；第三年秋末从离地面40cm处每枝一刀切进行定型，这样可以增加分枝数，有利于青檀发育生长，也可大大增加檀皮产量。每次采条后，应在冬季抚育和施肥1次，促进来年多发壮枝。同时还要注意青檀的耐阴性随年龄的增大而减弱的变化规律，通过适时地改变林分结构等方式，使林分获得适宜的光照，充分利用环境资源，以达到高产稳产的目的。

5. 成林抚育管理

青檀栽培的主要目的是采集檀皮，成林的抚育管理如下（方升佐，1996）。

低桩矮林作业 栽后3～4年自幼树主干距地面20cm以下截除主梢，由根部萌发丛生枝条，每2年砍枝1次。此法的优点是枝条粗壮，皮质较好，砍条方便，早期产量高于同龄林的高桩作业；缺点是嫩枝接近地面丛生，不仅易遭受牲畜、杂草、藤蔓危害，而且通风不良，梅雨季节易受病虫侵害，8～10年后产量逐渐低于高桩作业。

高桩头木作业 栽后3～4年距地面1.5m处截除主干，以后在此桩上砍条。此法可以克服矮林作业的缺点，但多年老桩往往枝条密集，通风透气不良。

高桩多头作业 人工控制培养多头状树形，有利于提高檀皮产量。栽后3～4年，距地面60～80cm处截除主干，萌发后保留向四面伸展的壮枝3～4根，其倾角控制在45°～60°；1～2年后，距大枝基部40～50cm处截除主梢，然后再从各个主梢上留养2～3根壮枝；1年后距第二层桩顶约30cm处截断梢端，其角度控制在60°～80°，以后每次都在最后保留的8～9个树桩上砍取枝条。此法在早期培养树形时较麻烦，但是一劳永逸，优点明显：一是留桩多，可以持续高产；二是树形开张，通风透气良好，有利于萌条生长发育，也可避免牲畜危害；三是岔桩总高度约在1.5m，便于管理、割条；四是主干顶部易于愈合，防止树干空心腐烂。

檀皮采集应在冬季落叶以后进行，一般每隔

2～3年割条1次，要求萌条长2m左右，径粗1.5cm左右，此时枝条出皮率最高，过老或太嫩均会影响檀皮的产量和质量。每次砍条应将桩上所有枝条全部清除，以免影响翌年嫩条萌发；砍条时应留2～4cm长的条基，以利于萌发新条。

6. 主伐与更新

采伐年龄按照经营目的而定。青檀的主要经营目的以生态林和人工原料林为主。青檀生物量和檀皮产量除了受立地条件的影响外，还受到经营措施的影响。方升佐等（2001）对现有人工林的密度、墩龄和每墩留萌数的调查发现：①在密度及墩龄相同条件下，单位面积檀皮产量与年龄成正比，出皮率与年龄成反比。单位面积檀皮产量年增长量以第三年为最高，分别为第二年和第四年年增量的1.58倍和4.12倍。在密度、留萌数及萌条年龄相同条件下，单位面积檀皮产量以条墩年龄12年最高，分别是6年生和9年生的3.32倍和1.11倍，檀皮单位面积产量与条墩年龄成正比，出皮率不受墩龄影响。条墩9年生时，青檀人工林产量进入相对稳定期。②4种造林密度类型（2500株/hm²、3333株/hm²、4200株/hm²和5350株/hm²）中，不同密度（株/hm²）檀皮产量大小顺序为4200 > 3333 > 5350 > 2500。4200株/hm²（株行距1.4m × 1.7m）的林分檀皮产量是2500株/hm²（株行距2m×2m）林分的1.68倍。③在密度、株龄相同条件下，每株留萌数为10时，单位面积檀皮产量最高。从收获经济生物量（檀皮）的角度考虑，经营青檀人工林造林密度以3333～4200株/hm²，轮伐期3年为宜；在条株年龄为9年以上的人工林中，留萌数以10条为好。

五、主要有害生物防治

1. 青檀叶斑病

病害植株先自根部后至整株，通常矮林作业的植株上发生较严重。病叶初期出现暗色圆形斑点，病斑渐大后，中央呈灰白色，严重时斑点蔓延使叶片枯落。防治方法：主要通过加强抚育、清除杂草以改善通风条件；或在每年4～8月，喷洒1%波尔多液。

2. 青檀绵叶蚜（*Shivaphis pteroceltis*）

根据气象资料，预测青檀绵叶蚜在枣庄地区每年发生15～16代。青檀绵叶蚜虫叶率和虫口密度在树冠的不同层次呈下层＞中层＞上层，在枣庄市该虫有3个高峰期，分别是6月10日、7月30日、9月20日；有翅蚜比例明显低于无翅蚜。在山东枣庄，越冬卵3月中下旬开始孵化出干母，4月产生干雌，5月产生孤雌蚜，10月上旬产生性蚜，10月中旬雌雄性蚜交尾后产生受精卵，以卵在青檀上越冬。青檀绵叶蚜主要危害青檀的叶片、果实和幼嫩枝条，既影响树体生长发育，又诱发青檀及周围植物煤污病。防治方法：利用青檀绵叶蚜对黄色的正趋性，采用黄板悬挂于树冠中下层诱杀有翅蚜，可减少虫害的传播和蔓延。化学防治选用1.8%阿维菌素乳油、4.5%高效氯氰菊酯乳油、10%吡虫啉可湿性粉剂三种非植物源杀虫剂，或两种植物源杀虫剂，即0.5%苦参碱水剂和0.3%印楝素乳油均可达到90%以上的防效。

六、材性及用途

树皮薄至中等，质硬，易条状剥落；外皮青灰褐色，不规则浅裂，块状脱落，具斑痕；内皮黄褐色。韧皮纤维略发达，柔韧，不易断裂，层状。材表近平滑。原木断面多为波浪形。心材与边材区别不明显。木质黄褐色，有光泽；无特殊气味和滋味。生长轮略明显，宽窄不均匀，散孔材；轮间有浅色细线。管孔略多，小，镜下明显，大小几一致，分布不均匀。径列或斜列；具侵填体。轴向薄壁组织数多，肉眼可见。环管束状，翼状与聚翼状及轮界状，与管孔相连呈长弦线或波浪形。木射线中极多，极细，镜下明显，径切面上有射线，斑纹不明显。无波痕及胞间道（江泽慧和彭镇华，2001）。

木材可供作家具、地板、运动器具、工农具柄材料以及制浆造纸等，树皮是"宣纸"的制造原料。青檀具有很高的利用价值。青檀的韧皮纤维（檀皮）是我国文房四宝之一——宣纸的高级原料。青檀树皮含纤维素58.67%、半纤维素8%、木素7.06%；檀皮韧皮纤维长度117～317mm，最长可达366mm，长宽比为300，尤其是纤维规整度好，即有8.8%纤维长度十分接近，因而成纸匀度好。加之青檀树皮纤维圆浑、强度大，交织成纸后应力不集中，收湿性强，是制造宣纸的主要原料。

青檀去皮后的木质部枝条可用作燃料或芭片，还可将其用于制浆造纸。青檀树枝纤维平均长度和长宽比都高于杨树和桉树，且壁腔比小，故成纸性能较好；树枝的木质素含量较杨树、桉树低，故制浆得率高；树枝中聚戊糖含量比杨树、桉树高，打浆容易。因此，青檀树枝是制浆的新原料来源。

青檀木材坚硬，纹理致密，结构均匀，强度高，弹性大，耐冲击，削面光洁，油漆和胶黏性能良好，握钉力强。

青檀叶中粗蛋白含量高达19.43%，并含有17种氨基酸，其中动物必需氯基酸有7种；叶粉中含有12种微量元素，其中钙、钾含量尤为丰富。因此，用青檀叶粉充当饲料添加剂对禽畜体内蛋白质合成，提高饲料营养价值，促进动物生长发育都具有重要作用。青檀茎叶具有祛风、止血和止痛的功效，檀皮中的化学成分含有N-p-香豆酰酪胺（Paprazine）、丁香脂酚-4-O-β-D-葡萄糖苷、丁香脂酚-4，4'-二-O-β-D-葡萄糖苷（Liriodendrin）、甲基丁二酸、香草酸、甲基肌醇、β-谷甾醇、胡萝卜苷、α-香树素和β-香树素混合物等10种化合物。N-p-香豆酰酪胺对多种癌细胞具有抑制作用，且对人体血液血小板凝结有显著影响，而丁香脂酚-4-O-β-D-葡萄糖苷及丁香脂酚-4，4'-二-O-β-D-葡萄糖苷（后者含量较高，是青檀树皮的主要化学成分）具有抑制cAMP磷酸二酯酶等多种活性作用。

（洑香香，方升佐）

199 朴树

别　名｜黄果朴、白麻子朴、朴榆、朴仔树、沙朴、紫荆朴、小叶朴、千层皮、千粒树、青朴、桑仔、
　　　　沙糖叶、相思树、小叶牛筋树、蒸枣花、紫丹树、华朴、粕仔朴

学　名｜*Celtis sinensis* Pers.

科　属｜榆科（Ulmaceae）朴属（*Celtis* L.）

朴树是我国平原及较低山区常见树种，生长较快、寿命长，高可达30m；适应性强，耐干旱瘠薄、轻度盐碱、水湿、烟尘，抗风、抗污染，主要用于道路、公园、小区绿化；对多种有毒气体抗性较强，具有较强的粉尘吸滞能力，常用于城市及工矿区绿化造林。茎皮为造纸和人造棉原料；果实榨油作润滑油；木树坚硬，可供工业用材；茎皮纤维强韧，可作绳索和人造纤维，是较好的用材树种。朴树树冠圆满宽广、树阴浓郁，四旁绿化都可用，也是河网区防风固堤树种。

一、分布

朴树主要分布于淮河流域、秦岭以南至华南各省区，长江中下游及其以南诸省区和台湾省，越南、老挝也有分布。

二、生物学和生态学特性

朴树多生于平原地区，散生于平原及低山区，村落附近习见。多生于路旁、山坡、林缘，海拔100～1500m。喜光，适于温暖湿润气候，生于肥沃平坦之地。对土壤要求不严，有一定耐旱能力，亦耐水湿及瘠薄土壤，适应力较强。深根性，根系发达，抗风力强。

三、苗木培育

为获得数量多、抗性强和易于驯化的苗木，朴树常用播种繁殖（邓元德和刘志中，2013；朱崇付，2013；蒋小庚等，2014）。

1. 种子采集

种子应采自采种基地，10月中下旬当果实由青转黄褐色时即可采集，方法是截取果枝或待自然成熟后落下收集。种子采后应立即选种，选种

朴树（刘仁林摄）

朴树叶片（刘仁林摄）

标准为外观正常、粒大充实、内含物新鲜、无病虫、纯度95%、含水量适度。

2. 种子处理

种子要及时处理，搓洗去果肉后阴干沙藏冬播，或湿沙层积贮藏至翌年春播，能显著地提高种子发芽率。沙藏应选择背风向阳地段，为防止腐烂，保持含水率小于6%，间放草把促进透气。

3. 整地作床

圃地选择土层深厚、肥沃的沙壤土或轻壤土。深翻细整，整地严格执行"三犁三耙"。床面宽100～150cm、步道沟宽30～45cm。整地作床时应根据苗圃土壤肥力状况施用基肥，并施用50%多菌灵可湿性粉剂1.5g/m²或按1∶20的比例配制成毒土撒在苗床上进行土壤消毒。

4. 播种技术

播种一般为春播，"雨水"至"惊蛰"之间种子露白30%以上时进行。播种前喷湿土壤，3～5天后播种。通常采用条播，行距30cm，播种要均匀适度，每亩用种量1kg为宜。播后覆土约1cm，以不见种子为度；覆土后，喷洒50%乙草胺乳油防除马唐、狗尾草、牛筋草、稗草等杂草，然后在苗床上覆盖稻草并覆盖薄膜保墒。

5. 苗期管理

当出苗50%以上时，分2～3次在傍晚或阴天陆续揭除覆盖物。揭除后应及时浇水，并进行松土除草、间苗、补苗。第一次间苗在苗高3～5cm时进行，原则是去弱留强、去密留稀。以后根据幼苗生长发育情况间苗1～2次，最后一次在苗高15～20cm时定苗，每亩保留株数1.5万～2.0万株，株行距15cm×20cm或15cm×30cm为宜。

8月下旬到9月下旬进入生长后期，应控制肥水，少用氮肥、施用钾肥，促进苗木木质化，确保苗木安全越冬。同时，做好抗旱、排涝工作。如播种适时、管理得当，当年生苗高可达60～120cm，地径0.6～1.2cm，每亩产苗1.5万～2.0万株，翌春即可出圃造林或分床培育。

四、林木培育

1. 造林地选择与整理

应选择土层深厚、土壤肥沃、湿润、通气良好的壤土地段。整地方式根据坡度大小确定，坡度小于15°一般全面整地；坡度大于15°时穴状整地，整地规格60cm×60cm×35cm。

2. 苗木保护与栽植

根据当前培育技术，按苗高100cm以上、70～100cm、70cm以下对苗木进行分级，并将不同规格苗木分别栽植。起苗应少伤根，修剪根须；运苗不晒根，栽苗不窝根，缩短起苗到栽植之间的时间，起苗后若需远途运输应将树根蘸泥浆及覆盖。造林密度视苗木大小而定，1～2年生苗木株行距1.5m×2.0m，胸径10cm的株行距3m×4m，胸径15cm的株行距3.5m×4.5m。

3. 幼林抚育

分级栽植后到林分郁闭前，每年松土除草2～3次。同时，注意修枝育干。朴树为合轴分枝，发枝力强但梢部易于弯曲或顶部常不萌发。因此，每年春季由梢部侧芽萌发3～5个竞争枝，幼树主干较柔软，在自然生长情况下多形成庞大树冠、干性不强，幼苗时可支架扶干、修除侧枝。修剪方式因培育目的而定，一般以自然树形为主，轻剪勤修使其分枝均匀、冠幅丰满、冠干比适宜；休眠期修剪以整型为主，可稍重剪；生长期修剪以调整树势为主，宜轻剪。如需培养高大行道树可在第三年春进行平茬，即可保证树高干直。

4. 幼树移植

栽植后到郁闭前，适当移植可以调控密度、促进树干发育。1～2年生苗木必须移植，移植以春季为主，秋季落叶后也可移植，夏季移植必须按规范带好土球。移植株行距按苗木规格的生长需要而定，重点要把握先育干后养冠的原则。当树高4～5m、胸径3～5cm以上时，幼林已郁闭，要另行移植或分植，株行距参照造林密度。

五、主要有害生物防治

朴树病害主要有根腐病、白粉病、煤污病，

虫害主要有刺蛾、沙朴绵蚜、朴树木虱和美国白蛾（耿以龙等，1998；朱崇付，2013）。

1. 根腐病

根腐病主要表现为整株叶片发黄、枯萎。一般多在3月下旬至4月上旬发病，5月进入发病盛期。为防治根腐病，施肥时采用充分腐熟的有机肥，特别是厩肥；播种前做好种子处理和土壤消毒，用1%新洁尔灭溶液或0.5%的高锰酸钾水溶液浸种30min；土壤消毒施用50%多菌灵可湿性粉剂1.5g/m²或按1∶20的比例配制成毒土撒在苗床上，能有效防治苗期病害。如发现有根腐病的苗木，可用70%的敌克松800～1000倍液进行防治，栽植后每隔7～10天喷撒1次，连续用药2～3次。

2. 白粉病

主要危害叶片，开始产生黄色小点，继而扩大发展成圆形或椭圆形病斑，表面生有白色粉状霉层。霉斑早期单独分散，后联合成一个大霉斑，甚至可以覆盖全叶，严重影响光合作用，使正常新陈代谢受到干扰，造成早衰，产量受到损失。病原为三孢半内生钩丝壳（*Pleochaeta shiraiana*）。发病初期应及早喷洒杀菌剂控制，可用2000倍的粉锈宁乳液喷杀。每隔7～10天喷1次，连喷2～3次。冬季清除病叶、落叶，深埋。

3. 煤污病

其症状是在叶面、枝梢上形成黑色小霉斑，后扩大连片，使整个叶面、嫩梢上布满黑色霉层或黑色煤粉层。煤污病可以用500倍的多菌灵喷杀。

4. 扁刺蛾（*Thosea sinensis*）

如发现扁刺蛾危害，可在冬季或早春结合修剪，人工击碎树干上的石灰质茧，杀死虫体，减少虫源。或在低龄幼虫期，用化学药剂喷雾防治。

5. 朴沙绵蚜（*Shivaphis celti*）

蚜虫分泌的蜜露是诱发煤污病的滋生源，蚜虫危害严重的寄主则煤污病发生严重。

可剪除受害枝条，或喷洒化学药剂防治，相隔10天连喷2遍。

6. 朴树木虱（*Celtisaspis* sp.）

朴树木虱以各龄若虫在叶背危害，刺吸汁液，被害处细胞组织受刺激后增生，很快向叶面隆起，形成圆锥状中空的虫瘿。若虫在虫瘿内继续取食，并分泌蜡质，结成圆片状白色蜡盖，严密盖封叶背面的虫瘿孔口。发生严重的地方，平均每片叶上有虫瘿14个，最多达32个，导致树叶变形、枯焦，提早落叶，部分枝条枯死，甚至整株死亡。防治方法：在每次新梢抽发期15天内用药防治，可选用化学药剂喷洒树冠。

7. 美国白蛾（*Hyphantria cunea*）

幼虫蚕食叶片，常把树木叶片蚕食一光，只留叶脉，严重影响树木生长，甚至全株死亡。5月中下旬、7月中旬至8月上旬，在产卵盛期采摘卵块并集中销毁；在虫蛹未变成虫前，组织人工挖蛹。同时可释放白蛾周氏啮小蜂进行生物防治。安装诱捕电击蛾灯、黑光灯和昆虫诱捕器诱杀成虫。在幼虫3龄以前，用24%米满胶悬剂30～50μL/L溶液，25%灭幼脲Ⅲ号胶悬剂2000倍液喷雾防治；在幼虫4龄以前用2.5%三苦素水剂1000倍液、1.2%烟参碱乳油1000～1500倍液、绿灵800～1000倍液等植物性杀虫剂防治；对各龄幼虫可使用5%氯氰菊酯乳油1500倍液、80%敌敌畏乳油1000倍液、1.8%阿维菌素3000倍液对发生树木及周围50m范围内所有植物、地面进行立体式周到、细致的喷药防治。

六、材性及用途

朴树茎皮为造纸和人造棉原料；果实榨油作润滑油；木质坚硬，可供工业用材；茎皮纤维强韧，可作绳索和人造纤维果榨油作润滑剂。根、皮、嫩叶入药有消肿止痛、解毒治热的功效，外敷治水火烫伤；根皮入药，治腰痛、漆疮。叶制土农药，可杀红蜘蛛。

朴树枝条平展、树冠宽广、绿荫浓郁、秋叶金黄、幽雅如画，在园林中孤植于草坪或旷地，列植于街道两旁，尤为雄伟壮观，可用于公园、道路、庭院绿化；抗烟、耐尘，对二氧化硫、氯气等有毒气体的抗性强，可栽植于厂矿区。加之绿化效果体现速度快、移栽成活率高、造价低廉，四旁绿化都可用，也是河网区防风固堤树种。

（董琼）

附：昆明朴（*Celtis kunmingensis Cheng et Hong*）

昆明朴分布于云南中部、西北部和四川南部等地，生于海拔1400～2700m的山麓、河边、路旁、房前屋后。对土壤要求不严，常生长在红壤、紫色土、冲积土上，对酸性土或微碱性、碱性土都能适应。耐干旱瘠薄，在岩石裸露的石灰山上也有生长，但以土壤肥沃湿润、阳光充足的地方生长为好。材质较细腻、经久耐用，是重要的用材树种之一，可作房屋建筑、胶合板、桥梁、农具、地板、枕木、坑木、造纸等用材。

树高生长10年生左右进入生长高峰，连年生长量达0.92m，20年生才逐渐下降；胸径生长15～25年为旺盛期，连年生长量达1cm，到33年还未显著下降；材积随树高和胸径增加而直线上升（云南省林业科学研究所，1985）。有性繁殖容易，通常选择生长迅速、健壮、主干通直、无病虫害、抗性强的25～40年生的优良母树作为采种母树，11月中旬采种进行育苗。播种时间以2月下旬至3月中旬为宜，播种前需进行催芽处理（郭强，2012）。主要病虫害为昆明朴干基腐病及花斑切叶象。病害可用急救回生丹：金雷：水＝1：1：50树干注射、包干，防治效果可达86%；根部浇灌58%的雷多米尔+杀素矾800倍液，防效可达81%。虫害的主要影响是将幼树叶片全部卷成筒巢，影响树的生长和观赏价值，发生时可放茧蜂寄生防治。

（董琼）

200 桑树

别　名｜家桑、荆条
学　名｜*Morus alba* L.
科　属｜桑科（Moraceae）桑属（*Morus* L.）

　　我国是世界上栽桑养蚕最早的国家，已有5000多年的栽培历史。公元前4世纪、5世纪我国丝绸和栽桑养蚕技术传入南亚、中亚和欧洲。桑叶是蚕的饲料；桑树材质坚硬，纹理美观，刨面有光泽，可作家具、乐器及装饰用材；桑皮是造纸、制绳的原料；桑椹可入药，亦可食用或酿酒。桑树生长快，适应性强，在防风治沙、石漠化治理、水土保持、盐碱土治理、退耕还林等方面具有重要作用（黄先智等，2017），是优良的用材林、防护林和经济林树种。

一、分布

　　在我国分布范围极为广泛，北起黑龙江省的哈尔滨以南、内蒙古南部，南达广东、广西；东起台湾，西至四川、云南、新疆。以长江流域和黄河中下游各地栽培最多。垂直分布大都在海拔1200m以下，在分布区西部至海拔900～1700m。

二、生物学和生态学特性

　　喜光树种，幼树稍耐庇荫，4～5年生以上的桑树需光量较大，喜温暖湿润，春季地温5℃以上时根系吸收作用增强，气温12℃以上时开始萌芽，抽枝长叶；气温25～30℃是旺盛生长的适宜温度，气温超过40℃，光合作用降低，生长受到抑制，气温降到12℃以下，停止生长，转入休眠期。可耐-40℃低温，但是早春的晚霜常使萌芽受冻。

　　耐干旱，但是在发芽和旺盛生长期间，应及时灌溉，保持土壤湿润，适合桑树生长的土壤湿度为其最大田间持水量的70%～80%，当土壤含水量降到9.3%时，有70.6%的桑树新梢停止生长，落叶率达23.7%，叶中水分不足，蛋白质和碳水化合物含量低，桑叶硬化早，喂蚕后，蚕消化不良。

　　耐瘠薄，对土壤的适应性强，但是建立专用

桑园应选择土层深厚、湿润、肥沃的地方，土壤pH 4.5～7.5，在含盐量0.2%以下的轻盐碱地也能生长。

　　对涝害也有一定的耐受性，在河流两侧河漫

桑树鹿角桩作业（贾黎明摄）

地上广泛分布的桑园就是最好的例证。据调查，成林桑树受淹20天甚至更长时间都不会死亡，这在其他旱地植物中很少见。桑树在休眠期对涝害的耐受性更强，三峡库区消落带超过10m水深下淹长达120天，水消退后，桑树仍能萌芽生长，并且是消落带出露地表后生长最好的树种。

实生桑的主根发达，侧根和须根大部分在60cm以内的土层内，嫁接桑的根系因培养的树型不同而有很大区别，低干桑根系的分布范围较高干桑小。

实生苗每年发育过程可分为出苗期、缓慢生长期、旺盛生长期和停止生长期。出苗期约10天左右，从播种到2片子叶露出地面，要保持土壤湿润，不能过干过湿，要及时揭去覆草。缓慢生长期约25天，平均气温27℃左右，为了促进根系生长，要抓紧间苗、松土除草等措施，松土要浅，后期要追肥、浇水。旺盛生长期50～70天，特点是地上部分生长量很大，约占全年总生长量的90%，除了加强松土除草、防治病虫害等措施以外，要在旺盛生长期的前期追施大量速效肥，但在后期要控制肥水，以免苗木徒长，冬天冻坏枝梢。缓慢生长期约10天，生长量约占全年总生长量的5%，以后即进入休眠期。

三、良种选育

1. 我国桑树的类型

桑树是自古以来作为养蚕饲料的一个经济树种，同时也是一个生态树种，由于桑树长期生长在不同的生态环境中，所以形成了有典型地域特征的各种类型，我国桑树主要有以下八大类型（潘一乐，2003）。

（1）珠江流域广东桑类型

珠江流域属热带、亚热带季风湿润气候区。广东桑又称广东荆桑，具有种子繁殖，性状复杂，主根不明显，不耐寒，发根力强，扦插易成活，耐剪伐等特点。主要品种有'伦敦40''伦敦109''伦敦408''伦敦101''伦敦602''伦敦518''试11''沙二''糖10×伦109''抗青10号''大10''沙油桑''枫梢桑''大荆桑''北区七号''常

乐桑''红茎牛''青茎牛''六万山桑'等。

（2）太湖流域湖桑类型

太湖流域包括镇宁以南，杭州湾以北，天目山以东的广大平原，是湿润气候带。太湖流域作为我国蚕桑生产中心已有上千年的历史，通过人工选择出的桑树品种数量较大，该类品种适应性强，叶片产量高，叶质营养成分丰富，生产性能好。主要品种有'荷叶白''团头荷叶白''桐乡青''湖桑197''湖桑2''湖桑7''湖桑13'、'湖桑38''湖桑39''早青桑''红头桑''菱湖大种''七堡红皮''白皮大种''大墨斗''墨斗青''长兴荷叶桑''乌皮桑''豆腐泡桑''海盐面青''麻桑''裂叶火桑''红顶桑''嵊县青''望海桑''新昌青桑''璜桑3号''笕桥荷叶''绢桑''真桑''真杜子桑''无锡短节''丰驰桑''育2号''育82号''育237号''育151号''育711号'等。

（3）四川盆地嘉定桑类型

四川盆地的川西平原、川南地区和川北、盆地边沿区域由于地理和气候条件差异较大，形成了两大类桑品种，一类是盆地中部的丰产型桑树品种，另一类是盆地周边地区的抗旱耐瘠型桑树品种。主要品种有：'黑油桑''大花桑''大红皮''峨眉花桑''沱桑''小红皮''白油桑''白皮桑''转阁楼''大红皮桑''南一号''葵桑''甜桑''小冠桑''大冠桑'等。

（4）长江中游摘桑类型

本区域主要包括安徽南部和湖北、湖南的部分地区，属暖温带季风湿润气候。该类型多属中生中熟桑，发条数少，枝条粗壮，叶形很大，硬化迟，花穗小，椹少，抗寒性较弱，树形高大。保存资源近150份。主要品种有'大叶瓣''小叶瓣''竹叶青''麻桑''大叶早生''小叶早生''裂叶皮桑''圆叶皮桑''红皮瓦桑''青皮瓦桑''裂叶瓦桑''圆叶瓦桑''红皮藤桑''青皮藤桑''大叶藤桑''乌板桑''黄板桑''葫芦桑''柿叶桑''早生1号''澧桑24号'等。

（5）黄河下游鲁桑类型

本区域是指山东和河北的部分地区。该类

型多属中生中熟或晚生晚熟桑，发条数中等，枝条粗短，叶形中等，硬化较早，花、椹小而少，抗寒耐旱性较强，易发生赤锈病。保存资源250余份。主要品种有'大鸡冠''小鸡冠''黄鸡冠''黄鲁头''黑鲁头''黑鲁采桑''梨叶大桑''梧桐桑''铁叶鲁桑''白条鲁桑''黑鲁接桑''铁叶黄鲁''青兽桑''鲁桑''白条黑鲁''白鲁桑''自皮鸡冠''红花黑鲁''大红袍''临朐黑鲁''九山黑鲁''花鲁桑''牛筋桑''铁耙桑''易县黑鲁''深县黄鲁'等。

（6）黄土高原格鲁桑类型

本区域位于内陆，包括山西、陕西的东北部和甘的东南部，属温带季风干燥气候。该类型桑树多属中生中熟桑，发条数多，枝条细直，叶形较小，硬化较早，耐旱性较强，易感黑枯型细菌病等特点。保存资源180余份。主要品种有'黑格鲁''白格鲁''黄克桑''黑绿桑''阳桑1号''大荆桑''藤桑''胡桑''舟曲桑'等。

（7）新疆白桑类型

本区域位于我国西北，大陆性沙漠气候，包括新疆、青海以及藏北和陇北的部分地区。新疆白桑类型多属晚生中熟桑，具有发条数多，枝条细直，花、椹较多，根系发达，侧根扩展面大，适应风力大、沙暴多和干旱天气的不良环境，抗病能力较强等特点。保存资源150余份。主要品种有'和田白桑''白桑1号''白桑2号''白桑3号''白桑4号''白桑5号''白桑6号''吐白1号''吐白2号''阿克苏1号''阿克苏2号''阿克苏3号'等。

（8）东北辽桑类型

本区域在我国东北部，是寒温带的半湿润或半干燥气候。辽桑类型多属于中生中熟桑，具有发条数多，枝条细长且弹性好，抗积雪压力能力强，硬化早，根系发达入土层深，抗寒性强等特点。主要品种有'辽桑''凤桑''熊岳桑''吉湖4号''吉陶''吉九''吉延''延边秋雨'等。

上述不同生态类型的桑树品种以其遗传多样性分布在我国不同生态区域，成为各地区生态治理可利用的优良资源。桑树还有一些特殊类型的品种，如四川的川桑、新疆药桑等，在科学研究上具有重要价值。

2. 我国的桑树主要育成品种

我国各主要蚕桑生产区共育成桑树品种约47个，其中18个品种通过全国农作物品种审定委员会审定，17个品种通过省级农作物品种审定，6个品种通过协作区品种审定。目前，推广使用的品种约32个。自2001年起，全国桑树品种审定工作中止，仅安徽、广东、浙江、重庆等部分省份开展了省级品种审定，对于桑树新品种的育成与推广应用都产生了一定的影响（黄先智等，2017）。

（1）'粤桑51号'

是以二倍体广东桑'优选02'与四倍体广东桑'A03-112'为亲本，通过多倍体诱导与杂交育种技术相结合的方法选育而出的新品种。该品种在桑叶产量、品质及抗逆性等方面均优于我国目前大面积推广种植的'塘10×伦109'。'粤桑51号'主要通过播种繁殖，适宜在长江以南地区种植。

（2）'嘉陵16号'

西南农业大学蚕桑丝绸学院选育，1992年四川省审定，1997年重庆市审定。早生中熟三倍体桑品种，发芽早，生长势旺，枝条直立匀正，产叶量高，叶质优，抗旱性及抗桑黑枯型细菌病性较强。适于西南、西北蚕区和长江流域栽培推广。

（3）'黄鲁选'

河北省农林科学院特产蚕桑所选育。中生中熟桑品种，长势旺，发条数多，枝条，叶片厚，产叶量高，叶质优，抗寒性强，已在北方蚕区栽培，综合经济性状优良，适于黄河流域栽培推广。

（4）'7946号'

山东省蚕业所选育，中生中熟桑品种，发芽率高，发条性强，生长快，产叶量高，叶质较优。抗寒、抗旱、抗风力强，已在北方蚕区栽培，综合经济性状优良，可在黄河流域栽培推广。

（5）'粤桑2号'

广东省农业科学院蚕业所选育。为早生早熟桑树杂交组合。具有发芽早、生长整齐、发条数多等优点，叶片多且大，叶色深绿，叶肉厚，叶产量高，叶质优良，抗性好，已在"两湖""两广"地区栽培，适于珠江、长江流域推广。

（6）'农桑12号'和'农桑14号'

'农桑12号'和'农桑14号'是浙江省农业科学院蚕桑研究所通过有性杂交育成的新品种，并于2000年通过全国审定。两个新桑品种在杭州、湖州、嘉兴、余杭、绍兴、衢县等地进行品比试验，每公顷桑叶产量分别为38.775t和38.48t，比对照种'荷叶白'增产39.26%和44.01%，茧层量'农桑12号'比'荷叶白'提高12.84%，'农桑14号'提高12.70%。

四、苗木培育

1. 播种育苗

选择优良品种的紫色成熟桑椹，搓去果肉，洗净种子之后，可立即播种，也可等待来年再播种。桑树种子的播种时间较多，春、夏、秋三季均可播种。如果当年不播种，可将种子沙藏。播种之前，将种子放在50℃水中浸泡2h，然后用常温水浸泡12h，再将种子放入湿沙中进行催芽，保持沙土湿润，待90%左右的种子露白后即可播种。播种后要进行覆土，并浇足水。播种之后1周陆续开始出苗，2周可出齐。出齐之后可去掉弱苗，保留壮苗，最后按照株距15cm左右定苗。如果有未出苗的区域，需要及时补种或者移栽其

四川省宁南县桑林（贾黎明摄）

区域的壮苗。苗期注意及时浇水，保持土壤湿润，否则幼苗容易死亡。一般基肥施加充足后，苗期不需要进行追肥，但需要预防虫害，如果发现害虫，需要及时合理选择农药进行防治。

2. 嫁接育苗

桑树的嫁接方法很多，常用的以袋接、芽接为主，也可带根扦插和套接。

袋接 在春季树液开始流动时，用袋接法嫁接桑苗成活率高，苗木质量好，是目前桑树无性繁殖中普遍采用的方法。首先要削好接穗，要求一个穗头四刀削成：第一刀在芽的反面下方1cm处起刀，削成3~4cm马耳形斜面；第二刀将削面过长部分削去；第三和第四刀顺削面左右向下斜削，使先端部分两面露青；紧后用桑剪在芽的上方约1cm处剪断，即成一个完成的接穗。要求削面平滑，先端三面露青，舌头宽窄适当，尖端皮层不可与木质部分离。其次是削砧木，用小锄头等工具扒开砧木根际周围的泥土，使根部露出，在根颈稍下方无侧根处，用桑剪剪成45°的斜面，接着插接穗。用手指捏开砧木剪口皮层，使木质部与皮层分离成口袋状，再将接穗头斜面向外，慢慢插入，直至插紧。不可用力过猛以防插破皮层。接穗插好后随即用干湿适当的细土，两手相向壅紧嫁接部位，然后用细土壅没穗头1cm左右。室内袋接时要做好嫁接体的贮藏工作。

芽接 通常采用"T"形芽接（嫁接速度快，成活率高，春夏季都能进行）。当接芽吐绿时及时松绑，芽接未成活的苗木还可进行袋接。

五、林木培育

1. 立地选择

1年多次采叶养蚕，需消耗大量的水肥。种桑宜掌握先近后远、先肥后瘦的原则。桑树适应性强，在任何土地上均可种植。种桑地宜选择pH 4.5~9.0，含盐0.2%以下，水源充足，土层深厚，有机质丰富的地块为好。有条件的地方，要适当集中连片种植，方便管理，尽可能不与其他作物插花种植，以免因其他作物撒（喷）施农药引起蚕中毒。

2. 桑树栽植

栽植形式 桑树栽植可采用宽行距、密株距或宽窄行的栽植。

栽植密度 要根据养成的树形而定。一般采用0.8m的低干树形，行距×株距为2.00m×0.33m，800株/亩；1m的中低干树形，行距×株距为2.0m×0.5m，600株/亩。

栽植时期 桑树栽植时间以冬植、春植为主。冬植在"小寒"至"大寒"期间，休眠时进行。为了使桑树速生早成园和持续高产，栽植前要平整好土地，开好排水沟，深翻土层，施足基肥，基肥以土杂有机肥为主。施土杂肥5000~10000kg/亩。

3. 桑园管理

桑园施肥 施肥量应根据地力、品种、树生长期以及优质桑叶采收量等情况来决定。一般每采摘50kg桑叶，需消耗1kg氮、0.375kg磷和0.565kg钾。考虑施于土壤肥料的利用率，氮肥只有60%、磷肥20%、钾肥35%。桑田施肥以氮肥为主，磷、钾配合，其比例大体上以6：3：4为宜。冬施基肥。冬季水少，气温低，桑树进入休眠，宜在桑园进行土壤翻耕晒白。于12月上中旬开沟施入有机质肥料，可增加土温和养分，为桑树越冬创造良好的条件并为下年增产桑叶奠定基础。重施春芽肥。春季桑树发芽、新梢长7~10cm，应及时重施速效肥。施硫酸铵（标准氮肥）25~40kg/亩或适量的人畜粪肥。夏秋追肥，造桑造肥。桑树追肥要根据养蚕生产的需要，实行分批采叶，分批追肥。一般施肥后15天才可采桑养蚕。

桑园除草 桑园除草主要结合中耕松土进行，也可使用化学除草。

桑园的灌溉与排水 桑树是既需水又怕水的作物，遇旱应及时灌水或淋水；遇涝桑园，易积水烂根，应及时排水。

剪枝与收获 采收方法。头造当枝条长至90cm时打顶，采叶桑。从第二造开始至第六造均采枝桑，每造生长期40~45天。

树形养成技术 树形养成是根据桑树的生理机能、品种特性、栽植密度、环境条件等方面情况，采取合理的技术措施，培养成良好的丰产树形，达到树形整齐、树势健旺、充分利用空间、增产桑叶、提高叶质的目的。低干树形养成法：①第一年培养主干。在离地5cm左右剪定树干，发芽后，新梢长到10~15cm时进行疏芽，选留一个健壮的新梢任其生长培养主干，秋季不采叶，晚秋适量采摘基部叶喂蚕。②第二年定干。春季树液流动之前，离地面20~25cm处剪定主干，发芽后在上部选留位置适当的2~3个健壮芽任其生长，其余疏去，培养成2~3根健壮枝条，秋季适量采叶喂蚕，梢端必须留8~9片叶。③第三年培养枝干。春季树液流动之前，离地面35~40cm处剪定（各枝条剪伐的高度应尽量在同一个水平面），养成第一枝干。发芽后每个枝干上选留2~3个新梢任其生长，培养成6~9根健壮枝条，秋季适量采。④第四年春季进行出杈管理，每棵树剪伐4~5根枝条，栽植密度大的桑园应少出，密度小的应多出。其余枝条用于春季养蚕，以后每年可以按照出杈法进行管理。如果植桑的苗木是壮苗、大苗，也可当年定干，进行树形养成，这样就缩短了养成树形的时间。

六、主要有害生物防治

1. 桑青枯病

桑青枯病被群众称之为"桑瘟"，是由青枯假单胞杆菌（*Pseudomonas solanacearum*）引起的维管束病害。得病后表现：一种是叶片最初失去光泽，随后凋萎，呈青枯状；另一种是植株上中部叶片的叶尖、叶缘先失水分，然后变褐色干枯，并逐渐扩展至全株。防治方法：一是选择未种过桑的土地种桑；二是选择抗桑青枯病力强的桑树品种；三是注意合理采伐，避免过度采伐而影响桑树生长，同时合理施用肥料，增强桑树抵抗力；四是对重病地进行轮作。

2. 桑白粉病

该病原为子囊菌纲白粉菌目白粉菌科球针壳属的真菌*Phyllactinia corylea*。防治方法：可用25%粉锈宁1000倍、70%托布津1000倍液喷洒。

3. 桑赤锈病

该病原是担子菌纲锈菌目不完全锈菌科春孢锈属的真菌*Aecidium mori*。防治方法：可用20%萎锈灵乳油300倍液、25%粉锈宁1000倍液喷洒。

4. 桑紫纹羽病

该病原为桑卷担子菌（*Helicobasidium mompa*），属担子菌亚门真菌。菌丝有两种：一种是营养菌丝，侵入皮层；另一种是生殖菌丝，寄附于根表面。该病每年3~5月发生。受害桑树芽、叶呈凋萎，甚至芽叶不展，枝梢枯死。桑根部被害后，失去光泽，变成黄褐色，渐变黑褐色，表面形成绵丝状紫色菌丝束，最后并生有紫红色的菌核。防治方法：发病后的死株要全株拔起烧毁，严防再重复传染其他植株，尤其忌用被桑紫纹羽病菌污染了的水源灌溉桑园。病地用0.4%的福尔马林液或0.1%铜氨液，也可用含有效氯0.2%的漂白粉液进行消毒。

5. 桑瘿蚊（*Contarinia* sp.）

桑瘿蚊每年1~4月下旬危害桑树嫩芽。雌虫多产卵于托叶与开叶之间的皱褶处，幼虫吸食嫩芽汁液，造成芽、叶畸形，蜷缩成"勾头"状，桑芽枯萎，树势矮小，侧枝丛生影响产量。防治方法：首先进行冬耕晒白，减少越冬虫口密度。化学防治可用80%敌敌畏乳油兑水1000倍喷杀，喷药15天后才能采桑叶。

6. 桑粉虱（*Bemisia myricae*）

桑粉虱每年5~6月发生最盛，尤其低洼、密植的桑园受害严重。成虫群集产卵于新梢，初期呈斑点，后卷缩枯萎。幼虫分泌甜汁污染桑叶，使桑叶发生煤烟病。防治方法：应抓好冬季清园，清除落叶，消灭越冬蛹。发生初期喷80%敌敌畏1000倍液，喷药15天后才能采桑叶。

7. 桑蓟马（*Pseudcden drothrips*）

桑蓟马若虫和成虫以锉吸式口器刺破桑叶吸取汁液，被害叶片形成无数凹陷点，以后变成褐色硬化，严重时叶片卷曲。桑蓟马可用80%敌敌畏2000倍液防治，喷药15天后才能采桑叶。

七、综合利用

1. 食品、医药品

蚕和桑各部分是常用的中药材，桑叶、桑椹和蚕蛹也是常用的食品，利用现代科学技术对蚕桑的成分进行测定分析，研究抽提有效成分，研制不同类型的保健食品和医药品。

2. 工业原料

桑枝可用于生产优质纸张和环保型食品包装材料。蚕蛹油用于化工业，可生产多种日用品。中国核动力研究院将蚕蛹通过脱脂、提炼、溶解、辐射共辊、喷丝等多道工序，从蚕蛹中提取长丝纤维蛋白获得成功，可使我国年产30万t蚕蛹变成10万t蛋白纤维。这种纤维具有蚕丝的性能，实现了天然纤维化学化、化学纤维的天然化。

3. 饲料

鲜桑叶是牛、马、兔、羊等禽畜、鱼和野生动物优质的饲料。干桑叶的蛋白质含量高达25%左右，干蚕蛹的蛋白质含量为45%以上，分别列为植物性高蛋白饲料和动物性高蛋白饲料，常作为禽畜和鱼的饲料蛋白源。

4. 在农业生态系统中的应用

广东珠江三角洲蚕区素有桑、蚕、鱼复合经营的习惯，广东昔日的桑基鱼塘，以桑基种桑、桑叶养蚕、蚕粪喂鱼、鱼粪肥塘泥、塘泥种桑，构成一种良好的生物链，引起联合国粮农组织的重视，并在顺德设立了生态农业站（廖森泰和肖更生，2006）。

桑树产业是生态产业，应充分利用桑树抗逆性、适应性强的特性，积极发挥桑树在生态治理方面的作用，在北方干旱、半干旱地区、西南石漠化地区等生态脆弱区，规模化种植生态桑，并实现生态桑的经济利用，使传统桑产业融入生态治理的国家重大需求中，使传统蚕桑产业转型成生态富民产业。

（彭方仁）

201 榕树

别　名｜细叶榕、万年青、榕树须
学　名｜*Ficus microcarpa* L. f.
科　属｜桑科（Moraceae）榕属（*Ficus* L.）

　　榕树分布广，适应性强，广泛生长于我国热带和亚热带地区不同立地类型的生境。因其具有生长快、枝叶浓密、叶色常年浓绿、根系发达、繁殖容易、移栽易成活、寿命长、抗大气污染性能强、耐修剪、萌蘖性强等特性，常用作绿化、营造防护林、制作盆景树种。在热带雨林中，榕树庞大的根系和枝系为许多动植物提供生息繁衍的场所，常年大量的结果为许多动物提供食物，是热带雨林生态系统的关键树种之一。榕树木材可作低档家具材、纤维原料；枝叶、花果、树皮、乳汁、气根均可入药。榕树在我国用途广、栽培区域广、栽培历史悠久，形成地带性的榕树景观和榕树文化。随着我国对生态公益林建设的重视，着力打造绿水青山的美好环境，进一步提高榕树的培育和利用技术，有着重要意义。

一、分布

　　我国主要分布于热带及亚热带地区的大部，东起台湾，西至云南，南起海南、广东、广西，北至贵州、福建、江西南部、浙江南部的温州。常生长于海拔1900m以下的常绿阔叶林中或旷地。国外分布于斯里兰卡，印度，缅甸，泰国，越南，马来西亚，菲律宾，日本（九州），巴布亚新几内亚和澳大利亚北部、东部直至加罗林群岛。适合我国东南部、南部、西南部栽植。

二、生物学和生态学特性

　　常绿大乔木，高达25m，胸径达数米，树冠广展，具气根和气生根。树皮深灰色。叶互生全缘，革质而带肉质，椭圆形、卵状椭圆形或倒卵形，长4～8cm，宽3～4cm，先端钝尖，基部楔形，表面深绿色。雄花、雌花、瘿花同生于隐头花序中，依靠榕小蜂进行异花传粉。隐花果近球形，径0.8～1.0cm，生于叶腋，成熟时黄或紫红色；花果期几乎全年。果熟盛期为10～11月。

　　喜温暖多雨气候，适生区年积温6500℃以上，年平均气温17℃以上，无霜期270天以上，

年降水量1400mm以上。在雨量充沛的热带雨林区及南亚热带沿海地区，生长旺盛，年枝生长量达0.8～1.0m，四季挂花果，结果量多；根茎相连，古树常形成独树成林的奇观。广东新会天马河畔的一株近400年的大榕树树冠水平投影面积达1万m²多，是我国十大名树之一；贵州从江县下江镇关帝庙前一株古榕树树龄1000多年。在干湿季明显、四季分明地区，干冷季停止生长，年枝生长量0.4～0.5m。不耐寒冷。据调查，当最低温0℃以下连续28天，极端低温-4.5℃，榕树全株冻死（朱艳，2010）。耐湿不耐干旱，生于水边的榕树长期不会烂根，水淹至树干基部1个月内还能正常生长。在长期干旱的立地上生长不良，叶片干枯变小，无气根。喜光，耐半阴，在荫蔽处生长不良，易发生煤污病、叶斑病和根腐病，且枝叶稀少。喜疏松肥沃的微酸性土，微碱性土也能生长，中度碱土上则生长不良、叶片黄化。耐瘠薄，在沙土中也能生长。抗大气污染性能强，种植于污染较重的地区也能正常生长。

三、良种选育

　　由浙江省亚热带作物研究所郑坚等人及台州

大叶榕独木成林（云南瑞丽）（贾黎明摄）

市林业局林雪锋等人选育出无柄小叶榕抗寒新品种'亚榕1号'（郑坚等，2016）。无柄小叶榕是榕树的一个新拟种无柄雅榕（*Ficus concinna* var. *subsessilis*）的别名（华南植物研究所，1987）。

1. 良种选育方法

2005年5～7月，采集福建福州、浙江瓯海和永嘉等地古榕树种子育苗，分别获得各家系1058株、1120株、1339株。2006年3月移植于浙江瑞安云飞试验场。2006—2007年经过抗寒性筛选，初步选出长势健壮、株形好的16株。2008—2009年进一步筛选，发现其中RSYJ-005适应性好，抗寒性极强。2009—2011年取枝条扦插繁殖，在浙江亚热带作物研究所生态林木种苗培育基地扩大种植。2011—2013年分别在浙江瑞安、温岭和龙湾及金华兰溪进行区域试验，优良性状稳定，即定名为'亚榕1号'。2015年12月通过浙江省林木品种审定委员会审定。

2. 良种特点及适用地区

'亚榕1号'是从浙江永嘉一无柄小叶榕古树种子繁育的实生群体中选育出的新品种，较为速生，适应性广，耐低温性突出，半致死温度为-7.16℃，较耐盐碱、干旱、水湿。定植3年平均株高2.16m，平均地径3.39cm。适宜浙江温州全市及台州温岭等地海拔200m以下，年平均气温度15℃以上，绝对最低气温≥-3℃，盐度不超过0.3%的区域种植。

四、苗木培育

常用繁殖方式有播种育苗繁殖和扦插育苗繁殖。

1. 播种育苗

采种 10～11月为适宜采种播种期。选择健壮、冠形好的母树，待果实自然成熟脱落及时从地上扫起，也可在树上采摘黄色或紫红色

的成熟果实。将果实捏碎，洗去果皮果肉，淘取种子，在阴凉通风处晾干（忌日晒失水），即可播种。种子宜随采随播，储存期不能超过1个月。出种率1.0%～1.5%，千粒重0.3g，发芽率50%～60%。

播种 因榕树幼芽苗极易感染病菌，发生病害而成片死亡，不能在熟地上播种，而要选择阳光充足，通风良好，地势略高，排水良好的生荒地作播种床。又因种子细小，自带营养甚少，播种床要精、细、平，基质要疏松、养分充足。用黄心土50%+腐熟农家肥10%+泥炭土20%+火烧土10%+河沙10%，混合均匀作基质，做成高20cm、宽度100cm的播种床，刮平床面后，浇透水，把多菌灵粉剂按3g/m²均匀撒在床面上，再铺一层2cm厚经高温杀菌消毒的腐殖质土。以1份种子比5份过筛草木灰的比例将二者均匀混合，撒播于种床面，播种量为1.2g/m²，不再覆土。种床四周要撒灭蚂蚁药。每天用喷雾器喷水1～2次，保持湿润即可，不可过干过湿。因幼苗十分纤细娇嫩，暴晒或连续雨淋易死亡，要搭建遮光度50%的遮阴挡雨棚，并保持通风透气。约10天发芽，待幼苗长出4～6片真叶，便可移至容器中，进行容器育苗。

2. 扦插育苗

大量育苗宜用1～2年生小枝扦插，快速培育大苗宜用几年生大枝干扦插。春、夏、秋三季均可扦插。露地扦插宜选择排水良好的生荒地，除杂后筑床扦插。大棚内扦插要去除旧基质重新铺设新基质。扦插床基质用河沙70%+泥炭土30%均匀混合，床高20cm，宽100cm；大枝干扦插床高60cm。扦插前一天用0.5%高锰酸钾溶液对扦插床消毒。

插条制备 在健壮母树上采集。小枝截成长15～20cm的插条，大枝干宜选择粗4～8cm的枝条，截成1.8～2.0m的插条，保留顶端枝叶，剪除中部以下枝叶。用1000mg/kg吲哚丁酸粉剂或水剂速蘸插条基部，或用200mg/L的吲哚丁酸水溶剂浸泡3h进行促根（黄永芳等，2013）。在枝干的上端切口要涂上油漆或封蜡，以防腐烂。

扦插 小枝按20cm×30cm株行距，插入深度为插条长的1/2～2/3。大枝干按60cm×80cm株行距，直立插入，深度为30～50cm，压实并浇透水。

苗期管理 扦插后的当天浇透水后，要向扦插床面和插条喷洒1次70%代森锰锌600倍液，并每隔7天喷1次，以预防病害发生。露天扦插要拱起50%的遮阳网。在晴天，棚内棚外扦插都要早上和下午各喷1次水。插后1个月开始追肥。喷施浓度为0.1%～0.2%尿素或磷酸二氢钾的水稀释液，每7～10天喷1次。插后约20天生根成活。要除去多余萌芽。小枝扦插仅保留1条健壮通直的萌条。大枝干扦插的应使其各方向枝条分布均匀，仅选留3～5条健壮萌条。成活的扦插苗可移至大田种植，或移至容器中培育。

3. 容器苗培育

基质制备 用黄心土70%+腐殖质土30%混合均匀后装入高15cm、直径8cm的柱形育苗袋中，每畦宽以摆15袋为宜。

移植 待播种床苗长出4～6片真叶，高约4cm时，便可移植至育苗袋中进行培育。移后淋透水，拱起50%的遮光网遮阴15天。

管理 晴天每天浇水一次。移植15天后开始追肥，淋洒0.5%的氮磷钾复合肥水溶液，施肥后立即用清水洒一遍，以防肥料伤害叶片。每隔10～15天施肥一次。待苗长至高15cm以上，施肥浓度可增至1%，每隔30天施一次。交替施复合肥、磷酸二氢钾。待苗高30cm左右，畦内各袋苗要按高矮次序重新摆放，以防强弱过度分化。

五、林木培育

1. 生态林培育

（1）立地选择

榕树是热带、亚热带地区的水土保持林、水源涵养林、风景林、环境保护林的主要造林树种。立地选择按各林种选择相应的立地。总的原则是选择低山的山腰以下、丘陵、台地及平地、河沟边地。土壤以疏松肥沃、湿润的微酸性土为佳。以阳坡为佳。水土保持林的主要造林地是需要防雨水冲蚀的山坡面、沟渠及道路两旁、梯田地坎、池塘水库四周。水源涵养林的主要造林地是河川上游的水源地区。风景林的主要造林地是风景名胜区、森林公园、度假区。环境保护林的主要造林地是城市及城郊接合部、工矿企业内、居民区及村镇的绿化区。

（2）整地

水土保持林采用鱼鳞状坑、水平沟、竹节沟或反坡梯田式整地。水源涵养林、风景林和环境保护林采用穴状或带状整地。株行距：更新造林型密植2.0m×2.5m，改造型2m×4m，补植型3m×4m。每穴放基肥1kg林木专用肥+0.15kg复合肥+0.25kg磷肥，与回土混匀。

（3）造林

营造水土保持林和水源涵养林，榕树宜以块状混交方式与其他树种混交。栽植榕树的块状面积宜在1亩内。在营造风景林中，榕树宜作中景林和远景林树种，形成绿色大背景，可纯林或与其他常绿乔木块状或带状混交。榕树又常用于近景（如公园草地、旷地）的孤植，形成独木成林的景观。作庇荫树，供人围坐休息。在营造环境保护林中，视地形地势而定种植密度。在污染较重的工矿企业区内可纯林多排密植。用作行道树则单排疏植，株距3～4m。在雨季进行造林，选用40～80cm高的容器苗，去除袋后保持土球完好栽植于穴中，回土压实。

（4）抚育

按各生态公益林种抚育管理技术规程进行抚育管理。

2. 园林绿化大苗培育

选1年生小苗，移植至交通方便、土层深厚肥沃、中性至微酸性土壤、阳光充足的大田培育。每年要施肥、除杂草、防治病虫害、修枝整形。待长至胸径5～15cm，要挖起，再培育假植大苗。挖起时间以冬季休眠期为宜，即12月至翌年2月间。以树干为中心，圆球形挖掘。土球直径一般是胸径的6～8倍（表1）。起苗前3～5天，先环状断侧根，起苗当天断主根。挖起移植到大容器中培育（大容器可用砖块或用混凝土预制或

用园林专用塑胶大盆框）。假植苗大苗用于园林绿化种植，种植时间以早春为宜，避免盛夏或严冬移植。在不适宜季节移植，可喷施抑制水分蒸发剂。运输中要用绳索或遮阳网将大苗土球包严扎实，避免土球松散。用植穴法栽植，穴宽为土球直径增加60～80cm，深增加20～30cm。每穴施腐熟有机肥2kg。对植入穴中土球分层回土压实，淋足定根水，用支柱撑稳树体。移植后，要追肥复壮，每次每株施复合肥0.25kg。施肥次数视树长势而定。

表1 园林绿化大苗出圃要求

胸径 （cm）	株高（m）	冠幅（m）	土球直径 （cm）
5～6	≥3.0	≥1.1	≥35
7～8	≥3.0	≥1.5	≥40
9～10	≥3.5	≥2.0	≥45
11～12	≥4.0	≥2.0	≥55
13～15	≥4.5	≥2.5	≥60

对园林绿化榕树的抚育管理的重点是修枝整形。适度修枝整形能减少病虫害，降低风害程度。因榕树为浅根系，加之树冠庞大，在沿海地区常遭强台风连根拔起。厦门市、海口市等地对高大榕树进行修枝，适度缩小树冠、降低树高，取得减少榕树风害的效果。

六、主要有害生物防治

1. 榕树煤污病（*Meliola mitricha*）

病原菌是子囊菌亚门座囊菌目煤炱属。病原菌以菌丝体孢子形式在病枝叶上越冬，成为次年的初次侵染源。翌年孢子通过气流、风雨及蚜虫、粉虱、蚧壳虫传播，并以这些害虫的分泌物为营养源继续发育繁殖。每年3～6月及9～11月为发病盛期，主要危害叶片、嫩枝。发病初期在叶面和嫩梢表面形成圆形黑色小霉斑，后渐扩大连片，使整个叶面和嫩梢表面形成一层黑色煤状覆盖，致使叶片失绿，影响光合作用，植株

生长衰弱，提早落叶。修枝和在秋季清除落叶并烧毁，可减少来年侵染病源。一旦出现蚜虫、介壳虫、粉虱等害虫，要及时喷洒吡虫啉等药剂杀虫。初起病时要及时剪除病叶并及时烧毁。在发病盛期，喷洒甲基托布津等杀菌药防治。隔10天喷1次，共喷3～4次。

2. 榕树炭疽病（*Colletorichum gloeosporioides*）

病原菌是半知菌亚门腔孢纲黑盘孢目炭疽菌属的胶孢炭疽菌。主要危害叶片。受害叶片初生褐色不规则形至近椭圆形的病斑，后病斑长出许多褐黑色小霉点，受害严重的叶片在病斑处卷缩。苗圃中小苗比大树发病重，盆栽榕树发病最严重。病菌在病叶和病落叶中越冬，借风雨传播。叶面浇水过多、栽植密度大、通风透光不良均加重该病发生。改变浇水方式，把喷灌改为滴灌，把从叶面淋洒改为从根部缓慢淋入，控制湿度；增大株行距，增加通风透光；采取轮作和间作方式，少施氮肥，以施复合肥及腐熟有机肥为主，均能有效减轻此病害发生。在发病初期要及时剪除病叶并烧毁，并经常性清除落叶。在春夏多雨季发病盛期，喷洒杀炭疽菌药剂，隔10天喷1次，共喷3～4次。

3. 榕树灰白蚕蛾（*Ocinar avarians*）

以蛹越冬，广州1月底至2月初可见羽化成虫。初龄幼虫在叶片上食叶肉组织，大龄幼虫沿叶缘取食，造成叶残缺不全，严重时整株叶被吃光。4～10月为危害期。在幼虫初孵化期用高孢子生物制剂杀螟杆菌喷洒，或在幼虫孵化盛期用敌敌畏等杀虫剂喷洒防治。

4. 榕透翅毒蛾（*Perina nuda*）

1年发生5～6代，以5、6代大龄幼虫在叶片上越冬。3月底化蛹，4月上旬羽化成虫。幼虫取食叶片，致叶片残缺不全。害虫以丝吊下，人体接触引起皮炎，俗称毒毛虫，危害大。危害盛期为5～10月，应在此期间喷洒敌敌畏等杀虫剂防治。

5. 榕管蓟马（*Gynaikothrips ficorum*）

在南方1年发生8～9代，1月出现第一代，11月初出现第九代，并进入越冬期，卵多产于饺子状虫瘿内，也有的产于树皮缝内。成虫、若虫锉吸榕树嫩叶，形成紫红色或褐色斑点，并引导叶片向内折叠成饺子状的虫瘿，数十至上百头虫在瘿内吸食，造成树势生长衰弱，是危害最严重而又最普遍的榕树虫害。及时剪除出现虫瘿的枝叶并烧毁。经常发生榕管蓟马危害的地区，要在未形成虫瘿之前喷洒氧化乐果等杀虫剂。该虫害盛行后难防治，以预防为主。注意保护小花蝽、横纹蓟马、华野姬猎蝽等天敌。

七、综合利用

木材淡红褐色，纹理不匀，气干密度0.591g/cm³，平均干缩率体积0.425%，弦向0.259%，径向0.148%，差异干缩1.75，湿胀率体积11.4%，弦向7.1%，径向3.6%（广东省林业局广东木材利用调查研究组，1975）。材质韧润，防火性能好，撞击声音轻，是作座椅扶手、楼梯板的上等材料，也可作砧板、纤维原料、包装箱材、低档家具材、木屐（成俊卿，1985）。

用于园林绿化的遮阴树、行道树、园景造型、室内外盆景。常用作绿化树种、水土保持林树种、水源涵养林树种、环境保护林树种、风景林树种。

气根苦、涩、平，风清热，活血解毒，用于感冒、顿咳、麻疹不透、乳蛾、跌打损伤。叶淡、凉，清热利湿，活血散瘀，用于咳嗽、痢疾、泄泻。树皮用于泄泻、疥癣、痔疮。果实用于臁疮。树胶汁用于目翳、目赤、瘰疬、牛皮癣。

（胡彩颜，吴仲民）

附：黄葛树 [*Ficus virens* Ait. var. *sublanceolata* (Miq.) Corner]

别名：大叶榕、万年阴、雀榕、黄葛榕、黄桷树。我国主要分布华南和西南地区，南起海南、广东、广西、云南、贵州，北至重庆、四川、湖北、陕西西南部。常生于海拔

广东省广州市广汕一路黄葛树行道树（胡彩颜摄）

400～2700m，为中国西南部常见树种。斯里兰卡、印度（包括安达曼群岛）、不丹、缅甸、泰国、越南、马来西亚、印度尼西亚、菲律宾、巴布亚新几内亚至所罗门群岛和澳大利亚北部均有分布。木材红褐色，纹理美而粗，气干密度0.559g/cm³，平均干缩率体积0.306%，弦向0.169%，径向0.103%，差异干缩1.65，湿胀率体积8.6%，弦向4.8%，径向2.5%（广东省林业局广东木材利用调查研究组，1975）。可作低档家具、纤维原料、包装箱材、砧板、木屐；茎皮纤维可代麻编绳。根、叶入药，有祛风活血、接骨的功效，治风湿、骨折、半身不遂。又是紫胶虫的优良寄主。嫩托叶可作蔬菜食用。是优良绿化树种，是水土保持林、水源涵养林、风景林、环境保护林等主要造林树种。

高大落叶或半落叶乔木，树高可达26m，胸径可达5m。根系发达，裸露于地表的根蜿蜒交错，延伸达十米外。叶互生全缘，纸质，长椭圆形或近披针形，长8～16cm，宽4～7cm，先端短渐尖，基部钝或圆开。隐花果球形，果径0.5～0.8cm，熟时紫红色，花果期5～8月。

喜高温湿润气候，适生年极端最低平均气温-3℃～9℃以上，年降水量1000mm以上，能耐短期低温-3℃，不耐长期低温霜冻。1975年12月至1976年1月，重庆2次寒潮霜冻，连续30多小时最低气温-2.6℃，中小苗严重受冻害（吴永富等，2014）。能耐湿耐高温，喜疏松肥沃微酸性土及钙质土，但对土壤适应性广，干旱瘠薄的沙石土也能生长。抗风、抗大气污染。寿命长，可达800多年。季相变化多姿，早春气温回暖至最低温度10℃以上时，满树枝条长出新芽，随着气温逐日上升，长出黄绿色嫩叶，大量淡红色苞叶状托叶从树上落下，呈现"落英缤纷"的景象。夏天叶变青绿，此阶段为生长旺盛期。9月下旬，叶逐渐转为黄绿色，12月至翌年1月落叶；在秋冬季气温5～10℃时，基本停止生长。一般年枝生长量0.6～0.8m，水肥条件好的地方可达1.2m。

苗木培育、林木培育参照细叶榕。不同之处是：采种期5～8月，因是强喜光树种，立地选择以阳光充足的开阔地及疏松肥沃湿润的微酸性土或钙质土为宜。

附：高山榕（*Ficus altissima* Bl.）

别名：马榕、鸡榕、大青树、大叶榕。我国主要分布于海南、广东、广西、云南（南部至中部、西北部）、四川南部等地；尼泊尔、不丹、印度、缅甸、越南、泰国、马来西亚、印度尼西亚、菲律宾也有分布。常生于常绿阔叶林及热带季雨林、热带雨林的山地林中或林缘。叶大浓荫，树姿丰满壮观，具气根和气生根，形成独树成林的奇景。生长快，寿命长，易栽植，耐修剪，耐干旱瘠薄，抗大气污染性能强，是该地区重要的绿化树种。是风景林、水土保持林、水源涵养林、环境保护林的主要造林树种。又是优良紫胶虫寄主。叶和气根可入药。在西双版纳地区被各族人民作为崇拜的神树，成为傣族民族文化的特征之一。

常绿大乔木，树高达30m，胸径达几米。树皮灰褐色，叶厚革质，互生全缘，长10～20cm，宽4～12cm。隐花果卵球形，长约1.8cm，直径1.0～1.5cm。熟时黄色或红色。每年1～3次挂花果。花果期几乎全年，以5～7月为果熟盛期。

喜高温高湿气候，最适生年平均气温18℃以上、年平均降水量1100mm以上。水、热、肥条件好的地方，年枝生长量达0.8～1.2m。气温低于15℃则生长停滞，低于0℃有冻害。2013年12月，昆明市遭遇寒潮，极端低温−6℃，高山榕全株受冻害（张媛和李宗波，2016）。喜湿润肥沃的微酸性土，但耐干旱瘠薄，沙土也能生长。不耐低洼积水，涝害会出现叶黄、落叶现象。喜阳光充足，能耐半阴。抗大气污染性强，种植于污染区的高山榕能正常生长。

苗木培育、林木培育、主要病虫害防治参照细叶榕。不同之处是：本种不耐低洼积水，不宜

栽植于地下水位高或低洼积水的地方，株行距要增大至4m×5m。

附：九丁榕（*Ficus nervosa* Heyne ex Roth）

别名：大叶九重吹、凸脉榕。我国分布于热带、亚热带地区，东起台湾，西达云南，南起海南、广东、广西，北至四川、贵州、福建；国外

广东省肇庆市鼎湖山自然保护区沟谷雨林中的九丁榕优势树种（胡彩颜摄）

广东省肇庆市端州一路高山榕果枝（胡彩颜摄）

广东省广州市沿江路高山榕行道树（胡彩颜摄）

广东省肇庆市鼎湖山自然保护区九丁榕单株（胡彩颜摄）

分布于缅甸、斯里兰卡、越南、印度等国。垂直分布于海拔400～1600m，常生于中海拔的沟谷中。可作绿化树种和用于营造风景林、水土保持林、水源涵养林、环境保护林。可作用材林树种，单株木材材积量大，出材率高。木材较坚硬，纹理直且细致，可作家具和建筑用材。木材无异味，台湾居民用作制樟脑的蒸槽，在印度用作茶箱（华南植物研究所，1987），又可作食品炊具和包装箱盒材。叶、花可入药，有清热解毒功效。本种以野生居多，香港、广州、福州及重庆等地已把本种用于园林绿化，用作园景树和行道树，效果良好，值得推广种植。

常绿高大乔木，树体雄伟挺拔，冠大荫浓，主干通直圆满，板根硕大；叶互生全缘，椭圆形至长椭圆状披针形，长6～17cm，宽2～7cm，顶端短渐尖。叶背面的叶脉凸起明显。隐花果腋生，球形，直径1.0～1.2cm，熟时鲜红色。花期5～6月，果熟期8～9月。

喜光又耐阴，喜温暖潮湿气候，喜疏松肥沃的土壤。水和肥是决定其生长优劣的重要因子。在广东肇庆鼎湖山国家级自然保护区内，九丁榕主要分布在水肥条件较好的沟谷雨林内，是该植被群落的优势树种（最粗大的单株分布于谷底，高度超过30m，胸径近1m）。耐寒性与黄葛榕相当，能耐短期极端低温-3℃，但不耐长期寒冷霜冻。

苗木培育、林木培育、主要病虫害防治参照细叶榕，不同之处是：以播种育苗为主；立地选择以山谷、山脚、河沟边地为佳。

附：菩提树（*Ficus religiosa* L.）

别名：菩提榕、思维树。原产印度、巴基斯坦等国，从巴基斯坦拉瓦尔品第至不丹均有野生分布。承载着浓厚的宗教文化色彩，在印度被视为神树。引入我国已有1000多年历史，在中国海南、广东、广西、福建南部、云南北至景东，海拔400～630m多有栽培。抗大气污染性能强。木材纹理交错，可作砧板、包装箱板、纤维板材。常用作绿化树种。可用于营造风景林、水土保持林、水源涵养林、环境保护林。乳汁、花可入药，枝叶可作牲畜饲料。

常绿或半落叶大乔木，树高可达30m，孤立古树胸径可达几米。树皮淡黄褐色，叶革质，三角状卵形，长9～17cm，宽8～12cm，全缘或叶缘微波浪状，表面深绿色，光亮，先端骤尖，顶部延伸为尾状尖，长2～5cm。隐花果球形至扁球形，直径1.0～1.5cm，成熟时为紫黑色。花期

广东省肇庆市鼎湖山自然保护区菩提树果枝（胡彩颜摄）

云南景谷菩提树（贾黎明摄）

5~8月，果熟期10~12月。

　　喜温暖湿润气候，适生区年平均气温21~23℃，年降水量1200mm以上，年平均相对湿度80%，稍耐寒，能耐短暂低温−2℃，不耐长时间霜冻。10℃以下生长停滞，25℃左右生长最快。生长快、寿命长、根系发达、侧枝多而广展、树形婆娑多姿。喜疏松肥沃的微酸性沙壤土，但对土壤要求不严，微酸性至微碱性土、钙质土都能生长，耐旱性强，但不耐低洼积水。喜阳光充足，不耐阴。在水、热、肥充足条件下，生长快。海南尖峰岭热带林业试验站的菩提树试验林，采用滴灌系统保障旱季水分供给，用高50cm、地径0.5cm的小苗造林。造林2年后，平均树高6m，平均胸径5cm。6年生优树高18m，胸径22cm（白嘉雨等，2011）。

　　苗木培育、林木培育、主要病虫害防治、综合利用参照细叶榕。不同之处是：立地选择要避开低洼积水之地。

（胡彩颜，吴仲民）

广东省广州市光孝寺树龄200余年的菩提树古树（胡彩颜摄）

波罗蜜

别　名｜木波罗、树菠萝、包蜜
学　名｜*Artocarpus heterophyllus* Lam.
科　属｜桑科（Moraceae）波罗蜜属（*Artocarpus* J.R.et G.Forst）

> 　　波罗蜜原产于热带亚洲，在热带潮湿地区广泛栽培，是一种重要的经济林树种，被誉为"热带水果皇后"；亦是城乡行道、庭院和四旁绿化树种之一；其心材（俗称菠萝格）木质坚硬，美观耐用，抗腐耐虫蛀，是制作精美高档家具、船舶和建筑的名贵料材（吴刚等，2013）。

一、分布

　　波罗蜜原产于印度及马来西亚等国家和地区，现主要在印度、马来西亚、中国、澳大利亚、菲律宾、肯尼亚、乌干达等热带国家和地区广泛栽培。我国早在1000多年前就引入了波罗蜜，目前在福建、广东、海南、广西、云南、台湾以及四川南部等均有栽培，尤以海南和广东种植最多。

二、生物学和生态学特性

　　常绿乔木。高10～20m，胸径可达30～50cm，老树常有板状根。树皮厚，黑褐色。叶革质，螺旋状排列，椭圆形或倒卵形，先端钝或渐尖，基部楔形。花雌雄同株，花序生于老茎或短枝上（俗称"老茎生花"现象），雄花序着生于枝端叶腋或短枝叶腋，圆柱形或棒状椭圆形。果实为聚花果，从椭圆形到圆柱形，或者不规则形，通常长度有30～40cm，最长可达90cm。其种子呈浅褐色，通常长度有2～3cm，直径1.0～1.5cm，可食用。主花期2～3月。

　　波罗蜜在温暖湿润的热带和南亚热带生长良好，在海拔1500m以下生长较好，但在低海拔地区生长最好，果实的质量更优。波罗蜜要求年降水量1500mm以上，但不能忍受持续高湿或水淹胁迫，在高湿条件下2～3天即会造成树势衰弱甚至整株死亡。

　　温度是决定波罗蜜产量、品质最重要的生态因子。波罗蜜正常生长要求年平均气温≥22℃，最冷月平均气温≥13℃，绝对最低气温>0℃，最适宜生长温度是年平均气温27～31℃。波罗蜜幼树在5℃以下、成年树在7℃以下易受寒害，低温阴雨会造成落花、落果。

　　波罗蜜属喜光树种，抗风性较强，台风过后，即使大枝条受损，仍可恢复生长。一般要求土层

波罗蜜果（海南澄迈）（戚春林）

深厚、富含有机质、排水良好的沙壤土或冲积土，不耐盐，土壤pH 6.0～7.5（高爱平等，2003）。

三、良种选育

波罗蜜的品种主要以"包"（膨大的花被筒）的性质进行分类，分为干包和湿包两大类。干包果肉较为硬实，脆甜可口，为大多数人喜爱；湿包果肉水分较多，浓甜黏滑。

目前，我国主要通过在实生群体中进行单株选优的方式，获得优良品种，商品化栽培的波罗蜜优良品种多从马来西亚引入，在海南引种成功。主要有以下良种。

'马来西亚1号' 原产于马来西亚，是海南栽培最多的高产品种，果实6～7月成熟。植株生长迅速，树体中等挺拔；果实长椭圆形，单果重18kg左右，果皮黄绿色；果苞金黄色，密致厚实细腻，味芳香浓烈，汁多，蜜甜脆口；熟果黏胶少，可食率近60%。

'茂果五号' 原产于广东省茂名、阳江等地，是广东栽培最多的地方品种，果实7～8月成熟。树干高而挺直；果实椭圆形或长椭圆形，单果重3～5kg，果皮薄，黄绿色；干苞，果苞金黄色，清甜，香味浓郁，干爽脆嫩，无渣可口，可食率67%～69%；熟果果胶极少或无胶。

'云热-206' 原产于云南省热区，果实7月中旬成熟。植株生长量中等；果实椭圆形，单果重2kg左右，果皮青绿色，果苞金黄色，清香味浓，果苞重比率70%以上。

'红肉波罗蜜' 原产于泰国，果实8～9月成熟。树体高大，长势强；果实长椭圆形，单果重10kg；干苞，肉厚有蜜汁，果苞橙红色，爽脆清甜；熟果黏胶少。

'海大1号' 原产于广东省雷州市，果实7月上旬至8月中旬成熟。植株长势强；果实近椭圆形，单果重2～3kg，果皮黄绿色；果肉金黄色，爽脆浓香，可食率达60%以上；熟果黏胶少。

四、苗木培育

目前苗木培育主要有实生育苗、嫁接育苗、高空压条育苗等方式，以嫁接育苗最为常见。

1. 实生育苗

果实成熟期为6～8月，从发育良好且形状端正的成熟果实中，选取饱满、圆润的种子，洗净，用沙床层积催芽，一周后即陆续发芽。待幼苗长出1～2片真叶即可移植或装袋培育。移苗时剪去主根下段，促进侧根生长，提高成活率。移植1个月后幼苗长至30cm高时即可出苗定植。

2. 嫁接育苗

用离地10cm处直径为0.8～1.0cm的实生苗为砧木，从良种母株上选取老熟、芽眼饱满的当年生枝条作为接穗，采用补片芽接法嫁接（陈广全等，2006）。嫁接时间有春接（3～4月）和秋接（9～10月），秋接成活率较高。嫁接后25天左右检查成活情况，若芽片成活则及时解绑，解绑后7～10天内剪断砧木苗（剪砧顶），并随时抹除砧木芽。当嫁接新芽长到3～5cm时移苗。嫁接苗30cm高、0.3～0.5cm粗时即可出苗定植。

3. 高空压条育苗

高空压条育苗宜在雨季进行。选择直径2～4cm的成年母树枝条，距分枝约30cm处环剥3～4cm宽，深达木质部。2～3天后，将椰糠或稻草混合泥土缠绕于去皮部位，做成球状泥团，用塑料薄膜包裹扎紧。1个月后长出新根，待新根长满基质，即可锯断，假植于苗圃或出苗定植。压条时在枝叶黄化后施用0.5%IBA，能促进生根。

五、林木培育

1. 建园

开垦、挖穴施基肥 平地或缓坡地，采用机耕深翻整地；丘陵地区，按等高线开垦宽度为1.5～2.5m的环山行或梯田，梯田面内倾3°～5°。种植密度225～330株/hm²，株距5～6m，行距6～7m。植穴规格长、宽、深各0.8～1m。定植前1～2个月回土，施加0.5kg石灰、50kg腐熟有机肥和0.5kg磷肥作基肥。

定植 一年四季均可定植，以春植和秋植最宜。春植在3月下旬到4月中旬，秋植在9月下旬到

波罗蜜林（海南澄迈）（戚春林摄）

10月中旬。选用苗高30cm左右的壮苗定植。定植时，树蔸面上盖草保湿，适当遮阴，定植后淋足定根水。

2. 管理措施

施肥管理 对幼龄树施肥，勤施薄施，以淋施最好。从枝梢萌芽前至萌发少量新梢，第一年每株施20g尿素促梢；在嫩梢长6cm至梢基部的新叶由淡绿变深绿时，施用20g复合肥和15g钾肥壮梢。以后施肥量逐年增加。结果树施肥，每年3次，第一次促花肥，在抽花穗前开条形沟施用，以复合肥为主，每株施1kg复合肥、0.5kg硫酸钾、5kg粪水；第二次壮果肥，在幼果期施用，以氮钾为主，目的是促进果实迅速膨大，每株施0.5kg尿素、0.5kg复合肥、0.5kg硫酸钾、5kg粪水；第三次采后肥，每年10月配合更新修剪进行，应重施有机肥，促进不定芽萌发，为更新树冠积蓄营养，每株施0.5kg尿素、1kg复合肥、0.5kg过磷酸钙、15kg畜禽粪。

水分管理 花期以及果实发育期需要充足的水分，干旱季节应增加灌溉，雨季时注意排水。

树体管理 采果后应及时剪除大枝或树干上的结果枝和雄花枝，但采果后及春季也要修剪。如果结果太多，当果实长到苹果般大的时候就要进行疏果，第一年每株留2个果，第二年留4个果，以后每年可多留2~3个果。

种植多年后不结果，可在树干或主枝上每隔30cm刻伤，可促花结果。要以刺伤皮层但以不伤木质部为基准，流出的乳汁不必擦去。

3. 适时采收

果实成熟期集中在6~8月，同一植株分期分批采收，以保证品质，增加产量，也利于树势恢复。当果皮六角形瘤状凸起圆凸、外形丰满、手触之果皮稍软、能嗅到芳香味时，即可采收。采下后熟2~3天就可食用（覃杰凤等，2012）。

六、主要有害生物防治

我国波罗蜜主要病害有炭疽病和花果软腐病等，主要虫害有榕八星天牛和黄翅绢野螟等。常见病虫害及防治方法如下。

1. 炭疽病（*Colletotrichum gloeosporioides*）

炭疽病是波罗蜜果实和幼树叶片的主要病害。波罗蜜炭疽病的病原菌为胶孢炭疽菌，其分生孢子需在雨水中释放和传播。果实受害后，呈现黑褐色圆形斑，其上长出灰白色霉层，引起果腐，导致果肉褐坏。苗期叶斑多发生于叶尖、叶缘，病斑近圆形或不规则形，呈褐色坏死，周围有明显黄晕圈，潮湿时病部有粉红色孢子堆。防治方法：加强栽培管理，加大有机肥和钾肥的施用，注意排灌；加强果园卫生，及时将病枝、病叶和病果集中烧毁；分别在新梢期、幼果期和果实膨大期喷洒农药防控，可减少炭疽病的发生和危害。

2. 花果软腐病（*Rhizopus stolonifer*）

花果软腐病是波罗蜜花序、果实的常见病害，特别是受虫伤、机械伤的花及果实易受害。波罗蜜花果软腐病的病原菌为匍枝根霉。发病部位初期呈褐色水渍状软腐，随后在病部表面迅速产生浓密的白色棉毛状物，其中央产生灰黑色霉层。染病的果实，病部变软，果肉组织溃烂。防治方法：及时清理掉树上或者周边其他染病的花、果以及枯枝落叶，集中烧毁；并在开花期、幼果期适时喷洒安全的绿色农药防控。

3. 榕八星天牛（*Batocera rubus*）

每年发生1代，6～8月为成虫的产卵高峰期。成虫夜间活动啃食波罗蜜叶及嫩枝，雌成虫在树干或枝条上产卵，幼虫孵化后在皮下蛀食，坑道呈弯曲状，后转蛀木质部，此时孔道呈直线形，在不等的距离上有一排粪孔与外皮相通，常见从洞中流出锈褐色汁液，通常幼虫多栖居于最上面一个粪孔之上的孔道中。防治方法：加强林木管理，增强树势，提高果树抗虫能力；在树干基部1m以下涂抹石灰水（生石灰与水1∶5）；在每年成虫产卵的高峰期及时人工捕杀成虫，如果发现树干上有少量的虫粪排出，要及时剪除受害小枝，或用铁丝在排粪孔钩杀；幼虫在韧皮部危害而尚未进入木质部的，可用相关农药喷施树干，在主干发现新排粪孔时，可用注射器注入农药或将蘸有药液的小棉球塞入新排粪孔内，并用黏土封闭其他排粪孔；在成虫发生期，可在树干上绑缚白僵菌粉剂，让成虫感染致死。

4. 黄翅绢野螟（*Diaphania caesalis*）

在海南世代重叠，无明显的越冬现象，5～10月发生。雌成虫产卵于嫩梢及花芽上，幼虫孵出后蛀入嫩梢、花芽或正在发育的果中，致使嫩梢萎蔫、幼果干枯、果实腐烂。在幼虫蛀果取食初期，拨开虫粪便，沿着孔道，用细铁丝将其钩杀；收集落果，摘下受害果实，集中杀灭堆埋；每10天轮换喷洒无公害农药，连喷2～3次；注意保护天敌（刘爱勤等，2012）。

七、综合利用

波罗蜜木质坚硬、色泽鲜黄、纹理细致、美观耐用，不怕白蚁蛀蚀，是制作高档家具用材（表1）。建筑上可用作房架、檩条、椽子、门、窗等，农村中常作梁、柱及其他板料，可旋制胶合板及做仪器箱盒等。波罗蜜的果肉富含糖、蛋白质、维生素A、维生素C以及人体生长发育所必需的钾、钠、钙、锌等元素，可以直接食用，也可加工成果酒、果脯、蜜饯、罐头、果干等食品。波罗蜜的种子可食用，也可以用来提取淀粉和凝集素等。此外，波罗蜜幼嫩的花可作为蔬菜食用。波罗蜜树体高大，生长快，是良好的绿化树种，可作为城市行道树和厂矿车间四周种植。

表1　波罗蜜木材主要物理、力学性质

产地	密度（g/cm³）		干缩系数（%）			顺纹抗压强度（kgf/cm²）	硬度（kgf/cm²）		
	基本	气干	径向	弦向	体积		端面	径面	弦面
云南	0.484	0.529	0.136	0.236	0.396	342	441	440	314

资料来源：《中国木材志》（成俊卿等，1992）

（戚春林，陈志杰）

203 杜仲

别　名 | 思仙（明朝）、思仲（宋朝）、木棉（宋朝）、丝楝树（清朝）、棉木（清朝）、玉丝皮（清朝）、
棉丝树（南北朝）

学　名 | *Eucommia ulmoides* Oliv.

科　属 | 杜仲科（Eucommiaceae）杜仲属（*Eucommia* Oliv.）

杜仲是第四纪冰川侵袭后残留下来的古老树种，单科单属单种，是国家二级重点保护野生植物和重要的经济林树种，在我国栽培历史达2000多年。它既是我国重要的战略资源，又是特有的名贵药材和木本油料树种，也是重要的防护林树种和用材林树种。其树皮、果皮、叶片等含有丰富的杜仲胶，是唯一具有橡（胶）塑（料）二重性和形状记忆功能的天然高分子新材料，能开发出橡胶弹性（高弹性）材料、热塑性材料和热弹性材料（杜红岩和胡文臻，2013）；树皮是名贵的中药材，具有降血压、补肝肾、强筋骨、久服轻身耐老等功效；种仁油α-亚麻酸含量高达67%左右，是已发现的α-亚麻酸含量最高的树种之一（杜红岩和胡文臻，2015）；叶为功能型健康饲料的理想原料，对提高畜禽及鱼类免疫力、减少抗生素应用、提高肉蛋品质效果十分显著。树姿好，树冠浓密，寿命长，材质好，适应性强，也是优异的园林绿化树种。目前对杜仲的应用已经从单一药用用途扩展到航空航天、国防军工、交通通讯、医疗保健、油料食品、绿色养殖等行业，产业化前景十分广阔（杜红岩等，2016）。

一、分布

源于我国东部，中新世时曾广泛分布于北半球，第四纪冰期后在北美、日本和欧洲等地相继消亡，只在我国中部存活至今，因此我国是杜仲现存资源的原产地。其自然分布区在25°～35°N，104°～119°E，大体上在秦岭、黄河以南，南岭以北，黄海以西，云贵高原以东。从种植分布看，北自吉林、辽宁，南至福建、广东、广西，东达上海，西抵新疆喀什，中经安徽、湖北、湖南、江西、河南、四川、贵州等地区（杜红岩，1996）。杜仲引种北移主要指标为年平均气温不低于6.5℃，极端低温不低于-30℃。经过引种驯化，目前我国栽培地理分布区域在24.5°～41.5°N，76°～126°E，南北纵贯约2000km，东西横跨约4000km；垂直分布范围在海拔10～2500m。我国亚热带和温带气候带的27个省（自治区、直辖市）的600余个县内均有栽培，其中河南、湖南、湖北、陕西、贵州、四川、甘肃等为目前我国的中心产区（杜红岩，2014）。

二、生物学和生态学特性

1. 生物学特性

干皮、枝皮、根皮、果皮、叶以及雄蕊中含有白色的杜仲胶丝，在形态上可作为一个显著的分辨特征。自然条件下为落叶乔木，树高可达20m以上，速生，胸径年生长量1～2cm。树高生长速生期出现在10～20年间，胸径生长速生期在15～25年，此后生长渐缓。树皮一般在25～30年前增长较快，50年后增长十分缓慢。枝干生长顶端优势明显，受到机械损伤后隐芽可在较短时间内萌发新条，并且直立生长旺盛。叶为单叶互生，根据叶片大小与颜色，已发现大叶杜仲、小叶杜仲和红叶杜仲等变异类型。在黄河中下游地区，3月下旬至4月上旬进入展叶

杜仲良种嫁接苗培育（杜红岩摄）

高密度杜仲雄花示范园（杜红岩摄）

期，5月中下旬发育成熟，落叶期10月下旬至11月上旬。其根系发达，分蘖能力很强，截取的根段及伐后的根桩容易长出根萌苗。剥皮后树皮的再生能力很强，在适当条件下大面积剥皮，1~2年后即可再生出形态上与原树皮相当的新皮。

雌雄异株。实生苗童期较长，一般6~8年后进入开花期。花先于叶开放或与叶同时开放，雄株较雌株早开花7~10天，雄花期25天左右，散粉期5~7天；雌花期20天左右，授粉期5~7天。在黄河中下游地区，雄花期一般在3月上旬至4月上旬，雌花期3月中旬至4月中旬。翅果大小差异明显，大果变异类型的果长、果宽及千粒重等形态指标可达小果变异类型的1.5~2倍。种子寿命在0.5~1.0年之间，属短命种子，同时也属低温型种子，在胚发育过程中要求低温、湿润环境。

2. 生态学特性

属喜光喜湿树种，在年降水量200~1500mm区域内可正常生长。适宜在丘陵、中山区、向阳坡缓地栽植，在瘠薄、盐碱、低洼易积水和土质黏重的地域不宜栽植。气温适应性较强，年平均气温在6.5~18.0℃、最高气温42℃、最低气温-30℃的范围内均可栽植，在我国高寒地区以及俄罗斯北高加索地区亦可栽植。对土壤要求不严，pH 5.5~8.7的酸性土壤（红壤、黄壤）、中性土壤、微碱性土壤及钙质土壤上都能生长。

三、良种选育

杜仲育种起步较晚，20世纪50年代初才有关于杜仲形态变异方面的报道，惯称"川仲""黔仲"等（杜红岩，1996）。20世纪80年代初期，中国林业科学研究院经济林研究开发中心和洛阳林业科学研究所等单位针对杜仲单种属的特点，开展了长期育种研究，通过实生选育、杂交育种、芽变选育、倍性育种、分子标记辅助育种等手段，创制优良新种质。我国在河南省原阳县、孟州市建立杜仲国家种质资源库2个，已收集国内27个省（自治区、直辖市），以及日本、美国等地的种质资源2000余份，类型包括优树、超级

苗和特种变异单株等（杜红岩，2014）。筛选出优良无性系100余个，审定良种30余个，其中国审良种10个，涵盖药（皮）材兼用良种、果用良种、雄花用良种、叶皮材兼用良种以及观赏型良种等类型，获得植物新品种权5个。

1. 华仲系列品种

由中国林业科学研究院经济林研究开发中心选育（杜红岩，2014）。

'华仲1号'（国S-SV-EU-022-2012） 药用良种，速生性强，建园第五年产皮量达4.5t/hm^2；盛花期雄花年产量达3.2t/hm^2。适应性强，在长江中下游、黄河中下游杜仲适生区均可栽培推广。适于营造材药兼用速生丰产林（国家储备林）和雄花采摘园。

'华仲2号'（国S-SV-EU-023-2012） 果药兼用良种，干形好，主干通直，木材加工性能优越；速生性强、丰产，建园第18年年产皮量达31.88t/hm^2。建园后5~6年进入盛果期，年产果量2.2~3.0t/hm^2。耐干旱，特别在黄土丘陵干旱区生长良好。适于营建材药兼用速生丰产林（国家储备林）和果园。

'华仲3号'（国S-SV-EU-024-2012） 果药兼用良种，速生性强，产皮量高，建园18年年产皮量39.4t/hm^2。果实产量稳定，建园5~6年进入盛果期，果实年产量2.2~2.8t/hm^2。适应性强，尤其耐盐碱胁迫。适于营建药用速生丰产林（国家储备林）和果园。

'华仲4号'（国S-SV-EU-025-2012） 果药兼用良种，速生丰产性强，建园18年年产皮量38.94t/hm^2；树皮松脂醇二葡萄糖苷含量达0.40%。适于营建材药兼用速生丰产林（国家储备林）和果园。

'华仲5号'（国S-SV-EU-026-2012） 雄花用良种，速生丰产性强，雄花产量大，建园4~5年后进入盛产期，年产鲜花3.0~4.8t/hm^2。在杜仲适生区均可栽培，病虫害少。适于营建杜仲高产雄花园。

'华仲6号'（国S-SV-EU-025-2011） 果用良种，结果早，结果稳定性好，果皮含胶率

16%～19%，种仁粗脂肪含量24%～30%，其中亚麻酸含量57%～60%，盛果期产果量3.5～4.8t/hm²。适于营建高产果园和果药兼用丰产林（国家储备林）。

'华仲7号'（国S-SV-EU-026-2011） 果用良种，果皮含胶率16%～17%，种仁粗脂肪含量29%～32%，其中亚麻酸含量58%～61%。早实、高产，盛果期产果量达到2.8～4.1t/hm²。适于营建高产果园和果药兼用丰产林（国家储备林）。

'华仲8号'（国S-SV-EU-027-2011） 果用杜仲良种，果皮含胶率17%～18%，种仁粗脂肪含量28%～30%，其中亚麻酸含量59%～62%。盛果期产果量达3.3～4.6t/hm²。适于营建杜仲高产果园和果药兼用丰产林（国家储备林）。

'华仲9号'（国S-SV-EU-028-2011） 果用良种，果皮含胶率16%～18%，种仁粗脂肪含量28%～30%，其中亚麻酸含量59%～62%。盛果期产果量达2.9～4.3t/hm²。适于营建高产果园和果药兼用丰产林（国家储备林）。

'华仲10号'（国S-SV-EU-008-2013） 果用良种，早实、高产、稳产。盛果期产果量3.2～3.8t/hm²，种仁粗脂肪中α-亚麻酸含量高，高达66.4%～67.6%，是已发现的α-亚麻酸含量最高的杜仲良种。适于营建高产果园、国家储备林和木本油料林。

'华仲11号'（豫S-SV-EU-019-2013） 2016年获得植物新品种权（20160148）。雄花用良种，早花、高产、稳产，雄花量大，盛花期产鲜雄花4.3～4.8t/hm²。加工性能好、雄花茶加工品质高。适于建立雄花茶园和叶用林兼用基地。

'华仲12号'（豫S-SV-EU-020-2013） 2016年获得植物新品种权（20160149）。观赏型良种，叶片红色，叶片绿原酸含量高，达4.9%。适于营建雄花、叶兼用丰产园以及城市、乡村绿化美化。

'华仲13号'（密叶）（豫S-SV-EU-020-2009） 2016年获得植物新品种权（20160150）。观赏型良种，树冠呈圆头形，树叶稠密，冠形紧凑，分枝角度小。材质硬、抗风能力强。适于营

建叶用密植园以及城市、乡村绿化带。

'华仲14号'（大果）（豫S-SV-EU-012-2011） 2016年获得植物新品种权（20160151）。果用良种，果实单果重超过普通杜仲1倍左右。早实、高产，盛果期产果量2.9～3.8t/hm²。果皮含胶率和种仁亚麻酸含量高，其中亚麻酸含量60%～65%。适于营建高产果园和果药兼用丰产林（国家储备林）。

'华仲15号'（红木） 2016年获得植物新品种权（20160152）。枝条半木质化后木材逐渐变红，木质化后木材呈红色或浅红色，是生产高档家具的上佳材料。速生，嫁接苗当年苗高可达3.8m，年胸径生长量可达1.5～2.5cm，主干通直，材质硬，抗风能力强。可建优质用材林（国家储备林）基地，也是城市绿化和营建农田林网的良好树种。

'华仲16号'（豫S-SV-EU-017-2016） 果用良种，果皮含胶率16.5%～18.0%，种仁粗脂肪含量28%～32%，其中亚麻酸含量58%～62%。早实、高产，盛果期产果量达到2.3～3.8t/hm²。适于营建高产果园和果药兼用丰产林（国家储备林）。

'华仲17号'（豫S-SV-EU-018-2016） 果用良种，果皮含胶率16.0%～17.5%，种仁粗脂肪含量30%～32%，其中亚麻酸含量59%～62%。抗寒、早实、高产，盛果期产果量达到2.5～3.5t/hm²。适于营建高产果园和果药兼用丰产林（国家储备林）。

'华仲18号'（豫S-SV-EU-019-2016） 果用良种，果皮含胶率17.0%～18.5%，种仁粗脂肪含量27%～30%，其中亚麻酸含量58%～60%。早实、丰产、果皮含胶率高，盛果期产果量达到2.6～3.9t/hm²。适于营建高产果园和果药兼用丰产林（国家储备林）。

2. 秦仲系列无性系

由西北农林科技大学选育。

'秦仲1号' 幼龄树皮光滑，成年树皮浅纵裂。冠形紧凑，分枝角度50°～62°。树干通直，生长较快，根萌苗3年生树高4.47m，胸径

3.80cm。杜仲胶含量3.57%，为药、胶两用型优良无性系。抗旱性、抗寒性较强，速生。适宜于山区，丘陵和平原区营造优质丰产林和水土保持林。

'秦仲2号'　幼龄树和成龄树树皮均光滑，暗灰白色。冠形紧凑，树干通直，生长较快，根萌苗3年生树高4.70m，胸径4.04cm。杜仲胶含量3.47%，为胶、药两用型优良无性系。抗寒性强，抗旱性较强，速生。适于雨量充沛或有灌溉条件的山地、丘陵和平原地区营造优质丰产林。

'秦仲3号'　幼龄树皮光滑，成龄树皮较光滑。树冠紧凑，树干通直，生长较快，根萌苗3年生树高4.44 m，胸径3.53cm。叶片绿原酸含量达4.30%，为药用型优良无性系，抗旱性较强，抗寒性较弱，较速生。适于雨量充沛的地区营造优质丰产林。

'秦仲4号'　幼龄树皮光滑，成龄树皮浅纵裂。树冠紧凑，树干通直，生长迅速，根萌苗3年生树高4.04 m，胸径3.98cm。叶片绿原酸含量达3.94%，为药用型优良无性系。抗旱和抗寒性都强，速生。适于山区、丘陵地区营造优质速生丰产园、防护林和水土保持林。

四、苗木培育

杜仲苗木培育方法包括播种育苗、嫁接育苗、扦插育苗、根蘖育苗和组培育苗等，生产上以嫁接育苗技术和扦插育苗最为成熟。

1. 嫁接育苗

（1）圃地选择

圃地年平均气温7.5～20℃，年最低气温≥−20℃。交通方便，水电便利；地势平坦，排水良好；地下水位最高不超过1.5m；土层厚一般不少于50cm；土壤为微酸性至微碱性的沙壤土、壤土或黏壤土。

（2）整地

要求深耕细作，清除草根、石块，地平土碎。每公顷撒施有机肥45000～60000kg和氮磷钾复合肥2250kg，年降水量在900mm以下宜做成畦，反之宜作高床。

（3）砧木培育

种子采集选择长势健壮、种子饱满且无病虫害的母树，在9月种子充分成熟时采集，采集后放至阴凉干燥处晾干。

种子处理采用湿沙贮藏、温水浸种或者赤霉素等方法催芽。湿沙贮藏催芽：在播种前30～50天，将种子与干净的湿河沙按1∶3的比例混合后沙藏，沙子湿度保持在55%～60%，待种子露白时播种；温水浸种催芽：40～45℃温水浸种24h，待种仁充分膨胀后播种。赤霉素催芽：30℃的温水浸种15～20min，然后放入20mg/L的赤霉素溶液中浸泡24h，捞出后即可播种。

播种土壤上冻前秋播，解冻后春播，播种量每公顷150～225kg。采用条播法，行距25～30cm。秋播深度5～7cm，春播深度3～5cm。根据土壤墒情，开沟后先顺沟浇底水，再播种。

播后管理春播后，无喷灌条件需覆地膜，苗木整齐出土后即可揭膜。在苗木长到2～4片真叶时，进行间苗，保持株间距5～10cm。保持土壤墒情，注意抗旱防涝。6月上旬至8月上旬，每15～20天追肥1次，每公顷每次施尿素150kg、过磷酸钙150kg、氯化钾或硫酸钾75kg。黄河以北地区8月以后停止施氮肥。

（4）嫁接

春、夏和秋季均可嫁接。春季嫁接一般在芽开始萌动时进行；夏季嫁接于5月上旬至6月上旬，当年生枝条达半木质化，且砧木苗粗度＞0.6cm时进行。长江以南地区的秋季嫁接时间为8月上旬至10月上旬，长江以北、黄河以南地区于8月上旬至9月中旬，黄河以北地区于8月上旬至8月下旬进行。采用带木质嵌芽接或方块芽接嫁接方法，嫁接位置离地面10～15cm。春季和夏季嫁接，接芽裸露，嫁接后当年及时剪砧、除萌和解绑；秋季嫁接，不露芽，在接后翌年苗木萌动前剪砧和解绑，及时除萌。水肥管理同砧木苗培育。

接穗选择杜仲良种采穗圃中生长良好、无病虫害的穗条。春季嫁接用接穗，选择1年生健壮枝条，于早春芽萌动前15～20天采下，塑料薄膜

密封，置于2～5℃冷库或放入贮藏坑；夏秋季嫁接用接穗，宜随采随接，采穗后立即去掉叶片，留3mm左右短柄。

2. 扦插育苗

（1）时间

大田扦插在6～8月，温室扦插对季节要求不高。

（2）插穗

大田扦插选用1年生半木质化良种嫩枝插穗。插穗长度10～12cm，上端保留半片或1片叶片，剪口在节下1～2cm处。扦插前用ABT生根粉、吲哚丁酸、萘乙酸等对插穗进行处理。

（3）插床制作

室外平畦或略高于地面，室内高畦或高架插床。插床长度根据扦插地情况而定，宽度1.0～1.2m，常用基质有河沙、泥沙土、珍珠岩-腐殖土混合基质等，厚度10～12cm。扦插前1～3天用0.1～0.3%高锰酸钾、500～600倍多菌灵溶液或甲基托布津消毒。

（4）扦插

行距10～12cm，株距5～8cm，扦插深度为插穗长度的1/3～1/2。扦插时勿使叶片相互重叠或贴地。

（5）插后管理

室外扦插及时搭棚遮阴，防止强光照晒和雨水冲刷，浇水次数根据基质类型而定，保持湿润即可。室内扦插空气湿度保持在85%以上，温度控制在20～30℃，插床温度在24～28℃。每7～10天喷施500～1000倍多菌灵水溶液进行消毒，每10天喷施0.2%尿素或磷酸二氢钾1次。及时抹芽。

五、林木培育

根据经营目的分为果园化高效培育，雄花园高效培育，高密度皮、叶、材兼用林高效培育和材药兼用林高效培育等技术。

1. 果园化高效培育

（1）品种选择

经国家和省（自治区、直辖市）级审定（认定）的果用杜仲良种。

（2）合格苗木规格

苗木无病虫害，无机械损伤，无失水，无冻害。苗高0.8m以上，地径0.8cm以上，侧根直径2mm以上，15cm以上长度的侧根6条以上。

（3）立地选择

土层厚度80cm以上的平地；坡度<20°的丘陵山地或坡度>20°的坡改梯田地。土壤质地以沙质壤土、轻壤土和壤土为宜，土壤pH 5.5～8.5。

（4）整地

挖穴或开槽整地。挖穴规格为60cm×60cm×60cm，每穴施农家肥20～30kg；开槽深60～80cm，槽宽80～100cm，每亩施农家肥2～3m³。

（5）栽植

品种配置主栽品种与授粉品种配置比例为90：10～95：5。

密度、方式和行向单行栽植，在肥水条件较好的平地、缓坡地，栽植株距3～4m，行距3～5m；在肥水条件稍差的山丘地，栽植行距2～3m，株距2～4m。机械化规模种植采用宽窄行，宽行行距5～6m，窄行2～3m，株距2～3m。在平地、滩地栽植成南北行，丘陵、山地沿等高线栽植。

（6）栽后管理

栽后及时定干，高度60～80cm。栽植时园地周围多栽10%苗木，采用同样定干方法，用于苗木补栽。栽后连浇2～3次水，确保土壤水分充足。

（7）树体管理

适宜树形有自然开心形、疏散分层形、疏散两层开心形、自由纺锤形等。修剪分幼树期修剪和盛果期修剪。

幼树期修剪分骨干枝培养和结果枝组培养。骨干枝培养：自然开心形树形选择分布均匀的3～4个枝条作为主枝，呈开心形排列，树高2.0～2.5m；疏散分层形树形设置2～3层，控制树高2.5～3.0m。结果枝组培养：及时疏除重叠枝、细弱枝、交叉枝等严重影响光照的枝条。其余枝条通过拿枝、拉枝等手法调整角度，使枝组分布合理，均匀受光。根据实际情况，枝组培养成长筒形或扁平扇状。

盛果期修剪，疏除过密枝、重叠枝和严重影响光照的背上枝和徒长枝，对细弱枝进行短截。

（8）环剥与环割

剥前准备 环割前一周浇透水或雨后操作。剥皮前准备好剥皮刀、塑料薄膜和捆扎绳。

时间 5月中旬至7月中旬。

强度与方法 环剥：在主干或主枝上进行，环状割伤2~4圈，每圈环剥宽度0.3~1.0cm，刀口间距离0.5~1.0mm，深达木质部，上下刀口间留一条宽0.5~1.0cm的营养带，然后用塑料薄膜进行包扎。环剥40天后解开包扎物，将剥面暴露。环割：将主干、主枝用嫁接刀或环割刀环状割伤2~4圈，刀口间距离0.5~1.0mm，深达木质部。

（9）施肥

配方 杜仲果园专用复合肥中N：P_2O_5：K_2O＝1.00：（0.90~1.30）：（0.45~0.70），具体比例根据土壤营养状况适当调整。

强度和施肥量 每年萌动前15天、夏季5~7月追肥3~4次。高接换优改造后的良种果园，建园后第一年施N、P、K复合肥100g/（株·次），以后每年增加50~100g/株，建园6年后施肥量400g/（株·次）；新建园，改造后第一年施50g/（株·次），以后每年增加50g/株，建园8年后施肥量400g/（株·次）。

方法 采用条状沟施肥法。在树冠垂直投影两侧各挖一条施肥沟，宽20~40cm，深20~30cm，沟长度根据植株冠幅大小而定，一般为冠幅的1/4。下一次施肥位置在树冠另外两侧。

（10）采收

当果实成熟呈淡褐色且有光泽，种子呈白色时应及时采收。

2. 雄花园高效培育

（1）品种选择

经国家和省（自治区、直辖市）级审定（认定）的雄花用杜仲良种。

（2）合格苗木规格

同"果园化高效培育"。

（3）立地选择

同"果园化高效培育"。

（4）整地

挖穴或开槽整地，每亩施农家肥4~6m³。

（5）栽植

采用单行栽植或宽窄行带状栽植方式。单行栽植，株行距以0.5m×2m、1m×2m、0.5m×3m、1m×3m、0.5m×4m为宜。宽窄行带状建园，以下面种植密度为宜：宽行1.5m、窄行0.5m、株距1.0m；或宽行2.0m、窄行1.0m、株距0.5m；或宽行2.5m、窄行0.5m、株距1.0m；或宽行3.0m、窄行1.0m、株距0.5m；或宽行4.0m、窄行1.0m、株距0.5m。

（6）树体管理

栽后定干，定干高度40~80cm。适宜树形为柱状、篱带状和自然圆头形。柱状和篱带状树形骨干枝培养时，定干后留3~4个主枝，每年春季将1年生枝条留4~8个芽短截，萌条后修剪形成柱状或篱带状，控制树高1.5~2.0m。自然圆头形的骨干枝培养时，定干后在主干上选留5~6个主枝，各主枝上每隔20~30cm留一侧枝，每年春季对侧枝萌发的1年生萌条进行修剪，控制树高1.5~2.0m。

及时疏除重叠枝、细弱枝、交叉枝等。其余枝条通过拿枝、拉枝等手法调整角度，使枝组分布合理，均匀受光。在大年的盛花期对1年生枝轻短截，控制萌条生长势，促进花芽分化。

（7）环剥与环割

同"果园化高效培育"。

（8）土、肥、水管理

栽后保持土壤水分充足，根据土壤墒情及时排灌水。每年春季萌动前，结合施肥浇透水1次，生长季节及时中耕除草。采用条状沟施肥法。在树冠垂直投影两侧与栽植行平行各挖一条施肥沟，宽20~40cm，深20~30cm。每年春季萌动前施肥1次，5月上旬、6月下旬、8月上旬各施肥1次。新建园当年，每次施氮磷钾复合肥50g/株，

以后每年增加50g/株，建园第八年起每次施氮磷钾复合肥400g/株。

（9）采收

采摘时期在每年春季杜仲雄花的盛花期，采摘新鲜的杜仲雄花雄蕊。

3. 高密度叶、皮、材兼用林高效培育

（1）品种选择

生长迅速、产叶量高、叶片活性成分含量高的杜仲良种。

（2）合格苗木规格

达到杜仲良种嫁接苗Ⅰ、Ⅱ级苗木标准。

（3）立地选择

海拔2500m以下，坡度15°以下的平地或丘陵地。壤土、沙壤土或可改良土壤，土层深厚，土壤pH 5.5～8.5，排灌便利。

（4）整地

对栽植区进行全垦，垦深50cm，整地前每亩施农家肥2～3m³，开沟种植。

（5）栽植

时间　秋冬季苗木落叶后至土壤封冻前，或春季土壤解冻后至苗木萌芽之前。

建园方式与密度　采用两种建园方式：常规建园方式，栽植密度0.4m×0.8m～0.5m×1.5m，每公顷栽植1.33万～3.12万株；宽窄行带状建园方式，宽行1.0～1.5m，窄行0.5m，株距0.4～0.6m，每公顷栽植1.67万～3.30万株。

栽植方法　栽植前将肥料与表土混匀后填入沟穴内，至离地表15cm为止。栽植时将苗木放于沟穴中间，保证苗木根系舒展，纵横行对齐成一条线，嫁接口对准主风方向，栽植深度保持苗木嫁接口与地面平，栽植后及时浇定根水。

（6）整形修剪

栽植后在幼树嫁接口以上10cm处定干，采用丛生或多干形。栽植当年不修剪，让幼树自然生长。建园第二年春季萌芽后，当萌条长达5～10cm时，每株选留生长健壮、位置分布均匀的萌条3～4个，培养成丛生状，其余抹去。夏季6～7月短截采叶，促进萌条再分枝。秋季采叶后，在冬季休眠期将每个当年萌条留5～10cm截

干。从第三年开始，上年截干的每个萌条春季萌动后，每株选留生长健壮、分布均匀的萌条2～3个，培养成丛生状，其余抹去。建园6～8年以后，萌条部位外移明显，可进行回缩修剪。

（7）施肥

强度和施肥量每年芽体萌动前10～20天施尿素一次，5月下旬至8月上旬追施氮磷复合肥2～3次。建园第一年施150kg/（hm²·次），从建园第二年开始，施200～300kg/（hm²·次）。

施肥方法采用条状沟施。在栽植两行或宽窄行的宽行间开挖施肥沟，深15～20cm，宽10～15cm。

（8）采收

建园第一年在秋季霜降后进行叶片采收。从第二年开始，每年夏季6～7月第一次采叶，秋季霜降后及时进行第二次采叶。夏季采叶采用短截采叶的方法，在每个当年萌条1.5m处进行短截，将短截下来的枝条上叶片采下，用烘干机烘干。秋季霜降后采集的叶片自然晾干或烘干。

4. 材药兼用林高效培育

（1）品种选择

经国家和省（自治区、直辖市）级审定（认定）的材药兼用杜仲良种。

（2）合格苗木规格

同"果园化高效培育"。

（3）立地选择

海拔2500m以下，坡度25°以下的排灌便利缓平地。壤土、沙壤土或可改良土壤，土层深厚，土壤pH 5.5～8.5。

（4）整地

平地或坡度5°以下进行全垦，垦深50cm；坡度5°～15°修筑水平梯带，梯面外高内低，内外高差30～40cm；坡度＞25°采取鱼鳞坑整地方式。

（5）栽植

挖穴栽植，穴规格80cm×80cm×80cm，每穴施农家肥10～15kg。栽植密度3m×4m、4m×4m或4m×5m。在平地、滩地栽植成南北行，丘陵、山地沿等高线栽植。

（6）栽后管理

①幼树期管理

平茬　栽植时或栽后1年至秋季落叶，或春季萌芽前10天进行。平茬部位在嫁接口以上2cm处。平茬后萌芽长达10～15cm时，在迎风口处选留生长健壮的1个萌条培养成植株，其余抹去。

抹芽　每年春季或夏季开展。抹除对象为主干分枝以下萌芽以及疏枝剪口处萌发的幼芽。平茬后当年萌条的叶腋萌芽也及时抹去，以促进主干旺盛生长。

浇水、施肥与中耕除草　幼树期苗木每年施肥2次，春季萌动前10～15天施尿素，7月上旬至8月上旬施复合肥。定植第一年每次施肥量100g/株，以后幼树期内每年每株增加100g。结合施肥和灌溉及时铲除杂草。

②成龄树管理

修剪　10年生以上的成龄树，树形基本固定，主要修剪措施为短截梢部萌条，增强树冠顶部生长势，促进植株旺盛生长。

施肥　成树期，每年施肥2次，分别于春季萌动前10～15天、6月下旬至7月下旬，施肥量1000～1500g/株。在水源便利的地方，施肥后灌溉。

（7）采收

栽培10～20年，用半环剥法剥取树皮。在杜仲树形成层细胞分裂比较旺盛的6～7月高温湿润季节，在离地面10cm以上树干，切树干的一半或1/3，注意割至韧皮部时不伤形成层，然后剥取树皮。经2～3年后树皮重新长成。

六、主要有害生物防治

1. 杜仲梦尼夜蛾（*Orthosia songi*）

在贵州、湖南、陕西、四川等产区，杜仲梦尼夜蛾每年发生3代：第一代发生期4～6月，成虫盛发期4月下旬，幼虫危害盛期7月中旬；第二代发生期6～8月，成虫盛发期6月下旬，危害盛期7月中旬；第三代发生期8～9月，成虫盛发期8月中旬，危害盛期9月上旬，9月下旬幼虫入土结茧化蛹越冬。幼虫期危害叶片，中大龄幼虫白天下树潜伏于枯枝落叶层，夜晚上树取食。树干涂刷毒环或者捆绑毒绳，阻杀幼虫上、下树。在幼虫期用生物制剂进行防治。

2. 豹纹木蠹蛾（*Zeuzera leuconotum*）

在河南、陕西等杜仲产区，豹纹木蠹蛾每年发生1代，以幼虫在蛀道内越冬。翌年3月初继续蛀害，4月下旬以后幼虫陆续成熟，5月初始见化蛹，5月下旬至6月初大量化蛹，蛹期15～20天，6月下旬为成虫羽化盛期。成虫寿命5～7天。成虫羽化后不久即可交尾产卵，卵期15天左右，6月上旬便可见到初孵幼虫。幼虫蛀食杜仲枝干危害，喜危害幼林，低海拔疏林、林缘和孤立木。冬季清除受害木，消灭越冬幼虫；在成虫羽化的初期，树干涂白，破坏产卵环境。由于豹纹木蠹蛾危害较轻，尽量不使用化学防治。

七、材性及用途

2000多年前我国的《神农本草经》就将杜仲列为中药上品。杜仲皮、叶、花、果等都具有很高的药用和保健价值，具有降血压、降血脂、防辐射和防突变、预防心肌梗死和脑梗死等功效，且无毒副作用。籽油和雄花已经被列入国家新食品原料目录，种仁油α-亚麻酸含量高达67%左右，开发潜力巨大。杜仲橡胶存在于杜仲树的叶、皮、根中，具有"橡胶-塑料二重性"，广泛应用于航空航天、国防和军工、汽车工业、高铁、通讯、医疗、电力、水利、建筑、运动竞技等领域。杜仲橡胶资源的战略价值，已引起国际社会的高度关注。杜仲叶又是十分理想的功能型健康饲料，对提高畜禽及鱼类免疫力、肉蛋品质和减少抗生素应用的效果十分显著。木材坚实，洁白光滑，有光泽，纹理细腻，木材重（气干容重0.675～0.762g/cm³；干缩小，体积干缩系数0.385%），为高档用材。树姿好，树冠浓密，寿命长，是十分理想的生态建设和城乡绿化树种。

（杜红岩，董娟娥）

别　名｜椅（《诗经》）、水冬瓜、水冬桐、椅树、椅桐、斗霜红（庐山）、油葡萄、饭桐（日本）
学　名｜*Idesia polycarpa* Maxim.
科　属｜大风子科（Flacourtiaceae）山桐子属（*Idesia* Maxim.）

山桐子为东亚特有树种，结果累累，果实含油率高，不但可食用，还是重要的生物质能源，被誉为"美丽的树上油库"，是我国重要的经济林树种与能源林树种；树干通直，枝条近轮生，其材质优良，木材黄褐色或黄白色，切面光滑，抗腐蚀，是良好的家具、建筑、器具用材，也是良好的用材林树种；其树冠呈层状，冠形优美，是重要的园林绿化树种（刘震，2000；代莉，2014）。

一、分布

横跨东亚，在暖温带与亚热带广泛分布，北自日本青森县、朝鲜，在我国北至北京、山西太原、陕西延安至甘肃平凉一线，南至广东、广西、云南南部；东起台湾和沿海各省，西至甘肃岷山、四川大雪山和云南高黎贡山以东。大致位于20°～40°N，98°～145°E之间。分布于海拔200～2500m的山坡、山洼等落叶阔叶林和针阔叶混交林中，通常集中分布于海拔900m（秦岭以南地区）～1400m（西南地区）的山地（刘震，2000）。

二、生物学和生态学特性

落叶乔木。高8～21m。树皮灰白色，不裂，皮孔明显。老枝灰白色，嫩枝绿色，枝条平展，近轮生，树冠圆锥状塔形。叶纸质，卵形或心状卵形，或为宽心形；叶柄绿色或红褐色，着生有1～4对腺体。花序为圆锥花序，下垂，长15～50cm；花黄色，单性或杂性，雌雄异株或同株，有芳香；雄花无花瓣，雄蕊多数；雌花比雄花稍小，卵形。浆果球形或椭圆形，长7.80～10.44mm，宽7.16～8.84mm，熟时红色或橘黄色。种子圆形或近圆形，长度为2.09～2.55mm，宽度为1.45～1.68mm，绿褐色。花期4～5月，果熟期10～11月（代莉，2014）。

在河南，不同种源的山桐子顶芽在3月上旬开始萌芽，3月底全部展叶完毕，4～6月树高进入快速生长期，6月出现侧芽集中萌发，形成近轮生枝现象，7～8月高生长减速，9月停止生长，茎生长延迟到9月底（吴慧源，2015）。9月之后顶芽进入休眠期，经过冬季5～15℃有效低温解

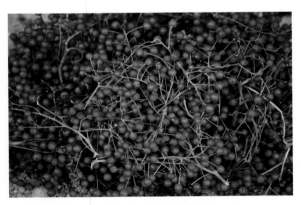

山桐子果实（四川广元市）（贾黎明摄）

山桐子结果树冠（鸡公山自然保护区）（刘震摄）

除休眠后，翌年春季重新开始萌发生长。不同分布区山桐子顶芽均具有适应冬季寒冷干燥的冬休眠特性，具有广域气候适应特征（刘震和王玲，2000；刘震，2000）。在年降水量500～2000mm、年平均气温12～18℃、≥10℃的有效积温4240～5579℃、在极端温度−10.1℃和48℃的气候条件下，均能生长。

山桐子属中性偏阴树种，幼树耐阴，喜温暖湿润气候，较耐寒，耐旱，对土壤要求不严，但在土层深厚、肥沃、湿润的沙质壤土中生长良好。成年树在地势向阳、土质疏松、排水良好的立地，生长快，结果多，产量高。

三、良种选育

山桐子研究与开发20多年，主要进行了种质资源收集、部分种源、家系或居群的种子、苗木以及分子标记的遗传变异分析（祝智勇等，2010；代莉，2014；江锡兵等，2014），初步判定了部分优良种源和家系，选育的良种很少。河南农业大学等单位经过多年努力选育出省级良种'豫济'山桐子（*Idesia polycarpa* 'Yuji'）（豫R-SV-IP-045-2013），树势中庸，9年生树高10.4m，树冠呈自然分层形，枝条开张角度近90°，沿水平方向伸展；该品种每果序果数50～90个，果穗平均长17cm，果实纵径10.46mm，横径10.85mm，果柄均值14.55mm，百果重56g（鲜重），种子含油率33.33%；抗逆性强，炭疽病、角斑病、蛀果蛾等病虫害发生率极低，具耐寒、耐旱的特点。

四、苗木培育

主要采用播种育苗、扦插育苗、嫁接育苗，也可采用组培育苗。

1. 播种育苗

（1）种子采集、调制与贮藏

选择树干通直，丰产优质、无病虫害的壮龄结实母树，于10～11月分批采集成熟的果实。将

河南济源蟒河林场'豫济'山桐子人工林（刘震摄）

果实置于通风室内阴干后净种。阴干种子装入塑料袋中，排净空气后置于−2～5℃低温贮藏（刘震，2000）。

（2）种子休眠解除与催芽

低温层积处理　用清水漂洗浸泡种子3天，每天换水，清除漂浮在水面的瘪种、不良种子，然后用3％的高锰酸钾消毒0.5h，再用清水冲洗干净。将湿润的种子置于5℃±1℃环境下处理40～60天后，转入15/25℃变温环境下催芽，待露白30%左右即可播种。对原产于南亚热带的山桐子低温处理温度可以提高到10～15℃，以免产生冷害（劉震，2000）。

室外层积室　外背阴、地势较高的干燥处开挖深度60～80cm、宽度50～100cm层积床，四周用砖块砌堰，底部铺10cm洁净湿沙，按照种沙体积比1：3混匀，中间插草把以便于通气，近地表20cm处用河沙覆盖，上覆土壤起堆，防止雨水或雪水渗入层积穴中。

（3）圃地选择与作床

圃地应以土质疏松、透气性好、微碱性、中性或微酸性的排灌良好沙壤土为宜。不宜选涝洼积水、黏重、盐碱地（含盐量0.2%以上）地块。深翻土地作高床，喷施硫酸亚铁15g/m²或3‰～5‰高锰酸钾溶液进行土壤消毒。基肥施有机肥12000～14000kg/hm²，或氮磷钾复合肥100kg/hm²。

（4）播种

经过低温层积解除休眠并催芽的种子在3月上中旬至4月上旬前进行播种。室外层积催芽在来年3月上旬检查种子发芽进度，有1/3左右萌动即可播种。将种子与细（沙）土拌匀后进行条播，播种量为9～15kg/hm²。条播距离为20cm，播种沟深3cm，上覆细沙土1.5～2.0cm，再覆盖稻草或地膜。视土壤墒情，侧方灌溉。

（5）苗期管理

苗木出土后，及时撤除覆盖物。幼苗高生长到4cm进行间苗，株距不宜低于10cm。适时松土除草、灌溉与排水。松土宜浅，宜在下雨后或灌溉1～2天后进行。5～7月各追施氮肥750kg/hm²

一次，8月追施氮磷钾复合肥750kg/hm²。

（6）出圃

培育1～2年后，达到栽植标准即可出圃。苗木应无检疫对象病虫害，苗干通直，色泽正常，充分木质化，无损伤。

2. 扦插育苗

根插　以春季根插为主。根插基质或土壤应保水并保持通透。插床为高床，床面高于地面10cm左右。苗床做好后用1%福尔马林液喷洒消毒。繁殖材料主要来源于2～3年生实生苗的根段，长10cm、直径0.5～3cm。用100mg/L ABT生根粉浸泡0.5h后插入基质或土壤，扦插深度为2/3插穗长。株行距为15cm×20cm左右，扦插后立即浇透水1次，并在床面搭建拱高60cm的拱棚，保持温度在30℃以下，棚内相对湿度80%左右，约80天出苗稳定后打开拱棚并除萌（王海洋，2015）。

硬枝扦插　将1年生苗干截为6cm长的插穗，在浓度为2000mg/kg的ABT1号中速蘸30s，扦插后成活率可达80%（王海洋，2015）。

嫩枝扦插　6月中下旬，选用梢下半木质化枝条作为插穗，留一片全叶，愈伤率可达100%，生根率可达41.83%（王海洋，2015）。

3. 嫁接育苗

在春季一般采用劈接法嫁接。选用1年生健壮的实生苗作为砧木，留高6～12cm，接穗从母树树冠中上部1年生枝条上截取，每穗带有1～2个饱满芽。嫁接时应注意雌树和雄树分别嫁接，做好标记，雌树育苗数量约为雄树8倍。

嫁接成活的关键有两点：首先是接穗要充实，髓心要小，髓心很大接穗就很难形成愈伤组织。其次是将接口先用塑料条捆紧，而后用白色塑料袋将接穗和砧木一同封住，提高接口温度和湿度，促进愈合成活。嫁接成活后，要及时将砧木的萌蘖清除，促进接穗生长，最后破膜。

4. 组培育苗

（1）茎段外植体

将嫩枝茎段用自来水冲洗干净，去除叶片后先用75%酒精灭菌30s，再用0.1%氯化汞溶液灭菌8min；剪取带芽茎段2cm置于无菌培养容器中进行芽增殖诱导（适宜培养基为MS+2.0mg/L 6-BA+0.05mg/LTDZ +0.05mg/L NAA+3%白砂糖）；剪取诱导的芽茎段2cm转移至生根培养基上进行根诱导（适宜生根培养基为1/2 MS+0.5mg/L IBA+0.3mg/L NAA+100mg/L LH +2%白砂糖）；将生根试管苗移栽到蛭石、珍珠岩、泥炭（比例6：3：1）的混合基质中进行炼苗。温度控制在20~25℃，湿度在移栽前后3~5天控制在95%以上，一周后控制在85%~95%，20天即可成活，成活率达80%以上。

（2）幼根外植体

以山桐子种子萌发的幼根作为外植体，用70%酒精消毒30s，再用0.1%氯化汞溶液消毒5min；采用改良的MS培养基（除钙盐外，其余大量元素用MS的2/3量）+0.02mg/L TDZ+0.5mg/L NAA+0.1mg/L 6-BA）进行愈伤组织诱导；以改良MS培养基+ 0.05mg/L TDZ+1.0mg/L 6-BA+0.2mg/L NAA进行芽的分化与增殖；以改良MS培养基+0.02mg/L TDZ+1.0mg/L 6-BA+0.2mg/L NAA进行壮苗培养；以1/2MS+0.8mg/L NAA+0.3mg/L IBA培养基进行生根诱导，最终再生成完整植株。

五、林木培育

1. 立地选择

宜选择坡度≤25°的低山半阳坡或阳坡，土层厚度30cm以上，土壤pH 6.5~7.5，排水良好的地区。

2. 整地

时间一般为栽植前一年11月至当年1月。平地采用块状整地，坡地采用梯田整地或穴状整地［规格（40~60）cm×（40~60）cm×（40~60）cm］。挖穴时将表土和心土分开堆放，回填时每穴先用腐熟的农家肥（15~25kg）与表土充分混合均匀，回填到穴底部，再用心土填至穴深2/3处，灌水沉实。

3. 苗木规格

1~2年生达到Ⅰ、Ⅱ级标准的苗木（表1）方可用于造林（吴慧源，2015）。

表1　山桐子播种合格苗标准

苗龄	生长指标	合格苗
1年	苗高	>50cm
	地径	>1.0cm
2年	苗高	>120cm
	地径	>1.5cm

园林绿化用苗可使用4~5年大苗栽植。要求苗高度6m以上，胸径8cm以上；经济林应采用无性繁殖苗。

4. 授粉树配置

平地成行配置时，雌株与雄株的比例可为4：1；坡地可根据面积，比例以不低于8：1为宜。

5. 栽植季节

可春、秋两季栽植。秋季11~12月，春季2~3月栽植。不同地区可根据气候做适当调整。

6. 栽植密度

山地栽植密度为(3~6)m×(3~6)m，平地栽植密度为(4~6)m×(4~6)m。

7. 栽植技术

裸根苗长途运输后，可采取蘸泥浆、生根粉处理等措施。栽植时应做到栽正、栽紧、不吊空、不窝根，将苗木周围的土由边缘向中心踩实。栽植后，可以适当修剪枝条，并及时灌水。干旱季节要在造林后每周浇水1次，连续浇水2~3次。栽植后应将枯枝落叶或割下的灌草覆盖于栽植坑面或培土堆、覆盖地膜等。对未成活植株，及时补植。

园林绿化时，一般采用大苗移栽技术。要求带土球，对树冠做适当修剪，剪去部分侧枝，注意保留顶芽。

8. 抚育管理

（1）松土除草

栽植后3年内，在春季和夏季对幼林地松土、除草和割灌3~4次。抚育方式为块状或带状，分别除去植株周围60~100cm以内或带内杂草，同时对种植穴松土、培土。

（2）施肥

当年雨季前以施氮肥为主，施用量为25g/株。雨季后追肥以复合肥为主，施用量为30g/株。2年以后根据树体大小和产量确定施肥量。一般第2~3年施复合肥40~50g/株，农家肥10kg/株；第四年株施复合肥100~200g，农家肥20kg/株。

（3）灌溉与排水

萌芽前、幼果发育期、果实膨大期遇旱情及时浇水。采收后至土壤封冻前第四次灌水。水源困难的地方可采用覆草、覆地膜或穴贮肥水等节水保墒措施。宜采用常规灌溉和设施灌溉相结合的方法。降水量偏大的年份和降水量集中的季节，疏通沟渠，排水防涝。

（4）整形修剪

由于山桐子树冠成分层型，树冠通风透光良好，一般不需要特别的修剪。但采用矮化密植模式经营山桐子生物质能源林或木本粮油经济林时需要进行适当修剪整形。基本修剪技术是：春季造林定植后，第一年进行平茬或在30cm高处截干促其成活、抽生高干壮苗，形成健壮侧枝，然后任其自然生长3~4年，形成3~4层轮生枝，树高4~6m后去顶截干，形成侧枝发达、均匀分布而树冠呈圆锥形的果用林；如果苗木质量较好，春季造林后，可以不平茬任其自然生长3~4年后再进行去顶截干。

六、主要有害生物防治

山桐子发生的病害有根腐病、炭疽病，害虫较少。

1. 根腐病

多发生在栽种后的第一个春夏季气温升高时，集中在3~5月，病重时植株枯死。防治方法：①栽前对土壤进行消毒，使用55%多菌灵1.5g/m²或75%五氯硝基苯3g/m²，翻入土中。②栽植前对山桐子苗的残根断根进行修剪，并用创可涂对根部伤口涂抹。③栽植后如遇发病，采用40%根腐宁1000倍灌根。④如有积水，则在山桐子植株附近70cm处清理积水。

2. 炭疽病

引起叶枯、梢枯、芽枯、花腐、果腐和枝干溃疡等症状。防治方法：发病时喷施75%托布津1500倍液，或50%多菌灵500倍液，或75%百菌清500倍液，7~10天喷洒1次，连续2~3次。

3. 蛴螬

俗名白地蚕，成虫夜出咬食山桐子叶片成孔洞、缺刻；幼虫终年在地下活动，在地下咬断幼苗根茎，使幼苗枯死，造成缺苗断垄，或啃食地下根系，使之生长衰弱，直接影响山桐子树木生长，其造成的伤口又易遭病菌侵入，易诱发病害。防治方法：①在幼虫发生严重且危害重的地块每公顷可用50%辛硫磷乳油，或用90%晶体敌百虫，或用50%西维因可湿性粉剂1000mL兑水1000kg灌根，可杀死根际附近的幼虫。②在成虫盛发期，对害虫集中的树上，每公顷使用50%辛硫磷乳油或90%晶体敌百虫1000~1500mL，兑水1200~2000kg喷雾，或用20%氰戊菊酯乳油500mL，兑水1200~1500kg喷雾。

七、材性及用途

木材材质轻软，细腻光滑，光泽美丽，纹理通直，心材蓝灰色过渡为淡黄褐色，是制造家具、生活器具、建筑和乐器的良好用材，还可作纸浆用材。其树冠自然分层，树形美观；果实成熟时，硕果累累，鲜红夺目，可作优良的园林绿化树种。花多，芳香，具蜜腺，为养蜂业的蜜源资源植物。果肉含油率可达28.38%~48.35%，不饱和脂肪酸含量为75.73%~86.6%（其中亚油酸含量很高），种子含油率可达12.6%~28.17%，种子不饱和脂肪酸含量为87.95%~90.68%，是优良的木本油料树种，也可作生物质能源树种（代莉，2014）。

（刘震，王艳梅）

别　名｜母生（海南）、高根（湛江）
学　名｜*Homalium hainanensis* Gagnep.
科　属｜天料木科（Samydaceae）天料木属（*Homalium* Jacq.）

红花天料木是海南热带沟谷和山地雨林树种，也是重要造林树种，木材被列为海南五个特类用材之一。树干通直圆满，木材纹理细密而清晰、切面光滑、木质坚硬且具韧性、不翘不裂、抗虫耐腐、易加工，是珍贵的工业、造船、建筑和家具用材。其树体高耸直立，树冠像小箩伞，枝叶茂盛且浓绿，红白相间的总状花序，十分美观，是很好的庭园绿化树种。

一、分布

红花天料木天然分布于我国海南，越南也有分布。为热带山地和沟谷雨林树种，适生于温暖湿润的环境。喜肥沃、疏松、排水良好的土壤，在土层深厚、土壤肥沃的缓坡地上生长良好，不耐瘠薄。红花天料木根系发达，抗风能力强，通常散生于海拔800m以下的沟谷密林中，多生长在湿润的沟谷两侧，尤其是谷底或山坡下部（周铁烽，2001）。广东、广西、福建等省份均有引种栽培。北移至广州、清远、漳州、厦门、福州等地栽培，可出现轻微的寒害导致枯梢，但能萌芽复壮恢复顶端优势，形成通直的树干。

二、生物学和生态学特性

常绿大乔木。高达40m，胸径达1m。树皮灰色、较光滑且不裂，依树皮厚度和硬度可将其划分为薄皮、中皮、厚皮和硬皮四个类型。小枝褐色，圆柱形。单叶互生、薄革质，矩圆形至椭圆状矩圆形，长6～9cm，宽2.5～4.0cm。两性花，花外面淡红色，里面为白色，多由3～4朵小花簇生排列成总状花序，长5～15cm。蒴果纺锤形，为宿存萼片或花瓣所包裹，长约4mm，直径约1.5mm。每年开花结实2次，第一次6月开花，7月果熟；第二次10～11月开花，12月至翌年1月果熟。

红花天料木多成散生状态，罕见成群生长。通常生长在海拔800m以下、坡度平缓、土层深厚且肥沃的沟谷、山坡中下部及丘陵地带。喜温

海南尖峰岭叉河口红花天料木行道树（郭俊杰摄）

暖湿润的环境，不耐干旱和瘠薄。幼林期能耐一定的侧方庇荫，大树则需强光。不耐霜冻，幼树遇霜冻易导致落叶、枯梢甚至整株死亡。根系发达，树干韧性大，抗风性强，不易风折风倒。具有很强的萌生能力，经常看到数十年的大树苑移植到城市萌生后茂密生长。红花天料木天然下种能力较强，但天然更新的林木生长缓慢。

三、苗木培育

种子采集与调制　选15年生以上厚皮型的优良母树采集种子。每年有2次果熟期。6～7月的热量和水分充足，形成的果实饱满，种子质量好，为最佳采种期。当果穗由青绿色转变至暗褐色时即种实成熟，但成熟期短，熟后易脱落，且7～8月间多台风，因此要及时采种。因种子含有油质，容易腐烂和霉变而丧失活力，要及时播种或晾干贮藏。无霜地区可随采随播，有霜地区为防止秋后播种幼苗遭寒害，宜于3～4月气温回升后播种。将种子充分晾干，置于以无水氯化钙为干燥剂的干燥器内密封贮藏，保存28个月以上仍有较强发芽力（陈荷美，1979）。

催芽　种子细小且含油质，为保证其发芽的整齐性，播种前要催芽处理。方法有三种：一是用布袋装好种子后放入冷水中浸泡12h，沥干水后摊开阴干即可播种；二是先用纱布袋装好种子，置于冷水中浸泡24h后取出沥干水后再置于太阳光下暴晒，晚上收回后加入适量水使其保持一定的湿度，如此反复操作7天，种子开始大量发芽后播种；三是用50℃的温水浸种24h后再摊开晾干即播。

播种　用1%～2%高锰酸钾水溶液消毒苗床。为了播种均匀，可掺入细土或细沙拌匀后撒播在准备好的苗床上。撒播后，再覆盖约0.5cm厚的细土或细沙。为防蚂蚁搬食种子，可在苗床周围撒少量的农药，且在苗床上盖约2cm厚的稻草。注意保持苗床土壤和盖草湿润，天晴时一般每天浇水1～2次，待种子大部分开始发芽后及时揭草。

幼苗管理　种子发芽期间要注意防病，每10天左右喷洒一次1000～1500倍的多菌灵或甲基托布津等广谱性杀菌剂。通常10天开始有少部分子叶出现，20天左右开始出现真叶。苗高4～5cm时，移植到育苗容器中继续培育。

容器苗培育　育苗基质以90%黄心土+10%火烧土为宜，可掺入2%磷肥或0.5%复合肥，土肥混合均匀后装袋。若培育1年生造林苗，选用（6～8）cm×（14～18）cm的营养袋。为使幼苗粗壮，育苗期内可施用0.2%～0.5%的复合肥补充营养。容器苗高35cm以上即可出圃造林，成活率可达90%以上。

四、林木培育

1. 立地选择

在热带和南亚热带的无霜冻地区，选择立地条件中等以上，土层较深厚且湿润的缓坡地、山坡下部或沟谷两侧坡地造林。以湿润肥沃、排水良好的沙质土壤为佳，切忌黏重、板结的土壤。

2. 整地

一般采用挖大穴回表土的方法，穴规格为50cm×50cm×40cm。株行距为2m×3m或3m×3m，立地较好时也可为2.5m×4.0m或3m×4m。四旁种植时株距宜大，5～6m。每穴基肥可施钙镁磷肥或复合肥300g或有机肥2000g。

3. 造林

大部分地区可在春季3～4月造林，而海南西南部和云南南部的热带地区因干湿季明显，需在6～7月的雨季造林。

4. 抚育

（1）幼林抚育

一般每年抚育2次，雨季前后各1次，连续抚育3年。采用带状（带宽1.0～1.5m）或块状（1m×1m）抚育方式。

（2）追肥

采取沟施或穴施方式追肥。造林1～2个月后追施1次尿素，每株30～50g；造林6～7个月后追施1次复合肥，每株100g。第二、三年每年追肥1次，每株施复合肥200～300g。

（3）修枝整形

若发现顶梢有2个以上或基部有过多的萌芽

广西凭祥中国林科院热带林业实验中心红花天料木人工林（许基煌摄）

条要及时人工修除，以培育良好的干形。为培育无节良材，造林后3～5年应进行2～3次修枝，将树冠下部1/3～1/2影响主干生长的枝条剪除，修枝要贴树干进行，尽量使切口平滑。

（4）间伐

以少量多次为佳。初次间伐应在幼林生长旺盛期即5～8年生时进行，郁闭度控制在0.7左右；第二、三次间伐宜在12～15年生和18～20年生时进行，间伐原则是去弱留强、注意均匀，间伐后郁闭度控制在0.6～0.7。

五、主要有害生物防治

红花天料木在幼苗期容易发生立枯病。主要害虫有母生滑头木虱（*Homalocephala homali*）、珐蛱蝶（*Phalanta phalantha*）、满月扇舟蛾（*Clostera reatitura*）。以母生滑头木虱分布广、危害重，在海南每年发生14～15代；20天左右完成

1代，无越冬现象。成虫和若虫多在嫩叶或幼芽吸取汁液，造成叶片卷曲、萎缩或顶芽枯死。喷适量杀虫剂防治。

六、综合利用

红花天料木是海南特有的名贵用材，树干通直圆满，木材的经济价值高，被列为特类商品用材。传统上用于制造船舰、水工、桥梁、车辆等，也是制造高档家具以及精细的工艺品、画案（框）、高级工艺品和仿古家具的优质用材，同时还是优质的建筑用材，多用作梁柱以及门窗和楼梯扶手等。红花天料木树体高大，树冠宽大且匀称，枝叶茂盛且浓绿，具有粉红色的总状花序，挺拔美观，易移植，是很好的庭园绿化树种；可抗11～12级台风，是防风林的重要树种之一。

（张宁南，刘小金，徐大平）

别　名｜白木香、沉香
学　名｜*Aquilaria sinensis* (Lour.) Gilg
科　属｜沉香科（Aquilariaceae）沉香属（*Aquilaria* Lam.）

> 沉香为一种高价值且具有芳香味的心材物质，主要由沉香科沉香属或拟沉香属（*Gyrinops*）树种树体受胁迫后产生；因其油脂类化合物含量高，能沉入水中而得名，是我国重要的经济林树种，也是香料和中药材树种。在我国华南低海拔地区，土沉香有天然分布和大面积种植。在自然环境中，仅有很小比例的树木自然结香。由于掠夺性采收，造成其天然林资源急剧减少。近年来，人工林资源不断增加，我国目前已种植的土沉香林面积达90万亩以上，但有效促进结香的技术仍有待于开发和推广。

一、分布

土沉香自然分布于华南地区24°N以南、海拔1000m以下的丘陵和平原台地，栽培分布于广东的汕头、汕尾、惠州、东莞、广州、佛山、中山、肇庆、阳江、茂名、湛江等地，海南的文昌、琼海、临高、定安、儋州、东方、乐东、琼中、保亭、陵水等地，广西东南部的陆川、崇左、北流、博白、浦北、灵山、合浦、防城港，福建漳州东南部以及云南景洪等地。《中国植物志》将在云南分布的种命名为云南沉香，但从形态学上很难区别。而我国近年引种的原分布于越南、老挝、泰国和柬埔寨的厚壳沉香同土沉香在形态上也很难区别，造林技术基本相同。

二、生物学和生态学特性

常绿乔木。高可达30m。树皮暗灰色，几平滑，纤维坚韧。小枝圆柱形，幼时被疏柔毛。叶近革质，长圆形，有时近倒卵形，顶端锐尖或急尖而具短尖头，基部阔楔形，侧脉15～20对；叶柄长约5mm，被毛。花淡黄色，伞形花序，密被黄灰色短柔毛；萼筒浅钟状，两面均密被短柔毛，5裂；花瓣10，鳞片状，着生于花萼筒喉部；雄蕊10枚，排成1轮；花药长圆形，子房卵形，密被灰白色毛。蒴果，卵球形，幼时绿色，顶端具短尖头，基部渐狭，密被黄色短柔毛，2瓣裂，2室，每室具有1粒种子；种子褐色，卵球形，先端具长喙，基部具有附属体，千粒重为200～230g；果实成熟后，果壳裂开成2片，底部长出1条丝线，将种子（1～2粒）悬挂空中。

花期为3～5月，果期为7～8月。幼苗、幼龄期比较耐阴，40%～50%庇荫度有利于其生长。成龄土沉香则喜光，一般林龄为3年时，光照充足可开花结果。

可种植在华南地区绝对低温高于0℃的低海拔地区，在0℃左右就会有明显的寒害。对土壤适应性强，在酸性沙质壤土上均可以生长。此外，喜湿润环境，在年降水量1500～2000mm的地区生长良好。

三、良种选育

中国林业科学研究院热带林业研究所根据多点种源/家系试验，选出海南澄迈和临高以及广东海丰、电白和高州等5个早期生长表现好的优良种源，已建立无性系嫁接种子园，遗传增益有待进一步试验证实。土沉香种植者根据木材的颜色将其分为2类，偏黄色和偏白色。一般偏黄色心材的土沉香比较少，生产上普遍认为容易结香；

广州土沉香种子（马华明摄）

海南澄迈土沉香2年生幼苗（刘小金摄）

广东惠州土沉香结香试验（刘小金摄）

偏白色心材的土沉香占绝大部分。目前已选出一些容易结香且结香质量高的无性系，进行嫁接或扦插育苗。

四、苗木培育

1. 种子采收及处理

选择6年以上生长良好且无病虫害的优树作为母树进行采种。每年7～8月，果壳开裂，种子会自行脱落，此时种皮呈黑色，表明种子已充分成熟，可进行采收。对于果壳未开裂但果皮已呈黄白色的果实，可以连果实一起采收，但需置于阴凉处或空调房内风干1～3天，不能暴晒，待果壳完全开裂后捡取种子。在树枝上自行脱落的种子成熟度高，发芽率高，也更耐贮藏。种子含油率较高，易腐烂而失去活性，不耐贮藏，需及时播种。若不能及时播种，可采用沙藏，将种子与干沙以1：3的比例混匀置于阴凉干爽处贮藏，但贮藏时间不宜超过10天，否则种子发芽率将急剧下降。

2. 播种育苗

（1）苗床处理

选好苗圃地后，搭建透光度为50%～60%的遮阴棚，做好苗床。播种前用0.2%高锰酸钾或多菌灵800～1000倍稀释液对播种苗床进行消毒处理，在土沉香根结线虫较多的地区，还需用1.8%阿维菌素乳剂按500～1000mL/亩的用量处理苗床。

（2）播种方法

可采用撒播法。将种子集中处理后统一撒播在苗床上，然后按幼苗发芽的先后顺序分批移栽到营养袋内。由于种子含油率高并且易腐烂，所以应选择透气性较好的基质作苗床，如细河沙：黄心土＝3：1的混合基质，同时要求稀播、浅播。播后覆盖透气性极好的细沙，以不见种子为度。待幼苗长到2对真叶时，及时移植到容器中。移栽前可剪去幼苗主根顶端，以防窝根，同时可以促进须根的生长。

（3）苗期管理

幼苗不耐旱，一般情况下，移苗后要早晚各浇水1次，以保持土面充分湿润，阴雨天不浇水，并注意防涝、排水。根据苗木各个时期的生长特点，结合浇水进行施肥，前期用氮肥，中期用平衡肥，后期用磷、钾肥，以0.1%～0.3%的水溶液喷施。沉香幼苗前期透光度控制在50%～60%为宜，当苗高长至20～30cm时，可以逐渐揭去遮阴物。

3. 组培快繁技术

（1）消毒处理

土沉香嫩枝密布柔毛，容易因消毒不彻底而产生污染问题。选择生长健壮的嫩枝，每隔4天用杀菌剂消毒，并且要多种药剂交替使用，消毒后套上透明塑料薄膜袋，隔绝外界环境，消毒需持续1个月以上。使用时，剪取枝条，去除叶片，用洗衣粉泡沫水清洗3次后，置于自来水中冲洗约30min，然后在超净工作台上用75%酒精浸泡30s，再用0.1%生汞液浸泡5min，再用无菌水冲洗5～6次，最后用无菌吸水纸吸干。用消毒过的手术刀切去药液接触面，将枝条切成2～3cm长的枝段（带1～2个叶芽）。

（2）丛生芽诱导及伸长培养

经消毒处理后的枝段斜插入培养基（MS+6-BA0.1mg/L，pH5.8）中。培养温度控制在25℃±2℃，光照时间10h/天，光照强度2000～3000lx。8天后顶芽基部稍稍膨大，15天后顶芽已开始伸长，30天后即可观察到丛生芽的形成。分切丛生芽，并转移到培养基（MS+6-BA 0.05mg/L），50天后小芽可长至2～3cm高。

（3）生根与移栽

将丛生芽按2～3cm的规格剪下，将基部置于无菌的1mg/L NAA溶液中48h，之后插入1/2MS培养基中。约20天后从小芽的基部长出白色小根，旋松瓶盖，炼苗1个月后，将小苗移入经消毒处理的育苗容器中，基质为表土∶蛭石＝1∶1或泥炭土∶河沙＝2∶1，在适当遮阴喷雾设施条件下可以达到85%以上的成活率。

五、林木培育

1. 立地选择与造林

在土沉香适生区内选择土壤水肥条件好、空气湿度较大的地段，这样有利于其生长和后期结香。采用穴状整地的方法，按2.0m×2.5m或2m×3m的株行距挖穴，种植穴的规格为50cm×50cm×40cm。基肥应以有机肥为主，富含有机质的塘泥、厩肥、垃圾肥均可用作基肥，但要先堆沤2个月以上，待充分腐熟后使用。基肥每穴施放3～5kg，另加施钙镁磷肥或复合肥300～500g/穴，与表土充分混匀后回穴，再覆盖一层表土，以防种植时苗木根系直接接触到基肥。也可以单施300～500g/穴的复合肥作基肥。

土沉香苗木的大小同造林成活率密切相关，建议选择2年生左右，高度在80～110cm的苗木造林。1年生以内、高度30～50cm的苗木造林后容易被杂灌覆盖，不及时抚育将影响成活率。苗木如有土沉香根结线虫，种植后幼树将大量死亡，应抽检确认苗木不带根结线虫。有条件时进行修苗，剪除下部侧枝及叶片，以减少叶片蒸腾，从而达到提高成活率的目的。栽植时要求苗正、根舒展，种植后踩紧压实。

2. 抚育管理

植后每年松土除草2次，除去穴内杂草，做到不影响土沉香采光即可。抚育时间以每年的5～6月伏旱前和9～10月秋末冬初为宜。将清除的杂草铺盖于根际周围以提高土壤熵值。结合抚育进行追肥2次。第一次在春梢萌动期（3～4月），追施复合肥，以促进抽梢发芽。第二次追肥时间应安排在9～10月，采用沟施的方法，施入腐熟的有机肥或复合肥。造林当年追肥量约为200g/株，随着树龄的增大，施肥量相应地增加到300g/株。

造林后第二年，根据树木生长情况进行修枝。修枝应选在春季进行，部分树木在修枝后伤口处可少量结香。秋冬季修枝留下的伤口将影响幼树的抗冻性，遇到低温后伤口周边树皮坏死，严重时导致整株幼树死亡。种植密度不大，台风危害不严重的地方也可以不修枝。

3. 人工促进结香技术

天然林分中，仅有7%～10%的树体可以自然结香。有经验的人可以通过观察受损的树干或树枝，判定树体是否结香。如果要测定沉香的含量和质量，就只能将其伐倒后筛检，剔除未结香的白木，才可以进行对应指标的测定。很多盗香者直接将树木砍倒，带走可能结香的部分，导致野生沉香资源一直在减少，濒临灭绝。为了实现沉香资源的可持续利用，人工促进结香的方法越来越被广泛利用。从目前的研究结果来看，结香是土沉香树体在受到外部伤害或内在胁迫时的应急反应导致的结果。土沉香结香的过程中，呼吸作用增大，体温增高，消耗树体内的淀粉类物质，首先转化为糖类物质，然后再转化成倍半萜、芳香族和色酮等活性成分，在受伤部位木质部导管内累积，使导管孔径变大、导管密度变小，把受伤部分和正常生长部位隔开（王东光，2016）。人工促进结香不外乎就是外部伤害和内在胁迫，外部伤害一般称为物理造伤法，包括软伤树干、树干打钉、树干钻孔、火烧树干、半断或全断树干、树桩断老根移植、敲皮等方法；内在胁迫主要有非生物试剂法和生物法。非生物试剂法包括无机盐、酸性物质、植物激素等。生物法主要是将内生菌注入树体内，可以促使土沉香结香的真菌种类主要有镰刀菌属（*Fusarium* sp.）（Karlinasari et al.，2015）、青霉属（*Penicillium* sp.）（Tamuli et al.，2006）、木霉属（*Trichoderma* sp.）（Jayarama and Mohamed，2015）、黄绿墨耳菌（*Melanotus flavolives*）（何梦玲等，2010）和可球二孢菌（*Botryodiplodia* sp.）（唐显，2012）等。真菌接菌促进土沉香结香的方法很多，可概括为两类，一类为在沉香树体上凿孔，一般为螺旋形，间隔的垂直距离约为20cm（Mohamed et al.，2014），直接将菌丝体或培养液封入孔中；另一类即为通体结香输液法，需要将菌种的培养液，经过滤后，装入输液袋中，用针管滴注入土沉香树干中（Liu et al.，2013）。有时为了有利于菌种培养液的扩散，配合使用氯化钠等其他试

剂。此外民间香农采取措施引诱昆虫蛀食土沉香树干，从而使树干多孔而与空气接触面积增加，促使树体结香。

中国林业科学研究院热带林业研究所开展了真菌筛选与快速结香技术研究（马华明，2013）。从土沉香结香部位分离出能加速沉香形成的镰刀菌属真菌（*Fusarium* spp.），采用滴注式接种，1～2年后形成的沉香符合中国药典标准，比天然结香快。在天气晴朗时，将液体菌剂分装于输液器具中，在土沉香树干的同一高度的东西两侧分别钻孔，将输液器具中的菌液经钻孔以滴注方式输入树干中。输液器具包括输液袋、输液软管和针头，输液软管固定在输液袋下方，呈倒"Y"形，上方为主液管，下方为两个分支输液管，主液管上设有流速控制器，分支输液管末端连接针头，通过主液管上的流速控制器控制菌剂从输液袋流出的速度，从而控制菌剂由针头输入钻孔中的流速。为防止浪费，钻孔时控制孔径的大小尽量与针头的孔径相当。一般以夏季接菌效果更好，主要是夏季树液流动快，结香长度增加。

六、主要有害生物防治

1. 病害

枯萎病和炭疽病是土沉香育苗过程中比较常见的病害。在老苗床、排水不良或密度过大时易发生枯萎病，该病发生时幼苗从顶芽开始枯萎直至死亡；在阴雨天、空气湿度长期较大时易发生炭疽病，该病危害叶片，初为褐色小点，后扩展呈圆形、椭圆形至不规则形斑，有些病斑呈轮纹状，严重时叶片脱落。防治方法：①消毒苗床、控制密度；②改善阴棚环境，保持苗床通风透光；③化学防治，发病初期拔除病株并用敌克松1000～2000倍液或多菌灵800倍液喷洒，一周淋洒1次。

2. 虫害

在种植当年和种植后第二年食叶害虫较严重，经常将全部叶片吃光，成年沉香树相对有所减轻。虫害以卷叶蛾类危害最大，每年秋季卷叶蛾幼虫

吐丝将叶片卷起，在内蛀食叶肉，可在几天之内吃光整株树树叶乃至整片土沉香林树叶，严重影响土沉香的生长。有时一片林分在一年内2次以上发生食叶害虫吃光树叶，导致部分树木死亡。防治方法：①以化学防治效果较好，可在虫害卷叶前或卵初孵期用25%杀虫脒500倍液进行叶面喷洒，每5～7天1次，连续2～3次；②建立混交林，合理搭配混交树种，也可以降低虫害发生率。

偶见天牛危害土沉香，其幼虫从茎干、枝条或茎基部钻孔进入木质部咬食，但多不致死。当天牛对土沉香正常生长的危害不大时，这种天牛所蛀孔洞内容易滋生各种微生物，对形成沉香有一定的帮助，这就是通常所说的虫结。在云南和东南亚国家，小蠹虫危害土沉香也比较普遍，一个树干上有很多虫孔，但不会导致树木死亡，并有利于结香。

七、材性及用途

土沉香的国际贸易形式有木材、木片、木粉、油，制成品如香水、药物等。沉香的品质分级与种类无关，而与大小、油脂含量、香味、颜色等因素有关。如沉香油，则取决于纯度，高纯度的沉香油在产地的零售价高达50美元/g。由于土沉香在医药、美容、宗教等领域的应用日渐扩大，其价格以每年30%以上的速度上升，在国际市场上，高级土沉香木片价格达到10000美元/kg。随着土沉香主产国相继实施资源保护，国际市场上土沉香资源将长期供不应求，价格不断攀升。目前我国的标准级沉香片（达到中国药典标准）价格也在5000元/kg以上。近几年随着人工促进结香技术的推广，土沉香价格已呈下降的趋势。目前中国内地土沉香的年需求量约为500t。此外，阿拉伯国家还有用土沉香油做香料的传统习惯，全世界每年需土沉香2000t以上。

1. 香料

自古以来民间即有"沉檀龙麝"之说，"沉"即指万香之王的土沉香。由其提取的精油也是东南亚和欧洲各国所用香水的重要成分。此外，还可用做香皂和洗发水等日化用品的添加剂。

2. 药用

土沉香的最重要的价值在于其药用价值。我国传统中医研究表明中药土沉香具有行气止痛、降逆调中、沮肾纳气，具有治疗胃肠冷痛、呕吐、呃逆、温肾之功效。现代医药研究表明土沉香中的活性成分的药理作用包括抑制中枢神经系统兴奋性、对肠平滑肌的解痉作用、抗糖尿病、促进大脑血液循环、镇痛作用等，甚至对皮肤病都有显著的疗效。

3. 装饰及工艺品

一些土沉香制品包括线香、雕像等，是一些宗教场所祭祀典礼时必备的祭祀物。此外，由于土沉香油脂饱满、乌黑发亮，是上好的雕刻用材，土沉香还被开发为一些其他饰品（如手串、项链等）。

（徐大平，王东光）

广西北流3年生土沉香人工林（徐大平摄）

别　名｜昆士兰坚果、澳洲胡桃、泡被儿坚果、夏威夷果

学　名｜*Macadamia integrifola* Maiden et Betche

科　属｜山龙眼科（Proteaceae）澳洲坚果属（*Macadamia* F. Muell）

澳洲坚果原产于澳大利亚昆士兰州东南部沿海地带及新南威尔士州北部的江河地区，即20°30′～32°S的亚热带雨林；为四倍体常绿高大乔木，无主根，根系浅，适宜于温暖、潮湿的雨林气候；坚果种仁富含不饱和脂肪酸、蛋白质、糖等，营养价值高，风味十分独特，素有"干果皇后"之称，是目前世界上的一种新兴果树，也是唯一原产于澳大利亚的商业性果树树种（刘晓和陈健，1999）。

一、分布

澳洲坚果原产于澳大利亚昆士兰州东南部与新南威尔士州北部。现今世界上种植澳洲坚果的国家和地区包括美国夏威夷、加利福尼亚州、佛罗里达州，中、南美洲，东、南非洲以及东南亚等，主要生产国为美国和澳大利亚。我国南亚热带气候区与北热带气候区引种试种较成功，现四川、广东、广西、云南、福建有栽培。

二、生物学和生态学特性

多年生常绿乔木。野生树高10～20m、胸径一般为20～30cm。树冠浓密，形成完整遮篷。叶披针形，革质，边缘有刺状锯齿。总状花序腋生，花米黄色。果圆球形，果皮革质，内果皮坚硬，种仁米黄色或浅棕色。

怕热惧冷，最适宜温度为15～30℃，气温高于30℃将影响生长、低于10℃则停止生长，但可耐短期-4～5℃低温不致冻死；适生于年降水量1200～2500mm且干湿季明显的热带和亚热带地区；喜肥怕涝，适生于土层深厚、肥沃疏松、排水良好、pH 4.5～6.5的土壤；对强风很敏感，最好选择能避免大风的地方种植。

定植后，一般4～5年开始开花挂果，6～7年后进入盛果期，丰产年限达40～60年，70～100

澳洲坚果花枝（邓莉兰摄）

澳洲坚果果枝（邓莉兰摄）

年仍能产果，但产量逐年减少。冬季开花结实，经7~8个月生长，即第二年7~11月采果，属成熟缓慢的坚果树种（陈德照等，2010）。

三、苗木培育

澳洲坚果商业性种植采用优良品种的嫁接苗或扦插苗。

1. 嫁接育苗

澳洲坚果嫁接的最佳季节是初冬和春季，其他季节嫁接效果不佳，接穗最宜采用老熟充实、节间疏密匀称的枝条。其中，最好的穗条是灰白色已木栓化的部分，淡棕红色部分嫁接效果不好，淡灰绿色枝条不宜作接穗。穗条采下后，从叶柄处剪去叶片但不宜用手剥离，以免伤及叶腋的芽；然后将其剪成20~30cm的接穗，分小捆包扎挂好标签，再用1000倍70%甲基托布津药液处理10min后稍阴晾干，用经药剂处理过的湿润干净毛巾包裹保湿即可长途运输。若要保存7~10天后使用，在贮藏过程中有条件的最好放在6℃低温下保存效果更好。在我国澳洲坚果种植区，最普及的嫁接方法是劈接法和改良切接法。

2. 扦插育苗

澳洲坚果主根不发达，嫁接苗与扦插苗根系差别不大，生产上也常用扦插育苗进行繁殖。

插条一般选择灰白色已木栓化的老熟充实的枝条，粗度为0.5~1.0cm最佳。从母树采下枝条，将其剪成约长15cm、节3~5个的插穗，上部留2轮叶片，下部叶片全部剪去，基部经300mg/L吲哚丁酸溶液浸30s，然后插入苗床7~8cm深。

采用沙床扦插，插后立即充分喷水，插后第二天淋水一次，使插穗与沙土充分接触。插后要保持叶面湿润，通过抽查插穗切口湿润状况从而调节喷雾时间长短。插后2~3个月内，经常抹除插穗抽出的新芽。插穗长出愈伤组织后，酌减喷雾。同时，定期喷杀菌剂，防止植株感病。待苗抽生新梢20~25cm，稳定后即可转移至营养袋内培育，并适当补充光照和生长发育所需的各种养分。待苗高50cm以上、至少抽梢2次并稳定后方可出圃（唐树梅，2007）。

四、林木培育

1. 苗木定植

澳洲坚果为高大乔木，树冠宽大，为保证每株树都有足够的采光空间，造林宜稀不宜密。具体密度应根据树形确定：直立型品种可适当密些，株行距一般为4.0m×5.5m，即445株/hm²左右；树冠开张形品种，种植密度可稀些，株行距一般为5m×6m，即330株/hm²左右。此外，种植密度还与山形地势、坡度坡向有关，应因地酌定。

澳洲坚果在气温略低，湿度较大的季节种植易成活。我国南方适生地区春季多雨，气温回升，空气湿度较大，是坚果种植较佳季节。云南和四川春季少雨、风干物燥，种植成活较困难，应以雨季来临时（5月底至6月初）栽植为好。

2. 抚育管理

（1）整形修剪

澳洲坚果修剪的内容较多，应根据不同生长时期、不同果树长势区别对待。①幼龄果树修剪主要是摘心短截、促其分枝，冬季则以疏枝为主。②结果树修剪主要是收果后冬季清园时，将枯枝、病虫枝、交叉重叠枝、徒长枝以及内膛丛生枝修剪清除。③对生长茂盛、枝叶密集的植株，在树冠顶部适当截顶、疏枝，下部除去结实较少的下垂枝。④对植株与植株间已封闭交叉的树，应进行回缩修剪，即对长势弱、枝叶稀疏的树应更新枝条、促其萌发新枝。

（2）适时施肥

1~3年生幼树，施肥主要是促进枝梢的快速生长，即施抽梢肥和壮梢肥。抽梢肥是在梢萌芽前1周至植株有少量枝梢萌芽期间进行，以尿素为主；壮梢肥是在大部分嫩梢抽出8~10cm且枝梢基部的新叶由浅绿色变深绿色期间施用，以复合肥和钾肥为主。

对于结实期的澳洲坚果，不同生长期对营养需求不同，肥料结构应根据生长期进行相应调整：①花前肥。1~3月是果树抽穗开花季节，以

澳洲坚果树形（邓莉兰摄）

澳洲坚果林分（邓莉兰摄）

澳洲坚果果实（邓莉兰摄）

施氮肥为主，适当配施磷、钾肥，以便促进开花结实。②谢花肥。当花快凋谢时，要及时补充营养，为幼果发育和大量春梢生长提供充足养料，应以氮、磷、钾复合肥为主。③保果壮果肥。4~5月幼果形成后，氮、磷、钾需求消耗很大，应及时补充施肥1次，到6月根据需求状况可再施1次，使果实不落或少落。④果前肥。7~8月果实开始进入成熟阶段，为保持果树健康生长和果实正常成熟、不致提前掉落，应增施肥1次。⑤果后肥。10月以后，果实开始成熟，进入采收期，待采收完后应及时施肥1次，使树势尽快恢复，为来年开花结实打好物质基础。

五、主要有害生物防治

1. 澳洲坚果叶枯病

病原为褐斑拟盘多毛孢菌（*Pestalotiopsis guepini*）。症状：初侵染叶片从叶尖叶缘开始发病，初期形成黄褐色斑块，最后叶片的前半部枯焦，病叶不易脱落。防治方法：秋冬季节应尽量剪除病枝、病叶，并将枯枝落叶集中烧毁，减少侵染来源。加强水肥管理，完善栽培措施，使苗木生长健壮。发病前可喷施50%多菌灵或50%苯菌灵500~1000倍液，可预防病原菌侵染，连喷3~4次，防治效果可达75%~80%。

2. 澳洲坚果干腐病

病原为葡萄座腔菌（*Botryosphaeria dothidea*）。症状：病斑呈不规则形，灰褐色，表皮坚硬，皮层变褐，不易脱落。后期病斑干缩凹陷，周缘或表面开裂，表面形成小黑点。有时病斑沿枝干纵向发展，形成长条形病斑。防治方法：在早春清理果园时，先将老皮、病皮、翘皮刮去，然后用5波美度石硫合剂直接涂干，可起到杀菌、防抗冻害、增强树势的作用，连续使用2~3年病皮可逐渐脱落，长出新皮层组织。

3. 虫害

对虫害应采取综合防治措施加以防控：①人工防治。加强果园管理，冬季修剪、清园、摘除虫茧块、卵块等，集中消灭。②生物防治。在果园边缘种植猪屎豆吸引寄生蝇控制蛴螬，释放寄生蜂（姬蜂、茧蜂等）可防治卷蛾、刺蛾、尺蠖等幼虫。③化学防治。用化学药剂喷雾防治蛾类害虫（郗荣庭和刘孟军，2005）。幼虫进入木质部后用浸蘸化学药剂棉签塞入蛀孔，用泥巴封堵，熏杀木蠹蛾幼虫。

六、综合利用

澳洲坚果含油率高达78%，含蛋白质9%左右，所含的8种氨基酸都是人体必需，是世界上最有营养价值的干果。果仁酥脆滑嫩，用于做糕点、面包、糖果、冰淇淋和巧克力，口感特佳，均为市场中的高级食品。澳洲坚果系纯天然产品，无化学污染，用其果仁油可生产美容化妆产品，能延缓皮肤衰老，且无副作用。此外，澳洲坚果树形优美、枝叶繁茂、花朵美丽芳香，是优良的园林绿化树种。木材坚实细密，亦是较好的用材树种。果皮粉碎后可混作家畜饲料，果壳可用来制作活性炭，也可粉碎作塑料制品的填充料。

（邓佳）

别　名｜银橡树、樱槐、绢柏、丝树（《中国植物志》《海南植物志》《浙江植物志》《植物百科》《中国数字植物》）

学　名｜*Grevillea robusta* A. Cunn.

科　属｜山龙眼科（Proteaceae）银桦属（*Grevillea* R. Br.）

银桦为常绿大乔木，树干粗壮通直、树形挺拔优美、花朵漂亮，是一种多用途的速生树种。在我国南部和西南多栽培作城市绿化、庭院观赏和四旁绿化树种，也可用于营造建筑、家具和装饰用的速生用材林，同时又是较好的造纸原料树种。

一、分布

银桦原产于大洋洲，在原产地从湿润的热带雨林到干旱裸露的山坡都有分布，其海拔分布范围为从海平面到1120m，分布区气候变化较大。我国引种栽培银桦已有90多年的历史，广东、福建、台湾、云南、海南、广西、四川、湖南、浙江南部等省份先后引种栽培，云南省在海拔1100～1900m、年降水量1000～1500mm的南亚热带和热带地区栽培较多，生长发育良好，且已引种至北亚热带（如昆明地区）（翁启杰和刘有成，2006；熊友华和寇亚平，2011）。

二、生物学和生态学特性

常绿高大乔木。高达20m。在热带地区4～5年生开始开花结实，在亚热带地区6～8年生开始开花结实。银桦幼苗期不耐强光暴晒，成年树喜光，喜温暖气候，不耐重霜及低温，较耐干旱，在深厚肥沃、疏松、排水良好、微酸性的沙质土壤上生长良好，不适于坚硬、砾质或黏土地上生长（翁启杰和刘有成，2006）。

三、苗木培育

一般采用播种育苗。

1. 种子采集

银桦花期4～5月，6月中下旬果实变棕褐色而成熟。目前尚未见成片造林，采种可在行道树和四旁绿化树中进行，采种时选择15～20年生的壮龄大树作为母树。由于银桦种子较小、有翅，成熟后容易飞散，所以应趁种子未飞落前及时采收，采收后的种子阴干，袋装贮藏。种子最好随采随播，发芽率较高，可达70%以上，隔年播种发芽率则降至10%～25%。

昆明银桦叶部形态（王晓丽摄）

2. 种子催芽

种子播前应用常温水浸种24h催芽，然后把水滤去，用0.15%的福尔马林溶液消毒30min，再用水清洗2～3次，控干水分备用。

3. 播种技术

银桦播种季节最好为夏季，种子采收调制后即可播种。苗床应选择疏松、肥沃、排水良好的沙质壤土或壤土，播种前施入基肥，每亩3000～5000kg腐熟堆肥或其他有机肥。苗床宜用高床，床面需耙细整平，然后浇透水，待水渗透、床面稍干时即可播种。播种前5天左右，用多菌灵溶液或其他有效方法进行土壤消毒。播种方式采用撒播或条播，每亩种子用量6kg。播种后可用筛子筛一些细土覆在种子上，或用细沙或粗糠或锯木屑或草木灰盖种子，厚度以隐约可见种子为宜。最后，对苗床进行塑料薄膜覆盖，以保温保湿，并在其上方搭遮阳网以防幼苗被太阳暴晒。

银桦播种苗也可以在容器内培育，育苗基质采用腐殖质土、泥炭土、火烧土、黄心土、树皮、稻壳等为材料进行配置（基质种类选取应结合当地的材料来源），其比例可根据银桦的生物学特性和对营养条件的要求配制，如火烧土78%～88%、完全腐熟的堆肥10%～20%、过磷酸钙2%。容器可采用圆柱形，直径13cm、高10cm。播种前的种子处理同裸根苗培育，每个容器内可点播1粒种子（发芽率90%以上）或2～3粒种子（发芽率70%以上），播种后用细沙或粗糠或锯木屑或草木灰盖种，厚度以隐约可见种子为宜。

4. 苗期管理

播种后保持苗床、基质湿润，在整个出苗过程的30天内，浇水以少量多次为原则。从苗齐到长出3片真叶需要20～30天，随着幼苗生长，耗水量增大，应增加浇水次数和浇水量。当苗高达到10cm时，可将苗床的苗木移入容器内继续培育（银桦苗木主根细长发达，侧根不发达，此措施是为了促进侧根的发育）；当苗高20cm时，应及时追施氮肥，配施磷钾肥，追施2～3次，施肥量逐渐增多；当苗高40cm时可出圃，或继续培育成大苗。

5. 移植苗培育

银桦育苗一般采用苗床育苗和容器育苗两种方法（朱忠泰，2015），苗床苗高20cm时可进行移植继续进行培育，株行距80cm×100cm，培养2年苗高可达2m左右；若需5m左右的大苗，可将2m左右的苗木进行第二次移栽继续培育2年，株行距2m×2m。

目前，虽然有关于银桦嫩枝扦插育苗的报道，但只是初步的试验，还未形成生产应用技术。

四、林木培育

银桦目前没有大面积人工造林，主要用于城市绿化、四旁绿化以及小面积的试验林。大面积播种造林，宜在夏季造林；作为行道树，常用高度2m以上的大苗移植，株距2m，两行以上者，株行距2m×2m或2.0m×1.5m为宜；小面积植苗造林，可采用穴状整地，初植株行距2m×3m。行道树和植苗造林栽植时都应遵循：栽植穴直径和深度应大于苗木根系范围，挖穴后施基肥，栽

银桦作为行道树列植形成的景观（王晓丽摄）

植时应遵循"三埋两踩一提苗"的栽植规则，苗木栽好后及时浇足定根水，第一年每季松土除草并追施复合肥一次，冬季整形修剪（龚峥等，2013）。

用0.1%的伊维菌素、1%的氟虫胺的诱饵包诱杀，或采用乐斯本100倍稀释液灌药盖膜防治，或采用灭蚁环法用0.1%灭蚁素乳胶剂进行防治（韦戈等，2011）。

五、主要有害生物防治

银桦苗期主要病害有猝倒病、根腐病、立枯病、叶枯病，除播种前进行苗床和基质消毒外，还可每隔1~2周喷1次药剂进行防治，严控病害的发生。叶枯病使用0.5g/L百菌清或1.25g/L多菌灵喷雾防治。

银桦苗期主要害虫有蚜虫、草履蚧（*Drosicha corpulenta*）等，造林后星天牛（*Anoplophora chinensis*）和白蚁也是银桦的主要害虫，需要及时发现、及时防治。防治方法：有蚜虫发生时，可喷2.5g/L的吡虫啉防治。草履蚧可用0.5波美度的石硫合剂喷治，每周喷1次、连喷3次。星天牛可采用药剂防治和人工防治，药剂防治用氧化乐果30倍液对银桦上的活虫孔进行注射；人工防治可在6月成虫羽化盛期人工捕捉成虫，7~8月用铁锤敲击树干基部的"T"字形刻槽击杀虫卵，9月用小刀剥开排粪孔处的被害皮层杀死幼虫，连续坚持2~3年即可控制星天牛危害。白蚁可采

六、综合利用

银桦四季常绿，树冠呈圆柱形，树干高大通直，株型紧凑、优美；叶形别致、叶面绿色、叶背银白，羽状复叶、表面平滑，阳光照耀下会发出银光；花色鲜红至白色，色彩多样，四季均可生长开花，花为养蜂蜜源；鲜花银叶，是人行道绿化的高级树种，常用于城市园林建设和农村四旁绿化。银桦病虫害较少，抗污染能力强，对烟尘和有毒气体有较强的抗性与吸收能力，可起到净化空气、保护环境的作用，是城市和工厂绿化的理想树种。银桦生长迅速，树冠庞大，主干端直，木材物理力学指标与国产优良建筑用材红松、华山松、杉木等十分近似；而且木材加工性能良好，花纹色泽美观，适用于室内装修和家具；木纤维较长，其木材是较好的造纸原料，因此银桦又是低山营造速生用材林的优良树种。

（王晓丽，曹子林）

别　名｜三春柳（陕西）、红荆条（山东）、红筋条（河南）、西湖柳（江苏）、观音柳（广州、南京）、
　　　　蒙海（内蒙古）、红柳（山西）
学　名｜*Tamarix chinensis* Lour.
科　属｜柽柳科（Tamaricaceae）柽柳属（*Tamarix* L.）

> 柽柳是华北地区特有种，适应能力强、耐旱、耐水湿、耐盐碱，是优良的盐碱地和沙荒地防护林造林树种（刘铭庭，2014）。其枝叶纤细悬垂，婀娜多姿，一年三季开花，可作庭院、公园的优选绿化、观赏树种。材质密而燃烧值高，是重要的薪炭材和农具用材树种。枝柔韧耐磨，可作编织材料；枝叶可解表发汗，有去除麻疹之功效。

一、分布

柽柳天然分布区北起辽宁南部，南至安徽北部，东抵江苏北部的河流滩地，西至陕西、青海、内蒙古、甘肃的东南部。海河流域、黄河中下游及淮河流域的平原、沙丘间地和盐碱化地是其适生分布区，在华北至西北地区集中带状分布。多生于河流冲积平原、海滨、滩头、潮湿盐碱地和沙荒地（马建平，2008）。

二、生物学和生态学特性

老枝暗红褐色，当年生枝红紫色，常开展而下垂。叶披针形、半贴生、先端渐尖，背面有龙骨状突起。一年三季开花，春季总状花序侧生于上年老枝上，夏秋季顶生圆锥花序生于当年生枝上。喜光，不耐遮阴。

1. 适应性与抗性

适应性强，其营养器官和繁殖器官具有明显旱生植物的特征。为深根性植物，根系发达，通常可达地下5～7m。其根毛的生长早于胚根的伸长，又增强了其幼苗的抗性（孙丽坤等，2016）。其叶片肥厚，纵向抱茎约40%，横向为半抱茎，与茎形成一愈合体，既能提高光合、又能增强其抗旱力。抗旱能力大于多花柽柳（*T. hohenackeri* Bunge.）、甘蒙柽柳（*T. austromogolica* Nakai）、

长穗柽柳（*T. elongata* Ledeb.）等同属植物。

耐盐碱，是典型的泌盐植物，种植柽柳后的盐碱地其含盐量明显下降。经江苏沿海防护林试验站测定，其栽植的柽柳林外土壤含盐量为1.45%，而林内已降到0.33%；东营盐生植物园种植柽柳2年后的土壤0～20cm、20～40cm、40～60cm土层的脱盐率分别为9.86%、10.66%、4.86%；在大同、朔州地区，栽植柽柳3～5年的盐碱地，其盐分可降低20%～30%。

繁育系统属于兼性异交型，群体内遗传多样性较高，故其生态幅较宽，适应能力强，对大气干旱及高温、低温均有一定适应能力（陈敏等，2012）。对土壤要求不严，既耐旱，又耐水湿，其耐盐碱性尤为突出，是盐碱地重要的指示植

吉林省长岭县柽柳花序（周繇摄）

物。苗木可在含盐量0.8%～1.0%的盐碱地上正常生长，大树耐盐能力在3.0%～4.0%。一般情况下，插穗适宜在含盐量不超过0.8%的土壤中进行扦插繁殖，超过该含盐量时，扦插成活率显著降低。柽柳萌蘖性强，耐沙割和沙埋。

在冬季气温低于−25℃的地区不能越冬，引种至新疆乌鲁木齐和北疆的苗木，冬季常冻死，第二年从基部萌发1年生新枝；引种至新疆南疆和田地区的，则生长发育旺盛（刘铭庭，2014）。

2. 生长发育过程

3月中旬开始萌芽生长，4月下旬至6月上旬开花，花期一直持续到8月下旬，5～9月结果，形成持续开花和时序散布种子的格局。在同一个花序上，存在果实异位异熟的现象，花序下部果实先熟，顶部后熟。10月底停止生长，11月营养枝及叶开始脱落，进入休眠期。

生长发育速度较快，扦插5个月的柽柳枝条主根可达100cm，侧根数量超过10条。其插穗在含盐量0.8%的盐碱地上扦插25天后芽长可达5cm。受环境影响，柽柳在不同引种地表现出了明显的生长差异。在山东东营市4年生的植株平均树高可达3.0～3.3m，平均地径3.5～4.7cm（乔来秋，2006）；在新疆吐鲁番治沙站1年生扦插苗生长量可达0.95m；而在策勒治沙站其生长量在1.5～1.9m，地径1.3～1.7cm。4～5年的柽柳冠幅可达3m。

三、良种选育

柽柳野生种自身花色繁多、多型、抗性强，为其良种选育提供了丰富的遗传材料，然其分布广，繁殖材料易于野外天然林获得，因此对其良种选育工作研究非常少。目前营造柽柳林的种子及插穗多来自天然林；为栽植方便，许多苗圃会建立母树林和采穗圃。

四、苗木培育

可采取播种育苗和扦插育苗。扦插育苗简单易行，是柽柳苗木培育的主要途径。

吉林省长岭县柽柳植株（周繇摄）

1. 播种育苗

（1）采种

存在每年2次开花现象，春季开花的种子在6月下旬开始成熟；夏季开花的种子在7～10月持续成熟。当果穗中有少部分果实开裂即可采种，采收后的种子应放在通风处晾干至多数果实开裂露出冠毛后，装入纸袋储藏好，准备播种。种子成熟后，应及时采种，防止风将种子吹走。

采收的种子宜随采随播，7月前采收的种子当年播种较好，8月以后采收的可在来年6月前使用。

（2）选地

种子在发芽期和幼苗期喜湿润的土壤环境，故应选离造林地较近、地势平坦、灌溉便利、疏松、肥沃的沙壤土至轻壤土为育苗地，忌黏重、盐碱过重或沙性太强土壤。丘陵平原苗圃地应选排灌方便背风面，不宜选在风害严重的风口；在河滩和湖滩设置苗圃时，应选历年最高水位以上的地段。

（3）整地

育苗前先在圃地施有机底肥，然后深翻将地平整。耕作深度以20～30cm为宜，若为盐碱地为抑制盐碱上升宜深耕到40cm。采用带有引水沟的平床育苗为好，床面长5～8m，宽2m，中间开一条宽30cm、深20cm的引水沟。在盐碱较重的地区也可采用高垄低床育苗，播种畦3m×10m或3m×20m，垄高于畦面30～40cm，在播种畦中间开灌水沟，灌水沟规格同上。

（4）播种

多采用落水播种法，春播、夏播均可。播种时间宜选在无风的下午进行，播种前将水引入苗床，等苗床内水深达20cm时停止灌水，将带冠毛的种子（45～60kg/hm²）均匀撒在水面上，用树枝轻击水面促使种子尽快着床。水面降落后，在苗床上覆一层薄薄的细土或粉沙。

（5）苗期管理

柽柳苗期要及时灌溉，根据不同生长时期植株的需水量，做到勤浇少灌，保持床面湿润。播种半个月内，可每隔2～3天小水漫灌一次，此后可进行大水漫灌，灌水次数逐渐减少。两个半月苗高10～20cm时，追肥一次。幼苗期应注意清除杂草，确保幼苗健康成长。育苗期不宜遮阴，苗木密度控制在850株/m²，当年苗高平均40～50cm。

2. 扦插育苗

常采用硬枝平床扦插法，苗床的土壤以沙质土壤为宜。为提高插穗质量，做到随采随插，建立专门的采穗圃十分必要。

（1）采穗圃营建

选择地势平坦，土壤疏松、肥沃，排灌良好，且交通方便的地方做采穗圃，圃地要进行深耕细整，施足底肥。选用优良母树培育出的生长健壮扦插苗来建立采穗圃，栽植株距可为40～60cm，行距60～100cm。采穗圃建立后，要加强灌水、排涝、合理施肥、中耕、除草、防治病虫害等抚育管理。为保证枝条质量，提高其利用率，采穗圃苗木要及时进行摘芽，留条要尽量均匀分布在根桩上，保留分枝位置、长势基本一致的枝条。

（2）采集插穗

选择无病虫害的健壮幼龄母树根部或树干基部发育的粗细均匀（0.5～1.0cm）的1年生枝条或采穗圃采集的枝条作为插条，采集后的枝条应及时截制插穗。早春或秋末冬初采条，采条时期过早或过晚均对生根有影响，故应适时采条；当日采穗当日扦插或插前浸水3～5天，注意采用容器装穗条时应进行保湿。

（3）扦插及管理

宜春季扦插，6月中旬至8月上旬宜嫩枝扦插。扦插时采用刘铭庭老师团队创造的"密行密植扦插法"（刘铭庭，1995）。首先除去插穗上的多余侧枝及叶片，仅留1/3叶片；将插穗切口剪成马蹄形，插穗长度8～10cm；扦插深度为插穗长度的1/2，株距2.5～3.0cm，行距20cm。插后压紧，浇透水，以后每隔10天灌水一次，保持床面湿润。扦插成活率可达95%左右，当年苗平均高1.2m，亩产苗达11.88万株。早春扦插可用塑料薄膜覆盖苗床，可平均提高地温3.4℃，促进扦插苗早发芽发根2~3天。

五、林木培育

1. 立地选择

柽柳抗性强，对水肥条件要求不高，目前已经在荒山荒地、砾石戈壁、流动沙地、重盐碱地等多种立地条件下成功造林，在地下水位较高、土壤轻度和中度盐渍化沙地及有灌溉条件的其他土壤上造林效果更好。在新疆地区，最适宜的立地为绿洲外围的流沙地和农田边的盐渍化土地，土壤为沙土和轻盐渍化沙壤土，地下水位2~10m、立地指数12~14；在黄土高原地区，最适宜的立地为以黄土或红土母质为主的梯田埂、侵蚀沟底和荒坡地；在山东沿海地区，最适宜的立地为盐质或沙质的河滩阶地、土壤为松沙土、地下水位1.5m左右，立地指数12~14。

2. 整地

造林地多为干旱、半干旱区，故应提前进行整地。整地时间一般比造林提前1~2个季节为宜，方式因地区和立地条件而异。新疆地区在土壤贫瘠的流沙地造林时一般不整地，农田边的盐渍化土地多采取带状整地，深度在40cm左右；黄土高原地区的梯田埂、荒坡地分别采取反坡梯田和穴状整地，深度在40~50cm；山东沿海区，多沿河岸采用带状或块状整地，深度在30cm左右。

3. 造林

可用植苗、插条造林，但以植苗造林为主。植苗造林时间、栽植方法及造林密度与造林地的立地条件和经营条件息息相关。选择1~2年生Ⅰ级、Ⅱ级的实生苗或扦插苗（地径大于0.5cm，苗高大于25cm）作为造林苗木。造林时间因地而异，西北黄土高原丘陵地区、山东沿海地区在春、夏、秋三季均可；新疆和内蒙古等内陆沙漠地区应在春、秋季造林。造林前，苗木应进行截干处理，同时剪去所有侧枝，不仅可提高造林成活率，还大大促进萌芽丛生，增强其保持水土、防风固沙的能力以减少苗木地上部分的蒸腾作用。造林时应随起苗随栽植，保持苗根湿润。

穴植、沟植是植苗造林的主要方式。人工植苗一般采用穴植法，挖穴50~80cm，西北黄土高原地区宜深栽或深栽浅覆；内陆沙漠地区为改善沙地条件，宜在穴内层施泥炭和蓄水物（豆荚碎片、锯末、剪除的草坪草等），故穴深一般在60cm以上。沟植法常见于机械化植苗造林，该方法主要在平原和沙地上使用。栽植沟的大小随栽植苗木的大小而定，一般沟深0.6~1.0m，宽30~50cm。

插条造林选用粗0.6cm以上的1年生枝条，截成长30cm左右上平下斜的插穗。春季扦插于事先整好的造林地上，行距1.0~1.5m，株距20~30cm。插后及时灌水，发芽前7~10天灌水一次，发芽后可适当延长灌水时间（马建平，2008）。该造林法常用于盐质或沙质的河滩阶地，造林过程简单，具有省工节时的特点。

造林密度因立地条件、抚育措施和林地类型而异。水土保持林的株行距为1m×2m或0.5m×2.0m；固沙、治沙林的株行距受立地条件限制而变动较大，目前内蒙古、山东采用30cm×40cm，新疆流动沙地采用5.0m×1.5m。另在内陆沙漠营造固沙、治沙林时应采取特殊的技术措施，用固阻与疏导相结合的办法，因地制宜地采取固沙、撵沙、拉沙、挡沙等手段，创造适宜的造林配置方式。

4. 抚育

（1）幼林抚育

造林地多在干旱、半干旱地区，加之幼树竞争能力弱，故必须加强幼林抚育。

松土除草 造林后为提高苗木的成活率和保存率要严禁放牧，及时松土保墒，清除杂草。松土除草的次数和方式，因立地条件不同而异。山东、河北、河南地区土壤相对西北地区较肥沃、降水也相对较多，当地多采用机械除草松土；黄土高原地区地面起伏大、土质疏松，多采用穴状抚育，在雨季除草松土时应同时进行培修田埂、扩大穴面、扶正苗木的工作；新疆、内蒙古等内陆沙漠地区多采用夏季耕翻灭草。立地条件较差的林地，除草、松土一般进行到幼林全面郁闭为止，在土壤水分充足的河滩阶地，幼树高度超过

草层高度即可停止。1～2年的幼龄林每年除草、松土2～3次，3～4年后可减少至每年1～2次。

灌溉　干旱区林地灌溉直接影响造林成活率，灌溉的时间、次数、方式及灌水量与立地条件和气候条件息息相关。随着对柽柳造林技术的研发，多种灌溉模式被推广应用。在降水200mm的乌鲁木齐雅山采用水平沟深栽无灌溉造林的方式，苗木成活率达90%；吐鲁番光板地，栽植前冬灌一次水后深栽造林，苗木成活率超过90%；新疆皮山流沙地造林后灌一次水，成活率在85%以上。柽柳抗逆性强，一般造林前后灌溉一次即可。造林时常用的灌溉方式有开沟漫灌、引洪漫灌、滴灌带灌溉等方式。

施肥　对土壤肥力要求不高，通常不用施肥。但在立地条件较差的地方，栽植前在穴内放入一些腐熟的有机肥，既可提高土壤肥力，又增强土壤蓄水能力，为苗木生长提供良好的条件。

幼树管理　采用播种方式营造的柽柳林在幼树生长后期应及时间苗，间苗的时间可根据幼林生长情况而定。对一些机械损伤、风折、病虫侵染的幼树可进行平茬，促使其萌发新的枝条。造林后应定期进行幼林检查，做好造林营林活动登记，及时补植死亡幼树，加强防火、防鼠、防人畜危害等措施。

（2）抚育

可进行合理平茬，时间、间隔期以及方法可据情而定，部分地区每隔3年进行一次带状平茬。

六、主要有害生物防治

1. 柽柳瘿蚊（*Rhopalomyia* sp.）

1年1代，以幼虫在瘿瘤内越冬。3月下旬至4月上旬化蛹，4月中下旬为成虫羽化期，成虫产卵于叶芽基部，幼虫孵出后进入叶芽基部取食，被害叶芽因受刺激引起组织增生，形成花簇状瘿瘤，10月下旬以幼虫越冬。被害枝条因养分运输受阻而干枯死亡。防治方法：早春当成虫上树时，在成虫产卵之前，人工震落捕杀；在4～5月成虫羽化和产卵期，用泥堵塞虫孔，泥外覆一层稻草，阻碍羽化成虫飞出；人为破坏瘿瘤外层组织，干扰羽化环境，致蛹干瘪而死；喷施化学农药防治成虫和幼虫。

2. 柽柳条叶甲（*Diorhabda elongata deserticola*）

在内蒙古1年3代，以成虫在枯枝落叶下或土中越冬。4月下旬越冬成虫开始活动，取食嫩芽叶片。5月上旬开始产卵，一直延续到6月底。5月下旬，第一代幼虫老熟，6月上旬化蛹，6月中旬第一代成虫羽化、产卵，孵出第二代幼虫，7月中旬幼虫老熟，七月下旬羽化为第二代成虫。8月上旬第三代幼虫孵出，9月上旬羽化为成虫后相继入土越冬。危害区常成点、片、带状扩散，受害枝条似火烧状枯黄弯曲。防治方法：夏季灌溉淹死土中的蛹，冬灌破坏成虫的越冬场所；喷施化学农药防治成虫和幼虫；保护利用猎蝽、螳螂、寄生蝇、寄生蜂等天敌昆虫进行自然控制。

3. 柽柳原盾蚧（*Prodiaspis tamaricicola*）

该虫在宁夏1年2代，以受精雌成虫在柽柳枝干上越冬。翌年随树液流动而取食危害，5月下旬开始产下胎生若虫。第一代胎生若虫活动盛期为6月上旬，第二代为8月上旬。第二代雄若虫于8月中旬开始化蛹。8月下旬至9月上旬羽化。柽柳原盾蚧以若虫和雌成虫危害柽柳的嫩枝、干和叶片，可造成寄主叶黄早凋，梢枝干枯，生长势下降。被害树皮组织变褐、坏死，严重时树冠秃顶干枯而死。防治方法：严格实行苗木检疫，剪除受害枝条；在幼虫孵化盛期喷施化学农药。

4. 柽柳晋盾蚧（*Shansiaspis ovalis*）

在宁夏1年2代，以受精雌成虫在柽柳枝或叶芽附近越冬。翌年5月下旬开始产第一代若虫，6月中旬为若虫活动盛期；7月中旬第二代若虫出现，8月上旬为若虫活动盛期，8月下旬至9月上旬第二代雌虫出现，交尾后进入越冬期。以若虫和雌成虫刺吸寄主的汁液，寄主受害部位呈褐色小斑，重者下陷，甚至坏死，造成叶凋枝枯，甚至死亡。防治方法：发现虫枝及时剪除并烧掉；营林时营造混交林，可相对减轻该虫危害；在若虫活动盛期，喷施化学农药。

七、综合利用

怪柳是重要的防风固沙、水土保持、盐碱地治理、薪炭林造林树种，广泛应用于荒漠、黄土高原、盐碱地等地区。因其花色鲜艳、清香、宜栽植、耐修剪，也可做绿篱、盆景、造景用，是园林绿化的重要树种。它对大气二氧化硫、铅污染以及氯污染有较强抗性，被公认为较好的抗污染树种。怪柳为集硫植物，木材富含硫，叶有蜡质，加之木材坚硬（容重近于$1g/cm^3$），含水分极少，易燃且火力旺盛，还可用来烧制高质量木炭，因此是沙区主要的薪材树种之一。其萌条枝坚韧而有弹性，可用来编制各式各样的工具（筐、背篓、手推车等）。被《中华人民共和国药典》收录，其枝叶可入药，可疏风解表，解毒，主治麻疹难透；其花治中风、清热毒、发麻疹；其杆可治金疮；嫩枝作为蒙药可治陈热、"黄水"病、血热等。其根部还是濒危药材管花肉苁蓉［Cistanche tubulosa（Schenk）Wight.］的专性寄主。怪柳树皮含水分19.6%、鞣质5.21%、非鞣质16.1%，可供提制烤胶。

附：多枝怪柳（*Tamarix ramosissima* Ledeb.）

别名红柳（甘肃河西、新疆）、三春柳、西河柳（甘肃）、苏海、玉勒滚（维吾尔语）。多枝怪柳是怪柳属世界上分布最广、最多型的种，是中亚生态系统中的关键种，也是我国荒漠及半荒漠地区的广布树种，是抗旱造林、固沙造林、盐碱地治理、园林绿化的重要树种，也是重要的编织材料和理想的薪炭林树种。

在我国分布范围为33°～44°N，74°～123°E之间，广布于西北6省区干旱、半干旱区的沙荒地和盐碱化平原。垂直分布海拔落差较大，从海拔150m的吐鲁番地区到海拔2700m的柴达木盆地均有分布，以海拔1000m以下荒漠、山谷、沙区河流沿岸、湖盆边缘、干河床、戈壁滩、盐碱地及撂荒地最为普遍。在年平均气温7～16℃、绝对最低气温−32.8℃、年降水量300～1300mm的范围内均可生长，但以年均气温11.0～15.5℃、年降水量500～800mm的地区生长为好。

生活史与怪柳相近，3月中旬至4月开始萌芽生长，5月下旬至7月开花，花期一直持续到9月底至10月初，6～9月大量结果。多枝怪柳的根、茎、叶和种子的形态结构和生理生态特征对其生存环境具有高度适应性和选择性。它是典型的深根潜水性植物，其茎叶形成高光效器官茎—叶愈合体，茎叶表面具盐腺，通过盐腺可将体内过多的盐分排出体外。它还耐沙埋，风蚀，具有"水涨船高"的特性。

其育苗和培育技术参见怪柳。

（曹秋梅，尹林克）

210 番木瓜

别　名 | 万寿果（广东）、乳瓜（广东、台湾）、番瓜（广东、广西）、麻菖蒲（云南）
学　名 | *Carica papaya* L.
科　属 | 番木瓜科（Caricaceae）番木瓜属（*Carica* L.）

番木瓜是我国热带和亚热带地区的著名经济林树种，适应性强，生长快，结果早，产量高，当年种植，当年可收获，单株产量可达40kg以上。在公路、荒地、水渠、沙滩、草丛等贫瘠处均能生长，是集食用、药用、庭院观赏于一体的经济林和园林绿化树种。

一、分布

番木瓜原产于墨西哥南部以及邻近的美洲中部地区，现主要种植在热带地区，印度、巴西、墨西哥、印度尼西亚和刚果（金）为主产地。我国在300多年前引进，现主要栽培于海南、广东南部、广西南部、云南南部、福建南部及台湾，四川的西昌和江西的赣州也有少量栽培。目前，北京、天津、山东、河北、宁夏等北方省份已将它作为设施栽培新兴经济林树种。

二、生物学和生态学特性

常绿软木质小乔木。高达10m，茎干直立，极少分枝，外被明显叶痕。叶簇集于顶端，直径40~80cm，掌状5~7深裂或7~9浅裂，每裂片再发生羽裂；叶柄长为60~100cm，中空。花单性或两性，植株有雄株、雌株、雌雄同株。繁殖以异株授粉结实为主，兼有单性结实和无融合生殖。浆果为圆形、球形、椭圆形、梨形等，长10~30cm，成熟时黄色或橙黄色。种子球形，黑色，种皮木质具皱纹，外被假种皮。

番木瓜喜高温多湿热带气候，不耐寒，因根系较浅，忌大风，忌积水。对土地要求不高，丘陵、山地都可栽培，对土壤适应性较强，但以疏松肥沃的沙质壤土或壤土生长为好。

海南省儋州市宝岛新村校园林外番木瓜花果形态（王令霞摄）

三、良种选育

目前，生产上栽种的番木瓜品种主要是通过国外引进或国内选育获得。一般都选择品种优良、结果性能强、抗逆性好，尤其是抗环斑花叶病毒的新品种，如'蓝茎''台农5号''美中红''日升''红铃'等。

'蓝茎' 从东南亚引进，植株健壮，坐果率高，果长圆形，平均单果重2~4kg，果肉厚，味甜，对土壤适应性强，比较抗环斑花叶病。

'台农5号' 是台湾第二个抗病毒小果型品种，为佛州种与哥斯达黎加红肉种的杂交后代，株茎健壮，单果重1.2~1.5kg，果肉厚可达2.5cm，适应性强，较耐环斑花叶病。

'美中红' 是美国夏威夷番木瓜和我国广州的穗中红番木瓜杂交的后代，花性及坐果较稳定，单果重0.5~0.7kg，果肉嫩滑清甜，适应性较强，较丰产。

'日升' 从台湾引进，植株矮状，结果早，平均单果重370g，果肉较厚，肉质细嫩，风味极佳，可溶性固形物含量为12%~16%，属于抗环斑花叶病毒型品种。

'红铃' 是广州市果树科学研究所以'穗中红48号'与'马来红'杂交选育而成的大中果型品种，植株较矮，单果重1.2~2.6kg，果肉嫩滑清甜，具淡淡花香味，有较强的抗风和抗病能力。

四、苗木培育

番木瓜育苗方式有种子育苗和组培育苗，目前主要采用的是种子育苗方式。

1. 选种

选择生长健壮、抗病性强，而且茎干节密，每个叶腋均有花，所结果实发育正常、果形端正，能连续结果的长圆形两性花植株和雌株作为母株。当母株上有2/3以上果实变黄色即采收，采后1~2天剖取种子。

2. 种子处理

将种子堆沤4~6天，去除包裹在种子外的腐烂假种皮，洗干净后漂去不饱满的种子及白色未成熟的种子，晾干即可用于播种。播种前，最好先用70%甲基托布津500倍液消毒种子20min，洗净后清水浸种10~12h，再用1%小苏打液浸种5~8h，最后用清水洗净（黄雄峰等，2010）。

3. 育苗方式

为防止苗折断，保证移栽后的成活率，一般采用营养杯育苗，在杯子底部开2~4个直径约1cm的小孔，以便排水。杯中土最好为干塘泥和河泥，混合少量腐熟的有机肥制成，压实后的高度为13~15cm。

4. 播种

播种前先平整育苗地，开条沟，将装好营养土的育苗杯排放入沟中，覆土至育苗杯面，摆放

海南省临高县兰蓬村番木瓜林（韩晓云摄）

宽度最好不超过100cm，以便管理。播种前一天开始给营养土浇透水，每杯播2～3粒种子，播种再覆盖一层砖红壤性红壤土，厚度以刚盖住种子为宜，播种后淋透水。

5. 苗期管理

防寒保苗 秋播苗必须经过越冬，管理上主要是控制好温湿度和合理施肥喷药。番木瓜的生长温度为5～35℃，因此，北方冬季必须搭拱棚加盖薄膜防寒保温。

水肥管理 播种后要经常保持土壤湿润。当幼苗抽出2～3片真叶时，逐渐减少水分，防止烂根。当抽出4～5片新叶后开始施薄肥，每10天左右施1次，用0.2%～0.3%磷酸二氢钾或尿素喷施或淋施。幼苗长出5片新叶后，其抗寒能力已逐步增强，故可开始逐步炼苗。当幼苗长出7～9片新叶，苗高约20cm即可出圃。

五、林木培育

1. 作为经济林的培育技术

移苗定植为春植2～3月上旬前，秋植9～10月。定植时，尽量不要弄松土团，不露根、不伤根。种植时土层覆盖以略高于根颈为宜，植后压实，浇足定根水，并用干稻草覆盖树盘，注意保持土壤湿润。新建番木瓜园要与旧园相距100m以上，并彻底清除周围的病株，且种植园不连作。选择排灌方便、避风向阳、肥沃疏松的土地为好。平地要起高畦栽培，在畦间设排水沟，坡地等高栽培，在行间开沟，便于排灌。栽植方式宜采用宽行窄株，一般采用2.5m×1.5m规格种植，每亩定植150～170株。如果果园肥沃，可适当疏些，采用2.5m×1.8m。

2. 作为间作、套种林的培育技术

番木瓜园可以适当间种、套种其他作物，一般前期可选择浅根性、生长快、能迅速覆盖地面的作物如辣椒、花生、西瓜、甜瓜，可减少杂草生长；后期由于番木瓜植株较高，叶片又具有较好的遮阴效果，适宜种植偏阴性作物如番茄等。这些措施均可起到集中消灭蚜虫、减少花叶病发生的作用，这样既有利于改善番木瓜园的生态环境，又可以增加单位面积的经济效益。

3. 作为观赏树木的培育技术

番木瓜树形优美，并可常年开花结果，具有极好的观赏价值。因此，在植后管理上，应着重考虑其观赏价值。在晴天，及早摘除幼树叶腋长出的腋芽；老叶、病叶光合作用衰退，为避免消耗养分，增加通风和日照，减少病虫害，要及时割除，但不可从基部削掉，以免主茎染病腐烂。在植株开花后要适当疏花，幼果期要适当疏果，且越早越好。疏去畸形果、病虫果、过密的弱势果，仅留下形状整齐美观的果实，让其充分肥大。

六、主要有害生物防治

1. 番木瓜环斑花叶病（花叶病）

番木瓜环斑花叶病的病原是一种病毒，称为番木瓜环斑病毒（Papaya Ringspot Virus）。环斑花叶病是毁灭性病害，感病初期只在顶部叶片背面产生水渍状圈斑，其叶柄及嫩茎会出现水渍状斑点，随后全叶呈现花叶症状，叶柄及嫩茎的水渍状斑点扩大并联合成水渍状条斑。感病果实上产生水渍状圈斑或同心轮纹圈斑，2～3个圈斑可合并成不规则的大病斑。其病毒极易由汁液摩擦传染，自然传染的介体昆虫为绵蚜和桃蚜。该病的潜育期为7～28天，一般为14～19天。目前，还没有根治环斑花叶病的方法，因此，一旦发现要及时清除，以免病害扩散。

2. 番木瓜炭疽病

番木瓜炭疽病的病原菌有胶孢炭疽菌（*Colletotrichum gloeosporioides*）和辣椒炭疽菌（*Colletotrichum capcisi*）两种。该病主要危害果实，其次危害叶片、叶柄和茎。被害果面出现黄色或暗褐色的水渍状小斑点，随着病斑逐渐扩大，病斑中间凹陷，出现同心轮纹，上生朱红黏粒，后变小暗点，病斑可整块剥离。叶片上，病斑多发生于叶尖和叶缘，色褐，呈不规则形，斑上有小黑点。病害主要靠雨水、雾水传播。防治方法：可以采取冬季清园的措施，彻底清除病体，集中烧毁或深埋，并喷波尔多液1次。8～9月

发病季节每隔10～15天喷药1次，连喷3～4次（周鹏和彭明，2009）。

3. 番木瓜红蜘蛛（*Panonychus citri*）

每年可繁殖20多代，低温时潜伏于茶丛内或叶腋内，从卵发育至成螨3～4天，雄成螨寿命约4天，雌成螨寿命约9天。成螨和幼螨活动于叶背面，吸取汁液。被害叶片缺绿变黄点，严重危害叶片时黄斑点连成一片或斑块，似花叶病症状。防治方法：通过砍除植株，彻底清除田间残体及杂草，集中烧毁，减少越冬虫源。可喷水3～4次，减少虫口，并保护自然天敌。在幼螨孵化期每隔5～7天喷药1次，连喷2～3次。

七、综合利用

番木瓜是一种具有药用、食用、观赏和绿化等多种用途的优良资源树种。因茎干笔直、树形优美，且常年开花结果，非常适合种植于林木周边或林下以及房屋四周，既可作为经济作物，也可作为观赏果树。番木瓜的根、叶、花可入药，治疗骨折和肿毒溃烂等，种子可以驱虫。果实可做蔬菜，可鲜食，也可制成果脯、果酱、果汁和罐头等。从未成熟的番木瓜乳汁中提取的番木瓜素具有很强的分解蛋白质的能力，可制造健胃药、驱虫剂，还可作酒类、果汁的澄清剂和肉类的软化剂。同时，番木瓜也是一种制造化妆品的上乘原料，具有美容增白的功效。从番木瓜果实中还可提取番木瓜碱和番木瓜凝乳蛋白酶，其中，番木瓜碱具有抗肿瘤作用，对淋巴性白血病细胞具有强烈抗癌活性；番木瓜凝乳蛋白酶则可用于食品、医药、化妆品、水产加工、日化和饲料等行业。

（陈惠萍）

别　名 | 籽椴、小叶椴（东北）
学　名 | *Tilia amurensis* Rupr.
科　属 | 椴树科（Tiliaceae）椴树属（*Tilia* L.）

紫椴是我国东北地区珍贵的阔叶用材和蜜源树种之一，亦为东北红松阔叶林的主要伴生树种。其材质轻软，纹理致密通直，是优良的胶合板用板及细木工板的重要原料。因树形美观、花朵芳香、抗烟、抗毒性较强、病虫害较少，是较好的城市和庭院绿化树种。多年来由于过度采伐利用，其种群数量不断减少，被列为国家二级重点保护野生植物（《国家重点保护野生植物名录》，国务院1999年批准）、中国主要栽培的192个珍贵树种之一（《中国主要栽培珍贵树种参考名录》，2017年国家林业局修订版）。

一、分布

紫椴主产于黑龙江、吉林及辽宁东部山地，内蒙古中部、北京北部、天津北部、河北东北部、山东中部及东部，朝鲜半岛和俄罗斯远东地区亦有分布。垂直分布在海拔300～1000m之间。中心分布区域在40°15′～50°20′N，126°～135°30′E之间，呈新月式地形。主要分布在小兴安岭—完达山山地红松阔叶林区和太平岭长白山山地阔叶沙冷杉、红松混交林区。

二、生物学和生态学特性

落叶乔木。高可达30m，胸径可达1m。幼年树皮黄褐色，老年树皮灰色或暗灰色，浅纵裂，片状脱落。当年生枝绿色或带淡黄褐色，无毛，或疏生灰白蛛丝状柔毛，后脱落，皮孔明显，微凸起，老枝褐色。顶芽有鳞苞3片。单叶互生，阔卵形或卵圆形。核果球形或椭圆形，叶背被褐色短绒毛，具种子1～3粒；种子褐色，倒卵形，长约0.5cm。花期6～7月，果熟期9月。

喜光，稍耐阴，喜温凉湿润气候，深根性树种。对土壤要求比较严格，多生长在山中下腹。在长白山南部，坡向、坡度、A层土壤厚度是影响紫椴生长的主导因子。在半阴半阳坡的生长好

于阴坡和阳坡，生长量随A层土壤厚度增加而提高。幼树、幼苗比较耐庇荫，在郁闭度较小的针阔混交林或红松林下，天然更新良好，但在郁闭度较大的林分内，幼树树干低矮，多分叉，树冠呈平顶状。紫椴较耐寒，其耐寒性随年龄的增长而加

黑龙江省南岔林业局红松阔叶林中的紫椴（杨立学摄）

强，在裸地上人工更新时，幼树易受冻害，冻后还能萌发，但造成主干不明显，长时期生长不起来。幼树生长较慢，特别是10年生以前，生长较迟缓，10年生后生长加快，年高生长量可达0.5m以上。

紫椴种子为综合休眠。种皮含有致密层，坚硬致密，透水性较差，不易吸水。果皮、种皮与胚乳（胚）中均含有萌发抑制物质。在低温层积过程中，种子中吲哚乙酸含量逐渐增加，达到最高含量后有所下降；脱落酸含量则是持续减少；玉米素含量呈现先上升再下降继而回升的趋势。吲哚乙酸/脱落酸比值先上升后下降，玉米素/脱落酸比值先上升后下降，再有所上升。

三、良种选育

黑龙江省林业科学院于20世纪90年代，初步开展了紫椴良种选育以及种子园建立工作。在黑龙江、吉林两省具有代表性的12个种源地选择优树，开展采种、采条工作，初步认定黑龙江省方正、山河屯、五常，吉林省通化（湖上）等种源的苗木生长较快，且苗木枯梢率及枯梢程度较小，是较好的种源。种子园由于保存不善，不能为生产提供良种。

四、苗木培育

紫椴以有性繁殖为主，已陆续开展了扦插、嫁接、组织培养等无性繁殖工作。

1. 播种育苗

播种育苗以培育裸根苗为主。

（1）种子采集与催芽处理

每年9～10月果实呈现成熟颜色时采收。经日晒去杂，得到纯净种子。使其安全含水量保证在10%～20%之间，常温保存即可，其发芽能力可保持2年以上。生产上多采取混沙和混雪层积催芽方法，需要120～150天。层积催芽前，通常先用40℃温水浸种3～4天，待种子充分吸水膨胀后，用0.3%的多菌灵浸种2～3h进行种子消毒，捞出后冲洗一下，以备催芽处理。

（2）选地与整地

育苗地应选择在地势比较平坦、排水良好、土层较厚、pH 6.5～7.0的肥沃沙壤土或轻黏壤土上。切忌在重黏土、盐碱土和低洼地上育苗。育苗地要进行秋翻，翌春顶凌耙地。整地要做到深耕细耙，深浅一致。结合作垄，施入底肥，一般施厩肥75000kg/hm²，过磷酸钙375～750kg/hm²。粪肥要充分腐熟，倒细均匀，集中施用，以充分发挥肥效。为防除蛴螬、线虫危害，可在施肥时均匀拌入3%颗粒剂60kg/hm²，制成毒土，掺入粪肥中。使用五氯硝基苯40%粉剂30kg/hm²+福美双50%可湿性粉剂30kg/hm²拌入床面或垄面顶层2cm土中，防除立枯病等病害。

（3）播种

东北以春播为主，一般在4月末至5月上旬。播种量一般200kg/hm²。多采取垄作条播，垄宽60cm，垄台宽30cm，垄高15cm。覆土1.0～1.5cm。播前灌足底水，播后及时覆土镇压。出苗前需要保持土壤湿润。播种后15～20天出苗。

（4）苗期管理

播种后，进行人工遮阴处理（70%光照），可以显著提高苗高、地径及单株生物量。苗期使用速效丰产灵（1000mg/kg）喷洒裸根苗叶面，可以显著提高苗高、地径、单株平均叶面积，并且显著提高紫椴苗木抗寒性。出苗后，幼苗对除草醚，扑草净等化学除草剂有药害反应。在苗木生长速生期到来后，中耕除草，每延长米留苗40～50株。苗木出齐后立即喷洒0.5%～1.0%的波尔多液，连续喷洒3～5次，每周一次，或者喷施3～5次敌克松500～800倍液，每10天一次，可起到防治立枯病作用。秋季顶梢木质化不良，易受早霜危害。留床越冬时，覆盖防寒土。

2. 扦插育苗

在覆遮阳网的室外插床上，使用1/2珍珠岩+1/2河沙的混合基质。影响硬枝和嫩枝扦插生根的主要因素是穗条母株年龄和激素浓度。硬枝扦插宜采用1～2年生枝条，插穗用100mg/kg的ABT生根粉处理24h，最高生根率达82.6%。嫩枝扦插宜采集1～2年生超级苗上的枝条，采用质量分数为100mg/kg的ABT+质量分数为500mg/kg的NAA处理8h，生根率可达88.5%。

3. 组织培养育苗技术

采用萌动期的1~2年生超级苗及萌生条上的芽为外植体，培养于添加6-BA 0.5mg/L+GA₃ 2.0mg/L的WPM培养基上，分化率高，嫩梢伸长较快。当试管苗嫩梢伸长1.0~1.5cm时，于茎基

东北林业大学紫椴风景林（杨立学摄）

黑龙江省勃利县河口林场44年生紫椴人工纯林（杨立学摄）

黑龙江省建三江农垦绿洲苗木销售有限公司2年生紫椴苗木（王志敏摄）

截取，置于改良的WPM+IBA0.5~1.0mg/L+NAA 0.5~1.0mg/L+蔗糖2%的生根培养基上，20~25天可以生出主根，40天后生长出多条侧根，试管苗生根率为60%~65%。此时便可以移栽到1/2珍珠岩+1/2黑土的基质中。经炼苗后，移于经消毒的基质营养杯中，在温室条件下（温度在18~26℃，相对湿度在80%以上），15~20天可度过缓苗期，移栽成活率为73%~78%（王彦彬等，2002）。

五、林木培育

1. 立地选择

紫椴适宜在土壤肥力高和排水良好的地段生长。在小兴安岭南部和长白山北部，最适于紫椴生长的立地条件是半阴半阳坡的中部。

2. 造林

东北地区以春季顶浆造林为好，亦可在秋季树液停止流动后造林。在栽植前一年秋季进行穴状整地，规格为60cm×60cm×30cm。选择S₂₋₀型Ⅰ级或Ⅱ级苗木，且为优良种源或优良无性系苗木，并尽可能选择化控处理后抗霜冻害较强的苗木。考虑到紫椴幼苗具有匍匐生长，且因易受霜冻危害分杈严重的特点，建议加大初植密度到5000株/hm²和6600株/hm²；或采用植生组造林，群团内局部株行距0.5~1.0m。

半个世纪的造林实践证明，营造紫椴混交林是提高林分稳定性、发挥森林多种效益、增加该树种蓄积的有效手段。紫椴与红松（落叶松、班克松）窄带（4~6行与4~6行）混交为宜，株行距1.5m×（1.5~2.0）m。紫椴与红松丛植（3株/穴）块状（0.2hm²）混交更适合（王贤民等，2011）。实践中观察到紫椴与落叶松行间混交，株行距1.0m×1.5m，17年生时紫椴的树高与落叶松的几乎相同，比相邻地块紫椴纯林高出1/3，且树干通直，枝下高较高。因此，紫椴人工用材林造林早期阶段，可以考虑该种方式混交。

3. 幼林抚育

根据紫椴生长节律特点进行抚育（王贤民等，2011），具体措施如下：造林定植后，一般幼抚4年7次。第一年抚育2次，5月末、6月下旬各

1次，主要工作是扩穴、培土、除草。由于第一年苗木出芽晚不宜用刀抚，否则伤苗。第二年至第三年每年2次，5月下旬、7月上旬各1次，以刀抚为主，主要是穴状去除灌木、杂草，尽量保留侧方庇荫以利于减轻早晚霜危害，促进高生长。第四年5月下旬带状或全面去除灌木，并修枝促进高生长使之尽早成林。

4. 平茬复壮

紫椴顶芽生长不明显、具有分叉现象，在全光下的人工纯林最为明显，所以要对分叉多、受机械损伤或由于干梢而有丛生倾向的幼树进行平茬复壮。一般在冬季进行，在根际下部平茬，促进根基外萌芽更新。平茬树龄在3～5年生为好，平茬后当年萌条达80～100cm。第二年对萌条按去劣留优原则，选取一株顶芽饱满、干直健壮的植株保留，其余全部去掉，也可在2～3年生幼林中于5月进行摘芽育干方法抑制侧枝生长，促进主干生长，培育幼树使其早日成林。

5. 抚育间伐

紫椴高生长在10年生以后开始加速，一直到40年生，以后生长缓慢并逐年下降，因此紫椴透光抚育首次应从10年生开始，主要是清除林下灌木及生长不良、干形弯曲的幼树，郁闭度保留0.7左右。15～20年生进行间伐抚育，采取综合抚育法为宜，但间伐强度不宜太大，一般为10%～20%。轻度间伐的林分材质最优，林木生长较快，其木材密度相对较大，间伐后林分的木材生长轮宽度和生长轮密度的变异系数逐渐减小，间伐可改变木材的均度。可选择轻度间伐的培育措施对紫椴林木进行定向培育。

六、主要有害生物防治

椴毛毡病（*Eriophyes tiliae*）寄生在紫椴叶上，产生毛毡状病斑，淡黄白色或浅土黄色，凹陷，被害严重时，由于过分消耗养分和水分，叶片有时凋萎，有时卷缩早落。病原为四足螨，在芽鳞内过冬，翌年春放叶后开始危害，夏末秋初最严重。防治方法：①发芽前喷药杀死冬螨；②6月生幼螨时，喷药防治；③带螨的苗木，出

圃时，用50℃水浸10min或用硫磺熏蒸；④苗圃中可收集落叶焚毁消灭侵染源。

黑龙江紫椴吉丁（*Lampra amurensis*）、紫椴黑小蠹（*Scolytus koltyei*）、椴枝子小蠹（*Einoporus eggersi*）：可喷洒杀虫剂防治。平时对紫椴的幼苗、幼林、成林，从萌动发芽开始到落叶休眠为止的整个生长发育周期加强抚育管理，使苗木生长健壮，预防次期性树干害虫，如紫椴兜夜蛾（*Calymnia moderuta*）、白夜蛾（*Chasminodes albonitens*）和紫椴毒蛾（*Canna molachitis*）等。这些害虫发生严重时，可在早、晚无风天气放各种杀虫喷雾剂熏杀。

花鼠（*Eutamias sibircus*）、松鼠、五道眉、灰鼠、松狗（*Sciurus vulgaris*）等鼠类，危害紫椴的种子、幼苗和幼林，可在鼠洞前放入用瓜籽或油脚炒香后拌有5%磷化锌的毒饵药杀。小面积亦可用鼠夹、鼠笼等灭鼠工具人工捕捉。此外，大力发展及保护鼠类的天敌，如鹰银鼠、紫貂等也是消灭鼠害的一种积极有效的方法。

七、材性及用途

紫椴木材年轮不明显，边材、心材区分不明显，结构轻软，材质细腻，纹理直；力学强度较高。木材耐腐性、耐虫性较差，切削加工性良好，易刨切，刨面光滑，弯曲加工性良好，油漆涂饰性良好，胶黏性良好，干缩性不大，易干燥，干燥缺陷稍有翘曲，开裂少，握钉力不大，不易钉裂，耐磨损性较差。木材以绝对干粉为基准，水分9.12%，灰分0.36%，冷水抽出物2.81%，热水抽出物2.77%，1% NaOH抽出物24.61%，苯醇抽出物8.12%；纤维素49.64%，Klason木质素24.68%，多聚戊糖22.59%（陆文达等，1991）。紫椴是制造胶合板的良好原料，亦可用于建筑、机械、雕刻、家具、造纸等行业。在保管和存放时，应避免出现由于其耐腐性差而导致木材降等的问题。加工剩余物亦可做木丝板、纤维板等。树皮出麻率40%，可与大麻混合制绳。

（杨立学，张国珍，祁永会，林士杰）

别　名｜铁木、米蚬（壮语）

学　名｜*Excentrodendron hsienmu* (Chun et How) Chang et R. H. Miau

科　属｜椴树科（Tiliaceae）蚬木属（*Excentrodendron* Chang et Miau）

> 蚬木是热带南亚热带岩溶地区著名的珍贵特等用材树种，是国家二级重点保护野生植物。其材质坚重，结构均匀，纹理美观，耐腐耐虫，抗性强，具有极为优良的力学特性，因强度与硬度大，坚硬似钢铁，又称铁木，是中国最硬重的木材，与格木、金丝李并称广西三大硬木，是优质的船舰、车辆原料用材，又是很好的机械垫木、特种建筑和高级家具用材（王克建和蔡子良，2008）。

一、分布

蚬木分布于我国桂西南至滇东南，越南北部也有分布。蚬木的天然分布仅见于石灰岩山地，在气候适宜地区常发育成为优势树种，垂直分布从低海拔至海拔900m。在广西龙州一带的石灰岩山上，与金丝李、肥牛树、青冈、割舌树等同为季雨林的主要建群种（申文辉等，2016）。

二、生物学和生态学特性

常绿大乔木。干形通直，树高40m，胸径可达3m。树皮灰色，平滑，老时灰褐色，片状剥落。叶革质，卵圆形或椭圆状卵形，长8~14cm，宽5~8cm。脉腋有囊状腺体，基出脉3条，2条侧脉上升过半，离边缘有1.0~1.5cm。圆锥花序，子房5室，每室有胚珠2枚。果椭圆形，翅果长2~3cm，有5条薄翅，成熟时分离为7果瓣，每瓣具1粒种子，种子棕褐色，近似三角形。孤立木15年生开始开花结实。花期2~4月，果期6~7月（王克建和蔡子良，2008）。

蚬木喜暖热气候，幼龄树耐阴，之后逐渐喜光，抗寒性弱，幼树在-1℃时梢枯，-4℃时受严重冻害致死。适生区年平均气温19~22℃，最冷月平均气温11~14℃，最热月平均气温25~28℃，极端低温-2℃。蚬木不耐水湿，在

中国林科院热带林业实验中心蚬木林（农志、梁永科摄）

中国林科院热带林业实验中心蚬木枝叶（梁永科摄）

排水不良和雨季短期积水的地方均可导致死亡。蚬木适生于肥沃的钙质土壤，微酸性到中性土壤（pH 6.2～7.2）生长良好，在砖红壤性土栽培的蚬木，生长缓慢，但经过重施基肥和石灰改土后，生长尚好。

三、苗木培育

1. 采种与调制

蚬木于6月初蒴果开始成熟呈黄色，至6月底果实大量成熟脱落。种子掉落地上，迅速发芽或霉烂，故应及时采收。可在果壳开始由青色变黄色时采收，将果实置于干爽的地方摊晾，2天后果实开裂，即进行脱粒、除杂，种子千粒重为210～250g。宜即采即播，新鲜种子10天内发芽率高达90%，如贮藏20～30天，发芽率降低至60%～80%，超过2个月则全部丧失发芽力。

2. 播种

圃地宜设置在有良好屏障的南向或西南向马蹄形坡地，土壤以腐殖质含量高的石灰土为宜。有机质较缺乏的土壤，要施农家肥及磷肥作基肥。苗圃需提前整地，起畦后条播，条距20cm，条播沟深4～5cm，在条播沟内按7～10cm点播种子，播种量约10kg/亩。播后用草皮泥灰覆盖种子3cm厚，再加盖稻草保湿。

3. 苗期管理

蚬木种子发芽快且整齐，播后3～5天便出土，起止期约10天。出土初期，宜适度遮阴防止日灼。幼苗生长较缓慢，当年10月苗木基本停止生长，苗高一般只有10～20cm，至翌年3月中旬才开始萌动发叶，宜在此时追肥。5～9月雨热同季，生长正茂，要加强除草松土，施追肥2～3次。1.5年生苗，苗高达70cm即可出圃造林。起苗前，要适当剪去一部分叶，以减少水分蒸发。

四、林木培育

1. 立地选择

造林地宜选择北回归线以南的石灰岩山地的中下部。蚬木是热带南亚热带石灰岩山地的特有树种，适生于肥沃的钙质土壤，微酸性到中性土壤生长良好。

2. 整地

蚬木早期喜阴，造林地不宜炼山全垦整地，一般以块状穴垦为主，株行距为2m×3m或2m×2m，亦可根据石灰岩山石多土少的特点，采取见缝插针的方式整地。穴规格为50cm×50cm×40cm或60cm×60cm×50cm。挖穴后先回草皮和表土为下层，对微酸性土壤挖穴后可施石灰100～150g，并将石灰与草皮和表土混合混匀后回土填满穴。

3. 造林

宜在春季雨后土壤湿透的阴天或小雨天造林。蚬木耐旱能力强，根系恢复快，造林成活率高。一般将裸根苗修剪后浆根再定植，成活率可达95%以上。在杂灌较多的林地，也可用2年生苗高1m以上的大苗造林，不但成活率高，而且生长快。有条件的地方，提倡使用容器苗造林。

4. 抚育管理

未成林抚育 蚬木造林后要及时进行抚育管理，每年抚育2次，第一次在5～6月，第二次在8～9月，直到林分郁闭为止。幼林抚育应以块状铲草、松土为好，并将铲掉的杂草覆盖植穴表面以利保水保土。

成林抚育 当蚬木林分郁闭，林木个体分化明显时需进行透光伐。一般在造林后7～10年进行，伐除过密的、质量低劣的和无培育前途的林木，间伐强度为株数的20%～30%，以后根据林木生长情况，每隔5～8年进行一次生长伐，按照砍坏留好、砍小留大、砍密留稀的原则进行间

广西龙州蚬木林相（农志摄）

中国林科院热带林业实验中心蚬木（梁永科摄）

五、主要有害生物防治

蚬木曲脉木虱（*Sinuonemopsylla burrediodendry*）是蚬木最主要的害虫，主要是以若虫群集在嫩芽嫩叶危害，吸食汁液，成虫也常在嫩梢周围栖息取食，若虫分泌出一些白色絮状物和排泄蜜露，导致煤烟病的发生，不同程度地影响植株的光合作用。曲脉木虱在广西无明显越冬现象，一年四季均发现有成虫、若虫和卵三种虫态同时存在，且世代重叠。曲脉木虱以2月下旬至4月中旬为全年虫口高峰期，6月中旬为最低。田间木虱数量与蚬木抽梢期有密切伴随关系，虫口数量从2月下旬至3月下旬，即第一次抽梢后急剧上升，并达到全年最高峰。防治方法：在蚬木曲脉木虱发生危害较严重的早春季节，此时各种天敌活动甚少，应抓紧时机及时用药进行防治，可用杀虫药剂等喷雾，效果较好。其他季节天敌较多，应尽量发挥自然控制，一般不宜用药防治。

六、综合利用

蚬木为我国广西的珍贵用材，木材气干密度为1.02g/cm^3，入水即沉，属于高强度性质的材种。心边材区别明显，心材比重大，红褐色，边材淡赤褐色。心材材质优良，耐腐耐磨耐砍，抗压、抗剪强度高，韧性大，干缩性小，纹理直，光泽强，木材用途广泛，为优质的船舰、车辆原料用材，又是很好的机械垫木、特种建筑和高级家具用材。蚬木做成的木制车轴、手工作业刨床和锯柄、木刨头、砧板等都很耐用，为群众所喜爱（王克建和蔡子良，2008）。

伐，间伐后林分郁闭度应控制在0.6~0.7（沈国舫和翟明普，2011）。

主伐更新　蚬木主伐一般采用择伐或小面积皆伐，伐后进行天然更新或人工促进天然更新。蚬木萌芽能力强，采伐后可以萌芽更新，伐后2~3年内宜进行去萌疏条，每伐桩保留1~2株即可，并及时进行林地除草、砍蔓等工作（欧芷阳等，2013）。

（贾宏炎，卢立华，明安刚）

213 山杜英

别　名 | 杜英（广东、海南、福建、云南、浙江、四川等南方各地）、羊屎树（海南、广东、云南、福建、浙江、四川等南方各地）、胆八树（海南、云南）、杜莺（广东、广西、云南、海南）

学　名 | *Elaeocarpus sylvestris* (Lour.) Poir

科　属 | 杜英科（Elaeocarpaceae）杜英属（*Elaeocarpus* L.）

　　山杜英主要分布于长江中下游以南至华南地区，越南、老挝、泰国也有分布，是亚热带常绿阔叶树种，生于海拔350～2000m的常绿林里，其具有生长快、材质好、适应性强、繁殖容易、病虫害少、抗火性能较强等优点，为我国南方速生乡土用材、食用菌原料及生物防火林带的优良树种。同时，山杜英树形优美，枝叶茂密，一年四季常挂几片红叶，秋后红叶更多，红绿相映，是庭院观赏、四旁绿化、工矿区绿化和防护林的优良树种（苏治平，2000）。

一、分布

　　山杜英主要分布于我国南方各地，集中分布于我国广东、海南、广西、福建、浙江、江西、湖南、贵州、四川、云南及台湾等地。垂直分布，以海拔100～500m为多，少数可以分布至海拔2000m的山地。常混生于常绿阔叶林中，多与栲类、石栎类、木荷、细柄阿丁枫等树种混生形成群落。近20年来，我国南方各地区均有人工栽培。

二、生物学和生态学特性

　　常绿乔木。高可达18m，胸径达38cm。小枝纤细，秃净无毛。叶薄革质，单叶互生，倒卵形或倒披针形，两面均无毛，边缘有钝锯齿或波状钝齿；叶柄无毛。总状花序生于枝顶叶腋内，花序轴、花柄纤细；萼片披针形；花瓣倒卵形；花药有微毛；花盘圆球形，被白色毛；子房被毛。核果椭圆形，细小，内果皮薄骨质。花期6～8月，果期10～12月。

　　生长较为迅速，萌芽力强，顶端优势明显，主干圆满通直，侧枝细短。人工幼林年树高可达0.6～0.8m，胸径可达0.6～1.5cm。材积生长10年后进入速生期，20年后进入生长旺盛期，后期生

福建省永安林业集团种苗中心山杜英容器苗培育
（吴炜摄）

福建山杜英果实（陈世品摄）

长量大，可以培育成大径级用材。

耐阴树种，需光性中等，喜温暖湿润气候，幼树偏阴，中龄以后偏阳，深根性，须根发达。适生于气候温暖湿润、土层深厚、排水良好的山地红壤、黄红壤以及四旁空地。最适宜的气候条件为年平均气温16℃以上，年降水量1350～2000mm，相对湿度80%左右。虽为南亚热带树种，但耐寒性、抗高温及抗风性较强（陈存及和陈伙法，2000）。

三、良种选育

山杜英的良种选育还未有系统的研究，仅见江西、广东、广西等地开展种源、家系苗期遗传性状测定，尚未建立采穗圃、种子园。目前，生产上用的种质材料大多来自天然林或树龄15～30年的人工林。应从生长旺盛、整齐、光照充足的林分中，选择健壮、无病虫害、树干通直的优势木或亚优势木作为采种母树（曾志光等，2003）。

四、苗木培育

1. 种子生产

山杜英7～9年生开始开花结实，正常结实期为10年以上，大小年间隔为1年或有的2年，但不甚明显。9月下旬至11月上旬果实成熟，果皮颜色由青绿色逐渐转为暗绿色或紫青色即为果实成熟，应及时采种。果实采回随即放入流水中浸泡2～3天，再搓去果皮与果肉，然后用清水洗净，摊在通风处晾干即可播种，去皮后种子千粒重260～280g。种子不宜长期贮藏，否则易降低发

芽率。新鲜种子发芽率达75%～80%。宜随采随播种，也可将种子用湿沙贮藏至翌年春播（罗德光，2003）。

2. 播种育苗

圃地的选择和整地 山杜英为深根性耐阴树种，圃地应选择日照时间短、排灌方便、疏松肥沃湿润。秋末冬初对圃地进行深翻，结合耙地用30%的硫酸亚铁进行土壤消毒（用量为2000kg/hm²）。细致整地，苗床高20～25cm。

播种技术 播种时间为2～5月。采用撒播或条播均可，播种量为105～135kg/hm²。播时撒适量磷肥，有利于发根。播种后覆细土，厚1.0～2.0cm以不见种子为度，并盖一层薄薄的干草，以保持土壤疏松、湿润，有利于种子发芽。出苗期30～40天。当70%的幼苗出土后，及时揭去覆盖物，出土后加强除草、松土、排灌、施肥、间苗及病虫害防治等田间管理。7～9月为苗木速生期，11月进入休眠期。大田苗1年生苗高达80～100cm，地径0.7～1.0cm时，即可出圃造林。

容器育苗 采用种子播种育苗，也可在大田播种后，待长出2～3片真叶时，移栽至容器袋培育袋苗，基质可用80%黄心土+5%复合肥或钙镁磷肥，或用轻基质。小苗移栽容器袋后立即浇水，搭盖遮阴度60%～70%的遮阳网，待苗木木质化后，去掉遮阳网，并加水肥管理和病虫害防治，10月以后控制水肥以提高苗木木质化程度。1年生容器苗苗高70cm可出圃造林。

3. 扦插育苗

采用扦插育苗，成活率高，长势、形态与种子播种苗不相上下。扦插育苗成本低，效益高，具有推广价值。扦插穗条选择幼年母树或采穗圃的半木质化枝条，扦插条应取枝条的中上部，长度约10cm，扦插后管理措施与播种育苗相同。扦插季节为春末初夏和秋季较为适宜，生根率可达80%（朱西存等，2005）。

五、林木培育

1. 立地选择

山杜英的造林方式主要有营造单纯林、混

福建省光泽止马国有林场13年生山杜英–杉木混交林（陈赵良摄）

交林、防火林带及萌芽更新等。山杜英对立地条件要求不苟，一般山地、丘陵、荒山均可。山杜英幼年喜阴湿，如营造速生丰产林或培育大径材，造林地应选土层深厚、腐殖质较多、土壤水分充足、空气湿度较大的北坡、阳坡下部或山谷地带的I、II级立地。如果培育中、小径材则只要选择一般立地条件即可，特别是山杜英与某些针叶树种（如杉木、马尾松等树种）混交造林，由于发挥种间生物效应，往往在较差的立地条件下，可收到较好的混交效果。因此，营造混交林对立地条件要求稍放宽，大多数可选择 III 类地造林。

2. 整地方式

坡度较大的山地采用带垦，缓坡采用块状整地，整地后挖穴，穴规格为50cm×50cm×40cm或60cm×60cm×30cm。

3. 造林密度

造林密度应根据培育目标及立地条件等情况而定，一般以1500～2500株/hm²为宜，株行距2m×3m或2m×2m；如营造防火林带，则密度可大些，以2500～3000株/hm²为宜。

4. 造林方式

营造纯林、混交林、稀疏林冠下套种、萌芽更新均可。新造林一般用健壮的一、二年生苗造林，成活率可达95%以上。

混交造林 山杜英树冠浓密，枝叶茂盛，枯枝落叶量大且分解快，细根周转快，改土效果显著。因此，多数用以营造混交林或稀疏林冠下套种，特别是立地条件较差的地段及多代连栽迹地营造混交林的理想树种，既能提高林分的生产力，又能收到改良土壤和涵养水源等生态效益。

萌芽更新 山杜英萌芽力强，可采用人工促进萌芽更新，即皆伐后对采伐迹地当年锄草抚育1次，第二年5～9月又抚育1次，同时除去过多的萌条，仅留靠近地面的健壮萌芽条1～2株，并加以施肥、松土、培土，让其发育成林。这种方法简便、营林成本低，尤其适合培育短周期工业原料林，但是注意及时除萌。此外，可以利用山杜英的萌芽特性，营造复层防火林带。

四旁种植 城乡、公园绿化一般用大苗移植最为理想。山杜英培育大苗有3～4年时间，胸径可达3～5cm。行道树、庭院绿化株距以4m、6m

为宜，也可根据实际要求确定。大苗起苗必须带土，土球大小根据苗木而定，一般胸径2～5cm，带土球15～30cm，栽植前应合理修剪枝叶。

5. 抚育间伐

幼林抚育　造林后头3年每年锄草松土抚育2次，分别在每年5～6月、8～9月各中耕除草一次，在中耕除草的同时适当施肥一次，并针对山杜英萌芽力强的特点，结合抚育进行适当修枝，保持一个主梢快速生长。第四、五年可根据需要每年抚育一次，一般5年后林分即可郁闭成林。

抚育间伐　当林分郁闭度达到0.7，出现被压木时，可进行第一次间伐，强度为总株数的20%～25%，本着砍小留大、砍密留疏、砍劣留优的原则，砍去干形不良或分叉多的被压木，以促进保留木的健康生长。

六、主要有害生物防治

山杜英的病虫害较少，特别是山杜英与适宜的树种混交后，林分的抗病虫害能力增强。山杜英偶见的害虫主要是食叶害虫铜绿金龟子（*Anomala corpulenta*），成虫啃食林木叶片和幼芽，尤其对幼树危害较为严重，被害叶片呈孔洞缺刻状。防治方法：应掌握成虫盛期，可用震落捕杀或傍晚用灯诱杀，亦可采用40%的乐果乳剂、40%的氧化乐果、80%的敌敌畏乳剂800～1500倍液喷杀。扁刺蛾（*Thosea sinensis*）是危害山杜英的另一害虫，在长江以南1年发生2～3代，幼虫共8龄，有群集危害习性，取食树木叶部和幼芽。防治方法：可在成虫盛发期采用点灯诱杀，或用80%的敌敌畏乳剂2000倍液、2.5%溴氰菊酯4000倍液、50%辛硫磷乳剂1500倍液喷杀幼虫（陈存及和陈伙法，2000）。

七、材性及用途

山杜英为多用途树种，心材边材不明显，木材轻软，耐性良好，材质洁白，年轮清晰，纹理通直，结构匀细，干燥后易加工，少反张翘曲等现象，切面光滑，胶黏容易，美观耐用，是室内装饰、家具、胶合板、文具、玩具、火柴杆、冰棒杆以及造纸、食用菌原料等的重要用材。

山杜英属于耐火树种，山杜英叶的着火温度、含水量分别比马尾松高52℃和5.48%，对林火蔓延有阻隔和减慢作用，是营造生物防火林带的良好树种（陈存及和陈伙法，2000）。

山杜英作为混交造林的主要树种，造林早期表现良好，保存率90%，尤其是在贫瘠山地、火烧迹地能正常生长，表现出其较强的乡土适应性（林雄等，2007）。

山杜英也是优良的观叶树种，在新农村建设绿化、非规划林地、公园绿化以及森林景观改造上得到广泛的应用。

（李宝福，叶功富，钱国钦）

别　名 | 狗欢喜、破木
学　名 | *Sloanea sinensis* (Hance) Hemsl.
科　属 | 杜英科（Elaeocarpaceae）猴欢喜属（*Sloanea* L.）

> 猴欢喜是常绿阔叶大乔木，树高可达15～20m，胸径50～60cm，材质优良，宜作船板、车厢、建筑板材及家具用材，是优良用材林树种；树形高大，冠形优美，是观赏价值很高的园林绿化树种。

一、分布

猴欢喜主要分布在华南、西南及湖南、江西、福建等地，江西井冈山、遂川、崇义、上犹、德兴、婺源、贵溪等地均有分布。常生于海拔300～1500m山坡、小溪旁常绿阔叶林中。

二、生物学和生态学特性

常绿乔木。高达15m，胸径达50～60cm。树皮灰色或暗灰色，近平滑或粗糙不裂，皮孔椭圆形，小而多。小枝褐色，无毛。叶纸质，狭倒卵形或椭圆状倒卵形，长5～12cm，宽2.5～4.5cm，侧脉5～6对，叶基部宽楔形至钝形。花瓣比萼片稍短，子房密生短柔毛。蒴果木质，外密被刺毛，紫红色；种子有黄色假种皮。花期8～9月，果实翌年10月成熟。

猴欢喜为中性喜光树种，幼树较耐阴。深根性，侧根发达，树冠较大，分枝多，萌芽力强，在天然林中常与栲类、栎类、木荷、枫香、杉木、毛竹、拟赤杨、细柄阿丁枫等树种混交形成群落。适生于气候温暖湿润、土层深厚肥沃、土壤排水良好的酸性、中性红壤、黄壤，尤其在常年流水的小溪两岸生长良好。

三、苗木培育

1. 采种与调制

选择生长健壮的15～40年生优良母树采种。种子成熟期为9月下旬至10月初，当蒴果转为紫红色、果壳微裂时，立即采种。果实采回后，置于阴凉通风处摊开，5～7天后果实完全开裂，脱出种子，出种率3%～4%。种子有黄色假种皮，可用细沙轻轻揉擦，再用清水冲洗，直至种子乌黑。

2. 种子贮藏

刚采集处理的种子含水量较高，贮藏期间易腐烂变质，应在室内阴凉通风处摊晾3～5天，然后将种子与微湿润细沙分层或混沙贮藏。种子与沙的比例为1∶3，放置在室内阴凉通风处。在贮藏期间，每隔15～20天检查一次，发现霉烂种子及时剔除，其他种子经消毒后再贮藏。种子千粒重200～250g，发芽率70%～80%。

3. 播种

猴欢喜幼苗耐阴怕旱，圃地宜选择日照时间较短、水源充足、排灌方便、疏松肥沃的山垄田，以沙壤土为好。整地时施足基肥，以有机肥料为主，每亩施厩肥2000kg或堆肥3000kg，饼肥100kg。整地做到深耕细耙，使肥料在耕作层中均匀分布。播种在2月中下旬至3月上旬，开沟条播，行距25～30cm，播幅5～10cm，播种沟深3cm，将种子均匀播在沟内。每亩播种量10～12kg。播种后覆土2cm，然后盖稻草，以保持土壤湿润疏松，促进种子发芽，提高发芽率。

4. 苗期管理

4月中下旬，种子大部分发芽出土，期间分2～3次揭去覆盖的稻草。幼苗生长期间要及时锄草松土。5月中旬开始间苗。间苗选择阴天或

江西农业大学校园猴欢喜果枝（胡松竹摄）

江西省信丰县金盆山林场猴欢喜枝叶（胡松竹摄）

雨后进行为好。6月中旬定苗，每米播种行定苗8～10株。灌溉要掌握适时适量，出苗期苗床要湿润。7～9月是苗木速生期，高生长、径生长约占全年生长量的70%，必须加大灌溉量；9月中旬是苗木速生后期，应停止灌溉，促进苗木木质化。如夏季灌溉有困难的地方，可搭阴棚遮阴，透光度以50%左右为宜。在苗木生长期间每隔15～20天追肥一次，每亩每次用复合肥5～6kg或尿素1.5～2.0kg。追肥在雨后或灌溉之后。1年生合格苗木高度为50cm以上，地径0.8～1.0cm（郭起荣，2011）。

5. 大苗培育

用于营造景观林或四旁绿化的苗木，一般要经移植培育3～5年才可出圃（江西省林学会，2006）。移植培育大苗的圃地，应选土层深厚、肥沃、湿润的地方。移植的株行距为1.5m×2.0m。栽植穴规格为60cm×60cm×40cm，每穴内施复合肥或枯饼0.25kg。肥料应与土壤充分拌匀，饼肥需充分腐熟。移植时间为2月下旬或3月初，苗木尚未萌动前，选择阴天或小雨天栽植效果佳。栽植时做到根系舒展，分层压实土壤，栽后浇透水。

在苗木培育期间，要加强水肥管理，经常进行除草松土（培土），每年4～8月追肥3～4次，7～8月高温干旱时期，要注意灌溉，以促进苗木快速生长。绿化大苗要有适宜的苗冠和一定的主干高度，苗高3～4m，冠高比3：4；苗高5～7m，冠高比为2：3。苗木达到定干高度，可按要求修剪下部侧枝，以适度扩大苗冠（江西省林学会，2006）。为了使其透风受光好，可修剪直立性、生长过旺和过密、交叉、生长衰弱及病虫害枝。

四、林木培育

1. 造林

选择山区土层深厚、排水良好坡地或山谷地作为造林地。

造林地采用全面劈山后条垦或穴垦。栽植穴规格为40cm×40cm×30cm；造林株行距为2m×2m，栽植密度2500株/hm²。造林时间选择2月下旬至3月上旬的阴天或小雨天，修剪过长的主根，剪除大部分枝叶，一般造林成活率可达95%以上。

2. 抚育管理

造林后前3年每年锄草抚育2次，第一次在5～6月，第二次在8～9月。第四、五年每年抚育1次。林分充分郁闭出现被压木时，进行第一次间伐，强度20%～25%。猴欢喜根萌蘖力很强，皆伐后可采用人工促进萌芽更新造林，应注意除萌（江西省上饶地区林业科学研究所，1983）。

五、主要有害生物防治

1. 苗木根腐病

在排水不良的黏土湿地育苗，常易发生根腐病。受病株根部腐烂，继而死亡。可通过选择排水良好的圃地，深开排水沟，做到雨后不积水，防止根腐病的发生。防治方法：发病后须及时拔除病株，苗地撒生石灰消毒；也可用甲基托布津溶液喷洒根部，并多施草木灰等，增强苗木的抗病力。

2. 铜绿金龟子（*Anomala corpulenta*）

每年发生1代，以3龄幼虫在土内越冬，第二年春季土壤解冻后，越冬幼虫开始上升移动。幼虫危害植物根系，使寄主植物叶子萎黄甚至整株枯死，成虫群集危害植物叶片。6～7月成虫出土危害，食叶片和幼芽，严重影响苗木的生长。防治方法：6月上中旬前后，在成虫发生危害期喷西维因可湿性粉剂或马拉硫磷乳剂溶液；利用成虫假死性，于傍晚摇树枝震落捕杀；利用成虫趋光性，用黑光灯诱杀。

六、材性及用途

猴欢喜材质优良，木材年轮明显，心边材无区别，纹理直，结构细且均匀，有光泽，无特殊气味，硬度适中，干缩小，干时不开裂，加工容易，刨削面光滑，宜作船板、车厢、建筑板材及家具用材。其花为优良蜜源，锯屑、枝丫材是培养香菇等食用菌的优良原料；树皮、果皮均可供提取栲胶。

猴欢喜树形高大优美，枝叶浓密，常年可见有零星红叶，秋季果实颜色紫红，果形奇特，紫红色刺毛球状，酷如猴头；果实开裂后，橙黄色的假种皮、黑褐色的种子交相映衬，观赏价值极高，是优良园林绿化树种，适于公园、广场、住宅小区、街头绿地、庭园的孤植或片植，也可在阳光照射时间较短，土壤较好的街道做行道树。猴欢喜具有一定的耐湿性，可在湿地公园、小溪、河道边栽植。

（胡松竹）

别　名｜巧克力树
学　名｜*Theobroma cacao* L.
科　属｜梧桐科（Sterculiaceae）可可属（*Theobroma* L.）

　　可可常见于热带雨林，树姿优美，果实主要着生于树干之上，极具观赏性。可可与咖啡、茶并称为"世界三大饮料作物"，种子富含可可脂、可可碱、多酚等活性成分，具有改善心脏、肾脏、肠道功能、缓解心绞痛等保健作用，是制作巧克力、功能饮料、糖果糕点的重要原料，是典型的经济林树种。

一、分布

　　可可原产于南美亚马孙河流域的热带雨林，2000多年前由印第安人驯化种植；现已广泛种植于中南美洲、非洲西部、东南亚、太平洋岛国的60多个国家和地区，直接从业者超过4000万人，面积达1.5亿亩，总产量超过450万t，可可原料豆贸易额超过140亿美元。在我国，主要种植于海南东南部，云南西双版纳、台湾南部亦有零星种植。

二、生物学生态学特性

　　常绿小乔木。树高可达8m。幼树主茎长至约1m高时，生出3～5个分枝。叶片蓬次抽生，叶具短柄，卵状长椭圆形至倒卵状长椭圆形，长20～30cm，宽7～10cm，顶端长、渐尖，基部圆形、近心形或钝，两面均无毛或在叶脉上略有稀疏的层状短柔毛。花为聚伞花序，生于枝干的果枕上，虫媒传粉，单花为两性花，排列成镊合状；雄蕊正对着花瓣向下弯曲，被杯状花瓣所包裹。果实为核果，外果皮坚硬多肉，中果皮较薄，内果皮柔软而薄；外果皮有纵沟，表面呈现从光滑到瘿瘤状变化，未成熟果实颜色有灰绿色、青绿色、深绿色、红色、紫红色、褐色等，成熟果实颜色为黄色或橙红色；种子排成5列，30～50粒，种子为果肉包围。

　　适生于热带地区的平地、缓坡地、河谷、路边、疏林中，喜荫蔽，立地条件要求严格，常与椰子、槟榔、橡胶等复合种植。

三、苗木培育

　　可可主要采用播种育苗方式。

1. 种果选择与处理

　　2～3月，选择长势健壮、结果3年以上、高产稳产、优质、抗逆性强的母树采果。果实采摘后1周内完成育苗。取出种子，清洗果肉，剔除不饱满、发育畸形或在果壳内已经发芽的种子，用木屑或细谷壳擦洗种子。清洗果肉时，避免损伤发芽孔的一端，避免阳光直射种子。

2. 移植育苗

　　在近水源、静风、湿润、排水良好的缓坡

海南省兴隆华侨农场可可种植示范园（李付鹏摄）

地或平地建立苗圃，设立阴棚和防风障，阴棚的大小、距离和走向应根据苗圃的实际情况而定，阴棚的庇荫度要均匀一致，以70%～75%为宜。营养袋为聚乙烯薄膜制成，口径14～15cm、高20～22cm的封底塑料袋，袋壁打上少许小孔。营养土配方为：pH 5.6～6.0的壤土6份，腐熟有机肥3份，清洁河沙1份，加入少量钙镁磷肥（约0.5%）。装好袋后，按每畦3行置于阴棚下，排列整齐。种子经催芽后，子叶张开，便可转移到育苗袋中。在装填好营养土的营养袋中央，依据幼苗根系用小木棍开一小穴，将幼苗竖直插入穴中，按压小穴四周土壤固定幼苗（赖剑雄，2014）。

3. 苗期管理

保持营养袋土壤湿润，移苗后到第一蓬真叶老熟前，应供应充足水分。移苗后1周内每天淋水1次，1周后每2～3天淋水1次。及时清理苗圃中病死株，喷施杀虫药。管控营养袋中杂草。移苗后每月淋施1次沤熟的牛粪水、粪尿等腐熟有机肥，浓度为1：15。移苗3个月后，淋施0.5%复合肥，每月1次。

4. 病害防治

苗期害虫主要有大头蟋蟀、蚜虫、金龟子幼虫、非洲大蜗牛、地老虎等。病害有疫病等。注意防控。

5. 运输定植

苗龄6～9个月即可出圃定植。出圃前逐渐减少庇荫，炼苗，起苗前停止灌水，起苗后剪除病叶、虫叶、老叶和过长的根系。运输过程中保持一定的湿度和通风透气，避免日晒、雨淋。在运输装卸过程中，防止种苗芽眼和皮层的损伤。到达目的地后，要及时交接、保养管理，尽快定植或假植。

四、林木培育

1. 立地选择与规划

在海拔300m以下的区域，选择湿度大、温差小、有良好的防风屏障的椰子林地、缓坡森林地或山谷地带。适当保留原生乔木作为庇荫树，控制园地自然庇荫度50%左右。平地林株行距3.0m×3.0m；坡地林株行距3.0m×3.5m。

2. 定植造林

大部分地区可在春季3～4月造林。采用穴状整地，小苗造林采用50cm×50cm×50cm左右种植穴；并将表土、底土分开放，暴晒15天左右。根据土壤肥沃或贫瘠情况施基肥。每穴施充分腐熟的有机肥（牛粪、猪粪等）10～15kg、钙镁磷肥0.2kg作基肥，先回入20～30cm表土于穴底，中层回入表土与肥料混合物，表层再盖表土。回土时土面要高出地面约20cm，呈馒头状为好。定植后3～5天内如是晴天和温度高时，每天淋水1次，植后1～2个月内，应适当淋水；遇雨天应开沟排除积水。

3. 抚育管理

高温高湿的环境使其快速生长，在幼树期到树体本身能通过落叶形成覆盖层前，进行树盘周年根际覆盖。在直径2m树冠内修筑树盘，以枯枝落叶、椰糠或秸秆作为覆盖物，厚3～5cm，并在其上压少量泥土，覆盖物不应接触树干。行间空地可保留自然生长的草。

在雨水分布不均匀，有明显旱季的地方，旱季应及时灌溉或人工灌水，雨季前后整修园地的排水系统，并根据不同部位的需求，扩大排水系统。幼龄园勤施薄肥，以氮肥为主，适当配合磷、钾、钙、镁肥。定植后第一次新梢老熟、第二次新梢萌发时开始施肥，每株每次施腐熟稀薄的人畜粪尿或用饼肥沤制的稀薄水肥1～2kg，离幼树基部20cm处淋施。以后每月施肥1～2次，浓度和用量逐渐增加。第2～3年每年春季（4月）分别在植株的两侧距主干40cm处轮流穴施1次有机肥10～15kg，8～10月在树冠滴水线处开浅沟施1次硫酸钾复合肥（N：P：K=15：15：15），每株施用量30～50g，施后盖土。成龄园施肥以有机肥与化肥相结合，每年春季前在可可冠幅外轮流挖一深30～40cm、长60～80cm、宽20cm左右的穴，结合压可可落叶，施1次有机肥，每株施用量12～15kg。8～10月在树冠滴水线处开浅沟施1次硫酸钾复合肥（N：P：K=15：15：15），

每株施用量80～100g，施后盖土。开花期、幼果期、果实膨大期，根据树体生长情况每月喷施0.4%尿素混合0.2%磷酸二氢钾和0.2%硫酸镁，或施氨基酸、微量元素、腐殖酸等叶面肥2～3次（DB46/T 126−2008）。

4. 整形修剪

主干长到1m左右自然分出3～5条分枝，保留3～4条间距适宜的健壮分枝作为主枝。如果主干分枝点高度适宜，将主干上抽生的直生枝剪除；如果分枝点部位80cm以下，则保留主干分枝点下长出的第一条直生枝，保留3～4条不同方向的分枝作为第二层主枝，与第一层分枝错开，形成"一干、二层"的双层树型。修剪宜在旱季进行，修剪工具必须锋利，剪口要求光滑、洁净，修剪次数各地不一，1龄可可树应2～3个月修剪一次，之后每年进行轻度修剪3～5次，剪除直生枝、枯枝及太低不要的分枝，且将主枝上离干30cm以内和过密的、较弱的、已受病虫危害的分枝剪除，并经常除去无用的徒长枝。

五、主要有害生物防治

1. 可可黑果病（疫病）（*Phytophthora palmivora*）

可可的重要病害，病原菌为霜霉目腐霉科的棕榈疫霉（*Phytophthora palmivora*）。主要表现为果实变黑干缩，枝叶枯死和树势衰退，属土传性病害。防治方法：通过加强检验检疫、清理染病植株、加强抚育管理、化学防治等措施综合防控。

2. 可可盲蝽（*Helopeltis* sp.）

在海南1年发生8个世代以上，以8～11月危害最重，虫口密。以若虫、成虫刺吸危害可可顶梢

海南省兴隆华侨农场可可种植示范园（李付鹏摄）

的幼果、嫩梢、幼叶，造成果实表面结痂、果实弱小、嫩梢干枯。防治方法：苗期选用山毛豆、银合欢等作为荫蔽树，减少孳生场所，剪除可可过密枝条，降低相对湿度，增强通风。加强灌溉、施肥、修剪和清杂等栽培管理，增强苗木抗病虫能力。在盲蝽活动期喷洒化学药剂杀灭幼虫。

六、综合利用

可可木材淡黄色，纹理直，结构粗，不耐腐，易遭虫害，易加工，可作电热绝缘材料、包装材、造纸原料等。可可是"世界三大饮料作物"之一，种子富含可可脂、多酚等，是制作巧克力、饮料、糕点的重要原料。果肉含有蛋白质、糖、维生素等，营养丰富，可直接用于制作饮料和果酱。可可树姿优美，老茎开花结果，果型独特，文化内涵丰富，观赏价值高，是理想的行道树、城市绿化和庭园观赏树种。

（李付鹏，赖剑雄，宋应辉）

别　名｜红棉、英雄树（广东）、攀枝花、斑芝棉、攀枝（四川）
学　名｜*Bombax malabaricum* DC.
科　属｜木棉科（Bombacaceae）木棉属（*Bombax* L.）

> 常见于热带亚洲稀树草原，高大挺拔。生命力极其顽强。广泛用于园林绿化和四旁植树。广州市和高雄市的市花。优良观花树种，木棉棉絮是制作褥垫和枕头的上等材料。

一、分布

木棉广泛分布于亚洲和大洋洲热带地区（Banchulkar，1996）。我国主要分布于云南、海南和台湾（汪书丽和李巧明，2007），广东、广西、福建、四川、贵州、江西等地多有栽培。

二、生物学和生态学特性

落叶乔木。树高可达30m。树干通直，侧枝近轮生，树干基部密生瘤刺，老树有板根。掌状复叶互生，小叶5～7片，长椭圆形，全缘。花期2～3月，先花后叶。果期5月，蒴果长圆形，成熟时纵裂，种子埋于棉絮中。

适生于热带和南亚热带地区的干热河谷、稀树草原和沟谷季雨林中。通常生长在向阳的地方，立地条件要求不严格，耐干热。干热地区趋于散生。

三、苗木培育

1. 播种育苗

应在棉絮飘散前采收种子，千粒重20.49～49.29g。典型顽拗性种子。如密封隔氧处理，令种子含水量快速降至12%～13%后贮存15℃恒温箱中，可保存一年。清水浸种24h后，用1%高锰酸钾溶液消毒10min，冲洗后播种，4天可发芽，发芽率70%～80%。

2. 扦插育苗

3～5月扦插。选择母树上健壮的多年生枝条，去除叶片，上切口离芽1cm、下切口离节0.5cm，用石蜡：蜂蜡＝10：1封上切口，在800倍多菌灵溶液中浸泡10min，后晾干。插前用

海南尖峰岭木棉——先花后叶（罗水兴摄）

海南尖峰岭木棉苗期（罗水兴摄）

ABT150mg/L浸泡1h。苗床基质为3：3：1的椰糠：黄心土：河沙，用50%多菌灵1000倍液消毒。每周用800倍多菌灵或甲基托布津喷洒消毒，插穗新叶完全展开后每隔15天喷施0.2%尿素。扦插后3～4周生根，1年后出圃。

3. 嫁接育苗

2～3月适宜嫁接。在开花母树上选择2年生健壮、芽体饱满的当年生枝条作接穗，穗径0.7～1.2cm，芽眼间距1～2cm，湿毛巾包裹接穗置于阴凉处。选用胸径1.0～1.5cm实生苗为砧木，单芽切接。2～3周后接穗新叶转绿并展开，松去包扎塑料膜，及时除去砧木萌芽，利于新梢生长。

4. 大苗培育

平整圃地，每公顷施用37500kg腐熟有机肥+375kg钙镁磷肥+300kg复合肥。深沟高床，苗床宽6～8m、长50m，苗沟深0.8m、宽0.6m，选用苗高50～70cm的1年生实生苗，在苗根尚未萌动的2月，修剪（主侧根适当修剪）、打浆后移栽，移植密度为1.2m×1.2m。定植后于4月、7月和9月分别追施氮肥、复合肥和钾肥。追肥后，用40%扑草净溶液对苗床进行除草，促进苗木生长（何天华和李祥贵，2004）。

四、林木培育

1. 造林密度

西南干热河谷地区，纤维用人工林株行距4m×2m或5m×3m；水热条件充分的华南地区，视绿化用途确定造林密度。

2. 整地

采用穴状整地，小苗造林采用50cm×50cm×40cm左右种植穴；大苗造林，根据起苗规格确定种植穴大小。在西南干热河谷或者其他较为干旱地区，可以选择施用保水剂。

3. 追肥

每年5～6月，距离树木主干50～75cm处，挖宽、深各20cm的弧形沟，尿素20～40g/株+过磷酸钙50～100g/株+硫酸钾34～58g/株混匀后施入沟中，随即均匀覆土。

海南尖峰岭木棉花期（罗水兴摄）

海南尖峰岭木棉远景（罗水兴摄）

4. 大树移栽

移植宜于早春开花前进行。土球直径为大树胸径的5～10倍，尽量保存表层根系完整。种植穴直径较土球直径大15～20cm，深10～15cm。种植前穴底铺一层壤土。植后采用三角支撑，绑扎处用夹垫软质物，支柱设在逆风向一面。移植后24h内透水浇灌，次日起连续灌水3次。

五、材性及用途

木棉为典型散孔材，管孔中至大，木材淡红黄色，纹理直，结构粗，气干密度0.3～0.4g/cm³，体积干缩系数0.33，不耐腐，易遭虫害，易加工，可作电热绝缘材料、瓶塞、飞机缓冲材料、包装材、造纸原料等。木棉纤维有白、黄和黄棕色3种，纤维长8～32mm、直径20～45μm，具有独特的薄壁大中空结构和质轻拒水吸油的优良特性，但可纺性差，常用作絮填料或作为其他纤维的混纺原料，是优良软木及纤维用材树种。木棉花大且红艳，树干挺拔，先花后叶，盛开如火焰，又称"英雄树"，广泛应用于华南和西南地区庭院、公园绿化及行道树，是优良绿化及观赏树种。清代《生草药性备要》一书记载木棉花性味甘、凉，具有清热利湿、解毒、止血的功效，主治肠炎、泄泻、痔疮出血、细菌性痢疾。临床试验也证实木棉具有抗菌、抗炎、降血压和降血糖、抗肿瘤等功能。

附：爪哇木棉［*Ceiba pentandra* (L.) Gaertn.］

木棉科（Bombaceae）吉贝属（*Ceiba*），又名美洲木棉。爪哇木棉为危地马拉国花，树形优美，是优良绿化及观赏树种。

原产于热带美洲和东印度群岛，现广泛引种于东南亚及非洲热带地区，中国云南、广西、广东、海南等热带地区多有栽培。有大而轮生的侧枝，幼枝有刺；掌状复叶互生，小叶5～9片，长圆状披针形；花期3～4月，花多簇生于上部叶腋，花淡红色或黄白色。种子7月成熟。果皮为

爪哇木棉单株（洪振阳摄）

褐色时即可采种，种子千粒重80g。种子随采随播，一般6～7天发芽，发芽率80%左右。

爪哇木棉的果实纤维属单细胞纤维，附着于蒴果壳体内壁，由内壁细胞发育、生长而成。爪哇木棉纤维在蒴果壳体内壁的附着力小，分离容易，初加工较方便。爪哇木棉单株可年产5～8kg的木棉纤维，可以直接用作填充料或纺纱，常作救生圈的填充物及防冷、隔音材料。

（孙冰，陈雷）

海南尖峰岭爪哇木棉果实（罗水兴摄）

别　名｜百色木（《中国植物志》）、巴沙木、巴尔沙木、白塞木
学　名｜*Ochroma lagopus* Swartz
科　属｜木棉科（Bombacaceae）轻木属（*Ochroma* Swartz）

> 轻木分布于美洲及西印度群岛的低海拔地区，是一种速生的热带特种用材树种。在适宜的气候和土壤条件下，胸径年生长量达8～10cm，树高年生长量达2～3m。我国云南、海南、广东、广西、福建和台湾等省份的热带地区可栽培轻木。
>
> 轻木是世界上密度最小的特种商品材，因其容重最小、材质均匀、易加工，还具有湿胀干缩系数小、隔音效果好、导热系数低等特点，广泛用于航空、航海、隔音、隔热、填充、模型、道具、室内装饰等。

一、分布

轻木分布于热带美洲及西印度群岛的低海拔地区。在北半球，东起西印度群岛的波多黎各、多米尼加，西至墨西哥太平洋沿岸，北至墨西哥的维拉克鲁斯和锡纳洛河中部。在南半球，东起委内瑞拉和圭亚那的大西洋沿岸，西至秘鲁和厄瓜多尔的太平洋沿岸，南到玻利维亚和巴西的亚马孙流域。西印度群岛的古巴、海地，中南美洲的危地马拉、洪都拉斯、萨尔瓦多、尼加拉瓜、哥斯达黎加、巴拿马，南美洲的哥伦比亚、圭亚那、秘鲁均有分布。

原产地的木材出口大国是厄瓜多尔，19世纪末至21世纪初，一直约占木材供应量的90%（王景山，2010）。中国、印度、泰国、斯里兰卡、印度尼西亚、马来西亚、巴布亚新几内亚等国家以及非洲的热带国家均有引种栽培。

二、生物学和生态学特性

木棉科轻木属的唯一常绿乔木，仅严重的旱季落叶。叶近对生，叶片心状卵圆形，掌状浅裂，基出掌状脉7条，中肋两侧羽状脉5～6对。托叶明显，早落。花单生于近枝顶叶腋，花瓣匙形，白色。虫媒传粉，因花大蜜多，蜜深

达2.5cm，原产地的蝙蝠、蜜熊、尖吻浣熊也参与传粉。蒴果圆柱形，内面有绵状簇毛，室背5片裂，成熟时果片脱落，簇毛散开成猫尾状。种子多数，倒卵形，淡红色或咖啡色，疏被青色丝状绵毛。约3年生始花，花期3～4月，果实6月中旬成熟。

轻木幼林（陈力摄）

轻木适宜于高温高湿的热带气候，原产地冬季、夏季的平均气温变化于25.0～27.8℃之间，年降水量为1250～3000mm，旱季不超过4个月（朱光斌，1965）。抗寒性较弱，4～5℃即有寒害（邹寿青，2005），霜冻时可发生严重冻害。轻木是浅根系树种，喜欢土层深厚、湿润肥沃、排水良好的土壤条件。

尽管是高大乔木树种，但寿命相对较短，只有30～40年。木材的比重随年龄的增长而增加，至10年生后增加明显，15年生时气干密度一般会超过0.2g/cm³，失去了作为特种商品材的小密度优势和相应的市场价值。

轻木幼树（陈力摄）

三、苗木培育

目前，轻木的育苗方式主要是播种育苗。

采种与调制 目前，我国尚未建立轻木的母树林和种子园，可在林分中选择耐寒、通直、生长迅速的优良母树采种。如果进口种子，以古巴、墨西哥等原产地的北部种源较为抗寒（邹寿青，2005）。果实初裂时采种，以免过度开裂后种子随棉毛飞散。及时晾晒果实，完全开裂后取出带棉毛的种子。轻轻捶打或类似弹棉花一样轻弹，使种子与棉毛分离，风选去除棉毛，种子净度可达90%。种子深度休眠而不容易失去发芽力，干燥后以密封的玻璃器皿置于凉爽处储藏，有效保存期可达5年。

种子催芽 种子的外种皮坚硬且具蜡质，不易吸水膨胀，播种前需要进行催芽处理。采用5～8倍体积、60～80℃的热水浸种，自然冷却并浸泡24h后即可播种。也可采用98%的浓硫酸浸泡种子2～3min，然后立即用清水冲洗数遍，直到冲洗水的pH接近7时播种。硫酸处理法比较适合未脱除棉毛或脱除不干净的种子，因浓硫酸可溶解棉毛。

播种与移植 在3～4月气温升至20℃以上时，采用撒播的方式播种。播种前2～3天，用1%～2%的高锰酸钾溶液淋施苗床消毒。播种量为30～40g/m²，用细筛筛土覆盖，以不见

种子为度。注意保持苗床湿润，15～20天开始发芽，发芽率约80%。播种苗床应以50%～75%的遮阳网遮光，以防幼苗被直接暴晒。当幼苗生长至3～4cm高时，移入营养袋等容器培育。营养袋直径8～12cm，营养土可为添加0.2%磷肥的沙壤土或泥炭土等轻型基质。

苗期管理 容器苗的早期需要50%左右的遮阳，约15cm高后停止遮阳。苗木的水分和施肥等均可按常规管理，3～4个月苗高达50～60cm时，可出圃造林。

四、林木培育

在我国北回归线以南没有霜冻、没有强台风危害、降水量超过1200mm的地区，选择光照充足和土壤深厚湿润、腐殖质丰富的立地造林。全面清理并穴垦整地，种植穴规格60cm×60cm×40cm。轻木是喜光树种，株行距可为3m×4m或4m×4m。

良好的立地、充足的基肥和追肥，对轻木的快速生长和尽早主伐并最终培育出密度小的优质木材尤为重要。每株可施2.5～4.0kg有机肥和500～600g磷肥作基肥。造林后的前4年，每年除草1～2次，扩穴和追肥1次，追肥量为每年每株250～300g复合肥。

轻木生长到3～4m高后，容易产生3～5条粗大分枝，1～2年生时应抹芽或修枝1～2次，以培育良好的干形。适宜的主伐和更新林龄为6～10年。其他方面遵循一般造林方法即可。

五、主要有害生物防治

苗期的主要病害是立枯病（*Rhizoctonia sol-ani*），幼苗10cm高以前，呈现直立状枯死。可采用20%甲基立枯磷乳油1200倍液或72.2%普力克水剂800倍液，隔7～10天喷洒1次，连续3～4次，同时注意防止苗床积水。苗期的主要虫害是大蟋蟀（*Brachytrupes portentosus*），可将苗木咬断，拖入穴中啃食，造成严重缺苗。防治方法：用炒米糠混1/200的敌百虫，撒在洞口或苗床四周诱杀。广西、广东、福建等地的苗木容易遭受冻害，冬季寒潮来临时应注意苗木的保温防冻。轻木林可发生叶蝉、卷叶蛾、天牛等危害，以常规方法防治。

六、综合利用

轻木是世界上密度最小的木材，气干密度在0.04～0.34g/cm³之间，商品材的气干密度多在0.1～0.2g/cm³之间，密度虽小，但具有湿胀干缩系数小、导热系数低、绝缘、隔音、光泽度好等优良特性，是世界著名的特种用材，用途广泛。

轻木因木材密度小，是许多轻型结构物的重要材料，如制作航空工业的夹心板、风力发电机叶片的夹芯料、救生胸带、水上浮标以及滑翔机、赛艇、冲浪板等体育器材；由于湿胀干缩系数小、材质均匀，用于制作各种飞机与船舶的展览模型或塑料贴面板；由于导热系数低，是很好的绝热材料，可用于冷藏库等建设；因隔音性能好，常用于制作隔音设备和隔音建筑；因绝缘性能好，能用于制作电器的绝缘部件。

另外，轻木果实中的棉毛可做枕垫填充料。

（曾炳山）

218 白刺

别　名｜酸胖（甘肃）、马格、唐古特、甘青白刺
学　名｜*Nitraria tangutorum* Bobr.
科　属｜蒺藜科（Zygophyllaceae）白刺属（*Nitraria* L.）

白刺是我国内蒙古、甘肃和新疆一带荒漠植被的重要建群种之一，为耐干旱、耐盐碱、抗风蚀沙埋、生长快、易繁殖的优良防护林树种。果实具有健脾胃、滋补强壮、调经活血、催乳之功效（赵克昌和屈金声，1995）。

一、分布

分布于我国西部地区的阿拉善高原乌兰布和、腾格里、巴丹吉林沙漠，鄂尔多斯台地西部的库布齐和河东沙漠，河西走廊、柴达木盆地与塔里木盆地东部的沙漠。

二、生物学和生态学特性

灌木。高达2m。枝斜上伸长，多分枝，沙埋后常生不定根；小枝白色，先端针刺状。叶常2～3簇生，宽倒披针形，长1.8～2.5cm，宽6～8mm，先端圆钝，稀尖。花白色。核果卵形

白刺种子（李得禄、褚建民摄）

白刺花（李得禄、褚建民摄）

白刺花序（李得禄、褚建民摄）

白刺果（李得禄、褚建民摄）

或椭圆形，长0.8～1.2cm，熟时深红色，果汁玫瑰色，酸甜；核窄卵形，先端尖，长5～6mm。花期5～6月，果期7～8月。

根深1m以上，侧根极为发达，可多达十几条至几十条，根冠可达树冠的4～20倍。灌丛分布密集，在植丛基部积沙形成高1～2m、直径2～5m的灌丛沙包，呈现奇特景观。

三、苗木培育

扦插育苗为主，也可采取播种育苗。

扦插育苗于冬季，选取1年生枝条进行沙藏（湿度以60%左右为宜），3月进行扦插，也可春季随采随插。插穗应具备3个以上芽眼，截成15～20cm长，上端距顶芽1cm处截平，下端腋芽处（距节间约0.5cm处）削成马耳形斜面。将插穗基部用不同的生根促进剂溶液浸泡，扦插深度2～3cm。扦插密度为20cm×40cm。扦插前用多菌灵500倍液对基质土壤消毒，扦插后常规管理（张虎和祝建刚，2004）。目前白刺的组织培养技术研究，组织培养增殖大，常达6倍以上（季蒙等，2004）。

四、林木培育

1. 造林地选择

选择植被盖度40%以下的中、重度盐碱地，不宜选择地势低洼或者盐碱化较轻、草类生长繁茂的盐碱地。沙地造林地选择和盐碱地相同。

2. 整地

采取局部、条状或穴状整地，不宜全面整地。干旱区最好当年整地当年造林，以防水分蒸发而影响成活率。一般在春季土壤解冻后进行。带宽1m、带距1.5～3.0m，带长可根据实际情况而定，然后挖坑做穴。穴状整地、在草原内造林，穴径与穴深规格为30～50cm。

3. 造林

采用播种造林和植苗造林。在降水量不足200mm的地区不宜播种造林，干旱半干旱地区一般常用裸根苗和容器苗造林。

4. 抚育

造林后要马上浇水，至少1～2遍。雨季造林除雨天下透雨不必浇水外，其余季节都必须浇

白刺灌丛（褚建民摄）

水。造林后马上使用工程围栏进行保护。

五、主要有害生物防治

1. 白刺锈病

该病主要危害白刺叶片，春季展叶后，叶正面出现不明显的小黄点（性孢子器），叶背及叶柄上出现黄色稍隆起的小斑点（锈孢子器），突破表皮后散出橘红色粉末（锈孢子），病斑外围往往有褐色环；后期叶背面又产生略呈多角形的较大病斑，散出橘黄色粉状物（夏孢子），严重时整张叶片布满锈褐色病斑；秋季叶背面又出现大量的黑色粉粒（冬孢子堆），嫩梢、叶柄、果实等上面的病斑明显隆起。该病菌是单主寄生锈菌，病原未定，以菌丝体及冬孢子在病芽、病枝、病叶上越冬。夏孢子在生长季节可反复侵染，借助风雨传播，由气孔侵入寄主植物。该病在生长季节皆可发生，以6~7月发病较重。温暖、多雨、多雾的年份易于发病，偏施氮肥则加重病害。防治方法：结合修剪，清除病枝、病芽、病叶，烧毁或埋入土中；休眠期喷石硫合剂，以消灭侵染来源；增施磷、钾、镁肥，控制氮肥量，以防徒长；注意通风透光，降低湿度，提高植株抗性；新叶展开后喷药防治。

2. 白刺古毒蛾（Orgyia antiqua）

1年2代，以卵在茧内越冬。翌年6月中下旬开始孵化，7月上旬老熟幼虫在枝干上结茧化蛹。7月中旬第一代成虫羽化、产卵。7月下旬至8月中旬第二代幼虫孵化，8月下旬至9月上旬结茧化蛹。8月下旬到9月中下旬第二代成虫羽化，产卵于茧内越冬。以幼虫取食白刺的叶片、嫩茎和嫩皮，影响白刺的正常生长发育，严重时造成白刺成片死亡。防治方法：在7月下旬至8月中旬第二代幼虫危害期进行化学防治，或者人工摘除虫茧，集中销毁。

3. 白刺夜蛾（Leiometopon siyrides）

又名白刺毛虫、僧夜蛾，1年3代，以蛹在土中越冬。越冬蛹4月中旬羽化，5月中下旬为羽化盛期。第一代幼虫期为5月上旬至6月上旬，第二代幼虫期为7月中下旬，第三代幼虫期为8月上旬，9月大部分幼虫入土化蛹越冬。成虫具有趋光性，产卵在白刺叶片背面。幼虫取食白刺的叶片和嫩芽，导致白刺枯萎死亡。降水量是影响该虫害大发生的主要因素。防治方法：成虫期利用灯光诱杀，幼虫危害期喷施化学农药，保护利用天敌。

4. 白刺萤叶甲（Diorhabda rybakowi）

又名波纹棒萤叶甲，以幼虫和成虫取食白刺叶片。1年2代，以成虫在土中越冬。翌年4月中旬越冬成虫开始出土活动，第一代幼虫始见于5月中旬，5月下旬达盛期，6月上旬开始入土化蛹，6月中旬第一代成虫出现，7月上旬至9月上旬为第二代幼虫活动期，8月下旬第二代成虫出现，9月下旬少数成虫开始越冬。白刺萤叶甲危害与树种、树势及郁闭度关系密切。在相同立地条件下，大果白刺受害重于西伯利亚白刺；树势生长好及郁闭度大的林分，虫口密度小，受害轻；树势衰弱及郁闭度小的林分，虫口密度大，受害重。防治方法：加强虫情测报，及早发现，及时防治。营造混交林，在发生严重的林地喷施化学农药，注意保护利用天敌啮小蜂。

六、综合利用

白刺是荒漠和半荒漠地区重要的建群植物，具有很强的防风固沙、耐盐、抗旱、耐盐碱、耐热、耐土壤瘠薄和耐沙埋能力。白刺果含有丰富的不饱和脂肪酸、蛋白质、氨基酸、糖、维生素C等多种营养成分，在《中药大辞典》中称为卡密，果熟时采收，晒干入药，具有健脾胃、滋补强壮、调经活血的功能。

附：西伯利亚白刺（Nitraria sibirica Pall.）

西伯利亚白刺分布于蒙古、俄罗斯及中国的西北、华北、东北各省区，生于盐碱化低地及干旱山坡，具有极强的耐盐碱性和耐干旱性，是干旱、盐碱区优良的造林树种。

灌木。分枝多，先端呈针刺状。单叶，互生，倒披针形，长6~15mm，宽2~5mm，全

缘，无毛或幼时有毛，先端钝圆或锐尖，嫩枝上叶常4~6枚簇生；托叶小，膜质，脱落。花序长1~3cm；花萼绿色，无毛；花瓣白色或带黄绿色，无毛，长2~3mm。核果熟时卵球形或近球形，直径长6~8mm，暗红色或紫黑色，果汁暗紫红色。果核卵形，先端尖，长4~6mm，果核外面有圆形蜂窝状小孔。花期5~6月，果期7~8月。成熟枝条当年生长量可达50cm以上。可在土壤含盐量1%、土壤pH大于10的重度盐碱土上正常生长，也可在年降水量200mm左右的西北干旱地区正常生长（潘晓云等，2002）。

播种繁殖，果为浆果状核果，可保持发芽力20年以上。果实成熟期在8月上中旬。西伯利亚白刺对围地条件要求不严。一般以有灌溉条件的肥沃沙壤土最好。淡黑钙土等也可（李双福和张启昌，2005）。围地在秋季进行深耕，以30cm为宜，同时施足底肥，最好是羊粪，每公顷25000kg，并灌足底水。种子催芽处理前，可用0.5%高锰酸钾溶液或0.1%复硝酚钠水剂6000倍液浸种。将种子进行层积处理，第二年春季播种前将层积处理的种子放在朝阳面堆积催芽，待出现种子露白时即可播种。

西伯利亚白刺造林以春季播种的1年生苗为好。造林地重点选择植被盖度40%以下的中重度盐碱地。不宜选用地势低洼或者盐碱化较轻、草类生长繁茂的盐碱地。采用全面整地和局部整地及带状整地三种方式。采用直播造林时，播种前机耕20cm深，耕后耙平，用播种器开深2~3cm播种沟播种，然后镇压一遍。

采用植苗造林技术同白刺。

附：四合木（*Tetreaena mongolica* Maxim.）

四合木为古地中海孑遗植物，四合木属（*Tetraena*）为国家二级濒危保护物种和中国特有的单种属植物，只存于我国内蒙古自治区鄂尔多斯高原西北部，库布其沙漠以南、桌子山的山麓地带，少量延伸到相邻的乌达低山残丘区，具体分布在杭锦旗西部至乌海市黄河西岸到宁夏回族自治区石嘴山一带，以及贺兰山北部低山地区。四合木属植物界的珍稀、濒危植物种，被誉为植物界的"大熊猫"，抗旱性强，有很强的抗风沙和防侵蚀作用。

落叶小灌木。高50cm，在长枝上对生、短枝上簇生。基部多分枝、弯曲，老枝黑紫色或棕红色，皮光滑，有光泽；当年生枝黄白色，被叉状毛。托叶卵形，膜质。叶在老枝上簇生，1年生枝上2片，近无柄，倒披针形，长5~7mm，宽2~3mm，先端锐尖、肉质，有短刺尖，两面密被不规则"丁"字毛，黄绿色。花1~2朵，生于短枝上，萼片、花瓣各4枚，雄蕊8枚，排2轮。果实常下垂，具4个不开裂的分果瓣；种子镰状披针形，表面密被褐色颗粒，一般1个果实中只含1粒种子。

在鄂尔多斯市杭锦旗于4月上旬萌发，6月中旬开花，花期从7月中旬延续到9月初，10月初果实成熟，延续到11月初。20~30℃是其种子萌发的最适温度。保存期在1~6个月之内的新种子，发芽率可达到90%；在7~12个月之内的种子，发芽率为83%。

种子镰状披针形，外被土黄色种皮，成熟种子大小为3.0mm×1.5mm，千粒重1.1g。在巴彦淖尔市磴口县和鄂尔多斯市杭锦旗应在每年5月中旬至6月中旬进行播种。播前应选择沙性壤土，以利通风透气。在4~5月春灌，落干后立即耙糖保墒。播种时，应提前用温水浸种24h，稍晾干后播种，行距20~30cm，垄播，播量30~45kg/hm²，播深1cm，覆土0.5cm，出苗后尽量少灌水以促进根系生长。

四合木生长慢，茎秆木质化程度也慢，故当年生苗不宜出围。应选择2年生苗进行移栽。2年生苗高23cm，根长35cm，应选择沙砾质地或平缓的半固定沙地。由于茎部木质化程度低，易受大风沙尘损害，故应选择当地野生四合木、霸王或人工快繁的沙生灌木做保护，在植株丛东南方向，距植株丛1m远的地方移植，因当地风向多为西北至东南方向。移植方法为灌水，挖坑（深30cm），移苗，填土，再灌水以保证成活率。成活率达70％以上。

四合木植苗造林技术同白刺。

附：霸王（*Zygophyllum xanthoxylum Maxim.*）

霸王是蒺藜科霸王属（*Sarcozyglum*）超旱生肉质叶灌木。株高50～120cm；有时也伏地生长，仅20～30cm高。分枝多而粗壮，嫩枝白色，老枝灰色或灰褐色。分布于我国西北荒漠化、草原荒漠及荒漠化草原带，我国新疆、青海、甘肃、宁夏、内蒙古均有分布。蒙古国也有分布。内蒙古自治区霸王灌丛分布在乌兰察布高原、鄂尔多斯高原、东阿拉善、西阿拉善、额济纳、乌拉特后旗及磴口县地区，最东界在蒙古高原中部二连地区。在鄂尔多斯高原，它与沙冬青的分布区相似，最东点在鄂托克旗苦水沟补龙庙附近。

株高30～120cm，枝疏展，呈"之"形弯曲，淡灰色，木质黄色。小枝先端刺状。复叶具2小叶，在老枝上簇生，在嫩枝上对生；小叶肉质，椭圆状条形或长匙状，长0.8～4.5cm，宽3～5mm，先端圆，基部渐狭。花单生于叶腋，萼片4，花瓣4，黄白色。蒴果通常具3宽翅，近圆形，不开裂，长1.8～3.5cm，宽1.7～3.2cm，千粒重105g；种子肾形，近黑色，千粒重18.9g。在巴彦淖尔市于4月上旬萌芽，4月中旬开花，4月下旬进入盛花期，花期仅10天左右；5月中旬结果，7月中旬果实成熟，10月上旬植株枯黄；在雨水条件适宜时，可二次开花结实。霸王秋霜后很快落叶，是荒漠地区第一批落叶灌木。其物候节律与当年降水量的多少关系不大，常与前一年的降水量有关。生长区域的气候条件大致是年平均降水量50～150mm，年≥10℃的有效积温3000～4000℃。

种子在磴口县于7月上旬开始成熟。在灌丛东南方距灌丛0.5m处地上铺设塑料布收集处理，种子纯净度可达到90％以上。种子没有休眠期，贮藏1年后，萌发率可保持在60％以上。育苗采用条播。选择耕层15～20cm的沙性土且耕层下为红泥土的地块育苗最好，既保水，通气性又好，能保证种子出苗率高。行距30cm，开沟，人工撒播，播深严格掌握在3cm，其出苗率可达到65％左右。覆土后立即镇压。3天后，有条件可喷灌1次，播后7～9天出苗。也可采取穴播，穴行间距为5cm×3cm。播深、覆土、喷灌同条播。条播播量75kg/hm²，穴播每穴3～5粒。苗期生长较慢，如在5月中旬播种，10月株高仅35～40cm，虽然木质化程度低，但可安全越冬。应加强苗期管理，因为苗期幼茎嫩绿，易遭受家畜及虫害，发现虫害应即时喷施农药。

霸王植苗造林技术同白刺。

（蒋全熊）

219 三年桐

别　名 | 油桐、桐子树、光桐、罂子桐、虎子桐、荏桐、冈桐

学　名 | *Vernicia fordii* (Hemsl.) Airy-Shaw

科　属 | 大戟科（Euphorbiaceae）油桐属（*Vernicia* Lour.）

　　三年桐是我国重要的工业原料类经济林树种，具有生长快、种子含油率高、经济用途广等特点。桐油中含有约80%的特异脂肪酸——桐酸，桐酸具有3个共轭双键，化学性质活泼，是优质、多用途工业原料。桐油是世界上植物油中最优的干性油，具有干燥快、耐酸碱、防腐、绝缘、抗辐射、抗渗透等多种优良特征，可大量用作防水、防腐、防锈的环保型涂料。我国早在唐朝就有栽培和利用三年桐的历史记载。近年来，桐油应用的重点已从传统领域转向蓬勃发展的电子工业，大量用于制作印刷电路板浸渍材料及其他高分子材料。发展油桐产业对于发展我国新材料工业、缓解我国能源危机具有重要的战略意义，对于调整山区经济结构、吸收山区劳动力、帮助农民脱贫致富具有重要的现实意义。

一、分布

　　三年桐原产于我国，其分布范围很广：西自青藏高原横断山脉大雪山以东；东至华东沿海丘陵以及台湾等沿海岛屿；南起海南、华南沿海丘陵及云贵高原；北抵秦岭南坡中山、低山和伏牛山及其以南的广阔地带。其分布的地理位置为18°30′~34°30′N，97°50′~122°07′E。以重庆、湖南、湖北、贵州4省比邻地区的武陵山区最为集中，是我国三年桐的核心产区。除上述4省市外，还广泛分布于广西、四川、云南、广东、海南、陕西、甘肃、河南、安徽、江苏、江西、浙江、福建、台湾的14个省份的700多个市县。三年桐于1904年由美国驻中国汉口的总领事Wilcox引入美国，随后，南美洲的阿根廷、巴拉圭、巴西和非洲中南部的马拉维等国有少量引种栽培（何方等，1987；谭晓风，2006；谭晓风等，2011）。

二、生物学和生态学特性

1. 植物学特征

　　落叶小乔木。高达10m。树皮灰色，近光滑。枝条粗壮，无毛，具明显皮孔。叶卵圆形，长8~18cm，宽6~15cm；叶柄与叶片近等长，几无毛，顶端有2枚扁平、无柄腺体。花为单性花，雌雄同株，先叶或与叶同时开放；花萼长约1cm，2~3裂，外面密被棕褐色微柔毛；花瓣白色，有淡红色脉纹，倒卵形，长2~3cm，宽1.0~1.5cm，顶端圆形，基部爪状；雄蕊8~12枚，2轮，外轮离生，内轮花丝中部以下合生；子房密被柔毛，3~5（~8）室，每室有1枚胚珠，花柱与子房室同数，2裂。核果近球状，直径4~6（~8）cm，果皮光滑；种子3~4（~8）粒，种皮木质。花期3~4月，果期9~10月（方嘉兴和何方，1998）。

三年桐树体形态（张琳摄）

三年桐盛花（张琳摄）

三年桐单株（龙洪旭摄）

2. 生物学特性

（1）根系生长特性

具有一明显的主根，少数主根分布很浅，并不垂直向下伸展，而呈水平方向分布。主根可塑性较大，一般单果和雄花类型的主根比较稳定，而丛果类型的主根可塑性较大。主根长至1m时，多有分叉，分叉的主根多向水平方向伸展，主根的分叉数为2～4支。主根的长度因自然类型、年龄、立地条件、水分条件而异。三年桐有发达的侧根根系，一般有2轮，以第一轮侧根最强大。侧根平行于地表生长，往往在分枝部分长出另一功能的根。须根多生于第一轮侧根上，主根和下层侧根的须根很少。细根（包括骨干根和须根）在粗骨干根上有一较明显的密集范围，一般密集在离干基2m范围内。

（2）枝梢生长特性

幼苗于次年春由顶端发生枝条，对年桐品种育苗当年即可分枝，以后每年由枝顶抽新枝，很少从侧芽发生，所以枝条轮生，每轮3～7条不等。这一阶段营养生长十分旺盛，每年抽枝1轮。壮年树3月中下旬芽萌动，4月展叶开花和抽生新枝，新枝在5～6月上旬生长最快，随即停止并开始花芽分化。

（3）开花习性

一般为雌雄异花同株植物，雌花着生于主轴和侧轴顶端，数量较少，雄花侧生于各级侧轴上，数量较多，雌雄花比例一般为1：10左右。进入生殖生长时，茎尖分生组织不再发生叶原基和腋芽原基，而分化出花序和花原基，逐步发育成花序和花，花芽分化的时间一般是6月下旬至10月中旬。花一般为白色，花瓣基部有淡红色纵条及斑点，偶有开淡绿色或者淡黄色花的单株。花期一般为4月中上旬，4月上旬一般有10%～20%的花序开放，4月中旬有20%～75%的花序开放，4月下旬有5%～10%的花序开放。

（4）结果习性

雌花受精花瓣脱落后就开始迅速长大，6月增长最快，7月中下旬逐渐缓慢，随后转入油脂的形成和积累阶段，于10月中下旬成熟。完成整

三年桐果（张琳摄）

个发育过程需200天左右。果实的生长发育可以明显分为2个阶段。第一阶段是果实增长阶段。由6月初至7月是果皮、种皮的生长时期。该时期果实迅速增大，果皮组织进一步纤维化；种皮逐渐形成，由软变硬，在颜色上由乳白色变成紫红色过渡到黑褐色；种仁水分含量多，不充实，干物质量少。第二阶段是种胚成熟脂肪增长阶段。由8月至10月底是种仁增长充实，油脂含量大幅度上升和种胚加快成熟时期。在该阶段，果实定型，不再增长，果仁进一步充实、变硬；大量的碳水化合物转变为脂肪。

3. 生态习性

喜温暖，忌严寒。生长发育最适宜的条件是：年平均气温16～18℃，1月平均气温在2.5～7.7℃，极端最低气温-10℃以上。冬季较长的-10℃以下低温及突发性较大幅度降温则常遭冻害。非常喜光，不耐阴，因此多栽植在阳坡或半阳坡。喜雨量充沛、空气湿润的气候条件，正常生长发育要求年降水量在900～1300mm，空气相对湿度以75%左右为宜。宜在富含腐殖质、土层深厚、土质疏松的地段生长，以排水良好的、中性至微酸性沙质壤土最为适宜。

三、良种选择

1. 品种群

（1）对年桐品种群

对年桐类播种后翌年开花结实。少花单雌花序至中花多雌花序，单生或丛生果序。代表品种有广西恭城对年桐、湖南对岁桐、江西周岁桐、陕西周岁桐、安徽茄棵桐、河南矮脚黄、福建簇桐等（方嘉兴和何方，1998）。

（2）小米桐品种群

中花多雌花花序，1个花序上有花20～40朵，花轴级数2～3级。多果丛生果序为主。代表品种有'四川小米桐''湖南葡萄桐''湖北景阳桐''河南股爪青''黔桐1号''中南林37号''光桐6号''浙江丛生球桐''福建串桐''湖北九子桐''云南矮脚桐''广西隆林矮脚米桐''陕西小米桐''豫桐1号''安徽小扁球'等。

（3）大米桐品种群

大米桐类单雌花花序至少花花序，1个花序上有花1～20朵，花轴级数1～2级。单生或少果丛生果序。代表品种有'四川大米桐''湖南球桐''贵州大瓣桐''浙江座桐''河南叶里藏''安徽独角桐''浙江满天星''南百1号''云南球桐''陕西大米桐''福建座桐'等。

（4）柿饼桐品种群

柿饼桐类具有并生枝、簇生叶、簇生花、并生果等不同程度变态性状特征。少花花序为主，单生果序或少果丛生。部分正常果呈大扁球形，含种子6～8粒；肾形果或并生变态果，含种子10～12粒或更多。代表类型有'四川柿饼桐'以及各地柿饼桐。

（5）窄冠桐品种群

窄冠桐类主枝分枝角度约30°，树冠形状酷似梨树或白杨树。少花至中花花序较多，单生或丛生果序。代表品种有'贵州窄冠桐''四川窄冠桐''湖南白杨桐''湖北观音桐'等。

（6）柴桐品种群

柴桐类属雄性或强雄性类型。花序有60～80朵花，多时100～200朵，纯雄花或间有个别发育正常及畸形雌花，结长梗正常果或畸形果，单生果序为多。类型的代表有'四川柴桐''湖北公桐''浙江野桐''陕西柴桐'等。

（7）五爪桐品种群

五爪桐品种群常为纯雌花丛生花序，1个花序上有雌花5朵左右，花轴级数1～2级。丛生果序。代表品种有'浙江五爪桐''福建五爪桐''湖北五爪桐''浙桐选5号'及'3W-（1）''3W-（2）''3L-13'等。

2. 优良品种及无性系

三年桐分布广，栽培历史悠久，同时又是异花授粉，在人工选择和自然选择共同作用下变异很多，形成了各种不同的品种。主要品种及特点如下：

（1）'四川小米桐'

又名细米桐，为小米桐类品种，树高5m以下。分枝矮而平展，轮间距短，主枝分轮不明显。果实通常5～6个丛生，多时可达20个以上。果实球形或扁球形。略具果尖，果小，平均鲜果重约59g。果皮薄，光滑，鲜果出籽率58.5%，出仁率59%，种仁含油率约66%。本品种栽后3～4年开始结果，5～6年进入盛果期；单产高，盛果期鲜果株产一般8～10kg，最高可达30～40kg；油质好；栽培面积广。但大小年明显，不耐荒芜，适宜选择立地条件好的地域进行集约栽培（方嘉兴和何方，1998）。

（2）'湖南葡萄桐'

又名泸溪葡萄桐，为小米桐类品种。植株较矮小，树高2.5～5.0m，主干和分枝分层明显。枝条平展或下垂，轮间距大，枝条较稀疏。一般每丛果序6～15个果，最多可达60个以上。果实球形或扁球形，略具果尖，果小，果径4.0～5.5cm，平均鲜果重约58g。果皮薄，光滑，鲜果出籽率41.02%，出仁率56.35%，种仁含油率约66.05%。本品种果实丛生性极强，单株产量高，进入盛果期早。但不耐瘠薄，抗叶斑病能力弱，宜在优良立地条件下集约栽培（何方等，1991）。

（3）'浙江少花球桐'

又名浙江少花吊桐，为小米桐类品种。树体中等大小，树高4～6m，主枝分层多为上下2轮，枝条密度较大而细短。少花花序，雄花着生花轴枝顶，丛生果序，通常3～5个为一序。中小型果，球形或扁球形，单果鲜重约65.1g。鲜果出籽率53.5%，出仁率64.21%，种仁含油率66.2%。

3年开始结果，4～5年进入盛果期，盛果期持续10年左右，15年以后逐步衰老。该品种雌性较强，单产高，但不耐瘠薄，宜选择在水肥条件好的立地上种植。

（4）'四川大米桐'

又名大果桐，为大米桐类品种。树体高大，树高6～10m，主干明显，分层清楚，常3～4轮层轮生。果实单生或2～5个丛生，单果重约115g。鲜果出籽率53.23%，出仁率63.45%，种仁含油率67.01%。该品种4～5年始果，6～8年进入盛果期，盛果期长达20～30年或以上；树势强健，适应性强，产量稳定。是重庆、贵州、湖南、四川等地的主要栽培品种。

（5）'浙江座桐'

又名竖桐、独桐，此品种树身高大，轮生枝层次较多，一般为3～4层，分枝少，角度大，树冠稀疏。花为单生雌花，花序轴短粗，通常为1～3cm，无侧轴；开花时为典型的"先叶后花型"。果实单生，果梗短粗，直立竖生于枝顶，故为"座桐""竖桐"或"独桐"。果实大，多为扁球形，外起棱纹，顶部具果尖。成熟时呈深红色至褐红色。鲜果出仁率62.1%，种仁含油率65.33%。通常4～5年开始结果，结果中庸，产量稳定，盛果期来得晚，但持续时间长，寿命长，耐贫瘠，抗枯萎病与抗风能力强，能在立地条件差或经营粗放条件下栽培。

（6）'浙江五爪桐'

该品种树身高大，轮生枝一般为3～4层，分枝均衡，枝条较粗壮，树冠稀疏。花序花朵数一般10朵，且常雌花较雄花发达，甚至有的全为雌花，开花时为"先叶后花型"。该品种鲜果出仁率62.29%，种仁含油率61.18%。株内丛生果序的多少与果内丛生性的强弱常随植株年龄、结实大小年与立地条件、栽培措施而异。果实大，近圆球形或卵圆形，通常具有明显的果尖或粗短果颈，但也有果颈不明显者。果皮厚，出籽率较低。一般4年生开始结实，结果的前几年，丛生性强，产量高。该品种寿命长，耐贫瘠，适应性强，在立地条件较差或经营较粗放的条件下也适

合栽培。

（7）'P005-1'

优良家系，由中南林业科技大学选育，亲本为'葡萄桐'，属小米桐类品种。4年生树体平均高约4.3m，冠幅5.17m×5.40m，地径12.6cm，主干和分枝分层明显，枝条伸展下垂，轮间距大。每果序8～20个果，最多达70个以上；4月上旬开花，10月下旬果实成熟；果实较大，果皮光滑，平均果高54.26mm，平均果径57.05mm，平均单果重70.6g，鲜果出籽率37.62%，种仁含油率53.28%；单株产量33.8kg，亩产1387.17kg，亩产油量63.09kg。果实丛生性强，单株产量高，且丰产、稳产，宜在优良立地条件下集约栽培。

（8）'P007-1'

优良家系，由中南林业科技大学选育，亲本为'葡萄桐'，属小米桐类品种。4年生树体平均高3.73m，冠幅4.5m×4.7m，地径11.3cm，主干和分枝分层明显，枝条伸展下垂，轮间距大。每果序6～15个果，最多达60个以上；4月上旬开花，10月下旬果实成熟；果实中等大小，果皮光滑，球形或扁球形，具果尖，平均果高54.18mm，平均果径56.04mm，平均单果重68.59g，鲜果出籽率38.34%，种仁含油率51.39%；单株产量28.17kg，亩产1154.8kg，亩产油量57.73kg。果实丛生性较强，丰产、稳产，宜优良立地条件下集约栽培。

（9）'P009-3'

优良家系，由中南林业科技大学选育，亲本为'葡萄桐'，属小米桐类品种。4年生树体平均高4.3m，冠幅4.67m×4.70m，地径13.7cm，主干和分枝分层明显，枝条伸展下垂，轮间距大。每果序6～20个果，最多达80个以上；4月上旬开花，10月下旬果实成熟；果实中等大小，果皮光滑，球形或扁球形，具果尖，平均果高54.92mm，平均果径54.58mm，平均单果重63.23g，鲜果出籽率40.57%，种仁含油率50.89%；单株产量32kg，亩产1312kg，亩产油量51.55kg。果实丛生性较强，丰产、稳产，宜优良立地条件下集约栽培。

（10）'P012-1'

优良家系，由中南林业科技大学选育，亲本为'葡萄桐'，属小米桐类品种。树较高，4年生树体平均高5.5m，冠幅4.27m×4.37m，地径14.1cm，主干和分枝分层明显，枝条伸展，轮间距大。每果序10～20个果，最多达70个以上；4月上旬开花，10月下旬果实成熟；果实较大，果皮光滑，球形或扁球形，具果尖，平均果高58.11mm，平均果径57.98mm，平均单果重75.13g，鲜果出籽率39.11%，种仁含油率49.17%；单株产量36.17kg，亩产1482.8kg，亩产油65.89kg。果实丛生性较强，丰产、稳产，宜在优良立地条件下集约栽培。

四、苗木培育

实生苗繁殖遗传力高，技术简便，易于操作和推广，在油桐生产中广泛应用。

1. 种子园营建技术

种子园园址选择一般在优树选择地就地建园，尽量选择在阳光充足，地势平坦，海拔适宜的地段建园，避开风口、贫瘠的地段。种子园的规模一般在100亩以上，最好是圆形或者方形。种子园周围1km以内避免其他油桐品种出现，以杜绝和减少外界花粉的污染。砧木选择一般用2年生健壮千年桐实生苗，定植株行距一般为5m×6m，定植后立即灌足头水，保证成活，未成活的用同苗木进行补栽。嫁接后定期抹芽，防止丛生芽的出现。无性系初级种子园前2年属于幼树期，嫁接苗在砧木处应反复抹除腋芽，每年对种子园进行2次深耕，一般在4月上旬及11月上旬。幼树期施入以氮素肥为主的化肥，适当增施磷肥，每亩施化肥50～60kg。第三年进入结实期，结合树势、种子产量、土壤肥力等情况，以施用农家肥为主，以氮、磷、钾复合化肥为辅，化肥在4月直接施到树干周围，农家肥结合深翻施入。根据土壤墒情，适时进行灌溉。

2. 果实的采收及种实调制技术

选择树冠整齐、生长茂盛、单株产量高、无病虫害的壮龄母树，于10～11月桐果完全成熟后采收。果实成熟标志是果皮由青色变为黄红色、红色或红褐色，鲜果出籽率50%以上，种仁含油

三年桐林相（张琳摄）

率60%以上。果实成熟时间为10月底。采收完全成熟的果实后，堆放在干燥阴凉的室内或场地，勿暴晒和放在积水处。

3. 种子催芽技术

采收的桐果，集中堆沤15～20天，使果皮软化后用机械或人工剥取籽粒，阴干，混沙贮藏或干藏。果实出籽率20%～30%，纯度90%以上，种子千粒重3000～4000g，每千克有种子300～400粒，发芽率80%以上，发芽力可保持2年。

4. 播种育苗技术

播种时期，可随采随播，也可贮藏至翌年春播。春播，一般在2月左右最好，最迟不能超过3月下旬。播前可用湿沙层积或温水浸种催芽。播种方法多采用条播，条距20～30cm，株距10cm左右。每亩用种50～60kg，覆土3～4cm，播后30天左右即可发芽出土，此时应撤去覆盖物，并进行中耕、除草、施肥，1年生苗高达80～100cm，即可出圃造林。

除了实生繁殖育苗，也可以通过无性繁殖的方法，包括嫁接育苗、扦插育苗和组织培养育苗等。

（1）嫁接育苗

嫁接首先要考虑砧木和接穗之间的亲和力。

如果二者之间的亲缘关系比较近，则二者之间嫁接亲和力较强，嫁接之后更易成活。如以千年桐为砧木嫁接三年桐，或以大米桐为砧木嫁接小米桐，嫁接成活率都较高，分别达到88.6%和88.4%。砧木需能很好地适应当地气候、土壤条件，且为根系发达、抗病性强的优良品种，生产上砧木选千年桐为好，千年桐树冠高大，根深，抗病性强，寿命长。一般在嫁接后第二年开花结果，并且能提前进入盛果期。另外，不同苗龄和径粗的砧木对嫁接成活也有一定影响，砧木苗龄半年生，径粗在1.5cm以上的组合在嫁接之后成活率最高，因为半年生苗龄的砧木已充分木质化，而且组织幼嫩，代谢旺盛，可塑性强；相反苗龄太大，树皮过厚，组织过老，形成层细胞活力不如幼嫩组织旺盛。

嫁接成活率因嫁接时间而异。一般春接以3月中旬至4月上旬最佳，春季砧木含水量高，皮层和韧皮部浆汁多，接后发育期长，易成活。秋接则是9月中旬至10月中旬最佳，此时嫁接成活率高，但成活后新梢生长发育期短，木质化程度低，难以安全越冬。因此，三年桐嫁接最好是选在春季。嫁接后进行相应的栽培管理也能帮助提高其成活率，比如除萌、除草松土、施肥、防病、除虫等。

（2）扦插育苗

用无性系工厂化扦插育苗材料充足，操作简单，成活率高，对于解决三年桐苗木供应紧缺问题切实可行，并具有几方面的优势。一是育苗时间短，培育35～40天就可移栽定植；二是成本低，管理方便，产苗量高，可进行大批量生产育苗；三是品种纯、变异小、林相整齐；四是苗木根系发达，造林成活率高、生长快、分枝多且壮；五是不受季节限制，可实行全年育苗全年造林。扦插育苗的基础是母树苗，母树苗培育好坏关系到扦插枝条的数量和质量。苗圃地必须要求阳光充足，交通便利，水源污染少；对母树苗及时修剪整理，促使树干萌发更多枝条，用于扦插。三年桐在扦插育苗技术上还不够成熟，多是理论研究较多，需要进行大量的试验才能得出满足生产需要的育苗规程。

（3）组培育苗

利用组培与快繁技术不仅可以获得大量的三年桐组培苗还能大大缩短育种时间，这对三年桐造林具有重要的现实意义。组培育苗可选用种胚、叶片、胚轴和叶柄等为外植体。使用种胚为外植体时，种胚的最佳消毒处理为0.1%的升汞浸泡3～5min；将种胚接种在1/2MS+0.5mg/L IAA的培养基中，成苗率最高，为98%；培养基的最适pH为5.5（李泽等，2012）。使用无菌苗叶片为材料，愈伤组织的最佳诱导培养基为1/2MS+2.0mg/L 6-BA+1.0mg/L 2,4-D，诱导率可达100%；最佳生根培养基为1/2MS+0.1mg/L IBA，生根率为93.83%（谭晓风等，2013）。使用下胚轴为外植体时，愈伤组织诱导的最佳培养基为WPM+5.0mg/L 6-BA+1.0mg/L KT+0.1mg/L NAA，诱导率可达100%；愈伤组织分化不定芽的最佳培养基为WPM+1.0mg/L 6-BA+0.05mg/L NAA+2.0mg/L GA$_3$，诱导率达82.46%；最佳生根培养基为1/2MS+0.1mg/L IBA，生根率为97.1%。使用叶柄为外植体，可直接产生不定芽，诱导不定芽的最佳培养基为1/2MS+3.0mg/L

6-BA+0.05mg/L IAA，诱导率达91.67%；最佳生根培养基为1/2MS+0.05mg/L IBA，生根率96.18%（林青等，2014）。使用4种外植体产生的组培苗，炼苗移栽至泥炭土：珍珠岩：黄土＝2：1：1的基质中，成活率可达90%以上。

五、栽培技术

1. 林地选择与林地整理技术

（1）造林地的选择

造林地宜选在向阳开阔、避风的缓坡山腰和山脚，土层深厚、排水良好的微酸性或中性土壤上，海拔过高的冲风地、低洼积水的平地、荫蔽的山谷、过于黏重的酸性土壤均不宜栽培。

（2）造林密度

三年桐生长迅速，枝丫扩展，树冠和根幅庞大，要求较大的营养面积，因此不宜过密，要根据经营方式、立地条件、品种特性等因素综合考虑。在一般情况下，实行纯林经营的（早期套种、后期纯林）每亩20株左右，实行桐树与油茶、杉木短期间作的，每亩植杉木20～30株，三年桐15～20株，呈梅花形配置。

（3）整地方式

三年桐的栽培性很强。细致整地是丰产的重要技术措施之一。长期以来，三年桐产区群众都是采用炼山全垦整地和林粮间作的方法，实践证明，这是最经济有效的清理林地和整地的方法。在4～5月将林地上的杂灌砍倒，摊放山坎上晒干，到5～6月烧毁，播种小米，秋季小米收获后再行挖垦，播种小麦、豆类等冬季作物，结合直播桐籽，也可在冬季进行砍山、烧山和挖山，越冬后再碎土播种农作物和桐籽，对坡度大的，在炼山以后应修筑水平梯地，或先水平挖垦1.0～1.5m宽的带，种桐后，随着间作，挖内填外逐步修成水平梯地。整地深度一般应达20～30cm，按株行距挖好播穴或植树穴，施足底肥。

（4）造林方法

以直播造林为主。采用随采随播或霜降至立冬时播种，春播以立春至清明时为好，在已整地的种植点每穴播种2～3粒，种子要均匀分散，播后覆土5～6cm。直播造林可就地采种、带壳播种，即将桐果剥为两半，连籽带壳播入穴中，桐壳保持湿润，腐烂后作肥，利于种子发芽生长。此外，也可育苗或用优良品种在苗圃播种或芽接繁殖，然后定植。

2. 苗木栽植技术

（1）直播种植

直播种植即是将经过精选的三年桐种子，直接播种到整好地、开好穴的植坑中，此法方便省工。由于三年桐遗传力强，种子粒大，发芽率高，始果期早，直播方法仍普遍沿用。直播种植包括以下几个步骤。

选用良种：种子是栽培的物质基础。种子品种的好坏，直接关系到新桐林产品的数量和质量。种源必须是经过鉴定的优良品种。种子必须采自种子园，并经过检验合格者才可使用。绝对禁止使用混杂种子。

精选种子：经过贮藏的种子，播种前必须进行精选。可用水浮选，浮除10%～20%空粒或种仁不饱满的种子。浮选以后再进行一次粒选，选择粒大、形状正常、色泽新鲜的种子用于直播。

播种方法：按照规定的株行距，每穴播放三年桐种子2粒，覆土5～7cm，再覆一层草，避免表土板结，以利种子发芽出土。播种时要注意种子不能直接放在肥料上，要用细土隔开。

三年桐林花期（张琳摄）

（2）植树栽植

植树栽植是将预先培育好的苗木，栽到整好的宜林地上。近些年来，各地丰产林常采用优树嫁接苗栽植。苗木质量好坏直接关系到今后桐树的成活、成长和结果量，要使用规格苗造林。在整好的造林地上，按株行距点每穴栽植1株。植树时必须做到苗正、根舒、分层填土踩实。根茎要低于地面2～3cm。栽植后在周围覆草层。栽植前苗木要进行适当的根系修剪，主根只留15cm左右，然后用黄泥浆蘸根。栽植过程中要注意保护苗木不受损伤，特别是根系不能暴晒和风吹。

（3）芽苗移栽

三年桐芽苗移栽即是将形成的弓苗或直苗移栽至林地。具体包括以下几方面。

芽苗培育：选择排水良好，沙质土壤的平地，整畦作床。床高出地面5～10cm，床面平整，按2.5kg/m²的播种数量，12月将种子密密地平铺在床面上，盖沙15～20cm，再铺草一层。其后注意保湿，严防鼠害及积水。

及时检查，分批出苗：3月下旬气温上升，水分增多，三年桐种子在圃地开始发芽，4月陆续有弓苗出土，即可分期分批将弓苗上山定植。在移弓苗时要特别细心，不能损伤幼嫩的芽苗。芽苗不可带土移出，用容器轻轻摆好，运至林地栽植。圃地每隔5～7天就有一批弓苗可以出土，一般可分3批移完，如果还有剩下的种子即淘汰不用。这实际上是一个催芽选择的过程。

林地移栽：芽苗要随挖随栽，移多少栽多少，移出的芽苗要当天栽完。栽时一手放苗，一手填土，扶正、压实，深度6～8cm，弓苗弓背上盖3cm厚细土，以免移栽后失水。芽苗成活后，5月下旬至6月上旬要进行1次穴抚，即在苗木周围松土除草，并追施1次氮肥。芽苗移栽成活率高，生长势一致。据湖南泸溪县油桐研究所试验，1年生幼林平均高107.5cm，径粗2.5cm，有20%植株当年分枝。

3. 桐林抚育管理技术

（1）幼林抚育

幼林一般都在行间间种农作物，结合对农作

物的中耕除草、施肥同时进行抚育，间种作物最好是豆类或低秆作物和绿肥。没有间种的幼林，每年应在4～5月间和7～8月间分别进行一次中耕除草，并结合施一些氮、钾肥或桐粕。

（2）成林抚育

成林以后，每年仍需中耕，清除杂草，并使表土保持疏松透气。中耕时间，第一次在2～3月，深挖15～20cm，同时结合施用有机肥料。第二次在7～8月间进行，深度10cm左右。此外，每隔3～4年还要大垦1次，在冬季深挖30～40cm，并结合翻压绿肥和斩根，熟化土壤，促使大量产生新根，复壮根系。在林地或林间空地，要大量种植绿肥，如毛叶苕、四方藤、猪屎豆、紫穗槐、胡枝子等。既可防止土壤冲刷，改良土壤，又能增加肥源和饲料。

三年桐为混合芽，一般不进行修剪，或仅在采果后到第二年萌发前适当修除衰弱枝、病虫害枝、徒长枝等。对于衰老的桐树，可进行一次强度修剪，在冬季将主干上的2～3次分枝以上的枝条全部伐除，以促进抽出新枝，伐除的第二年即开始结果，3～5年最旺，随即逐渐减退，至6～8年需进行第二次更新。也可距地表15～20cm处截去主干，进行萌芽更新。但萌芽更新仅能进行2～3次，否则会助长油桐尺蠖的繁殖，不宜推广。

六、主要有害生物防治

1. 油桐枯萎病（*Fusarium* sp.）

病原菌为半知菌亚门的尖孢镰孢菌属的尖孢镰孢菌（*Fusarium oxysporium*）。主要表现为病菌自根部侵入，从维管束中向上蔓延，引起植株局部或全株枯萎。外部症状多自枝条基部开始出现，先呈红褐色润湿状病斑，后扩展成条状，下陷，变为灰褐色。温度较高时，病枝干上产生许多粉红色分生孢子堆。病根皮层剥落，木质部产生淡褐色至暗褐色条斑。病枝上叶片变黄绿色或紫红色，骤然枯萎而不脱落。可通过加强抚育管理，提高树势来防治油桐枯萎病（花锁龙，1991）。用千年桐作砧木嫁接三年桐能提高抗病力。防治方法：发现病株立即挖去、烧毁，挖后

的土坑，撒石灰消毒。发病期喷波尔多液保护发病轻的植株。

2. 油桐角斑病（*Mycosphaerella aleuritidis*）

病原菌为半知菌亚门丛枝孢目的油桐尾孢菌（*Cercospora aleuritidis*）。主要表现为发病初期叶面呈现褐色小圆斑，直径为6～17mm，叶背面病斑呈浅黄褐色。发病后期聚合成较大斑块，严重时全叶焦枯，提早落叶、落果。病斑受叶脉限制呈不规则多角形，在高湿林分中病斑背面具有黑色霉状物，即病菌分生孢子梗。病果初呈淡褐色圆形斑点，斑点随果实生长而扩大，严重时小型病斑聚合成大病斑，圆形至椭圆形并凹陷为黑色硬疤，有时表面出现皱纹，潮湿的条件下，病斑上可见黑色霉状物，即为病菌分生孢子梗。危害桐叶及果实，受害桐叶呈现大小不等的褐色角斑，后汇合成片，果实上呈圆形、下凹的黑疤，油桐产区普遍发生。病菌在落叶、落果上越冬，次年侵染桐叶，5月开始发生，6～7月为发病盛期，果实发病较迟。防治方法：可结合冬季抚育，清除落叶、落果，集中烧毁等方法进行防治。重病区在春季桐花谢后及6～7月，每隔7～15天喷射一次波尔多液或代森锌可湿性粉剂溶液，防止病菌侵染和蔓延。

3. 油桐尺蠖（*Buzura suppressaria*）

1年2～3代，以蛹在树兜周围3cm深左右的表土层越冬，次年4月羽化为成虫交尾产卵，5月孵化为第一代幼虫。危害桐叶。可通过结合冬垦，消灭越冬蛹或老熟幼虫。防治方法：成虫出现期，用灯光诱杀；幼虫危害期，虫情较轻，可用人工捕捉消灭。保护天敌滋生，虫情严重区，用药剂喷杀幼虫，常用药剂有白僵菌液、晶体敌百虫液；或用666烟剂熏烟杀灭。该虫害发生地区的桐林不宜采用萌芽更新。

4. 油桐扁刺蛾（*Thosea sinensis*）

北方地区1年1代，长江下游地区2代（少数3代），均以老熟幼虫在树下3～6cm土层内结茧以前蛹越冬。成虫多在黄昏羽化出土，昼伏夜出，羽化后即可交配，2天后产卵，多散产于叶面上。

卵期7天左右。幼虫共8龄，6龄起可食全叶，老熟多夜间下树入土结茧。该虫以幼虫蚕食植株叶片，低龄啃食叶肉，稍大食成缺刻和孔洞，严重时食成光秆，致树势衰弱。防治方法：可结合营林措施，挖除树基四周土壤中的虫茧，减少虫源。在幼虫盛发期，喷洒敌敌畏乳油液或辛硫磷乳油液、马拉硫磷乳油液、亚胺硫磷乳油液、爱卡士乳油液、来福灵乳油液等。

5. 油桐金龟子（*Anomala sieversi*）

1～2年1代，以幼虫在土中过冬。成虫有趋光性和假死性，多在早、晚活动。产卵于土中，每雌可产30粒。初孵幼虫食腐殖质，稍大后开始以植物嫩根为食。防治方法：可通过桐林垦复，以杀死部分幼虫、蛹及潜伏土中的成虫。利用成虫假死性于白天摇树捕捉；或傍晚组织工人捕捉。成虫危害盛期可喷施敌百虫液或敌敌畏液；或于树干附近土面喷撒敌百虫粉剂以杀死潜土成虫。利用金龟子成虫对自身尸体腐液的忌避习性，可以捕捉部分成虫捣烂，加水浸数日，再把腐尸滤液喷在树上，可起保护树木免遭成虫危害的作用。

七、综合利用

三年桐的木材洁白、纹理通直、加工容易，可制家具，但其主要用途在于桐油以及桐枯等。

1. 桐籽榨油及桐油性质

桐油榨取方法有机械榨油和浸出法制油2种。

（1）榨油机机榨

目前生产上使用的榨油机，有液压式榨油机和螺旋式榨油机2类。如90型、180型液压榨油机和95型螺旋榨油机、200型榨机等。机榨的加工量大、效率高、出油率高、油质好。一般充分成熟的油桐种子，机榨出油率26%～33%，高者可达35%左右；桐饼残油率6.8%～8.6%（干基）。

（2）浸出法制油

浸出法制油是现代油脂工业中先进的制油方法。其原理是利用有机溶剂，将供料中的油脂充分溶解，然后通过分离技术将油脂从溶剂中分离提取。其优点是适合工业化高效率生产、残

油率极低、出油率高，能充分利用资源。但目前在桐油浸出法的实用上尚存在许多技术问题：浸出法直接用于提取种子、桐白，溶剂用量大、成本高；用于提取桐饼残留油的一些溶剂，易出现β异构化现象，浸出油的质量差，尤其反复使用的溶剂。因此，要研制适于提取桐油的专用溶剂，并探索适宜的提取工艺。常用溶剂中的乙醚、三氯甲烷浸出油量多，但毒性大、价格高；糠醛浸出油量也多，但浸取时易出现树脂化，且价格也高并有毒性；四氢呋喃与石油醚等量混合溶剂，回收工艺复杂。

桐油性质：①桐油中的脂肪酸双键数较多，不饱和度高，折光指数介于1.5100～1.5220。桐油皂化值较高，介于190.9～253.4，碘值介于131.9～189.6。桐油中不饱和脂肪酸含量高，酸值变化范围为0.36～1.19。②桐油饱和脂肪酸含量很少，含量在5%左右，不饱和脂肪酸含量约占95%。桐油中α-桐酸含量在80%左右。其余脂肪酸含量均值为：亚麻酸0.76%、亚油酸7.76%、油酸5.95%、硬脂酸2.21%、棕榈酸2.40%。

2. 桐油深加工利用

（1）环保油漆

桐油用于传统油漆中，主要是制备热聚合油和清漆，但这两种油漆都没有有效地减少VOC的排放，只是在干燥速度方面有所改进。随着人们对自身居住环境的重视以及环保意识的增强，对纯天然绿色环保产品需求会越来越大，绿色环保涂料产业必然赢得广阔的发展空间。木蜡油是在传统桐油加蜂蜡的基础上进行改进，是以桐油、亚麻油、蜂蜡、棕榈蜡、植物树脂及天然色素等为原料，是完全天然的，不含三苯、甲醛以及重金属等有毒成分，没有刺鼻的气味，可替代油漆用于家庭装修以及室外花园木器。另外，以桐油和苯乙烯为主要原料得到桐油基醇酸树脂具有干燥快、硬度好、色泽浅、成本低和耐水性好等优点，可广泛应用于制备快干漆和船舶漆（何方等，2005）。

（2）环保油墨

水基油墨：用桐油与马来酸酐制得的马来化

桐油是制备水基油墨的基本原料。水基油墨具有无味、无毒、无着火危险、无污染、成本低廉等特点，在印刷中不黏结，印刷性能和印刷速度均较好。

环戊二烯桐油改性树脂油墨：环戊二烯所形成的涂料膜质脆，需用有共轭双键的桐油进行共聚改性。改性制成的油墨具有快干、性能稳定、成膜强度高、光泽度好等特点，且生产原料易得，印刷质量高。

光敏性固化油墨：该油墨具有节能、无公害、成膜性好、光泽度高、耐摩擦、抗化学腐蚀等优点，性能远优于普通油墨，可满足高光泽、高耐擦性印刷品的需要。聚合桐油是许多紫外光固化油墨的原料，在紫外光照射条件下能在2～5s内固化。用桐油、改性松脂马来酸树脂、乙基纤维素为原料，可制成专用于高速胶印转轮印刷的热固性（红外线固化）油墨；用桐油改性醇酸树脂、桐油改性异氰酸树脂和松香改性酚醛树脂中加入颜料、催干剂、叔丁醇等，制备的热固性快干油墨，可在0.2s内经红外线固化；将桐油改性的合成树脂，用羟丙基丙烯酸酯/马来酸酐加成物处理，加成物与四乙二醇二甲基丙烯酸酯和碳墨等混合，可配成电子束固化油墨，适用于铝制金属印刷。

（3）高分子材料研制及应用

可以利用桐油进行高分子材料的研制。将桐油和酚醛树脂反应可以得到桐油改性的酚醛树脂，它可提高酚醛树脂的韧性和耐热性，降低酚醛树脂的吸水率，解决酚醛树脂脆性大、吸水率高和耐热性能差等缺点。桐油可以和不饱和酸或酸酐发生Diels－Alder双烯加成环化反应，或将桐油加热变成桐油酸二聚体，再与多元伯胺于高温280～300℃下反应得到低分子液态聚酰胺，能在室温下固化环氧树脂，所得环氧树脂固化剂可以提高环氧树脂的机械强度。用桐油酸酐配制的少（无）溶剂漆（胶黏剂）固化后具有优异的电绝缘性能，在电气设备及零部件如电机、变压器绕组线圈、高压电机绝缘云母带浸渍黏接上应用。

3. 桐饼加工利用

桐饼含有机质77.58%、氮3.6%、磷1.3%、钾1.3%。100kg桐饼大致相当于20kg硫酸铵、10kg过磷酸钙、2kg氯化钾或硫酸钾肥效总和。其肥效与花生饼、棉饼、菜饼类似，是高效优质有机肥。桐饼既可作基肥，也可作追肥。桐饼粉碎后，直接使用分解较慢，植物吸收困难，有毒物质对根系也有一定影响。使用前经沤制处理，既容易发挥肥效，又分解了有毒物质，可避免对作物的不良影响。另外，因桐饼中含有丰富的营养物质，其脱毒后可研制饲料，脱毒的方法包括乙醇处理法、氨处理法、水浸泡和乙醇提取复合处理法、酸处理法、碱处理法等。处理后的桐饼粉，按不同比例与其他饲料组成配方，可用于喂养蛋鸡、肉鸡及肉猪等。

4. 桐壳加工利用

（1）利用果皮制取糠醛

糠醛是有机化工的原料，通过氧化、氢化、硝化、氮化等工序可制取大量的衍生物，在有机合成工业中占有重要地位。油桐果皮含50.64%粗纤维，理论含醛量在10%以上。果皮制取糠醛的工艺流程是：果皮→拌料→蒸煮水解→气相中和→冷凝→蒸馏→冷凝→粗糠醛→补充中和→减压蒸馏→冷凝→精糠醛。

（2）制取碳酸钾

果皮含钾量32%～35%（湿基），将果皮烧成灰后，钾就成了碳酸盐存留在灰分中。用水浸渍灰使钾溶解，经过滤再蒸发，使之干后得固体土碱。土碱中碳酸钾含量为50%～80%，精制后可达90%以上；若用50波美度的碳酸钾液与工业磷酸（含量80%～85%）中和，控制pH 3～4，待冷却结晶，经晾干或离心脱水，即得磷酸二氢钾复合肥。此外，在提取碳酸钾的同时还可获得活性碳。

（张琳，李树战）

别　名｜皱桐、皱果桐、皱皮桐、木油树、高桐、花桐、七年桐
学　名｜*Vernicia montana* Lour.
科　属｜大戟科（Euphorbiaceae）油桐属（*Vernicia* Lour.）

> 千年桐与三年桐一样，也是原产我国的重要油料树种，有千年以上的栽培历史，所产桐油也是重要的工业原料和生物柴油原料（谭晓风等，2011），但千年桐为乔木树种，树冠更大、寿命更长，还可以作为南方优良的行道树种（方嘉兴和何方，1998）。

一、分布

千年桐是比较典型的亚热带树种，其水平分布为：18°30′~30°30′N，97°50′~122°07′E。主要分布在广西、广东、福建、江西、湖南、浙江、安徽、湖北、云南、贵州等省份以及四川盆地和台湾省。千年桐的垂直分布较三年桐相对偏低，多生长于300m以下的平原、丘陵、低山、中山及四旁零星种植（何方等，1987）。

二、生物学和生态学特性

1. 植物学特征

落叶乔木。树高8~15m。单叶互生，常3~5深裂或全缘；叶柄有2个杯状形有柄绿色腺体。单性花，实生繁殖下一般表现为雌雄异株。不典型核果，外果皮多有3条（少数4~5条）凸出纵棱；每果含种子3粒（少数4~5粒）。花期4月，果实10月成熟，自然脱落。

2. 生物学特性

（1）根系生长特性

千年桐幼年阶段，根系生长速度较快，进入结果期后，根系生长速度逐渐变缓；至盛果期时，根系达最大吸收面积，至结果后期，少数侧根死亡，总根系的量不断下降；当地温大于5℃时根系开始活动，夏秋季根系生长较秋季慢（何方等，1988）。

（2）枝梢生长特性

千年桐兼有单轴分枝和合轴分枝2种分枝方式，幼年为单轴分枝，后为合轴分枝。千年桐混合芽出现年龄较迟，单轴分枝占优势。千年桐在顶芽萌发后抽生一段长3~5cm的粗短枝，继而在粗短枝上端抽生花序，并于开花期或花后由粗短枝的腋芽抽发新梢。

（3）开花习性

千年桐用种子繁殖有雌雄异株和雌雄同株之

广西田林野生千年桐单株（龙洪旭摄）

广西南宁'桂皱27号'千年桐果序（梁文汇摄）

分。雌雄异株的，雌株性别稳定，没有雄花序，雄株有个别花序也夹生有单朵雌花。雌雄同株的雌雄花序明显分开。花期4月上旬至中下旬，盛花期4月中旬（方嘉兴和何方，1998）。

（4）结果习性

千年桐播种后4～5年开花结果，7～8年进入盛果期，盛果期持续30～50年。如果用嫁接繁殖，第三年可开花结果。幼果形成期5月中下旬，果实成熟期10月下旬至11月上旬。千年桐幼果早期生长的30天内，仅20%～25%的幼果得以正常发育（方嘉兴和何方，1998）。

3. 生态学习性

对气温适应范围较广，年平均气温14.5～24.6℃，适宜气温18.4～21.3℃，1月平均气温2.9～19.6℃都能生长，适宜气温7.9～15.3℃；≥10℃的有效积温3880～8986℃；无霜期231～364天。

对降水量的适应幅度较大，年降水量863.7～2340.9mm的地区均能生长，适宜年降水量1200.5～2056.9mm；年平均相对湿度63%～85%。

在以砂页岩、花岗岩、石英岩、变质岩发育成的酸性土壤以及土层深厚、疏松、肥沃、湿润而又排水良好的地方生长良好。

为喜光树种，要求阳光充足，不耐荫蔽。年日照时数要求1250.0～2502.4h。

三、良种选育

1. 千年桐品种群

千年桐种以下可划分为雌雄异株品种群和雌雄同株品种群。绝大多数千年桐种群属于雌雄异株类型（凌麓山等，1991）。

2. 千年桐主要栽培品种

20世纪70年代，选育出8个千年桐优良无性系：'桂皱27号''桂皱1号''桂皱2号''桂皱6号''浙皱7号''浙皱8号''浙皱9号''闽皱1号'，为我国油桐生产成功育成第一批优良无性系（凌麓山等，1991）。

四、苗木培育

繁殖技术：千年桐多以嫁接繁殖为主。

1. 采穗圃的建立

圃地选择土壤深厚、肥沃的平地或缓坡地，要全垦挖大穴，放基肥，株行距2.5m×2.5m或3m×3m，三角形植树。秋季，采经过后代鉴定的良种枝条作接穗，分别嫁接，用I级苗分品系定植。定植第一年不宜采穗，第二年秋季可以采2级枝以外的分枝作接穗。

2. 砧木苗的培育

培育砧木苗的方法有两种。一种在苗圃地培育嫁接苗，用嫁接苗造林；一种是将种子直播于林地，在林地培育1年生砧木苗，然后直接在林地嫁接。

3. 接穗的选择与采取

嫁接用的接穗，要来自良种采穗圃或经过选择鉴定的优良母树。接穗选择生长粗壮、腋芽明显而饱满、分布均匀、树冠中部外层的1年生枝条。接穗应就地采取，当日嫁接为好，如需远途运输应注意枝条保湿，10～15天之内对嫁接成活率影响不大。

4. 嫁接季节

嫁接的季节，最适宜的是春秋两季。春季以3月上旬至4月上旬最好，秋季则在9月中旬到10上旬为最好。

5. 嫁接方法

千年桐嫁接方法有补接法（方块芽接法）、倒"丁"字形嫁接法、"工"字形芽接和顶芽劈接法等，其中以补接法最好。

6. 嫁接苗管理

嫁接后注意遮阴，并浇水保湿，10天以后检

广西南宁'桂皱27号'千年桐树体（梁文汇摄）

查。在接活的新芽长到3～5cm时就要解绑。要经常除萌条，适时除草、施肥、灌溉和防治病虫害。秋季嫁接的要搭棚防寒。秋季嫁接应在来春2～3月桐苗未出叶前及时移植上山。

五、栽培技术

1. 造林地的选择

造林地要求阳光充足，选择土层深厚、疏松且湿润肥沃的酸性土壤，略带倾斜，坡度不超过15°，也可在村前、屋后、菜园地边等处零星种植。

2. 栽植技术

通常株行距是（6～8）m×（6～8）m。造林地在前年冬全垦挖大穴。在林地直播培育砧木的穴一般宽50cm见方，深30cm；植树穴要大些，大小为1m³，深80cm，穴底施基肥并与泥土充分混合，等待造林。前年秋季嫁接好的苗木，应选择在早春雨后阴天起苗定植。

3. 抚育技术

（1）幼树疏花疏果

幼树在定植后的第二年会开花结果，此时，应将全部茶果摘去，使养分集中，以养成良好的树势。第三年还要酌量疏去适量的花果。

（2）桐农间作

桐农间作是人工栽培的复合群落，能够充分利用光能，增加土壤肥力，以耕代抚，促进桐林生长。在幼林时期可间种农作物2～3年，间种的作物以矮秆的为好，以不妨碍桐林生长为原则。

（3）除萌补植

幼树种下后最初的1～2个月，发现砧木萌芽条，立即用枝剪除去，以免影响嫁接幼树的生长。同时要及时补植，保证全苗。

（4）中耕除草与林地垦复

成林时期的抚育管理的目的，就是要促进高产稳产，年年丰收。每年中耕除草2次，第一次在3月，第二次在5月下旬至6月上旬，并结合追施化肥等综合性肥料。每年冬季全垦一次，改善林地土壤通气状况；结果桐树的"小年"，最好还能进行"夏季伏垦"，可促进桐树的生长和花芽分化。挖山垦复的同时必须做好水土保持工作（何方等，1988）。

4. 果实的采收和处理

11月中旬，桐果基本掉落完毕。桐果采收回来后，堆放在阴凉室内，切勿暴晒。堆放15天，果皮变软时即可剥取种子。榨油用的商品种子要晒干后装袋，最好能在翌年2～3月榨油完毕，以免影响出油率和油质。用来播种繁殖的种子，宜用湿沙低温贮藏。

六、主要有害生物防治

千年桐的病虫害与三年桐基本相同，参见三年桐。

七、综合利用

千年桐用途与三年桐基本相似。但千年桐的桐油中桐酸含量较低，更适合用于生物柴油的制备（谭晓风等，2011）。千年桐果壳、桐子榨油后的废料桐枯均是优良的生物肥料；千年桐是制造纤维板、刨花板、火柴等的上好木材纤维材料，其大枝干还是生产白木耳等食用菌的优良材料。

（龙洪旭，黄丽媛）

别　名｜腊子树、桕子树、桊子树、桕树、木蜡树、木油树、油籽（子）树

学　名｜ *Sapium sebiferum* (L.) Roxb.

科　属｜大戟科（Euphorbiaceae）乌桕属（ *Sapium* P. Br.）

> 　　乌桕在我国栽培历史悠久，早在6世纪后魏贾思勰的《齐民要术》里就有关于乌桕的记载。国外从17世纪开始有引种，目前在欧洲、美洲和非洲等六大洲均有引种。乌桕是一种集油用、药用、材用、观赏用于一体的多用途经济树种。从乌桕种子中可制取两种油脂，种皮外白色蜡状固体油脂可作为食用植物油、类可可脂原料和其他工业原料；种仁的液体油脂为干性植物油，是油漆、油墨及其医药产品和系列工业原料。乌桕树干材质坚韧致密，不挠不裂，是做模具、高档家具、钢琴、手提琴等的上好用材。乌桕树叶既有观赏价值，又有重要的药用价值。树根既可入药治疗肝硬化，又由于它有奇特的形状可用于根雕。

一、分布

　　乌桕原产于我国，分布于18°31′～34°40′N，98°40′～122°20′E的亚热带广大区域的长江流域（张敏等，2014）和珠江流域，包括甘肃、陕西、安徽、河南、江苏、湖北、湖南、云南、贵州、四川、重庆、江西、广东、广西、海南、福建、浙江、台湾等省区。乌桕是中亚热带的代表性树种之一，主要产区为重庆、湖北、湖南、浙江、陕西等省份。分布的最高海拔达2800m，集中分布在1000m以下的低山、丘陵。

二、生物学和生态学特性

1. 植物学特征

　　乌桕属植物有多种，但作为油料树种栽培利用的仅乌桕而已。乌桕为落叶乔木，树高达20m，树冠为椭球形，树皮灰褐色，全体无毛，小枝和叶片具有毒的白色乳汁。小枝细，单叶互生。叶菱形，叶柄顶端有两个红色腺体。花单性，雌雄同株。雌花3朵形成小聚伞花序，再集生为柔荑状复花序。雌花蒂1至数个着生于花序的下部。蒴果近扁球形，幼果绿色，成熟时为黑褐色。种皮黑褐色，坚硬，外被一层白蜡固着于中轴上，经冬不落。

2. 生物学特性

　　乌桕属典型的中亚热带速生树种。实生树种结实年龄因品种不同而差异较大。早则3～4年，迟则7～8年。嫁接树一般2～4年开始结果。实生树寿命可达100年以上，结果盛期可达50年以上。

　　乌桕幼树每年可抽梢3次，即春梢、夏梢和秋梢。成年树一般只抽发春梢。春梢在中亚热带地区一般于4月中旬抽梢，是当年的结果母枝；春梢前期生长慢，中期生长快。夏梢抽梢发生于7月上中旬，虽可作翌年的结果母枝，但大多会

浙江省林业科学研究院无性系测定林红叶乌桕无性系（李因刚摄）

扰乱树冠结构，影响通风透光，需适当控制。秋梢抽发迟，冬季一般都枯死，应严加控制。

在浙江，葡萄桕的雌雄同株穗状花序于6月上中旬开放，鸡爪桕的单性雄花序于5月上中旬开放，两性穗状花序于6月底开放。乌桕于6月底至7月上旬形成幼果，随后进入果实膨大期，7月下旬至10月中旬为种子发育期。乌桕为虫媒花，传粉媒介主要有蜜蜂、苍蝇、蚂蚁等。

3. 生态学习性

乌桕为喜光树种，喜光、喜温、喜水。适合于年平均气温16～19℃、极端低温−10℃以上、有效积温大于4500℃、年降水量1000～1500mm的地域生长发育。乌桕既耐水湿又耐干旱，在湖南洞庭湖区的水渠两旁生长良好，产量高；在湖南湘西岩熔地貌的严重干旱地区均生长结实良好。乌桕对土壤的适应幅度较宽。各种母岩发育的pH从4.5～8.5的沙土和黏土土壤均能生长。但以土层深厚、肥力高的平原冲积土、石灰岩发育的土壤最好。

三、良种选育

1. 乌桕的品种类群（张克迪和林一天，1991；张克迪和蔡督信，1987）

根据乌桕开花和结果习性可分为两大品种类群。

（1）葡萄桕品种群

花序着生于当年春梢顶部，为雌雄同序的穗

浙江省林业科学研究院无性系测定林红叶乌桕无性系与对比单株（李因刚摄）

状花序，上部着生雄花，下部着生雌花。开花后，上部雄花脱落，下部雌花结果，形成如葡萄串状的单生密集果序，故称葡萄桕。

（2）鸡爪桕品种群

因结果枝上着生2种花序，开2次花而形成。第一次开花是在春梢顶部，着生雌花序，开放后自行脱落。第二次是在第一次开花的春梢基部再抽生3～5个新梢，在第二次新梢上着生穗状花序，各花序的构造与葡萄桕相同，最后形成几个穗状果序，状如鸡爪，故称鸡爪桕。

此外，还有一类乌桕结出来的果子如铜锤状，俗称铜锤桕。

2. 乌桕主要栽培品种

'分水葡萄桕1号' 由浙江省林业科学研究院等单位选育。葡萄桕品种群果序特长的一个品种。树高5～6m，主枝开展。新梢顶部叶片紫红色。果实于11月中旬成熟，果实小、三角形。籽小、具尾尖。果序长18.4cm，最长可达25cm，每序平均着果45.4个，最多可达75个。种子千粒重为239.6g，全籽含油率43.35%，油质优良。6年生桕籽产量1250kg/hm²，12年生桕籽产量2728kg/hm²。春梢发枝力强，结果枝多、结实累累。耐干旱瘠薄和低温，大小年不明显。

'选桕1号' 由浙江省林业科学研究院等单位选育。属葡萄桕品种群，树高9～10m，主枝开展。叶大、叶柄细而长，结果枝着芽稀。果实长三角形，果柄较长，籽较大，椭圆形。果序长17.4cm，最长的19cm，平均每果穗着果44.6个，最多可达56个。种子千粒重256.9g。全籽含油率46.53%。每公顷桕籽产量：第6年1251kg，第12年2677.5kg。结果枝基部着芽稀，梢顶端着芽密。在采收桕籽时，留桩（结果母枝）长度应相对长一些，一般为18～25cm，否则将影响翌年结果枝数量和桕籽产量。它对水、肥条件要求不苛，较能耐瘠，也适合山地种植。

'选桕2号' 由浙江省林业科学研究院等单位选育。树高8～9m，树冠圆形，主枝开展，树皮较厚。叶大、质厚、色深。结果枝粗壮，树势生长旺盛，发枝力强，每果序有3～7个果枝，状如鸡爪。果实圆形，皱皮，果柄粗壮。新枝髓心大而松，结实成熟期晚，立冬后果尚呈绿色，群众将其叫作"落叶青"。果大，籽粒也大，蜡皮厚，种子洁白，平均每果序果数52.9个，最多可达62个。种子千粒重287.4g，全籽含油率46.2%。每公顷柏籽产量：第6年1147.5kg，第12年1759.5kg（小年），在水肥条件良好，气候温暖的地方更能优质高产。

'铜锤柏11号' 由浙江省林业科学研究院等单位选育。树高4～5m，树冠多半圆形及开心形，主枝开展，分枝较稀疏，结果枝粗壮且长。叶特大、质厚、色深。花序穗状，细硬直立似烛，果实较大，扁圆形，皮厚、籽粒大、蜡皮质，色略发黄，种子在中轴上着生牢固，不易脱落，成熟期较晚，一般在11月下旬成熟。果序长13.4cm，最长可达18.3cm，平均每果序果数33.1个，最多可达47个。种子千粒重253.2g，全籽含油率46.71%，油质优良。每公顷柏籽产量：造林第五年1071kg，第六年1045.5kg，第12年1974kg。树体小，可适当密植，结实早，适应性较强。

四、苗木培育

乌桕通常采用嫁接苗培育（李正明等，2015）。

1. 采穗圃的建立

（1）高接换冠

高接换冠的品种宜选择经鉴定的优良品种及引进的优良株系，接穗采集时间在2月中下旬为宜。穗条在采穗圃采集，以树冠中上部生长健壮、充实、无病虫害损伤，粗度在0.5cm以上的木质化枝条，且1～2年生枝条为好。将穗条剪成长30cm左右，然后按照40条打一捆，分品种系挂标签。把接穗贮藏于背风向阳的地窖、山洞处。用湿沙分层掩埋。同时在贮存过程中要注意保温、保湿。砧木选多年生、产量低、品种低劣，但生长健壮、无病虫害的乌桕成龄树。砧木如长势弱、病虫害严重，则在换种的前一年要加强肥水管理和病虫害防治，以增强和恢复树势。嫁接前对需要换种柏树要进行重度回缩，回缩程度为原树冠的1/4～1/3。回缩部位重点是延长枝、侧枝及各骨干枝的回缩，要保持明确的从属关系。作为延长枝的枝条要粗，留桩要长；侧枝略细，留桩略短，确保嫁接后的树形不紊乱。依据空间大小，对于1～2年生的骨干枝也可多剪多接，培养结果枝组，便于以后回缩更新，原则上每株树改换3个主头、每个主枝上改换2个侧枝，无用枝一律疏除，紧靠主、侧枝的各级骨干枝，尽量多回缩嫁接。一般1株砧木可接9～15个头，但具体换头数还要依树形而定。嫁接时间以春季开始为好，每年的3月中旬至4月上旬为嫁接的最佳时期。过早，树液没有充分流动，伤口难以愈合，枝条容易抽干；过迟，大部分枝条已经萌芽，砧木、接穗可利用率低。秋季也可嫁接，但嫁接成活后冬季易遭低温侵袭及风折。

（2）嫁接苗定植

采种与种子处理 乌桕育苗生产用种应从健壮、无病虫害的20～35年生的母树上采集。果实采集时期应是果实呈暗褐色或黑褐色时，太早采收将影响种子品质。种子采收后可立即采用碱性物质脱蜡后层积催芽或带皮脂与火烧土等混合层积催芽，也可带皮脂自然风干后装进麻布袋堆放干燥阴凉地方，不宜容器密封或脱皮脂后麻袋中长时间贮藏。乌桕播种前最好进行种子预处理，通过脱皮脂、热水浸泡、TK、GA_3等处理，促使尽快发芽，提高发芽率，并使出苗整齐，便于管理，保证苗木质量。

播种时间 在早春2～3月进行。

播种量 播种密度2.0m×2.0m或2.0m×2.5m，每穴2～3粒。

2. 实生砧木的培育

（1）种子采集

应在种子成熟脱落前选择晴天及时采集。种子应采自进入盛产期、生长健壮、无病虫害、颗粒大，种仁饱满的优树或种子园（柏籽油脂含量≥46%）。种子千粒重>0.15kg，净度>95%，发芽率>85%。种子须经过检验，不带病菌。

（2）种子贮藏

采集的种子经脱粒、除净杂质、晾干后放入麻袋或木桶中置于通风干燥室内贮藏。种子含水

率<7%。贮藏中常检查，防止种子发热、霉变和鼠害。

（3）催芽种子处理

乌桕种子播前处理应抓好去蜡、浸种、催芽3个环节。

去蜡　机械去蜡：将种子浸入80℃的热水中，让其自然冷却后浸泡48h（或至蜡被脱落），沥去水分后，用普通碾米机或石臼轧去蜡被后，浸没在清水中，除去漂浮的瘪子和蜡屑即可。碱法去蜡：用80℃2%烧碱液代替热水浸种，期间搅拌4~5次，冷却后浸泡48h，沥去碱液，在清水中搓洗除去蜡被，用清水漂净蜡屑。

浸种　将去蜡的种子浸入50℃的热水中，让其自然冷却后浸泡24h。

催芽　播种前1个月开始催芽。经去蜡、浸种后的种子放入15~25℃的沙床中，沙床用塑料薄膜覆盖，适时保持沙床内温、湿度，待30%的种子种皮开裂露白即可播种。胚根长度≤0.5cm为宜。

（4）播种

播种期　采用春播，2~3月进行。也可冬播，12月至次年1月进行，冬播不需催芽，将去蜡后的种子直接播种。

播种方法　采用条播法，行距约40cm，播种沟深度5~8cm，覆土2~3cm，再盖草或盖膜。

播种量　以单位面积出圃合格苗的数量指标、种子千粒重、净度、发芽率确定。6万~10万粒/hm²为宜，每米沟播种子15~20粒。

（5）苗期管理

中耕除草　幼苗刚出土时，宜手除杂草，做到"除早、除小、除了"，保持苗圃无草，圃地土壤疏松、湿润。

施肥　生长前期，勤施、薄施人粪尿等速效有机肥，适当施用磷肥。施肥量占全年施肥量的30%。速生期前期和中期，重施氮肥，适量施用磷肥，后期控氮增钾，施肥量占全年施肥量的60%。硬化期前期适当施用一定量的钾肥和磷肥，施肥量占全年施肥量的10%。全年每公顷施肥量中含氮60~120kg、含磷10~30kg、含钾10~20kg。

合理间苗　幼苗长到8~10cm高时应合理间苗，保持圃地中苗木分布均匀。乌桕1年生实生苗以产苗12万~15万株/hm²为宜。培育实生苗造林，育苗密度取其下限；培育嫁接砧木苗，取其上限。间苗应掌握"间早、间密、留强去弱、间补结合、分次实施"的原则。

灌溉排水　少雨地区，干旱季节应勤灌溉保持土壤湿润。多雨地区，洪涝季节应注意排水，避免土壤积水。

（6）砧木的培育

乌桕所用砧木可以是本砧，也可以是乌桕属其他种，以本砧应用最广。于11月中下旬，从生长健壮、无病虫害发生的乌桕树上采集果壳脱落的露白种子。去除杂质，晒1~2天后干藏备用。播种前，将种子放置在桶或水缸中，用冷水浸泡3天，待蜡质外种皮软化易剥时将种子捞起，春

河南商城堤岸彩化（李因刚摄）

湖北大悟秋季林相（李因刚摄）

去蜡皮，过筛、水选、晾干后播种。选择地势平坦、土壤肥沃、排水良好的壤土作苗圃，播种前深翻、施足基肥、作床。可冬播、春播，春播宜早，一般在2～3月进行。条播，播种量为11.25kg/hm²，覆土2cm，50～90天出苗，注意适时间苗、除草和施肥。

3. 嫁接技术

选用优良品种枝条作接穗，一般在春季进行嫁接，以3月中下旬为佳，乌桕常用的嫁接方法有切腹接和撬皮接。①切腹接：用枝剪将砧木在根颈处剪断，用嫁接刀自砧木剪口稍带一点木质部斜向砧木髓心方向切下，将楔形接穗插入后捆绑即可。②撬皮接：宜于4月上旬至5月中旬进行，先将砧木锯断，用嫁接刀将砧木树皮纵向划开2～3条，并用牛角签撬开树皮，将马耳形穗条插入，捆绑、填充即可。嫁接后注意及时抹去萌蘖和其他抚育。

4. 嫁接苗的培育

春季嫁接用接穗在休眠期采取，秋季嫁接应随采随接。接穗应采自采穗圃生长健壮、无病虫害、芽眼饱满的1年生春梢或组织充实的夏梢中段，直径0.8～1.0cm为宜。采集的接穗应按来源、品种编号，蜡封后装入塑料袋或沙藏于含水量40%～50%的沙中，贮藏温度1～5℃，保持接穗休眠状态。砧木应选择生长健壮，根颈以上5cm处直径≥0.8cm的实生苗。嫁接时间掌握在萌芽前树液尚未流动或刚开始流动时嫁接，以3月初至4月初为宜。嫁接方法主要有切腹接、切接、腹接、劈接等方法，其中以切腹接应用较为普遍。成活后要及时解绑，并于5月去除砧木萌蘖，接穗抽生的萌条选留上部生长健壮的一枝让其延长生长，其余的去除。其他管理方法与实生苗类同。

五、林木培育

1. 林地选择

乌桕造林地的选择主要有山地、河滩和湖洲平原。山地造林一般选择海拔600m以下，坡度在15°以下的土层深厚、肥沃的阳坡，山地黄棕壤土、沙壤土、石灰岩土均可。在湖洲或河流两岸造林宜选择河洲及水渠两边，土层深厚、肥沃的地方。地下水位高，非常适合生长，生长茂盛，产量高。栽植密度5m×6m至6m×6m。选择海拔600m以下的平地、丘陵或缓坡山地的中下部及向阳背风的南坡为造林地；以土层深厚、肥沃的土地最为适宜。基地宜选择在自然条件适宜乌桕的生长，供电、供水等基础条件较好，劳力资源较丰富的地方。小块或散状栽培，宜选择空闲地、宽带地边、路边、沟渠边。还可结合乌桕秋季红叶旅游，进行连片乌桕基地发展。

2. 栽植技术（凌涛贤，2015）

山地造林宜沿水平梯土挖穴，施足基肥后定植，大穴规格为：2.0m×1.0m×0.7m。栽植密度因经营方式及目的而定。一般的纯林经营密度为450株/hm²，柏农间作林或柏茶混交林为225株/hm²，农田或沿海防护林600株/hm²。山地植苗造林可在冬、春季进行，以春天雨季效果最好。但在湖区等春季水淹的地方最好选择在秋季，有利于提高造林成活率。

3. 抚育技术

林粮间种是山地乌桕造林的主要经营方式。在林地间种黄花、大豆、芝麻、红薯等经济作物，既保持水土，又增加了林地的经济收入，还可以耕作抚育除草。乌桕林地每3～4年要深翻一次，以秋季深翻为好，深翻时施用土杂肥。乌桕的修剪是乌桕丰产稳产的一个重要技术环节，一般是结合采收进行。视树体生长强弱，以适当的强度将着生果穗的结果枝连同果穗一起采摘下来代替修剪。翌年从留下枝茬的基部萌发新枝条即为结果枝。只有留下的枝茬比较粗壮，才能抽发能结果的新枝。因此，修剪强度应遵循"强枝弱剪，弱枝强剪"的原则。

六、主要有害生物防治

1. 乌桕黄毒蛾（*Euproctis biopunct-apex*）

1年发生2代，以3～5龄幼虫作薄丝幕群集于树干向阳面的树腋或凹陷处越冬，翌年3～4月开始危害，5月中旬化蛹，6月上旬羽化。幼虫取食柏叶，啃食幼芽、嫩枝外皮及果皮，轻则影响生长，柏籽减产，重则颗粒无收，甚至整株枯死。防治方法：使用灭菌酯或溴氰菊酯喷杀幼虫，利用人工捕杀和灯光诱杀成虫；保护和利用寄生幼虫的天敌膨哑蜂和绒茧蜂，寄生蛹的天敌大腿蜂。

2. 樗蚕（*Philosamia cyathia*）

1年发生2代，以蛹越冬，翌年5月中下旬羽化，交尾产卵于叶片上。6月第一代幼虫危害，7月上旬结茧，8月下旬至9月上中旬羽化产卵，第二代幼虫危害。卵块集中于叶片背面，初龄幼虫具群集性。以幼虫取食叶片，而且因为幼虫取食量大，将树叶食尽，严重影响乌桕生长。防治方法：使用晶体敌百虫液喷杀幼虫，黑色灯光诱杀成虫。

3. 毛黄鳃金龟（*Holotrichia trichophora*）

1年1代，陕西以蛹、浙江以成虫在土中50～90cm深处越冬。日平均气温10℃以上时，成虫逐渐出土活动，遇低温即潜伏表土。4月初交尾产卵，每雌产卵4～47粒，约1个月孵化，9月下旬幼虫老熟，10月成虫羽化越冬。幼虫危害叶片及皮层。成虫大量食叶，一夜之间能将树叶吃光，影响林木生长。防治方法：围地用胺磷加适量煤油喷杀或用火烧杀群集于丝幕中越冬的幼虫；夏季中午，幼虫下树避暑时，将树下杂草铲除并连土一起烧焦或用农药喷杀。

4. 蚜虫（*Aphidoidea*）

取食汁液，影响乌桕树生长，以5～6月危害最大。防治方法：可用氧化乐果液喷杀或环状涂干。

5. 红蜘蛛（*Tetranychus* sp.）

红蜘蛛每年产一次卵，一次约100只，1个月后开始孵化。1年发生13代，以卵越冬。它主要危害植物的叶、茎、花等，刺吸植物的茎叶，使受害部位水分减少，表现失绿变白，叶表面呈现密集苍白的小斑点，卷曲发黄。严重时植株发生黄叶、焦叶、卷叶、落叶和死亡等现象。同时，红蜘蛛还是病毒病的传播介体，连年危害，高温干旱季节尤为严重。防治方法：冬春增施肥料，促进生长，提高抗虫能力。刮去老皮后用专用杀虫剂液环状涂干。

6. 云斑天牛（*Batocera horsfieldi*）

以幼虫蛀食皮层危害，严重导致乌桕树死亡。防治方法：可用甲胺磷涂干预防病虫害，用钢丝钩杀该虫。

七、综合利用

1. 乌桕种子的利用

（1）皮油的利用

皮油的脂肪酸几乎完全由棕榈酸和油酸组成，比例为2∶1，其他脂肪酸含量极低，因此皮油是制取纯棕榈酸和油酸的理想原料。通过脂肪酸的分离，可制取纯棕榈酸和纯油酸，纯棕榈酸和油酸是重要的化工原料，可广泛应用于食品、化妆品、医药和塑料等工业部门。高纯度棕榈酸是制取无味氯霉素、无味合霉素等药品的重要原料。皮油的甘油三酯具有对称的β-油酸和α·α'-饱和脂肪酸（棕榈酸）结构，即主要为POP结构，与天然可可脂的甘油三酯成分很相似，是一种理想的类可可脂资源，可广泛应用于巧克力生产。我国可可脂（CEB）资源极其缺乏，主要依靠进口。20世纪80年代后期已利用皮油生产出类可可脂产品。以前，山区农民也直接利用皮油作为食用油。纯皮油中的皮饼用于制酸辣蛋白面粉和人造肉精。皮油中含少量的PPP结构，可制起酥油、杏仁酥饼。

（2）籽油的利用

籽油与皮油的特性截然不同，它是一种不饱和油脂，而且是普通甘油三酯的复合物。籽油甘油三酯的脂肪酸为亚麻酸、亚油酸和油酸，还有两种稀有的天然短链脂肪酸HODA（中文名称8-羟基-5,6辛二烯酸）和DDA（中文名称2,4-共轭癸二烯酸）。因此，籽油可作为干性油，广泛应用于我国传统产品的油漆和油墨中。另外，籽油可通过水解，从中提炼出HODA和DDA，可以作为新的聚合体和树脂而应用于相关工业。HODA还可制取一种新型的杀菌剂和前列腺素。籽油通过适当的氢化水解，可代替柴油作为燃料使用，经过适当的化学过程可合成润滑剂、增塑剂、表面活化剂及保护膜等。

（3）饼粕的利用

柏仁饼：可做上等有机肥料，也可用来做洗衣服用的土碱。

柏籽饼：可用来制造生物农药，也可做燃料。

（4）果壳的利用价值

可供制糖醛，籽壳可用来制活性炭。

2. 乌桕叶片的利用

可供制染料原料，嫩叶可饲养柏蚕。

除此之外，红色的乌桕树叶还具有重要的观赏价值。金秋时节遍地红叶亮丽，在山坡、田野、村庄四旁彰显金秋红叶浪漫景色，给城市（有很多城市将乌桕作城市景观树种）增添园林绿化彩叶美景。

3. 乌桕树干的利用

乌桕树主干材质坚韧致密、不挠不裂、纹细质，是军工、模具、高档家具、钢琴、手提琴等的上好用材。

4. 乌桕树皮的利用

乌桕树皮可入药，能治疗多种疾病，如头痛、牙痛、水肿、湿疮、疥癣、蛇咬伤、肝硬化，同时还能在体外抑菌、抗炎、降压（彭小烈等，2008）。

5. 乌桕树根的利用

乌桕树根既可入药，用于治疗肝硬化，又由于它有奇特的形状，深受根雕爱好者的青睐（胡芳名等，2007）。

（周波，李因刚）

安徽省黟县宏村乌桕单株秋景（贾黎明摄）

别　名｜三叶橡胶树、巴西橡胶树
学　名｜*Hevea brasiliensis* (H. B. K.) Muell. Arg
科　属｜大戟科（Euphorbiaceae）橡胶树属（*Hevea* Aubl.）

> 橡胶树是我国热带和南亚热带很重要的特色经济林树种。天然橡胶因其具有很强的弹性和良好的绝缘性，可塑性，隔水、隔气性，抗拉和耐磨等特点，广泛地应用于工业、国防、交通、医药卫生领域和日常生活等方面。我国从20世纪60年代大量引进和大范围种植橡胶树，现栽培面积达到1800万亩，年产橡胶80万t。

一、分布

橡胶树原产于巴西亚马孙河流域马拉岳西部地区，其次是秘鲁、哥伦比亚、厄瓜多尔、圭亚那、委内瑞拉和玻利维亚。现已在亚洲、非洲、大洋洲、拉丁美洲40多个国家和地区种植。种植面积较大的国家有印度尼西亚、泰国、马来西亚、中国、印度、越南、尼日利亚、巴西、斯里兰卡、利比里亚等；而以东南亚各国栽培最广，产胶最多，马来西亚、印度尼西亚、泰国、斯里兰卡和印度五国的橡胶栽培面积和产胶量约占世界的90%。中国植胶区主要分布于海南、广东、广西、福建、云南、台湾，其中，海南为主要植胶区。

二、生物学和生态学特性

大乔木。高可达30m，有丰富乳汁。指状复叶具小叶3片，俗称三叶橡胶；叶柄长达15cm，顶端有2枚腺体；小叶椭圆形，长10～25cm，宽4～10cm，顶端短尖至渐尖，基部楔形，全缘，两面无毛；侧脉10～16对，网脉明显；小叶柄长1～2cm。花序腋生，圆锥状，长达16cm，被灰白色短柔毛；雄花花萼裂片卵状披针形，长约2mm，雄蕊10枚，排成2轮，花药2室，纵裂；雌花，花萼与雄花同，但较大，子房3室，花柱短，柱头3枚。蒴果椭圆状，直径5～6cm，有3纵沟，顶端有喙尖，基部略凹，外果皮薄，干后有网状脉纹，内果皮厚、木质；种子椭圆状，淡灰褐色，有斑纹。花期5～6月。

橡胶树喜高温、高湿、静风，要求年平均气温26～27℃，在20～30℃范围内都能正常生长和

云南瑞丽橡胶树割胶后树干（贾黎明摄）

云南瑞丽橡胶林冬景（贾黎明摄）

产胶，不耐寒，在温度5℃以下即受寒害。要求年平均降水量1150～2500mm，不宜在湿度低的地方栽植。适于土层深厚、肥沃而湿润、排水良好的酸性沙壤土生长。浅根性，枝条较脆弱，易受风、寒害降低胶产量。

三、良种选育

1. 品种引进

我国于20世纪50～60年代引进的马来西亚高产品种‘RRIM600’、印度尼西亚高产抗风品种‘PR107’和高产抗寒品种‘GT1’，目前仍然是我国的主栽品种。在风害频发的区域，PR107仍然是目前植胶的首选品种，而在寒害频发的区域，‘GT1’仍然发挥着重要作用。

马来西亚和印度尼西亚20世纪末分别推出‘RRIM2000’‘RRIM2100’及‘IRR100’‘IRR200’系列胶木兼优无性系，这些品种干胶产量有了进一步提高，且极为速生（部分无性系定植后3.5年即达开割标准）。20世纪90年代，我国从马来西亚和印度尼西亚引进一系列胶木兼优无性系，通过10～20年的适应性试种，目前已选育出‘热垦525’‘热垦523’‘热垦628’等速生高产、胶木兼优的新品种。

2. 杂交育种

目前，杂交育种仍然是我国橡胶树新品种选育的主要方法（罗庆新，1988）。

海南植胶的主要限制因子为台风，育种目标以高产和抗风为主。该地区以抗风能力较强的品种‘PR107’为父本，高产品种‘RRIM600’为母本，选育出了‘保亭155’‘保亭235’‘热研7-33-97’‘热研7-20-59’‘大丰78-14’和‘大丰78-25’等一批高产抗风品种；以‘PB86’和‘PR107’为亲本，选育出‘大丰95’‘大丰99’‘保亭3418’和‘保亭911’等优良无性系；以‘PB 5/51’和‘PR107’为亲本，选育出‘文昌193’‘文昌215’及‘文昌217’等无性系；同时，利用早期引种驯化的初生代无性系‘海垦1’为亲本，与‘RRIM600’和‘PR107’杂交，选育出‘保亭933’‘保亭936’及‘文昌217’等优良无性系。

3. 主要栽培品种
（1）‘PR107’

由印度尼西亚爪哇国营农业企业公司于1922年在波德里特胶园普通实生树中选出，马来西亚在1946年开始进行中等规模推广种植，1955年进行大规模推广，直至1977年止，以后因初产期低产而淘汰，我国于1955年引入海南侨福胶园（今南田农场）。从20世纪60年代起，在广东（含海南岛）开始进行大规模推广种植，从20世纪80年代起，在海南一直是种植比例最大的品种。生长方面，生长比‘RRIM600’（俗称600号）稍慢；该品种保苗率高，可割率高；但苗期生长较慢，幼树不适宜截顶（又称摘心或打顶）和修枝；叶片较薄，常风大的地方不适宜种植；高产期来临较晚。产胶方面，‘PR107’属晚熟品种，原生皮较厚，乳管排列靠近形成层，深割才能获得高产，干胶含量高，耐刺激，刺激割胶可发挥高产潜力；开花抽叶期胶乳容易早凝；海南植胶区第

1~5割年平均年公顷干胶产量594kg（40kg/亩），第1~10割年平均年公顷干胶产量944kg（63kg/亩），在云南植胶区，第1~24割年平均年公顷干胶产量1838kg（123kg/亩）。抗性方面，由于该品种茎干直立，树冠平衡，抗风能力较强，在台风12级以内时表现尤其突出；由于冬季落叶不整齐，次年陆续落叶，容易感染白粉病，耐寒力中等。

（2）'RRIM600'

俗称600号，由马来西亚橡胶研究院试验站于1937年用印度尼西亚初生代无性系'Tjir1'作母本，马来西亚初生代无性系'PB86'作父本配置杂交后代群体中选出，马来西亚1961年推荐试验规模种植，1963年到1966年推荐中等规模推广种植，从1967年起至今一直推荐为大规模种植。1955年由爱国华侨雷贤钟引入海南侨福胶园（今南田农场）。20世纪60年代开始进行大规模推广种植，从20世纪80年代中期起，在海南种植比例有所下降，低于'PR107'而退居第二位。生长方面，苗期生长较快，茎干直立，分枝晚，树冠较窄；原生皮厚，再生皮（又称"翻皮"）中等，割胶期树围生长中等；皮软好割，适当浅割仍能高产，排胶快，干胶含量中等（32%~34%），不耐深割和刺激。产量方面，海南植胶区第1~5割年平均年公顷干胶产量945kg（63kg/亩），第1~10割年平均年公顷干胶产量1200kg（80kg/亩），在云南植胶区，第1~25割年平均年公顷干胶产量1583kg（106kg/亩）。抗性方面，抗风能力差，但被风吹断后恢复生长能力强、恢复快，经过多次修剪（每两年一次）会产生细软枝条，抗风能力会加强；耐寒能力较差，由于物候期早而抽叶整齐，白粉病发病较轻。

（3）'GT1'

1922年由印度尼西亚中爪哇东部Gondmg Tapen胶园从普通实生树中选出，印度尼西亚于1959年开始进行大规模推广种植，1955年马来西亚开始中等规模推广，1967年开始大规模推广种植。我国于1960年引进。20世纪70年代开始进行大规模推广种植。广东粤西和云南种植比例很大，海南种植不多。生长方面，长势一般，茎干直立，叶片浓绿、较厚；高产期来临较晚；树皮厚，再生皮良好，分枝多、落叶迟。胶乳机械稳定性较高，适于制造浓缩胶乳。产量方面，海南植胶区第1~5割年平均年公顷干胶产量987kg（66kg/亩），第1~10割年平均年公顷干胶产量1226kg（82kg/亩）；在云南植胶区，第1~25割年平均年公顷干胶产量2322kg（155kg/亩）；广东植胶区第1~5割年平均年公顷干胶产量798kg（53kg/亩），第1~10割年平均年公顷干胶产量972kg（65kg/亩）。树皮较硬，耐割，耐刺激割胶，化学刺激反应良好。割胶期对水湿条件敏感，雨季明显增产，干热天气减产。抗性方面，抗风能力差，耐寒能力中等，对辐射低温的耐寒力较好。有较强耐旱性，能耐常风。

（4）'热研7-33-97'

又称'热研7-33-97'，有些农户称之为"7头7尾"。中国热带农业科学院橡胶研究所于1963年以'RRIM600'为母本，'PR107'为父本配置杂交组合，选育而出，为大规模推广级品种。生长方面，生长较快，林相整齐。产胶方面，该品种早熟高产，海南植胶区第1~7割年平均年公顷干胶产量1502kg（100kg/亩），开割率高，冬季略长流，无早凝。抗性方面，抗风能力较强，耐寒能力属中等到较强范围。

（5）'大丰95'

海南国营大丰农场1962年以'PB86'为母本，'PR107'为父本配置杂交组合经人工授粉选育而成。大规模推广级品种。生长方面，'大丰95'苗期生长状况与'RRIM600'相当，茎干圆直，分枝匀称，树冠疏朗，对气候、土地的适应能力较强。开割前茎围增长和原生皮厚度与'RRIM600'或'GT1'相当，开割后树围增长及再生皮生长均稍慢些，原生皮、再生皮稍薄些。产胶方面，高产、稳产并且高产期开始的早。海南植胶区第1~11割年平均年公顷干胶产量1905kg（127kg/亩）。干胶含量较高，无早凝，不长流。皮脆好割，产量逐年递增。抗性方面，抗风能力和抗病能力都强于'RRIM600'，耐寒力比'RRIM600''GT1'强，在海南各地尚未发现严重寒害。死皮病比'RRIM600'轻。染白粉病较轻。

（6）'云研77-4'

由云南省热带作物科学研究所以'GT1'为母本，'PR107'为父本选育出。在云南植胶区、老挝北部和缅甸东北部等地区进行推广种植。大规模推广级品种。生长方面，较速生，比'GT1'生长快，树干粗壮、直立、分枝习性良好，树形倾向于'GT1'个体，木材量大。产胶方面，具有高产特性，云南省热带作物科学研究所高级系比区、勐满农场适应性系比区和勐醒农场适应性系比区三个试验点1~11割年的平均产量122.27kg/亩，为对照'GT1'的136.9%。对刺激割胶反应良好。耐割不长流，干胶含量高。抗性方面，抗寒力较强，比'GT1'约高1.0级。死皮率、白粉病和炭疽病抗性与'GT1'相当。

四、苗木培育

1. 种子采集

橡胶树每年可结三批果实，可以从树上直接采摘成熟的果实，也可以捡拾落地的种子。

2. 种子的运输与贮藏

短距离运输，时间不超过3~4天，可以用麻袋装包；4天以上的，则需要用竹筐和木箱包装，用洗净的木屑、谷壳等作为填充物，与种子隔层放置。

如采集到的种子需要贮藏，采取瓦罐贮藏法，缸底铺一层3cm厚的生石灰，再放一层3cm厚的木炭粉，然后放置一层5~6cm厚的种子。以后按照此顺序放置，最后在缸口填满木炭粉，密封后置于阴凉处。亦可以采取沙藏法，选择空气流通干燥的瓦房，在地面上铺一层15~20cm厚的干净细沙，然后将新鲜的种子同沙子混合并堆置50cm高，种堆的上面和四周均盖上15~20cm厚的细沙，注意保持细沙湿润。此法贮藏3个月，种子发芽率仍达70%~80%。

3. 苗圃地的选择

①靠近水源，交通方便；②土层深厚，土壤肥沃，要求土层在50cm以上；③静风坡向，地势适宜，有寒害的地区，容易凝霜的低洼地带，也不适合作为苗圃地；④地势平缓，坡度3°以下，3°以上的坡地应该横坡修筑排水沟，并做好水土保持，5°以上的应该修筑等高梯田。

4. 苗圃整地

苗圃地翻耕深度80cm左右，应爬犁两遍，并将树根、茅草和石块等清除干净，土壤要细碎、疏松。修筑苗床宜先按照苗床位置撒放基肥，基肥量视土壤肥力而定，一般每公顷施牛栏肥30t，过磷酸钙0.3t。

5. 苗床设计

育苗时间2年左右，行距宽40cm种2行的苗床，侧面宽60cm，底宽70cm。

6. 实生苗的培育

种子催芽 在5~10cm高的疏松土床上铺以5cm厚的细河沙。播种行距为2~3cm，粒距1.5cm，每平方米播种1.5~2kg。播种时，种子扁平面超下，或者向一侧，切忌腹面或者发芽孔朝上。播种深度以淋水后沙面刚好盖过种背。沙床上应该搭建50~100cm高的阴棚。

移床 幼苗7~10cm时即可移床，移床前按照定植距用定距器在苗床上打印定植穴位。按穴位用木棍钻挖漏斗形植穴，宽度以能容纳仔苗侧根为度。苗木放置后，再在穴周向侧根方向填土，使侧根处于舒展状态，最后从上面覆土，然后稍微压紧。种植后立即淋水定根。

苗圃管理 在幼苗初期，尤其是移苗后至第一蓬叶稳定前一定要适时淋水，初移苗时每天早晚各淋水一次，随后减少次数。苗木第一蓬

海南琼中橡胶树纯林（兰国玉摄）

叶稳定后，每蓬叶施1∶6稀释的人畜粪水，或者1∶100的尿素。

松土、除草一般每月进行一次，以保证苗床土质疏松，松土深度为10cm左右。苗床盖草，盖草材料以柔软紧密为好，如稻草。注意所盖草料不要靠近幼苗，防止日晒草温升高灼伤幼苗。有霜冻的地区，冬天不宜盖草，避免草面凝霜引起冻害。

间苗 生长不良的苗木，应及时间除。

7. 无性种植材料的准备

芽接桩苗 在橡胶树苗木直径2~3cm时芽接，苗木芽接在8~10月进行，芽接不成功的，可以连续芽接2~4次。出圃前在芽接位上方4~5cm处锯截，锯口向芽接相反的方向倾斜。在起苗前每5~7天修除砧木芽一次。挖苗时应注意砧木的大小，留主根长30~50cm。

袋装苗 培育6~7蓬叶的大袋苗，袋展平时长、宽为64cm×30cm。培育2~3蓬叶的小袋苗，袋展平后长、宽为46cm×20cm。袋中部和底部需要打穿直径为1cm的排水透气孔。

营养土的配置和装袋 采用富含有机质的肥沃表土，与牛栏肥按照4∶1混合，每袋加50g的过磷酸钙或者磷矿粉。袋土要装实在，使袋壁竖直，切忌弯折，土装至距离袋口2~3cm。

袋装苗的移苗与管理 放置大袋苗应挖深度为20cm的沟，每沟放置2行。小袋苗则挖浅沟放置，并列放袋4~6行，袋间空隙用松土填满。每袋移种1~2粒已经催芽的种子，袋面最好盖木屑，防止板结，并经常淋水，除草，每月施水肥一次一直培育至嫁接后出圃。

五、林木培育

1. 胶园开垦

环山行采用水准仪按等高定标法进行定标，平缓地用十字线定标法定标。修筑的环山行面宽1.8~2.5m，行面内倾12°~15°；穴规格长宽深各为80cm，挖表土回穴并平整环山行面。开垦方式采用挖掘机开垦作业方式进行开垦。环山行间的坡面种植覆盖作物，以提高拦水、渗水的效果。

道路及防护林建设按照山、水、林、路综合规划的原则，开垦前规划好林段道路及防护林，确保林段道路通达率90%以上，以减轻劳动强度，提高生产率。

2. 定植技术

定植时间 芽接桩3~6月定植，袋装苗3~8月定植，高截杆芽接苗3月底前种植。

种植形式和密度 采用宽行密株形式，行距6~8m，株距2.8~3.0m；种植密度亩植32~37株。

种植位置及深度 在环山行中间（以机械开垦通沟为主），按照规划的株距进行种植。种植时，苗木应置于植穴中央，植株要与地面垂直；在定植深度方面，芽接桩苗以芽接位下方离地2~3cm为宜，袋装苗维持原位置，高截杆芽接苗适当深种将接合点埋入地下。

芽眼方向 芽接桩、袋装苗在定植时芽眼或枝条统一向环山行内侧。

回土 种植时，多次回土，分层压实。定植裸根苗，一般分3~4次回土压实。要保持主根垂直，侧根舒展；定植袋装苗，先用刀切破袋底，将袋放置穴中，从下往上把塑料袋拉至一半高度，在土柱四周回土，并把土均匀踩实，然后再将余下的塑料袋拉出，并继续回土压实。

盖草、淋水 种植前先清好植穴淋足水，再种植苗木并回好土，并平整成锅底形，回好土后再淋水，以确保定根水淋透，然后在面上盖一层松土，最后在植株周围进行根圈盖草。定植后，要求3~5天淋水一次，淋水量以胶苗根部20cm半径范围内至根底部土壤湿润为准。

抗旱定植 定植完并淋定根水后，用编好（下大上小两头通）的竹框罩住，苗木位于中间，在竹框外围培土，形成一个土包。如没有竹框的，用带叶树枝对芽接桩进行遮阴。

3. 抚管措施

（1）修枝抹芽

当年定植的苗木要求定植后及时进行抹芽。用芽接桩定植的要及时抹掉全部的砧木芽、分枝芽和多抽的接穗芽；用袋装苗定植的要及时抹掉分枝芽；对多抽的接穗芽和顶芽断掉或枯死的植株；坚持"留强去弱"的原则进行抹芽，只留一个壮芽；高截秆苗保留全部顶芽，以后任其自然疏枝。高截秆苗回枯成中截杆或低截秆苗时，宜留一个壮芽重新培养树干，其余的芽要及时修除，以利于培养树干。

2～3年生苗木要及时进行封顶和修枝，主杆2.5m以下抽生的侧芽侧枝必须在没有木栓化之前全部抹掉；苗木生长高度达3m左右，在主杆2.8～3.0m处，于密节芽处进行摘顶。摘顶必须在春夏季节进行，于苗木顶蓬叶片老化和摘顶处已开始木栓化时进行。摘顶后要及时对抽生的分枝进行修枝，在主杆2.5m以上留1～2蓬分枝，每蓬分枝按不同方向留3～5条分枝。

（2）补换植

定植3年内胶园要及时对林段内需要补换植的缺株和弱株进行补植，2～3年生林分先按长60cm、宽60cm、深50cm的规格清好植穴，后采用同龄同品系的袋装苗或高秆苗木进行补换植。

（3）行面除草及盖草

当年定植后及时对胶园进行除草和盖草，采取人工除草方式（不宜采用药剂进行除草），把行面上的杂草清除干净，并在行面进行全面盖草。每次作业先全面铲草、浅松土，然后加盖草料（盖草时胶头20cm范围内空出）。同时，每隔15～20株设置一处防火带（留一截长100cm行面不盖草）。当年定植林段行面除草及盖草要求每年进行三次作业，以确保行面不萌生杂草。第二年以后林段行面采用药剂除草进行管理。如已深翻的林段，与行面管理同步进行肥穴压青加盖草。

（4）林带控萌及疏通

每年的6月前和12月前分2次进行控萌作业，对林段内的旱沟及周边进行疏通。要求乔木作物砍低至20cm以下，杂草及藤本作物要从根部割断，林段周边7m以内进行砍芭疏通。

（5）覆盖作物的种植及管理

种植种类 瓜畦葛藤和豆科作物。

种植方法 等高穴垦进行整地，处理种子后穴播。

种植时间 5月雨季来临时种植。

植后管理 及时清除杂草。

4. 胶园施肥

（1）施肥时间

化肥 3～9月根据胶树的抽叶情况安排施肥，每年施2～3次；有机肥在8月至次年的3月结合冬春管理进行施放。

水肥 采用复合肥配置的水肥，3年内每抽生1～2蓬叶施1次，每年施3～4次。

（2）施肥部位

1年生幼苗施于20～60cm根圈内，2～3年苗施于60～100cm根圈内，4年以上苗施于肥穴内（没有肥穴的施于100～200cm根圈内）。

（3）施肥方法

化肥在离树干40cm处开长50cm、深20cm的浅沟进行撒施，然后回土盖好；有机肥可在种植4年以上树龄的肥沟内（靠胶树内侧一边）均匀施放，然后压青盖好覆盖物；利用养猪场沼气池、化粪池沤制好的水肥或氮肥与水按1：20混合成的水肥，在胶头根圈20～60cm范围内浅松土后按每株10kg进行浇灌，然后加盖草料。

（4）深翻改土工程

4年以上林分全面进行深翻改土挖肥穴，并做好"三保一护"工程，肥穴按长宽深为120cm×50cm×40cm设置，2株一穴。同时进行扩行，使行面达2.5m宽以上（地势陡的地方可适当降低），反倾斜达12°～15°。挖好肥穴的林段要及时压足青料，后在肥穴内施足有机肥，再进行盖草。要求每穴每年分别压青料20kg，施有机肥20kg，盖草20kg。

六、主要有害生物防治

1. 白粉病（*Oidium heveae*）

橡胶树白粉病侵害橡胶树的嫩叶、嫩芽及花序，不危害老叶。感病初期，嫩叶出现辐射状透明菌斑，之后病斑上出现白粉；病斑初期多数为圆形，后期为不规则形。病害严重时，病叶布满白粉，叶片皱缩畸形，最后脱落。花序感病后也出现白色不规则形病斑，严重时花蕾大量脱落、凋萎。防治方法：加强栽培管理和选育

抗病品种，增施肥料，促进橡胶树生长，提高抗病和避病能力，可减轻病害的发生和流行。在橡胶抽芽前，摘除冬梢，每株保留2～3条粗壮嫩梢，并用硫磺粉喷洒或25%丙环唑（敌力脱）乳油2000～3000倍液或18.7%丙环嘧菌酯（扬彩）乳油2000倍液喷雾防治，混加氨基酸叶面肥效果更佳。

2. 炭疽病（*Colletotrichum gloeosporioides*）

古铜色嫩叶感病后，呈现不规则形，暗绿色像开水烫过一样的水渍状病斑，病斑大而凹陷。淡绿色嫩叶感病后呈现出近圆形或不规则形的暗绿色或褐色病斑，病斑边缘凹凸不平，叶片皱缩畸形；随着叶片老化，病斑边缘变褐，中央呈灰褐色，并会穿孔。接近老化的叶片感病后，病斑凸起成小圆锥体。嫩梢、叶柄、叶脉感病后，出现黑色下陷小点或黑色条斑。芽接苗感病后，嫩茎一旦被病斑环绕，顶芽便会发生回枯。绿果感病后，病斑暗绿色，水渍状腐烂。防治方法：对历年重病林段和易感病品系，可在橡胶树越冬落叶后到抽芽初期，施用速效肥，促进橡胶树抽叶迅速而整齐。在病害流行末期，对病树施用速效肥，促进病树迅速恢复生长。在种植时选用抗病的高产品系。化学防治方法主要有28%复方多菌灵胶悬剂，每亩每次用量为42mL，兑水5kg；20%灭菌灵胶乳剂，每亩每次30mL，兑水5kg；10%百菌清油剂，每亩每次10mL，或3%多菌灵烟剂，每亩每次12g；80%代森锰锌兑水1000倍喷雾。可把上述4种方法轮流使用。

3. 割面条溃疡病

病害初发时，在新割面上出现一至数十条竖立的黑线，呈栅栏状，病痕深达皮层内部以至木质部。黑线可汇成条状病斑，病部表层坏死，针刺无胶乳流出，低温阴雨天气，新老割面上出现水渍状斑块，伴有流胶或渗出铁锈色的液体。雨天或高湿条件下，病部长出白色霉层，老割面或原生皮上出现皮层隆起、爆裂、溢胶，刮去粗皮，可见黑褐色病斑，边缘水渍状。皮层与木质部之间夹有凝胶块，除去凝胶后木质部呈黑褐色，块斑可分三种类型：急性扩展型块斑、慢性扩展型块斑和稳定型块斑。防治方法：加强林段抚育管理；贯彻冬季安全割胶措施；提高胶工割胶技术，保护好高产树。防治此病较好的农药有瑞毒霉、敌菌丹和敌克松。割胶季节割面出现条溃疡黑纹病痕时，及时涂施有效成分1%瑞毒霉2次，能控制病纹扩展。

4. 橡胶根病

一般表现为树冠稀疏，枯枝多，顶芽抽不出或抽芽不均匀，树干干缩。其根部症状分为7种类型。①红根病：橡胶树病根的表皮具有红色或枣红色菌膜。②褐根病：病根表面呈铁锈色，具有疏松绒毛状菌丝和薄而脆的黑褐色菌膜。③紫根病：病根表面密集深紫色菌索覆盖。④黑纹根病：病根表面无菌丝菌膜，树头或暴露的病根常有灰色或黑色炭质子实体。⑤臭根病：病根表面无菌丝菌膜，有时出现粉红色孢梗束。⑥黑根病：病根水洗后可见网状菌索，其前端白色，中段红色，后段黑色。⑦白根病：病根表面根状菌索分枝，形成网状，先端白色，扁平。防治方法：①彻底清除杂树桩。②防止病苗上山。③加强抚育管理。④定期检查。橡胶树定植后，每年至少调查一次，宜在新叶开始老化到冬季落叶前这段时间进行。⑤用挖、追、砍、刮、晒、管的方式进行病树的处理。⑥用十三吗啉与软沥青混用，作为橡胶树根颈保护剂，效果较好，十二吗啉的保护效果次之。

5. 褐皮病

割胶时，割线不排胶，割线干涸变褐色。变成褐色的部分，集中乳管列周围。当刮削割线以下的病皮时，也可看到变褐现象，随着乳管方向沿树干向下发展，有时可看出变褐现象只局限于分布在连续的乳管群的近似同心的薄层中。该病可分为三个类型：内褐型、外褐型、稳定型。防治方法：①建立无病苗圃。②禁止使用有丛枝病的实生苗作砧木。③定期严格检查。④化学防治：保01农药治褐皮病效果较好。

6. 橡胶小蠹虫（*Xyleborus leborusaffinis*）

橡胶小蠹虫是在橡胶树遭受风、雷、寒、病

等灾害造成树皮溃烂、干枯后发生危害的。被害部位显现针锥状蛀孔和黄褐色木质粉末，严重时，茎干遍布蛀孔和粉柱、粉末，以至橡胶树枯死。在初期，蛀孔和粉柱多见于橡胶树割面及其上下约50cm的范围内，而后蛀孔和粉柱逐渐扩展到整个茎干表面，橡胶树枯死，但叶子不脱落；树龄大的橡胶树，钻蛀致死的比例也较大；高产树危害较严重。防治方法：锯除伤残枝干，用沥青柴油混合剂涂封伤口。对病害造成茎秆皮层的腐败组织，刮除后先用80%敌敌畏乳油和40%吡虫啉微乳剂800倍液喷射创面1~2次后，再用凡士林涂封。

7. 六点始叶螨（*Eotetranychus sexmaculatus*）

六点始叶螨又称橡胶黄蜘蛛，属螨目叶螨科。主要危害橡胶的老叶，通过幼螨、若螨、成螨以口器刺破叶肉组织，使之成为细小的黄白色斑点，影响光合作用，甚至全叶发黄脱落，枝条枯死，从而影响橡胶树的产量。六点始叶螨的虫口以4月下旬至5月下旬为发生高峰期，6月下旬起虫口逐渐降低，一直到年终，其虫口密度保持在较低的水平上。5月初受害叶片开始变黄脱落，6月中下旬为落叶盛期。螨害的发生与地形、橡胶树的长势、品系、气候情况都有一定的关系。特别是干旱季节六点始叶螨的危害严重。防治方法：①钝绥螨是六点始叶螨的天敌，应好好保护和利用。②在新叶老化后，加强螨情调查。常用的杀螨药剂有25%杀虫脒乳油500~1000倍液、25%马拉硫磷乳油500~1500倍液等。③用杀螨卫士200mL加阿维菌素180mL兑3L的柴油用烟雾机在早晨无风或微风时进行喷烟，防治效果明显。

8. 橡胶介壳虫（*Parasaissetia nigra*）

橡胶介壳虫在海南广泛分布，寄主有30多个科160多种作物，其通过针刺吸取食橡胶幼嫩枝叶的营养物质而形成危害，影响胶树的生长，造成枯枝、落叶，严重时整株枯死。其分泌大量蜜露，诱发煤烟病，严重影响橡胶树的呼吸和光合作用。防治方法：根据橡胶介壳虫的各种发生情况，在若虫盛期喷药。此时大多数若虫多孵化不久，体表尚未分泌蜡质，介壳更未形成，用药易杀死。每隔7~10天喷1次，连续2~3次。可用50%马拉硫磷乳油1500倍液，或50%敌敌畏乳油1000倍液，或2.5%溴氰菊酯乳油3000倍液喷雾。保护和利用天敌，如捕食吹绵蚧的澳洲瓢虫、大红瓢虫、寄生盾蚧的金黄蚜小蜂、软蚧蚜小蜂、红点唇瓢虫等都是有效天敌，可以用来控制介壳虫的危害，应加以合理的保护及利用。

七、综合利用

橡胶树可作为用材林树种，其木材为散孔材，材色黄白或淡黄，老龄木材红褐色，无特殊气味。心、边材区别不明显，心材呈乳黄色或浅黄色。生长轮在肉眼下明晰。纹理直，结构略粗。导管孔在肉眼下明晰，轴向薄壁组织带状，肉眼下隐约可见。木射线细而密，甚均匀，扩大镜下明晰。木纤维长1.10mm左右。切削、锯、刨、钉容易。干燥易，变形小，不耐腐朽。加工较容易，油漆或上蜡性能良好。宜作椅类、床类、顶箱柜、沙发、餐桌、书桌等高级仿古典工艺家具以及楼梯扶手、实木门、实木地板等。

橡胶树亦可作为经济林树种，因其经济寿命长、采收方便、胶乳产量高、橡胶品质好等优点，成为世界上人工栽培最重要的产胶植物。天然橡胶是橡胶树上流出的胶乳经凝固、干燥等工序加工而成，是一种以聚异戊二烯为主要成分的天然高分子化合物，成分中91%~94%是橡胶烃（聚异戊二烯），其余为蛋白质、脂肪酸、灰分、糖类等非橡胶物质。天然橡胶具有优越的弹性、伸缩性，良好的扯断强力、定伸强力、撕裂强力和耐疲劳强力，且具有不透水性、不透气性、耐酸碱性和绝缘性等性能而成为重要的战略物资和工业原料，与合成橡胶相比，其优越的通用性使其在航空、航天、航海、医疗和重型汽车制造业等领域的应用具有不可替代性（姚元园，2014）。

（兰国玉）

别　名｜山板栗（广西巴马）、唛别（广西龙州、宁明壮语）
学　名｜*Cleidiocarpon cavaleriei* (Lévl.) Airy-Shaw
科　属｜大戟科（Euphorbiaceae）蝴蝶果属（*Cleidiocarpon* Airy-Shaw）

蝴蝶果是寡种属，我国仅此1种，虽然云南、广西、贵州三省份都有自然分布，但因大树被砍伐过度，已被列入国家三级重点保护野生植物。蝴蝶果生长快，产果量高，结果期长；种仁含有丰富的淀粉、蛋白质、油脂，可食用和供提炼食用油，是油料经济树种和淀粉经济树种；材质中等，纹理直，易于加工，可作房屋建筑材及家具用材；树形优美，枝叶浓密，抗大气污染，寿命长，是优良绿化树种，也是水源涵养林树种、风景林树种、环境保护林树种。

一、分布

自然分布在我国21°32′~25°20′N，101°~109°33′E，包括广西南部（以宁明、龙州、巴马、隆林分布较多）、贵州南部（罗甸、安隆）和云南东南部（富宁及麻栗坡）。越南北部、缅甸、泰国也有分布。垂直分布在海拔300~700m的低山和丘陵的山谷、山脚、山腰。石灰岩地区分布海拔偏低，多在150m以下的石山下部，在低湿积水的地方无分布。适宜在我国北回归线以南地区种植，因抗风不强，沿海强风干扰地区应慎重栽植。

二、生物学和生态学特性

常绿乔木。树高达30m，胸径达100cm。树冠卵球形。叶集生于小枝顶端，椭圆形至长椭圆形，长6~22cm，宽1.5~6.0cm，互生，全缘，嫩叶淡黄红色，老叶深绿色，有光泽。核果长3~4cm；种子近球形，直径2.5~3.0cm。花期3~5月，果熟期8月下旬至9月。初期生长较慢，以后逐渐加快，6~7年生树高达5m，胸径达12cm。8~14年生为结果初期，15年生进入结果盛期，单株产果量达50kg以上。70~80年生产量逐年下降。但少数植株在较好的立地条件下，百年未衰老，单株产果量仍稳产150~200kg。喜温暖湿润气候，适生区年平均气温19~22.4℃，年积温7000℃以上，年降水量1100~1500mm，大树能耐短期极端低温−3℃，幼树易受霜冻害。喜光，在向阳开旷的山坡中下部，枝叶繁茂，结果多。在光照较弱的山谷，树干高生长快，冠幅小，分枝少，结果少。喜生于砂页岩及石灰岩风化发育的土壤上，但对各种土质适应性广，在微酸性土、沙壤土至黏壤土上均能生长良好。在石砾土及黏重土上生长不良。

三、苗木培育

采种　8月下旬开始，外果壳由灰青色转为青黄色，种皮黑褐色，用手轻易剥离外果壳，示种子成熟，否则种子不成熟，不发芽。同一株的

广东省广州市中国林业科学研究院热带林业研究所内蝴蝶果花果（胡彩颜摄）

早熟果与晚熟果常相差近半月，应在60%以上果实成熟时才采摘。选择20~50年生优良母树采种，选用粒大、种仁饱满的种子播种。种子忌堆积，不宜久藏，忌失水，应随采随播。调运种子要带果壳，用疏筐分装，每筐不超过25kg。到达目的地后要立即倒出，摊放于阴凉通风的室内，摊放厚度不超过15cm。尽快剥去外果壳播种。出种率约60%，种子千粒重6750g。

播种 选光照充足、排水良好的生荒地筑畦床播种。用黄心土50%+河沙50%混匀作床。床高20cm，宽100cm。用0.5%的高锰酸钾溶液淋透播种床和浸种20min，然后将种子不重叠均匀撒播于床上，用板将种子稍压下，覆盖细河沙或轻基质以不见种为度。每天浇1次水，忌过干或过湿。约10天开始发芽。在发芽前，如遇晴热天要拱起50%遮光网；如果遇连续几天下雨，要拱起薄膜挡雨，并注意床内通风透气，床外挖沟排水。

容器育苗 宜用直径8cm、高16cm的育苗袋，基质宜用黄心土68%+火烧土30%+钙镁磷肥2%，每畦宽以16袋为宜。待幼苗长出第一片真叶，即可上袋培育。每月施肥1次，交替施0.5%氮磷钾复合肥和磷酸二氢钾水溶液，施肥后要立即洒清水一遍以免肥料伤害叶片。待苗高30cm左右，畦内袋苗要按高矮次序重新排列，以防强弱苗分化。

四、林木培育

1. 立地选择

宜选择开阔、阳光充足的平地或低山、丘陵的山腰、山脚，土层深厚湿润，疏松肥沃。土壤以砂页岩或石灰岩发育而成的为佳。

2. 整地

在冬季进行。在平地和缓坡地，宜全垦，深垦25cm左右；在坡度大于15°的山坡地，沿环山水平带穴状整地；作经济林培育，株行距6m×7m，植穴规格60cm×60cm×50cm。在造林的前1个月，每穴放基肥2.5kg腐熟农家肥及0.5kg钙镁磷肥，与回穴表土混匀。

3. 造林

在春季阴雨天进行，选用苗高30~60cm的健壮袋苗，除去育苗袋，确保土球完好不散，定植于植穴中，分层回土压实。

4. 抚育

幼林抚育 由于株行距大，空隙地多，要粮林间种，宜间种豆科作物或旱地绿肥，如灰叶豆、豇豆、铺地兰等。从造林当年起，每年夏秋季抚育施肥各一次，除杂草、松土、扩穴。每穴夏季施肥100g尿素及100g磷酸二氢钾，秋季施150g复合肥及1kg腐熟有机肥。采用沟施法，距树干50cm处环绕树干挖20cm深的圆周小沟，放肥后回土。

成林抚育 第8~14年开始进入开花结果期，植株消耗大量养分，需每年春、夏、秋各抚育施肥1次。春季施复合肥每株1kg，以促长壮芽；夏季每株施0.25kg尿素、0.25kg磷酸二氢钾，以促

中国林业科学研究院热带林业研究所内蝴蝶果截干后萌生的新树冠（胡彩颜摄）

生长；秋季每株施5kg高钙有机肥。均采用沟施法，在距树干1m处，以树干为中心，向四周放射状挖4～6条深20cm、长1.5m的小沟，放肥后回土。每年都要剪除干枯枝、过于浓密之处的弱小枝。每隔3年要林地复垦，在秋季收果后进行。冠内垦深度10cm、冠外垦深度20cm。

五、主要有害生物防治

1. 青枯病（*Ralstonia solanacearum* var. *asiaties*）

病原菌是茄科劳尔氏菌的亚洲变种，是细菌性病害，起初植株地上部分未见异常，白天突然失去生机，地上部分全枯萎，不久就呈青枯状死亡，根部褐变并渐腐烂，根干交界处分泌出白色混浊污汁。病菌可随植株残体进入土壤，长期生存形成侵染源。主要通过根部侵染植株。土壤板结缺氧及含水分大、温度高助长该菌大量滋生。在华南地区全年可发病。在原产地石灰岩地区未见发病，但在广西的红壤土引种区有较严重的青枯病发生。应以预防为主，选择阳光充足、排水和通风良好、疏松的中性土或钙质土做圃地或造林地。忌低洼土黏，忌种植过茄科植物的熟地。苗圃宜轮作，造林宜疏植和混交。一旦发现病株要及时拔除并烧毁，并用福尔马林、石灰等药剂对土壤消毒杀菌。

2. 黄褐球须刺蛾（*Scopelodes testacea*）

在广州1年发生2代，以老熟幼虫结茧在寄主附近表土越冬。第一代幼虫在5～6月取食叶片，第二代成虫8～11月取食叶片。严重时可把树叶吃光。越冬期可翻土除虫茧，大量幼虫群集食叶时可剪除枝叶烧毁；在成虫羽化期，晚上可用灯光诱杀；在发生盛期用杀虫剂喷杀。注意保护天敌赤眼蜂、姬蜂。

六、材性及用途

木材为散孔材，淡黄白色；木材纹理直，结构均匀，木材气干密度0.649g/cm^3，体积干缩系数0.516%，顺纹抗压强度45.5MPa，抗弯强度93.6MPa，抗弯弹性模量12062MPa，端面硬度54.7MPa；材质中等，易加工，是纺织业、建筑业、轻工业、家具业和制浆造纸等用材（林大斯和梁文，1991）。

干种仁含油率50%～57%、蛋白质14%～18%、淀粉20%～40%、糖分2%～12%。蝴蝶果可供提炼食用油，麸可作饲料，种子煮熟后去除有毒胚，可食用，是粮油兼备的优良经济树种。蝴蝶果还可用于城镇的绿化和营造水源涵养林、风景林及环境保护林（雷加富等，2001）。

（胡彩颜，吴仲民）

别　名│小桐子（四川）、膏桐、老胖果（云南）、臭梧桐（贵州）、臭桐树、黄肿树（广东）、芙蓉树、木花生、假花生（广西）、吗哄罕（傣名）、桐油树（台湾）、南洋油桐（日本）、Physic Net（英国）

学　名│*Jatropha curcas* L.

科　属│大戟科（Euphorbiaceae）麻疯树属（*Jatropha* L.）

> 麻疯树是干热河谷的重要造林树种之一，也是有名的经济林树种，其种子油非常适合用于制造生物柴油、生物航油。从20世纪70年代以来，许多国家和国际组织都普遍重视，已有30多个国家开始资源培育和开发利用，主要为东南亚和非洲国家。

一、分布

麻疯树原产于热带美洲，主要分布于近赤道10° N和10° S之间，在赤道南北30°之间的热带和亚热带地区均有栽培，主要包括美洲南部及美国的奥兰多、夏威夷群岛等，非洲的莫桑比克、赞比亚等国，澳大利亚的昆士兰和北澳地区，以及东南亚等地。目前，以亚洲中南半岛国家以及中国云南、四川、贵州、广西、广东、海南等地为集中分布区（钱能志等，2007）。

二、生物学和生态学特性

花单性，雌雄异花同株，偶见两性花或单性植株，二歧聚伞花序着生于枝顶端；每个花序有5～10朵雌花和25朵以上的雄花；雄花多，雌花少。蒴果圆形或卵形，直径在4cm左右，成熟时由青绿色先变黄色，再变黑色，变干开裂。每果具种子1～4粒，常见有3粒；种子长椭圆形、黑色，长18～20mm，直径11mm；千粒重500～700g；种仁为白色，占55%～66%，含油率高达40%～60%。

一般3～4年生开花结实。边开花边结实，开花时间和果实成熟期不一致，会出现"花与果同生、成熟果与幼果同存"的现象。在干热河谷区，一般3～4月抽梢展叶，12月至次年1月落叶；开花结实2次，产量以第一次的为主，约占3/4。

在海南和云南西双版纳等"湿热"地区，每年开花结实3次。

喜炎热气候，适宜在年平均气温17.0～28.5℃、极端低温0℃以上、年降水量480～2380mm的环

麻疯树花果同存（费世民摄）

境下生长；在四川、云南、贵州等地常生于海拔700～1600m，呈半野生状态。抗旱、耐贫瘠、适应性强，能在十分贫瘠的石砾质土、粗质土、石灰岩裸露地生长，在土层深厚肥沃、疏松透气的土壤上生长发育好、结实多；但在排水不良的土壤上易造成烂根，导致生长不良甚至死亡（费世民和何亚平，2013）。

三、良种选育

国外报道的良种8个，包括缅甸的3个品种（'Mandalay''Magwe''Southern Sha'）、泰国2个和非洲、老挝、马来西亚各1个（未见良种名称）。国内有省级认定的良种12个，但尚无审定品种。

四、苗木培育

1. 扦插育苗（LY/T 2309—2014）

选择地势较高、平坦而通风透光的地块，以沙壤土为好，做成长4m、宽1m、高20～30cm的苗床，并耙细整平。穗条应采自良种采穗圃，选择生长健壮、无病虫害、粗度1～2cm的枝条，将其截成长度12～15cm的插穗，上端剪成平口、下端（插口）剪成斜口。直插或斜插育苗，株行距20cm×20cm。

插条生根发芽最适宜温度为25～35℃，相对湿度为80%以上。因此，苗床土壤干燥时应及时补充水分。发现病株时，及时挖除，并用2%石灰水灌其孔洞及附近土壤。移植前5～7天，用0.2%磷酸二氢钾水溶液进行根外追肥，移植前10天开始控水炼苗。

2. 采穗圃营建（LY/T 2308—2014）

选择10°以下平缓坡地或平地，进行坡改梯作业，梯宽3～8m、梯高0.3～0.8m；选择良种母株，采用宽窄行配置，宽行间距3m、窄行间距1.5m；栽植密度约1500株/hm²。母树定植后截干，高度40～60cm；对萌生枝进行高强度修剪，留

麻疯树基地（费世民摄）

麻疯树树体构型优化结实（费世民摄）

4～6根壮枝作一级枝，采用拉枝诱导促萌形成二级枝，枝间夹角60°～80°。

五、林木培育

1. 立地选择

宜选择土层深厚、土质疏松、土壤排水透气性良好的立地，土壤厚度30cm以上。土壤过于干旱瘠薄，影响生长发育、开花结实。

2. 整地

造林前进行整地，一般在头年10月至次年5月。一般采用沿水平带的穴状整地，规格60cm×60cm×60cm。在土壤干旱的坡地，采用水平沟整地，规格60cm×60cm×（1～3）m。

3. 造林

在缓坡且土层厚度60cm以上的立地上株行距2m×3m；土层厚度40～60cm的立地上株行距3m×3m。造林时间宜在雨季，采用"品"字形配置。

4. 抚育

造林后前3年，每年2次除草施肥，分别在6月和9月；干旱季节，适时适当灌溉。施肥采用环沟法，肥料以氮、磷、钾混合肥为主，每株施肥量0.1～0.5kg。

5. 树体管理

定植当年，于落叶季节定干，高度30～50cm；选择3～5个萌条培养主枝，诱导生成二级枝。二级枝在40～60cm处截枝，诱导生成三级枝4个以上；三级枝在40～60cm处截枝，诱导生成结果枝，构建良好的生殖构型（费世民和何亚平，2013）。

六、主要有害生物防治（国家林业局科技司，2008）

1. 麻疯树根腐病

病原菌为腐皮镰孢菌（*Fusarium solani*），是一种广谱性土传病菌，在环境荫蔽、土壤湿度大或浇水过度的地块发生相对严重，植株地上部分生长不良，根颈处有水渍状坏死斑，严重时根部腐烂。栽培管理中，用石灰对土坑进行消毒以清除病源；对病苗要及时进行销毁处理；注重排

涝，用50％多菌灵可湿性粉剂1000～1500倍液或50％退菌特可湿性粉剂800倍液喷雾防治，或用40％根腐灵1000倍液喷雾或浇灌病株。

2. 麻疯树白粉病

病原菌为橡胶树白粉菌的一种（*Oidium heveae*），可侵染危害植株的任何部位，包括叶片、叶柄、嫩茎、花及果实。病部表面覆盖白粉状物，严重时被害叶片变黄，嫩叶卷曲、皱缩、变厚，花蕾枯死或出现畸形花，果实变形。加强栽培管理，增施磷肥及时清除病叶残体；冬季喷施3～5波美度石硫合剂，消灭越冬的病源；用甲基托布津可湿性粉剂800～1000倍液防治。

3. 麻疯树炭疽病

病原菌为束状刺盘孢（*Colletotrichum demalium*），主要危害叶片、新梢和果实。叶片受害后期呈褐色圆形病斑；果实受害后期呈现褐色的病斑，空气潮湿时病斑上布满橘红色点状物胶质，病果先呈湿腐状。发病初期剪除病叶、果，及时烧毁；可用500～700倍退菌特可湿性粉剂或70％甲基托普津可湿性粉剂1000倍液防治。

4. 麻疯树柄细蛾（*Stomphastis thraustica*）

发生世代多，世代重叠明显；1年发生5代以上，繁殖速度快，全世代发育需18～20天，成虫在每年2～5月越冬。以幼虫潜食叶片危害，幼虫从卵孵化后从卵着生处潜入叶肉组织，初为褐色小斑点，后形成蛇行隧道。随着虫龄增长，虫斑逐渐扩大，其中遗留大量黑色虫粪，危害严重的树叶全部脱落。落叶后应清除落叶，集中烧毁，消灭越冬蛹；防治的关键时期是各代成虫发生盛期，其中在第一代成虫盛发期喷药，防治效果优于后期防治。常用药剂有50％杀螟松乳剂1000倍液或30％蛾螨灵可湿性粉剂1200倍液。

5. 黑绒鳃金龟子（*Maladera orientalis*）

1年发生1代，以成虫或幼虫于土中越冬，3月下旬至4月上旬开始出土，4月中旬为出土盛期，成虫于6～7月间交尾产卵，9月下旬羽化为成虫。啃食花蕾、花瓣、嫩叶、嫩芽等，严重者可食光叶片。挖杀幼虫，人工捕杀成虫，也可用黑光灯诱杀；成虫期用20％杀灭菊酯乳油3000倍液防治。

6. 白蚁

白蚁属等翅目白蚁科，危害麻疯树的白蚁主要有黄翅大白蚁（*Macrotermes barneyi*）和黑胸散白蚁（*Reticultermes chinensis*），主要危害苗木和幼树，从根部或根茎部侵入，逐渐向内、向上蛀蚀，受害严重植株叶萎蔫，后枯死。造林前，用特丁硫磷或呋喃丹进行蘸根处理；配制毒饵诱杀幼虫及用灯光诱杀成虫；人工挖除蚁巢。利用灭蚁药粉在主巢或副巢施药。

七、综合利用

麻疯树综合利用价值高，目前主要利用种子制备生物柴油，可精制成生物航空油，其剩余物含麻疯树蛋白、维生素E、磷脂、酮类等。从种子、茎、叶中可提取麻疯树毒蛋白（毒性强），含抗AIDS和抗肿瘤药物成分；种仁含油量高达60％以上，含有棕榈酸、硬脂酸等饱和脂肪酸和油酸、亚油酸、棕榈油酸等不饱和脂肪酸。此外，种仁还含有粗蛋白质21.8％～23.6％，提油后其籽粕中粗蛋白质含量为20％～60％，去皮脱油后籽仁粕中粗蛋白质高达50％～66％，高于优质豆粕，与鱼粉蛋白接近，是一种很有潜力的蛋白质饲料资源。但未处理的麻疯树籽仁粕中含有佛波酯、毒蛋白、植酸、胰蛋白酶抑制剂等抗营养物质，限制了其在饲料工业中的应用，因此其应用研究主要集中在生物柴油上；国内外正在重点研究人体外用药品以及杀虫剂、生物农药等。麻疯树叶、茎皮、根也可供提取萜类、黄酮类、甾醇类等生物活性物质，在医学上具有很多实用价值。

此外，麻疯树还可作为防火树种和水土保持、荒山绿化的生态树种。

（费世民）

别　名｜三叶树、乌杨、赤木（重庆《中国植物志》）、红桐（四川《中国植物志》）、重阳乌柏（江苏、
　　　　浙江、上海）、茄冬树（台湾、湖南《中国植物志》）

学　名｜*Bischofia polycarpa* (Lévl.) Airy-Shaw

科　属｜大戟科（Euphorbiaceae）秋枫属（*Bischofia* Bl.）

重阳木是秦岭淮河以南低山平原地区（特别是长江中下游平原地区）的重要绿化树种。其树
姿优美，冠如伞盖，秋叶红色，常被用作行道树和庭荫树。其木材材质坚韧，结构细而匀，有光
泽，木质素含量高，是优良的建筑、造船、车辆和家具用材。重阳木对二氧化硫有一定抗性，可
作为工矿企业的绿化树种。

一、分布

重阳木产于秦岭—淮河流域以南至福建、广
东北部，主要分布于广东、广西、福建、湖南、
湖北、江西、浙江、安徽、江苏、四川、贵州、
陕西、河南、台湾等省份，华北地区有少量引种
栽培。生于海拔1000m以下的山地林中或平原地
区，长江中下游地区常栽培为行道树和农村四旁
绿化树。

二、生物学和生态学特性

落叶乔木。高达15m，胸径50cm。大枝斜
展，树冠伞形。树皮褐色、纵裂。三出复叶互
生，小叶卵圆形或椭圆状卵形，长5～9cm，具
细钝锯齿。花单性、雌雄异株，总状花序下垂
（郑万钧，1997）。浆果球形，直径5～7mm，红
褐色；种子肾形，棕红色或紫黑色，长4mm
（国家林业局国有林场和林木种苗工作总站，
2001）。花期4月中旬至5月上旬，果实成熟期
10月中旬至11月上旬。

喜光照充足、温暖湿润的环境，稍耐阴，也
耐干旱瘠薄。具有较强的耐寒能力，河南郑州引
种栽培的重阳木植株，遭受1993年冬季的大雪低
温天气（气温降至-17.9℃），当年生枝条没有任
何冻害现象发生，雌株仍能正常开花结实（任智

勇等，1997）。对土壤要求不严，在森林黄壤、红
壤、森林紫色土、冲积土上都能生长，酸性和微
碱性土壤均能适应。在湿润肥沃的沙质壤土中生
长迅速。深根性树种，根系发达，抗风力强。叶
片宽大、平展、硬挺，迎风不易抖动，叶面粗糙
多茸毛，吸尘能力强，对二氧化硫有一定的抗性。

湖北省建始县长梁乡重阳木百年古树（易咏梅摄）

三、良种选育

良种选育基础薄弱，仅见不同单株间观赏特性、生长量及种子含油率等方面的差异分析，未见系统进行良种选育的报道。

四、苗木培育

1. 圃地准备

选择地势平坦、背风向阳、土质疏松肥沃、土层深厚、水源方便、排水良好、土壤pH 4.5～7.0的地块作苗圃地。头年冬季对圃地进行深翻，使土壤冬化，消灭杂草和病虫。翌年2～3月再整地作床。苗床按南北向，深挖碎土，床面宽1.2m，高30cm，步道宽0.5m。每公顷施钙镁磷肥750kg或者腐熟牲畜肥3750kg作基肥。

2. 采种

10月中旬至11月上旬果实变为红褐色后及时采种。选取生长健壮、干形通直、树冠浓郁、无病虫害、处于壮龄的优良单株作为采种母树。

3. 种实处理

采收的果实堆沤数日，果皮腐烂后置水中搓揉，淘去果肉果皮，所得纯净种子阴干后干藏或混沙湿藏。果实出种率8%～12%。种子净度90%～96%，千粒重6.2g～7.1g，每千克纯净种子14万～16万粒。

4. 播种

种子无休眠习性。播前用始温45℃左右的温水浸种24h，取出后置湿沙中催芽，期间用温水喷淋，覆盖薄膜保温，待1/3种子露白后播种。

采用条播育苗。3月中旬，在播种前用50%多菌灵800倍液对苗床进行消毒。在苗床上按行距20cm、条幅3～5cm、沟深3cm挖沟，将露白的种子播于播种沟中，播种量每亩3.3～5.3kg。播后盖0.5cm厚的细土，轻压后浇透水，盖草。

5. 苗期管理

播后20～30天幼苗开始出土，应搭建遮阳网，以防幼苗遭受日灼伤害。

当幼苗长到3片真叶时开始间苗，选择阴雨

上海市海湾森林公园重阳木护岸林（唐东芹摄）

天或早晚进行。去劣留优，间密留稀。及时做好松土除草和水分管理工作。进入速生期后追施氮肥，可将含氮量46%的尿素配成0.5%的浓度浇施，6~8月每月浇1次。9~10月，追施浓度为1%的复合肥（15-15-15）或者0.2%磷酸二氢钾，以促进苗木的木质化。

6. 苗木出圃

苗木生长快，1年生苗高可达1.0m以上、地径0.8cm以上，可以出圃造林，产苗量1万~2万株/亩。也可在翌年萌芽前进行移植，在苗圃继续培育，待苗木高达3m时出圃定植。

五、林木培育

1. 立地选择和整地

选择土层深厚、肥沃的壤土或沙壤土造林。头年冬季对造林地实施全垦整地，深翻30~50cm，并施入适量腐熟的有机肥。地势低洼的地块应挖沟抬田，排水通畅。造林前至少提前2周挖好种植穴，1年生苗造林的种植穴规格为0.6m×0.6m×0.6m（长×宽×深）；2年生苗造林的种植穴规格为1.0m×1.0m×0.8m（长×宽×深）。

2. 造林时间

秋冬季节在秋季落叶后至冬季土壤封冻前造林，春季造林于早春土壤解冻后至萌芽前进行。

3. 苗木准备

可选择苗高1.0m以上、地径0.8cm以上的1年生苗木造林。园林绿化中，也常用2年生以上大苗定植，以提高绿化效果。苗木应按要求严格检疫，杜绝携带病虫的苗木。

4. 栽植密度

栽植密度一般为（2~3）m×（3~4）m。作行道树时常列植，栽植株距为5~10m。作庭荫树时常孤植。

5. 苗木栽植

应随起随栽，尽量缩短苗木运输时间，从起苗至栽植不超过2天。

1年生苗可选择裸根栽植，采用"三埋两踩一提苗"的方法。干旱地区造林应采取截冠措施。2年生以上大苗应带土球栽植，土球直径应不低于苗木地径的8倍。采用"分层夯实"的方法，即放苗前先量土球高度与种植穴深度，使两者一致；放苗时保持土球上表面与地面相平略高，位置要合适，苗木竖直，边填土边夯实，夯实时不能夯土球，最后做好树盘，浇透水，2~3天后再浇1次水后封土。全冠栽植树木应设立柱。

6. 抚育管理

新造幼林要连续抚育3年，其中，第一、二年每年抚育2次（4月、8月），第三年抚育1次（4月）。抚育的主要内容是：松土、除草、排水、灌溉、扩穴、培土、施肥、修枝等。重阳木侧芽的萌生力强，应勤抹芽以促进顶芽生长。

重阳木造林成活率高，对环境的适应性强，可粗放管理。幼苗定植后恢复生长很快，具有速生特性。河南郑州引种栽培的重阳木植株，虽然树高和胸径生长量比原产地低，但平均生长量和连年生长量都比较高，而且持续时间比较长，可维持在10~20年间。同一立地条件下，比毛白杨年平均生长量提高15%，35年后胸径仍保持1cm以上的平均年生长量，表现出较大的生长潜力（任智勇等，1997）。

六、主要有害生物防治

1. 重阳木帆锦斑蛾（*Histia rhodope*）

重阳木帆锦斑蛾是影响重阳木生长的最严重食叶性害虫，常有爆发性危害的发生。如2006年，重阳木帆锦斑蛾在上海大爆发，成为多年来上海市发生的最严重的林业虫害之一。重阳木帆锦斑蛾属单食性昆虫，只取食重阳木，严重发生时重阳木整株叶片被食尽，仅存秃枝，严重影响树木生长和环境景观。幼虫吐丝下垂，坠地化蛹，触及行人，令人心悸。防治方法：可采用植物检疫、人工捕杀、化学杀虫剂和生物天敌等多种方法进行综合防治。①在冬季可采取人工措施减少越冬虫口基数，如刮除集中在墙角等处的越冬虫茧，结合清园、松土等园林管理措施杀死越冬幼虫等。②幼虫高峰期喷施20%氯氰菊酯乳油2000倍液、25%灭幼脲3号乳油2000~3000倍液、阿维菌素500~800倍液喷雾防治。③利用卵寄生蜂、绒

茧蜂、姬蜂、伞裙追寄蝇和日本追寄蝇等天敌进行生物防治（王凤等，2012；姚方等，2011）。

为提高重阳木帆锦斑蛾的防治效果，除选用适合的防治药剂外，还应结合重阳木帆锦斑蛾的生活史，在该虫的最佳防治时间进行防治。在长江下游区域该虫的防治关键点为：①控制1代。在5月上中旬第一代低龄幼虫盛发期重点普防，压缩虫口基数。②补防2、3代。在7月上中旬第二代和8月中下旬第三代低龄幼虫盛发期再补防。在施药方法上，要保证喷药质量，尽量注意喷洒均匀和足量，保证每棵树上的所有叶片均能喷洒到药液。

2. 重阳木丛枝病［*Bischofia polyc-arpa* witches' broom（BiWB）］

重阳木丛枝病在我国华东，华中等地区发生普遍。发病植株叶片黄化、叶片变小、不到正常叶片的1/10，主梢节间缩短、侧芽过度生长，导致丛枝的出现。冬季病枝逐渐枯死，翌年在枯枝的基部萌生新的丛枝条。防治方法：主要通过选用无病繁殖材料、对病树注射四环素类药物等进行防治。

七、木材性质与用途

木材为散孔材，心材鲜红色，边材淡红色，材质重而坚韧，结构细而匀，有光泽，木质素含量高（邰㶷生，1985），是建筑、造船、车辆、家具等珍贵用材，常替代紫檀木制作贵重木器家具。

根、叶可入药，能行气活血，消肿解毒；果肉可酿酒；种子含油量20%～30%，可作润滑油，也可食用。

树形高大优美，枝叶茂密，早春嫩叶鲜绿光亮，秋叶鲜红，颇为美丽；在长江中下游各大城市被广泛用作行道树、庭荫树及园林绿化树种；对二氧化硫有一定抗性，也可作工矿企业的绿化树种（陆支悦等，2009）；根系发达，抗风，耐水湿，亦可作为堤岸、溪边、湖畔防护树种。

（喻方圆）

别　名｜荼（tú）、檟（jiǎ，指茶树）、荈（chuǎn，专指晚采的茶叶）、蔎（shè，古时四川西部俗称）、
　　　茗（míng，云南部分地区茶的土音）。唐朝之后，统称茶。

学　名｜*Camellia sinensis* (L.) O. Kuntze

科　属｜山茶科（Theaceae）山茶属（*Camellia* L.）

茶树为多年生常绿木本植物，产于秦岭—淮河流域以南，南至海南岛，北至山东蓬莱，西至西藏林芝，东至台湾均有栽培。茶树喜温暖湿润气候，适宜在东部海拔1000m以下，西部海拔2300m以下，年平均气温15～25℃，年降水量1000～2000mm，相对湿度80%以上，微酸性（pH 4.0～6.5）土壤，土层深厚、疏松、富含腐殖质的山区、坡地上生长，不宜在绝对最高气温＞35℃、绝对最低气温＜-16℃、中性或碱性土壤及积水洼地、干旱贫瘠坡地上种植（郑万钧，1997）。茶树起源距今6000万～7000万年。中国是世界上最早发现和利用茶树的国家。茶树寿命可达数百年至上千年，经济学年龄一般为50～60年。茶籽可供榨油，根可入药。茶树嫩叶及幼芽经加工制成茶叶，具提神、降脂、强心、利尿等功效，茶是世界三大无酒精饮料之一。

一、分布

我国茶树主要分布于边缘热带、南亚热带、中亚热带、北亚热带和暖温带区域。我国西南地区（包括云南、贵州、四川）是茶树的原产地中心。栽培区域西自92°E的西藏自治区错那县，东至122°E的台湾省东岸，南起18°N的海南省三亚市，北到37°N的山东省蓬莱区，东西横跨经度30°，南北纵跨纬度19°。茶树的经济栽培区域主要集中在102°E以东、32°E以南的区域内。从垂直分布来说，最高的分布海拔为2600m的山地，最低的为海拔仅有几米的平地。但从全国茶区来看，茶树一般分布在海拔800m以下，尤其是200～300m的低山丘陵较多（骆耀平，2008）。

中国茶树的栽培地区，按其地域特性，划为华南、西南、江南和江北四大茶区。

西南茶区　位于中国西南部，包括云南、贵州、四川三省以及西藏东南部，是中国最古老的茶区。地形复杂，气候差别很大。四川、贵州和西藏东南部以黄壤为主，有少量棕壤；云南主要为赤红壤和山地红壤。茶树品种资源丰富，生产红茶、绿茶、沱茶、紧压茶和普洱茶等，是中国大叶种红碎茶的主要基地之一。

华南茶区　位于中国南部，包括广东、广西、福建、台湾、海南等地，为中国最适宜茶树生长的地区。茶区土壤以砖红壤为主，部分地区也有红壤和黄壤分布，土层深厚，有机质含量丰富。茶资源极为丰富，生产红茶、乌龙茶、花茶、白茶和六堡茶等。

江南茶区　位于中国长江中下游南部，包括浙江、湖南、江西等省和皖南、苏南、鄂南等地，为中国茶叶主要产区，年产量大约占全国总产量的2/3。生产的主要茶类有绿茶、红茶、黑茶、花茶以及品质各异的特种名茶。

江北茶区　位于长江中、下游北岸，包括河南、陕西、甘肃、山东等省和皖北、苏北、鄂北等地。茶区土壤多属黄棕壤或棕壤，是中国南北土壤的过渡类型，主要生产绿茶。

二、生物学和生态学特性

1. 形态特征

茶树根据茎的分枝部位，可分为乔木型（主

要分布在云南、贵州、四川西南及广西地区）、灌木型（各产区的主要分布类型），生产上栽培多以灌木型或小乔木型为主。

茶树叶片分鳞片、鱼叶和真叶三种类型。鳞片无叶柄，质地较硬，黄绿或棕褐色，表面有茸毛与蜡质，随茶芽萌展而逐渐脱落。鱼叶是发育不完全的叶片，其色较淡，叶柄宽而扁平，叶缘一般无锯齿，或前端略有锯齿，侧脉不明显，叶形多呈倒卵形，叶尖圆钝。真叶是发育完全的叶片，也是主要的经济价值利用器官。其叶形一般为椭圆形或长椭圆形，少数为卵形和披针形。真叶主脉明显，叶缘有锯齿，叶基部无，锯齿呈鹰嘴状，叶尖略有凹陷，嫩叶背面着生茸毛。

茶树叶片形态，生产中常以定型叶的叶面积[叶长（cm）×叶宽（cm）×系数（0.7）]来区分，叶片大小分为小叶（叶面积<20cm²）、中叶（20cm²≤叶面积<40cm²）、大叶（40cm²≤叶面积<60cm²）、特大叶（叶面积≥60cm²）等四类；按照叶长/叶宽可分为圆形（长宽比≤2.0）、椭圆形（2.0≤长宽比<2.5，最宽处近中部）、长椭圆形（2.6≤长宽比<3.0，最宽处近中部）、披针形（长宽比≥3.0，最宽处近中部）等四类。

茶树花1～3朵腋生，花冠白色（少数粉红），中等大小，有花柄，苞片2枚，生于花柄中部，早落，萼片5～7枚，宿存；花瓣6～n枚，近离生；雄蕊3～4轮，外轮近离生；子房3～5室，花柱离生，蒴果3～5室，有中轴；果皮未成熟时为绿色，成熟后呈棕绿色或绿褐色。种子多数为棕褐色或黑褐色，形状有近球形、半球形和肾形三种，子叶2枚（图1）。

鉴定茶树与其他物种重要区别的主要方法：①通过观察叶脉特征鉴定，叶片主脉明显，侧脉呈≥45°角伸展至叶缘2/3的部位，向上弯曲与上方侧脉相连接；②通过茶树特征性成分（茶氨酸）检测鉴定；③通过植物微体化石方法，利用茶树叶片中的植钙体（充填在高等植物细胞组织中的草酸钙CaC_2O_4矿物）形态特征鉴定。

2. 生长发育特征

茶树的生物学年龄可分为幼苗期、幼年期、成年期、衰老期等四期。

幼苗期是指从茶籽萌发茶苗出土直至第一次生长休止。无性繁殖的茶树，是指从营养体即插穗再生到形成完整独立植株的过程，一般需4～8个月。

幼年期是指从第一次生长休止到茶树正式投产这一时期，一般为3～4年。实生苗一般在3年前后开始开花结实，开花数量不多，结实率低。

成年期是指从茶树正式投产到第一次进行更新改造时为止。成年期是茶树生育最旺盛时期，分枝越分越多，树冠越来越密，产量和质量均处于高峰阶段。生物学年龄一般可长达20～30年，甚至更长。

衰老期是指从茶树第一次自然更新开始到植株死亡的时期。时间长短因管理水平、自然条件、品种不同而不同。一般数十年至上百年，经济年限一般为50～60年。

3. 适生立地及适应性

茶树喜微酸性土壤（pH 4.0～6.5），耐阴喜温，喜铝嫌钙，不耐寒。土壤中钙离子浓度超过0.2%对茶树有害。中小叶种茶树经济生长最低

图1　茶树（刘仁林摄）

气温界限为−10～−8℃，大叶种为−2～3℃；茶树能耐受的最高气温为35～40℃，生存临界高温45℃。

三、良种选育

1. 良种选育方法

茶树良种是指综合性状优良，在产量、品质、抗性和发芽期等有一两个方面明显优于当地当家品种或育种实验中标准种的茶树品种。在同等环境条件与管理水平下，良种一般比非良种增产20%～30%。

良种的选择原则 各地气候条件差异大、生产茶类不同，对茶树良种的选择与搭配也不尽相同。通常良种选择应遵循以下原则：①萌芽期早。②品质优，适合当地名优茶生产。③抗逆性强，指其抗寒性、抗旱和抗病虫的能力。④产量高，所选茶树的育芽能力强，单位面积内芽数多，萌芽期长，生长量大，产量高。

种源选择 根据陈椽教授提出按制法和品质建立的"六大茶类分类系统"，茶树鲜叶（指专门供制茶用的茶树新梢，包括新梢的顶芽，顶端往下的第一、二、三、四叶以及着生嫩叶的梗）经过不同茶叶加工方法和技术，可形成绿茶、红茶、白茶、青茶（乌龙茶）、黑茶、黄茶等六大类茶叶（干茶）。不同种类干茶对鲜叶质量的要求并不相同（陈椽，1986；杨阳等，2015），不同品种提供适制茶类的鲜叶质量也有所差别，为此需根据适制茶类，有针对性地开展茶树良种的选育工作。

名优绿茶的品种选择 ①适制扁形名优茶的品种，一般要求芽长于叶，芽大小中等或相对较小，叶背茸毛中等或少。②适制针形名优茶的品种，一般要求发芽密度高，芽粗壮，百芽重较大，叶背茸毛多。③适制曲毫形茶、毛峰类名优茶，一般要求芽大小中等或相对较小，叶背茸毛多。

红茶品种的选择 对于红茶生产来说，应选择适宜加工红茶的品种，一般要求具有芽叶粗壮，茶多酚含量高，酚/氨值大等特点。

青茶（乌龙茶）品种的选择 乌龙茶主要产区在福建、广东等省。开发乌龙茶，可适量引种一些优质乌龙茶品种，如'金观音''黄观音''金牡丹'。目前，部分省份利用当地群体种，亦成功试制出品质较佳的乌龙茶，较好地解决了当地夏秋茶的生产问题，提高了茶园的经济效益。

白茶品种的选择 适宜加工白茶的品种，一般要求芽叶外形肥壮，茸毛多而洁白，叶质柔软，叶张肥厚。

黑茶品种的选择 目前，在黑茶适制品种选育和筛选方面，还没有相应的适制性筛选指标，一般认为茶多酚、儿茶素总量、水浸出物、咖啡碱、还原性糖、粗纤维等含量高的茶树鲜叶制成的黑毛茶往往滋味浓厚，品质较好。

黄茶品种的选择 目前，在黄茶适制品种方面，尚没有相应的适制性筛选指标。实际生产中，茶叶中的茶多酚、氨基酸、可溶性糖、水浸出物对黄茶的品质影响最大，一般认为叶片的叶绿素含量相对较低、叶色偏黄、酚/氨值较低的品种，在干茶色泽、茶汤滋味方面存在优势，可作为茶树品种选育的重要参考。

2. 良种特点及适用地区

中国的茶树良种先后经历了认定（1984—1987年）、审定（1994—2001年）、鉴定（2003—2014年）阶段（杨亚军和梁月荣，2014）。截至2014年，根据第四轮（2008—2013年）全国茶树品种区域试验鉴定结果，中国大陆共有国家审（认、鉴）定茶树良种134个，其中，有性系17个、无性系117个。各地在选种良种时，除考虑叶片外形、长势产量、市场需求等因素外，还应充分遵循"适地适树"的原则，避免盲目引种。根据选育地域所属茶区、选育年份，可分为以下四大类。

Ⅰ. 选育于西南茶区的茶树良种

（1）凤庆大叶茶

有性系。乔木型，大叶类，早生种。原产于云南省凤庆县。抗寒性较弱，结实性强。适栽地区：年降水量800mm以上、最低气温不低于−5℃的西南和华南茶区。

春茶开采期在3月中旬，一芽三叶盛期在3月下旬或4月上旬，一芽三叶百芽重119.0g。亩产140kg左右。春茶一芽二叶干样含氨基酸2.9%、茶多酚30.2%、儿茶素总量13.4%、咖啡碱3.2%。适制红茶、绿茶。

（2）勐海大叶茶

有性系。乔木型，大叶类，早生种。原产于云南省勐海县南糯山。其抗寒性弱，结实性弱。适栽于西南和华南茶区。

芽叶生育力强，持嫩性强，新梢年生长5～6轮。春茶开采期在3月上旬，一芽三叶盛期在3月中旬。亩产可达200kg。春茶一芽二叶干样含氨基酸2.3%、茶多酚32.8%、儿茶素总量18.2%、咖啡碱4.1%。适制红茶、绿茶和普洱茶，品质优。

（3）勐库大叶茶

有性系。乔木型，大叶类，早生种。原产于云南双江勐库。耐寒性差，易扦插繁殖。宜在气候温和、湿度大、气温不低于−3℃的地区栽种。

开采期在3月上旬至11月底。育芽力强，发芽早，易采摘，芽头黄绿色，肥壮，茸毛多。一芽三叶百芽重121.4g。一芽二叶蒸青样含茶多酚34.7%、氨基酸2.4%、咖啡碱4.9%、水浸出物49.8%。亩产150～200kg。适制滇红茶和普洱茶，品质特优，制作绿茶品质别具一格。

（4）湄潭苔茶

又名苔子茶。有性系。灌木型，中叶类，中生种。原产于贵州省湄潭县。抗寒性、适应性强。适栽于西南茶区。

芽叶生育力强，持嫩性较强。春茶萌发期在3月下旬，一芽三叶盛期在4月中旬。亩产鲜叶340kg。春茶一芽二叶干样含氨基酸2.6%、茶多酚27.2%、儿茶素总量18.1%、咖啡碱4.9%。适制绿茶，滋味醇。

（5）早白尖

又名早白颜。有性系。灌木型，中叶类，早生种。原产于四川省筠连县。抗逆性强，结实性较弱。

芽叶生育力强，产量高。春茶一芽二、三叶期在3月下旬，比当地品种增产20%～30%。春茶一芽二叶干样含氨基酸2.7%、茶多酚27.3%、儿

茶素总量17.3%、咖啡碱4.5%。适制红茶、绿茶。

（6）'黔湄419'

又名抗春迟。无性系。小乔木型，大叶类，晚生种。由镇沅大叶茶与平乐高脚茶自然杂交后代中采用单株育种法育成。其抗寒性中等，易扦插繁殖。适栽于西南红茶区。

春季萌发期中等，一芽二叶期在4月中下旬。芽叶黄绿色、肥壮，茸毛多，一芽三叶百芽重平均60.2g。春茶一芽二叶含茶多酚21.5%、氨基酸3.2%、咖啡碱4.4%、水浸出物48.3%。产量高，亩产211.8kg。适制红茶，品质优良。

（7）'黔湄502'

又名南北红。无性系。小乔木型，大叶类，中生种。由凤庆大叶茶与湖北宣恩长叶茶自然杂交后代中采用单株育种法育成。抗寒性较弱，抗旱力较强，易扦插繁殖。适栽于西南红茶区。

春季萌发期中等，一芽二叶期在4月中旬。芽叶绿色、肥壮，生育力较强，茸毛多，一芽三叶百芽重平均92.5g。春茶一芽二叶含茶多酚20.0%、氨基酸4.0%、咖啡碱3.9%、水浸出物46.6%。产量高，亩产274.3kg。适制红茶，品质优良。

（8）'蜀永1号'

无性系。小乔木型，中叶类，中生种。以云南大叶茶为母本、四川中小叶种为父本，采用杂交育种法育成。抗寒性较强。适宜西南、华南及江南部分红茶茶区。

原产地一芽三叶期在4月上旬。芽叶生育力强，黄绿色，茸毛较多，一芽三叶百芽重102.0g。春茶一芽二叶干样含茶多酚15.9%、氨基酸4.2%、咖啡碱3.8%、水浸出物47.7%。亩产达173.5kg。适制红茶，品质优良。

（9）'蜀永2号'

无性系。小乔木型，大叶类，中生种。以四川中小叶种为母本、云南大叶茶为父本，采用杂交育种法育成。抗寒性强。适宜西南、华南及江南部分红茶茶区。

原产地一芽三叶期在4月上旬。新梢粗壮，芽叶生育力强，黄绿色，茸毛较多，一芽三叶百

芽重108.0g。春茶一芽二叶干样含茶多酚20.5%、氨基酸3.2%、咖啡碱4.1%、水浸出物47.4%。亩产达289kg。适制红茶，品质优良。

（10）'云抗10号'

无性系。乔木型，大叶类，早生种。从云南勐海县南糯山群体中采用单株育种法育成。抗寒、抗旱性较强。易扦插繁殖。适宜西南和华南最低温度-5℃以上茶区。

春茶开采期在3月上旬，一芽三叶盛期在3月下旬。芽叶生育力强，芽叶黄绿色，茸毛特多，一芽三叶百芽重120.0g。春茶一芽二叶干样含茶多酚35.0%、氨基酸3.2%、儿茶素总量13.57%、咖啡碱4.5%、水浸出物45.5%。亩产250kg。适制红茶、绿茶。

（11）'云抗14号'

无性系。乔木型，大叶类，中生种。从云南勐水海县南糯山群体中采用单株育种法育成。抗寒、抗旱及抗病虫性均较强，扦插成活率低。适宜年降水量800mm以上、海拔2000m以下、最低温度-5℃以上的西南和华南茶区。

茶开采期在3月下旬，一芽三叶盛期在4月上旬。芽叶生育力强，持嫩性强，芽叶黄绿色，肥壮，茸毛特多，一芽三叶百芽重165.0g。春茶一芽二叶干样含茶多酚36.1%、氨基酸4.1%、儿茶素总量14.6%、咖啡碱4.5%、水浸出物45.6%。亩产220kg。适制红茶、绿茶。

（12）'黔湄601'

无性系。小乔木型，大叶类，中生种。由镇宁团叶茶与云南大叶种人工杂交后代中采用单株育种法育成。抗寒、抗旱性较弱。扦插成活率较高。适栽于西南红茶区。

原产地一芽二叶期在4月中旬，芽叶绿色、肥壮，生育力较强，茸毛多，一芽三叶百芽重平均101.2g。春茶一芽二叶蒸青样含茶多酚21.0%、氨基酸3.3%、咖啡碱3.5%、水浸出物43.6%。亩产273.2kg。该品种为红绿茶兼制品种，制红茶品质优良。

（13）'黔湄701'

无性系。小乔木型，大叶类，中生种。由湄

潭晚花大叶茶与云南大叶种人工杂交后代中采用单株育种法育成。其抗寒性较弱，抗旱力较强，易扦插繁殖。适栽于西南红茶区。

原产地一芽二叶期在4月中旬。芽叶绿色、肥壮，生育力较强，茸毛多，一芽三叶百芽重平均92.5g。春茶一芽二叶蒸青样含茶多酚23.2%、氨基酸3.0%、咖啡碱3.8%、水浸出物48.4%。6龄茶园亩产296kg。适制红茶，品质优良。

（14）'蜀永703'

无性系。小乔木型，大叶类，早生种。以四川中小叶种为母本、云南大叶茶为父本，采用杂交育种法育成。其抗寒性中等。适宜西南、华南及江南部分红茶茶区。

原产地一芽三叶期在4月上旬。芽叶生育力强，持嫩性强，黄绿色，茸毛中等，富光泽，一芽三叶百芽重155.0g。春茶一芽二叶干样含茶多酚18.2%、氨基酸3.7%、咖啡碱4.2%、水浸出物44.0%。亩产达417.3kg。适制红茶，品质优良。

（15）'蜀永808'

无性系。小乔木型，大叶类，晚生种。以云南大叶茶为母本、四川中小叶种为父本，采用杂交育种法育成。抗寒性中等。适宜西南、华南及江南部分红茶茶区。

原产地一芽三叶期在4月中旬。芽叶生育力强，持嫩性强，黄绿色，茸毛多，富光泽，一芽三叶百芽重117.0g。春茶一芽二叶干样含茶多酚19.6%、氨基酸3.3%、咖啡碱4.4%、水浸出物47.0%。亩产达417.3kg。适制红茶，品质优良。

（16）'蜀永307'

无性系。小乔木型，大叶类，中生种。以云南大叶茶为母本、四川中小叶种为父本，采用杂交育种法育成。抗寒性较强。适栽于西南、华南茶区。

原产地一芽三叶期在4月上旬。芽叶肥壮，黄绿色，茸毛多，富光泽，一芽三叶百芽重114.0g。春茶一芽二叶干样含茶多酚16.3%、氨基酸3.6%、咖啡碱4.1%、水浸出物48.6%。亩产255kg。适制红茶、绿茶，品质优良。

（17）'蜀永401'

无性系。小乔木型，大叶类，中生种。以四

川中小叶种为母本、云南大叶茶为父本，采用杂交育种法育成。抗旱性、抗寒性较强。适栽于西南、华南茶区。

原产地一芽三叶期在4月上旬。新梢粗壮，黄绿色，茸毛中，富光泽，一芽三叶百芽重77.8g。春茶一芽二叶干样含茶多酚22.8%、氨基酸3.6%、咖啡碱4.1%、水浸出物48.0%。亩产达389kg。适制红茶，品质优良。

（18）'蜀永3号'

无性系。小乔木型，大叶类，中生种。由重庆市农业科学院茶叶研究所于1963—1985年以四川中小叶种为母本、云南大叶茶为父本，采用杂交育种法育成。抗寒性较强。适栽地区：西南、华南及江南部分红茶茶区。

原产地一芽三叶期在4月上旬。芽叶黄绿色，茸毛较多，一芽三叶百芽重119.0g。春茶一芽二叶干样含茶多酚19.6%、氨基酸3.2%、咖啡碱3.9%、水浸出物46.8%。亩产255kg。适制红茶，品质优良。

（19）'蜀永906'

无性系。小乔木型，中叶类，中生种。以云南大叶茶为母本、四川中小叶种为父本，采用杂交育种法育成。抗寒性弱。适栽于西南、华南茶区。

原产地一芽三叶期在4月上旬。芽叶黄绿色，茸毛多，一芽三叶百芽重55.0g。春茶一芽二叶干样含茶多酚18.1%、氨基酸3.0%、咖啡碱4.2%、水浸出物46.2%。亩产达417.3kg。适制红茶、绿茶，品质优良。

（20）'黔湄809'

无性系。小乔木型，大叶类，中生种。由福鼎大白茶与'黔湄412号'自然杂交后代中，采用单株育种法育成。适应性较强，易扦插繁殖。适栽于西南红绿茶区。

原产地一芽二叶期在4月中旬，芽叶绿色、肥壮，茸毛多，一芽三叶百芽重平均113.0g。春茶一芽二叶蒸青样含茶多酚22.6%、氨基酸3.2%、咖啡碱4.2%、水浸出物48.2%。5龄茶园亩产达280kg。该品种为红绿茶兼制品种，制红茶品质优良。

（21）'早白尖5号'

无性系。灌木型，中叶类，早生种。从早白尖群体种中采用单株育种法育成。抗寒性强。适栽于重庆、四川、湖北、湖南、江西、安徽、浙江、江苏、河南等茶区。

原产地一芽三叶期在3月下旬至4月上旬。芽叶嫩绿色有光泽，叶质柔软多茸毛，一芽三叶百芽重48.0g。春茶一芽二叶干样含茶多酚16.4%、氨基酸3.6%、咖啡碱3.9%、水浸出物47.1%。亩产达313kg。适制绿茶、红茶，品质优。

（22）'南江2号'

无性系。灌木型，中叶类，早生种。由南江群体种中采用单株育种法育成。重庆、四川等地有一定的栽培面积。抗寒性强。适栽于重庆、四川、贵州等茶区。

原产地一芽三叶期在3月中旬。芽叶嫩绿色、有光泽，叶质柔软，一芽三叶百芽重48.0g。春茶一芽二叶干样含茶多酚17.8%、氨基酸2.6%、咖啡碱3.4%、水浸出物48.1%。亩产365kg。适制绿茶，品质优。

（23）'名山白毫131'

无性系。灌木型，中叶类，早生种。从四川名山县境内群体茶园中采用单株选择、系统分离培育而成。抗寒性强，适栽于西南、江南、江北绿茶产区。

春季萌发期早，一芽二叶期在3月中旬，发芽整齐，密度大，持嫩性强，黄绿色，茸毛特多，一芽三叶百芽重67.1g。春茶一芽二叶含茶多酚15.1%、氨基酸3.2%、咖啡碱3.3%、水浸出物34.6%。亩产达407.5kg。适制绿茶。

（24）'南江1号'

无性系。灌木型，中叶类，早生种。由南江群体种中采用单株育种法育成。抗寒性强。适栽于重庆、四川、湖北、浙江等茶区。

原产地一芽三叶期在中旬至3月下旬。芽叶嫩绿色有光泽，一芽三叶百芽重59.0g。春茶一芽二叶干样约含茶多酚17.6%、氨基酸3.4%、咖啡碱4.0%、水浸出物47.4%。亩产282kg。适制绿茶，品质优。

（25）'特早213'

又名'名选213'。无性系。灌木型，中叶类，特早生种。从名山县生产群体茶园中采用单株选择、系统分离的方法培育而成。抗寒性强。适宜四川省绿茶产区及西南绿茶产区。

春季萌发期特早，原产地一芽二叶期比福鼎大白茶早10天左右。发芽整齐，嫩叶背卷，黄绿色，茸毛中等，一芽三叶百芽重66.1g。春茶一芽二叶含茶多酚16%、氨基酸2.7%、咖啡碱4.1%、水浸出物39.8%。亩产鲜叶540kg以上。适制绿茶，品质优良。

（26）'黔茶8号'

无性系。小乔木型、中叶类、早生种。无性繁殖力强，抗寒性强，较耐旱，抗病虫害。适宜贵州、湖北武汉、广东英德、广西桂林及相似地区栽培种植。

春茶开采期在3月中旬，一芽二叶盛期在3月下旬。盛花期在10月中旬，花果多。亩产鲜叶430kg。春茶一芽二叶干样含水浸出物46.6%、茶多酚21.0%、咖啡碱4.4%、氨基酸5.1%。制绿茶感官品质良好，带花香。

（27）巴渝特早

无性系。小乔木型、中叶类、特早生种。从福鼎大白茶群体中，采用单株分离、系统选育等育种程序选育而成。抗逆性强，扦插苗成活率高。适栽于西南茶区的中、低海拔茶区。

原产地一芽二叶盛期在3月上旬。发芽整齐度高，全年生育期长，一芽三叶百芽重60.0g。亩产鲜叶433kg。适制性广，适宜制作针形、扁形、卷曲形等各种名优绿茶。

（28）'花秋1号'

无性系。小乔木型，中叶类，早生种。从四川省邛崃市下坝乡花秋堰茶区地方茶树群体中，经单株系统选育而成。适应性和抗病虫能力强。适宜四川省盆地内和盆周山区1200m以下的名优绿茶区种植。

发芽早，发芽整齐，生长期较长，亩产鲜叶201.5kg。一芽二叶烘青叶水浸出物为44.5%、茶多酚22.6%、儿茶素总量15.2%、氨基酸4.9%、咖啡碱2.5%、酚氨比4.61。适制名优绿茶。

（29）'天府茶28号'

无性系。灌木型，中叶类，早生种。在四川省苗溪茶场种植的四川中小叶群体茶树种中经多年单株系统选育而成的品质型新品种。抗寒性、抗旱性强，适宜四川省盆周海拔1200m以下地区。

发芽较早，发芽整齐，一芽二叶百芽重52.0g。一芽二叶烘青叶含茶多酚27.62%、氨基酸4.33%、儿茶素总量15.2%、咖啡碱4.16%、水浸出物45.95%。成林茶园亩产鲜叶487.2kg。适宜制作名优绿茶。

Ⅱ. 选育于华南茶区的茶树良种

（1）福鼎大白茶

又名白毛茶，简称福大。无性系。小乔木型，中叶类，早生种。由福建省福鼎市点头镇柏柳村选育，已有100多年栽培史。抗性强，扦插繁殖成活率高。适栽于长江南北及华南茶区。

春季萌发期早，发芽整齐、密度大，芽叶黄绿色，茸毛特多，一芽三叶百芽重63.0g。春茶一芽二叶含茶多酚14.8%、氨基酸4.0%、咖啡碱3.3%、水浸出物49.8%。亩产达200kg以上。适制绿茶、红茶、白茶，品质优。

（2）福鼎大毫茶

简称大毫。无性系。小乔木型，大叶类，早生种。原产于福建省福鼎市点头镇汪家洋村，已有100多年栽培史。其抗性强和适应性广，扦插繁殖力强。适栽于长江南北及华南茶区。

萌发早，发芽整齐，芽叶黄绿色，肥壮，茸毛特多，一芽三叶百芽重104.0g。春茶一芽二叶含茶多酚17.3%、氨基酸5.3%、咖啡碱3.2%、水浸出物47.2%。亩产可达200~300kg。适制绿茶、红茶、白茶，品质优。

（3）福安大白茶

又名高岭大白茶。无性系。小乔木型，大叶类，早生种。原产于福安市康厝乡高山村。抗寒、抗旱能力强，扦插繁殖力强。适栽于长江南北茶区。

萌发早，芽叶黄绿色，茸毛较多，一芽三叶

百芽重98.0g。春茶一芽二叶含茶多酚15.5%、氨基酸6.1%、咖啡碱3.4%、水浸出物51.3%。亩产可达200～300kg。适制绿茶、白茶、红茶。

（4）梅占

又名大叶梅占。无性系。小乔木型，中叶类，中生种。原产于福建省安溪县芦田镇三洋村，已有100多年栽培史。抗旱性、抗寒性较强，扦插繁殖力强。适栽于江南茶区。

萌发期中偏迟，发芽较密，持嫩性较强，芽叶绿色，茸毛较少，节间长，一芽三叶百芽重103.0g。春茶一芽二叶含茶多酚16.5%、氨基酸4.1%、咖啡碱3.9%、水浸出物51.7%。亩产达200～300kg。适制乌龙茶、绿茶、红茶。

（5）政和大白茶

简称政大。无性系。小乔木型，大叶类，晚生种。原产于福建省政和县铁山乡，已有100多年栽培史。抗寒、旱能力较强，扦插成活率高。适栽于江南茶区。

萌发期迟，芽叶较稀，黄绿色带微紫色，茸毛特多，一芽三叶百芽重123.0g。春茶一芽二叶含茶多酚13.5%、氨基酸5.9%、咖啡碱3.3%、水浸出物46.8%。亩产150kg。适制红茶、绿茶、白茶，品质优。

（6）毛蟹

又名茗花。无性系。灌木型，中叶类，中生种。原产于福建省安溪县大坪乡福美村，有近百年栽培史。其抗旱性、抗寒性较强，扦插成活率高。适栽于江南茶区。

萌发期中偏迟，发芽密而齐，肥壮且密被茸毛，节间较短，一芽三叶百芽重68.5g。亩产乌龙茶200～300kg。春茶一芽二叶含茶多酚14.7%、氨基酸4.2%、咖啡碱3.2%、水浸出物48.2%。适制乌龙茶、绿茶、红茶，品质优。

（7）铁观音

又名红心观音、红样观音、魏饮种。无性系。灌木型，中叶类，晚生种。原产于福建省安溪县西坪镇松尧，已有200多年栽培史。抗旱、抗寒性较强。扦插成活率较高。适宜于乌龙茶茶区。

萌发期早，发芽较稀，持嫩性较强，肥壮，

芽叶绿带紫红色，茸毛较少，一芽三叶百芽重60.5g。春茶一芽二叶含茶多酚17.4%、氨基酸4.7%、咖啡碱3.7%、水浸出物51.0%。亩产100kg以上。适制乌龙茶、绿茶。

（8）黄金桂

又名黄棪、黄旦。无性系。小乔木型，中叶类，早生种。原产于福建省安溪县虎邱镇罗岩美庄，已有100多年栽培史。抗旱、抗寒性较强，扦插与定植成活率较高。适栽于江南茶区。

萌发期早，发芽密，持嫩性较强，芽叶黄绿色，茸毛较少，一芽三叶百芽重59.0g。春茶一芽二叶含茶多酚16.2%、氨基酸3.5%、咖啡碱3.6%、水浸出物48.0%。亩产乌龙茶150kg左右。适制乌龙茶、绿茶、红茶。

（9）福建水仙

又名水吉水仙、武夷水仙。无性系。小乔木型，大叶类，晚生种。原产于福建省建阳市小湖乡大湖村，已有100多年栽培史。抗寒、抗旱能力较强，扦插成活率高。适栽于江南茶区。

萌发期迟，发芽密度稀，持嫩性较强，芽叶淡绿色，较肥壮，茸毛较多，节间长，一芽三叶百芽重112.0g。春茶一芽二叶含茶多酚17.6%、氨基酸3.3%、咖啡碱4.0%、水浸出物50.5%。亩产达150kg。适制乌龙茶、红茶、绿茶、白茶，品质优。

（10）本山

无性系。灌木型，中叶类，中生种。二倍体。有长叶本山和圆叶本山之分。原产于安溪县西坪镇尧阳南岩。抗旱性强，抗寒性较强，扦插繁殖力强。适宜乌龙茶茶区。

萌发期中偏迟，发芽较密，持嫩性较强，芽叶淡绿带紫红色，茸毛少，一芽三叶百芽重44.0g。春茶一芽二叶含茶多酚14.5%、氨基酸4.1%、咖啡碱3.4%、水浸出物48.7%。亩产100kg以上。适制乌龙茶、绿茶。

（11）大叶乌龙

又名大叶乌、大脚乌。无性系。灌木型，中叶类，中生种。原产于福建省安溪县长坑乡珊屏田中，已有100多年栽培史。抗旱性强，抗寒性较强。扦插繁殖力强。适宜乌龙茶茶区。

萌发期中偏迟，芽叶生育力较强，持嫩性较强，节间较短，芽叶绿色，茸毛少，一芽三叶百芽重75.0g。春茶一芽二叶含茶多酚17.5%、氨基酸4.2%、咖啡碱3.4%、水浸出物48.3%。亩产130kg以上。适制乌龙茶、绿茶、红茶。

（12）乐昌白毛茶

又名乐昌白毛尖。有性系。乔木型，大叶类，早生种。原产于广东省乐昌县。抗寒性中等。适栽于华南红茶、绿茶茶区。

原产地一芽三叶期在3月下旬至4月上旬。芽叶绿色或黄绿色，肥壮，茸毛特多，一芽三叶百芽重130.0g。春茶一芽二叶干样含茶多酚38.0%、氨基酸1.6%、儿茶素总量22.6%、咖啡碱3.9%。亩产90~230kg。适制红茶、绿茶，品质优良。

（13）海南大叶种

有性系。乔木型，大叶类，早生种。原产于海南省五指山区，抗寒、抗旱性较弱。适栽于海南茶区。

芽叶密度较稀，持嫩性较差。春茶萌发期在2月中旬，一芽三叶盛期在2月下旬。亩产170kg。春茶一芽二叶干样含氨基酸2.3%、茶多酚35.4%、儿茶素总量18.7%、咖啡碱5.1%。适制红茶。

（14）凤凰水仙

又名广东水仙、饶平水仙。有性系，小乔木型，大叶类，早生种。原产于广东省潮安县。抗寒性强。适栽于华南茶区。

原产地一芽三叶期在3月下旬至4月上旬。芽叶生育力较强，芽叶黄绿色，茸毛少，一芽三叶百芽重82.6g。春茶一芽二叶干样含茶多酚24.3%、氨基酸3.2%、儿茶素总量12.9%、咖啡碱4.1%。亩产可达400kg。适制乌龙茶和红茶。

（15）'福云6号'

无性系。小乔木型，大叶类，特早生种。从福鼎大白茶与云南大叶茶自然杂交后代中采用单株育种法育成。抗旱性强，抗寒性较强，扦插成活率高。适栽于江南茶区。

春季萌发期早，发芽密，持嫩性较强，芽叶淡黄绿色，茸毛特多，一芽三叶百芽重69.0g。

春茶一芽二叶含茶多酚14.9%、氨4.7%、咖啡碱2.9%、水浸出物45.1%。亩产200~300kg。适制绿茶、红茶、白茶。

（16）'福云7号'

无性系。小乔木型，大叶类，早生种。从福鼎大白茶与云南大叶种自然杂交后代中采用单株育种法育成。抗寒、旱能力较强，扦插成活率较高。适栽于江南茶区。

春季萌发期早，发芽较密，持嫩性强，芽叶黄绿色，茸毛多，一芽三叶百芽重95.0g。春茶一芽二叶含茶多酚13.6%、氨基酸4.0%、咖啡碱4.1%、水浸出物48.9%。亩产200~300kg。适制红茶、绿茶、白茶，品质优。

（17）'福云10号'

无性系。小乔木型，中叶类，早生种。从福鼎大白茶与云南大叶种自然杂交后代中采用单株育种法育成。抗寒、抗旱能力较强，扦插与定植成活率高。适栽于江南茶区。

萌发期早，发芽密，持嫩性强，芽叶淡绿色，茸毛多，一芽三叶百芽重95.0g。春茶一芽二叶含茶多酚14.7%、氨基酸4.3%、咖啡碱3.1%、水浸出物46.3%。亩产200~300kg。适制红茶、绿茶、白茶，品质优。

（18）'桂红3号'

无性系。小乔木型，大叶类，晚生种。原产于广西临桂县宛田乡黄能村栽培的宛田大叶群体种，通过单株选育而成，桂北和桂中有少量种植。其抗旱、抗寒能力较强。适栽于华南红茶、绿茶茶区。

原产地一芽三叶期在3月下旬至4月上旬。育芽能力及持嫩性较强，嫩芽绿色，肥壮，茸毛中等，一芽三叶百芽重110g。春茶一芽二叶干样含茶多酚39.13%、氨基酸2.97%、儿茶素总量18.33%、咖啡碱5.16%。亩产鲜叶507kg。适制红茶和绿茶。

（19）'桂红4号'

无性系。小乔木型，大叶类，晚生种。原产于广西临桂县宛田乡黄能村栽培的宛田大叶群体种，通过单株选育法育成，桂北和桂中有少量种

植。适栽于华南红茶、绿茶茶区。

原产地一芽三叶期在4月上旬至中旬，属晚芽种。育芽能力和持嫩性中上，嫩芽黄绿色，肥壮，茸毛少，一芽三叶百芽重120.0g。春茶一芽二叶干样含茶多酚33.84%、氨基酸3.04%、儿茶素总量23.85%、咖啡碱4.61%。亩产鲜叶542.6kg。适制红茶和绿茶。

（20）八仙茶

曾用名汀洋大叶黄棪。无性系。小乔木型，大叶类，特早生种。从福建省诏安县秀篆镇寨坪村群体中采用单株育种法育成。抗旱性与抗寒性尚强，扦插繁殖力较强。适宜乌龙茶茶区和江南部分红茶、绿茶茶区。

萌发期早，发芽较密，持嫩性强，芽叶黄绿色，茸毛少，一芽三叶百芽重86.0g。春茶一芽二叶含茶多酚18.0%、氨基酸4.0%、咖啡碱4.2%、水浸出物52.6%。亩产200kg。适制乌龙茶、绿茶、红茶，品质优。

（21）'英红1号'

无性系。乔木型，大叶类，早生种。从阿萨姆种中采用单株育种法育成。幼龄期抗寒性弱，扦插繁殖力较强。适栽于华南和西南部分红茶茶区。

原产地一芽三叶期在3月下旬至4月上旬。芽叶生育力和持嫩性强，芽叶黄绿色，茸毛中等，一芽三叶百芽重134.0g。春茶一芽二叶干样含茶多酚42.2%、氨基酸2.2%、儿茶素总量13.4%、咖啡碱3.7%、水浸出物48.42%。亩产可达350kg。适制红茶，品质优良。

（22）岭头单丛

又名白叶单丛、铺埔单丛。无性系。小乔木型，中叶类，早生种。从凤凰水仙群体中采用单株育种法育成。抗寒性强，扦插繁殖力强。适栽于华南茶区。

原产地一芽三叶期在3月中下旬。芽叶黄绿色，茸毛少，一芽三叶百芽重121.0g。春茶一芽二叶干样含茶多酚37.2%、氨基酸1.5%、儿茶素总量13.4%、咖啡碱4.4%、水浸出物48.5%。亩产400kg。适制乌龙茶、红茶和绿茶。

（23）秀红

无性系。小乔木型，大叶类，早生种。从'英红1号'自然杂交后代中采用单株育种法育成。抗寒性和抗旱性较强，扦插繁殖力较强。适宜华南和西南部分红茶茶区。

原产地一芽三叶期在3月下旬至4月上旬。芽叶生育力和持嫩性强，芽叶黄绿色，茸毛中等，一芽三叶百芽重120.0g。春茶一芽二叶干样含茶多酚33.6%、氨基酸2.3%、儿茶素总量17.1%、咖啡碱4.4%、水浸出物46.32%。亩产200kg。适制红茶，品质优良。

（24）五岭红

无性系。小乔木型，大叶类，早生种。从'英红1号'自然杂交后代中采用单株育种法育成。寒性较弱，抗旱性较强，扦插繁殖力较强。适宜华南和西南部分红茶茶区。

原产地一芽三叶期在3月下旬至4月上旬。芽叶生育力和持嫩性强，芽叶黄绿色，茸毛少，一芽三叶百芽重138.0g。春茶一芽二叶干样含茶多酚31.5%、氨基酸2.4%、儿茶素总量17.2%、咖啡碱4.1%、水浸出物44.52%。亩产达300kg。适制红茶，品质优良。

（25）云大淡绿

无性系。乔木型，大叶类，早生种。从云南大叶群体中采用单株育种法育成。抗寒性较弱，扦插繁殖力较强。适宜华南和西南部分红茶茶区。

原产地一芽三叶期在3月下旬至4月上旬。芽叶生育力和持嫩性强，芽叶黄绿色，茸毛少，一芽三叶百芽重130.0g。春茶一芽二叶干样含茶多酚32.3%、氨基酸1.9%、儿茶素总量16.3%、咖啡碱4.5%、水浸出物46.18%。亩产200kg。适制红茶，品质优良。

（26）黄观音

又名'茗科2号'。无性系。小乔木型，中叶类，早生种。以铁观音为母本、黄棪为父本，采用杂交育种法育成。抗寒、抗旱性强，扦插繁成活率高。适宜我国乌龙茶区和江南红茶、绿茶茶区。

春季萌发期早，芽叶生育力强，发芽密，持

嫩性较强，新梢黄绿色带微紫色，茸毛少，一芽三叶百芽重58.0g。春茶一芽二叶含茶多酚19.4%、氨基酸4.8%、咖啡碱3.4%、水浸出物48.4%。亩产乌龙茶达200kg以上。适制乌龙茶、红茶、绿茶。

（27）悦茗香

无性系。灌木型，中叶类，中生种。从赤叶观音有性后代中，采用单株选种法育成。其抗寒性与抗旱性强，扦插繁殖力强。适宜乌龙茶茶区。

萌发期中偏迟，发芽较密，持嫩性强，芽叶淡紫绿色，茸毛少，一芽三叶百芽重60.0g。春茶一芽二叶含茶多酚21.4%、氨基酸3.6%、咖啡碱3.9%、水浸出物49.4%。亩产150kg以上。适制乌龙茶、绿茶。

（28）'茗科1号'

又名金观音。无性系。灌木型，中叶类，早生种。以铁观音为母本、黄棪为父本，采用杂交育种法育成。适应性强，扦插繁殖力强。适宜我国乌龙茶茶区。

萌发期早，发芽密且整齐，持嫩性较强，芽叶紫红色，茸毛少，一芽三叶百芽重50.0g。春茶一芽二叶含茶多酚19.0%、氨基酸4.4%、咖啡碱3.8%、水浸出物45.6%。亩产200kg以上。适制乌龙茶、绿茶。

（29）黄奇

无性系。小乔木型，中叶类，早生种。从黄棪（♀）与白奇兰（♂）（毗邻种植）的自然杂交后代中，采用单株选种法育成。适应性强，扦插成活率较高。适宜我国乌龙茶茶区和江南红茶、绿茶茶区。

萌发期中等，发芽较密，持嫩性强，黄绿色，茸毛少，百芽重65.0g。春茶一芽二叶含茶多酚19.6%、氨基酸4.2%、咖啡碱4.0%、水浸出物50.2%。亩产150kg以上。适制乌龙茶、绿茶、红茶，品质优。

（30）'桂绿1号'

无性系。灌木型，中叶类，特早芽种。从浙江瑞安市'清明早'有性群体种中采用单株

选育而成，广西茶区有一定规模的种植。抗高温干旱、抗寒、抗病害能力较强，适宜在广西、贵州、湖南及生态条件相似的茶区推广种植。

在广西桂林于2月上旬萌芽，呈立体发芽。春茶芽叶黄绿色，茸毛中等，嫩叶背卷，夏茶新梢呈淡紫色，新梢一芽三叶百芽重64g。春茶一芽二叶干样含茶多酚33.71%、氨基酸3.63%、咖啡碱4.63%、水浸出物42.98%。亩产鲜叶782kg。适制绿茶、红茶和乌龙茶。

（31）霞浦春波绿

无性系。灌木型，中叶类，特早生种。从霞浦县溪南镇芹头茶场福鼎大白茶有性后代中采用单株育种法育成。抗旱性与抗寒性强，扦插成活率高。适栽于福建、浙江、四川、湖南及相似茶区。

萌发期特早，一芽二叶初展期在3月上中旬。发芽密，持嫩性强，芽叶淡绿色，茸毛较多，节间短，一芽三叶百芽重54.4g。春茶一芽二叶含茶多酚17.2%、氨基酸4.0%、咖啡碱3.1%、水浸出物42.7%。亩产达200kg。适制绿茶、红茶。

（32）金牡丹

无性系。灌木型，中叶类，早生种。以铁观音为母本、黄棪为父本，采用杂交育种法育成。适应性强，扦插成活率高。适栽于福建、广东、广西、湖南及相似茶区。

萌发期较早，芽叶生育力强，持嫩性强，芽叶紫绿色，茸毛少，一芽三叶百芽重70.9g。春茶一芽二叶含茶多酚18.6%、氨基酸5.1%、咖啡碱3.6%、水浸出物49.6%。亩产150kg以上。适制乌龙茶、绿茶、红茶，品质优异，制优率特高。

（33）黄玫瑰

二倍体；无性系。小乔木型，中叶类，早生种。从黄观音与黄棪人工杂交一代中采用单株育种法育成。抗旱、抗寒性强，扦插成活率高。适宜乌龙茶茶区和江南红茶、绿茶茶区。

萌发期早，发芽密，持嫩性较强，新梢黄绿色，茸毛少，一芽三叶百芽重51.1g。春茶一芽二叶含茶多酚15.9%、氨基酸5.0%、咖啡碱3.3%、水浸出物49.6%。亩产乌龙茶达200kg。适制乌龙

茶、绿茶、红茶。

（34）紫牡丹

曾用名紫观音。二倍体；无性系。灌木型，中叶类，中生种。从铁观音的自然杂交后代中，采用单株选种法育成。抗寒、抗旱能力强。扦插成活率高。适栽于福建、广东、广西、湖南及相似茶区。

萌发期中偏迟，芽叶生育力强，持嫩性较强，芽叶紫红色，茸毛少，一芽三叶百芽重54.0g。春茶一芽二叶含茶多酚18.4%、氨基酸5.0%、咖啡碱4.3%、水浸出物48.6%。亩产达150kg以上。制乌龙茶品质优异，制优率高于铁观音。

（35）丹桂

无性系。灌木型，中叶类，早生种。从肉桂自然杂交后代中采用单株育种法育成。抗旱性与抗寒性强。扦插成活率高。适栽于福建、广东、广西、湖南及相似茶区。

萌发期早，发芽密，持嫩性强，芽叶黄绿色，茸毛少，一芽三叶百芽重66.0g。春茶一芽二叶含茶多酚17.7%、氨基酸3.3%、咖啡碱3.2%、水浸出物49.9%。亩产达200kg以上。适制乌龙茶、绿茶、红茶。

（36）春兰

无性系。灌木型，中叶类，早生种。从铁观音自然杂交后代中，采用单株育种法选育而成。抗旱性与抗寒性强，扦插成活率高。适栽于福建、广东、广西、湖南及相似茶区。

萌发期较早，持嫩性较强，芽叶黄绿色，茸毛少，一芽三叶百芽重58.0g。春茶一芽二叶含茶多酚15.6%、氨基酸5.7%、咖啡碱3.7%、水浸出物51.4%。亩可产达130kg以上。适制乌龙茶、绿茶、红茶。

（37）瑞香

无性系。灌木型，中叶类，晚生种。从黄棪自然杂交中经系统选育而成。扦插成活率高，适应性广。适栽于福建、广东、广西、湖南及相似茶区。

萌发期较迟，发芽整齐，芽梢密度高，持嫩性较好，茸毛少，一芽三叶百梢重94.0g。春茶一芽二叶含茶多酚17.5%、氨基酸3.9%、咖啡碱3.7%、水浸出物51.3%。亩产150kg以上。适制乌龙茶、红茶、绿茶，且制优率高。

（38）尧山秀绿

无性系。灌木型，中叶类，特早芽种。从鸠坑种有性系茶园中采用系统选育法育成的。抗旱、抗寒、抗虫性较强，适宜广西、四川、湖北及生态条件相似的茶区适宜种植。

在广西桂林，2月中旬萌芽，一芽一叶于2月22日左右开展。春茶芽叶翠绿色，新梢一芽三叶百芽重54g。春茶一芽二叶干样含茶多酚23.4%、氨基酸3.8%、咖啡碱3.7%、水浸出物46.5%。亩产759kg。适制高档烘青绿茶。

（39）'桂香18号'

无性系。灌木型，中偏大叶类，早偏中芽种。从凌云白毫茶有性群体种茶园中采用系统选育法育成，广西茶区有少量种植。抗寒、抗旱、抗虫能力强。适宜广西、湖北等生态相似的茶区种植。

在广西桂林，一芽三叶期在3月中下旬。春茶芽叶浅绿色，茸毛少，新梢一芽三叶百芽重50g。春茶一芽二叶干样含茶多酚34.5%、氨基酸2.7%、咖啡碱3.7%、水浸出物46.0%。亩产657kg。适制绿茶、红茶和乌龙茶。

（40）'鸿雁9号'

无性系。小乔木型，中叶类，早生种。从八仙茶自然杂交后代采用单株育种法育成。抗寒、抗旱能力强。适宜广东、广西、湖南、福建等地种植。

原产地一芽三叶期在3月中旬。芽叶生育力强，芽叶淡绿色，茸毛中等，一芽三叶百芽重136.0g。春茶一芽二叶干样含茶多酚30.72%、氨基酸2.55%、儿茶素总量14.32%、咖啡碱2.83%、水浸出物42.87%。亩可产492.6kg。适制绿茶和乌龙茶，品质优良。

（41）'鸿雁12号'

无性系。灌木型，中叶类，早生种。从铁观音自然杂交后代采用单株育种法育成。抗寒、抗旱能力强。适宜广东、广西、湖南、福建等地种植。

原产地一芽三叶期在3月中旬。芽叶生育力强，芽叶绿色带紫，茸毛少，一芽三叶百芽重74.0g。春茶一芽二叶干样含茶多酚28.57%、氨基酸2.11%、儿茶素总量13.89%、咖啡碱3.01%、水浸出物44.14%。亩可产377.9kg。适制绿茶和乌龙茶，品质优良。

（42）'鸿雁7号'

无性系。小乔木型，中叶类，早生种。从八仙茶自然杂交后代采用单株育种法育成。抗寒、抗旱及抗小绿叶蝉能力强。适宜广东、广西、湖南、福建等地种植。

原产地一芽三叶期在3月中旬。芽叶生育力强，芽叶淡绿色，茸毛中等，一芽三叶百芽重164.0g。春茶一芽二叶干样含茶多酚31.39%、氨基酸2.66%、儿茶素总量18.43%、咖啡碱3.79%、水浸出物45.18%。亩可产433.1kg。适制绿茶和乌龙茶，品质优良。

（43）'鸿雁1号'

无性系。灌木型，中叶类，早生种。从铁观音自然杂交后代中，采用单株育种法育成。抗寒、抗旱及小绿叶蝉能力强。适宜广东、广西、湖南、福建等地种植。

原产地一芽三叶期在3月中旬。芽叶生育力强，绿色带紫色，茸毛少，一芽三叶百芽重74.0g。春茶一芽二叶干样含茶多酚34.58%、氨基酸2.11%、儿茶素总量20.27%、咖啡碱3.89%、水浸出物46.84%。亩可产鲜叶405.5kg。适制绿茶和乌龙茶，品质优良。

（44）'白毛2号'

无性系。小乔木型，中叶类，早生种。从九峰山乐昌白毛茶群体中采用单株育种法育成。抗寒性中等。适宜广东、广西、湖南、福建等地种植。

原产地一芽三叶期在3月下旬。芽叶生育力强，淡绿色，茸毛特多，一芽三叶百芽重85.5g。春茶一芽二叶干样含茶多酚36.5%、氨基酸2.0%、儿茶素总量19.1%、咖啡碱4.9%、水浸出物

41.16%。亩产可达190kg。适制红茶、绿茶和乌龙茶，品质优良。

（45）'鸿雁13号'

无性系。灌木型，中叶类，特早生种。从铁观音自然杂交后代中选育的优良单株，经系统选育而成。抗寒性、抗旱性和抗虫性较强。适栽于华南茶区，广东、广西、湖南、福建等地。

芽叶茸毛少，持嫩性强，一芽三叶百芽重72g。粤北一芽三叶盛期在3月中旬。3～5龄茶园亩产鲜叶329.1kg，比对照种高23.0%。春茶一芽二叶干样含茶多酚31.84%、氨基酸2.20%、咖啡碱2.89%、水浸出物45.58%、儿茶素总量16.24%。适制乌龙茶、绿茶。

Ⅲ. 选育于江南茶区的茶树良种

（1）大面白

无性系。灌木型，大叶类，早生种。原产于江西省上饶县上沪乡洪水坑。抗寒性中等。扦插繁殖力较强。适栽于江南茶区种植。

春茶一芽三叶盛期在4月中旬。芽叶生育力中等，黄绿色，芽叶尚肥壮，茸毛特多，一芽三叶百芽重73.5g。春茶一芽二叶干样含茶多酚18.1%、氨基酸3.2%、咖啡碱4.0%。亩产可达200kg。适制绿茶，品质优，可制红茶和乌龙茶。

（2）上梅州

又名婺源上梅洲种、上梅洲大叶种。无性系，灌木型，大叶类，中生种。原产于江西婺源县梅林乡上梅洲村，已有100余年栽培史。抗寒性强，抗旱性中等。适栽于江南绿茶茶区种植。

春茶一芽三叶盛期在4月中旬。芽叶生育力较强，黄绿色，较肥壮，茸毛多，一芽三叶百芽重76.2g。春茶一芽二叶干样含茶多酚19.4%、氨基酸3.2%、咖啡碱3.7%。亩产可达350kg。适制绿茶，香高味浓。

（3）宁州种

有性系。灌木型，中叶类，晚生种。原产于江西修水县。抗寒、抗旱性较强。适栽于江南茶区。

春茶一芽三叶盛期在4月下旬。芽叶生育力强，黄绿色或绿色，茸毛一般，一芽三叶百芽重

34.8g。春茶一芽二叶干样含茶多酚22.6%、氨基酸2.6%、咖啡碱3.5%。亩产100~150kg。适制红茶、绿茶。

（4）黄山种

有性系。灌木型，大叶类，中生种。原产于安徽省黄山市，主要分布在安徽南部山区。抗寒性、适应性强。适栽于长江南北茶区和寒冷茶区。

芽叶生育力强，持嫩性强。一芽三叶盛期在4月下旬。亩产达150kg左右。春茶一芽二叶干样含氨基酸5.0%、茶多酚27.4%、儿茶素总量13.8%、咖啡碱4.4%。适制绿茶，如黄山毛峰，品质优。

（5）祁门种

有性系。灌木型，中叶类，中生种。原产于安徽祁门县。抗逆性强。适栽于江南、江北茶区。

一芽二叶蒸青样多酚类含量31.11%、水浸出物44.72%、儿茶素总量14.7%、氨基酸总量5.42%。干茶亩产量100kg以上。适制红茶、绿茶。

（6）鸠坑种

有性系。灌木型，中叶类，中生种。原产于浙江省淳安县鸠坑乡，抗寒、抗旱性均强，适应性广。适栽于江南、江北茶区。

芽叶黄绿色，茸毛中等，一芽三叶百芽重40.5g。芽叶生育力较强，一芽二叶盛期在4月中旬，持嫩性强。春茶一芽二叶干样约含氨基酸3.4%、茶多酚20.9%、儿茶素总量13.3%、咖啡碱4.1%。亩产可达250kg。适制绿茶。

（7）云台山种

又名安化大叶种。有性系。灌木型，中叶类，中生种。原产于湖南省安化县云台山。适栽于江南茶区。

芽叶生育力较强，持嫩性较强。春茶萌发期在3月下旬，一芽二叶盛期在4月中旬。春茶一芽二叶干样含氨基酸2.9%、茶多酚22.6%、儿茶素总量14.4%、咖啡碱4.1%。亩产干茶150kg左右。适制红茶、绿茶，品质优良。

（8）凌云白毫茶

又名凌云白毛茶。有性系。小乔木型，大叶类，晚生种。原产于广西的凌云和乐业等县。抗寒、抗旱性较弱。适栽于华南和西南部分（红茶、绿茶）茶区。

原产地一芽三叶期在3月下旬至4月上旬。育芽能力中等，芽叶肥壮，色泽黄绿，茸毛特多，一芽三叶百芽重99g。春茶一芽二叶干样含茶多酚35.6%、氨基酸3.36%、儿茶素总量18.29%、咖啡碱4.91%、水浸出物44.96%。亩产鲜叶452.6kg。适制红茶、绿茶。

（9）宜兴种

有性系。灌木型，中叶类，中生种。原产于江苏省宜兴市。耐寒性强。适栽于长江南北茶区。

萌发期中等，原产地一芽三叶期在4月中下旬。芽叶生育力强，绿色或黄绿色，茸毛少，一芽三叶百芽重46.8g。春茶一芽二叶干样含茶多酚18.1%、氨基酸3.2%、咖啡碱3.1%。亩产可达155kg。适制绿茶，品质优良。

（10）槠叶齐

无性系。灌木型，中叶类，中生种。从安化群体种中采用单株育种法育成。抗寒性较强。扦插繁殖力强。适栽于江南茶区。

萌发期较早，芽叶生育力和持嫩性强，绿色或黄绿色，肥壮，茸毛中等，一芽二叶百芽重22.0g。春茶一芽二叶干样含茶多酚17.8%、氨基酸4.4%、咖啡碱4.1%、水浸出物40.4%。亩产可达214kg。适制红茶、绿茶，品质优良。

（11）'龙井43'

无性系。灌木型，中叶类，特早生种。从龙井群体中采用单株系统选种法育成。抗寒性强，抗高温和炭疽病较弱。扦插成活率高。适栽于长江南北绿茶茶区。

萌发期特早，芽叶生育力强，发芽整齐，耐采摘，持嫩性较差，芽叶纤细，绿色稍带黄色，春梢基部有一点淡红色，茸毛少，一芽三叶百芽重31.6g。春茶一芽二叶干样含茶多酚15.3%、氨基酸4.4%、咖啡碱2.8%、水浸出物51.3%。亩产

190～230kg。适制绿茶，品质优良。

（12）'安徽1号'

无性系。灌木型，大叶类，中生种。从祁门群体中采用单株育种法育成。抗寒性强，扦插繁殖力强。适栽于长江南北茶区。

一芽三叶盛期在4月中旬。芽叶生育力强，密度较稀，持嫩性强，黄绿色，茸毛多，一芽三叶百芽重71.0g。春芽一芽二叶干样含茶多酚25.6%、氨基酸3.5%、儿茶素总量11.3%、咖啡碱3.1%、水浸出物47.1%。亩产可达300kg。适制红茶、绿茶，品质优。

（13）'安徽3号'

无性系。灌木型，大叶类，中生（偏早）种。从祁门群体中采用单株育种法育成。抗寒性强，扦插繁殖力强。适栽于长江南北茶区。

一芽三叶盛期在4月中旬。芽叶生育力强，淡黄绿色，茸毛多，一芽三叶百芽重53.0g。春茶一芽二叶干样含茶多酚23.4%、氨基酸3.3%、儿茶素总量9.9%、咖啡碱3.1%、水浸出物50.9%。亩产达290kg左右。适制红茶、绿茶。

（14）'安徽7号'

无性系。灌木型，大叶类，中（偏晚）生种。由安徽省农业科学院茶叶研究所于1955—1978年从祁门群体中采用单株育种法育成。抗寒性和适应性较强。扦插繁殖力强。适栽于长江南北茶区。

一芽三叶盛期在4月中旬。芽叶生育力强，较密，淡绿色，茸毛中等，一芽三叶百叶重47.0g。春茶一芽二叶干样含茶多酚24.4%、氨基酸3.5%、儿茶素总含量9.9%、咖啡碱2.6%、水浸出物50.5%。亩产300kg左右。适制绿茶，品质优。

（15）迎霜

无性系。小乔木型，中叶类，早生种。从福鼎大白茶和云南大叶种自然杂交后代中采用单株选育法育成。抗寒性尚强，扦插繁殖力强。适栽于江南绿茶、红茶茶区。

萌发早，芽叶生育力强，持嫩性强，生长期长。芽叶黄绿色，茸毛中等，一芽三叶百芽重

45.0g。春茶一芽二叶干样含茶多酚18.1%、氨基酸5.4%、咖啡碱3.4%、水浸出物44.8%。亩产达280kg。适制红茶、绿茶。

（16）翠峰

无性系。小乔木型，中叶类，早生种。从福鼎大白茶和云南大叶种自然杂交后代中，采用单株选育法育成。抗寒性较强，扦插繁殖力较强。适栽于江南绿茶茶区。

萌发中等，芽叶生育力强，发芽整齐，持嫩性较强。芽叶翠绿色，茸毛多，一芽三叶百芽重46.0g。春茶一芽二叶干样含茶多酚18.0%、氨基酸6.4%、咖啡碱3.5%、水浸出物46.4%。亩产可达300kg。适制绿茶，品质优良。

（17）劲峰

无性系。小乔木型，中叶类，早生种。从福鼎大白茶和云南大叶种自然杂交后代中采用单株选育法育成。抗寒性较强。扦插繁殖力较强。适栽于江南茶区。

萌发早，芽叶生育力强，持嫩性较强。芽叶绿色，茸毛多，一芽三叶百芽重46.0g。春茶一芽二叶干样含茶多酚18.4%、氨基酸4.7%、咖啡碱3.5%、水浸出物46.4%。亩产可达250kg。适制红茶、绿茶。

（18）碧云

无性系。小乔木型，中叶类，中生种。从平阳群体种和云南大叶茶自然杂交后代中采用单株育种法育成。抗性强，扦插成活率高。适栽于江南绿茶茶区。

萌发期中等，芽叶生育力强，持嫩性较强。芽叶绿色，茸毛中等少，一芽三叶百芽重53.5g。春茶一芽二叶干样含茶多酚11.8%、氨基酸5.5%、咖啡碱2.9%、水浸出物47.9%。亩产可达200kg。适制绿茶，品质优良。

（19）'浙农12'

无性系。小乔木型，中叶类，中生种。从福鼎大白茶与云南大叶茶自然杂交后代中，采用单株育种法育成。抗寒性较弱，抗旱性强。扦插繁殖力较强。适栽于江南茶区。

芽叶生育力强，持嫩性强。一芽一叶盛期在

4月上旬。春茶一芽二叶干样含氨基酸3.8%、茶多酚24.6%、儿茶素总量13.4%、咖啡碱3.6%。亩产可达150kg。适制红茶、绿茶，品质优良。

（20）'宁州2号'

无性系。灌木型，中叶类，中生种。从宁州群体中采用单株育种法育成。抗寒性较强、抗旱性较弱，抗病虫性中等。适栽于江南茶区。

萌发期在3月下旬，一芽三叶盛期在4月下旬。发芽密度中等，芽叶较肥壮，茸毛中等。一芽三叶百芽重71.0g。亩产可达250kg。适制红茶、绿茶。

（21）菊花春

无性系。灌木型，中叶类，早生种。从云南大叶茶与平阳群体自然杂交后代中采用单株育种法育成。抗寒和扦插繁殖能力均较强。适栽于江南茶区。

萌发期早，芽叶生育力强，持嫩性强。芽叶黄绿色，茸毛多，一芽三叶百芽重52.5g。春茶一芽二叶含茶多酚17.9%、氨基酸3.5%、咖啡碱2.6%、水浸出物53.9%。亩产达250kg。适制绿茶和红茶。

（22）'杨树林783'

无性系。灌木型，大叶类，晚生种。从杨树林群体中采用单株育种法育成。抗寒性强，扦插繁殖力强。适宜江南茶区及江北部分绿茶茶区。

一芽三叶盛期在4月下旬。芽叶生育力强，持嫩性强，黄绿色，有茸毛，一芽三叶百芽重54.0g。春茶一芽二叶干样含茶多酚27.6%、氨基酸4.3%、咖啡碱4.5%、水浸出物45.4%。亩产100～150kg。适制红茶、绿茶。

（23）'皖农95'

无性系。灌木型，中叶类，中生种。从槠叶齐自然杂交后代中采用单株育种法育成。抗寒性强，扦插繁殖力强。适栽于长江以南茶区。

一芽三叶盛期在4月中旬。芽叶生育力强，持嫩性强，黄绿色，一芽三叶百芽重78.0g。春茶一芽二叶干样含茶多酚33.4%、氨基酸3.8%、咖啡碱3.2%、水浸出物46.8%。亩产可达200kg。适制红茶、绿茶。

（24）'锡茶5号'

无性系。灌木型，大叶类，早生种。从宜兴

群体种中采用单株育种法育成。耐寒性较强。适栽长江南北绿茶区。

萌发期早，芽叶生育力强，发芽整齐，绿色，肥壮，茸毛较多，一芽三叶百芽重77.4g。春茶一芽二叶干样含茶多酚16.4%、氨基酸4.8%、咖啡碱2.6%。亩产可达210kg。适制绿茶，品质优良。

（25）'锡茶11号'

无性系。小乔木型，中叶类，中生种。从云南大叶茶实生后代中采用单株育种法育成。耐寒性较强。适栽于长江南北茶区。

萌发期中等，芽叶生育力强，淡绿色，较肥壮，茸毛多，一芽三叶百芽重53.8g。春茶一芽二叶干样含茶多酚17.5%、氨基酸3.4%、咖啡碱3.5%。亩产可达200kg。适制红茶、绿茶。

（26）寒绿

无性系。灌木型，中叶类，早生种。从'格鲁吉亚8号'有性后代中，采用单株育种法育成。抗寒性较强，扦插繁殖成活率高。适栽于长江南北茶区。

萌发期早，芽叶生育力强，持嫩性较强。芽叶黄绿色略带微紫色，茸毛多，一芽三叶百芽重43.0g。春茶一芽二叶干样含茶多酚14.5%、氨基酸4.0%、咖啡碱3.4%、水浸出物51.2%。亩产可达210kg。适制绿茶。

（27）龙井长叶

无性系。灌木型，中叶类，中生种。从龙井群体种中采用单株育种法育成。抗寒、抗旱性均强，扦插繁殖能力强，移栽成活率高。适栽于长江南北茶区。

萌发期中等，芽叶生育力强，持嫩性强。芽叶淡绿色，茸毛中等，一芽三叶百芽重71.5g。春茶一芽二叶干样含茶多酚10.7%、氨基酸5.8%、咖啡碱2.4%、水浸出物51.1%。亩产可达200kg。适制绿茶。

（28）'浙农113'

无性系。小乔木型，中叶类，早生种。从福鼎大白茶与云南大叶茶自然杂交后代中采用单株育种法育成。抗寒、抗旱、抗病虫性均强。扦插繁殖力较强。适栽于长江南北茶区。

萌发中等，一芽三叶盛期在4月上旬。芽叶生育力强，持嫩性强，黄绿色，茸毛多，一芽三叶百芽重88.0g。春茶一芽二叶干样含茶多酚14.2%、氨基酸4.0%、咖啡碱2.7%、水浸出物45.4%。亩产可达200kg。适制绿茶，品质优良。

（29）青峰

无性系。小乔木型，中叶类，中生种。从福云种有性后代中采用单株选育法育成。抗寒性较强，扦插繁殖力较强。适栽于江南绿茶茶区。

萌发中等，芽叶生育力强，持嫩性中等。芽叶绿色，茸毛多，一芽三叶百芽重51.0g。春茶一芽二叶干样含茶多酚16.4%、氨基酸5.0%、咖啡碱3.6%、水浸出物44.2%。亩产可达250kg。适制绿茶。

（30）高芽齐

又名'槠叶齐9号'。无性系。灌木型，中叶类，中生种。从槠叶齐自然杂交后代中采用单株育种法育成。抗寒性强，扦插繁殖力强。适栽于长江南北部分茶区。

萌发较早，芽叶生育力较强，持嫩性强。芽叶黄绿色，肥壮，茸毛少，一芽二叶百芽重21.8g。春茶一芽二叶干样含茶多酚19.2%、氨基酸5.6%、咖啡碱2.6%、水浸出物49.0%。7龄茶树园亩产达320kg。适制红茶、绿茶。

（31）'槠叶齐12号'

无性系。灌木型，中叶类，中生种。从槠叶齐自然杂交后代中采用单株育种法育成。抗寒性与抗病性均较强，扦插繁殖力强。适栽于长江南北部分茶区。

萌发较早，芽叶生育力较强，绿色，肥壮，茸毛特多。一芽二叶百芽重19.5g。春茶一芽二叶干样含茶多酚19.8%、氨基酸6.0%、咖啡碱3.97%、水浸出物49.0%。亩产达262kg。适制红茶、绿茶。

（32）白毫早

无性系。灌木型，中叶类，早生种。从安化群体种中采用单株育种法育成。抗寒性和抗病虫性强，抗旱性特别强，扦插繁殖力强。适栽于长

江南北绿茶茶区。

萌期发特早，芽叶生育力较强，持嫩性强，绿色，茸毛特多，一芽二叶百芽重21.2g。春茶一芽二叶干样含茶多酚18.6%、氨基酸5.2%、咖啡碱3.6%、水浸出物49.6%。5龄茶园亩产鲜叶420kg。适制绿茶。

（33）'尖波黄13号'

无性系。灌木型，中叶类，早生种。从尖波黄自然杂交后代中采用单株育种法育成。抗寒性强，扦插繁殖力强。适栽于长江南北茶区。

萌发期较晚，芽叶生育力和持嫩性强，绿色或黄绿色，肥壮，茸毛较多，一芽二叶百芽重20.6g。春茶一芽二叶干样含茶多酚18.6%、氨基酸3.9%、咖啡碱3.1%、水浸出物48.0%。亩产可达354kg。适制绿茶、红茶，尤以红碎茶质优。

（34）'凫早2号'

无性系。灌木型，中叶类，早生种。从休宁杨树林群体中采用单株育种法育成。主要分布在安徽茶区。抗寒性强，扦插繁殖力强。适栽于长江南北茶区。

一芽一叶盛期在4月上旬。芽叶生育力强，发芽整齐，芽叶密，持嫩性强，淡绿色，茸毛中等，一芽三叶百芽重49.3g。春茶一芽二叶干样含茶多酚28.5%、氨基酸4.7%、儿茶素总量12.1%、咖啡碱2.9%、水浸出物50.6%。亩产150kg。适制红茶、绿茶。

（35）'赣茶2号'

原名'鄣科1号'。无性系。灌木型，中叶类，早生种。从福鼎大白茶与婺源种自然杂交后代中采用单株育种法育成。抗寒、抗旱能力强。适宜湖南、江西、湖北南部、安徽南部茶区种植。

萌发期在3月上旬，一芽三叶期在4月上旬。芽叶生育力强，淡绿色，茸毛多。一芽三叶百芽重71.7 g。春茶一芽二叶干样含茶多酚28%、氨基酸4.7%、咖啡碱3.0%。亩产150kg。适制绿茶。

（36）'皖农111'

无性系。小乔木型，大叶类，中生种。由广

东英德云南大叶种茶籽经Co_{60}辐照选育成。抗寒性较弱，抗旱性较强。适栽于安徽南部茶区。

一芽三叶盛期在4月中旬。芽叶生育力较强，长势旺，持嫩性强，绿色，茸毛多，一芽三叶百芽重84.0 g。春茶一芽二叶干样含茶多酚30.4%、氨基酸4.7%、咖啡碱5.9%。亩产可达180kg。适制红茶、绿茶。

（37）'浙农21'

无性系。小乔木型，中叶类，中生偏早。从平阳云南大叶茶有性后代中采用单株育种法育成。抗寒性中等，适宜冬季绝对气温−9℃以上的红茶、绿茶茶区推广。

萌发中等，一芽三叶盛期在4月上旬。芽叶生育力强，持嫩性较强，茸毛多，一芽三叶百芽重104.0g。春茶一芽二叶干样含茶多酚11.0%、氨基酸4.6%、咖啡碱2.6%、水浸出物45.8%。亩产达180kg。适制红茶、绿茶，品质优良。

（38）'鄂茶1号'

又名苑香。无性系。灌木型，中叶类，中生种。以福鼎大白茶种为母本、梅占为父本，采用杂交育种法育成。抗寒、抗旱性强。适栽我国绿茶茶区。

萌发较早，芽叶生育力和持嫩性强，黄绿色，茸毛中等，节间较长，一芽二叶百芽重22.3g。春茶一芽二叶干样含茶多酚18.1%、氨基酸3.4%、咖啡碱2.9%、水浸出物50.7%。产量高。适制绿茶。

（39）'中茶102'

无性系。灌木型，中叶类，早生种。从龙井群体种中采用单株育种法育成。抗寒和抗旱性均较强，扦插成活率高。适栽于江南、江北茶区。

萌发期早，芽叶生育力强，耐采摘，芽叶黄绿色，茸毛中等，一芽三叶百芽重35.7g。春茶一芽二叶干样含茶多酚13.2%、氨基酸5.4%、咖啡碱2.7%、水浸出物52.8%。亩产可达200kg。适制绿茶。

（40）'春雨1号'

原名武阳早。无性系。灌木型，中叶类，特早生种。从福鼎大白茶实生后代中采用系统育种法育成。适宜浙江、四川、湖北、福建茶区种植。

萌发期特早，原产地一芽二叶初展期为3月中下旬。芽叶生育力较强，绿色，芽肥壮、茸毛较多、持嫩性好，一芽三叶百芽重28.0g。春茶一芽二叶干样含茶多酚11.7%、氨基酸4.6%、咖啡碱2.8%、水浸出物45.0%。亩产可达461.7kg。适制绿茶，品质优良。

（41）'春雨2号'

原名武阳香。无性系。灌木型，中叶类，中偏晚生种。由福鼎大白茶实生后代中采用系统育种法育成。抗逆性较强。适宜浙江、四川、湖北、福建省茶区种植。

萌发期中偏晚，芽叶生育力较强，绿色，芽肥壮、茸毛中等、持嫩性好，一芽三叶百芽重41.8g。春茶一芽二叶干样茶多酚15.0%、氨基酸3.7%、咖啡碱2.6%、水浸出物49.0%。亩产可达200kg。适制绿茶。

（42）茂绿

无性系。灌木型，中叶类，早生种。从福鼎大白茶有性系后代中采用单株选种法育成。抗寒性强，耐贫瘠，扦插繁殖力强。适栽绿茶茶区。

萌发早，芽叶生育力强，密度大，持嫩性强。芽叶深绿色，茸毛多，一芽三叶百芽重54.1g。春茶一芽二叶干样含茶多酚18.4%、氨基酸5.6%、咖啡碱3.4%、水浸出物45.2%。亩产达300kg。适制绿茶。

（43）玉绿

无性系。灌木型，中叶类，早生种。以日本薮北种为母本，用福鼎大白茶、槠叶齐、湘波绿和'龙井43号'等优良品种的混合花粉，经人工杂交授粉，采用杂交育种法育成。抗寒、抗旱、抗病性较强。适宜四川、湖南、湖北茶区。

萌发早，芽叶生育力较强，绿色或黄绿色，肥壮，茸毛特多，一芽三叶百芽重130.0g。春茶一芽二叶干样含茶多酚21.0%、氨基酸4.2%、咖啡碱3.9%、水浸出物48.2%。亩产150kg以上。适制绿茶。

（44）'浙农139'

无性系。小乔木型，中叶类，早生种。从福

鼎大白茶与云南大叶种自然杂交后代中，采用单株育种法育成。抗寒、抗旱、抗虫性均较强。扦插繁殖力强。适栽于浙江、福建、四川省适宜茶区。

萌发中等，芽叶生育力较强，持嫩性强，绿色，芽形较小，茸毛较多，一芽三叶百芽重58.0g。春茶一芽二叶干样含茶多酚12.4%、氨基酸4.5%、咖啡碱2.9%、水浸出物49.0%。亩产可达200kg。适制绿茶。

（45）'浙农117'

无性系。小乔木型，中叶类，早生种。从福鼎大白茶与云南大叶茶自然杂交后代中采用单株育种法育成。抗寒、抗旱、抗病性强，易扦插繁殖。适栽于浙江、福建、湖北、四川省适宜茶区。

萌发中等，一芽三叶盛期在4月上旬。一芽一叶盛期在3月下旬至4月初。芽叶生育力强，持嫩性好，色绿，肥壮，茸毛中等偏少，一芽三叶百芽重65.0g。春茶一芽二叶干样含茶多酚17.2%、氨基酸3.2%、咖啡碱2.9%、水浸出物46.7%。亩产150kg。适制红茶、绿茶。

（46）'中茶108'

无性系。灌木型，中叶类，特早生种。从'龙井43'辐射诱变后代中，经单株选择—无性繁殖的方法选育而成。抗寒、抗旱性较强，尤抗炭疽病。扦插成活率高。适栽于江北、江南茶区。

萌发期特早，一芽二叶期出现在4月初，芽叶生育力强，持嫩性强，黄绿色，茸毛较少，一芽三叶百芽重36.7g。春茶一芽二叶干样含茶多酚12.0%、氨基酸4.8%、咖啡碱2.6%、水浸出物48.8%。亩产可达250kg。适制绿茶，品质优。

（47）'中茶302'

无性系。灌木型，中叶类，早生种。以'格鲁吉亚6号'为母本，福鼎大白茶F_1代为父本采用人工杂交后代中经单株选择—无性繁殖的方法选育而成。抗寒、抗旱性较强，较抗病虫。扦插成活率高。适栽于江北、江南茶区。

萌发期早，芽叶生育力强，持嫩性强，黄绿色，茸毛中等，一芽三叶百芽重39.0g。春茶一芽二叶干样含茶多酚13.2%、氨基酸4.8%、咖啡碱3.1%、水浸出物50.6%。亩产可达200kg。适制绿茶，品质优。

（48）'鄂茶5号'

无性系。灌木型，中叶类，特早生种。从劲峰种自然杂交后代中采用单株育种法育成。抗性强，易扦插繁殖。适栽于全国绿茶区。

萌发特早，发芽密度大且整齐，芽叶持嫩性强，黄绿色，肥壮，茸毛特多，一芽二叶百芽重23.8g。春茶一芽二叶干样含茶多酚17.3%、氨基酸3.1%、咖啡碱2.9%、水浸出物51.9%。5年生茶树亩产鲜叶221kg。适制绿茶。

（49）'中茶111'

无性系。灌木型，中叶类，中生种。从云桂大叶群体品种中采用单株分离选育而成。耐寒性较强。适宜浙江、贵州、湖南和湖北等茶区种植。

发芽期中等（偏早），芽叶黄绿色，茸毛较少，节间中等，发芽密度较高，持嫩性强。产量高，比对照福鼎大白茶增产20%。春茶一芽二叶干样含茶多酚31.31%、氨基酸3.57%、咖啡碱3.15%、水浸出物41.8%。适制绿茶。

（50）'苏茶120'

无性系。灌木型，中叶类，早生种。由江苏省无锡茶叶研究所选育。抗寒、抗旱性均较强。适栽于江南茶区。

品比试验结果表明，'苏茶120'春季新梢一芽一叶期较对照品种福鼎大白茶早6天；4～6年生茶园3年平均亩产鲜叶209kg。一芽二叶干样中茶多酚含量26.73%、氨基酸含量4.51%、咖啡碱含量3.90%、叶绿素含量0.80%，可溶性生化成分比例协调。适制绿茶。

（51）湘妃翠

无性系。灌木型，中叶类，早生种。从无性系茶树良种福鼎大白茶的天然杂交后代（F_1）的茶苗中选出的优良单株（代号FZ）经系统选育而成。适栽于湖南省茶区。

萌发早，芽头茸毛较多，无紫色芽叶，叶片长宽比值较大，叶肉薄，叶质柔软，新梢持嫩性

好，发芽密度较大，芽头较壮实，成林茶园平均亩产鲜叶533.3kg。适制绿茶。

Ⅳ. 选育于江北茶区的茶树良种

（1）紫阳种

又名紫阳槠叶种、紫阳中叶种。有性系。灌木型，中叶类，早生种。原产于陕西省紫阳县，是紫阳茶区群体种的俗称。抗寒性强。适栽于江北茶区。

芽叶生育力强，芽叶密度大，发芽整齐。一芽三叶盛期在4月中旬。春茶一芽二叶干样含氨基酸3.6%、茶多酚23.3%、儿茶素总量13.0%、咖啡碱4.2%。亩产鲜叶250kg以上。适制绿茶。

（2）宜昌大叶种

有性系。小乔木型，大叶类，早生种。原产于湖北宜昌太平溪镇黄家冲、邓村等地。抗寒性较强。适栽于鄂西茶区。

芽叶绿色，多毛，持嫩性强。一芽三叶百芽重49.0g，春茶一芽二叶干样含氨基酸3.3%、茶多酚23.0%、咖啡碱4.5%、儿茶素总量14.0%。产量高。适制红茶、绿茶。

（3）'信阳10号'

无性系。灌木型，中叶类，中生种。原产于河南省信阳市。抗寒性强。适栽于江南、江北绿茶茶区。

萌发期较早，芽叶生育力较强，淡绿色，较肥壮，茸毛中等，一芽三叶百芽重41.0g。春茶一芽二叶含茶多酚17.9%、氨基酸3.1%、咖啡碱2.6%、水浸出物43%。亩产200kg以上。适制绿茶。

（4）'鄂茶4号'

又名宜红早。无性系。小乔木型，中叶类，特早生种。从宜昌大叶群体种中采用单株育种法育成。抗寒性较强，扦插繁殖力强。适栽于湖北、福建、湖南及相似茶区。

芽叶嫩芽黄绿色，茸毛多，一芽二叶百芽重20.1g。春茶一芽二叶干样含茶多酚22.3%、氨基酸2.8%、咖啡碱3.2%、水浸出物55.8%。14年生茶树亩产175kg以上。适制红茶、绿茶。

（5）舒茶早

无性系。灌木型，中叶类，早生种。从舒城县舒茶九一六茶场群体种中采用单株系统选育法育成。抗寒性、抗旱性强，扦插繁殖能力较强。适栽于江北茶区。

一芽三叶盛期在4月上旬。芽叶生育力强，发芽整齐，淡绿色，茸毛中等，持嫩性强。一芽三叶百芽重58.2g。春茶一芽二叶干样含茶多酚21.5%、氨基酸3.8%、咖啡碱4.1%、水浸出物49.1%。国家区试平均亩产鲜叶775.6kg，是对照种的238.1%。适制绿茶，具兰花香。

（6）石佛翠

无性系。灌木型，中叶类，中生种。从大别山区岳西县包家乡石佛群体中采用单株选育法育成。适栽于浙江、安徽、河南、湖北等长江流域南北茶区。

一芽三叶展期在4月中旬。育芽力和持嫩性强。芽叶绿色，肥壮，茸毛较多，一芽三叶百芽重42.7g。干样含茶多酚13.8%、氨基酸8.4%、咖啡碱3.4%、水浸出物46.2%。全国区试3年平均亩产鲜叶495kg。适制绿茶。

（7）'皖茶91'

又名农抗早。无性系。灌木型，中叶类，早生种。从引种的云南凤庆群体中采用单株育种法育成，抗寒性强，抗旱性中等。适栽于安徽、浙江、贵州、山东、湖北和河南等茶区。

春茶一芽一叶期在3月下旬，一芽三叶盛期在4月上旬。芽叶长势强，持嫩性好，粗壮，淡绿色，茸毛多，一芽三叶百芽重39.0g。春茶一芽二叶干样含茶多酚34.49%、氨基酸1.91%、咖啡碱4.71%、水浸出物45.52%。4～6龄品比试验茶园3年平均亩产达476.6kg。适制红、绿茶。

（8）梦茗

又名'安庆8902'。无性系。灌木型，中叶类，早生种。从安徽省岳西县来榜镇群体品种中采用单株分离、系统选育而成。适栽于安徽、湖北、湖南和福建等茶区。

发芽期早，育芽能力强，发芽密度较高，持嫩性强。芽叶黄绿色，茸毛较多，节间中等，一芽三叶百芽重31.5g，品种区域试验结果表明，产量与对照福鼎大白茶相当，亩产可达200kg以上。

适制绿茶。

（9）山坡绿

无性系。灌木型，中叶类，早生种。从舒城县茶树群体中采用单株分离、系统选育而成的茶树新品系。抗寒、抗旱、抗虫性强。扦插成活率高。适栽于江北茶区。

幼嫩芽淡绿色，茸毛少，一芽三叶百芽重52.4g，亩产鲜叶422.4kg。春茶一芽三叶烘青绿茶含氨基酸4.47%、茶多酚17.25%、咖啡碱3.87%、酚/氨值为3.92。适制性好，适制烘青。

四、苗木培育

1. 种子生产

（1）采种园的建立

茶树为异花授粉植物，后代性状分离严重，有条件的地方可设立专用留种园，一般情况下，往往利用现有采叶茶园，通过去劣、去杂、提纯、复壮等措施，建立采叶采种兼用留种园。

留种园的选择原则：①选择优良品种；②选择茶树生长势旺盛，茶丛分布较均匀，没有严重病虫害的茶园；③选择坡度小，土层深厚肥沃，向阳或能挡寒风、旱风吹袭的茶园。

为提高品种后代遗传纯度，对园中混杂的异种、劣种茶树，采用修建、重采等办法，抑制其花芽发育，推迟花期；如果混杂的茶树不多，可采取连根挖掘、补植同品种优良茶树的方法。

（2）采种园的管理

采养结合　以养树为主，夏茶不采，春茶、秋茶少采或不采，注意留养好春末梢和夏梢。

肥培管理　每年3～10月为芽叶生长期，也是茶果发育期，养分需求量大，应适时追肥，避免落花、落果。在施用氮肥的基础上，增施促进花、果形成的磷、钾肥，一般按照氮、磷、钾比例1：1：1为宜，生长势弱的茶园可提高氮肥，比例调整为3：2：2。基肥于9～10月，将有机肥和一半的磷、钾肥拌匀后施入；追肥中的氮肥按照采叶园标准分次施入，另一半的磷、钾肥在春茶后（5月中下旬）或二茶采择期（6月中下旬）后施入。

适时修剪　幼龄茶园参照林木培育章节中的定型修剪标准执行。茶果80%以上着生在短枝上，短枝稀疏影响产量，但过密常引起落果，也影响昆虫活动，限制授粉。留种园的修剪，通常在茶树休眠的冬季，剪去枯枝、病虫害枝，以及从茶树根茎部抽出的细弱枝、徒长枝，剪短树冠面上较突出的枝条。

抗旱防冻　花芽分化到茶果成熟期，水分需求量较大。留种园应在旱季来临之前，加强中耕除草、及时灌溉，或是采取铺草防旱。低温来袭前，注意防寒，可采用茶园熏烟、设置风障、喷水结冰、安装防霜风扇等方法，避免芽叶受冻、茶果发育受阻。

病虫害防治　危害茶花及茶籽的病害虫主要为茶籽象（*Curculio chinensis*），它的成虫和幼虫均能危害茶果，造成大量落果和蛀籽，对茶树生育、茶籽的产量和质量产生很大影响。

茶籽象的防治方法：茶园秋季深挖，可杀灭入土幼虫，成虫可利用假死性，摇动茶树捕杀落地成虫。在发生严重的茶园，可在成虫盛发期下午至黄昏，喷施90%敌百虫、90%杀螟丹800～1000倍液，或10%天王星3000～3500倍液，喷药时注意将地面喷湿。每亩土壤施药可用95%杀螟丹0.2～0.3kg拌土撒施。

促进授粉　茶树是虫媒花，异花授粉，虫媒少，授粉不足，结实率不高。可在开花期，喷施25%甘油溶液，延长授粉时间；或在茶园放养中蜂（茶花蜜富含半乳糖，西蜂幼蜂吸食不消化，易腹胀死亡），提高授粉率。

（3）茶籽采收

茶果成熟标志为果皮呈棕褐色或是绿褐色，背缝线开裂或是接近开裂；种子呈黑褐色，富有光泽；子叶饱满，呈乳白色。最适采收时期一般在霜降前后10天左右，茶树上有70%～80%的茶果果皮褐变失去光泽，并有4%～5%的茶果开裂时，便可采收。

茶果采回后，摊放在通风干燥处，翻动几次，使果壳失水裂开，便于剥取。已脱壳茶籽应摊放在阴凉干燥处，厚度10cm左右，阴干至30%

含水量时即可贮藏。

（4）茶籽贮运

茶籽贮藏以保持在30%左右含水率，环境温度5~7℃，相对湿度60%~65%为宜。短期贮藏可将茶籽摊放在地面不回潮的阴凉房内，堆放厚度15cm左右，上用稻草覆盖，以防止干燥。长期贮藏（1个月以上），可采用沙藏（茶籽与细沙1∶1拌匀，10~15天检查一次，细沙泛白，可淋洒清水保湿）保存。

茶籽包装和运输过程中，注意保湿、通风、隔热、防压、避免日晒、风吹、雨淋，同时标注品种、数量及注意事项，以防混杂。

2. 播种育苗

（1）适播期

一般为11月至翌年3月，秋、冬播比春播提早10~20天出土。

（2）播种前处理

秋冬播种不需进行特殊处理，春播前需进行茶籽处理。①清水选种、浸种：将茶籽浸在清水中，每天换水1次并搅拌3~4次，2~3天后，除去浮在上面的种子，取出下沉的种子作为播种材料。经过此处理的茶籽可提早发芽。②催芽：将已浸过的种子取出放入盘中，先在盘内铺上3~4cm的细沙，沙上铺茶籽7~10cm厚，茶籽上盖一层沙，沙上盖稻草或麦秸，喷水后置于温室中，室温保持在28~30℃，催芽时间约15~20天，当有40%~50%茶籽露出胚根时，即可取出播种。经催芽的可提早出苗，生长整齐。

（3）播种

由于茶籽脂肪含量高，且上胚轴顶土能力弱，故茶籽播种深度和播籽粒数对出苗率影响较大。播种盖土深度为3~5cm，秋冬播比春播稍深，而沙土比黏土深。穴播为宜，穴的行距为15~20cm，穴距10cm左右，每穴播大叶种茶籽2~3粒，中小叶种3~5粒。播种后要达到壮苗、齐苗和全苗，需做好苗期的除草、施肥、遮阴、防旱、防寒害和防治病虫害等管理工作。

3. 扦插育苗——茶树良种无心土扦插技术

江南、江北大部分茶区多采用无心土、小拱棚秋季扦插，其成活率高，管理周期较短，1年可以出圃，成本较低。在正常的培育水平下，6~10年生母本茶树的枝条，每亩可剪取插穗30万~40万枝，供2~3倍面积的苗圃生产，出圃苗木可满足5~9 hm²新建茶园种苗需求。

（1）采穗园的管理

修剪　修剪是采穗园管理工作中的一项重要措施。修剪的时期决定于扦插的时间，秋季扦插宜在春茶采摘后及时深修剪，以留养枝梢供扦插用。

施肥　要增大磷、钾肥比例，使产生具有分生能力强的枝梢。上一年秋季每亩施入饼肥200~250kg，硫酸钾20~30kg，过磷酸钙30~40kg。养穗当年于春茶前、剪穗后每亩分别施纯氮8~10kg。在枝梢生育过程或剪枝前2~3周，结合喷药，用0.5%~1.0%尿素溶液根外追肥，每亩用量15~25kg。

及时打顶　在剪穗前10~15天进行打顶，人为地迫使枝梢停止生长，促进成熟。插穗的生产指标以红棕色为好，绿色硬枝亦佳。

（2）苗圃地的选择与整理

苗圃地选择　扦插苗圃宜建在地面平坦，地下水位低，交通便利，靠近采穗园的地方，土壤pH 4.0~5.5，土层结构良好，土壤以红壤、黄壤的沙壤土、壤土或轻黏壤土为好。前作物不宜是烟草、麻类或老茶园。水源要有保证，而且宜近。

整地做畦　苗圃地应先清除杂草、树根、石块等杂物，然后翻耕。第一次进行全面深耕，深度25~30cm，第二次在作苗床前深耕，深度15~20cm。通常每块苗圃的四周要建立排灌水沟，沟深25~30cm，宽约40cm。苗床面宽100~130cm，长度以地形而定，以15~20m为宜，苗床的高度10~15cm，畦与畦之间的操作沟宽40cm。苗床排列布置，尽可能与道路垂直，以便于管理；苗床宜东西向，以减少阳光从苗床侧面射入。

土壤杀菌、虫　在畦面四周放好线后，进行开挖，先挖表土10cm，把表土全部铲起放置一边，再挖底土层10cm放置另一边。回填所有表土并整平，将准备好的杀虫剂、杀菌剂及基肥充分拌匀后，均匀撒施于表土层上（每平方米用10%噻唑膦颗粒0.3g、甲基托布津1.5g、饼肥450g），再将底土回填作表土，平整后，夯实四周。苗床整好后进行连续沟灌，以便杀死虫卵，使杀菌剂充分渗透土壤饼肥充分腐熟，20天后方可扦插。

（3）剪穗与扦插

剪枝 新梢逐渐硬化且新茎的1/3已变褐色时为剪取插穗适当时期，剪穗前必须先进行病虫防治，保证无病虫携入苗圃。采剪枝条最好在早上进行。剪下的枝条要放在阴凉潮湿的地方，最好当天剪穗当天扦插，第二天扦插也可。

剪穗 1个标准的插穗：茎干木质化或半木质化，大叶品种长度为3.5～5.0cm，中小叶品种长度为2.5～3.5cm，具有一片完整叶片和健壮饱满腋芽。没有腋芽，或腋芽有病虫害，或人为损伤者不能使用。插穗的上下剪口要求平滑，上剪口留小桩以2～3mm为宜，过短易损伤腋芽，过长则又会延迟发芽。节间太短的，可把两节剪成一个插穗，并剪去下端的叶片和腋芽。

扦插 扦插前1～2h洒水将畦面浇透，然后划线。一般中小叶品种行距7～10cm。畦面划行后，先按每亩用除草剂丁草胺170mL兑水55kg进行喷雾，然后扦插，行株距以插穗互相不遮盖、插后不见土为好。插后用手指在短穗间稍揿压。插的角度一般以叶片与地面呈35°～45°角为好，叶片不宜平铺地面，否则影响叶片呼吸。将水浇足浇透，待叶面水稍干，用多菌灵1000倍液进行灭菌处理。最后，在畦上插竹弓（长2.2m，宽2cm），中心离地高度不得低于50cm，竹弓上面用薄膜和遮阳网双层覆盖，遮阳网控制光照，塑料薄膜控制温度。四周用土压实，形成小拱棚，这样可保温保湿，有利于插穗的愈合生根。

（4）田间管理技术

水分管理 应视土壤湿度而定，一般保持表土湿润，3cm以下土壤能捻成条但不黏手即可。如表土干燥松散，需及时灌溉。

温度管理 注意观察温度的变化并及时调节。气温较高，棚内温度超42℃时，须及时通风（掀开畦两头的薄膜），防止插穗叶片产生灼伤，降温后及时盖膜保湿保温。

施肥管理 4月下旬以后，随着气温的逐渐升高，插穗不断发出新根，茶芽也开始萌发，需大量的肥水。第一次用0.5%的尿素溶液进行叶面喷施，第二次用1%的尿素加喷施宝进行喷施，第三次用2%的尿素加喷施宝进行喷施，间隔期为7～10天。6月中旬以后，随着扦插苗的逐渐生长，抗性增强，可以施有机肥为主。用喷壶浇灌，每15～20天施1次。一般当年苗高可达50～70cm。

揭膜与揭网 5月中旬以后，有85%～95%的插穗生根后，逐步将小拱棚薄膜揭去。进入8月以后，气温渐降，进行炼苗，揭去拱棚上面的遮阳网。

4. 组织培养

利用组织培养进行茶树快速繁殖，不仅可大大提高繁殖系数，而且能最大限度地保持品种的遗传稳定性，对新品种和良种快速推广有重要价值。为此，国内外科研工作者进行了大量探索，已成功利用茶树子叶、成熟胚、未成熟胚、带腋芽的茎段等作为外植体进行离体培养，在LS、MS等培养基上，采用添加6-BA、NAA、KT等不同浓度激素的组合，建立起了茶树快速无性繁殖体系，推动了茶树离体快速繁殖进入了实用阶段。但茶树组培苗增殖率低、生长速度慢和培养周期长等依然是茶树离体快速繁殖的技术瓶颈（安间舜和铃木由惠，1980；加藤美知代和黄华涛，1986；王立等，1988；成浩和李素芳，1996；孙仲序等，2000；Ghanati and Ishka 2009；Borchetia，2011；Ranaweera et al.，2013；Mukhopadhyay et al.，2016）。

5. 容器育苗

（1）设施设备

可以是单棚、连栋温室，或是小拱棚。育苗穴盘可选用黑色塑料72格穴盘。

（2）苗床准备

设置摆放育苗容器的苗床，床面宽100～120cm，深15～30cm，长度根据需要而定。平整

地面，夯实，并留有一定坡度以利排除积水，同时在最低处留出排水口。在扦插之前一天，用0.3%~0.5%的高锰酸钾对苗床进行消毒。

（3）扦插基质

茶树扦插基质要求酸性、疏松、透水、透气、不含杂草和病菌。通常选用东北泥炭：珍珠岩＝5：1配制。泥炭需过筛去除大块颗粒，在基质中要添加长效控释肥，混合均匀。扦插前采用高锰酸钾0.3%的溶液浇基质。基质装入穴盘后，再摆放到苗床地上。

（4）剪穗与扦插

参照上述无心土扦插技术中的论述进行。

（5）插穗处理

扦插前，可以用多菌灵500倍液、甲基托布津200倍液对插穗进行杀菌处理，插穗在杀菌剂中浸一下后立即取出。待叶片上水分适当阴干后，可用2.5g/kg的NAA生根剂进行处理。杀菌剂也可以与生根剂处理同时使用。

（6）苗圃管理

扦插时先用细孔洒水壶将装好基质的穴盘浇1遍清水，再将处理好的穗条插入穴盘基质中，插入深度为2.0cm，叶片统一朝向一个方向，扦插完后立即用细孔洒水壶浇1遍透水，并喷施1遍百菌清500倍液，之后每隔3~5天喷1次。扦插初期，为避免棚温过高，需要通过遮阴来控制温度，确保温度不超过40℃，同时在确保温度的情况下增加光照。扦插后需经常检查，发现基质干燥应及时补水。

合理追肥，做到先淡后浓、少量多次，茶苗长到一芽三叶时开始施追肥，以10倍左右经沤熟后的人粪尿或0.2%的尿素水溶液结合灌溉进行浇施或作叶面肥喷施，茶苗长到10%左右时浓度可提高1倍左右，每隔10~15天施肥一次。

当气温回升，要适时揭膜，防止烧苗和苗木弱化。揭膜可在4月中旬前后进行，遮阳棚可以视天气情况在8月以后再揭。

（7）炼苗和移栽

大多数插穗根系形成之后，可以揭膜揭网炼苗。揭膜忌一次性揭完，可每隔3~4m将拱棚边膜撑起，持续1~3周后，再全部揭膜揭网。期间，保持基质见干见湿，肥水适当增加频度。苗高达到30~40cm，符合出圃要求后就可以销售和移栽。

扦插苗在移栽前要进行停水炼苗，促进根系的生长和提高苗木对外界环境的适应能力。移栽的整个过程是随起、随栽、随浇水，及时遮阳并加强水分管理。

五、林木培育

1. 立地选择

适地适树 茶树是多年生木本经济植物，一次栽植数十年收益。生产上应结合当地实际生产茶类，选择本地良种或是生态条件类似区域的品种，避免盲目引种。

园地选择 茶树喜温怕寒、喜酸忌碱、喜铝嫌钙。要根据茶树的生长特性和对生态环境的要求，选择气候适宜，全年≥10℃的有效积温在3500℃以上，年降水量约为1500mm，土层深厚、排水良好、土壤pH 4.0~6.5，坡度25°以下，附近有水源，交通相对便利的立地条件建立新茶园。为保证茶叶品质，茶园周围至少5km范围内没有排放有害物质的工厂、矿山等。

2. 规划整地

园地规划 因地制宜建立蓄、排、灌水利系统；按照实际情况，划区分块，设置茶园道路；选择适宜的树种营造茶园防护林、行道树网或遮阴树，改善茶园生态环境条件。一般60hm²以上茶园要设8~10m的主干道，便于农资及鲜叶运输与茶园管理；次干道每隔300~400m设一条，路宽4~5m；步道每隔50~80m设一条，路宽1.5~2.0m；地头道设在茶行两端，宽度8~10m，或是依茶园操作耕作机具而定。

园地开垦 清除园内的障碍物，整理地形，深翻土壤并予以熟化。对于生荒坡地的新建茶园整地分初垦和复垦2次进行。初垦一年四季均可，以夏、冬更宜，深度一般需80cm，全面深翻，深耕后不要马上碎土，以利于蓄水和风化。茶树种植前进行复垦，复垦深度为30cm左右。复垦时需打碎土块，拣净草根，平整地面，为播种栽苗做好准备。

新建茶园，地形起伏较大，坡度在15°以上的新建茶园，可根据地形情况，建筑内倾等高梯级园地（窄幅梯田，图2）。茶园梯层修建要求：梯层等高，环山水平；大弯随势，小弯取直；心土筑埂，表土回沟；外高内低，外埂内沟；梯梯接路，沟沟相通（张正竹，2013）（图2）。

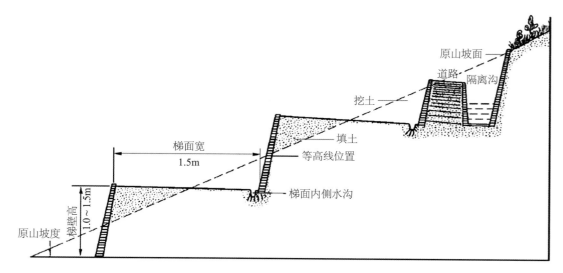

图2 梯田茶园开垦示意图

3. 茶树种植

整地与施底肥 茶苗种植前需开沟施基肥的。基肥为厩肥，开50cm×50cm的沟，基肥为饼肥或复合肥的，则开40cm×40cm的沟。槽底铺垫作物秸秆1000kg，覆土。距地面20～25cm时，施农家肥或饼肥，饼肥200kg，复合肥50kg。1～2个月的腐解，待土壤下沉后方可整地，在沟上种茶。平整地面后，按规定行距开种植沟。

茶籽直播 茶树为异花授粉植物，种子直播的茶园，后代性状分离显著，易发生种性退化。但实生苗与扦插繁殖的无性系相比，主根发达，抗逆性强。长江以南茶区新建茶园，提倡选用无性系良种茶苗。冬季寒冷的江北茶区，可选用双无性系品种杂交技术的种子进行播种。

合格茶籽75～90kg/hm²，按规定丛穴，每穴4～5粒，覆土3cm，再覆盖1层糠壳、锯木屑或秸秆，以利于出苗。秋冬播种在10～12月，春播不迟于3月（播种前需浸种、催芽）。

扦插苗移栽 扦插茶苗移栽时间以晚秋（10月底至11月初）或早春（2月上中旬）为宜。种植形式分为单条栽（图3）、双条栽（图4）。种植茶苗根颈的泥门（苗圃中与土壤接触的印记）离土表距离3cm左右，根系离底肥5cm以上（图5）。

为加速茶园封园，可采用矮化密植栽培技术，即采用修剪等人为措施，使茶树树冠比常规茶园树冠低1/3左右（控制在60～70cm）；改单行为多行（2～4行）条列式，每公顷茶苗数量为常规茶园3～5倍；同时要求土壤深厚肥沃、排水良好，种植1～2年绿肥改良土壤后，施足基肥，再种植茶树。

4. 抚育

（1）幼林抚育

全苗壮苗 1、2年生茶苗抗逆境能力较弱，很难一次全苗。要注意浅耕保水、适时追肥、遮阴灌溉、防寒防冻；同时，在栽植当年冬季或翌年，注意查苗补苗，及时在雨后土松时，按照"去弱留强、去劣留良"的原则进行间苗，保证每丛有合理的茶苗数、成园后树势基本一致。

松土除草 在栽植当年就要及时除草保苗，疏松表土板结层，熟化土壤，提高土壤保水保肥

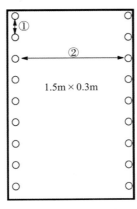

图3 单条栽示意图

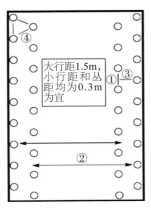

图4 双条栽示意图

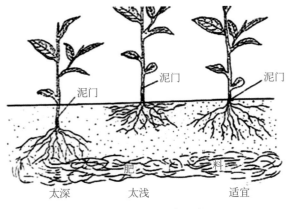

图5 茶苗栽种深度示意图

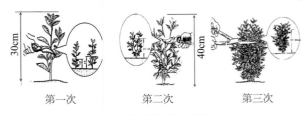

图6 茶树修剪示意图

能力。有条件的地方，采取覆盖抑草，即在茶苗周围15～20cm覆盖作物秸秆，保墒保温。

幼年茶园除草技术有人工浅耕除草、化学药剂除草、行间铺草抑草、间作绿肥抑草、地膜覆盖抑草等方法。同时，要严格按照安全使用标准和类别，谨慎选用化学药剂除草。

定型修剪 高产优质的茶树树冠外在表现是分枝结构合理、茎干粗壮、高度适中、树冠宽广、枝叶茂密。而自然生长茶树，主干明显，侧重细弱，树幅窄小，分枝稀疏，芽叶稀少，不便采摘，产量也不高。选择适宜的修剪方法和修剪时期，培养理想的栽培型树冠，可达到高产优质高效的目的。修建技术有3次定型修剪、分段修剪、弯枝与定型修剪结合等技术。

三次定型修剪技术（图6）：第一次修剪种植后或萌芽休眠后的1足龄茶苗，离地12～15cm；第二次修剪2足龄茶苗，离地25～30cm；第三次修剪在第二次修剪后1年进行，离地35～40cm

剪平。

分段修剪技术：对于南方茶区的乔木型或小乔木型的茶树，也可采用分段修剪法，即分批、多次、分段修剪的方法培养培养树冠，避免一次修剪带来的大创伤。

弯枝与定型修剪结合技术：把生长旺盛、木质化的一年新枝（直径0.5cm左右），人为地向茶行两侧压弯，用小竹钩、铁丝钩固定，促进侧芽迅速萌发，再辅助定型修剪形成预期树冠。

（2）成龄抚育

耕作 分为生产季节和非生产季节耕作两类。

生产季节耕作：春茶前中耕（春茶开采前20～30天，中耕10～15cm，去除杂草），春茶后浅锄（春茶采择后，浅耕10cm左右），夏茶后浅锄（夏茶结束后立即进行，深度7～8cm，消灭杂草，同时切断毛细管，减少水分蒸发，如遇高温干旱，不宜进行）。

非生产季节耕作：秋季茶叶采择后进行一次深耕（15cm以上），同时远离茶树20～30cm处，开挖宽40～50cm、深30cm左右的基肥沟，施足基肥。

施肥 肥料是茶叶优质高产高效的基础。肥料的种类、施肥时间与施肥量直接影响到名优茶的产量和质量。根据生产实际情况，一年一般需施1次基肥、3～5次追肥。基肥的施用，一般选择在茶树地上部生长停止、地下部开始活跃的10月上中旬施入，一方面可促进恢复树势、增强抗寒能力，另一方面也使越冬芽在潜伏发育阶段获得充分的养分。追肥施用位置一般可沿树冠垂直投影处开10cm左右的沟，施肥后及时覆土。但在夏茶采摘后，如遇高温、干旱，不宜施肥。

茶园施肥过程中应掌握的原则："一深、二

早、三多、四平衡"。

"一深"：底肥的深度至少要求在30cm以上，基肥在20cm左右，追肥也要在10cm左右，切忌撒施。

"二早"：①基肥要早。长江中下游茶区要求在9月上旬至10月中旬完成；江北茶区可提前到8月下旬开始施用，10上旬结束；而南方茶区则可推迟到9月下旬开始施用，11月下旬结束。催芽肥要早。为提高肥料对春茶的贡献率，施催芽肥的时间一般在名优茶开采前30～40天左右。

"三多"：①肥料的品种要多。有机肥与速效化肥配合；大量元素肥料（氮、磷、钾）和镁、硫、铜、锌等中微量元素等肥料配合，以满足茶树对各种养分的需要和不断提高土壤肥力水平。②肥料的用量要适当多。1kg大宗茶应施纯氮0.15kg。如以幼嫩芽叶为原料的名优茶，则施肥量需提高1～2倍。但化学氮肥每公顷每次施用量（纯氮计）应不超过15kg，年最高用量不得超过60kg；基肥用量在200～400kg。③施肥的次数也要多。要求做到"一基、三追、十次喷"，春茶产量高的茶园，可在春茶期间增施一次追肥，以满足茶树对养分的持续需求，同时减少浪费。

"四平衡"：①有机肥和无机肥平衡。基肥以有机肥为主，追肥以化肥为主，既满足茶树生长需要，又改善土壤性质。②氮磷钾与中微量元素要平衡。茶树是叶用作物，需氮量较高，要求氮、磷、钾的比例2：1：1～4：1：1，同时根据需要补施磷、钾、钙、镁、硫、铜和锌等其他养分。③基肥和追肥平衡。满足茶树年生长周期中对养分的持续需求，一般要求基肥占总施肥量的40%左右，追肥占60%左右。④根部施肥与叶面施肥平衡。充分提高茶园肥料的效果。

水分调控　通过合理安排保水和供水措施，促进茶园高产、优质、高效。

保水措施：深耕改土，增加有效土层厚度，提高茶园保蓄水能力；建设保蓄水设施，坡地茶园可建设截水横沟、加设蓄水池，扩大蓄水能力；茶园铺草，增加地面覆盖，减少水分流失；合理布置种植行的形式和密度，对于坡地茶园改丛植为条植、单条栽改双条或多条栽，适当减小株距等，减小地表径流及冲刷；合理配置间作植物，避免选择夺水力强的作物，避免加重旱情；根除保水，适时中耕除草，减少水分消耗；造林保水，在茶园附近及坡地上方，营造行道树或遮阴树，涵养水源，减弱蒸发；适当修剪部分茶树枝叶，减少蒸腾作用；使用农家肥改善土壤结构，提高保蓄水能力；应用抗蒸腾剂、保水剂等，提高茶园抗旱能力。

供水措施：田间持水量<70%，芽叶细胞汁浓度≥10%，为茶园土壤湿度的下限和茶树生理缺水指标。茶园灌溉主要分浇灌、流灌、喷灌、滴灌等4种形式。喷灌具有提升茶叶产量和品质、节约用水、节省劳力、少占耕地、保持水土、适宜范围广（不受平地或坡地限制）等优点，在无风或微风条件下（风力超过3～4级时，喷灌均匀度会大大降低），根据实际情况，采用固定式喷灌或移动式喷灌系统。滴灌能稳定土壤含水率于最适度的范围，具有经济用水、不破坏土壤结构、方便田间管理等优点，但投入成本较大。

树冠培养　根据茶树生长规律，在茶树生长相对休止的中后期，肥水条件充足的情况下，适时采用轻修剪、深修剪、重修剪、台刈等方法培养高效、优质树冠，尽量减小茶树损害。

轻修剪：为保持树冠面的平整，需要调节生产枝条的数量、粗壮度。为了便于后期采摘和管理，一般剪平树冠面上3～10cm的叶层。对于留叶较少、叶层较薄可适度轻剪；对于分枝过密、对夹叶较多、生长枝细弱，肥水条件好、生长量大的茶园，可适当重剪。

深修剪：在树冠经过多次轻修剪和采摘后，冠面分枝越来越细，枝条细弱而密集，形成鸡爪枝（结节枝），枯枝率上升，冠面呈现衰老状态的情况下，为恢复茶树新梢生长力、提升茶叶产量和品质，可采用深修剪。修剪深度根据鸡爪枝的深度确定。一般为10～15cm。深修剪一般每5年一次或更短。修剪时，要求剪口平滑，避免枝梢撕裂，影响发芽。

重修剪：对于发芽率不强，未老先衰的茶树，以及树冠虽然衰老，但一、二级分枝粗壮、健康，具较强更新能力的茶树，修剪深度一般为剪去树高的1/2或以上。对于常年缺少管理，树体过大，生长势较强，但采摘冠面无法压低的茶树，一般留距地面30～45cm的主要所采用的较重程度的修剪方法。

台刈：是依据茶树阶段发育理论（越接近基部枝条生理发育阶段越幼），通过重度修剪促进基部萌发新枝条，从而达到恢复树势，改造树冠的方法。台刈对象一般是树势衰老，茶树内部多是粗老树干，枯枝率高，采用重修剪方法、增强肥水管理也无法恢复生产能力的茶树，在休眠期进行。灌木型茶树一般在离地面5～10cm处剪去全部地上树干，乔木或小乔木型茶树可在离地面20cm处剪去所有树干。台刈时要求切口平滑、倾斜、不撕裂茎干，防止切口感染病虫。而从根颈部新抽生的枝梢，应再依据定型修剪的方法，培养优质树冠。

对于南方茶区，茶树常年生长、无明显休眠期，且茶园面积较小，也可采用环剥树皮的方法分阶段更新：在离地面20cm处用利刀环剥树皮圆周的2/3，保留1/3，环宽2cm。1月后，切口以下不定芽陆续萌发，待2～3月后，新梢长到60～80cm时，剪去环剥处以上老枝条，并按照幼年茶园定型修剪模式，重新培养树冠。

5. 老茶园更新

对于低产茶园或是老茶园，可采用改植换种、新老套种的方法进行更新。

改植换种 需彻底改造、改植换种的低产茶园，一般存在以下问题：①缺株率大，行距不合理；②树龄老；③品种差；④园地规划设计不合理；⑤地形须重新调整或平整茶园。

与新建茶园相比，改植换种茶园需注意以下两个方面工作。

①老茶园的挖掘：用人工或挖掘机连根挖去老茶树。机械挖掘深度需达到60cm以上，挖起的老茶树可立即人工整理出园，亦可晒干后原地焚烧，以减少病虫害，增加土壤肥力。

②土壤消毒和平整：一般老茶园土壤中存在大量的害虫或虫卵以及有害病菌，在土地平整前，应对土壤进行消毒。茶园内原路、沟、道路规划合理的可继续使用，如需调整的，可按规划进行重新布置。

新老套种 对于园相较好、布置合理、土壤状况良好的低产或低效益的茶园，可以采用新老套种的方法，在老茶树行间套种新品种，待新茶树投产后再挖去老茶树。主要技术环节有：①处理老茶树。采用重修剪，剪口高度离地面约20cm。②深翻改土。老茶树行间中央部位进行深翻改土，深度为50～60cm，宽度为60～80cm，底土上翻，表土下填，已伸到改植沟内的茶树根系必须切除。沟内施足基肥，基肥种类为人畜粪、饼肥、堆肥、土杂肥以及山青等有机肥。基肥要和土壤充分拌匀，然后开出种植沟。③定植茶苗。同新建茶园。④挖出老茶树。约三四年后，新茶园投产时，挖除老茶树，完成套种改植全过程。

六、主要有害生物防治

1. 主要虫害

（1）假眼小绿叶蝉（*Empoasca vitis*）

防治方法：①加强茶园管理。清除园间杂草，及时分批多次采摘，可减少虫卵并恶化营养和繁殖条件，减轻危害。②物理防治。可选用黄板诱杀；在茶园中悬挂黄板，利用该虫趋黄性诱杀。每亩地悬挂规格为25cm×30cm的黄板30片，或25cm×20cm黄板40片。③生物防治。可用3%除虫菊水剂60～80mL，2.5%鱼藤酮150～200mL，微生物制剂白僵菌等都有良好功效。④药剂防治。采摘季节根据虫情预报于若虫高峰前及时施药，掌握防治指标，把虫口控制在高峰到来之前，发生严重茶园，越冬虫口基数大，于11月下旬至翌年3月中旬施药，以消灭越冬虫源。施药方式以低容量蓬面侧位扫喷为宜。

（2）茶蚜（*Toxoptera aurantii*）

防治方法：①物理防治。由于茶蚜集中分布在一芽二三叶上，因此及时分批采摘是有效的防治措施。②生物防治。注意保护天敌。茶蚜的天敌资源十分丰富，如瓢虫、草蛉、食蚜蝇等捕食性天敌和蚜茧蜂等寄生性天敌。③危害较重的茶园应采用药剂防治，施药方式以低容量蓬面扫喷为宜。药剂可选用10%吡虫啉（平均每亩10～15g）。

（3）绿盲蝽（*Apolygus lucorum*）

防治方法：①清洁茶园。茶园内少种冬作；结合茶园管理，春前清除杂草；茶树轻修剪后，应清理剪下的枝梢，清理虫卵越冬场所，减少虫口基数。②农药防治。可在发生危害期，喷洒1000～1500倍的"春瓢龟"，最好于下午或傍晚，连同田边杂草一同喷杀，安全间隔期为7天。防治时期应掌握在越冬卵孵化高峰期，喷药方式以低容量蓬面扫喷为宜。

（4）茶尺蠖（*Ectropis oblique*）

防治方法：①灯光诱杀。用黑光灯或频振式杀虫灯诱杀成虫。在茶尺蠖发蛾初期，按每3hm²装1盏杀虫灯，每天晚上19:00～24:00开灯诱杀茶尺蠖成虫。②培土杀蛹。结合耕作，在茶树树根四周培土10cm左右并镇压可防止越冬蛹羽化成虫出土。并在茶尺蠖越冬期，结合茶园冬季管理，清除树冠下落叶及表土中的虫蛹。③修枝刮卵。结合修剪，发现危害中心及时剪除，集中烧杀产在树权中的卵堆，人工刮除产在树皮裂缝中的卵堆。④生物防治。可自茶园采集越冬蛹或通过人工饲养得越冬绒茧蜂，室内保护过冬，于翌年待蜂羽化后释放到茶园中，以防治茶尺蠖幼虫。⑤药剂防治。重点防治第四代（7、8月），挑治第一代。抓住3龄前幼虫防治，防治指标：成龄投产茶园的为每亩幼虫量4500头或每平方米7头。该虫喜在清晨和傍晚取食，最好安排在4:00～9:00及15:00～20:00时以蓬面扫喷效果好。要严格掌握安全间隔期，每种农药在采茶期只能使用1次，以后轮换用药。

（5）黑刺粉虱（*Aleurocanthus spiniferus*）

防治方法：①加强茶园管理。结合修剪、台刈、中耕除草，改善茶园通风遮光条件，抑制其发生。②农业防治。分批勤采，尤其是春茶可带走产于新梢上的卵，合理施肥，增施有机肥，增

强树势。③生物防治。黑刺粉虱的天敌种类很多，包括寄生蜂、捕食性瓢虫、寄生性真菌，应注意保护和利用。韦伯虫座孢菌对黑刺粉虱若虫有较强的致病性，防治时期为卵孵化盛末期。④药剂防治。刺粉虱的防治指标为平均每张叶片有虫2头，即应防治。当1龄幼虫占80%、2龄幼虫占20%时即为防治适期。黑刺粉虱多在茶树叶背，喷药时要注意喷施均匀。发生严重的茶园在成虫盛发期也可进行防治。

（6）茶橙瘿螨（*Acaphylla theae*）

防治方法：①加强茶园管理。冬季清除落叶烧毁，根际培土壅根，铲除茶园杂草，减少虫源。盛发期亦应及时清除落叶。加强肥水管理，防旱抗旱以增强树势。②药剂防治。使用15%扫螨净乳油2000倍或73%克螨特乳油1500～2000倍液喷雾防治。

（7）茶毛虫（*Euproctis pseudoconspersa*）

防治方法：①人工捕杀。每年11月至翌年4月，人工摘除越冬卵块。在1～2龄幼虫期，将群集的幼虫连叶剪下，集中消灭。②诱杀成虫。利用茶毛虫成虫具有趋光性的特征，在各代成虫发生期于夜晚19:00～23:00时开灯诱杀。③中耕灭蛹。茶毛虫多在茶树根际或落叶下结茧化蛹，在化蛹盛期，结合茶园中耕、除草、清除枯枝落叶，消灭部分虫蛹。④生物防治。利用茶毛虫黑卵蜂和绒茧蜂防治卵块和幼虫，幼虫期喷洒苏云金杆菌或茶毛虫核多角体病毒。⑤药剂防治。方法参考茶尺蠖防治方法。

（8）茶小卷叶蛾（*Adoxophyes honmai*）

防治方法：①采摘灭虫。幼龄幼虫都在新梢嫩叶上，结合采摘及时分批摘除1～2龄幼虫苞，机采效果更佳，但成长幼虫下移则防治效果较差。②适时修剪。早春结合轻修剪，剪除虫苞，剪下枝叶及时处理。③生物防治。在始卵期后，每3～5天释放一批赤眼蜂共2～3批（每亩2万～8万头）。阴湿天气喷施白僵菌菌粉，每克含孢子100亿（每亩施用1kg菌粉加水100L），或喷施茶小卷叶蛾颗粒体病毒，每亩施用150mg

加水稀释。④化学防治：药剂防治指标为百芽梢有虫7头，防治时期掌握在潜叶、卷边期，在3龄幼虫期前喷药，施药方式以低容量蓬面扫喷为宜。

（9）蚧类（Coccoidea）

蚧类，同翅目蚧总科昆虫的统称，也称介壳虫。危害茶树的介壳虫类害虫有40多种，发生较为普遍、危害较为严重的主要有长白蚧（*Lopholeucaspis japonica*）、蛇眼蚧（*Pseudaonidia duplex*）、角蜡蚧（*Ceroplastes ceriferus*）3类。防治方法：①苗木检验。对于新区茶园，种植前必须检验茶苗插条；从无蚧类的苗圃调运苗木；如发现茶苗上有长白蚧，应在若虫孵化盛期将其彻底消灭。②加强茶园管理。合理施肥，注意氮、磷、钾的配合。及时除草，剪除徒长枝，清蔸亮脚，通风透光，避免郁闭。低洼茶园，注意开沟排水。对于局部发生的茶园，随时剪除虫枝，发生严重、树势衰弱的茶园，在采茶后进行台刈，台刈后的树桩应适时喷药防治。③保护天敌。台刈或修剪下来的虫枝，最好先集中在茶园背风低洼处，待寄生蜂羽化后再烧毁，药剂防治时，应选择残效期短、对益虫影响小的药剂种类。④化学防治：狠治第一代，重点治第二代，必要时补治第三代。施药适期应在卵孵化末期至1～2龄若虫期。在若虫盛期喷药，可用40%氧化乐果1000倍液，或50%马拉硫磷1500倍液，或25%亚胺硫磷1000倍液，或50%敌敌畏1000倍液，或2.5%溴氰菊酯3000倍液喷雾。每隔7～10天喷1次，连续2～3次。

2. 主要病害

（1）茶白星病（Phyllosticta theaefolia）

防治方法：①加强管理，增施磷钾肥，增强树势，提高抗病力。②在春茶萌芽期喷药保护，可用75%百菌清可湿性粉剂750倍液或36%甲基硫菌灵悬浮剂600倍液、50%苯菌灵可湿性粉剂1500倍液、25%多菌灵可湿性粉剂500倍液喷雾。对于发生严重的茶区，7天左右再喷1次。

（2）云纹叶枯病（Colletotrichum camelliae）

防治方法：①加强管理，及时中耕除草，疏松土壤，培育健壮茶株，做好茶园排水或抗旱、抗寒工作，促进茶树健壮，提高抗病力。②清理田园，减少病菌来源。对重病茶园，冬春期应摘除病叶，清理枯枝落叶或进行茶园冬耕，将表土病叶深埋，以阻断病害来源。发病期间，摘除病叶，防止传染发病。③发病初期，喷药保护，可防止病情扩散。常用0.6%的石灰半量式波尔多液、70%甲基托布津可湿性粉剂1000～1500倍液、农用抗菌素放线酮30～50mg/kg、抗菌素风光霉素1mg/kg、80%代森锌可湿性粉剂600～800倍液，每亩喷药量60～75kg，10～15天喷1次，共喷2次。

（3）炭疽病（Gloeosporium theaesinesis）

防治方法：①加强茶园管理，增施磷、钾肥，提高茶树抗病力。②发病初期喷施70%甲基托布津50～70g（1000～1500倍液）或75%百菌清75～100g（1000～1500倍液）。非采摘期用0.6%石灰半量式波尔多液。

（4）轮斑病（Pestalotiopsis theae）

防治方法：进入发病期，采茶后或发病初期及时喷洒农药。可以选用50%苯菌灵可湿性粉剂1500倍液或50%多霉灵可湿性粉剂1000倍液、25%多菌灵可湿性粉剂500倍液、80%敌菌丹可湿性粉剂1500倍液、75%百菌清可湿性粉剂600倍液、36%甲基硫菌灵悬浮剂700倍液，隔7～14天防治1次，连续防治2～3次。

（5）茶饼病（Exobasidium vexans）

防治方法：①茶饼病可通过茶苗调运时传播，应加强检疫。②勤除杂草，茶园间适当修剪，促进通风透光，可减轻发病。③增施磷钾肥，提高抗病力，冬季或早春结合茶园管理摘除病叶，可有效减少病菌基数。④药剂参考云纹叶枯病。

七、材性及用途

茶树为多年生常绿木本植物，是一种重要的经济作物，可以用其叶片（新梢）制成茶叶、种子榨油、废弃物开展综合利用。茶叶从发现、利用到发展的近四千年的历史演变中，大体经历了以下过程：采食鲜叶→生煮羹饮→晒干磨碎→蒸青造团饼→龙团凤饼→蒸青散叶茶（绿茶）→炒青绿茶→白茶、黄茶、花茶→黑茶、红茶、乌龙茶→现代再加工茶。

中国茶类之多是世界之最，归纳起来可分为基本茶类和再加工茶类两大类。按照陈椽教授提出的按品质和制法系统性建立的"六大茶类分类系统"，茶叶可分为绿茶、白茶、黄茶、青茶（乌龙茶）、红茶、黑茶等六大基本茶类（GB/T 30766—2014）。以基本茶类的茶叶作原料，进行再加工形成各种各样的再加工茶，如花茶、紧压茶、萃取茶、果味茶、药用保健茶和含茶饮料。不同类型的茶，其加工工艺各不相同（陈椽，1986；夏涛，2015）。

1. 六大基本茶类

（1）绿茶

绿茶是指以茶树的芽、叶、嫩茎为原料，经杀青、揉捻、干燥等生产工艺制成的产品。绿茶为我国产量最多的一类茶叶，全国18个产茶省份都生产绿茶。绿茶品质特征是绿汤绿叶。根据杀青方法不同可分为超热杀青和蒸热杀青（包括微波杀青等）；根据干燥方法不同主要分为炒干和烘干。蒸汽杀青的绿茶称"蒸青绿茶"，炒干的称"炒青"，烘干的称"烘青"，晒干的称"晒青"。

（2）白茶

白茶是指以茶树的芽、叶、嫩茎为原料，经萎凋、干燥等生产工艺制成的产品。白茶品质特征为白色茸毛多，汤色浅淡。白茶基本工艺包括萎凋、烘焙（或阴干）、拣剔、复火等工序。萎凋是形成白茶品质的关键工序。根据萎凋的方式可分为全萎凋和半萎凋。

（3）黄茶

黄茶是指以茶树的芽、叶、嫩茎为原料，经杀青、揉捻、闷黄、干燥等生产工艺制成的产品。黄茶品质特征是黄汤黄叶；黄茶制法基本工序为杀青、做形（包括包揉）、闷黄、干燥，其关键工艺是闷黄。根据闷黄先后和时间长短，可分为湿坯闷黄和干坯闷黄两类。

（4）青茶（乌龙茶）

青茶是指以茶树的芽、叶、嫩茎为原料，经萎凋、摇青、杀青、揉捻、干燥等特定工艺制成的产品。青茶是介于绿茶（不发酵茶）和红茶（全发酵茶）之间的一类半发酵茶，其品质特征是绿叶红边，汤色橙黄色或金黄色。青茶制法基本工序为萎凋、做青、炒青与揉捻、干燥，关键工艺是做青。根据青茶做青方式不同可分为跳动、摇动和做手三类。

（5）红茶

红茶是指以茶树的芽、叶、嫩茎为原料，经萎凋、揉（切）、发酵、干燥等生产工艺制成的产品。红茶品质特征是红汤红叶，红茶基本工序为萎凋、揉捻（揉切）、发酵、干燥，其关键工序是发酵。根据红茶制法、外形与内质不同，可分为小种红茶、工夫红茶、红碎茶、窨花红茶、蒸压红茶等。

（6）黑茶

黑茶是指以茶树的芽、叶、嫩茎为原料，经杀青、揉捻、渥堆、干燥等生产工艺制成的产品。黑茶的品质特征是叶色油黑或褐绿色，汤色深黄色或褐红色；相对其他茶类，黑茶鲜叶原料较为粗老。黑茶加工分两种类型，一种是鲜叶经杀青、揉捻、渥堆和干燥初制后，再经筛分、蒸压；另一种是以毛茶为原料进行干坯渥堆做色，再经筛分、蒸压。黑茶品质形成的关键工序是渥堆。

2. 再加工茶

（1）紧压茶

紧压茶是以绿茶或红茶或黑茶作原料，经过蒸软压模制成不同形状的茶叶，有砖形、饼形、碗形、柱形、方块形等。我国生产的紧压茶主要有沱茶、普洱方茶、竹筒茶、米砖茶、湘尖、黑砖茶、花砖茶、茯砖茶、青砖茶、康砖茶、金尖茶、方包茶、六堡茶、紧茶、圆茶、饼茶、固形茶等。

（2）花茶

花茶是采用茶用香花和毛茶加工的茶坯拌和，使茶叶充分吸附花香（窨花）后制成的一类再加工茶，花茶既具有茶叶纯正的滋味，又有鲜花馥郁的香气，两者相得益彰。其基本工艺流

程：茶坯处理→鲜花维护→拌和窨花→通花散热→收堆续窨→出花分离→湿坯复火干燥→再窨或提花。

（3）速溶茶与茶饮料

速溶茶是一种以传统茶叶为原料，经提取、澄清、浓缩、转溶、干燥等工艺加工而成的一种固态的、溶于水的、稀释后仍保持原茶风味的一类茶制品的总称。其基本工艺流程：茶叶→提取→冷却→过滤与澄清→浓缩→转溶→干燥。

茶饮料是以茶叶的水提取液或其浓缩液、速溶茶等为主要原料，通过加入水、糖、酸味剂、食用香精、果汁、乳制品、植（谷）物的提取物等，经加工制成的液体饮料，是一种开瓶即饮的方便型茶叶深加工制品。其基本工艺流程：茶叶→提取→过滤澄清→提取液浓缩→配制→灭菌→冷却→装罐。

（4）超微茶粉

也叫"粉茶"，是利用茶鲜叶经过特殊工艺加工而成的可直接食用的超细颗粒的茶叶新型产品，颗粒大小在300目（直径50μm）左右。超微茶粉已广泛应用于食品、原料、日用化工等领域，可作为面包、面条、糖果、冰淇淋、茶饮料、牙膏、面膜、洗发液、沐浴露等添加剂。目前，市场上主要有超微绿茶粉和超微红茶粉两类。

3. 茶的其他利用

茶籽含油量平均为24%～25%。其脂肪酸主要由油酸、亚油酸、棕榈酸等所组成，另含有少量的硬脂酸、亚麻酸、豆蔻酸、棕榈油酸等。

茶叶废弃物包括：①种植过程中产生的枯枝落叶、修剪下的枝叶和茶籽壳等茶园残留物。②加工过程中产生的碎茶（占成品茶总产量的10%～30%）、粗老梗叶和茶灰等。③茶饮料、速溶茶、茶多酚和茶油等茶叶深加工产生的茶渣及茶饼粕。④茶叶饮用后产生的茶渣等。据估计，全国每年产生500万t以上的茶废弃物，茶废弃物含有丰富的纤维素、半纤维素、木质素、茶氨酸、茶蛋白、茶多酚、茶多糖、咖啡碱、茶色素、茶皂素、维生素、微量元素等有用成分，在食品加工、农牧、医药保健、环保等领域具有广泛的应用潜力（谢枫等，2015；傅志明和吴永福，2011；于学领，2015）。

（沈周高，李叶云）

图7 安徽省旌德县茶园的茶树（沈周高摄）

图8 湖南省长沙县湘丰茶业的茶林间作（沈周高摄）

别　名 | 普通油茶、茶子树、茶油树、白花油茶
学　名 | *Camellia oleifera* Abel.
科　属 | 山茶科（Theaceae）山茶属（*Camellia* L.）

油茶是我国最重要的食用油料类经济林树种，与油橄榄、油棕和椰子并称为世界四大木本食用油料植物。据国内外权威部门测定，茶油与橄榄油是世界上最优质的食用植物油，是联合国粮农组织推荐的优质健康食用植物油。我国有2300多年的油茶栽培利用历史（国家林业局国有林场和林木种苗工作总站，2016），现有油茶栽培面积约430万hm²，2020年将超过470万hm²。油茶是我国南方丘陵红壤地区的先锋造林树种之一，利用南方广大瘠薄的丘陵红壤地区发展油茶产业，对于缓解我国耕地资源刚性不足，舒缓食用植物油供给安全，优化食用植物油结构，促进国民健康和推进丘陵山区农民精准扶贫和乡村振兴等都具有非常重要的意义。

一、分布

油茶原产于我国，主要分布于秦岭、淮河以南和青藏高原以东的我国南方各省的广大地域。水平南北分布约在18°21′～34°34′N，98°40′～121°40′E。垂直分布从中国东部地区的海拔100m以下到西部云贵高原的海拔2200m以上的广大地域均有分布（庄瑞林和姚小华，2008），但以东南部500m以下的丘陵山地栽培分布最多、生长结实最好。油茶栽培面积以湖南、江西和广西最大，占全国油茶栽培面积的70%以上。其次为贵州、广东、福建、浙江、云南、安徽、湖北、河南等省，四川、陕西、台湾、江苏、海南等地亦有少量栽培。普通油茶最适生长区为湖南、江西两省的低山丘陵。越南、老挝、泰国、缅甸、美国、日本等国家有少量引种栽培分布（胡芳名等，2005）。

油茶花朵照片（谭晓风摄）

二、生物学和生态学特性

1. 植物学特征

常绿灌木或小乔木，树冠多为半圆形。树干光滑，木质坚硬。叶革质，羽状脉，有锯齿，坚硬，具柄。花两性，顶生或腋生，单花或2～3朵并生，有短柄；苞片2～6片或更多；萼片5～6片或更

油茶果序照片（谭晓风摄）

多，分离或基部连生，苞片与萼片有时逐渐转变，组成苞被，从6片多至15片，脱落或宿存；花冠白色，基部多少连合；花瓣8～13片，略连生；雄蕊多数，排成4～6轮，长1.0～1.5cm；3室或1室，稀5室，有毛；花柱长1cm。蒴果球形或卵圆形，直径2～5cm，3室或1室，每室有种子1粒或2粒，果皮厚3～5mm，木质，中轴粗厚；苞片及萼片脱落后留下的果柄长3～5mm，粗大，有环状短节。

2. 生物学特性

（1）根系生长特性

深根系树种，主根发达。幼树地下部分的生长量一般大于地上部分生长量，成年树则正好相反。成年树主根能扎入2～3m深的土层，但吸收根主要分布在5～30cm深的表土层中，且以树冠投影线附近为密集区，根系生长具有明显的趋水和趋肥特性。根系每年均发生大量新根，当早春土温达到10℃时开始萌动，3月春梢生长之前出现第一个生长高峰；其后与新梢生长交替进行，当气温超过37℃时根系生长受到抑制；9月果实停止生长至开花之前又出现第二个生长高峰，

油茶树形（谭晓风摄）

12月后生长逐渐缓慢。

（2）新梢生长特性

新梢通常由顶芽和腋芽抽生萌发而成，偶尔也由树干的不定芽抽生萌发而来。顶端优势明显，顶芽和近顶腋芽萌发率最高，抽生的新梢结实粗壮，花芽分化率和坐果率均高。不定芽萌发的新梢最常见于成年树的树干，有利于补充树体结构和修剪后的树冠复壮成形。在油茶主产区，立地条件好、水肥充足时，一年中可抽发春梢、夏梢、秋梢和晚秋梢等多次新梢，进入盛果期后一般只抽春梢，生长旺盛的油茶树有时亦抽发数量不多的夏秋梢。

春梢是指立春至立夏之间抽发的新梢，数量多，粗壮充实，节间较短，是当年开花、制造养分和积累养分的主要来源，强壮的春梢还可以成为抽发夏梢的基枝。春梢的数量和质量决定于树体的营养状况，同时也会影响到树体生长和来年结果枝的数量和质量，所以培养数量多、质量好的春梢是争取高产稳产的先决条件之一。

夏梢是指立夏到立秋之间抽发的新梢，一般发生在6～7月，幼树能抽发较多的夏梢，有利于促进树体扩展。少数初结果幼树抽生发育充实的夏梢，也可于当年进行分化花芽，成为来年的结果枝。

秋梢是立秋到立冬间抽发的新梢，一般发生在9～10月，以幼树、初结果树或挂果少的成年树抽发较多，但一般组织发育不充实，不能完成正常的分化花芽；在亚热带北缘地区晚秋梢还容易遭受冻害，应尽可能避免。

（3）开花习性

芽属于混合芽，5月春梢生长停止、气温大于18℃时开始花芽分化。当年春梢上饱满芽的花芽原基较多，以气温23～28℃时分化最快，到6月中旬可从形态上区分出来，7月可通过解剖镜观察到花器的各个主要部分，直到9月才能完全发育成熟。油茶的开花期因品种类型、花芽发育状况、气候条件和营养条件等不同有较大差异，一般从9月下旬开始至12月中下旬均有油茶花先后分批开放。

两性花，开花最适宜温度是14～16℃。自交不亲和植物，属后期自交不亲和类型，同一品种的自花授粉或自交不亲和基因型相同的不同品种间的异花授粉的结实率都非常低，栽植时需要配置自交不亲和基因型不同切花期相遇的授粉品种。虫媒花，主要靠秋冬季节出现较多的土蜂进行异花授粉，保护好土壤中的土蜂有利于提高油茶的坐果率。盛花期集中，天气晴朗，则昆虫活跃，授粉受精良好，坐果率就提高；若花期遭遇长时间的阴雨、低温天气，则坐果率很低。

（4）结果习性

先年秋冬坐果后就停止生长，到次年3月第一次果实膨大时有一个生理落果高峰。7～8月是油茶果实膨大的重要高峰期，果实体积增大占果实总体积的66%～75%，需要消耗大量的养分，养分供应不足有可能存在第二次落果高峰。8～9月为油脂转化和积累期，油脂积累占果实含油量的60%。果实和种子成熟时期因品种类群的不同而存在较大差异，寒露籽于10月上旬成熟，霜降籽于10月下旬成熟，立冬籽于11月上旬成熟，绝大多数品种于10月中旬至10月下旬成熟。多数品种自然成熟后，果实自然开裂。

花期和果期有段时间发生重叠，即在同一株树体上花朵和果实同时存在，表现出"抱子怀胎"的特异开花结果特性。

2年生嫁接苗一般栽后第三年开始结果，4～6年开始有一定产量，7～8年后逐渐进入盛果期，经济收益期可以达到50年以上，在立地条件好的地方，百年以上的大树也可硕果累累。立地条件好、栽培经营好的油茶良种林分，茶油产量可达750kg/hm²以上。

3. 生态学习性

喜光树种，但苗期和幼林期比较耐阴。在阳坡等阳光充足的地方，生长良好，产果量大，种子含油率高；在阴坡等阳光不足的地方，枝梢生长旺盛，但结果少，种子含油率低。

喜温暖，但有较强的抗寒能力。适合生长在年平均气温16～18℃的亚热带地区，花期适宜平均气温为12～13℃。秋季、初冬和晚春突然的低温或晚霜可能会造成新梢冻害和落花；但油茶幼果对低温的抵抗能力非常强，一旦幼果形成，即使遭遇非常寒冷的天气和严酷的冰冻天气都不会造成幼果的冻坏或落果，更不会造成树体冻死。在坡度较大、土层较薄的坡地，严酷的冰冻天气可能造成整株树体的"翻蔸"。

具有很强的耐干旱、耐瘠薄的优良生态适应性，生态适应能力非常强。通常生长在年降水量超过1000mm的地域，但湖南、江西核心产区年降水量分配严重不均，春季和初夏多雨，仲夏高温、干旱，在特别干旱地区仍然生长结实良好。南方丘陵红壤地区土壤有机质含量极低，富铝化严重，有效磷素极度缺乏，土壤瘠薄，大多数植物无法生长，但油茶具有利用该类土壤结合态铝磷的生态功能，满足油茶对磷的需求，而且具有很强的解铝毒功能，在体内积累大量从土壤中吸收积累的铝元素贮藏在叶片的细胞壁中，而不造成树体中毒。

喜酸性，在pH 4.5～6.5的酸性红壤上生长最好。

三、良种选育

1. 油茶的品种群

根据普通油茶果实成熟的时间差异，可将油茶品种和类型划分为四大品种群。

（1）秋分籽品种群

9月下旬开始开花，10月初结束，秋分前后成熟的油茶品种（类型），主要分布在湖北等省区。

（2）寒露籽品种群

10月上中旬开花，寒露前后成熟的油茶品种（类型），主要分布在湖南、江西、湖北等省份。

（3）霜降籽品种群

10月底开花，11月底结束，霜降前后成熟的油茶品种（类型），主要分布在湖南、江西、广西、湖北等省份。

（4）立冬籽品种群

12月开花，立冬前后成熟的油茶品种（类型），主要分布在湖南、福建等省份。

上述品种类群中以霜降籽品种类型最多，寒

露籽和立冬籽次之，秋分籽最少。

2. 主要油茶栽培品种

20世纪60年代以来，全国开始了油茶良种选育的研究工作，经过数十年的选育，通过国家和省级审（认）定的油茶优良品种390余个。现将目前全国推广应用的主要油茶优良品种系列及主要栽培品种介绍如下。

（1）'华字'系列油茶优良品种

由中南林业科技大学等单位选育，包括'华硕''华金'和'华鑫'3个品种（国家林业局国有林场和林木种苗工作总站，2016；谭晓风等，2011），是目前全国所有优良品种果实最大的3个品种，适宜在湖南、江西、贵州、广西北部、湖北南部等省份产区重点栽培。

'华硕'（国S-SC-CO-011-2009）立冬籽类型，11月上旬成熟；果实扁圆形，单果重70.78g，最大单果重125g；鲜果出籽率43.49%，种仁含油率45.1%；盛产期每公顷产茶油达1190kg以上；稳产性能最好。

'华金'（国S-SC-CO-009-2009）霜降籽类型，10月下旬果实成熟；果实梨形，单果重49.32g，最大单果重85g；鲜果出籽率38.67%，种仁含油率46%，盛产期每公顷产茶油达1179.5kg。

'华鑫'（国S-SC-CO-010-2009）霜降籽类型，10月下旬果实成熟；果实扁圆形，单果重47.83g，最大单果重100g；鲜果出籽率51.72%，种仁含油率39.97%；盛产期每公顷产茶油达1188.8kg。

（2）'长林'系列油茶优良品种

由中国林业科学研究院亚热带林业研究所和亚热带林业研究中心等单位选育，共9个品种（国家林业局国有林场和林木种苗工作总站，2016），其中表现最优的有'长林4''长林53'和'长林40'，适宜在江西、湖南、广西等省份重点产区栽培。

'长林4'（国S-SC-CO-006-2008）霜降籽类型，10月下旬果实成熟；果实橄榄形，单果重20.41g，最大单果重31.4g；鲜果出籽率44.64%，种仁含油率46%，盛产期每公顷产茶油

达900kg。

'长林53'（国S-SC-CO-012-2008）霜降籽类型，10月下旬果实成熟；果实梨形，单果重39.29g，最大单果重44.8g；鲜果出籽率54.61%，种仁含油率45%，盛产期每公顷产茶油达1120.5kg。

'长林40'（国S-SC-CO-011-2008）寒露籽类型，10月中旬果实成熟；果实近球形或梨形，单果重25.93g，最大单果重34g；鲜果出籽率46.92%，种仁含油率50.3%，盛产期每公顷产茶油达988.5kg。

（3）'湘林'系列油茶优良品种

由湖南省林业科学院等单位选育，国审品种共14个（国家林业局国有林场和林木种苗工作总站，2016；陈永忠，2008），其中表现最优的有'湘林1''湘林27'和'湘林210'，适宜在湖南、江西、广西、浙江等省份重点产区栽培。

'湘林1'（国S-SC-CO-013-2006）霜降籽类型，10月下旬果实成熟；果实卵形，单果重28.07g，最大单果重53g；鲜果出籽率51.55%，种仁含油率54.8%，盛产期每公顷产茶油达900kg。

'湘林27'（国S-SC-CO-013-2009）霜降籽类型，10月下旬果实成熟；果实圆球形或扁球形，单果重25.23g，最大单果重40g；鲜果出籽率47.83%，种仁含油率57.2%，盛产期每公顷产茶油达995.4kg。

'湘林210'（国S-SC-CO-015-2006）霜降籽类型，10月下旬果实成熟；果实圆形，单果重39.15g，最大单果重57g；鲜果出籽率47.26%，种仁含油率53.7%，盛产期每公顷产茶油达750kg。

（4）'赣无'系列油茶优良品种

由江西省林业科学研究院等单位选育，共25个品种（国家林业局国有林场和林木种苗工作总站，2016），其中表现最优的有'赣无2''赣70''赣兴48'，适宜在江西省重点产区栽培。

'赣无2'（国S-SC-CO-026-2008）霜降籽类型，10月下旬果实成熟；果实圆球形，单果重26.85g，最大单果重39g；鲜果出籽率49.2%，

种仁含油率49.4%，盛产期每公顷产茶油达1042kg。

'赣70'（国R-SC-CO-025-2010）霜降籽类型，10月下旬果实成熟；果实椭球形，单果重21.40g，最大单果重33g；鲜果出籽率52.13%，种仁含油率50.5%，盛产期每公顷产茶油达1056kg。

'赣兴48'（国S-SC-CO-006-2007）霜降籽类型，10月下旬果实成熟；果实圆球形，单果重13.4g，最大单果重19g；鲜果出籽率43.78%，种仁含油率56.7%，盛产期每公顷产茶油达1089kg。

（5）'岑软'和'桂无'系列油茶优良品种

由广西壮族自治区林业科学研究院等单位选育，国审品种共10个（国家林业局国有林场和林木种苗工作总站，2016），其中表现最优的有'岑软2''岑软3'，适宜在广西、广东等省份重点产区栽培。

'岑软2'（国S-SC-CO-001-2008）霜降籽类型，10月下旬果实成熟；果实球形，单果重30.5g，最大单果重58.2g；鲜果出籽率34.48%，种仁含油率51.37%，盛产期每公顷产茶油达920kg。

'岑软3'（国S-SC-CO-002-2008）霜降籽类型，10月下旬果实成熟；果实球形，单果重28.4g，最大单果重45.5g；鲜果出籽率36.1%，种仁含油率53.6%，盛产期每公顷产茶油达940kg。

（6）'赣州油'系列油茶优良品种

由赣州市林业科学研究所等单位选育，国审品种共11个（国家林业局国有林场和林木种苗工作总站，2016），其中表现最优的有'GLS赣州油1号''赣州油1号'，适宜在江西南部、广东北部及福建南部油茶中心产区生长推广。

'GLS赣州油1号'（国S-SC-CO-012-2002）霜降籽类型，10月下旬果实成熟；果实球形，单果重28.97g，最大单果重46.84g；鲜果出籽率40.05%，种仁含油率48.47%，盛产期每公顷产茶油达1008.72kg。

'赣州油1号'（国S-SC-CO-014-2008）霜降籽类型，10月下旬果实成熟；果实球形，单

果重35.40g，最大单果重49.33g；鲜果出籽率42.96%，种仁含油率49.67%，盛产期每公顷产茶油达854.61kg。

四、苗木培育

油茶的苗木培育技术分为嫁接苗培育技术、扦插苗培育技术和实生苗培育技术，生产中最为广泛使用的良种苗木是嫁接苗，因此，这里着重介绍油茶嫁接苗的培育技术。

1. 油茶采穗圃营建技术

油茶采穗圃的营建方式主要有2种，即高接换冠营建和采穗圃营建。

（1）高接换冠营建采穗圃

该方式营建采穗圃的优点是：建圃快，受益快。缺点是：成本高，技术要求高。

林分选择 在排灌系统、防护林体系健全、交通运输方便的地区，选择树龄6年生以上、40年生以下、林相整齐、小区划分明显、株行距规范的油茶林分作为高接换冠的对象林分。

穗条采集 避开中午高温时段，从采穗圃选择采集树冠外围中、上部生长粗壮、腋芽明显、无病虫危害、0.2~0.3cm的当年生半木质化的穗条。

穗条处理 油茶接穗最好随采随接。采下的穗条要立即剪去多余的叶片，用湿布包裹，用浸过水的塑料袋等盛放，避免阳光直晒，严格做好接穗保鲜。如需远距离调运，则按下述方法操作：每15个或20个接穗为一捆，用橡皮筋或线、带在基部扎紧，并用湿棉花包扎基部；基部朝下，装入塑料袋或其他具备保湿条件的桶、筐内；叶面淋水湿润并盖湿布保湿。运回后，立即解去捆扎带，避免穗条长时间密封存放在塑料袋内，防止过度挤压。

穗条贮藏 接穗可以贮藏于有大量散射光的阴凉湿润处，也可插放于暗室、薯窖的湿沙中，有条件的，也可贮藏在0~5℃的冰箱内。贮藏时间不宜超过一星期。

嫁接 春、夏、秋三季均可进行，春接2~3月，夏接6月上中旬，秋接9月上中旬。一般多

以夏接和秋接为主，华南地区可进行春季嫁接。依据树体结构，先疏除过密枝，选4个分枝角度适当、干直光滑、无病虫害、生长健壮的主枝，进行多头嫁接。一般采用油茶撕皮嫁接法或改良拉皮切接法。

嫁接后管理　嫁接后30～40天在阴天、早上或傍晚开始解罩，同时进行抹花芽。在9～10月，将绑带解除，对没有抽梢的芽可在翌年春进行解罩。除萌工作一直进行到2年后砧木不出现萌芽条为止。由于枝条生长快，容易形成头重脚轻的现象，易造成风折，冬季应及时将枝条扶绑在砧桩上。当年冬季和翌年春进行林地垦覆施肥。冬季以有机肥为主，可用猪粪、塘泥等，春季以复合肥等化肥为主。同时，还要对油茶进行适度修剪控冠。嫁接后，接穗生长幼嫩，易受金花虫、金龟子和象甲等危害，应随时注意虫情，及时进行药物防治。

采穗圃管理　包括深翻、施肥、中耕、除草、排水、灌溉及病虫害防治等，同常规管理一致。

采穗圃复壮　采穗母树随着年龄的增长，可能老化，使得穗条萌发能力减弱，降低穗条产量和质量，影响嫁接和扦插成活率，所以，通常要采用一些技术措施阻滞幼龄个体老化及诱导老树复壮返幼。利用壮龄油茶树具有萌生不定芽的能力，通过断干的方式促使油茶树从树干基部萌生不定芽，重新形成新的树冠的过程。其他如篱笆式修剪法、幼砧连续嫁接复壮、用组培法诱导复壮和利用生物活性物质处理复壮等方法，可根据情况酌情选用。

档案管理　油茶采穗圃的经营管理单位应建立、健全良种穗条生产、经营档案，确保良种穗条质量。档案内容应包括：采穗圃基本情况，包括采穗圃名称、建设地点、建设年份、嫁接无性系来源、数量、名称、建圃方式、穗条质量等；品种定植图；穗条生产情况，包括品种名称、品种来源、穗条生产地立地条件、周围环境、穗条采集时间、数量、包装保存方法；穗条流向，包括调出品种名称、调出时间、数量、单价、销售凭证、购入单位名称、林木种子（苗）生产许可证编号等。

（2）无性系苗造林营建采穗圃

应用这种方式营建采穗圃的缺点是建圃慢、受益慢，优点是成本低、技术要求低。该方式营建采穗圃与油茶新造林基本相同，技术见本树种林木培育内容。

2. 油茶芽苗砧培育技术

（1）种子采收

油茶的种子分霜降、寒露和立冬籽3种。用作育苗砧木培育的种子必须是充分成熟和饱满的种子。油茶果实成熟的标志是油茶果皮上的茸毛自然脱落，变得光滑明亮；树上少量茶果微裂，容易剥开；种子乌黑有光泽或呈深棕色。这样的种子既能保证胚芽发育良好，同时也能贮存较多的养分供芽苗砧及嫁接后愈合期间的生长之用。

（2）种子贮藏与催芽

采集的油茶果实，禁止在太阳下直接暴晒，需摊放在室内通风处，让其自然开裂；裂果后取出种子，用孔径约为2cm的筛子过筛，剔除小粒种子。选取大粒种子（粒重2～3g）在室内用干净的湿河沙贮藏（也可露天贮藏）。湿沙先用托布津处理，沙的湿度以用手能捏成团，松手后散开为宜。一层沙，一层种，每层沙的厚度在10cm左右，4～5天洒水一次，保持一定湿度。待胚芽伸长到3cm左右时，即可作芽苗砧用于嫁接。

3. 油茶芽苗砧嫁接技术

嫁接时间　5月中旬至6月上旬，待砧木种子萌芽展叶前，接穗进入半木质化之前进行芽苗砧嫁接。

起芽苗砧　嫁接前，从层积的沙堆中小心扒开侧方的沙子，用手指捏住子叶柄下方的根部，轻轻拔出砧木苗，注意不可损伤子叶柄。起苗后，用清水冲刷干净，并盖上湿布，以保证嫁接前其幼嫩的胚根不会过度失水。

削接穗　从枝条基部开始，依次向上。削取饱满芽作接穗，一穗一芽，叶片可全留亦可剪去1/3，接芽下端削成薄楔形，长约1.2cm。将接穗倒拿在左手拇指与中指之间，一面紧贴食指尖上，在距芽的基部0.2cm处开始斜削一刀，斜面成30°，削面长1.2cm；再翻转接穗与第一刀对称斜削一刀，使接穗成薄楔形。削面一定要平整光滑。最后在芽尖上方0.3cm处斜切一刀，切断接穗。每穗保留一个健壮的芽。

削砧苗 在芽苗砧种子上部约2cm处切断叶柄，丢弃顶端。离切口约1.5cm用刀片在砧苗胚茎正中，顺茎生长方向拉切一刀，使胚茎对半分开。切口长度依接穗面长边长短而定，以略短于接穗面长度为好。

嵌接穗 将接穗的薄楔形木质部插入苗砧、对齐，如砧穗粗细不一时，对齐一面即可。

套铝箔 把0.12mm厚的铝箔，在嫁接前先剪成宽约1cm，长3~4cm的小条，用4~5mm粗的铁钉或其他圆棍，捏成一边带有2个平面相合的圆套。切好砧木后，套上铝箔，使铝箔套的上沿对齐砧木切口，再插入接穗。接穗切面的厚边，要放在铝箔圆套的中部，并使其与砧苗切口的一边对齐。插入的深度以接穗切面稍露白为最好。

绑扎 用手指甲在铝箔平面相合处拉捏扣紧后，把2片铝箔平面向一方扭转到靠紧铝箔圈，再离2~3mm向反方向扭转、压紧即可。绑扎紧密与否同嫁接成活、嫁接苗生长关系极为密切。检查的方法是：接好后，用手指轻提接穗，不会脱落即可。为了提高嫁接成活率，从切砧到捆绑，最好能一气呵成。

4. 油茶芽苗砧嫁接苗的轻基质容器育苗技术

（1）轻型基质的制备

基质腐熟 利用农林业有机废弃物（农作物秸秆、稻谷壳、树皮、木屑等）及油茶副产物为原料进行腐熟处理，添加EM菌剂，待原料腐熟后待用。

基质配制 将有机基质与泥炭、珍珠岩等轻体矿物质组成混合物，其比例大约为泥炭∶黄心土∶油茶壳∶炭化稻壳＝4∶3∶1∶2，可根据实际情况筛选出适宜不同规格苗木生产的轻型基质。大苗培育基质配方为泥炭∶珍珠岩∶油茶壳∶黄心土＝5∶2∶1∶2。

装袋 无纺布具有防潮、透气、柔韧、质轻、不助燃、容易分解、无毒无刺激性、价格低廉等特点，利用其作为轻型基质育苗袋具有良好透气透水性、可降解和根系易于穿透的优点，移栽造林时可直接埋填，不必进行脱袋，保护了苗木根系不受机械损伤，可提高苗木成活率，降低造林成本。将配好的基质装在合适的无纺布袋中，1年生苗木的适宜规格为10cm×12cm，2年生大苗培育的容器规格为16cm×14cm，3年生苗木培育容器规格为26cm×22cm。

（2）苗床准备

在无大棚或温室的地方，需先进行苗床和阴棚的搭建。选择向阳、排灌方便的地区，将地整平即开始作床，苗床宽以1.2m为宜。苗床作好后采用黑色彩条布遮盖，以减少杂草及病虫危害。

（3）搭阴棚

嫁接前搭好阴棚。棚高1.8m，遮阴度70%~80%。棚顶遮阴材料以遮阳网为好。

（4）摆放营养杯

根据苗床宽度摆放营养杯，并将周边打桩，用塑料绳围绕，固定营养杯。

（5）苗木嫁接

采用芽苗砧嫁接，参见上文。

（6）苗木栽植

将接好的苗木栽植到轻型基质营养杯中，需要压紧，浇透水，并进行杀菌。

（7）设置薄膜拱罩

苗木栽植后，立即架设竹弓，盖薄膜成拱棚，拱棚的四周要严密封闭。

（8）嫁接后的管理

除萌去罩 嫁接后约20天，注意除去砧木萌芽和死亡单株，一直持续到9月。去萌后，仍需继续保湿。嫁接后40天左右，待多数接芽萌发后，即可去罩。

抹芽 由于接穗花芽、腋芽同时并存，影响苗木生长，应注意摘除花芽。

调整温湿度 嫁接后1个月是苗木成活的关键时期。此时若遇高温干旱，易造成苗木灼伤，应减少透光度。若遇长期阴雨，地下水位上升，

易造成根腐病，此时应加大透光度，可将薄膜两头揭开，以便通风透气，同时应抓紧清沟排水。待7月中旬幼苗第二次抽梢时，雨后的早晚或阴天揭去塑料薄膜罩。

病虫害防治　每隔2周左右喷1次浓度为1%的波尔多液，如有病虫害可用1%的硫酸铜或敌克松等进行周围土壤消毒。

肥水管理　嫁接苗成活后半月左右喷洒复合肥，以床面疏散分离为度，浇水以少量多次为原则。

苗木出圃　将嫁接口愈合良好、有较多的须根和4~5个分布均匀的侧根、苗高25cm以上、地径0.3cm以上、主干上有分枝的苗出圃上山造林。

5. 油茶芽苗砧嫁接苗的裸根苗育苗技术

大田育苗同轻型基质育苗有所差异，可直接将嫁接好的苗木种植在大田的苗床中，因此，在以下几个方面存在不同：

（1）圃地选择

宜选用土层深厚、肥沃，水源灌溉方便的旱土，也可选用稻田，但必须是排水良好的地方。

（2）整床

对选用的圃地，在去年的冬天翻挖，在当年4月底施足基肥将苗床整好，苗床要求宽1.0~1.2m，床面覆盖一层4cm厚的黄心土。

（3）起苗

起苗时根部要注意带上土球，土球的直径为地径的6~12倍，避免根部暴露在空气中失去水分。

五、林木培育

优良的品种必须要有相应配套的栽培措施配合才能够充分发挥良种的巨大作用，否则不但难以达到增产丰收的目的，而且树体容易出现早衰退化现象。油茶栽培技术要把握好以下几个关键环节（国家林业局，2015）。

1. 林地选择与林地整理

（1）林地选择

根据油茶的适生性，选择坡度25°以下、土层深厚、排水良好、pH 4.5~6.5的阳坡或半阳坡的山地或丘陵地造林。实施机械化经营的油茶林地应选择15°以下的缓坡地。

（2）整地和密度设计

根据坡地的坡度进行全垦或梯土整地，适宜的行距3~4m。实施机械化经营的油茶林地不宜采用梯土整地，宜采用宽窄行方式，根据坡度、土壤肥力和抚育管理水平等情况进行适当调整。

（3）撩壕、挖穴

撩60cm×70cm（宽深）的壕沟或挖70cm×70cm×70cm（长宽深）的大穴。

（4）施基肥

用腐熟的厩肥、堆肥和饼肥等有机肥作基肥，每穴施2~10kg，与回填表土充分拌匀，然后填满待稍沉降后栽植。

2. 品种选择与品种配置

（1）种苗选择

根据适应性选择适合当地的国家或省审（认）定的油茶良种苗木，2年生苗木规格按照油茶苗木质量分级GB/T 26907-2011执行。

（2）栽植密度

纯林栽植密度根据品种特性，可分别采用2.5m×2.5m、2.5m×3.0m、3m×3m株行距。实行间种或者为便于机械作业，可采用宽窄行配置，宽行4m，窄行2.5m，株距以2.5~3.0m为宜。

（3）品种配置

在适合栽培区的品种中，应根据主栽品种的特性，配置花期相遇、亲和性强的适宜授粉品种。

3. 苗木栽植

尽可能采用轻基质容器（无纺布容器）苗造林，造林成活率高，无缓苗期。裸根苗宜带土或者蘸泥浆和生根粉后栽植。将苗木放入穴中央，舒展根系，扶正苗木，边填土边提苗、压实，嫁接口平于或略高于地面（降雨较少的地区可适当深栽）。栽后浇透水，用稻草等覆盖小苗周边。容器苗栽植前应浇透水，栽植时去除不可降解的容器杯，无纺布轻基质容器苗则无需去袋。

4. 幼林抚育

幼林期是指从定植后到进入盛产期的阶段，油茶嫁接苗一般为1~7年。此时期的管理特点是促使树冠迅速扩展，培养良好的树体结构，促进树体养分积累，为进入盛果期打下基础。

（1）施肥

幼林期以营养生长为主，施肥则主要以氮肥，配合磷钾肥，主攻春、夏、秋三次梢。

定植当年通常可以不施肥，有条件的可在6～7月树苗恢复后适当浇些稀薄的人粪尿或每株施25～50g的尿素或专用肥。从第二年起，3月新梢萌动前半月左右施入速效氮肥，11月上旬以土杂肥或粪肥作为越冬肥，每株5～10kg，随着树体的增长，施肥量逐年递增。

（2）抚育管理

与一般果树一样，油茶也怕渍水和干旱，所以雨季要注意排水，夏秋干旱时应及时灌水。

夏季旱季来临前中耕除草1次，并将铲下的草皮覆于树蔸周围的地表，给树基培蔸，用以减轻地表高温灼伤和旱害；冬季结合施肥进行有限的垦覆。林地土壤条件较好的要以绿肥或豆科植物为主进行合理间种，以耕代抚，还能增加收入。

油茶幼树由于抽梢量大，组织幼嫩，易受冻害，因而在林地规划时要避免在低洼凹地建园，冬天冷气流频繁的地方应适当营造防风林带，平时做好施肥和病虫害防治以加强树势，11月施足保暖越冬肥，还可根据枝梢生长情况在10～11月用0.2%的磷酸二氢钾溶液叶面喷施增加新梢木质化程度，有利于越冬。

（3）树形培育

油茶定植后，在距接口约50cm处定干，适当保留主干，第一年在30～40cm处选留3～4个生长强壮、方位合理的侧枝培养为主枝；第二年再在每个主枝上保留2～3个强壮分枝作为副主枝；第3～4年，在继续培养主枝副主枝的基础上，将其上的强壮春梢培养为侧枝群，并使三者之间比例合理，均匀分布。

油茶在条件适宜时，具有内膛结果习性，但要注意在树冠内多保留枝组以培养树冠紧凑、树形开张的丰产树形。要注意摘心，控制枝梢徒长，并及时剪除徒长枝、病虫枝、重叠枝和枯枝等。

幼树前3年需摘掉花蕾，不让挂果，维持树体营养生长，加快树冠成形。

5. 成林管理

油茶进入盛果期一般为8～10年，经济收益期限长达30～50年。在盛果期内，每年结大量的果实，需消耗大量的营养成分，所以成林管理的主要工作是加强林地土、肥、水管理，恢复树势，防治病虫害。

（1）土壤改良

为了促进土壤熟化，改良土壤理化性状，改善油茶根系环境，扩大根系分布和吸收范围，促进须根生长，满足树体对养分的大量需求，提高其抗旱、抗冻能力，保持丰产稳产，需隔年对土壤进行深翻改土，一般在3～4月或秋冬11月结合施肥进行。在树冠投影外侧深翻30～60cm；为避免过量伤根也可分年度对角轮换进行，以2～3年完成一周期。深翻时要注意保护粗根。

（2）施肥

油茶林每抽发100kg枝叶，需氮素0.9kg，磷素0.22kg，钾素0.28kg；每生产100kg鲜果需氮素11.1kg，磷素0.85kg，钾素3.4kg；每生产100kg茶油（1430kg鲜果）需从土壤中吸收氮素158.7kg，磷素12kg，钾素48.6kg。盛果期为了适应树体营养生长和大量结实的需要，氮磷钾要合理配比，一般N：P_2O_5：K_2O的施用比例为10：6：8。每年每株施速效肥总量1～2kg，有机肥15～20kg。增施有机肥不但能有效改良土壤理化特性，培肥地力，增加土壤微生物数量，延长化肥肥效，还能提高果实含油量。

在追肥的基础上，还可根据年情、土壤条件和树体挂果量适当增施叶面肥，将对促花保果，调节树势，改善品质和提高抗逆性大有帮助。叶面施肥多以各种微量元素、磷酸二氢钾、尿素和各种生长调节剂为主，用量少、作用快，宜于早晨或傍晚进行，着重喷施叶背面效果更好。

（3）灌溉

油茶大量挂果时也会消耗大量水分，长江流域一般是夏秋干旱，7～9月的降水量大多不足

300mm，而此时正是油茶果实膨大和油脂转化时期，俗称"七月（阴历）干球，八月干油"。漆龙霖等研究认为，当油茶春梢叶片细胞浓度≥19%时，或土壤平均含水量≤18.2%、田间持水量≤65%时，油茶已达到生理缺水的临界点，这时合理增加灌水可增产30%以上，如果叶片细胞浓度达到25%～28%时，叶片开始凋萎脱落。但在春天雨季时又要注意水涝。

（4）修剪

油茶修剪多在采果后和春季萌动前进行。油茶成年树以抽发春梢为主，夏秋梢较少，果梢矛盾不突出。春梢是结果枝的主要来源，要尽量保留，一般只将徒长枝、重叠交叉枝和病虫枝等疏去，尽量保留内膛结果枝。

油茶挂果数年后，一些枝组有衰老的倾向，或因位置过低或处于内膛光照不足而变弱，且易于感病，应及时进行回缩修剪或从基部全部剪去，在旁边再另外选择适当的强壮枝进行培养补充。对于过分郁闭的树形，应剪除少量枝径2～4cm的直立大枝，开好"天窗"，提高内膛结果能力。通过合理修剪保持旺盛的营养生长和生殖生长的平衡，可使产量增长39%以上，枝感病率降低70%。

（5）油茶林地放蜂

油茶林放养蜜蜂技术是由中国林业科学研究院林业研究所等研究成功的新技术，通过多次试验，找到了蜜蜂中毒的原因和解毒的方法，筛选出了"解毒灵"1、2和6号等多种高效廉价解毒药，并在此基础上研制出"油茶蜂乐"等蜂王产卵刺激剂。还筛选出了适合油茶林的蜂种，如中国黑蜂、高加索蜂和高意杂交蜂等。

6. 低产林改造

根据低产林形成的原因，主要有3种低产林改造办法。

（1）抚育改造

对于品种好、管理不善造成的低产油茶林分可采用抚育改造。

林地清理　将油茶林中除油茶树外的其他乔木及灌木连根挖除。

垦复　隔年垦复一次，在冬季或早春进行。15°以下的梯带平地和缓坡地进行全垦，深度20cm左右。在坡度15°～25°的山地，宜采取环山带状轮流整地方式，带宽8～10m。坡度25°以上的陡坡油茶林，应进行带状垦复，带宽不超过5m，每年进行轮换。

施肥　每年施肥2次，12～3月一次，5月一次。冬季施肥以农家肥为主，施肥量10kg/株，生长季以复合肥为主，施肥量250g/株。采用穴施、条施、环施或辐射状施肥，施肥深度10cm以上。坡度15°以上的林分宜在植株上坡施肥。

修剪　一次修剪不宜过大，以疏删、轻修为主，剪掉枯枝、病虫枝、寄生枝等；结果树强枝轻剪，弱枝重剪；切口要光滑；控制郁闭度不超过0.7。

（2）嫁接改造

对于品种不良、产量低的油茶幼林、壮龄林分可采用高接换种的方法。嫁接方法和管理措施见采穗圃的快速营建方法。

（3）更新改造

针对60年以上的老残林，实施抚育改造和高接换冠改造的价值不大，可实施更新改造。更新改造技术同新造林。

六、主要有害生物防治

1. 油茶炭疽病

病原菌为油茶炭疽病菌（*Colleto-trichum camelliae*），其有性世代是子囊菌纲鹿角菌目的围小丛壳菌，无性世代是半知菌黑盘孢目的茶赤叶枯刺盘孢菌。主要表现为在果实、枝叶上出现红褐色小点，后逐渐扩大成淡褐色病斑，病斑中的不规则轮纹，后期病斑上出现黑褐色的小点。防治方法：可运用注重抗病性育种、配合营林措施减少病源、增强树势等综合治理方法。在苗期时春夏季节使用波尔多液预防，发病时使用多菌灵等内吸性杀菌剂进行防治。花期（10～11月）、春季萌芽抽梢期（3月上中旬至4月上中旬）、果实发病盛期的8～9月是油茶炭疽病防治的关键时期。萌芽前，用1%波尔多液对全树喷雾预防保护；萌芽充分展叶后，用1%波尔多液对全树喷雾预防保护；芽、叶、梢发病初期施用50%托布津可湿性粉剂500～800倍液喷雾或生物药剂，可防止病害蔓延；果实发病盛期的6～9月，可选用75%百菌清1000倍液或50%退菌特800倍液喷雾。

2. 油茶软腐病

油茶软腐病病原菌为真菌，其无性世代为半知菌丛梗孢目伞座孢属油茶伞座孢菌（*Agarocodochium camelliae*），未见有性世代。主要表现为造成大量落叶落果，芽梢枯死。防治方法：可通过营林管理措施，改善通风透光条件等综合治理方法。在发病初期采用波尔多液、多菌灵和托布津等进行防治。

3. 油茶根腐病

油茶根腐病病原菌的无性世代为半知菌无孢菌群的罗氏白绢小菌核菌（*Sclerotium rolfsii*），有性世代为担子菌纲的罗氏白绢病菌。主要表现为先侵染油茶1年生苗木根颈部，患部组织初期褐色，后长出白色绵毛状物（菌素），受害苗木根部腐烂叶片凋落最后死亡。在高温高湿条件下，病菌苗根周围形成大量白色的丝状膜层。防治方法：在苗木培育时，须从圃地选择开始，从土壤质地、排水情况、前期作物等方面进行综合防控。发病后清除重病株，以熟石灰拌土覆盖，或用退菌特、多菌灵等浇灌根茎处可起到一定的防治效果。

4. 油茶尺蠖

该虫幼虫时咬食叶片，严重时老叶及嫩叶、嫩茎全被吃光，使油茶树仅剩枝干，逐渐枯死。防治方法：2～3月间成虫羽化出土产卵时进行人工捕捉，集中消灭；秋季垦复20～30cm，把蛹翻出来集中消灭。在幼虫2～3龄以前使用无公害药剂防治。

5. 茶毒蛾（*Euproctis pseudoconspersa*）

南方地区每年发生3～4代，幼虫咬噬油茶叶片，发生猖獗时，连嫩枝、花芽和幼果都吃光。冬季结合修剪，剪除有卵块的叶片，烧毁。成虫羽化期可在夜间利用灯光诱杀。同时，保护和利用蟾、螳螂、蜘蛛等捕食性天敌和茶毛虫绒茧蜂、毒蛾绒茧蜂、茶毛虫瘦姬峰、茶毛虫黑卵蜂、日本黄茧蜂等寄生性天敌防治。

6. 茶梢尖蛾（*Parametriotes theae*）

幼虫前期危害叶片，取食叶肉，越冬后转移危害春梢，被害梢膨大，顶芽失水凋萎、枯死，影响油茶结实。防治方法：7～8月幼虫在枝条内化蛹，把被害枝条剪下烧掉。8月下旬成虫羽化盛期，在夜间利用诱虫灯诱杀。冬季喷施相关药剂，杀死存留在叶片上的幼虫。同时保护和利用姬蜂、旋小蜂、小茧蜂等天敌，抑制茶梢尖蛾的蔓延扩展。

7. 油茶绵蚧（*Metaceronema japonica*）

吸食油茶树叶和枝干的汁液，分泌蜜露，导致煤污病发生，使树势衰弱，引起落花落果，重者全株枯死。防治方法：清除杂草和枯枝落叶，适度整枝抚育，及时清除虫源。虫盛期，喷洒马拉硫磷乳油、乐果乳油、亚胺硫磷乳油等相关药剂。保护和利用瓢虫、草蛉、寄生蜂、寄生菌等天敌进行防治。

8. 蓝翅天牛（*Chreonoma atritarsis*）

成虫咬食叶片主脉，引起叶片枯黄脱落，幼虫蛀入油茶枝秆蛀食危害，枝秆被害部位肿胀成节，严重影响养分的正常输导或导致结节以上枝秆枯死，造成油茶减产，品质下降。防治方法：加强栽培管理、选育抗虫品种、修枝清除传播源等措施可增强苗木抗病虫能力。6月下旬至7月上旬幼虫孵化后在危害部位涂抹或树干打孔注射康福多，杀死幼虫。林间释放白僵菌粉炮或喷施苏云金杆菌、释放肿腿蜂或眼天牛扁寄蝇等进行防治。

9. 茶籽象甲（*Curculio chinensis*）

成虫和幼虫均危害茶籽，但以幼虫蛀害较严重，造成落果，并引起油茶炭疽病，危害籽仁，使油茶减产。防治方法：选择抗虫较强的早熟品种种植，冬挖夏铲，林粮间作，修枝抚育，以降低虫口密度，减轻危害。定期收集落果，以消

灭大量幼虫。成虫发生盛期，用糖醋液，诱杀成虫。摘收的茶果堆放在水泥晒场上，幼虫出果后因不能入土而自然死亡。6～7月成虫盛发期，用高效氯氰菊酯微胶囊剂防治成虫，同时利用白僵菌防治成虫。

七、综合利用

1. 种子的利用

油茶作为一种木本油料树种，主要用途是榨油。利用油茶种籽制取的油脂成为茶油。茶油不饱和脂肪酸含量约90%，其中，油酸含量约为80%，亚油酸含量约为8%，其脂肪酸含量与橄榄油相近，是一种非常优质的食用植物油，长期食用可降低血清胆固醇，有预防和治疗心血管疾病的作用，是目前最优质的食用植物油。茶油除食用外，还有其他广泛的经济用途，如茶油在工业上可用来制取单体油酸及其酯类，可通过氢化制取硬化油生产肥皂和凡士林等，也可经极度氢化后水解制硬脂酸和甘油等工业原材料，也可制取生物质能源——生物柴油。茶油本身也是医药上的原料，用于制作注射用的针剂和调制各种药膏、药丸等。民间用茶油治疗烫伤和烧伤以及体癣、慢性湿疹等皮肤病。茶油还能润泽肌肤，用来润发护发，可使头发乌黑柔软。近年，通过利用高亚油酸茶油能滋养皮肤、吸收对人体最有害的290～320nm的中波红斑效应紫外线（UVB）的功能，通过精炼制作的天然高级美容护肤系列化妆品，通过精炼加工成高级保健食用油等，茶油效益可成倍增加（周素梅和王强，2004）。

2. 茶饼的利用

茶饼是油茶籽经压榨出油后形成的固体残渣，内含大量的多糖、蛋白质和皂素。茶饼的深加工是油茶综合利用中开展最早和最深入的项目。

（1）提取残油

茶饼中的残油含量因加工方法、操作技术水平和工艺水平的不同而有很大差异，就目前最广泛的机械压榨方法而言，残油量一般在5%～9%，有的甚至高达10%以上。这些残油绝大部分残留在茶饼中而不能利用。通过研究采用的溶剂浸提法提残油，提取率5%～6%。而且，提取残油也是茶饼进行深加工如提取皂素加工的必要环节。

（2）提取皂素

油茶皂素即茶皂角甙，是一种很好的表面活性剂和发泡剂，有较强的去污能力，广泛用于化工、食品和医药等行业，生产洗发膏、洗涤剂、食品添加剂、净化剂和灭火器中的起泡剂等。油茶种籽中的皂素含量随果实成熟而逐渐降低，到采收时含量在20%～25%。当前皂素提取法有水萃取法和溶剂萃取法，并以采用甲醇、乙醇和异丙醇为溶剂的萃取法最为常用。采用有机溶剂可将茶饼中残油的85%左右提取出来，经3次浸提，茶皂素得率可达8.57%～9.17%，提取率75%以上，这样萃取得的为粗皂素浆，可直接使用或进一步通过加热沉淀结晶等方法进行精制提纯，制成各种成品型皂素，而且经脱脂和提取茶皂素的茶饼残渣中糖类和蛋白质含量分别增加23.2%和28.3%，是很好的饲料。一般可从茶饼中提取9%左右的工业用皂素。

（3）作饲料

茶饼中蛋白质和糖类总含量为40%～50%，是很好的植物蛋白饲料，但由于茶饼中含有20%的皂素，皂素味苦而辛辣，且具有溶血性和鱼毒性，虽然可用于作虾、蟹等专业养殖场的清场或有害鱼类的毒药剂，但不能直接作为饲料使用，必须脱除皂甙去毒。脱毒后的茶饼可掺拌或直接用来饲喂家畜或用于各类水产养殖。

（4）制作抛光粉

抛光粉是用于车床上制作打磨各种部件时用的润滑剂。茶饼具有特殊的物理颗粒结构，用提取残油后的茶饼饼粕经粉碎加工成200目的粉状颗粒，可以作为高级车床的抛光粉，价格和效果均优于现有的同类抛光粉。目前，国内外需求量日益上升。

（5）其他用途

茶饼中的氮、磷、钾含量分别为1.99%、0.54%、2.33%，可作有机肥使用。广西植物所试验证明，每株油茶树穴施1.5kg茶饼，当年新梢增长度比对照长23%～28%。茶饼还可作农药，既可杀虫防病，又可改良土壤结构，提高土壤肥力。群众还直接用来作洗涤剂，生产灭火器的起泡剂，制作人造液体燃料或医治支气管炎和老年慢性支气管炎等疾病的药剂配方等。

3. 茶壳的利用

茶壳也就是油茶果的果皮，一般占整个茶果鲜重的50%～60%。每生产100kg茶油的茶壳，可提炼栲胶36kg、糠醛32kg、活性炭60kg、碳酸钾60kg，并能衍生出冰醋酸6.4kg、醋酸钠25.6kg。

（1）制糠醛和木糖醇

糠醛是无色透明的油状化工产品，广泛用于橡胶、合成树脂、涂料、医药、农药和铸造工业，是一种很重要的化工原料。茶壳制糠醛是通过对多缩戊糖的水解得到，其理论含量为18.16%～19.37%，接近或超过现今用于制糠醛的主要原材料玉米芯（9.00%）、棉子壳（7.50%）和稻谷壳（12.00%）等。多缩戊糖的水解也能生成木糖，经加氢而成为木糖醇。木糖醇是一种具有营养价值的甜味物质，易被人体吸收，代谢完全，不刺激胰岛素，是糖尿病患者理想的甜味剂，也是一种重要的工业原材料，广泛用于国防、皮革、塑料、油漆、涂料等方面。茶壳生产木糖醇的得率为12%～18%。在水解多缩戊糖生产糠醛或木糖醇过程中，还可以生产工业用葡萄糖、乙醇、乙酸丙酸、甲酸和醋酸钠等副产品，一般每生产1t糠醛成品可收回1.2～1.3t结晶醋酸钠。

（2）制栲胶

茶壳中含有9.23%的鞣质，可用水浸提法提取栲胶。栲胶是制革工业的主要原料，还可作为矿产工业上使用的浮选剂。提取栲胶后的残渣可用来制糠醛或作肥料。

（3）制活性炭

活性炭是一种多孔吸附剂，广泛用于食品、医药、化工、环保冶金和炼油等行业的脱色、除臭、除杂分离等。茶壳中含有大量的木质素，且具特有物理结构，是生产活性碳的良好材料。茶壳经热解（炭化、活化）可生成具有较大活性和吸附能力的活性炭，其综合性能良好，各项质量指标如活性、得率、原料消耗及生产成本等均接近或优于其他果壳或木质素材料。江西省玉山活性炭厂利用茶壳为原材料生产的G-A糖炭，1985年获部优产品称号。茶壳生产活性炭主要有气体活化法和氧化锌活化法，以氧化锌活化法较常用，且效果较好，成品得率为10%～15%。利用油茶壳经炭化、活化后再加入适当的化学药剂处理，可生产出高效除臭剂。

（4）作培养基

茶壳中含有多种化学成分，作栽培香菇、平菇和凤尾菇等食用菌的培养基，所生产的食用菌的外部形态和营养成分接近或优于棉子壳、稻草和木屑等培养材料。用油茶壳屑来栽培香菇以含量40%～50%为宜，产量略高于使用纯壳斗科木屑，氨基酸含量则提高50%。用每吨培养料降低成本16.7%～20.8%，可产鲜菇900kg（干菇90kg），同时每吨油茶壳还可节省1m³木材。

（5）作育苗基质

研究表明，油茶壳可促进油茶苗侧根数量的增加。将油茶壳、泥炭、珍珠岩混合配比进行油茶育苗，可以提高油茶苗的成活率，促进油茶苗生长。目前，已经筛选出符合生产应用的油茶壳优良轻型基质配方。

（6）作生物质颗粒能源

油茶壳经过加工产生的块状环保新能源——生物质颗粒能源，由于体积小，节省了储存空间，便于运输；燃烧效益高，残留的碳量少，易点燃；燃烧持续时间大幅增加；有害气体成分含量极低等特点，已经作为一种新型的颗粒燃料以其特有的优势获得了广泛的认可。

（谭晓风，袁军）

别　名｜腾冲红花油茶、野山茶、野茶花、山茶花、滇红山茶
学　名｜*Camellia reticulata* Lindl.
科　属｜山茶科（Theaceae）山茶属（*Camellia* L.）

滇山茶是我国山茶属中除普通油茶和小果油茶外栽培面积较大的油茶物种之一，是重要的经济林树种。现腾冲市尚存有滇山茶成林5万多亩，新发展种植面积已达30多万亩（国家林业局国有林场和林木种苗工作总站，2016）。滇山茶比普通油茶（*Camellia oleifera*）树体高大，种子富含油脂，压榨精炼后是优良的木本食用油，是世界著名大型木本花卉——云南山茶花的原生种，具有花大、颜色鲜艳、花型优美、类型多样的特点，是世界花卉中的瑰宝，作为园林观赏树种已在国内外被广泛引种。

一、分布

滇山茶是云南特有的乡土树种，其天然林主要分布在云南省楚雄市及其以西、腾冲市及其以东的广大山地林区（黄佳聪等，2012）。滇山茶人工栽培区域和范围比天然分布范围小，栽培分布区域主要在滇西的保山市、德宏傣族景颇族自治州、滇西南的临沧市。滇山茶垂直分布在海拔1500～2600m，但以海拔1700～2100m为最适宜区。

二、生物学和生态学特性

常绿灌木或小乔木。树高3～15m。叶芽于3月上旬开始萌动，一年中能抽发3次新梢，即春梢、夏梢、秋梢。其中，春梢于3月中下旬开始萌发，至4月下旬结束，春梢具有生长快、数量多、质量好等特点，约占总抽梢数的95%；夏梢仅占4%～5%；在条件适宜的情况下，也会抽生少量秋梢。花芽于6月初在春梢上分化，翌年1月上旬初花，1月下旬至2月上旬盛花，3月中旬末花。花朵开放需要一定的低温过程，春节前后，当气温在8℃左右、最低气温4℃左右时，为滇山茶开放的盛期，开放率达60%左右。但随着气温的逐渐升高或降低，开花也会相应减少。3月中旬以前子房膨大形成幼果，4月中旬到5月初为幼果缓慢生长期，5月初到7月初为果实迅速生长期，9月中旬至10月上旬果实成熟；单果重60～100g，果径3～7cm；种仁含油率50%～59%。

腾冲市西山坝滇山茶结果枝（徐德兵摄）

适宜在年平均气温12.0～16.0℃、年日照时数1800h以上、年降水量1000mm的地区生长发育。在华东一带易发炭疽病，导致开花逐年下降和产量严重下降。

喜光树种和深根性树种，对土壤要求不严，在土层深厚、疏松、肥沃、排水良好的微酸性（pH 5.0～6.5）红壤、黄壤及腐殖土、黏壤土、火山灰土上生长发育良好，开花结实多；在瘠薄的沙壤上，生长发育不良，结实也少。当高温大于32℃时，植株生长会受到抑制；低温长期低于-5℃时，植株会发生不同程度的冻害。

三、良种选育

滇山茶油用型良种推广栽培仅局限于云南滇西和滇中，其他省份只有少量引种试验，没有大面积推广应用。目前，滇山茶没有国家审（认）定良种，云南省审定品种仅1个（国家林业局国有林场和林木种苗工作总站，2016）。

'腾冲1号'（云S-SC-CR-010-2014），蒴果扁球形，果皮厚0.4～0.8cm；鲜果出籽率27.3%，干籽出仁率67.03%，干籽出油率达40.63%；油产量达450kg/hm²以上。

四、苗木培育

苗木培育方式主要有嫁接、扦插、播种。为确保苗木质量和遗传稳定性，生产中一般采用嫁接苗，慎用扦插苗，少用或不用实生苗，以轻基质无纺布容器育苗为佳。

1. 芽苗砧培育

（1）种子采收与贮藏

9月中下旬，当全株有5%以上果实开裂时即为果实成熟期。果实成熟后，先采回放在阴凉干燥处堆放3～5天以促进果实后熟。然后，脱壳并筛选大粒饱满的种子，放在室内低温、低湿贮藏7天左右后开始沙藏保存或冷库贮藏。

（2）沙藏处理与催芽

选择排水良好、交通方便的平整地块，用细河沙作高床进行种子沙藏。沙藏前，须对河沙和

腾冲市沙坝林场滇山茶林分（徐德兵摄）

种子用多菌灵和其他消毒杀菌类药品进行消毒处理。一般床高25～30cm，种子厚度2～3cm，下层河沙10～15cm、上层河沙12～15cm。沙藏后，在沙床上搭建2m左右的木桩棚，棚上铺盖遮光率70%～80%的遮阳网。沙藏过程中要实时观察河沙湿度，以手捏成团、松手即散为佳。一般当温度超过12℃时，种子开始发芽生长。嫁接前，如遇芽苗生长过快出土，可加盖河沙覆盖；如遇芽苗生长缓慢过短，可适当增加浇水量，确保芽砧木能够承接半木质化的接穗。

2. 芽苗砧嫁接

接穗准备 为确保良种壮苗，穗条应采自良种采穗圃或健壮的良种结果树。穗条应选择植株外围中上部枝条，芽眼饱满、无病虫害、基径0.3～0.7cm的半木质化枝条。从枝条基部开始，依次向上选择具有饱满芽的部分作接穗，接穗具有一芽一叶，叶片剪去1/3或1/2。然后，在接芽下端两面各削一个呈15°角、长约1.2cm的斜面，两斜面交会于髓心。

芽苗砧准备 从沙藏床河沙中取出芽苗砧木，清洗干净后放入多菌灵稀释溶液中消毒杀菌1min。然后，在子叶柄上部约2cm处切除顶端，离切口约1.5cm用刀片在砧苗胚正中顺茎生长方向拉切一刀，使胚茎对半分开，切口长度依接穗面长边的长短而定。

嫁接与绑扎 5月中旬至6月上旬，待芽苗砧即将展叶、接穗进入半木质化时进行芽苗砧嫁接。将接穗插入砧木后，迅速用铝皮套扎，为使铝皮包紧，需对铝皮进行2次折叠。如用塑料薄膜绑扎，可在身旁点上蚊香，绑扎结束后把薄膜胶在蚊香上一烫并迅速将其按粘在绑膜上，形成一个完整的嫁接苗。

3. 苗木培育

（1）圃地选址及整理

选择向阳、平整、排灌条件好的地块作苗圃地，翻挖圃地25cm以上，亩撒生石灰250kg进行耙细消毒。再做成宽1.0～1.2m的高床，床高10～15cm，床间距40cm。然后，在苗床上铺10cm以上经消毒后无草种、无病菌的深层黄心土或红心土。苗圃地整好后，每间隔4m栽2.5m高的木杆（入土30cm、棚高2.2m），再用铁线在杆顶固定拉成平整网状。最后，用遮光率70%～80%的遮阳网铺盖顶部和四周。

（2）育苗基质及容器

育苗基质可购买市场上销售的轻基质，也可自制基质。自制基质主要用无草种、无病菌的深层黄心土或红心土壤50%，与充分腐熟的优质农家肥或购买生物肥、腐殖土、泥炭、珍珠岩、复合肥及杀菌药品等物质充分拌匀混合组成。目前，常用的育苗容器主要有纸质容器、塑料薄膜容器和无纺布容器，其中，无纺布轻基质容器育苗是生产上主推的育苗方式，由于无纺布具有自然降解、透气、廉价的优点，特别是在造林时无需撕除，能有效保护苗木的根系和预防基质散落，提高造林成活率。

（3）小苗移袋培育

在嫁接苗移栽前1天，对准备好的苗床浇透水，然后按株行距（2～5）cm×（3～5）cm移栽。方法是用小木棍削尖，根据苗木根长度在床上打孔，把苗木根全部插入，深度不能超过嫁接口。最后，用手压实，用喷头浇透水，喷一次多菌灵稀释倍液消毒杀菌。嫁接苗移栽后，立即搭建小拱棚，棚高50～60cm。方法是根据床宽制作竹片，每隔1～2m插1根竹片，用薄膜覆盖，薄膜覆盖四周用泥土压实以防通风透气。

从嫁接到成活共要2个多月左右时间，期间不能揭开薄膜，否则会降低成活率。但如棚内温度超过38℃时，可通过搭建遮阳网、喷水降温或四周适当通风降温。2月后，可掀起薄膜进行除萌、除草、浇水、施肥、喷药管理。待7月中下旬幼苗第二次抽梢时，可在雨后的早晚或阴天揭去塑料薄膜。

嫁接幼苗成活抽梢后即可移袋，一般移袋时间在小苗第一次萌发抽梢生长停止至下一次萌发抽梢生长以前进行移袋为佳，确保移袋后有一次抽梢生长期，以促进苗木成活稳定、盘根与基质充分包裹。小苗移袋摆放后，要及时进行除草、除萌、抹芽、浇水、喷洒或撒施肥料，每半月喷洒一次波尔多液、粉锈宁、多菌灵等杀菌剂，以防治病虫害。苗木出圃前要有计划地逐步打开遮阳网炼苗，炼苗时间不能少于30天。一般炼苗时间越长，苗木的木质化程度越高、抗性也越好。

（4）嫁接苗植袋培育

先在准备好的苗床上，整齐摆放好装满基质的育苗容器，然后把已嫁接好的嫁接苗直接栽植到容器中，并压紧、浇透水，进行杀菌处理。栽植后，立即搭建小拱棚覆盖薄膜。后续各项程序和管理方法与小苗移袋培育方法基本相同。该方法简单方便，省去了苗床中间幼苗培养和小苗袋移过程，是直接将嫁接苗栽植在育苗容器中培育成苗的一种方法，但也存在后期苗木整齐性问题。

（5）裸根苗培育

裸根苗培育方法与小苗移袋培育前期步骤基本相同，是直接将嫁接好的嫁接苗栽植在苗床上，搭棚培育成苗的一种方法，该方法的各项程序与管理基本同上。只是在起苗时要注意根部多带土球，避免根部暴露在空气中丢失水分。

五、栽培技术

1. 林地选择与整理

（1）造林地选择

在适生区域，选择坡度25°左右、土层深厚、排水良好、pH 5.0～6.5的阳坡或半阳坡山地作为造林地。

（2）造林地整理

整地于造林前3～4个月进行，生产中常用的整地方式有全垦整地、带状整地和穴状整地。全垦整地即全面翻挖土地，该方法适用缓坡和平整地块，翻挖土壤深度应大于20cm。带状整地即沿山地等高线水平挖带，适宜坡度20°以下的缓坡。一般带宽1m以上，长度依地形而定。生产中带状整地多与修筑台地相结合进行，但值得注意的是在机械化修筑台地过程中，会出现表层肥沃熟土被挖机推走的现象，从而导致推出的台面是贫瘠的生土，再在生土台面上挖穴种植，不利于油茶苗木的生长发育。因此，在修筑台地过程中要尽量减少表土流失。穴状整地是沿山地等高线按株

行距定点挖穴，适宜坡度大于20°的陡坡和地形破碎的零星地块。

栽植前，采用穴施法施入基肥。挖穴规格为长、宽、深60cm×60cm×60cm，每穴施腐熟农家肥5～10kg或饼肥（或专用有机肥）1～2kg，钙镁磷肥或复合肥0.5kg，与表土充分拌匀后回填，回填土壤高出地面20cm以上，待下雨或浇水沉降后栽植。

2. 品种选择与配置

（1）种苗选择

参见油茶。

（2）栽植密度

滇山茶种植按株行距2m×4m或3m×4m，每亩56～83株种植为宜，具体密度根据土壤情况、坡度、坡向和管理水平等进行调整。

（3）品种配置

滇山茶为异花授粉植物，配置时选择2～5个花期相近、亲和性强的适宜品种混系栽培，混系栽培能提高产量、增强抗性。

3. 苗木栽植

选择6～8月阴天或小雨天栽植为佳，栽植时去除不可降解的容器杯；无纺布轻基质容器苗无需去袋，可以直接栽植。

4. 幼林抚育

滇山茶种植后3～5年为营养生长阶段，即幼树期。幼树期前2年地上部分生长缓慢，而根系生长较快，从第三年开始地上部分生长加快。5～15年为初果期，一般实生苗7～8年开始挂果，嫁接苗会提前2～3年。此阶段树冠、根冠离心生长最快，迅速向外扩展，结果逐年增加。至初果期结束时，树冠基本接近或达到预定的营养面积，树体基本定型。因此，幼林抚育的重点是促进树体的生长和树形的培养。

（1）松土除草及补植

一般每年松土除草2次，第一次5月左右、第二次9月左右，并及时在适宜种植季节进行补植补造。

（2）施肥技术

一般增施氮肥能有效促进植株的生长和抽

梢，增施磷肥能有效促进油茶花芽的分化，增施钾肥能促进油茶植株纤维生长，改善果实品质、提高植株抗性。幼林期植株主要以营养生长为主，此阶段主要以施氮肥为主，并配合磷肥、钾肥，以加快春、夏、秋梢的延伸和抽发。

基肥大多是迟效肥，一般以腐熟的农家肥为主，如厩肥、堆肥和人粪尿等。基肥在每年的秋冬季增施为宜，施肥量因树龄、树体大小而定，一般每亩施用农家肥500~1000kg。由于滇山茶根系主要集中在20~40cm的土层中，且具有明显的趋水趋肥性。因此，幼树施肥位置应在树冠外沿10~20cm处，开挖深度不低于30cm、宽30~40cm的闭合环状沟进行施肥。这有利于诱导根向外生长并迅速扩大根冠和树冠，生产中伴随树冠的扩大环状沟也逐年外移。追肥大多以速效肥为主，如尿素、过磷酸钙、硝酸钾等。追肥比较灵活方便，施后效果明显。一般每年追肥2~3次，施肥比例按氮：磷：钾＝10：3：3为佳。造林当年施肥应在距苗木根系20cm外，施用量50g/株；以后随着树体的增长，施肥量逐年递增。

（3）树形培育

树体较普通油茶高大，在树形培养方面也有异于普通油茶。

主干疏散分层形，即种植定干后分层培养主枝。该方法培养树体主枝5~10个，分2~3层着生在中央主干上，形成半圆形或圆锥形树冠，第一层2~4个、第二层2~4个、第三层1~2个，树干粗壮高大的留3层、较小的留2层。第一层距地面1.0~1.2m，两层主枝间距0.5~1.0m。一般在开始选留第二层主枝的同时，便可选留第一层主枝的侧枝，第一层每个主枝宜选留侧枝2~3个，第二层、第三层每个主枝选留1~2个，侧枝与主枝水平夹角45°左右；要确保侧枝上下交错，不相互交叉对生。

自然开心形，该方法同普通油茶，即种植后在距嫁接口约50cm处定干，待萌发枝条抽发后，选留3~4个生长强壮、方位合理的侧枝培养为主枝；第二年再在每个主枝上保留2~3个强壮分枝

作为副主枝；第3~4年，在继续培养主枝、副主枝的基础上，将其枝条上的强壮春梢培养为侧枝群，并使三者之间比例合理、均匀分布。

生产中，应根据实际情况选择不同的培养方式，通常立地条件好的地块或干性好的树体可选择主干疏散分层形，立地条件差的地块或干性差的树体可选择自然开心型。栽后5年需摘掉花蕾，不让挂果，以促进树体营养生长，加快树冠形成。

（4）林粮间种

幼林阶段，林内空地较大，可间作矮秆非攀援作物，如豆类、谷麦、油菜、中草药等，以达到以短养长、长短结合、以耕代抚的目的。

5. 成林管理

滇山茶进入盛果期一般为15年，盛果期的树冠、根冠延伸均达到最大，枝条由营养枝逐渐转为结果枝，开始出现由外向内的向心更新。盛果期内，每年大量的结实需要消耗大量的养分，所以成林管理的重点主要是加强林地土、肥、水管理，以恢复树势和防治病虫害。

（1）土壤管理

做到"冬挖夏铲"，确保三年一深挖、一年一浅锄。冬挖能加快土壤的熟化，改善土壤结构和蓄水保墒，消灭部分越冬病虫害和虫卵。夏铲能有效铲除杂草，避免杂草争夺养分，同时切断土壤毛细管从而达到保水的效果。目前，生产中常用的垦复方法有全园垦复、种植行垦复或扩穴垦复。坡度在10°以下的平缓山地，宜采用全垦；坡度10°~25°地段，宜采用带垦；坡度较陡、水土流失较严重、杂草稀少的坡地，宜采用穴垦。垦复深度应根据季节和林地情况而定，一般冬挖宜深、夏铲宜浅，平山宜深、山坡宜浅，荒山宜深、熟山宜浅，土山宜深、石山宜浅，行间宜深、根旁宜浅，翻挖深度20cm以上，浅铲深度3~5cm。

（2）施肥

增施基肥 每年每亩增施农家肥1000~2000kg，采用放射状沟施、条状沟施或穴状施肥，开挖位置尽量选择在树冠滴水线靠树干内侧，每次施肥需变换开挖位置，以利于根系的吸收。

增施追肥 滇山茶每生长100kg枝叶，需氮、磷、钾比例为10:2:3；每生产100kg鲜果，需氮、磷、钾比例为10:1:3（黄佳聪等，2012）。盛果期树体以结果为主，此阶段需氮肥量大，施肥时主要以氮肥为主，配合钾、磷肥，以提高坐果、增加产量。施肥比例按氮:磷:钾＝10:2:5为佳，每年施肥2~3次，每次0.5~1.0kg/株。

施肥可结合垦复、除草同步进行，在施肥的基础上，还可适当间种绿肥、喷施叶面肥增加肥力。生产中各种肥料应相互配合施用，效果会更好。

（3）水肥同步

水分和养分对滇山茶生长的作用不是孤立的，而是相互作用和相互影响。在抽梢、花芽分化期前利用水窖、河道、山间自然水源等途径对滇山茶灌水，并配合施肥，能有效补充当年结果所消耗的养分和水分，提高树体对水肥的吸收和利用效率，为翌年的稳产丰产打下基础，也是减少小年结果少的有效措施之一。

（4）修剪

修剪在12月至翌年3月为宜。修剪时，先剪下部、后剪中上部，先修冠内、后修冠外。修剪后尽量使树体枝条分布合理、均匀，内外通风透光，上下内外均能开花结果，达到全面立体结果的效果。该技术也可简单总结为"三砍五剪"，三砍即砍去过密枝、衰老枝、寄生枝，五剪即剪去干枯枝、病虫枝、寄生枝、衰老枝、下脚枝。徒长枝、交叉枝、重叠枝、细弱枝及光照条件差的枝条，则视情况适当修剪或回缩。一般情况下，阳坡宜轻剪、阴坡可酌情多剪，密林适当重剪、稀林轻剪，冠下和内腔适当重剪、中上部和外缘轻剪或不剪，强树轻剪、弱树适当重剪。

6. 低效林改造

低效林改造是对现有低效林分进行分类调查、寻找低效原因、分清主要和次要影响因素，进行综合分类改造，改造后使林分的郁闭度达0.7左右、亩产油20kg以上。

（1）低效林分类

第一类 立地条件好、林相整齐、林龄一致、长势良好，但管理简单，当年结实株率70%以上，亩产油5~10kg的林分。

第二类 立地条件较好、林相相对整齐，但无人管理、林分结构不太合理、疏密不均，存在老、残、稀、杂等情况，年结实株率40%~60%，每亩产油5kg以下，低劣植株占全林1/3左右。

第三类 长期失管或丢荒，林龄较大，林内灌木杂草丛生，部分高大乔木侵入为混交林，林内树势衰弱，病虫害多，低劣植株占全林2/3以上。

（2）低效林改造方式

改造不能千篇一律，应根据林分实际情况选择以一种方式为主、多种方式相辅的模式进行综合改造，改造措施见表1。

（3）抚育改造

首先，清除林地上其他乔木、灌木树种，清除野藤和寄生枝，挖掉老残及病弱茶树。其次，通过秋季增施基肥、合理间种等途径加强土壤管理，逐步改良土壤结构。早春以施氮肥为主，适量施钾肥，以促进花芽生长和保果；夏秋多施磷肥，配合氮肥，以壮果，促进油脂转化和花芽形成；冬季多施钾肥、磷肥，可以固果、防寒。同时，每年12月至翌年3月进行整形修剪，尽量将

表1 滇山茶低效林分类改造技术措施

类型	主要措施	辅助措施
第一类	林地清理、垦复、整形修剪、密度调整、低劣植株高接换冠良种	加强土、水、肥管理，防治病虫害
第二类	林地清理、垦复、密林疏伐、疏林补植、整形修剪、低劣植株高接换冠良种、截干复壮更新	加强土、水、肥管理，防治病虫害
第三类	更新改造、全伐新建	加强土、水、肥管理，防治病虫害

树冠修剪为主干疏散分层形和自然开心形，并砍除树上寄生枝和衰老枝，剪除枯枝、交叉枝、病虫枝、重叠枝、下脚枝、内堂枝、细弱枝及光照条件较差的枝条。对于栽植过密，树冠交错，相互拥挤的林分，应适当疏伐；对于过稀或缺株林分，应采用良种大苗补植，使林分郁闭度控制在0.7左右。

（4）大树高干嫁接

对于生长旺盛、林龄40年以下、常年结果少或基本不结果的植株，可采取大树高干嫁接换冠更换良种。被换冠植株应具备2～4个分布均匀、分枝角度适当、干直光滑、无病虫害、生长健壮的主枝，目前常用的换冠嫁接方法有改良拉皮接和撕皮嵌接。

（5）截干复壮更新

对于原产量高、品质好的衰老植株可通过截干复壮更新进行改造，截干更新有低截干更新和高截干更新两种方式。低截干更新是在离地面5～15cm处锯断主干，待萌芽抽枝后选择生长势旺盛、分布均匀的萌条2～3条作为主枝培养。高截干更新是在树干大枝的中、下部截干，截后形成枝头高低错落有致、向四周开张的丰产冠形。生产中，应根据实际情况选择相应的方法。

（6）更新改造

适用于第三类老残林分，为减少损失，可采取逐步替换方式进行，即做到先老先更，逐株、逐批更替完成。更替前先在老树旁边种植良种壮苗，待幼树开花结果后，再伐除保留老树。也可全部伐除，重新整地造林。

7. 果实采收

果实自然开裂、种子脱出或果实自然脱落时，为其生理成熟期，此时采收种子的含油率最高。果实采收后可堆放3～5天，以促进油脂转化，提高出油率。

六、主要有害生物防治

虫害主要有天牛、象甲、尺蠖、茶毒蛾、绵蚧等，病害主要有茶饼病、炭疽病、白绢病、烟煤病等，其中茶饼病是最为常见和严重的一种病害。防治方法：生产中，要加强营林技术措施，改善林内环境条件，清除林内老、弱、病、残株，病虫枝、枯死枝等，从而提高植株自身的抗病虫害能力。各病虫害的具体防治方法可参照油茶。

七、综合利用

滇山茶是我国特有的木本食用油料和庭园观赏树种，种子富含油脂，油脂中不饱和脂肪酸含量高达80%以上，长期食用茶油能有效增强血管弹性和韧性，增强肠胃吸收功能，促进内分泌腺体的激素分泌，提高人体免疫力，对预防和治疗胆固醇增高、心脑血管疾病具有一定的辅助功效。特别是，茶油中还富含天然抗氧化物质，易被人体皮肤吸收，具有很好的护肤、美容、防衰老效果，目前已在食品、药品、保健品及化妆品等方面得到开发利用。工业上茶油可用作润滑油、防锈剂、制皂、制洗发水等。茶枯（茶油提取后的剩余物）是优质的有机肥，施用后具有很好的杀虫防病、改良土壤、提高土壤肥力的效果；茶枯中提取的茶皂素是一种很好的表面活性剂和发泡剂，有较强的去污能力；茶枯脱毒分离后的蛋白质和糖类是很好的植物蛋白饲料。生产中，用茶壳（果皮）可制取糠醛、栲胶、活性炭，也可制作培养基等。滇山茶因四季常绿，花朵鲜艳，花色、花形繁多，备受人们喜欢，是庭院、园林绿化的优良树种，培育云南山茶花新品种的珍贵种质资源，通过大树高干换冠嫁接可培育多样的大树茶花。

（徐德兵，王锡全，袁其琼，王开良）

別　名｜荷木（福建、广东、江西、浙江）、荷树、柯木、木艾树、何树
学　名｜*Schima superba* Gardn. et Champ.
科　属｜山茶科（Theaceae）木荷属（*Schima* Reinw.）

木荷为常绿阔叶大乔木，是我国南方主栽的高效生物防火、生态防护及主要优质用材造林树种，广泛分布于我国南方13个省份。其适应性强，深根性，较耐干旱，对土壤条件要求不严，在各种酸性红壤、黄壤、黄棕壤上均能生长，少病虫害，既可纯林造林，又是杉木和马尾松等混交造林或二代迹地更新的理想替代树种。树干通直圆满，木材致密坚韧，经充分干燥后少开裂，不易变形，是建筑、军工、纺织、家具、木地板、玩具、工艺品及人造板等的上等用材。另外，木荷树冠浓密，萌芽能力强，生长速度快，顶端优势显著，叶色季相变化明显，叶片和树皮较厚，含水量、含灰分高而含油脂少，是南方构建生物防火林带的当家树种，也是优良的园林与四旁绿化树种。

一、分布

木荷在我国分布范围广泛，其自然分布范围大致在32°N以南，96°E以东的广大地区，包括福建、浙江、江西、江苏中南部、安徽南部、湖南、湖北南部、广东北部、广西北部、贵州东部、重庆、四川东南部、台湾等13个地区，北界以安徽大别山—湖北神农架—四川大巴山为界，西至四川二郎山—云南五龙山，南延广西、广东，东至台湾。垂直分布一般在海拔1500m以下，西南分布海拔高度可达2000m，在江苏的苏州和安徽南部多分布在海拔400m以下，在江西和福建的分布海拔高度达1700m，在台湾分布至海拔1500m左右。

二、生物学和生态学特性

树干通直，高达30m以上，胸径1m以上。树皮暗褐色，外皮薄，幼时较平滑，老时具褐色的纵裂至不规则裂隙，并有不显著的皮孔，枝条暗褐色。叶互生革质，无毛有光泽。花白色有芳香，单生于当年新梢叶腋；伞房花序；雄蕊多着生于花瓣基部，金黄色；花期5～7月，落花时，

雄蕊与花瓣一并环状掉落。果实为2年一熟，开花坐果后，在结果枝梢部滞育到第二年6～7月落花坐果时即迅速膨大，成熟期为10月下旬至11月上旬；蒴果木质，扁球形或球形；种子扁平，肾形而端圆，周围有翅，稍呈皱褶状，每果分5室，每室含种子多为3粒，天然下种能力强，能飞籽成林，也能萌芽更新。

木荷是亚热带地带性常绿阔叶林的主要建群种，喜温暖湿润气候，在年平均气温16～22℃且1月平均气温不低于4℃、极端低温不低于−11℃、年降水量在1100～2000mm且分布均匀的地区生长尤为良好。木荷根系强大，扎根较深，幼树较耐阴，大树喜光，对土壤的适应性很强，在分布区内pH 4.5～6.0的黄壤、黄棕壤、红黄壤、红壤、粗骨紫色土上均能生长，以pH 5.5左右、腐殖质多、土层深厚疏松、排水良好的沟谷、坡麓最适宜木荷生长。水土流失严重、干旱瘠薄、伏旱较明显的瘠土、石砾土和较陡的山坡上木荷也能生长。

木荷天然林常与马尾松、储栲类、青冈类、樟楠类、油茶等常绿树种及枫香、山乌桕等落叶树种混生。在与马尾松混生时，森林群落的演变

趋势是马尾松的优势将逐步被木荷所取代；与常绿耐阴树种混生时，木荷将组成上层林冠。部分林分中木荷比重较大时，成为木荷优势林分。木荷混交林林下灌木种类较常见的有格药柃、黄瑞木、冬青、杜鹃花、山矾和小竹等，常见的林下草本地被物有芒萁骨、铁线蕨、淡竹叶、卷柏、珍珠菜等，层外植物有菝葜、山葡萄、木通、鸡血藤等。木荷结实量大，种子具翅且轻盈，天然下种能力强，理论上也能飞籽成林。然而，木荷不耐顶部荫蔽，自身树冠浓密，造成其自身林下更新较为困难，常被耐阴性更强的壳斗科、樟科树种所更替，在林缘、林中空地却常见木荷天然更新。

木荷具有速生、丰产、材质优异、适应性强等特点，且易于育苗，人工造林成效好，生态稳定性强。采用轻基质营养袋苗造林，3年生树高可达2m以上，地径可达2.5cm以上；采用裸根苗造林，3年生树高可达1.5m以上，地径可达2cm以上；30年生木荷林平均树高可达15m，平均胸径可达20cm。不同坡向、坡位、初植密度及林龄木荷人工林的Ⅱ、Ⅲ级木占主体，Ⅰ、Ⅳ级木所占比例较低，均未出现Ⅴ级木，其径阶均为倒"J"形分布，表明林分分化程度较低，结构稳定（楚秀丽等，2014）。福建省华安西陂国有林场新建工区6-2小班中等立地的45年生木荷人工纯林，面积12.53hm²，密度1125株/hm²，平均胸径达22.8cm，平均树高达16.5m，平均蓄积量达376.5m³/hm²。福建省国有来舟林业试验林场林坑工区的48年生木荷人工林（中等立地，面积2.1hm²），密度1635株/hm²，平均胸径达23.84cm，平均树高达17.4m，平均蓄积量达638.7m³/hm²。天然林木荷生长速度中等，寿命较长，高生长旺盛期在5年以后，一直延续到45年，年平均高生长50cm以上，胸径生长于15年生开始加速，年生长量从0.2cm增至0.4cm，25年生后急剧上升，65年生的连年生长量最高，50年生单株材积达0.5m³，75年生单株材积达1.0m³（陈存及和陈伙法，2000）。

木荷花（范辉华摄）

福建省华安西陂国有林场木荷无性系种子园开花情况（范辉华摄）

福建省南平樟湖国有林场45年生木荷人工林（范辉华摄）

三、良种选育

我国木荷育种工作自2001年起，由中国林业科学研究院亚热带林业研究所、福建省林业科学研究院、浙江省龙泉市林业研究所和福建省建瓯市林业技术推广中心组成的科研团队，先后组织开展了木荷全分布种源试验、优良种源区优树选择及其子代测定、育种群体构建和无性系种子园营建等工作，在浙江龙泉和福建古田分别建立优树收集区5.33hm²和3.73hm²，已收集保存优树种质分别达800多份和600多份，支撑建成木荷1代种子园96hm²，其中，福建14.8hm²、浙江33.3hm²、江西27.9hm²、重庆20hm²。

1. 种源遗传多样性

木荷具有丰富的遗传多样性，有27.14%的遗传变异存在于种源间，而72.86%的遗传变异来自于地理种源内。木荷种源遗传多样性与产地纬度呈显著的负相关，南部种源遗传多样性显著高于北部种源，25°N左右的自然分布区可能是木荷的分布中心（张萍等，2006）。

2. 种源遗传变异与种源区划

木荷胸径、树高、枝下高、材积指数和木材基本密度等存在显著或极显著的种源变异，且主要受产地温度的影响，呈典型的纬向变异模式，来自纬度较低、温度较高产地的木荷种源其树高、胸径和材积指数等生长量较大，木材基本密度较小，木材基本密度与生长性状呈显著负相关。基于生长和木材基本密度及分子水平上的种源聚类，将木荷种源区划分为3个种源区：北部种源区（安徽南部、江苏中南部和浙江北部）、中部（中心）种源区（南岭以北、浙江南部以南）和南部种源区（南岭以南），而南部种源区和中部（中心）种源区又都可再分为东部和西部2个种源亚区（王秀花等，2011）。

3. 优良种源选择

根据7年生种源试验林生长和木材基本密度的测定结果，筛选出17个速生型和11个速生优质型木荷优良种源，其中，多数优良种源来源于南岭山脉—武夷山脉的中部（中心）种源区。此外，还筛选出一批生长快、水分和磷素利用效率高的优良种源。以生物防火为培育目标的优选种源要求速生、适应性强、分枝多、树冠浓密、火险期鲜叶抑燃性高、助燃性化学组分低等。以种源平均树高（速生性）、在较差立地试验重复上的树高（适应性）和侧枝总数（树冠浓密度）为主要指标，初选出中部（中心）种源区的生物防火优良种源来源于广东阳山、福建建瓯、福建尤溪、福建连城、广东龙川、广东翁源、福建华安等，北部分布区生物防火优良种源来源于江西铜鼓、福建尤溪、广东开平、广东广宁、湖南城步、广东韶关等（王秀花等，2011）。

4. 家系遗传变异与初选

根据木荷优树自由授粉家系子代多点试验林测定结果，木荷幼林高径生长和分枝习性等皆存在显著的家系遗传差变。如浙江省开化县林场65个测试家系1年生平均树高变化在40.28~63.59cm，最高家系是最低家系的157.9%；福建省建瓯市132个测试家系3年生平均树高和地径变化分别在1.93~2.73m和2.16~4.26cm，最大和最小家系分别相差41.5%和97.2%。木荷生长和分枝性状受较强的遗传控制，3年生树高和地径的家系遗传力分别为0.61~0.64和0.54~0.71。以树高为选择标准，初选出53个速生的木荷优良家系，其1~3年平均树高大于试验对照的10.4%~26.3%。

5. 无性系种子园营建技术

（1）木荷优树选择与优树种质收集区营建

依据木荷种源试验的结果，在优良种源区开展优树选择。优树选择要求在当地起源、面积1hm²以上、林龄20年以上以木荷为主的优良天然林或人工林中进行。所选优树要求树形高大，干形通直圆满，枝叶色泽正常，无病虫害，高、径生长量明显大于附近的3~5株对比木。在天然林中所选优树要求间距在100m以上，对于人工林，原则上在同一林分中只选1株优树。在开展木荷优树选择的同时，营建优树种质收集区，采用嫁接繁殖方式保存优树无性系。

（2）优树子代测定与种子园育种亲本选用

在开展木荷优树选择的同时，采集优树种

子，进而开展优树家系子代苗期测定和营建多点测定试验林。试验林按完全随机区组设计，5～6次重复，8～10株单列或双列小区。依据优树家系苗期和试验林初步测定结果，为木荷无性系种子园优选出50～60个优树无性系。例如，浙江省龙泉市林业研究所营建的210亩木荷无性系种子园包括来自浙江龙泉、庆元和遂昌选出的优树无性系分别为6个、6个和3个，来自福建建瓯选出的优树无性系35个；福建省华安县西陂国有林场营建的112亩木荷无性系种子园包括来自来福建尤溪的优树无性系22个、来自福建顺昌的优树无性系7个、来自福建建瓯的优树无性系36个。

（3）优树无性系嫁接苗培育

木荷育种群体构建和无性系种子园建立等均需嫁接培育优树无性系苗木，其主要技术要点：一般在萌芽抽梢前的3月采用切接或劈接法嫁接，成活率可达90%。由于木荷萌发抽梢时间随海拔的升高而推迟，因此，低海拔的木荷优树萌动早，应早采早接，高海拔的木荷优树萌动晚，可适当推迟嫁接时间，但不宜迟至4月下旬。夏末秋初也可采用切接或芽接法嫁接，成活率可达80%以上，但当年接穗生长量很小而不能用于翌年春种子园定植。砧木选择1～2年生地径0.6～1.5cm、生长健壮的木荷容器苗或定植1～2年生长健壮、地径达1.5cm以上的木荷幼树。接穗应选取优树树冠中上部1～2年生的生长健壮枝条或已建种质收集区（育种群体）中无性系分株上部1年生枝条，制成长4.5～5.0cm、粗0.5～1.0cm的接穗，每穗上端带1～3个（最好2个）饱满芽。嫁接后90～100天即可松绑或解缚。

（4）园址选择与区划

木荷无性系种子园园址应选择交通便利，海拔50～350m，地势较平缓开阔，光照充足，立地条件中等，相对集中连片，且周边100m范围内没有木荷林分的林地；按每10～15亩区划为一个种子园小区，小区与小区之间修建宽1.0～1.5m林道，并在两侧开排水沟。

（5）园地准备与种植密度

在全面开展园地劈草砍杂清理的基础上，按行距4.5～5.0m挖1.5～2.0m宽的水平带，按5～6m株距穴状整地，上下行呈"品"字形排列，穴规60cm×60cm×45cm，每穴施2.5kg有机肥和0.5kg钙、镁、磷复合肥。

（6）无性系数量及配置

木荷1代种子园建园无性系一般为50～60个，2代及以上的高世代种子园建园无性系数量一般为40～50个，每小区配置20～30个。为避免无性系自交或近交及无性系间的固定搭配，使种子园各无性系之间充分随机授粉，提高所产种子的遗传多样性，同一无性系植株间应保持15m以上的间距，以小区为单元，采用完全随机排列或分组随机排列或计算机优化配置设计等方式进行建园无性系配置定植或嫁接，并及时绘制种子园定植图。

（7）经营管理

园地抚育管理 种子园带间坡面每年秋季全面劈抚1次，带面每年除草培土抚育2次，第一次在春末夏初的5～6月间进行，第二次除草抚育在秋季的9月进行。投产前（第一至三年）结合除草培土沟施氮、磷、钾复合肥100～150g/株，投产期（第四年起）每年采种后的11月至翌年1月，沟施有机肥2.5～3.0kg/株或氮、磷、钾复合肥150～250g。

树体管理 树体管理以培养疏散分层形或疏散半球形的树形为主，修剪一般于冬季至春梢萌发前进行，1～3年生应及时清除砧木上的萌芽或萌条，通过疏枝修剪方法培养骨干枝，重点剪除竞争枝、细弱枝、阴生枝、重叠枝及病虫枝等，并对树冠空缺处与枝条稀疏处的徒长枝剪顶选留。3年生以后，树高达2.5～3.5m时，对主干实施截顶定干，每年通过修枝、拉枝等修剪措施，调控树冠结果枝、营养枝生长空间与长势。

遗传管理 一是及时清除种子园周围150m范围内进入开花期的普通木荷成年树；二是种子园母树接近郁闭时，依据建园无性系子代测定和开花结实习性观测结果，及时开展去劣疏伐，伐除子代生长表现差、开花结实量少、花期过早或过晚的无性系；三是在种子园花期组织放养蜜蜂，有效增加传粉，提高结实率。

有害生物防控　木荷无性系种子园叶面害虫木荷空舟蛾、茶长卷蛾和蛀食果实害虫等时有发生，病害很少。因此，应注重防治虫害，可在抽梢期的4～5月及果实膨大初期的7～8月，用溴氰菊酯、吡虫灵、功夫等农药进行喷药防治。

四、苗木培育

1. 种子采集与贮藏

在种子园或选择在优良种源区、适生种源区的母树林、优良林分采集种子；最佳采集时间为10月中旬至11月上旬，当蒴果由青变成黄褐色、有少量微裂时及时采收；采回的蒴果先室内摊凉3～4天后再摊晒2～3天，蒴果开裂后过筛、去除果壳等杂质，净化种子，出种率3%～5%，含水率12%～15%，千粒重4～6g，当年育苗的种子可在常温下干藏或2～5℃低温冷藏，发芽率20%～50%。为应对结实小年的种子需求，可将种子再干燥至含水率10%以下，经装袋、密封后放入0～4℃的冷库或冰箱内干藏1年，用种时应在取出种子后3～5天内完成播种，发芽率一般为当年发芽率数值的50%～75%。

2. 裸根苗培育

应选择光照充足、避风、肥沃、疏松、排水良好、前茬为水生作物的沙质壤土为育苗圃地，秋冬季进行圃地苗床除草和深翻，并施有机肥750～1000g/m²和钙、镁、磷复合肥200～250g/m²，翻耕入土作基肥。苗床宽1.0～1.2m、高20～25cm，沟宽40～45cm，床面铺一层厚2cm的过筛

福建省建瓯市山脊20年生木荷防火林带（范辉华摄）

黄心土，播种前在苗床上喷洒1%～3%的石灰水或0.3%的高锰酸钾溶液进行消毒。

播种于1～3月进行，播种前用30～40℃的温水浸种催芽，自然冷却后继续浸种12～24h，去除浮种沥干后，选用0.3%高锰酸钾或1.5%～2.0%福尔马林溶液浸种20～30min，捞出用清水洗净，摊开晾干即可播种。多采用撒播或以行距15cm左右进行条播，每亩播种量6～9kg。播后覆土盖草或覆土后搭建薄膜小拱棚，覆土厚度以不见种子为度，随即用细孔喷壶或者打开喷雾装置将苗床浇透。播后15～20天开始发芽，当超过70%的种子出土时，即可以揭去盖草或小拱棚，揭草应选择阴天或傍晚进行。

苗期应及时做好除草、水肥管理、间苗定苗和有害生物防治，3～5月幼苗期注重及时除草松土，间苗补苗，定苗，预防晚霜和高温，防治叶面害虫，薄施1～2次氮、磷肥或喷施以氮为主的叶面肥，最后一次间苗时定苗株数为110～135株/m²，6～9月苗木速生期，结合除草松土追施氮、磷、钾复合肥或叶面肥2～3次，9月以后喷施1～2次磷酸二氢钾叶面肥。

3. 轻基质容器苗培育

（1）轻基质及其育苗容器制备

按体积比由70%～80%泥炭土+20%～30%珍珠岩或谷壳或45%～50%泥炭土+35%～40%经堆沤1年以上的锯糠、树皮粉+10%～20%珍珠岩或谷壳，并每立方米基质添加2.5～3.0kg的缓释肥混合均匀后，选用可自然降解的无纺纤维材料，利用轻基质网袋填装机，制成口径4.5～6.0cm、长9～12cm的轻型基质容器，整齐排放在育苗托盘上，将装有育苗容器的托盘整齐摆放于遮阳育苗大棚内铺有园艺地布的苗床上。

（2）芽苗培育与移栽

芽苗培育于1～3月在温室育苗大棚内或搭建薄膜小拱棚的苗床进行，将经消毒、浸种、晾干处理后的种子在苗床上进行密播，以种子不重叠为宜，播种量约100g/m²，播种后用过筛的火烧土或黄心土或经消毒的草炭土或细河沙覆盖，厚以不见种子为度，播种后采用喷雾浇透水，日常保

持床面湿润，当芽苗高3.0～5.0cm、现3～5叶1芯时，即可移植到经消毒的轻基质营养袋中，每袋种植1株芽苗，移植后浇透水，随后观察1～3天，及时剔除打蔫的植株并进行补植。

（3）苗期管理

光照控制　在幼苗期和速生期均保持使用遮阳设施，棚内透光度控制在40%～50%，以后逐渐增大透光度，9月下旬起逐步减少遮阳，10月中旬起全光育苗。12月至苗木出圃前可利用遮阳网减低霜冻危害。

水肥管理　苗期须保持育苗基质湿润。芽苗移植后的一周内要坚持早、晚各喷1次水；一周后要坚持每天喷1次，每次必须喷透；速生期喷水应量多次少；生长后期要控制喷水。在育苗基质中多加载了长效控释肥，一般不需根际施肥，以喷施叶面肥为主，幼苗期喷施1～2次0.1%以氮为主的叶面肥，在7～9月苗木速生期喷施0.2%～0.3%氮、磷、钾叶面肥2～3次，9月以后喷施1～2次磷酸二氢钾叶面肥，对育苗基质中未配置长效控释肥的，在苗木速生期还应浇施2～3次0.3%～0.5%氮、磷、钾复合肥。

分苗隔离和密度控制　幼苗期的容器袋紧密排列在托盘中，当6～7月速生前期的苗木生长至10～15cm时，按苗木大小进行分盘分级分隔培育，密度控制在160～200株/m²。

炼苗与断根　10月搬动带分隔的轻基质容器育苗托盘，以断除穿透托盘的根系，并重新摆放在苗床上，经10天左右即可打开遮阳网，实施全光炼苗，促进木质化。轻基质容器苗地径达0.30cm以上、高达25cm以上形成顶芽并充分木质化即可出圃造林。

五、林木培育

1. 林地选择

营造木荷用材林宜选择海拔1200m以下，土层厚度60cm以上、pH 4.5～6.0的红壤或黄壤或黄红壤等Ⅰ、Ⅱ、Ⅲ类立地。纯林造林宜选择局部地形坡度小于30º的丘陵、低山或中山的中下部，排水良好、肥力中等以上的Ⅰ、Ⅱ类立地；营造混交林可选择Ⅱ、Ⅲ类立地的采伐迹地或荒山荒地造林。

2. 林地准备

林地清理一般采用不炼山的带状或块状清理，采取沿种植带进行劈草、耙带，将杂灌或采伐剩余物归整至留灌草的水平带中，挖除种植带内或种植点周边100～120cm见方内的杂灌；对坡度平缓（25º以下）而杂灌茂密的林地可开展炼山清杂作业后进行带状或块状整地。在造林前1～2个月，按初植密度定点挖（40～50）cm×（40～50）cm×（30～35）cm以上的明穴，每穴施钙、镁、磷肥250～300g或常用复合肥100～150g或有机肥500g作基肥后回填表土，回土高度应高出穴面10～15cm。

3. 造林

木荷既可纯林造林，又是杉木、马尾松等较理想的混交造林树种。一般在2～3月苗芽尚未萌动前的雨后阴天栽植，裸根苗造林应于4月底前实施打泥浆沾根种植，如苗木出现抽梢，则需采取截干措施；容器苗造林则于苗木地径达0.30cm以上、高达到25cm以上、形成顶芽并充分木质化时即可造林。在土壤水肥条件较好的Ⅰ、Ⅱ类立地，纯林造林或2～3杉：1荷混交林或3～4松：1荷混交林的初植密度一般为1125～2500株/hm²；在土壤水肥条件较差的Ⅲ类立地只适合营造木荷中、小径材纯林或2～3松：1荷混交林初植密度2250～2500株/hm²；杉木采伐迹地萌芽更新套种木荷的初植密度625～1125株/hm²；木荷与杉木、马尾松混交造林多以行间混交为主以发挥木荷生物防火功能作用，降低森林火险。

4. 抚育管理

幼林抚育　造林后第一至第三年每年抚育2次，分别于当年的4～5月、8～9月进行1次全面或带状除草和扩穴培土，每年结合第一次抚育剪除基部多余萌条；第四年于8～9月进行1次全面劈草。幼林郁闭后（造林后4～6年）开展修枝1次，砍除主干上的分叉干，修去树高1/3以下的侧枝，修枝要求紧贴树干、平滑，又不伤及主干树皮，以培育通直圆满的优质干材。

幼林施肥　造林后第一至第三年的4～5月，

结合除草和扩穴培土采用环状沟施方法进行幼林施肥，每次常施用复合肥100～150g/株或尿素30～50g/株。

抚育间伐 林龄12～15年、林分郁闭度0.8以上时，即可进行1次间伐，间伐应采用"下层疏伐法"选择间伐木和保留木，即砍小留大、砍劣留优、砍密留稀，并优先伐除非目的树种的伴生树木；首次间伐的株数强度一般为30%～40%，间伐后的郁闭度不低于0.6，后续可根据林木的分化程度实施1～2次间伐；最终保留株数，大径材为750～1200株/hm²，中径材为1200～1800株/hm²。

六、主要有害生物防治

1. 褐斑病（*Cerospora ipomoeoeae*）

病原菌主要侵染当年生的秋梢嫩叶，亦可入侵前年的老叶，春梢少受其害。发病初期，多从叶尖、叶缘出现红褐色水斑，叶面亦出现病斑，病斑逐渐扩大，当颜色由红褐色变为黑褐色时，病叶开始皱缩、卷曲以至枯死，但不脱落，后期黑褐色病斑散生黑色小颗粒，8～9月为发病盛期，病原菌为弱寄生菌，可直接侵染。防治方法：用50%多菌灵400～500倍液或70%甲基托布津500～800倍液，每隔10～15天喷一次，连喷2～3次，防治效果在85%以上。

2. 茶长卷蛾（*Homona magnanima*）

茶长卷蛾主要危害木荷中、幼林。初孵幼虫吐丝下垂寻找嫩叶取食，常卷嫩叶为苞或缀2～3片叶匿居其中，食叶成孔洞或缺刻以至只剩叶脉。幼虫在虫苞内吐丝结茧，茧呈菱形或梭形，取食到一定时候，会转移虫苞重新缀叶危害，幼虫一生可缀虫苞2～5个，在纯林和郁闭度大的林分危害重。该虫1年发生3代，以1龄或2龄幼虫在2～3片叶子结茧处越冬，老熟幼虫在卷叶中化蛹，幼虫共5龄，翌年4月上旬开始化蛹，4月中旬成虫羽化并交配产卵。第一代幼虫4月下旬孵出，5月下旬开始化蛹，6月中旬成虫羽化。第二代幼虫6月下旬孵出，8月中旬开始化蛹，8月下旬成虫羽化。第三代幼虫9月下旬至10月上旬开始出现，11月中旬陆续进入越冬期。以第一代发生最为严重。防治方法：2.5%溴氰菊酯2000倍液喷雾防治，杀虫效果达95%以上。由于该虫第一代发生较重，防治适期可选在5月上旬幼虫1～2龄时进行。同时，在冬季摘除虫苞，可有效降低第二年虫口密度，并可保护好中华茧蜂、白茧蜂、螳螂、蚂蚁等天敌。

3. 木荷空舟蛾（*Vaneeckeia pallidfascia*）

木荷空舟蛾属于鳞翅目舟蛾科空舟蛾属，近年来在海南、浙江、福建、广东、广西、中国台湾爆发危害木荷，严重危害木荷纯林或混交林，使大片木荷林只剩叶脉与树枝，远看形似火烧，对木荷的生长构成了严重的威胁。幼虫3龄后开始分散取食，停在叶背处从叶片边缘开始啃食，仅留下叶柄和叶脉。4龄以后食量大增，取食整片叶，可在短时间内把整片叶啃食光。9～10月林间害虫种群数量往往达到最大，对木荷林造成严重的危害。成虫有趋光性，飞翔能力弱。一般白天不活动，多栖息于叶背或树枝上，晚上才活动。防治方法：成虫可利用黑光灯进行诱杀。幼虫可选用2000倍4.5%高效氯氰菊酯或2000倍1%阿维烟剂高压水枪喷洒进行防治。

七、材性及用途

木荷木材为散孔材，气干密度0.61～0.64g/cm³，边材与心材区别不明显，材色浅红褐色或暗黄褐色，纹理交错，结构均匀细密，质地坚硬，不易开裂，加工容易，刨面平滑，有光泽，油漆和胶黏性质良好，具有较强的木材力学性质且耐酸腐，是军工、纺织工业（纱锭、纱管和走梭扳等）、建筑、家具、木地板、木制玩具和其他旋刨制品的上等用材，也是制作农具、胶合板等的优良用材。树皮和叶含鞣质，可供提取栲胶，树皮还含有草酸盐类的针状结晶，人体皮肤接触后会引起发痒的过敏现象，可作医药用品原料；用树皮晒干研粉，还可诱杀蟑螂和苍蝇。

（范辉华）

别　名｜红荷木（《云南树木图志》）、峨眉木荷（《中国高等植物图鉴》）、红毛树（云南）、木烟
　　　　（壮语）

学　名｜*Schima wallichii* Choisy

科　属｜山茶科（Theaceae）木荷属（*Schima* Reinw.）

　　西南木荷为常绿大乔木，树高可达30m、胸径可达1m，干形通直，比木荷更耐干旱瘠薄，且
侧根发达、落叶量大且易腐烂，改良土壤能力强，是热带、南亚热带低山丘陵区优良的造林树种。
西南木荷耐火、抗烟能力均较强，也是生物防火林带构建的重要树种之一；西南木荷还可抑制松
树病虫害大发生，亦为优良的针阔混交树种。其木材纹理直、结构细，易于加工，切面光滑美观，
是制作家具、胶合板的优良用材。

一、分布

　　西南木荷自然分布于云南、四川、贵州、湖
南、江西、广西等省份，广东有引种栽培。垂直
分布于海拔100～1600m的丘陵、山地，而以海拔
900m以下最为普遍，在云南怒江河谷垂直分布高
达2600m。在印度、孟加拉国、尼泊尔、缅甸、
不丹、印度尼西亚、越南、老挝、泰国等南亚、
东南亚国家亦有分布。

二、生物学和生态学特性

　　分布于热带和南亚热带，喜
暖湿气候。分布区年平均气温
19～23℃，最冷月平均气温
10～15℃，极端低温−3℃，最热
月平均气温25～28℃；年降水量
1000～1400mm，但干湿季分明。
在广西，西南木荷仅分布于冬春干
旱、雨量较少（1200mm左右）的
桂西，而雨量较多（1500mm以上）
的桂东则只有木荷而无西南木荷
分布。

　　中性偏喜光树种，幼年能在一
定荫庇下生长，但幼树多生于林缘

或林中空地。林分被破坏之后，特别在向阳的坡
面或山脊附近常能成片生长起来。西南木荷能耐
短期低温，但遇持续3天以上重霜则苗、幼树会
受害枯梢。

　　适生于砂页岩、花岗岩、砾岩、变质岩及第
四纪红土母质所发育成的酸性土，而石灰岩山地
不见分布。对土壤要求不高，耐瘠薄，其耐瘠薄
的能力略逊于马尾松。山坡中、下部生长最好，
在山脊、山顶只要土层稍厚、石砾不多仍能正常
生长，但排水不良的洼地或积水地不宜生长。与
常绿阔叶林区的大多数树种比较起来，西南木荷

西南木荷果和叶（文艺摄）

西南木荷枝和叶（文艺摄）

西南木荷树干（文艺摄）

比较耐干旱瘠薄；与松类比较，它则要求较好的土壤及水湿条件。因此，松荷混交林一旦被砍伐破坏，环境向旱生方向发展，西南木荷往往更新不良，植被向纯松林方向演替。

耐火及抗烟能力较强，一般地表火不易烧死，常常被选为防火林带树种。此外，萌生力强，每个树桩一般有8～9条萌条，有时多达15～20条，而且萌芽植株比实生苗生长快。

在不同的地区生长差别较大，一般生长速度中等，但在良好的环境下生长也很迅速。连年生长量比较稳定，生长盛期大致出现在20～40年间，寿命长，生长衰退期到来晚。通过人工栽培，改善土壤及光照条件可以加速生长，生长盛期也可提前到来。

三、苗木培育

采种与调制 西南木荷培育尚未建立母树林和种子园，采种宜选15～50年生健壮、通直、无病虫害的优良母树。其种子在12月至翌年2月陆续成熟，在高海拔地区可延至3月下旬，在低海拔阳光充足地带可提前，当蒴果由青色转黄褐色时即可采收蒴果。采回的果实摊放于阴凉通风处2～3天，然后置于阳光下暴晒并经常翻动，待果实开裂后及时抖出种子，不得过度暴晒，否则影响发芽率。然后，种子经风选、去杂、晾干即可播种。如需短期贮藏应以麻袋包装放于阴凉通风处，但贮藏期不超过3个月，否则会降低发芽率。其中，以5℃低温冷藏或-15℃冷冻贮藏种子，可以有效地保持种子的发芽率（邱琼等，2004）。

种子处理 若种子净度较低，可结合浸种，在播前进一步用水选法提高净度和发芽率。具体做法是将种子放入清水中搅拌，浸泡6～8h后除去水面上的劣种，取下沉种子用于播种。

播种 选择排水良好的沙壤、酸性土作苗圃，圃地应避开风口。整地应在头年秋开始，先翻晒越冬，次年播种。具体做法是经过三犁三耙、充分碎土后作好苗床，床内每亩施入腐熟厩肥2000～3000kg，并与表土拌匀整平。播种方式以条播为好，沟宽4～6cm、沟深1.0～1.5cm，沟底以木板刮平并稍加压实。行距15～20cm，每亩播种量2～3kg。播种后盖一层细土或经沤制的草皮灰，厚度以不见种子为宜，覆以茅草或薄膜保湿。

苗期管理 播种后要始终保持床面湿润，一般播种后7～10天萌动出土。当有1/3的种子发芽出土后，应及时揭去覆盖物并随即搭建阴棚，透光度以30%～40%为宜，以防日灼、雨打伤苗，暑天过后逐次除去遮阴物。间苗遵循"早疏早定、宁早勿晚"的原则，发芽出土4～5周后可进行第一次间苗，保持苗距4～6cm，间出的小苗可以转入容器继续培育；定苗在6月底进行，株距保持6～8cm，定苗后要及时灌溉。前期（幼苗期的3～4月）施肥以稀氮肥为主，宜施1～2次速效化肥或腐熟的稀人粪尿；中期（在速生期的5～9月）以氮、磷肥为主，每月宜施一次速效氮肥或沤制过的人粪尿或腐熟的猪粪；后期（10月）主要施磷、钾肥，如经沤制的草皮灰、骨粉、钙镁磷肥，以促进苗木木质化，以利过冬。1年生苗高达60cm以上、地径0.8cm以上，即可出圃造林（孙时轩，1987）。

西南木荷亦可采用容器育苗。其容器可选用塑料薄膜袋和无纺布袋，规格为直径8～15cm，基质装填高度15～20cm。育苗基质以轻型基质为佳，可采用森林表土或94%森林表土+3%枯落物+3%甘蔗渣，百日即可上山造林（王卫斌等，2008）。扦插育苗、组织培养育苗已经有个别研究成果，但尚未应用于生产性育苗。

四、林木培育

1. 造林地选择

造林地宜选土层比较深厚的酸性至微酸性沙质壤土至中黏土地段，容易积霜、积水的低洼地、石灰岩山地的钙质土，以及干燥的石砾土等，均不宜选作造林地。

2. 造林地整理

西南木荷属侧根发达的浅根性树种，幼苗根系多分布在30cm以内的土层中。整地可采用穴状，规格一般为50cm×40cm×35cm；亦可采用水平带状整地，带宽50cm、深30cm。整地在造林头年秋天进行，这样可使土壤充分风化，以利幼树生长。

3. 栽植技术

西南木荷采用植苗造林，使用1年生壮苗（地径大于0.8cm，苗高大于60cm）。起苗后修剪过长的主、侧根和1/2枝叶，以减少水分消耗，并用泥浆蘸根。如遇寒害苗木地上部分干枯或造林天气恶劣影响造林成活时，可采用截干造林，即在苗木离地表约7cm处将主干截除。

西南木荷造林以冬末春初（1～2月）幼芽未开放前为好，最迟不要超过3月。栽植前施足基肥，每穴施复合肥150g、磷肥100g，也可用农家肥、缓释肥等。栽植注意根系舒展，与土壤紧密接触，覆土回穴后踩紧，覆土要超过根颈4～5cm。栽植后及时灌一次定根水，在土壤保水能力较差立地上应灌溉2～3次，以防苗木顶梢枯死。定植后1～2个月要进行全面检查，发现缺株、死株应于雨季及时补植。

西南木荷造林密度依立地条件、培育目标、抚育措施不同而有区别。由于西南木荷前期生长较慢，8～10年后才加快，且分枝较低，幼林枝叶较稀疏，郁闭较迟，因此初植密度宜大。立地条件好、集约经营程度高，适合培育大、中径材，可适当稀植，以1800～2500株/hm²为宜（株行距2m×2m、2.0m×2.5m等）；一般立地，交通方便，集中连片营造短轮伐期商品工业原料林的可适当密植，以2500～4500株/hm²为宜（株行距2m×2m、1.3m×1.7m、1.5m×1.5m等）。

4. 林分抚育

（1）幼林抚育

定植后2～3个月进行扩穴抚育一次，即在原栽植穴周围向外松土30～35cm，注意不要伤及苗木。此后连续扩穴松土抚育3～4年，每年1～2次，最后扩成水平带。同时，结合扩穴松土进行除草和施肥，每株施复合肥50～100g，开半环状沟，施入后回填表土。

西南木荷全株（文艺摄）

（2）抚育间伐与萌芽更新

西南木荷造林后6～7年林分郁闭，9～10年进行第一次间伐，强度为株数的30%左右，保留木郁闭度为0.6。抚育间伐遵循砍密留稀、砍小留大、砍弯留直的原则，砍除病虫木、保留健壮木。

西南木荷萌生力强，可利用萌芽进行更新。对于短轮伐期林分，造林后8年左右开始砍伐，伐桩留在林地进行萌芽更新，轮伐期6～7年。伐后1～2年内仅留近地面的1～2支健壮萌条，并于4～5月进行追肥，即在每丛外15cm处开沟施复合肥150g，连续进行2年。

5. 防火林带设置

西南木荷可营造纯林防火林带，也可与油茶、茶树等混交，即林带边缘种西南木荷、中间1～2行油茶和茶树，使林带纵剖面上都有树冠，不仅可阻挡树冠火，也可阻挡地表火，提高防火效能。防火林带可在林缘、林内、山脊、山冲及林区公路、铁路两侧、国境线和风景区、自然保护区、工矿、油库、仓库、住宅区周围设置，位置和规格要根据地形、地势和防火的要求不同而定。

大片针叶林内西南木荷防火林带的设置应结合防火林带规划设计进行，并充分利用冲沟、岩石等天然障碍，建立防火林带网。林带宽度应在20m以上，并以营造多层防火林带为好，使防火林带起到既能阻隔树冠火，也能阻隔地面火的目的。西南木荷亦适宜于设置山脊防火林带。接近山脊火焰前方就是下坡，火焰逾越能力差，林带可略窄，一般宽度15m左右就能阻止火焰的蔓延。

在林缘、田林交界处营造西南木荷防火林带以防农业生产用火蔓延至林内。防火林带应采用多层紧密型结构，当林带内西南木荷长至2m左右就将靠近农田一侧第一排或连同第二排树伐除，使其根萌芽，可定期进行2～3次，使第一、二排的西南木荷成为萌生矮林。

自然保护区、名胜古迹风景区西南木荷防火林带可设置在外围或内部的必要地区。外围林带宽度一般应在30～50m，内部林带宽度视情况而定。最好营造多层防火林，并充分利用一些耐阴、耐火又有观赏价值的植物作下层木。

林区的厂矿、贮木场、加油站、仓库及住宅区周围营造西南木荷防火林带可结合绿化进行，达到防火、绿化、隔音多效整合。其宽度可视建筑物高低及库区、矿区可燃物燃烧火强度而定，一般不低于30m，并营造成上层树冠以西南木荷为主的多层林带。

林区铁路、公路两侧营造的西南木荷防火林带既作绿化，又能防止因机车喷火以及乘客或行人用火不慎引起的火灾。其宽度一般应在20m以上，以多层防火林带为佳（郭惠如和牟正华，1988）。

6. 混交林配置

与杉木混交，采用带状混交，沿坡面或沿水平带栽植均可。也可在山脊线一带种西南木荷，同时作为防火林带。与松类混交可采用行间混交、株间混交等方式，也可在松树幼林中栽植西南木荷实施混交。

7. 次生林改造

西南木荷分布的低山丘陵地区，有些稀疏次生马尾松林，生长不良、单位面积蓄积量低，宜进行改造，方法是套种西南木荷。这样不仅可增加林木密度，提高林分蓄积量，还可改善土壤条件和林内气候条件，有利于林木生长，增加森林涵养水源的能力。广西来宾维都林场1964年造的一片马尾松林，因成活率低，于1966年春套种西南木荷，其生长速度超过马尾松，11年生平均树高10.5m、平均胸径10cm，最大树高达15m、胸径18cm；而马尾松平均树高8m、平均胸径7cm。

六、主要有害生物防治

西南木荷病虫害较少，但因苗床积水容易发生根腐病，此病如不及时控制则发展很快，甚至可将全部苗木毁灭。做好排水工作可减少或免除此病，尤其是做到整个生长季苗床不积水、雨后应及时排水。

对于病虫害的防治，亦可从营林措施来解决，营造混交林是一种理想的措施。国营维都林

场西南木荷与马尾松棍交林中的西南木荷受虫害就比纯林轻得多，没有成灾。西南木荷防火林带的迅速生长还能抑制突圆蚧、松毛虫蔓延，减少其对松类林分的危害。

地老虎防治方法：地老虎幼虫会咬断苗木嫩根茎，用敌百虫50g拌炒熟的米糠5kg撒在苗床上，或用青菜叶傍晚铺盖在苗床上或沟内，夜间地老虎会群集在叶片下，第二天清晨掀开叶片捕杀。

蛴螬防治方法：蛴螬是金龟子的幼虫，冬季圃地深翻时可放鸡鸭取食蛴螬或人工捕捉，也可在播种时每亩用50%辛硫磷乳油200～250g，加水10倍喷于25～30kg细土上拌匀制成毒土，撒于播种沟或地面，随即耕翻或混入厩肥中施用；苗期可用50%马拉松800倍液浇施。

金龟子、尺蠖、舟蛾、卷蛾防治方法：危害西南木荷林木的主要食叶害虫有金龟子、尺蠖、舟蛾、卷蛾等。金龟子成虫4～5月食叶片，可用化学药剂喷杀，也可利用金龟子成虫的假死性和趋光性，在其群集树上危害时及时震落捕杀或设置黑光灯诱杀。尺蠖和舟蛾幼虫6～8月取食叶片，卷蛾幼虫危害嫩芽，均可用化学药剂防治。

天牛防治方法：天牛为蛀干害虫，当树干基部地面上发现有成堆虫粪时，用铁丝将蛀道内虫粪掏出，用棉签蘸80%敌敌畏乳油，或40%乐果乳油，或吡虫啉插入蛀孔，用泥巴封堵熏杀幼虫；或用56%磷化铝片剂，分成10～15小粒，每一蛀洞内塞入1小粒（0.2～0.3g），再用泥巴封堵熏杀；当幼虫尚在根颈部皮层下蛀食或蛀入木质部不深时，可用铁丝直接钩杀。

七、材性及用途

西南木荷为我国南方重要用材树种。其木材属于散孔材，心材黄褐色至浅红色，与边材区别不明显，边材色浅，生长轮不明显至略明显。木材具光泽，无特殊气味和滋味，纹理斜，结构甚细、均匀；重量（气干密度0.694g/cm³）及硬度中等，锯容易，刨略困难，但刨面光滑，旋切性能良好，油漆、胶黏性能亦佳；干燥较难，易产生开裂和翘曲，干缩甚大（干缩系数径向0.219%～0.250%，弦向0.334%～0.561%），使用前应适当干燥；强度中（顺纹抗压强度46.3～54.6MPa，抗弯强度88～98MPa）；木材天然耐腐性弱，防腐处理心材较难、边材容易（赵砺，2005）。

西南木荷木材用途较广。板材可作家具、车辆、包装箱等用材；原木可用来旋切单板制造胶合板，防腐处理后作枕木、坑木、桥梁等；小规格材可用作纱管、线芯、算盘珠、棋子及日常生活用具的把柄和农村建设用材等。

西南木荷比木荷更耐干旱瘠薄，落叶量大，叶含氮量达1.2%，容易腐烂，涵养水源和改良土壤效果显著。抗火力和耐烟力较强，且生长快、侧枝多、枝叶茂密、冠幅大，是营造防火林带的理想树种。树皮约含5%的鞣质，纯度约50%，可供提制栲胶。此外，民间用该属植物的树皮和根皮杀虫和灭钉螺，兽医用其作驱虫药。

（姚增玉，戚建华，焦军影）

别　名 | 广东厚皮香、厚叶厚皮香
学　名 | *Ternstroemia kwangtungensis* Merr.
科　属 | 山茶科（Theaceae）厚皮香属（*Ternstroemia* Mutis ex L. f.）

　　华南厚皮香树干通直，树形挺拔，树姿优美，叶色润绿，花白果红、微香，材质坚硬细致，材色绯红，种子含油率达23.1%，是优良的用材树种、园林观赏树种和生物质能源树种（中国科学院中国植物志编辑委员会，1998）。

一、分布

　　华南厚皮香主要分布于福建、广东、广西、湖南、江西。多生于海拔50～1700m的山地或山顶林中以及溪沟边路旁灌丛中（中国科学院中国植物志编辑委员会，1998）。

二、生物学和生态学特性

　　常绿乔木。高可达10m，胸径可达30cm，全株无毛。树皮灰褐色，平滑。嫩枝粗壮，圆柱形，淡红褐色，小枝灰褐色。叶互生，厚革质且肥厚，椭圆状卵圆形、倒卵形，长5～9cm，宽3～6cm，顶端急短尖，基部阔楔形或钝形，边全缘，干后反卷，有时上半部疏生腺状齿突，上面深绿色，有光泽，下面浅绿色，密被红褐色或褐色腺点，中脉明显，侧脉5～7对，不明显；叶柄粗壮，长1～2cm。花单朵生于叶腋，两性或单性，花梗长1.5～2.0cm；雄花小苞片2枚，卵圆形，长4～5mm，宽约3mm，边缘疏生腺状齿突；萼片5枚，卵圆形，长、宽均为6～8mm，顶端圆，边缘有腺状齿突，无毛；花瓣5枚，白色，倒卵形或长圆状倒卵形，长约10mm，宽约8mm，顶端圆而有微凹；雄蕊多数，长约6mm，花药卵圆形，长约3mm；退化子房微小。果实扁球形，长1.5～1.8cm，直径1.6～2.0cm，通常3～4室，少有5室，宿存花柱粗短，长1～2mm，顶端3～4浅裂，少有5浅裂；宿存小苞片卵圆形或三角状

卵形，长约3mm，宽约4mm；宿存萼片近圆形，长、宽各6～7mm；果梗粗壮，长1.5～2.0cm，粗约3mm（中国科学院中国植物志编辑委员会，1998）。

　　在自然条件下，华南厚皮香无性繁殖与有性繁殖均有。华南厚皮香是一种长日照植物，性成

华南厚皮香花（上饶市林业科学研究所提供）

华南厚皮香叶（上饶市林业科学研究所提供）

熟植株的花芽在植株开花前一年就已经发育，单生于叶腋，它们以休眠芽的形式度过冬季，第二年3月枝芽最先萌动，并长出1个或几个1年生枝条，不久花芽开始萌动，在4月中下旬出现花蕾，4月底始花，5月上旬为盛花期，5月中旬为开花末期，始花到花期结束的时间为15～20天，因光照强度不同而有一定的差异；其后花瓣脱落，果实逐渐形成，到10月初果实陆续成熟；花萼与小苞片不脱落并紧包住果实宿存下来；在开花的过程中，1年生枝条继续伸长；花芽大多萌发，只有少数花芽不能开花；同一植株上，同一枝条与不同枝条上的花芽开花、结果几乎是同步的，而在不同植株上存在时间差（中国科学院《中国植物志》编辑委员会，1998；朱恒等，2008；张衍传等，2015）。华南厚皮香实生繁殖情况下，初实结果年龄6～8年（朱恒等，2008）。

三、苗木培育

1. 播种育苗

（1）采种

选择生长健壮、无病虫害的母树进行采种。10月上中旬，果色完全转红、果实尚未开裂时，用枝剪剪下果梗，摘取果实，并保护好母树（朱恒等，2008）。采集后的果实先经过堆沤，待果实软腐后，淘洗、搓种皮、去蜡质、水洗精选提纯、阴干，在阴凉通风处沙藏。冬播或春播。

（2）圃地选择

选背风、向阳、平坦、土层深厚、肥沃、排灌条件良好的沙壤土或壤土作圃地。育苗圃地深翻25cm以上，施足基肥整地，每亩施饼肥100～150kg。苗床东西向，宽1.0～1.2m，高20～25cm（朱恒等，2008）。

（3）播种

播种前进行土壤消毒，用1%～3%$FeSO_4$浇洒床面，浇洒后用塑料薄膜遮盖1～2天；揭去覆盖膜后5～7天播种；条播或撒播，条播行距20～25cm，幅宽10cm，沟深2～3cm；播种后用细土覆盖，厚度1.0～1.5cm，覆土后稍加镇压，上面再用稻草或薄膜覆盖；待种子发芽出土达60%时，分批揭去覆盖物；当幼苗出现2～3片真叶后，移苗间苗，移苗时截去主根的1/4～1/3，以促进根系的生长；每亩留苗2万株（朱恒等，2008）。

（4）苗期管理

华南厚皮香苗木前期生长需要一定的庇荫和较高的空气湿度。4～5月，圃地搭建遮阴度为50%～70%的遮阳网；9月下旬，揭去遮阳网；注意排水、防涝，适时浇水，保持土壤湿润，适时追肥、松土、除草；病害有苗木立枯病、茎腐病等，可用500～1000倍的70%甲基托布津溶液喷洒幼苗或用500～800倍的10%井冈霉素浇幼苗的根部。小苗培育2年，长至45cm以上时即可出圃（朱恒等，2008）。

2. 扦插育苗

插穗长6～8cm，插穗的上部保留半叶，剪去其他叶片；插穗50根1小捆，剪口方向一致，保持下端平齐；扦插基质选择黄心土、泥炭土、草木灰按4∶4∶2或黄心土、珍珠岩按5∶5比例充分拌匀；扦插时间3月最适宜，激素处理用ABT6号150mg/kg溶液浸泡2h（于宏等，2014）。

四、林木培育

1. 造林整地

选海拔800m以下，坡度15°以下，土层厚度80cm以上，腐殖质层厚度15cm以上，土层疏松、湿润、排水良好的低山、丘陵、谷地为造林地；采用带状与穴状整地，带宽1.0~1.2m，内低外高，深挖20~30cm后打穴，穴的规格为50cm×50cm×40cm；用种源清楚的Ⅰ、Ⅱ级苗造林，在春季芽苞萌动前栽植（朱恒等，2008）。

2. 造林方式

栽植时间为12月至翌年3月。

幼年期生长缓慢，可与优良速生园林绿化树种混交，主要树种有杜英、木莲、深山含笑、鹅掌楸、香樟、喜树、桂花、枫香等；混交比例为华南厚皮香占2/3，其他树种占1/3，带状或星状混交；初植株行距1.5m×2.0m，密度222株/亩左右；造林5年内树冠郁闭前，伴生树种全部移出利用，最终保留华南厚皮香纯林；纯林造林，初植株行距为1.5m×2.0m，随着华南厚皮香的生长，胸径达4cm以上时逐步移植作大苗使用；用材林最终保留株行距3m×4m，密度控制在56株/亩左右（朱恒等，2008）。

3. 抚育管理

第1~3年每年抚育2次，5~6月、9~10月各1次。带状整地的带间砍杂、带面松土除草，穴状整地采用全面锄草逐年扩穴连带；松土时清除杂灌、除蘖、培土，松土深度10cm左右；底肥用枯饼20~30kg/亩、钙镁磷肥50~60kg/亩，拌匀土后，施入（朱恒等，2008），根据生长状况适时追肥。

五、主要有害生物防治

华南厚皮香病虫害罕见。

六、综合利用

树体挺拔，树形优美，树冠浑圆，四季常青，枝叶常青，枝叶层次分明，初夏花开浓香，深秋红果如伞，入冬叶色绯红，是优良的四季均可观赏的景观树，同时还具有净化空气、降噪抑尘、改善小气候的作用。利用其耐阴性可制作盆栽，绿化装饰室内。

材质坚硬细致，材色绯红，是极好的高档用材树种；其种子含油量高是良好的生物质能源树种。

（吴南生，张露，朱恒）

别　名｜阳桃、毛桃、藤梨、奇异果

学　名｜*Actinidia chinensis* Planch.

科　属｜猕猴桃科（Actinidiaceae）猕猴桃属（*Actinidia* Lindl.）

中华猕猴桃是多年生落叶木质藤本植物，其果肉细腻，味道香甜爽口，含有大量的营养物质，素有"人间仙果"的美誉。中华猕猴桃在我国栽培历史悠久，据考证，2000多年前《诗经》中出现的"隰有苌楚"意思就是指在潮湿的地方可生长猕猴桃，直接文史资料记载见于唐代诗人岑参的诗篇"中庭井栏上，一架猕猴桃"，至今已有1200年的历史。但是作为一种产业化人工栽培的经济林树种发展较晚。近年来，在我国发展迅速，一时成为水果中的新贵。中华猕猴桃由于其果实独特的美味营养、药理保健价值，成为了20世纪在自然野生资源中通过人工驯化栽培最成功的经济林树种之一。

一、分布

猕猴桃科植物的自然分布非常广泛，主要分布于北半球的温带地区并扩展至亚热带及热带山区，除大洋洲和南极洲之外的各大洲均有分布，但大部分类群主要集中在我国秦岭以南、横断山脉以东的地区。猕猴桃属分类一直存在争议，猕猴桃属约54种，中国约52种，其中44种为我国特有（黄宏文，2013）。在我国的地理分布特点是南方的省份分布较为密集，越往南分类群越多、越复杂，越往北分类群越少，变种和变型较多的地区意味着该属植物演化较强烈，其分布中心在25°～34°N的带状地区，包括西部的云贵高原、中部的江南丘陵和南岭山地、东部的东南沿海丘陵等地。其垂直分布在海拔150～3500m。云南、广西、湖南、四川、贵州、江西、浙江、广东、湖北和福建等地的分类群最多，陕西、安徽和河南次之（刘占德，2014）。我国猕猴桃的野生储量非常丰富，根据我国20世纪80年代猕猴桃资源普查的粗略统计，仅中华猕猴桃和美味猕猴桃的野生果实储量就高达1500t以上（崔致学，1993）。

二、生物学和生态学特性

多年生落叶木质藤本植物，一年生枝灰绿褐色，多年生枝条深褐色，有柔毛，茎髓绿色，层片状。叶片纸质或半革质，扁圆形、近圆形，间或倒阔卵形，基部心形或近截形，顶端钝圆或微凹，叶缘有芒状小齿，表面有疏毛，背面密生灰

中华猕猴桃果实剖面（刘仁林摄）

陕西眉县中华猕猴桃果枝（刘占德摄）

陕西眉县中华猕猴桃育苗（刘占德摄）

白色星状绒毛。雌雄异株，花腋生，雌花多为单花，少数为聚伞花序，雄花多为聚伞花序，雌蕊为子房上位。果实为浆果，成熟期通常在8～10月，有近圆形、长椭圆形等，密被黄棕色柔毛或无毛。果实采摘经过后熟软化，味道酸甜可口、清香多汁。

中华猕猴桃大多要求温暖湿润性气候，年平均气温11.3～16.9℃，极端最高温42℃左右，极端最低温－20℃左右，≥10℃的有效积温为4500～5200℃，无霜期160～270天。属于喜光耐阴植物，幼苗和幼树喜阴，忌强光直射，幼苗期需要遮阴，成年树喜光，需要良好的光照条件。多生长在半阴坡的环境，对强光照比较敏感。喜土层深厚、肥沃疏松、保水排水良好、有机质含量高的壤土。根系大多集中在30～60cm土层，一般pH在5.5～7.5的土壤比较适宜。除需要氮、磷、钾等大量元素外，还需要丰富的镁、锌、铁等微量元素。喜潮湿、怕干旱，又不耐涝。凡年降水量在800～2200mm、空气相对湿度在75%以上的地区，均能满足其对水分的要求。由于根系为肉质根，组织空隙率小，所以水分过多会导致缺氧，排水不良或积水时，会使树体死亡。

风也是影响中华猕猴桃生长发育的重要因素，对风最为敏感。其叶片大而薄，脆而缺乏弹性，易遭风害，轻则叶片边缘呈撕裂状破碎，重则叶片全被吹掉。大风会使其嫩枝蔓折断，使果实与叶片、枝条、棚架摩擦，造成叶磨或果面伤痕，使果实不能正常发育或直接影响果实外观品质。

三、良种选育

我国的猕猴桃育种工作从20世纪70年代开始起步，经过30多年的不懈努力，多家育种单位包括西北农林科技大学园艺学院、中国科学院武汉植物园、郑州果树研究所、四川省自然资源科学研究院、湖南省农业科学院园艺研究所、庐山植物园、广西植物研究所等40余家科研单位，在对我国猕猴桃野生资源调查收集和评价保存的基础上，加强资源交流及研究协作，充分发掘并利用当地或外地优势种质资源，开发并培育出100余个优良猕猴桃品种（系），取得了巨大研究成就（黄宏文，2007）。本土猕猴桃品种的不断培育和推新，极大地促进了我国猕猴桃产业的起步与快速发展。与此同时，猕猴桃产业也成为我国果业发展的一个新亮点。主要育种方法有：野生优选、实生选育、芽变选种、杂交育种等。

我国各地区猕猴桃主栽物种与主栽品种构成包括美味猕猴桃（*Actinidia delicios*）、中华猕猴桃（*A. chinensis*）、软枣猕猴桃（*A. arguta*）、毛花猕猴桃（*A. eriantha*）以及杂交新品种。目前作为商品生产的大多为中华猕猴桃和美味猕猴桃2个种。各地区栽植品种如下。

陕西：'秦美''徐香''脐红''翠香'。

四川：'海沃德''红阳''川猕'。

河南：'海沃德''华光系列'。

江西：'魁蜜''庐山香''金丰''早鲜''怡香''江园1号'。

湖北：'海沃德''金魁''通山5号''武植3号'。

湖南：'丰悦''翠玉''魁蜜'。

贵州：'海沃德''米良一号''魁蜜''庐山香''秦美'。

云南：'海沃德''金丰'。

江苏：'海沃德''徐香'。

安徽：'海沃德''皖翠'。

广西：'桂海4号'。

四、苗木培育

1. 播种育苗

种子采集 选择壮健、无病虫危害的成年优良单株，待果实完全成熟后采种。

种子处理 未经处理的猕猴桃种子处于休眠状态，种胚尚未完成生理后熟，基本上不发芽或发芽很少。经过生理后熟，打破种子的休眠，才能正常发芽生长。生产上常用的种子后熟处理方法主要有沙藏、变温处理和激素处理等。

播种时期 播种时间一般是春季，即早春土壤解冻后，日平均气温11～12℃时进行。南方可在3月下旬开始，北方在4月中旬播种。

播种育苗 采用条播的方式。先开好10cm宽、2～3cm深的播种沟，行距25cm左右。然后将苗床浇透水，待水分下渗后播种。播种量3～5g/m²，播后搭设薄膜拱形棚覆盖苗床，保持温度和湿度。大约2周即可萌芽出土。也可在早春利用温室等人工加温条件下采用穴盘育苗，加快育苗进程。

洒水施肥 早、晚检查，喷水保持土壤湿润，喷水要轻而缓慢。切忌大水漫灌和喷水过猛损伤幼苗。幼苗长出2～3片真叶时，喷施0.1%～0.2%的尿素和磷酸二氢钾补充营养，促进生长。待到3片真叶时，及时剔除弱苗、病虫危害苗和畸形苗；间苗以3～5cm左右苗距为宜；及时拔除杂草，注意不要损伤根系。

苗木移栽 当幼苗长到4～5片真叶时，选择无风的多云天、小雨天或晴天的傍晚及时进行移栽，以行距15～20cm、株距5～10cm为宜。边起苗，边移栽，边浇水封窝，尽早搭设遮阳网遮阳。

2. 嫁接育苗

嫁接是目前果树繁殖采用最广泛的育苗方法。它是选用优良品种的一个芽或一段枝条（接穗），接到另一植株（砧木）上，使接穗生长发育成地上部器官，利用砧木的根系吸收、供应养料和水分，二者结合形成一个完整的植株。

接穗 接穗要在优良栽培品种的结果树上选取生长健壮、芽眼饱满、无病虫危害的1年生枝或当年生的结果枝或发育枝。夏、秋季嫁接时，要选择已经木质化的枝条上的饱满芽。春季嫁接的接穗在冬季修剪时采集，将接穗按品种收集后分别捆绑、标明名称，在背阴处沙藏或窖藏，翌年开春后使用。

砧木 嫁接用的砧木应是生长健壮、无病虫危害的植株。

嫁接时期 嫁接在春、夏、秋季都可进行。春季嫁接使用贮藏的1年生枝条作接穗，2月中下旬开始到展叶进行。由于春季嫁接的接穗和砧木贮藏的营养较多，优质苗出圃率高。夏季嫁接采用当年生新梢作接穗，应在枝条木质化后进行，时间一般在6月下旬以后。秋季嫁接应不晚于9月，过迟则气温降低，芽虽然可以成活，但嫁接口愈合质量不高，越冬时易被冻死。

嫁接方法 由于猕猴桃芽座大而突起，芽垫厚，取芽困难，芽片取下后芽基内空洞较大，无法与砧木的形成层密切结合，因此猕猴桃的嫁接方法与其他果树有很大的不同，常采用的方法主要包括：单芽腹接、舌接、劈接、皮下接、单芽枝腹接等。嫁接时应注意：砧木与接穗结合部位的形成层要对齐；削砧木和接穗时切面要适当长一些，以增加形成层接触的面积；削面平滑才能结合紧密；结合部位包扎一定要严密；嫁接前后要保证苗圃地水分供应充足，植株保持较高的新陈代谢能力，促进接口愈合，提高成活率。

嫁接苗的管理 猕猴桃嫁接后的管理对嫁接是否成活、萌发和生长发育状况都有直接的影响，除了加强日常肥水管理工作外，还应做好剪砧、除萌、设立支柱、解绑、摘心等工作（王银柱，2010）。

3. 扦插育苗

扦插是目前果树育苗中繁殖迅速、应用广泛的无性繁殖方法。通过扦插繁殖的新植株能保持母株的优良性状，提早开花结果，并能按性别获得整齐的雌株和雄株，这对于雌雄异株的猕猴桃优良品种（品系）的繁育和商品生产具有重要的现实意义。

陕西眉县中华猕猴桃果园（刘占德摄）

嫩枝扦插　嫩枝扦插也叫绿枝扦插，是用当年生半木质化枝条作插条进行扦插。主要在猕猴桃生长期使用，一般在新梢木质化后的5～8月期间进行（黄宏文，2013）。

硬枝扦插　即采用已木质化的1年生枝条进行扦插。一般从落叶后到翌春萌发前的这段时间均可进行，具体时间依当地气温、扦插条件而定。多数情况下，我国中部地区在2月中下旬至3月上中旬为宜，有保温设施的（如温床、温室、大棚等）可提早到1月进行（钟彩虹等，2014）。

插床及其准备　硬枝扦插的插床应选在背风向阳的地方。插床的种类很多，粗分为温床和凉床，前者是指利用温室或大棚等一定设施，温度、湿度在一定范围内可控的苗床，后者是指处于自然温度状态下的苗床。①温床的准备。有条件的地方可建温床，促进插条尽早生根。目前常

用的是电热温床。也可以用生物酿热温床（如马粪、牛粪等发酵放出的热能作温床热源）进行扦插。②凉床的准备。在选定的位置平整地面，插床面积大小依插条多少而定，一般宽1.0～1.5cm，高或深25～30cm，长度不定。选用疏松肥沃、透气良好的沙壤土并掺加适量细沙、蛭石、珍珠岩等的混合物基质作插壤。插壤使用前必须消毒，多用1%～2%的福尔马林溶液均匀喷洒，边喷边翻动插壤，然后堆放，用塑料薄膜密闭1周左右，用前3～4天揭去薄膜，翻动，通风晾放，最后按要求平整。

插条选择　插条的选择、贮藏同接穗的选择与贮藏。

插条处理　在扦插前取出插条，剪成10～15cm长的枝段，每枝段约有3节，下切口削成斜面，上切口在顶芽上方1.5cm处平剪。一般上切口涂蜡，下切口用生长调节剂处理。在用生长调

节剂处理时，目前常用的是高浓度的吲哚丁酸（IBA）5000mg/L快浸3~5s，生根成活率比低浓度100mg/L浸泡（1天左右）高得多。其原因一般认为是慢浸使养分外渗损失过多，从而导致枝条生根能力下降。

扦插技术　将插壤整平，按行距15~20cm划线，取处理好的插穗按10~15cm株距扦插，插入深度为插条全长的2/3，直插或斜插均可。

插后管理　插后要特别注意插壤的温度和床面空气的温度。扦插前期气温低，插条尚未萌发，需水量少，故此时供水不宜太多，一般7~10天浇1次透水即可。萌芽抽梢后，耗水量迅速增加，供水量也应增加，晴天每2~3天浇1次透水，在保持插壤适宜的湿度的同时，要提高床内空气相对湿度，以降低叶面的蒸发量。

五、林木培育

1. 园址选择

建园时首先考虑自然条件是不是适合猕猴桃生长，只有条件适宜，才能达到高产、优质、低成本。否则建起来也是产量不高，品质不优，或易成"小老树"，失去经济价值。我国野生猕猴桃多分布在长江流域和秦巴山区、伏牛山、大别山等深山区。这些丘陵山地日照充足，空气流通，排水良好，病虫害少，因此，生长发育正常，产量高，果实耐贮藏。

猕猴桃园址应选择在气候温暖，雨量充沛，无早、晚霜危害，背风向阳，水资源充足，灌溉方便，排水良好，土层深厚，富含腐殖质的地区。同时应考虑劳动力、交通等社会条件，尽量选择接近公路、交通方便的地方建园。

2. 品种选择

猕猴桃种类繁多，要根据市场需求和产地条件选择适宜的优良品种，主栽品种应是经过品种审定部门审定或认定的品种。从猕猴桃产业的角度，品种构成应该以发展优质、丰产、耐贮晚熟品种为主，搭配栽植早、中熟品种为辅。面积较大的果园要注意早、中、晚熟品种搭配，避免品种单一使成熟期太过集中而影响销售。但是栽培品种也不能太多，区域种植时品种选择要考虑区域化布局。

3. 园地规划

园地规划应充分考虑当地的条件，避免不利因素，合理布局。

划分作业区　作业区是大面积果园的基本单位。大型果园以50亩为一小区，也可以20~30亩为一小区。家庭果园则更小，以2~3亩或几十株为一个单元，不再分小区。在山地建园，以一道沟或一面坡为作业区。小区划分必须考虑道路、水渠的位置。

道路规划　所有果园的道路分层次修建。拖拉机或三轮车、架子车能出入果园，道路直通分级场地，分级场的路要能与建设公路相连。不具备这些道路网络者，不宜建园。

灌溉系统　现代化的喷灌、微喷、滴灌等技术应为首选的灌溉系统，无论在哪种地形上建园，都要结合小区划分和道路规划修建灌溉系统，使各级渠道配套，以便及时灌水。

排水系统　猕猴桃喜湿怕涝，建园时一定要配套健全的排水系统，防止雨水过多导致根系腐烂，最终致使树体死亡。

分级场和果库　每50亩或100亩设一个分级场地，可放果箱，临时分级。条件允许时要搭上防雨棚。有些地区已在果园附近修贮藏库，就地分级，就地贮藏，这是最好的办法，将损失减到最低限度。

防风林　在风害较大地区，要先建防风林，后建园。防风林建起后，可保护树枝不会被风吹断，果实不会因风大而摩擦发黑，叶子不会被打烂，还可以起到防冻作用。防风林用的树种很多，主要有杨树、柳树、柏树、女贞等，前面两种树树冠大，防风效果好。

4. 苗木的选择

栽植的成品苗应选大苗、Ⅰ级苗，且苗木品种纯正，无检疫对象，接口处无未愈伤疤。主侧根数目3个以上，副侧根数5个以上，根长25cm以上；高度60cm以上，有5个以上饱满芽；接合部上方2cm处粗度0.9cm以上。栽植前应检查苗木的根系，要剪去受伤较重的部分，以利于根系伤口的愈合。

5. 苗木定植

（1）栽植时间

猕猴桃栽植可分为秋栽和春栽。秋季栽植从落叶起至封冻前都可进行，即11月至12月中旬。这时苗木正在进入或已经进入休眠状态，体内贮藏的营养较多，蒸腾量很小，根系在地下恢复的时间较长，翌年苗木生长较旺盛。春季栽植在土壤解冻后直到芽萌动前进行，即早春的2月下旬到3月中旬。春栽有利于苗木免受冬季寒流冻害的威胁，减少苗木损失的概率，但根系恢复时间较短。

（2）雌雄株配置

猕猴桃为雌雄异株植物，建园时要同时栽植雌性品种和配套授粉雄株。雌、雄树比例搭配适当，才能够充分授粉。当前猕猴桃生产中雌、雄株配置比例以5～8∶1居多（图1）。

雌、雄比例8∶1　　雌、雄比例6∶1　　雌、雄比例5∶1
●雌株　△雄株

图1　猕猴桃不同雌、雄比例定植

（3）栽植密度

我国目前多采用株行距3m×4m，每亩地栽植55株，这在我国的管理条件下是适宜的。由于栽植密度受品种的特性、立地条件、管理水平、采用的架型等因素的影响，建园时可根据具体情况适当做一定调整。

（4）挖穴或开槽

按照确定的株行距，先测行线，再测株线，株线、行线的交叉点即为定植点，用石灰标出定植点，再按80cm×80cm挖定植穴，或沿行进行开槽。挖穴或开槽时将表土和下层土分开堆放。回填时每穴施入腐熟的农家厩肥50kg，并拌入1kg过磷酸钙。厩肥等与表土混合均匀后填入穴（槽）内，再填入其他表土，使定植穴略低于地

平面，然后灌透水一次，使之充分沉实。

（5）栽植方法

栽植时，将幼苗放在穴中央，把根系向四周铺开，不要弯曲，苗木前后左右对齐。用表土或混合土盖根部，然后将幼树向上提动，使根系舒展，最后，将穴填满。苗木栽植深度以土壤下沉后根颈与地面相平或略高于地面为好，不要将嫁接部位埋入土中。栽植过深不利于苗木的生长。苗木栽好后要踏实土壤，并及时灌透水。灌水后土壤下陷，要及时进行培土，待分墒后，进行松土保墒或树盘覆盖。

6. 林木养护技术

（1）整形

整形的优劣直接影响到以后多年的生长结果，从建园开始就应按照标准整形，否则到成龄后对不规范的树形再进行改造就比较困难。猕猴桃整形通常采用单主干上架，在主干上接近架面的部位选留2个主蔓，分别沿中心铅丝伸长，主蔓的两侧每隔25～30cm选留一个强旺结果母枝，与行向成直角固定在架面上，呈羽状排列。不规范树形的改造主要在冬季修剪时进行，生长季节也要按照改造的目标进行控制管理，改造时选留和培养永久性主干是关键，对临时性主干的疏除既不能过分强调当年产量而保留过多，也不能过急过猛，以免树体受损过重。

（2）冬季修剪

冬季修剪主要任务是选配适宜的结果母枝，同时对衰弱的结果母枝进行更新复壮。

初结果树的修剪　主要任务是继续扩大树冠，适量结果。冬剪时，对着生在主蔓上的细弱枝剪留2～3个芽，促使下年萌发旺盛枝条；长势中庸的枝条修剪到饱满芽处，增加长势。主蔓上的先年结果母枝，如果间距在25～30cm，可在母枝上选择一个距中心主蔓较近的强旺发育枝或强旺结果枝作更新枝，将该结果母枝回缩到强旺发育枝或强旺结果枝处；如果结果母枝间距较大，可以在该强旺枝之上再留一个良好发育枝或结果枝，形成叉状结构，增加结果母枝数量。

盛果期树的修剪　一般第六年或第七年时树

体枝条完全布满架面，猕猴桃开始进入盛果期。冬季修剪的任务是选用合适的结果母枝，确定有效芽量并将其合理地分布在整个架面，既要大量结优质果获取效益，又要维持健壮树势，延长经济寿命。一般在12月中旬至翌年1月进行，对长果枝剪留8～12个芽，中果枝剪留7～9个芽，短果枝剪留4～6个芽，短缩状果枝可以不短截。结果母枝必须及时更新，长、中、短结合，架面均匀分布。

（3）夏季修剪

夏季修剪是冬季修剪的继续，目的在于改善树冠内部的通风、光照条件，调节树体养分的分配，以利于树体的正常生长和结果。

抹芽 除去刚发出的位置不当或过密的芽，以达到经济有效地利用养分、空间的目的。

疏枝 疏枝从5月下旬左右开始，6～7月枝条旺盛生长期是关键时期。在主蔓上和结果母枝的基部附近留足下年的预备枝，疏除对象包括未结果且下年不能使用的发育枝、细弱的结果枝以及病虫枝等。

绑蔓 绑蔓主要针对幼树和初结果树的长旺枝，是猕猴桃极其重要的一项工作，尤其在新梢生长旺盛的夏季，每隔2周左右就应全园进行一遍。绑缚不能过紧，以免影响加粗生长。

摘心 摘心一般在6月上中旬大多数中短枝已经停止生长时开始，对未停止生长、顶端开始弯曲准备缠绕其他物体的强旺枝，摘心后发出二次枝且顶端开始缠绕时再次摘心（雷玉山等，2010）。

六、主要有害生物防治

1. 猕猴桃细菌性溃疡病（*Kiwifruit bacterial*）

猕猴桃细菌性溃疡病是由丁香假单胞杆菌猕猴桃致病性变种（*Pseudomonas syringae* pv. *actinidiae*）引起的一种低温高湿性病害，主要在藤蔓的病枝上越冬，或于病枝、病叶等残体上在土壤中越冬，成为翌年初侵染源。该病菌主要借风雨、昆虫、农事操作等传播，从植株伤口和自然孔口侵入。主要危害树干、枝条，严重时造成植株、枝干枯死，同时也危害叶片和花蕾。一年中有两个发病时期：一是春季，从伤流期到谢花期；二是在秋季，果实成熟前后，发病多以叶片为主，嫩枝次之，主干很少发病。防治方法：严格检疫，严禁从病害发生区调运和引入有病苗木、接穗和插条，以防远距离传播。加强栽培管理，多施农家肥料，改善土壤结构，提高树体对多种元素的吸收利用。春季尽量不修剪，以减少伤口。限制挂果量，夏季摘心选在晴天进行，冬季去除植株下部枝蔓。改善通风透光条件。早春发病初期剪除病枝，刮除病斑，涂抹伤口。

2. 根结线虫病（*Meloidogyne* spp.）

根结线虫病是危害猕猴桃的主要病害，常见的有3个种：南方根结线虫（*M. incognita*）、爪哇根结线虫（*M. jaranica*）和花生根结线虫（*M. arenaria*），其中以南方根结线虫为优势种，发生比较普遍。该病害1年发生多代，世代重叠，雌虫将卵产于猕猴桃根内或根外的基质中，低龄幼虫从嫩根尖侵入皮层，受害根系局部膨大形成明显的根结（虫瘿），幼虫可存活数月，多以幼虫在根系中越冬。主要危害猕猴桃的侧根和须根，造成寄主根系减少，须根的根尖膨大成瘤，严重时根瘤呈念珠状串生，引起根部褐色腐烂，导致地上部植株生长衰弱，严重时整株萎蔫死亡。根结线虫病主要依靠病土、带病的种苗及人的农事活动传播。防治方法：采取"预防为主、综合防治"的原则，以农业防治为主要手段，通过建立无病苗圃，增施有机肥，增强树势，来减轻病害的发生。严格苗木的监管，禁止病苗移栽至新的果园。在发病果园辅助以化学防治，在根部沟施或进行灌根、涂干等处理。

3. 花腐病（*Pseudomonas viridiflava*）

花腐病是猕猴桃开花期的一种重要病害，它主要危害猕猴桃的花蕾、花、幼果，引起大量落花、落果，造成小果和畸形果。其病原菌目前一般认为是假单胞杆菌（*Pseudomonas viridiflava*），随风雨、昆虫、人工农事操作等传播，4月中旬至5月上旬是发病高峰期，与猕猴桃盛花期基本吻合。感病重的花蕾变褐软化、萎蔫，不能开放。叶片感病后，病菌很快侵染至幼枝，使感病幼枝软化。防治方法：认真清园，及时剪除病枝、干枯枝、感病花蕾和叶片，清除果园内杂草、残叶、残果，防止病菌传播。增施有机肥，保持土壤疏松，改善通风透光条件等。秋、冬季用杀菌剂全园喷雾，减少病原菌基数，猕猴桃萌芽、萼片开裂初期至花蕾膨大期用链霉素、春雷霉素等交替喷洒全树。

4. 根腐病（*Armillaria* sp.）

根腐病为毁灭性真菌病害，造成根颈部和根系腐烂，严重时整株死亡。该病害的病原菌比较多，报道的有蜜环菌（*Armillaria* sp.）和疫霉菌（*Phytophthora* sp.），病菌在根部病组织皮层内越冬或随病残组织在土壤中越冬，病组织可在土壤中存活1年以上。病根和土壤中的病菌是第二年的主要侵染源。翌年4月开始发病，高温高湿季节发病严重。浇水过多或果园积水翻地时造成根系损伤、挂果量大、土壤养分不足、栽植时苗木带菌等因素都容易引发根腐病。防治方法：以农业技术措施为主，合理耕作，避免土壤板结，避免伤害根系；通过增施有机肥、种植绿肥、果园覆盖等来逐步提高土壤有机质含量；改良土壤，提高土壤通透性；控制挂果量，增强树势。必要时辅助以化学防治，如树盘施药、灌根、土壤消毒等。

5. 黄化病

黄化病首先发生在刚抽出的嫩梢叶片上，叶片呈鲜黄色，叶脉两侧呈绿色脉带。严重时叶面变成黄色甚至白色，最后叶面发生不规则的褐色坏死斑。感染黄化病后，受害新梢生长量小，花穗变成浅黄色，坐果率很低。引起猕猴桃黄化病的原因很多，如土壤pH变化引起的缺铁，不合理的耕作制度造成的土肥水管理不当，挂果量太大，某些根部病害如根腐病、根结线虫病导致的生理性缺素症等。防治方法：以农业技术措施为主，在猕猴桃建园时，尽可能选择土层深厚、土壤肥沃、通透性良好的沙壤土田块；推广平衡施肥技术；控制产量，严防负载过量，以保持健壮的树

势；适当降低根际的pH；土壤追施铁肥，应与腐熟有机肥混合施用；药剂防治根部病害，对已经发生黄化病的植株，可采用挂吊针输液。

6. 桑白蚧（*Pseudaulacaspis pentagona*）

又名桑盾蚧、桃白蚧、油桐蚧。1年发生代数因地理位置不同而异，均以末代受精雌成虫在枝干上越冬。在陕西、山东、北京等地1年发生2代，第一代若虫5月上旬至6月上旬出现，第二代若虫7月、8月出现，以成虫、若虫群集于猕猴桃的枝、干上，以针状口针插入皮下吸食汁液，严重时整株盖满介壳，被害枝、芽、叶发育受阻，影响树势。初孵若虫能在树枝上爬行活动，群集取食，经一周脱皮为2龄虫，以口针固定体躯不再移动，脱3次皮变为无翅雌成虫。防治方法：人工剪除被害严重的有虫枝条，消灭枝条上的越冬成虫；冬、春季采用硬毛刷或钢刷刷掉并捏杀枝干上的虫体，可大大降低虫口基数。改善栽培条件，注意合理密植和通风透光。保护和利用主要天敌红点盾瓢虫。冬季果树休眠以后或早春果树萌芽之前用石硫合剂加白灰对枝干进行涂白。掌握若虫发生盛期，尤其是在若虫分散、转移、分泌蜡质形成介壳之前喷施化学农药。

7. 猕猴桃准透翅蛾（*Paranthrene actinidiae*）

1年发生1代，主要是以老幼虫在被害猕猴桃的枝蔓髓心部越冬。4~5月幼虫化蛹，6~7月羽化成虫。5月下旬至7月上旬幼虫危害当年生嫩蔓，7月中旬至9月下旬危害2年生以上老蔓，10月中旬后以老熟幼虫越冬。成虫羽化后蛹皮仍留在羽化孔处，有趋光性，羽化后将卵散产于枝、蔓和芽腋间。幼虫孵化后在猕猴桃枝干内部蛀食危害，蛀害部位集中在离地高80~180cm的枝干范围内，蛀孔附近呈瘤状膨大，造成蛀孔以上部位枝条枯萎、折断，严重时整株枯死。防治方法：冬季结合清园修剪，剪除部分幼虫枝并带出园外烧毁。6~7月用长针或细铁丝插入蛀孔刺杀幼虫。5~10月在虫孔注药熏杀幼虫。

七、材性及用途

猕猴桃为木质藤本植物，藤蔓缠绕盘曲，枝叶浓密，花美且芳香，适用于花架、庭廊、护栏、墙垣等的垂直绿化。部分类群花果色泽鲜艳，香气浓郁，嫩枝幼叶婀娜多姿，适于园林绿化或盆栽观赏。

猕猴桃具有很好的经济价值，其果实既可以鲜食，又可以加工成罐头、果汁、果酱、果脯或酿酒等，还可以做色拉、甜食和腌渍制品等。

猕猴桃根、茎、叶、花、种子都有独到的用处，是医药、印染、造纸、香料的重要原料。比如，猕猴桃果实中的猕猴桃碱，可作为酶制剂用于酿造和皮革工业；硬齿猕猴桃等物种从不同的营养器官中可以提取出干黏胶，可广泛用于染料、油墨、造纸等工业；树皮纤维可作绳索的加工材料。猕猴桃属原生模式由密集至稀疏的分布表现了中国植物自然分布区的特征，所以保护猕猴桃物种多样性对植物区系、种质育种和物种分类诸方面都具有重要的学术意义以及科研价值。

附：软枣猕猴桃 [*Actinidia arguta* (Sied. et Zucc.) Planch. ex Miq.]

别名软枣子、圆枣子、圆枣、奇异莓。

软枣猕猴桃属于猕猴桃科猕猴桃属多年生落叶藤本果树，我国自20世纪90年代开始致力于软枣猕猴桃的开发利用研究，至今选育出了'魁绿''丰绿''桓优1号''佳绿'等一系列优良品种。

软枣猕猴桃抗寒、抗病性强，既可以适应辽宁5.0～8.2℃的年均温度，也能适应福建16.9～17.9℃的年均温度条件，在我国大多数省份和地区均有分布。

软枣猕猴桃树势中等偏强，主根不发达，根群大多分布在10～30cm的土层中。雌雄异株，雌花多为聚伞花序，花序腋生，多单生；雄花多为聚伞花序，多花，果实酸甜适宜或较酸，多汁，有清香，果实小，平均单果重约4～20g，适于鲜食及加工。含有丰富的矿质元素和其他营养物质，100g鲜果中含维生素C 81～430mg、可溶性固形物14%～20%、总酸0.9%～1.3%；其果实种子小，千粒重0.87g，平均单果种子243粒，种子出油率26%。种子油中不饱和脂肪酸达84%以上，但主要是亚油酸，占75%，油酸14%，而不含α-亚麻酸、棕榈酸和角鲨烯。

软枣猕猴桃腋芽萌发率和成枝率较高，一年生枝年平均生长量1m左右，旺盛的新梢可达4m左右。节间较中华猕猴桃较短，强枝发出后，在水平或弯曲部位可发出2次枝，当年可以生长充实，几乎所有的新梢都能发育成为结果母枝。结果母枝生长状态较为复杂，结果枝大多由结果母枝中上部抽生，以中短果枝结果居多。中短蔓呈水平或下垂生长，不攀附于其他物，停止生长较晚（黄宏文等，2013）。

软枣猕猴桃主要生长在阴坡的针阔混交林和杂木林中土质肥沃的地方，也有生长在阳坡水分充足的地方，或山沟溪流旁，多攀缘在阔叶树上，枝蔓多集中分布于树冠上部。喜凉爽、湿润的气候。在长白山区垂直分布海拔100～1200m，南方海边垂直分布为400～2600m。

软枣猕猴桃的育苗和造林技术与中华猕猴桃相近。

软枣猕猴桃含有大量的营养物质，具有多种医疗保健功效，开发利用价值很高；其抗寒、抗病性特别强，是适应寒冷地区栽培且具有经济价值的猕猴桃种类，是北方林区林下经济的绝佳树种。

（刘占德）

233 坡垒

别　名｜海南柯比木、海梅、石梓公、万年木（海南）
学　名｜*Hopea hainanensis* Merr. et Chun
科　属｜龙脑香科（Dipterocarpaceae）坡垒属（*Hopea* Roxb.）

坡垒为我国热带珍稀树种，天然林中尚存少量散生木。1984年被列为国家二级珍稀濒危保护植物，1999年被列为国家一级重点保护野生植物。坡垒为海南五大特类木材树种之一。木材坚重、耐腐、抗虫蛀，是重要的工业和高级家具用材。

一、分布

主要分布于海南昌江县霸王岭及乐东县尖峰岭的原始林和次生林区。在屯昌、琼中、保亭、儋州、陵水、东方、万宁和三亚局部山区有零星分布。垂直分布于在海拔300～800m的山谷、沟旁或东南坡面上。适宜坡垒种植和引种的区域主要有海南、云南、广西和福建南部、广东中南部。

二、生物学和生态学特性

常绿高大乔木，树高25～30m，胸径60～85cm，树干通直圆满。树皮暗褐色。小枝圆筒形。叶革质，椭圆形或长矩圆形。10～15年生开花结果。7月始花，8～9月盛花，翌年2～3月果熟，4月种子脱落飞散。耐阴偏喜光，幼苗、幼树耐阴，随后逐渐喜光。根深，树冠茂密，常与青皮（*Vitica mangachapoi*）、蝴蝶树（*Hertiera parvifolia*）、野生荔枝（*Litchi chinensis* var. *euspontanea*）、白榄（*Canarium album*）、白颜树（*Gironera subaequalis*）、荔枝叶红豆（*Ormosia semicastrata*）和木荷（*Schima superba*）等多种树种混生。

天然分布区年平均气温20～23℃，最热月平均气温28℃，最冷月平均气温15.5～17.5℃，极端最低温2.5℃，年平均降水量1500～2600mm。喜温暖、湿润、静风、肥沃的立地环境。苗期

及幼林抗寒力较差。引种至福州、南宁、钦州、合浦等地极端最低气温在3℃以下且持续2～3天，幼苗地上部分受冻害，幼树也遭受不同程度的冷害。土壤主要为花岗岩母质发育的山地砖红壤和赤红壤。在土层浅薄、岩石裸露的地方亦能生长，但生长缓慢。海南尖峰岭热带树木园25年生坡垒平均树高12.5m，平均胸径18.8cm，优树胸径22.8cm，枝下高8.5m（周铁峰，2001）。引种于北热带北缘与南亚热带南缘的交界点，西双版纳的普文县42年生坡垒林分的平均树高24m，平均胸径38.2cm，活立木蓄积量达900m³/hm²，定植后10年开花结实（杨德军和邱琼，2007）。

三、良种选育

中国林业科学研究院热带林业研究所收集了坡垒6个种源33个家系，在海南定安以及广东阳东、肇庆、东莞开展了种源家系试验。早期选出海南霸王岭和尖峰岭2个优良种源，7个优良家系，分别为BW1、BW10-3、JF1、JF3、JF4、10-3和10-5，年均树高生长量0.6m，年均地径生长量1.1cm。

四、苗木培育

1. 采种与贮藏

选择20年生以上、生长旺盛、树干通直圆满的健壮母树，于3～4月果实大量成熟、宿存萼片呈现赭红色时即可采种。将采收的果实置于阴凉通风处，除去种翅和杂质，随采随播。坡垒种子含水量

海南乐东尖峰岭国家森林公园坡垒幼苗（黄桂华摄）

海南乐东尖峰岭国家森林公园坡垒种子（黄桂华摄）

对贮藏期种子活力影响较大。一般控制其含水量在33%~38%之间。贮藏温度以15~20℃为宜。长期处于15℃以下，种子易受冷害，活力下降。通常选用千粒重大、整齐饱满和完全成熟的种子贮藏。

2. 播种育苗

在阴棚内，选用疏松、肥沃、排水良好的沙质壤土或河沙作床，消毒后撒播，种子互不重叠。播后将其平压入土，覆盖厚1cm的沙土。每天早、晚各淋水一次，保持苗床湿润。播种后6~8天开始发芽，12~15天出苗达到高峰。坡垒种子无休眠期，种子含水量影响发芽率（宋学之等，1984），新鲜、饱满的种子，发芽率在90%以上。

造林多以实生容器苗为主。容器规格8cm×12cm为宜。以60%~70%新表土、30%~40%火烧土，外加3%~5%钙镁磷肥混合配制基质。当小苗长出1对真叶时，移苗入袋，适度遮阴。移植后15~30天，叶面喷施0.1%~0.3%的复合肥（氮：磷：钾＝15：15：15），施毕用清水淋洗。定期施肥，1.5~2年生苗高达45~65cm，可出圃造林。扦插育苗时，选用半木质化枝条，选用适宜的轻基质及生长调节剂配方，扦插生根率达48.6%，移植成活率达92.8%（周再知等，2015）。

五、林木培育

选择土层深厚、湿润、肥沃、排水良好的立地造林。造林前6~7个月，砍除造林地的杂灌和杂草。山地以带状整地为主，沿等高线挖穴种植，穴规格为60cm×60cm×40cm。种植密度宜采用1111~2500株/hm²。既可营建纯林，又可营建混交林，纯林的株行距为2m×2m~3m×3m，混交林的株行距为2m×4m~3m×4m。造林前施基肥，基肥以农家肥、生物有机肥为主，每穴施1.0~1.5kg。宜在雨季初期造林。坡垒苗期较耐阴，在残次林和次生林的改造中，可选择林窗（林隙）处种植或条状清理、带状整地后挖穴种植，使之形成混交林。

坡垒幼龄期生长缓慢，造林后前3~5年需抚育管理。每年除草、松土和施肥2~3次，分别在5月进行带内抚育，7月进行带间抚育和10月进行带内抚育。5月除草后，追施氮磷钾复合肥（氮：磷：钾＝15：15：15），每株0.2~0.5kg。幼龄期可间种农作物，如豆科植物，以改善土壤肥力，促进幼林生长，减少抚育成本。

培育大径材，应在林分郁闭后进行第一次间伐，每公顷保留600~800株。同时在这些保留的树木中，确定目标树300~400株/hm²，进行首次修枝，以后每隔3~5年适时对目标树修枝，再次郁闭后进行第二次间伐。经2~3次的间伐后，保留株数不超过200株/hm²。

六、主要有害生物防治

幼苗期有少量蚜虫取食嫩叶，可用90%的敌百虫1500~2000倍液喷洒。

七、材性及用途

坡垒木材结构均匀、致密，纹理交错，有光泽，质硬。气干密度1g/cm³，干后少开裂、不变形，材色棕褐，油润美观，特别耐水渍，极耐腐，抗虫蛀，埋于地下40年不朽。为有名的高硬度工业用材，还可用于制作高级家具、地板、工具柄及马球棒等。

（周再知，黄桂华）

别　名｜青梅（海南）、青楣、苦香、海梅
学　名｜*Vatica mangachapoi* Blanco.
科　属｜龙脑香科（Dipterocarpaceae）青梅属（*Vatica* L.）

> 青皮是典型的热带雨林树种，天然分布于海南，已被列为我国二级重点保护野生植物。其木材材质坚硬、结构细致、极耐腐蚀，在海南属一类材；其树脂为生产"冰片"的原料。青皮树干通直，树形优美，适应性广，抗风性强，亦为优良的城镇绿化和海防林营建树种。

一、分布

　　青皮天然分布于越南、泰国、菲律宾、印度尼西亚等地。我国仅在海南岛有分布，多见于尖峰岭、霸王岭、吊罗山、黎母岭、鹦哥岭、猕猴岭、五指山和白马岭等自然保护区，集中分布于西南部的霸王岭、猕猴岭、尖峰岭、卡法岭和抱龙山一带林区；东南部从万宁市的杨梅湾和大牛岭，陵水县的茄新和石岭，直至三亚市的藤桥和林旺滨海沙滩潮水线及附近山岭均有青皮混交林或纯林；海南文昌迈号镇大城村亦有小面积青皮林。其分布海拔一般在800m以下，生长于山地常绿季雨林或沟谷雨林中，局部地段可达1000m。

二、生物学和生态学特性

　　常绿高大乔木，高可达30m，胸径1.2m。树干通直，冠小。树皮青灰色，近光滑。单叶互生，全缘，革质，长圆形或长圆状披针形，先端渐尖或短尖，基部楔形。花两性，圆锥状花序腋生或顶生，被银灰色的星状毛或鳞片状毛；花萼裂片5枚，镊合状排列，长圆形或卵状披针形；花瓣5枚，白色，长圆形，外边被毛，内无毛；雄蕊15枚；子房球形，密被绒毛。果实球形，直径5～10mm；有宿萼5枚，2长3短，翅状，基部合生，萼脉5条。花果期持续时间较长，花期5～9月，果期8～11月。每个果实具1～2粒种子。

　　青皮适应性广，从海南岛较为干旱的西部

中国林业科学研究院热带林业研究所海南试验站青皮单株（曾杰摄）

（年降水量1000～1600mm）到湿润多雨的东部（年降水量2000～2500mm）均能生长良好；对土壤亦具极强的适应性，在冲积沙壤土、山地骨质砖红壤性土、山地砖红壤性土以及山地黄壤土均生长良好（李意德等，2006）。青皮为深根性喜光树种，但幼苗期较耐阴。生长较快，海南尖峰岭热带树木园栽培的青皮人工林，12年生平均树高7.2m，胸径8.7cm。

三、苗木培育

1. 采种

青皮果期为8～11月，采种时间以9月中旬为最佳。成熟时果皮由青色变赭色，萼片由紫红色变淡白色。新鲜带翅果实千果重约423g，去翅果实千果重约280g。果熟后，若遇大风即脱落。青皮种子不具休眠特性，含水量是影响其活力的关键因子，自然条件下6天便失去活力，因此新采青皮种子应及时播种。若来不及播种，可采用含水量27%～29%的椰糠贮藏种子，控制种子含水量在30%～36%、种胚含水量在50%～52%，可有效延长种子寿命7～10天（刘文明和宋学之，1989）。

鉴于青皮果实成熟期与海南岛台风频发期重叠，为了延长其采集时间，亦可采收果皮颜色青色向褐色过渡、被少量毛的近成熟果实。根据尚帅斌等（2014）的研究结果，近成熟与成熟果实在种子萌发特征（表1）、幼苗生长方面均差异不显著。

2. 育苗

用沙壤土或沙起高床，床面耙平。播种前，将果实去翅，采用条播或散播。条播每隔15～20cm开一条4～5cm宽的播种沟，不宜过深，刚好埋没果实即可。散播即将青皮果实均匀撒播于苗床，可用木板等稍压果实，使其没入苗床，盖土以刚好不见果实为度。用遮阳网搭棚遮光，早、晚浇水，约7天后发芽。待长出2片真叶时即可移苗，移植幼苗恢复正常生长后即可施肥。因青皮幼苗早期生长缓慢，宜采用2年生苗造林。郭俊杰等（2016）将分级标准定为：Ⅰ级苗，苗高≥45.3cm，地径≥4.7mm；Ⅱ级苗，21.8cm≤苗高<45.3cm，3.3mm≤地径<4.7mm；Ⅲ级苗，苗高<21.8cm，地径<3.3mm。

四、林木培育

1. 人工林营造

青皮适应性广，北回归线以南海拔1000m以下的山地、丘陵及台地均可种植。广东、广西和福建春季造林，海南和云南雨季造林。造林前需全面清山，按株行距2m×3m打穴，穴规格50cm×50cm×40cm，施100～200g复合肥作基肥。适当深栽。营造纯林和混交林均可。

2. 抚育间伐

造林后前5年，进行带状或穴状抚育，带抚时带宽1m，穴抚的规格1m×1m；每年施肥1～2次，前2年每株每年施复合肥200～300g，以后每株每年300～400g。新造林地必须加强管护，防止牛、羊啃食树叶。

10年生左右进行第一次间伐，每亩保留60～70株。培育大径材时，15年生进行第二次间

表1 不同成熟度青皮果实的重量与种子萌发特征

成熟度	千果重（g）	发芽率（%）	发芽指数	发芽势（%）
成熟	280.75±6.08 a	70.23±4.11 a	5.14±0.30 a	29.09±4.50 a
近成熟	249.27±9.63 a	62.27±2.17 a	4.48±0.15 a	25.91±3.90 a
中等成熟	178.55±12.25 b	30.45±5.38 b	1.84±0.31 b	5.68±1.00 b
幼嫩	89.02±3.77 c	3.64±0.64 c	0.24±0.06 c	1.59±0.78 c

注：引自尚帅斌等（2014）；字母为处理间的Duncan's多重比较结果，字母不同表示差异极显著（$P<0.01$）。

中国林业科学研究院热带林业研究所海南试验站1年生青皮苗木（尚帅斌摄）

中国科学院华南植物园青皮纯林林相（郭俊杰摄）

伐，每亩保留40株。

五、主要有害生物防治

象鼻虫类危害青皮种子，可用杀虫剂浸种。苗期可见真菌性病害发生，其主要症状为茎腐、叶枯等，尚无系统研究，可定期喷洒杀菌剂加以预防。成年树病虫害较少，偶见天牛类（Cerambycidae）蛀干害虫危害，可用毒签插入虫道或直接将杀虫剂注入虫孔予以防治。

六、综合利用

青皮木材心材、边材区别不明显，浅红褐色略带绿色，久则转为深红褐色；年轮不明显，轮间介以深色纤维带；气干密度多大于0.84g/cm³，强度高；锯解、刨切困难，易钝刀，切面光滑；为一级商品材，适用于重型结构、承重地板、车旋制品、线轴、食品容器等。其树皮受伤后会分泌出含有龙脑香醇酮成分的淡黄色树脂，半透明，燃有特殊龙脑香味，是生产中药"冰片"的原料，具散郁火、去翳明目、消肿止痛等功效，主治中风口噤、热病神昏、惊痫痰迷、气闭耳聋、喉痹、口疮、中耳炎、痈肿、痔疮、目赤翳膜、蛲虫病等病。青皮树干通直，树形优美，适应性广，尤其抗风性强，亦是城镇绿化、海岸防护林营建等的理想树种。

（郭俊杰，曾杰）

别　名｜擎天树（广西）、麦秆壮（西双版纳傣语）、硬多波（西双版纳爱伲语）
学　名｜*Parashorea chinensis* Wan Hsie
科　属｜龙脑香科（Dipterocarpaceae）柳安属（*Parashorea* Kurz）

望天树属国家一级重点保护野生植物，被称为"植物界的大熊猫"。1975年，在西双版纳勐腊县热带雨林中被首次发现；1977年被确定为新种，1984年被列为首批8种一级珍稀濒危保护植物之一（国务院环境保护委员会，1984）。高达40～60m甚至80m，树高参天、形如大伞，树干圆满、通直挺拔、不分杈，树姿雄伟壮丽（傅立国，1992）。材质坚硬较重、结构均匀、纹理通直美观且不易变形，耐腐性强，加工性能良好，是制造各种家具及造船、桥梁、建筑等的优质木材。望天树是热带、南亚热带优良的用材林树种，也是热带雨林的重要标志种和代表种。

一、分布

在我国，望天树主要分布在云南（勐腊、景洪、河口和马关）及广西（那坡、田阳、巴马、大化、龙州和凭祥等县）热带季雨林的湿润沟谷，垂直分布多在海拔350～1100m之间，常见于山地峡谷及两侧坡地上。

二、生物学和生态学特性

热带树种，树体高大，干形圆满通直、不分杈，树冠像一把巨大的伞，西双版纳的傣族因此把它称为"埋干仲"（伞把树）。常绿大乔木，高40～60m，个别达80m，胸径达1.5～3.0m，枝下高多在30m以上，大树具板根。

望天树喜高温、高湿、静风、无霜且干湿季交替明显的气候，要求年平均气温20.6～22.5℃，最冷月平均气温12～14℃，最热月平均气温28℃以上；年降水量1200～1700mm，降水天数约200天；相对湿度85%，雾天170天左右。分布区土壤属于发育在紫色砂岩、砂页岩或石灰岩母质上的赤红壤、沙壤土及石灰土。在湿润沟谷、坡脚台地上，组成单优种的热带季雨林。

望天树于5～6月开花，8～10月果实成熟；种子没有休眠期，有明显大小年现象，在大年也不是全部成年植株都开花结果。种子成熟散落后集中分布于母株树下很小的范围内，传播距离有限，且萌发形成高密度的幼苗种群，但在早期发育阶段死亡率很高，种群在自然条件下很难扩散。望天树种子还是典型的顽拗性种子，散落在林地上很快发芽或腐烂（殷寿华和帅建国，1990；许再富和陶国达，1992）。

三、良种选育

自1975年望天树被发现以来，对望天树的苗木培育、群落结构、生长动态、天然更新等方面开展了大量的研究（闫兴富和曹敏，2008；唐建维和邹寿青，2008；李晓亮等，2009），中国科学院西双版纳热带植物园和云南省林业科学院普文试验林场在20世纪80年代初就开始小面积种植试验，以探索育苗及人工造林技术。迄今为止，在其适生的我国热带地区，造林面积并不大。在云南，仅有中国科学院西双版纳热带植物园和云南省林业科学院普文试验林场进行了纯林和混交林的种植试验。在广西，也仅有那坡县林业科学研究所和巴马县林业科学研究所于1978年和1980年分别进行了造林试验。李巧明等（2003）对望天树的遗传多样性和居群遗传结构进行研究，揭示了望天树低水平的遗传多样性和很强的地区居群

分化，这可能是由于望天树在其进化历史上居群不断减小及再扩张所引起的居群瓶颈所造成。刘志龙等（2014）做了望天树的优树选择。望天树天然次生林与人工林不同，大多为飞籽形成的混交林，不能采用传统的优势木对比法，只能和标准地同龄级植株平均数相比。依据研究结果，在望天树天然次生林中优树选择标准为：31～35龄级，树高年生长量0.81m，胸径年生长量0.82cm；36～40龄级，树高年生长量0.79m，胸径年生长量0.85cm；41～45龄级，树高年生长量0.74m，胸径年生长量0.89cm；46～50龄级，树高年生长量0.73m，胸径年生长量0.90cm。人工林中优树选择标准为：树高、胸径、材积分别为优势木平均值的1.13倍、1.14倍、1.51倍。

望天树人工林生长量明显高于天然次生林。其中，树高、胸径的年生长量有随着年龄增大而增加的趋势，但树高年平均生长量变化不明显。张良（2006）通过研究不同径级胸径年平均生长量发现，其生长规律为"缓—快—缓"，生长量总趋势为随胸径的增大而增大，生长峰值在50～60cm径级之间。实际调查发现，望天树树体高大，干形圆满通直，不分杈，枝下高均在1/2树高以上。因此，在优树的选择过程中，只需在宏观上选择形质指标优良的单株。

四、苗木培育

主要采用播种育苗和扦插育苗。虽树体高大，但结实稀少、落果严重，不易采种。种子散落地上很快发芽或腐烂（在林地上1～4天便发芽），有些成熟果尚在母树上种子就已发芽。成熟果自行脱落，因此应及时采收。收集时应剔除已发芽的、有虫害的和腐烂的种子，去掉果翅。去翅坚果340～500粒/kg，发芽率95%以上。最好随采随播，如需调运则要拌湿润细沙或苔藓贮藏，但也不宜久藏。

1. 播种育苗

除去果翅后，种子倒置点播在苗床或容器袋内，以免种子发芽后子叶难以与果壳分离，造成幼苗胚根屈曲或折断现象。苗床育苗株行距

20cm×20cm，容器育苗用19cm×20cm的塑料袋；播后淋水，搭遮阴棚，播种后1～3天种子发芽。每个果实有种子1～3粒（多者6粒）发芽长成幼苗；如有3粒以上的种子同时发芽，不用分植。自播种至幼苗的第一对真叶开展，约需15天。苗床育苗2年后可出圃造林，容器育苗1年后就可造林（黄松殿等，2012）。

2. 扦插育苗

可在早春选用1年生、粗0.3cm以上的健壮枝条采集插穗。插穗长度为10cm左右，保证每条插穗有3个以上的芽眼。插穗保留上部叶片，斜插或直插在经过消毒的沙床上，入土深度为插穗长度的2/3，株行距为10cm×5cm。扦插后用塑料薄膜覆盖，保持苗床湿润。2～3个月后插穗可长出不定根和新芽，然后移至苗床或容器中培育1年可出圃造林。

3. 苗期管理

间苗 由于直接播种果实，因此每个营养袋可长出1～4株幼苗，但不宜分植。直至播种2个月以后，每个营养袋可选择1株健壮苗进行继续培育，将其他植株从近地面位置剪掉。

施肥 幼苗长出真叶1个月后开始施肥。追肥结合浇水进行，将复合肥按100：1的水肥比例用喷水桶喷洒。此后，根据苗木生长情况不定期进行施肥，也可每隔3个月定期施肥1次，苗木出圃前1个月停止施肥。追肥后，要及时用清水冲洗幼苗叶面。

望天树林分（杨德军摄）

除草 做到容器内、床面和步道上无杂草，除草以人工除草为主，人工除草在基质湿润时连根拔除，但要防止松动苗根；使用除草剂灭草，要先试验后使用。

4. 其他管理措施

育苗期若发现容器内基质下沉，须及时填满，以防根系外露及积水致病。为防止苗根穿透容器向土层伸展，可挪动容器进行重新排列或截断伸出容器外的根系，促使容器苗在容器内形成根团。

5. 苗木出圃

一般采用雨季造林，苗木出圃时间要与造林时间相衔接，一般为6月下旬至9月上旬，做到随起、随运、随栽植。当苗高于30cm、地径超过0.5cm时即可出圃。苗木除满足苗高和地径要求外，还应满足根系发达、形成良好根团、容器不破碎、长势好、苗干直、色泽正常、无机械损伤、无病虫害等要求。容器苗出圃要求前1个月逐步撤去遮阴棚炼苗，使幼苗逐步接受充足的阳光，以提高定植成活率（马跃等，2012）。

五、林木培育

1. 造林地选择

宜选择石灰岩地区坡积土、石穴土或砂页岩发育成的微酸性土和静风、水湿条件较好的平地或缓坡地作为造林地，以保障望天树快速生长。

2. 造林地整理

造林地砍除杂灌、草后不需全面清理林地，可利用周围的灌木作侧方庇荫，或选速生树种进行混交。栽植穴按50cm×50cm×30cm挖掘，初植株行距3m×4m。挖好的栽植穴先回土1/2或1/3穴深，回土采用周围的表层土；然后将基肥与土充分混合均匀，再次回填。

3. 栽植技术

容器苗可在春季或雨季栽植，裸根苗应在早春利用雨后、阴天，适当剪叶、浆根再定植。栽植时坚持"三埋两踩一提苗"操作程序，回土时铲穴壁的表层土回填。容器苗按Ⅰ级苗苗高>27.5cm、地径>0.4cm以及Ⅱ级苗20.5cm<苗高≤27.5cm、0.3cm<地径≤0.4cm分级造林。

4. 幼林抚育

造林后2～3年内，每年除草、松土、施肥1～2次，并可适当进行林粮间种。抚育时幼龄树喜庇荫，不需全面清理林地，可利用周围的灌木作侧方庇荫或选速生树种进行混交。

六、主要有害生物防治

望天树苗期病害主要有立枯病和猝倒病。立枯病在种子萌发出土后每隔15天喷施1%～2%敌克松溶液防治；猝倒病在种子萌发后喷施0.2%多菌灵溶液防治，直到真叶长出。必要时应拔除病株，并用多菌灵药粉直接撒在病株周围防止传播。

苗期危害望天树根部的主要害虫有白蚁。防治方法：因根部受虫害不易发现，以预防为主。将呋喃丹喷撒育苗容器之间，每2个月重新施药；或用敌百虫50%可湿性粉剂500倍液喷施，每隔2个月喷施1次，2～6月为重点防治期。

食茎叶害虫主要有龟背天牛、金龟子、砖灰灰象、银灰灰象、蓑蛾等。防治方法：以监测为主，注重在侵害初期进行防治。发现天牛钻蛀树干时，用铁丝戳杀或用棉签蘸氧化乐果、敌敌畏等杀虫剂原液或高浓度稀释液，插入蛀孔，用泥巴封堵熏杀幼虫。用40%乐果乳剂400～600倍液喷雾防治金龟子、砖灰灰象、银灰灰象、蓑蛾等食叶害虫。

七、综合利用

望天树木材坚硬、耐用、耐腐性强，不易受虫蛀；材色褐黄色，无特殊气味，纹理直、美观，结构均匀、加工容易，刨切面光滑、花纹美观，是制造各种高级家具以及造船、桥梁、建筑等的优质木材。望天树生长地段大部分为原始沟谷雨林及山地雨林。它们多成片生长在350～1000m的沟谷雨林及山地雨林中，组成独立的群落，形成奇特的自然景观，是我国热带雨林的标志树种，在研究我国热带雨林的区系特征、群落结构、演替规律方面有较高的价值。

（王连春，杨德军）

236 越橘

别　名｜牙疙瘩、红豆

学　名｜*Vaccinium vitis-idaea* L.

科　属｜越橘科（Vacciniaceae）越橘属（*Vaccinium* L.）

> 越橘是耐阴小灌木，常见于针叶林下、灌丛，为落叶松、樟子松林下指示植物。主要分布在杜香—兴安落叶松—兴安杜鹃林、杜香—兴安落叶松—白桦林、兴安杜鹃—兴安落叶松—白桦林之中。伴生树种有落叶松、白桦、苔藓、杜香、笃斯越橘等。

一、分布

主要分布在黑龙江大兴安岭伊勒呼里山以北和岭南600m以上高山原始针叶林地带、小兴安岭伊春以北，以及吉林、内蒙古、新疆等地。国外环北极分布，自北欧、中欧、俄罗斯、北美至西格陵兰，以及亚洲东北部的蒙古、朝鲜、日本、俄罗斯西伯利亚至远东地区。

二、生物学和生态学特性

常绿矮生灌木，株高0.1～0.3m。当年枝绿色。叶互生，椭圆形。浆果，球形，成熟时红色，果径0.5～0.7cm，单果重0.3～0.5g，果皮厚，较耐运输和储存。花期6～7月，果熟期8月下旬至9月下旬。长白山的越橘为矮株型，高株者很少见。而大兴安岭则两种株型都可见，在同一大的群落中高株型和矮株型又成小片混生。其花期

大兴安岭新林林业局越橘结实期（徐永波摄）

与笃斯越橘相同，而果实成熟期则要晚20天以上。浆果酸甜，果皮厚，味不及笃斯越橘。

越橘属于耐阴性小灌木，常见于针叶林下，灌丛，喜生于排水良好、湿润适中、有机质丰富、通透性良好、土壤表层涵养水分能力较强的酸性土壤。喜冷凉气候，抗寒力极强，在生长季节，对冷凉条件适应能力也极强。越橘丰产周期一般为2～3年，结实多在2年生和3年生枝条上，结实植株在一次结实后需要1年以上的储备和恢复期，以重新发生和形成新的结果植株。大多数植株的枝条可以保存4～5年甚至更久（刘新田等，1998）。

三、良种选育

20世纪70年代德国开始从野生群体中选种栽培，1988年吉林农业大学从德国引入优良品种，在长白山进行栽培，并开展了光合作用特性研究，积累了经验（李亚东等，1995）。相对于欧洲和北美等发达国家，我国越橘的育种工作基础薄弱，起步较晚，目前也未有规模种植。

1. 良种选育方法

优树选择标准为株高大于0.5～1.5倍标准差，入选率为1/50。在优树收集区按结实量和形质指标选择优良单株，要求结实状况较好，果大饱满，植株生长健壮，无病虫害，通过无性系评比选出优良无性系。

2. 良种特点及适用地区

选育出的优良无性系11-16-B，成年树高

大兴安岭阿木尔林业局越橘种源选优区（唐仲秋摄）

大兴安岭农林科学院选育的越橘优良种源（石德山摄）

大兴安岭农林科学院越橘栽培（石德山摄）

0.1～0.2m，生长迅速，高生长8cm/年；根系粗壮，适应性强，露地越冬无干梢、全光环境无灼伤；高产，单丛产量0.06kg，单位面积产量600kg/hm²，超出对照天然越橘201.4%。果实为红色浆果，适合加工；定植年龄为2年生，定植1年成园，第三年达产。适栽区域广，适于在大兴安岭、小兴安岭、牡丹江一线，第Ⅲ、Ⅳ、Ⅴ积温带栽培。

四、苗木培育

1. 组织培养

外植体选取　从田间或温室中生长健壮的无病虫害植株上选取发育正常的当年生长新梢作为外植体。外植体大小：茎尖1.5cm、茎段2.0cm或花芽。在越橘生长的最适时期取材，大兴安岭地区为5月15日至6月15日或8月5～25日。取材时间为晴天中午。外植体消毒后进行接种。

外植体的培养　培养温度25℃，每天光照12～16h，需日光灯补光。夏天1周通风1次，冬季用空调调节空气流通。相对湿度保持在70%～80%。

驯化和生根　移栽基质为苔藓。栽后管理主要是温度、湿度的管理，要保持较高的空气湿度，栽后1～2周空气湿度保持在80%～90%，以免苗木失水。温度保持在25～30℃，栽后要适当遮阳，避免午间强光照射。1个月后，见干再浇水，一次浇透。

移栽及管理　钵土的配制为草甸土：锯末或松针＝6：4，并配以肥料，用硫酸铵肥，每钵20粒左右。移栽时防止伤根。顺好根系后装钵，浇透水。需遮阳，温度保持在20～28℃。小苗成活后，去掉遮阳网，并加大通风，炼苗。

管理　及时浇水，定期追肥、除草。病虫害防治：及时观察钵苗，有病时，及时拔除病株，并用杀菌剂处理；有虫时，及时喷施杀虫剂除虫或药剂熏蒸。

2. 种子繁育

采种和调制　8月下旬，当越橘的果实呈紫红色、种子充分成熟时即可采摘，不可采摘过早。选择植株生长健壮、无病虫害的果实。采摘

的果实需立即处理，以免发酵腐烂。搓破浆果，再加入清水，漂洗数次，漂出果肉、果皮、浮于水面的瘪粒种子。最后将饱满的种子控干水，晾晒2~3天，当种子含水率达5%~6%时，用牛皮纸袋封存，冷藏于4~5℃的冰箱中。

种子处理 越橘种子具有生理后熟现象，因此采用高、低温变换的方法进行处理。播种前1个月，从冰箱取出种子，放于20℃左右的条件下7天，注意保持一定湿度，再放入4~5℃冰箱中7天，如此高、低温变换5次，至播种前取出种子，用清水浸泡12h，用0.5%高锰酸钾水溶液消毒2h，然后用清水洗净，再用50mg/L的赤霉素处理2h；将细河沙用清水冲洗数次，用0.5%高锰酸钾水溶液消毒2h，再用清水冲洗1次，滤去多余水分，使消过毒的河沙含水量为60%左右；种子和湿沙按1∶5的比例混合，放于透气性较好的陶制花盆中，上面用塑料膜封闭，防止空气中杂菌浸染种子及水分过分蒸发，然后放于25~28℃的环境中，进行催芽。1周左右有30%左右的种子露白时，即可播种。

土壤处理 育苗土采用3种基质，分别为营养土、50%营养土+50%锯末、50%营养土+50%苔藓。播种前3天，用0.5%硫酸亚铁水溶液在苗床喷洒消毒。

播种方法 按每平方米200粒的密度进行播种，将种子均匀撒播于床面上，然后覆土，厚度为0.2~0.3cm，床面上覆盖塑料膜和遮阳网。播种后浇1次透水，浇水工具宜选用喷雾器或细眼喷壶，防止冲出种子。一般7天左右即可出苗，半个月内全部出齐。从试验结果看，营养土加入50%以上的锯末或苔藓可有效提高出苗率，且出苗整齐。

五、林木培育

1. 立地条件

土壤疏松、土层深厚、通气良好；土壤排水性好，湿润但不积水；坡度小于10°，即地势平坦；土壤pH在4.0~5.5之间，根际土土壤有机质含量应大于5%，不足的需要通过土壤改良提高有机质含量。基地应远离城市和交通要道，距离公路50m以外，周围3km以内没有工矿企业的直接污染源和间接污染源区域。

2. 土壤改良

当土壤pH大于5.5时，应施用硫黄粉或硫酸铝进行调整。有全面施用和局部施用2种方式。全面施用时，将硫黄粉均匀撒施于全园，深翻15~20cm。局部施用则在种植穴内进行土壤酸度调整，土壤有机质含量低于5%时，应通过添加适量草炭土、松针、锯木屑和烂树皮等酸性基质进行改良。

3. 整地

土壤耕翻平整，以南北向栽植为宜，不规则丘陵地可沿等高线栽植，平地应起床栽植，株行距一般为20~30cm×20~30cm。

4. 栽植

大兴安岭春季或秋季都可栽植，选择植株健壮、分枝多、根系发达、无病虫害和无明显伤害的2年生或3年生苗木建园。栽植时将表土、基质与肥料混匀后回填，边回填边踩踏，防止后期苗木下沉。栽植时应避免苗木根系与肥料直接接触。栽植深度以苗木根颈部位与地面保持平行为宜，定植后及时浇透水。

六、综合利用

越橘果实色泽嫣红，叶可入药。每100g鲜品含蛋白质2.16g、脂肪0.16g、碳水化合物5.7g、维生素C 12mg、果酸2.2g。含有丰富的维生素C、维生素E、超氧化物歧化酶，还含有丰富的氨基酸、黄酮类化合物、铁等无机元素。果实中的超氧化物歧化酶对免疫性炎症、辐射性损伤、肿瘤及抗衰老均有预防和治疗作用；紫色素和黄酮素能增强视力，维持眼睛的健康；维生素C、维生素E含量与同类水果相比最高，是天然的女性美容养颜保健食品。野生越橘果实可直接食用，但主要是用于加工果汁、果肉、果酱、果酒、饮料、提取天然色素等。

（石德山，葛丽丽，张悦，赵珊珊）

别　名｜笃斯、黑豆树（大兴安岭），甸果、地果、龙果、蛤塘果（吉林），讷日苏（蒙古族语）《中国植物志》

学　名｜*Vaccinium uliginosum* L.

科　属｜越橘科（Vacciniaceae）越橘属（*Vaccinium* L.）

笃斯越橘是极为珍贵的多年生小浆果类经济林树种，集中分布于我国大兴安岭，产量可占全国的90%，丰年产量可达数十万吨（刘新田等，1998）。近几年，在大兴安岭、小兴安岭部分地区有少量栽培，生长良好，并已大量结实。成熟浆果酸甜可口，含有大量的多种维生素、微量元素及花青素类物质，其中抗氧化活性物质含量较高，有延缓脑神经衰老、解除眼睛疲劳、增强心脏功能和防癌的独特功效，具有较高的保健价值和经济价值，可生食或加工成果汁、果酒等，开发前景极为广阔。

一、分布

笃斯越橘在我国主要分布在内蒙古、黑龙江、吉林等省份的大兴安岭、小兴安岭和长白山林区，乌苏里江流域也有一定分布，北起黑龙江漠河县，南至吉林集安市，西起内蒙古阿尔山市，东至黑龙江抚远县，分布范围在40°52′~53°33′N、119°28′~135°20′E。朝鲜北部、蒙古、俄罗斯、日本、欧洲、北美也有分布。笃斯越橘垂直分布广泛，在海拔45~2300m的地区均有分布。在不同区域存在一定差异，其生态最适分布海拔高度为400~1300m，在此区间通常大群落集中分布，且植株较为高大、茂盛，株高可达60~80cm。随着海拔高度的增加，株高显著降低，在海拔高度达到1800m的岳桦林带，株高仅为20cm。常生于满覆苔藓的沼泽地或湿润山坡及疏林下，以泥炭、沼泽地为主，与薹草、落叶松、油桦、细叶杜香、越橘、蔓越橘等混生。

二、生物学和生态学特性

1. 形态特征

落叶小灌木，高30~80cm，多分枝。基生枝粗0.4~0.6cm，树皮紫褐色或红褐色，有光泽。叶互生，卵形或长卵形，长1~3cm，宽0.5~1.5cm，全缘，叶柄极短。花1~3朵，着生于1年生枝顶部，花冠绿白色，花下垂。浆果黑紫色，具白霜、球形、椭圆形或梨形，径6~17mm，单果重0.2~1.8g。

2. 生物学特性

笃斯越橘开花结果与营养生长同步，4月末至5月初萌芽，5月下旬出现花蕾，6月上旬开花，6月中旬盛花。6月中旬至7月中旬为浆果迅速膨大期，7月中旬果实开始着色，7月下旬至8月初果实成熟。果实成熟期较短，大约半个月。9月

带岭林业科学研究所笃斯越橘果实成熟期（尹智勇摄）

带岭林业科学研究所笃斯越橘结果中期（尹智勇摄）

下旬落叶。

笃斯越橘新梢顶端2～3个芽形成花芽，翌年春季开花结果。笃斯越橘为纯花芽，开放1～3朵花，花芽下多为叶芽。3年生开始开花结果，3～5年生为初果期，6～8年生为盛果期，8年生后结果能力下降。野生条件下，笃斯越橘虽能年年结果，但大小年差异明显，通常大年的产量是小年的4～5倍。

3. 生态学特性

笃斯越橘分布区是典型的北温带湿润森林气候，常成片聚生在长期积水或季节性积水且普遍有永久性冻层的泥炭沼泽地上。根系生长在塔头垫底下和塔头垫中，根系分布区域为腐殖质层，pH一般在3.8～4.8范围内。在笃斯越橘林地上观测，6月中旬至7月初，土中5cm处温度14.2℃，10cm处温度9℃，15cm处温度8.7℃，20cm处温度6.2℃，解冻层不足60cm。不积水土壤相对于常年积水土壤其根系量和地上主枝数明显要多。笃斯越橘喜光、耐阴，在上层林木郁闭度大的立地，下层笃斯越橘能生长，但结实量少；而上层郁闭度低于0.3且下层有柴桦、杜鹃等侧方庇护时，笃斯越橘生长良好，正常结实。喜夏季凉爽，最热月平均气温≤20℃，湿度75%～80%；冬季最低月平均气温为-26～-24℃，极低温可忍耐-50～-45℃且第二年能正常生长结实（李学文，2000）。

三、良种选育

我国笃斯越橘栽培起步较晚，有关良种选育工作研究较少。1979年，吉林农业大学郝瑞教授最先对长白山地区的野生笃斯越橘资源进行系统调查研究。2008年，黑龙江省带岭林业科学研究所对黑龙江主要分布区的笃斯越橘进行引种试验，初步评选出2个优良种源：大兴安岭的盘古和小兴安岭的乌伊岭，产量分别高于平均值34%和27%；2015年，又在笃斯越橘主要分布区10个地点选优树200株并建立了收集区。2015年，黑龙江省林业科学研究所与大兴安岭地区农林科学院合作，选育出适合露地栽培且在抗旱、抗寒方面具有显著优势的笃斯越橘优良品种‘紫水晶’。

1. 单株的选择

选优区域　优树选择应在适宜的种源区及优良林分内进行，若种源区未划定，应在当地或环境条件类似的邻近生态区内进行。

选优林分　交通方便，地势平缓，郁闭度0～0.2，林龄5～8年，树高0.5～0.8m，生长良好，根蘖株数多、分布均匀，开花结实多，病虫害少的优良林分；林分面积在10hm²以上，笃斯越橘比例占60%以上。

优树标准　形质指标：树冠完整、匀称，冠幅较大、分权较多，树体健康、无明显病虫害。结实量指标：单株当年结实量≥平均值+1倍标准差，如随机调查30株树当年结实量，若平均值为80个，标准差为16个，即单株结实量达到96个果及以上即可入选。

选优方法　单株当年结实量法，在选优林分中随机选择至少30株树，调查当年结实量，当符合以上优树规定指标时作为优树。

选优步骤　包括优树定位、结实量测定、标号和标志、填写登记表、绘制分布图、建档等。

优树资源保存　在笃斯越橘林周围适宜笃斯越橘生长的地段建立优树收集区，进行观察研究和精选优树。

2. 种源选择

种源选择试验目的是确定分布区内各种群之间的变异模式和大小。根据供试树种的地理分布特点等，一般选用10～30个种源。供试种源应能代表该树种的地理分布特点。

收集育种材料 在笃斯越橘自然分布区内，划分为大兴安岭、小兴安岭、长白山及乌苏里江流域4个主要产区，每个主产区分不同产地收集育种材料（即采集种子）。

育苗 将采集来的各产地的种子进行种子处理，然后集中播种育苗。

建立评比林 将培育好的各产地的苗木，在大兴安岭、小兴安岭、长白山及乌苏里江流域4个主要产区各建立一处种源评比林，选出优良种源，为种子调拨区提供科学依据，为进一步育种提供原始材料。

3. 优良品种'紫水晶'

笃斯越橘优良品种'紫水晶'于2014年通过黑龙江省国有林区林木良种审定（编号：龙R-SC-VU-020-2014）。

2006—2009年对大兴安岭—黑河地区—小兴安岭一线的11个林业局的笃斯越橘天然资源开展调查，利用无性系间环境适应能力的变异规律，建立了笃斯越橘天然林优树指标体系，初选3个优良种源［新林（XL）、沾河（ZH）、红星（HX）］及19个优良无性系。2010—2014年在大兴安岭加格达奇、松岭及小兴安岭五营开展了区域化试验，以初选的19个优良无性系与当地天然林互为对照开展评比，选出综合表现最佳的无性系ZH-10-M（'紫水晶'）。

'紫水晶'树高0.5～0.8m，百果重约60g，花期6月，果熟期7～8月，8月下旬后脱落，结实量1200kg/hm²，产量超过对照天然林166%；根系发达，适应性强，适合露地栽培；定植苗龄2年生，最大栽植密度为1500株/亩，定植1年成园，2年达到丰产；与北美同类品种相比，在抗旱、抗寒方面具有显著优势。该品种适于在大兴安岭、小兴安岭及牡丹江一线栽培，亦即黑龙江第Ⅲ～Ⅵ积温带、≥10℃的有效积温2300℃以下的范围内。

四、苗木培育

笃斯越橘的苗木培育主要采取播种育苗、嫩枝扦插育苗和组培育苗技术。

1. 播种育苗技术

（1）种子采集、调制与贮藏

8月中旬，当笃斯越橘的果实呈深紫色、带一层白色果粉时即可采摘。采摘前，要选择果粒大、产量高、生长健壮、无病虫害的植株。选择好的植株要做好明显的标记或标签。果实采摘后放入盆中，充分搓破浆果，再用清水漂去果肉、果皮、果柄，取出种子，放于阴凉通风处晾干，然后用塑料袋封存，冷藏于0～5℃的冰箱中。

（2）种子处理

笃斯越橘种子的发芽率很低，未经处理直接播种，其出苗率仅为2%～3%。必须对种子进行催芽处理，才能提高发芽率。具体方法：将保存好的种子取出，用0.3%高锰酸钾溶液浸泡4h，然后用水洗至无色，并将河沙用0.5%高锰酸钾溶液浸泡6h后，用水洗至无色，按种子与河沙1∶6的比例均匀混拌，含水量控制在60%，放置于透气性良好的容器中，在0～5℃条件下沙藏层积处理；要始终保持种沙混合物湿润，并经常翻动（至少3天翻动1次）；处理4个月后，种子发芽率达90%以上，根据需要可随时播种。

（3）播种

圃地选择 宜选用土壤肥沃、pH小于6、土层深厚、排水良好和灌溉方便的地方。

整地作床 对选用的圃地，最好在秋天就翻挖，整地并作好床；翌年5月上旬，再进行一次床面精修平整；床面宽110cm，步道宽60～70cm，高20～30cm。床面覆盖一层5cm厚的腐殖土或草炭土。

播种 笃斯越橘种子属极小粒种子，宜采用混沙撒播的技术。具体方法：在5月中下旬，待土壤解冻后，土壤5cm深处的地温稳定在15℃以上时开始播种；播种前将沙藏层积处理好的种子进一步用干沙混合稀释，达到种沙混合均匀、松散，种子与沙体积比约1：10，按播种量20g/m²均匀撒播；播种要随播种随覆土（草炭土），及时镇压和浇水，顺序为镇压床面→播种→镇压→覆土→镇压→盖细密苇帘→浇水。第一次镇压是压平床面，第二次镇压是使种子与土壤紧密接触；播种覆盖用的土要混拌多菌灵或菌虫双杀，且覆土要薄，使种沙呈微露的状态即可。

（4）田间管理

每天浇水2次以上，始终保持床面湿润；要定期除草、杀菌杀虫；播种1周后开始出苗，小苗出至30%时，苇帘抬高20cm以上遮阴，约10天后撤苇帘；当年越冬要防寒，最好采用遮阳网上再加土覆盖防寒，土层厚度以盖严遮阳网为准。

为提高栽植成活率，使笃斯越橘果园提早结实，并降低经营成本，为生产培育S$_{2-1}$和S$_{2-2}$型笃斯越橘大苗，要进行换床，株行距10cm×10cm。

带岭林业科学研究所笃斯越橘人工栽植园（商永亮摄）

带岭林业科学研究所笃斯越橘栽植园结果量调查
（尹智勇摄）

2. 嫩枝扦插育苗技术

（1）插条采集

嫩枝插条在6月中旬至7月上旬采集，剪取1年生半木质化枝条，长度8～10cm，每个穗条带3～5个饱满叶芽。采集嫩枝插条要注意保湿，要在早晨露水消退前进行，采集后装入保温箱中。

（2）插条扦插

利用自动喷雾装置，在温室、塑料大棚内的苗床上或在全光育苗沙盘上进行嫩枝扦插，也可用育苗塑料盘装满基质进行扦插。扦插基质用草炭土：河沙＝1：1，也可单纯用草炭土。用剪刀剪去插条基部，并去掉基部叶片，保留上部4～6片；若插条不足可以分段，保留双芽繁殖。扦插前用1000mg/L的生根粉、吲哚丁酸或者萘乙酸在基部进行速蘸处理。扦插时先削插口，再扦插。扦插深度为2～3cm，株行距3cm×4cm。

缩短插条采集与扦插的间隔时间，是提高嫩枝扦插生根率的关键。若就近建立采穗圃，可边采集边扦插，不用任何处理就可获得很高的生根率。

（3）插后管理

插后注意喷水及温度、湿度的控制，关键是保持叶面水不干。每隔15天用多菌灵消毒1次，也可喷施营养液。在入冬休眠前起苗，每100株一捆，挖沟用沙埋藏或入窖沙藏。第二年春换床，再培育1年即可出圃。

3. 组培苗培育技术

由于扦插繁殖速度较慢，种子繁殖苗木一致性差且结果较晚，组织培养的方式受到越来越多的重视。

（1）带芽嫩茎再生技术体系

用笃斯越橘去叶带芽嫩茎作为外植体诱导丛生芽，最佳诱导培养基配方为WPM+2-ip（细胞分裂素）3.0mg/L，分化率可达73%；最佳继代培养基配方为WPM+2-ip 15.0mg/L+0.2mg/L NAA；最佳生根培养基配方为1/4MS+0.10mg/L IBA，生根率达97%以上。生根小植株在阔叶腐殖土上经温室炼苗45天，圃地移栽成活率可达85.7%以上（刘永富等，2008）。

（2）带芽休眠枝再生技术体系

组培瓶内增殖、瓶内生根技术：适宜笃斯越橘的初代培养基为WPM+2.0mg/L ZT；增殖培养基为改良MS+0.5mg/L ZT+0.2mg/L IBA，pH为4.2，增殖倍数达到5.9；适宜的生根培养基为1/4改良MS+0.5mg/L IBA，添加活性炭2g/L，生根率达到94%；炼苗移栽较好的方法是将组培苗在纯沙中催根20天，再移栽至草炭土：腐殖土为1：2的基质中，成活率达到78%（宗长玲，2012）。

组培瓶内增殖、瓶外生根技术：适宜笃斯越橘的初代培养基为改良WPM［用Ca（NO₃）₂·4H₂O和KNO₃代替原WPM培养基中的CaCl₂、K₂SO₄］+0.5mg/L ZT+30g/L蔗糖+6g/L琼脂粉，pH为5.8，培养温度白天25℃±1℃，夜间20℃±1℃，光照强度2000lx，光照时间12h/天；增殖培养基为改良WPM+1.0mg/L 6-BA+1.0mg/L ZT+30g/L蔗糖+6g/L琼脂粉，增殖倍数达到7.1；壮苗培养基为改良WPM+1.0mg/L ZT+30g/L蔗糖的液体培养基，在3000lx的光照条件下培养50天；瓶外生根培养适宜条件为壮苗速蘸1000mg/L的生根粉后，扦插于锯末：树皮：草炭为1：1：1的混合基质中，空气相对湿度80%～90%，培养温度为20～25℃，50天后生根率达72.4%（田新华等，2015）。

五、林木培育

1. 立地选择

笃斯越橘喜光、喜水、耐涝，但水分长期积留会影响果实产量。选择光照充足、土壤疏松、水源充足并且排水良好的地块建园。可采用大田和林下栽培。林下栽培选地势平坦、土壤湿润的林缘、林中空地或郁闭度小于0.3的林下；大田栽培宜选用土壤肥沃、有机质含量高于4%、pH小于6的区域，而且要避开风口。

2. 整地

园地要提前一年整地。大田栽培要进行全面整地，最好深翻地同时施入草炭或树皮、锯末等增加有机质，放入硫粉增酸；林下栽培采用明穴客土整地，规格为30cm×30cm×20cm，栽植苗木的回填土以锯末、松针、苔藓、沙子、腐殖质的混合物为宜。

3. 栽植

（1）苗木选择

播种苗采用S₂₋₁和S₂₋₂型，扦插苗采用C₁₋₁型，组培苗采用生根后再培育1～2年的大苗。

（2）苗木定植

于春季（4月末到5月初）土壤化冻10～20cm时进行植苗。大田栽培采用大垄双行"品"字形栽植，株行距50cm×60cm，垄面宽120cm，步道宽60cm，栽植密度1480株/亩；林缘、林中空地要因地制宜进行栽植，株行距0.5m×1.0m，栽植密度1330株/亩。

4. 抚育管理

（1）除草、培土

大田栽培采用全面除草、培土，每年进行4～5次，最好采用落叶松等锯末覆盖垄面，即可保湿防草，且锯末腐烂后可增加土壤有机质含量；林下栽培采用扩穴除草、培土，每年进行3～4次，保持穴面无杂草。

（2）水肥管理

笃斯越橘根系分布浅，喜湿润，及时灌水十分必要，但雨季也要加强巡视，发现内涝应及时挖沟排水。生长期内，对于全氮含量不足8g/kg的土壤，可施用叶面肥，以有机氮肥为主；花期中期，若发现落花较多，可施用20%木醋液叶面肥；果期初期施磷、钾肥，但不能晚于8月上旬。

（3）树体管理

修枝 以年龄超过5年的徒长枝为主，使1、2、3年生枝的比例保持在9：3：1以上；对老化不结实的枝条，贴地表剪除。

平茬修剪 当笃斯越橘丰产期过后，结果量开始下降（即树龄10年左右）时平茬，应在早春萌动前进行，从基部将地上部全部锯掉，要紧贴地表。

六、主要有害生物防治

由于笃斯越橘人工栽培的年限较短，一些病虫害暂时未见表现，育苗过程中要注意可能发生的白粉病和地下害虫蝼蛄的危害。

七、综合利用

笃斯越橘每100g鲜果含果汁80g、可溶性糖5～119mg、可滴定酸2.00～3.09mg、维生素C 25～53mg、游离氨基酸54.2mg、果胶0.59g（刘孟军，1998）；此外，还含有丰富的食用纤维、维生素A、维生素E、维生素B_5以及铁、钾、锰等矿质元素。果实中绿原酸含量较多，且含有黄色槲皮苦素、杨梅酮的黄酮醇配糖体等普通水果所不具备的对人体健康有益的物质。耿星河等（2006）测定发现，笃斯越橘的阴干果实中含有多种营养物质，如粗蛋白质、粗脂肪、粗纤维、碳水化合物、多种矿质元素等，另外还含有17种氨基酸和多种维生素。

笃斯越橘所含有的营养成分具有防止脑神经老化、改善大脑记忆和智力、抗自由基、抗氧化、防衰老、减少胆固醇积累、改善心血管机能、防治心脏病、缓解眼疲劳、明目以及防癌、抗癌等独特功效，被国际粮农组织列为人类五大健康食品之一。

笃斯越橘果实可加工成果酒、果糕、果酱、果露等，果渣还可加糖浓缩制成果丹皮。果皮提取的色素，可用作食品加工色素。

笃斯越橘抗寒及耐涝能力极强，是遗传育种领域的优良基因资源；幼枝和果实内的鞣质含量分别为8.6%和0.2%，可作鞣料并提取栲胶。

近年来，美国、加拿大、日本、智利等很多国家都把笃斯越橘果实视为保健功能食品，如美国及西方国家的妇女经常饮用其汁以抵抗泌尿系统感染、心脏疾病和延缓衰老，瑞典用其治疗婴幼儿腹泻，日本用其制成滴液治疗弱视等。因此，对于这种珍贵的小浆果，应加大基础研究力度，深入开展笃斯越橘资源的生态学、遗传学、生物化学等方面的研究，广泛筛选优良野生单株，诱导优良变异，进行杂交等，选育出具有良好风味的栽培品种。

（商永亮，石德山，宗成文，翁海龙，张悦）

238 红厚壳

别　名｜海棠（海南）、胡桐（广东、台湾）
学　名｜*Calophyllum inophyllum* L.
科　属｜山竹子科（Clusiaceae）红厚壳属（*Calophyllum* L.）

红厚壳是热带荒山荒地的造林树种，也是优良的庭园观赏及海岸防护林树种。其经济价值高、应用范围广，具有材用、油用、药用等多种用途，素为群众所喜爱。人工栽培已有悠久历史，从20世纪中期至今，人工营造红厚壳与其他树种的沿海混交林极为普遍。

一、分布

红厚壳主要分布在我国海南和台湾，从滨海地带至海拔约400m的低山、高丘陵地区均可以分布或栽培，尤以滨海沙荒灌丛地、台地和稀树旱生林地最为普遍；在广东、广西、云南等地也有引种栽培。

印度、斯里兰卡、中南半岛、印度尼西亚、安达曼群岛、菲律宾群岛、波利尼西亚、马达加斯加、澳大利亚和中美洲等地亦有分布。

二、生物学和生态学特性

常绿乔木。枝叶浓密，树高达15～21m，胸径可达90cm，喜光树种。树皮灰褐色，幼时光滑，渐成不规则块状、条状或沟状深裂，厚达1.5cm。叶对生，革质，椭圆至倒卵椭圆形，长8～18cm，宽4～9cm，有光泽，侧脉纤细而平行。总状花序，花白色。每年2次开花结实，第一次5～8月，第二次11月至翌年1月，第二次常因寒害不结果。核果球形，直径2.5～3.0cm。种子含油量20%～30%，种仁含油量为50%～60%，油可供工业用，加工去毒和精炼后可食用，也可供医药用，木材质地坚实，较重，心材和边材区别不明显，耐磨损和海水浸泡，不受虫蛀食。

10年生以前年均高生长为35～75cm，10年生以后逐步下降到15～25cm，50年生高生长几乎停止；直径生长随着树龄增加而增加，一般年生长

量在0.4～0.7cm，最快可达1.3cm。在土壤瘠薄或杂灌茅草丛生而又疏于管理的地方，10年生高度仅约1m；而在土层深厚肥沃的地方，经营集约的10年生树高可达6m以上，胸径可达7cm左右；土层深厚的沙质壤土，造林后间种农作物3年，13年生高可达8m，胸径可达8cm；作为防护林带的副木，3年生高达3.2m，胸径2.7cm；经多次林农间种，18年生高达10.2m，胸径达12.7cm。

主要适生条件为年平均气温24～28℃，年降水量900～2800mm，年蒸发量1000～2000mm的气候条件区。耐高温干旱，在年降水量仅900mm、绝对最高气温38℃、年日照数大于2600h、年蒸发量2000mm以上的环境中，亦能生长。忌霜冻，绝对最低气温7℃会受冻害，2℃以下会冻死。对土壤要求不严，在玄武岩、花岗岩等风化成的红壤、砖红壤以及滨海冲积（或沉积）沙土或盐碱土，均能正常生长。红厚壳属强喜光树种，1～4年生幼树需要一定的荫蔽，故也有把红厚壳栽于灌丛之中的习惯。根系发达，大树主根往往超过3m，根幅为冠幅的1.5～2.0倍。抗风力强，同一立地，12级以上强台风袭击，红厚壳和木麻黄风折率分别为5%以下和70%以上，适宜沿海地区造林。

三、苗木培育

种子采集与调制　宜选择树干饱满、无病虫害、树龄10年以上、胸径在15cm以上、生

长健壮的树木作为采种母树。当外果皮变软，由绿色转为黄褐色时，可拾取或采摘。果实收集后，浸水2～3天，擦去果肉，洗净后晾干贮藏或直接置于阳光下暴晒至外果皮干燥皱缩时，收回堆放在干燥通风处，可保存7个月至1年。每千克干果约180粒种子。

播种育苗 可敲裂核果，用清水或低浓度磷酸二氢钾溶液浸泡48h，或取其种仁，用清水或低浓度磷酸二氢钾溶液浸泡4h，待稍晾干即可在阴棚内均匀撒播于用高锰酸钾消毒的沙床上，然后用细沙或椰糠覆盖，以不见核果或种子为度。敲裂核果方式播种约25天即可发芽出土，用种仁播种10～25天可发芽，发芽率达80%左右。当小苗长出真叶、苗高2～3cm时，可移植到营养袋中。营养袋规格为12cm×20cm，幼苗入袋后，苗床需用遮阴度80%的遮阳网覆盖，待苗高15cm后再撤除遮阳网继续培育苗木，当苗高达到35～50cm可出圃造林，苗木出圃前要适当通过控水、控肥进行炼苗。

四、林木培育

土壤较肥沃深厚的平缓地，可用机耕全垦或带垦；在台地和低丘陵地造林，可采用穴垦整地。株行距2m×2m或2m×3m，穴规格50cm×40cm×40cm。适宜在初春的雨季造林，多在3～7月进行。造林时先将苗木营养袋浸透水，把营养袋中土壤用手压实，然后除去营养袋，放入穴中，盖土宜厚，并稍压实。也可与农作物间种，可在当年开始，连续间种3～5年。每年4月和9月进行幼树抚育，每穴可施复合肥100g，连续抚育3年，防止沙土和枯枝落叶埋没幼苗。

可作为海岸防护林和滨海沙荒地的更新树种，只要土壤肥力和水分良好，林下环境更适宜于红厚壳的幼苗幼树生长发育。可与椰子、相思类和木麻黄混交。在透光度约为0.4时，红厚壳便能正常生长，天然更新良好，自然下种较多的地方，平均每平方米有不同龄级的苗木

海南省文昌市岛东林场红厚壳花（薛杨摄）

海南省文昌市岛东林场红厚壳苗圃（薛杨摄）

20株左右，构成混交的复层异龄林。在混交林郁闭度大于0.5时，可采用伐去过熟的其他树种，控制伐后保留0.4的郁闭度，使林下红厚壳均匀分布。

中等立地条件的沿海木麻黄林，在主伐前6年，即可林下进行红厚壳的人工更新。更新方法为：在木麻黄行间挖穴造林，穴距1m，穴规格长宽深为25cm×25cm×30cm，每穴种1株。造林3年或4年后如下层郁闭度超过0.5，应进行适当疏伐。当幼林高达4m左右，进行顺行倒向伐除木麻黄，便可使红厚壳有效生长。

五、主要有害生物防治

红厚壳抗病虫害能力较强，极少有较严重的病虫害，仅在幼苗期有日灼病发生。幼苗期日灼病多发生在苗床上或幼苗时期，主要症状为幼苗受阳光暴晒后，受伤部位呈水渍状腐烂，导致幼苗倒伏。应以育苗管理和预防为主，用遮光度为70%的遮阳网遮阴可取得良好的防治效果；造林后，苗木生长初期，革质叶片在强日光直射下，容易受伤变皱或变枯呈褐斑，不容易恢复，适宜营造混交林，能达到造林效果。

六、材性及用途

红厚壳木材呈红褐色，质地坚韧，重量、强度中等，基本密度0.5～0.7g/cm³；纹理交错，结构致密，加工后具光泽，径面呈带状花纹，弦面具波状花纹，色彩鲜艳，是制作单板和胶合板的优良材料。其木材干燥后不开裂，不变形，极耐腐，且耐海水浸渍，握钉力强而钉不生锈，系造船、造车、房屋建筑、物具器械和家具的良材。

红厚壳是高产的植物能源树种，植后5年以上即可开花结果，幼龄单株每年平均可产果5～10kg；20～50年生为盛果期，每树每年可产果50～100kg。果实含油量20%～30%。种仁含油量50%～60%，原油深棕色而带绿色，味苦有毒，加工去毒和精炼后可作食用油；每50kg原油可得

海南省文昌市龙楼镇红厚壳单株（薛杨摄）

食油35kg，油呈橙黄色，澄清，不苦，味香可口。在工业上可用于制作肥皂、润滑油，也可代桐油作木船的涂料。油麸可作有机肥料。树皮含单宁12%～19%，可作鞣料原料，可供提制栲胶。树脂可作漆油的防脆剂和印刷用墨的胶料。

红厚壳也具有良好的药用价值，其油具有强化静脉和毛细血管、抗风湿、抗菌、抗病毒促进免疫、消炎、促进伤口愈合与细胞再生等药用功能。红厚壳油外用可治疗皮肤上的烫伤、溃疡、湿疹、疱疹、暗疮、过敏、龟裂等，在化妆用品中有抗菌特性，起到防止皮肤起皱的作用。

红厚壳主根发达，木材质地坚韧，抗风性强，耐干旱耐盐碱，也常用作海岸、村庄防护林树种。另外，红厚壳树姿美观，终年翠绿，花期较长，花朵较大而密聚，气味芬芳，是四旁绿化的好树种，亦可用来制作盆栽。

（薛杨）

239 铁力木

别　名｜三角子、铁梨木、铁栗木、铁棱（广东、广西、云南），梅播朗、埋冈莫喀（傣语）
学　名｜*Mesua ferrea* L.
科　属｜山竹子科（Clusiaceae）铁力木属（*Mesua* L.）

铁力木为国家二级重点保护野生植物，原产于亚洲热带地区，引种于我国热带亚热带地区。其生长缓慢，属慢生树种；适生于年平均气温19℃、极端低温0℃以上、年降水量1200mm处的湿润肥沃土壤。木材为散孔材，材质坚重，结构均匀略粗，纹理致密美观，变形小（王达明等，2012），耐磨损、抗腐蚀、虫蛀，木材气干密度达1.122g/cm³（杨清等，2002），为木材比重最大树种，是军工、建筑、高级家具、高级乐器等的优质用材。为常绿阔叶树种，树形优美，枝叶繁茂，嫩叶深红，花大洁白，花期长，种仁含油率78.99%（云南省林业科学研究所，1981），亦可作园林绿化及木本油料树种。

一、分布

铁力木原产印度、缅甸、老挝、孟加拉国、越南、柬埔寨、泰国、斯里兰卡、马来半岛等亚洲热带地区。我国引种历史超500年（王卫斌等，2002），云南最早，广东、广西、海南等省份已有引种。

二、生物学和生态学特性

1. 形态特征

常绿高大乔木，树冠圆锥形，树皮灰褐色，浅纵裂。叶对生，革质，全缘，披针形，嫩叶深红，成熟变深绿。花期6月中旬至7月中旬，花大洁白。果卵球形，10月底至11月成熟；种子褐棕色。

2. 生长发育特征

生长慢。在西南丘陵山地，10年生胸径年均生长量仅0.21cm，20～25年生出现峰值，年生长量0.56cm，60年生后生长逐步下降。树高生长比较稳定，年生长量0.2m左右，60年生出现0.46m峰值（云南省林业科学研究所，1981）。在南亚热带丘陵山地，年均生长量：胸径0.42cm，树高0.37m（明安刚等，2015）。

3. 适应性

适生于年平均气温19℃，最冷月平均气温11.6℃，极端最低气温0℃以上，≥10℃的有效积温7000℃，年降水量1200mm，土层深厚、湿润肥沃、排水良好的酸性或中性土，能耐轻霜（杨清等，2002）。

三、苗木培育

1. 采种与调制

果实由淡绿色变黄褐色时采收，将果放阴凉处2～3天或阳光下晒开裂立即移至阴凉处，除壳

中国科学院西双版纳热带植物园铁力木单株景观（卢立华摄）

去杂，挑去劣种，千粒重1370～1395g（许俊萍等，2016）。因种子含油率高，不耐贮藏，宜随采随播。若贮藏，可用湿沙层贮法或干燥器贮藏（杨清等，2002）。

2. 播种催芽

播种前，将种子置于0.5%高锰酸钾溶液消毒2h，洗净后用40℃温水浸泡12h，取出沥干后均匀撒播于沙床上，然后用木板将种子压入沙中至与沙面平，再覆盖1～2cm厚河沙，盖上薄膜催芽。15～25天发芽，揭去薄膜，搭棚遮阴至发芽结束。

3. 基质配制

营养土以黄心土：森林表土＝1：1或黄心土：火烧土＝17：3，外加0.5%钙镁磷肥（黎明等，2006）。轻基质以松树皮：锯末：牛粪＝12：7：1（许俊萍等，2016）。

4. 芽苗移植

芽苗长第二片真叶时移袋，植袋前修剪根系，留主根长约5cm，然后用小木棍在已装基质的营养袋中间打一个小孔，将芽苗植入孔内，压紧。

5. 苗期管理

移栽后及时淋透水，并搭棚遮阴，视天气确定淋水次数，以基质湿润为宜。苗木生长正常后，每半个月施肥1次，9个月龄前施氮肥，9个月龄后施复合肥。浓度从0.2%起，逐渐加大，但不宜超过0.5%。期间移动袋苗2～3次，出圃前2个月进行炼苗，停止施肥，并减少淋水次数及水量。

6. 苗木出圃

苗龄1.5～2年、高30cm以上的苗木可出圃造林。起苗时用铁锹贴畦面铲断穿袋根系，剪除过长及被损伤根系，选Ⅱ级以上苗木造林。

四、林木培育

1. 立地选择

造林地选酸性至中性、土层深厚、结构良好、湿润、肥沃沟谷及缓坡的中下部为佳。

2. 整地

将杂灌、草砍倒晒干后炼山（最好采用免炼

中国林业科学研究院热带林业实验中心31年生铁力木道路绿化景观（卢立华摄）

山造林，整地前将杂、灌、草及伐区剩余物用油锯截为每段长40～50cm，然后均匀铺于林地上，整地时，将整地位置的覆盖物扒开后进行整地作业），穴状整地，密度111株/亩，株行距2m×3m，穴规格60cm×60cm×35cm。挖穴时将表土与心土分开放置，造林前1个月，先回表土，再回填心土至穴满。

3. 造林

2～4月阴天或小雨天造林，定植时用定植锄在穴中间挖深20cm的小穴，将苗（塑料袋营养苗需除袋）置小穴后扶直回土至盖过育苗基质，用脚踩紧，再在穴面覆盖1～2cm松土。1个月后检查成活率，并及时补植。

4. 抚育施肥

块状抚育。幼林郁闭前，每年2次，造林当年为6～7月及9～10月，其他年份4～5月和7～8月各1次。抚育时将树冠外缘20～30cm圆周内的杂灌、草铲除并松土，可结合施肥，连续施尿素3年，每年2次。当年施50g/（株·次），第二年100g/（株·次），第三年150g/（株·次）。沟施，在离根20～30cm的上坡部位挖10cm深的半圆形沟，均匀施肥后盖土。

5. 林分管理

林龄13～15年透光伐，主要将杂灌木及病、残、枯、严重被压、干形差的树木砍除，强度10%左右；20～22年第一次生长伐，强度30%左右，伐除被压、生长不良、干形差、有病、受损伤等树木；26～28年第二次，强度40%左右；

中国林业科学研究院热带林业实验中心铁力木抽嫩叶林相（卢立华摄）

31～33年第三次，强度30%左右；40年第四次，保留225～270株/hm²培育大径材。

6. 主伐

胸径50cm以上可采伐利用。

五、主要有害生物防治

1. 吊丝虫（*Plutella xylostella*）

南方1年发生11～12代，3～6月和9～11月为高峰期，成虫产卵期可达10天，虫卵散产于叶背近主脉处，无明显越冬现象。成虫主要危害新梢、嫩叶，可喷杀虫药杀灭。

2. 蓝绿象甲（*Hypomeces squamosus*）

在华南地区1年发生2代，4～6月高发，以成虫或老熟幼虫越冬。主要危害新梢、嫩叶，有时也危害花和幼果，在广西、广东终年可见。可利用其早、晚活动能力差的特点，在树下铺塑料布，摇动树冠使其掉落收集灭杀；亦可将其捣碎，兑水喷洒树冠，以气味驱离。

六、材性及用途

木材为散孔材，心材深红褐色，边材黄白色，髓线细美，材质坚重，耐磨损，抗腐蚀、虫蛀，结构均匀略粗，纹理致密美观，变形小（王达明等，2012），木材气干密度达1.122g/cm³（杨清等，2002），为木材比重最大的树种，是军工、建筑、高级家具、特种雕刻、抗冲击器、名贵乐器、体育器具等的优质用材。同时，其为常绿阔叶树种，树形优美，枝叶繁茂，嫩叶深红，花多、大而洁白、气味芳香，花期长，种仁含油率78.99%（云南省林业科学研究所，1981），亦可作园林绿化及木本油料树种。

（卢立华，贾宏炎，明安刚）

别 名｜尤加利

桉树类是桃金娘科（Myrtaceae）杯果木属（*Angophora*）、伞房属（*Corymbia*）和桉属（*Eucalyptus*）植物的总称，共有945个种、亚种和变种。桉树是常绿木本植物，其中大部分是乔木，绝大多数自然分布于澳大利亚，少数几种分布于巴布亚新几内亚、印度尼西亚和菲律宾。

桉树分类研究纷繁复杂，1788年，法国植物学家L'Héritier de Brutell在大英博物馆工作期间，根据馆藏腊叶标本，全世界第一个描述和命名了斜叶桉（*Eucalyptus obliqua*），自此，正式建立了桉属。之后多位植物学家对桉树分类进行大量研究，形成最具代表性的两个分类系统：普赖尔–约翰逊（Pryor & Johnson）分类系统和希尔–约翰逊（Hill & Johnson）分类系统，后者在世界植物学界得到广泛认同，本书亦采用此分类系统（表1），并对桉树3个属进行简要介绍。

表1　桉树分类简表（希尔–约翰逊分类系统）

类　别	种	亚种/变种	分类群总数
杯果木进化系（*Angophora* clade）			
杯果木属（*Angophora*）	14	0	14
伞房属（*Corymbia*）	113	23	136
桉树进化系（*Eucalyptus* clade）			
桉属（*Eucalyptus*）	681	114	795
纹萼亚属（*Eudesmia*）	22	4	26
小帽桉亚属（*Nothocalyptus*）	1	0	1
双萼盖亚属（*Symphyomyrtus*）	514	88	602
丁格组（Tingleria）	1	0	1
横脉组（Transversaria）	22	4	26
麦克桉（Michaelianae）	1	0	1
红桉类（Red gums）	29	8	37
热带白桉类（Tropical white gums）	16	2	18
蓝桉组（Maidenaria gums）	80	14	94
黄杨皮类（Boxes）	63	9	72
铁树皮类（Ironbarks）	45	8	53
叉形子叶组（Bisectaria）	194	47	241
麻利组（Dumaria）	63	5	68
高伯亚属（*Guabaea*）	2	0	2
昆士兰桉亚属（*Idiogenes*）	1	0	1
单萼盖亚属（*Monocalyptus*）	137	13	150
赤褐桉（*Rubiginosae*）	1	0	1
西澳单朔盖桉树（W Australian *Monocalyptus*）	29	5	34
白桃花心桉（White mahoganies）	5	0	5
纤维皮类（Stringybarks）	39	0	39
弹丸桉组（Blackbutts）	2	0	2
王桉组（Ashes）	49	5	54
薄荷桉类（Peppermints）	12	3	15
赤道桉亚属（*Telocalyptus*）	4	0	4
总计	808	137	945

注：数据来自王豁然（2010）。

1. 杯果木属

杯果木属（*Angophora*）包括14种2杂种。乔木，偶见灌木。幼态叶无柄，对生；成龄叶有柄，对生，表面粗糙，具有刚毛状油腺点。复合花序顶生，每伞房3~7花；子房下位，3室，稀见4室。蒴果木质，纵向具棱，每室1粒种子。杯果木属与其他桉树的主要区别在于具有白色的花瓣，花瓣并不融合形成蒴盖。

杯果木属有10种分布于澳大利亚东南部海岸地带，是这一地区特有种，常用于风景园林和行道树（王豁然，2010）。

2. 伞房属

伞房属（*Corymbia*）有113种23亚种/变种，主要包括澳大利亚北部热带地区的血红木类、褐红木类、鬼桉类和斑皮桉类。此处重点介绍两类：一类是红木组，俗称血红木桉树，小乔木、大乔木或灌木都有，其中红花桉（*C. ficifolia*）和春红桉（*C. ptychocarpa*，国内商品名为红冠桉）都具有鲜红醒目的花序和硕大的蒴果；另一类是褐木组，多为中小乔木，树皮松散，条块状碎裂，呈黄褐色。

伞房属圆锥花序顶生，在树冠顶端非常醒目，每伞房7花，个别3花；蒴果木质，坛形厚壁，表面光滑；种子较大。伞房属中的托里桉（*C. torrelliana*）、柠檬桉（*C. citriodora*）、斑皮桉（*C. maculata*）等都是大乔木，是重要用材树种，

我国都有引进栽培，并且具有较好的园林观赏价值（王豁然，2010）。

3. 桉属

桉属（*Eucalyptus*）包括681种114亚种/变种。桉属分为7个亚属，包括纹萼亚属、高伯亚属、昆士兰桉亚属、单萼盖亚属、双萼盖亚属、赤道桉亚属和小帽桉亚属。不同亚属的树种之间不能杂交。迄今为止，既未发现亚属间的自然杂种，也未能通过人工授粉产生杂种，杂种化现象只能在同一亚属内的不同树种之间产生（王豁然，2010）。

我国最早于1890年从意大利引进多种桉树到广州、香港、澳门等地。中华人民共和国成立前，所引进的桉树主要用于庭院和路旁绿化，成片栽培和造林的不多。迄今为止，我国引种的桉树已有300多种，进行过育苗造林的有200多种，引种范围遍及我国大部分省份，南起海南岛（18°20'N），北至陕西汉中、阳平关（33°N），东起浙江苍南、普陀（122°19'E）及台湾岛（120°~122°E），西至四川西昌（28°N，102°E），从东南沿海沙滩台地到海拔2000m的云贵高原广大区域内，行政辖区达17个省份，均有桉树的种植（祁述雄，1989）。目前主要利用的树种有10余种（表2），但生产上很少使用桉树纯种造林，主要使用优良杂交无性系造林。

表2　我国桉树人工林常用造林树种

树 种	主要用途	引种栽培适生区
尾叶桉	纸浆、人造板	热带、南亚热带
巨桉	纸浆、人造板	南亚热带、部分中亚热带
细叶桉	纸浆、人造板、油	热带、南亚热带
粗皮桉	纸浆、人造板、实用木材	热带、南亚热带
柳桉	纸浆、人造板	南亚热带、部分中亚热带
赤桉	纸浆、人造板、油	热带、南亚热带、部分中亚热带
邓恩桉	纸浆、人造板	南亚热带、中亚热带
本沁桉	纸浆、人造板	南亚热带、中亚热带
蓝桉	纸浆、人造板、油	高海拔地区（云南、贵州）
直干桉	纸浆、人造板、油	高海拔地区（云南、贵州）
史密斯桉	纸浆、人造板、油	高海拔地区（云南、贵州）
大花序桉	实木用材、人造板	南亚热带

广西高峰林场桉树速生丰产用材林（贾黎明摄）

广西东门林场26年生桉树试验林（谢耀坚摄）

云南楚雄23年生桉树种子园（谢耀坚摄）

湛江桉树庭院绿化（谢耀坚摄）

目前，桉树已成为我国南方主要造林树种之一。20世纪80年代，我国开始大规模种植桉树，1986年，全国桉树人工林面积46.6万hm²；2002年，全国桉树人工林面积达154万hm²；到2015年，全国桉树人工林面积达450万hm²（谢耀坚，2015）。

桉树具有生长快、木材用途广等优势，桉树人工林的发展，为国家经济建设和生态保护做出了重要贡献。主要体现在以下四个方面：

一是提供大量木材，为保障国家木材安全做出贡献。2014年全国桉树木材产量达3000万m³，约占当年全国商品材产量的25%，而桉树林面积仅占全国森林面积2.2%，占全国人工林面积6.3%，桉树以其速生丰产的优势在国家木材安全战略中发挥了举足轻重的作用（中国林学会，2016）。

二是桉树产业已经形成一个完整的产业链，促进了区域经济发展。目前，桉树产业已经形成了包括种苗繁育、专用肥料、培育采伐、林下种养、木材加工和制浆造纸等环节在内的完整产业链，2015年总产值超过3000亿元。广西桉树产业发展推动了广西工业化、县域经济、循环经济、生态经济的发展，全区林业产业总产值前10名的县，基本都是以桉树产业为主，全区桉树产业总产值超过1000亿元（中国林学会，2016）。

三是增加森林资源，发挥生态作用。发展桉树人工林对提高森林碳汇，发挥气候调节和完善森林生态防护功能等具有重要意义。据研究，每公顷桉树每年可吸收二氧化碳24.3t，分别是杉木和马尾松的2.2倍和3.0倍，同时释放大量氧气。此外，桉树林有一定的水源涵养作用，如雷州半岛桉树林的水源涵养作用较明显。

桉树对广东率先在全国消灭荒山及绿化达标过程中发挥了先锋作用。20世纪80年代，广东的荒山荒地超过全省山地面积1/3，水土流失严重。1985年，广东省委作出"五年消灭荒山，十年绿化广东"的重大决策，到1993年底，提前两年基本实现目标，而桉树和松树正是这个运动中的造林先锋树种。

四是帮助农民增收，促进农村致富。全国每年都有几百万亩桉树林地需进行整地、种植、施肥、除草与采伐等工作，每年可为当地农民提供数百万个就业机会。在桉树生产和加工行业，有苗圃上千家、专用肥料厂数十家、旋切板机器3万多台套、人造板企业3000多家，桉树产业使数百万农民工在家门口就业，带动了农村发展，维护了社会稳定（中国林学会，2016）。

由于桉树是一类集合树种，涉及3个属，共有900多个种，此处重点介绍我国生产中广泛使用的树种，分以下五类。除柠檬桉和托里桉是伞房属的外，其余都是桉属。由于桉树各种之间造林具有很大的相似性，所以，选择我国栽培最多的尾叶桉作为典型树种进行描述，其他树种只简述其不同之处，以免重复。

①热带、南亚热带生产型桉树：尾叶桉、巨桉、细叶桉、赤桉、粗皮桉，以及生产上应用最

广的尾巨桉无性系。

②高海拔地区油材两用型桉树：蓝桉、史密斯桉。

③中亚热带耐寒型桉树：邓恩桉、本沁桉。

④园林观赏用材型桉树：柠檬桉、托里桉。

⑤珍贵实木用材型桉树：大花序桉。

（谢耀坚）

附：尾叶桉

学　名 | *Eucalyptus urophylla* S. T. Blake

科　属 | 桃金娘科（Myrtaceae）桉属（*Eucalyptus* L' Hérit.）

尾叶桉是我国华南地区最主要的速生丰产林造林树种之一，是热带、南亚热带生产型桉树的代表种。20世纪80～90年代在广东和广西营造了较大面积的尾叶桉实生林。尾叶桉在育种中具有重要地位，是常用的母本树种，我国桉树良种栽培面积最大的尾巨桉杂交无性系如DH3229和GL9，都是以尾叶桉为母本的杂交后代。

一、分布

尾叶桉原分布于印度尼西亚的帝汶（Timor）、阿洛（Alor）、维塔（Wetar）、弗洛列斯（Flores）、阿东那拉（Adonara）、龙伯任（Lomblen）和潘塔（Pantar）7个岛上（7°～10°S，122°～127°E）。其垂直分布海拔90～2200m，是所有桉树中垂直分布范围最广的。在天然分布区中，尾叶桉为高大乔木，高达25～45m，胸径1m左右；最高能达55m，胸径2m。但在恶劣环境下，仅为几米高的灌木（杰科布斯，1979）。

二、生物学和生态学特性

1. 形态特征

常绿大乔木，干形通直，树皮基部缩存，上部薄片状脱落，灰白色，大部分树皮多纤维，粗糙。树冠舒展浓密。成熟叶披针形，具柄，长15～25cm，宽3～5cm，叶尖细长像鸟尾，中脉明显，侧脉稀疏清晰平行，边脉不够清楚，叶柄微扁平，长2.5～2.8cm。花序腋生，花梗长15～20mm，有花5～7朵或更多；帽状体钝圆锥形，与萼筒等长或近似。一般情况下，4～6月孕蕾，9～10月开花，翌年4～5月种子成熟。果杯状，成熟时呈暗褐色，果径0.6～0.8cm，果柄长0.5～0.6cm，果盘内陷，果瓣与果缘几乎平，4～5裂。木材微红色，坚固耐久。每克种子含可育性种子456粒（祁述雄，2002）。

2. 生态学习性

尾叶桉主要特点是生长快、干形好，有一些种源能在低纬度、低海拔地区生长良好。夏雨型，年降水量1000～1500mm，最热月平均气温29℃，最冷月平均气温8～12℃，不耐霜冻。已被南美洲、非洲、亚洲及澳洲等一些国家普遍引种栽培，生长表现良好。例如，在巴西湿润或半湿润、热带或亚热带地区年降水量为1100～1500mm，干季为1～5个月，生长很好。我国广西东门林场和广东雷州林业局较早引种栽培，并于20世纪90年代大面积推广，在广东、广西、海南和福建等地表现良好，深受生产单位和林农欢迎。

三、良种选育

我国自1976年开始引种尾叶桉，1982—1989年，广西东门林场从澳大利亚和印度尼西亚等地共引

广西七坡林场7年生尾巨桉无性系丰产林（谢耀坚摄）

湛江6月生尾叶桉幼林（谢耀坚摄）

进尾叶桉不同地理种源16个（大多数是通过赴印度尼西亚采种队获得，也有少量来自南非和巴西等地），对尾叶桉进行了初步的种源试验、家系试验及丰产栽培技术试验，建立了尾叶桉母树林30hm²、种子园15hm²。

尾叶桉引进初期，有少量直接用种子育苗造林的情况，主要用于绿化达标和退耕还林工程造林。20世纪90年代后期，随着"中澳技术合作东门桉树示范林项目"杂交桉树的成功推广，生产上基本都采用尾巨桉优良无性系造林。此处重点介绍生产上应用最多的几个无性系。

1. DH3229

为东门林场选育，尾巨桉是以尾叶桉为母本，以巨桉为父本的杂交1代无性系，其优良无性系（DH3229）1年生平均高达6～8m，年生长量达到48m³/hm²，木材密度大，造纸性能良，适应性强，耐寒性比尾叶桉稍强。木材主要作为纸浆原料和人造板原料。其大径材亦可作锯材。

适生范围：热带、南亚热带地区，已在广东、广西、海南、福建、江西南部等地区大量造林，已造林面积50万hm²以上。

2. 广林9号（GL9）

为广西壮族自治区林业科学研究院选育，该无性系为尾巨桉杂交种，尾叶桉特征明显，枝冠浓绿，比大多数尾叶桉和尾细桉的枝冠要大且多，呈塔形分布。树皮棕褐色。在Ⅱ类立地上，1年生平均树高6～7m，平均胸径5.0～6.5m，第

二年13.0～13.5m，胸径7.0～8.5cm，材积年均生长量达39m³/hm²。

适生范围：抗性方面具有巨桉特征，能抗9级大风，冬季能耐-1℃，霜冻期不超过5天。推广范围为广西、广东、福建南部，沿海台风地区少量种植，种植面积在50万hm²以上。

3. U6

湛江市林业局选育，是尾叶桉和细叶桉的天然杂交种，2000年前后成为我国南方尤其是华南沿海地区重要的速生无性系之一，生长较快，年生长量达42m³/hm²，木材密度大，造纸性能好，适应性强，耐瘠薄，极少病虫害，是一种优良的工业原料林树种。木材主要作为纸浆原料和纤维板原料。其大径材亦可作锯材。

适生于热带、南亚热带及部分中亚热带地区，已在广东、广西、海南、福建、江西南部等地区大量造林，1990—2000年，我国已造林面积30万hm²以上。但U6干形扭曲，生长量不及尾巨桉，现在很少造林。

在华南沿海地区，由于经常有台风危害，造林时也选用尾叶桉和细叶桉的杂交无性系。

四、苗木培育

1. 种子苗的培育

（1）播种前的准备

所有种子必须采自规范种子园或母树林，并经试验证明其子代各方面性状表现优良。一般来

说，桉树种子不需消毒处理，但为保险起见，可用农用链霉素以温水稀释成1000～2000mg/kg浸种4h，或用0.5%高锰酸钾溶液浸种2h进行消毒。

尾叶桉种粒极小，每克种子300～600粒，对播种前整地的要求高，播种床除草、深翻松土后再细致碎土平整，床面铺2.5～3.0cm厚的播种基质。

（2）播种

播种季节由造林季节、苗木规格和苗木生长速度而定。华南地区在每年10月至翌年1月播种，6～9天开始发芽出土，经30～45天，小苗可移植至容器，再过30～45天苗木可达15～20cm，可以出圃造林。从播种到出圃需100～120天。

播种方式分点播和撒播。点播是直接将种子点放在容器基质上，一般每个容器放种子3～4粒，待种子发芽成苗稳定时，将多余的小苗间出移至发芽失败的容器或新容器中，一个容器中只留下一株健壮的小苗。撒播是将种子均匀撒播于规整苗床上，育成3～5cm的小苗，移植至容器内再进行培育。撒播比点播节省用工，节约种子，提高苗木出圃率，管理方便。

尾叶桉播种密度以每平方米育成2000～3000株可供移栽的小苗较好。

（3）播种苗的管理

播种苗的管理是影响苗木质量的重要环节。具体包括以下几个方面：

水分管理　发芽后保持土壤湿润是水分管理的关键，干燥易使幼芽失水，过湿易出现烂苗。一般通过淋水量及淋水次数控制水分，桉树种子小，出土不久的幼苗比较纤弱，淋水时应使用喷灌设备、喷雾器或细水花洒，以防冲走种子或损伤幼苗。

温度调节　通常采用塑料薄膜和遮阳网的方法调节温度。加盖塑料薄膜的时间主要在温度较低的晚上或阴雨天，若长期阴雨则要注意定时通风。阳光强烈则要加盖遮阳网。种子在萌芽后长出第一对真叶，表现稳定后可揭去薄膜。

病虫防治　在播种后5～6天内，要经常巡视苗床，发现蚂蚁、地老虎及其他害虫进入播种床内应及时清除。应定期（一般7～10天）喷洒杀菌剂，预防病害发生。

2. 扦插苗的培育

扦插育苗是桉树无性系育苗的主要方法，简便易行、效果好、成本低、适宜大规模繁殖，20世纪80年代到21世纪初在生产中广泛应用。

（1）采穗圃的营建

采穗圃是长期供应穗条的圃地，要选择地势平坦、土壤肥沃、疏松、排灌良好且交通方便的地方。一般来说，以肥沃湿润的沙壤土、壤土或轻黏土为好，圃地应靠近清洁水源，切忌低洼积水，否则易生病害。整地时全面深耕，均匀碎土，清除草根、石块，床地平整。采穗圃要施基肥，以有机肥料（充分沤熟后并消毒的人畜粪、火土灰、油麸肥等）为主，施肥数量视土壤肥力而定，一般应占全年总施肥量的70%～80%。施基肥要做到分层施放、分布均匀。

采穗圃栽植形式有大田池栽、室内池栽和盆栽等。综合比较以大田池栽形式最好，土地利用率高（每平方米可栽20株母株），设施简单，技术操作方便，出穗率高，易于集约经营，利于推广应用。大田池栽采穗圃，是用红砖砌成长方形栽植池，宽100cm，长度不限，高度25cm。将采穗母株按株行距20cm×25cm栽植在池内，安装喷水装置，每株每年产枝条40条，每平方米可采枝条800条。若水肥充足，管理得当，每亩每年可采穗条30万条。

（2）采穗圃的管理

母株截顶促萌　一般母株定植2～3个月开始截干促萌。截干采用斜砍，距地面10～20cm，要避免撕破母株树皮。一种新的截顶方法是用枝剪切去枝条距地面15cm处截面的1/2～3/5，从切口处将枝条折下，注意不可折断，这样既可使截后树干保持光合作用和水分蒸腾，保持截后母株的生长活力，又可顺利萌发新枝。待折断处萌出芽条后即可完全剪去折下部分。

水肥管理　截顶后当萌芽条生长到1～2cm时应及时追肥，一般氮、磷、钾的比例为5：3：2较好。母株进入采穗期，施肥与采穗条应相隔

4天以上，一般采穗前1周不要施肥，否则影响穗条生根率。肥料以复合肥或有机肥为主，不可单施氮肥，否则会引起穗条含氮过高及徒长，扦插后枝条易腐烂。此外，采穗圃还应及时松土、除草、灌溉及排水。

病虫害防治 在栽植母株前必须进行土壤消毒，栽植前5天用40%的福尔马林溶液2.5~3.0kg加清水500~1200kg喷洒在苗床上，随即用草袋覆盖以提高药性，于栽植前2天揭去草袋。酸性土壤可用生石灰结合翻耕整地时均匀施入，每平方米250~300g。采穗圃管理中要及时防治病虫害，一般可每周喷洒一次800倍托布津或多菌灵或敌克松等杀菌剂，并用1：1000的80%敌敌畏乳剂适时杀虫。

无性系档案管理 绘制出不同无性系的种植位置平面图，并在圃地挂标签，建立各无性系完整技术档案，包括无性系来源、生长习性、优良性状、栽植日期、修剪过程、采穗时间、水肥管理等。

（3）扦插技术

采收穗条 母株上的穗条生长至15~20cm、枝干呈半木质化时即可采穗条进行扦插。采收穗条前5~7天应对母株喷洒杀菌剂，减少扦插过程中的感病。采穗时间宜在早上（5:00~8:00）或傍晚（17:00~19:00），穗条以越靠近主干基部越好。同一母株不可采穗过多，适当留下几枝穗条，有利于采穗母株的恢复和生长。

穗条修剪 先将穗条基部较老化的部分剪去，剩下半木质化的枝条及顶芽。接着修剪成带有1对或2对叶片的枝条，长度7~10cm。注意切口平整，至少要留1对叶片，然后用剪刀将穗条的叶片剪去3/5。带顶芽部分的枝条可作嫩枝扦插，长度为7~10cm，该枝条上部叶片可不做修剪，与前面所剪的硬枝插条分开放置。

激素处理及消毒 桉树需要用植物生长激素处理插条，促进生根。常用的生长激素有2,4-D、吲哚乙酸（IAA）、吲哚丁酸（IBA）、萘乙酸（NAA）等，不同浓度激素对生根率有不同影响，采用吲哚丁酸500~1000mg/L浓度在尾叶桉、尾巨桉、巨尾桉等无性系的扦插中，均可达到80%以上的生根成活率。扦插前还要对插条进行消毒处理，常用药剂有多菌灵1：400、百菌清1：400、杀毒矾1：400、托布津1：800、高锰酸钾1：1000等。育苗床等扦插设备和基质的消毒则用波尔多液（硫酸铜：生石灰：水＝1：1：98）及高锰酸钾1：500喷淋。

扦插 在扦插温室或大棚内进行，插条消毒15~20min后即可扦插。一般采用直插法，即将插条竖直插入容器基质中。扦插时基质要湿润，深度为1.5~2.0cm，不要超过2cm，用手或工具压紧，使插条基部与基质紧密接触。扦插后立即用雾化喷淋法淋透。

（4）扦插苗的管理

扦插生根阶段 一般情况下，温室内扦插后第8~10天即开始生根，再过15~20天，生根率可达85%。生根阶段必须保证适宜的温度和湿度，最好采用不透水、可调光的温室或大棚内再套小棚的方法管理，保持插条和叶片有充足的水分是生根的关键。叶片失水时间过长将脱落，插条就难以生根甚至死亡。此时喷水的原则是次数多而数量少，扦插环境小气候的相对湿度保持在85%~95%。

扦插长芽阶段 扦插生根之后转入长芽阶段，这时主要是增加光照强度。当扦插苗长出2~3对新叶后，将密封小棚全部打开，在透光率50%~60%的大棚内培养7~10天，清除未生根的插条，按不同萌芽程度分级管理，定期消毒杀菌。这个阶段需要15~20天。

炼苗阶段 插条已经生根萌芽，可以稳定生长，可将扦插苗移至室外，在炼苗区内进行全光照培养。在扦插苗培养过程中适当施肥，有利于扦插苗生长发育。插条生根后5~10天，入土部分变白膨大，叶片舒展，开始雾喷叶面肥（如叶面宝、丰叶宝或0.2%尿素或0.2%磷酸二氢钾），每周一次，连续2~3周。待扦插苗抽出新芽或根系伸到容器底部时，则淋施0.3%~0.7%的复合肥，5天一次，淋肥后用清水洗苗。

苗木生长控制 统一规格（高度、径级等）

的苗木出圃有利于提高造林成活率，且便于集约经营。当扦插苗成苗时间与造林时间不相符时，有必要在育苗过程中对扦插苗进行生长控制，使苗木顺利地在造林时间出圃。可采用控制淋水和施肥、利用空气切根及应用化学药剂和激素（如矮壮素）对苗木生长进行控制。

病虫害防治 最常见的桉树扦插苗病害有灰霉病及茎腐病两种。表现为在高温、高湿的环境下，基质或插条带菌使插条切口腐烂。除注意对患病苗木进行必要的防治外，还应做好扦插基质和插条的消毒工作。基质消毒可利用日光，将基质平铺10cm厚，用透明塑料薄膜覆盖其上，利用阳光暴晒7～10天。亦可用福尔马林进行熏蒸消毒。对插条可用80%退菌特800倍液浸泡15min等前述办法。对采穗圃的穗条，可用50%多菌灵300～400倍液或60%～70%代森锌500～1000倍液或灭菌威500倍液进行喷洒。

3. 组培苗培育

自20世纪90年代开始，桉树组培技术获得巨大成功，陆续在生产上推广应用。2000年以后，桉树育苗开始转向组培苗为主，华南地区桉树苗造林90%以上都是组培苗。本文主要从组培苗移栽开始。

组培苗是在温度适宜且具有一定光照条件与湿度的优越环境下培育的，并一直生长在富有营养成分与激素的培养基上。当将其移出培养容器后，首先遇到的是环境条件的急剧变化，同时，组培苗也由异养转为自养。为此，移栽过程中，需创造一定的环境条件，使其逐渐过渡，以利于根系发育和苗木生长。

（1）移栽前准备

移栽基质准备 要求移栽基质疏松，常用基质配方为50%碳化稻壳+30%国产泥炭+20%椰糠。稻壳经焖烧炭化后与其他材料混合均匀，用机器灌装成为内径3.8cm肠状基质段，切成10cm长的小段，插入81孔穴盘，清水浇透备用。由于组培苗实行无菌培养，所有的移栽基质都必须消毒。生产上常用0.5%高锰酸钾溶液消毒一天，移栽组培苗前用清水清洗一遍。

炼苗 组培苗移栽前要炼苗，即将培育容器口上的塞子或瓶盖逐步打开，并从培养室拿到温室常温下放置几天。当封口打开后，该容器就由原来的无菌状态转为有菌状态，要防止杂菌污染组培苗。

遮阴和保温措施 桉树组培苗一般9月后移栽，在最初的几天里要注意温度与光照不能有急剧的变化，温度最好与原培养室内的温度接近，光照应避免直射。由于植株的根系还未得到重新发育，夏天温度过高会造成植株萎蔫，冬天温度太低也会导致嫩苗死亡，因此夏天要有遮阴和其他降温措施，冬天则要有保温措施。

（2）移栽技术

组培生根瓶苗经过炼苗后，将小苗从瓶子中轻轻倒出，用清水洗净培养基，小苗在0.1%多菌灵溶液中消毒2s，移栽入基质。移栽时，一定要将黏附的琼脂培养基漂洗干净，因为培养基含有多种营养成分，是微生物最适宜生长的场所，若不去净，容易导致微生物滋生，影响植株生长，甚至导致烂根死亡。

移栽前，先在基质中开一小穴，然后将植株种植下去，最好让根舒展。种植不能过深或过浅，应适中。

（3）移栽后养护管理

移出后的养护管理也是一个关键。组培苗移栽入基质后，马上淋定根水，盖上薄膜保温，盖上阴网，空气湿度大时可只盖阴网。移栽3天后喷一次杀菌药（0.1%甲基托布津），一周内注意保持叶面水分，一般10天后可揭开薄膜两端，或全部揭掉。阴网则在20天后才逐步揭掉。苗木生长稳定后大概30天可用0.1%磷酸二氢钾溶液进行叶面追肥。管理中要注意以下几个方面：

①基质要保持疏松透气，以利于根系发育。

②水分控制要得当，移栽后第一次浇水一定要浇透，这样3天内可不浇水。第一次浇水方式以渗水为好，即将刚移栽的盆放在盛有水的面盆中，让水由盆底慢慢地渗透上来，待水在盆面出现时再收盆搬出。平时浇水保持基质湿润，夏天喷与浇相结合。

③湿度要适当保持大一些。在试管苗刚移栽的几天里，最好用塑料薄膜遮盖，这样有利于保持湿度，但要注意适当透气，尤其在高温时，否则会引起幼苗发霉而导致死亡。

④温度要适宜，组培苗夏天移栽时要放在阴凉的地方，冬天要先在温室里过渡一段时间，以免由于温度太高或太低引起植株死亡。

⑤光照强度不能过大，新移栽的组培苗切勿在阳光下直射，夏天更要注意，一般应先在阴棚下过渡，然后再逐渐增加日照强度和日照时间。

⑥注意风雨的影响，组培苗应移栽在无风的地方，同时在移栽初期不能受大雨的袭击。

五、林木培育技术

桉树基本的造林作业操作程序为：清山→整地→挖穴→施基肥→苗木运输→栽植和浇水→GPS测量→补植和浇水→追肥→除草和抚育。

林地清理、细致整地、适时定植、抚育施肥是造林的关键技术环节。

1. 清山

清山方式分为全面清理、带状清理和块状清理3种，可根据造林地自然植被状况、采伐剩余物数量和散布情况、造林方式及经济条件的不同，选择其一。

（1）全面清理

劈青 将造林地上所有的杂灌木、竹、杂草、大芒、稀疏幼林或其他经济作物等劈下砍倒，清理采伐剩余物，要求杂灌木、竹、草的留存高度低于15cm。一般在秋、冬季或旱季进行。

防火线开辟及炼山 原则上不采用炼山，但病虫害严重地区及杂灌浓密地区，经有关部门核准后方可采用。为保证炼山过程的安全，应于炼山前开辟防火线。

清理林地及除杂 炼山后，将未烧净的杂草、灌木、树皮等砍除至离地面15cm以下，并集中重新焚烧干净。

（2）带状清理

以种植行为中心清除其两侧植被，或将采伐剩余物堆放成条状的清理方式。在植被较稀疏矮小的情况下可采用。清理方法与全面清理相同。

（3）块状清理

以种植穴为中心清除其四周植被或将采伐剩余物归拢成堆的清理方式。该法在实际中较少应用。

2. 整地

（1）坡度＜10°的林地采用机械整地

使用D8型或更大的推土机，要求在推土机后装置不超过150cm的犁土器，有效犁沟深度最少达到90cm。犁耙应配有25～60cm的犁翼。机耕深度不低于60cm，带宽间隔400cm±20cm。机耕时要注意沿等高线进行，以防止水土流失。

（2）坡度在10°～15°的林地，可根据实际情况选择人工整地或机械整地

机耕时应设置防止水土流失的梯级截流，或沿犁沟线每隔4～5m构筑土墙，墙高最少20cm，宽最少40cm。同时，犁耙应每隔8～10m提升50～100cm来隔断犁沟线，以防止水沿犁沟线向下流失。特殊情况下可使用挖机或特定机械整地，每个坑洼的长、宽均为1m，向下松土0.6m以上。

（3）人工整地

坡度＞15°或不能以机械整地的林地，使用人工整地。种植穴要沿水平等高线成行排列，行距间隔4m。

（4）挖穴

挖穴前用石灰或木棍定标。机耕地挖穴或挖机挖穴的规格：穴深60cm，穴面积100cm×100cm。人工整地挖穴，穴深40cm、穴面50cm×50cm、穴底30cm×30cm。

3. 造林密度

造林密度根据栽培目的、树种生物学特性、造林条件、造林措施，以及经营水平等多方面因素确定，建议在沿海平缓地带种植密度为1667株/hm²（株行距2m×3m）或1500株/hm²（株行距1.67m×4.00m）；其他地区种植密度为1250株/hm²（株行距2m×4m）。

4. 定植时间

在气候适宜情况下，种植桉树不受季节限制。但干旱季节定植必须进行浇水灌溉。栽植过

程中可使用保水剂来延长栽植时间和提高种苗存活率。

5. 抚育管理

（1）清杂及除草

栽植后6～8周进行首次除草，清除桉树苗周边50cm内杂草；雨季后期再进行1次抚育，可以带状或块状抚育。造林后的第二和第三年根据林地具体情况决定抚育1次或2次。

（2）施肥

桉树基肥主要为复合肥，少量为农家肥加化肥。基肥所用氮磷钾复合肥中磷含量较高，用量为500g/株左右。追肥随每次抚育一起进行，复合肥中氮和钾含量相对较高，用量为200～400g/株，根据树木大小和土壤条件具体而定。

萌芽林在采伐后3～6个月进行抚育和定株，每个树蔸留1～2个健壮萌芽条，并进行施肥。以后再根据生长和抚育安排施肥1～2次。萌芽林施肥增产效果低于新造林。

6. 萌芽更新技术

萌芽更新一年四季都可进行，但以冬、春季为好。冬、春季砍伐的树木需要70～90天萌芽，夏、秋雨季砍伐的树桩40～50天即可萌芽。萌芽更新方式以块状皆伐为好。伐桩高度以平伐萌芽率较高，其伐桩高度以稍高出地面5～10cm为宜。斧砍比锯伐萌芽好，但要注意保护伐桩不破裂，以利于萌芽条生长。萌芽林在采伐后3～6个月萌芽条高达1～2m时进行抚育和定株，每个树蔸留1～2个健壮萌芽条，并进行施肥。以后再根据生长和抚育安排施肥1～2次。萌芽林施肥增产效果低于新造林。

六、主要有害生物防治

1. 桉树焦枯病（*Calonectria pentaseptata*）

桉树重要病害之一，病原菌为粪壳菌纲肉座菌目丛赤壳科丽赤壳属（*Calonectria*）真菌（陈帅飞，2014）。一般4月下旬或5月初开始发病，7～8月为发病高峰期。发病初期，叶片出现水渍状斑点，后斑点连接并扩大呈不规则状坏死区域，为典型的烂叶症状；潮湿情况下，病枝及病叶上有白色透明霉状物；高温、高湿条件下病变组织可覆盖整个叶片，后期病叶卷曲脆裂易脱落。病害自下向上传播，病斑扩展迅速，严重时能导致寄主生长活力降低、大量叶片脱落。可通过种植抗病桉树无性系、对幼林修枝或剪去出现病症的枝叶林外烧毁等措施防控。在发病始盛期，可对叶片喷施达科宁或甲霜灵锰锌等化学药剂防治。

2. 桉树青枯病（*Ralstonia solanacerum*）

桉树上的一类土传病害，防治难度大。病原菌为β变形菌纲伯克氏菌目伯克氏菌科劳尔氏菌属（*Ralstonia*）细菌。主要对桉树幼苗和3年生以下的幼树危害较大，林间感病幼树症状可分两种：第一种为急性型，感病植株叶片萎蔫、失绿、不脱落，病株砍倒后木质部呈黑褐色，可观察到乳白色至淡黄褐色菌脓溢出，从表面症状到全株枯死一般仅需7～20天（罗基同等，2012）；第二种为慢性型，感病植株发育不良，较矮小，这种类型从表面症状到全株死亡需3～6个月。6～8月为发病高峰期，9～10月为病树枯死期，高温、多湿的环境，特别是台风暴雨过后，该病会在土壤中迅速繁殖和传播，极易从根表或伤口部位侵入植株。在华南地区一年四季均可发病。可通过种植抗病无性系、造林树种及无性系多样化、使用不带病菌的良种壮苗造林等措施综合防控。少量植株发病时，及时挖除，在病穴及其周围土壤撒上生石灰进行土壤消毒。青枯病发生严重的林地，桉树宜与其他树种轮作。

3. 油桐尺蠖（*Buzura suppressaria*）

杂食性害虫，常间歇性猖獗发生成灾，主要以幼虫啃食叶片，能将整株叶片啃光，仅剩秃枝。防控技术提倡种植混交林。在3月上旬后，利用成虫陆续羽化出土和具有趋光性的特点，于晚上用黑光灯诱杀。在害虫还在低龄幼虫阶段时，喷洒化学药剂杀灭幼虫（罗基同等，2012）。

4. 桉树枝瘿姬小蜂（*Leptocybe invasa*）

主要危害桉树嫩枝和叶，导致桉树新叶的

叶脉、叶柄和嫩枝产生典型的肿块状虫瘿，枝叶生长扭曲、畸形，新梢、新叶变小，树冠丛枝状，生长缓慢。受害林木生长变形，严重影响林木质量。防治措施：推广使用抗虫无性系造林，提倡不同无性系镶嵌式种植；对1～2年生严重受害的桉树林分应全部销毁，对3年生以上受害桉树林分要全部实施皆伐，就地销毁带虫枝、叶、树皮，对桉树伐根进行抑制萌芽处理；通过喷洒化学药剂杀灭害虫（陈元生等，2015）。

5. 桉扁蛾（*Endoclyla signifier*）

蛀干害虫，受害桉树多在主干基部出现一个或多个"虫粪木屑包"，蛀道口树皮愈合组织增生肿粗，幼虫在髓心蛀道内向根基部蛀害，严重影响寄主树生长，并导致风折或枯死。防治措施：避免大面积种植单一感虫无性系，提倡不同无性系镶嵌式种植；清除虫源树，秋、冬季或早春砍伐受害严重的林木，及时处理树干内的越冬幼虫和成虫，消灭虫源；涂白，秋、冬季至成虫产卵前，涂化学药剂于树干基部，防止成虫产卵及幼虫上树；对已进入木质部的大龄幼虫，可把化学药剂注入蛀道后用黄泥封口杀死幼虫，或者用铁丝等硬物插入蛀道内捅死幼虫（罗基同等，2012）。

6. 白蚁（*Odontotermes formosanus*）

危害桉树的主要白蚁种类包括黑翅土白蚁、家白蚁、土垅大白蚁等。其中黑翅土白蚁为土栖性白蚁，是桉树白蚁的优势种，工蚁取食桉树根部、根颈部及树干等（庞正轰，2013）。防治措施：选择无病虫壮苗，这样的苗木栽植后，不仅生长旺盛，而且可以增强对白蚁的抗、耐害能力，避开造林后2～3个月白蚁危害的关键时期；布置诱杀坑，在白蚁活动处挖诱集坑，然后把松木片、甘蔗渣、桉树皮等捆成束埋入诱集坑作为诱集物，再在诱集物上撒上适量洗米水或糖水，坑面上加盖松土，过2～4周后若发现诱集到大量白蚁，喷洒化学药剂杀死白蚁；灯光诱杀，每年4～7月间是多数白蚁有翅成虫的分飞期，有翅白蚁具有很强的趋光性，在其分飞期每晚可用黑光灯或其他灯光诱杀（罗基同等，2012）。

七、材性及用途

桉树是世界上利用价值极高的硬木资源之一，其部分木材产品以沉重、坚硬和耐久而著称。我国桉木可作为制浆造纸的主要原料。桉树是优良的纤维板、胶合板原料。同时，桉树还具有化工用途（如提取桉叶油和多酚等生物化学原料）、园林绿化（如作为行道树和用于庭院绿化）和生态防护作用。

1. 桉树的材性

东门林场部分3.2年生尾叶桉木材气干密度为$0.4558 \sim 0.5144 g/cm^3$，平均为$0.4714 g/cm^3$；4.2年生巨尾桉气干密度为$0.4742 g/cm^3$；5年生巨桉气干密度为$0.4447 \sim 0.4804 g/cm^3$，平均为$0.4576 g/cm^3$；5年生赤桉气干密度平均为$0.5213 g/cm^3$；5年生细叶桉气干密度为$0.4989 \sim 0.5492 g/cm^3$，平均为$0.5215 g/cm^3$（表3）。

2. 桉木的用途

制浆造纸 桉木是重要的制浆造纸原料，巴西、南非等国利用桉树为原料，生产大量的木浆。我国自21世纪以来，已经建造了多个以桉树为原料的大型木浆厂，2005年金光集团亚洲浆纸公司（APP）在海南洋浦的金海木浆厂建成投产，年产木浆100万t；2012年晨鸣纸业湛江木浆厂建成投产，木浆年产量100万t；APP钦州木浆厂，第一期木浆年产量60万t，2011年建成投产；广东广宁的鼎丰纸业年产木浆20万t。芬兰斯道拉恩索广西公司在北海的纸板厂，再加上一些地方的小型木浆厂如广西柳江造纸厂等，这些木浆厂都是以桉树为原料，桉树人工林支撑了我国制浆造纸产业的半壁江山。

人造板 桉树木材以其密度大、强度高、价格较低的优势，在人造板市场最受青睐。随着我国无卡抽单板旋切技术的突破，桉树中小径材（直径8cm以上）制造胶合板变得可行，促进了桉树胶合板加工产业的飞速发展。以广西为例，2013年，全区以桉树木材为主要原料的木材加工企业1.6万家，其中人造板企业1200多家，人造板总产量达2860万m^3，木材加工总产值达956亿元。

表3 东门林场部分桉树木材的气干密度　　　　　　年、g/cm³

树种/种源	树龄	气干密度	树种/种源	树龄	气干密度
尾叶桉14532	3.2	0.4738	巨桉	5.0	0.4478
尾叶桉12897	3.2	0.4732	巨桉	5.0	0.4447
尾叶桉13010	3.2	0.4680	巨尾桉	4.2	0.4742
尾叶桉14534	3.2	0.4608	细叶桉	5.0	0.5163
尾叶桉14532	3.2	0.4567	细叶桉	5.0	0.5492
尾叶桉14534	3.2	0.4558	细叶桉	5.0	0.4989
尾叶桉14533	3.2	0.5144	赤桉	5.0	0.5170
尾叶桉12895	3.2	0.4863	赤桉	5.0	0.5248
巨桉	5.0	0.4804	赤桉	5.0	0.5221

注：数据来自祁述雄（2002）。中国林业科学研究院木材工业研究所对东门林场尾叶桉等5种桉树木材性质进行了全面分析，其分析数据汇集如表4。

表4 尾叶桉等5种桉树主要材性数据

树种	尾叶桉	巨桉	尾巨桉	粗皮桉	细叶桉
纤维长度（μm）	1158	1097	1233	1109	1084
纤维宽度（μm）	17.60	16.40	18.30	15.20	14.10
纤维壁厚（μm）	10.40	9.01	10.84	7.49	7.42
纤维微纤丝角（°）	9.80	13.88	10.61	10.19	13.57
导管分布频率（个/mm²）	11.18	11.00	11.40	11.00	10.20

注：1.树龄：尾叶桉13年，巨桉13年，尾巨桉14年，粗皮桉13年，细叶桉15年。2.取材高度：1.3m。3.数据来自姜笑梅等（2007）。

表5 尾叶桉等5种桉树生材平均含水率　　　　　　　　%

树种	尾叶桉	巨桉	尾巨桉	粗皮桉	细叶桉
近髓心处	127.3	100.9	116.1	90.24	74.6
心材部位	118.3	100.1	109.7	76.9	61.4
过渡区	110.5	94.6	95.6	68.6	56.8
边材部位	98.5	96.4	100.5	67.4	72.2
近树皮处	84.8	81.1	92.2	66.9	71.3

注：数据来自姜笑梅等（2007）。

据不完全统计，广西全区有桉木单板旋切机2万多台，年产单板近2000万m³。

也有一定比例的桉树木材实木利用。我国这方面才刚刚起步，过去桉树人工林生产的都是中小径材，今后要培育相当比例的大径材，产品目标就是实木锯材。

（谢耀坚，陈少雄，罗建中，陈帅飞）

附：巨桉

别　名｜大桉

学　名｜*Eucalyptus grandis* W. Hill. ex Maiden

科　属｜桃金娘科（Myrtaceae）桉属（*Eucalyptus* L' Hérit.）

巨桉是我国华南地区最主要的速生丰产林树种之一，是热带、南亚热带桉树的代表种之一，在我国的生长表现比不上尾叶桉。巨桉在育种中具有重要价值，是常用的父本树种，我国桉树良种栽培面积最大的尾巨桉杂交无性系如DH3229和GL9都是以巨桉为父本的杂交F₁代。也有个别以巨桉作母本、其他桉树作父本获得的优良杂交无性系，如东门林场培育的巨尾桉（DH43-1）和巨细桉（DH201-2）。巨尾桉无性系在巴西桉树种植中所占比例较大。

一、分布

巨桉原始分布于澳大利亚东部沿海地区从海岸线往内陆100km内，南北范围为16°～33°S，主要集中分布在26°～32°S，海拔一般在0～300m，个别可达900m（昆士兰北部），夏雨型，年降水量1000～1700mm，最热月气温29～32℃，最冷月5～6℃。喜温湿气候和肥沃土壤。巨桉是世界上引种栽培最多的桉树，在巴西、印度和南非等国引种栽培最为成功，我国华南地区和四川都有种植，在四川生长表现最好，曾经作为成都周边地区主要栽培树种进行造林（杰科布斯MR，1979）。

二、生物学和生态学特性

常绿大乔木，高达40～60m，胸径2m。干形通直，分枝高。树皮脱落前粗糙，全部脱落后树皮光滑，银白色，被白粉。幼态叶椭圆形，灰青色，叶缘有波纹，质薄，柄短；成熟叶披针形，镰状而下垂，先端急尖，长13～20cm，宽2.0～3.5cm，主脉明显，侧脉不明显，主脉和侧脉40°交角，边脉分布于叶缘，整齐明显，白色。伞形花序，具花3～10朵；花序柄扁平，长10～12mm；花蕾梨形，长8～10mm；萼筒为圆锥形，长6～7mm，宽5～6mm；帽状体圆锥形，长4～6mm；花绿白色，长6～8mm，花药灰黄色，口裂。果梨形，灰青色，果皮具灰色而凸起的条纹，果盘凹陷，果瓣3～4裂，凸出在果缘之上，锐尖直立。每克种子中可育性种子数632粒（祁述雄，2002）。

（谢耀坚，陈少雄，罗建中，陈帅飞）

附：赤桉

别　名 | 小叶桉（云南）、赤桉树、雀嘴桉树
学　名 | *Eucalyptus camaldulensis* Dehnhardt
科　属 | 桃金娘科（Myrtaceae）桉属（*Eucalyptus* L' Hérit.）

赤桉是澳大利亚以外地区早期引种栽培的第一批桉树树种之一，1803年引种到意大利那不勒斯地区进行试验。1910年我国四川的西昌、遂宁最早引种了赤桉（祁述雄，1989）。迄今为止，赤桉是我国引种区域最广的桉树之一，北至湖南贵州，南至海南、广东和广西，均有引种。赤桉的种源丰富，生态适用范围广，既有耐寒的、耐涝的，也有耐旱的、耐盐碱的，因此，是优良的育种基因资源。

一、分布

赤桉是澳大利亚大陆分布最广的一种桉树，除塔斯马尼亚州以外，其他州均有分布，主要生长在河流水系边。原产地纬度范围15.5°～38.0°S，海拔高度30～600m。赤桉既生长在温带，也生长在热带，生长地的年降水量200～1100mm，分布区的北部为夏季降雨，南部为冬季降雨。可分为两种类型：南部（澳大利亚）温带型赤桉和北部热带型赤桉。在澳大利亚通常生长在600m以下的河谷地带，分布在主要原产地墨累河谷的纯林，几乎每年受1次或经常受水淹没。在澳大利亚北部，当土壤具有充足的湿度时，能够忍受热带条件，在南部则能适度抵御寒潮（杰科布斯，1979）。赤桉由于分布地域广，其种源间差异也大。

二、生物学和生态学特性

1. 形态特征

大乔木，高达20～50m，胸径达2m。树皮光滑，呈片状或短条状脱落，具黄色或灰色斑块，树干基部宿存而成鳞片状或槽纹，幼苗和小枝的皮淡红色。幼态叶3～4对，宽披针形至卵形，长6～9cm，宽2.5～4.0cm，淡灰绿色，对生，具柄；成熟叶互生，窄披针形至披针形，长6～30cm，宽0.8～2.0cm，弯而渐尖，质薄，叶脉明显。伞形花序腋生，具花4～8朵，花柄纤细，长5～10mm，或短而粗；萼筒半球形，径4～5mm，帽状体顶部收缩成一狭喙，全长6mm，间有全部帽状体圆锥形而无喙的，帽状体1～3倍长于萼筒；雄蕊长4～8mm；花药小，长椭圆形纵裂。果半球形，长7～8mm，宽5～6mm，果缘宽而高凸，果瓣全部突出，通常4瓣，内曲。每克种子的可育性种子数773粒（杰科布斯，1979）。

2. 生态习性

从澳大利亚引种的赤桉种子，几乎全部来自墨里—达林水系，其主要生长特性如下：①在土壤条件较差、干季较长的情况下，生长旺盛，产量居中；②耐周期性水淹；③对霜冻有一定抗性；④树冠相对稀疏；⑤与巨桉或蓝桉相比，其木材密度更大、更坚硬、颜色更深。

赤桉对环境的适应能力很强，耐旱性较强，能忍耐长达4～8个月的干旱，也很耐水湿，还能耐瘠薄和盐碱。在南非，广泛栽培于半湿润和半干旱地带；在阿根廷，赤桉在年降水量400～1000mm的地区栽培；在以色列，赤桉对盐碱土有相当的耐性；在巴基斯坦，赤桉在pH较高的水涝地和盐碱地上栽培。

赤桉属强喜光树种。由于树冠小、枝叶稀疏，相互庇荫较少，孤立木树干常弯曲，分枝低，但在林中则干直，分枝高，根系发达，抗风性能强，可作为沿海防护林和农田林网树种。

三、材性及用途

赤桉是澳大利亚最重要的内陆阔叶树，在蜜源、防护林以及锯材等方面都具有重要价值。木材红色，结构致密，纹理交错或呈波状，坚硬耐久，成熟材气干密度0.98g/cm³，抗白蚁，干燥时易于翘曲，是一种很好的木炭原料，也是一种很好的枕木材。在澳大利亚，赤桉木材大量用于制造高档家具和工艺品，其他国家赤桉人工林木材的用途也非常广泛，可用作锯材、纸浆材、薪炭材等。

（谢耀坚，陈少雄，罗建中，陈帅飞）

附：粗皮桉

学　名 | *Eucalyptus pellita* F. Muell.
科　属 | 桃金娘科（Myrtaceae）桉属（*Eucalyptus* L' Hérit.）

> 粗皮桉在巴西、西萨摩亚等国家都有栽培，特别在巴西生长很好，被认为是东南部沿海很有栽培前途的树种。在巴西，粗皮桉的生长量高于赤桉而低于尾叶桉。在西萨摩亚，粗皮桉能适应不同的气候和土壤条件，适宜少旱季的低地和潮湿立地。粗皮桉引进到我国的时间相对较晚，最早报道的是1986年在海南半干旱地区的桉树种源实验林中使用了粗皮桉的3个种源，1989年广西东门林场建立了粗皮桉的家系实验林，含9个种源79个家系。粗皮桉因树皮厚、抗逆性强、木材密度大等优点而被广泛引进到我国适生地区（佩格和王国祥，1993）。粗皮桉作为与尾叶桉、巨桉同一亚属树种，无疑是树种间杂交的重要育种材料，通过种间杂交可提高桉树品种抗性，受到桉树育种专家的一致重视。

一、分布

粗皮桉天然分布在澳大利亚，主要有两个分隔很远的天然分布区：昆士兰州约克角半岛（12°~18°S）和从昆士兰州弗雷泽岛附近到新南威尔士州巴特门斯湾南部（27°~36°S），为沙、石或沙质海岸地区树种，海拔分布高度达800m。

二、生物学和生态学特性

1. 形态特征

乔木，高达12~30m，在最佳立地高达47m。树皮粗糙，纤维状，全部宿存。幼态叶3~4对对生，椭圆形至椭圆披针形，成熟叶互生，长10~15cm，宽2~3cm，侧脉数多，近横生，边缘脉靠近叶缘。伞形花序腋生，具花3~8朵，花稍大，着生在长2cm、粗壮而扁平的总花序梗上；帽状体大，尖圆锥形，基部较宽，有一短而钝的喙；萼筒半球形或圆锥形，宽10~12cm，稍有棱；雄蕊长约12mm，花盘稍提升于萼缘外，花蕊内弯；花药卵状长方形，有平行的花室。果近球状截头形或半球形，具棱，长15~18mm，宽16~20mm，果缘凸出于萼筒外；稍直，果瓣3~4片，凸出。每克种子的可育性种子数55粒（杰科布斯，1979）。

2. 生态习性

粗皮桉属于湿润热带树种，在澳大利亚原产地年降水量为900~2400mm，极少干旱，最热月平均气温为24~33℃，最冷月平均气温为12~14℃，南部极少霜冻，北部则无霜冻。

三、材性及用途

粗皮桉为高大乔木，树冠宽大，枝叶茂盛，落叶量较大，是优质的用材树种；花艳，富含蜜源，是良好的蜜源植物；树冠浓密舒展，树干通

湛江粗皮桉种源、家系试验林（罗建中摄）

直，干形美，树皮红褐色，也是良好的四旁和庭院绿化树种。

粗皮桉木材深红色，材质坚硬而耐久，成熟木材的气干密度约为0.99g/cm³，广泛作为建筑、造船、枕木、桩、柱、家具等用材。

（谢耀坚，陈少雄，罗建中，陈帅飞）

附：细叶桉

学　名 | *Eucalyptus tereticornis* Smith
科　属 | 桃金娘科（Myrtaceae）桉属（*Eucalyptus* L' Hérit.）

　　细叶桉是世界各国广泛引种和栽培的主要桉树树种之一，我国最早于1890年从法国引进至广西龙州栽培（祁述雄，1989），20世纪80年代开始进行广泛引种和种源/家系试验，1987年从澳大利亚引进15个细叶桉种源在海南东部进行试验，5年生最优种源高生长达到12.68m（徐建民等，1993）。细叶桉是杂交制种的重要种质资源，广西东门林场培育的DH186就是尾叶桉和细叶桉的杂交1代无性系，杂交优势明显，生长表现优良。湛江市林业科学研究所选出的U6无性系可能是尾细桉的天然杂种1代。

一、分布

细叶桉天然分布在澳大利亚和巴布亚新几内亚，纬度范围非常广泛，从维多利亚州南部，穿过新南威尔士州和昆士兰州至巴布亚新几内亚的巴布亚沿海的热带稀树草原林地（6°~38°S），海拔分布在澳大利亚从接近海平面至1000m，在巴布亚新几内亚从海平面至800m（杰科布斯MR，1979）。

二、生物学和生态学特性

1. 形态特征

大乔木，高30~45m或更高，胸径90~150cm。树干通直，分枝低。树皮光滑，呈条状或块状脱落，有时基部宿存粗糙树皮。幼态叶2对或3对，对生，圆形至披针形，有柄；成熟叶披针形，长10~12cm，宽1.2~2.5cm，两面均绿色。伞形花序腋生，具花5~12朵，着生于2~6mm的柄上；萼筒陀螺形，径4~6mm，帽状体长圆锥状渐尖，径

4~6cm，常长于萼筒2~4倍。果半球形至陀螺形，长6~9mm，宽8~12mm；果瓣凸出于果缘外，短尖。每克种子中可育性种子数539粒。

2. 生态习性

细叶桉分布范围广，适应气候从温带至热带，1月最高气温31℃，7月最低气温为5.5℃，绝对最低气温−5℃；降雨类型除维多利亚少数地方为冬雨型外，均为夏季雨水最多，年均510~1520mm。细叶桉喜不规则洪水浸淹的平坦冲积土，随雨量的变化，也可分布至丘陵坡地，海拔下限0~350m。生长范围广，喜较好土壤，不喜酸性干燥瘠薄土壤（祁述雄，2002）。

三、材性及用途

细叶桉木材红色，材质坚硬，结构均匀，纹理交错，经久耐用，可作为建筑、枕木、桥梁、纸浆等用材。

（谢耀坚，陈少雄，罗建中，陈帅飞）

附：蓝桉

别　名｜洋草果、灰杨柳、玉树油树
学　名｜*Eucalyptus globulus* Labill. subsp. *globulus*
科　属｜桃金娘科（Myrtaceae）桉属（*Eucalyptus* L'Hérit.）

一、分布

蓝桉原产地为澳大利亚东南角的塔斯马尼亚岛，为冬雨型气候。在我国东南沿海地区试种尚未有成功的案例。不适于低海拔及高温地区，能耐零下低温，生长迅速。可在广西、云南、四川等地栽培。最北可到成都和汉中。

二、生物学和生态学特性

大乔木，树皮灰蓝色，片状剥落。嫩枝略有棱。幼态叶对生，叶片卵形，基部心形，无

柄，有白粉；成熟叶片革质，披针形，镰状，长15~30cm，宽1~2cm，两面有腺点；侧脉不很明显，以35°~40°开角斜行，边脉离边缘1mm；叶柄长1.5~3.0cm，稍扁平。花大，宽4cm，单生或2~3朵聚生于叶腋内；无花梗或极短；萼管倒圆锥形，长1cm，宽1.3cm，表面有4条凸起棱角和小瘤状突，被白粉；帽状体稍扁平，中部为圆锥状凸起，比兽管短，2层，外层平滑，早落；雄蕊长8~13mm，多列，花丝纤细，花药椭圆形；花柱长7~8mm，粗大。蒴果半球形，有4棱，宽2.0~2.5mm，果缘平而宽，果瓣不突出，

萌芽力强，可实行萌芽更新。

喜光，稍有遮阴即可影响生长速度。深根性树种，生长迅速，喜疏松深厚的土壤。适宜种植的土壤为红壤、黄红壤、紫色土。在土壤干旱、土层浅薄（＜40cm）地生长不良。喜温暖气候，但不耐湿热，气候过热生长不良。在云南主要分布在海拔1200～2400m的地带，但其最适生长的海拔高度是1500～2000m。蓝桉原产地年平均气温17.5～23.0℃，极端最低气温−8.9℃，极端最高气温可达46.2℃，能耐短暂时间−7.3℃左右的低温，在−5℃下经2～3天就会产生不同程度的冻害，轻者小枝枯死，重者会全株枯死。

三、良种选育

由中国林业科学研究院选育，包括'蓝桉优树-1'至'蓝桉优树-309'，适宜在云南、四川、广西等省份重点产区栽培。'蓝桉优树-1'为常绿乔木、速生、优质。喜温凉，不耐湿热，喜肥沃湿润酸性土，多年生，花期9～10月，果期翌年2～5月。

四、苗木培育

1. 种子采集

选择树干通直圆满、树高年均生长量2m以上、胸径年均生长量2cm以上、无病虫害、树龄8～15年的蓝桉作母树进行采种。在滇中地区，9月中旬至11月上旬开花，蒴果翌年1～3月成熟。产籽率1.5%～2.0%。种子千粒重2.8～3.4g，每千克种子有30多万粒。

2. 种子处理

蓝桉种子具有较强耐脱水性，适当的干燥处理可以提高蓝桉种子的生理活力，且5%左右的含水率是常温超干处理的最适含水率。

3. 播种

播种时间为2月至3月初，以撒播为主。播种量每亩1.5kg。播种前每千克种子用0.1kg 70%多菌灵粉剂拌种消毒。再加入20～30倍过筛细灰土或草木灰拌均后撒播。播种以早晚或白天无风时较好，有利于播种均匀。播后用烧土（细土）或腐熟松散的草木灰、堆肥等覆盖在种子上，厚度1～3mm，以不见种子外露为度，并及时用松针、稻草覆盖。用喷壶浇水，第一次要浇足、浇透，以后注意管理，适时喷水，保持一定的土壤湿度。播后1周左右，幼苗开始出土，10天左右大量出土。在傍晚或阴天逐渐分批揭去覆盖物，避免损伤幼苗。

4. 苗期管理

从种子萌发到小苗上袋前，一般早、晚各淋洒一次水。阴雨天可酌情减少一次或不淋。如连续阴雨，可视土壤水分情况2～3天或者更长时间浇水一次。蓝桉小苗对水肥要求不高，可根据幼苗长势适时喷施1～2次速效氮肥或复合肥。如遇长期连续高温，为避免幼苗损伤，应用50%遮阳网搭阴棚，减少光照。移苗和苗期管理与其他桉树一致。

云南楚雄23年生蓝桉种子园（谢耀坚摄）

五、林木培育

蓝桉植苗造林的关键是在选择适宜种源的基础上，进行立地、密度、肥料和时效控制。蓝桉在一个轮伐期内可间伐1~2次，最后保留560株/hm²左右为宜，轮伐期为7~8年（蒋云东等，2001）。

六、材性及用途

蓝桉木材边材灰白色，心材浅黄褐色，纹理交错，结构略粗，强度中等，可作为电线杆、矿柱、造船、桥梁及建筑、纸浆和人造纤维等用材。蓝桉油可作为医药用油、香料用油和工业用油。

（谢耀坚，陈少雄，罗建中，陈帅飞）

附：史密斯桉

别　名｜谷桉
学　名｜*Eucalyptus smithii* R. T. Baker.
科　属｜桃金娘科（Myrtaceae）桉属（*Eucalyptus* L' Hérit.）

一、分布

史密斯桉自然分布于新南威尔士州和维多利亚州东部的高地。广东、广西、福建、浙江和云南先后引种过，引种最早的有福建龙海县，22年生时胸径达55.7cm，树高33.1m。云南1986年开始引种史密斯桉于昆明，后引种到弥勒、楚雄、保山、文山、玉溪等地（李思广等，2002）。

二、生物学和生态学特性

常绿大乔木。树干通直，树冠浓密而具光泽。树干下部的树皮宿存，灰褐色，具细条状裂纹，上部树皮长带状脱落，脱皮后的树干呈灰白色，光滑。幼枝和侧枝红褐色。幼态叶对生，窄披针形至卵状披针形；成熟叶互生，镰状窄披针形或窄披针形，暗绿色。伞形花序腋生，有花6~7朵。蒴果半球形，外缘有凸出褐色斑点，果盘隆起，果瓣外伸。种子小，黑褐色。种植后7年左右开花结实。在滇中地区，11月中旬至翌年1月中旬开花，果实12月至翌年2月成熟。

喜光，深根性树种。生长快，喜温暖湿润的气候及疏松深厚的土壤。适宜生长的土壤为红壤、黄红壤、紫色土等。抗寒性强，萌芽力强，可实行萌芽更新。木材浅褐色，心材苍白色，硬且重，较耐久。均匀雨型，分布纬度局限为33°30′~37°05′S，海拔50~1150m。分布区天气冷凉至暖和，最热月平均最高气温22~28℃，最冷月平均最低气温为−2~6℃，霜冻期为20天，年降水量750~1700mm。

三、良种选育

由中国林业科学研究院热带林业研究所选育的"史密斯桉纳鲁马群体家系"系列史密斯桉优良品种，包括"史密斯桉纳鲁马群体001–058家系"。

史密斯桉纳鲁马群体001家系喜凉爽、温暖、中立地指数林地，多为速生纯林。树皮褐色，宿存；幼态叶对生，披针形，无柄；成熟叶互生，狭披针形，两面同色；伞形花序，7朵，总花梗有棱角或扁平，花芽卵形或纺锤形；蒴果盖圆锥形。花期10~12月，蒴果在当年12月至翌年1~2月成熟。

四、苗木培育

1. 种子采集

史密斯桉果实一般在12月成熟，采回后，暴晒2～3天，蒴果即开裂，种子脱出经筛选后收藏于3～5℃的冷库内，每10g种子中有活力种子约3900粒。

2. 育苗

（1）播种

圃地应选择地势平坦，土壤疏松、肥沃的沙质壤土和供排水条件良种好的地方。播种前要细致整地，根据土壤干湿和排水情况作床。在潮湿易积水的地方作高床，床面高出地面20cm左右，这样可增高土温，促进土壤通气和排出过多水分；湿度中等及较干的地方可作成平床。床宽1m，长度依地块大小而定。打碎土块，使土粒匀细，平整床面，用细筛均匀筛铺一层厚0.5cm的细火土。

用0.1%～0.5%的高锰酸钾或硫酸铜溶液浸泡种子2～4h，取出用清水淋洗干净后再用40℃温水浸泡12～24h。采用均匀撒播的播种方法，播种量每亩约1.3kg。因种子细小，撒播密度不易控制，所以播种时要拌细火土或灶灰。均匀撒播后筛盖一层细火土，厚度以不见种子为宜，上面盖上干松针（不能用鲜松针，因浇水后会发霉而导致种子霉烂或苗木死亡）。然后用喷壶淋透水，使土壤充分湿润。盖地膜，盖膜期间不用浇水，揭膜后再浇水。若揭膜时气温低，应白天揭膜，晚上再盖上，一周后才慢慢全部揭膜。

（2）播种苗管理

播种后1周左右，种子开始出土，10天左右大量出土，可逐渐除去覆盖物。小苗长出1～2对真叶后，用0.5%的尿素淋施，以后5～7天施一次。7～10天喷洒一次0.1%～0.3%高锰酸钾溶液防治猝倒病、茎腐病等常见病害，用40%氧化乐果1000～1500倍液防治虫害（黄兰仙，2011）。

（3）苗木移植和管理

一般播后50天左右，幼苗长到5～8cm，苗木具有3对半子叶时可上袋移植，移后应及时摆放于阴棚内，浇透定根水，并用多菌灵1000～1500倍液喷施苗盘及基质进行消毒处理。苗木生根成活后，用复合肥按0.1%的浓度进行根外施肥，一般10天施一次，施肥量可逐渐增加到0.2%～0.3%。

五、林木培育

根据林种、培育目的、立地条件确定造林密度，一般可采用1m×2m、1.5m×2.0m、2m×2m、2m×3m造林株行距，每亩造林111～333株。材油兼用林和油用林的造林密度要大些。史密斯桉定植后第二年即可开始修叶烤油，但修叶强度不能超过树冠1/3，以免造成修叶过度，影响光合作用和生长。种植后第四、第五年间伐，一个轮伐期间伐3次，间伐强度分别为50%、40%和40%。10～13年主伐，形成新的萌生林，培育后续资源。

六、材性及用途

史密斯桉木材密度适中，纤维素含量高，材色浅，边材率大，适合作纤维板、纸浆、枕木、矿柱、车船、家具、建筑等用材。也可用于生产芳香油，可用作医药、化妆品、食品和工业等用油。

（谢耀坚，陈少雄，罗建中，陈帅飞）

附：邓恩桉

别　名｜邓氏白桉（Dunn's white gum）
学　名｜*Eucalyptus dunnii* Maiden
科　属｜桃金娘科（Myrtaceae）桉属（*Eucalyptus* L' Hérit.）

邓恩桉为高大乔木，在原产地树高可达50m，胸径2m。速生丰产，材性优良，在我国的耐寒能力在−10～−5℃，是速生性和耐寒能力俱佳的树种之一。干形通直、材性优良，可用作纤维材、胶合板材等，在我国冬季冷凉省份广泛引种。能适应夏季降雨型气候，在湖南、江西、福建三省的中南部及广西的北部种植面积较大。

一、分布

邓恩桉天然分布区极小，仅分布在澳大利亚新南威尔士州东北角到昆士兰州东南部之间的狭小地带。但在世界上广泛种植，是中国、巴西、阿根廷、乌拉圭、南非、津巴布韦等多个国家的重要耐寒桉树树种，是一个天然分布区狭小而种植面积广大的重要树种，也显示其广泛的适应能力。

二、生物学和生态学特性

中等高大乔木。基部树皮粗糙并宿存1～3m，上部树皮光滑，淡灰色、奶油色或白色，呈带状脱落。幼态叶起初无柄、对生，渐变为具柄、半对生，圆形、卵形或心形，可达12.0cm×7.5cm，正、反面明显异色，灰绿色；成龄叶具柄、互生，披针形，可达20.0cm×2.5cm，正、反面同色，有光泽，绿色或深绿色。花序腋生，无柄，一序7花；蒴盖圆锥状或鸟喙状。偏爱湿润、肥沃立地，在年降水量1000mm以上、最低气温−5℃以上的地区均可健康生长。

天然分布区的海拔高度220～860m。适生的气候要求为：最热/最冷月平

广西桂林10年生邓恩桉试验林（谢耀坚摄）

贵州黔西南1年生邓恩桉（谢耀坚摄）

均气温24～31℃/-1～17℃；霜冻发生频率中等（每年冬季20～60次）；年降水量845～1950mm；降雨类型为夏季降雨、均匀降雨；旱季长度0～5个月。

一般3～4年生始花，但开花条件要求高，需冬季寒冷干燥天气的锻炼，在我国很多地方可健康生长，但在福建、广西等地均结实困难，仅在云南高原地区结实较好。

三、良种选育

邓恩桉材积性状、木材密度、树皮厚度、树干通直度的种源间遗传差异较小，而且种源水平的基因型与环境交互作用显著，所以种源选择效果有限。但在家系水平，邓恩桉的材积性状、木材密度都存在显著变异，是遗传差异的主要来源。邓恩桉材积生长性状的遗传力在0.13～0.23之间，木材密度的遗传力可达0.70，树皮厚度的遗传力为0.34；木材密度与生长性状间的遗传相关系数为-0.34～-0.22（罗建中等，2009）。

四、苗木培育

邓恩桉种子细小，每千克未经净选种子的具活力种数量常在30万～35万粒。

1. 播种

南方播种宜在10月进行，有利于桉树种子萌发和小苗生长。苗木经3.5～5.0个月可出圃，与翌年造林时间吻合。一般每平方米播种量2000～3000粒，一般为10g。播种时，用多菌灵或甲基托布津等农药拌种消毒，并对苗床基质消毒，然后将种子均匀撒播在苗床上。

2. 小苗期管理

最适发芽温度25～35℃，相对湿度85%～95%。超过35℃要及时通风或降温。在连续高温且日照时间较长时，可用50%的遮阳网覆盖。经15天基本出土，完成发芽过程，期间一定要保持苗床湿润，坚持适时淋水，淋水时用喷雾器喷洒。小苗期一般45天可适当喷施1～2次速效氮肥。

3. 幼苗移植

小苗长出2～3对真叶后（3～5cm高），可移植到装好基质的营养袋中。移植后苗木一般在一周左右长出新根，此时应注意保温、保湿。可每周施肥一次，主要用氮肥，一般施浓度为2%～5%的氮肥溶液。苗木上袋50天后高达到15～25cm。

五、林木培育

一般种植株行距是3m×2m（1667株/hm²）或3m×3m（1111株/hm²）。如果气候适宜，邓恩桉在优良立地上的高生长可达4.2m/年，而胸径增长可达3.6cm/年，材积生长量可超过34m³/（hm²·年）。纸浆材和矿柱材的轮伐期为6～12年。大径级木材的轮伐期在25年以上，要进行常规间伐，最终保有量约为250株/hm²。

六、材性及用途

邓恩桉的心材和边材没有明显区别，边材易受粉蠹虫危害；心材白色、黄棕色至灰棕色，坚硬，质地粗糙，易开裂，耐久性弱；木材气干密度约0.8g/cm³。主要用作轻型建筑用材、胶合板材、纸浆材。

（谢耀坚，陈少雄，罗建中，陈帅飞）

附：本沁桉

别　名｜肯顿白桉（Camden white gum）
学　名｜*Eucalyptus benthamii* Maiden et Cambage
科　属｜桃金娘科（Myrtaceae）桉属（*Eucalyptus* L' Hérit.）

> 本沁桉速生丰产，干形优良，在我国的耐寒能力在-8℃以上，是优良的速生、耐寒树种，是我国最耐寒的速生桉树树种，也是世界上种植面积较广的耐寒桉树树种。目前在福建、江西、云南等地有一定的种植面积。

一、分布

本沁桉仅天然分布在澳大利亚新南威尔士州东部沿海的极小区域，主要分布地是悉尼西南部的河岸平地，为约100km长、40km宽的区域。据估计，天然林的数量已不足7000株。鉴于本沁桉的天然分布区狭窄且保留群体小，澳大利亚政府1999年将本沁桉列为渐危物种。原产地海拔范围为60～230m，最热/最冷月平均气温26～30℃/-1～3℃；霜冻频率中等；年降水量730～1100mm；降雨类型为均匀降雨、夏季降雨；旱季长度0～5个月。

本沁桉能适应冬季降雨、均匀降雨及夏季降雨等多种类型的气候条件，作为一个优秀的耐寒桉树树种，在南非、美国、巴西、阿根廷、中国等地种植。在我国的适生区域主要包括：云贵高原，四川盆地，湖南、江西和福建的大部分地区，广东、广西的北部地区。

二、生物学和生态学特性

树高可达40m。树皮灰绿或白色，光滑。树干基部有宿存棕色片状薄皮，枝干上常挂着长带状脱落皮。树叶有不规则侧脉，正、反面同色。幼态叶有数对，无柄、对生，卵形至心形，长3～9cm，宽2～4cm，呈灰绿色至蓝绿色。对生的心形、被粉的蓝绿幼态叶是其标志性特征。成龄叶互生，叶柄长0.5～3.5cm，叶片披针形或镰形，长8～23cm，宽1.2～2.7cm；叶正、反面同色，有光泽或灰暗，绿色。花序腋生，无柄，花梗长0.4～0.8cm，每个花序7个花苞；成熟花苞倒卵形或卵形，长0.3～0.5cm，宽0.2～0.4cm，黄色或蓝绿色。蒴盖浑圆，花为白色。果实无柄或柄仅长0.1cm，杯状，钟形或倒锥形，长0.3～0.4cm，宽0.4～0.6cm，常为蓝绿色。果盘凸起并呈环状或凸圆状，或果盘水平；果爿3～4片，窿缘或近齐缘。种子棕黑色，长1.0～1.8cm，卵形或扁平卵形，表面光滑或有浅凹痕，种脐在腹侧。

三、良种选育

澳大利亚已建立了该树种的多处异地保护基因库，其中一些已经改造成种子园或母树林，且大部分已经在生产种子。我国的测定试验发现，种子园种子的生长比原始种源有显著提高；不同种子园的生长、耐寒能力间差异显著。云南昆明的试验结果显示，来自新南威尔士州的Deniliquin种子园的种子速生性具有优势，而来自新南威尔士州南部的母树林种子更耐寒。

四、苗木培育

本沁桉的种子极其细小，每千克未经净选种子的有效种子数量在40万～70万粒。种子育苗时，可根据育苗条件，采用育苗杯点播或者育苗盘撒播后移栽至穴盘的方法育苗。

五、材性及用途

本沁桉木材易开裂，中等耐久，在澳大利亚堪培拉附近的13年生人工林，木材气干密度为 0.5g/cm³，纤维较短，适合用作纸浆材。

（谢耀坚，陈少雄，罗建中，陈帅飞）

附：大花序桉

别　名 | 京比梅斯美特（Gympie Messmate）
学　名 | *Eucalyptus cloeziana* F. Muell.
科　属 | 桃金娘科（Myrtaceae）桉属（*Eucalyptus* L' Hérit.）

> 大花序桉树形高大挺拔，木材坚硬，可用作地板、家具等的材料，适合作为实木加工用材培育。它在桉属中是独立的一个亚属即昆士兰桉亚属（*Idiogenes*），与其他常见桉树亲缘关系较远，无法杂交，有利于保持树种遗传的稳定性。它的适生环境要求气候较为温和，对适宜立地要求较为苛刻。

一、分布

大花序桉是澳大利亚昆士兰州的特有树种，在该州的多个地方有天然分布，主要集中在东南、东北部地区，但分布区内部常不连续。

大花序桉对立地要求较高，要求年降水量1500mm左右，冬季无霜冻或霜冻轻微，土壤宜深厚、肥沃。在澳大利亚、巴西、斯里兰卡、刚果、莫桑比克等地都有人工种植，适合在我国的广西、广东、福建、云南部分地区推广种植。

二、生物学和生态学特性

大花序桉为高大乔木，在原产地可高达55m。树皮粗糙，呈灰棕色至黄灰色。幼态叶互生、具柄、卵形，长4.5～10.0cm，宽2～5cm，正、反面异色。成龄叶互生，叶柄长0.8～2.2cm，叶片披针形或镰形、卵形，长6.0～14.5cm，宽0.9～3.2cm；明显异色，上表面深绿，无光泽或微光泽。花序复合腋生，每个花序7个花蕾。成熟花蕾球形、卵形或倒卵形，长0.4～0.6cm，宽0.3～0.4cm。花为白色。果实无柄或短柄（长0.2cm），椭球形或半球形，长0.4～0.7cm，宽0.6～1.1cm。果盘上升倾斜或水平齐缘；果爿3或4片，与果盘平齐或凸出。种子灰白或中棕色，长1.8～3.0mm，倾斜角锥形至方形，背部表面光滑，种脐在末端。

原产地的海拔高度为40～1000m。适生气候条件：最热/最冷月平均气温为27～36℃/3～20℃；霜冻发生频率低（最多每年5次）；年降水量650～2845mm；降雨类型为夏季降雨、冬季降雨。旱季长度0～5个月。

大花序桉适生地土壤排水良好、酸性、肥力中等或以上。在土层深厚、肥沃的立地上能发挥生长潜力，而在贫瘠沙质立地上难成丰产林。

三、良种选育

研究表明，大花序桉的生长性状大多在种源、家系水平均有显著遗传差异，显示种源水平的选择和家系水平的改良均有重要意义；而对不同树龄木材密度的种源间研究结果不一致，有的差异显著，有的不显著。

有研究表明，大花序桉2.5年生时树高、胸径及材积的家系遗传力分别为71.1%、75.1%和68.5%，预期可获得较大的遗传增益（周维等，2014）。

广西东门林场26年生大花序桉试验林（谢耀坚摄）

四、苗木培育

大花序桉在桉树中种子颗粒较大，每千克未经净选种子中有活力种子一般为15万～20万粒；种子与空壳的颜色相近，难以相互区分。大花序桉苗期极易感病，造成育苗成活率低。应及时喷施杀菌剂，注意苗期管理，提高成苗率。

五、材性及用途

边材不易受虫害侵染，心材黄棕色，坚硬、结实，且抗白蚁。木材气干密度0.855～1.140g/cm³，用作建筑工程材、家具材、铁路枕木、矿柱材、电线杆等。

（谢耀坚，陈少雄，罗建中，陈帅飞）

附：柠檬桉

学　名｜*Corymbia citrodoral* (Hook) K. D. Hill et L. A. S. Johnson
科　属｜桃金娘科（Myrtaceae）伞房属（*Corymbia* K. D. Hill et L. A. S. Johnson）

柠檬桉是较早引进我国的少数桉树之一，1924年中山大学农学院于广州石牌创立时即种植了柠檬桉等20种桉树。20世纪60～80年代，柠檬桉是广东、广西的主栽桉树品种，目前仍然可在华南各省份看到不少四旁绿化的大柠檬桉树。柠檬桉在世界范围内都是优良的庭院绿化树种，高大挺拔，树干光滑白净，抗风能力强，且具有浓郁的柠檬香味，深受人们喜爱。柠檬桉干形通直，木材密度大，是优良的实木用材树种，具有很好的发展前景。

一、分布

柠檬桉原产地为澳大利亚昆士兰州中部和北部地区。在我国适生区域为广东、广西、海南、福建、云南、四川等地。

二、生物学和生态学特性

大乔木，高达40m。树皮光滑，白色，触之有粉腻感，有时呈粉红色或灰绿色。幼苗及萌芽枝叶（幼态叶）对生，卵状披针形、波状叶缘，有绒毛和许多盾状叶；成年树叶（成熟叶）互生，披针形或窄披针形，长15～30cm，宽0.7～1.5cm，具浓烈的柠檬香气，无毛；叶脉明显，侧脉稍粗且多，平行斜举，边脉靠近叶缘；叶柄长1.5～2.0cm。花通常每3朵成伞形花序，再集生成腋生或顶生的复伞形花序；帽状体半球形，2层，外层稍厚，顶端具小尖头，内层薄，平滑，有光泽；雄蕊长8～10mm，花药卵形，纵裂。蒴果壶形或坛状，长约1.2cm，果缘薄，果瓣深藏。

强喜光树种，自然整枝好，叶片集中于枝梢顶端，林下透光度大。耐旱性强，原产地降水量630mm，集中于夏季降雨，旱季较长。在我国栽培区内，年降水量1100～1600mm，干旱期短，所以生长比原产地好。凡气温在0℃以上都能正常生长，并四季有嫩叶。对土壤肥力要求不严，喜湿润、深厚和疏松的土壤。深根性树种，根颈具木瘤。春末夏初，当气温稳定在25℃以上时生长最快，同时期脱皮。每年3～4月、10～11月各开花一次。花期长，6～7月、9～11月种子成熟。成熟的蒴果可宿存1～2年。

三、苗木培育

柠檬桉的种性稳定，天然条件下不易形成杂交种。当果呈褐色时便可采种，采下的蒴果，放于太阳下晒，每天收集种子一次，3～4天收完。收种后，除去瘪粒、果枝和杂质，即可用于播种。一般出种率3%～4%，种子发芽率72%～85%，千粒重4.7g，每千克种子20万～21万粒。

四、林木培育

1. 立地选择和整地

应选择土层深厚的地方作为造林地。深耕整地有利于主根生长下扎，若林地比较平缓（坡度小于10°），最好用拖拉机裂土深耕整地。造林前一年的11～12月整地最佳。

2. 造林

柠檬桉植苗造林采用宽行窄株距配置，规格2m×3m、1.5m×4.0m或1.6m×3.0m。培育大、中径级材的造林密度要小一些，如以蒸油为目的造林密度可大一些。

3. 抚育

柠檬桉培育成为大径材，抚育间伐是关键。造林后3～4年即郁闭成林，一般间伐后应保留郁闭度0.7为宜，间伐重复期为3～4年，间伐后每亩保留株数30～40株较好。

4. 萌芽更新

萌芽能力强，1年生萌条可达3～4m，适宜进行萌芽更新。萌芽更新的伐根要低，一般在10cm左右，每个伐根定株时保留1～2株萌芽条，中耕除草2～3次即可成林。

五、材性及用途

柠檬桉木材硬重耐久，气干密度达到0.950～1.010g/cm³，可作为电线杆、矿柱、造船、桥梁及建筑、家具等用材。树叶含油率较高，可作为医药用油、香料用油和工业用油等。

（谢耀坚，陈少雄，罗建中，陈帅飞）

附：托里桉

别　名｜毛叶桉

学　名｜*Corymbia torelliana* F. Muell.

科　属｜桃金娘科（Myrtaceae）伞房属（*Corymbia* K. D. Hill et L. A. S. Johnson）

> 托里桉树冠浓密，树皮翠绿，是一种观赏价值极高的桉树大乔木。木材密度大，浅褐色，纹理直，也是优良的实木用材树种。

一、分布

托里桉原产地分布在澳大利亚昆士兰州艾瑟顿高盐地雨林的边缘，纬度范围16°～19°S，海拔100～800m。在我国适生区域为广东、广西、海南、福建、云南、四川等地。多为四旁植树，少见大片造林。

二、生物学和生态学特性

大乔木，高达30m。主干上部树皮脱落后呈灰青色，树干基部20～30cm树皮宿存，褐色，具浅裂纹，幼枝淡黄色。幼态叶多毛，盾形；成熟叶互生，卵形，长8～10cm，宽5～6cm，叶柄圆形，长10～12mm；中脉突起，侧脉明显而稀疏，与中脉成60°～70°交角；幼枝、叶芽、嫩叶、成熟叶均具黄色的密集茸毛，茸毛长1～2mm。伞房形圆锥花序顶生，伞形花序具花3～4朵，花蕾半卵球形，长8～10mm；萼筒钟形，基部膨大，长6～8mm，宽7～8mm；帽状体半球形，顶端略尖，稍短于萼筒；花丝白色，长4～8mm；花药淡褐色。果坛状或壶状，果缘收缩，果盘凹陷，果瓣3片。每克种子中可育性种子数约为263粒（祁述雄，1989）。

夏雨型树种，原产地降水量1000～1500mm，最热月平均最高气温29℃，最冷月平均最低气温10～16℃，霜冻1～2天。托里桉树冠可能是所有桉树中最密集的，在生长茂盛的人工林中，能遮阴抑制其他林下植物的生长。

三、材性及用途

托里桉木材硬重耐久，气干密度达到0.905～1.010g/cm³，可作为建筑、家具等实木用材。

湛江托里桉庭院绿化（谢耀坚摄）

（谢耀坚，陈少雄，罗建中，陈帅飞）

别　名｜海南蒲桃（海南）、密脉蒲桃（广东）、乌贯木（广西）

学　名｜*Syzygium cumini* (L.) Skeels

科　属｜桃金娘科（Myrtaceae）蒲桃属（*Syzygium* Gaertn.）

　　乌墨是广东和海南地区常用行道及园林绿化树种，也是耐高温、耐干旱的优良用材林树种。高大乔木，树干通直，材质优良，树冠浓密常绿，根系发达，生长迅速、适应性强，具抗风、耐污染、耐火等优点，果味甜可食。在华南地区广泛用于水源涵养、城镇绿化、沿海防护林、山地造林等。

一、分布

　　乌墨自然分布于亚洲热带地区（18°～23°N），如马来西亚、印度等。我国南起海南南部，北至广西钦州地区北部，西南各省份及福建，均有分布。垂直分布于海拔几十米至800m处，常散生于季雨林、沟谷雨林和高山针阔叶常绿林的次生林中，亦见于季雨林与稀树旱生林的接壤地带。

二、生物学和生态学特性

　　常绿乔木，高可达20m，胸径可达80cm。小枝圆柱形。叶革质，长5～14cm，宽2～9cm，先端圆或钝，有一个短的尖头，基部阔楔形，稀为圆形，两面多细小腺点，侧脉多而密，叶柄长1～2cm。圆锥花序腋生或生于花枝上，偶有顶生，长可达11cm；有短花梗，花白色，3～5朵簇生；花瓣4枚，卵形略圆。浆果卵圆形或壶形，长1～2cm，上部有长1.0～1.5mm的宿存萼筒，种子1粒。

　　乌墨天然分布区的年平均气温18～26℃，极端最高气温38℃，极端最低气温-2℃，年降水量900～2500mm。适生土壤为花岗岩、页岩、砾岩、玄武岩等发育的、表层有较厚沙壤土的红壤、砖红壤性红色土或砖红壤性黄红色土（周铁烽，2001）。

　　乌墨根系发达，主根深，抗风性强；因树皮厚而叶面反光，故能耐高温干旱，是稀树旱生林中唯一旱季不落叶的乔木树种；耐火性强，与白茅等杂草的竞争能力也强，适生于火灾连年的茅草和飞机草荒山；萌芽力强，利于萌芽更新；能耐-2℃的低温而无明显冻害。幼林期树高生长较快，年均可达45cm以上；种植15年后胸径生长加快，年均可达1cm以上。

三、苗木培育

　　主要采用播种方式育苗。

1. 采种与调制

　　花期和果期因地区而异，在海南一般2～3月开花，6～7月果实成熟，果实青转红色至紫黑色即为充分成熟。果实成熟时肉质多汁、味甜，鸟兽喜食，象鼻虫危害严重，中后期的种子受害率可达38%，应注意采集生长发育正常且没有黑点的成熟果实。果实采收后要尽快洗去果肉，将种子放于室内阴干，摊开厚度不超过2cm，并经常翻动。种子忌日晒，千粒重725g。新鲜种子的发芽率可达90%以上，但一般袋藏10天后，发芽率下降为70%，1个月后全部失去发芽力。灭杀象鼻虫后用两层塑料袋贮藏种子，8个月后发芽率尚有82%，第九个月发芽率则下降到16.7%。

2. 播种

　　裸根苗培育　一般采用条播育苗，条距10cm，沟深3cm，条沟下种30～35粒/m，每亩播种量

150～160kg。种子应覆土1cm厚，床面需盖草保湿，晴天早、晚各浇水一次。播种后15天开始发芽，再过1个月发芽完毕。结合除草间苗，每亩留苗13万株左右，3个月苗高可达17～24cm。如要培育1年生苗，则每亩留苗5万～6万株。1年生苗需要断根分床，以促进侧根发达，否则难以造林成活。

营养袋苗培育 先将种子撒播于高25cm、宽100cm的播种床，床内以干净河沙或黄心土和河沙各一半混均匀作基质。播种量以种子不重叠为宜，然后覆盖细河沙或轻基质至以不见种为度。营养袋大小采用7cm×6cm×14cm的规格，营养土基质用60%～70%新表土、30%～40%火烧土，外加3%～5%钙镁磷肥混合配制而成。小苗长出2～3对真叶时，即可移入营养袋培育容器苗。

四、林木培育

造林前3个月先行砍杂，水平带内宽1m清除杂灌，按2m×2m或2m×3m株行距挖穴，穴规格为50cm×50cm×40cm，放入12%磷肥250～300g后回土至穴满，等待雨季初，穴土湿透后开始造林。一般用1年生营养袋容器苗或截干苗造林。在干旱地区造林，定植后宜用草覆盖穴面保湿。

乌墨也可采用直播造林，4～5月砍杂，水平带内宽1m清除杂灌，按2m×2m或2.5m×2.5m的株行距挖穴，深、宽均25cm，并回填细土至满穴。每穴下种5～6粒，覆土1.5～2.0cm，并盖草保湿。播种后20天发芽，新鲜种子直播的发芽率可达95%。

造林当年的9～10月穴状铲草1次。直播造林地结合抚育，每穴选留1株健壮的小苗，余皆清除。第二年后，每年带状铲草1次，带宽1.0～1.5m，且穴状松培土和追肥1次，追施复合肥150g。连续抚育3～4年，幼林即可郁闭成林。若幼林遭受火烧，基部萌芽条较多，应结合抚育选留1个健壮的萌芽条，以免萌条丛生，影响干形和生长。若采用低截干苗造林，也要结合当年的抚育，每穴选留1株健壮的萌芽条（周菊珍等，2001）。

五、综合利用

乌墨木材淡褐色，重量和硬度适中，纹理交错，结构细致，有光泽，耐腐，不受虫蛀，不易翘裂，颇易加工，是造船、建筑、桥梁、枕木、农具、家具等优良用材。果酸甜，可鲜食或加工成果脯。树皮富含单宁，可提炼栲胶。乌墨树干通直，枝叶浓密，树形美观，生长较快，适应性和抗性强，易于繁殖，既是优良的行道树和庭荫树，也可用于营造防火林带、防护林和生态公益林。

果实和树皮均可入药。果实味甘、性平，具有收敛定喘、健脾利尿功效，可用于治疗腹泻、哮喘、肺结核和气管炎。树皮味苦涩、性凉，具有收敛功效，可用于治疗肠炎、腹泻和痢疾等症。

（孙冰）

红树植物（mangrove）是指专一性地生长于热带、亚热带潮间带的木本植物，在我国也称为真红树植物（true mangrove）。以红树科（Rhizophoraceae）植物为主，只能在潮间带生长繁殖，在陆地环境不能繁殖，具有下列全部或大部分特征：胎生或胎萌，海水传播，呼吸根与支柱根，泌盐组织和高细胞渗透压。在潮间带滩涂上，不同的群落占据不同位置，形成大体与海岸平行的带状分布。

全世界的红树林大致分布于南、北回归线之间，主要在印度洋及西太平洋沿岸，113个国家和地区的海岸有红树林分布（FAO，2007）。通常以子午线为分界线，把世界红树林分为两个群系，一个是亚洲、大洋洲和非洲东海岸的东方群系，另一个是北美洲、西印度洋和非洲西海岸的西方群系，前者种类远较后者丰富。红树林面积最大的国家是巴西、印度尼西亚和澳大利亚，分别为250万hm²、217万hm²和116万hm²。东方群系红树林分布以马来半岛及其附近岛屿为中心，发育最好的见于印度尼西亚、巴布亚新几内亚的赤道附近和菲律宾，但随着纬度的增加，种类数量逐步减少。我国红树林属于东方群系的亚洲沿岸和东太平洋群岛区的东北亚海岸。

在世界红树林中常见的木本植物包括16科23属53种。我国现有红树植物11科15属26种（表1），包括从孟加拉国引种的无瓣海桑（*Sonneratia apetala*）和墨西哥引种的拉关木（*Laguncularia racemosa*）。根据对气温的适应范围，红树植物被划分为3种生态类群，即嗜热窄幅种、嗜热广幅种和耐低温广布种。嗜热窄幅种有红树（*Rhizophora apiculata*）、红榄李（*Lumnitzera littorea*）、水椰（*Nypa fructicans*）、杯萼海桑（*Sonneratia alba*）、卵叶海桑（*Sonneratia ovata*）等，这一类群适应大于20℃的最低月平均气温。嗜热广幅种有木榄（*Bruguiera gymnorrhiza*）、角果木（*Ceriops tagal*）、红海榄（*Rhizophora stylosa*）、海莲（*Bruguiera sexangula*）、海漆（*Excoecaria agallocha*）等，适宜最低月平均气温为12~16℃。耐低温广布种有秋茄（*Kandelia obovata*）、桐花树（*Aegiceras corniculatum*）、白骨壤（*Avicennia marina*）等，适宜低于11℃的最低月平均气温。

表1 我国红树植物的种类及分布

科 名	种 名	省份或地区							
		海南	广东	广西	台湾	香港	澳门	福建	浙江
卤蕨科 Acrostichaceae	卤蕨 *Acrostichum aureum*	+	+	+	+	+	+		
	尖叶卤蕨 *A. speciosum*	+							
楝科 Meliaceae	木果楝 *Xylocarpus granatum*	+							
大戟科 Euphorbiaceae	海漆 *Excoecaria agallocha*	+	+	+	+	+			
海桑科 Sonneratiaceae	杯萼海桑 *Sonneratia alba*	+							
	海桑 *S. caseolares*	+	+						

续表

科名	种名	省份或地区							
		海南	广东	广西	台湾	香港	澳门	福建	浙江
海桑科 Sonneratiaceae	海南海桑 *S. hainanensis*	+							
	卵叶海桑 *S. ovata*	+							
	拟海桑 *S. gulngai*	+							
	无瓣海桑* *S. apetala*		+	+				+	
红树科 Rhizophoraceae	木榄 *Bruguiera gymnorrhiza*	+	+	+	+			+	
	海莲 *B. sexangula*	+	+					+	
	尖瓣海莲 *B. sexangula. var. rhymchopetala*	+	+					+	
	角果木 *Ceriops tagal*	+	+						
	秋茄 *Kandelia obovata*	+	+	+	+	+	+	+	+
	红树 *Rhizophora apiculata*	+							
	红海榄 *R. stylosa*	+	+	+	+			+	
使君子科 Combretaceae	红榄李 *Lumnitzera littorea*	+							
	榄李 *L. racemosa*	+	+	+	+	+		+	
	拉关木* *Laguncularia racemosa*		+	+					
紫金牛科 Myrsinaceae	桐花树 *Aegiceras corniculatum*	+	+	+		+	+	+	
马鞭草科 Verbenaceae	白骨壤 *Avicennia marina*	+	+	+	+	+	+	+	
爵床科 Acanthaceae	小花老鼠簕 *Acanthus ebracteatus*	+	+	+					
	老鼠簕 *A.ilicifolius*	+	+	+			+	+	
茜草科 Rubiaceae	瓶花木 *Scyphiphora hydrophyllacea*	+							
棕榈科 Palmae	水椰 *Nypa fructicans*	+							
	种类合计	26	11	11	10	8	5	7	0

注：*为国外引进树种。

我国红树林面积曾达25万hm²，20世纪50年代为4万hm²左右。天然分布南界在海南，北界为福建福鼎县（27°20′N），人工引种北界为浙江乐清（28°25′N）。分布特点是种类由南到北逐渐减少，以灌木为主，人为干扰严重，80%为低矮次生林。根据全国第二次湿地资源调查结果（2014年1月），我国现有红树林34472hm²，分布在海南、广东、广西、福建、台湾、香港和澳门等地（表2）。

我国红树林造林历史划分为4个阶段，即1965年之前的起步阶段，1966—1979年的停滞阶段，1980—1999年的复苏发展阶段，以及2000年至今的全面规划实施阶段（王文卿和王瑁，2007）。我国部分高校、研究所、自然保护区在红树林的宜林滩涂选择、采种、育苗、引种、造林、幼林抚育等方面开展了大量试验研究与示范，为红树林的恢复重建积累了丰富的数据和经验。

作为沿海防护林体系的重要组成部分，红树林在防风消浪、促淤保滩、固岸护堤、净化海水、维护生物多样性、保障沿海地区生态安全等方面发挥着重要作用，是重要的防护林树群。红树人工林的发展，为我国南部沿海经济建设和生态保护做出了积极贡献。由于红树是一类集合树种，涉及15个属20余种，此处重点介绍我国南方沿海滩涂造林生产中广泛使用的树种，即秋茄、桐花树、木榄、海桑、无瓣海桑和白骨壤。

表2　我国各省份红树林面积 　　　　　　　　　　　　　　　hm²

资料来源	面积								总面积
	海南	广西	广东	福建	台湾	浙江	香港	澳门	
20世纪50年代调查	9992	10000	21289	720					42001
海岸带植被调查	4667	8000	4000	368					17035
海岸带林业调查	4800	8014	8053	416					21283
海岸带地貌调查	4800	4667	8200	2000	3333				23000
廖宝文等（1992年）	4836	6170	4667	416	120				16209
范航清（1993年）	4836	5654	3813	250	300				14853
林鹏等（1995年）	4836	4523	3813	260	120	8	85	1	13646
何明海等（1995年）	4836	5654	3526	360	120	8	85	1	14590
张乔民等（1997年）	4836	5654	3813	360	120	8	85	1	14877
国家林业局2001年调查	3930.3	8374.9	9084.0	615.1	278.0	20.6	510.0	60.0	22872.9
吴培强等（2013年）	4891.2	6594.5	12130.9	941.9		19.9			24578.4

（廖宝文，李玫）

附：秋茄

别　名｜水笔仔、茄行树、红浪、浪柴、茄藤树、红榄
学　名｜*Kandelia obovata* Sheue, Liu et Yong
科　属｜红树科（Rhizophoraceae）秋茄属（*Kandelia* Wight et Arn.）

秋茄是北半球最耐寒、在我国红树林中分布范围最广的红树植物，海南、广东、广西、福建、台湾、香港和澳门的沿海泥滩均有自然分布。具有胎生、慢生、拒盐和耐寒等特点，对潮位、盐度、土壤适应性广，中、低潮滩均能正常生长，是我国南部沿海滩涂消浪红树林的主要造林树种之一。木材可用作能源材，树皮因富含单宁可提制栲胶。

一、分布

秋茄分布于亚洲热带、亚热带海岸，多生于浅海和河流出海口的冲积带泥滩。我国热带、亚热带沿海滩涂凡是有红树林的地方均有分布，其中广东、福建、香港、台湾及琉球群岛是秋茄树的世界分布中心（王文卿和王瑁，2007）。

二、生物学和生态学特性

常绿灌木或小乔木，高2~3m。树皮平滑，红褐色。枝粗壮而多弯曲，有膨大的节。叶椭圆形、矩圆状椭圆形或近倒卵形，顶端钝形或浑圆基部阔楔形，全缘；叶脉不明显；叶柄粗壮；托叶早落。二歧聚伞花序，有花4~9朵；总花梗长短不一，1~3个着生于上部叶腋；花具短梗，花萼裂片革质，短尖，花后外翻；花瓣白色，膜质，短于花萼裂片；雄蕊无定数，长短不一；花柱丝状，与雄蕊等长。果实圆锥形，长1.5~2.0cm，基部直径8~10mm；胚轴细长，长12~20cm，花果期几乎全年。

幼苗在母树上发育，当胚轴伸长到一定长度时胚根朝下吊垂，陆续脱落，脱落时凭借尖锐的胚根先端直插于淤泥中，迅速长根固定，未能插入的则随海浪飘流至适宜地方定居生长。幼苗耐盐性强，可长期在海水维持生活力，实现远距离传播。结实与繁殖能力强，群落中常有大量的幼苗萌发和幼树生长。在人为干扰少的地方，秋茄

群落极为茂密（广东省林业科学研究所，1964）。

秋茄适宜生长在淤泥深厚的中潮带滩涂，可形成单种优势的灌木群落，常见桐花树—秋茄群丛，其他混生树种有红树、白骨壤、角果木和海莲等，地被植物有老鼠簕、金蕨、结缕草、盐地鼠

湛江高桥秋茄花（廖宝文摄）

湛江高桥秋茄胚轴（廖宝文摄）

尾草和厚藤等（广东省林业科学研究所，1964）。

秋茄属耐低温广布种，是红树植物中最耐寒的种类，可分布至最冷月平均气温低于11℃的福建厦门以北的海岸。既适生于盐度较高的潮滩，又能生长在淡水泛滥地区。耐水淹，在涨潮时淹没过半或几达顶端的中低潮滩能正常生长。在海浪较大的地方，其支柱根尤其发达。

秋茄是拒盐红树植物，通过木质部的高负压，从含盐基质中分离出淡水。耐盐能力高于桐花树，低于白骨壤，自然条件下适宜生长在土壤盐度为7.5～21.0mg/g的淤泥质中高潮带滩涂（林鹏和韦信敏，1981）。对土壤肥力的需求中等，在淤泥质潮滩上生长最好，沙质壤土或壤质沙土上也能生长。秋茄为慢生树种，在深圳福田天然红树林前缘7年生秋茄的平均高为2.9m，而无瓣海桑、海桑的平均高分别为9.1m和8.0m（王伯荪等，2002）。

三、林木培育

1. 胚轴采集

宜直接采集胚轴造林。海南胚轴采集期为2月上旬至3月初，广东为2月下旬至5月初，广西为4月上旬至5月中旬，福建为5月上旬至6月底。在胚轴自然脱落的初中期，从发育良好、生长健壮的母树上采摘，也可在滩涂上捡取脱落的胚轴，要求胚轴成熟、粗壮、完好。成熟胚轴特征为：棒棍状，紫褐色且较光滑，长17～27cm，鲜重9～20g，胚芽易从果实中分离，芽长1.2～2.0cm（郑德璋等，1999）。

2. 胚轴运输和贮藏

胚轴应随采随种，采集后尽快运输至造林地插植，一般不超过7天。如不能及时插植，需进行沙埋贮藏（贮藏时间＜15天）或5～8℃冷藏（贮藏时间＜180天）。运输时，胚轴装在潮湿的麻袋中，以便保持水分。插植之前，用0.1%～0.2%的高锰酸钾浸泡12h杀菌（郑德璋等，1999）。

3. 胚轴插植

秋茄适宜的造林地为淤泥深厚、肥沃、海水盐度低于20mg/g、风浪小的中潮滩，在各地的

宜林潮滩高程因潮汐特点（潮汐类型、潮差、潮汐日不等）不同而异（郑德璋等，1999）。造林之前，应清除滩涂上的垃圾和割除杂草。适宜造林时间为3～5月，采用胚轴直接插植。最好是大潮刚过后2～3天，选择退潮后的阴天或晴天插植（张方秋等，2012）。胚轴插植后一般7天开始发根。

淤泥深厚、风浪大的地方应适当深栽，插植深度约为胚轴长度的2/3；而土质硬实、风浪小的滩涂，插植深度为胚轴长度的1/3～2/3；因潮滩生境条件恶劣，胚轴宜适当密植，还可采用丛栽（每穴3～4株），株行距为0.5m×1.0m或1m×1m，采用三角形或正方形栽植，林带宽度视林地情况而定（郑德璋等，1999）。最好与桐花树、白骨壤等生长习性比较接近的种进行块状或带状混交，以形成稳定的复合林分结构。

4. 幼林抚育

新造林地需封滩3年，禁止人和船只进行渔获捕捞活动。幼林地外围需要设置围网，既减少人为干扰和垃圾危害，又防止螃蟹和老鼠等动物进入林地啃食幼苗。定期清理造林地内及缠绕在幼苗、幼树上的垃圾杂物和海藻，及时有效地处理造林地内的油污，对倒伏、根系暴露的幼苗、幼树进行扶正和培土，对缺损的幼苗、幼树采取补植措施，确保造林成活率不低于85%（郑德璋等，1999）。

四、主要有害生物防治

1. 茎腐病（stalk rot）

苗期有时发生茎腐病，表现为茎基部腐烂而使苗木枯死，病原菌为腐霉菌（*Pythium* sp.）和根霉菌（*Rhizopus* sp.）。防治方法：及时清除病株，在海水返潮时撒上适量石灰消毒，以防传染；用等量式波尔多液或敌克松（50%敌磺钠湿粉）600～1000倍液喷雾3～4次。

2. 考氏白盾蚧（*Pseudaulacaspis caspiscockerelli*）

考氏白盾蚧属同翅目（Homoptera）蚧总科（Coccoidea）盾蚧科（Diaspididae），主要寄

湛江高桥秋茄人工林（廖宝文摄）

生于秋茄的叶面，受害部位呈黄色褪绿斑，易脱落，新叶受害稍卷曲，叶小、生长不良。防治方法：在卵孵化盛期及时喷洒50%灭蚜松乳油1000~1500倍液（张方秋等，2012）。

3. 丽绿刺蛾（*Latoia lepida*）

丽绿刺蛾属鳞翅目（Lepidoptera）斑蛾总科（Zygaenoidea）刺蛾科（Eucleidae），是红树林主要食叶害虫之一，主要危害秋茄和桐花树。低龄幼虫取食表皮或叶肉，致叶片呈半透明枯黄色斑

块。大龄幼虫所取食的叶片呈较平直缺刻，甚至把叶片吃光。防治方法：利用成蛾有趋光性的习性，在6~8月盛蛾期，设诱虫灯诱杀成虫；在低龄幼虫期，用45%丙溴辛硫磷1000倍液，或20%氰戊菊酯1500倍液+5.7%甲维盐2000倍液，或40%啶虫必治1500~2000倍液喷杀幼虫，可连用1~2次，间隔7~10天。

五、综合利用

秋茄是我国南部沿海地区滩涂消浪红树林中应用最广的造林树种之一。木材坚实耐腐，可作为农具柄等小件用材或薪炭材。树皮含单宁17%~26%，可提制栲胶，也可作收敛剂。胚轴富含淀粉，经处理可食用。树叶可作家畜饲料。

（廖宝文，李玫）

附：桐花树

别　名 | 蜡烛果，黑枝、黑榄（广西），浪柴、红蔃（广东），黑脚梗（海南）
学　名 | *Aegiceras corniculatum* (L.) Blanco.
科　属 | 紫金牛科（Myrsinaceae）蜡烛果属（*Aegiceras* Gaertn.）

桐花树是我国分布面积最大的红树植物，具有隐胎生、慢生、泌盐、耐浸淹和耐寒等特点，对潮位、盐度、土壤适应性广，为我国南部沿海滩涂消浪红树林的主要造林树种之一。木材可作能源材，树皮富含单宁，可提制栲胶。

一、分布

桐花树广布于印度、中南半岛、菲律宾及澳大利亚北部等东半球热带亚热带海岸。我国海南、广西、广东、福建及南海诸岛也有分布，多生长于海边的淤泥滩和河流出海口的咸淡水交汇处。福建泉州是其天然分布的北界（王文卿和王瑁，2007）。

二、生物学和生态学特性

常绿灌木或小乔木，高1.5~4.0m；小枝无毛，褐黑色。叶互生，革质，倒卵形、椭圆形或广倒卵形，顶端圆形或微凹，基部楔形，全缘，边缘反卷，两面密布小窝点。叶面无毛，中脉平整，侧脉微隆起；背面密被微柔毛，中脉隆起，侧脉微隆起；侧脉7~11对。伞形花序，生于枝条顶端，无柄，有花10余朵；花梗具腺点，花萼

仅基部连合，无毛；萼片斜菱形，顶端广圆形，全缘，紧包花冠；花冠白色，钟形；裂片卵形，顶端渐尖，长约5mm，花时反折，花后全部脱落；雄蕊较花冠略短；花丝基部连合成管，花药卵形或长卵形，与花丝几成"丁"字形；雌蕊与花冠等长，子房卵形，被花萼紧包，露圆锥形花柱，与花柱无明显界线。蒴果圆柱形，弯曲如新月形，顶端渐尖，长6~8cm，直径约5mm；宿存萼紧包基部。花期12月至翌年1~2月，果期7~9月或11月（王文卿和陈琼，2013）。

桐花树具有"隐胎生"现象（cryptovivipary），即种子在母体上发芽后仍留在果皮内。果实脱落吸水，种子胀破果皮后，胚轴伸出并插入泥中，很快生根固定。桐花树大部分生于河口咸水与淡水交界处以至离海边数千米的河岸滩涂，多单独组成群落，也常与其他树种混生。桐花树为慢生树种，在珠江口的深水裸滩上，3年生桐花树的平均高度仅达0.87m，而3年生无瓣海桑的平均高度达3.11m。

桐花树属于耐低温广布种，耐寒能力仅次于秋茄树，半致死温度为-9℃左右。耐水淹，对潮位适应性广。在平均海平面以上的前缘至后缘滩涂均可生长，而前缘滩涂或河口海岸交汇处的滩涂生长最好。桐花树是泌盐植物，最适的土壤盐度为11~15mg/g（李信贤等，1991）。对土壤肥力需求不高，在表层软硬适中、土层深厚的泥滩上生长较好。

湛江高桥桐花树胚轴（廖宝文摄）

三、苗木培育

1. 采种与催芽

各地的胚轴成熟期有较大差别，海南为7月中旬至8月下旬，广东为8月初至9月上旬，广西为8月中旬至9月下旬，福建为8月下旬至10月初。胚轴的成熟特征：月牙形，长约4.5cm，粗0.5~0.7cm，绿色，光滑，前端有一缢小处，鲜重1.1~1.3g；被皮包裹，种皮呈红黄色（廖宝文等，1998）。

胚轴脱落的初期采集最佳，用自来水或低盐度的海水浸泡1~2天后，置于阴凉处保湿催芽5~6天。胚轴根端萌动伸长，胚轴总长度伸长12%~19%后即可播种（廖宝文等，1998）。

2. 育苗

适宜的育苗基质为30%细沙+70%潮滩淤泥，营养袋规格为10cm×16cm。将催好芽的胚轴点播于营养袋中，每袋播种2条（廖宝文等，1998）。胚根端应朝下，插入土的深度为1~2cm。播种后淋透水，使胚根与基质充分接触。1周后检查胚轴缺损情况，补插被水冲走的胚轴，以提高出圃率（张方秋等，2012）。

退潮后应用淡水浇灌苗圃地，浇灌量根据幼苗大小、潮水情况和气温而定。苗木越小，淡水补充量越大，播种后每天浇淡水3~5次。小潮和炎热干燥时，淡水浇灌量应加大（张方秋等，2012）。一般施肥2~3次，但出圃前1个月应停止施肥，以提高苗木的木质化程度。冬季应搭建薄膜温棚等保温，尤其注意预防突然降温导致的冻害。同时，苗期还应注意防止螃蟹啃咬幼苗。

苗木高度达30~50cm时可出圃造林，要求枝叶青绿，基径粗壮，根系发达，顶芽完整，无病虫害，无机械损伤（张方秋等，2012）。

四、林木培育

1. 造林

适宜的造林地为淤泥深厚、海水盐度<1.5%、风浪小的中潮滩。对于潮滩面低于平均海面而又急需造林的潮滩，可采用条带状填挖的方式来提

北海大冠沙桐花树单株（廖宝文摄）

广州南沙湿地桐花树花枝（廖宝文摄）

广州南沙湿地桐花树人工林（廖宝文摄）

高滩面水平（廖宝文等，1998）。造林地若有大米草、薇甘菊等杂草，需要适当清除。

适宜的造林时间为4~8月，采用营养袋苗种植。苗木高度由可造林地潮位决定，如果是低潮滩，潮差较大，潮水浸淹时间长，应使用40~50cm高的2年生苗木造林；如果是中高潮滩，潮水浸淹时间短，可用30~35cm高的1年生苗造林（张方秋等，2012）。因潮滩生境条件恶劣，应适当密植，株行距为0.5m×1.0m或1m×1m（廖宝文等，1998）。最好与秋茄、白骨壤、海桑、无瓣海桑等其他红树植物块状或带状混交，以形成稳定的复合林分结构。

2. 幼林抚育

幼林地外围需要围网，以减少人为干扰和垃圾危害。新造林地应派专人管护，封滩3年。定期清理造林地内及缠绕在幼苗、幼树上的垃圾杂物和海藻，对造林地内出现的油污要进行及时有效的处理，对倒伏、根部暴露等受损的幼苗、幼树进行护正和培土，对缺损的幼苗、幼树进行补植，确保成活率不低于85%（廖宝文等，1998）。

五、主要有害生物防治

1. 煤污病（sooty blotch）

在叶面、枝梢上形成黑色小霉斑，后扩大连片，严重时整片叶、嫩梢布满黑霉层，导致叶片褪绿脱落。其病原菌有4种，即番荔枝煤炱菌（*Capnodium anona*）、杜茎山星盾炱（*Asterina maesae*）、撒播烟霉（*Fumago vagans*）、盾壳霉（*Coniothyrium* sp.）。桐花煤污病有明显的发病中心，其病害分布地域很窄，仅出现在河口内缘个别林段。防治方法：用波尔多液、甲基托布津（50%）等喷雾防治；对病害发生中心的林地疏枝间伐，增加通风和透光度，

也可有效防止煤污菌的危害。

2. 毛颚小卷蛾（*Lasiognatha mormopa*）

毛颚小卷蛾是危害桐花树的重要害虫之一，属鳞翅目（Lepidoptera）卷蛾科（Tortricidae）小卷蛾亚科（Olethreutinae）。该虫春季和秋季分别出现明显的危害高峰期，严重影响桐花树的生长。防治方法：在桐花树毛鄂小卷蛾卵始盛期释放赤眼蜂对该虫有很好的防治效果；在幼虫发生盛期，用90%敌百虫或90%杀虫双（bisultap）1000倍液喷雾防治；成虫期采用黑光灯诱捕。

3. 柑橘长卷蛾（*Homona coffearia*）

柑橘长卷蛾属鳞翅目（Lepidoptera）卷蛾科（Tortricidae）长卷蛾属（*Homona*）。幼虫危害桐花树的嫩芽、叶片、花序和果实，多头不同虫龄的幼虫常吐丝将数片嫩叶缀合在一起，躲藏在其中危害，直至结茧化蛹。防治方法：在虫卵始盛期、盛期各放一次松毛虫赤眼蜂，每树每次1000～2000头，防治效果良好；幼虫期选用1mL/L的青虫菌6号液、苏云金杆菌或青虫菌粉剂的1.00～1.25g/L溶液喷雾防治，每15天喷杀1次，连续3次；成虫期宜用糖醋液（糖∶酒∶醋为1∶2∶1）或黑灯光诱杀（张方秋等，2012）。

六、综合利用

桐花树根系发达，容易成活，是我国南部沿海地区滩涂消浪红树林的主要造林树种之一。花量大且花期长，为沿海地区的主要蜜源植物。木材是良好的薪炭材。树皮富含单宁，可提制栲胶。

（廖宝文，李玫）

附：木榄

别　名｜包罗剪定、鸡爪浪（广东），剪定、枷定（海南），大头榄、鸡爪榄（广西），五脚里、五梨蛟（台湾）

学　名｜*Bruguiera gymnorrhiza* (L.) Savigny

科　属｜红树科（Rhizophoraceae）木榄属（*Bruguiera* Lam.）

> 木榄是我国红树林中分布最广的乔木树种，广东、广西、福建、台湾及其沿海岛屿的浅海盐滩均有分布。木榄具有发达的膝状呼吸根，兼具胎生、慢生、耐盐等特点，是我国滩涂消浪红树林的主要造林树种之一。木材可作薪炭用材，树皮含单宁，可提制栲胶。

一、分布

木榄分布在厦门以南的福建、广东、广西海岸和高雄以北的台湾海岸，大多生长在海湾或河口内缘高潮线附近的滩涂。非洲东南部、印度、斯里兰卡、马来西亚、泰国、越南、澳大利亚北部及波利尼西亚也有分布（王文卿和王瑁，2007）。

二、生物学和生态学特性

乔木或灌木。树皮灰黑色，有粗糙裂纹。叶椭圆状矩圆形，顶端短尖，基部楔形；叶柄暗绿色，托叶长3～4cm，淡红色。花单生，萼平滑无棱，暗黄红色，裂片11～13枚；花瓣长1.1～1.3cm，中部以下密被长毛，上部无毛或几无毛，2裂，裂片顶端有2～3（4）条刺毛，裂缝间具刺毛1条；雄蕊略短于花瓣；花柱3～4棱柱

海南东寨港木榄胚轴（廖宝文摄）

形，黄色，柱头3~4裂。胚轴长15~25cm。花果期几乎全年。

木榄是"胎生"红树植物。果实成熟后仍留在母树上，种子在果实内发芽、发育至成熟种苗（胚轴）后才从母树坠落，扎于滩涂淤泥，生根固定。木榄具膝状呼吸根，因其呼吸根呈屈膝状，交错凸出水面，状如缆索而得名。适生于热带、亚热带淤泥深厚的中高潮滩，属于红树林演替后期类型。常与海莲（*Bruguiera sexangula*）、角果木（*Ceriops tagal*）、桐花树、秋茄等混生，也可单独形成小片状纯林。结实率高，天然更新良好，幼苗生长旺盛，但幼树生长较慢（张方秋等，2012）。

木榄常生长在高于平均海平面的中潮滩上部至高潮滩下部。耐水淹能力比白骨壤、红海榄和秋茄树低。一般生长于盐度较高的潮间带滩涂，低盐生境不多见。在海南文昌会文，木榄与红树、红海榄和角果木等生长于水体盐度高达30mg/g的潟湖内。土壤肥力要求较高，在富含有机质的深厚沙壤土上生长最好。木榄属慢生树

种，1~3年生是高生长的速生期；2年生的连年、平均高生长量最大，达0.5m；3年生以后，连年生长量在0.15~0.20m之间（王文卿和陈琼，2013）。

三、林木培育

1. 胚轴采集

各地的胚轴采集期有较大差别，海南为1月下旬至2月底，广东为5月上旬至6月下旬，广西为5月下旬至7月上旬。选择发育良好、生长健康的母树，采摘成熟、健康、饱满、无损的胚轴。可用竹竿打树干或大枝，将成熟的胎生苗震落。成熟胚轴的特征为：纺锤形，墨绿色，稍有棱角；长14~20cm，粗1.4~1.8cm，每条鲜重15~30g；种蒂易脱落；萼管长2~3cm，褐红色，光滑无棱（郑德璋等，1999）。

2. 胚轴运输

采集胚轴后尽快运至造林地插植，一般不超过7天。如不能及时插植，需进行沙埋贮藏或5℃左右冷藏（郑德璋等，1999）。运输时，胚轴装在潮湿的麻袋中，以便使胚轴保持水分。插植前，可用0.1%~0.2%的高锰酸钾浸泡12h杀菌（张方秋等，2012）。

3. 胚轴插植

选择造林地时，尽量选取高于平均海平面的中滩中上部至高滩下部，滩质稍硬实的避风潮滩或西南向潮滩。插植之前，要清除滩涂地的垃圾和杂草。适宜的造林时间为5~6月，采用胚轴直接插植。最好在大潮刚过的2~3天，选择退潮后的阴天或晴天插植（张方秋等，2012）。一般株行距为1m×1m，条件恶劣的滩涂宜为0.5m×1.0m。可直接插植胚轴或先用竹签插洞后再插。插植深度为胚轴长度的1/4~1/3，过深不利于胚根生长（郑德璋等，1999）。尽量插直，要防止胎苗皮部受损和倒插。最好与秋茄、海莲、海桑等红树植物进行块状或带状混交，以形成稳定的复合林分结构。

4. 幼林抚育

在幼林地外围进行围网，以减少人为干扰和垃圾危害。新造林地有专人管护，封滩3年。定

期清理造林地内及缠绕在幼苗、幼树上的垃圾杂物和海藻等，对造林地内出现的油污要进行及时有效的处理，对倒伏、根部暴露等受损的幼苗、幼树进行扶正和培土，对缺损的幼苗、幼树进行补植，确保成活率不低于85%。在沙质贫瘠地造林半年后，应在幼树两侧各挖20cm深的小沟，埋施50~75g的氮磷复合肥，以促进幼树生长（郑德璋等，1999）。

四、主要有害生物防治

1. 炭疽病（*Colletotrichum* sp.）

炭疽病是木榄苗期的叶部病害，病原菌为炭疽菌（*Colletotrichum* sp.），主要引致叶斑，偶也危害枝梢、胚轴，引起枯萎。防治方法：用等量式波尔多液、敌克松或50%敌磺钠湿粉600~1000倍液喷3~4次。

2. 白缘蛀果斑螟（*Assara albicostalis*）和荔枝异形小卷蛾（*Cryptophlebia ombrodelta*）

白缘蛀果斑螟属鳞翅目螟蛾科，其低龄幼虫主要危害胚轴及花萼，常在花萼内结茧化蛹。荔枝异形小卷蛾属鳞翅目小卷蛾科，幼虫主要危害胚轴及花萼，使植株不能有效繁殖后代。防治方法：成虫具趋光性，可用灯光诱杀；在3龄前的幼虫盛期，喷洒25%灭幼脲3号2000倍液、Bt、1.8%阿维菌素乳油3000倍液等生物农药，也可喷施90%敌百虫或25%杀虫双的1000倍液等化学农药（张方秋等，2012）。

海南三亚铁炉港木榄单株（廖宝文摄）

五、综合利用

木榄具有防风消浪、固土护堤的功能，是我国南部沿海滩涂消浪红树林的主要造林树种之一。材质坚硬，多作薪炭用材。树皮含单宁19%~20%，可提制栲胶。

（廖宝文，李玫）

附：海桑

别　名｜剪包树
学　名｜*Sonneratia caseolaris* (L.) Engl.
科　属｜海桑科（Sonneratiaceae）海桑属（*Sonneratia* L.f.）

海桑是我国红树林群落的组成树种之一，属嗜热窄布种，仅天然分布于海南的琼海、万宁和陵水沿海滩涂。海桑具有树体高大、速生、结实率高、适应性广等特性，笋状呼吸根发达，是我国南部沿海滩涂消浪红树林的先锋造林树种之一。

一、分布

海桑属约有6种，我国有海桑（*Sonneratia caseolaris*）、杯萼海桑（*S. abla*）和大叶海桑（*S. ovata*）共3种，主要分布在海南。近年广东、广西有引种推广种植。东南亚热带至澳大利亚北部也有分布（王文卿和陈琼，2013）。

二、生物学和生态学特性

1. 形态特征

乔木，高5～6m。小枝通常下垂，有隆起的节，幼时具钝4棱，稀锐4棱或具狭翅。叶形状变异大，阔椭圆形、矩圆形至倒卵形，顶端钝尖或圆形，基部渐狭而下延成一短宽的柄，中脉在两面稍凸起，侧脉纤细，不明显；叶柄极短，有时不显著。花具短而粗壮的梗；萼筒平滑无棱，浅杯状，果时碟形，裂片平展，通常6枚，内面绿色或黄白色，比萼筒长；花瓣条状披针形，暗红色；花丝粉红色或上部白色，柱头头状。成熟的果实直径4～5cm。花期冬季，果期春、夏季。

海南东寨港海桑花（廖宝文摄）

2. 生长发育规律、物候、生态习性

海桑具有生长迅速、结实率高、适应性广等优良特性。7年生海桑平均高是秋茄树的3倍，平均冠幅是秋茄树的20倍。开花结实无明显的大小年现象。种子微小，易随潮水漂浮流动。每个果实含有1300～1900粒种子，每年结实季节有大量

的海桑种子产生和传播。海桑的笋状呼吸根很发达，每平方米40～65条，高8～19cm（王伯荪等，2002）。

海桑为喜光先锋树种，是嗜热窄布种，分布区最冷月平均气温高于20℃。在较阴的林分下层生长不良。被认为是红树植物中耐盐能力低的种类，盐度低于17.5mg/g才可正常生长，一般生长在河流与海水交汇的低盐泥滩上（王文卿和陈琼，2013）。对潮滩带有一定的适应能力，外海方向可生长于天然秋茄和白骨壤林缘外的中低潮滩；陆地方向可生长于海莲（*Bruguiera sexangula*）和角果木（*Ceriops tagal*）林缘外的中潮滩至高潮滩，但长势明显不如外海方向的中低潮滩。粉壤到黏土的土壤质地均能适应，但以淤泥深厚、松软且肥沃的中低潮滩长势最好。在土壤硬实且贫瘠的滩涂，生长较差（郑德璋等，1999）。

海南东寨港海桑果（廖宝文摄）

三、苗木培育

1. 采种

全年均有花果，海南的果实采集期为7月上旬至8月底，广东为8月上旬至9月中旬。果实成熟后，果肉软化，自然掉落于林内的滩涂上，此时将成熟的浆果采回，用手将其搓烂，在清水中漂洗出种子。将洗好的种子装入纱网袋中，浸没于水，置于避光阴凉处贮藏备用。种子小，外种皮坚硬，呈黄褐色，千粒重5.21～5.32g，发芽率为66.5%～75.5%（郑德璋等，1999）。

2. 育苗

苗圃地选靠近造林区的滩涂地，用纱网围好圃地四周。苗床高15～20cm，宽1.0～1.2m，苗床间距40cm，苗床走向应与涨潮时水流方向相同，床面铺5cm厚的营养土。营养土需用0.3%～0.5%高锰酸钾溶液消毒。

经过贮藏的海桑种子需用清水冲洗后撒播，播后覆盖厚0.2～0.3cm的营养土，再用纱网覆盖苗床。1周种子开始发芽，幼苗10天可定好根，此时应将纱网掀开。

幼苗长出6片真叶后，可移植到营养袋中培养，营养袋规格为12cm×15cm，育苗基质配方为：红壤土20%+土杂肥30%+火烧土10%+细沙土30%+过磷酸钙3%+椰糠7%。基质用0.3%～0.5%高锰酸钾溶液进行消毒，然后用薄膜覆盖，装入营养袋备用（郑德璋等，1999）。移植宜在阴天进行，否则需遮阴5～7天。移植后的头10～15天，需将营养袋苗置于陆地苗圃，以淡水浇灌，待幼苗定根后再移到滩涂地的苗圃。苗期需喷施氨基酸叶面肥1～2次，复合肥200倍水溶液1～2次，钾型叶面肥1～2次，以使苗木迅速生长并培育壮苗（张方秋等，2012）。

四、林木培育

1. 造林

造林地应选中潮带、风浪冲击强度中等、淤泥深厚的滩涂地，沙质地也可营造海桑林。对于潮滩面低于平均海平面而又急需造林的潮滩，可采取条带状填挖的方式来提高潮滩面水平。

适宜的造林时间为5～7月，选用40～80cm高的健壮营养苗造林。避开当月大潮，最好是大潮过后的2～3天，选择退潮后的阴天或晴天造林。如在裸滩上造林，株行距为2m×2m或3m×3m，植穴规格为20cm×20cm×20cm。如在残次林地上造林，株行距为4m×3m或4m×4m，植穴规格为40cm×40cm×30cm，定植前需将植穴周围1m内的残次林木砍除。定植后，还需在幼苗旁立一根细竹竿作为固定物将幼苗固定，以减轻风浪的影响（郑德璋等，1999）。

2. 幼林抚育

造林后应封滩保育2年，禁止人为干扰和船只进入。定期清理造林地内及缠绕在幼苗、幼树上的垃圾杂物和海藻等，对造林地内出现的油污要进行及时有效的处理，对倒伏、根部暴露等受损的幼苗、幼树进行扶正和培土，对缺损的幼苗、幼树进行补植，确保成活率不低于85%。

深圳福田海桑人工林（廖宝文摄）

五、主要有害生物防治

1. 立枯病（damping-off disease）

立枯病是海桑苗期的重要病害，主要是茎叶腐烂病和根腐病，其病原菌为镰刀菌（*Fusarium* sp.）、腐霉菌（*Pythium* sp.）和根霉菌（*Rhizopus* sp.）。茎叶腐烂病往往是因幼苗密度大，加上高温、高湿而引发。根腐病则多发生于移植后幼苗，其病菌从根部入侵，使根部腐烂，幼苗丧失吸收水分和养分的能力而死亡。防治方法：一旦病害发生，立即拔除（清除）病株，并用50%甲基托布津500～800倍液或75%百菌清500～600倍液进行防治，每7～10天1次，连续喷3～4次。

2. 灰霉病（gray mold）

病原菌为灰葡萄孢（*Botrytis cinerea*）。主要危害苗木的幼茎和叶片，感病组织浅褐色，水渍状软腐，病叶褪绿、萎蔫，幼茎感病部位缢缩变细，最后苗木倒伏死亡。主要病征为发病部位产生褐色霉状物，后期产生不规则状黑色菌核。防治方法：一旦病害发生，立即拔除（清除）病株，然后用50%甲基托布津800～1000倍液或75%百菌清600～800倍液5～7天喷雾1次，连续2～3次（郑德璋等，1999）。

3. 炭疽病

炭疽病是海桑苗期叶部的重要病害，病原菌为炭疽菌（*Colletotrichum* sp.）。苗木长出2对真叶后开始发病。发病初期，嫩梢、嫩叶点状失绿，出现黑褐色病斑，后期病叶大量掉落，植株因茎部或顶梢皱缩、干枯死亡。防治方法：一旦病害发生，立即拔除（清除）病株，同时以等量式波尔多液、敌克松（敌磺钠湿粉50%）600～800倍液喷3～4次，并保持苗床通风透气，以降低湿度，抑制病原菌扩散。

六、综合利用

海桑的防风消浪和促淤造陆效果显著，是我国南部沿海滩涂消浪红树林的主要造林树种之一。果实可食用，也可提取果胶。呼吸根置水中煮沸后，可作软木塞的代用品。

（廖宝文，李玫）

附：无瓣海桑

别　名｜孟加拉海桑、海柳
学　名｜*Sonneratia apetala* Buch. Ham.
科　属｜海桑科（Sonneratiaceae）海桑属（*Sonneratia* L.f.）

无瓣海桑是优良的乔木红树林树种，1985年从孟加拉国引种到我国海南，现在海南、广东、福建等地的沿潮滩涂地均有种植。无瓣海桑具有树体高大、生长速度快、结实率高、适应性广等特点，在沿海滩涂消浪护岸林体系建设中应用广泛，是我国红树林的先锋造林树种之一。

一、分布

无瓣海桑天然分布于孟加拉国、印度和斯里兰卡等国，我国福建、广东、广西和海南广泛引种栽培，目前最北界厦门也引种成功（王文卿和陈琼，2013）。

二、生物学和生态学特性

乔木，树高达12m，呼吸根高达1m。树皮淡褐色。幼枝四棱柱形，小枝细长而下垂。叶较疏生，叶柄扁平；叶片椭圆形、披针形或阔倒卵形，基部渐狭，下延至叶柄，先端钝；中脉在两面稍隆起，侧脉5～8对，不明显。聚伞花序腋生或顶生，腋生者常仅具1朵或2朵花，顶生者具花3朵或更多；花序梗长，粗壮，四棱柱形；苞片2枚，对生，近圆形或三角状披针形；花梗长；被丝托扁，浅碟状；萼筒浅杯状，平滑无棱，裂片4或5枚，白色，椭圆状卵形或长圆形，先端急尖；无花瓣；雄蕊多数，花丝白色，扁平；子房6～8室，柱头增大呈帽状。浆果球形，每果含种子50粒左右。种子"V"形或镰形，外种皮多孔，凹凸不平，浅黄色。花果期6～10月（王伯荪等，2002）。

无瓣海桑具有生长迅速、结实率较高、适应性广等优良特性。种植2年可郁闭成林，树高、地径和冠幅的生长速度分别是乡土树种秋茄的5.16倍、4.76倍和12.5倍。4年生时，果实年产量可达30.51kg/棵，果粒数为2706粒/棵，每果粒内含30～50粒种子。5年生时，树高、地径和胸径生长量分别比乡土树种海桑高出39.4%、26.1%和26.5%（王伯荪等，2002）。

无瓣海桑是一种较耐低温的红树植物，对低

海南东寨港无瓣海桑果（廖宝文摄）

温的适应能力高于乡土树种海桑3℃左右。在最冷月平均气温为14.1℃、极端最低气温为0.2℃的情况下，也能够正常生长发育。属喜光树种，庇荫则生长不良。无瓣海桑具有较高的耐盐能力，盐度低于25mg/g均可正常生长，超过25mg/g则生长受到抑制，尤其是种子萌发受到抑制。耐潮水深度的能力与海桑接近，但明显高于秋茄树（王伯荪等，2002）。

无瓣海桑对潮滩带有较强的适应能力，外海方向可生长于天然秋茄和白骨壤林缘外的中低潮滩；陆地方向可生长于海莲和角果木林缘外的中潮滩至高潮滩，但长势明显不如外海方向的中低潮滩。从粉壤到黏土的土壤质地均能适应，但以淤泥深厚（脚陷深30～40cm）、松软且肥沃的中低潮滩长势最好。在土壤较硬实且贫瘠的滩涂，长势较差（王伯荪等，2002）。

三、苗木培育

1. 采种

无瓣海桑果实成熟期为每年的9～10月，果实成熟后，由绿色变为灰白色，用手摸有黏手的感觉。将成熟的浆果采集，放在水中浸泡，待果皮和果肉软化后取出，用手搓烂，并漂洗获得纯净种子。将漂洗好的种子装入纱网袋中，浸没于水中，置于避光阴凉处贮藏备用。种子千粒重为14.42～14.83g，发芽率为95%～98%（钟才荣等，2001）。

海南东寨港无瓣海桑花（廖宝文摄）

2. 育苗

苗圃地应靠近造林种植区，且有充足的淡水供给。苗床高25～30cm，宽1.0～1.2m，步道宽50cm，苗床走向和涨潮时的水流方向相同，床面铺5cm厚的营养土。基质配方为：红壤土（表土）40%+沤熟农家肥20%+土杂肥20%+细沙土17%+过磷酸钙3%。用纱网围好圃地四周。播种前用1～5g/L的高锰酸钾溶液对种子进行消毒，后用清水冲洗，悬挂在阴凉处晾干1～2天再播种。

播种方式采用撒播，播后覆盖1cm厚的细土，然后用木板轻轻压实，再用纱网覆盖苗床。纱网要拉平，四周用海泥压实，避免涨潮、退潮时潮水冲刷种子。一年四季均可播种，播种后4天开始发芽，8～10天幼苗定根好，此时将纱网移除。育苗中，淡水管理极为关键，因为种子发芽和幼苗生长受海水盐度影响很大，发芽期应控制苗床水分盐度在50mg/g以内，幼苗期在80mg/g以内。淡水的浇灌应根据苗木大小和潮水而定，通常在播种后早、晚各浇1次，除降低圃地水分盐度外，还可冲洗幼苗或苗床纱网的泥浆，以免影响种子发芽或幼苗生长所需的光照（钟才荣等，2001）。

当幼苗长出6片真叶，苗高达6～8cm时，便可移植上袋培育。幼苗移植应在阴天或傍晚进行，强光、高温易使幼苗失水死亡。移植后，将袋苗放置于陆地阴棚15天左右，充分定根后再移到滩涂上继续培养（钟才荣等，2001）。

无瓣海桑苗期生长迅速，当营养袋苗达40～80cm高便可出圃造林。潮位高时，造林苗木的高度要小，潮位低则苗木要高。苗木过于高大和穿根过多，会影响造林成活率（钟才荣等，2001）。

四、林木培育

1. 造林

无瓣海桑适宜于中低潮带、受风浪冲击强度中等的滩地造林，土壤既可以是淤泥深厚的滩地，也可是沙质地。对于潮滩面低于平均海平面而又急需造林的潮滩，可采用条带状填挖的方式来提高潮滩面水平。

适宜造林时间为5～7月。最好是大潮过后的2～3天，选择阴天或晴天进行造林。如在裸滩上造林，株行距为2m×2m或3m×3m，植穴规格规格为20cm×20cm×20cm。如在残次林地上造林，株行距为4m×3m或4m×4m，植穴规格为40cm×40cm×30cm。种植前，应将植穴周围1m内的残次林木砍除，且在幼苗旁插入一根细竹竿等作为固定物将幼苗固定，以减轻风浪的影响。

2. 幼林抚育

造林后应封滩保育2年，禁止人、船进入等任何形式的捕捞活动。定期清理造林地内及缠绕在幼苗、幼树上的垃圾杂物、海藻等，对造林地内出现的油污要进行及时有效的处理，对倒伏、根部暴露等受损的幼苗、幼树进行扶正和培土，对缺损的幼苗、幼树进行补植，确保1年生保存率不低于85%。

五、主要有害生物防治

1. 立枯病（damping-off disease）

立枯病是无瓣海桑苗期的重要病害，为茎叶腐烂病和根腐病。其病原菌为镰刀菌（*Fusarium* sp.）、腐霉菌（*Pythium* sp.）和根霉菌（*Rhizopus* sp.）。茎叶腐烂病往往是由于苗床上幼苗密度大，加上高温、高湿而引发。根腐病则多发生于移植后幼苗，其病菌从根部入侵，使根部腐烂，幼苗丧失吸收水分和养分的能力而死亡。防治方法：

海南东寨港无瓣海桑人工林（廖宝文摄）

一旦病害发生，立即清除病株，并用50%甲基托布津500～800倍液或75%百菌清500～600倍液进行防治，每7～10天1次，连续喷3～4次。

2. 灰霉病（gray mold）

病原菌为灰葡萄孢（*Botrytis cinerea*）。主要危害苗木的幼茎和叶片，感病组织浅褐色，水渍状软腐，病叶褪绿、萎蔫，幼茎感病部位缢缩变细，最后苗木折倒死亡。主要病征为发病部位产生褐色霉状物，后期在发病部位产生不规则状黑色菌核。防治方法：一旦病害发生，立即拔出病株；用50%甲基托布津800～1000倍液或75%百菌清600～800倍液5～7天喷雾1次，连续2～3次（郑德璋等，1999）。

3. 炭疽病

炭疽病是苗期叶部的重要病害，病原菌为炭疽菌（*Colletotrichum* sp.）。苗木长出2对真叶后开始发病。发病初期，嫩梢、嫩叶点状失绿，出现黑褐色病斑，后期病叶大量掉落，植株因茎部或顶梢皱缩、干枯而死亡。防治方法：一旦病害发生，立即清除病株；同时以等量式波尔多液、敌克松（敌磺钠湿粉50%）600～800倍液喷3～4次，同时保持苗床通风透气，以降低湿度，抑制病原菌扩散。

4. 迹斑绿刺蛾（*Latoia postoralis*）

迹斑绿刺蛾属于鳞翅目（Lepidoptera）斑蛾总科（Zygaenoidea）刺蛾科（Eucleidae）。幼虫取食无瓣海桑叶片，形成缺刻、孔洞，大发生时可将整张叶片或枝条上叶片全部吃光，严重影响树木生长或导致树枝枯死。防治方法：2～3龄幼虫期喷施16000IU/mg苏云金杆菌800倍液，防治效果较好，还可有效保护天敌（张方秋等，2012）。

六、综合利用

无瓣海桑是我国南部沿海滩涂消浪红树林的优良先锋造林树种，同时还可用于生态控制互花米草等杂草入侵。木材属软木类，纤维较长，可用于制作乐器、造纸等。

（廖宝文，李玫）

附：白骨壤

别　名｜海榄雌、海豆、咸水矮让木
学　名｜*Avicennia marina* (Forsk.) Vierh.
科　属｜马鞭草科（Verbenaceae）海榄雌属（*Avicennia* L.）

白骨壤是我国重要的红树林树种之一，具有耐低温、泌盐、耐水淹、分布广、隐胎生、慢生等特点，为南部沿海滩涂消浪红树林的先锋造林树种之一。果实可食用，根可药用。

一、分布

白骨壤分布于福建、广东、广西、海南、香港和台湾，福建福清是天然分布北界，在我国的分布面积仅次于桐花树。非洲东部以及印度、马来西亚、澳大利亚、新西兰也有分布（王文卿和陈琼，2013）。

二、生物学和生态学特性

常绿灌木，高1.5～6.0m。枝条有隆起条纹，小枝四方形，光滑无毛。叶片近无柄，革质，卵形至倒卵形、椭圆形，顶端钝圆，基部楔形，表面无毛，有光泽，背面有细短毛，主脉明显，侧脉4～6对。聚伞花序紧密成头状，花小，苞片

5枚，有内、外2层，外层密生绒毛，内层较光滑，黑褐色；花萼顶端5裂，外面有绒毛；花冠黄褐色，顶端4裂，外被绒毛；雄蕊4枚，着生于花冠管内喉部而与裂片互生；花丝极短；花药2室，纵裂；子房上部密生绒毛。果近球形，有毛。花果期7～10月。

白骨壤是"隐胎生"植物，发芽时其胚胎突出种子后仍留存于果内，呈绿色叶状体，仅露出至子房室。果皮厚而松软，极易吸水，种子胀后

湛江高桥白骨壤果（廖宝文摄）

湛江高桥白骨壤花（林光旋摄）

湛江高桥白骨壤指状呼吸根（林光旋摄）

立即沿背槽开裂。胚根迅速生长，果实堕离母体后数小时，胚根即能伸入泥土中而使幼体固定。白骨壤具有指状呼吸根，其侧根伸长，平行横走于泥下，再生出无数垂直于地面的呼吸根，像刺一样尖锐，长10～20cm。白骨壤结实率高，天然下种更新良好，但自然生长缓慢。

白骨壤适应性广，在不同的海滩位和不同的群落类型中均为组成种之一。在适宜的条件下，常成群状生长，间有桐花树和红树混生，或组成白骨壤—桐花树群丛。白骨壤为广布种，在福建兴化湾以南的红树林区都有分布。耐寒性较好，适宜的年平均气温21～25℃，最冷月气温2～21℃，绝对最低气温0～6℃。在泥质至沙质海岸均能生长，但以深厚泥质滩涂生长较好。在低、中、高潮带均有分布，以低潮带为主。白骨壤是我国最抗高盐度的红树树种之一，在没有或极少淡水补充、盐度高达35mg/g的海湾，一般只有白骨壤能扎根并正常生长。

三、苗木培育

1. 采种与催芽

白骨壤的成熟胚轴呈黄绿色，倒三角形或椭圆形，长2.1～2.4cm，宽1.9～2.1cm，鲜重2.1～2.5g。下边有果柄痕，为胚根处。果有一层薄果皮包裹，剥开有2大片子叶，中间夹一细小红色胚轴。

在海南，胚轴的采收期为2月上旬至3月初，广东为8月上旬至9月初，广西为8月中旬至9月中旬，福建为8月下旬至9月初。采集胚轴，用箩筐或纱网袋装好，置于每天涨潮时海水可浸到的海滩上，浸泡5～6天进行催芽。浸泡处理后种皮开始脱落，应及时将种皮挑出（郑德璋等，1999）。

2. 育苗

通常采用营养袋育苗，营养袋规格为12cm×14cm。育苗基质以82%潮滩淤泥+15%沤熟农家肥+3%磷肥为最佳。播种前，用500倍的百菌清溶液将经过浸泡催芽的胚轴再浸泡3～5min，并摊开阴干即可播种。播种时，将胚轴的胚根端朝下插入袋中的营养土，插入深度为种子的

1/4～1/3，插好后及时淋水，约7天后开始长芽。

每天早、晚各浇淡水一次，退潮后用淡水将种苗淋洗一遍。苗高小于20cm时，宜喷3～4次叶肥，苗高20cm后可施低浓度复合肥水溶液，冬季可喷适量高钾的叶面肥以提高小苗抗性。苗木长到50cm、基径0.6cm左右时进行炼苗，即从苗床上将小苗连袋拔起，置于苗圃光照较强处接受强光照射，同时停浇淡水让海水自然浇灌，使苗木适应滩涂的自然环境。炼苗时间15～20天（郑德璋等，1999）。

四、林木培育

1. 造林

白骨壤造林地应为淤泥较深厚、海水盐度低于30mg/g、风浪小的中低潮滩。造林地若有大米草、薇甘菊等杂草，要适当处理或清除。适宜的造林时间为5～7月，采用营养袋苗种植。

苗木高度因造林地不同而异。如果是低潮滩，潮差较大，潮水浸淹时间长，用2年生、高40～50cm的苗木造林；如果是中高潮滩，潮水浸淹时间短，应用1年生、高30～35cm的苗木造林。株行距0.5m×1.0m或1m×1m。初植后，在幼苗旁插入一根细竹竿作为固定物将幼苗固定，以减轻风浪的影响。最好与秋茄树、桐花树、海桑、无瓣海桑等其他红树树种进行块状或带状混交，以形成稳定的复合林分结构（郑德璋等，1999）。

2. 幼林抚育

新造林地应有专人管护，在外围围网封滩3年，以减少人为干扰和垃圾危害。定期清理造林地内及缠绕在幼树上的垃圾杂物、海藻等，对造林地内出现的油污进行及时有效的处理。定期对倒伏、根部暴露等受损的幼苗、幼树进行扶正和培土，对缺损的幼苗、幼树进行补植，确保1年生保存率不低于85%（郑德璋等，1999）。

五、主要有害生物防治

1. 链孢菌（*Fusarium* sp.）

在胚轴发芽至幼苗期，白骨壤的子叶或幼苗基部易感染链孢菌而腐烂，最终导致幼苗死亡。

湛江特呈岛白骨壤单株（廖宝文摄）

防治方法：用百菌清浸泡胚轴杀菌；胚轴发芽期间遇阴雨天，可喷等量式波尔多液加以防控；发芽后喷1～2次施保功1000～1500倍液，或每3～5天喷甲基托布津500倍液或瑞毒霉800倍液1次。

2. 广州小斑螟（*Oligochroa cantonella*）

广州小斑螟属鳞翅目（Lepidoptera）螟蛾科（Pyralidae），是白骨壤的重要食叶害虫，幼虫危害嫩芽、嫩叶、叶片和果实，严重受害的林分成片枯死。虫害具有突发性、专一性、快速扩展的特点。防治方法：喷洒100mg/L的灭幼脲3号控制广州小斑螟；在幼虫3龄期前，用浓度8IU/mL的Bt药液喷雾；利用拟澳洲赤眼蜂携带质型多角体CPV病毒或NPV病毒制成杀虫卡，每亩挂卡5～8枚，成蜂羽化后携带病毒，寻找寄主产卵并将病毒带入虫卵表面，完成病毒接种、传播，防治率达80%以上。

六、综合利用

白骨壤是我国南部沿海消浪红树林的先锋造林树种之一。果实俗称"榄钱"，富含淀粉，可食用。果实也可入药，具有治疗风湿、天花、溃疡和皮肤病等功效。

（廖宝文，李玫）

别　名｜山枇杷、枇杷树（海南），法国枇杷（湛江）

学　名｜*Terminalia catappa* L.

科　属｜使君子科（Combretaceae）榄仁树属（*Terminalia* L.）

> 榄仁树是优良的园林绿化树种，主根深，侧根发达，抗风力强，耐盐碱，是热带沿海地区优良的防护林树种。心材红褐色，极硬，坚韧，加工后十分光滑，耐腐力强，可作车船、家具等用材。果可食用，种仁生食或榨油。

一、分布

榄仁树原产于马来西亚，由洋流把果实传播到安达曼群岛，通过天然传播和引种，现已传播到热带沿海地区。我国海南、广东、广西、云南、福建、台湾有栽培，多作行道树和四旁绿化树，文昌清澜港红树林保护区有胸围超过5m的大树。我国榄仁树的分布北界是福建厦门，能正常开花结果，冬季未见明显的寒害（林晞等，2004）。

二、生物学和生态学特性

大乔木，高可达20m以上；树干粗壮，胸径可达1m以上；树皮褐色；枝平展，近轮生；树冠半径可达10m以上。叶厚，纸质，互生，常密集于枝顶；叶片倒卵形，长12～25cm，宽8～15cm，先端钝圆或有短尖头，中部以下渐狭，基部浅心形或圆形，近基部边缘处有一对腺点，全缘，稀微波状；主脉明显，在叶面上略凹陷而成一线槽，背面凸起。花杂性，穗状花序，腋生。果橄榄形，具2棱，棱上具狭翅，长3～5cm，宽2.0～3.5cm，果实成熟时黄色；种子1粒。花期3～6月，果期7～9月。

榄仁树喜光且稍耐阴，在水肥条件较好的地方生长迅速。属深根性树种，侧根发达，抗风、耐旱、耐盐碱、耐水湿、稍耐瘠薄，在沿海沙地、瘠薄地、石灰岩土壤均可生长，适生于热带、亚热带海拔400m以下平原、丘陵、缓坡地和海岸沙地，常生于滨海地区、红树林林缘、村边、河边、路边、疏林中。

三、苗木培育

榄仁树育苗主要采用播种育苗方式。

采种与调制　榄仁树采种宜在普通林分或散生木中进行。榄仁树结实量大，每年7～9月果实分批成熟，成熟时果皮由青绿色转成黄色，成熟后落于地面。采种可地面拾捡，也可敲打落地收

海南省海口市大林墟榄仁树果实（曾祥全摄）

集。果实收集后，选择成熟、健康的果实作为繁殖材料。果实除去果肉后，鲜种稍阴干，千粒重5160～6350g。果实采收后无需特殊处理，除去杂质可随即播种。如需留种待播，须除去果肉后干藏。

种子催芽 榄仁树果实发芽容易，新鲜种果不需催芽处理，可随采随播。如果是干种（果），播种前可将种子用清水浸泡24h，让外果皮吸足水分，取出种子即可播种。也可以将种子用湿沙埋盖20～25天，种子露白后再播种。

播种与管理 采用沙床播种，播种前苗床土壤及种子应进行消毒。播种时，种子可密播但不要重叠。播种后盖土以覆过种子1～2cm为宜，遮阴，经常浇水，保持苗床湿润，暴雨时要注意防水和排水。播种后30天，种子陆续发芽，60～70天后进入发芽盛期。鲜果播种发芽率在80%以上，干果发芽率在50%以上。发芽后，约10天即可移入育苗袋内培育，一袋一苗。因发芽不整齐，宜分批移栽。容器育苗营养土要求通透性良好、肥沃。容器规格根据育苗大小而定。移植后及时淋足定根水，并遮阴2周，以后无需遮阴。平时注意浇水，保持土壤湿润。移植1个月后，可施浓度为0.5%的复合肥水肥，每月1～2次，施肥的原则是勤施、薄施。苗期管理期间，应经常除草。发现死苗、缺苗应及时补苗。当苗木生长高达30cm以后，应定时移动容器，将苗木进行高、矮、粗、细等分级管理。

苗木出圃 幼苗移入容器后，管理5个月，苗高可达50cm以上，此时可出圃种植。苗木出圃前要进行全光照管理、移动断根、减少水肥供应、修枝、剪叶等炼苗工作，以促进苗干充分木质化，提高苗木的抗逆性。出圃时，要进行苗木分级，合格苗才出圃，不合格苗继续留圃培育。

四、林木培育

1. 人工林营造

造林地选择在海拔400m以下的平原、丘陵、荒山荒地、采伐迹地或滨海沙地，以选择土壤深厚、腐殖质丰富、无季节性积水的立地为宜。培育绿化苗木，可选用苗高50cm以上的容器苗栽植，栽植前应整地，株行距2m×2m（营造防护林时株行距6m×6m）。植穴规格长、宽、深各50cm，基肥以腐熟农家肥为宜，每穴5～8kg，基肥置放于穴底，先是肥、土搅拌均匀，然后再回土。栽植时注意苗木根系不能接触基肥，以免烧根，定植后应及时淋足定根水。

2. 抚育

定植当年雨季末进行除草松土1次，以后每年在雨季前后砍除杂灌、割除藤蔓、松土、扩穴、培土，每年2次。榄仁树幼林喜湿润，每次砍杂、除草后可将除下的杂草、杂灌覆盖在幼树周围。结合松土、扩穴，每年追肥2次，直至幼林郁闭为止。追肥一般使用复合肥，初期施复合肥100g/株，施肥量随着幼树的长大而加大。榄仁树生长快，幼树分杈早，主干矮，须注意及时整枝。为培育良好冠形，2m以下侧枝应剔除。种植5～6年后，可带土球移植。

五、综合利用

榄仁树用途广，木材可作船及家具用材。果实外层果肉可吃；种子仁可炒食或生食，有杏仁味，种子也可榨油食用。叶可入药、提取黑色染料和作养蚕饲料，嫩叶的汁液可治头痛和肚痛，与种仁油混煮可治麻风、疥癣和其他皮肤病；树皮、根和青果壳可提取单宁；树皮入药，可治痢疾、发烧，外敷可治皮疹。另外，榄仁树也是行道绿化、园林观赏、庭园遮阴和沿海防护林建设的优良树种。

（曾祥全）

附：小叶榄仁（*Terminalia neotaliala* Capuron）

别名雨伞树、细叶榄仁，使君子科（Combretaceae）榄仁树属（*Terminalia* L.）。

小叶榄仁原产非洲的马达加斯加，是热带树种，首先引入我国台湾，20世纪90年代初引入广冠平展疏朗，层次分明有序，质感轻柔。叶小，长3～6cm，宽2～3cm，革质，倒卵形，全缘；具4～6对羽状脉，4～7叶轮生，深绿色。花期2～4月，果期6～8月。果为闭合果，纺锤形，长1.5～2.2cm，1.2～1.5cm，每果种子1粒。

小叶榄仁属于深根性树种，侧根发达，耐旱、抗风、速生、粗生，对土壤要求不严，耐干旱、瘠薄。它是喜光树种，在整个生长过程中需要充足的阳光，在庇荫的地方则生势衰弱。在水肥条件好、阳光充足的地方生长迅速，长势良好，8年生树高达12m，胸径达18cm。对温度比较敏感，适生温度20～35℃，气温低于10℃时停止生长，0℃以下顶部枝条易受冻害，但植株萌芽力极强，翌年开春，受冻害的枝条基部会重新萌出新芽长成嫩枝。

小叶榄仁材质坚韧，纹理通直，木材灰白色，干燥后易遭虫蛀，要作为木材利用必须经过防虫防腐处理。

主干浑圆挺直，侧枝轮生，向四周平展，树冠宽大，层次分明，枝条柔韧，树叶茂盛，遮阴效果非常好，常用作庭园点缀、行道绿化树种；同时其耐盐碱、耐旱、抗风，也可作为沿海地区的防护林树种。

（曾祥全）

海南省海口市桂林洋农场小叶榄仁小区绿化树
（曾祥全摄）

东，随后在华南各地广泛栽培。

小叶榄仁为落叶大乔木，树干圆满通直。树冠伞形，冠幅4～6m，侧枝轮生呈水平展开，树

244 铁冬青

别　名｜红果冬青、熊胆木、救必应、白银香、过山风、羊不食
学　名｜*Ilex rotunda* Thunb.
科　属｜冬青科（Aquifoliaceae）冬青属（*Ilex* L.）

铁冬青是高大常绿乔木，枝叶浓密，大树分枝匀称，冠形美丽。11月上旬串串红果在绿叶衬托下悬挂在枝条上，显得特别艳丽，红果时间达2～3个月，是秋末和初冬最具观赏价值的园林绿化树种。铁冬青适应性强，适于作为公园、街头绿地、市民广场、住宅区的造景树种，在湿地公园、各城市江河两岸可作湿地景观林栽植。

一、分布

铁冬青主要分布于江西、浙江、湖南、广东、广西、福建、安徽等地，常生于水沟和小溪的两岸及山坡林中，在海拔300～800m的常绿阔叶林中或林缘也有分布，且生长良好。在天然林中常与丝栗栲、甜槠、小叶豹皮樟、杜英、拟赤杨、枫香、木荷、毛竹、马尾松、杉木等树种混生，如江西泰和县城赣江对岸河滩上有高15～20m、胸径60～80cm的小面积铁冬青林分，其中混生了樟树、枫香、香叶树、杜英和木荷等树种（江西省上饶地区林业科学研究所，1983）。

二、生物学和生态学特性

常绿大乔木，高可达20m，胸径可达80cm。

江西省信丰县中学校园内铁冬青叶、果（胡松竹摄）

树皮灰色至灰黑色。叶薄，革质，椭圆形，长4～9cm，宽2～4cm，基部楔形或钝；叶全缘，叶面有光泽。花小，黄白色，芳香，雌雄异株，通常4～7朵排成聚伞花序，腋生或生于当年小枝上，总花梗长3～11mm，花期3～4月。果红色、球形，直径4～6mm，内果皮近木质，果熟期11～12月。

喜生于温暖湿润气候和疏松肥沃、排水良好的酸性土壤；适应性强，耐旱，耐贫瘠，有较强的耐寒力，较耐阴湿，耐修剪，萌芽力强，对二氧化碳等有害气体抗性强。

三、苗木培育

1. 采种和种实处理

选15～40年生干形通直、冠幅匀称、结实量多的优良母树采种。11月上旬至12月果实完全转为红色时从树上采种，置入水中浸泡5～7天，待果皮果肉软化腐烂，置水中淘洗去果皮、果肉及杂质。种子经调制后，置通风处晾干（种子不可日晒）。

种子具深休眠，需将种子与湿沙按1∶3混合置于室内阴凉通风的地方，贮藏13～15个月，室内要始终处于低温、湿润、通气的条件，如发现种子有霉变，要及时消毒处理。

2. 播种育苗

铁冬青种子细小，幼苗出土时极为柔弱，忌

旱怕涝，圃地应选择地势平坦、排灌方便、杂草和病虫害少且肥沃、疏松的沙壤土。早春撒播或条播，每亩播种量7～8kg，播种后覆盖火烧土、黄心土或细碎的苗床土，厚度0.5cm，然后盖稻草或铁芒萁。4月上中旬种子发芽，幼苗出土。4月下旬至5月初幼苗基本出齐，苗木初期生长缓慢，6月中旬苗高一般只有4～5cm，扎根不深，怕旱怕涝，要抓好灌溉排水，并做好遮阴，防止日晒灼伤，提高保存率。苗木生长期间注意除草松土并及时培土。6月下旬至9月上旬是苗木速生期，分2～3次施尿素和复合肥。1年生苗高40～50cm，地径0.4～0.5cm，亩产苗量1.8万～2.0万株。

3. 扦插育苗

种子深休眠，结实有大小年现象，扦插育苗是苗木大量繁殖的重要途径。

扦插圃地应选沙质壤土或在苗床垫厚度10cm的黄心土作基质。用敌克松或五氯硝基苯进行土壤消毒，每平方米用药3g。2月下旬至3月初，在树木萌动前剪上年生的木质化枝条，或5月中下旬至6月初选当年生半木质化枝条作插穗进行扦插。插穗采自15年生以下生长健壮母树，插穗长10～12cm，每根插穗留1～2片叶子，插穗剪好后用萘乙酸100mg/L处理下切口3h再扦插，插穗入土1/2～2/3，插后稍按紧土壤，使插穗与土壤紧密结合。扦插后在苗床上浇1次透水，再用竹片搭70～80cm高拱棚，用塑料薄膜覆盖，薄膜四周用土压实，塑料拱棚上方搭2m高、透光度30%～40%的阴棚。扦插50天左右开始生根，成活率可达90%。苗木扦插成活后需在苗圃地再培育1年，苗高达50～60cm，地径0.5～0.6cm，即可出圃。

4. 大苗培育

在营造景观林和园林绿化中一般需胸径6～8cm、高3.0～3.5m的苗木。圃地培育的播种苗与扦插苗都需要移植培育5～6年。圃地要求是壤土或轻黏土，移植株行距1.5m×2.0m，每亩栽222株。移植穴规格为40cm×40cm×30cm，每穴施0.15kg菜枯饼，施肥后用穴内土壤拌匀，待肥料腐熟后再栽苗。移苗应在2月下旬至3月初苗木萌动前进行，修剪部分枝叶和过长的根系。栽完后给苗木浇一次定根水。在大苗培育期间，每年进行3～4次除草松土，追肥1～2次。每次每株苗木施复合肥0.15～0.20kg。每年秋末或春初需给幼树进行整形修剪。

四、林木培育

造林地应选择土层厚度80cm以上，腐殖质层厚度5～10cm的山坡中、下部，以及山谷和小溪沿岸坡度比较平缓的地方。平缓地带的造林地，可采用全垦开穴整地，穴规格为60cm×60cm×50cm；15°以上的坡地，可沿等高线环山修建水平带，带宽100cm，然后在水平带上挖穴，穴规格为50cm×50cm×40cm。每亩栽植167株，株行距2m×2m。要求苗高达40cm以上，地径0.4cm以上，且顶芽饱满，苗干粗壮，根系发达。造林时间宜在2月中旬至3月上旬，选择阴天或小雨天。栽植前修剪苗木的大部分枝叶和过长的主、侧根，提高栽植成活率。造林后要进行3～4年的幼树抚育，主要是除杂灌、松土、扩穴、培篼、追肥等。追肥在每年4～5月进行1次，每株幼树追施复合肥0.20～0.25kg。幼树分枝多，影响主干生长，抚育时可对幼树下部进行适当的修剪。

五、主要有害生物防治

铁冬青苗期病害主要以立枯病（猝倒病）为主，虫害是地老虎、蛴螬。

1. 立枯病

铁冬青苗期的重要病害，其病原菌为半知菌亚门无孢目丝核菌属的立枯丝核菌（*Rhizoctonia solani*），主要危害实生苗茎基部或幼根。主要表现为幼苗出土后，茎基部变褐，呈水渍状，病部缢缩萎蔫死亡但不倒伏，且幼根腐烂，病部淡褐色。防治方法：可通过土壤消毒、种子预处理、加强苗期管理、清理染病植株等措施综合防控。在发病初期喷施杀菌剂进行预防和防治。根据病情，可连用2～3次，间隔7～10天。对于根

系受损严重的，配合使用促根调节剂，恢复效果更佳。

2. 茎腐病

茎部染病多从伤口侵入，在韧皮部产生不规则形黑色病斑，有灰白色至黑色霉层，严重的韧皮部剥离、黑腐，受害木质部呈水渍状，略变褐色。病菌以菌丝体或厚垣孢子在病组织中或随病残茎进入土壤里越冬，翌年产生分生孢子，从伤口或切口处侵入。防治方法：严格检疫，发现病株及时销毁。加强管理，做好浇水、排水工作，科学修剪，及时清理园内病叶、病枝，减少病源。

3. 小地老虎（Agrotis ypsilon）

在我国1年发生1～7代，成虫具有迁飞性，在南方以幼虫、蛹和成虫越冬。小地老虎1～2龄幼虫集中危害铁冬青心叶和嫩叶，4龄幼虫危害幼苗嫩茎，5～6龄幼虫食量剧增，危害极大。防治方法：清除田间杂草，减少过渡寄主；翻耕晒垡，消灭虫卵及低龄幼虫；施用无公害药剂，灌根处理；结合黑光灯诱捕成虫；保护和利用夜蛾瘦姬蜂、螟蛉绒茧蜂等天敌。

4. 蛴螬

蛴螬俗名白土蚕，是金龟子幼虫，发生多为1年1代或2代，以老熟幼虫或成虫在土下越冬，一般在5月初出现成虫，对幼苗的危害以春、秋两季最重。蛴螬啃食苗木根部和嫩茎，影响生长，并可使苗木枯黄，同时根茎被害后易造成土传病害及线虫病害侵染，致幼苗死亡。防治方法：秋季适当深耕苗圃，将虫体翻出，破坏其生活环境。用充分腐熟的基肥作底肥，合理使用化肥。4月底至5月初，轮换使用无公害药剂防治。

5. 红头芫青

1年发生1代，一般每年6月中旬为成虫活动盛期，以假蛹在土下越冬，成虫羽化出土后，成群在寄主叶片上取食，给铁冬青的生长造成很大的危害。防治方法：要及时进行虫情测定，一旦发现则立即采取防治措施。

六、材性及用途

铁冬青的木材横断面生长轮明显，心材、边材区别则不明显，木材白浅黄色，心材色较深，带灰黄色。纹理直，结构甚细，质地较坚硬，如干燥不当，有翅裂现象。加工较易，刨面光滑，色纹美观。木材可供制农具等用途。

叶和树皮可入药，有清热和止痛消肿之功效。树皮含鞣质，可提制栲胶和染料。

（胡松竹）

附：小果冬青（*Ilex micrococca* Maxim.）

别名细果冬青（海南）、球果冬青（峨眉），分布于亚洲东部广大区域，东起日本、朝鲜、韩国，经我国长江流域，西达我国云南沧源，南自我国长江流域，至台湾、海南，北达我国湖北十堰，自然分布于江西、福建、浙江、安徽、湖南、四川、贵州、广东、广西、云南等地；垂直分布于海拔200～1300m，分布于山坡、山谷两侧常绿与落叶混交阔叶林内或林缘。在江西婺源、武宁等地多为零星分布于海拔200～400m的山谷两侧常绿与落叶混交阔叶林内或林缘，常与甜槠、米槠、木荷、枫香、拟赤杨、红楠、枳椇、毛竹等树种混生。

落叶乔木，高可达20m。树皮灰白色；无短枝，小枝粗壮无毛，有气孔。叶膜质或纸质，叶片卵形或卵状椭圆形，叶长7～15cm，宽3～6cm，叶基部圆形，不对称，叶具芒状锯齿，无毛，有明显网状脉。叶柄无毛，长1.5～3.2cm。单生2～3歧聚伞花序于当年生枝的叶腋，总花梗长9～12mm；花单性，黄白色。核果圆形或椭圆形，幼果绿色，成熟时鲜红色。花期5月中旬至6月中旬，红果熟期为11月至翌年1月中下旬。

为喜光树种，不耐涝，抗寒性强，主根不明显，侧根发达，喜深厚肥沃的土壤，在酸性、中性、微碱性的土壤上均可正常生长。

小果冬青主要采用播种育苗方式。采种可

参考铁冬青。由于小果冬青种子细小，种皮坚硬，表面有蜡质层，不易透水，故播种前应将种子浸泡于碱水或草木灰水中4h，然后再浸泡于清水中3天，每天换水，并用手搓揉（王良衍，2004），备用。小果冬青种子无深休眠，一般应在2月下旬至3月上旬播种。由于种子很小，千粒重0.40～0.45g，播后需覆土0.3～0.5cm，及时用稻草或铁芒萁覆盖，搭好阴棚，保持苗床表土湿润疏松。播种后若不及时覆盖和搭阴棚，易造成育苗失败。播种后3～4周种子发芽出土，出土后3～4天长出真叶，1周后形成幼苗（杨永川等，2005）。此时，要及时揭开稻草或铁芒萁，保留阴棚。6月上中旬开始及时间苗，控制苗木密度，1年生苗木控制在15万～18万株/hm²。

小果冬青主要病虫害包括立枯病、茎腐病、蛴螬和红头芫菁。

小果冬青为落叶乔木，是优良的速生用材林树种。秋末冬初始现果红，红果期近3个月，观赏效果极佳，也是优良的园林绿化树种。木材坚韧致密、材质优良，可用作建筑、家具等多种用材，是制作五金工具柄的高级材料；树皮可提制栲胶；可作为染料，枝叶可作造纸原料。

（胡松竹，张露）

江西省婺源县大鄣山乡水南村小果冬青果实（胡松竹摄）

江西省婺源县沱川乡小沱村小果冬青单株（张银泉摄）

别　名｜苦丁茶冬青、富丁茶、皋卢茶
学　名｜*Ilex kudingcha* C. J. Tseng
科　属｜冬青科（Aquifoliaceae）冬青属（*Ilex* L.）

　　苦丁茶作为传统特色经济林树种在我国有着悠久的历史，长期以来受到了人们的广泛关注。苦丁茶的老叶与嫩芽均可茶药两用，用开水泡渍后别具风味，先苦后甘且回味久长，其产品可长期饮用无任何毒副作用，能强心健体，尤以降压减肥和清热解毒而备受广大消费者青睐。目前，苦丁茶在全国的种植面积约30万亩，苦丁茶已成为仅次于茶叶的特色代茶饮品（贺震旦等，2010）。

一、分布

　　苦丁茶主要分布于海南全境，广东英德、肇庆和大埔，广西南宁周边、大新、天等、龙州，以及云南部分地区。主产区为海南和广西（刘国民，1997）。

二、生物学和生态学特性

　　常绿大乔木，高可达20m，胸径20～60cm，小枝粗壮有纵裂纹。树皮灰黑色，有白色斑纹。叶片大，较厚且有革质，呈长圆形或卵状长圆形，先端钝或短渐尖，基部圆形或阔楔形，边缘具疏锯齿，叶面深绿色，具光泽，背面淡绿色。雌雄异株，花淡黄绿色，花多数排成假圆锥花序；雄花序每一分枝有花3～9朵成聚伞状，花萼壳斗状，

苦丁茶（刘仁林摄）

花瓣卵状长圆形；雌花序每一分枝有花1～3朵，花瓣卵形。果实呈球形，成熟后为红色或褐色，轮廓长圆状椭圆形，具不规则的皱纹和尘穴，背面具明显的纵脊，外果皮厚且光滑，内果皮骨质。

　　苦丁茶喜高温、多湿、阳光充足的环境，耐寒性较差，适应性强，适应于热带和亚热带气候，多分布于海拔400～600m的林地，适宜生长温度在22℃以上。在年降水量1500mm以上、空气相对湿度80%以上的高山沟谷和坡麓生长良好。苦丁茶主根明显而侧根少，适宜种植在土层深厚、质地疏松、土壤pH 5.5～6.5、透水性强、有机质含量丰富的沙壤土、沙砾土或沉积土。

三、良种选育

　　广西南亚热带农业科学研究所从具有70年以上树龄的野生自然授粉实生苗中选出'大新'（D1）苦丁茶，于2001年通过农业部的审定，该品种原为高大乔木，生产上需人工矮化控制形成1m高的灌木，适宜广西西南、广西东南以及相似类型生态区种植。

　　中国热带农业科学院香料饮料研究所从野生资源中选育出'密芽苦丁茶冬青'（*Ilex kudingcha* c.v. 'Miya'），于2019年通过海南省林木品种审定，该品种具有生长快、高抗炭疽病、茶芽产量高且回甘味强的特点，适宜在海南、广西和广东等热带、亚热带生态区种植。

四、苗木培育

苦丁茶育苗可采用种子育苗和扦插育苗，生产上主要采用扦插育苗方式。

1. 苗圃建设

宜在交通方便、地势平坦、靠近水源、排灌良好的缓坡地或平地建立苗圃，选用河沙作为苗床，需要构建遮光、喷淋棚架和排水等设施。

2. 扦插苗培育

剪取母株上当年生半木质化的枝条作为插穗，插穗长度15～20cm，直径0.6～1.0cm。每个插穗保留3～4片叶片，每片叶剪去1/3的面积并保留叶柄。每个插穗含2个以上的腋芽，插穗上切口在芽上方2.0cm处，下切口在芽下方5～10cm处，插穗的切口整齐无破裂。制作好的插穗浸泡在300mg/L的萘乙酸溶液中处理8h以上，将插穗插在以河沙为基质的苗床上，插穗深度为插穗总长的1/5～1/4，插穗的密度以插穗叶面不重叠为宜，扦插完立即将苗床浇透水一次。

3. 苗期抚管

在苗床上搭高50cm的塑料薄膜拱棚并在顶部设置双层遮阳网盖顶，定期浇水保持苗床湿度在80%以上，并需通风降温控制拱棚内温度在28～30℃。每半个月需对苗床喷施多菌灵，插穗育苗50天后喷施少量叶面肥。

4. 种苗出圃

60天后待腋芽萌生且根长至5cm以上时可以移栽至营养薄膜袋中，营养土比例为30%黄泥、30%河沙、30%椰糠和10%牛粪，混匀堆放熟化6个月以上。袋苗继续放在塑料薄膜拱棚内生长1～2周。待苗高至20～25cm时可移到拱棚外炼苗后定植。

五、林木培育

1. 种植园选址

苦丁茶种植园宜选择在中低山丘或山腰和山麓，海拔在600m以下、背风的谷地或坡地，坡度在25°以下。种植园要求土层深厚、疏松、肥沃、湿润、富含腐殖质及排灌良好的微酸性沙质土壤，宜靠近水源便于安装喷淋设施。

2. 园地开垦

定植前3～4个月对园地进行开垦翻晒，深度约50cm，将树根、杂草、石头等杂物清除干净并用熟石灰进行土壤消毒处理。按照株行距1.0m×1.5m，穴长、宽、深各50cm，下层放表土10cm，中层施土杂肥3～4m³/亩，上层覆土高出穴面约10cm。

3. 定植造林

每年春、秋季适宜定植，选用生长健壮、无病害且苗高25cm以上的营养袋苗。揭去营养袋后，将苗置于穴中央，使根系舒展并培土压实，随后浇足定根水。遇晴天干旱应间隔2～3天淋水1次，幼苗可用遮阴物临时遮阴10～20天，同时注意补苗。

4. 抚育管理

定植成活后宜施稀薄的氮、磷、钾复合肥，每月2次，每次每亩施氮、磷、钾肥各3～5kg。2～3年生以上的成龄树，要多施氮肥，氮、磷、钾比例为3∶1∶1，每月1次，每次每亩施氮肥15～30kg，磷肥和钾肥各5～10kg。在采茶淡季宜重施有机肥，每亩施充分发酵的有机肥4～5m³。适当喷施镁、锌、锰、铁等微量元素。在干旱季节，要隔2～3天淋水1次，保持田间湿润。在气温达32℃以上时，需早、晚适当淋水，防止嫩叶和芽灼伤。一般每月1次清除种植行杂草，春、夏季可结合浅耕锄草，秋季可进行1次行间中耕，有条件的还可以在行上覆盖稻草等秸秆，每次每亩覆盖物用量为3～4m³，可适当保留行间部分矮生杂草。定期监测种植园土壤肥力水平和重金属元素含量，一般2年检测1次，应根据结果有针对性地采取土壤改良措施。

5. 修剪整形

苦丁茶需要及时去顶，将主干顶端剪除，保留主干高度40～50cm。二级分枝或内膛枝在20cm左右时及时摘心，每个分枝抽出3～5个分枝后再次摘心。吊枝，使枝条呈35°～45°开张。外围枝条压弯后应扩开树冠，在1年内经过4～6次整枝可达到强制矮化的目的。定植2年后，以采代剪。采摘以养为主，整形为辅，一般采用长梢多采、矮梢少采、高梢多采、低梢少采、粗壮芽强采的方法，尽量将茶树高度控制在1m以下。3年生的植株应根据高度情况在年底进行中度修剪或在7月、8月进行重度修剪。

六、主要有害生物防治

1. 蚜虫（Aphidoidea）

在海南、广西1年发生多代。在苦丁茶苗期，若有黑蚂蚁群集处，即说明有蚜虫危害，一般聚集在叶背处。受蚜虫危害的苦丁茶苗，叶芽皱缩，生长停止。防治方法：蚜虫属刺吸式口器昆虫，可使用内吸性药剂进行防治，亦可结合触杀、胃毒相关药剂交替使用。

2. 木蠹蛾（Cossidae）、螟蛾（Pyra-lidae）、刺蛾（Limacodidae）

3种害虫均为鳞翅目，以幼虫危害苦丁茶枝干、嫩芽，钻入干髓部。防治方法：加强田间管理；可用铁丝插入坑道将其杀死，在傍晚用药剂注入道口，再用黄泥封口毒死；在嫩梢食害的螟蛾幼虫可用人工捕杀或剪除受害顶梢；成虫高发期配合使用诱虫灯引诱。

3. 茶角盲蝽（Helopeltis theivora）

在海南1年可发生10～12代，世代重叠，其成虫、若虫可昼夜不停地危害寄主的嫩梢和幼叶，被取食的部位表面布满黑斑，使得苦丁茶产量和品质显著下降。防治方法：内吸性药剂有较好的防治效果，亦可结合触杀、胃毒相关药剂交替使用。该虫寄主范围广泛，使用药剂时注意作物周边杂草喷施到位。

七、综合利用

苦丁茶所含化学成分种类丰富，主要含三萜、三萜皂苷和酚类，此外，还含有甾醇、氨基酸、维生素、苦味素和多种微量元素等，主要用于高血脂、肥胖和心血管系统疾病的预防和治疗。现代药理学研究表明，苦丁茶水提取物、醇提取物或苦丁茶总皂苷等能显著降脂减肥、降血糖和抗动脉粥样硬化等，且具有多途径、多靶点的作用特点。其叶片中含有熊果酸、芳香油、苦丁茶苷元、α-香树脂、β-谷甾醇、绿原酸等多种功能组分，这些有效功能成分具有止痛、抑菌、解痉挛、降压、清热降火、止渴生津、解毒消炎、强心利尿、抗辐射、抗癌防癌等多种药用功效和保健作用。经毒理试验和人们长期以来的饮用历史证明，苦丁茶产品能明显降低总胆固醇（TC）、甘油三酯（TRIG）及低密度脂蛋白（LDL）的含量，改善血液黏稠度，对动脉硬化、冠心病、咽喉肿痛、慢性咽炎有明显疗效。苦丁茶的开发以及临床应用具有广阔的发展前景。

（顾文亮，朱红英，谭乐和）

别　名 | 印度檀香、白檀、白檀木、白旃檀
学　名 | *Santalum album* L.
科　属 | 檀香科（Santalaceae）檀香属（*Santalum* L.）

檀香是世界著名的香料树种，心材含有檀香油。檀香油是最好的天然定香剂之一，广泛用于高级香水、医药、食品和其他日常用品。檀香原产印度尼西亚，2000多年前被引种到印度，目前在热带地区广泛引种栽培。20世纪60年代引入我国，目前在华南地区已发展人工林近10万亩，是我国南方具有重要发展潜力的珍贵树种之一。

一、分布

檀香天然分布于印度尼西亚的帝汶岛、佛罗勒斯岛、松巴岛和澳大利亚北部。在澳大利亚北部，檀香通常生长于红树林背后的沙地上。2000多年前，檀香从帝汶岛的东努沙登加拉（Nusa Tenggara Timur）被引种至印度南部的卡纳塔克邦、泰米尔纳德邦、喀拉拉邦和安德拉邦，进而引种至中部和北部，总面积约为9000km²，其中卡纳塔克邦占5245km²，泰米尔纳德邦占3040km²，基本上是分布在以班加努尔为中心200km半径的圆内；心材质量好的一般分布在海拔650~1200m的范围内，年降水量为500~2000mm，在雨量丰沛的地区，相对来说心材质量可能会差一些。在印度尼西亚被引种到爪哇岛和巴厘岛。在澳大利亚被引种到西澳和昆士兰北部。近年来又被引种至斐济、美国的夏威夷、新喀里多尼亚、汤加、巴布亚新几内亚、尼泊尔、斯里兰卡、瓦努阿图以及我国华南地区。目前开展檀香大面积人工造林的主要国家为澳大利亚和中国。

二、生物学和生态学特性

浅根系半寄生小乔木，在良好的生长条件下主干明显，较通直，高可达15~18m；在不良生长条件下呈现丛生状，有多个树干。树皮为棕黑色，多纵裂。枝柱状，带灰褐色，具条纹，有多数皮孔和半圆形的叶痕；小枝细长，淡绿色，节间稍肿大。叶卵状椭圆形至卵状披针形，对生，幼时偶见互生、轮生或簇生；长2.5~7.0cm，宽

海南尖峰岭21年生檀香心材（刘小金摄）

广州檀香花序（刘小金摄）

1.5～3.5cm，先端渐尖，基部楔形至近圆形，边缘波状；叶柄细长，长6～8mm。花两性，4基数，偶有5或6基数；三歧聚伞式圆锥花序侧生或顶生，花芽绿白色，在花芽中花被片先端黏合，开放后反卷，初时绿白色，渐转为血红色。花由4个柱头和一个半下位子房组成，雄蕊着生于花被筒上，与花被裂片对生；花药背着，有4药室；花被管钟状，长约2mm，裂片卵形，长约2mm；初开时草黄绿色，后变为血红色。果实为核果，近球形，直径7～8mm，幼时绿色，成熟时红色至紫黑色；外果皮肉质，中果皮骨质，种子较坚硬，无真正意义上的种皮。檀香为常绿树种，但通常在雨季新叶较多，旱季多为老叶，在缺水或寄主缺乏的情况下旱季树叶稍卷曲，严重时枯黄并大量落叶。

檀香分布区和栽培区为夏雨型，干湿季明显，海拔为0～1800m，降水量为500～5000mm。低温是影响檀香生长的重要限制因子之一，以往普遍认为檀香能够忍耐4℃低温和46℃高温，而我国的低温寒害调查证实，檀香可以在极端低温高于0℃的广大地区种植，在短时间内快速降温到−2℃左右时幼枝和幼叶出现寒害，但开春后能恢复生长，总体影响不大（徐大平等，2008）。檀香在印度和印度尼西亚的各种土壤上都能生长，甚至可在pH达9.0的碱性土壤上生长；檀香适宜在疏松的土壤上生长，在印度尼西亚的沙地或其他贫瘠土地上也能生长良好，但在板结土壤上生长不良。檀香不耐积水，土壤积水易导致死亡，造林初期积水，一般在当年或第二年死亡。

檀香为半寄生树种，其根部的木质部能长出吸器或吸盘接触被寄生植物的木质部，进行水分和养分交换。目前记载的檀香寄主有300多种，分布范围很广。由于檀香本身也能进行正常的光合作用，保证自身的碳水化合物供给，因此被称为半寄生树种。在没有寄主的情况下早期可单独存活达1年之久，个别单株可存活2年以上，生长后期能存活更久。一般来说，檀香地上部分（特别是叶片）的水势大大低于寄主植物，将寄主植物水分通过吸盘"据为已有"。已有研究表明，

豆科固氮树种用作寄主时檀香生长更旺，因为檀香能通过吸盘直接吸收豆科植物通过固氮作用形成的氨基酸等简单的含氮有机产物。

2～3年生时檀香进入开花结实，以异花授粉为主，有近缘种存在的情况下易产生杂交，孤立木的情况下也能自花授粉（Rugkhla et al.，1997）。檀香为虫媒植物，由蜜蜂、蝴蝶和金龟子等昆虫传粉。檀香种仁坚固，白色，可食用。檀香的果实和种子大小受环境条件影响较大，在我国海南尖峰岭产的种子明显比广州产的种子要大，在西澳大利亚北部干旱热带地区产的种子又比海南的大。华南地区年开花2次，3～4月开花1次，种子9～10月成熟，10～11月再次开花，种子3～4月成熟，同株树常见刚开的花和成熟的果同时出现。

三、良种选育

目前生产上使用的苗木绝大部分为国内人工林采种后育苗造林，少量为进口种子育苗造林。引种种源试验研究表明，国内外种源间差异不显著。国产种子由于经过引种驯化过程，表现出良好的适应性和抗逆性。组培苗木已用于生产性造林。

四、苗木培育

1. 采种

采种母树应选生长优良、树干通直、抗病虫、心材比例大和含油量高的单株。当檀香果实由淡红色至紫黑色时即可采收。采收后搓揉果实，经流水冲洗果皮碎片，淘出种子，置于阴凉处晾干，忌暴晒。种子宜干燥、避光保存。若需长期保存，置于4℃冰箱或冷库保存效果更好。冷藏2年发芽率在60%～70%，3年仍有40%以上的发芽率。

2. 播种育苗

檀香种子千粒重160～170g。种子具有较长的休眠期，为缩短发芽时间，提高发芽势，可用0.08%～0.12%的赤霉素浸种催芽12h（刘小金等，2010a）。8～10月是檀香适宜的播种期，作床撒

播，基质以细河沙为宜。播种前，用0.1%～0.2%的高锰酸钾对苗床全面消毒，将种子均匀撒播于苗床。播种后覆沙厚度为5～8mm，以不见种子为宜。视天气情况适量浇水。一般播种10～15天后开始萌芽，10天后发芽结束，在胚轴刚伸直约4cm高时移栽效果最佳。

育苗基质对檀香幼苗生长影响较大，以33%泥炭土+33%椰糠+32%火烧土+2%过磷酸钙混合基质育苗效果好。因檀香的半寄生性，在其生长过程中需配置寄主，菊科植物假蒿（*Kuhnia rosmarinifolia*）是檀香苗期理想的寄主植物之一。寄主植物配置与檀香幼苗移栽同时进行，即移栽檀香的当天将假蒿的插穗扦插到育苗袋中。每袋配置假蒿2～3株，若遇寄主死亡要及时进行补种（刘小金等，2010b）。

檀香幼苗根系对水分较为敏感，既忌干，也忌湿。遇雨季时，用薄膜覆盖，以避免过多水分引起根系腐烂。苗期每隔半个月追施0.1%～0.2%氮磷钾复合肥1次，同时补充微量元素，也可追加腐熟的有机肥料。每月喷洒2次杀虫剂和杀菌剂预防病虫害发生。当寄主植物生长茂盛时，及时对其进行修剪，防其遮阴影响檀香苗的生长。当苗龄达到4个月即可出圃造林。

广东湛江檀香半年生幼苗（刘小金摄）

五、林木培育

1. 种植和造林技术

华南地区，在极端低温为0℃以上的地区种植檀香较为保险。檀香不耐积水，选择排水良好的林地为宜，低洼地种植檀香务必起垄和挖排水沟。海南岛和雷州半岛等地种植试验表明，在沙壤土上种植的檀香生长较好。

造林前冬季备耕整地，使土壤充分风化，同时减少地下害虫。人工挖穴（60cm×60cm×50cm或50cm×50cm×40cm），株行距3m×3m。每穴施3～5kg沤熟的农家肥、500g过磷酸钙及100g复合肥，回土至穴深一半后混合，再回土满穴。透雨后即可种植。檀香必须有寄主，通常分为短期寄主、中期寄主和长期寄主。

短期寄主是从苗木营养袋携带的假蒿，中期寄主和长期寄主在造林时一起配置。在苗木运输过程中，忌过度挤压，否则会造成檀香和假蒿之间形成的吸盘和根系结合部受损而影响成活、生长。

中期寄主宜选择灌木山毛豆（*Tephrosia candida*）、洋金凤（*Caesalpinia pulcherrima*）等豆科植物，2株种于距檀香60～80cm处。

在选择长期寄主时，盆栽试验证实，固氮植物（台湾相思与降香黄檀）作寄主比非固氮植物（重阳木与人面子）能更有效地促进檀香的生长。当檀香寄生后，固氮植物的氮浓度会有所降低，而非固氮植物的氮浓度升高。以降香黄檀为寄主的檀香光合速率最高，其次分别是台湾相思、人面子、重阳木及无寄主处理。用^{15}N同位素证明了檀香能从固氮植物中直接获得大量的氮源物质，其中大部分来自于被寄生植物根瘤菌的固氮作用。檀香和降香黄檀间存在明显的氮双向转移，但主要的转移方向还是由降

广东阳春6年生檀香人工林（徐大平摄）

香黄檀转移至檀香，而且固氮作用在这种转移中起着明显的促进作用。檀香的叶片脱落酸含量高于其寄主植物，4种寄主植物在与檀香产生寄生关系后，其脱落酸含量高于未寄生的对照。这说明在用降香黄檀作为檀香的寄主时，通过被寄生有可能会降低降香黄檀的生理活性，促进其心材形成（陆俊琨，2011）。生产上早期利用马占相思、大叶相思、木麻黄等作为长期寄主，这些速生树种生长快，郁闭后容易挤压檀香，需要多次截顶，较费工。目前多采用降香黄檀和交趾黄檀等黄檀类树种。在同一行中，1株檀香配1株降香黄檀；在上下行中，檀香和降香黄檀品字配置。降香黄檀同檀香生长速度比较一致，这种混交配置一方面是檀香通过吸盘吸收黄檀类树种的氮素和其他营养物质及水分，同时将脱落酸等传导给黄檀类树种有促进其心材形成的作用。

2. 抚育管理技术

种植后2～3个月，由于假蒿生长快，加之杂草生长旺盛，需要及时清除杂草、修剪假蒿，促进檀香生长。假蒿不可剪得太低，20～30cm，当年修剪2～3次。8～9月抚育后施肥1次，每株檀香和降香黄檀施100g复合肥。

以后每年施肥2次，雨季前施用碳酸氢铵、过磷酸钙同鸡粪堆沤的有机肥2.5～3.0kg或复合肥150g。8～9月抚育后再施150g复合肥。抚育施肥一直持续到种植后8年左右。要及时对假蒿、山毛豆进行修剪3～5次，防止其影响檀香生长。集约管理下，第二年雨季时在檀香（行间）两边1m处挖30cm×30cm×30cm的小穴种植台湾相思，进一步补充寄主。台风频发的地方也可对檀香进行适当搭架支撑。当伴生类的树种挤压檀香树冠生长时，需及时截顶。

3. 修枝间伐和密度控制技术

第三年对檀香修枝整形，宜在冬季进行，修除树冠2/3以下的枝条。修枝不宜贴近主干，一般留0.5cm枝端，否则易引起周边树皮和干坏死，影响心材产量。在6～8年时修至2.5m即可，修枝越高成本越大，效果不显著。修枝的同时应对伴生寄主树木也适当修剪。以降香黄檀作为长期寄主树种时若其生长过旺，5～6年可在5m树高处截干打顶，促进心材形成，减少对檀香生长的影响。也可适当移走部分降香黄檀等树木，降低林分密度。

六、主要有害生物防治

1. 立枯病

苗木立枯病由立枯丝核菌（*Rhizoctonia solani*）侵染所致。主要侵害檀香幼茎基部，呈黄褐色病斑并逐渐扩大，病斑凹陷、腐烂，严重时向四周扩展，颜色逐渐变为黑褐色，凹陷更深，致幼苗整株枯萎死亡。防治方法：用于播种育苗的土壤或基质，应选无病菌的黄心土和细河沙；施用沤熟的有机肥，减少发病概率，或用40%福尔马林50倍稀释液对苗床和基质消毒，并用塑料薄膜覆盖，1周后方可使用。幼苗发病时，用0.25%～0.50%的波尔多液或50%甲基托布津可湿性粉剂800～1000倍液喷洒。

2. 白粉病

白粉病病原菌为粉孢属（*Oidium*）的一种，主要侵害檀香幼苗，最初在叶片出现分散的白粉状小斑块，逐步发展成一层白绒粉，使叶片两面均呈灰白色，致叶片黄化、脱落。防治方法：苗圃地应选通风透光的圃地，控制幼苗密度，适当修剪寄主；幼苗发病时，用25%的粉锈宁1000～2000倍液喷施1～2次即可见效。

3. 咖啡豹蠹蛾（*Zeuzera coffeae*）

又名钻心虫。幼虫蛀茎及枝条，使树干上部干枯，易风折断，发生期6～7月。防治方法：用80%的敌敌畏乳油500倍液或90%敌百虫原药1000倍液灌虫孔，再用泥封堵虫洞。也可利用白炽灯诱杀。

4. 檀香粉蝶（*Delias aglaia*）

又名斑马虫，1年发生4～5代，幼虫危害叶片，严重时叶片被吃光，致使枝条枯死。防治方法：可结合田间管理，人工捕杀卵块、幼虫和蛹；用90%敌百虫原药800倍液喷雾。

5. 小地老虎（*Agrotis ypsilon*）

一种杂食性害虫，危害包括檀香在内的100余种植物，主要以幼虫取食危害幼苗的根、茎，常把大量幼苗咬断。防治方法：可结合田间管理，人工捕杀幼虫；用90%晶体敌百虫800倍液或50%辛硫磷乳油1000倍液喷雾；对4龄以上幼虫，可用50%辛硫磷乳油拌湿润细土30kg，做成毒土，施于幼苗根际毒杀。

在印度，檀香还有黄化植原体病（类菌原体），为由寄生在植物韧皮部筛管内的菌原体所引起的病害。在印度，檀香还有线虫病，目前我国尚未发现和报道。

七、材性及用途

檀香木材颜色呈黄褐色或深褐色，木材坚硬，结构细，纹理致密均匀，香气醇厚，可抗白蚁危害，气干密度为0.897～1.137g/cm³，风干缓慢，刨光性良好，光滑，且持久耐用，是雕刻的绝好材料。檀香可用作化妆品、梳妆用品、医药用品、芳香疗法用品，在沐浴用品、化妆品、香水、香皂等应用上已经生产出上百种产品。檀香是良好的冷冻剂、收敛剂、退热剂、催欲剂，用于治疗偏头痛、丹毒、淋病、膀胱炎等。檀香被广泛用于雕刻和手工艺品，还是佛教不可或缺的用品，如焚香、佛珠、佛像等。在印度，檀香还是丧葬的上等用品。

（徐大平，刘小金，杨曾奖，张宁南）

别　名｜银柳、七里香、桂香柳、红豆
学　名｜*Elaeagnus angustifolia* L.
科　属｜胡颓子科（Elaeagnaceae）胡颓子属（*Elaeagnus* L.）

> 沙枣是一种多功能经济林树种，目前在我国被广泛应用于食品、药物、造纸、饲草、薪材、家具等方面。沙枣的枝、叶、花、果都具有开发利用价值。沙枣具抗风沙、耐盐碱、耐干旱、耐高温、耐瘠薄、易繁殖、适应性强的特点，是改造干旱地、沙地、荒地、盐碱地造林的优良树种之一。

一、分布

　　沙枣在国外分布于地中海沿岸、亚洲西部、俄罗斯和印度。在我国沙枣大致分布在34°N以北，以西北地区的荒漠、半荒漠地带为分布中心，主要分布在内蒙古西部地区，在华北北部、东北西部也有少量分布。天然林仅在内蒙古额济纳旗弱水下游、穆林和纳林两河沿岸以及新疆的塔里木盆地和准噶尔盆地的边缘地带有分布（黄俊华等，2005）。我国沙枣林总面积为13万km²，较大面积的人工林主要在甘肃、新疆、宁夏和内蒙古，其中以甘肃河西走廊内陆河中下游地区营

造的面积较大，为26000km²以上；在新疆南部阿克苏、和田、喀什等地的绿洲农业区栽培普遍；在西北地区分布面积最广。新疆的沙枣属于地中海成分的后代，是现代胡杨、灰杨和白榆等群落的伴生种，宁夏中卫有长达45km的防沙林带，贺兰山以东黄河西岸一直延伸到内蒙古的巴彦高勒、呼和浩特一带都有人工沙枣林栽植；陕西榆林沙区也有用沙枣营造的防护林（常兆丰和屠振栋，1993）。黑龙江、山西等省份在盐碱地引进栽培沙枣，生长良好（王柏青等，2009）。沙枣是我国西北地区重要的防风固沙和水土保持树种。

二、生物学和生态学特性

1. 形态特征

　　沙枣树高一般为4～15m，胸径可达1m。幼枝银白色，老枝栗褐色，有时具刺，嫩枝、花序、果实、叶片背面及叶柄均被银白色盾状鳞。2年生枝红褐色。叶互生，椭圆状针形至披针形。花两性，1～3朵生于小叶下部叶腋，外面银白色，芳香，花柄甚短；花被面针状，4裂，雄蕊4枚，具蜜腺，虫蝶传粉。果常为椭圆形，熟时黄色或红色，果肉粉质。花期6月，果熟期9～10月。

　　沙枣侧根发达，根幅很大，在疏松的土壤中能生出很多根瘤，其中的固氮根瘤菌还能提高土壤肥力，改良土壤。侧枝萌发力强，顶芽长

喀什地区沙枣成熟果实（黄俊华摄）

势弱。枝条茂密，常形成稠密株丛。枝条被沙埋后，易生长不定根，有防风固沙作用。沙枣被广泛应用于城市绿化方面，成为植树造林的优良树种之一。

阿勒泰地区沙枣结实情况（黄俊华摄）

2. 适应性与抗性

沙枣生活力很强，有抗旱、抗风沙、耐盐碱、耐贫瘠等特点。沙枣分布区降水稀少，年降水量多在200mm以下；年平均气温4～10℃，极端最高气温40℃以上，极端最低气温−30℃以下，属极端干旱的大陆性气候。沙枣为喜光树种，具有耐寒、耐高温特性。在西北地区，以土壤水分条件较好、盐渍化不过重的沙壤质冲积平原、沙荒滩地上最适生长。沙枣为不透盐性的盐生植物，即可拒绝吸收有害的盐类到体内，故能适应盐渍化土壤。沙枣对硫酸盐适应性较强，对氯化物盐抗性较差，以氯化钠为主即盐土含量0.5%以下时生长良好，0.6%以上则明显受阻；硫酸盐盐土含盐量1.3%以下时生长良好，1.5%以上则严重受抑。

沙枣的果实味甜，营养丰富，且可以药用，有健脾胃、安神、镇静、止泻涩肠的功效。沙枣含有多种营养成分，如蛋白质、脂肪、糖类及氨基酸等，其枝、叶、花、果都具有开发利用价值，具有较高的经济价值，被誉为沙漠、盐碱地的宝树。沙枣采用种子、扦插、组织培养等方式进行繁殖。苗木易成活且生命周期长，可延续60～80天。

3. 生长过程

沙枣树龄可达100年左右，10年生以前的幼龄阶段生长迅速。在良好条件下，10年生树高可达8～10m，胸径达15～17cm，年平均树高生长将近1m，胸径生长1.5cm以上；30～40年生以后，高生长趋于停滞状态，50～60年生以后冠幅和干径生长亦趋于缓慢，生长势逐渐趋于衰老。沙枣结实年龄：一般于造林4～5年以后开始结实，树龄7～8年以后进入结实盛期。10年生以前的幼林阶段是干茎树形的形成期，在造林密度适宜、加强修枝抚育的情况下，可培育成使用价值较高的林分；同时，幼林阶段平茬后的萌芽力强，亦可采用平茬更新改造歪曲分权的低劣林分。

三、良种选育

关于沙枣种类方面的研究较少，国际上也没有统一的分类标准，这也给沙枣的分类带来了困难。《中国植物志》（1983）中记载了2种1变种：沙枣（*Elaeagnus angustifolia*）、东方沙枣（*E. angustifolia* var. *orientalis*）、尖果沙枣（*E. oxycarpa*）。《中国沙漠植物志》（1987）中记载了3种1变种：准噶尔沙枣（*E. songarica*）、沙枣、东方沙枣、大果沙枣（*E. moorcroftii*）。《新疆高等植物检索表》中记载了2种：尖果沙枣和大果沙枣（米吉提等，2000）。俄罗斯有3种，中亚地区有6种。此外，屠振栋等（1993）将甘肃地区沙枣分为2类4群（离核类沙枣群、黏核类沙枣群、普通甜沙枣群、普通涩沙枣群）24个品种。黄俊华和买买提江（2005）确定新疆地区分布有胡颓子属3种1变种，分别是尖果沙枣、沙枣、东方沙枣、大果沙枣。近年来伴随着沙枣在不同地区的引种栽培，以及大量的人工化栽培种植，沙枣变种的数量逐渐增大，更给沙枣的分类带来了一定的困难。有人应用反相高效液相色谱法（RP-HPLC）分析了从新疆收集的17个沙枣群落的醇溶性蛋白质的色谱图，认为这17个沙枣群落可分为6个沙枣变种。沙枣虽然种类不多，但识别较难，分类较为混乱，分歧也较大，因此在研究沙枣分类方面问题时，多选用不同沙枣种源分类的方法。

目前沙枣一般都是自然野生种。大果沙枣果实较大，经农家选育后已经有很多优良的类型，如'大白沙枣'，果实呈卵圆形，皮白，果实甜而无异味；'牛奶头大沙枣'，主要产于新疆和田、喀什等地，果长椭圆形，果核细长，肉厚，果实甜并稍带酸；'八卦沙枣'，产于甘肃河西走廊一带，果实呈黄棕色至枣红色，短卵圆形，味涩，产量较高；'羊奶头沙枣'，产于甘肃、新疆、内蒙古西部及陕西等地，果实多呈黄色、红棕色，形似羊奶头，其适应性强，果实成熟较早。

甘肃沙枣资源十分丰富，通过调查并经专家鉴定确认，甘肃沙区分布的沙枣属植物有1种（沙枣）1变种（东方沙枣）24品种。其中，属于沙枣种下的品种是'红皮离核沙枣''红皮圆沙枣''羊奶头沙枣''麻皮离核沙枣''红吊坠沙枣''牛奶头沙枣''张掖大白沙''红油糕沙枣''红圆弹沙枣''羊粪蛋沙枣''麦子儿沙枣''二不伦沙枣''小麻皮沙枣''普通白沙枣''白皮甜''沙枣''果弹沙枣''八卦沙枣''红涩沙枣''喇嘛皮''麻雀弹''白小豆''小羊奶头'；属于东方沙枣种下的品种是'新疆大沙枣'。

四、苗木培育

沙枣的繁殖多采用种子繁殖和扦插繁殖两种。种子繁殖又分为春播和秋播。春播时，种子需要去掉果皮后进行层积处理，即用湿沙拌种，堆好后覆盖塑料布，中间翻拌2次，待有40%～60%的种子吐白时再播种。秋播时，沙枣可带果皮播种，省时、省工，但需注意灌水越冬。

1. 播种育苗

采种　于10月中下旬沙枣果实成熟时采收。选择壮龄、无病虫害、果大饱满的优良母树。果实采回后及时摊晒，防止发霉，干后置于室内堆放，堆积厚度以40～60cm为宜。净种要用石碾碾压，脱出果面，出面率45%～55%。种子在干燥通风处贮藏，堆积厚度不超过1m。新鲜饱满的种子发芽率达90%，贮藏良好的种子5～6年后发芽率仍可达60%～70%。

播种　播种育苗通常多在春季。播前需要进行催芽处理，一般在12月至翌年1月，将种子淘洗干净，掺细沙等量混合均匀，沙藏催芽或按40～60cm的厚度堆放地面，周围用沙拥埋成

阿勒泰地区吉木乃县沙枣天然林（黄俊华摄）

埂，灌足水，待水渗下或结冰后，覆沙厚20cm即可。未经冬灌催芽的种子，播前可用50℃左右的温水浸泡3~4天，淘洗干净，捞出放在室外向阳处摊铺后，覆盖保湿催芽，当种子露白时即可播种。秋播种子不进行催芽处理。播种期在春季以3月中下旬为宜，秋季以10月下旬至11月上旬为宜。播种量450~750kg/km²，保存60万~75万株/km²。

2. 扦插育苗

春季宜采用硬枝扦插，选择木质化良好、无病虫害、具有饱满侧芽的1年生枝干作为插穗用条。从田间采集的种条，按15~20cm的长度截成插穗。插穗下切口为马蹄形，切削角度以45°为宜，也可平截。截条时要特别注意保护插穗上端的第一个侧芽，上切口平切，截在第一芽上端约1cm处，下切口宜选在1个芽的基部。扦插多在春季进行，也可以秋季扦插。春插宜早，一般在腋芽萌动前进行，秋插在土壤冻结前进行。扦插深度以地上部分露1个芽为宜，扦插后必须立即灌水，使插穗与土壤紧密结合及插穗有充足的水分吸收。秋季扦插时，要注意插穗上面覆土或采用覆膜措施。夏季宜嫩枝扦插，并带叶片，穗长25~50cm，扦插株行距10cm×30cm，一般生根率大于80%，最高可达96%。苗木质量以冬、春硬枝扦插为最好，扦插当年苗高可达2m（常兆丰和屠震栋，1993）。

自20世纪80年代初，张克等人首先进行了沙枣的组培育苗，随后杨育红等人也对沙枣组织脱分化培养与快繁技术进行了研究，确定了沙枣快繁体系的最适培养方案（王雅等，2006）。

3. 苗木抚育管理

一般在4月中旬至6月中旬期间，5~6天灌水1次。6月底后，应根据土壤的墒情，每隔15天左右灌水1次。为提高沙枣苗木的生长量，应加强追肥，一般应在苗木的速生期内追肥3次。每公顷土地于6月中旬追施尿素90kg，7月中旬追施尿素120kg，8月中旬追施复合肥120kg，追肥后立即灌水。沙枣萌发力强，芽很多，必须加强摘芽。另外，还需进行除草和松土。

五、林木培育

1. 立地选择及整地

沙枣造林要适时整地，整地一般在造林前一年的春末至晚秋期间进行，较黏重的土壤在春季趁墒耕翻；轻黏土、壤土、沙壤土多在夏季耕翻。耙地在耕翻、复耕后2~10天进行，镇压一般在晚秋和冬天进行。黏壤土、壤土的整地，一般要经过耕翻、耙地、复耕、复耙、镇压5遍作业。耕翻深度25~30cm，耙地深度10~20cm。

2. 造林

纯林营造　造林方法有植苗造林和插干造林两种，多用植苗造林。造林季节，春季为"清明"至"谷雨"，秋季为"霜降"至"立冬"，以春季为好。在地下水位不超过3m的沙荒地或丘间低地上造林，不必灌水。如地下水位过低，需有灌溉条件方能造林。

沙地造林　在沙壤土或沙质壤土地上，可不翻耕整地，直接开荒造林，在结皮较厚的盐渍土和厚层覆沙地上，可直接开沟造林。造林密度根据造林目的和立地条件而定，一般株行距为1.5m×2.0m、1m×3m等，每亩栽植220~230株。

3. 林木培育

在土壤水分充足、杂草多的林地，造林当年的5~8月间松土除草2~3次。对于缺株的在当年秋季或翌春进行补植。第二年至林木郁闭前，每年在林木生长期除草松土1~2次，防治虫害。林木郁闭后清除根株上的萌生枝条，修剪主干上树高1/2以下的侧枝和影响主干高生长的侧枝。根据林木的生长势，适当隔株或隔行疏伐，促进林木健壮生长。土壤水分不足的林地，除造林时浇1次水外，当年还需灌水1~3次，此后每年都要灌水1~2次。

4. 栽培效益

沙枣能源林从种植、收获到制成燃料燃烧，是太阳能转化为生物质能源，进而转化为热能的能源流动过程，其生长过程中改善了土壤结构和肥力，收获后燃烧时提供热能，排出二氧化碳近乎为0，无二氧化硫的排放，是真正的环保经济

可循环再生型绿色能源，其利用过程维持了生态系统物流与能流的良性循环，用于造林绿化和替代传统能源，起到了净化空气的作用。在一些生态脆弱区域和退耕还林地上进行沙漠能源林经营，运用其保持水土、过滤空气、水源涵养作用，可以大大降低环境灾难的发生概率，既保护了造林地脆弱的生态环境，又保护了退耕还林成果。沙漠能源林经营和产品利用还能改善城乡居民的生产生活环境，避免使用煤炭等传统能源产生的排放多、垃圾多、能源废料处理难等问题，人居环境可显著改善。有专家在内蒙古磴口利用400亩薪炭林试验得出的数据表明，其对防风固沙作用显著。林地的阻挡改变了气流状况，使林内外的小气候发生了明显变化。林地前沿的风速是6.23m/s，林内的风速只有2.44m/s，比林地前沿风速降低了60%。在林地影响下，背面的风速也有所减弱，距离林地越远风速也越大。同时，林地外的相对湿度为38%，而林地内相对湿度达54%。林地前沿积沙27～33cm，林内积沙是0～4cm，在未成林之前林地内渠道（0.8m深、1.0m宽）经过一个冬春基本被沙子填平；成林后，林内大小渠道无积沙现象，对周围环境产生了一定的影响。

六、主要有害生物防治

1. 沙枣褐斑病

病原菌为银叶花壳针孢（*Septiria argyrae*），以分生孢子的形式在病叶上越冬，翌年经风雨传播，由伤口和自然孔口侵入，成为初次侵染的主要来源。该病侵染沙枣叶部，主要在叶正面产生近圆形或不规则形病斑，病斑初期浅褐色，后期变为深褐色，发病处叶组织变脆，以后病斑中央褪色，变为灰白色，产生小而黑色的分生孢子器，周围形成一深褐色的圈。该病在果实上产生黑褐皱缩下陷的病斑，中部颜色较浅，周围有一黑色带状边缘，病斑上散生黑色的分生孢子器。轻微感病的果实味甜，严重感病的果实味则变苦。防治方法：在冬季或者春季清除病叶，集中深埋或烧毁，减少初次侵染来源，减轻病害的

发生。在生长季节病害发生期，可辅助以药剂防治，以消灭病菌的再次侵染来源，防治病害的流行。

2. 沙枣尺蠖（*Apocheima cinerarius*）

1年发生1代，以蛹在土中越冬。翌年地表解冻时，成虫开始羽化出土，交尾产卵。4月上旬出现幼虫，4月下旬至5月中旬为幼虫孵化盛期，5月中旬后老熟幼虫陆续入土化蛹。防治方法：针对其蛹期较长的特点，可人工挖蛹防治。在1～2龄幼虫期喷洒生物制剂，成虫期进行灯光诱杀。

3. 沙枣白眉天蛾（*Celerio hippophaes*）

在宁夏1年发生1～2代，以蛹在土内越冬。翌年5月越冬蛹羽化，成虫产卵于沙枣叶片上。6月下旬为第一代幼虫孵化盛期，7月中旬老熟幼虫入土化蛹。第二代幼虫8月中下旬发生，9月入土化蛹越冬。防治方法：冬季深翻林地，消灭越冬蛹；利用灯光诱杀成虫；幼虫3龄前喷施化学农药；保护益鸟。

4. 沙枣蜜蛎蚧（*Mytilaspis conchiformis*）

1年发生2代，以受精雌成虫固着在枝干上越冬。4月中旬开始产卵，第一代产卵盛期在5月上中旬，第二代在7月中下旬。第一代幼虫孵化盛期在5月下旬至6月上旬，第二代在7月下旬至8月上旬，世代不整齐。该害虫主要危害寄主的叶、枝、干，喜危害嫩而光滑的枝条，但当年生枝条受害轻。受害重的树木整株枝干布满灰褐色介壳，树皮下陷，组织变褐、坏死，成片沙枣林死亡。防治方法：需加强肥水、抚育修枝等管理，使林地通风透光。保护和释放红点唇瓢虫、二星瓢虫、多星瓢虫等天敌。

5. 沙枣木虱（*Trioza magnisetosa*）

1年发生1代，以成虫在树上卷叶内、老树皮下或落叶中、落叶杂草丛内越冬。翌年3月中旬开始活动，4月上旬产卵，5月中旬为若虫危害盛期，6月底至7月初为成虫羽化盛期，10月底至11月初开始越冬。初孵若虫群集于嫩梢叶背取

食，造成叶片局部组织畸变，呈筒状弯曲，若虫则在卷叶内分泌白色蜡质，隐蔽生活；3龄以后危害加重，卷叶内蜡质不断洒落地面，严重受害林地常雪白一片。防治方法：加强检疫，严禁带虫苗木的调运。结合修剪，剪除带虫枝条。保护并利用蜘蛛、二星瓢虫、啮小蜂等捕食性天敌和寄生性天敌。加强肥水等抚育管理，增强寄主抗虫能力。若虫危害严重时，喷施化学农药。

6. 沙枣暗斑螟（*Euzophera alpher-akyella*）

在新疆乌鲁木齐1年发生2～3代，以老熟幼虫越冬。翌年3月下旬、4月上旬至5月上旬化蛹，4月上中旬为化蛹盛期，4月下旬至5月初为成虫羽化盛期。第一代幼虫期为5月上旬至7月中旬，第二代幼虫期为6月下旬至8月中旬。第一代幼虫主要危害沙枣的主干，在韧皮部和木质部之间进行蛀食。第二代、第三代幼虫主要危害枝梢。成虫具有趋光性，性激素对雄虫有较强的引诱力。防治方法：利用灯光诱杀成虫；幼虫危害期施放烟剂或喷施化学农药；保护和利用天敌。

七、材性及用途

沙枣木材纹理直，结构细而不均匀；重量轻，硬度中，强度低，冲击韧性中，干燥时易发生翘裂现象，耐腐、耐湿，刨面光滑，胶黏性能好，是制作家具、门窗、各种镶板的优良材料，也用作车辆、矿柱、工农具柄和农具用材等。

沙枣在生长过程中会产生树胶，可用作发胶，也可作阿拉伯胶、黄芪胶等。叶、花和果实中酚类及多糖类化合物可作为天然的抗氧化剂，有抗辐射和免疫调节的功能。沙枣果实、种子、叶片和花粉都含有多种营养成分，具有较高的利用价值和经济价值。沙枣果肉中含糖约53%，其中，果糖27%、葡萄糖27%、脂肪4%、果胶1%、蛋白质7%、有机酸3%。果肉中富含17种氨基酸，其中，人体必需的8种氨基酸占总量的23%。叶中含有咖啡酸、绿原酸、维生素C和黄酮类化合物，对慢性气管炎、消化不良及冠心病有辅助治疗作用，对烧伤创面也有一定疗效。干叶中含蛋白质15%、粗脂肪6%、无氮浸出物17%，是良好的牧畜饲料原料。枣花是蜜蜂采酿的很好蜜源；鲜花中含香精油0.2%～0.4%，可用作天然的香料；花中含有三萜酚、花白素、脂肪和少量的挥发油，已广泛用于制造香水和护肤产品。

沙枣对盐有一定的耐受力，能够在干旱和盐碱地的环境中生长，改善土壤结构；其根瘤菌在固氮和改良土壤方面有很重要的作用。

（蒋全熊）

别　名｜泽录旦（山西）、毛折子（陕西）
学　名｜*Elaeagnus mollis* Diels
科　属｜胡颓子科（Elaeagnaceae）胡颓子属（*Elaeagnus* L.）

　　翅果油树是一种优良油料树种，种子含油率达30%～35%，其油可食用和药用；叶可作干、鲜饲料，牛、羊喜食；花芳香，是很好的蜜源植物；木材纹理细致，材质坚硬，可供建筑、农具等用材。另外，翅果油树为我国特有树种，起源于第三纪，是现存第四纪冰川作用后残存的孑遗植物之一，1999年被列为国家一级重点保护野生植物。

一、分布

　　翅果油树自然分布仅见于山西和陕西两省，尤以山西吕梁山南端和中条山西段分布较为集中，陕西仅分布于秦岭北坡的户县涝峪（张峰等，2001）。以翅果油树为建群种形成的群落，是山西南部暖温带落叶阔叶林地带低山丘陵区的代表植被类型之一，总面积约为670hm²。在山西乡宁县安汾乡木凹村附近，有1株超过80年的翅果油树，其胸径34cm，树高达11m（王国祥等，1992；闫桂琴等，2003）。自20世纪70年代以来，在全国各地都陆续引种翅果油树，如江苏、河南、山东、云南、陕西、河北、新疆等。

二、生物学和生态学特性

　　落叶灌木，稀乔木，高约2m。树皮幼时灰绿色，老时深灰色，纵裂，不脱落。叶纸质，稀膜质，卵形，长6～9cm，宽3～6cm，背面密被淡灰白色星状绒毛，上面较疏。核果长1.5～2.2cm，径1.2～1.5cm，外部有干棉质毛层，稍软，具8个翅状棱脊，上部萼筒宿存；果核坚硬，有8条钝纵脊，纺锤状圆柱形或倒卵形，长1.5～2.0cm。

　　常生长于年平均气温12℃左右、年降水量500～600mm的区域，能耐绝对最高气温41.3℃，绝对最低气温-20℃，生长期一般为150～180天。喜生于深厚肥沃的沙壤土，耐瘠薄，但不耐水湿，多分布于阴坡、半阴坡和半阳坡，阳坡也有分布，但生长与结实均次于阴坡和半阴坡。

三、苗木培育

　　目前生产中，翅果油树育苗主要采用播种育苗的方式。

山西省绛县翅果油树花（康永祥摄）

山西省绛县翅果油树叶（康永祥摄）

山西省绛县翅果油树果枝（康永祥摄）

山西省绛县翅果油树单株（康永祥摄）

采种与调制 种子9月初成熟，当果皮变为土黄色，且手捏时果皮与坚果易分离，此时即可采收。采回后，要及时摊晒1~2天，碾压，再晒1~2天，去杂，干藏。

种子催芽 秋播的种子不需要进行处理。准备春播育苗的种子，需经过沙藏催芽处理。封冻前（约11月），将种子浸泡2天，然后与湿沙按1:5的比例混合，放入坑内摊平，埋好后上盖一层秸秆即可。翌年3月下旬，待种子50%以上裂嘴吐芽时即可播种。种子发芽率75%~80%。

育苗地准备 选择地势平坦、排灌方便、深厚肥沃的沙壤土作为育苗地。在播种前进行灌溉，灌溉2~3天后，拌施有机肥并进行深翻，春季整地深翻20cm左右，秋季要深翻25~30cm。然后进行土壤消毒，常用的土壤灭菌剂有硫酸亚铁、硫酸铜、五氯硝基苯等（杨旭林，2006）。

播种 在土壤干旱时，多采用晚秋播种。墒情好或有灌溉条件的地方，可采用春播。秋播在大地封冻前进行。播种一般采用条播，株行距15cm×40cm，覆土厚度3~5cm，每亩播种量为20~30kg。

苗期管理 秋播，在封冻前灌一次透水，第二年春季解冻前进行一次浇水耙地，以保墒和提高地温，防止春季干旱危害（张永强，2015）。7~8月，苗木生长迅速，耗肥量大，以施氮肥为主，小水喷灌，及时松土除草；9月后，苗木生长速度下降，应施磷、钾肥，以促进新梢木质化。

目前虽然有少量关于翅果油树嫩枝扦插育苗和组织培养的研究（赵罕等，2009），但该方面的技术在生产实践中还尚未见报道。

四、林木培育

在晋南地区，人工造林一般以3月底或4月初为宜。选择土层深厚、腐殖质丰富、无季节性积水的立地。造林密度一般设置株行距为4m×4m或4m×5m，每公顷495~630株。一般采用鱼鳞坑或反坡梯田整地，栽植穴深40~50cm，长、宽分别为60~70cm，坑的大小可按苗木情况略微增减。造林后要及时除草、松土、施肥，有条件的

翅果油树单株（宋鼎摄）

要适量浇水。以结实为主时，要注意控制株高，以便采收种子。

五、主要有害生物防治

棕色鳃金龟（*Holotrichia titanis*）

棕色鳃金龟是苗期和幼林的主要地下害虫。一般2年多完成1代，以成虫和幼虫在土中越冬。越冬成虫翌年3～4月间出土，4月下旬为发生盛期，越冬幼虫于6月中下旬至7月下旬陆续化蛹，羽化后即在原处越冬。成虫和幼虫均能造成危害，幼虫栖息在土壤中，取食萌发的种子，造成缺苗，咬断幼苗根茎、根系，使植株枯死，且伤口易被病菌侵入造成植物病害。成虫具有假死性和趋光性。杂草多、地势低洼、排水不良、土壤潮湿、栽培过密等均有利于该害虫的发生。在金龟子取食盛期，采用黑光灯诱杀成虫或在灯光下喷施农药。越冬成虫出土时间为4月中下旬至5月上旬，可用糖醋液诱杀。在林间土壤插入药剂处理过的带叶树枝，毒杀成虫。春、秋两季深翻土地，破坏幼虫的栖息环境，可降低虫口密度。

六、综合利用

翅果油树是我国特有的优良木本油料树种，其木材棕褐色、有光泽、纹理细致，材质坚硬，易干燥及加工，油漆及胶黏性能均佳，可作建筑、农具、家具用材。干、鲜叶可作饲料。花粉香，含蜜量大，是很好的蜜源植物。种仁含粗脂肪46.58%～51.46%，适于食用。根部有根瘤菌，可改良土壤、提高土壤肥力，是一种经济价值和生态价值都较高的树种。

（康永祥）

249 沙棘

别　名｜醋柳（山西）、酸刺（陕西）、黑刺（青海）
学　名｜*Hippophae rhamnoides* L.
科　属｜胡颓子科（Elaeagnaceae）沙棘属（*Hippophae* L.）

> 沙棘是胡颓子科沙棘属植物的总称，广泛分布于欧亚大陆的温带、寒温带及亚热带高山地区，在我国其分布遍及东北、西北、华北及西南20个省份。现今我国沙棘林已逾250万hm²，是世界沙棘资源最为丰富的国家。沙棘生态适应性强，耐寒、耐旱、耐盐碱、耐瘠薄，为我国三北地区植被恢复极佳的防护林树种；速生，具根瘤，萌蘖能力强，是解决三北地区燃料、饲料、肥料等"三料"短缺问题的重要能源林和多功能树种；果富含维生素C、维生素E、类胡萝卜素、多种氨基酸、不饱和脂肪酸、黄酮类化合物、磷脂类化合物、甾醇类化合物、微量元素和蛋白质等营养成分，更是一种极具药用价值的经济林树种，被誉为"陆地上的鱼油"。

一、分布

沙棘属植物分布南起喜马拉雅山南坡的尼泊尔和印度锡金，北至波罗的海的芬兰，东抵俄罗斯贝加尔湖以东地区，西到地中海沿岸的西班牙，位于27°~69°N、2°~123°E之间。垂直分布从北欧及西欧的海滨到海拔3000m的高加索山脉，一直到海拔5200m的喜马拉雅山及青藏高原地区。

我国沙棘资源占世界沙棘总面积的95%以上，其中三北地区沙棘面积又占全国的95%左右，大量分布于内蒙古、河北、山西、陕西、甘肃、宁夏、青海、新疆、四川、云南、贵州、西藏等12个省（自治区）。

在沙棘属植物中，我国分布面积最大的是中国沙棘（*Hippophae rhamnoides* subsp. *sinensis*），其次为蒙古沙棘（*H. rhamnoide* subsp. *mongolica*），此外，少量分布有云南沙棘（*H. rhamnoide* ssp. *yunnanensis*）、中亚沙棘（*H. rhamnoide* ssp. *turkestanica*）、西藏沙棘（*H. tibetana*）、柳叶沙棘（*H. salicifolia*）、肋果沙棘（*H. neurocarpa*）（Bartish et al., 2002）、江孜沙棘（*H. rhamnoides* ssp. *gyantsensis*）等。从分布规律来看，中国沙棘分布范围主要受气温的影响，即在西南分布于高海拔地段，在东北则分布于低海拔地段。

二、生物学和生态学特性

1. 生物学特征

落叶灌木、小乔木或乔木，一般高1~10m。花单性，雌雄异株，先于叶开放；雄花无花梗，雄蕊4枚，花丝短，花药矩圆形；雌花单生于叶腋或集成花序状，花梗短，花萼为囊状，顶端二齿裂，花柱微伸出。其花芽明显，在上1年生枝条上形成，有混生芽、营养繁殖芽之分。雌花与雄花原基在芽鳞腋上发生，一般在7月下旬至8月

黑龙江孙吴沙棘国审良种'楚伊'结果（段爱国摄）

上旬雄花芽开始活动，雌花芽则晚数天活动。通常在10月初期花芽的形态即可形成，雄花芽比雌花芽大2～3倍。花芽通常在3月下旬萌动，4月初芽苞开始膨大；雄株4月上旬到4月中旬开花，雌株落后2～4天。离粉源12m范围内花粉量较多，15m以外的花粉量大大减少。果皮为膜质或革质，与种皮分离或贴合。种子1枚，种皮为骨质。通常3年生开始结果，5年生时进入盛果期，维持5～10年，随后枝条逐步干枯，内膛空虚，树势转弱。一般生长20多年后衰败、枯死，但因地区和环境而异，有些地区沙棘树龄可达几十年甚至上百年。

2. 生态学特性

喜光树种，在疏林下可正常生长，但不适应郁闭度过大林分。可生长于栗钙土、灰钙土、棕钙土、草甸土、黑垆土等土壤类型上，砾石土、轻度盐碱土、沙土、砒砂岩和半石半土也可生长，忌过于黏重土壤，忌积水。一般生长在年降水量400mm以上地区，在不足400mm但属河漫滩地、丘陵沟谷等地亦可生长。耐极端最低气温可达−50℃，极端最高气温可达50℃，年日照时数1500～3300h。浅根性树种，但根系发达，须根较多。根系具放线菌形成的根瘤，主要发生在一级侧根上。分蘖和萌生能力很强，非常适合北方干旱、半干旱地区生长，能有效保持水土和改良土壤。

三、良种选育

世界范围内开展沙棘育种的国家主要有中国、俄罗斯、蒙古、芬兰、德国、加拿大、匈牙利、罗马尼亚等，而育种研究中心在中国和俄罗斯。我国的良种选育进程总体可划分为三个阶段：中国沙棘遗传改良阶段、国外大果沙棘良种引进与区划阶段、杂交育种阶段（张建国，2010；段爱国等，2012）。历经30年，分阶段测试并审定基于选择育种、实生育种、杂交育种途径的国家级良种13个。

1. 中国沙棘遗传改良

通过中国沙棘地理种源试验，基本搞清了中国沙棘一些主要性状的地理变异模式（黄铨和于倬德，2006；黄铨，2007）；确定其优良种源区主要在华北地区，如山西奇岚县、右玉县，河北蔚县、丰宁县、涿鹿县，内蒙古凉城县、赤峰市等；发现西藏江孜沙棘、新疆中亚沙棘引种到内地，大部分表现不适应，逐渐死亡；开展了沙棘自然类型的调查和划分，如甘肃根据果实大小、颜色把中国沙棘划分为13个类型，山西根据果实大小分微果、小果、中果、大果、特大果5个等级，并选出了10个优良类型；中国林业科学研究院林业研究所在种源试验基础上进一步优选，建立了368株优株种质资源保存库，建立了一批采种母树林。同时，采集优树自由授粉种子进行子代测定，留优去劣，建成了1代实生种子园，兼作杂交育种场和采穗圃。我国早期沙棘新品种多数是从这批优树子代中选出。

2. 良种引进及区划

我国先后多次从俄罗斯、芬兰等国引进优良沙棘品种和种质资源数十个，依据三北地区生态气候特点设计了内蒙古磴口县、黑龙江绥棱县、辽宁阜新市等11个地区试验点，连续定位观测10年，参试品种有'楚伊''橙色''向阳''阿列伊'雄株等13个大果沙棘引进品种（张建国，2006；张建国等，2007），筛选出了无刺或少刺、果大、产量高的主栽大果沙棘品种，提出了品种分区。

（1）最适引种栽培区

东北三省40°N以北地区和内蒙古东北部地区。引进的大果无刺高产品种可直接应用于生产。适生品种有'楚伊''浑金''金色''巨人''卡图尼礼品''丰产''阿列伊''橙色''乌兰格木''阿尔泰新闻''优胜'等11个。栽培模式为3.0m×1.5m的低密度且与大豆等作物间作。

（2）适宜引种栽培区

40°N以北中西部地区。引进的部分大果无刺高产品种可直接应用于生产。本区由于降水量大都低于400mm，需要灌溉条件。适生品种有'浑金''向阳''阿列伊''乌兰格木''橙色''楚伊''丰产''优胜''绥棘1号'等9个。栽培模式为间作花生、甜菜等作物。栽培株行距为3m×1m。

（3）栽培驯化区

36°～40°N地区。本区直接引种栽培有一定困难，引进品种生长比较差，落花、落果，没有生产价值，需通过杂交手段培育抗旱性强的生态经济型杂种。

3. 沙棘良种

结合我国沙棘遗传改良历程，分3组对主要国审沙棘良种进行介绍，均由中国林业科学研究院林业研究所主持选育（张建国，2008a；2008b；2010）。

（1）中国沙棘良种

包括'森淼'和'无刺雄'2个无性系良种，生长势强，株高可达3.5～5.0m，适宜在内蒙古、河北、山西、北京、甘肃、辽宁、新疆等区域种植。

'森淼'（国S-SV-HR-014-2015） 雌株；果实成熟期9月上旬，黄色，近圆形；2年生枝棘刺数3～10个；单果重0.25g，盛果期每公顷果实产量可达6000kg以上。

'无刺雄'（国S-SC-HR-009-2005） 雄株；无刺，花芽饱满充实，散粉量大。

（2）蒙古沙棘良种

包括3个引进品种及6个实生子代无性系良种，株高2～3m，其中'楚伊''橙色''棕丘''乌兰沙林''草新2号'最具代表性和栽植前景，适宜在黑龙江、内蒙古、辽宁、新疆等区域栽培。

'楚伊'（国S-SC-HR-023-2013） 雌株；果实成熟期8月上旬，黄色，圆柱形；2年生枝棘刺数0～1个；单果重0.6g，盛果期每公顷果实产量可达10000kg。

'橙色'（国S-SC-HR-025-2013） 雌株；果实成熟期9月上旬，橙红色，卵圆形；2年生枝棘刺数1个；单果重0.45g，盛果期每公顷果实产量可达8000kg。

'棕丘'（国S-SC-HR-033-2012） 雌株；入冬后枝条呈棕色；果实成熟期8月中旬，橘黄色，卵圆形；2年生枝棘刺数1个；单果重0.4g，盛果期每公顷果实产量达8000kg以上。

'乌兰沙林'（国S-SC-HR-007-2005） 雌株；果实成熟期7月底，橘红色，卵圆形；2年生枝棘刺数0～1个；单果重0.5g，盛果期每公顷果实产量达8000kg。

'草新2号'（国S-SV-HR-015-2015） 雌株；果实成熟期8月上旬，黄色，卵圆形；2年生枝棘刺数0～1个；单果重0.38g，盛果期每公顷果实产量达8000kg；每100g果实维生素C含量284.59mg，维生素E含量3.34mg；每100g叶片水解总黄酮高达3727.20mg。

（3）中国沙棘与蒙古沙棘杂交良种

包括无性系良种'白丘杂'和家系良种'蒙中杂交种'，株高达3.5～4.5m，适宜在内蒙古、辽宁、宁夏、山西、陕西、黑龙江、新疆等区域栽培。

'白丘杂'（国S-SC-HR-032-2012） 雌株；果实成熟期8月上旬，橘黄色，卵圆形或圆形；2年生枝棘刺数3～10个；单果重0.4g，盛果期每公顷果实产量可达8000kg以上。

'蒙中杂交种'（国S-SC-HR-008-2005） 雌株；果实成熟期8月上旬，橘黄形或圆形；2年生枝棘刺数3～10个；平均单果重0.37g，平均单株产量4.5kg。

四、苗木培育

1. 播种育苗

（1）苗圃选择与苗床制作

选择地势平坦、土质肥沃、有灌溉条件、排水良好的沙壤土地作育苗地，不要选黏重土壤地块。在整地前需灌足底水，待地表风干后，施入底肥，每亩施1000kg腐熟农家肥或20kg复合肥；再深翻15cm左右，耕地2～3遍，而后碎土、耙平，表层土壤越细，种子出苗越整齐。制作苗床时，注意做到上松下实，无草根等杂物；底床宽1m，长度可视具体地块而定，要做到畦平埂直；注意苗床间及两边开沟，以便于排水。

（2）催芽

播种前，先用0.1%～0.3%的高锰酸钾溶液浸

种30min，然后用50～60℃温水浸泡并搅拌至室温后，再浸泡12～24h，捞出后沥水，将种子用湿沙混匀（1∶3），在25℃左右下进行催芽，厚度5～10cm，每天翻动几次。混沙种子出现缺水现象时，及时洒水（水温25～30℃）。约7天，有50%种子发芽，即可播种。

（3）播种

播前视土壤墒情，需浇水的应提前1～2天浇透，并用50倍敌克松喷苗床。将苗床整平、镇压，平整一致。然后在平整、细碎和湿润的苗床上用开沟器开出深1.0～1.5cm、宽3～4cm的播种沟，将混沙种子均匀撒播于条沟内，用湿沙或细土覆盖，轻轻压实，覆土厚度约1.0cm。一般1～3粒/cm²即可，播种量4kg/亩。最后覆盖草帘。通常沙棘播种后7～10天即可出苗。播种时应注意除草。

（4）管理

视墒情于草帘上喷水，待60%～70%幼苗出土后，于傍晚揭去草帘，待幼苗出齐后每隔5～7天喷施0.2%多菌灵防止立枯病发生。苗木出土后如遇干旱需适时喷水，如气温过高，可采用遮阴措施。待苗木长出3～5片真叶后，适应能力提高，一般即可保住。6月下旬至8月中旬追施尿素2～3次，后期追施磷酸二氢钾1～2次，及时中耕除草，防治卷叶蛾等虫害。进入雨季，注意排水，幼苗如积水漫顶，天晴后极易死亡。

（5）间苗与除草

第一次间苗在幼苗长出真叶后，拔除并株；第二次间苗在第一次间苗后约20天，拔去过密苗木，拔去的苗木可以另找苗床移栽，如苗木不过密，可以不间苗。保留120株/m²。

2. 扦插育苗

主要有温室大棚扦插育苗及全光雾露地扦插育苗2种方式。在高寒区域，为防寒越冬，保证苗床温度，主要以温室大棚育苗为主，如北疆阿勒泰地区；而为降低育苗成本，温室大棚扦插育苗逐步发展成为全光雾露地扦插育苗。由于沙棘嫩枝扦插与硬枝扦插两种育苗方式的许多环节基本一致，仅部分技术具有一定差异，下面以沙棘

黑龙江孙吴沙棘温室嫩枝扦插育苗（张建国摄）

黑龙江孙吴沙棘深秋结实林相（段爱国摄）

辽宁阜新沙棘露地沙床嫩枝扦插育苗（张建国摄）

嫩枝全光雾露地扦插技术为主进行介绍。

（1）采穗圃建立

选择2年生健壮、无病虫害、侧芽饱满、木质化程度良好的良种无性系苗木建立采穗圃。株行距根据品种特性及圃地肥力条件、生产作业条件而定，土壤肥力好的可密一些，肥力差的应稀一些。定植株行距可采用密植型0.5m×1.0m或稀植型1.0m×（1.5～2.0）m。还可以带状栽植，即带内栽植2行，株行距为1.0m，带间距为1.5m。母本植株的产穗率取决于树龄、栽植株行距和品种的特性，3年生即可采穗，产穗率最高的是开始剪穗的第4～7年，单位面积内插条的产量随栽植密度的提高而提高。

（2）苗床准备

嫩枝扦插苗床必须具备良好的透气性、渗水性、容热性及营养丰富性。全光雾露地嫩枝扦插苗床采用的是高筑床，苗床高度需达25cm，床宽1m，周围设置排水沟。以细沙作表层，施以稀高锰酸钾溶液消毒，厚5cm左右，以腐殖土（或团粒土壤掺入有机肥或化肥）作基质层。表层细沙主要功能是为插条前期提供通气、容热条件，基质层为插条成活提供养分。

（3）扦插

穗条选择　嫩枝扦插穗条应采自品质好、树龄小、生长势较好的采穗母株，穗条半木质化，长度20cm以上，茎粗0.4cm以上；硬枝扦插时选择8年生以下采穗母树，枝条2～3年生，最好为2年生，直径0.7cm。

采条及制穗　嫩枝最佳采条季节一般为6月中下旬到7月上中旬，采条时间应选在阴天或早上，穗条要保持叶面不失水，选在阴凉处制穗，去掉下部叶片，保留顶部4～5片叶片，去除已木质化的侧梢，长度10cm左右，按50～100根1捆、下端整齐捆好，采用ABT1号浸泡8～12h或速蘸，浸泡深度3cm，亦可用生根粉和多菌灵混合液浸泡；硬枝采穗时间可在前一年10月至当年4月。

扦插　嫩枝做到随采随插，一般在6月、7月上中旬，过早插条过嫩，木质化程度不够，过晚则插条生长后期温度偏低，根系不能木栓化，致使不能越冬；扦插深度3～5cm，株行距可为5cm×5cm、4cm×4cm、5cm×10cm。硬枝扦插一般在4月上中旬较宜，地面解冻、土壤温度5～10℃时即可；采集较早的穗条冷藏至扦插季节，早春时可随采随插；扦插株行距10cm×20cm。

（4）管理

生根前期　即扦插至生根结束时期，一般为扦插后20天以内。主要工作可概括为提地温、保湿度、降地湿。根据插床温度和苗间湿度情况随时调整浇水频率和水量，最佳条件为地温26～30℃、苗间湿度80%、插床表层湿度不高于70%，可定期喷施促进生根的生长调节剂。在这种条件下，7～8天即可有根原基形成，10～12天即可有60%以上的生根现象，15～20天生根率可达80%以上。

生根后期　即生根结束到移植前。生根后，将插床温度控制在20～25℃，减少浇水次数，降低每次浇水量，插床湿度降至30%～40%，并根据苗木的生长需要及时喷施氮、磷、钾，保证苗木的正常需求；定期喷洒农药，防止病虫害的发生。

越冬管理　一般无需防寒，秋末春初，需及时浇灌，防止苗木生理干旱。

（5）移植

硬枝扦插1年即可出圃造林，嫩枝扦插则需及时移植。

作床　根据苗圃的综合条件进行换床培育，移植苗床高度应不低于15cm，整地或作床每亩要施入一定量农家肥或磷、钾化肥为基肥。

移植　将1年生苗木进行起床、移植，最佳移植时间一般为4月下旬至5月上旬，移植密度可为5cm×10cm，移植深度不低于前一年扦插深度。移植后，及时浇透定根水，并在萌芽前施用除草剂，剂量为每亩24%乙氧除草醚40mL+10.8%盖草能50mL。

田间管理　根据苗木的生长需要和病虫害情况及时进行叶面施肥和药剂的喷施。

起床、苗木分级　利用人工或机械起苗，保

证苗木损伤率不高于5%。造林用苗木规格为：苗高≥35cm，地径≥0.4cm，根系总长度＞15cm。于当年秋季或翌年春季造林。

五、林木培育

根据培育目标总体可分为经济林及防护林，经济林逐步趋向果园化栽培管理模式，防护林则主要体现在荒山绿化、退耕还林、水土保持、防风固沙等林业生态工程中。

1. 经济林

经济林培育需选择水分及土壤条件较好的立地造林，以采收和利用沙棘果实、种子、叶片为主要目标，要求采用优良品种扦插苗造林。

立地选择　造林地无灌溉条件下一般要求年均降水量在300mm以上，最好在400mm以上；光照条件较好，一般为地势较平缓的河滩、河谷、撂荒地，或背风向阳、半阴半阳山坡地，或地下水位较高抑或有灌溉条件的沙地；积水地、漏沙地、重盐碱地不适宜营建沙棘经济林；应避开易发生风灾、水灾、雹灾等其他灾害的地块。土壤要求沙土或沙壤土，不适宜黏重土壤，酸碱度以中性为宜，pH 9.0以下，含盐量不超过1%，土层厚度大于60cm，并含有比较丰富的腐殖质和矿物盐。

整地　当年秋季整地，翌年春季栽植。根据园地地形、坡向、道路、防护林带栽植等方面的要求，进行科学规划，有条件的大面积地块要做好5～6m道路网格式规划，每小块面积3～5hm²。整地方式依地形、地势及土壤类型而定。平地要深翻熟化，坡度在5°以下，可全面整地，也可带状整地；5°～15°的山坡地，要做好梯田、鱼鳞坑或撩壕，以防水土流失；盐碱地要洗盐洗碱降低盐碱含量。深翻不少于30cm，应打碎土块，耙平土表。整地同时应施农家肥15000kg/hm²。在地下害虫严重地应施钾拌磷等农药进行防治。

适地适技适品种　经济林和生态经济林应选择适生良种。手工采摘要选择产量高、无刺或少刺品种，机械摘果要根据机具情况选择品种。面积较大的沙棘种植地应选择3个以上品种，可以

提高沙棘林抗病虫能力，并选用果实成熟期不同品种组合，延长采摘时间，提高采收率。

苗木准备　选择2～3年生或Ⅱ级以上扦插苗，分别按品种、数量、规格落实到地块。苗木最好随取随栽，运输距离越短越好，若运输距离较长，根部要带泥浆或蘸湿锯末，并用留有透气孔的塑料布包裹；若根系过长，可根据栽植时栽植穴大小剪掉多余根系，以免窝根影响成活率。

栽植　裸根苗在苗木萌动前1～2周、春季土壤解冻达到栽植深度25～30cm时即可造林，做到适时、顶浆栽植；栽植顺序为先阳坡后阴坡，先沙土后壤土。容器苗可在春季或雨季栽植。人工管理的林分，株行距可选择2m×3m，优点是可以增加单位面积产量。机械管理的林分，株行距可选择2m×4m，优点是可以降低管理费用。多选用8∶1的雌雄配置比例，即雌株8株、雄株1株，栽植时按"田字排列法"定植，每栽植一株雄株，则在四面栽植8株雌株；亦可按照"2雌+1雄+2雌"模式重复进行栽植，雌、雄比例4∶1。一般定植穴规格30cm×30cm或40cm×40cm，浇足底水，注意将心土、表土分开堆放，每株准备厩肥5～10kg，与表土充分混合作为基肥；按照"三埋两踩一提苗"的技术要求栽植；为防止水分蒸发，栽植后要在穴面上撒一层表土；雌、雄株可分先后或分组定植，避免雌雄配置错误。

灌溉　在定植初期及干旱季节里，应尽可能使土壤含水量保持在田间持水量的60%～80%，在花期和坐果期亦是如此；为保证植株顺利越冬，采果后封冻前要灌足水；一般采用移动水管灌溉，也可采用沟灌。干旱缺水区及丘陵山区采用穴贮肥水灌溉，采用喷灌、滴灌等节水灌溉方法更好。

施肥　春季开始生长主要靠前一年的物质积累，在生长季前期，营养物质用于根系、枝条及果实的生长，需要补给氮、钾营养；春季枝条放叶后到新梢快速生长期以追施氮、钾肥为主；生长后期，枝条生长停止，营养物质仅用于果实发育、花芽形成，此时补给磷、钾营养。盛果期年

追肥量为每公顷纯氮200kg、五氧化二磷180kg、氯化钾300kg，穴施或沟施。

除草 可选用拖拉机带小型圆盘耙或绞地机进行中耕除草，深度为4～5cm。需注意中耕不能过深，以免影响植株水平根系的正常发育，严重时会引起干缩病的发生。株间和留下的杂草可人工进行清除，把杂草控制在10cm以内；根据杂草生长情况，每年中耕作业3～4次。

补植 为保障高产，定植成活率、保存率尽量达到95%以上，可根据生长的实际情况，及时将死株、弱株予以补植更换。

整形修剪 修剪方式主要有摘心、短截、回缩3种，分别用于促进生长、侧芽萌发和控制冠形。当植株长到2.0～2.5m高时，为控制树势方便采摘，需进行剪顶作业。修剪要点是：打横不打顺，去旧要留新，密处要修剪，缺空留旺枝，清膛截底修剪好，树冠圆满产量高。修剪时间分为休眠季和生长季两个时期，俗称"冬剪要枝，夏剪要果"。春剪干尖，夏季剪油枝（徒长枝）；秋冬季修剪"清基"为除徒长枝，"剪顶"为稳固树冠，"清膛"为通风、透光，"换代"为去旧留新促壮枝。

间作 选择适宜作物进行间作，以耕代抚，促进林木生长，增加经济收入，以短养长。可选择一些豆科植物、牧草或薯类作物间种。

防护 有条件的地方要在林分周界栽植3～6行防护林带；要特别注意考虑果实成熟阶段的风向，林带应与当地的主风方向垂直。若要避免禽畜危害，可设置围栏。

采摘 采摘方式有手工采摘及机械采摘两种，其中手工采摘主要有捋枝法、剪枝法、击落法及震落法，机械采摘主要在俄罗斯及德国应用，我国正在研制中。捋枝法指在果实完全成熟前采收，主要用于引进的大果沙棘等无刺或刺少的沙棘良种，一般用手直接捋枝或借助简单的手提式工具捋枝。采收时先在林下铺放垫布，然后两面夹住果枝基部，由里向外移动将果实捋下。对于杂交品种及中国沙棘良种等刺多的品种，一般采用剪枝的办法采果，即剪取2年生结果枝，

在劳动力缺乏情况下对引进的大果沙棘良种亦可采用剪枝法采果。该方法会影响以后第二年、第三年的产果量，有时甚至把整株结果树破坏。击落法指对于部分冬季不落果的沙棘良种或野生沙棘，在严冬季节选冷天的早晨，在树下铺上垫布，如塑料布等，然后用木棒敲击果枝，使果实脱落。该方法的缺点是果实过熟，果实营养成分会有不同程度的损失。震落法采用手持式果实采收器采收，由振荡器、果实采收网筐（折叠式）组成。采果时，将采收网筐围绕树干展开、提起、闭合呈倒圆锥形，然后将结果枝放在振荡器的四个震棒之间，开启电源，震棒左右反复敲击结果枝，致使果实脱落。

2. 防护林

（1）植苗造林

以实生苗为主，亦可采用扦插苗。采用实生苗营造沙棘生态林具有生长旺盛、萌蘖能力强、遗传基础丰富、生态适应性优良等优点。

材料选择 实生苗造林需根据适地适树原则选用当地种源或经种源、家系测定的优良种源、家系，或者是乡土种源为父母本之一经杂交产生的种子；扦插苗造林可采用中国沙棘良种或中国沙棘与蒙古沙棘亚种间杂交选育的优良品种。

苗木 1～2年生实生苗均可使用。凡苗高20cm以上，地径0.4cm以上，主根长15cm以上，侧根3条以上，须根发达、健壮、无病害、无严重机械损伤的苗木，只要条件适合，方法得当，一般均能成活。苗龄过大，则不利于苗木成活和保存。在干旱比较严重的沙荒地等处造林，如苗木较大，应进行截干，以防苗木失水干枯。

栽植季节 具体造林时间要视土壤墒情而定，多数地区在春季；在春旱严重而秋季墒情较好的地区，秋季造林较春季造林效果为好；在春旱严重，秋季墒情也不理想的地区，可进行雨季造林。

栽植密度与植穴规格 栽植密度通常可选择2m×2m或2m×3m；植穴规格视苗木大小而定，通常为35cm×35cm×35cm，避免锅底状穴。

栽植方法 植苗时切忌窝根，如根系偏长，可适当修剪，使根长保持20～25cm即可。适当深栽，将较潮湿的土壤培于贴近根系的部位；填土压实后在其表面覆盖一层松土或覆膜，以减少栽植穴的水分蒸发。

（2）直播造林

立地选择 必须在降水量多、土壤含水量高、土壤质地好、杂草少的沟谷荒地或经过整地的反坡梯田、鱼鳞坑上进行。沙地和丘陵地如降水量不低于300mm，亦可进行直播造林。

时间 在春季、雨季、秋季均可，一般多趁透雨后抢墒播种。雨季播种宜在雨季前期，过迟幼苗难以越冬。

播种 在撂荒地和比较平缓完整的土地上，可用畜力和机械翻耕，然后撒播，播种后再行耙耢，每公顷播种30～35kg；在水分条件较好、杂草又少的河滩、沟谷坡面上，可以直接撒播，然后浅耙；若水分条件好，但杂草较多，需穴播，先挖土坑，除去杂草及其草根，打碎土块，填回湿润净土压实，然后在穴内播种，再覆上厚为1～2cm的细碎土壤，播种量为每穴5～8粒。若在荒坡上播种造林，要提前整好反坡梯田或鱼鳞坑，把种子条播或穴播在反坡梯田或鱼鳞坑内，并覆土1～2cm。播种前浸种24h，出苗快、出苗整齐。

管理 直播造林的成败关键在于播种时间、播种地的选择和幼苗管护。严禁牲畜践踏。在播种的当年，最好能松土除草2～3次。

（3）飞播造林

在我国西北地区，有着大片水土流失严重的黄土高原丘陵沟壑区、高寒山区以及砒砂岩地区，由于山高坡陡，地广人稀，人工造林十分困难。通过飞机播种，可以加速植被恢复，大面积地发展沙棘资源。如属高寒地区的青海大通娘娘山年降水量约576mm，海拔2800～3100m，飞机播种沙棘1330多hm²，翌年7月调查，每公顷有苗平均8985株，有苗面积为45%。

立地条件对沙棘飞播造林效果有一定的影响，阴坡、半阴坡较阳坡成苗好。植被盖度0.3～0.5的地段较0.3以下的地段好，而在不同的草本群落中飞播成苗及生长情况无显著差异；沙棘飞播造林适宜的播种期在雨季来临之前，一般为6月中旬到7月上旬，播期需根据天气预报而定，但最迟不应晚于7月下旬，干旱年份可停止播种；播带宽度以40～50m为宜。

（4）抚育管理

幼林抚育 要求当年造林地松土除草2～3次，后连续进行3～4年，直到幼林郁闭为止。对于坡地上营造的沙棘幼林，在浇水前，需先进行整地工程的修补，在浇完水之后，要在苗木根部覆一层松土以利于保墒，若无灌溉条件，应注意蓄水保墒。有条件的地方可覆草或覆膜，对提高造林成活率和促进林木生长发育十分有利。沙棘虽自身能固氮，但幼林施肥仍十分重要，特别是缺少磷、钾肥的林地，应尽量施肥。施肥最好与灌溉相结合进行，或在雨后进行。

间作 选择适宜作物进行间作，以耕代抚，促进林木生长，增加经济收入，以短养长。

补植 造林后若林内有较大"天窗"，则需进行补植。补植可在当年或造林后的第三年进行，若造林后有余留苗木，以当年雨季或秋季补植为好。若无余留苗木，则可在造林后第三年春季或秋季移植根蘖苗，并根据不同林分有计划地补植雌雄株。

平茬复壮 沙棘生长到一定树龄以后，会逐渐衰老，通过平茬可形成大量根蘖苗，并快速成林。在较干旱瘠薄的林地，树体通常呈灌木状，树体矮小，衰老期较早，平茬年限较早；在立地条件较好的地区，树体常长成小乔木乃至乔木，衰老期晚，更新复壮年限应推迟。平茬年限以15年左右为宜。平茬的季节应在沙棘休眠期的冬季或早春，平茬应贴地进行。

六、主要有害生物防治

沙棘对环境条件的适应能力较强，但由于其枝、叶、果营养丰富，且人工林面积不断扩大，致使病虫危害日益突出。据统计，沙棘病害、虫害分别达30多种、50多种。沙棘病虫害防治应以防为主，防治结合。

1. 病害

主要为发生于苗期的猝倒病，其防治方法参见油松。

2. 虫害

虫害主要有蛀果性害虫沙棘象、沙棘绕实蝇和蛀干性害虫沙棘木蠹蛾，可致成片林分死亡或果实绝产。

（1）沙棘象（*Curculio hippophes*）

沙棘象分布于陕西、甘肃、宁夏等地，主要危害沙棘果实、种子，是沙棘的专食性害虫。成虫雌虫体长3mm，宽1.6mm，菱形，体褐色，复眼黑色；1年发生1代，以老熟幼虫在地下筑土室越冬，成虫只在沙棘雌树上活动，雄树上无虫；一般在1粒果实上只取食1次，在种实内咬成辐射状黑色蛀道。应加强检疫，严禁带虫的种子外调或引进；用药剂熏蒸种子，杀死幼虫；在成虫羽化盛期，可喷洒敌杀死、速灭杀丁、敌敌畏乳油、氧化乐果，视虫情防治1~3次，防治效果达90%以上；利用成虫的假死性，震落捕杀，集中消灭；在虫口密度大的地区集中人力于4~5月在树冠下挖幼虫和蛹。

（2）沙棘绕实蝇（*Rhagoletis batava obseceriosa*）

沙棘绕实蝇主要分布于我国辽宁、内蒙古、山西、陕西、河北、黑龙江等省份以及俄罗斯，该虫以幼虫钻入果内，取食果汁，直接降低果实产量及利用价值。成虫体黑色，长4~5mm，头部黄色，有一对透明的腹翅，卵淡黄色，椭圆形，长1mm左右；1年发生1代，老熟幼虫于8月上旬至9月中旬咬破果实，从被害果实中钻出，落地后潜入枯落物层下或沙土表层，深2~10cm，以3~5cm处最集中。在老熟幼虫下到土表层做围蛹越冬阶段，收集围蛹集中烧毁，或深翻地表土，使表土翻压到深层；对于树干较高、林地较稀疏、地被物较少的林地，可用氧化乐果、辛硫磷乳油、功夫乳油在地面喷雾，消灭刚羽化出土的成虫；在幼虫离果落地之前，于地面喷洒敌百虫粉剂毒杀幼虫；用氧化乐果乳油向树冠喷雾杀死成虫及刚孵化出的幼虫。

（3）沙棘木蠹蛾（*Holcocerus hippopha-ecolus*）

沙棘木蠹蛾分布于我国东北、华北、西北地区，幼虫危害杨树、柳树、榆树、沙棘等。成虫体灰褐色，粗壮，雌虫体长28.1~41.8mm，雄虫体长22.6~36.7mm；2年发生1代，跨3个年度，经过2次越冬，第二年3月下旬出蛰活动，4月上旬至9月下旬中龄幼虫常数头在一虫道内，为危害最严重时期；幼虫蛀入枝、干和根颈的木质部内，蛀成不规则的坑道，造成树木风折，使树势减弱而形成枯梢甚至整株死亡。冬季伐除被害的沙棘，平茬口应在主根基部靠近地面或低于地面，集中烧毁，以消灭越冬幼虫；采用乐果乳油喷雾杀灭初孵幼虫，或用敌敌畏或杀灭菊酯乳油注射虫孔，毒杀树干内幼虫；树干基部钻孔灌药，通过内吸传导毒杀树干内幼虫，亦可利用灯光诱杀成虫。

七、综合利用

沙棘为我国重要的经济树种，以果实、种子和叶片为主要利用部分。果实含有大量的有机酸类、维生素类、蛋白质及氨基酸类等，具有很高的食用价值，也具有活血化瘀、增强免疫力、防癌抗癌、保护肝脏、生津止渴、健脾止泻等药用价值，深受人们喜爱。果肉可加工成饮料和冲剂、功能食品或提取色素；果肉、果皮及种子可提取沙棘油；叶片可制作沙棘茶，还可以制成化妆品等。嫩枝叶和果实加工后的残渣含有丰富的营养，可作为粗纤维饲料。此外，沙棘木材可用于制作农业生产、生活的小木器，也可用作薪炭材。同时沙棘木材是很好的纤维用材，可用于制作中密度纤维板等，也为沙棘木材提供了一个新的利用途径。

（张建国，段爱国，何彩云）

附：江孜沙棘（*Hippophae rhamno-ides* L. ssp. *gyantsensis* Rousi）

本种与中国沙棘的区别为：叶互生，叶片下

面通常被银白色和散生少数褐色鳞片；果实椭圆形，直径3～4mm；种子甚扁，具六纵棱，长4.5～5.0mm，带黑色，无光泽，种皮微皱，羊皮纸质。产自中国和锡金，在西藏拉萨、江孜、亚东生于海拔3500～3800m的河床石砾地或河漫滩。江孜沙棘喜光，耐寒、耐酷热、耐风沙及干旱气候，对土壤适应性强，且生长迅速、根系发达、萌蘖能力强，具有良好的生态和经济效益，为西藏"一江两河"河谷地带造林首选乡土树种之一。

江孜沙棘无性繁殖比较困难，通常采用播种育苗。造林一般在4月至5月上旬，以营养袋苗为最佳。实生苗根系发达，栽植怕窝根，则可适当修剪，使根长保持在20～25cm即可。栽植时使根系舒展开，适量浇水。树穴填满土后，适当踩实，然后在其表面覆盖5～10cm的松散细土。苗期易患立枯病，可用多菌灵或甲基托布津500倍液沿植株进行浇灌；苗期易受地老虎侵害，可采用化学药剂进行地表喷雾。

（杨小林）

拉萨南山江孜沙棘10年生人工林（杨小林摄）

别　名｜中华大枣、红枣、枣子、胶枣、刺枣
学　名｜*Ziziphus jujuba* Mill.
科　属｜鼠李科（Rhamnaceae）枣属（*Ziziphus* Mill.）

枣，蔷薇目鼠李科枣属植物，是原产中国的木本粮食和果品类经济林树种，也是我国第一大干果树种，2018年红枣产量5473056t（干重）（2018年国家林业统计年鉴）。枣果富含蛋白质、脂肪、糖类、胡萝卜素、B族维生素、维生素C、维生素P以及钙、磷、铁和环磷酸腺苷等营养成分，其中维生素C的含量在果品中名列前茅，有"维生素王"之称。枣是"药食同源"植物，《神农本草经》记载"枣主心腹邪气，安中养脾，助十二经。平胃气，通九窍，补少气、少津液、身中不足、大惊、四肢重，和百药，久服轻身延年"。现代医学研究证明，枣对过敏性紫癜、贫血、高血压、急慢性肝火、肝硬化和抑制癌细胞增生均有较好的疗效。枣属于生态经济兼用树种，具有喜光、耐寒、耐热、耐旱、耐涝等优良特性，对气候土壤适应性较强，平原、山地均能生长，可充分利用河滩、沙地、丘陵以及沙漠、戈壁等非耕地资源发展枣产业，促进农民增收和改善环境。

一、分布

我国的枣树分布在23°~42°N，76°~124°E范围内的平原、沙滩、盐碱地、山丘及高原地带。其栽培区的水平分布北缘从辽宁的沈阳、朝阳经河北的承德、张家口，内蒙古的宁城，沿呼和浩特到包头大青山的南麓，宁夏的灵武、中宁，甘肃河西走廊的临泽、敦煌，直到新疆的昌吉；最南到广西的平南、藤县，海南的三亚，广东的东莞等地；西至新疆的喀什、阿克苏；最东到东部沿海及台湾。垂直分布方面，在高纬度的东北地区、内蒙古及西北地区多分布在海拔200m以下的丘陵、平原和河谷地带；在低纬度的云贵高原，可分布到海拔1000~2000m的山地丘陵上；而在华北、西北、华东及中南等枣的重要产区，则主要分布在海拔100~600m的平原、丘陵地带。我国红枣的主产区主要有五省，分别是黄河沿岸山西、河北、山东、河南、陕西，以上五省的栽培面积和产量占全国的90%左右，是名副其实的分布中心（李建贵等，2015）。韩国、日本、印度、俄罗斯、罗马尼亚、以色列、澳大利亚、美国、加拿大等国有少量的引种栽培分布（刘孟军和汪民，2009）。

二、生物学和生态学特性

1. 形态特征

落叶乔木，高达10m。树皮灰褐色，条裂。枝有长枝、短枝和脱落性小枝3种：长枝呈"之"字形曲折，红褐色，光滑，有托叶刺或不明显；短枝俗称枣股，在2年生以上的长枝上互生；脱落性小枝为纤细的无芽枝，颇似羽状复叶之叶轴，簇生于短枝上，在冬季与叶俱落。叶卵形至卵状长椭圆形，先端钝尖，缘有细钝齿，基部3出脉，两面无毛。花小，黄绿色。核果卵形至矩圆形，熟后暗红色，果核坚硬，两端尖。花期5~6月，果期8~9月。

2. 生物学特性

（1）根系特性

枣实生根系有明显的主根，水平根发达，6年生幼树水平根长达4m左右，40~50年生的壮龄树则长达15~18m，垂直根虽可向下生长3~4m，但分枝力弱，粗度明显小于水平

根，即使是数十年的大树，其垂直根直径很少超过1～2cm（陈有民，1990）。水平根一般在15～40cm的土层内分布最多，约占总根量的75%。树冠下为根系的集中分布区，约占总根量的70%。枣树的根系有很强的适应能力，能依据不同的立地条件发生改变。

（2）枝芽特性

枣树的芽分主芽和副芽，分工明确，主芽不萌发或萌生枣头，可扩大树冠，副芽主要是生成结果枝，部分生成二次枝扩大结果部位，二次枝上的副芽也萌发结果枝。主芽萌发出的枣头当年即可形成结果枝，开花结果，保证枣树有相当的产量。一般果树生长过旺，枝条统一徒长，不易成花，营养枝很难转化成结果枝，不结果或延迟结果年限，或减少结果量。

枣结果母枝（枣股）极短，一年仅延伸1～2mm，很紧凑，节省生长空间。枣结果枝（枣吊）每年结果后自然脱落，可视为自行树枝修剪，这可保证树体枝条稀疏，通风、透光良好，省去大量疏剪人工。一般果树每年分生很多结果枝，形成稠密的结果枝群、结果枝组。

枣树结果基枝生长稳定。结果基枝（二次枝）没有顶芽，形成后不再延长，即使生长多年增粗也很慢，与母枝的枝径比也很大。这种结构保证了结果基枝体积的稳定，连续生长结果十多年也不会长大，同时保证了树冠通风、透光及稳定结果。

（3）开花习性

枣的花朵小，盛开时直径为0.6～0.8cm，枣花较苹果、桃、梨等果树的花小，一定程度上可节省养分，供坐果结实。另一方面，枣花量大，开花时条件适宜则发育成果实，产量容易得到保证。

枣吊非常容易成花，一般随枣吊、枣头的萌发而开始。枣吊展现第一片幼叶时，花芽分化即开始进行，随着枣吊的生长，花芽由下向上不断分化，直到生长停止。如第一茬结果枝因霜冻或病虫而损失，再长出新枝来仍能开花结果。

单花分化期短，从花芽原始体出现到分化完成只需8天左右，而整株树花芽分化期长达2～3个月。这种多次分化，单花分化速度快、分化期短，整体持续时间长的特点，造成了枣的花期长，一年可多次结果。若单花分化期长，整体分化步骤比较一致，开花时间集中、短促，一旦遇到恶劣的天气条件就会造成大面积的减产，甚至绝产。

（4）结果习性

枣生长越强旺的结果枝结果越好、越多、越大。枣吊能长成一长串密集的大型枣果，仅靠本身有限的叶片所制造的养分远远不够，如果其他果树结这么多果实，一般果实不会长这么大，按叶果比计也不成比例，这说明枣树能充分调动其他枝叶的光合产物集中供给枣吊上的枣果。

3. 生态习性

枣是一种适应能力很强的树种，耐热、耐旱、耐涝，抗寒能力也很强，冬季最低气温不低于−31℃，花期日均气温稳定在22～24℃之间，花后到秋季的日均气温下降到16℃以下的果实生育期大于100～120天，有利于提高枣果的品质，故南方枣不如北方枣。

枣是喜光树种，好干燥气候，阴雨连绵对其生长不利。枣树的叶片表面有较厚的蜡质层，因而有较强的耐旱能力（包建中，1999）。我国北方年降水量仅500mm左右的地区，正是枣的主产区。枣树耐烟熏，但不耐水雾。雾气过多、过频，易使枣树致病。

枣树对土壤的要求不严，除沼泽地和重碱性土外，无论是山地、丘陵、沟谷，甚至瘠薄的石质山及黄土山地，均可栽植枣树。土壤厚度30cm以上，排水良好，pH 5.5～8.4，土表以下5～40cm土层单一盐分如氯化钠低于0.15%、重碳酸钠低于0.3%、硫酸钠低于0.5%的地区，都能栽种。枣树对地下水位的高低也无严格要求。枣树根对水涝的忍耐力很强。

三、良种选育

良种是枣高产、优产、高效栽培的关键基础。培育优良苗木是枣产业化过程中一项重要的工作。在立地条件和管理水平相同的情况下，栽培名优品种的经济效益较一般品种可高出2～5倍，枣树经济寿命长，发展枣树一定要注意选择优良品种。

1. 枣的品种群

研究品种分类不仅是为了从形态上分别异同，便于识别，更重要的是为了了解品种之间的相互关系，总结品种系统发生规律，建立完整的体系，以指导资源的利用和育种实践。迄今为止，枣的品种分类方法尚不统一，根据研究目标分为以下几类。

（1）根据食用用途分为5类

制干品种、鲜食品种、蜜枣品种、兼用品种、观赏品种。全国现有的700个枣品种中制干品种216个、鲜食品种252个、蜜枣品种55个、兼用品种155个、观赏品种22个。这种分类方法使用较普遍。

（2）根据枣果生育期分为6类

极早熟品种（约60天成熟）、早熟品种（约80天成熟）、中早熟品种（90～95天成熟）、中熟品种（约100天成熟）、中晚熟品种（100～110天成熟）和晚熟品种（110天成熟）。这种分类方法对于不同地区根据生育期长短选择品种具有重要的参考价值。

（3）按果实形状分为5类

小枣、长枣、圆枣、扁圆枣和葫芦枣。由于有的品种果形属中间类型，很难以果形归类，因此这种分类方法不理想。

（4）根据果实大小分为3类

小果型（平均果重5～7g）、中果型（平均果重10g左右）和大果型（平均果重15g以上）。

（5）根据开花坐果适宜的低限温度分为3类

广温型　该类品种开花期适应的低限温度为日平均气温21℃，日平均气温在21℃以上可正常坐果，适应范围广，适栽地域大。例如，'临猗梨枣''金丝新4号''大白铃'等。

普温型　要求日平均气温23℃以上，适应的温度范围和适栽地域小于广温型品种。多数枣品种属此类型，例如，'冬枣''鸣山大枣''圆铃枣''翟山板枣'等。

阿克苏红旗坡新疆农业大学试验基地骏枣枣吊（牛真真摄）

高温型　坐果期间要求日平均气温25℃以上，温度不足不仅抑制坐果，还会抑制营养生长，造成树体发育不良。该类品种适栽地域较小，我国夏季凉爽的地区和长江中下游枣花期多阴雨地区均不宜栽种。例如，'义乌大枣''赞皇大枣'等。这种分类方法有利于正确选择良种和进行合理的区划栽培。

（6）根据果实抗裂性分为5类

极抗裂品种、抗裂品种、较抗裂品种、易裂

阿克苏红旗坡枣园雨后骏枣裂果（陈辉惶摄）

品种和极易裂品种。这种分类方法对于果实成熟期雨水多的地区引种和选择品种参考作用较大。

（7）根据枣树开花时间分为2类

一类为昼开型，例如，'金丝小枣''赞皇大枣''婆枣''晋枣''梨枣'等；另一类为夜开型，例如，'义乌大枣''灵宝大枣''灰枣''冬枣'等。枣树单花开放都经过一个明暗交替的过程，两种类型虽裂蕾时间不同，但主要散粉及授粉时间均在白天，因此，对生产影响不大。

2. 主要枣栽培品种

目前在我国起主导作用的十大主栽品种分别为：'金丝小枣''中阳木枣'（木枣）'婆枣'（阜平大枣）'圆铃枣''赞皇大枣''扁核枣''灰枣''长红枣''冬枣'和'临猗梨枣'。该10个品种分别集中于数个至数十个县（市），单品种产量都在数千万至数亿千克，其产量之和占全国总产量的70%以上，是最具有规模优势的枣树品种。

'金丝小枣'　果实较小，平均果重约5g，主要有椭圆形、长椭圆形等。果皮薄，红褐色，光亮美观。果肉乳白色，质地致密细脆，汁液多，味甘甜微酸。可食率占95%，制干率55%。鲜食品质上等，也可制干。约占全国枣总产量的30%。

'中阳木枣'（'木枣'）　果实中大，圆柱形，侧面稍偏，平均单果重14.1g，大小较均匀。果面平滑，果皮较厚，赭红色。果肉绿白色，质地硬，稍粗，汁液较少，味甜，略具酸味。可食率占96.8%，制干率48.6%。适宜制干，干枣品质中上。约占全国枣总产量的15%。

'婆枣'（'阜平大枣'）　果实长圆形或卵圆形，侧面稍偏，大小较整齐，平均果重11.5g，最大果重24g以上，果面平滑。果皮较薄，棕红色，韧性差。果肉乳白色，粗松少汁。可食率95.4%，制干率53.1%。干枣含总糖73.2%、酸1.44%，肉质松，少弹性，甜酸适口，糯性强，品质上。占全国枣总产量的近10%。

'圆铃枣'　果实近圆形或平顶锥形，侧面略扁，大小不太整齐。大果平顶锥形，最大果重30g；中小果近圆形，平均果重12.5g。果面不很

平，略有凹凸起伏；果皮紫红色，有紫黑色点，富光泽，较厚，韧性强，不裂果。果肉厚，绿白色，质地紧密，较粗，汁少，味甜。制干率60%，品质皆为上等，极耐贮存。约占全国枣产量的10%。

'赞皇大枣'　果实长圆形或倒卵形，平均果重17.3g，最大果重29g，大小整齐，果面平整。果皮深红褐色，较厚。果肉近白色，致密质细，汁液中等，味甜略酸。可食率96%，制干率47.8%。鲜食风味中上；干制枣果形饱满，有弹性，耐贮存，品质上等；加工蜜枣品质优良，果核不含种子。

'扁核枣'　果实椭圆或圆形，侧面稍扁，平均果重10g，大小不整齐。果皮深红色，光亮；裂果轻，着色时由果肩一端开始逐渐向果顶转红，界面整齐。果肉绿白色，质地粗松，稍脆，汁少，甜味较淡，略具酸味。可食率96%，制干率56%。适宜制干，干枣品质中等，耐贮运。

'灰枣'　果实长倒卵形，胴部上部稍细，略歪斜。平均果重12.3g，果面较平整。果皮橙红色。果肉绿白色，质地致密，较脆，汁液中多。可食率97.3%，制干率50%左右。适宜鲜食、制干和加工，品质上等。干枣果肉致密、有弹性，受压后能复原，耐贮运。

'长红枣'　果实较小，一般在10g以内，多为圆柱形。果面平整，果皮红色。果肉较松，汁少，多数适宜制干，但有些类型如秤砣长红、脆长红为干鲜兼用，品质中等或中上。

'冬枣'　果实近圆形，果面平整光洁，似小苹果，单果重10～20g，最大果重35g，果柄较长。果皮薄而脆，赭红色，不裂果。果肉绿白色，细嫩多汁，甜味浓，略酸。可食率96.9%，鲜食品质极上。果核小，果实较大，成熟晚，品质极上，为迄今最著名的晚熟鲜食枣优良品种。

'临猗梨枣'　果实特大，长圆形，平均单重30g左右，最大重50g以上，如同鸡蛋。果梗细，果皮薄，浅红色，果面不光滑，果点小而密。果肉厚，绿白色或乳白色，质地细翠，汁较多，浓

甜略带酸味，品质上等，适宜鲜食。可食率96%。果核短梭形，褐色，常含1粒不饱满的种子。

四、苗木培育

枣的苗木培育技术分为嫁接苗培育技术、扦插苗培育技术和根蘖育苗技术，生产中最为广泛使用的良种苗木是嫁接苗，因此，此处着重介绍枣嫁接苗的培育技术，包括采穗圃营建、根蘖扦插苗育苗、嫩枝扦插育苗等内容。

1. 采穗圃营建

枣采穗圃的营建方式主要有两种，即高接换冠快速营建和新定植营建。

（1）高接换冠快速营建采穗圃

该方式营建采穗圃的优点是建圃快、受益快，缺点是成本高、技术要求高。

林分选择在排灌系统、防护林体系健全，交通运输方便的地区，选择树龄4~6年生、林相整齐、树势生长旺盛、缺株率低于5%的品种纯正枣园。

穗条采集　①穗条来源：根据当地环境条件确定采集接穗的枣树品种，从目标品种纯正的健壮结果树或已建采穗圃内采集接穗。最好就地采集接穗。②穗条质量：选择成熟度高的1年生发育枝或二次枝，以1年生枣头一次枝最佳，接穗的枝径要求在0.5cm以上，以1cm左右为最佳，要求以节间较短、生长充实、芽体饱满、无病虫害的枝条作为接穗。③采穗时间：枣树进入休眠后的12月中旬至翌年2月中旬均可采集，但以萌芽前的2周内、根系已活动、接穗内水分好为最佳时期。

穗条处理与贮藏　①穗条的处理：将剪好的接穗放入90~110℃的蜡液中，速蘸（不停

阿克苏红旗坡枣园骏枣花期（牛真真摄）

阿克苏红旗坡枣园骏枣坐果期（牛真真摄）

阿克苏红旗坡枣园骏枣枣果白熟期（陈辉煌摄）

阿克苏红旗坡枣园骏枣枣果着色期（陈辉煌摄）

阿克苏红旗坡枣园骏枣（王娜摄）

留）后均匀铺开，蜡膜成型前避免相互接触。蜡层以薄厚均匀、全面包裹接穗为最佳。②穗条的贮藏：将封蜡的接穗装入塑料袋或纸箱，需有标注产地、品种、接穗数量的标签。放在阴凉的地窖中贮藏，温度控制在−5～10℃，湿度50%～80%。每周检查有无接穗腐烂和失水皱缩现象。

嫁接及管理　①嫁接时间：不同的嫁接方法，嫁接时间不同。劈接可在3月下旬至5月下旬，插皮接在砧木离皮至新梢停止生长为宜。

②嫁接部位：依据树体结构，先疏除过密枝，选分布均匀的骨干分枝，留桩10cm左右剪除，进行多头嫁接。③嫁接后管理：嫁接前一周圃地灌水1次，嫁接后接穗长至5cm以上时补水1次。嫁接后20～30天检查1次成活率，对没有成活的重新补接。每隔1周左右除去树体除接穗以外的其他部位的萌芽，保证接穗的营养供应，并依据接穗的生长情况，对接穗上长出的新枣头进行摘心，促进其健壮成长。生长期及时防治病虫害。

采穗圃管理　包括施肥、中耕、除草、灌溉及病虫害防治等，与常规管理一致。

档案管理　枣采穗圃档案的主要内容包括：各类审批文件、设计文件；立地条件、权属；管理措施，有害生物种类和防治情况；各品种的母树数量及其穗条生长情况；检查验收和验收成果情况。技术档案由专人负责，不得漏记和中断，需业务领导和技术人员审查签字。

（2）新定植营建采穗圃

应用这种方式营建采穗圃的优点是成本低、技术要求低，缺点是建圃慢、受益慢。该方式营建采穗圃与新造林基本相同。

新疆若羌县枣园灰枣枣果白熟期（王娜摄）

库尔勒枣园灰枣枣果着色期（王娜摄）

2. 根蘖扦插育苗

（1）根蘖苗收集

秋季落叶后或早春萌芽前，选取断根后生长的无病虫害、根颈0.4～0.6cm的根蘖苗挖出。

（2）根蘖苗定植

在整好的苗床挖深30cm、宽40cm的栽植沟，沟壁垂直于地表，将选好的根蘖苗按15cm株距摆入沟内，封土踏实，灌足水。

（3）根蘖苗的管理

栽植后的苗木，剪除地上部20cm以上的枣头。视土壤、气温情况，及时灌水、剪除萌芽。苗木生长高峰期，追施氮肥2～3次，用量150～220kg/hm^2，8月以后控水、控肥。

3. 嫩枝扦插育苗

枣树的扦插育苗又分为根插和枝插。根插成活率较高，但取根较难。根插时选择1～3年生、直径1～2cm、长15cm的根段扦插，效果较好。枝插又分硬枝扦插和绿枝扦插两种。硬枝扦插生根比较困难，需对插条进行软化处理及萘乙酸或吲哚丁酸处理，并在初期遮阴保湿，以提高扦插成活率。绿枝扦插成活率高，取半木质化新梢，用500～5000mg/kg IBA速蘸处理5～10s，然后插于塑料大棚的沙床中，保持室温20～30℃，相对湿度90%以上（插穗叶片保持一层水膜），生根率可达92.5%，移栽后适时庇荫，成活率达90%以上。

绿枝扦插可在塑料大棚内进行，建棚地址要选在背风向阳的地方，棚内需有水源设施。

（1）苗床和基质

扦插前，棚内做宽1～2m、长5m左右的苗床，选用通气、排水和热容性良好的营养基质，基质配比：腐殖质土1份、河沙1份和有机肥1份。基质配好后过筛，并用0.1%多菌灵、0.2%高锰酸钾、百菌清和根必治等药剂进行基质消毒。基质厚度20cm，在基质上盖3.0cm厚的洁净河沙。

（2）插穗的采集、处理

采集当年萌发的枣头和永久性二次枝，插穗成熟度以半木质化为宜。

采集3～10年生品种纯正、无病虫害健康枣树上的半木质化嫩枝，剪成长12～15cm的穗条，每穗带芽2～3个，留2～3片叶，底部剪口用利刀削成马蹄形平滑切面，每100根一捆，放在清水或阴凉处保湿。

（3）扦插

扦插前将插穗基部用0.01%的GGR 6号植物生长调节剂或吲哚丁酸溶液浸泡2～3h（或在0.1%的GGR 6号溶液中快蘸3～5s）。处理后的插条立即扦插，扦插深度3～4cm。

（4）扦插苗管理

插条插入苗床后，一般每天喷水4次；插后7～10天，用0.3%磷酸二氢钾叶面追肥，生根后酌减喷水次数。

插后2个月内适当遮阳，透光度70%左右，白天保持20～30℃，夜间不低于15℃。插后每3～5天用1%退菌特喷洒，以防插穗腐烂。

4. 组织培养工厂化育苗

以枣树的茎尖或茎段为外植体，在人工培养基上分化、再分化，最后长成完整植株，再经过驯化炼苗和大田培养，最后培育成苗。

5. 苗木的出圃和贮运

出圃枣苗应高80cm以上、地径0.8cm以上。出圃宜在苗木休眠期即秋末落叶至土壤封冻前和土壤解冻后到萌芽前进行。起苗时要注意保护根系，特别是细根，并剔除未接活的砧木苗和品种不纯正的苗木。

长途运输前，枣苗根部要蘸泥浆，并用塑料膜包严，通常50株打成一捆，运输时用苫布把全部苗盖严。起苗后不能及时运走或苗木运到目的地后不能马上栽种的，要及时进行假植，即在背风庇荫处将枣苗斜放，一层土一层枣苗，踩实，浇透水，仅枣苗的梢部露出。

五、林木培育

优良的品种必须要有相应配套的栽培措施配合才能够充分发挥良种的巨大作用，否则难以达到增产丰收的目的。枣栽培技术要把握好以下几个关键环节。

阿克苏枣园（王娜摄）

1. 林地选择与林地整理

（1）林地选择

要求地势平坦、土层深厚、排水良好、地下水位1.0m以下、没有长时间积水和盐碱较轻的沙质土壤或中壤土地，土壤pH低于8.5，总盐量0.4%以下，其中氯离子不超过0.03%，地下水矿化度不超过1g/L（刘晓芳等，2006）。

（2）整地和密度设计

造林前一年秋季深翻土地20～30cm，第二年开春土壤化冻后进行土地平整，坡度小于0.3%。常见株行距为4m×3m、4m×2m、3m×2m、2.0m×1.5m，机械化经营可根据土壤肥力和抚育管理水平等情况进行适当调整。

栽植沟上宽100～120cm、底宽80～100cm，灌溉沟深30～40cm；栽植穴深度60～70cm、穴径60～70cm。

（3）施基肥

每株穴内施腐熟厩肥5kg左右，与回填表土充分拌匀，然后填满待稍沉降后栽植。

2. 建园方式

枣树的建园方式多种多样，传统的建园方式有一般枣园、枣粮间作、密植枣园等。另外，利用山地、丘陵的酸枣资源就地嫁接可以建成山地枣园。高标建园是实现枣树结果、速生丰产、稳产、优质的基础。

（1）一般枣园

枣园可以建在各种地形上，比如，坡地、平原、梯田，其栽植密度一般为（4～5）m×（5～6）m，枣树控冠比较容易。对纯枣园实行密植是发展方向，密度一般为（2～3）m×（3～4）m，早果性强且矮化的品种，可加密到1m×2m实行计划密植。

（2）枣粮间作

枣粮间作是我国古代劳动人民独创的一种非常成功的立体农作制度，目前仍是我国南北各主要产枣区重要的农作方式，具有较高的经济效益和生态效益，被公认为国际农林复合经营的成功典范。

以枣为主的枣粮间作 以枣为主的枣粮间作方式栽培密度较小，一般行距7～10m，株距3～4m，干高冠大，树冠下一般间作小麦、花生、甘薯、豆类、蔬菜及药类作物。该间作方式适于以枣树生产为主业，兼顾粮食等生产的地区应用。一般山地、丘陵区宜选择此种建园方式。

枣粮并重的建园方式 该间作方式是将枣树生产和粮食生产放在同等地位，是平原具有推广价值的一种枣粮间作形式。栽植枣时，一般行距15～20m，株距3～4m，每公顷栽150～225株，间作物种类按冠下区、近冠区和远冠区分别布局，此种形式便于机械化耕作，枣树也容易管理，获得枣粮双丰收。

（3）密植枣园

密植枣园是相对传统的稀植枣园而言的，一般行距在5m以下、株距在4m以下时，人们就称为密植园。密植枣园的枣树控冠比较容易，密度一般为（2～3）m×（3～4）m，'临猗梨枣'等早果性强且矮化的品种可加密到1m×2m实行计划密植。

3. 品种选择和品种搭配

（1）品种选择

产业发展是一个必须慎重的问题，枣树栽培同样不能盲目，在品种的选择和搭配上，要做到在广泛调查的基础上因地制宜、合理开发。首先，要对市场进行细致的研究调查，把握市场需求什么样的品种、需求量的大小。其次，是适地栽植，由于品种对环境条件的适应性不同，故而要有引种的试验数据或有品种的详细资料作依据，真正做到适地适栽。接着，是品种优良，选择市场需求的丰产、优质品种，并且具有较强的适应性和抗病虫能力。最后，要多样化与规模化有机统一，多样化是指在品种的物候期选择和果形、风味、用途等选择方面多样化，以减少品种单一的风险；同时品种不能太多、太杂，要做到品种合理搭配，数量和规模协调统一。

（2）品种搭配

主栽品种数量一般不超过3个，应选择品质优、早果丰产、适应性强的品种；品种搭配最好能在成熟期上错开，使早、中、晚熟品种有适当的比例，如此可以延长鲜枣的供应期；授粉品种的搭配要以枣为典型的虫媒花搭配授粉树，这样有利于提高坐果率（刘孟军，1999）。

4. 规范化栽植

（1）栽植密度和方式

栽植密度　合理密植是枣树优质高效栽培的有效保证。密度的确定要依据园地地形、地势、土壤条件、耕作条件以及管理水平全面考虑（刘孟军，2001）。北方平原地区由于管理水平较高，枣树的栽植密度一般为：生长势强的品种株距3m、行距4m；生长势中等的品种株距2~3m、行距3~4m；生长势弱的品种株距1~3m、行距2~3m。南方枣区由于气温高、雨量大，枣树栽植密度应当减小。枣粮间作园一般采用株距3m、行距10~15m。

栽植方式　山地丘陵枣园一般可采用三角形栽植或等高栽植，梯田枣园也可采用长方形栽植，平原枣区多采用长方形栽植，枣粮间作园还可采用双行栽植方式。

（2）栽植时间

淮河、秦岭以北，40°N以南地区，12月至翌年2月土壤封冻，因此10月下旬落叶到11月下旬土壤封冻前，以及3月上旬土壤解冻后到4月中旬枣树萌芽前都可栽植，但该地区晚秋干旱，栽植必须保证灌溉条件。40°N以北地区，冬季干旱寒冷，晚秋栽植枣树易造成冻死，因此只宜春栽。

（3）苗木选择与处理

苗木选择　选择优质苗，即苗木健壮、根系好、无枝皮损伤、无冻伤和病虫害。一般要求使用Ⅱ级或Ⅱ级以上苗木。

苗木处理　栽植前对苗木进行ABT生根粉浸根处理：选用非金属容器将1g ABT1号溶解在90%~95%的工业酒精中，再加入0.5kg水配制成母液，然后将母液在大容器中用20kg水稀释后使用。每克生根粉可处理苗木1000~1500株。把苗木根浸入ABT生根液中1h即可取出栽植。

（4）栽植方法

挖沟或穴前先用测绳测出栽植穴或沟的位置，做好标记，然后开挖。

基肥是全年施肥的主体，一般可在秋季落叶后或在春季化冻后至发芽前施用。基肥最好是腐熟的圈肥，每亩施入量为4000~5000kg，同时加入氮肥和磷肥，每亩施入尿素10~20kg，过磷酸钙27.5~55.5kg。

栽植　整理栽植沟、穴，栽植沟、穴内的土要踩实，栽树点的土要做成馒头形，以利于根系伸展。

栽植深度　栽植深度要适宜，一般以保持苗木在苗圃地的原有深度为准，栽植过深则缓苗期长，并且生长不旺；过浅则苗木容易干旱死亡，固定性也差。栽植深度也要以土质而宜，沙壤土、沙滩地栽植时可适当深一些，而黏土地适宜浅些。

填土　栽植过程一定要保持根系舒展，分层填土，分层踩实，稍提苗，使根系与土密接。填土时先填表土，后填心土，最后整平树盘。

灌水　栽植后随即用水灌透，沉实土壤。

地面覆盖　水渗后，及时修整树的营养带，营养带宽1m，上盖1m²地膜，以提高地温、保持湿度。该措施对提高枣树的栽植成活率及加速生根和缓苗具有重要意义。

5. 枣园的土、肥、水管理

土、肥、水管理在枣树的经营管理中占有重要地位，是实施其他栽培措施的基础。只有进行科学的土、肥、水管理，才能促进根系的生长，

提高根系对水分和养分的吸收、合成和运转能力，进而促进树体地上部的生长，达到丰产优质的目的。

（1）土壤管理

土壤改良 盐碱地枣园，可通过引淡洗盐、修建条田和田台、深施有机肥、中耕除草、种植绿肥、地面覆盖等方法加以改良；南方红壤枣园土壤偏酸，有机质易流失，有效磷活性低，土壤结构不良，可通过水土保持工程，增施有机肥及磷肥和石灰加以改良；沙荒地枣园有机质少、保水保肥力差，可通过压土5~10cm并进行耕翻、增施有机肥、间作豆科作物和绿肥等加以改良。

深翻扩穴 枣树栽后2~3年根系伸展超过原栽植穴后，每年于枣树落叶后或发芽前，在树冠垂直投影外围深35~50cm、宽60~80cm的范围内进行环状深翻，深翻结合施基肥效果更好。

枣园秋季耕翻在采收后结合施基肥进行，深度15~30cm，树冠下宜内浅外深。春季耕翻在土壤解冻以后及时进行，可保蓄土壤深层向上移动的水分。春翻一般较秋翻浅，春季风大少雨地区不宜春翻。夏季耕翻是在雨后及灌水后及时中耕除草、刨除无用根蘖，并将杂草翻入土中，既可松土保墒，又可增加土壤有机质。

（2）肥水管理

枣园的土壤施肥和灌水宜结合进行，每年4次，即萌芽前（4月上旬，催芽）、花期（6月上旬，保花）、幼果期（7月上旬，助果）和越冬前（10月，保墒）。基肥用量应占全年的50%~70%，以圈肥、绿肥、荷塘泥、人粪尿、家畜粪等有机肥为主。

旱地枣园施肥，主要结合秋季深翻施基肥、趁雨或雨后追肥、种植绿肥和客杂草等。穴贮肥水是秋后将玉米秸、麦秸等吸水性较强的秸秆捆成粗35cm、长50cm的草捆，每株成龄树在冠外围埋放4捆，每捆加尿素和磷酸二氢钾各100~150g，冬季客雪于上，待雪融化后覆盖1m²的塑料薄膜，肥水效果可维持到6~7月。

叶面喷肥，每年从展叶到果实采收结合喷药喷施5~6次。萌芽至幼果期和采后喷0.3%~0.5%的尿素，促叶片发育和开花坐果；果实发育的中后期喷0.1%~0.3%的磷酸二氢钾、1.0%~2.0%的过磷酸钙浸出液或草木灰。

6. 幼林抚育

幼林期是指从定植后到进入盛果前期的阶段，此时期的管理特点是促使树冠迅速扩展，培养良好的树体结构，促进树体养分积累，为进入盛果期打下基础。

（1）施肥措施

果树秋季施肥比春季好，为翌年的萌芽积累更多营养物质及提高苗木抗寒力。各种幼树秋季施肥用农家肥，不用化肥（陈波浪等，2011）。

根据科学施肥方法，对1年生树苗，第一年施农家肥7~9kg，第二年开始肥料量比前一年增加50%。为提高肥料利用率，应在行间树干外侧挖沟施肥，施肥时间从9月下旬到灌冬水前为宜。

（2）抚育管理措施

当年栽植苗木到8月底必须控水，黏性、中性土壤到8月25日前，沙性土壤到9月5日前灌1次秋水，若秋季灌水过早，因土壤干旱，影响树体集中营养，降低幼树抵抗力。不论是沙性还是黏性土壤，要看苗木生长表现，只要不形成明显的生理干旱就不灌水。灌冬水：黏性、中性土壤在10月上旬；沙性土壤在10月中旬，枣树沟灌过冬水后，畦地不能再灌冬水。不论是秋水还是冬水都要适当满足1次水，但低洼地易涝，要做好排水，避免长期积水、结冻，预防幼树根颈皮裂。

（3）树型培育

修剪一般在落叶后至发芽前进行，为预防剪口抽干，可在12月中旬前和翌年2月中旬后进行。修剪的主要技术要求：定干、培养主枝，对结果枝组、辅养枝进行利用和控制，适当疏枝、回缩、拉枝、放枝相结合。

7. 枣矮化密植园管理

（1）土壤管理

深翻扩穴，春季土壤解冻后至萌芽前、秋季果实采收后至土壤封冻前，距树干1m挖深50~60cm、直径40~50cm的环形沟，结合施基肥进行。进入盛果期的枣园，在新梢停止生长后（7月下旬至10月上旬）进行深翻，深度20cm左右，冠外宜浅。每年5～8月中耕除草3次，中耕深度6～10cm。

（2）施肥

基肥 土壤解冻后至萌芽前（3月中旬至4月中旬），补施基肥，并追施化肥，可补充上年营养积累的不足，促使萌芽整齐、花芽器官发育健壮，为优质丰产奠定基础。基肥以秋肥为主，环状沟施、放射状沟施隔年交替进行。结合深翻扩穴，每株施20～30kg腐熟有机肥、1.5kg过磷酸钙、0.5kg碳酸氢铵（混土植入），建园后第二年开始隔年进行。8年生以上枣树基肥为每株施腐熟有机肥100～150kg、3～4kg过磷酸钙、碳酸氢铵1.0～2.5kg。

追肥 栽后第二年萌芽前，每株追施尿素0.10～0.15kg；第三年萌芽前每株追施磷酸二铵0.25kg；第五年萌芽前每株施尿素0.5kg；第七年萌芽前每株施0.5kg磷酸二铵，7月上旬，每株追施尿素0.4kg。8年生以上每株每年施磷酸二铵3～4kg、尿素1.5～2.0kg，分别在4月上旬（萌芽前）、5月下旬（萌芽后）、7月上旬（幼果期）施入。

叶面喷肥 可结合花期喷水和病虫害防治同时进行，整个花期喷施3～4次，每次间隔7～10天。常用的叶面喷肥种类及浓度有尿素0.2%～0.3%、磷酸二氢钾0.2%～0.3%、硫酸锌0.2%～0.3%、硼酸0.2%～0.3%等。也可喷施复合微肥，如氨基酸800～1000倍液、生命素800倍液、金鳌海藻肥600～800倍液等。叶面喷肥时，应注意叶背面均匀喷到，最好在上午9:00前和下午18:00后进行，以免气温过高，溶液快速浓缩，影响喷肥效果，避免肥害的发生。

（3）灌水

萌芽前灌水（3月下旬至4月中旬）有利于根系生长和花器的发育。花期灌水可有效提高枣园的大气湿度，提高枣树坐果率。采用全园漫灌的方法灌水，也可采用沟灌、行灌、畦灌等方法进行，一般从始花期（5月底至6月初）开始，每15～20天1次。果实生长期对水分比较敏感，幼果期干旱则加重生理落果；果实生长中期干旱则果实发育迟缓、果个达不到应有的标准，造成减产，故7～8月干旱时，要及时浇水，以免果实生长受到抑制。在水结冰前，枣园浇灌一次透水，以促进根系吸收养分，提高树体越冬抗寒能力，加速有机质的腐烂，减少生理干旱。灌水一般在10月中旬至11月上旬进行。

（4）修剪

遵循"因树而宜，因枝定剪，夏剪为主、冬夏结合"的原则。合理运用疏除、回缩、缓放等措施。

修建时间 分冬剪、夏剪。新疆冬剪一般在翌年2～3月进行，夏剪在5月下旬至7月下旬进行。

修剪方法 ①疏枝：将树冠内干枯枝、徒长枝、下垂枝及过密枝的交叉枝从基部除掉。②回缩：对多年延长枝、结果枝疏剪。③短截：将较长的1年生枣头和二次枝剪短。④摘心：在生长季节将新生枣头顶芽摘去。⑤刻伤：于主芽上方1cm处刻伤。

不同龄期修剪 ①幼树整形修剪：通过定干和短截促进枣头萌发而产生分枝，培养主枝和侧枝。迅速扩大树冠，加快幼树成形。利用不作为骨干枝的其他枣头，将其培养成辅养枝或健壮的结果枝组。培养结果枝组的方法是夏季枣头摘心和冬剪时短截1、2年生枣头。②初果期树的修剪：冠径达到要求后，对各级骨干枝的延长枝进行短截或摘心，控制其延长生长，继续培养和合理配置大、中、小各类结果枝组，适时开甲（即

阿克苏新疆农业大学基地枣园（郭艺鹏摄）

环状剥皮）。③盛果期树的修剪：根据树上有效枣股的多少确定骨干枝更新数量。枣树进入衰老期初，骨干枝出现光秃，全树有1000～1500个枣股时进行轻更新，方法是轻度回缩，一般剪除各主、侧枝总长的约1/3。中度更新在次枝大量死亡、骨干枝大部光秃、有效枣股降至500～1000个时进行，方法是锯掉干枝总长的1/2。对光秃的结果枝组予以重截。重更新在树体极度衰落、各级枝条大量死亡、有效枣股降至300～500个时进行，方法是在原骨干枝上选有生命力的、向外生长的壮枣股，锯掉枝长的2/3或更多，促进骨干枝中、下部的隐芽萌发成新枣头，重新培养树冠。枣树骨干枝的更新要一次完成，更新后剪锯口要用蜡或漆封闭。要及时进行树体更新后的树形再培养。

8. 花果管理

（1）提高坐果率

枣树坐果率低的主要原因是营养生长与生殖生长对养分的竞争（枣吊生长、花芽分化、开花、坐果同时并进），其次是枣树开花坐果期要求比较高的空气湿度，而北方枣区此时正处于干旱季节，也会对坐果产生不良的影响。可见，提高坐果必须从增加养分（尤其是有机养分）供应水平和改善授粉、受精的环境条件入手，主要技术措施有花期开甲、喷赤霉素（10～30mg/L均有效）、喷微量元素（硼、钼、矽土元素等）、喷水、枣头摘心或喷生长抑制剂（PP333、矮壮素）等。

（2）采收果实

采收期依据成熟度不同划分为三个成熟期，即白熟期、脆熟期、完熟期。加工蜜枣宜白熟期采收，鲜食和加工乌枣、酒枣、南枣等宜脆熟期采收，干制红枣的则以完熟期采收最好。传统的采收方法是竹竿打落法。

9. 低产林改造

根据低产林形成的原因，主要有4种低产林改造办法。

（1）树体衰老的低产林改造

对于树体衰老的更新复壮方法以其更新程度分为：轻度更新、中度更新和重度更新。

轻度更新　枣树衰老初期，结果枝组上的二次枝严重老化，枣股枯死或抽生细弱枣头枝，此时主要更新结果枝组，以疏除全树20%的枣股为宜。具体措施：回缩部分衰老下垂枝，疏除严重衰老枝、干枯枝、轮生枝、细弱枝，1～3年生枣头在中部短截。

中度更新　衰老初期末及时更新的枣树，结果枝组大量枯死，骨干枝先端开始死亡。此时，回缩和短截量占全树的40%～50%。具体措施：疏除枯死枝、细弱枝、病虫枝和交叉重叠枝。回缩所有下垂枝，短截1～2年生枣头。

重度更新　对于极度衰老的枣树，加重回缩和短截程度。仅保留全树枝量的10%～20%。具体措施：将各级骨干枝回缩至1/3处，然后疏除枯死枝、病虫枝、细弱枝和衰老下垂枝。

（2）品种杂乱的低产林改造

对于品种杂乱的低产枣园，应及时用市场适销对路的品种进行品种改优。具体措施：在幼树或成龄树的骨干枝上嫁接新品种接穗，改换劣种为良种。

（3）树形紊乱的低产林改造

及时剪除生长衰弱、下垂、干枯的骨干枝，以及大量死亡的结果枝组，适当回缩内膛光秃骨干枝芽，形成结构合理、通风透光的树形结构（方珏，2013）。

（4）土壤肥力下降的低产林改造

土质改良　对于黏重、板结、盐碱重的土壤或含沙砾、石粒过多的土壤，适量掺沙或黏土，土壤pH在8.3以下为好，并增施有机肥或间作绿肥。

培肥地力　对于土壤瘠薄的枣园，要通过加大施肥量，使其尽快恢复树势。每株（20年以上树龄）施腐熟有机肥50kg，化肥不低于2kg，氮∶磷∶钾为2∶1∶2。

改善灌排条件　干旱缺水的枣园要完善水源和设施配套。对于盐碱重、地下水位高、地势低洼的枣园，应配套排灌设施，在春季通过大水漫灌措施进行洗盐排碱，种植绿肥，熟化土壤。

六、主要有害生物防治

1. 枣裂果病

枣裂果病属于枣的生理性病害，主要表现在枣即将成熟时，由于遭遇连续的阴雨天气，枣表面发生开裂，果肉外露而发生腐烂变质，以致不能食用。该病主要发生于5～8月高温、高湿季节，7～8月是发病高峰期。裂果病的发生主要与气候和枣的品种有关，果肉多、果皮薄的品种易发病。此外，枣树生长时缺钙也会造成枣裂果。防治方法：合理修剪枣树枝丫，保持通风、透光，以利于雨后枣果的表皮迅速干燥。种植枣树过程中适当增加有机肥料，以提升土壤的保水性和透水性。栽植果品性能优良、果皮厚实、抗裂果能力强的品种。

2. 枣缩果病（Alternaria alternata）

枣缩果病亦称枣黑斑病、褐腐病和枣铁皮病等，是由链格孢菌侵染引起的真菌性病害，该真菌一般在枣枝、树皮、枣股、落叶、落果等组织中越冬，待翌年枣果膨大、着色成熟期，病菌由风雨传播，经果实伤口侵染发病。该病的发病程度与雨量、气温等环境条件关系密切，亦与间作不合理、枝密叶茂、通风不良、偏施氮肥等有关。枣黑斑病一般在果实白熟期开始出现症状，多以黄色或淡红色的不规则水渍状小病斑呈现于果腰部或胴部，随后扩大成椭圆形或不规则形暗红色至黑褐色病斑。防治方法：及时清理落果、落叶及枯枝，早春刮树皮，以减少病源。合理间作，保持果园通透性。多施磷、钾肥，少施氮肥。合理灌溉，保持土壤良好结构，适量坐果，提高枣树的抗病能力。在果实白熟期，对枣果及叶片喷施抗菌类药剂。

3. 枣疯病

又称丛枝病，病原物为植原体（phytoplasma），在细胞间通过胞间连丝沟通传染，从地上部树枝上侵入，主要由昆虫传播，也可经过嫁接、扦插、根蘖苗等传播。病原在地上部和根部均可越冬，第二年春季气温回升后大量增殖发病。初始症状出现在开花后，表现为花器退化和芽不正常萌发，长出的叶片狭小，形成枝叶丛生。病树叶片于花后有明显病变，先是叶肉变黄，逐渐整个叶片黄化，边缘上卷，后期变硬且脆，暗淡无光。主芽、隐芽和副芽萌生后变节间很短的细弱丛生状枝，休眠期不脱落，残留树上。发病后花柄加长，萼片和花瓣变成绿色小叶，树体枝干上抽生大量稠密细小的黄绿色枝丛，数年后死亡。重病树一般不结果或结果很少，果实小、花脸、硬，不能食用。防治方法：发现病枝、病树和病苗后及时彻底砍除销毁；防治媒介昆虫；在枣树展叶期（4月下旬至5月上旬）给病树进行输液（如土霉素或盐酸四环素）。

4. 枣锈病

病原物是担子菌亚门锈菌目层锈菌属的枣层锈菌（Phakopsora ziziphivulgaris）。该病主要症状表现在枣叶或果上，发病初期叶背散生淡绿色斑点，随后形成暗黄褐色凸起斑点，是病菌的夏孢子堆。夏孢子成熟后突破寄主表皮，散发出黄色粉状孢子。一般7月中下旬出现夏孢子堆，树冠下部叶片先发病，向中上蔓延。该病多在8～9月间高温、多湿季节发生，连续出现雾天常导致该病迅速发生。枣锈病的发生与土壤水分、大气湿度密切相关，7～8月连阴多雨，是该病大发生的必备条件。7、8月降水少时发病轻，降水多时发病重。水浇地比沙岗地上的枣树发病早而且重；避风处发病重于通风处。防治方法：选择抗病品种栽植，加强病情预测预报。做好修剪，保持树冠通风透光。枣园内勿间作高秆作物，雨季注意排水防涝。发病期喷洒粉锈宁。

5. 绿盲蝽（Apolygus lucorum）

在河北1年发生5代，主要以若虫和成虫刺吸枣树的幼芽、嫩叶、花蕾、幼果及裂果。成虫喜阴湿，怕干燥，避强光，高温低湿不利于其生存。成虫对白光和黄绿光趋性较强。成虫于果实膨大期开始转移到其他寄主如豆类、蔬菜、杂草和棉花等植物上继续危害，7月初进入转移高峰期，9月上旬开始出现裂果时又迁回枣树，危害裂果和嫩叶，并产卵越冬。防治方法：忌用绿豆、大豆、豆角、棉花和白菜等绿盲蝽的寄主植物作为枣园间作物。结合冬剪，剪除树上的病残枝，消灭大部分越冬卵。在生长季节，于主干上涂抹闭合的粘虫胶环，阻杀上树的绿盲蝽若虫。灯光诱杀成虫。绿盲蝽具有迁飞转移习性，进行药物防治时应群防群治，集中连片统一用药。

6. 枣镰翅小卷蛾（Ancylis sativa）

又名枣黏虫。在河南1年发生4代，以蛹在枣树粗皮裂缝、干枝、树杈等处越冬。越冬代成虫在3月中下旬开始羽化，4月上旬为羽化高峰期，以后各代成虫期分别为5月下旬至6月上旬、7月中旬、8月中旬。在陕北1年发生3代，4月上旬为第一代成虫羽化盛期，4月下旬至5月初为第一代幼虫期，6月下旬至7月初为第二代幼虫期，8月中旬为第三代幼虫期。有明显的世代重叠现象。成虫产卵于枝条和枣股上，幼虫孵化后吐丝缠卷叶片成饺子形，居中危害，串食花蕾、花、咬食幼果，造成幼果大量脱落。严重爆发时，枣树如同遭受火烧。成虫具有趋光性和趋化性。防治方法：在幼虫严重危害期摘除粘虫包，刮除树皮消灭越冬蛹，采用灯光和性诱剂诱杀成虫。在幼虫严重发生时，喷施生物类化学农药，注意保护和利用天敌。

7. 桃小食心虫（Carposina niponensis）

发生代数因地域和寄主不同而发生变化。在山东1年发生1~2代，以老熟幼虫做冬茧在树下土壤内越冬。翌年越冬代成虫于6月中旬开始出现，到9月下旬结束，在7月初、8月上旬和8月下旬有3次羽化高峰期。幼虫孵化后直接蛀食果肉，使受害果内充满虫粪，不堪食用，直接影响枣的产量和品质。防治方法：根据老熟幼虫在土内结茧越冬的习性，秋季深翻树干周围的土壤，然后将土压实，破坏幼虫越冬场所，使幼虫冻死或深埋死亡。7月下旬至9月，特别是在幼虫脱果期，及时捡拾虫果并集中深埋，消灭幼虫。越冬幼虫出土期和第一代老熟幼虫脱果期，在地面施用白僵菌、绿僵菌或昆虫病原线虫进行防治。在果园利用性诱剂诱杀成虫，用干扰器干扰交配产卵，或在成虫羽化盛期喷施植物源杀虫剂。

8. 枣瘿蚊（Contarinia sp.）

1年发生5~7代，世代重叠，以老熟幼虫在土层内结茧越冬。翌年春季枣树发芽后，上升至地面附近表土中化蛹。5月中旬成虫羽化，产卵于嫩叶上。6月上旬至8月中旬为幼虫危害期，9月上旬以第五代幼虫入土越冬。幼虫孵化后在嫩叶表面吸食汁液，并刺激叶肉组织，使叶片两侧纵卷不能开展，被害叶呈紫红色或淡黄绿色，叶肉增厚，影响嫩叶及新梢发育。该害虫的发生与地形、地势、土壤、温度、雨水等环境条件具有密切的联系。防治方法：彻底清理枣园，4月前清理并集中烧毁虫枝、虫叶、虫果，勤翻土层，减少越冬虫源。8月下旬前在树根土层处加塑料膜覆盖，以防止老熟幼虫入土越冬。在4~5月第一代幼虫发生时喷施化学农药。

9. 瘤坚大球蚧（Eulecanium gigantea）

亦称枣大球蚧，1年发生1代，以2龄若虫在枣树枝干皮缝、叶痕缝等处越冬，翌年春季枣树萌芽时发生危害。4月中下旬开始取食，5月期间羽化产卵，至6月大量孵化，若虫分散开来危及嫩叶和叶脉。9月底，瘤坚大球蚧开始脱皮，至10月上旬转枝越冬。雌成虫和若虫在枝干上刺吸汁液，排泄蜜露诱致煤污病发生，影响光合作用，削弱树势。防治方法：严格苗木调运检疫，控制扩散蔓延；加强枣树水肥管理，提高树体抗虫能力；剪枝灭虫，集中烧毁；4月中下旬虫体膨大期开始人工灭虫，清除虫卵；利用瓢虫、寄生蜂等天敌灭虫；在若虫孵化期喷施农药。

10. 朱砂叶螨（Tetranychus cinnabarinus）

一般1年发生4~5代，受精雌螨在枣树的树皮及根部土缝中越冬，至翌年春季气候回暖，雌螨开始活动及产卵，6~7月危害较为严重，成螨危害枣树的花、叶、果，进而影响花芽分化，使花期缩短，花果脱落，若遇干燥少雨，则红蜘蛛危害更甚。每年9~10月，温度下降，红蜘蛛开始进入越冬状态。防治方法：消灭越冬红蜘蛛，翻耕土层，清理果园，做好冬季灌溉工作，减少虫源。可在枣树落叶前用草带绑缚枣树主干，以防止越冬红蜘蛛上树。利用草蛉、食螨瓢虫等红蜘蛛的天敌。在枣树萌芽前喷施石硫合剂，在7月下旬至8月上旬喷施阿维菌素。

11. 枣尺蠖（Chihuo zao）

又名枣步曲，1年发生1代，有少数个体以蛹滞育2年完成1代，以蛹在树冠下3～20cm深的土中越冬，近树干基部越冬蛹较多。以幼虫危害叶片、嫩芽和花蕾，常使枣树大幅度减产甚至绝收。防治方法：①挖蛹。在秋季和早春成虫羽化前，翻动树冠下10cm厚土层，拣出虫蛹。②诱杀雌蛾。于早春在树干基部绑一圈7～10cm宽的塑料薄膜，用湿土压住下缘1～2cm，以阻止雌蛾上树产卵，并使其集中于树下，每天早晨捕杀。③杀卵。也可在草绳上喷以杀卵药剂以杀之。④树上喷药。在幼虫3龄前树上喷施2.5%溴氰菊酯4000～5000倍液。⑤生物防治。用青虫菌、杀螟杆菌等进行生物防治和用抗脱皮激素类进行防治。

12. 枣黏虫（Ancylis sativa）

又名黏叶虫、卷叶虫、包叶虫等，以幼虫危害幼芽、花、叶，并蛀果，导致枣花枯死，枣果脱落。防治方法：①刮树皮、堵树洞。在11月至翌年2月底，刮掉树干和大枝上的翘皮并销毁，用黄泥堵塞树洞。②药剂防治。在发芽展叶期，用80%的阿维菌素800～1000倍液或2.5%的溴氰菊酯3000～4000倍液等喷洒1～2次。③性信息激素诱杀。在每代成虫交尾前用性激素诱杀老熟幼虫。④主干束草诱杀。每代成虫交尾前在主干上部束草诱杀老熟幼虫。⑤生物防治。在第二、第三代产卵期释放赤眼蜂进行生物防治。

13. 枣龟甲蚧（Ceroplastes japonicus）

又名龟蜡介壳虫、日本龟甲蚧等，以若虫和成虫固着在叶片和1～2年生枝上，吸食汁液，其排泄物布满全部枝叶，雨季感染霉菌，使树体衰弱，大量落果。防治方法：①剪除虫枝。在冬、春季进行。②刮刷成虫。在冬、春季刮刷越冬成虫。③树干喷药。冬季在树干上喷10%～20%柴油乳剂或6倍松脂合剂。④树冠喷药。6月底至7月初若虫孵化期，用50%西维因可湿性粉剂400～500倍液等喷洒树冠。

七、材性及用途

枣树木材纹理直或略斜；结构甚细，均匀；耐腐性强，抗蚁蛀；锯、刨等加工较难，刨面光滑，木材旋切效果优良；油饰及胶黏性能良好；握钉力强。其木材适宜作农具柄及其他农具（如车轮各部、刨架）、桩柱、油榨、机器坐垫、雕刻、木梳、算盘、秤杆、家具部件等用材。

枣果营养丰富，富含各种微量元素、维生素、糖类等一般营养成分和环磷酸腺苷（cAMP）、黄酮类化合物、三萜类化合物等功能性营养成分。鲜枣含糖量为25%～35%，干枣含糖量为60%～75%；维生素C的含量更加丰富，每100g鲜枣果肉维生素C含量达400～800mg。枣果中含有人体必需的18种氨基酸，其中有8种人体不能合成的必需氨基酸，以及幼儿体内不能合成的组氨酸和精氨酸，具有很高的营养价值（尹飞等，2008；赵子青，2013）。枣果中多糖具有明显的止咳、祛痰、行血止血、增强免疫力等功效；三萜类化合物具有抗癌、护肝的作用；环磷酸腺苷具有增强免疫力、改善肝功能、治疗冠心病与心肌梗死等疗效；黄酮类化合物具有抗衰老、增强免疫力等作用。

（李建贵，王娜）

别　名｜拐枣、鸡爪子、枸、万字果（福建、广东）、鸡爪树（安徽、江苏）、金果梨（浙江）

学　名｜*Hovenia acerba* Lindl.

科　属｜鼠李科（Rhamnaceae）枳椇属（*Hovenia* Thunb.）

> 枳椇是我国华北南部至长江流域及其以南地区普遍分布的树种，生长快，适应性强，树态优美，叶大荫浓，冠形优美。其栽培历史悠久，是良好的庭荫树、行道树及农村四旁绿化树种。其材质优良，可作为建筑、家具、车、船及工艺美术用材。其果序梗肥大肉质，富含糖分，可作水果或酿酒。果实为清凉、利尿药用。树皮、木汁及叶也可供药用。

一、分布

枳椇主要分布于甘肃、陕西、河南、安徽、江苏、浙江、江西、福建、广东、广西、湖南、湖北、四川、云南、贵州，生于海拔2100m以下的阔地、山坡林缘或疏林中，农村四旁常有栽培。

二、生物学和生态学特性

高大乔木，高可达25m。小枝具明显白色的皮孔。叶宽卵形至椭圆状卵形，顶端渐尖，基部截形或心形，边缘常具整齐浅而钝的细锯齿，上部或近顶端的叶有不明显的齿，稀近全缘，上面无毛，下面沿脉或脉腋常被短柔毛或无毛；叶柄长2～5cm，无毛。二歧式聚伞圆锥花序，顶生和腋生，被棕色短柔毛。浆果状核果，近球形，直径5.0～6.5mm，无毛，成熟时黄褐色或棕褐色；果序轴明显膨大。种子暗褐色或黑紫色，直径3.2～4.5mm。花期5～7月，果期8～10月。

枳椇幼树3月中旬萌芽，3月下旬展叶，茎生长期为5～8月，9月后缓慢生长，10月底完全停长，进入11月个别小枝开始脱落，11月下旬落叶休眠。5月发2次枝，5月中下旬2次枝有1次快速增长，8月下旬停止生长。5～6月地径、株高快速增粗，7月中旬也有一次快速增粗，树高于9月下旬停止生长，地径于10月中旬停止生长。

喜光，耐寒能力中等（−15℃可安全越冬）。喜肥沃、阳坡、沙质、排水良好、光照充足、pH中性的土壤，但在各种酸碱、贫薄、干旱性土壤及沙荒上，均表现出较强的适生特性（王朝霞，2008）。

三、良种选育

1. 良种选育方法

枳椇在我国分布广，栽培历史较长，但主要是以引进本地野生分布种或者变种为主，人工选育优良品种的工作较欠缺，仅记载有湖南发现'金福''高福''广福'三个品种并在生产上应用（丁向阳，2005），但未见正式的品种命名及品种特性介绍。

2. 现有种及变种的特点及适用地区

（1）枳椇（原变种）（*Hovenia acerba* Lindl. var. *acerba*）

原变种的叶常具整齐的浅钝细锯齿。花序为顶生和腋生的对称的二歧式聚伞圆锥花序；花柱半裂或几深裂至基部。果实成熟时黄色，直径5.0～6.5mm。

（2）俅江枳椇 [*Hovenia acerba* Lindl. var. *kiukiangensis*（Hu et Cheng）C. Y. Wu ex Y. L. Chen]

该变种与原变种相比较，仅以果实被疏柔毛，花柱下部被疏柔毛相区别。花期6～7月，果

合肥枳椇树体和果实（王雷宏摄）

期9～10月，产于云南西北部至南部（俅江、贡山、景洪、勐海、西畴、富宁、屏边）和西藏东南部（察隅）。

（3）北枳椇（*Hovenia dulcis* Thunb.）

与枳椇的区别在于：叶具不整齐的锯齿或粗锯齿；花排成不对称的聚伞圆锥花序，花柱浅裂；果实成熟时黑色，直径6.5～7.5mm。主产于河北、山东、山西、河南、陕西、甘肃、四川北部、湖北西部、安徽、江苏、江西（庐山）。

（4）毛果枳椇（原变种）（*Hovenia tri-chocarpa* Chun et Tsiang var. *trichocarpa*）

与枳椇的区别在于：浆果状核果球形或倒卵状球形，直径8.0～8.2mm，被锈色或棕色密绒毛和长柔毛；果序轴膨大，被锈色或棕色绒毛；种子黑色，黑紫色或棕色，近圆形，直径4.0～5.5mm，腹面中部有棱，背面有时具乳头状凸起。产于江西、湖北、湖南、广东北部、贵州。

（5）光叶毛果枳椇（变种）[*Hovenia trichocarpa* Chun et Tsiang var. *robusta* (Nakai et Y. Kimura) Y. L. Chon et P. K. Chou]

与原变种毛果枳椇的区别在于：叶两面无毛或下面沿脉被疏柔毛。产于安徽、浙江、江西、福建、广东、广西、湖南、贵州（中国植物志编辑委员会，2004）。

四、苗木培育

1. 播种育苗

春季播种，播种量为30～60kg/hm^2，播前需温水（手触不烫）浸种48h或苗床催芽，以提高发芽率。也可在播种前，将种子浸泡5～7天后，用15%食用碱溶液和细沙与种子摩擦，至种子外表角质层大部分破除，用清水清洗种子3～4次，再用清水浸泡种子5～6h，备用待播。

2. 嫁接繁殖

采取带木质芽接，于7月底以前进行，接后5～7天待芽柄脱落（已成活），把原砧木采取折枝（半打倒），促使营养直接供给芽苗，在10～15天内把扎绳解掉。注意把下部影响接芽发育和充实的萌芽及时掰掉。剪砧要及时，成活解绳后，立即在接芽上留5～7cm进行第一次剪砧，待苗木长到30cm左右，接芽上留0.5cm左右进行2次剪砧，以利于伤口愈合。

五、林木培育

1. 立地选择

选择以亚热带地区为主，要求地形在海拔200～1500m内的阳坡、缓坡或斜坡、中下坡、山谷，对土壤种类无特殊要求，但土层厚度在中层（40～80cm）以上。

2. 整地及造林

秋冬炼山，带状或穴状整地。开春3月植苗造林。株行距1.7m×2.0m，每亩栽植200株，也可四旁植树。

3. 抚育

每年春、秋各除草松土1次，第三年秋砍抚

1次。培育用材林，应进行修枝和抹芽，8~10年生进行1次中度抚育间伐，强度为株数的30%左右；培育果用林或果材两用林，应适当修剪，形成主干疏层形或主干形冠形；培育果材两用林采用主干形。12年生再进行1次抚育间伐，保留密度每亩80株左右。

4. 采收加工技术

定植后5年左右开花结果，11月后经历霜冻，果梗变为红褐色时方可采摘，在果梗下10cm处剪断，20枝为一束，盛入果筐中，做到轻剪轻装轻运，切忌挤压，不可用竹竿敲落果枝，因果梗皮极薄，易造成创伤而导致腐烂。果实采回后，及时将果梗与果实分离，以防单宁溶入。将果梗摊放在通风处，然后蒸熟晾干或浸酒用，亦可生食上市。

六、主要有害生物防治

幼苗期常见有叶枯病类（*Alternaria alternata*）和蚜虫类（*Aphidoidea* spp.）危害。防治方法：叶枯病在发病前和发病初期可喷1∶1400的波尔多液防治。蚜虫主要危害嫩梢和嫩芽，用40%乐果2000倍水溶液喷洒。幼树期有时发生立枯病（*Rhizoctonia solani*）。防治方法：覆草加喷水。

成年树主要虫害有吉丁虫类（Buprestidae）、食心虫类（*Grapholita* spp.）、蚜虫类、黄刺蛾（*Cnidocampa flavescens*）等。黄刺蛾、大蓑蛾（*Clania variegata*）、蛀果虫等常危害叶片、果梗、种子，并在树皮缝中产卵，在叶片间牵丝结茧。防治方法：及时人工摘除，也可用1500倍50%敌敌畏乳油或敌百虫喷杀。但在花期和果实成熟期切忌药剂防治，以防减产和污染。

七、材性及用途

木材紫红色，纹理粗而美观，收缩率小，硬度适中，不易反翘，纹理美观，容易加工，既是优质建筑用材和室内装饰用材，又是制作精细家具、美术工艺品、车船和装饰用材的上好用材。其木材中含有固有的香气，具有防腐保鲜、凉爽宜人等效用。

枳椇果梗中富含蔗糖、果糖和葡萄糖，入药为解酒药，适用于酒醉、烦渴、呕吐等症。种子入药，为清凉性利尿剂。树皮性味甘、无毒，主治五痔和调理五脏。枳椇汁液可治腋下狐臭（谢宗万和余友岑，1996）。

枳椇树冠高大，树形优美。叶大而圆，叶色浓绿、美观，春夏叶绿如碧，秋后树叶绯红，云蒸霞蔚，甚为壮观美丽，是很好的庭荫树、孤植树、园道树，既可作为大型绿地用树种，也是乡村、街道、庭院绿化、美化的优良树种。

（王雷宏）

252 柿

别　名｜朱果、柿子青（贵州）

学　名｜*Diospyros kaki* Thunb.

科　属｜柿科（Ebenaceae）柿属（*Diospyros* L.）

柿是柿科柿属植物，原产于我国，富含多种生物活性物质，具有较高的经济价值和医疗价值，能有效治疗血胆固醇过多（Gorinstein et al.，2001），且能提高人体的免疫能力和抗癌能力（Achiwa et al.，1997；Kawase et al.，2003），是我国重要的经济林树种。一般种植柿树要以同一属的君迁子（黑枣）作砧木，黑枣又名"猴枣"，果实比柿子要小，一般呈黄色。柿树形优美，枝繁叶大，冠覆如盖，荫质优良，入秋部分叶红，果实似火，是园林中观叶、观果又能结合生产的树种，在公园、居民住宅区、林带中具有较大的绿化潜力。

一、分布

中国的中部山区是柿的起源中心和品种分布的主要中心，日本是第二中心。柿属植物有400多种，生长在热带和亚热带环境中，大多数种类为常绿树种，但也有少数几个种是落叶果树，适合温带生长。柿树主要分布在中国大陆、韩国和日本；亚洲以外的国家在近150年才有柿子的分布。柿的商品性栽培仅出现在赤道南北45°纬度范围内。例如，在巴西、阿塞拜疆、澳大利亚、意大利和西班牙等也已形成产业规模，逐渐成为一种世界性的果树。除此之外，君迁子（*Diospyros lotus*）、油柿（*D. oleifera*）、老鸦柿（*D. rhombifolia*）及美洲柿（*D. virginiana*）也是常见的栽培种，并可作为柿的砧木利用。在日本南自鹿尔岛，北至青木县都有柿树栽培，但甜柿对温度要求高，主要分布于爱知、岐阜、奈良、和歌山、岗山、香川、福岗等地。日本的柿子是在古代从中国引入的，镰苍时代（1192年）大体上有甜、涩柿子之分，到了德川时代（1693—1867年）有了品种的区别，明治末期（1900年）正式作为经济树种栽培。柿于1863年引入美国华盛顿州未能成功，1870年由日本引种到美国南部。现在，佛罗里达州、路易斯安那州、加利福尼亚

州有果园栽培，其他地方也有作为庭院观赏树栽培。近年来，去南美洲的移民将柿引种到巴西栽培，其面积在扩大中。我国除黑龙江、吉林、内蒙古、宁夏、青海等省份外，其他省份或多或少都有柿树栽培，目前，我国柿栽培较多的省份依次为广西、河北、河南、陕西、福建和山东。全世界每年大约从80.2万hm²柿树上生产405.3万t柿果，主要生产国为中国（分别占到89.7%和75.1%）、日本、巴西、韩国及意大利，少量生产的国家包括以色列、美国、新西兰、澳大利亚、西班牙、埃及及智利。

二、生物学和生态学特性

柿属植物绝大多数属雌雄异株植物，少数是雌雄同株异花或兼具完全花（Akagi et al.，2014a；Akagi et al.，2014b；张平贤等，2016）。柿花属聚伞花序，有雌花、雄花、完全花三种花型，一般品种只有雌花，少数雌雄同株（雌花和雄花同株而异生），个别品种为三全同株（雌花、雄花和完全花混生），全株仅有雄花的十分罕见。

柿属于落叶大乔木，高可达14m以上，高龄老树有高达27m的，胸高直径达65cm。枝开展，带绿色至褐色，无毛，散生纵裂的长圆形或

杨凌国家柿资源圃柿果（杨勇摄）

狭长圆形皮孔；嫩枝初时有棱，有棕色柔毛或绒毛或无毛。冬芽小，卵形，长2～3mm，先端钝。叶纸质，卵状椭圆形至倒卵形或近圆形，通常较大，长5～18cm，宽2.8～9.0cm，先端渐尖或钝，基部楔形，钝圆形或近截形；新叶疏生柔毛，老叶上面有光泽，深绿色，无毛，下面绿色，有柔毛或无毛；中脉在叶正面凹下，有微柔毛，在叶背面凸起，侧脉每边5～7条，正面平坦或稍凹下，背面略凸起，下部的脉较长，上部的较短，向上斜生，稍弯，将近叶缘网结，小脉纤细，正面平坦或微凹下，联结成小网状；叶柄长8～20mm，变无毛，上面有浅槽。花4基数；花梗长6～10mm，被毛；萼大而裂，萼筒及裂片内面被毛，花冠呈钟状，披黄白毛，肉质，雄花约3朵，组成腋生的小聚伞花序，雄蕊16～24枚，2枚重生，子房退化；雌花单生于叶腋，有退化雄蕊8～12枚，子房8～12室，花柱不同程度联合，被短柔毛。果实较大，长形、圆形、扁方形、方形及心脏形等因品种而异，直径3～8cm，皮薄，黄色、橙黄色至红色，味甜多汁，萼片宿存；果柄长1～2cm，被柔毛。花期初夏，果熟期9～11月。

三、良种选育

1. 良种选育方法

异地引种　从其他地区或国外引入当地没有的品种。

芽变选种　芽变是植物界普遍存在的一种现象。将有利性状的变异通过无性繁殖，可以尽快获得新品种。

杂交育种　柿大多为纯雌株，也有杂性株，开雌花、雄花和完全花，可为杂交育种提供丰富的资源。但有雄花的柿品种有限，因此，柿的杂交育种选择合适的父本比较困难。

日本是目前培育甜柿品种最多的国家，国立果树研究所于1935年起应用传统杂交技术，以培育完全甜柿为目标开展柿的育种工作。经过几十年的不懈努力，已育成发表的完全甜柿品种有9个。

西北农林科技大学园艺学院从1991年起开始从事柿的杂交育种，现已得到一代果实，其性状表现为不完全甜柿。若该性状稳定遗传，将会加快完全甜柿品种育种的进程。近年来，韩国、巴西、意大利等国家也在进行柿的育种工作（杨勇等，2005）。

2. 品种群与品种

（1）甜柿品种群

国内生产上栽培的主要品种为日本选育的品种，国内引进后推广。'阳丰''次郎''早秋''太秋'是目前甜柿优良品种的代表，适合在南方及北方柿主产区年平均气温高于13℃的地区发展（杨勇等，2005；王仁梓，2009）。

'阳丰'属于完全甜柿　2005年通过陕西省林木良种委员会认定。果实平均重190g，最大果重250g。味甜，糖度17%，汁液少，品质中上。耐贮运，10月上中旬成熟。极丰产。'阳丰'单性结实能力强，不需配植授粉树，是目前甜柿中综合性状最好的品种。

'次郎'属于完全甜柿　果重100～250g。扁方形，橙红色，有纵沟，肉质松脆，略有紫红色斑点。味甜，多汁，品质中。10月中下旬成熟。最宜脆食，软后略有粉质。自然放置1个月后开始变软。单性结实能力强，可不配授粉树。与君迁子嫁接，亲和力强。

'早秋'属于完全甜柿　平均果重194g，最大果重324g。扁方形，橙红色，果面有光泽但不平整。肉质脆而细腻，味甜，多汁，品质上。

'早秋'为完全甜柿中成熟最早的品种，9月中旬成熟。脆食品质佳。由于可国庆前成熟上市，是收益高的一个品种。

'大秋'属于完全甜柿 果实特大，平均重230g，最大果重368g，肉质酥脆，口感甜爽，汁多味浓，糖度达24%，品质极上，是日本近年育成的少有的大果、优质的完全甜柿品种。砧木必须选本砧。

（2）涩柿品种群

各地柿主产区都有当地的优良柿品种，只要适合当地的气候生态条件均可选择栽植。表现较好的涩柿品种包括陕西的'富平尖柿''火晶柿''眉县牛心柿'；河北的'磨盘柿''莲花柿'；河南的'博爱八月黄''七月早'；山西的'黑柿''胎里红'；山东的'萼子柿''金瓶柿'；广西的'月柿''牛心柿'等。均可在年平均气温高于10℃的地区栽植发展。

'富平尖柿' 果实中等，平均重200g以上。长椭圆形，大小较一致。皮橙黄色，果肉橙黄色，肉质致密，纤维少，汁液多，味极甜，无核或少核，品质上等。产品远销日本、韩国及俄罗斯等地。

'磨盘柿' 果实扁圆，体大皮薄，平均重230g，腰部具有一圈明显缢痕，将果实一分为二，形似磨盘；果顶平或微凸，脐部微凹，果皮橙黄色至橙红色，细腻无皱缩，果肉淡黄色，适合生吃。脱涩硬柿，清脆爽甜；脱涩软柿，果汁清亮透明，味甜如蜜，耐贮运，一般可存放至第二年2、3月。

'黑柿' 果实中等，平均重150g，心脏形，果实乌黑有光泽，果肉橙黄色，硬柿肉质脆硬，可以完全软化，软柿肉质黏，汁液少，味浓甜，糖度可达24%，维生素C含量达35.9%。品质上等。树势强壮，坐果力强，连年丰产，栽植范围广。

四、苗木培育

1. 砧木培育

采种 作砧木用的种子应采自充分成熟的君迁子（或野柿等）果实。君迁子一般在10月下旬

陕西长安区内苑乡柿树结果老树（杨勇摄）

杨凌国家柿资源圃柿树林相（杨勇摄）

杨凌国家柿资源圃柿树苗木培育（杨勇摄）

果实变为暗褐色时采收，采下后堆积软化，搓烂，淘去果肉碎渣和杂质。

种子处理 漂洗干净的种子阴干后便可播种。春播的种子一般都要经过沙藏处理。干藏的种子，用30～40℃的温水浸泡2～3天，每天换水1次，待种子吸水膨胀后，用指甲能划破种皮时

即可播种。但种子发芽率较沙藏的要低，应适当增大播种量。

整地和施基肥　选择疏松肥沃的土壤，有灌水条件的地方作苗圃。播前每亩施入充分腐熟的有机肥，待土壤疏松后整地作畦。北方干旱，宜低畦；南方多雨，须高畦。

播种　按行距20cm、50cm宽窄行条播，播深2～3cm，覆土为种子的2～3倍，再覆草或落叶，保持土壤湿度、防止板结。若用地膜覆盖效果更好，并能加快出土。

砧木苗的管理　君迁子发芽后，向下长出胚根，向上生长胚茎，胚茎弯曲，弯曲处先露出土面，而后将子叶拔出种壳出苗；覆土太薄时，会将未脱壳的子叶伸出地面，而后脱壳。

幼苗出土后待长出2～3片真叶时，按株距10～15cm间苗或补苗，同时用移苗铲切断主根，促进侧根的发生。以后要注意肥水管理、中耕除草、防治病虫害，苗高30cm后摘心，使苗加粗生长，以便嫁接。

2. 品种苗嫁接

（1）品种接穗采集与贮藏

春季嫁接用的接穗，在落叶后至萌芽前都可采取，采接穗时选择品种纯正、生长健壮而充实的发育枝或结果母枝作接穗，按50～100枝捆成把。接穗沙藏或蜡封后冷藏。

（2）嫁接

嫁接方法各地大同小异，苗圃嫁接时用单芽嵌接和单芽切接，嫁接速度快、省接穗，用腹接、劈接都可以。

3. 嫁接苗管理

出苗后揭除稻草，无霜冻后拆除拱棚。经常除草松土，雨后排除积水，旱时进行灌水。齐苗后每隔10天喷施0.2%的尿素溶液或磷酸二氢钾溶液1次；5月间苗，每平方米留苗40～50株。苗高40cm时摘心。9月下旬前多施肥，灌水降温，抹除砧芽，促进接体生长；9月下旬重施一次磷钾肥，此后停止施肥灌水。苗高60cm时摘心。一般在苗木基部直径达0.8cm时即可出圃定植。

五、林木培育

1. 立地选择

选择能满足柿树生长发育所需的温、光、水、土的要求的自然环境，也就是说必须处于柿树适栽区。具体地说生产优质涩柿的温度需在年平均气温10～20℃范围内，生产优质甜柿的温度需在年平均气温13～18℃的范围内，年降水量在500mm以上，日照1400h以上，秋季日照300h以上，土壤不要过于黏重或不是纯沙地，无大风、冰雹等灾害性天气危害的地方。此外，交通发达，在主要交通线邻接或邻近，便于生产资料与产品的运输；有灌溉条件；有相对集中的一定面积可供栽培。

2. 整地

柿喜欢土层深厚、有机质含量丰富、地下水位低、土壤通气性良好、地势平缓的地方。但是这样的地方很少，所以不论山地、平地或滩地，在栽树前都要对土地进行整理。山地应做好水土保持工程，如梯田或鱼鳞坑。梯田要求梯田外侧稍高，边缘有边埂，内侧有排水沟。鱼鳞坑要求深1m左右，直径1.5m左右，在坑的下坡用土砌成半圆形小堰，栽树后使坑内面外高内低，以便积蓄雨水。在两个鱼鳞坑之间以小沟相连，能灌能排。以后，再将鱼鳞坑逐年扩大，改造成梯田。

滩地的地势通常是局部地面高低不平，土壤瘠薄。建园前要平高垫低，平整地面，掏石换土或深翻破淤，将下层的淤泥翻上来。定植前后要种植绿肥，多施有机肥料，改良土壤，提高保水保肥能力。

3. 栽植

（1）栽植时间

有秋栽和春栽两期。秋栽的在苗子落叶以后11～12月进行；春栽的在土壤解冻以后，3月进行。南方气候温暖，秋栽的时间也可适当推迟，春栽的时间可适当提早；北方冻土层厚，秋栽的苗木若不培土，地上部分易被抽干，以春栽为宜，但在春旱地区以秋雨季后趁墒带叶栽植为宜。

（2）栽植距离

柿栽植后15年内，树冠每年不断扩大，20年后才基本稳定。树冠的大小与品种及土地肥瘠有关,所以栽植距离也有所不同。合理的栽植距离应该是:当树冠稳定以后,相邻的枝条互相不接触,全树通风透光良好为准。为了早期多收益,可在株间或行间加密栽培,栽植8～10年枝条接触后再隔株间伐。一般甜柿初栽以2.5m×3.0m为宜,涩柿以2.5m×4.0m为宜。

(3)栽植方法

挖定植穴 定植穴大小应视土质不同而有差异,土质肥沃、疏松的,根系容易生长,定植穴0.8m见方。定植穴应定植前挖好,春栽的最好在头年秋天挖好,以便使穴土在冬天进行风化,栽植后有利于树的生长。挖时心土与表土分别放于穴的两侧。

栽植苗木 栽植时先将心土与厩肥或堆肥再加少量过磷酸钙混合填入穴内,填至距穴上口地表20cm时即可放入树苗,边填边振动树苗,使土流入根的缝隙中,填满后在穴周围修成土埂,再充分浇水,水渗下后用细土覆盖,防止蒸发。深度以苗的根颈与地面平齐或稍深5～10cm为宜,浇水时若发现栽得过深的,可稍稍将苗提起,根基立即加土护住,待水渗完后再培土保护。

4. 抚育管理

(1)土壤管理

松土除草 能使地面松软,雨水容易渗入,增加通气性以促进有机物的分解,有利于树体的生长。也便于各种管理,能减少病虫潜伏的场所。但是,中耕除草次数太多时,反而促使土壤流失,并使土壤腐殖质减少,破坏土壤团粒结构,影响土壤肥力。所以,松土次数不宜太多,以不形成草荒为度。

深翻扩穴 随着树龄增长,在采收前后,结合施基肥,于定植穴外逐年深翻扩大树穴。深度根据土质情况而定,对土壤瘠薄、质地坚硬的土地深度应超过80cm,而土壤深厚的,深翻60cm左右。

(2)科学施肥

施肥时期 应在最需养分之前施入,提前的时间应包括肥料分解时间在内。一般基肥以有机肥为主,在采收前后(10～12月)施入,追肥以化肥为主,第一次在生理落果以后施入,第二次果实膨大期施入。在土壤肥沃、树势强健的情况下,第二次追肥可以省略;氮肥的60%～70%在基肥中施入,其余于生育期追施;磷肥全部在基肥中施入;钾肥容易流失,而且在果实肥大过程中是必需的肥料,所以基肥和追肥均匀施入为宜。

施肥方法 环状施肥、放射状沟施、条沟状施肥、全园撒施。

(3)灌溉与保墒

一般北方干旱地区,结果多的年份要多浇一些,结果少的年份,可相对减少灌水次数和量。灌水时期视土壤干旱情况、土壤的水分当量和气候情况而定,一般年份,春季干旱,少雨多风,应当在萌芽前和开花前后各灌1次水,在施肥后也要同时灌水,以促进养分被及时吸收利用。灌水的方法很多,有地格子法、沟灌法、穴灌法等三种。

5. 花果管理

(1)花果管理原则

花果管理的目的是为了年年生产出均匀一致的优质大果,供应市场,防止隔年结果现象的发生。因此,遵循调节树势、控制产量的原则,以维持中庸偏强的树势,限定产量,达到丰产稳产的目的。

(2)结果量调节技术

幼树促进成花,提早结果 幼树易旺长,难成花,除结合夏剪进行拉枝开角、环剥、环割以外,还可在4月下旬新梢速长前喷施1‰～1.5‰的pp333溶液2次,每次间隔10天;也可在秋季或早春萌芽前进行土施,按干径1cm施1g的标准施入,可使新梢生长量降低30%～40%,提高成花率20%～30%。在盛花期喷施1.5‰的稀土+0.03‰的赤霉素溶液,可使坐果率达90.7%。

盛果期限量结果 进入盛果期,结果量增多,产量与质量的矛盾非常突出,一般来说产量越高,品质越差,要想生产优质大果,必须限定单位面积的产量,达到稳产目的,避免出现大

小年。我国现阶段每亩目标产量以1500～2500kg为宜。

疏蕾、疏果保持一定的叶果比 结果枝上第一朵花开放的时候开始至第二朵花开放时结束，这个时期是疏蕾的最适期。疏蕾时除基部向上第二、三朵花中保留1～2朵花以外，将结果枝上开花迟的蕾全部疏去。疏果宜于生理落果即将结束时的7月上中旬进行。疏果时应注意叶果比，1个果实有20～25片叶子是最合适的结果量；并应注重留下的果实的质量。将发育不良的小果、向上着生的、萼片受伤的、及畸形果、病虫果等疏去。

6. 整形修剪

（1）柿树整形修剪的原则

要符合柿树特性做到有形不死，随树造形；均衡树势，主从分明；以疏为主，抑强扶弱。树势强而不徒长，幼树扩冠、提早结果；结果母枝有定量；果果见光而无日灼；结果部位靠近骨干枝。

（2）整形修剪方法

冬季修剪 ①幼树修剪：幼树生长旺盛，生长停止较迟，顶端优势强，分枝角度小，新梢长，层次明显，隐芽萌发力强，新梢摘心后能发生2～3次梢。修剪原则：培养骨架，开张角度，整好树形。并及时摘心，促生结果母枝；适当修剪，促进转化，为早期丰产打好基础。修剪时要根据整形的要求，选留部位合适的枝条作为主枝和侧枝；疏去同方向的枝条，使各级骨干枝的延长头都处于优势地位。对无碍延长枝生长的其他枝条，过密的疏去一些，过长的适当回缩。②结果树的修剪：柿树成形以后逐渐进入盛果期，树势稳定，产量上升，树体向外扩展日趋缓慢，随着树龄的增加，内膛枝受遮阴而逐渐衰弱，甚至枯死，结果部位外移。修剪原则：注意通风透光，加强结果枝的更新，使结果部位尽量靠近骨干枝。结果枝组与结果母枝的修剪：结果枝组在骨干枝上配置是否合理，这是丰产的关键。配置时，位于顶部的小，基部的大，使主枝和侧枝水平、垂直方向都呈三角形。在不同部位生长的结果枝组其生长量不同，上位的太强，下位的太弱，水平略偏上伸展的结果枝组长势中庸，最理想。结果枝组在主、侧上的排列要左右错开，4～5年更新1次。

夏季修剪 ①抹芽：枝锯口附近或拱起部分，隐芽会大量萌发，5～7月在新梢木质化之前，抹去向上或向下的嫩梢，留下侧下方的新梢，以培养成结果母枝。②徒长枝：摘心时一般要全部疏去，对用于补空的在30～40cm摘心，促生分枝。③拉枝：幼树及高接树生长旺盛，枝条直立，易使树冠郁闭，影响整形，也影响早期产量。拉枝能缓和树势，扩大树冠，改变枝条方向，便于整形。6月在新梢木质化以前，按理想角度和方向拉枝，7、8月分别待新梢长至一定长度，再按理想角度拉一次枝，使枝条按理想生长。也可将枝在木质化前用"E"形铁丝夹夹弯，使其成理想角度。④剪梢：枝条生长停止晚，先端不充实。于8月下旬至9月上旬将旺枝先端不充实部分剪去，以减少养分的消耗，促使下部芽发育或形成结果母枝，也为下年增加发枝量打下基础。

六、主要有害生物防治

柿树的病虫害种类较多，主要病害有圆斑病、角斑病、白粉病、炭疽病，主要虫害有柿蒂虫、舞毒蛾、介壳虫类（龟蜡蚧、角蜡蚧、红蜡蚧、柿绵蚧、草履蚧等）等。但发生严重、分布比较普遍的主要有以下几种。

1. 柿角斑病

该病危害柿树叶片及柿蒂，可引起柿树早期落叶和落果，影响树势和产量。叶片受害早期出现黄绿色病斑，病斑扩大时受叶脉限制，呈黑色边缘的多角形病斑，其上密生黑色绒状小粒点。柿蒂染病，由蒂的四角开始向内扩展，形状不定，病斑两面都产生黑色绒状小粒点。此病的病原菌为半知菌（*Pseudocercospora kaki*），以菌丝体在病蒂及病叶中越冬，挂在树上的病蒂是主要的初侵染来源和传播中心。5～8月降雨早、雨日多、雨量大，有利于分生孢子的产生和侵入，发病早而严重，老叶、树冠下部叶及内膛叶发病严重，靠近君迁子的柿树发病较重。防治方法：加强栽培管理，增施有机肥料，提高树体抗病力；降低果园湿度，创造不利于病菌繁殖的条件；清除挂在树上的病蒂，减少病菌来源；避免柿树与君迁子混栽；在6月下旬至7月下旬喷施化学农药。

2. 柿圆斑病

该病主要侵染叶片，也可侵染柿蒂和果树。叶片受害初期产生圆形小斑点，以后病斑渐变为深褐色，中心色浅，外围有黑色边缘。在病叶变红的过程中，病斑周围出现黄绿色晕环，后期在病斑背面出现黑色小粒点，发病严重时，病叶在5~7天内即可变红脱落，仅留柿果，接着柿果也变红、变软、脱落。病原菌为柿叶球腔菌（*Mycosphaerella nawae*），以未成熟的子囊果在病叶上越冬。翌年6月中下旬至7月上旬子囊孢子借风传播，从气孔侵入，9月下旬进入盛发期，病斑迅速增多，10月上中旬引致落叶，病情扩展终止。该病菌不产生无性孢子，每年只有1次侵染，其防治重点在于减少侵染来源和防止侵染。防治方法：秋末冬初早春，彻底清除落叶，集中烧毁或沤肥，可大大减少侵染来源。于6月上中旬柿树落花后，子囊孢子大量飞散以前，喷布波尔多液或其他杀菌剂保护叶片。

3. 柿炭疽病（*Colletotrichum horii*）

该病主要危害果实及枝梢。果实发病初期，果面出现深褐色至黑褐色斑点，逐渐扩大形成近圆形深色凹陷病斑，病斑中部密生灰色至黑色隆起小点，略呈同心轮纹状排列。随着病菌扩展，在果肉上形成黑硬结块。新梢染病发生黑色小圆斑，病斑渐扩大，呈长椭圆形凹陷，并产生黑色小点。病部木质腐朽，易折断。该病的病原菌主要以菌丝体在枝梢病斑组织中越冬，也可在叶痕、冬芽、病果中越冬。翌年初夏，越冬病菌产生新的分生孢子，随风雨传播，侵害新梢和果实。病菌从伤口侵入。在北方柿区，枝梢在6月上旬开始发病，到雨季进入发病盛期，后期继续侵害秋梢。果实从6月下旬至7月上旬开始发病，7月中旬开始落果。多雨年份发病严重。防治方法：发芽前剪除病枝，烧毁或掩埋，清除侵染源。在发病盛期喷洒药剂防治病害侵染。

4. 柿蒂虫（*Kahivoria flavofasciata*）

又称柿实蛾、柿举肢蛾、柿食心虫。1年发生2代，以老熟幼虫在干枝老皮下、根茎部、土缝中、树上挂的干果、柿蒂中结茧越冬。翌年4月下旬化蛹，5月中下旬为成虫羽化盛期，卵产于果柄与果蒂之间。第一代幼虫自5月下旬开始蛀果，先吐丝将果柄与柿蒂缠住，使柿果不脱落，后将果柄吃成环状，或从果柄蛀入果实。6月下旬至7月下旬，幼虫老熟后一部分留在果内，另一部分在树皮下结茧化蛹。第二代幼虫于8月上旬至9月中旬危害，造成柿果大量烘落，8月中旬开始陆续老熟下树越冬。防治方法：人工树上摘虫果，地上拣落果，集中深埋。晚秋摘除树上残留的柿蒂。冬季或早春彻底刮除树干、枝的老翘皮。幼虫发生高峰期喷施化学农药。

5. 介壳虫类

危害柿树的介壳虫主要种类有龟蜡蚧（*Ceroplastes japonicus*）、柿绵蚧（*Acanthococcus kaki*）、柿粉蚧（*Phenacoccus pergandei*）、角蜡蚧（*Ceroplastes ceriferus*）和红蜡蚧（*Ceroplastes rubens*）等。均以成虫和若虫群集在枝叶上危害，以刺吸式口器吸取寄主汁液，使叶色变黄，枝梢枯萎，影响开花结果，降低产量和果实品质，甚至引起落叶落果，重者全株枯死。防治方法：加强检疫，避免传播和蔓延。初冬将树干粗皮刮除，刷除越冬若虫。并结合修剪，剪除虫枝。在若虫孵化初期，形成蜡壳以前，喷施化学农药。保护和利用自然天敌。

七、材性及用途

柿树属于经济树种，柿及其产品具有重要的营养价值、保健功能和绿化功能，有广阔的应用前景和市场潜力。柿树抗逆性强，适应性极广，特别适宜在山区、丘陵、庭院和田边地角栽植，是园林绿化树种。柿子的木材、叶片、果实、柿

蒂等都有不同的利用的价值。柿树木材质地坚硬，是上好的木料，常用来作高级工艺美术和家具用材，如高尔夫球杆坚硬的杆头，市场潜力大。因其果皮颜色由黄色变成橙色至深红色而成为受人喜爱的水果。秋季火红的叶片使其成为吸引人的观赏植物。

柿子营养价值较高，平均每100g果肉含蛋白质0.7g、碳水化合物10.8g、脂肪0.1g、钙10mg、铁0.2mg、磷19mg、维生素3.1g，其中，维生素A 0.15mg、维生素B$_1$ 0.01mg、维生素B$_2$ 0.02mg、维生素C 11mg，并且还富含二萜类、胆碱、β-胡萝卜素等活性物质。柿子糖分极高，由于品种不同，含糖量一般为5%～19%，主要包括蔗糖、葡萄糖和果糖。柿子味甘、涩，性寒，有清热去燥、润肺化痰、软坚、止渴生津、健脾、治痢、止血等功能，可以缓解大便干结、痔疮疼痛或出血、干咳、喉痛、高血压等症状。柿子中富含果胶，有助于润肠通便，保持肠道正常菌群生长。柿子叶中含有大量人体必需的维生素C，用柿子叶煎服或冲开水当茶饮，也有促进机体新陈代谢、降低血压、增加冠状动脉血流量及镇咳化痰的作用。

附：甜柿（*Diospyros kaki* Thumb.）

甜柿形态特征和生物学特性与涩柿没有显著差别。目前，进入市场销售的大果甜柿品种以日本分布最多，其他国家的甜柿品种基本上是从日本引进的（杨勇等，2005）。中国原产的甜柿分布在湖北、河南、安徽三省交界的大别山区（30°35′～31°16′N、115°06′～115°46′E），以湖北省罗田县、麻城市分布较多，河南商城县和安徽金寨县，湖北团风县、英山县也有少量分布。因罗田县栽培面积最大并最有名，故称为罗田甜柿（袁录霞等，2011）。我国大部分地区适宜甜柿生长，尤其是秦岭—淮河以南的广大南方地区。

日本甜柿不如涩柿树体高大，经济栽培树高一般4～6m，罗田甜柿树体较为高大，可达十余米，均属落叶乔木，树干表面粗糙，树皮灰褐色，呈方块状龟裂，叶片阔大，木材细密、坚硬。

甜柿不需人工脱涩，脆甜爽口，风味独特，果实鲜食为其主要用途。甜柿果营养丰富，据中国林业科学研究院亚热带林业研究所分析，每100g鲜果肉中含可溶性糖11～14g，蛋白质0.57～0.88g，脂肪0.2～0.3g，维生素B$_1$ 0.02mg，维生素B$_2$ 0.05mg，维生素B$_5$ 0.96mg，维生素E 0.22mg，维生素C 50～122mg；还含有15种氨基酸和多种人体必需的矿物质元素，特别是铁、锌、硒的含量明显高于涩柿。除鲜食外，甜柿还可加工成柿干、柿湿片、柿脯、柿酒、柿醋等（龚榜初，2008）。

甜柿又分为完全甜柿和不完全甜柿两类。

甜柿目前采用的树形包括自然开心形、主干形、倒"人"字形（王仁梓，2009）。

自然开心形树体结构为3个主枝水平分布各占120°。主干距地面40～60cm为宜。保留两侧着生的芽萌发而成的结果枝组或结果母枝。

主干形树体结构一般由4～5个主枝组成，随着管理水平的提高，逐渐推行低冠栽培，除土壤深厚栽植的树势特强的品种外，以4个主枝为好。主干比自然开心形高，间隔距离也较宽。

倒"人"字形树体结构适于树冠开张形的品种，以及株行距（2～3）m×（5～6）m密度的柿园。树体结构：干高40～60cm，树高控制在2.5～3.0m；2个主枝，主枝长2.5～3.0m，成枝角45°以上；距基部30～50cm留一个侧枝，间隔30～50cm的另一侧再留一个侧枝，侧枝数量依行距大小而定。

甜柿的苗木培育技术、修剪技术、果实管理技术、病虫害种类及防治技术等与涩柿基本相同。但与涩柿相比，甜柿作为经济林来抚育和经营具有更高的生态效益和经济效益。

（杨勇，王仁梓）

253 黄檗

别　名 | 黄波罗（东北）、黄柏（中药名）、檗木（《神农本草经》）、黄檗木（《本草纲目》）、黄波椤树、黄伯栗、元柏（东北）、关黄柏（《全国中草药汇编》）

学　名 | *Phellodendron amurense* Rupr.

科　属 | 芸香科（Rutaceae）黄檗属（*Phellodendron* Rupr.）

黄檗主要分布于亚洲东部，为古老的残遗植物。黄檗是东北"三大硬阔"之一，是珍贵的用材林树种。黄檗树皮是名贵中药材黄柏的来源，是珍贵药用经济林树种，与厚朴和杜仲并称为"三大木本植物药"。其枝繁叶茂、树形美观，也常被用于绿化树种。由于长期不合理砍伐，特别是掠夺性黄柏采集的破坏，野生黄檗资源储量急剧减少，1987年《中国珍稀濒危保护植物名录》（第一册）将黄檗列为渐危种。目前人工栽培技术不够成熟，栽培规模有限，急需通过天然林资源培育和人工造林来有效扩大黄檗资源。

一、分布

黄檗主要分布于东北地区的小兴安岭和长白山脉、以及华北燕山北部，大兴安岭南部低山地带有零星分布（可达阿里河、吉文、松岭一带，最北可达塔河境内的十八站），涉及黑龙江、吉林、辽宁、河北、北京、内蒙古等地区。朝鲜、日本、俄罗斯远东等也有分布。在东北林区散生于河谷两侧和山地中下部的红松阔叶林和阔叶林内，常与其他阔叶树构成杂木林。在华北山地主要散生于沟边和山坡中下部。山西、新疆有引种栽培。最近报道在山西中条山区发现天然分布的黄檗种群（吴应建等，2017）。

黄檗是东北温带地带性顶极群落红松阔叶林的重要伴生树种之一，东北林区属于黄檗的集中分布区，但是天然林中黄檗的比例也比较小，多的能达到10%～20%的株数比例，少的每公顷仅有3～4株。有时在林中或林缘空地、采伐或火烧迹地等会发现局部密度较大的更新种群，黄檗比例可达30%以上，甚至有的达到90%，但随着林龄增长，黄檗的比例不断下降（周晓峰和李俊清，1991）。

二、生物学和生态学特性

1. 形态特征

乔木，高达30m，胸径1m。树皮灰褐色或灰色，不规则网状开裂，有发达的木栓层，树皮柔软，内皮薄，鲜黄色，味苦；小枝暗紫红色，无毛。奇数羽状复叶对生，卵状披针形至卵形，先端长渐尖，有细钝齿或不明显，有缘毛。花序顶生。核果圆球形，径约1cm，蓝黑色，通常5～8浅纵沟，干后较明显。种子通常5粒。花期5～6月，果实成熟期9～10月。

2. 生长发育特征

黄檗的季节生长周期比较短，放叶晚、落叶

黑龙江省五大连池火山熔岩黄檗结实（沈海龙摄）

早。一般5月下旬全部出叶、开始生长，9月中旬叶全部脱落，生长结束。年生长进程在不同区域有所不同。周晓峰和李俊清（1991）对位于小兴安岭南坡东北林业大学凉水实验林场的黄檗纯林的调查结果表明，在5、10、15、20、25、30、35、40和45年生时的优势木和平均木胸径年生长量分别为1.2cm和0cm、3.0cm和0.8cm、4.1cm和1.6cm、5.1cm和3.2cm、6.1cm和4.3cm、7.7cm和5.4cm、9.1cm和6.3cm、11.8cm和7.6cm、13.5cm和8.2cm，树高年生长量分别为1.3m和1.3m、3.2m和2.8m、4.5m和3.7m、5.6m和4.4m、6.8m和5.2m、8.0m和6.4m、8.6m和8.3m、11.3m和9.6m、12.7m和12.2m。而彦洪庆和付婷（2013）在牡丹江青梅林场的人工林和天然林的研究表明，黄檗人工林和天然林在5、10、15、20、25和28年生时的胸径年生长量分别为4.1cm和3.1cm、8.2cm和5.8cm、13.9cm和9.7cm、19.7cm和14.9cm、22.6cm和20.7cm、24.8cm和25.9cm，树高年生长量分别为3.7m和3.5m、5.9m和6.2m、8.6m和9.0m、11.0m和12.1m、14.5m和15.7m、15.9m和17.3m。

黄檗分权现象比较严重，干形自我发育不良，树冠比较发达、稀疏开阔。萌发能力较强，采伐或破坏后能大量萌发，根蘗性也比较强。

黄檗一般10年生以前为幼年期，12～15年生开始有结实，但结实不多。之后随着年龄的增加，结实株率逐年增加，40年生左右林分，结实株率可达30%上下。黄檗是雌雄异株树种，天然林内雌株一般可为雄株的4倍，花期基本重叠，但是对结实率仍有一定的影响。黄檗结实周期性比较明显，一般为3～4年。黄檗种子远距离传播依靠食果肉鸟类，如黄连鸟和鸫鸟等；近距离传播主要靠重力，可达母树冠幅1倍以上的距离。黄檗种子在土壤中可以保持生活力2年以上，但在未受干扰的林内，黄檗的天然更新不良。在林木和林地受到扰动的采伐迹地和火烧迹地上，天然更新良好。

3. 适生立地及适应性

黄檗为喜光树种，不耐庇荫，能在空旷地更新，而林冠下更新不良；幼树多生于疏林内，密

林下少见。5～6月的降水量影响黄檗的高生长，此时期降水量大，高生长快。黄檗对土壤适应性较强，在暗棕壤、淋溶黑土、白浆土、棕壤及河岸冲积土上均能生长，在土壤含盐量小于0.15%、pH小于8.5的盐碱地上也能生长，但最适生于土层深厚、湿润肥沃、通气良好的腐殖质含量丰富的中性或微酸性（pH 6.0～6.5）壤土。常生于河岸，肥沃谷地或低山坡，在河谷两侧的冲积土上生长最好，在沼泽地、黏土上和瘠薄的土地上生长不良。黄檗根系发达，深根性但可塑性较大，不利于主根发育的底层黏重土壤或土层较薄的土壤上也会形成发达的侧根。黄檗栓皮厚，耐火力强。

三、良种选育

1. 种源选择

黄檗没有划分种源区，应该根据当地的气候条件、土壤条件等因素进行引种。

2. 母树林建设和优树选择

黄檗人工林和种子园建设历史短、规模小，从天然林建设母树林和选择优树来生产造林用种仍是重要方法。

选黄檗的株数比例20%以上、每公顷70株以上（罗旭等，2006）或30株以上且雄株30%～50%雌株50%～70%（季东发等，2000）、年龄30～50年生、立地较好、集中成片的阔叶林建立黄檗母树林。按一般要求进行疏伐改造，但要注意雌雄株的比例。黄檗母树林结构中最为合理雌雄株的比例为1∶1。中龄林中，如有2～3株优良母树集中在一起，可以作为母树群保留。疏伐保留下来的母树树冠能充分伸展，不得衔接，树冠之间距离相隔1m左右，林分郁闭度保持在0.5～0.7之间，疏伐次数视树冠生长情况而定，一般为3～5年。有条件可进行灌溉和施肥。

由于黄檗散生为主，在不能建设黄檗母树林的情况下，可以按单株选择的方式选择和确定采种优树。可根据用材和药用不同的标准选择。营造用材林，选择较好立地上树干通直圆满、树体高大速生、树冠匀称幅窄、树枝细小杈高、结实

状态正常的单株为采种优树。黄柏药用林应该考虑树皮厚度问题，种子生产林选结实丰富单株，但这些都有待进一步研究确定。

3. 种子园

黄檗目前已建设少量种子园。如吉林省临江林业局金山阔叶树种子园，黄檗是其中一部分。建园优树资源取自小兴安岭和长白山自然分布区。目前处于初级阶段，尚不能规模化生产。

辽宁省新宾县港山林场、黑龙江省富锦市太东等建有国家黄檗良种基地。

黄檗造林，应该从母树林、采种优树或种子园采种，从国家和地方认定的良种基地采种。

四、苗木培育

1. 播种育苗

（1）种子处理

黄檗成熟果实一般9月下旬到10月中旬采集，采后放置2～3周，之后调制取出种子，水选后风干保存。出种率一般7%～10%，安全含水量10%。

黄檗种子为弱度休眠类型，春播前种子需要进行催芽。一般采用混雪层积催芽。用0.01mol/L的$NaNO_3$处理48h后低温混沙层积催芽1个月，也能取得理想效果。也可以采用变温层积催芽，种子浸种混沙后先20～25℃高温1个月，再2～5℃低温1～2个月，完成催芽。秋播不用催芽。

（2）播种

秋季宜在10月下旬土壤冻结前播种，春播宜在4月下旬至5月上旬间。垄播或高床条播。床播时种子可拌入1～2倍的细沙，播种时用种量25g/m²；播种后覆土0.8～1.0cm，苗床上需盖草帘或树叶，浇透水。垄播播种量8g/m，双行开沟播种，行间距15～20cm。其他同床播。

（3）苗期管理

苗床密度目前尚无统一标准，总结各地实践结果，床作每平米120～200株、垄作每米30～50株比较合适。过密时需要间苗，间苗可以分1～3次进行。

常规除草松土和水肥管理、病虫害管理。

黄檗为深根性树种，幼苗扎根较深，需要及时截根处理。一般当幼苗长出4个真叶时，用切根刀进行截根，切断幼苗主根，保留主根长5cm左右，促进侧、须根生长发育。截根后应立即灌水，以防苗根透风，影响苗木根系生长。

（4）留床和移植育苗

黄檗可以培育2-0型留床苗。可以把达到出圃规格的1-0型苗起苗造林，留下没有达到规格的苗木留床继续培育1年。通过移植培育侧根发达的1-1型2年生苗，对造林有利，所以可以培育

黑龙江省孟家岗林场54年生黄檗林（沈永庆和徐惠德摄）

移植苗。移植苗采用高垄育苗效果较好。

2. 扦插育苗

黄檗进行硬枝扦插能够生根，NAA处理促进生根效果较好。插穗的幼化程度对生根有很大影响，20年生以上实生树伐根萌条的扦插生根率显著高于树干萌条、2~5年生和5~10年生实生树当年枝条。插条采集时间应选在春季树液流动前，然后窖贮至扦插前拿出剪穗扦插即可，插穗容易受到基质通透性和阴雨天的影响。以1000mg/kg浓度的2,4-D丁酯溶液处理插穗3h生根效果最好，生根数量多而且长。

3. 组织培养

用黄檗带顶芽和腋芽的茎段为材料，以MS+0.8mg/L 6-BA为培养基，浓度10%次氯酸钠溶液消毒黄檗茎段8min，其组培苗生长最旺盛，成活率可达92.8%。以MS为基本培养基，蔗糖浓度20mg/L、pH 5.8对黄檗组培苗的壮苗效果最好。幼苗增殖的最佳培养基组合为MS+1μmol/L BA+1mmol/L NAA，幼苗生根的最佳培养基组合为MS+（0.5~2.0）μmol/L IBA。

4. 容器育苗

黄檗容器育苗一般采用高8cm、直径18cm的塑料容器，选用森林腐殖土等基质，播种培育1年生苗。露天培育或塑料大棚内培育均可。塑料大棚培育可以延长苗木生长期1个月左右，苗木规格和质量较好。其他常规管理即可。

五、林木培育

1. 立地选择

黄檗造林应选择光照充足的河谷两侧和山坡中下部，坡度小于25°的中、缓坡，土层深厚（大于40cm）、湿润肥沃的壤土或沙壤土。但是，实际造林选地时，应该根据最新研究成果来选择合适的立地。例如，在位于长白山脉张广才岭西坡小岭余脉的东北林业大学帽儿山实验林场的研究结果证明，山坡上部最适合黄檗生长。这是因为该地区存在"逆温"现象，即山坡上部的温度高于下坡，且上坡土壤中黄檗喜欢的磷、钾元素含量高于下部；而下部表土层养分含量低并略

有积水，不利于黄檗生长。这和多数地区的情况不同。

2. 整地

根据不同立地条件，选择不同的清理方式和整地方式。清除造林地上的杂木、灌木、杂草等植被，或采伐迹地的枝丫、梢头、伐根、倒木等剩余物。黄檗属于深根系，根系发达，因此整地深度应为40~50cm。

3. 造林

苗木选择 根据多地试验结果，黄檗造林选用2-0或1-1型2年生、主根和侧根发达的Ⅰ级苗效果比较好，造林初期的地径和苗高生长量、造林成活率和保存率较高。

密度和种植点配置 黄檗自然整形差，营造用材林，为了有效控制枝丫发育、培育良好干形，初植株行距以1m×1m或1.0m×1.5m为宜，或者采用植生组（块状）造林，植生组内株行距1m×1m。如果采用一般造林的1.5m×2.0m或更大的株行距，则早期必须整形修枝。通化县以1m×1m株行距造林后第六年测定的结果，6年生幼树平均高5m，最高6.2m；平均胸径8cm，最大10.8cm；保存率95%，效果很好。黄檗药用林以提高树皮量为主要目的，可以采用较稀的栽植密度来促进茎干增粗生长，初植株行距以2m×2m为宜。

栽植 严格执行植苗造林技术要求。造林前要对苗木进行相应的处理，对地上部分进行截干、修枝、剪叶等，对地下部分的处理有修根、水浸、蘸根、吸水剂处理等。

幼林抚育 造林后要进行幼林抚育，一般需要通常3~7年，头两年每年2次，以后每年1次，视造林地具体情况采取割草割灌、松土扩穴等措施。有条件情况下可以进行施肥和灌溉。必要时进行修枝抹芽等树体管理措施。

4. 混交林营造

试验表明，黄檗可以与落叶松、红松构建混交林。落叶松生长速度快于黄檗，所以黄檗落叶松混交林中落叶松的比例要低于黄檗，根据造林实验和混交林生长发育状态推断，落叶松2行

配黄檗4行，株行距1m×1m或1.0m×1.5m比较好。红松生长速度慢于黄檗，所以黄檗红松混交林中红松的比例要高于黄檗，根据造林实验和混交林生长发育状态推断，红松4行配黄檗2行，黄檗株行距1m×1m或1.0m×1.5m、红松株行距1.5m×1.5m或2.0m×1.5m比较好。

在采取人工促进黄檗天然更新的同时，可以在造林地人工栽植红松，株行距2m×2m或植生组栽植，以形成红松黄檗人工混交林。

5. 人工促进天然更新

在附近有黄檗种源或土壤有种子库的火烧迹地、采伐迹地、林中空地、林隙，采取扒开或搅动枯枝落叶层、翻动表土层等干扰造林地的措施；对附近有种源的撂荒地和荒山荒地，采取割草割灌和翻动表土层的措施；对密度较大的次生林，采取带状或岛状采伐，形成效应带或效应岛，并在效应带或效应岛内搅动枯枝落叶层和表土层，以促进黄檗的天然更新。最好在黄檗种子丰年的当年或次年进行，有望形成密度较大的天然更新种群。

6. 抚育间伐

黄檗自然整形不良，所以黄檗人工林和天然林培育的第一个阶段，都是促进通直主干、控制枝丫度。这个阶段在小兴安岭山区一般需要30~40年，在长白山区需要20~25年。在不具备整形修枝条件时，要通过弱度抚育间伐保持较高的经营密度来实现。在具备整形修枝条件时，间伐强度可以大些、经营密度可以低些。干形和基本材长阶段之后即为直径生长阶段，可以采取一切合适措施。

混交林在执行上述培育措施的同时，要注意保持混交状态。

六、主要有害生物防治

1. 主要病害及防治

黄檗的病害有黄檗叶锈病、黄檗轮纹病、黄檗褐斑病、黄檗斑枯病、黄檗白霉病和黄檗炭疽病，以及煤污病、褐瘤病等（高宇等，2011）。其中以黄檗叶锈病危害较重。其发病初期叶片现小点，后期背生黄粉，正面生橙红色疱斑，严重叶枯死。目前以药物防治为主。

2. 主要虫害及防治

黄檗虫害主要有柑橘凤蝶、金凤蝶、绿带翠凤蝶、小地老虎、侧柏毒蛾、黄波罗丽木虱和柳蛎盾蚧等（高宇等，2011），其中以柑橘凤蝶和黄波罗丽木虱较重。柑橘凤蝶主要用药剂防治，黄波罗丽木虱通过早春剪除当年生的产卵小枝或林间悬挂黄色粘虫板进行诱杀。

七、综合利用

黄檗与水曲柳、核桃楸合称为"东北三大硬阔"，木材黄色至黄褐色，材质坚韧、纹理美观、耐湿、耐腐蚀、富弹性，是重要的工业用材，适宜作枪托、家具、单板、胶合板等。

黄檗是名贵的中药材，树皮去木栓层入药后，具有消热燥湿、泻火解表、退虚热的功效；树皮含有小檗碱、药根碱、木兰花碱、N-甲基大麦芽碱、掌叶防己碱等化学成分，具有不同的药理作用，如抗菌作用、镇咳作用、抗肝炎作用等。通过造林，可充分发挥其药用价值，并广泛应用于临床医学。

黄檗树冠宽阔，秋季叶变黄色，树形优美，可做秋季叶的园林绿化树种。在园林绿化树种中常作为庭荫树或成片栽植。另外，黄檗对以二氧化硫、铅为主的复合污染物具有很强的抗性，也可作为抗污染树种。

黄檗是工业软木材料，是饲养蜜蜂的重要蜜源树种。种仁含油量7.76%，可榨油供工业用。果实具有重要的杀虫作用，将其果实开发为植物源农药具有很大的前景。

（杨玲，沈海龙）

别　名｜川黄柏、檗木、小黄连树
学　名｜*Phellodendron chinense* Schneid.
科　属｜芸香科（Rutaceae）黄檗属（*Phellodendron* Rupr.）

> 　　黄皮树是重要的经济林树种，属于国家一级重点保护植物。其树皮干燥后具有清热、泻火、解毒等功效，常用来治疗热痢、湿疹等症，果实据称有止咳祛痰、治疗支气管炎的作用，是有名的"三木药材"之一。黄皮树作为提取小檗碱的主要医药原料植物，其产量占全国黄柏总产量的60%以上。黄皮树材质坚韧、纹理美观、耐湿耐腐、富有弹性，为上等家具、造船和建筑用材。其果实可提取芳香油，花为蜜源。

一、分布

　　黄皮树主产于四川、贵州、湖北、云南等地，以四川、贵州产量最大。此外，湖南、甘肃、广西也有分布。野生黄皮树资源稀少，主要分布在四川省平武、茂县、宝兴、雅安、美姑一线以东的盆地边缘山地；黄皮树人工林主要分布于四川盆地边缘山区（占60%）、川西丘陵（占30%）和川西南山地（占10%），其中以荥经产量最大，荥经县是国家"中药现代化科技产业（四川）基地黄皮树种植示范区"（黄慧茵，2009）。垂直分布于海拔500～1500m之间，海拔600～1200m生长最佳。

黄皮树枝叶（宋鼎摄）

二、生物学和生态学特性

　　落叶乔木，树高10～12m，树皮暗灰棕色，幼枝皮暗棕褐色或紫棕色；花期5～6月，果期6～10月。黄皮树喜温暖湿润气候，喜阳光，不耐荫蔽。对生长环境的适应性很强，山区、丘陵、平原、河谷都能生长，但在土壤干燥和空矿的丘陵地或平原地区生长不良。适生温度在15～17℃，适生海拔600～1200m。海拔过高，黄皮树生长缓慢；海拔过低，病虫害严重。对土壤要求不严，紫色土、黄壤等均可栽培，但以疏松肥沃中性至微酸性的沙壤土生长最好，pH 5～7。

黄皮树果枝（薛自超摄）

黄皮树花枝（周洪义摄）

不耐积水，在地下水位较高或雨后容易积水的地方，生长会受影响，严重时因根系腐烂而死亡。

三、良种选育

品种应选择经审定或认定的优良品种，如'荥经黄皮树'等。荥经属亚热带湿润季风气候，年平均气温15.3℃，无霜期293天，年降水量1250mm，空气相对湿度81%。海拔680～3666m，岭谷高差悬殊，立体气候明显，由内到外中山、低山、高山。中高山占幅员面积的91.6%；土壤无污染，黏沙适中，质地较好，多在酸性至

湖南省森林植物园黄皮树花枝（武晶摄）

中性之间。黄皮树为荥经县乡土树种，自古以来荥经民间就有种植黄皮树的习惯。一般生长10～12年，管理良好的荥经黄皮树，鲜皮产量达40～80kg，小檗碱含量为6.63%，远远高于从外地收购的黄皮树（3.7%）。

四、苗木培育

黄皮树目前主要采用播种育苗的方法。

1. 采种

一般选择10年生以上没有感染病虫害、树形良好的壮龄树为母树，一般于10～11月果实呈黑色时采收留种，采种时间各产区不同，但一定要保证种子成熟、饱满。将采收的果实堆放在屋角或木桶中，盖上稻草，待果肉腐烂后用清水清洗晾干，置于干燥通风处保存。

2. 种子处理

将种子用5%的生石灰水浸泡1h进行消毒处理，消毒后用50℃的温水浸泡3天，之后常规法催芽10天至种子破口即可进行播种。黄皮树种子具休眠特性，低温层积2～3个月能打破其休眠。

3. 播种

冬播在11月，春播在3月，浸泡催芽后播种。选择排灌良好、土层疏松的沙质壤土或中壤土，深翻后每亩地用75kg左右的生石灰加硫酸铜配成波尔多液（硫酸铜∶生石灰∶水＝1∶1∶100）消毒杀虫（地老虎）。每亩施复合肥100kg，粉碎的菜饼肥50kg，精耕细作作苗床。每亩播种2～3kg，均匀撒播。播后覆盖火土灰和细土，厚1～2cm，表面再盖草以保温保湿。约50天后，幼苗陆续出土，齐苗后揭去盖草，进行苗期管理。

4. 苗期管理

苗出齐后应拔除弱

苗和过密苗。一般在苗高7～10cm时，按株距3～4cm间苗；苗高17～20cm时，按株距7～10cm定苗。每年结合中耕除草，还要追肥2次，每次每公顷施用尿素120～150kg。

五、林木培育

1. 整地

整地的方式宜采用带状整地或穴状整地。在全面整地的基础上，挖长宽深为50cm×50m×40cm的定植穴。每穴用过磷酸钙0.2～0.5kg，尿素0.05kg或复合肥（N∶P∶K＝15∶15∶15）0.2kg作为基肥。挖定植穴时，一定要将土壤全部挖起来堆放一边，将基肥均匀撒于其上，再将土壤回填到穴内，做到肥与土混匀。

2. 造林

在四川盆地及盆周山地，从11月至翌年2月底均可造林。选择根系发达、地径0.6cm以上、苗高大于60cm的一级和Ⅱ级苗，在雨后造林。栽植时要求根系舒展，细土回填与根部紧密结合，根系不得在土里卷曲、上翘。覆土后踩紧压实，垄土应高于地面10～15cm，栽后宜用地膜或草覆盖穴盘。黄皮树的造林密度根据立地条件、栽培目的不同而有不同的区别。一般在土层深厚、肥沃之处可适当稀植，土壤贫瘠的山地可适当密植。若考虑前期经济效益，则应当适当密植，若考虑长远计划则应适当稀植。若每亩初植密度超过300株，则4～5年须进行间伐，每亩最大的初植密度为500株。

3. 抚育

除草 全年除草2次，第一次除草在4～5月杂草茂盛生长期进行，目的是避免杂草荫蔽树苗。树盘内用人工除草，树盘外用化学除草剂除草。第二次除草在9～10月杂草种子脱落前进行。

施肥 第一年施肥2～3次，第一次4～5月，第二次7～8月，第三次9～10月。第一次、第二次每株施用尿素0.05kg，第三次每株增加过磷酸钙0.2kg。第二年施肥2～3次，分别在2月、5～6月、8～9月进行，每次每株施尿素0.1kg，9～10月

每株增加过磷酸钙0.2kg。第三年施肥2次，在树盘内2月、5～6月各一次，每次每株施尿素约0.1kg、过磷酸钙0.3～0.5kg、氯化钾0.1kg；施肥采用均匀撒施，以雨后撒施为宜。

修枝 为了获得产量和质量较高的干皮和小径材，在造林后必须进行修枝。第一年修枝时应保留紧贴于侧枝下部的复叶，萌生的其他侧枝只要不影响主干生长即可保留。第二年将距地面1.5m内主干上的大侧枝去掉，以保证主干通直。第三年整枝将距地面2.0m内主干上的大侧枝去掉，确保未来黄皮树干皮质量和木材的商品性良好（叶萌，2010）。

六、主要有害生物防治

锈病是黄皮树的主要病害。锈病刚开始发生时，叶片上出现疹状夏孢子堆；随着时间的推移，夏孢子堆越堆越多，最终布满整个叶片，叶片正面对应夏孢子堆处褪绿。发病严重时，整个叶片变为黄色，提前脱落，影响黄皮树的生长发育。发病初期喷0.2～0.3波美度石硫合剂或25%粉锈宁700～1000倍液或40%敌锈钠400倍液，每隔15天喷1次，连续喷3次，各药剂交替使用。

危害黄皮树的虫害主要有螨类。叶片受害后呈现不规则黄斑，叶缘上卷，叶形变小，严重时黄化脱落。虫害发生时，喷相关药剂防治。

七、综合利用

黄皮树通常以树皮入药，味苦性寒，有清热泻火、解毒燥湿功效。黄皮树叶中含有约10%的黄柏醇甙及多种黄酮化合物，果实中含有小檗碱和药根碱，有进一步开发利用的价值。黄皮树树皮供提取小檗碱的残余物中尚含巴马亭、药根碱等，巴马亭可作生产镇痛药四氢巴马亭和抗菌药盐酸巴马亭的原料，药根碱本身具有类似小檗碱的抗菌活性。同时，黄皮树木材质地优良，不仅具有永不虫蛀、质地坚细、不走形等优点，而且具有抗菌、抗毒的功能，被广泛应用于房屋及家具的制作中。

（庄国庆，王丽，时小东）

别　名｜椒（《诗经》），樾、大椒（《尔雅》），秦椒、蜀椒（《本草经》），山椒，红花椒、青花椒
学　名｜*Zanthoxylum bungeanum* Maxim. 竹叶花椒 *Zanthoxylum armatum* DC.
科　属｜芸香科（Rutaceae）花椒属（*Zanthoxylum* L.）

> 花椒是集香料、调料、油料、药用和工业原料为一体的特色经济树种，具有适应性强、生长快、结果早、见效快的特点。花椒在我国主要栽培种为花椒（生产上称花椒或红花椒）和竹叶花椒（生产上称青花椒）。红花椒在广大北方地区及南方干旱、半干旱山区均可栽培，又分为南椒和北椒两大系列，秦岭以南为南椒，以北为北椒；青花椒主要分布在四川、重庆、云南、贵州等干热、干旱、半干旱山区及温暖湿润的丘陵区。"小小花椒树、致富大产业"，花椒亦能保持水土，是退耕还林、产业扶贫的重要树种，对我国广大山区群众脱贫致富与增收具有重要作用。

一、分布

花椒原产中国，在我国有2000多年的栽培历史，作为宫廷贡椒，从北宋至今已逾1000年。目前，在亚洲的日本、韩国、朝鲜、印度、马来西亚、尼泊尔、菲律宾等国也有花椒的引种栽培。

花椒在我国分布范围很广，除东北、内蒙古等少数地区外，均广泛栽培，以西南、西北、华北分布较多。其中太行山、沂蒙山区、陕北高原南缘、秦巴山区、甘肃南部、川西高原东部及云贵高原分布较多。红花椒集中产于河北的涉县，山东的莱芜，山西的芮城，陕西的凤县、韩城，四川的汉源、茂县、冕宁、盐源，河南的林县，甘肃的武都、秦安等地；青花椒集中产于四川的金阳、平昌、洪雅，重庆的江津，贵州的水城，云南的昭通等地。花椒的垂直分布，从南到北根据地理纬度和两大主要栽培种的不同而不同，海拔200~2600m之间。

二、生物学和生态学特性

红花椒喜冷凉干燥、阳光充足气候，青花椒喜温暖湿润、半湿润气候。花椒寿命一般在40年左右，最长可达80年。

1. 形态特征

多年生落叶、半落叶小乔木或灌木，高2~6m，树形多呈丛状或开心形。树干、主枝呈灰褐色、绿色，多皮刺，垫状突起。叶为奇数羽状复叶，由3~13片小而具短柄的小叶组成，其中红花椒小叶多为5~13叶，青花椒多为3~9叶；小叶对生，卵形、长椭圆形或披针形，长2~5cm，宽1.0~3.5cm；叶缘有细裂齿，齿缝生有褐色或半透明的油腺；叶片正面光绿色、背面灰绿色。花集中生于小枝的顶端，聚伞圆锥花序；花黄白色，雌雄同株或异株；花无花瓣及萼片（齿）之分，

四川茂县花椒果穗（王景燕摄）

四川金阳青花椒完熟期果穗（吴万波摄）

有花被片4～8片；雄花有雄蕊5～7枚，雌花有心皮3～4个，子房上位、无柄。果实球形、蓇葖果，直径4～6mm，1～3个集中着生在一起，果柄极短，果表密生疣状突起的腺点。红花椒果实成熟为红色或红紫色、暗红色，青花椒果实从坐果至采收均为绿色，种子完全成熟时果实为褐红色。花期3～4月，果熟期7～9月。

2. 根系生长特性

花椒根系由主根、侧根和须根组成，主根不明显，长度20～40cm，最长可达1.5m。主根上一般可分生出3～5条粗而壮的一级侧根，一级侧根呈水平状向四周延伸，同时分生出小侧根，构成强大的根系骨架。花椒侧根较发达，多分布在40～60cm深的土层中。由主根和侧根上发出多次分生的细短网状须根，须根上再长出大量细短的吸收根，作为吸收水肥的主要部位，集中分布在10～40cm的土层中。花椒根系生长经历3个高峰期：早春，当10cm深处地温达到5℃以上时（萌芽前20天左右），至萌芽期根生长达到第一个生长高峰；6月中旬，在新梢生长减缓期，到7月上旬形成第二次根系生长高峰；果实采收后，在9月上旬至10月中旬，形成第三次根系生长高峰。花椒落叶后，根系逐渐停止生长，并进入休眠状态，部分产区的青花椒无明显休眠期。

3. 枝的生长特性

花椒一般在3月中下旬至4月初开始萌动，之后随着气温的逐渐升高，开始抽生新梢，并加快生长，到5～6月上旬果实开始迅速膨大前进入第一次速生期，生长量可占到全年的35%～50%。6月中旬到7月中旬，随着高温时期的到来，花椒新梢进入缓慢生长期，甚至停止生长。从7月下旬至8月中旬，随着气温的逐渐降低，花椒新梢进入第二次速生期，此期约持续30天，生长量占到全年的25%左右。从8月中旬到10月上旬，新梢进入硬化期，当年生枝生长逐渐转缓，积累营养，逐渐木质化，枝条变硬，以利越冬。

4. 开花习性

花椒树当年分化花芽、翌年开花结果，为先叶后花植物。花芽为混合芽，芽体内既有花器的原始体，又有雏梢的原始体，春季萌发时先抽生一段新梢，然后再在新梢顶端抽生花序。花芽分化开始于新梢第一次生长高峰之后，约从6月上旬开始。花序分化在6月中旬至7月上旬，花蕾分化在6月下旬至7月中旬，花萼分化在6月下旬至8月上旬。果实采收后，花芽分化停止进入越冬。翌年2月下旬至4月上旬完成雌蕊分化，花芽开始萌动。在北方地区，"倒春寒"常造成花器受冻，当年减产。

5. 结果习性

花椒具无融合生殖特性，即不通过授粉受精，花椒果实可正常发育，且种子具有发芽繁殖能力。花椒果实从雌蕊柱头枯萎开始发育，到果实完全成熟为止，一般需80～120天。生理落果期一般从谢花到5月下旬；此后，果实进入迅速膨大期，此期既是果实生长膨大期，又是花芽分化期；6月中旬，果实进入速生期，生长量达到全年的90%以上；速生期过后，花椒果实体积增长基本停止，进入着色期和成熟期，30～40天。花椒种子逐渐变为黑褐色，种壳变硬，果皮由绿色变为绿白至黄红、进而转变成红色或紫红色，表面疣状突起明显，有光泽。

三、良种选育

花椒在我国栽培历史悠久，在由野生向栽培驯化过程中，形成了诸多品种（品系）。从21世纪以来，各省、市主产区都选育出了适宜本地区发展的许多优良品种，包含红花椒和青花椒两大品种群。在生产上，通过优株选育、多次（代）嫁接等方式，亦培育出有花椒无刺、少刺优良无性系或品种。目前花椒主产区发展的部分优良品种为：

1. 红花椒品种

（1）'汉源花椒'（良种编号：川S-SV-ZB-003-2012）

树高2～5m，树皮灰白色或灰褐色，奇数羽状复叶，小叶数为5～11，花期3月下旬至4月上旬，果实成熟期为8～9月，果穗平均结实52粒，果皮有疣状突起半透明的芳香油腺体，常在基部并蒂附生1～3粒发育不全的小红椒，果皮厚，油润芳香，熟时红色至紫红色，干后酱红色，干果皮平均千粒重为13.2g；挥发油含量8.29%，麻味浓烈持久，香气浓郁纯正。适宜在川西南山地冷凉干燥、阳光充足的红花椒产区及相似气候区栽培。

（2）'茂县花椒'（良种编号：川S-SV-ZB-003-2019）

树高2～5m，聚伞圆锥花序，花期3月下旬至4月上旬，果时成熟期7～8月，蓇葖果，果柄较长，果柄常在基部并蒂附生1～3粒发育不全的小红椒，果面腺体稍稀，色泽鲜红，干后暗红色，干果皮千粒重12.6g，种子1～2粒，黑色有光泽。粒大饱满皮厚、麻味浓郁、香味纯正，挥发性芳

陕西凤县'凤选1号'果穗（杨途熙摄）

香油含量7.4%。种植3年后有少量结果，6～7年进入盛果期。

（3）'狮子头'（良种编号：QLS054-J039-2004）

树高2～3m，聚伞圆锥花序，花期4月中旬至4月下旬。果熟期8月中下旬，蓇葖果，果柄较短，近于无柄，果面腺体稍稀，色泽黄红色，干后大红色，干果皮千粒重23.7g，种子1～2粒，黑色有光泽。粒大饱满皮厚、麻味浓郁、香味纯正，挥发性芳香油含量3.3%。种植3年后有少量结果，6～7年后进入盛果期。

（4）'凤选1号'（良种编号：陕S-ST-ZF-003-2016）

树高3～5m，聚伞圆锥花序，花期4月中旬至4月下旬，果熟期7月中下旬，蓇葖果，果柄较短，果柄常在基部并蒂附生1～2粒未受精发育而成的小红椒，果面腺体密，色泽鲜红，干后暗红色，干果皮千粒重21.8g，种子1～2粒，黑色有光泽。粒大饱满皮厚、麻味浓郁、香味纯正，挥发性芳香油含量5.3%。种植3年后有少量结果，6～7年后进入盛果期。

（5）'西农无刺'（良种编号：陕S-SC-ZX-001-2019）

树高2～4m，聚伞圆锥花序，花期4月中旬至4月下旬，果熟期9月下旬至10月上旬，蓇葖果，果柄较长，果面腺体稍密，色泽鲜红，干后暗红色，干果皮千粒重21.4g，种子1～2粒，黑色有光泽。粒大饱满皮厚、麻味浓郁、香味纯正，挥发性芳香油含量7.3%。种植3年后有少量结果，7～8年后进入盛果期。

（6）'梅花椒'（良种编号：甘S-SSO-Zbm-005-2015）

又叫五月椒、贡椒等，树高3～5m，树姿半开张，树势强；树干淡绿色，具红褐色尖锐皮刺；小叶5～9枚，卵圆形，有波形皱褶；花期4月上旬，果期6月下旬，蓇葖果球形，果柄中等，多1～3粒着生一果柄，果粒基部通常着生2粒中途停止发育的小果粒；果实成熟后，色泽艳红，内果皮极薄，颜色金黄，成熟开裂后形似梅花，具有

甘肃武都'梅花椒'果穗（杨建雷摄）

甘肃武都'梅花椒'盛产期（张小惠摄）

粒大肉厚、油重丹红、芳香浓郁、醇麻适口的特点，品质极佳，在北魏时期，曾作为皇宫的贡品。

（7）'武都大红袍'（良种编号：甘S-SP-Dhp-011-2013）

又叫六月椒、大红椒、早椒等，甘肃陇南主栽品种。树高3～5m，树姿半开张，树势强；树干青灰色，具红褐色尖锐皮刺；叶色浓绿，厚而有光泽，小叶5～9枚，卵圆形；花期4月上旬，果期7月上中旬，蓇葖果球形，果柄较短，果穗紧密；果实成熟后，色泽艳红，干果皮色略暗，内果皮浅黄色，品质上乘。

2. 青花椒品种

（1）'九叶青花椒'（良种编号：国S-SV-ZA-020-2005）

树高2～3m，聚伞圆锥花序，花期3月中旬至4月上旬，果期5～7月，蓇葖果，单果穗，果柄较长，果面腺体较密，色泽鲜绿，干后润绿色，干果皮千粒重15.3g，种子1～2粒，黑色有光泽。粒大饱满皮厚、麻味浓郁、香味纯正，挥发性芳香油含量8.6%。种植1年后有少量结果，3～4年进入盛果期。

（2）'金阳青花椒'（良种编号：川S-SV-ZA-002-2013）

树干、主枝灰褐色且多皮刺，树高多为

3.0～5.0m，冠幅4.0～6.5m，枝条似藤蔓状。奇数羽状复叶，对生，叶轴具宽翅，叶片形似竹叶。花期3月初至中旬，果实商品成熟期为7～8月，为绿色，果实完熟期为9月上中旬，暗红色，干椒千粒重平均17.9g。完熟果芳香浓郁，麻味绵长。该品种具有颜色鲜绿、口味清香、香味独特而持久、麻味醇厚等特点，为品质优良的青花椒品种。

（3）'藤椒'（良种编号：川S-SV-ZA-001-2014）

树冠圆头形，皮刺坚硬，垫状突起，枝条上端披散下垂似藤蔓状。奇数羽状复叶，对生，叶轴具翼，营养枝小叶披针形，形似竹叶，叶片披

四川盐亭'藤椒'少刺无性系（陈善波摄）

针形或卵形，边缘疏浅齿，叶片及叶缘齿缝处有腺点，具香气。芽萌发力强，成枝力强，圆锥花序，果粒较大，鲜果百粒重8.0～12.5g，油胞大，挥发油含量高，达8.9%～10.2%，香气浓郁。

（4）'黔椒1号'（良种编号：黔R-SV-ZP-001-2016）

树形半开张；奇数羽状复叶，互生，长9～17cm；复叶上小叶3～7片，对生，长4～9cm；圆锥状花序，雄蕊败育；果穗紧凑、塔型，平均果穗果粒数42.6粒，鲜果千粒重90.8g；果皮挥发油含量4.8mL/100g，果皮挥发油成分芳樟醇相对含量达40.9%；3月中旬开花，7月中上旬至8月上旬果实成熟，成熟果皮橄榄绿色，少有紫红色；椒皮麻味浓郁，产量高，品质好。适宜在贵州省干热河谷地带青花椒适生区栽培。

四、苗木培育

1. 实生苗的培育

（1）苗圃地选择与整地

圃地要靠近水源、交通方便，选择排水良好、背风、向阳，土地肥沃、疏松、土层深厚的平地或坡度不大于5°的缓坡地育苗，以沙质土壤或壤土最佳。平地地下水位不高于1.5m，严禁在山顶、风口、低洼及陡坡上育苗。

（2）采种

选择生长健壮、无病虫害、丰产稳产性好的良种椒树作采种母树，或在良种采种园中进行采种。红花椒在7～9月，青花椒在8～9月，果实外种皮色泽加深呈褐红色、皮上的油囊凸起呈半透明状、种子颜色全部深黑有光亮、有3%～5%的果皮开裂时即可采收，选择晴天采摘。采收后，摊放在通风、干燥的室内阴干。当果皮自然裂口，轻轻用木棍敲击使其种子脱落，除去杂物便得净种。

（3）种子处理

花椒籽壳坚硬油脂多、不透水，发芽比较困难。因此，播种前需要进行脱脂处理和贮藏。秋播时，将当年采收的净种先用清水浸泡选种，去除表面空壳与不饱满的种子，留取下层种子进行制种。先用1%的碱水或洗衣粉水浸泡种子2天，

四川丹棱县藤椒营养袋育苗（罗慧摄）

用手搓洗掉种皮表面油脂，用清水冲洗2～3次，放置于阴凉通风处将水晾干待播。春播时，为保持种子发芽率及防止种子过早发芽，需先进行贮藏，可以采用沙藏或牛粪混合法处理。沙藏法：用3份沙加1份种子拌匀，在背阴处挖一个地窖，按一层种子一层土进行贮存，在春季播种时把沙土种子一起撒在地里。牛粪混合法：将种子拌入鲜牛粪中，并加入少量草木灰，捏成拳头大的团，甩在背阴墙壁上，到第二年春天取下打碎便可播种。

（4）播种育苗

春、秋两季都可播种。春旱地区，以秋季土壤封冻前播种为好，秋播一般比春播出苗整齐、出苗率高，秋播在9～10月种子采收即可播种。青花椒一般选择秋播。春播一般在春分前后，可以点播或条播。

苗床深翻、耙平后，做成厢宽150cm、厢面宽120cm、厢沟宽30cm、厢长10m，施有机肥做底肥，有条件可施生物菌肥。每亩用种50～100kg，播种后覆细土1cm左右，用90%的敌百虫或甲氰菊酯兑水喷洒，以杀死地下害虫，用稻草或拱膜覆盖。

为了使种苗出土早、苗齐、苗壮，播种前可采取温水浸种来催芽。用37℃的温水浸泡3～4天，有少数种皮开裂时取出放于温暖处，盖上湿布，1～2天后种皮破裂即可播种。

（5）苗圃管理

苗木出土后主要进行间苗、除草施肥、病虫害防治、灌排水管理等。间苗在苗高4～5cm时进行，幼苗均匀分布。苗期施肥按照少施勤施的原则，以清粪水适量加氮肥施入。防治蝼蛄、金龟子幼虫、蚜虫等，用甲氰菊酯3000倍液灌根，用敌杀死8mL加多菌灵25g或甲基托布津20g兑水15kg叶面喷雾。当幼苗长到10～15cm时，选择阴雨天气进行苗床移栽，促发分枝和根系生长，栽后灌水。每亩排栽2.5万～3.0万株，有条件的地方可以进行营养土容器栽植。苗木成活返青后立即追肥，以速效氮为主。在苗高40cm时进行短截摘心，促发分枝，每株留分枝3～4枝；树高在60～70cm时再进行短截，促发主侧枝生长、树干木质化，形成树干矮化，培育良好树形，1年生苗高80～100cm可出圃造林。

2. 嫁接繁育

嫁接宜在3月上旬至4月上旬萌芽前进行，砧木选择当地抗性强、品质较好的野花椒，接穗选择芽体充实、无病虫害、粗度0.5cm左右的良种花椒1年生枝条。花椒在冬季落叶后，结合整形修剪采集接穗蜡封后于2～5℃的冷库备用。一般采用硬枝切接法，青花椒也可以在夏季进行芽接。

五、林木培育

1. 园址选择

花椒园应选在坡度≤25°的阳坡或半阳坡、背风处，以土质疏松、排水良好的沙质壤土为最佳。一般要求土层厚80cm以上，土壤pH 6.5～8.0。造林地土壤环境质量、水质环境以及大气环境符合农产品环境规定要求。

2. 整地

（1）整地时间

干旱、半干旱地区无灌溉条件的，整地在雨季之前进行。立地条件好、水源方便的地方，可以在栽植季节随整地随栽植。

（2）整地方法

一般常用的整地方法有穴状整地、全面整地、带状整地、反坡梯田整地、鱼鳞坑整地等。

3. 栽植

春、秋两季均可栽植，春旱地区可以选择秋季立冬前后，春季栽植在萌芽前进行，青花椒营养袋苗亦可雨季栽植。花椒园区株行距通常采用3m×3m（亩栽74株）或3m×4m（亩栽56株）；青花椒在温暖湿润、可采用"以采代剪"的地区通常采用2.5m×3.0m（亩栽89株）或2m×3m（亩栽111株）。苗木达到国家Ⅰ、Ⅱ级苗，提倡采用花椒良种嫁接苗。

栽植前先修剪掉裂根、烂根，后用生根剂、杀菌剂溶液浸蘸处理根系促进栽植后快速生根。定植过程中要做到"三埋两踩一提苗"，浇透定

陕西白水'兴秦优系'少刺花椒丰产园（陈书明摄）

根水，栽后进行垄土，提倡采用环保型控草保墒地膜覆盖，注意抗旱、防涝、防冻，提高成活率。

4. 田间管理

（1）中耕除草及间种

花椒栽后，及时清除窝盘杂草，当年松土除草3次，第二年2～3次，第三年1～2次。幼树期可在行间种植与花椒无共生性病虫害的作物，以矮秆浅根性的花生、豆类、中药材为宜，结合间作抚育幼林。

（2）肥水管理

花椒多栽培在山地、丘陵，土壤肥水条件较差的地方，挂果后要及时进行肥水管理，满足花椒叶片、枝干、花、果实生长发育所需营养。主要利用土壤施肥和根外施肥两种形式，施肥可选择环状沟、条状和穴状施肥。追肥1年3～4次。春季萌芽前，主要促进新梢生长及花芽分化，以速效氮为主，每株施复合肥0.1kg，尿素0.1kg；花期为保花保果肥，叶面喷施尿素0.5%、磷酸二氢钾0.3%、硼砂0.2%混合液，每隔10～15天喷施2～3次，提高坐果率，防止落花落果现象发生，达到壮色保果的效果；5月果实迅速膨大期，氮、磷、钾配合使用，选择阴雨天或结合灌水，株施高钾复合肥0.2～0.3kg；青花椒，在采果前15天，每株施高氮复合肥150～200g，以快速促发早秋梢抽发成为第二年的良好结果枝。

基肥以有机肥为主，在花椒采收后到第二年萌芽前施用，以秋施最佳，沿树体滴水线施肥，株施农家肥20～25kg和均衡复合肥200g。

（3）整形修剪

整形修剪是花椒高产、优质的主要技术之一，合理整形修剪可使骨架牢固、层次分明、枝条健壮、配备合理，光照好、通风足，利于提高产量和品质。

树形 花椒为喜光植物,生产中要根据椒树所处的立地条件、气候条件、肥水条件、栽植密度、管理水平等因素,采取不同的修剪方式,培育出符合丰产稳产要求的树形,主要有自然开心形与圆头形。

开心形:定植后至发芽前定干,一般干高30cm,在主干上均匀地分生3~5个主枝,基角40°~50°,每个主枝的两侧交错配置侧枝2~3个,在1~3幼树期,可结合拉枝,形成开心形树体骨架。该树形符合花椒自然特点,长势较强,骨架牢固,成形快,结果早,各级骨干枝安排比较灵活,便于掌握,容易整形。第二年,主枝延长枝长至距第一侧枝60cm时,摘心培养第二侧枝。距第一侧枝30cm,方向相反,方法同第一年。依次类推,培养第三、第四侧枝。在侧面视空间大小,培养中小型枝组。对主枝延长枝和其他旺枝,于5月下旬或7月上旬轻摘心,敦实内膛枝组,充实枝芽。冬剪时,对过密的辅养枝和竞争枝进行疏除或在适当的部位回缩、摘心,若出现

二次枝,也可培养成侧枝,整个整形过程3~4年完成。

圆头形:有明显主干,主干上自然分布较多的主枝,小枝比较密集。对于这种树形,应从四周和冠内疏去多余大枝,满膛开心,改造为双层开心形。

修剪时间 在采收后至翌年春天萌芽前均可,以秋天修剪为宜,采椒季节修剪最好,有利于改善光照条件,提高光合作用机能、积累养分、充实花芽、促进分化和缓和树势、不易萌发徒长枝等。幼树以秋天修剪为宜,衰老树适合休眠期修剪。

在热量充足的重庆、四川盆地等区域,青花椒可采用"以采代剪"技术,在6月下旬至7月中旬采摘青花椒的同时进行,改变传统的冬秋季修剪。

修剪方法 花椒树对修剪有良好的反应,按不同生长阶段,采用相应的修剪方法。

幼龄树:修剪时掌握整形和结果并重的原则,栽后第一年按距地面30~40cm处剪截,第二

陕西凤县'凤选1号'开心形(杨途熙摄)

年在发芽前除去树干基部30～50cm处的枝条，并均匀保留主枝5～7个进行短截，并疏除密生枝、竞争枝、细弱枝、病虫枝等。3年以前主要处于营养生长阶段，以后开始向生殖生长阶段转化，树体生长最快，树冠根系不断扩张。本期内主要是整形、培养骨干枝构成，促进早结果。修剪是以轻剪为主、轻重结合，一年内可进行2～3次摘心短截，促发分枝数量、尽快形成树冠。

结果树：此期大量开花结果，逐步疏除多余大枝，完成整形工作。对冠内枝条进行细致修剪，以疏为主，为树冠内通风透光创造条件。对结果枝要去强留弱，交错占用空间，做到内外留枝均匀，处处能伸进拳头，便于采收。部分树体会出现营养和光照不良，内膛枝组容易衰老，结果部位外移，骨干枝基部出现光秃现象，修剪目的是达到高产稳产。

老龄树：此期由于大量结果后，树势明显衰弱、枝组老化、结果部位减少且外移、病虫枝增多、产量下降。修剪的目的是更新复壮树势、增加结果部位、延长树体寿命和结果年限，以疏剪为主，抽大枝、去弱枝、留大芽，及时更新复壮结果枝组，去老留小、疏弱留壮，选壮枝壮芽带头，以恢复树势。对已衰老需要更新的老树，注意利用徒长枝培养新的骨干枝和结果枝组，同时对骨架进行交替小更新，这样既可保证产量，又可复壮树势。

五、主要有害生物防治

1. 病害

（1）花椒锈病

由担子菌亚门冬孢菌纲锈菌目栅锈菌科鞘锈菌属的花椒鞘锈菌（*Coleosporium zanthoxyli*）引起。该病害主要危害花椒树的叶片。发病初期，叶片正面出现点状水渍状褪绿斑，随着病斑的扩大，呈现出环状排列的黄褐色疱状物，即病菌夏孢子堆。秋季在病叶背面出现橙红色、近胶质状，排列成环状或散生的凸起物即为病菌冬孢子堆。主要措施：晚秋及时剪除病枯枝，清除园内枯枝落叶及杂草，集中烧毁，可有效减少越冬菌源；在当地花椒锈病发病前5天喷洒1次1：1：100倍的波尔多液进行预防，连续喷施2次；发病初期，喷洒200倍石灰过量式波尔多液或0.3～0.4波美度的石硫合剂进行防治发病盛期，喷洒1：200倍波尔多液或65%的代森锌500倍液2～3次进行防治。

（2）花椒炭疽病

又称花椒黑果病，由半知菌类腔孢纲黑盘孢目炭疽菌属的胶孢炭疽菌（*Colletotrichum gloeosporioides*）引起。为害果实、叶片及嫩梢。发病初期，果实表面有数个褐色小点，呈不规则状分布。后期病斑变成深褐色或黑色、圆形或近圆形，中央下陷。病斑上有很多褐色至黑色小点，呈轮纹状排列。该病菌在病果、病枯梢及病叶中越冬，成为次年初次侵染来源，感病后常造成落果、落叶、枯梢等。主要措施：加强椒园管理，改善椒园通风透光，及时松土除草，促进椒树旺盛生长；6月上中旬树体喷1：1：200的波尔多液进行预防，6月下旬再喷1次50%的退菌特粉剂800～1000倍液，8月喷1：1：100倍的波尔多液或50%退菌特粉剂600～700倍液。

（3）花椒根腐病

由镰孢菌（*Fusarrium* spp.）、腐霉菌（*Pythium* sp.）等多种病原菌引起的一种土传性根部病害，苗圃和成年椒园均可发生，其症状表现根皮部坏死腐烂，有异臭味，根皮与木质部易脱离，木质部呈黑色。一般以土壤黏性重、透性差、偏酸性、湿度过大的椒园发病较重，病菌主要以菌丝和孢子从伤口侵入，一般4～5月开始发病，6～8月最严重，10月下旬基本停止蔓延。主要措施：搞好开沟排水；每年结合除草、松土用15%的粉锈宁500～800倍液灌根，避免人为的根系损伤；有条件的选择适宜蔬菜、药材、绿肥、作物等进行合理间套作。

2. 虫害

（1）花椒蚜虫

隶属于半翅目（Hemiptera）蚜总科（Aphidoidea），一年多代。以成蚜和若蚜危害花椒嫩叶、嫩梢。常群集在花椒嫩叶背面和嫩茎上刺吸汁液，造成

花椒叶片向背面卷曲或皱缩成团，导致叶片黄花萎缩，影响花椒的生长、结实及果实质量，对幼树为害更大。主要措施：在5月间蚜虫孵化期，可用内吸性化学杀虫剂药剂进行喷洒防治；利用蚜虫趋性，悬挂黄色诱虫板进行诱杀。

（2）花椒蚧壳虫

隶属半翅目害虫，以刺吸式口器吸食花椒的芽、叶、嫩枝的汁液，造成枯梢、黄叶，树势衰弱，严重时死亡。花椒蚧类一年发生多代，5~9月均可见大量若虫和成虫。由于蚧类体表覆盖蜡质或介壳，药剂难以渗入，防治效果不佳。因此，蚧类防治重点在若虫期。主要措施：①物理防治：冬、春用草把或刷子抹杀主干或枝条上越冬的雌虫和茧内雄虫。②化学防治：在若虫期，采用内吸性杀虫剂进行多次喷雾等方法防治。③生物防治：介壳虫自然界有很多天敌，如一些寄生蜂、瓢虫、草蛉等，可加以保护。

（3）花椒凤蝶

又名柑橘凤蝶、黄凤蝶，俗称黑蝴蝶、伸角虫，属鳞翅目凤蝶科。以幼虫蚕食叶片和芽，食量大，常将苗木和幼树的叶片吃光，对花椒的生长和产量影响很大。冬季人工清除挂在枝梢上的越冬蛹，并集中烧毁；幼虫大量发生时，可喷相关化学药剂防治。

六、采收与加工

红花椒果实成熟后颜色变为鲜红色，当个别果皮开裂即可采收；青花椒根据用途不同采收时间不同，做鲜花椒、干花椒在6~9月采收，做花椒油在7~9月采收。不同品种或同一品种在不同栽培区域，成熟、采收期均有差异。采摘花椒应选择连续晴朗天气，采摘时尽量不碰花椒果实，以摘花椒果序柄为主，避免损坏果实上的油囊使花椒变黑，降低花椒品质。提倡普及花椒产地初加工进行烘干、分级与包装，以保障花椒品质。开展花椒综合精深加工，可制成保鲜花椒、花椒粉、花椒油、花椒酱、花椒精油、树脂油等，以及花椒药用产品、休闲食品、日化产品、养生产品等。

七、综合利用

1. 花椒果实的利用价值

（1）食用价值

花椒果皮富含有酰胺类、烯烃类、醇类、酯类、酮类以及环氧化合物类等物质，具有非常浓郁的麻香味，是人们喜食的上等调味品，具有去腥味、增香味的作用，可制成花椒粉、花椒调味油直接食用，也可加工花椒精油、花椒油树脂的微胶囊制剂。花椒果皮中还含有蛋白质、脂肪、碳水化合物及丰富的钙、镁、铁、锌、锰等人体必需的矿质元素及维生素。

（2）药用价值

花椒是我国传统的中药材，富含生物碱、黄酮类活性物质及不饱和脂肪酸等成分，对肺炎双球菌、溶血性链球菌、金黄色葡萄球菌等均有明显抑制作用，具有抗乙肝病毒、抗癌、杀虫、降压等功能。

2. 花椒籽油的利用价值

花椒籽中油脂含量为27%~31%。花椒籽油中含有丰富的不饱和脂肪酸和高达17%~24%的α-亚麻酸，α-亚麻酸是人体必需脂肪酸，对预防和治疗动脉粥样硬化、降低血清胆固醇、减少冠心病的发生、提高机体免疫力等具有重要作用。花椒籽油作为优质的工业用油，是生产涂料、制造肥皂、磺化油、润滑油的原料。

3. 木材的利用价值

花椒树干材质坚硬、突起别致，是制作手杖、雕刻工艺品的珍奇选材；花椒树根芳香耐朽，是根雕艺术难得的优质用材。

4. 叶的利用价值

花椒树上的幼嫩枝、叶、芽，含有丰富的蛋白质、脂肪、碳水化合物和膳食纤维，并具有独特的麻香风味，是我国的传统蔬菜和香料，备受人们喜爱，可加工成花椒叶粉、花椒芽菜罐头、花椒芽干菜等产品。

（罗成荣，杨志武，龚伟，叶萌）

别　名｜椿树、樗（古称）

学　名｜*Ailanthus altissima* (Mill.) Swingle

科　属｜苦木科（Simaroubaceae）臭椿属（*Ailanthus* Desf.）

　　我国北部、东部及西南部均有分布，尤以西北、华北地区居多。生长快、适应性强、抗性强，是光肩星天牛的免疫树种（曹兵，2011）；其树皮、嫩枝叶、根含有多种驱虫、杀虫、防癌的生物活性物质；冠大荫浓、树干挺直，是应用广泛的园林绿化和四旁树种，也是干旱、半干旱地区的主要造林树种。

一、分布

　　主要分布于亚洲东南部，在我国以黄河流域为中心，西至陕西汉水流域、甘肃东部、青海东南部，南至长江流域各地，向北至辽宁南部。

二、生物学和生态学特性

　　阔叶落叶乔木，干形端直，树冠呈伞形；树皮灰白色至灰黑色，一回奇数羽状复叶，齿顶有腺点；雌雄同株或异株，圆锥花序顶生，花期4~6月，翅果，9~10月成熟，褐色。

　　喜光、耐干旱与瘠薄，耐中度盐碱土，不耐水湿；对微酸性、中性和石灰性土壤都能适应，喜排水良好的沙壤土，对烟尘和二氧化硫及有毒气体有较强抗性；适应性强，生长较快（杨君珑等，2009）。

三、苗木培育

　　可采用根插、分蘖等方法育苗，但主要采用播种育苗（何志瑞等，2016）。

（1）种子采集和处理

　　自健壮成龄植株采种阴干净种后，室内干藏。春播前浸种催芽，将带翅果实用0.3%~0.5%高锰酸钾溶液浸泡消毒1~2h，捞出冲洗后在50~60℃清水中浸泡24h，冲洗后装入透气容器内（盖湿帘或湿布），置于20~25℃环境下催芽（热炕、室外塑料袋或堆放盖膜、气候箱、温室等增温方式均可），每天翻动种实2~3次，适量喷洒水分保湿，有条件的可冲洗种实1次。催芽5~7天，有1/3种子"露白"即可播种。

（2）整地及播种

　　选背风向阳的山地或平坦农田地做苗圃地，以沙壤土、壤土为宜。整地时施适量有机肥，土壤墒情不足时应先浇水补墒。高床育苗，条播，播后苗床覆草15~20cm以保持土壤湿润；也可采用深开沟、浅覆土、盖地膜的方式；土壤墒情差的圃地播后利用步道侧方灌水。多在春季气温回升稳定后（北方地区3月下旬至4月上中旬）播种，亩播种量4~7kg。

（3）播后管理

　　春播一般7~15天幼苗开始出土，要及时揭除覆盖物，10~20天出齐，及时间苗。中耕除草3~5次，适量浇水，结合浇水追肥7~10kg/亩（尿素或硫铵、磷钾肥）1~2次；也可采用0.3%~0.5%的尿素或磷酸二氢钾叶面喷施。一般苗高达20cm左右（6月中下旬）截根，截根深度10~15cm。苗木生长后期控制水肥，以防来年抽干。一般当年生苗高可达60~140cm。

（4）大苗培育

　　播种育苗第二年可采用平茬、适时摘除侧芽，使其形成主干通直、分枝点高的优良苗木（李凡海等，2014）。造林、绿化生产中多用2年生以上大苗，需对播种苗进行移植培育。第二年可按40cm×80cm株行距采用开沟定植，沟深40～60cm，沟宽30cm；沟底撒适量农家肥和复合肥，将播种小苗起苗后修根、浸水后移植。生长期除做好常规的松土除草外，要根据土壤情况适时浇水，在5～7月，追肥2～3次。

（5）容器育苗

选用商业育苗基质（珍珠岩、蛭石、草碳土混合）或园土添加有机肥作为育苗基质，采用林木育苗盘或营养钵作容器，将催芽后的臭椿种子穴播于容器，覆盖蛭石或塑料膜置于温室中进行育苗，在幼苗期间苗，每穴或容器保留单株苗，加强水肥管理，于当年或第二年移植于大田进行大苗培育。

四、林木培育

1. 人工林营造

臭椿适应性强，除重盐碱地和低湿地外，均可选作造林地。在立地条件较差的情况下，多采用植苗造林，春秋两季均可；在干旱多风地区多用截干造林（曹兵，2011；杨君珑等，2009）。立地条件较好的阴坡或半阴坡也可直播造林，多在春、夏、秋三季进行。

植苗造林　多春季植苗造林，采用带状、穴状或鱼鳞坑整地，造林密度不宜过大，根据立地条件、造林目的等确定（杨君珑等，2009），株行距可用2m×2m、2m×3m、3m×3m和3m×4m。根据造林目的，选择不

宁夏银川市街道绿化带臭椿幼果（曹兵摄）

宁夏灵武市街道绿化带臭椿行道树林相（曹兵摄）

宁夏永宁县护渠林臭椿林相（曹兵摄）

同规格的移植苗（胸径3～5cm），提前整地，裸根起苗，适当修根后截干栽植，截口处涂抹油漆或缠包塑料膜，防止水分蒸发。西北地区多采用截干造林，干高2.5～3.5m，栽植深度以超过根颈2～3cm为宜。北方地区也可于10月下旬后秋季截干栽植，树干缠膜或包草，栽后灌冬水。营林生产中提倡采用植苗造林方式营建臭椿混交林。

2. 观赏树木栽培

选择胸径为3～10cm的移植苗，于春季或秋季裸根起苗，适当修根后截干栽植，截口处涂抹油漆或包膜，防止水分蒸发。苗木采用穴植法栽植（直径80～100cm），更换底土，施入农家肥，严格按照"三埋两踩一提苗"要求精细栽植，栽后立即浇水。

在城市绿化中，可采用孤植、丛植、行列种植等配置方式。

单株孤植　臭椿树体高大、树干通直、树冠伞形或半球形，奇数羽状复叶、翅果，具有独特的观赏特点，可单株孤植，既可观赏树体树形，又可起到遮阴作用。

丛植　一般2～3株对植或配置形成树丛，既可以庇荫，也可以形成优美绿地景观。

行列种植　臭椿枝叶繁茂、冠大荫浓，可在道路、街道两侧成排行列栽植，配置成行道树。

五、主要有害生物防治

1. 白粉病（*Phyllactinia ailanthi*）

臭椿白粉病病原菌为子囊菌亚门的闭囊壳。病叶表面褪绿呈黄白色斑驳状，叶背现白色粉层的斑块，进入秋天其上形成颗粒状小圆点，呈黄白色或黄褐色，后期变为黑褐色。秋季及时清除病落叶、病枝，可减少越冬菌源。加强肥水管理，少施氮肥，提高寄主抗病力。在发病初期喷施杀菌剂进行预防和防治，交替喷施不同杀菌剂。

2. 臭椿沟眶象（*Eucryptorrhynchus brandti*）

1年发生2代，以幼虫或成虫在树干内或土内越冬。翌年4月下旬至5月上中旬越冬幼虫化蛹，

6～7月成虫羽化，7月为羽化盛期，但虫态有重叠，至10月都有成虫发生。幼虫孵化后先在树表皮下的韧皮部取食皮层，后钻入木质部继续钻蛀危害。成虫羽化出孔后需补充营养取食嫩梢、叶片、叶柄等。受害树常有流胶现象。加强检疫，严防栽植带虫苗木。人工捕杀、树干注射杀虫剂、树干基部挂设"毒裙"、根部埋药、喷施杀虫剂进行防治（刘福忠等，2015）。

3. 斑衣蜡蝉（*Lycorma delicatula*）

1年发生1代。以卵在树干或附近建筑物上越冬。翌年4月中下旬若虫孵化危害，5月上旬为盛孵期，6月中下旬至7月上旬羽化为成虫，危害至10月。8月中旬开始交尾产卵，卵多产在树干的南方或树枝分叉处。卵块排列整齐，覆盖白蜡粉，成、若虫均具有群栖性，刺吸嫩梢、叶汁液，排泄物诱致煤污病发生，削弱生长势，严重时引起茎皮枯裂，甚至死亡。结合修剪，清除枯枝，摘除卵块，增加树冠通风透光。人工捕杀，保护利用寄生蜂天敌；幼虫发生初期喷施杀虫剂。

4. 旋皮夜蛾（*Eligma narcissus*）

1年发生2代，以蛹在树枝干上越冬。翌年4月中下旬成虫羽化，交尾后产卵；5～6月幼虫孵化危害，喜食幼嫩叶片，1～3龄幼虫群集危害，4龄后分散在叶背取食。幼虫老熟后，爬到树干咬取枝上嫩皮和吐丝粘连，结成丝质的灰色薄茧化蛹，蛹期15天左右。7月第一代成虫出现，8月上旬第二代幼虫孵化危害，9月中下旬幼虫在枝干上化蛹作茧越冬。幼虫取食叶片。冬春季人工清除茧蛹；人工震动枝条捕杀幼虫，幼虫期喷施杀虫剂，也可采用灯光诱杀成虫。

5. 樗蚕（*Philosamia cynthia*）

北方1年发生1～2代，南方1年发生2～3代，以蛹越冬。羽化出的成虫当即进行交配，寿命5～10天，产卵于叶背和叶面上，卵期10～15天。初孵幼虫有群集习性，3～4龄后逐渐分散危害，幼虫历期30天左右，老熟后结茧化蛹。第二代茧期约50多天，7月底至8月初是第一代成虫羽化产卵时间。9～11月为第二代幼虫危害期，以后陆

续作茧化蛹越冬。幼虫食叶和嫩芽，人工摘除卵或茧蛹，也可选用黑光灯进行诱杀。幼虫危害初期喷施杀虫剂，保护利用绒茧蜂、稻包虫黑瘤姬蜂、樗蚕黑点瘤姬蜂等天敌。

六、材性及用途

臭椿是集用材、绿化、防护、药用、造纸价值为一体的多用途优良树种。其材质坚韧、纹理通直，具有一定光泽，是制作家具和建筑的优良用材。其木纤维长，也是造纸的优质原料。臭椿适应性强，较耐盐碱、干旱、瘠薄，抗天牛，是我国北部地区黄土丘陵、石质山区主要造林先锋树种；其树干通直高大，树冠大而荫浓，冠形呈伞状，树叶浓密，对二氧化硫、氯气、氟化氢的抗性极强，是优良的园林绿化树种；臭椿树皮、根皮、果实均可入药，具有清热燥湿、止血之功效；其树皮、嫩枝叶、根含有多种驱虫、杀虫、抗癌的生物活性物质，是极具开发利用价值的多用途树种。

附：千头椿 [*Ailanthus altissima* (Mill.) Swingle 'Qiantou']

臭椿的一个栽培变种。落叶乔木，树冠紧凑，呈圆球状、扁圆形至圆头形；树皮灰褐色，无明显主干，枝干直立、细而密集生长，分枝角度较小；奇数羽状复叶，互生，卵状披斜形至椭圆状披针形，较小，腺齿不明显；花单性，雌雄异株，多为雄株；翅果。喜光、耐旱、耐寒、耐瘠薄，也耐轻度盐碱，适应性强。嫁接或播种繁殖，常作为绿化行道树、庭院树。

（曹兵）

宁夏永宁县街道绿地千头椿树冠（曹兵摄）

别　名 | 黑榄、木威子
学　名 | *Canarium pimela* Leenh.
科　属 | 橄榄科（Burseraceae）橄榄属（*Canarium* L.）

> 　　乌榄为经济林、用材林和园林绿化兼用树种，主产于广东、广西、海南、福建、台湾、云南等地。乌榄果肉具独特的橄榄香味，果肉腌制"榄角"作菜用，富含脂肪，可榨油。种仁奇香，是制作月饼、点心的高级馅料。核壳可作活性炭原料。木材坚硬，可作家具、建筑用材。树体高大通直，枝繁叶茂，树形美观，也是常用的乡村庭院绿化树种。根可药用，有舒筋活血功效，可治风湿腰腿痛、手足麻木、胃痛、烫火伤等。

一、分布

　　乌榄自然分布于我国南方的热带和南亚热带地区，广东、广西、福建、海南、台湾、云南等地区均有栽培。越南、老挝、柬埔寨也有栽培分布。

二、生物学和生态学特性

　　常绿高大乔木，高可达25m，胸径可达100cm。奇数羽状复叶，无托叶；小叶5～17，革质，全缘。有两性株和雄性株之分。两性株开完全花和雄蕊退化的两性花，结果；雄株开雄花，不结果（丘瑞强，2011）。总状花序，腋生。4月底至5月开花。果为核果，10～11月成熟，成熟时紫黑色。树干通直，顶端优势强，幼树年抽梢4～5次，壮龄树3次，老树2次。根深，主根较发达，幼壮龄树根多呈肉质，随树龄增长而木质化。

　　乌榄喜光、喜高温湿润环境；怕霜冻，当气温低至−2℃时会出现冻害，要求年平均气温大于22℃，无霜期多于340天。

　　乌榄对土壤适应性较广，江河沿岸，丘陵山地，红黄壤、石砾土均可栽培，只要土层深厚，排水良好都可生长良好。

三、苗木培育

　　乌榄主要采用实生苗或嫁接苗栽培。

采种与调制　应采自果核中等大小的丰产母树，10～11月果皮变黑色时可采收。种果用80～90℃水浸泡，至果肉变软手捏可净脱肉时捞出除去果肉，清洗种核后晾干，用洁净河沙沙藏

广东高州乌榄成熟果（吴祖强摄）

备用。每千克种核约250粒。

种子催芽与播种 冬季气温高的地区可秋播，但过冬遇寒时要用薄膜封闭覆盖芽苗防冻害。取待播种核置强阳光下暴晒致开裂，后用洁净的井水或自来水浸种12h。用洁净河沙设催芽床，底层沙厚8~10cm，宽80~100cm。播种间距以1cm为宜。播种后覆盖河沙3~4cm，再覆盖稻草，淋水保持湿润。20天后揭除稻草，经常检查种子萌动情况并用铁筛网封盖防鼠害。

幼苗培育 一般先容器育幼苗再移植圃地培育。当芽苗长至子叶张开前，移植入营养土容器培育，高约30cm后再移植到苗圃地继续培育。刚移植的容器芽苗应淋透水后用薄膜封盖防失水，并搭棚遮阴。也可将催芽萌发的种子直接点播到苗圃地培育，但管理不便。

宜选排灌方便、土层深厚的轻壤土或沙壤土地作苗圃。苗畦宽1.0~1.2m，畦沟15cm×25cm，植苗株距12~15cm，行距20cm，开沟植苗（或点播萌发种核）。

施肥以腐熟有机肥为主，偏重磷钾，促进幼苗木质化有利于嫁接成活。

种源选择 乌榄栽培品种较多，主要分一般用果和工艺用核两大类。一般用果以取果肉和种仁为目标，宜选择丰产、果肉风味佳和出种率高的品种。以生产工艺用核为目标的，用于雕刻材料宜选种核特大品种，用于加工佛珠或是大而浑圆的饰品。

嫁接技术 乌榄最佳嫁接时间是大寒前后。接穗宜采自壮龄母树受光充足部位的枝条。穗条要求半年生木质化程度较高，健壮无病虫害。以顶芽嫁接易成活，如用腋芽要求饱满突起。砧木苗宜大于1年生，接位宜选离地面15cm木质化程度较高处。砧木截口吐水量大，宜提前10天断砧截口愈合后嫁接有利于成活（邓振权和吴祖强，2003）。如即时嫁接，包封接口时下方应留有排水间隙。

也可用实生苗造林，定植3~5年后截干嫁接。

四、林木培育

1. 建园

大面积建园要选交通、用电、用水与通讯方便的园地。宜选地势平缓的坡地或山下坡建园，平地则选地下水位低的地段。要求土层深厚、腐殖质丰富、疏松、酸性的沙壤土或壤土。

种植密度每亩10~15株。山地建园宜开筑反倾梯带。植穴规格60cm×60cm×50cm。基肥宜选用充分腐熟有机肥。

选用2~3年生长势旺盛的嫁接苗定植。裸根苗定植，则应在立春前。起苗时深挖尽可能减少根系创伤并剪除叶片，种植时根系不能接触基肥。植后淋足定根水。用杂草覆盖树盘，具延缓板结、保水、防灼伤和抑制杂草作用，有利于定植成活和苗木生长。

2. 土肥管理

新植苗木以促进成活稳定生长为目标，要适

广东高州乌榄大树（吴祖强摄）

时淋水保活，做好除草松土、覆盖树盘工作。在定植抽长新梢（裸根苗2次抽梢）并生长稳定后进行第一次施肥，宜用稀释腐熟的有机肥。1年后，可正常施肥，每梢一肥。树冠长至1.5~2.0m后，可结合扩穴扩带，大量施用有机肥。

产果树可分壮梢肥、促花肥和壮果肥。施肥以腐熟有机肥为主，按产果50kg/株计算（下同），壮梢肥用花生麸2.5~3.0kg（鸡粪15~20kg），尿素0.5~1.0kg，磷肥2kg，钾肥1.5kg，混合沤制后开沟深施，在采果前后施用。以施壮花肥为重点，肥量增施30%，免施尿素，加施硼肥，冬至前施用，并深垦树盘。壮果肥施用优质复合肥3~5kg，如树体壮旺可免施。具体施肥量应根据树体状况决定，壮树可少施并偏施磷钾肥，高产树应多施肥。

3. 树冠管理

幼龄树以培育基干枝为重点，为未来培育矮化开阔的优良树冠打好基础。当苗木长至50cm时摘除顶芽，促进分枝。幼树长至100cm时，如为单干，在80cm处截干促枝；如有分枝的，短截中间旺枝，促长外向枝。通过促控培育3~4条分布合理、长势较均的基干枝，并使树冠向矮化横向生长。幼树整枝强度宜小，强度大不利于成长。对于衰弱树宜加强肥水管理，待恢复树势后方可整枝。

壮龄产果树以改善受光和卫生条件、培育优质结果母枝、促进优质丰产和保持优良冠形为目标。以果后夏秋修剪为主，主要剪除徒长枝、弱枝、病虫枝、阴枝、上生枝，疏除密枝、重叠枝。截除中心优势枝干，控制树高，力促树冠横向扩展。11月，疏除部分弱枝，减少养分消耗，促进花芽分化。

4. 采收

乌榄结果母枝抽发于当年结果枝先端，忌用折枝采果，否则会造成次年减产甚至失收。

五、主要有害生物防治

乌榄常见的虫害主要有蛀果野螟、橄榄叶蝉和枯叶蛾等。

蛀果野螟幼虫蛀食果实。冬季清除枯枝叶和虫害果，以灭杀越冬蛹，弱化虫源。5月中下旬在第一代幼虫孵化高峰期施药喷杀，90%万灵粉2000~2500倍液，或10%吡虫啉粉剂1500~2000倍液（丘瑞强，2011）。

叶蝉成虫、若虫潜于叶背吸食液汁，使叶片黄化，导致树衰弱和大量落果，主要发生期为5~8月。可用20%叶蝉散乳剂800~1000倍药液，或10%吡虫啉粉剂1500~2000倍液喷杀（丘瑞强，2011）。

枯叶蛾以幼虫取食叶片，可25%水剂杀虫双500~700倍液，或90%敌百虫晶体1000~1500倍液喷杀（邓振权和吴祖强，2003）。

六、综合利用

乌榄果肉富含养分，风味独特，可制作成小食、小菜，也可作膳食佐料；同时，富含脂肪可榨油，用于制皂和油料，也可经碱炼、漂制成食用油（丘瑞强，2011）。果核坚硬，可用作雕刻材料或制作佛珠等工艺品，也可烧制优质活性碳。种仁香味独特且营养丰富，用于高档月饼或点心馅料。

（胡德活，吴祖强）

附：橄榄 [*Canarium album* (Lour.) Raeusch.]

别名黄榄、青榄、白橄。橄榄为我国南方特有的果材两用树种，主产于福建、广东、台湾、广西、云南等地，以福建、广东居多。越南（中北部）、日本（长崎、冲绳）、马来半岛和泰国等也有分布。核果比乌榄小，9~10月成熟，成熟时黄绿色，橄榄的果实一般加工成各种凉果，如甘草榄、和顺榄、果脯、化皮榄等。橄榄鲜果富含维生素、回甘酮以及钙、磷等，具生津解渴、化痰止咳、开胃消滞、降血脂功能，对治咽喉、骨鲠有奇效，是多种凉果的原材料。树体高大通直，枝繁叶茂，树形美观，木材可作建筑、胶合板和家具用材，也是常用的乡村庭院绿化树种。

广东高州橄榄果（吴祖强摄）

广东高州橄榄园（吴祖强摄）

橄榄与乌榄的主要区别是前者有托叶（常早落，但痕迹可见），后者无托叶。

橄榄喜光，喜高温湿润天气，冬季无严霜冻害地区最适宜生长，在年平均气温20℃以上雨量充足的地区适宜栽培。当气温低至−2℃且持续3h会出现轻微冻害，如持续1天以上则致严重冻害。冬季的低温天气有利于花芽分化，如异常冬暖时幼壮树成花少（邓振权和吴祖强，2003）。

橄榄品种间结实表现差异性较大（邓振权和吴祖强，2003），要根据建园培育方向选择接穗种源。如作鲜食用榄可选三棱榄、甜榄和冬节园等

口感好的品种。一般幼龄期橄榄绝大多数表现少花少果，培育加工用榄的宜选经确认具早结丰产性能的品种，如'G18'号等。苗木培育、建园、土肥管理、树冠管理、采收技术参照乌榄。橄榄病虫害主要有橄榄星室木虱、橄榄叶甲、橄榄叶蝉和橄榄炭疽病等。橄榄星室木虱是目前各地最重要且最难以防治的害虫。一年可发生7～8代，世代重叠。冬春偏暖少雨年份最易大发生。若虫在芽孢内越冬，若虫、成虫吸食幼嫩组织液汁。若虫固定于叶背危害嫩叶，严重时使叶片脱落，新梢无法抽出，更甚者会造成死枝乃至全株死亡。春梢3～4月和秋梢的9～10月为高发期。主要防治措施：冬末施药清园，春梢抽出3～5cm时施药，尽可能降低虫口基数。发生危害时及时施药，大发生时应每隔5～7天连续用药3～4次。常用药有90％万灵粉2000～2500倍液加2.5％功夫乳油5000～6000倍液、10％吡虫啉粉剂3000～3500倍液和25％杀虫双水剂500～700倍液等。橄榄叶甲成虫、幼虫啃食嫩芽、嫩皮、嫩叶叶肉，成虫还啃食幼果果皮，主要发生于春梢。橄榄叶蝉成虫、若虫潜于叶背吸食液汁，使叶片黄化，导致树衰弱和大量落果，主要发生期为5～8月。对橄榄叶甲和叶蝉两虫，结合防治木虱的方法用药即可。橄榄炭疽病病原为真菌，主要发生期为4～6月。危害未成熟叶片和果实，造成落叶、落果。改善土壤排水条件并多施有机肥增强抗病力，冬季清园减少病源。防治用药有50％甲基托布津8000倍液、50％多菌灵1000倍液和30％氧氯化铜600倍液等药液（邓振权和吴祖强，2003）。

（胡德活，吴祖强）

别　名 | 印度楝

学　名 | *Azadirachta indica* A. Juss.

科　属 | 楝科（Meliaceae）印楝属（*Azadirachta* A. Juss.）

印楝主要作为干热地区荒山造林的经济林（工业原料林）树种，以其种仁为原料制备的生物农药可杀灭上百种害虫，还能杀灭螨虫、线虫、细菌、真菌和病毒等。以印楝种子、树皮、叶等制备的药物对人体某些炎症、疾病具有疗效，并可充当治疗家畜、家禽的兽药。以印楝为原料制备的生物农药对温血动物无毒，使用安全，防治对象不易产生抗性。印楝是现知生产无公害农药的最佳植物种类，正在代替部分化学农药（徐汉虹，2004；Saxena R C，2001；Morgan E D，2009）。

一、分布

印楝起源于南亚和东南亚的干旱地区，在印度分布最广，从南部的Kerala山顶到Himalayan山区丘陵，从热带到亚热带；在干旱、半干旱到热带湿润地区，海拔1600m以下的山区、平原及河谷地带都有分布。早在19世纪就引种到斐济、毛里求斯和加勒比海及一些南美洲国家，20世纪初开始引种到非洲，现在已有30多个非洲国家广为种植，这些国家主要集中在撒哈拉沙漠南缘一带。至20世纪末，引种印楝国家多达50余个。中国最早于1983年引进到海南和广东试种，1995年引种到云南干热河谷地区。1999年以后开始规模化种植，人工林集中分布在云南红河流域、怒江流域以及滇、川金沙江流域的干热河谷地区，广东、广西、海南、贵州和福建部分热区多以零星种植。

二、生物学和生态学特性

常绿乔木，但在极端干旱条件下有短暂落叶期，通常树高20m、最高可至30m。偶数或奇数羽状复叶，长18～30cm、宽13～18cm；叶柄4～11cm，光滑，具叶枕，羽轴长8.0～16.5cm，无毛；4～6对小叶，小叶斜椭圆形或镰刀形，长2.0～10.5cm、宽0.3～2.5cm，小叶边缘有

云南省元谋县印楝花枝（张燕平摄）

云南省元阳县印楝幼果枝（张燕平摄）

不规则锯齿、顶部尖锐、上下表面光滑，有13～20对侧脉。腋生圆锥花序，或光滑的聚伞花序，长17.5～25.0cm、宽4.5～9.0cm，花梗长16.0～22.5cm，茎片小型，卵圆形，长宽约0.5cm，脱落。绿色核果呈椭圆形，外表光滑，长1.5～2cm、粗约1cm，光滑无毛，成熟后变为黄色，具甜味。种子1粒，稀有2～3粒种仁及种壳构成，椭圆形（Schmutterer H，1995）。喜温耐旱，0℃以下的气温将对苗木或幼树造成危害。对土壤适应性强，不耐水淹和盐渍。对水分条件较敏感，其生长速度与水肥关系密切，尤以肥沃深厚、排水良好的坡地中、下缓坡地带生长最好。根系发达，能充分吸收利用土壤深层中的水分和养分。印棟是喜光树种，枝多叶茂。

三、苗木培育

印棟育苗目前主要采用播种育苗方式，经济林和种子园经营通常用优良无性系嫁接苗。

采种与调制 当印棟果皮全部或大部变黄即可采收，在成熟盛期采种为好。采集果实的当日，拣除杂物后放入水中搅拌，捞出浮在上面的干瘪果实，然后揉搓使果肉果皮脱离种子。种子洗净后，晾干到种子表面发白即可播种，宜随采随播、不宜久存。若需短期贮存或长途运输，将洗净的种子摊晾阴干，直到种子含水量到12%左右，用编织袋保存干燥的种子。

播种技术 选择壤土或沙壤土地块作高床，床面耙细整平，然后浇1次透水，待水渗透、床面稍干时即可播种。可在播种前5～6天，用2%～3%的硫酸亚铁溶液或其他有效方法进行土壤消毒。在8月中旬至9月下旬，日均温度保持在20℃以上时播种。采用条播或撒播，每亩播种量20～25kg。条播播种沟深4～5cm、播幅4～5cm。播种要均匀，播后覆土2～3cm，然后镇压1遍。

营养袋苗培育 秋季育苗的营养袋规格16cm×22cm，春季育苗的规格14cm×20cm，厚度为双面六丝。营养土应该选择质地疏松、通透性好的壤土，最好是生土，营养土配无菌有机肥或复合肥，移栽萌芽出土1～4周的芽苗或幼苗，

移栽芽苗或幼苗的苗圃用遮阳网遮阴1个月以上，无阴棚条件的苗圃选择在阴雨天气状况下作业。

苗期管理 播种后要始终保持床面湿润，播种后经过2～3周种子发芽出土。出土后3～4天长出真叶，1周内出齐，3周后当苗木长到5～10cm高时即可进行第一次间苗，留苗200株/m²；当苗木长到2.5～3.0cm高时可定苗，留苗150株/m²。苗木速生期要追施肥料，施肥量为每亩10～15kg，苗木硬化期以钾肥为主，停施氮肥。

四、林木培育

在立地因子中，温度是关键，起限制作用的是冬季低温。印棟对温度的要求为：年平均气温≥20℃，最冷月平均气温大于12℃，极端最低温大于0℃，年平均霜日数≤5天。适宜营建印棟原料林的立地为河谷台阶地、≤15°的缓坡地或平地，以土层厚度≥1.5m的红壤、黄红壤、紫色土地块作为造林地，以疏松、深厚、湿润、肥沃、排水和透气性良好的沙壤或壤土为佳。

整地 块状清理，按照1.5m×1.5m的规格将造林地上的杂草和灌木清除，干热河谷地区在冬、春季进行。在平缓造林地，栽植穴规格为80cm×80cm×70cm；在较平缓造林地适宜机械整地的地块可带状整地，带宽1m以上、深度80cm。印棟经济林造林密度一般为204～625株/hm²，株行距4m×4m、5m×5m、6m×6m或7m×7m；如果以发挥印棟林的生态功能为主，造林密度可增加到833～1111株/hm²，株行距3m×4m或3m×3m。造林地为台地时，根据台地宽度调整行距。

造林 印棟采用植苗造林，干热地区使用苗龄0.5～2年生Ⅰ级苗、Ⅱ级苗，可以是播种苗（地径大于0.5cm，苗高大于40cm）、嫁接苗（地径大于0.4cm，苗高大于25cm）或扦插苗（地径大于0.4cm，苗高大于30cm）。同时，要求苗木健壮、高粗匀称，根系发达，无机械损伤，无严重病虫害。原料林提倡用嫁接苗和扦插苗造林。造林之前施入基肥，每穴施腐熟农家肥10kg或磷肥1kg加复合肥0.4kg。栽后随时检查，在雨天对缺

云南省元阳县印棟人工林林相（张燕平摄）

苗、死苗的坑内补植。

抚育 生态林定植后2年内、原料林定植后3~4年内，必须进行除草施肥。雨季前和雨季后，在树四周1.0~1.5m的范围内把草除去并松土。在雨季前除草松土时，每株施复合肥200~300g，土壤肥力较差的原料林每株施300~400g。在土质较好的平地、梯地或台面较宽的台地，定植后的头几年可在林地内间种豆、薯、瓜类等蔓生或矮秆作物，以耕代抚、增加收入。

五、主要有害生物防治

印棟病虫害多见于苗期，主要病害有立枯病（*Rhizoctonia solani*）、白粉病（*Oidium azadirachtae*）和根腐病（*Ganoderma lucidum*）。发病前可喷保护剂，发病后宜喷内吸剂。白粉病进行叶面喷施，根腐病以采用浇灌法施药为主。三种病害可选用农药分别有恶霜嘧酮菌酯、聚砹·嘧霉胺、甲基立枯磷乳油、普力克水剂、恶霉灵水剂、敌磺钠可溶粉剂；硫悬浮剂、石硫合剂结晶、退菌特可湿性粉剂、百菌清、代森锰锌、多菌灵、甲基硫菌灵、粉锈宁；多菌灵或根腐宁。

害虫主要有东方红圆蚧（*Aonidiella orientalis*）和蓝绿象（*Hypomeces squamosus*），多危害苗木和幼树。防治方法：①在东方红圆蚧若虫出现时，用50%速捕灵可湿性粉剂2000倍液、2.5%功夫乳油进行喷雾防治；或在若虫分泌蜡质前用1%苦参碱乳油1000倍液喷雾。②在蓝绿象成虫出

土高峰期振动树冠，下面用塑料膜承接后集中杀灭；也可用桐油加火熬制成牛胶糊状，涂在树干基部，宽约10cm，象甲上树时即被粘住，涂一次有效期2个月；必要时喷洒90%巴丹可湿性粉剂1000倍液或50%辛硫磷乳油800倍液、棉油皂50倍液，喷药时树冠下地面也要喷湿，杀死坠地的假死成虫。

六、综合利用

印棟木材坚硬，即使在露天条件下也不易腐烂；味芳香，抗白蚁和其他蛀虫；边材浅灰白色，心材红色至红棕色；质地如桃花心木、柚木，不足的是光泽稍差；主要用于建筑中，可作柱子、梁、门窗、框架等，还可以用于家具、马车、手推车、小船及其舵和桨，也用于做玩具、鼓及雕刻（主要是雕刻神像）。印棟作为药用植物在印度已有超过千年的使用历史，其功效包括消炎、杀菌等，可用于治疗小便失禁、支气管炎、败血症、腹泻、发烧、麻疹、皮疹、烫伤、刀伤、高血压、黄疸、伤口感染、皮肤溃疡、胃溃疡和水痘等疾病；印棟根、种仁、果实等都存在许多明显药理活性的化学成分，主要有印棟素，为一种柠檬苦素类活性物质，属于四环三萜类化合物，是目前世界上公认的活性最强的拒食剂，对大多数昆虫和其他节肢动物的生长发育具有良好抑制作用，对脊椎动物安全，被认为是最优秀的生物农药之一，也是目前商品化开发最成功的植物源杀虫剂；印棟树皮可用于治疗疟疾和皮肤病，酒精提取物可抗原虫、真菌、过敏，治疗皮炎、牙痛；树皮上流出的清澈、光亮、无污垢的琥珀色胶状物，被称为"东印度胶"，具有润滑、兴奋和滋补作用。印棟鲜叶或晒后的干叶都可作饲料，营养价值高，还有催奶、驱虫的作用。印棟还是重要蜜源植物，花芳香、花序长而集中、分枝多、花多、花期长，花粉含多种氨基酸，易于收集，干花可作食材，具有治疗消化不良的功效（赖永琪，2003）。

（张燕平，吴疆翀）

259 川楝

别　名 | 紫花树（江苏）、森树（广东）
学　名 | *Melia toosendan* Sieb. et Zucc.
科　属 | 楝科（Meliaceae）楝属（*Melia* L.）

> 川楝是高抗旱树种，木材呈红色，速生、适应性较强，其果实为川楝子，含有川楝素，具有驱虫、镇痛、抗肿瘤、抗病毒、抑制破骨细胞等功效，是重要的经济林树种（工业原料）、用材林树种和园林绿化树。

一、分布

川楝分布于河南、甘肃、湖南、四川、广西、贵州、云南等地。

二、生物学和生态学特性

落叶乔木，树皮灰褐色，有纵沟纹，二至三回奇数羽状复叶，具长柄；小叶对生，膜质，椭圆状披针形，春季开花，花淡紫色；核果椭圆状球形，皮革质，果核坚硬，味酸苦。花期3～4月，果期10～11月。

喜温暖湿润，喜光，抗污染，以阳光充足，土层深厚，疏松肥沃的沙质壤土栽培为宜。

三、苗木培育

川楝常用的繁育方法为播种育苗。

采种　采种应从健壮母株上采集，每年11～12月采摘浅黄色成熟果实作种，选用籽粒饱满、没有残缺或畸形、没有病虫害的种子。用清水浸泡2～3天，揉搓淘洗，去除果肉果皮，淘洗出核果，晒后进行贮藏。贮藏期间每隔10～15天翻动1次，防止种子发霉。

催芽　选择背风向阳处，挖宽1m、深30cm的催芽池（长度不限），在池边围成土埂，使其北高南低，沟底铺入10～15cm厚的土杂肥，将处理过的种子均匀地撒于池内，每3～4kg/m²浇透水，上覆细沙2cm；用竹竿在池上搭成弧形架，上覆塑料薄膜，四周用土压紧，防止透风。种子入池后15～20天裂嘴，即可播种。

整地　秋天深耕，春天浅耕。秋耕深度为25cm，春耕深度为15cm。邓运川和李艳（2011）研究表明，整地时施足基肥，每亩施腐熟的有机肥5000～8000kg，过磷酸钙40～50kg。基肥分两次施入，春翻前施入一半，作床时再施入另一半。春季2月底至3月初作床，南北走向，床面宽1m，高15cm，畦面中间略高，呈龟背状，长度因地制宜，苗床两侧沟宽30cm、深15cm，以便排灌和管理。

播种　3月中旬播种，25kg/亩。一般采用条播法，条距为25～30cm，深约6cm，随开沟随播种。播后立即覆土埋压并灌水，盖上覆盖物来保持土壤温度。抽去覆盖物后，根据苗圃地的干旱情况适度浇水，做到见干见湿。待苗长至30cm左右时，进行间苗，间苗选在阴雨天进行（张春华等，2006）。

造林　采用块状整地（40cm×40cm），造林密度1245株/hm²，在春季用100g普钙和100g复合肥作基肥，另外每株回土前施20～50g高丙体防治白蚁危害，苗木采用高大于130cm，地径大于1.3m的Ⅰ级苗。张春华等（2008）研究表明，与木豆混交，该技术表现最好，也是退耕还林和天然林保护工程中川楝最佳造林技术，在5年左右郁闭成林，木豆等灌木林逐渐死亡，从而形成川楝纯林。

川楝（刘仁林摄）

四、主要有害生物防治

川楝的有害生物防治参见楝树。

五、综合利用

川楝的主要药用部分是果实，名为川楝子，又名金铃子、苦楝子，是著名中药材，是许多重要的配伍成分。现代药理学研究表明川楝子具有驱虫、镇痛、抗肿瘤、抗病毒、抑制破骨细胞等作用。川楝子的主要成分是三萜类、挥发油、黄酮类、脂肪酸、酚酸类和多糖等化合物。其中，挥发油是一类具有生物活性的物质。川楝子中主要活性成分有川楝素等萜类化合物和黄酮类化合物。川楝子果核中不含川楝素，果肉中川楝素较果皮高（朱夏敏等，2017）。因此，川楝常作为重要的经济林树种。此外，川楝也是高抗旱用材林树种和园林绿化树种，其木材呈红色、速生、适应性较强。

（李丕军，邢文曦）

别　名｜铁罗槁、母楹、白皮香椿（海南吊罗山）、赤心（海南琼山）、厚皮公（海南三亚）
学　名｜*Chukrasia tabularis* A. Juss.、*Chukrasia tabularis* var. *velutina* (Wall.) King
科　属｜楝科（Meliaceae）麻楝属（*Chukrasia* A. Juss.）

麻楝主要分布于世界热带和南亚热带地区，在我国广东、广西、海南和福建等地被广泛用于园林和四旁绿化，也有人工林种植，其材质优良、纹理美观，可用于制作高档家具、门窗、乐器等，是重要的用材林和园林绿化树种。

一、分布

麻楝自然分布于热带和南亚热带地区的印度东部、斯里兰卡、马来西亚、孟加拉国、缅甸、中国、泰国、老挝、柬埔寨和越南等，位于1°～25°N，73°～120°E之间，垂直分布于海拔20～1500m的常绿热带雨林、湿润半常绿季雨林和落叶混交林中（Pinyopusarerk and Kalinganire，2003）。我国主要分布于广东、广西、海南、云南、贵州等地。

二、生物学和生态学特性

落叶大乔木，树高达35m，胸径可达170cm。树皮灰褐色，内皮红褐色或桃红色。小叶10～18片，互生，卵形，羽状或偶数羽状复叶。圆锥花序，长2.5～3.0cm，雄蕊花丝合生成筒状，花

海南麻楝播种苗（仲崇禄摄）

麻楝行道树景观（张勇摄）

药10枚，胚珠多数。蒴果卵形或近球形褐色，长约4.5cm，宽3.5～4.0cm，干燥后开裂。种子扁平带膜质的翅，椭圆形，连翅长1.2～2.0cm，厚约1.5mm，无胚乳，子叶叶状，圆形，胚根突出（Pinyopusarerk and Kalinganire，2003）。

最新研究已把原麻楝属的变种毛麻楝（*C. tabularis* var. *velutina*）划分为单独一个种（*C. velutina*）（Wu et al.，2015）。毛麻楝个体通常小于麻楝，高达25m，树皮有深的纵裂纹，粗糙，以二回羽状复叶为主，叶表面密被柔软的白色茸毛。

三、良种选育

目前麻楝的遗传改良工作还仅限于种质资源收集、引种驯化和种源试验阶段。主要选育目标应该是速生、干形优良和抗虫（麻楝梢斑螟）等性状。通过种源家系选择，选出优良单株后，建

立种子园或利用无性繁殖培育无性系用于造林生产。

四、苗木培育

1. 播种育苗

一般在10～11月播种。以黄心土、沙土和火烧土按2：2：1的比例配制基质，可用0.1%～0.4%的高锰酸钾溶液进行消毒。播前先用0.1%的高锰酸钾消毒种子，播种时将种子均匀撒播于苗床上，播种量为20g/m²左右，播种后薄覆基质或细沙。

当芽苗长至8～10cm高时，移入营养袋培育容器苗，小苗移栽成活后应当施肥促进苗木生长。高达80～100cm时，即可出圃造林。

2. 扦插育苗

采集麻楝幼树的嫩枝，长12～15cm，将插条基部用0.1%高锰酸钾消毒1min，用清水冲洗数遍，然后将基部浸入800mg/kg的IBA溶液中

10s，插入由河沙和泥炭土按1：1比例配成的基质中4～5cm。苗床弓起盖上塑料薄膜和遮阳网，保持扦插环境湿度和防止温度过高。30天后插条开始生根，其生根率为30%～60%（武冲，2013）。

五、林木培育

1. 立地选择

造林地应选择土层深厚、疏松、肥沃、湿润的土壤，忌选土壤板结的茅草地或石砾地造林。

2. 整地

雨季前先行砍杂，按预定的株行距杂灌归拢清理，然后穴状或带状整地。若坡度较缓，可全垦整地，间种农作物或绿肥。株行距一般以3m×4m或3m×3m为宜。

3. 造林

选用8个月或1年生的健壮袋苗，于春雨季或

澳大利亚达尔文麻楝林（张勇摄）

泰国西南部麻楝林（张勇摄）

麻楝树姿及花序（张勇摄）

7～9月雨季造林，最好在连续阴雨天种植。造林前1个月可移袋1次炼苗，提高造林成活率。麻楝嫩梢受梢斑螟的危害严重，出圃前最好喷药1次。种植时除去育苗袋，保持营养土团完整。造林后3个月内及时查苗补植。

4. 抚育

一般在定植头一年雨季末除草松土1次，以后3年在雨季前结合全面砍草和松土进行追肥1次，施肥量为复合肥0.10～0.25kg/株，每年砍草抚育3次。幼林郁闭后仍要注意砍除藤蔓，以免影响林木生长。因麻楝小树分叉早，主干矮，应注意及时整枝，特别是嫩梢被虫损害、侧枝萌生之后，应及时修枝或抹芽，留1条健壮主枝。幼林郁闭后，应及时进行2～3次抚育间伐。第一次间伐可在8～10年生左右进行，伐除生长弱、干形差、受荫庇以及受到病虫害、风害或其他损害的单株，间伐强度保持在20%～25%，间伐间隔期视林分恢复生产情况而定。

5. 更新

麻楝的主伐年龄为20年以上。采伐后采用人工更新的方式进行更新造林。

六、主要有害生物防治

1. 幼苗猝倒病

由腐霉属（*Pythium* spp.）、疫霉属（*Phytophthora* spp.）、丝核菌属（*Rhizoctonia* spp.）等真菌引起的苗期植物病害。主要表现为小苗基部或中部呈水渍状变软，茎基部呈线状缢缩，有时叶子尚未萎蔫即已倒伏，故名猝倒。其防治方法参见其他树种。

2. 麻楝梢斑螟（*Hypsipyla robusta*）

麻楝梢斑螟属鳞翅目螟蛾科昆虫，又称麻楝蛀斑螟或麻楝果斑螟，俗名钻心虫，喜食楝科植物，是麻楝、红椿、大叶桃花心木等树种的主要害虫（顾茂彬和刘元福，1980）。在西南地区1年发生4代，10月中旬后以蛹在蛀食坑道中越冬，翌年2月羽化成虫。该虫以幼虫反复钻蛀麻楝当年新嫩梢，造成枝条中空、断折、顶芽和侧芽死亡，导致主干弯曲或形成多头树。危害严重的夏、秋季，可喷施相关药剂防治，同时采用黑光灯诱杀成螟，还可以人工释放天敌如广肩小蜂、白僵菌等控制虫口密度。与其他树种混交造林可降低虫害（陈英林和查广林，1998）。

七、材性及用途

麻楝是名贵家具用材，在海南商品材中属于一类材，其径向刨切单板，花纹鲜艳夺目，是做贴面板的优良材料。其木材可制作上等家具、钢琴琴壳、仪器箱盒等，还可用于建筑、室内装修等。

（张勇，仲崇禄）

261 香椿

别　名 | 椿甜树（湖北、四川），香椿树、红椿（山东、河北、河南），香椿头（浙江、江苏、上海、安徽），香椿芽（云南昆明），椿阳树（四川宝兴），冲天、破云（日本）

学　名 | *Toona sinensis* (A. Juss.) Roem.

科　属 | 楝科（Meliaceae）香椿属（*Toona* Roem.）

香椿是我国特有的木本蔬菜类经济树种，因嫩叶馥郁芳香而得名。嫩芽、叶均可食用；苗、根、皮及果均可入药，有收敛止血、去湿止痛的功效；木材红褐色，纹理细，有香气，易加工，不变形，耐水湿，无虫蛀，是优良的造船和建筑材料；木屑及根可提芳香油，是优良的行道树及四旁绿化树种。

一、分布

香椿原产于我国，已经有2000多年的栽培历史，适应于温带和亚热带气候，最适宜于暖温带和北亚热带，即长江与黄河之间的地区，除东北、西北外，全国各地均有分布，以山东、河北、河南、湖北、安徽、四川、云南等省份为集中产区，自然分布一般在海拔850m以下的山地和广大平原地区，与针阔叶树混生，大树常为散生状，现在一般为人工栽培。香椿在朝鲜也有零星分布，在日本名为"冲天"或"破云"，是从我国引进（杜天真，2006；汪兴汉，2004）。

二、生物学和生态学特性

落叶乔木，树高可达30m，树干通直、圆满。树皮赭褐色至灰褐色，纵裂。枝条红褐色或灰绿色。偶数羽状复叶，叶长30～50cm；小叶卵状披针形或卵状长椭圆形，10～20对，叶长6～17cm，宽2.5～4.5cm，对生或互生，边缘有疏齿，揉碎有香气。圆锥花序顶生。花白色，芳香；萼5裂，短小；花瓣5片；花两性。蒴果狭长，椭圆形或近卵形，长2～4cm，深褐色，木质，5瓣开裂；种子黄褐色，一端有膜质长翅。花期5～6月，果成熟期9～10月（李文荣，2007；王倩，1999）。

香椿为喜光树种，不耐阴，但忌强光。种子

香椿花（王孜摄）

香椿花枝（刘冰摄）

发芽适宜温度为20～25℃，12℃以上时椿芽抽苔长叶。生长的适宜气温在16～28℃。日平均气温在10℃以下时，香椿植株开始落叶，进入休眠，休眠期为30～60天。

三、良种选育

目前，我国香椿约十几个品种，根据初出芽苞和幼叶的颜色，可分为紫香椿（北方系列）和绿香椿（南方系列）两大系列。属紫香椿的有黑油椿、红油椿、焦作红香椿、西牟紫椿、褐香椿等品种；属绿香椿的有青油椿、黄罗伞等品种。紫香椿系列的品种树冠开阔直立，幼芽为绛红色和紫红色，有光泽，香味浓郁，纤维少，油脂丰富，品质佳，商品性能为优，可选作矮化密植、大棚温室栽培芽菜的品种。绿香椿树冠直立，叶香味稍淡，含油脂较少，品质稍差，主要作为材用品种栽培。

四、苗木培育

1. 种子生产

香椿种子9月底至10月成熟，当果实九成泛

黄、籽粒饱满、香味浓烈、蒴果尚未裂开时，就要及时采收。剪下果穗晾晒3～5天，蒴果裂开后，抖动果梗，种子便脱出。采种母树林主要由优良林木组成。香椿种子应在干燥低温条件下保存。

2. 苗木培育

香椿的苗木培育可分为播种育苗、根系育苗、扦插育苗、组培等。

播种育苗 大量繁殖香椿，多用种子育苗。育苗要采本地种子，南方的香椿耐寒性差，不宜调到北方育苗。必须选用当年收获的种子或经恒温冷藏的种子。种子要饱满，颜色新鲜，净度在98%以上，发芽率在80%以上。

根系育苗 断根育苗：选择生长健壮的香椿大树作母株，在冬季落叶后，或春季新叶尚未萌发前，将树冠投影部分开挖环形萌蘖沟，长2～3m，宽30～40cm，深40～50cm，切断侧根，并浇透水，再把挖出的土回填，促进根部萌发新芽，形成萌蘖苗，然后在苗圃地上培育，株行距为50cm×35cm。留根育苗：香椿起苗后，及时进行圃地平整，并立即浇水，促使残留在土壤

四川蓬溪香椿幼林（肖兴翠摄）

香椿单株（李晓东摄）

内的根系长成健壮苗木。插根育苗：于3～4月，在3～4年生幼树采集0.5cm以上根系，然后剪成15～20cm长的根段，随剪随插，促使幼根长成萌蘖苗。

扦插育苗　利用香椿枝条作繁殖材料育苗有硬枝和软枝两种方法。第一种方法是在初冬香椿落叶后，在优良的母树上选1～2年生枝条作种条，将直径1～2cm、无机械损伤、无病虫害、发育良好、木质化充分的枝条剪成15～20cm长的插穗。第二种方法是每年6～7月，在幼树根蘖条或根蘖苗上剪取丛生的嫩枝，即把主干根颈离地20cm内，生长2个月左右且已半木质化的健壮枝条，剪成10～20cm长的插穗，下端剪成斜口，除去下端叶片，保留上部1～2片复叶和基部2对小叶，插条修剪好后，用1000mg/kg的生根粉浸泡30min，或用500mg/kg萘乙酸浸一下，进行扦插育苗。

组培法　选取香椿优良单株，从植株上剪取枝芽饱满的枝条，经过消毒灭菌，将顶芽及侧芽接种，经过培养、继代及生根，形成组培苗。

五、林木培育

1. 造林地选择

香椿适应性较广，酸性土、钙质土或中性土（pH 5.5～8.0）上均能生长，宜选择阳坡土层深厚、湿润、肥沃、排水良好的沙壤土造林，以达到速生丰产。

2. 人工林组成与密度管理

香椿的种植密度根据培育目的而定：以培育顶芽嫩叶为主，要适当密植，每亩栽植200～300株，株行距1.0m×1.0m～1.5m×2.0m；以生产木材为目的，密度宜疏，每亩栽植160～200株为宜，株行距2.0m×2.0m或1.5m×2.0m或2.0m×2.5m；实行椿粮间作，行距20～40m，株距3～5m。

3. 栽植技术

幼林抚育管理　一般在春季香椿萌芽前移栽。用1年生营养杯苗或裸根苗种植，在雨后阴天进行。幼林补植时应按原造林设计的密度、配置进行补植，最好选用大苗，以保证林相的一致。一般说造林当年便开始松土除草，前1～3年每年2～3次，第四至五年每年1～2次，林地至少在每年秋、冬季翻耕松土1次。幼林地可在秋季施有机肥，为来年生长打好基础，一般施土杂肥3000～4000kg/亩即可。生长季追肥，可以在发叶盛期、速生期前、中期分期多次施肥，以氮肥为主，并适当配合磷、钾肥，可施20～30kg/亩，施肥后要及时浇水。香椿速生丰产林目的是培养优质用材，修枝时应注意控制侧枝的生长，防止出现大的竞争枝，影响主干生长。

成林抚育管理　抚育间伐是香椿成林阶段培育树干通直良材的主要管理措施。通过间伐可调

四川合江福宝国有林场香椿花絮（肖兴翠摄）

整林分密度，改善林分环境条件，促进林木速生丰产。间伐时将枯死木、被压木、弯曲木、病虫害木、多头木和过密的林木砍掉。间伐次数一般1～3次，间隔期一般5～10年。

六、主要有害生物防治

1. 香椿叶锈病

香椿叶锈病的病原菌是香椿花孢锈菌（*Nyssopsora cedrelae*）。夏孢子发生于初夏，可多次侵染，冬孢子在香椿叶片的生长后期发生。孢子空气传播，扩展很快。香椿叶锈病主要危害叶片，夏孢子堆生于叶片两面，以叶背为多，散生或群生，严重时扩及全叶，其外观为黄褐色，突出叶面；冬孢子堆多生于叶片背面，呈不规则的黑褐色病斑，散生或相互合并为大斑，突出叶背。感病植株长势缓慢，叶斑很多，严重时引起早期落叶。

防治方法：①冬季扫除病枝与落叶，并集中进行焚烧。②发病初期，用0.2～0.3波美度石硫合剂喷洒。

2. 香椿立枯病

香椿立枯病的病原菌是半知菌门丝核菌属的丝核菌（*Rhizoctonia solani*）。香椿幼苗感染立枯病表现为芽腐、猝倒和立枯，大苗表现为根茎和叶片腐烂。患处皮层变为赭褐色，继而变为黑褐色，流水腐烂，难自愈。病株生长发育迟缓，中期落叶，重者可引起死亡。发病初期在晴天采用代森铵溶液浇根或使用波尔多液进行喷洒。

3. 蝼蛄（*Gryllotalpa* spp.）

蝼蛄在北方地区2年发生1代，在南方1年1代，以成虫或若虫在地下越冬，直接咬食种子及幼苗的根、茎基部，使幼苗地上部枯黄死亡。可采用傍晚在苗圃设置黑光灯诱杀或者用敌百虫拌炒香的麸皮撒在地里蝼蛄的隧道处、苗圃、定植穴，或沟施于田土中。

七、综合利用

1. 木本蔬菜用途

香椿的嫩芽、叶含有多种营养物质，香味浓郁，脆嫩多汁，味甜无渣，富含挥发性芳香油，其糖、蛋白质、胡萝卜素、维生素的含量均较高。种子可榨油，含油量38.5%。同时，香椿的苗、根、皮及果均具有可观的药用价值，对葡萄球菌、肺炎球菌、伤寒杆菌、甲型副伤寒杆菌和大肠杆菌等均有抑制作用，有祛风利湿、止血镇痛的功能，对赤白久痢、痔漏出血和泌尿道感染等有明显疗效，又是抗肿瘤的良药之一。香椿叶煮水能治疔疮疥风痘，泡菜可调治水土不服，我国民间有"食用香椿不染杂病"的说法。香椿的皮纤维可制绳索。

2. 木材用途

香椿木材纹理细，可用作造船和建筑材料；木屑及根可提芳香油，国外用作雪茄烟的赋香剂；此外，香椿树冠庞大，树干端直，是优良的用材树种，有"中国桃花心木"之称。

（郭晓敏，李志）

别　名｜毛红楝（《云南植物志》）、毛红楝子
学　名｜*Toona sureni* var. *pubescens* (Franch.) Chun
科　属｜楝科（Meliaceae）香椿属（*Toona* Roem.）

> 毛红椿是红椿的天然变种，产于中亚、南亚热带地区，1991年被列为国家二级保护濒危种，也被各分布省列为珍稀濒危树种。毛红椿生长较迅速，被誉为"中国桃花心木"，是建筑、装饰、家具的上等用材树种。其适应性较强，较耐盐、耐寒，是营造水田、河堤、滨海等防护林和山区、四旁、庭园绿化的优良树种（宗世贤等，1988）。

一、分布

毛红椿自然分布于喜马拉雅山西北坡、印度东部、孟加拉国、缅甸、泰国、越南和我国南部地区，从亚热带东部常年湿润地区到西部明显干湿季的地区都有分布，我国中亚、南亚热带到热带北部地区的江西、湖南、湖北、广东、广西、四川、贵州、海南、浙江和云南等省份有其零星天然林，垂直分布海拔220～3500m，由北向南逐步升高，北端见于安徽南海拔600m以下的低山、沟谷，在云南分布于海拔高度1400～3500m的中高山地（萧运峰，1983）。

二、生物学和生态学特性

落叶乔木，高达30m。树皮浅灰褐色，鳞片状纵裂。幼枝被柔毛，干时红色，疏具淡褐色的皮孔。偶数或奇数羽状复叶，长25～40cm，叶轴密被柔毛，叶片披针形、卵形或长圆状披针形，先端渐尖，基部楔形至宽楔形，偏斜，全缘，上面无毛或疏被柔毛，尤其脉上更密；小叶柄长8～12mm，被柔软毛。雌雄同株，圆锥花序顶生，约与叶等长，被柔毛；花白色，长约5mm，具短梗；花萼极短，具5枚裂片，被柔毛及缘毛；花瓣5枚，长圆形，长4～5mm，被柔毛或缘毛；雄蕊5枚，与花瓣等长。蒴果长椭圆形，具稀疏皮孔，木质干时褐色；种子两端具翅，长达15mm，通常上端翅比下端长，翅扁平，薄膜质。

毛红椿为喜光树种，幼时耐阴，适应性较强，较耐盐、耐寒、耐干旱和水湿；对土壤要求不严，在红壤、黄壤、黄棕壤、石灰性土壤和滨海的轻盐渍土等土壤上能正常生长（宗世贤等，1988）。毛红椿多自然分布于沟谷两侧的山麓、谷狭沟深的荫蔽潮湿立地，在土层深厚、肥沃、湿润、排水良好的疏林地、林缘或沟谷地带生长最好。

三、苗木培育

主要采用播种育苗和扦插育苗方式。

江西官山自然保护区毛红椿果实（张露摄）

江西农业大学苗圃毛红椿育苗（张露摄）

1. 播种育苗

采种与调制　选择20～30年生的生长健壮的采种母树，于10月至11月中旬蒴果呈现黄褐色时采摘。采摘后，阳光下摊晒数天，蒴果开裂脱出种子，去杂后干藏，也可低温（5℃）贮藏。

种子催芽　温水浸种24h催芽，或用0.5%的高锰酸钾液浸泡，然后用50℃温水间歇浸种3～4次；催芽后，拌钙镁磷肥和0.3%多菌灵或拌细沙播种。

播种　土层深厚、肥沃、疏松、湿润的砂质壤土或红壤地块高床育苗，深耕耙细整平作畦，宽1.0～1.2m，畦高20～25cm，步道宽25～30cm，畦面平整细致，亩施栏肥1500kg或猪、鸡粪肥1000kg与复合肥50kg等基肥。3月上中旬播种，播种量8～15kg/hm²，条播或撒播，条播播种沟深2～3cm，条距25～30cm。播种后，均匀地覆盖一层厚度约1cm的黄心土或焦泥灰，喷雾状浇湿苗床土壤。随后始终保持床面湿润、疏松、无草。

苗期管理　播种7～15天后始发芽出土，搭遮阳网遮阴。苗高8～10cm时，可进行第一次间苗，苗距5～8cm。7月苗木高生长进入快速时期，苗距调整至10～15cm，定苗后要及时灌透水，以后连续4～6天或隔天浇1次水。7～9月做好抗旱工作。苗木硬化期的8月上旬停施氮肥，改用磷、钾肥。9月底苗高生长趋于缓慢，10月基本停止生长。一般每年3次施肥，第一次于6月底至7月初施复合肥37.5～45kg/hm²，第二次于7月底施复合肥60～75kg/hm²，第三次于8月中旬施肥135～150kg/hm²。毛红椿幼苗生长迅速，1年生苗木苗高可达90～150cm，地径0.8cm以上。

2. 扦插育苗

苗床　准备选背风向阳，疏松、湿润、肥沃的沙壤土地块高床育苗，高床土壤深耕耙细整平，床面高出步道30cm，上覆一层厚度5cm左右的黄心土。扦插前用3%硫酸铁溶液或50%多菌灵1000倍液消毒处理土壤。

插穗　采集与处理随采随制穗，采集1～3年生苗木的嫩枝、硬枝和根，插穗或种根的粗度0.5～3.0cm，长度8～15cm。制好的插穗速蘸200～250mg/L的吲哚丁酸（IBA）溶液处理，可有效提高生根率。

扦插　硬枝、种根扦插时间为3月初，嫩枝扦插时间可选择5～10月。扦插密度10cm×10cm，深度为插穗长度的1/2～2/3。

苗期管理　搭遮阳网遮阴，插后浇水，随后始终保持床面湿润、疏松、无草。萌根发芽后，于4月中下旬揭去遮阴物。插穗萌生多芽时，长出多枝萌芽条，需及时抹芽除萌，选择保留其中健壮的一枝。苗高10～15cm时，结合浇水，薄施氮肥催苗。后续水肥管理，同其播种育苗同期管理措施。

四、林木培育

造林地选　择选择低山缓坡地、山脚、旱地及沟谷地段，土层深厚、疏松的立地条件。

整地　采取清除造林地上的植被、耕翻土壤的全面整地措施，挖除树兜和清除石块，全部清除林地剩余物。也可穴状整地。穴规格60cm×60cm×45cm，穴内低外高，收集雨水和地表径流，贮存在穴面活土层内，从而达到了抗旱保墒，提高土壤水分含量的目的。穴内施有机肥0.25～0.50kg/穴作为基肥。

造林　造林季节宜冬春季，春季造林需在叶萌发前栽植，遵循"三埋两踩一提苗"规则精细栽植。造林最好选择在阴雨天或雨后土壤湿

浙江遂昌九龙山保护区毛红椿天然单株（张露摄）

润时，随起苗随栽植，株行距2～3m，造林密度1500～3000株/hm²。如培育大径材，应稀植，造林密度1500株/hm²。

幼林抚育 造林后，及时松土、锄草、除杂，采取局部除草、松土、扩穴培蔸方式抚育。首先清除影响幼树生长的杂草、杂灌，再在植株四周局部松土，并将清除的杂草埋于地下以增加林地养分培蔸。每年抚育2次，分别于5～6月、8～9月，直至林分郁闭，通常抚育2～3年。

5～6月间，结合抚育追1次肥，追施100g/株的氮肥或氮磷钾复合肥。追肥采取穴施方式，施肥后回土，与肥混匀，混匀后细土覆盖地表。

抚育间伐 间伐强度依毛红椿生长情况而定。据报道，安徽泾县苏红桃岭林场生长快的毛红椿纯林分别于第八年和第15年各间伐1次，保留525株/hm²；生长慢的浙溪祝园林场于第14年进行了首次间伐，保留780株/hm²。

五、主要有害生物防治

1. 茎腐病

茎腐病病菌在土壤中越冬，腐生性强，可以在土中生存2～3年，大水漫灌且遇到地温过高最易发病，主要危害茎基部或地下主侧根。病部开始为暗褐色，以后绕茎基部扩展一周，使皮层腐烂，地上部叶片变黄、萎蔫，后期整株枯死，果穗倒挂，病部表面常形成黑褐色大小不一的菌核。防治措施秋季清扫园地，将病枝剪下集中烧毁，消除病原；在3～8月可喷药防治。5月中旬、7月的发病初期分别在易发病的品种上施用相关药剂。

2. 根腐病

根腐病是由真菌、线虫、细菌引起的土传病害，主要通过土壤内水分、地下昆虫和线虫传播，主要危害幼苗，成株期也能发病。发病初期，仅仅是个别支根和须根感病，并逐渐向主根扩展，主根感病后，早期植株不表现症状，后随着根部腐烂程度的加剧，吸收水分和养分的功能逐渐减弱，地上部分因养分供不应求，新叶首先发黄，在中午前后光照强、蒸发量大时，植株上部叶片才出现萎蔫，但夜间又能恢复。病情严重时，萎蔫状况夜间也不能再恢复，整株叶片发黄、枯萎。此时，根皮变褐色，并与髓部分离，最后全株死亡。防治方法：选好并整好育苗地块；选择优质品种，并对种子进行浸种+种衣剂处理，并适期播种；苗床土壤消毒；使用铜制剂或甲霜恶霉灵进行灌根防治。

3. 刺蛾

1年发生1～3代，第三代幼虫结茧越冬。幼虫咬食树叶，造成缺刻，严重时常将全叶食光，仅留枝条、叶柄，影响果树生长和结果。结合整枝、修剪、除草和冬季清园、松土等，清除枝干上、杂草中的越冬虫体，破坏地下的蛹茧，以减少下代的虫源；设诱虫灯诱杀成虫；选择在低龄幼虫期交替喷洒相关药剂，可连用1～2次，间隔7～10天。

六、材性及用途

毛红椿边材白色至浅红色，心材淡红色至曙红色，花纹美观、香气浓郁、纹理直、结构细、加工易、剖面光滑、耐腐性好，材质优良，享有"中国桃花心木"美誉，是制作高级家具的优质原料。

（张露，黄红兰）

別　名｜洪都拉斯红木、美洲红木
学　名｜*Swietenia macrophylla* King
科　属｜楝科（Meliaceae）桃花心木属（*Swietenia* Jacq.）

> 大叶桃花心木是世界上著名的珍贵用材树种之一，世界各地湿润热带地区广有引种栽培，在我国热带、南亚热带地区生长迅速且干形通直、树形优美、枝叶繁茂。伐后其萌芽更新能力强，天然下种更新良好。大叶桃花心木也适宜道路和庭园绿化，具有良好的市场发展前景。

一、分布

大叶桃花心木原产于中美洲，广泛分布于墨西哥东部20°N至巴西西部18°S的大西洋沿岸，自墨西哥南部经中美洲，向南至亚马孙流域，以及西太平洋群岛等均有分布，生长于从稀树草原边缘至山地雨林的各种生境，一直到中美洲伯利兹与危地马拉沿海附近。其原产地属热带雨林气候和热带森林草原气候，气温10~36℃，年降水量1650~3000mm，最适气温25~30℃。

我国于1930年引入大叶桃花心木，先后也从越南、印度尼西亚等国引种，广泛种植于广东、广西、福建、海南等地。

二、生物学和生态学特性

高大乔木，树高达30m。树皮红褐色，片状纵裂剥落。偶数羽状复叶；小叶3~6对，对生或近对生，革质，卵形或卵状披针形，基部偏斜，顶端渐尖或急尖。圆锥花序，腋生或近顶生；花小、黄绿色。蒴果大，形似牛心，木质，卵状矩圆形，表面粗糙有褐色小瘤体，熟时为栗色，具5瓣裂，每室种子11~14粒；种子扁形，呈浅褐色，具膜革质翅。

大叶桃花心木在我国年降水量1500~2000mm低海拔潮湿山区或半潮湿地区生长良好，耐干旱，对土壤适应性强，以土层深厚、肥沃湿润、排水良好的冲积沙壤土上长势最好。幼苗比非洲楝（*Khaya senegalensis*）耐寒，可耐短暂1℃低温。在正常年份，冬季至翌年早春有落叶现象，初春迅速萌发新叶，叶片呈红褐色后转绿色。

种植8~12年后开始结实，在斯里兰卡每年结实2次、斐济群岛每3年结实2次、我国1年1次。在海南，每年3月中下旬至4月，老叶全部脱落，但很快即发新叶，同时现出花蕾。4月底至5月中旬形成幼果，翌年3月至4月初蒴果成熟（白嘉雨等，2011）。

三、苗木培育

1. 种子采收及处理

选择树龄15年以上、高大通直的优良母树，当果实由浅棕色变为棕褐色时即可采摘。将蒴果摊开于阴凉处，待果壳完全开裂或捣开果皮收取种子，去掉膜质翅并净种。种子纯度80%~85%，含水率18.5%，新鲜种子发芽率可达95%以上。

2. 播种育苗

选用排水良好的沙壤土播种。播种前种子用500~800倍广谱杀菌剂混温水浸种3~5h，捞出冲洗干净，均匀撒播于苗床上，覆土厚度为0.5~0.8cm。也可将经催芽处理的种子直接点播入袋，每袋点播1~2粒种子，播种后在床面上铺一层透光度为60%的遮阳网。

3. 幼苗管护与出圃

播种后7~12天开始发芽，揭开遮阳网，待幼苗长出1~2片真叶且茎干变绿后进行移植，移入至高15cm、口径12cm的营养杯中培育，同时盖上遮阳网。7天左右待幼苗恢复生长即拆除遮阳网，30天后施肥，前期施尿素，后期施复合肥，浓度从0.2%～0.3%开始，逐步增至0.5%，10～15天施1次。培育3～4个月，幼苗高达30～40cm，即可出圃造林。

四、林木培育

1. 林木种植

造林地一般选择在海拔500m以下的平原台地和缓坡地。培育绿化大苗，应选择交通方便、水源充足、土壤肥沃的地方。平原台地或缓坡地不易引起水土流失，可砍除杂灌后机耕全垦或穴状整地，植穴规格为50cm×50cm×50cm，基肥以农家肥为主，加入3%～5%过磷酸钙充分沤熟，每穴施5～10kg。大面积人工造林宜采用混交种植，株行距为3m×4m或4m×4m，可选择生长速度相近的树种，如柚木、铁刀木、麻楝等，采用带状或块状混交。造林季节应选春季或雨季，福建、广东、广西及海南北部宜在3～4月造林，云南、海南南部宜在7～9月造林。

2. 抚育管护

定植后应及时松土扩穴，砍除植穴四周的杂灌及藤蔓。定植3个月后第一次追肥，以复合肥为主，每株50g，第二年追肥量可增加至每株100～150g，直至林分郁闭。植后前四年每年砍杂2～3次，松土、追肥1次。

五、主要有害生物防治

1. 猝倒病

猝倒病主要感染幼苗根和茎干基部，导致其突然枯萎死亡。可用50%多菌灵可湿性粉剂500～800倍液或75%百菌清可湿性粉剂600倍液灌根，感染病株应及时清除。

2. 根腐病

根腐病由真菌、细菌、线虫感染根系引起的，主根染病后植株上部叶片出现萎蔫，后期根皮变褐，最后全株死亡。可用双硫胺甲酰

大叶桃花心木行道树（陈仁利摄）

500～800倍液浸泡种子消毒加以预防，用30%甲霜恶霉灵500～800倍液灌根加以防治。

3. 茎腐病

发现病株及时拔除并集中烧毁，用500～800倍液的甲基托布津等广谱性杀菌剂喷洒。

4. 桃花心木皮细蛾（*Acrocercops auricilla*）

桃花心木皮细蛾为鳞翅目细蛾科皮细蛾属一种叶部害虫，虫体细小，潜入叶面组织导致叶面发黄枯萎。可于叶面喷施低毒有机杀虫剂，如90%晶体敌百虫1000～1200倍液加以防治。

5. 奎宁刺盲蝽（*Helopittis antonii*）

奎宁刺盲蝽属半翅目刺盲蝽科刺盲蝽属，主要吸食树叶和嫩枝的汁液，受害部位变黑。喷施接触型杀虫剂如氯氟氰菊酯或辛硫磷1000～1200倍液可有效控制其危害。

6. 桃花心木斑螟（*Hypsipyla grandella*）

桃花心木斑螟为鳞翅目拟邓蛾科一种蛀干害虫，于嫩梢产卵并在其中化蛹，亦危害果实、树皮等。发现被害植株应立即清除并集中烧毁。

7. 象鼻虫（*Elaeidobius kamerunicus*）

成虫危害嫩梢，幼虫危害树干韧皮部和木质部，导致树液流出，严重时可致植株死亡。可于树干基部喷施有机杀虫剂90%敌百虫晶体800～1000倍液。其成虫有假死习性，可人工捕杀（徐大平和邱佐旺，2013）。

六、材性及用途

木材红褐色，坚韧细致，纹理美观，硬度适中，气干密度为0.51～0.56g/cm³，干缩比小。易加工，易抛光砂磨、上蜡和油漆，不变形、抗虫蛀，是制作高级家具、建筑、船舶、室内装饰、乐器、箱板、细木工等的优质良材，亦是街道和庭园绿化的常用树种。

（陈仁利，杨怀）

别　名 ｜ 非洲桃花心木、塞纳加尔楝
学　名 ｜ *Khaya senegalensis* (Desr.) A. Juss.
科　属 ｜ 楝科（Meliaceae）非洲楝属（*Khaya* A. Juss.）

> 非洲楝为典型热带树种，产于非洲中部稀树草原。20世纪60年代初从马里和越南等地相继引入我国广东、广西、海南等地（王德祯和符史深，1980）。其树体高、冠幅大、常绿且速生，不仅适于培育大径材，亦是庭园四旁绿化的优良树种。

一、分布

非洲楝天然分布于8°~14°N非洲中部，从塞纳加尔至乌干达北部一带，常见于平地或低海拔坡地，是典型的热带稀树草原树种之一。世界各地热带地区广有引种栽培，澳大利亚有较大面积人工林种植；我国广东、广西、海南和福建等地均有引种栽培，且表现出较好的速生性。

二、生物学和生态学特性

常绿大乔木，高可达35m，胸径可达2.5m。树冠平展广伞形，树皮灰白色，平滑或呈斑驳鳞片状。偶数羽状复叶，小叶3~4对，互生，长圆形至长椭圆形，先端浑圆或具短尖，基部楔形；侧脉每边8~20条。圆锥花序腋生，疏散；花小，花瓣和雄蕊管呈奶黄色，雄蕊8枚，柱头圆盘状，

黄色。蒴果木质，暗灰色，球形，4室，室间开裂为4枚果瓣；每室种子9~14枚；种子扁平，长椭圆形。

原产地年均气温24.5~28.2℃，最热月平均气温26~32℃，最冷月平均气温21~27℃，年降水量950~1750mm，全年中有4~5个月是旱季（王德祯和符史深，1980）。适生于母质为花岗岩或页岩、砾岩、玄武岩发育的燥红壤、砖红壤和红壤，但要求土层深厚和排水良好，在瘠薄或有硬盘层的土壤上生长不良。根系发达，主根深，抗风性强，在风力10级以下极少出现折枝断干现象（白嘉雨等，2011）。

喜光树种，从幼苗期即需充足光照，庇荫苗木纤细柔弱。结实量大，蒴果成熟后开裂，种子散落在母树四周，雨季常见雨后发芽，无需任何措施亦能成苗并长成大树。

三、苗木培育

1. 种子采收与贮藏

一般植后10年即可开花结实，海南尖峰岭花期为4月初，翌年3月果成熟，花果期随着纬度升高而推迟。当蒴果呈暗灰色和果壳微裂时即可采种。新鲜蒴果含水率高，采摘后置于阳光下暴晒至果壳开裂，收集种子。鲜果出种率为9.2%~12.0%，千粒重110~234g（杨民权等，1984）。

新鲜种子发芽率为80%以上，未经低温贮藏的种子，超过3个月即完全丧失发芽力。因此宜

非洲楝果枝（罗水兴摄）

随采随播。种子置于5～10℃低温贮藏，其活力可保持6～7个月。

2. 苗木培育

选用沙壤土作苗床，播种前用40℃温水浸种24h。采取撒播或条播，500～600粒/m²，覆土厚约0.5cm，加盖遮阳网，保持床面湿润而不积水。当幼苗长出2对真叶，高6～10cm时移入营养杯培育，遮阴10～15天，幼苗恢复生长后拆除阴网。经过5～6个月常规管理，苗高达到40～50cm时即可出圃定植。

四、林木培育

1. 立地选择

造林地宜选海拔600m以下、坡度比较平缓、土层深厚肥沃的砖红壤、赤红壤或冲积土。

2. 整地

造林地清除杂灌后，平原台地或缓坡地可采取机耕全垦，超过25°的坡地则开水平带，植穴规格为50cm×50cm×40cm。株行距采用4m×4m或5m×4m，立地条件差或有风害的地方可采用3m×3m或3.5m×3.5m。行道树往往采用5～8m株距。基肥采用腐熟的农家肥，每穴2～3kg，每穴施磷肥250g。

3. 定植

造林易成活，一般采用容器苗造林，成活率达95%以上；若交通不便，也可用裸根苗浆根后上山造林，但定植前需修剪部分枝叶，以提高成活率。

非洲楝单株（罗水兴摄）

4. 抚育管理

定植后于当年雨季末期进行铲草松土、培土1次；3年内每年全面砍杂、扩穴80cm×80cm、施肥2次，每次施复合肥150g；此后每年抚育1次，至郁闭成林，每次台风过后要注意扶正风斜木。一般5～7年和12～14年间伐2次，每亩保留20株左右，20年目标胸径35cm左右。

五、主要有害生物防治

1. 立枯病（*Rhizoctonia solani*）

主要危害幼苗，初期病株基部及下部叶片呈水渍状，逐渐变成浅褐色焦枯状，病株根部腐烂，最后导致全株干枯死亡。发现病苗及时清除并集中烧毁，对周围苗木进行防治，用松脂酸铜乳油与吡唑醚菌酯乳油混合1∶800倍液喷洒，每7天1次，连续3次，效果良好。

2. 根腐病（*Fusarium* spp.）

早期发现病株应及时清除集中烧毁。发病严重地段，可用400～500倍敌克松液进行淋根，也可用50%甲基托布津700～800倍液喷洒或淋根，防治效果较好。

3. 炭疽病（*Colletotrichum* sp.）

可使用50%甲基托布津600～800倍液进行喷洒，一般7～10天1次，连续2～3次，也可用多菌灵或百菌清等农药。

4. 褐根病（*Phellinus noxius*）

发现病株，及时掘开其根部土壤，让根部暴晒7～10天，同时适当修剪枝叶，结合回土适当施入有机肥，促进病株恢复生长。发病较轻植株，可砍除病根或采取刮治措施，于病部涂软沥青剂。

六、材性及用途

木材纹理交错，花纹美观；气干密度为0.69g/cm³，硬度中等。边材易受天牛和小蠹虫钻蛀，但心材耐腐、抗白蚁。木材易裂，干燥时要加压以防变形。加工方便，易砂磨、上蜡及油漆，是制作高档家具、室内装饰、车、船等的良材。

（周铁烽）

别　名 | 木瓜（河北、北京、山西）、崖木瓜（陕西）、文光果（内蒙古）、文官果（陕西、山西）、文干革（内蒙古）、文灯果（甘肃）、僧灯毛道（内蒙古）

学　名 | *Xanthoceras sorblfolium* Bunge

科　属 | 无患子科（Sapindaceae）文冠果属（*Xanthoceras* Bunge）

> 文冠果是我国北方地区重要的经济林树种、能源林树种、园林绿化树种和防护林树种，其种子油是良好的食用植物油，也可用于生产生物柴油、高级润滑油等，枝叶等均具有药用价值，种实还可用于提取多种化工原料。

一、分布

文冠果主要分布于中国东北、西北、华北地区，东到山东，西到新疆，南到河南，北到吉林，集中分布于内蒙古、河南、陕西、山西等地。近年来各地多有引种栽培，垂直分布在海拔400～1500m的山地和丘陵地带（徐东翔等，2010；陈有民，2006）。

二、生物学和生态学特性

落叶灌木或小乔木，高2～9m，最高可达十几米。树皮灰褐色；枝粗壮，褐红色，光滑无毛或嫩枝具短毛，褐红色。奇数羽状复叶，互生，先叶后花或花叶同放。总状花序，雌性花多顶生，雄性花多腋生，花瓣白色，基部紫红色或黄色斑纹，花盘5个角状附属体橙黄色，雄蕊8，子房被灰色绒毛。蒴果多为球形，长4～6cm。种子球形，径约1cm，黑褐色。在内蒙古赤峰地区花期5月，7月末果实成熟；河南花期4月，6月末果实成熟（王涛等，2012；陈有民，2006）。

文冠果为喜光树种，耐寒、耐旱、耐盐碱、抗病虫、适应性强。在黑龙江齐齐哈尔、新疆南部及青海西宁引种成活良好。在年降水量约150mm的宁夏有散生树木。在黄土高原丘陵沟壑区、冲积平原、固定沙地和石质山区及盐碱地区都能生长。文冠果为深根性树种，主根发达，根蘖力强。以土层深厚、肥沃、通气良好、中性至微碱性土壤上生长最好，低湿地生长不良。一般栽植后2～3年开始结实，7～8年达到盛产期，寿命可达数百年。

赤峰翁牛特旗文冠果花期（敖妍摄）

内蒙古阿鲁科尔沁旗文冠果结实（敖妍摄）

三、苗木培育

文冠果育苗主要采用播种和嫁接育苗，分株和根插也可（林造发〔2014〕45号）。

1. 播种育苗

一般采用秋播和春播，种子分级播种效果较好。秋播，采用成熟晾干后的种子，土壤冻结前播种，次春出苗。春播，可将种子用湿沙层积储藏越冬，翌年早春播种也可在播种前用温水浸种2～3天，种子捞出后置于20～50℃保湿催芽，当种子2/3露白时播种。干旱地区排水良好条件下宜选择低床育苗，低湿地区应采用高床育苗。点播，播种密度（10～15）cm×10cm为宜，种脐平放，覆土厚度2～3cm。

幼苗出土后，保持床面湿润而不积水，防止根系腐烂。速生期应根据需要灌水，雨季注意排水。育苗要施足基肥，6月中下旬是苗木抚育关键期，可根据苗情追肥1～2次，松土逐渐加深，促进形成庞大根系。抑制秋梢抽生，防止苗木弯曲倒伏，严防病虫害发生（徐东翔等，2010）。

2. 嫁接育苗

一般采用枝接和芽接。枝接可结合冬季修剪选取健壮1年生枝制作接穗，沙藏保存，第二年春季萌芽前嫁接。芽接一般选用当年春梢上的饱满芽制作芽片，于生长旺盛的7～8月芽接。嫁接苗容易产生根蘖芽，应及时抹除，以免消耗养分。接芽长出后，应设支柱，以防风吹折断新梢。

四、林木培育

1. 立地选择与造林

造林准备 宜选择土层深厚、坡度不大、背风向阳、排水良好的沙壤土地区栽植文冠果。整地可以根据地势情况分别采取全面、带状、块状和鱼鳞坑4种方式。造林前一年雨季或秋季整地，深度25～30cm，土壤结冻前灌冻水保墒，为翌年春栽做准备。

适时定植 可秋季或春季栽植，以春季为主，土壤解冻后即可栽植。

造林密度 一般每亩70～110株。具体栽植密度取决于栽培目的以及土壤的水分、肥力与土层厚度、坡度等立地条件。在水肥条件较好、土层较厚或造林地坡度不大的区域，考虑树木生长较快，可适当疏植；反之，考虑提高早期产量和效益，可适当密植。

2. 抚育

中耕除草 生长季节每年中耕除草2～3次；幼林结合除草进行松土扩穴和肥水管理。

肥水管理 根据土壤墒情和文冠果既耐干旱、又怕水涝的特点，一般应在树木开花前、果实迅速生长期及果实采收后、土壤结冻前进行灌水。雨季注意及时排水，以防止林地渍水导致林木根部腐烂。结合水分管理，在果实迅速发育期和果实采收前后2次施肥。

整形修剪 幼树栽植后第一年的5～6月及时定干，干高50～70cm，距定干剪口下10～20cm内选留分布均匀的壮枝或壮芽，培养3～4个主枝。第二年冬季，在主枝上距主干30～40cm处选

赤峰翁牛特旗文冠果盛果期（敖妍摄）

河北承德文冠果花期（敖妍摄）

留侧枝，培养结果枝组。栽植第三年，即树体进入结果期后，注意结果枝组的培养和更新。栽植5年后，主要注意疏去过密枝、重叠枝、交叉枝、纤弱枝和病虫枝。文冠果以壮枝、顶花芽结果为主，修剪中应保留顶花芽；一般采用双枝更新法以保证果实产量的连续稳定；也有部分树体能够侧花芽结果，尤其是肥水条件好的壮树，修剪时应切实观察树性，因树修剪。文冠果开花量过大的树，可以适当摘除部分雄花，结果过密的，尽早疏果，以减少养分竞争，促进果实生长。文冠果落花落果严重，在花期喷洒萘乙酸钠对提高坐果率、增加产量有明显效果（徐东翔等，2010）。

适时采收 当果皮由绿色变为黄绿色，表面由光滑变粗糙，果实尖端微微开裂，种子为黑褐或暗褐色时即可采摘。果实采收期一般在7～8月，采摘时注意尽量减少对树体伤害。目前常采用高梯结合手摘，也可采用高枝剪采摘。采摘后采用晾晒、人工或机械脱壳的方法去掉果皮，待水分降至13%以下时收储。

五、主要有害生物防治

1. 黄化病

该病由线虫（*Meloidogyne* sp.）寄生根颈部位引起。幼苗出土后，易受到线虫侵染，在重茬和阴湿条件下，成林植株亦可发病。因此，播种不宜过深，苗期加强中耕、除草，播后及时灌足底水；发现病株立即拔除，并焚烧；秋冬季节对育苗地实施翻土晾茬；可通过药剂滴灌、冲施、灌根加以防治（孔雪华，2015）。

2. 煤污病（sooty blotch）

由木虱吸吮幼嫩组织的汁液而引起。发病初期在叶面、枝梢上出现黑色小霉斑，后逐渐扩大，严重时全树炭黑色。可通过合理密植，适当修剪，减少林内湿度；通过喷药防治木虱、蚜虫、介壳虫等媒介昆虫，减少发病传播；在冬季休眠期或春季发芽前，树冠喷施石硫合剂，消灭越冬病源（孔雪华，2015）。

3. 黑绒金龟（*Serica orientalis*）

此虫1年发生1代，以成虫或幼虫于土中越冬。春季成虫喜食文冠果嫩芽、幼苗、嫩叶及花朵，昼伏夜出，迁飞性较强。其幼虫俗称蛴螬，在土壤中危害根部，发生严重时，会造成苗圃地幼苗立枯死亡。具有较强的趋光性、群集性和假死性，喜欢在未腐熟的肥料中产卵。可通过人工诱杀或喷洒化学药剂进行防治。

4. 蚜虫（Aphidoidea）

又称腻虫、蜜虫，是一类植食性昆虫。主要以成虫和若虫聚集在叶背及嫩茎吸食汁液危害，造成叶片卷缩、植株萎蔫甚至枯死。入冬前，将蚜虫寄居或虫卵潜伏过的残花、病枯枝叶彻底清除集中烧毁。化学防治可选用吡虫啉、啶虫脒或仲丁威等喷雾防治（徐东翔等，2010；彭祚登，2011）。

六、材性及用途

文冠果种子含油率30%～36%，种仁含油率55%～66%，其油在常温下为淡黄色，气味芳香，可用于生产食用油，也可利用种子油生产生物柴油。种仁可加工成果汁露，叶可加工成茶叶，果壳可提取化工原料糠醛。文冠果还具有医疗保健作用，其枝、叶、果壳、油均可提取药用成分，用于治疗风湿关节炎、老年痴呆、小儿夜尿、心血管病等疾病。木材材质坚硬，暗红色，纹理美观，可制作家具，还可用于雕刻。树姿优美，叶形美观，花朵繁茂，是理想的园林绿化树种（王涛等，2012；彭祚登，2011）。

（敖妍，侯智霞）

别　名 | 丹荔、丽枝、香果、勒荔、离支
学　名 | *Lichi chinensis* Sonn.
科　属 | 无患子科（Sapindaceae）荔枝属（*Litchi* Sonn.）

> 荔枝分布于我国华南地区，是南亚热带地区广泛栽培的典型特色经济林树种，也是建筑、家具及家庭装饰用材，还是行道树、城市绿化和庭园观赏树种。

一、分布

荔枝原产我国。我国荔枝分布限于18°～31°N范围内，但生产区在22°～24°30′N，主栽区为广东、广西、福建、海南，四川、云南、贵州、重庆有栽培（张蓓等，2011）。目前，世界上亚洲、非洲、大洋洲、美洲和欧洲等30多个国家进行了引种和栽培。

二、生物学和生态学特性

常绿乔木，树高通常10m左右。主干粗壮，树皮多光滑，树冠半圆至圆形，主枝粗大，小枝圆柱状。叶多为偶数羽状复叶，互生或对生，树叶薄革质或革质，披针形或卵状披针形。花穗为复总状圆锥花序，分为纯花穗和带叶花穗，一般每穗单花300～500朵，虫媒、风媒传粉；花是雌雄同株异花。果实鲜食，卵圆形至近球形；果皮

海南省海口市特色种'紫娘喜'结果状（李新国摄）

有鳞斑状突起，成熟时果皮通常为暗红色至鲜红色；种子全部被肉质假种皮包裹。

荔枝喜温，生长时期所要求的适宜温度为24～30℃，低于10℃则生长停滞。性喜光照，一般要求年日照时数在1800～2000h为宜。以土层深厚、排水良好、富含有机质（有机质含量2%以上）、土粒疏松透气、地下水位低的微酸性（pH 5.0～6.5）的红壤或冲积土最好。常生于山坡、路边、荒地、林中、杂木林、居民聚集地附近。

三、良种选择

目前，我国有200多个荔枝品种，主栽的良种有'三月红''白糖罂''白蜡''水东''妃子笑''大造''黑叶''灵山香荔''新兴香荔''桂味''糯米糍''挂绿''淮枝''尚书怀''兰竹''陈紫''楠木叶'和'下番枝荔枝'等（按成熟期自早到晚排列），还有'无核荔''紫娘喜'等地方特色品种（李建国，2008）。品种是荔枝生产的基础，好品种可以优质、丰产、稳产。下列为常见良种。

'白糖罂'　又名'蜂糖罂'，主产广东高州、电白等地，是优质的早熟品种，成熟期5月中旬至6月上旬。果歪心或短歪心形，单果重约21.0g。果皮鲜红色，果肉厚，半透明，质地爽脆清甜带香蜜味，种子重2.42g，可食率68.5%，可溶性固形物18%～20%，酸0.05%。

'妃子笑'　为我国古老而著名的品种，也

是出口最多的荔枝品种。果大，近圆形或卵圆形，单果重23～32g。果皮薄，淡红色，果肉厚，白蜡色，汁多，蜜甜，清甜。种子小而不饱满，可食率80.2%，可溶性固形物17%～20%，酸0.25%～0.35%。早中熟，果实成熟期5月上旬（海南）至7月下旬（四川）。

'桂味' 又名'桂枝''带绿荔枝'等，果实成熟期6月下旬至7月中旬，是优质的中熟品种，也是重要的出口商品水果。果实粉红色，单果重18.1g。果乳白色，肉厚，质地结实爽脆，清甜多汁，有桂花香味，其品种由此而得名"桂味"。小核一般占90%以上，可食率77.8%，可溶性固形物18%～21%，酸0.15%～0.20%。

'糯米糍' 主要产于广东广州、东莞、深圳等地，果实成熟期6月下旬至7月上旬。果实鲜红色，扁心形，单果重26.5g。果肉半透明，软滑多汁，味浓甜微带香气。种子多退化，种子重0.5～2.1g，可食率78.9%，可溶性固形物18%～21%，酸0.15%～0.25%。

四、苗木培育

荔枝育苗主要采用嫁接育苗，还有高空育苗、实生育苗等方式（李建国，2008）。

1. 嫁接育苗

种子的采收和处理 选择种子饱满、发芽率高、长势强、适应性好的大粒种子为宜。取出种子后，在清水中搓洗去掉残肉，尽快播种。若短期贮存则用湿沙或锯末（湿润程度以手能捏成团，无水滴出松开即裂口为好），与种子混合存放，并要放在遮阴通气的地方。

催芽和播种 在催芽前用0.1%高锰酸钾液浸种消毒10min，取出后清水洗净，用湿沙催芽（沙与种子之比约为3∶1），经4～5天后种子胚芽露出，取出后在苗床上按株距8～10cm，行距10～12cm开浅沟均匀播种，覆土2cm深后淋足水分。

苗床用遮光网搭盖阴棚。此后定期淋水，保持床土湿润。

播后管理 待幼苗第一对真叶转绿色老熟后，即可逐渐除去遮阴物。一个月后追施第一次速效氮肥，每亩施硫酸铵约10kg（如施尿素则减半），以后每月施1次肥，肥量逐步增加。幼苗及时修芽，只留一条健壮芽。注意防金龟子幼虫食根，防荔枝瘿螨危害叶片，防卷叶蛾、蓟马等危害嫩梢。

嫁接育苗 选取树冠外围中上部、向阳、发育良好、芽眼饱满、枝条已木质化、无病害的枝条作接穗，以春接（2～4月）或秋接（9～10月）为宜。可采用补片芽接、合接、切接等嫁接方法。

嫁接后管理 嫁接后30～40天检查成活情况，不成活要及时补接。及时对砧木除萌，加强肥水管理，防治荔枝蝽象、卷叶虫和尺蠖等虫害。苗高30～40cm时进行修剪摘顶，选留3～4条主枝。

出圃 嫁接苗出圃标准是：①品种纯正；②砧穗亲和良好，嫁接部上下发育均匀；③苗木植株发育正常，生产健壮，叶片浓绿，嫁接部位以10～20cm为宜，苗木植株高50～60cm，主干基部直径达0.8～1.5cm。嫁接口以上2cm处，主

海南省海口市永兴镇万亩人工种植荔枝单株（李新国摄）

海南省海口市永兴镇万亩野生荔枝林相（李新国摄）

干直径0.5～0.6cm，主枝2～3条，主干直立不弯曲，留小叶6～8片；④苗木根系发育良好，侧根、须根多；⑤无病虫害，有病虫危害的枝叶要剪除。无严重机械伤。

2. 高空压条

又称"圈枝""驳枝"。首先母株应是丰产、稳产、果实品质优良的品种，且生长健旺和已进入结果期；接着在母株上选已结果、3～4年生枝、茎粗1.5～2.4cm、较直立、皮光滑、健壮、扰乱树形的非骨干枝；然后对包裹生根基质部位进行催根处理，可环剥、环割、温烫等机械、物理处理后用生长调节剂如5000mg/L吲哚乙酸进行涂抹伤口等化学催根处理，提早生根成苗；最后包扎生根基质。此后注意检查基质湿度，生根后注意补充肥水。荔枝高空压条苗锯离母株的时间早晚取决于枝条粗细、生根基质特点、实施压条的季节和管理水平的高低，一般需4～5个月。此繁殖方法简易，成苗快，结果早，并能保持母树的优良性状，尤其对于新发现的老龄优良母树很难取芽条时常采用；但对母树消耗大，繁殖系数低，而且苗木没有主根易倒伏。

五、林木培育

1. 人工经济林营造

（1）立地选择

选择年平均气温21～23℃、年降水量1500～2000mm、年日照时数1800～2000h区域，以红壤土、黄壤土、冲积土为好，地下水位1m以下，pH 5.5～6.5，坡度在20°以下土层深厚、腐殖质丰富、无季节性积水的丘陵地或山地。

（2）栽植技术

选用嫁接苗或空中压条苗造林。定植时宜选在春季的阴雨天或晴天傍晚定植，一般株行距为（4～5）m×（5～6）m，要求做到苗正、根舒、土实、水足等技术要点。

（3）管理技术

幼树期管理 在抽生春、夏、秋梢期间，按照"一梢两肥"（即顶芽萌动时和抽生新梢的叶片转绿时各施1次肥），应在树盘内薄肥勤施、少量多次。每年施基肥1次，开挖深和宽为20cm和50cm的环沟施入有机肥，施肥后覆土。抽梢时遇旱应及时淋水。在行间可间作甘薯、南瓜、菠萝和豆科牧草等作物。待主干高度达到80～90cm时，在70cm处短截定干，保留3～4条空间分布均匀、开张角度大的健壮枝条来培育主枝。以放任主枝抽梢为主，但在生长季修剪时及时疏除过密枝、交叉枝、纤弱枝、下垂枝、内生枝和其他扰乱树形的枝条，3年内培养成波浪半圆形树冠。

结果期管理 结果期的施肥主要有3次，第一次是促梢肥，在采果前后施用，一般每株施腐熟的畜禽粪肥50kg，尿素、钙镁磷肥各0.4kg；第二次是促花肥，在结果母枝花芽见白点就开始追施，一般每株施腐熟畜禽粪肥1.0kg、氯化钾1.0kg、硼砂30～50g；第三次是壮果肥，在谢花后至采收前30天左右分次施用，土壤施肥与叶面喷肥相结合，土壤施肥以水肥方式施用为宜，一般每株追施三元复合肥0.8kg、氯化钾0.7kg、尿素0.4kg、钙镁磷肥1.0kg。另外，根据树体情况，在新梢转绿期、抽穗期、花期和幼果期等时期叶面喷肥，以便迅速补充树体养分和矫治缺素症。荔枝开花期和冬季花芽生理分化期应控水，保持适度干旱；在采果后秋梢抽生期、花芽形态分化和抽穗期、果实生长发育期的时候遇旱应及时灌水。在雨季汛期注意及时清沟排水。丰产树形要求主枝较开张，绿叶层厚，枝梢在空间分布较紧凑，高低参差错落有致，进入开花结果前具备50～100条健壮的结果母枝，通风透光良好，树冠呈波浪半圆形。结果期注意培养健壮结果母枝，利用断根、环割、化学调控等技术控梢促花，调控花期和花量，盛花期采用放蜂、人工辅助授粉、雨后摇花、高温干燥天气傍晚及时灌水及下午树冠上喷清水等措施。对负载量过大的植株在第二次生理落果后进行人工疏除小果、畸形果、病虫果和过于分散的果，并根据结果母枝粗壮程度和叶片数确定每枝条留20~30个正常果。一般在谢花后15天喷第一次保果剂，第二次生理落果后（雌花谢花后30天）再喷1次，常见的保果剂如"九二零"（30~50mg/kg）或核苷酸（10%）等。在第三次生理落果前，进行杀虫杀菌后可用最适宜的荔枝套果袋进行套袋保护。

2. 低产林改造

根据低产林形成的原因，主要有3种低产林改造方式（李建国，2008）。

（1）抚育改造

对于品种好、管理不善造成的低产荔枝林分可采用抚育改造技术。清理其他乔木及杂草灌木。隔年垦复一次，在冬季或早春进行。每年施肥2次，冬季施肥以农家肥为主，施肥量20kg/株，生长季以复合肥为主，施肥量500g/株。控制郁闭度不超过0.7。

（2）嫁接改造

对于品种不良、产量低的荔枝幼林、壮龄林分可高接换种，多采用一两年生的枝条作为接穗。

（3）更新改造

针对60年以上的老残林，抚育改造和高接换冠改造的价值不大，可实施更新改造。

六、主要有害生物防治

荔枝的病虫害有100余种（李建国，2008）。病害以荔枝霜疫霉病（*Peronophythora litchii*）最为严重，其次是炭疽病（*Colletotrichum gloeosporioides*）。此外，还有酸腐病、焦腐病、白霉病和曲霉病等果实采后病害。荔枝霜疫霉病防治方法是在越冬卵子孢子萌发时（珠江地区约在3月中旬至4月下旬，湛江地区可适当提前）用1%硫酸铜溶液喷洒树冠下面土壤；在花蕾期、幼果期和成熟期用64%杀毒矾（M8）可湿性粉剂500~600倍液、25%瑞毒霉可湿性粉剂600倍液等喷药保护。虫害主要有荔枝蝽、蒂蛀虫、卷叶蛾、吸果夜蛾、尺蛾、天牛、白蚁等。荔枝蝽的防治方法是在春季荔枝蝽产卵初期开始释放荔枝平腹小蜂（*Anastatus japonicus*）进行生物防治，每隔10天放1批，共放2~3批；在越冬成虫卵巢开始发育至成虫产卵的前夕、卵块的初孵期两个关键时机喷洒90%敌百虫晶体600~800倍液；捕杀越冬成虫，摘除卵块，尤其适用于幼树。

七、综合利用

荔枝是具有材用、观赏、药用、食用等多种用途的优良用材林、经济林和园林绿化树种。其材质坚韧致密，切面光滑，纹理交错，耐潮防腐，抗虫蛀，可做名贵家具、造船、建筑、车辆等良材。成熟的荔枝果皮鲜红诱人，果肉洁白晶莹，香甜多汁、柔软爽口，因而有"岭南果王"之美誉。荔枝具有很高的营养和药用价值，荔枝果实中含有大量的糖分、维生素C、磷、钙、矿物质等，可加工成荔枝干、果汁、果酒、果醋和罐头等。种子可入药，可酿酒，亦可加工成饲料。花量大，花期长，属优质蜜源。根可入药治疗小肠疝气等疾病。因此，可作为多用途经济树种发展。荔枝多酚在荔枝果皮、果肉和果核中都有分布，是荔枝中的主要功能成分之一，已有研究人员对荔枝果皮、果核、果肉中荔枝多酚的提取、分离和纯化进行了较系统地研究，得出荔枝酚类物质具有降糖、抗氧化、抗肿瘤和抗病毒等重要生物活性。

（李新国）

别　名｜桂圆、龙目、亚荔枝、荔枝奴、益智、圆眼

学　名｜*Dimocarpus longan* Lour.

科　属｜无患子科（Sapindaceae）龙眼属（*Dimocarpus* Lour.）

> 龙眼是典型的南亚热带特色经济林树种，常绿乔木果树，在我国已有2000多年栽培历史，龙眼果肉营养丰富，除鲜食以外还可以烘干做补品和入药，木材材质纹理细腻优美，是制作高档木制品的上好原材料。其树形优美，可作园林绿化树种。我国龙眼种植面积和产量均居世界第一。

一、分布

龙眼起源于我国华南地区及越南北部，在广东、海南、云南的西双版纳等地有野生龙眼分布，19世纪由我国引种到北美洲、大洋洲、非洲等地。我国的栽培区东起122°E的台湾南部，西至100°44′E的四川盐边县，南起18°N的海南省南端，北至31°16′N的四川奉节县（李耀先，2001）。福建、广西、海南、广东和台湾是我国龙眼的主产区。

二、生物学和生态学特性

树皮灰褐色，木栓质，无规则纵裂。叶为偶数羽状复叶，小叶对生或互生。圆锥形聚伞花序，雌、雄异花，具少量两性花。果实为荔果，果肉为假种皮，果肉质地软，清甜有香气。

温度是影响龙眼生长和分布的主要因素，0℃时龙眼幼苗易受冻害，−2.0℃时大树中等程度受害，−3.0℃时大树老叶受冻枯萎，低于−4.0℃时大树主干受冻死亡。

龙眼生长适合于年降水量1000～1600mm的地区。其花芽分化初期要求相对干旱，花期雨量过多容易出现"沤花"导致大量落花和坐果率低等现象。花芽分化期要求充足光照，促进养分积累；开花期间光照过强，造成柱头干燥，影响授粉受精；幼果生长期缺乏光照，引起营养和激素不平衡，导致落果。适合生长于pH 5.0～6.5，有机质含量2%以上，土层厚1m以上，且疏松透气、排灌良好的砖红壤和红壤。

三、良种选育

我国有300多个龙眼品种，按成熟时间分为早熟、中熟和晚熟品种，不同地区应筛选适合当地的主要栽培品种，才能达到高效优质和丰产稳产。下列为常见良种。

'储良'　原产于广东高州分界镇储良村，是广东、广西、海南栽培最多的早熟地方品种，7～8月成熟。树势中等；果实扁圆形，单果重约12g，果皮淡黄色，肉爽脆浓甜，品质佳，宜鲜食或加工；种子黑褐色，可食率70%以上。

海南省儋州市宝岛新村两院龙眼叶片和果实（王令霞摄）

'**大乌圆**' 原产于广西容县，是广西和广东早熟品种，8月上旬成熟。树势旺；果实圆球形，单果重16～17g，果皮黄褐色，肉爽脆，味甜，品质中等，宜加工；种子黑褐色，可食率为74%以上。

'**八月鲜**' 原产于四川泸州，是四川早熟型品种，成熟期8月初。果实扁圆形，果实大小中等，单果重约12g，果皮黄褐色，果肉厚，质地爽脆，味甜汁多，可食率达66.3%，含糖量17.1%，品质优；种子中等偏大。

'**九月乌**' 又名九月蕉，产自福建省莆田市，是鲜食晚熟优良品种，成熟期10月中下旬。果实呈扁圆形，单果重约15g，果皮呈黄褐色，果肉厚0.63cm，质脆爽口，多汁味甜，品质上等，可食率约68%，果汁可溶性固形物含量18.0%～20.2%，果肉维生素C含量68.0mg/100g；种子呈棕褐色，扁圆形，顶部宽平，种肩微凸，重约2.14g。

四、苗木培育

实生苗大多作为砧木；嫁接苗抗逆性较强，矮化速生，早实丰产，繁殖率高，目前生产上应用最普遍。

1. 实生育苗

果实充分成熟后采收，去除果肉，洗净种子，选饱满粒置于通风阴凉处晾干，用1000倍多菌灵消毒30min，撒播于沙床上催芽，覆盖厚度以不见种子为宜。长至4～6片真叶时，剪除过长主根即可移栽。育苗袋规格为18cm×23cm，基质为肥沃表土混入约20%腐熟有机肥。搭遮阳网

海南省儋州市宝岛新村两院龙眼林相（王令霞摄）

防晒，及时抹除苗木主干20cm以下的侧枝和芽，待20cm高处茎粗约0.8cm时即嫁接。

2. 嫁接育苗

砧木选用当地生产并和接穗亲和力强的品种，接穗应从品种纯正的结果母树上选1年生、粗度与砧木相近、生长健壮、芽眼饱满、向阳、无病虫害的枝条。小苗嫁接多采用切接和芽接，接后及时除萌，整型留芽，及时解绑，做好水肥管理和病虫害防治。

五、林木培育

1. 立地选择

宜选择开阔向阳避风、坡度20°以下的丘陵坡地建园，在常风较大的地区应选在背风坡面，在出现寒害的地区应选阳坡。

2. 种植园规划

开园前应对园区合理布局，对种植区、排灌系统、道路系统、防护林带和丘陵山地的水土保持工程、办公室以及厂房等建筑物做出合理安排，采用机械或人工的方法清理杂物，平整土地。

3. 造林

龙眼定植密度为（3~5）m×（4~6）m，平地挖穴规格为：穴面宽80cm，深70cm，底宽60cm，山地和丘陵地穴深面宽可大些。穴挖好晾晒1个月后，结合回土施腐熟有机肥、磷肥和石灰等基肥。定植季节以春植（2~5月）、秋植（9~10月）为宜，小苗一般在春梢萌发前或老熟后、秋梢老熟后定植，山地宜春植。

4. 抚育

幼树抚育 定植后3年内采取措施促进根系生长、迅速扩大树冠、缩短非生产期和培养良好树体结构。

幼树整形 定植成活后开始整形修剪，用短截、摘心和抹芽等方法抑制枝梢生长和促进分枝，树形以自然圆头形为主。在离地面40~50cm处定干，选留培养3~4条长势相近主枝、夹角45°~70°的枝条作为骨干枝，每一主枝距主干30~40cm处，选留副主枝2~3条，依此类推培养各级结果枝组，用撑、拉、顶和吊等方法调整枝条生长角度和方位。

幼树施肥 第一批新梢老熟后开始追肥，原则是一梢一肥，年施肥3~5次；尿素和复合肥用量为每株每次约25g，随树龄增加而增加，一般水肥施用浓度是0.3%~0.5%；在叶片刚转绿时可进行叶面追肥；有机肥和磷肥充分腐熟后结合扩穴在秋冬季施用。

结果树修剪 采用短截和回缩方法处理枯枝、弱枝、重叠枝、下垂枝、病虫枝和交叉枝，尽量保留向阳健壮枝；对具生长空间的侧枝可适当短截培养；对生长过旺枝条可基部环割，抑制营养生长；对老弱大枝可适当回缩，以维持适当枝量。

控梢促花 秋梢正常在11月下旬至12月中旬老熟。冬梢抽生可选用乙烯利控杀、环割、环剥、断根、摘心和抹芽等方法控制冬梢抽生。

在反季节龙眼生产中多应用"花必来"和"龙眼诱花剂"等产期调节药物，施药时间视收获期而定，大约施药6个月后即可收获。施药时间为9~11月；在树冠边缘附近开浅沟埋施或喷施；土施用药量8~20g/m²树冠，喷施用药量1000mg/L，用药后1个月内保持土壤湿润。

花果管理 花穗抽生期间及时摘除和喷施小叶脱等药剂去除小叶；花穗抽生长度为20~25cm时，剪除过多的花枝或截短花穗，提高雌花比率；花期喷0.5%以下浓度的硼砂，并放蜂，雨后摇花防止沤花，开花遇高温干燥天气，果园应喷水以创造良好授粉条件；谢花后喷施0.2%尿素+0.3%磷酸二氢钾、150mg/L爱多收和100mg/L腐殖酸，7天1次，共喷3次，可提高坐果率；第二次生理落果后应剪除小果、病虫果和畸形果，促进果实发育；花后约30天用无纺布套袋，果实套袋前全面喷药防治病虫害。

结果树施肥 采用平衡施肥技术，全年主要分花前肥、壮果肥和促梢肥3个时期施肥，一般生产50kg鲜果需施2~5kg纯氮、2~3kg氧化钾、1~3kg五氧化二磷，施肥以有机肥为主。增施钙镁肥可有效改善果实品质。

老树更新 根据树体大小采用轮边回缩、压顶回缩或枝条轮换回缩进行树冠改造。对低劣不良品种要进行高接换冠，老龄树在1.0～1.2m高的地方锯去树冠上部，留下主枝，抽出新梢离锯口粗度为0.8cm时，再用切接方法进行高接。

六、主要有害生物防治

1. 荔枝蝽（*Tessaratoma papillosa*）

也称"臭屁虫"，分布在海南、广东和福建等地。成虫形状为盾形，黄褐色，虫体长约25mm，近圆球形，通常14粒卵排列成块在叶片的背面。若虫和成虫刺吸龙眼的嫩梢、花穗和幼果的汁液，导致龙眼大量落花落果，影响植株正常生长。危害时期在3～5月，荔枝蝽1年发生1代，一生经过卵、若虫、成虫3个时期。最佳防治时期在成虫产卵前或幼虫刚孵出抗药性较差时进行，或释放平腹小蜂，人工捕杀越冬成虫或卵块。

2. 龙眼木毒蛾（*Lymantria xylina*）

分布在我国在南方地区，成虫长22～33mm，宽32～39mm，1年发生1代，幼虫危害龙眼花、叶、果穗和嫩枝，对龙眼树体生长造成严重影响，化学防治最佳防治时期在幼虫1～2龄，定期将树上的卵块、初孵幼虫以及蛹全部清除，以中耕或根际培土的方式杀蛹，对成虫进行灯光诱杀，用卵跳小蜂和松毛虫黑点瘤姬蜂作为天敌对龙眼木毒蛾种群进行控制，也可以使用白僵菌和苏云金杆菌进行防治。

3. 霜疫霉病（*Peronophythora litchii*）

主要分布在福建、广西和广东等地，病原为荔枝霜疫霉菌，属于真菌性病害。病菌以菌丝体和卵孢子在带病组织和土壤中越冬，来年春季萌发产生孢子囊和游动孢子成为侵染源，入侵后经1～3天的潜伏期即引起发病，危害嫩叶、花穗和果实，导致叶片早落，花穗干枯死亡和果实腐烂带有酸臭味，在潮湿时嫩叶、果实和枝条在发病中后期感病部位表面出现白色霜状霉层。用化学防治并采果后及时修剪改善果园环境，控制果园湿度并在冬、春季清园，用1%硫酸铜溶液对土壤进行消毒。

七、综合利用

龙眼果实营养价值和药用价值较高，肉甘软滑，色香味俱全，食用具有抗衰老、抗癌、养血安神、润肤美颜等功效，每100g果肉含糖类16g、脂肪0.1g、蛋白质1.2g，还含有维生素、氨基酸以及钙、磷、钾、锌、铁和镁等多种矿物质，亦可制成罐头、果汁果胶、果酒、果冻等，果核可用于酿制白酒或酒精。龙眼果肉烘干后是历史悠久的滋补品。龙眼果皮、假种皮、种子主要成分为多糖和多酚类物质，具有较强的自由基清除能力和抗酪氨酸酶活性。龙眼提取物具有明显的抗衰老、降低血糖、抗焦虑、提高免疫力的功效。龙眼汁、龙眼饮料、龙眼茶、龙眼酒、龙眼果醋、龙眼罐头、龙眼膏、龙眼果酱、桂圆软糖、桂圆冲剂等是现代龙眼的主要加工产品形式。龙眼木材坚实、红褐色、纹理优美，是制造家具、雕刻工艺品和造船的优质材料；龙眼树形优美、花朵芳香四溢，花期长，花含有丰富的功能氨基酸和味觉氨基酸（姜帆等，2015），是上等蜜源植物，亦是优良园林绿化造景树种。

（王令霞）

别　名｜木患子（《本草纲目》）、油患子（四川）、苦患树（海南）、黄目树、目浪树（台湾）、油罗树、
　　　　洗手果、搓目子、假龙眼、鬼见愁
学　名｜*Sapindus mukorossi* Gaertn.
科　属｜无患子科（Sapindaceae）无患子属（*Sapindus* L.）

> 无患子种仁含油40%左右、果皮含皂苷10%～20%，是集生物质能源、日用化工、生物医药、
> 园林绿化、生态修复、木材生产、历史文化于一体的多功能树种（贾黎明和孙操稳，2012；邵文
> 豪等，2012；刁松锋，2014）。近年来，福建、浙江、江西、贵州、湖南有规模化人工栽培，生长
> 状况良好。

一、分布

无患子原产于中国南方、印度、尼泊尔、中南半岛各地和日本。在我国的天然分布北到河南新乡，南至海南，东到浙江、台湾，西至云南河口、富宁等地。分布中心主要包括广东、福建、广西、湖南、江苏、云南东南部、贵州南部和东南部、湖北西部。垂直分布于海拔0～1100m的山地和丘陵地区，多散生于四旁及疏林地中。

二、生物学和生态学特性

落叶大乔木，高可达20m。树皮灰褐色或黑褐色。一回羽状复叶，小叶近对生，两面无毛或背面被微柔毛。圆锥形花序顶生，辐射对称，花可分为可孕花及不可孕花（也称为雌能花和雄能花），可孕花子房发育正常，盛开时柱头高于花瓣，花丝低于花瓣，花药不开裂；不可孕花在前期子房停止发育，柱头不再伸长，花丝正常伸长；可孕花可正常受精，成熟后分离出1～4个果，果实偏大的为心形，偏小的为近圆形（高媛等，2015）。

在福建，萌动于2～3月，花期5～6月，果期7～11月。花期分为初花期、盛花期、末花期等3个时期，一般在花序抽生30～45天后进入初花期，花期持续15～20天。果期分为初果期、果实膨大期、果实成熟期等3个时期，花谢后直接进入初果期，一直到果实成熟需140天左右。有3个落果高峰期，分别为初果期、果实膨大期及采果前期，自然无管理状态下落果率高达70%～80%。落叶在果实成熟后20～45天，之后便进入休眠期。无患子为强喜光树种，顶端优势强；对土壤要求不严，深根性，抗风力强；不耐水湿，能耐干旱；生长较快，寿命长（高媛等，2015）。

三、良种选育

目前各相关高校、科研院所均在开展种质资源收集和评价、地理变异规律等研究。中国林业科学研究院亚热带林业研究所在浙江省安吉县建

福建省建宁县均口镇果实累累的无患子优树（贾黎明摄）

立了无患子国家级种质资源圃，北京林业大学在福建建宁也建立了有性和无性种质资源圃。筛选出贵州册亨、贞丰、罗甸、凯里，广西桂林，广东德庆，湖北襄阳，福建建宁等高油和高皂苷的优株（孙操稳，2017）

四、苗木培育

主要采用播种育苗，嫁接育苗技术也较为成熟（DB35/T 1267-2012；林造〔2012〕129号）。

1. 播种育苗

种子采集及处理 采集生长健壮、无病虫害、盛产期优良母树的果实，去果皮、洗净、消毒、用温水浸泡后，放置于温暖处催芽，待种壳破裂胚根露白时播种。

圃地选择及准备 选择土层深厚肥沃的酸性或微碱性的沙壤土、轻壤土、中壤土育苗。深翻整地，土壤消毒，施基肥，三犁三耙，高床作业，床面平整不积水。

播种 春季开浅沟播种，株行距10cm×25cm，覆土约2cm并盖草。

水肥管理 雨季清沟排水，旱季根据墒情及时灌溉。5月中旬至8月底，每月施复合肥1次。

间苗、定苗 出苗达60%～70%时，分批揭除覆草。苗高5～8cm时首次间苗，间苗2～3次，9月底定苗，留苗量15万～18万株/hm²。

2. 嫁接育苗

砧木和接穗 选择地径0.5～2.0cm实生苗作砧木，选择良种无性系采穗圃或达到结实年龄优良母株上1年生健壮、无病虫害的木质化枝条为接穗，沙藏越冬。

嫁接方法 穗条粗度大于砧木时采用嵌芽接，适宜春夏秋季；小于时采用切接，适宜春季嫁接。

接后管理 不间断及时抹芽，加强水肥管理及病虫害防治；嵌芽

福建建宁10万亩无患子原料林基地（花期）（高媛摄）

浙江安吉无患子国家级林木种质资源圃（贾黎明摄）

接嫁接1个月左右，用刀尖挑开接穗的芽眼，待抽梢生长稳定后，解除绑扎带，用支棍绑缚抽出的新梢，接芽成活后及时剪除嫁接部位以上的枝干，促进接穗生长。

五、林木培育

1. 立地选择

选择适生区土层深厚、坡度平缓、立地质量等级Ⅰ级、Ⅱ级的阳坡、半阳坡的造林地。

2. 整地

整地挖穴　提倡先开梯田，12月至翌年1月，按600株/hm²、株行距4m×4m进行块状整地，挖明穴、回表土，穴规格为80cm×50cm×60cm，填至高出地面约10cm。

施基肥　结合整地，用堆肥或土杂肥等有机肥拌入1%的钙镁磷肥作基肥，每穴施5kg左右。

3. 造林

苗木处理　对苗木进行修根、修枝，用加入1%钙镁磷肥的黄泥浆蘸根。

种植方法　一般在2月至3月造林。

种植方法　定植时，按根的垂直深度和宽度，栽植深度以培土到苗根原土印上方约10cm为宜。种植后，插立支棍扶直苗干，并在栽植穴土壤表面盖一层稻草或杂草等覆盖物。

4. 抚育

（1）施肥

每年可施肥3次，5月上旬施花期肥，8月上旬施壮果肥，12月下旬至翌年1月上旬施养体肥。前2次采用沟施法进行施肥，第三次以土杂肥或腐熟农家肥为主，结合抚育和垦复施入。种植第二年开始5月和8月施复合肥，施肥总量为1kg/株，12月下旬施土杂肥或腐熟农家肥15～20kg/株；以后施肥量每年略微增加，进入结果期后，施肥量依树势和结果量进行调控。每年可施肥3次，5月上旬施花期肥，8月上旬施壮果肥，12月下旬至翌年1月上旬施养体肥。前两次采用沟施法进行施肥，第三次以土杂肥或腐熟农家肥为主，结合抚育和垦复施入。

（2）整形修剪

修剪方法　幼树长至1m左右时进行修剪定干，剪除顶芽，矮化树形。第一年选3个生长健壮、方位合理的侧枝培养为主骨干枝，保证60°开张角度；第二年在每个主枝上选留2～3个健壮分枝为副骨干枝；第三年至第四年将主、副骨干枝上的健壮春梢培养为侧枝群，使树冠逐渐扩展成自然开心形（高媛等，2012）。

修剪时间冬季从落叶后到翌年春季萌芽前进行短截、疏枝等；夏季进行摘心、抹芽、除萌。

（3）花果管理

人工辅助授粉　盛花期在园内放置2～3脾的有王蜂箱，一般按照2～3亩/箱进行配置，花期遇到雨时要注意给蜂箱遮雨，及时补给蜂粮。

花果调控　依树势和结实量进行调控，喷施营养液肥、环割、疏花疏果等。

六、主要有害生物防治

1. 煤污病（*Capnodium* sp.）

属于真菌类，病原菌寄生在木虱蜜露上，主要表现为林木叶片和枝条发黑，影响叶片光合效率和果实生长。防治方法：主要是控制木虱危害，可以通过喷施杀菌剂抑制煤污病发生，如50%多菌灵500倍液、75%百菌清750倍液、70%甲基硫菌灵700倍液。

2. 星天牛（*Anoplophora chinensis*）

一般以幼虫在树体内越冬，浙赣地区除1～2月外，均可蛀食植物木质部，寿命可达2～3年，造成树干钻孔危害，可引起树木枯死，还可引发溃疡病和小蠹危害。5～8月成虫出孔交配时是预防天牛危害的关键时期。防治方法：对已蛀干幼虫（树干上看到幼虫的粪便为驻干标志），在树液开始流动时对树干打孔注射75%（1.5～2.0g/cm）吡虫啉。利用天敌花绒坚甲，释放到林地内捕获星天牛幼虫。

3. 铃斑翅夜蛾（*Serrodes campana*）

幼虫一般出现在5月中旬，7月末到8月初为幼虫数量最多的时期，9月初转化为蛹，成虫将卵产在地面草丛。危害树体上幼嫩组织，如嫩叶、嫩梢、幼嫩花序、初果期的嫩果，取食速度极快；属于寡食性害虫，除无患子外尚未危害其他树种。防治方法：主要是在幼虫上树时在树干上缠粘虫带阻止其上树危害，成虫期可以在夜晚用黑光灯诱杀成虫。化学上可以在低龄幼虫期（2～3龄）用1.8%阿维菌素1000倍液、灭幼脲、1%苦参碱、2.5%吡虫啉等药剂喷雾防治。

4. 桑褐刺蛾（*Setora postornata*）

1年发生2代，以老熟幼虫在土壤内作茧越冬，翌年5月初化蛹，成虫于5月末始见羽化，6月中旬始见初孵幼虫，7月为第一代幼虫取食危害期。成虫夜间活动，有趋光性。主要以幼虫啃食或蚕食无患子叶部，当虫口密度大时能在短期内把叶片吃光，仅剩下主脉，严重影响植物生长和园林绿化的美观度。防治方法：在树干上缠粘虫带阻止上树危害，成虫期可以在夜晚用黑光灯诱杀成虫。在低龄幼虫期（2～3龄）用1.8%阿维菌素1000倍液、2.5%吡虫啉2000倍液、1%苦参碱等药剂防治。

七、综合利用

无患子种仁含油率在40%左右，油脂中油酸和亚油酸含量高达62%，C_{16}～C_{20}的脂肪酸占98%，是生产生物柴油的优良原料树种之一，也可精炼为高档润滑油。《本草纲目》记载，无患子果皮中富含皂苷（含量10%～20%），是具洗涤功能的优良天然化工原料，可制作手工皂、洗发产品、洁肤护肤品、洗洁精等。内含的糖苷类物质（主要为三萜皂苷类、倍半萜皂苷类等）作用于人体皮肤可发挥抗菌、杀菌、消炎、抗氧化、去屑止痒等功效。现代医学研究发现，无患子果实中胰蛋白酶抑制剂具降压功效，齐墩果三萜烯低聚糖苷对胰脂肪酶活性有抑制作用，果皮抽提物对黑色素瘤、乳腺癌具抑制作用。同时，无患子皂苷也是较好的农药乳化剂，对绵蚜虫、红蜘蛛和甘薯金华虫等均有较好的灭杀效果。木材防腐、防虫，具有一定的开发价值。无患子秋叶金黄，是我国南方重要的园林绿化树种和风景林树种。

（贾黎明，高媛，孙操稳）

附：川滇无患子 [*Sapindus delavayi* (Franch.) Radlk]

又名皮哨子、打冷冷、菩提子（云南），高10～20m。主要分布于云南、四川、湖北西部、贵州等地区。东起云南文山、贵州兴义等地，向西延伸到云南西部的盈江、陇川、瑞丽，南至云南西双版纳地区，经云南中部、四川的盐津、木里、九龙，最北可达陕西南部（镇巴、岚皋）、湖北西部保康。生于海拔1200～2600m的四旁、山地密林或沟谷疏林中。

云南省建水县果实累累的川滇无患子优树（贾黎明摄）

与无患子相比其不同之处在：小枝被短柔毛；叶柄较短，多为25～35cm，叶轴有疏柔毛；对生小叶少，多为4～6对；花瓣多为4瓣。

果皮富含皂苷，种仁含油率高达40%。果皮提取物对小菜蛾幼虫有较好的致死效果，而且对其化蛹和羽化也有较好抑制作用；果皮、果仁提取物对甘蓝蚜都有较好的致死作用，果皮提取物与吡虫啉复配后能明显提升对甘蓝蚜生物活性的抑制作用。其培育技术可参考无患子。

（高媛）

269 栾树

别　名 | 五乌拉叶（甘肃）、乌拉（河北）、黑色叶树（河北）、石栾树（浙江）、黑叶树、木栏牙（河南）
学　名 | *Koelreuteria paniculata* Laxm.
科　属 | 无患子科（Sapindaceae）栾树属（*Koelreuteria* Laxm.）

栾树主要产于中国北部及中部地区，喜光耐寒，适应性强，对干旱瘠薄、短期水涝、盐碱污染均具有较强的抗性和耐受性。其树形端正，枝叶茂密秀丽，花果美丽，是理想的园林绿化树种，也是防护林、水土保持林及荒山绿化的重要树种。其干材较脆，可作板料、器具等。叶可供提制栲胶；花可作黄色染料；枝、叶、花等组织可分离出黄酮类化合物、乙酸乙酯等化合物，可用于制备药品。

一、分布

栾树在我国分布广泛，北自东北南部，南至长江流域各地及福建，西到甘肃东南部及四川中部均有分布，多分布于海拔1500m以下的低山及平原，最高可达海拔2600m。

二、生物学和生态学特性

落叶乔木。树皮灰褐色至灰黑色，老时纵裂。一回或不完全二回羽状复叶，长可达50cm；小叶7~18片，卵形至卵状披针形，边缘有不规则的钝锯齿，近基部常有深裂。聚伞圆锥花序长25~40cm，密被微柔毛；花小，金黄色。蒴果圆锥形，具3棱，长4~6cm，果瓣卵形，外面有网纹，内面平滑且略有光泽；种子近球形，直径6~8mm。花期6~8月，果期9~10月。

栾树喜光，适应性强，耐干旱瘠薄，耐寒，深根性，也能耐盐渍及短期水涝。萌芽力强，生长速度较快，具一定抗烟尘能力。在石灰岩山地中，栾树常与青檀、黄连木、朴树等混生成林。

三、苗木培育

栾树育苗目前主要采用播种育苗方式。

种子采集及调制　果实于9~10月成熟。选生长良好、干形通直、树冠开张、果实饱满的壮龄期优良单株作为采种母树，在果实呈现红褐色或橘黄色而蒴果尚未开裂时采集。果实采集后，应及时晾晒或摊开阴干，待蒴果开裂后，敲打脱粒，用筛选法净种。

种子催芽　种皮坚硬，不易透水，需要进行层积催芽。选干燥、通风、阳光直射不到的室内，将种子和3倍湿润的介质（如沙、木屑、泥炭等）分层或混合堆放（介质湿润程度以用手捏成团，展手即散为度），堆放高度50~60cm，在每平方米左右层积床中，放1束秸秆以通气。平时，室温控制在1~10℃，同时勤检查，防止种子过湿、发热、霉烂。经100~120天后种子露白时即可播种。

播种　一般采用大田育苗。春季播种的，其播种地最好在第一年秋冬翻耕1~3遍，整地要平整、精细，干旱少雨地区播种前要浇足底水。种

河南省辉县郭亮村栾树（天然林分）花期（贾黎明摄）

子发芽率较低，用种量宜大，一般每平方米需50～100g。采用阔幅条播，种子播种后，覆一层1～2cm厚的疏松细碎土，以防种子干燥失水或受鸟兽危害。

苗期管理 播种15天左右，种子开始出土。当出苗率达60%时即可分期分批揭去覆盖物。此时苗较柔弱，可喷洒1：1：200波尔多液保护剂，防止病害发生。苗高5～10cm时要间苗，每平方米留苗12株左右，间苗要求在阴雨天进行。间苗同时，对缺苗空档进行补苗，以保证幼苗分布均匀。苗木进入速生期后，每亩施速效复合肥1.5kg，以少量多次为原则，整个生长季节以3～4次为宜。苗木在硬化期可于9月中旬施入适量磷、钾肥，促进其木质化。

移植 属于深根性树种，多次移植后才能形成良好的有效根系。播种苗于当年秋季落叶后即可掘起入沟假植，翌春栽植。由于该树种树干不易长直，第一次移植时要平茬截干，并加强肥水管理。春季从基部萌蘖出枝条，选留通直、健壮者培养成主干。在生长季节，每隔一段时间要检查1次，摘除侧芽，只留1个顶芽保证形成主干。由于打去了侧芽，主干生长快、易倒伏，要用杆子固定主干以避免弯曲。当年主干高度不足的，第二年要继续摘除侧芽培养主干，直到主干高度达到标准要求。若要继续培育更优良的大规格苗木，以后每隔3年左右移植1次，移植时要适当剪短主根和粗侧根，以促发新根。幼树生长缓慢，前两次移植密度要适当大些，有利于培养通直的主干。此后，要适当稀疏，以培养完好的树冠。

整形修剪 树冠近圆球形，树形端正，一般采用自然式树形。因用途不同，其整形要求有所差异。行道树苗木要求主干通直，第一分枝高度为2.5～3.5m，树冠完整丰满，枝条分布均匀开张。庭荫树树冠庞大密集，第一分枝高度比行道树要低。

四、林木培育

1. 人工林营造

整地挖穴 宜选择土层深厚、坡度较缓的立地，选用1年生壮苗或者2年生移植苗造林。山坡地上用鱼鳞坑、穴状整地，定植穴大小一般为0.6m×0.6m×0.4m，每穴均匀撒施复合肥100～150g。

造林密度 栾树造林株行距一般为2m×3m（丁华和彭思红，2006），初植时也适当密植，造林密度可提高到1m×2m，林分郁闭后可以间大苗用以城市绿化，兼有造林和培养绿化用大苗之功能。

造林季节和方法 造林从秋季落叶后到翌年春季发芽前均可进行，也可进行夏季造林。栽植时苗干要竖直，根系要舒展。栽植深度一般以根颈以上1～2cm即可；冬春季季节性干旱地区，可在7月初进行夏季造林，以保证造林后苗木充分利用雨水成活，夏季造林前可进行适当修枝处理以减少造林后蒸腾耗水，提高苗木成活率。

抚育管理 幼林抚育前三年每年抚育2～3次，时间为5月中旬至9月上旬。抚育包括松土除草，间伐补植等。

2. 观赏树木栽培

选用3～4年生的苗木，此类苗木要求主干通直，胸径在4～8cm，要求主侧根较粗，须根较多，在种植前要挖好定植穴，规格为长、宽

北京林业大学校园栾树果期（赵国春摄）

河南省辉县郭亮村栾树花期（赵国春摄）

0.8m，深0.6～1.0m，定植时要适当修剪主根以及粗侧根，以促进须根多发（马英刚，2012）。在挖好定植穴后先施入基肥，基肥以有机肥为主，配合适当的速效肥。苗木生长期间保证水分供应充足。定植后及时修剪干高2.5m以下的萌芽枝，以促进主干生长。栾树的整形和修剪工作一般在冬季进行，修剪时主要除去枯枝、下挂枝、过密枝和折断枝，保持栾树树冠呈圆球形，保证其完整丰满。

五、主要有害生物防治

1. 立枯病（damping-off diease）

立枯病为栾树苗期主要病害。立枯病又称"死苗"，其病原物为丝核菌属立枯丝核菌（*Rhizoctonia solani*），主要危害幼苗茎基部或地下根部，初为椭圆形或不规则暗褐色病斑，病苗早期白天萎蔫，夜间恢复，病部逐渐凹陷、溢缩，有的渐变为黑褐色，当病斑扩大绕茎一周

时，最后干枯死亡，但不倒伏。防治方法：可在种子沙藏前用多菌灵拌种。

2. 白粉病

白粉病病原菌为棒球针壳（*Phyllactinia corylea*）。防治方法：生长期主要病害多发生于秋后，可喷施三唑酮、戊唑醇等药剂进行防治。

3. 栾多态毛蚜（*Periphyllus koelreuteriae*）

栾多态毛蚜主要危害栾树的嫩梢、嫩芽、嫩叶，发生严重时叶上布满虫体，树梢、嫩叶皱缩成团，影响枝条生长，造成树势衰弱，甚至死亡。栾多态毛蚜1年数代，环境温度适宜时，5～7天可完成1代，在北京约4代，以卵在幼树芽苞附近、树皮伤疤、裂缝处越冬。早春芽苞开裂时干母雌虫危害幼树枝条及叶背面，造成卷叶。3月中下旬至4月上旬栾树刚发芽时，越冬卵孵化为若蚜，此时多栖息在芽缝处，与树芽颜色相似；4月上中旬无翅雌蚜形成，开始胎生小蚜

虫；4月中下旬出现大量有翅蚜，进行迁飞扩散，虫口大增；4月中下旬至5月危害最严重，枝条嫩梢、嫩叶布满虫体，吸食树木养分，受害枝梢弯曲，叶片卷缩，严重时人在树下行走感觉树在"下雨"，树枝、树干、地面都洒下许多虫尿，既影响树木生长，又影响环境卫生；6月上中旬后，虫量逐渐减少；至10月中下旬有翅蚜迁回栾树，并大量胎生小蚜虫，危害一段时间后，产生有翅胎生雄蚜和无翅胎生雌蚜，交尾后在树上产卵越冬。防治方法：5月中旬人工修枝，保持通风透光，以减少虫口密度。冬末在树体萌动前喷洒石硫合剂杀灭虫卵，或者可选用啶虫脒、吡虫啉药剂进行化学防治。

4. 六星黑点蠹蛾（*Zeuzera leuconotum*）

六星黑点蠹蛾为鳞翅目木蠹蛾科豹蠹蛾属的一种昆虫。1年1代，以幼虫越冬。4月上旬越冬幼虫开始活动危害，5月中旬陆续化蛹，6月上旬成虫羽化交尾产卵，6月下旬幼虫孵化。幼虫可由叶柄基部、叶片主脉后部或直接蛀入枝条内，被蛀枝条先端枯萎。幼虫可转移危害，也可在虫道内掉头，10月幼虫蛀入2年生枝条越冬。该虫钻蛀危害时排出大量颗粒状木屑。受害植株8～9月出现大量枯枝，严重破坏景观。防治方法：人工剪除带虫枝、枯枝，也可在幼虫孵化蛀入期喷洒触杀药剂进行防治。

六、材性及用途

栾树树形优美、花冠开展、树干通直、枝叶秀美、花果艳丽、病虫害少、适应性广、观赏价值高，在园林绿化中普遍作为行道树和庭荫树广植，是重要的园林绿化树种（王帅，2017）。同时，栾树对二氧化硫抗性强，对氯气、氯化氢抗性较强，对烟尘具有吸附作用，可以在工厂附近栽植，起到净化空气的作用（李馨等，2009）。叶含鞣质，属水解类鞣制，可提制栲胶，还具有很强的抗菌作用。木材质脆，可以深加工利用，用来制作各种生活器具。花具有很高的药用价值，是良好的蜜源树种，此外，花还可作染料；种子含油脂，可供榨油、制润滑油和肥皂（丁华等，2006）。近年来，在栾树枝、叶、花等组织中分离出了黄酮类化合物、乙酸乙酯等化合物，以栾树提取物为有效组分的抗癌药物的制备，已引起人们对栾树的极大兴趣和高度重视（翟海枝等，2010）。

（李国雷，王帅，任利利）

别　名｜国庆花、花楸树、灯笼花、泡花树、马鞍树

学　名｜*Koelreuteria bipinnata* Franch.

科　属｜无患子科（Sapindaceae）栾树属（*Koelreuteria* Laxm.）

复羽叶栾树为绿化及观赏树种，春季嫩叶多呈红色，夏叶羽状浓绿色，黄花满树，入秋叶鲜黄，丹果满树，均极艳丽，国庆节前后其蒴果的膜质果皮膨大如小灯笼，鲜红色，成串挂在枝顶，如同花朵。复羽叶栾树有较强的抗烟尘能力，是城市绿化理想的观赏树种。

一、分布

复羽叶栾树产于云南、贵州、四川、湖北、湖南、广西、广东等省份，生于海拔400～2500m的山地疏林中。

二、生物学和生态学特征

乔木。高可达20m。皮孔圆形至椭圆形；枝具小疣点。树冠伞形。叶平展，二回羽状复叶，小叶9～17片，互生，很少对生，纸质或近革质，斜卵形，小叶柄长约3mm或近无柄。大型圆锥花序顶生，黄色，花瓣基部有红色斑，与花梗同被短柔毛；花瓣4枚，长圆状披针形，花丝被白色、开展的长柔毛，下半部毛较多，花药有短疏毛。蒴果椭圆形，肿囊状3棱，幼时淡紫红色，逐渐变为褐色；种子近球形，直径5～6mm。花期7～9月，果期8～10月。

速生、喜光树种，喜温暖湿润气候，深根性，适应性强，耐寒，耐干旱，对土壤要求不苛刻，抗风，抗大气污染。

三、苗木培育

播种育苗　在蒴果成熟期及时采收。采后晾晒1～2天，搓揉使果壳与种子分离，用水选剔除空粒和瘪粒。复羽叶栾树种子种皮坚硬，有休眠的习性，未经处理的种子春播发芽率很低，因此，要用湿沙层积催芽（每15～20天翻动1次），经过冬季2～3个月的低温自然层积即可播种。以早春播种为宜。条播，行距20～30cm，将处理过的种子均匀播在条行内，密度控制在40～50粒/m。用筛过的细土或砻糠灰均匀覆盖在种子上，厚度1～2cm，浇1次透水，并加盖稻草或其他干草保湿，根据天气情况及时补充水分，

南京林业大学新庄校区复羽叶栾树花序（沈永宝摄）

确保苗床湿润（杨士虎等，2007）。

当苗高10cm时，要及时进行间苗，间苗时苗密多间、苗稀少间，及时拔除劣质苗、过密苗。等苗出齐后，加强肥水管理，前期施用尿素，促幼苗旺盛生长，中后期改施磷钾肥，增强其木质化程度，有利于安全越冬。结合施肥浇好越冬水。栾树树干多不直，宜采取平茬养干法养直苗干（高娟娟等，2016）。

四、林木培育

1. 立地选择

选择土层深厚肥沃、疏松湿润、排灌良好、地形平坦的开阔地带。

2. 整地

在上一年秋季对其进行深翻，经过冻融交替、冬耕晒垡，使土壤的墒情能得到有效的恢复，并施足基肥，形成良好的土壤团粒结构。

3. 造林

栾树属深根性树种，宜多次移植以形成良好的有效根系。播种苗于当年秋季落叶后即可掘起入沟假植；翌春分栽。由于栾树树干不易长直，第一次移植时要平茬截干，并加强肥水管理。春季从基部萌蘖出枝条，选留通直、健壮者培养成主干。第一次截干达不到要求的，第二年春季可再行截干处理。小苗移植宜适当密植，利于培养通直的主干，节省土地。此后应适当稀疏，培养完好的树冠。大苗栽植应带土球，胸径3cm以上的大苗，可根据实际情况抹头定杆栽植。

4. 抚育

修剪 树冠近圆球形，树形端正，一般采用自然式树形。因用途不同，其整形要求也有所差异。行道树用苗要求主干通直，第一分枝高度为2.5～3.5m，树冠完整丰满，枝条分布均匀、开展。庭荫树要求树冠庞大、密集，第一分枝高度比行道树低。在培养过程中，应围绕上述要求采取相应的修剪措施。一般可在冬季或移植时进行。

施肥 复羽叶栾树是较喜肥的树种，所以在栽植时，应施足底肥，并在生长期进行追肥或叶面喷肥。移植当年的秋末，应结合浇越冬水，施腐熟发酵的厩肥或饼肥。

五、主要有害生物防治

复羽叶栾树主要病害为流胶病，此病主要发生于树干和主枝，枝条上也可发生（徐俊玲等，2012）。发病初期，病部稍肿胀，呈暗褐色，表面湿润，后病部凹陷裂开，溢出淡黄色半透明的柔软胶块，最后变成琥珀状硬质胶块，表面光滑发亮。树木生长衰弱，发生严重时可引起部分枝条干枯。防治时要加强水肥管理，增强树势，提高树体抗病能力。夏季注意防日灼，及时防治枝干病虫害，尽量避免机械损伤。加强越冬管理，防止冻害发生，大枝修剪后伤口应及时涂抹调和漆进行处理。在早春萌动前喷石硫合剂，10天喷1次，连喷2次，以杀死越冬病菌。如有发生，可用经消毒处理的刀片将胶块刮除，用石硫合剂涂抹在伤口上，每10天1次，连续涂抹3～4次；也可喷百菌清或多菌灵800～1000倍液。

复羽叶栾树主要虫害有日本龟蜡蚧、蚜虫、六星黑点豹蠹蛾。日本龟蜡蚧在复羽叶栾树上大面积发生时造成了树势衰弱，也严重影响了绿化景观。防治方法：①若虫大发生期喷乐斯本2000倍与洗衣粉1000倍混合溶液，喷2～3次，间隔7～10天。用25%的呋喃丹可湿性粉剂200～300倍在5月灌根2次，对杀死若虫效果很好。②从11月至第二年3月，可刮除越冬雌成虫，集中刮下来的虫体放入塑料袋后深埋，配合修剪，剪除虫枝。打冰凌消灭越冬雌成虫，严冬时节如遇雨雪天气，枝条上有较厚的冰凌时，及时敲打树枝震落冰凌，可将越冬虫随冰凌震落，把打落的冰凌集中处理掉。

蚜虫主要危害复羽叶栾树的嫩梢、嫩芽、嫩叶，严重时嫩枝布满虫体，影响枝条生长，造成树势衰弱，甚至死亡。防治方法：①过冬虫卵多的树木，于早春树木发芽前，喷30倍的20号石油乳剂。4月初于若蚜初孵期开始喷洒蚜虱净2000倍液或10%吡虫啉2000倍液。幼树可于4月下旬，在根部埋施15%的涕灭威颗粒剂，树木干径用药1~2g/cm²，覆土后浇水；或浇乐果乳油，干径浇药水1.5g/cm²左右。②于初发期及时剪掉树干上虫害严重的萌生枝，消灭初发生尚未扩散的蚜虫。注意保护和利用瓢虫、草蛉等天敌。

六星黑点豹蠹蛾幼虫可由叶柄基部、叶片主脉后部或直接蛀入枝条内，被蛀枝条先端枯萎。该虫钻蛀危害时排出大量颗粒状木屑。受害植株8~9月出现大量枯枝，严重破坏景观。防治方法：人工剪除带虫枝、枯枝，也可在幼虫孵化蛀入期喷洒触杀药剂，如见虫杀1000倍液，或用吡虫啉2000倍液等内吸药剂防治。

六、材性及用途

复羽叶栾树是一种优良的多用途园林绿化树种，栽培历史悠久，具有很高的观赏和经济价值。其花既可明目，又能清热止咳，还是一种黄色染料；根是一种能消肿止痛、止咳活血的药材；木材能用于制家具；种子可用来榨油以供工业所需（朱艳芳，2018）。其还有较强的抗烟尘、抗病菌、净化空气等能力，是城市绿化理想的观赏树种，也为工业污染区的指示树种（李馨等，2009）。

（沈永宝）

附：全缘叶栾树 [*Koelreuteria bipinnata* Franch. var. *integrifoliola* (Merr.) T. Chen]

又名图扎拉、巴拉子（湖南）、山膀胱（南京）、黄山栾树。属无患子科（Sapindaceae）栾树属（*Koelreuteria* Laxm.）。产于广东、广西、江西、湖南、湖北、江苏、浙江、安徽、贵州等省份。生于海拔100~300m的丘陵地、村旁或600~900m的山地疏林中。

与复羽叶栾树的区别是：小叶通常全缘，有时一侧近顶部边缘有锯齿。落叶乔木，高达17~20m，树冠广卵形。树皮暗灰色，片状剥落。二回羽状复叶。花黄色，成顶生圆锥花序。蒴果椭球形，顶端钝而又短尖。花期8~9月，果10~11月成熟（杨士虎等，2007）。长势中等。

喜光，幼年期耐阴，喜温暖湿润气候，耐寒性差，对土壤要求不高，微酸性、中性土壤上均能生长。深根性，不耐修剪。有较强的抗烟尘能力，病虫害较少。

绿化及观赏树种。枝叶茂密，冠大浓荫，初秋开花，满树黄金，蒴果椭圆形，秋季变红，如淡红色灯笼挂满树梢（杨士虎等，2007）。

（沈永宝）

别　名｜钟萼木（《中国高等植物图鉴》）、南华木（《广东植物志》）
学　名｜*Bretschneidera sinensis* Hemsl.
科　属｜伯乐树科（Bretschneideraceae）伯乐树属（*Bretschneidera* Hemsl.）

伯乐树是原产于我国的特有用材林树种，被列为国家一级重点保护野生植物。该树种在系统演化上属于单型类群，单科单属单种，科学价值较高。伯乐树主要为园林绿化树种，大型圆锥花序顶生，花较大，粉红色，鲜艳夺目，具有较高的园林观赏价值，常用于公园、庭院等栽培观赏。另外，伯乐树也可作特殊用材树种，其树干通直，木质部细胞排列较疏松，材质较脆，用于雕刻、工艺品、玩具等方面。

一、分布

伯乐树野生分布于我国云南、四川、贵州、广西、广东、湖南、湖北、江西、浙江、福建等省份。该树种主要生长于海拔260～2100m的山地森林中，多为1～6株的零星分布，很少10株以上形成群落。

二、生物学和生态学特性

落叶乔木。高达25m。奇数羽状复叶，叶长25～45cm；小叶卵状披针形，长6～15cm，宽3～7cm，全缘，顶端渐尖，基部偏斜且宽圆状楔形，两面无毛，叶背粉绿色或有短柔毛，侧脉8～15对。大型圆锥花序顶生，长20～36cm；花粉红色，直径约4cm；花萼基部连合呈"钟形"；中轴胎座。蒴果近球形，长3.0～5.5cm，直径2.0～3.5cm，棕红褐色；种子灰白色，椭圆形，平滑。木质部导管穿孔板具尾、斜形，为麻黄型穿孔板或梯形穿孔板，很少为单穿孔（曾懋修和童宗伦，1984；吕静和胡玉熹，1994）。

伯乐树的芽为混合芽和叶（枝）芽两种类型（王娟和刘仁林，2008）。混合芽发育成花和枝叶，叶芽仅发育为枝叶。混合芽中的叶和花不是同时开放，叶先开放，36天后再开花。叶芽的抽枝、展叶一般早于混合芽。叶从展叶到生长停止大约需要30天，落叶末期在9月底。总状花序为无

江西九连山自然保护区伯乐树果实（刘仁林摄）

江西九连山自然保护区伯乐树花（刘仁林摄）

江西九连山自然保护区
伯乐树枝叶（刘仁林摄）

江西九连山自然保护区伯乐
树种子（刘仁林摄）

限花序，4月中下旬为展叶和开花的盛期；9月中下旬果成熟，颜色为棕红色；落果始期9月下旬，落果末期10月底。

伯乐树在苗期和幼树期表现为耐阴性；中龄以后逐渐表现为喜光性。伯乐树适应土壤pH 4.7～6.5，气温0～33℃，年降水量900～1800mm。山区一般空气湿度较大，有利于伯乐树生长，在平原或城区虽然土壤pH、气温、降水量条件符合其生长要求，但因空气湿度较小而表现出生长势不如在山区，这是必须与其他阔叶树混交造林的重要原因之一。

根据井冈山伯乐树人工林调查，实生苗造林1～8年生长较快，平均一年高生长60cm，最高100cm；平均一年胸径生长0.8cm。一般表现为高生长快于胸径生长；8年以后生长放慢。

三、苗木培育

伯乐树主要采用播种育苗繁殖苗木。

采种与调制 9月中下旬果成熟，颜色为棕红色，可以采种。落果后地面收集，落果始期9月25日，落果末期10月底。果实晾在通风处，开裂后收集种子，堆沤3～10天，红色假种皮软化后洗种。种子沥干水后立即贮藏，用湿润、干净河沙层积沙藏。种子千粒重为830～1384g，净度约98%，含水量52.2%，为无胚乳种子，子叶留土型。

种子催芽 经过沙藏后的种子可以直接播种，发芽率可达70%以上。如果进行催芽，发芽率略有提高，具体方法是：播种前五天，将沙藏的种子筛出冲洗后置于45℃的温水中浸泡3天

（72h），每天16:00更换新鲜的45℃的温水。如果以200mg/L的GA₃浸种12h，发芽率达到80%以上。浸种3天后捞出种子，用清水冲洗，接着浸泡于0.5%的高锰酸钾溶液消毒3h。然后，捞出种子并用洁净的清水冲洗5min，稍沥干后播种（马冬雪和刘仁林，2012a）。

播种 播种前冬季和春季各犁、耙2～3次，撒施农家肥如动物粪尿混合肥，露地过冬；2月底整地、碎土、作床。在平整的苗床上铺过筛的黄心土2cm，然后立即进行播种。播种方式为撒播，每亩播种量19～24kg，产苗量225000株/hm²。播种后铺盖新鲜过筛的黄心土2cm，并盖草、喷水，使土壤湿透。如果不盖草，也可喷湿土壤后拱塑料薄膜保温。出苗达30%时选择阴天或傍晚逐步揭草或揭膜。揭草后，应搭建遮阳网，高180～210cm，透光度65%；7月中下旬后可将透光度调制60%；10月中下旬后可拆除遮阳网（马冬雪和刘仁林，2012b）。

苗期管理 揭草后如果连续天晴2天，早晚各喷水一次；一个月后，连续天晴7天，晚上灌溉或浇水一次。出苗揭草后第七天，喷2%浓度尿素1次，连续喷施3次。5月、6月、7月各施复合肥1次，施肥量450kg/hm²。及时拔除田间杂草，并覆盖在土面。播种育苗遮阴与否对苗木生长没有显著影响；1年生苗木高生长呈"S"曲线，6月初和7月初苗圃肥、水管理是促进苗高生长的关键。1年生苗平均高度57cm，最高126cm；平均地径0.85cm，最粗达1.2cm。

间苗与留床 伯乐树1年生实生苗高一般为35～80cm，地径0.5～1.2cm，合格苗苗高50cm以上，地径0.7cm以上。苗床上出苗后密度不均，需要间苗。间苗后保留苗木的株行距为20cm×20cm，床面留苗密度25～28株/m²，每亩密度1.3万～1.5万株。

越冬防寒 伯乐树主要适应长江以南栽培，在此区域苗木可以安全越冬，不需防寒。如果遇到冰冻灾害天气，应及时在苗木基部覆盖稻草10cm，或于苗木基部培土10cm。

移苗、起苗 根据苗木培育目的不同，确定

是否需要移苗。一般使用1年生苗造林，则不需要移苗，直接起苗、修剪主根、打泥浆、包扎和保湿，然后运输。如要培育大苗，则必须对1年生苗、4年生苗，甚至7年生苗进行移苗。移苗密度是：1年生苗株行距0.5m×0.5m；4年生苗株行距1.2m×1.2m；7年生苗株行距2m×2m。移苗时间选择在11～12月或2月进行；可以裸根移苗，但每次移苗应进行修枝、剪主根、打泥浆、保湿运输，提高成活率。

四、林木培育

1. 人工林营造

面积以80亩以下为宜。造林地选择在海拔900m以下的山坡下部或中下部较合适，坡度25°以下，土层深厚，pH 4.7～6.5。整地时全部清理杂灌，穴垦50cm×50cm，深35cm。株行距为1.7m×2.0m，每亩190株。造林时间春季3～4月，也可冬季造林。

造林需要空气湿度较大的局部森林环境。一般幼树较耐阴，大树需要较多光照，因此造林一般采用与其他阔叶树行状配置。通常5行阔叶树配置2行伯乐树。配置树种可以选用刨花楠、檫木、秃瓣杜英、醉香含笑、乐昌含笑、山合欢、肥皂荚、鹅掌楸等树种。

幼林抚育。人工造林1～3年期间，每年5～6月和8～9月各抚育1次，主要是铲草、松土、扩穴、培蔸、斩蔓，即杂草全部铲除、翻晒之后，把栽树的穴坑周围的土壤翻松，并扩大原有的穴坑宽度，同时把土壤拢培在树基部成馒头状，把铲除的杂草覆盖在树干基部，最后铲除缠绕在树枝上的藤蔓，以免影响目的树种的生长。

2. 天然林改培

野生状态下，伯乐树多为零星分布。可选择株数5株以上、胸径5cm以上群落，通过解除缠绕在目的树种上的藤蔓，疏伐覆盖目的树种上方的树冠以及其周围过密的灌丛，并在目的树种基部松土、施肥，促进种群恢复和发展。

3. 观赏树木栽培

应选择地势较平坦、土层深厚、湿润肥沃的地段栽培，且宜与其他树种块状混交。园林栽培的幼树抚育重点是铲草、松土、扩穴、培蔸、盖草、洒水，即在完成铲草、松土、扩穴、培蔸、盖草后要视干旱情况，及时在树干基部的盖草上面洒水，保持土壤湿润，提高成活率。

五、主要有害生物防治

伯乐树苗木目前没有发现病虫害，少部分苗木有轻微的叶锈病。发现叶锈病时，应该及时喷洒敌锈钠溶液或粉锈宁溶液防治。

六、材性及用途

伯乐树气干密度为0.636g/cm³，体积干缩系数为0.65%，顺纹抗压强度为57.3MPa，弦向抗弯强度为108.1MPa，综合强度为165.4MPa，冲击韧性为46.5KJ/m²，与光皮桦、鹅掌楸、水青冈、水曲柳、核桃、黄檀、枫香、柞木比较，伯乐树的材性属中等。该树种具有较高的园林观赏价值，常用于公园、庭院等园林栽培观赏。另外，该树种在系统演化上具有单型性和古老性特点，是探讨被子植物系统演化的重要类群。

江西九连山自然保护区伯乐树生境（刘仁林摄）

（刘仁林）

别　名｜大木漆、小木漆（湖北、陕西），山漆树（福建、湖南、四川），植苜（湖南），瞎妮子（山东）
学　名｜ *Toxicodendron vernicifluum* (Stokes) F. A. Barkl.
科　属｜漆树科（Anacardiaceae）漆属［*Toxicodendron*（Tourn.）Mill.］

漆树原产于我国，是我国栽培利用最悠久的经济林树种之一，也是一种用材树种。由漆树割取的漆液称为生漆，是优质的天然涂料，为我国著名的特产；漆树种子可以供制油，是优质的工业原料；漆树木材坚实，也有一定的利用价值。

一、分布

漆树在我国分布甚广，从辽宁以南到西藏林区及台湾省皆有分布，主要分布在19°~42°N，97°~126°E之间，在秦岭、横断山、大巴山、武当山、巫山、乌蒙山等山脉一带最为集中。陕西安康、汉中、宝鸡、商洛，四川绵阳、涪陵、万县，湖北恩施、郧阳，湖南湘西，贵州毕节、遵义，云南昭通，甘肃武都、天水等地区为主产区；河南、河北、山西、山东等省为次要产区。垂直分布海拔一般在100~2500m，以400~2000m分布最为集中（《四川植物志》编辑委员会，1988）。

四川犍为漆树树干（肖兴翠摄）

四川江安漆树叶片正面（肖兴翠摄）

四川江安漆树叶片背面（肖兴翠摄）

二、生物学和生态学特性

落叶乔木，高可达20m，胸径80cm。属喜光树种，不耐阴，在背风向阳、光照充足、温和而又湿润的环境条件下生长发育良好。漆树适应性较强，在疏松、肥沃、湿润、排水良好的沙质壤土上生长最好，漆液产量较多，且水分含量少，漆液品质高；不适应长期水浸泡和过于黏重的土壤。漆树主根不明显，侧根较发达，1年生实生苗常形成3～6个明显的骨干根和许多细小的侧根，15年生以上根幅可达10m以外。漆树多于4月萌芽，5～6月开花，9～10月果实成熟，10月底至11月落叶。

三、苗木培育

漆树育苗以播种育苗为主，少量育苗也可采用埋根育苗。

种子采集　种子一般在中秋节前后成熟，树叶发黄并开始脱落时即可采收。采种时应选择15年以上、生长健壮、无病虫害、籽粒饱满的植株作为母树。种子采回后，将果穗摊放于通风干燥处晾干，3～5天后去除果梗和杂质，贮存备用。

种子处理　漆籽（核果）外皮上有一层蜡质，播种前将漆籽放在草木灰溶液中浸泡3～5天，然后用力搓洗，直至种子变为黄白色或手捏感觉不再光滑时，再用冷水浸泡24h，保湿，在5℃的低温条件下贮藏20天后即可播种（罗强等，2005）。

选地作床　选择土层深厚肥沃、排水良好、通风向阳的地块作苗圃地。在播种前一年秋末冬初，砍除圃地杂灌、翻耕。开春后，翻耕第一次并耙细，拣尽石块，清除杂灌草，打碎土块。每公顷用生石灰3450kg或硫酸亚铁粉剂150kg进行土壤消毒，施农家肥45～60t和钙镁磷肥300～450kg，耙匀后作床。床高15～20cm，床宽100～120cm，铺细土厚2cm左右。

播种技术　早春至4月上旬之前播种为宜。在畦面上开沟条播，播种沟深10cm、宽16cm，条距30～40cm，沟底施基肥（火烧土1m³加40kg钙镁磷肥）厚约7cm。然后播种，每亩播种量约15～20kg，播种后覆土2cm。最后，用稻草覆盖。

苗期管理　幼苗出土前，注意经常洒水，保持土壤湿润。当幼苗大量出土后，在阴雨天揭去覆盖物，并及时拔除杂草，全年要除草3～4次。幼苗长到10～15cm后，要间苗1～3次；第三次定苗，苗距12～15cm。结合间苗可进行补苗，要求带土移栽补苗，宜在阴天进行。间苗后，均匀地施1次稀粪水。苗高25cm左右时，每亩施化肥1次；苗高30cm以上，再适量追施化肥1次；8月底以前完成施肥工作。苗木管理期间要做好病虫害防治。苗高50cm时可用于造林，产苗量约8000～10000株/hm²。

病害防治　苗期主要病害是猝倒病，用立枯净或200倍高锰酸钾溶液喷洒苗床，每7～10天喷1次，连续喷洒2～3次，对发病苗木拔掉烧毁。主要害虫是漆树缀叶螟，6～8月为危害高峰，可用50%杀螟松乳剂0.05%～0.07%溶液，于晴天上午喷洒网巢（苗期主要害虫是漆树缀叶螟，其危害方式是幼虫啃食叶片，残存叶脉，使叶片成网状，并缀小枝叶片卷成网巢）可杀死幼虫（袁模香，2006）。

四、林木培育

造林地选择　造林地要求选择海拔800～1200m、背风向阳、土质深厚肥沃、排水良好的微酸性沙壤土山坡或山谷地作造林地。

造林地整理　采用全面、带状、块状、穴状整地均可。整地深度30～40cm，栽植穴规格不小于60cm×60cm×50cm。

造林技术　漆树树冠及根系均较发达，栽植不宜过密，应根据品种特点、土壤地形条件等来确定合理造林密度，一般900～1500株/hm²。在苗木落叶的11月下旬至翌年3月上旬均可造林。

幼林抚育　造林后每年至少要进行1次中耕除草和施肥，为提高生漆产量和质量，一般多采用林粮间作、林菜间作、林药间作等栽培方式，要及时除草，开割后则须松土施肥。漆树开始采割的树龄不宜过早，否则会影响漆树的生长发育

和寿命，一般在10～12年开割，但主要根据树干胸径来决定，一般胸径达17cm以上开割比较好。

漆液采割 采割漆液是栽培漆树的一个主要目的。漆树生长13～15年开始割漆，较好的立地条件的人工漆树林7～9年生便可开割。采割漆液应在漆树生长旺期进行，一般在夏至前做好准备工作，谷雨上山看漆源，立夏动手把架拴，夏至刮皮和放水，叶茂圆顶割头刀。高寒山区流漆期短，可采割至寒露，低山区则可采割至霜降。在采割季节内，每天黎明时割漆，上午10:00前结束。阴天割漆时间可延长。

五、主要有害生物防治

危害漆树的主要病害有漆留叶霉病（*Leptothyrium* sp.）、炭疽病（*Melancaniales* sp.）等。漆留叶霉病割漆时应轻割，栽植时应选择适合当地的优良抗病虫品种，发病初可人工剪摘病叶烧毁，在8～9月可喷5%退菌特1000倍液或50%福美霜500～800倍液；炭疽病在发病初期可人工剪除；用800～1000倍的40%达菌宁或500～800倍代森锌喷1～3次（杨晖和王宇萍，2004）。

危害漆树的害虫很多，主要有漆树叶甲（*Podontia lutea*）、樟蚕（*Eriogyna pyretorum*）、青叶蝉（*Tettigohiella vividis*）、瘤胸天牛（*Aristobia hispida*）。漆树叶甲、樟蚕和青叶蝉一般在每年5～7月对漆树轮番危害，大发生年份可将叶片食光或导致生长不良，影响漆树生长，甚至造成枝条或整株枯死。瘤胸天牛蛀干危害衰弱树和成年漆树，特点是危害隐蔽、发生周期长、初期不易发现，一旦发现则树木已濒临死亡。防治方法：①人工防治，食叶害虫大发生期，可人工灭虫，摘除有虫叶集中杀灭。②化学防治，用化学药剂防治食叶害虫幼虫；针对瘤胸天牛，先用镊子将蛀孔内的木屑掏出，用钢丝钩杀幼虫，然后往蛀孔内插入毒签，用湿泥封口熏杀幼虫。

六、综合利用

漆树的主产品为生漆，漆蜡、漆仁油和木材

四川犍为漆树枝条及花絮（肖兴翠摄）

也有很大价值。生漆除了用作一般建筑材料的涂料外，还广泛用作国防、机械、石油、化工、采矿、纺织、印染等工业部门设备器材的防腐蚀涂料。漆树果实中含有丰富的漆蜡（俗称漆油）和漆仁油，漆蜡是熔点高、较饱和的固体脂肪，是制造肥皂和甘油的重要原料；漆仁油是熔点较低、不饱和程度较高的液体不干性油，可用作油漆工业的原料，也可食用。漆树籽，其果壳约占41%，核约占59%。果壳含脂肪油约60%，核含油约11%。全籽（核果）含脂肪油约31%、灰分2%、粗纤维26%、蛋白质15%，还含少量漆蜡等，为半干性脂肪油。漆树的种子油可供制油墨、肥皂。其果皮可供提取脂蜡，作蜡烛、蜡纸。叶还可供提取栲胶等。漆树木材心、边材区别明显，重量较轻，收缩中等，耐腐、耐湿、少见虫害，宜作桩木、坑木用材和盆桶之类盛器，也可作家具、面板、细木工制品以及高级建筑物的室内装饰。干漆和漆树的叶、花、果实均可入药，有止咳嗽、消瘀血、通经、杀虫之效，还可治腹胀、心腹疼痛、风寒湿痹、筋骨不利等症。漆根和叶可作农药，煎汁加煤油可喷杀水稻害虫，漆叶煎汁可防治绵蚜、稻包虫等害虫。

（肖兴翠）

别　名｜五倍子树（通称），五倍柴（湖南），肤盐树（云南、四川），迟倍子树（湖北），乌酸桃、红叶桃、盐树根（浙江），土椿树、酸酱头（山东），红盐果、倍子柴（江西），肤杨树（湖南），盐酸白（广东、福建）

学　名｜*Rhus chinensis* Mill.

科　属｜漆树科（Anacardiaceae）盐肤木属［*Rhus*（Tourn.）L.］

中国占世界五倍子总产量的95%以上，有致瘿倍蚜14种，寄生于漆树科盐肤木属3种、2变种树种上。盐肤木是五倍子最重要的夏寄主树，可寄生于盐肤木的倍蚜有6种。其中，由角倍蚜寄生于盐肤木叶片形成的角倍占全国五倍子产量的70%左右。五倍子利用历史可追溯到2000多年前，但都采摘自然繁衍的"野生"倍。直到20世纪80年代初，五倍子人工培植才取得了突破性进展。五倍子为我国传统的经济林产品，主要成分是单宁酸，广泛应用于医药、食品加工、纺织、日化、航天和污水处理等行业（李志国等，2008）。

一、分布

盐肤木对温度条件的适应性强，分布范围广，从热带到暖温带气候条件下都能正常生长。我国除新疆、内蒙古、黑龙江、吉林等省（自治区）外，其他各省（自治区）皆有分布，主要分布在贵州、四川、湖南、湖北、广西、云南、陕西等地山区，人工林主要分布在贵州、四川、陕西、湖南、云南等五倍子产区，人工栽培目的是用作角倍的寄主树；生于海拔170～2700m的山坡、沟谷、疏林地、荒地中，常见于海拔2000m以下的阳坡疏林、灌丛中（赖永祺，1986）。

二、生物学和生态学特性

落叶灌木或小乔木。高3～10m，胸径可达30cm。盐肤木分枝早，主干不明显，萌发能力强，适应性强且生长快，为喜光的浅根性树种，易繁殖栽培。对温度和湿度适应性强，自然分布地区的年平均气温10～22℃，1月平均气温-6～12℃，7月平均气温15.0～28.6℃，极端最高气温45.2℃；年降水量600～2200mm，相对湿度50%～82%。幼年喜光，长大后也不耐荫蔽。

酉阳盐肤木开花（杨子祥摄）

酉阳盐肤木次生林林相（杨子祥摄）

幼年生长迅速，7～8年后生长缓慢，寿命多为20年左右。4月上旬至5月中旬萌发春梢，全年生长期120～160天。

三、苗木培育

盐肤木雌雄异株，种子10月成熟。果实成熟后变为褐色，果皮、果肉含蜡质和油质，不易暴裂，采种时将果枝剪下后晒干，经10～15天脱皮后将纯净的种子存于麻袋或编织袋内贮存。采种后，用碾米机脱皮。种皮有蜡质保护层，未经处理的种子发芽期长、发芽率低、出苗不整齐，播种前必须进行种子处理。选用约80℃的烫水浸泡种子，待水冷至室温后捞出，再用20%草木灰水（或20%石灰水或2%洗衣粉水）浸泡24h，捞出搓揉，清水冲洗。将洗净的种子装入编织袋中每天早、中、晚用50℃的温水浸淋催芽。

盐肤木苗圃地应选择背风向阳、土层深厚、肥沃湿润、便于灌溉、排水良好的壤土或沙壤土。春播前实行两犁两耙，清除石块和草根。苗床宽100～120cm，长随地形而定，床间步道宽40cm。土壤经细整、清杂、筑平、稍加压实后即可开播种沟。播种以条播较好，播种量一般为80kg/hm²左右。清明前播种，播前掺拌一些细土可使其撒播均匀，播种后覆土厚度约1cm，以刚刚掩盖种子为宜，覆土后在表面铺放一层松针或稻草。播种后约25天，多数种子萌发出土时，即可在阴雨天或晴天傍晚揭除盖草，适时进行除草、松土和灌溉排水。盐肤木出土不整齐，应适时间苗、补苗，在揭去覆盖草后10天左右进行第一次间苗，当苗高达10～15cm时进行第二次间苗，随间随补。苗床内的苗木密度控制在25～50株/m²，1年生苗高可达80～150cm。

四、林木培育

营造角倍寄主林，不仅要考虑到盐肤木对生态环境的要求，重要的是所选择立地环境要有利于角倍蚜的繁衍及其冬寄主的生长。因此用"看藓定地"的原则来指导选地，即根据造林地内是否有（或适宜）冬寄主藓的自然生长确定造

五峰盐肤木大田育苗（杨子祥摄）

五峰盐肤木苗木秋季红叶景观（杨子祥摄）

盐津盐肤木次生林林相（杨子祥摄）

盐津盐肤木次生林花期（杨子祥摄）

林地，因为林内冬寄主藓培育的难度和用工量高于寄主林的培育。在有角倍自然分区内，选择背阴的山谷或阴坡中下部，土壤为黄壤、山地黄壤或紫色土的地块较好。造林季节最好是春季（2月中旬至3月下旬），也可秋季（9月上旬至11月中旬）；造林密度为1330～2500株/hm²，以立地条件优劣而定；栽植穴规格为40cm×40cm×40cm或50cm×50cm×40cm，株行距2.0m×2.0m、2.0m×2.5m或2.5m×3.0m，每穴底肥施普钙500g，造林后幼树施尿素做追肥2～3次，每株每次用量50～150g。盐肤木可与棕榈、柳杉、杉木或女贞等树种混交，幼林期也可套种小麦、油菜，还能与茶、黄连、黄柏、杜仲配置进行立体种植。定植当年需进行中耕除草，第二年即可挂放虫袋，第三年起在冬末至初春整枝，林分郁闭度控制在0.6～0.8为宜。

五、主要有害生物防治

盐肤木作为五倍子的寄主树时，禁止使用化学杀虫剂防治害虫，因为在杀灭害虫的同时，五倍子蚜虫也将受到影响。因此，通常采用人工捕杀结合保护鸟类等天敌的综合措施进行防控，角倍产区盐肤木害虫主要有以下2种。

负泥甲，俗称背屎虫，幼虫4月下旬至5月上旬盐肤木萌发新叶时群居取食嫩叶，6月初入土化蛹，9月中旬成虫羽化，10月中旬在树枝上产卵。防治方法：在冬季人工摘除卵块，或在挂放五倍子蚜虫袋时振动枝条抖落幼虫。

缀叶丛螟一般发生在7～9月，幼虫有群居习性，取食盐肤木叶片，影响角倍夏寄主正常生长。防治方法：在幼虫2～3龄时人工摘除。

六、综合利用

盐肤木适应能力强，耐干旱、耐贫瘠，根蘖力强，是重要的用材林及园林绿化树种。盐肤木上的角倍含单宁56.0%、纤维素10.5%、水分10.5%、木质素9.0%、褐色酒精浸出物2.5%、树胶2.5%、没食子酸2.0%、鞣花酸及淀粉2.0%、叶绿素0.7%，其他1.3%。盐肤木果油是2013年才获批的新资源食品，其主要脂肪酸是棕榈酸（25.92%～38.50%）、油酸（14.77%～18.49%）、亚油酸（38.05%～54.30%）、硬脂酸（2.30%～3.26%）、α-亚麻酸（1.75%～2.56%）；盐肤木果油维生素E含量为682.8～837.9mg/kg，总黄酮含量为102.28～165.92mg/100mL，甾醇含量为37.28～108.07mg/100g；盐肤木果油不饱和脂肪酸含量明显低于籽油（分别约为70%和90%），亚油酸含量显著低于籽油（分别为54.30%和74.08%），棕榈酸含量显著高于籽油（分别为25.92%和8.13%）（刘玉兰等，2017）。五倍子分离提纯物质是一些多倍酰葡萄糖的混合物质，以角倍为初始原料可生产医用鞣酸、食品单宁酸、工业单宁酸、试剂鞣酸、工业没食子酸、试剂没食子酸、焦性没食子酸、甲氧苄氨嘧啶等。盐肤木既是五倍子的优良寄主树，又是良好的饲料、肥料和薪材树种。其落叶期长达半年，凋落物的氮素含量高，分解迅速，常与冬季作物混种，以改善土壤肥力和提高土地生产力。近年来，盐肤木有在药用、观赏、水土保持方面应用日益广泛之势（赵晓斌等，2013）。

（张燕平，吴疆翀）

别　名｜火炬漆、鹿角漆、加拿大盐肤木
学　名｜*Rhus typhina* L.
科　属｜漆树科（Anacardiaceae）盐肤木属［*Rhus*（Tourn.）L.］

火炬树耐干旱、盐碱、贫瘠，极易繁殖，常成片分布，成熟早、结实量大。在西北干旱地区荒漠化和盐渍化治理中可作为造林绿化的先锋树种。雌花序和果实均为红色且形似火炬，秋末冬初，叶片变红，具有较高观赏价值；果穗被称为"无毒漆果"，含柠檬酸和花青素，可作药用和食用；果实中能提取出性质稳定的天然色素，可应用于各类食品及化妆品中；树叶、树根及树皮均可入药（Kossah et al.，2011）；树体内含没食子酸类和黄酮类等抗氧化活性成分（刘婷等，2016）；火炬树花泌蜜量大，蜜质清香、味纯，无污染残留，是一种极具开发价值的新蜜种，也是生产栲胶的优质原料（李瑞霞，2017）。

一、分布

火炬树原产于北美洲，中心分布区在加拿大东南部的魁北克省和安大略省，向南延伸至美国的印第安纳州和艾奥华州以及佐治亚州（40°～47°N），最早于1959年引入我国，1974年以来在我国多个省份推广种植，目前以黄河流域以北各省份栽培较多，其最佳适生区主要在北京、天津、甘肃西南部、陕西北部、山西局部、山东北部、内蒙古局部和辽宁西南部，海拔1300～2200m、年降水量800mm以上、无霜期150天以上的地区，常在开阔的沙土或沙质土上生长（陈秀蓉，2017）。

二、生物学和生态学特性

落叶小乔木或灌木。主干高达6～10m。分枝少，小枝粗壮茂密，密生长绒毛。奇数羽状复叶，互生；小叶19～23片，叶片卵状披针形或披针形，长50～130mm；叶缘有锯齿，先端长渐尖，基部圆形或阔楔形，表面深绿色，背面有白粉，叶轴无翅。雌雄异株，顶生圆锥花序，成熟期密生绒毛；花小，淡绿色；雌花花柱具红色刺毛。果穗深红色，呈火炬形；核果，深红色，有密毛；种子扁圆。花期6～7月，果实成熟期8～9月。一般4年生开花结果，生命周期30年左右。

火炬树为喜光树种，寿命短，喜光，适应性强，抗寒、抗旱、耐盐碱、抗风沙、抗病虫害能力强，不耐水湿，叶片宽大，水平侧根发达且萌蘖力极强，喜温暖湿润气候，对土壤要求不严，生长迅速，林带恢复快。

三、苗木培育

目前可采用播种育苗、根段扦插、根蘖繁殖、埋根育苗方式。

宁夏大学校园绿地火炬树果序（宋丽华摄）　宁夏大学校园绿地火炬树嫩枝（宋丽华摄）

1. 播种育苗

采种与调制 9月中旬至10月初种子成熟后及时采收果穗，从4年生以上树上将成熟的果穗摘下，收集，通过敲打或碾压的方法使种子从果穗上脱落下来，去除杂质和瘪种。

种子催芽 火炬树种子较小，外种皮蜡质层较厚，种皮坚硬，因此，播种前必须进行脱蜡和催芽处理。播前7～10天采用60℃的5%碱水脱蜡，将经过脱蜡处理的种子进行温水催芽，即将脱去蜡质后的种子再用温水浸种24h，捞出后混2倍湿沙，放置在温暖、背风、向阳处催芽。种子堆积厚度约为10cm，温度控制在20℃左右覆膜催芽。每天翻2～3次，待20天后50%的种子露芽，即可播种。

播种 播种应选在4月中旬进行开沟条播。播种量为52.5～75.0kg/hm²。种子播前要灌足底水，待水分干后将种子撒入沟内，沟深2～3cm，行距25～30cm，覆土。期间需保持土壤湿润，15天左右出齐苗。

苗期管理 播种后始终保持床面湿润，床面覆0.5cm厚草帘一层，向草帘上喷水，浸湿床面5～6cm深，每隔3～5天喷水1次。一般播后7～10天种子即发芽出土，当种苗出土80%以上、具有2～3cm高时应在雨天或傍晚撤掉草帘，可进行间苗、补苗，一般进行2～3次。待苗高10cm时按照株行距30cm×30cm定苗。因火炬树当年苗较娇嫩，冬季易受冻害，苗木速生期6～7月，结合灌水追施2～3次氮、磷复合肥，每公顷每次150～300kg，促进幼苗快速生长。8月后即停止浇水、施肥、松土，并打落部分过旺枝叶，以促进其木质化。当年生苗可达1m以上，4～5年可开花。

2. 根段扦插

火炬树侧根多，且水平延伸。4月中旬，将粗度在1cm以上的侧根剪成20cm长的根段，将根段直立插入整好的圃地上，株行距30cm×40cm，随插随埋土，随埋土随踩实，埋土厚度1～2cm，插后顶部覆土2～4cm，并保持土壤湿润。

3. 根蘖繁殖

2年生以上的火炬树周围，常萌发许多根蘖苗，可按行距选留，培育成树形良好的壮苗。

4. 埋根育苗

在春季掘起火炬树根，用锋利的剪刀将火炬树根剪成5cm左右的短截，然后将其竖埋于事先挖好的坑内。株行距30cm×30cm，上覆5～10cm厚的壤土，浇足水，15天左右苗木出土。每坑只留一株苗，多余的根蘖剪去。

四、林木培育

1. 栽植时间

火炬树苗木移栽时间一般在深秋落叶后至第二年春季发芽前进行，春季4月5～25日为佳。造林地土壤化冻40cm以上时栽植。秋季植树易造成不良假植，影响成活率，确需秋季造林时，应选大苗，减少损伤。

2. 栽植

火炬树树皮松软，受伤后易流树脂，造成水分、养分散失，影响成活率，因此从起苗到栽植，应减少人为损伤。栽植时需对枝条进行强修剪，以保持树势平衡。春季栽植可截干去头，栽植时必须先挖好坑，树坑的大小依苗木规格大小而定。胸径4～5cm苗木，树坑规格为60cm×60cm×60cm；胸径3～4cm苗木，树坑规格为50cm×50cm×50cm。然后，随起苗、随栽植、随浇水，栽时应扶正苗木，根系在土壤中要舒展，对于较大的苗木应采用支柱进行支撑，干旱瘠薄山地造林需要截干栽植。

3. 栽后管理

栽后视土壤情况及时灌水，秋冬灌好越冬水，还要及时追肥，春季萌芽前修剪过密的枝条。

五、主要有害生物防治

1. 双线棘丛螟（*Termioptycha bilineata*）

在北京1年2代，以蛹在薄土茧中越冬。翌年

宁夏大学校园绿地火炬树片植景观（宋丽华摄）

5月底成虫开始羽化，6月下旬至7月下旬为第一代幼虫危害期，8月下旬至9月中旬为第二代幼虫危害期。幼虫吐丝粘缀复叶端部的数个小叶，在其中取食叶片。虫量小时，多在萌蘖或下部叶片上危害；量大时，可将全树叶片吃光，整株树上有幼虫吐丝缀成的白色薄网幕。该虫发生期不整齐，且具有暴食性，防治重点应以第一代低龄幼虫为宜，喷施化学农药，或在幼虫群集危害期，摘除网幕，集中销毁。

2. 大造桥虫（*Ascotis selenaria*）

在吉林1年4代，以蛹在土中越冬，翌年4月上旬成虫开始羽化，产卵于树干上；5月上旬幼虫开始孵化，5月第一代幼虫，6月第二代幼虫，7月第三代幼虫，8月至9月第四代幼虫，以幼虫取食火炬树的叶片，危害期比较长。大造桥虫的卵块分布在干高40～80cm的干枝上，比较容易发现，可用石块人工砸卵，利用黑光灯诱杀成虫。幼虫危害严重时，喷施化学农药。

六、综合利用

火炬树外形美观、树叶繁茂、花色鲜艳，在华北地区，是理想的水土保持和园林风景树种。但其分泌物质中含挥发油、树脂和水溶性配醣体，会引起过敏反应，能使人产生不良反应，引起皮肤红肿等，加上花序大，花粉多，如大面积栽植，会形成很大的过敏源。火炬树具有强大的种间竞争优势，生长5年以上的树体，其根系盘根错节，使用不当可破坏公路设施。另外，其通过化感效应对周边植被的生长产生抑制作用。

火炬树有入侵物种的特性，在西部干旱地区或植被破坏严重的矿区，可以充分利用火炬树的优良特性，改善当地的生态环境，而在本地物种丰富的中东部地区，应谨慎使用火炬树，维持当地的生物多样性（周福波和卢曦，2015）。

（宋丽华）

别　名｜楷木（河北、山东、河南、湖南）、青籽树（河北）、楷树、黄棟木（河南）、药树（陕西）、药木（甘肃）、黄华（浙江）、石连（安徽）、黄林子、木蓼树（湖北）、鸡冠木、洋杨、烂心木、黄连茶（台湾）

学　名｜*Pistacia chinesis* Bunge

科　属｜漆树科（Anacardiaceae）黄连木属（*Pistacia* L.）

> 黄连木是重要的经济林树种和能源林树种，集木本食用油、生物质能源、药用、木材、蔬菜、工业原料、观赏、水土保持等多功能于一体，具有较高的开发利用价值。

一、分布

黄连木原产于我国，属广布树种，在我国26个省份有栽培分布，覆盖了暖温带、亚热带、热带地区，适应性极强（王涛，2005）。北自北京房山，南至广东、广西，东到台湾，西南至四川、云南，其中以河北、河南、山西、陕西等省最多。在我国的水平分布：以云南省潞西市—西藏自治区察隅县—四川省甘孜藏族自治州—青海省循化县—甘肃省天水市—陕西省富县—山西省阳城县—河北省顺平县—北京市西山为界，为东北—西南走向，呈连续性分布，局部因小气候原因成间断分布，天然次生林多分布在该线以东、以南地区。在我国的垂直分布：河北省在海拔600m以下，河南省在海拔800m以下，湖南省、湖北省见于海拔1000m以下，贵州省可达海拔1500m，云南省可分布到2700m。

二、生物学和生态学特性

落叶乔木。树高可达30m，胸径可达2m以上，树冠近圆球形。树皮灰褐色，呈小块状开裂。叶为羽状复叶，小叶8～14枚，披针形或卵状披针形。多为雌雄异株，近年发现雌雄同株不同枝、雌雄同株不同花序、雌雄同花序、雌雄同花等多种雌雄同株类型；花芽为纯花芽，花器性别是基因差异表达的结果（Bai Q et al.，2016）。

雄花为总状花序，雌花为圆锥花序，花期3～4月，先花后叶，风媒传粉。果为核果，倒卵状扁球形，直径约6mm，果实9～10月成熟，成熟时铜绿色，红果多为虫果或败育果。嫁接苗第三年即可开花结实，胸径15cm时，株年产果

河北黄连木果实被种子小蜂危害状（陈一帆摄）

河北秋季彩叶观赏树种黄连木全株（陈一帆摄）

50～75kg；胸径30cm时，年产果100～150kg。寿命可达300年以上。

黄连木属喜光树种，在光照充足的地方，生长良好且结实量增加。主根发达，萌芽力强，抗风力强，对土壤要求不严，耐旱不耐涝，耐瘠薄，土壤酸碱度适应范围较广。

三、苗木培育

1. 播种育苗

采种与调制 9～10月果实成熟后应立即采收，否则10天后自行脱落。铜绿色果实的种子成熟饱满。采收果实放入40～50℃的草木灰温水中浸泡2～3天，搓烂果肉，除去蜡质，然后用清水将种子冲洗干净，阴干后贮藏。

种子催芽 种子播前应经过低温层积处理，最适宜时间为100天左右，一定时间范围内沙藏时间越长发芽率越高。辅助稀土200～1000mg/L处理24h可进一步提高种子发芽率；赤霉素处理可打破种子休眠，可使沙藏时间减少20～60天。

播种 圃地应排水良好，壤土或沙壤土，采取高垄整地或低床整地。秋播在土壤上冻前进行，春播在土壤解冻后进行。春播应适时早播，催芽处理后种子露白达20%～30%时播种。播种量150～225kg/hm²，播种深度2～3cm。播后覆地膜或覆草，根据土壤墒情及时浇水。

苗期管理 出苗后及时破膜炼苗，苗出齐后揭去覆膜或覆草，苗高达到5～7cm时，进行第一次间苗，间苗2～3次，最后一次间苗在苗高15cm时进行，保持株距7～15cm，留苗量0.15万～1万株/hm²。6月中旬每公顷施尿素75～120kg，7月中旬每公顷施氮、磷复合肥150～225kg，8月上中旬每公顷施含钾复合肥150～225kg，施肥后及时浇水。

2. 嫁接育苗

接穗采集 从优选母树上采集生长健壮、无病虫害的1年生枝条作为接穗，春季枝接所用接穗在休眠期采集，夏季嫁接随采随用，雌雄接穗按比例8∶1分开采集。

接穗贮藏 休眠期接穗采集后，扎捆在阴凉处湿沙中贮藏，嫁接前剪成带2个饱满芽枝条蜡封，上芽距剪口1cm；夏季接穗采集时剪去叶片，保留0.5cm叶柄，用湿麻袋包裹，当天采集当天用。

砧木选择 选择1～2年生、地径在0.8cm以上的实生苗作砧木。

嫁接时期和方法 春季嫁接，在砧木树液开始流动至发芽后20天内进行，用插皮枝接或嵌芽接。夏季嫁接在6月下旬至8月上旬进行，用方块芽接法，方块长度1.8cm以上。7月中旬以前嫁接当年成苗，7月底以后嫁接培育芽苗。雌雄株应分开嫁接。

接后管理 芽接嫁接15天后检查成活情况，成活株及时在接芽上方1cm处剪砧；未成活及时补接。剪砧后要及时除萌，40天后解绑，秋季及时摘心，提高越冬抗寒能力。

河北黄连木初花期雌雄同株个体（白倩摄）

3. 容器育苗

容器直径8~10cm、高20cm。播种量每袋3~5粒，覆土厚度1.0~1.5cm。

四、林木培育

1. 造林

山区丘陵地造林应选择阳坡或半阳坡，坡度25°以下最为理想，25°~35°的斜坡次之，35°以上的坡地造林效果较差。用1~2年生的优质苗木进行植苗造林。栽植季节为春季或秋季，栽植密度依造林目的来确定。以生产种实为目的的油料林造林时，需用嫁接苗，造林密度为1100株/hm²或625株/hm²，尽量采用雌雄同株无性系，并注意授粉树的配置。若用雌雄异株苗，雌雄株比按8∶1进行配置；以生产木材或水土保持为目的的林地，造林密度为3300株/hm²或2500株/hm²。

2. 抚育

造林后至郁闭期间，每年松土除草2~3次。以结果为目的的黄连木林地，可借鉴经济林培育模式来进行树体及林分管理，如进行整形修剪、合理肥水、花果调控等。

五、主要有害生物防治

黄连木种子小蜂（*Eurytoma plotnikovi*）

在河北、河南大多数1年1代，少数2年1代，以老熟幼虫在果实内越冬。翌年4月中旬开始化蛹，蛹期15~20天。4月底至5月初成虫开始羽化，5月中下旬为羽化盛期。成虫危害果实。果实成熟时正常果颜色由红色变为蓝绿色，受害果仍为红色，其子实被蛀空，危害盛期在7月中下旬，严重时绝收。防治方法：最常用的方法为化学防治，包括地面喷药、树冠喷药、树干打孔注药、烟剂防治和熏蒸杀虫等。人工防治方法包括及时摘除全部红果，深埋和火烧处理，以控制虫源。

六、材性及用途

黄连木是材用、观赏、药用、食用、能用等的多功能树种。木材致密坚实，纹理细密，可供制家具、农具、手杖等，也可作为雕刻、镶嵌等的精细木工用材。黄连木果实的外层皮肉占40.17%，壳占34.11%，仁占25.72%。全果实含油率35.05%，外层皮肉含油率58.12%，壳含油率3.28%，仁含油率56.46%，果实出油率20%~35%，其中，油酸占40%~50%，亚油酸25%~40%，棕榈酸占12%~16%，可作食用油、生物柴油、润滑油、制肥皂，精制种子油可治疗牛皮癣。鲜叶和枝可供提取芳香油，鲜叶含芳香油0.12%，可作保健食品添加剂和香薰剂等。饼粕中粗蛋白、粗脂肪、粗纤维含量高，可作饲料、肥料。芽、树皮、叶等均可入药，其性味微苦，具有清热解毒、祛暑止渴的功效，主治痢疾、暑热口渴、舌烂口糜、咽喉肿痛、湿疮、漆疮等；树皮、叶、果含鞣质，可供提制栲胶；果和叶还可用来制作黑色染料；根、枝、皮可制成生物农药；嫩叶有香味，可制成茶叶；嫩叶、嫩芽和雄花序是上等绿色蔬菜，清香、脆嫩，鲜美可口，炒、煎、蒸、炸、腌、凉拌、做汤均可。树冠开阔，枝繁叶茂。春季嫩叶呈红色，秋季叶色丰富，或金黄满目，或红叶满树，香气四溢，是非常理想的风景林、行道树、城市绿化、庭荫观赏树种。

（苏淑钗，白倩）

别　名｜山枣（云南、广西、广东、湖北）、山枣子、枣（福建）、山桉果（广西）、五眼果、五眼睛果
　　　（云南、广西、广东）、酸枣（云南、贵州、广西）、鼻子果、鼻涕果（云南、广西）、花心木、
　　　醋酸果、棉麻树、啃不死（广东）

学　名｜*Choerospondias axillaris* (Roxb.) Burtt et Hill.

科　属｜漆树科（Anacardiaceae）南酸枣属（*Choerospondias* Burtt et Hill.）

> 南酸枣集中分布于长江以南各地，为我国热带和亚热带阔叶林具有标志性的速生乡土树种，
> 是尚未完全开发的优良的药品、饮料和食品生产原料，良好的家具、建筑及各种精致工艺品用
> 材，理想的行道树、城市绿化和庭院观赏树种。南酸枣果实可鲜食、供酿酒，亦可入药，果核
> 大且坚硬，可作活性炭原料，因其顶端有五个眼，自古以来就象征"五福临门"；其树皮和叶可
> 供提制栲胶，茎皮纤维可作绳索；其树皮和果入药，有消炎解毒、止血止痛之效，外用可治大
> 面积水（火）烧（烫）伤。

一、分布

南酸枣是漆树科南酸枣属单一种，是我国
重要的多用途速生乡土树种，分布于长江以南
各地，以安徽、浙江、福建、湖北、湖南、广
东、广西、云南、贵州为主要分布区，在海拔
300～2000m均有分布，较喜光，适宜中等肥沃湿
润土壤，常与枫香、栲、樟、木荷、厚皮树等混
生。除我国以外，在印度、中南半岛和日本也有
分布。

二、生物学和生态学特性

落叶乔木。高达30m。树干端直。树皮灰褐
色，片状剥落。小枝粗壮，暗紫褐色，无毛，具
皮孔。奇数羽状复叶长25～40cm，有小叶3～
6对，叶轴无毛，叶柄纤细，基部略膨大；小叶
膜质至纸质，卵形或卵状披针形或卵状长圆形，
长4～12cm，宽2.0～4.5cm，先端长渐尖，基部
多少偏斜，阔楔形或近圆形，两面无毛或稀叶
背脉腋被毛，侧脉8～10对，在两面凸起，网脉

南酸枣叶（刘军摄）

南酸枣果实（朱鑫鑫摄）

细。雄花序长4～10cm，被微柔毛或近无毛；花萼外面疏被白色微柔毛或近无毛，裂片三角状卵形或阔三角形，先端钝圆，长约1mm，边缘具紫红色腺状睫毛，里面被白色微柔毛；花瓣长圆形，长2.5～3.0mm，无毛，具褐色脉纹，开花时外卷；雄蕊10枚，与花瓣近等长，花丝线形，长约1.5mm，无毛，花药长圆形，长约1mm，花盘无毛；雄花无不育雌蕊；雌花单生于上部叶腋，较大，子房卵圆形，长约1.5mm，无毛，5室，花柱长约0.5mm。核果椭圆形或倒卵状椭圆形，成熟时黄色，长2.5～3.0cm，直径约2cm，果核长2.0～2.5cm，直径1.2～1.5cm，顶端具5个小孔（《中国树木志》编辑委员会，2004）。

南酸枣为喜光树种，喜温暖湿润气候，不耐严寒，有一定的耐旱能力；生长快，适应性强；适宜在土层深厚、排水良好的酸性或中性土壤中生长，最适低山、丘陵、平原及庭院和四旁地，不耐水淹及盐碱；浅根性，侧根粗大平展；萌芽力强；对二氧化硫、氯气抗性强。

三、良种选育

1. 良种选育方法

20世纪90年代末，于福建省福州市闽侯县南屿镇三都村发现一株大果型南酸枣优良实生变异单株，树龄100多年。1998年从该母树上采集枝条嫁接，1999年定植于闽侯县南屿镇窗厦村，2002年嫁接树始果。2004年，福建省农业科学院果树研究所从中筛选出大果丰产的'南酸枣3号'单株，并从其他野生半野生的南酸枣大树中选出'浦城1号''南屿1号''南屿2号'，开展植物学、农艺学及品质性状等对比观察，决选出'南酸枣3号'。2006年起分别于闽侯县、浦城县等地开展'南酸枣3号'区域适应性试验，在闽侯县鸿尾乡成片种植7hm²，观察该株系的遗传稳定性（韦晓霞等，2009）。

2. 良种特点及适用地区

由福建省农业科学院果树研究所选育的'南酸枣3号'品种为大果优质品种，适宜在福建、广东、广西等地重点栽培。

果实广椭圆形，未成熟时果皮绿色，成熟后果皮金黄色，果大且外观好，果肉白色，黏糊状。平均单果重18.5g，果实纵横径3.3cm×3.0cm，可食率64.9%。丰产，10年生树单株产果130kg。

四、苗木培育

南酸枣育苗主要采用播种育苗的方法。

种子采集 采集时间一般在9月下旬至11月上旬，鲜果皮由青色转为青黄色则达到成熟，选择20～30年生健壮南酸枣母树，种子千粒重为1600～2500g。果实采收后需堆沤3～4天，待果肉软化，用清水冲洗干净后收集种子，稍晾干即可播种或沙藏。

圃地选择 应选择坐北向南，地势平坦、空旷，通风良好，光照充足，邻近干净水源和造林方便的地方。土壤以土层深厚肥沃的沙壤土为宜，红壤及砖红壤均可，忌选黏重土壤和积水地，整理需细致，冬季需深翻。

整地作床 经铲草、翻土、碎土和除杂后便可筑畦状床，床宽1m，高20～30cm，步道宽40cm。

播种 3月中下旬，土壤5cm深处的土温稳定在10℃左右时即可播种。播种前用浓度为0.1%～0.2%的高锰酸钾液浸泡种子10～15min消毒，晾干种子播前用40℃温水浸泡至自然冷却后24h，新鲜种子一般不催芽，条播或点播，播种量为300～450kg/hm²。种孔朝上，种子被土覆盖。

南酸枣树体（宋鼎摄）

间苗 当小苗长至3～5cm或长出2～4片真叶时，可分开移植或植苗上钵。

五、林木培育

1. 立地选择

南酸枣为喜光树种，在土壤肥力较高的山地红壤、黄红壤生长较好，宜选择海拔300～800m，坡度40°以下的南坡中下部、山脚、山谷，土壤肥厚或较肥厚的地块。

2. 整地造林

挖大穴，穴的规格为60cm×60cm×60cm，每穴可施基肥100～200g。坡度较大时初植密度株行距以2m×3m或3m×3m为宜，如作为果用人工林栽培时初植密度株行距以6m×6m或6m×8m为宜，每亩约20～30株；以"品"字形错开种植，充分利用光照，扩大树冠面积。平均每亩必须种植树1～2株雄株（杨立志，2013）。

冬末或早春（落叶后至萌动前）进行栽植造林。选阴雨天气起苗，随起随栽。穴土要细碎、苗要端正、根系要舒展，分层回土踩实。

3. 抚育

（1）幼林抚育

造林1年内要围绕"草净、土松、有肥"来管理，保持树干基部1～2m范围内无杂草。结合除草修筑水平带，疏松土壤，促进根系生长。将杂草埋入土壤中，并每株施用5kg尿素。第二年开始，进行斩杂即可。

（2）结果树抚育

经过2～3年的抚育，便可以试产，并抓好3个时期的管理。一是每年2～3月萌芽期，为促进花芽分化和新梢生长，在树冠外沿水平两侧各挖一条宽20cm、深30cm的沟，施1～2次有机肥，每次5～10kg；二是每年4月下旬至5月下旬开花期，在树冠外沿水平两侧各挖一条宽20cm、深30cm沟，每株施腐熟有机肥10～15kg、石灰1kg保花；三是每年6～7月果实膨大期，每株施腐熟的绿肥加饼肥10kg，并辅以少量磷钾肥。

（3）整形修剪

对南酸枣进行适当修剪整形，可培养良好的冠形，扩大结果面。造林后在离地约1m处留3～4个主枝，剪除其他枝条，主枝萌芽形成枝条后，在80cm处截枝，每条主枝再留3～4个侧枝。2～3年就可以培育成自然开心形树冠。南酸枣萌发能力较强，为增加有效结果枝，要适时修剪枝条，留强去弱，留稀去密，特别对嫁接口以下萌发的枝条要及时剪去。

4. 果实采收

南酸枣每年9月底到10月初果实开始脱落，即进入采收期，直至12月底基本落完。人工捡拾地面落果，或者在林下平铺细格网收集。

六、主要有害生物防治

南酸枣育苗过程中易发生蛴螬、地老虎和蚜虫。这些害虫主要取食新叶、幼苗或未出土的幼芽，造成植株落叶、生长停滞，乃至死亡。防治方法：当幼苗发现蛴螬和地老虎时，要及时使用鱼藤酮，7天喷施1次，连续喷施4次。对蚜虫，可喷洒除虫菊素，7天喷施1次，连续喷施3次。

七、材性及用途

南酸枣是具有木质材料和非木质材料（药用、食用、观赏等）等多种用途的优良资源树种。南酸枣木材淡褐色，有弹性，强度适中，纹理直，易加工，是优良的家具、建筑、室内装饰等用材，也是精细首饰盒等工艺品的理想材料。南酸枣的叶可治疗消化不良和调治疮疖。叶和树皮均可供提栲胶。树皮、根皮和果入药，有消炎解毒、止血止痛之效，外用可治大面积烧、烫伤。果实成熟时酸甜可食，具有生津止渴功效，可制作成果脯、糕点等（姚利民，2013）。树干可成为香菇培养原料木。树皮、干、枝二层皮晒干研末调茶油，外涂于水火烫伤处，有凉血解毒、止痒止痛功效。种子含油量30%左右，可作制肥皂原料。枣核可用于生产念珠等工艺品。因此，南酸枣可作为多用途经济树种栽培。

（黄兴召，傅松玲，朱莹莹）

别　名｜槚如树、鸡腰果、介寿果、树花生、肾果
学　名｜*Anacardium occidentale* L.
科　属｜漆树科（Anacardiaceae）腰果属（*Anacardium* L.）

> 腰果主要分布在20°S至20°N之间，但其主要产区位于15°S至15°N以内的地区。腰果是多年生常绿乔木，耐旱、耐瘠，抗寒力弱，是热带地区重要的经济林树种（梁李宏和张中润，2016）。

一、分布

腰果原产于巴西东北部，主要分布于东非、西非、东南亚和南美洲。在我国，主要种植在海南省乐东、东方、昌江、三亚、陵水、万宁等县（市），在云南省主要分布于景洪、勐海、施甸等县（市）。

二、生物学和生态学特性

树干直立，成龄树高约8m，冠幅约20m。梢为合轴分枝。叶片为单叶，互生。顶生圆锥花序，花枝总状排列。花分雄花、两性花和退化花。果实分假果和真果。假果由花托膨大而成，通称果梨。真果即坚果，通称腰果。

耐旱耐瘠，在热带地区适应性广，抗寒力弱，适宜在年平均气温24～28℃地区种植。不宜种植于低洼地、沼泽地、黏土地、碱性土及含盐分过高的土壤，其他各类热带土壤上均可栽种，中性、微酸性土壤均适宜。通常以400m以下的低

海南省乐东县腰果高产品种（梁李宏摄）

海拔地区生长结果较好。

三、良种选育

目前已经选育出包括'CP63-36''GA63''FL30''HL2-13'和'HL2-21'等5个无性系，适宜在我国海南和云南腰果产区栽培。

'FL30'　花期1～4月，果实成熟期3～6月。果梨黄色，梨形；坚果较大，粒重约6.8g，出仁率31.0%，单株产量约8.5kg；果仁为W240级，含蛋白质18.8%、脂肪46.6%、淀粉11.4%、糖7.5%。

'HL2-21'　花期2～4月，果实成熟期3～6月。果梨黄色，长梨形；坚果较大，粒重约6.0g，出仁率30.2%，单株产量约6.8kg；果仁为

海南省乐东县腰果成熟果实（梁李宏摄）

W240级，含蛋白质20.4%、脂肪46.4%、淀粉12.8%、糖8.3%。

'GA63' 花期12至翌年3月，果实成熟期2～5月。果梨红色，扁圆形；坚果中等，粒重约5.4g，出仁率29.1%，单株产量约8.7kg；果仁为W320级，含蛋白质20.1%、脂肪48.1%、淀粉10.2%、糖7.6%。

'HL2-13' 花期1～4月，果实成熟期2～6月；果梨红色偏黄，梨形；坚果较小，粒重约5.1g，出仁率28.7%，单株产量约7.1kg；果仁为W450级，含蛋白质21.0%、脂肪51.5%、淀粉10.7%、糖7.5%。

'CP63-36' 花期12至翌年3月，果实成熟期2～5月。果梨红色偏黄，梨形；坚果较小，粒重约5.0g，出仁率27.5%，单株产量约7.7kg；果仁为W450级，含蛋白质22.1%、脂肪48.4%、淀粉11.4%、糖7.4%。

四、苗木培育

1. 种子育苗

采集充分成熟的优良母树种子，晒3～4天，至含水量7%左右，摇动种子时有响声。晒干后的种子可用麻袋短期贮藏，时间不超过5个月。雨季初期最适宜播种。播种时应选择饱满、比重大于1、果皮有光泽、中等大小的种子，置清水中，除去浮起的种子，再除去下沉种子中粒小、畸形及种皮腐烂的种子，余下种子浸种24h后播种。播种深度一般为2～6cm。播种时果蒂向上为宜。播种后应注意淋水保苗。

海南省乐东县腰果种植园（梁李宏摄）

2. 嫁接育苗

选排水良好、疏松肥沃的土地建立苗圃。畦长10m、畦宽40cm、沟宽20cm、株行距为30cm×30cm。播种后，晴天通常隔天淋水1次，出苗后每3～5天淋水1次。苗高20cm后，可隔5天淋水1次。苗高30cm左右，追施氮肥，每畦150g，撒施后淋水，或溶于水中淋苗，每半月追肥一次。当苗高80cm以上、径围3cm以上时，停止追施氮肥，改施钾肥，每畦施氯化钾150g，促进苗木健壮，准备嫁接。育苗时间通常为6～7月播种，9～10月嫁接，10～11月截干，翌年7～8月挖苗定植。也可在10月至翌年2月播种，6～7月嫁接，7～9月定植。待芽接苗高1.0m左右、茎干下部已木栓化时即可出圃定植，此时的种苗是裸根种苗。为提高种苗的定植成活率，也可采用营养袋育苗，一般袋高30cm，宽20cm。在遮阴棚下，假植裸根种苗45～60天，待植株恢复生长和抽生新梢后，移栽营养土袋装种苗。

五、林木培育

1. 立地选择

选地 种植地月平均温度最低不低于18℃，以20℃以上为宜；海南以海拔100m以下的滨海阶地为宜，云南海拔不宜超过600m；选择土层深厚的沙壤土或沙土，黏土、碱性土、低洼积水地均不宜种植。

整地 撂荒地全垦或带垦后即可按规定株行距挖穴；矮生草丛可直接定标挖穴；次生林或灌木地则先要砍灌丛、清山、挖树头，然后才能挖穴；山坡地应沿等高线开垦环山带种植。腰果种植株行距多采用6m×6m或6m×7m。穴的规格为50cm×50cm×40cm或60cm×60cm×50cm。

定植 以雨季初、中期定植为宜，无性系芽接桩或裸根苗定植时根系要舒展，分层回土压实，植后盖草保水；容器苗定植时用刀割破并取走塑料袋后，置于穴中央，用表土回穴。定植时可保留1/3～1/2叶片，但嫩叶嫩梢必须剪去。

2. 抚育

除草盖草1～3龄的幼龄树应保持根圈无杂

草，一般每年除草3～4次。根圈盖草最好在雨季末进行，海南南部一般不迟于11月。1龄植株盖草直径宽约1.0m、厚度20cm；盖草直径随树龄增大而扩大。

间作 1～3龄的幼龄腰果园，可间种一些薯类和豆类作物如花生、番薯、芝麻、绿豆、眉豆等。

修剪 幼龄树以轻剪多留为主，重剪将推迟结果期。成龄树剪除一切生长结果不良的枝条，如阴枝、纤弱枝、丛生枝、交叉枝和徒长枝等。老弱树则重剪或截去大枝，然后施肥复壮。

疏伐 新植腰果株行距为6m×6m或6m×7m，在管理良好情况下，6～7龄植株树冠的枝条交叉荫蔽，严重影响产量，应及时疏伐。通常采用隔株疏伐方法，使留下的植株空间上呈三角形。

高接换冠 离地面约1.5m处锯截除各分枝，待每分枝长出新梢后留下2～3个梢作为嫁接用砧木，同时每株施尿素0.15～0.20kg。通常6～7月锯截树冠，9～10月嫁接。

六、主要有害生物防治

1. 茶角盲蝽（*Helopeltis theivora*）

该虫在海南1年发生12代，卵产于花枝、叶柄表皮组织下，孵化后幼虫取食腰果幼嫩组织，包括嫩叶、嫩梢、幼芽、花枝、幼嫩果梨和坚果。果园收果后剪除过密枝条，除去带卵枝条。最佳药剂防治时间为梢期末期、花期和坐果期的初期3个时期，轮换使用无公害药剂防治（梁李宏和张中润，2007）。

2. 腰果云翅斑螟（*Nephopteryx* sp.）

该虫在海南1年发生9代，第五代至第七代发生于每年的4月至5月腰果结果盛期，是大发生危害时期。卵主要产在坚果果腹、果蒂、果柄上，孵化后幼虫取食幼嫩坚果或果梨，有时也可危害花枝。在结果初期人工摘除树上被害果实或被害花枝，可降低当年虫源基数。4月上旬至5月中旬，轮换使用无公害药剂防治。

七、综合利用

腰果为经济林树种，是非洲、东南亚许多发展中国家出口创汇的重要经济作物，具有非常高的营养、药用和保健价值。腰果仁是腰果的主要产品，含蛋白质21%、脂肪47%、淀粉4%～11%、糖2%～9%，以及少量维生素A、B1、B2等。腰果仁所含脂肪酸中，不饱和脂肪酸含量高达80%，长期食用对预防心血管疾病和降低血液中胆固醇含量等均具有重要的作用。特别是腰果仁的不饱和脂肪酸中单不饱和脂肪酸约占63%，远高于多不饱和脂肪酸。而且，腰果仁富含18种氨基酸，包括8种人体必需氨基酸，占氨基酸总含量的31%，约占腰果仁蛋白质总量的25%。腰果仁所含的人体必需氨基酸的组成中，缬氨酸、亮氨酸、赖氨酸和苯丙氨酸具有较高的比例，而甲硫氨酸、色氨酸则是限制氨基酸，这与人体的氨基酸需求量，即人体氨基酸模式是非常接近的。因此，腰果仁蛋白质是一种价值很高的优质蛋白质。除此之外，腰果仁中还含有丰富的维生素、矿物质等主要营养元素。其中，腰果仁与其他坚果一样，维生素E含量较高，在机体抗氧化等相关生物功能中发挥重要作用。腰果仁中维生素B3、维生素B5等B族维生素含量高，对调节新陈代谢，维持皮肤和肌肉健康，增强免疫力等方面有积极作用。腰果仁在磷、镁、铁等矿质元素的含量上突出，优于其他坚果类产品。腰果仁可用于制巧克力、点心和上等蜜饯，亦可作油炸和盐渍食品，营养丰富，风味香美，是世界"四大干果"之一；腰果梨成熟时呈红、黄或红黄杂色，柔软多汁，可作水果鲜食，也可供酿酒，或制成果汁、果冻、果浆、蜜饯、泡菜等；腰果壳液是一种干性油，经与糖醛或酚醛理化聚合所得的树脂，性能优异，可供制高级油漆、彩色胶卷着色剂、优良制动衬片、合成橡胶、海底电缆绝缘材料等。腰果树干低矮，根系发达，平均寿命60～70年，具有郁闭成林快，防风固沙和改良小气候的效果显著等特点，也可作为防护林树种。

（张中润）

别　名｜芒果、檬果
学　名｜*Mangifera indica* L.
科　属｜漆树科（Anacardiaceae）杧果属（*Mangifera* L.）

> 　　杧果原产于东南亚热带地区，在亚洲、美洲、非洲等热带亚热带地区有广泛种植。杧果是世界第二大热带水果，享有"热带果王"之美誉。全世界有100多个国家生产杧果（Richard，2008），我国栽培杧果的历史不详，20世纪60～70年代开始发展商品生产，目前是世界第六大生产国。据农业部南亚办数据统计，2016年全国种植面积344.7万亩、产量189.1万t，杧果种植已成为我国热区、特别是热区老少边贫山区农业支柱产业之一，对促进农民增收、生态环境建设等起到了重要作用。

一、分布

　　杧果起源于亚洲南部、东南部广阔的热带地区，即从缅甸西北部、泰国、孟加拉国、印度东北部至印度尼西亚、马来西亚、菲律宾一带。广泛分布于30°S至30°N间，冬季最冷月平均气温11℃以上，绝对最低气温−3.7℃以上的热带、亚热带地区，北至我国四川南部和日本南部岛屿，南至南部非洲。在我国主要栽培分布在海南、广西、广东、云南、四川、福建、贵州、台湾等8省份100多个市（县）（贺军虎等，2006）。

二、生物学和生态学特性

　　多年生常绿高大乔木。株高或冠幅可达15～20m，寿命长达数百年。主根粗壮，直生，侧根较少，稀疏细长，根没有自然休眠，条件适合可周年活动。自然生长条件下主干直立粗壮，分枝有较明显的层次，枝梢呈蓬次式生长。单叶互生，枝梢先端的叶密集丛生，呈假轮状排列，叶全缘，革质，叶缘多波浪状，叶片长12～45cm、宽3～13cm，为长圆、椭圆披针形。花是顶生或腋生的圆锥花序，长10～50cm，每花序着生500～3000朵花，为纯花芽或混合花芽，有雄花、两性花。果实长圆形、椭圆形、圆球形等，果肉有乳白、乳黄、浅黄、橙红等多种颜

杧果果枝（朱敏摄）

杧果育苗（党志国摄）

杧果单株（党志国摄）

色，纤维多或少，种子单胚或多胚，成熟果实为浆果状核果，果皮有红、黄、绿黄、绿等颜色，单果重0.1～2kg。（林更生，1981）

杧果适应性较广，喜温暖干热，不耐寒霜，优势区域年平均气温＞18.5℃，最冷月平均气温＞11℃，≥10℃的有效积温6000～10000℃，无霜期≥345天，年降水量700～1700mm，年日照时数≥1400h，花期干旱少雨，阳光充足，土壤以赤红壤、红壤、沙壤或轻黏壤土为佳。杧果速生易长，抗逆性强，结果早（植后2～3年开始挂果），栽培管理容易，产量较高，经济寿命长（50年以上），寿命更长（400～500年）。

三、良种选育

杧果主要以实生选种、杂交育种为主，其次为诱变育种、分子辅助育种等，全球现有2000个左右的杧果品种，大部分为实生选育，印度、美国、澳大利亚等国家育种成效显著，选育出'阿方索''吕宋''海顿'等经典品种（Richard，2008），我国主要从国外引进，目前保存有200多个品种，主栽品种为'金煌''贵妃''台农1号'等，自主选育了'热品4号''热农1号''桂热82''桂热10号'等十几个品种（黄国弟，2000）。主要栽培品种简介如下。

'金煌' 20世纪80年代末从台湾引进。中晚熟品种，单果重约500g，大者可达1.0～1.5kg，果实长卵形，成熟时果皮深黄色至橙黄色，果面光滑，果肉细腻，纤维少，可溶性固形物含量15.3%～18.5%。主要在海南、广西、福建栽培。

'贵妃' 20世纪90年代末从台湾引进。中晚熟品种，单果重400～800g，果实长卵形，成熟时底色黄色，盖色紫红色，果面光洁、果粉多，果肉厚，橙黄色，无纤维，肉质细滑，多汁，含可溶性固形物14.0%。主要在海南、广西、福建栽培。

'台农1号' 20世纪80年代从台湾引进。早熟品种，单果重120～300g，大的可达400g，果实扁卵圆形，成熟时果皮黄色或部分红晕。果面光滑、果皮稍厚韧性好，果肉细腻，纤维少，果汁多，可溶性固形物20%左右。主要在海南、广西栽培。

'热品4号' 由中国热带农业科学院热带作物品种资源研究所于2005年实生选育。中晚熟品种，单果重400～500g，果实长椭圆形，成熟时红色，果面光洁、果点稀疏，肉质致密，纤维少，可溶性固形物含量16.63%。主要在海南、广西、贵州栽培。

四、苗木培育

目前苗木培育方法有实生育苗、嫁接育苗，以嫁接育苗最为常见。

1. 实生育苗

宜选择当地土芒作砧木，种子洗净残肉阴干。搭阴棚筑沙床后剥壳催芽，覆土2cm。幼苗第一蓬真叶开始转绿时移入营养袋，多胚的要分株。幼苗管理注意遮阴防日灼、淋水保湿（不积水）、合理施肥和防治病虫害。

2. 嫁接育苗

以砧木径粗达1cm时嫁接为最佳，以3～5月最适宜。从良种母株上选取老熟、芽眼饱满的当年生成熟（或半成熟）枝条为接穗。一般采用切接法嫁接。嫁接3周后，抹除砧木基部或剪口处萌发的芽。嫁接成活后4个月即可出圃，且宜选择新梢成熟时或新梢停止生长期出苗定植。

商业化栽培的成龄果园品种更新主要采用高接换冠技术，高接后第二年即可挂果，第三年有经济产量。

杧果果园（党志国摄）

五、林木培育

1. 建园

（1）园地的选择

宜选择冬春干旱，少阴雨天气，年日照时数2000h以上，日照率大于50%以上地区建园，冬春季常有连续3天以上低温阴雨的地区不宜作杧果栽培区。

（2）挖穴和基肥

按面宽80cm、深70cm、底宽60cm挖穴，植前1个月施好基肥，每穴施腐熟农家肥20kg，钙镁磷肥1kg，结合压青更好。

（3）种植密度

株行距一般为5m×4m或5m×3m。

（4）适时定植

选阴天或雨前定植。定植时压紧土壤，并在树盘周围盖上5cm的干草，淋透定植水。

2. 管理措施

（1）幼树的肥水管理

定植后遇旱每5～7天需灌水1次，以保持树盘土壤湿润为度。小苗抽出第二蓬梢及时追肥，第一年每次施复合肥10～20g/株，第二年每次施30～50g/株，第三年每次施70～100g/株。

（2）幼树的整形修剪

及时清除徒长枝、交叉枝、重叠枝、弱枝和病虫枝。通过牵引、拉枝、短截等方法调校角度不适宜和生长势较悬殊的骨干枝位置。

（3）结果树的管理

每年10月下旬（或花前1个月）施促花肥，末花期至谢花时施谢花肥，果实横径达2～3cm时施壮果肥，采后施肥恢复树势。抽花序前30天，剪除枯枝、病虫枝、无结果能力的弱枝。坐果后至果实发育期抹除春梢，剪除未结果的花枝，疏除畸形果，正常一穗果可保留1～3个，小果可根据树势和枝条长势酌情多留。

3. 适时采收

杧果在不同产区成熟期不同，在我国从海南早熟到四川晚熟产区，果实收获期从2～11月，当果实达到八层熟即可采摘，果实发育饱满，果顶凸起，采后一周左右时间后熟，果实变软、香气浓郁，即可食用。

六、主要有害生物防治

杧果常见的病虫害有炭疽病、细菌性黑斑病、蒂腐病、蓟马等（蒲金基和周文忠，2012）。

1. 炭疽病

杧果的主要病害之一，病原菌为胶孢炭疽菌（*Colletotrichum gloeosporioides*），主要危害嫩叶、嫩枝、花序和果实。嫩叶染病初期形成黑褐色、圆形、多角形或不规则形小斑，扩展后，可融合形成大的枯死斑，使叶片皱缩扭曲，严重时可引起落叶、枝枯。储藏期果实受害，初期果面边缘形成模糊的圆形黑色或褐色病斑，随后，病斑相互融合形成大病斑覆盖果面。选用抗病品种，增施有机肥、提高抗病性，加强果园管理，嫩叶、花果以化学防治为主。

2. 细菌性黑斑病

杧果的主要病害之一，病原菌为野油菜黄单胞杧果致病变种（*Xanthomonas campestris* pv. *mangiferaeindicae*），主要危害叶片、枝条、花芽、花和果实，表现为叶片初期形成黑褐色病斑，后期病斑有时变成灰白色，果实受侵染果面常形成条状，微黏的污斑流出琥珀色或黑褐色胶液。通过种植抗病品种和健康无病苗木，营造防风林，清洁果园。在修剪后以及台风雨前后喷药保护果实、幼叶、嫩枝不受侵染。

3. 蒂腐病

蒂腐病是杧果的主要采后病害，病原菌有可可球二孢菌（*Botryodiplodia theobromae*）、杧果小穴壳菌（*Dothiorella dominicana*）和杧果拟茎点霉菌（*Phomopsis mangiferae*）3种。发病初期，果实蒂部呈暗褐色、无光泽，随后，病斑向果身扩展，果皮浅褐色至黑褐色，果肉组织软化、流汁。果实采收时采用"一果二剪"法，可显著降低病原菌从果柄侵入的几率。果实采后放置蒂部朝下，以防止胶乳污染果面。果实采后处理结合炭疽病的防治进行，采用热处理和化学防治。

4. 蓟马

杧果蓟马达10多种，主要有茶黄蓟马（*Scirtothrips dorsalis*）、黄胸蓟马（*Thrips hawailensis*）等。蓟马以若虫、成虫在嫩梢、嫩叶、花蕾及小果上吸食组织汁液，受害叶片严重时不能正常展开，甚至叶片干枯，新梢顶芽受害呈现枝叶丛生或萎缩，花果期危害花穗、幼果，造成大量落花落果。控制抽生冬梢，减少蓟马食料来源，田间悬挂黄、蓝色诱虫板，进行监测与防治，低龄若虫盛发期采用化学防治。

七、综合利用

杧果主要为多年生经济林树种，以收获果实为主，对生态保护具有明显作用。在适宜的条件下可周年生长，成林速度快，我国云南、广西、海南可见到百年杧果树，干茎达1～2m，树高15～20m，杧果木质较坚硬、耐海水，宜作舟车或家具等。此外，杧果还是园林绿化树种，多应用于城市的园林绿化、景观配置等方面。

杧果的营养价值很高，素有"热带果王"的称号。每100g杧果中含有热量32～50kcal、蛋白质0.65～1.31g、脂肪0.1～0.9g、碳水化合物11～19g、膳食纤维1.3g、钙7mg、铁0.2～0.5mg、磷11～12mg、钾138～304mg、钠2.8～3.6mg、铜0.06～0.10g、镁10～14mg、锌0.09～0.14mg、硒0.25～1.44μg、锰0.20～0.24mg、维生素B$_1$ 0.01～0.03mg、维生素B$_2$ 0.01～0.04mg、尼克酸0.3～0.4mg、维生素C 14～41mg、维生素E 1.21mg、维生素A 150～347视黄醇当量、胡萝卜素897～2080μg，还含有丰富的没食子酸、槲皮素、杧果酮酸、异杧果醇酸、阿波酮酸、阿波醇酸等醇类化合物和杧果甙、β-隐黄质、番茄红素、丁香酸、栎精等植物化学物质（罗学兵，2011）。除了食用价值外，杧果还具有抗氧化、抗癌、防治心脑血管疾病、祛痰止咳、延缓衰老、护目养颜、健胃止晕、抗抑郁等保健功效。除了果肉外，杧果叶中含有杧果苷，是一种天然多酚类化合物，具有广泛的药理活性，主要集中在抗炎、解热、镇咳、免疫调节、抗病毒及抗肿瘤等方面。杧果皮可以供提取精油，杧果核仁可用于治疗肾虚、肾寒、腰腿痛。另外，杧果还具有止咳、化痰、健胃消食、行气和消积功效。

目前，杧果综合加工技术主要有杧果原浆、杧果混汁的加工、果酒、果醋、果酱及膨化食品（钟丽琪等，2017）。

（党志国）

人面子

别　名｜人棉果、仁面树

学　名｜*Dracontomelon duperreanum* Pierre

科　属｜漆树科（Anacardiaceae）人面子属（*Dracontomelon* Bl.）

> 人面子属常绿大乔木，果核有大小不等的5个孔，与人的面孔相似，故得名。人面子果可生食，亦可盐渍，味美可口，营养价值较高，是优良的经济林树种，也是优良的用材林树种和园林绿化树种。

一、分布

人面子自然分布于热带亚洲和大洋洲，如菲律宾、越南、印度尼西亚、澳大利亚等。在我国，分布于广东、海南、广西、云南、福建、台湾等省份以及香港、澳门等地，常见于热带雨林、季雨林和南亚热带常绿阔叶林，村旁、河边、池畔等处有零星分布。垂直分布的海拔范围为120～350m。

二、生物学和生态学特性

常绿大乔木。树高可达38m，胸径达2.5m，冠幅8～18m。树干基部具板根。叶互生，奇数羽状复叶。花期4～5月，果期6～11月。10年开始开花结实，15年进入正常结实，大小年现象明显，间隔期1～3年。寿命长，可达百年以上（中国科学院昆明植物研究所，1979）。

喜光树种，但幼龄树喜稀疏遮阴。喜温暖湿润气候，年平均气温21℃以上，最冷月平均气温11.8℃以上，极端最低温−1℃以上，年降水量超过1200mm地区都能正常生长和结实。适应性强，耐贫瘠和干旱，抗风。平原或丘陵坡地均生长良好，但以土层深厚、土质疏松肥沃的沙壤土、壤土或冲积土为宜。中性至微酸性土壤上生长发育良好，尤以村旁、沟边等地生长好。在干旱、贫瘠、排水不良的土壤上生长不良，结实少或不结实。

人面子板根（罗水兴摄）

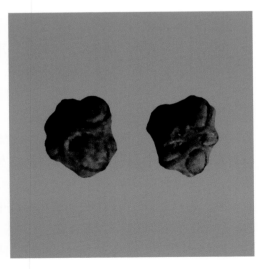

人面子果实（罗水兴摄）

三、苗木培育

选择30～60年生生长健壮、无病虫害、产果量大、生长在阳坡的植株作为采种母树，于10月下旬果实由青变黄时采摘。削去果肉，集中堆放果核，洒上草木灰水堆沤3～5天，每天翻动1次，使残留的果肉与种实分离，再用清水冲洗干净果核，晾干后用湿沙贮藏。果核千粒重1000～1400g，每个果核有种子2～4粒，春播发芽率约70%。如需调运，可拌湿谷壳装箱即运，到达目的地后重新洗净晾干，再混湿沙贮藏。

1. 播种育苗

宜选土层深厚疏松、背阴向南的缓坡荒地为育苗圃地。秋末翻耕过冬，播种前再深耕细整，每亩施厩肥1500～2000kg作底肥。苗床高度30cm，床面撒草木灰，与表土拌匀，即可开沟播种。

种子有休眠现象，果核不易吸水，发芽迟缓且极不整齐，宜混湿沙层积催芽。2月下旬至3月中旬，气温渐高，湿沙贮藏的种子大部分已发芽。采用条状点播，播种沟宽7～8cm，深3～4cm，沟间距20cm。小心剥去果核的种壳，将已发芽的种子一颗颗分离出来，按10cm株距点播种子于沟内，每亩播种量20～25kg。注意胚根不可倒置，覆土1.0～1.5cm。若播种时子叶已经展开，则将子叶露出土面，小心盖草，淋足水（陈波生等，2006）。

播种后20～30天，幼苗出土和子叶展开，保持苗床湿润。4～5月，苗木茎叶生长较慢，地下主根生长较快，并发出2～4条侧根，注意除草保温、防止积水，追施稀释10倍的人粪尿。如果是直接播果核，则每个果核可长出幼苗2～4株，宜在苗高5～6cm时分株移植。6～10月是苗木的速生期，每月追肥1～2次，先以氮肥为主，后期增加钾肥。10月下旬苗木开始进入硬化期，并逐渐进入休眠，有霜冻的地区，要注意防霜抗寒。

1年生合格苗的苗高应达60～80cm，且根系发达，一般每亩可产合格苗12000株以上。起苗前1～2天，须将圃地灌湿，并剪去三分之二的叶片。起苗后宜将过长的根修剪掉，然后浆根保湿出圃造林。

2. 扦插育苗

扦插育苗是人面子普遍采用的一种育苗方法，尤其适用于培育果用林的造林苗。

四季均可扦插，适宜的扦插气温为15～30℃，以春秋季节16:00后的扦插成活率较高。选择结果多、品质好的优良单株作为采穗母株，采集无病害、无缺损的1年生嫩枝作插穗，长度10～14cm，随采随插。插前用生根类激素浸泡插条，垂直插入苗床并压紧，插条应露出床面4～6cm，行距10～15cm，株距约6cm。扦插后及时浇水，浇水量和浇水次数可视具体天气而定。

春末至夏秋扦插时，应遮阳防暴晒，并喷雾保湿，待插穗长出新根后，再拆除遮阳网。为防止冻害和促进生根，冬季的扦插宜在温室或大棚内进行。插穗生根后，可追施腐熟的人粪尿水，以促进生新根发新芽。在适宜的温湿度条件下，扦插后20～30天即可进行定植或分苗移植。

四、林木培育

造林地宜选择土层深厚、湿润肥沃的缓坡地和山脚。全垦整地，株行距3m×3m。适宜造林的苗高为30～40cm，宜与其他阔叶树种混交。营造材果两用林时，株行距4m×4m或5m×5m，定植后2～3年内可间种作物（邹寿青和陈美玲，1984）。

园林绿化宜采用苗高3～4m、带土球的大苗定植。全垦整地，种植穴1.0m×1.0m×0.8m，穴

人面子行道树（佛山岭南新天地）（胡传伟摄）

人面子庭院孤植（胡传伟摄）

心材花纹类似核桃木，其木材为环孔材，心材栗褐色，边材浅褐色，纹理交错，致密而有光泽，结构均匀且耐腐，可供造船、建筑及家具等用材。

人面子果实、果核、叶及根皮均有药用，是民间常用的中药。果可生食，味酸甜，能健胃、生津止渴和促进食欲，经盐渍后，

内可填入塘泥、腐熟垃圾肥作基肥。植后淋定根水，并设支柱围护。

造林后3~4年内，每年除草松土2~3次，生长期每季追施1次复合肥或有机肥。树形以自然的半球形为好，成年树则应注意剪除树冠内部的枯枝、过密枝和病虫枝。

五、主要有害生物防治

虫害主要有白蛾蜡蝉（*Lawana imitata*）、番石榴绿绵蚧（*Chloropulvinaria floccifera*）、小字大蚕蛾（*Cricula trifenestrata*）、黄褐球须刺蛾（*Scopelodes testacea*）等。冬季应注意清除树干和枝条的肿瘤块，并用石灰液涂干，以减少来年虫害；结合冬夏修剪，清除有虫枝叶，减少虫源；冬季及早春清除林地中的杂草，可杀灭部分越冬幼虫及蛹。

人面子的病害较少，主要是盘多毛孢（*Pestalotia* sp.）引起的叶部病害，可用多菌灵、甲基托布津交替喷雾，并用溴甲烷、五氯硝基苯等进行土壤消毒。

六、综合利用

人面子木材加工容易，成品表面光洁度高，

可制作果脯，未成熟的嫩果可加工成甘草仁和人面酱等副食品；果可入药，具解酒和治喉痛的功效；种仁含油率69.7%，榨出的油可供制作肥皂；茎、叶、皮、根的挥发油含有较多的工业原料及活性物质。叶挥发油含有咪唑－4－乙二酰二胺、十六烷酸；茎皮挥发油，主要成分有正十六烷酸（46.13%）、十八烯酸（15.44%）、（E）－9－十八烯酸（13.73%）及（Z,Z）－9,12－十八碳二烯酸（7.79%）（苏秀芳等，2008）；根的挥发油含有胡椒胺、2,3－二氢－1－甲基－1－吡咯、正十六烷酸等物质，具有制备抗菌药物和抗肿瘤活性的作用，广泛应用于医药、食品、农药、日用化学品（苏秀芳等，2009）。

人面子树形高大，树冠宽广浓绿，叶片层次分明，遮阴效果良好，板根独具特色，孤植可作庭荫树，行植可作行道树，塑造出来的景观优美丰富、稳定而具韵味，是热带、南亚热带地区道路、庭院、公园及风景区绿化的重要园林绿化树种。

（孙冰，张静）

别　名 | 红叶（《中国高等植物图鉴》）、灰毛黄栌（《植物学报》）、黄道栌（河北、《中国树木分类学》）、黄栌材（河南、《中国树木分类学》）、栌木（《经济植物手册》）、月亮柴（《贵州植物药调查》）

学　名 | *Cotinus coggygria* Scop. var. *cinerea* Engl.

科　属 | 漆树科（Anacardiaceae）黄栌属 [*Cotinus*（Tourn.）Mill.]

　　黄栌是优良的园林绿化树种，北方著名观赏红叶树种，著名的北京香山红叶主要由黄栌形成。该树种初夏花后有淡紫色羽毛状的伸长花梗宿存树梢很久，成片栽植时，远望宛如万缕罗纱缭绕林间，故有"烟树"之称，燕京八景的"蓟门烟树"指的就是这种景观。黄栌可作为荒山造林先锋树种和水土保持、水源涵养树种，也是良好的建房、农具、薪炭、工艺、药品树种，染料、鞣料等工业原料用树种。

一、分布

　　黄栌产于北京、河北、山东、山西、河南、湖北、四川等地，生于海拔700～1700m的阳坡灌丛中或疏林内。欧洲东南部也有分布。

二、生物学和生态学特性

　　落叶灌木或小乔木。高3～5m，可达8m。树皮黑褐色，不规则开裂。木质部黄色，树汁有异味。叶纸质，倒卵形或卵圆形，单叶互生，长3～8cm，宽2.5～6.0cm；全缘，两面被灰色柔毛，背面尤甚。圆锥花序，被柔毛；花杂性；花萼裂片卵状三角形；花瓣卵形或卵状披针形。核果肾形；种子肾形，无胚乳。花期4～5月，果实成熟期6～7月。

　　喜光，也耐半阴，耐寒，耐干旱瘠薄和碱性土壤，不耐水湿，以土层深厚、肥沃、排水良好的沙质壤土上生长最好；生长快，根系发达，萌蘖性强，砍伐后易形成次生林；对二氧化硫有较强抗性，但对氯化物抗性较差。秋季日最低气温在10℃以下、平均气温在13℃以下、昼夜温差＞10℃时，叶色变红。

三、良种选育

　　由北京市十三陵昊林苗圃和北京市林业种子苗木管理总站共同选育的品种'紫霞'黄栌（*Cotinus coggygria* 'Zixia'），叶片整个生长季都为紫红色，叶片及枝条被灰色柔毛，髓心呈紫色，观赏性佳，环境适应性强，应用范围广。

　　北京市农林科学院林业果树研究所在对北京地区黄栌种质资源调查时，发现了长叶黄栌（*Cotinus coggygria* 'Changye'）和光叶黄栌（*Cotinus coggygria* 'Guangye'）2个黄栌新品种。二者叶片两面光滑无毛，仅叶背脉腋处密被柔毛。长叶黄栌叶为长椭圆形，叶片较大，侧脉较

北京香山黄栌盛花期（贾黎明摄）

多，生长期长，落叶晚；光叶黄栌叶为椭圆形，侧脉较少。

四、苗木培育

黄栌以播种育苗为主，扦插、分株、组培也可。

1. 播种育苗

采种　选择无病虫害、品质优良的健壮母树，6月下旬至7月上旬果实成熟变为黄褐色时及时采收。采集后调制，贮藏备用。

种子处理　1月上旬，将调制好的种子用50～60℃温水浸种48h，再用0.5%的高锰酸钾溶液浸泡2h，捞出密封30min，用清水冲洗干净，与3倍于种子的湿河沙混合均匀，后放入沙藏坑进行层积催芽。春季播种前4～5天，将种沙混合物取出，成堆催芽，注意浇水和勤翻，待有30%左右的种子露白即可播种。

整地与作床　圃地最好为质地疏松、排水良好的沙壤土或壤土。播种前一年秋季深翻25～30cm。翌年3月上中旬细耙整平。结合翻地，每亩施入充分腐熟的农家肥2500～5000kg、复合肥30～50kg，同时施入50%辛硫磷乳油制成的毒土，防治地下害虫。

高床育苗　床面宽100cm，床高15cm，长度依地势而定，步道30～40cm。

播种　一般在4月上中旬进行。播前5～7天，每亩用100g高锰酸钾，加800kg水，或每平方米喷洒1%～3%的硫酸亚铁水溶液4～5kg进行床面消毒。

播前灌足底水，待床面水落干后按行距15～20cm开沟条播，播幅3～5cm，播种沟深2cm。播种量每亩为8～10kg。覆土1.0～1.5cm。一般播后2～3周苗木出齐，当年秋季就可以出圃，上山造林。

间苗及松土除草　当幼苗长出3～5片真叶时，进行第一次间苗，间除小苗、弱苗、簇生密集的双株苗，间苗后15～30天定苗，每平方米床面留苗50～60株。及时松土除草，全年进行5～6次，保持床面疏松无草。

水肥管理　播种后及时灌水，保持床面表土湿润。6～7月进入速生期，灌溉量增加。夏季多雨时，注意排水防涝。灌溉要在早晚进行，切忌中午大水漫灌。生长后期适当控制浇水。

6～7月，用0.5%稀释的水溶液追施硫酸铵2次，每亩每次施硫酸铵8～10kg，追肥后及时用清水冲洗苗木茎叶。苗木生长后期，适当追施磷、钾肥，每亩追施过磷酸钙10kg。

移植育苗　黄栌苗木生长迅速，抽梢长而不分枝，易倒伏，需及时修剪。当年生苗高可达1m左右，翌春起苗，大垄单行移植培育绿化大苗，行距60～70cm，株距30～40cm。黄栌苗木须根少，移植时地上部适当短截，根系适当修剪。

越冬防寒　在冬季和早春干旱低温如河北围场等地区，要做好苗木越冬防寒工作。可于上冻前原地埋土越冬：先浇冻水，然后将苗木向一方扳倒，覆盖厚约10cm的防寒土，盖严、拍实，土壤解冻后适时撤去防寒土。

2. 其他育苗

扦插　黄栌实生苗多数是雄株，可通过雌性母树上的半木质化嫩枝（保持2～3片叶片），在全光弥雾条件下，扦插培育雌性苗木。一般北方在6月进行。扦插前，先将插穗基部用高锰酸钾0.3%水溶液浸泡1h左右，然后再用100mg/kg ABT1号溶液浸泡2h。由于黄栌插穗的须根较少，

北京香山黄栌林秋景（陈鑫峰摄）

北京八达岭国家森林公园红叶岭黄栌林相（贠小琴摄）

扦插后最好在原床继续生长，到第二年春季再裸根移植（史玉群，2001）。

分株　春季发芽前，选树干外围生长良好的根蘖苗，连须根掘起，栽入园地养苗，然后定植。

组培　以1年生嫩茎（长0.5～1.0cm）为培养材料。诱导培养基为MS+蔗糖30g/L+琼脂6g/L+6-BA2.0mg/L+NAA0.2mg/L，培养1个月；增殖培养基为MS+蔗糖30g/L+琼脂8g/L+6-BA1.0mg/L+KT0.5mg/L+ NAA0.1mg/L，培养4周；生根培养基为1/2MS+蔗糖30g/L+琼脂8g/L+NAA0.1mg/L，培养20天。培养温度为20℃±2℃，光照强度为2000lx，光照时间14h/天，各培养基pH均为5.0。当生根培养的小苗根长为1.5～2.0cm时移栽（陈书文等，2005）。

以嫩枝的腋芽、顶芽为培养材料。诱导培养基为1/2MS+BA1.0mg/L+LH100mg/L；增殖培养基为MS+BA0.3mg/L+ZT0.1mg/L；分化培养基为MS+BA0.5mg/L+NAA0.01mg/L。三种培养基中的蔗糖均为30g/L、琼脂7.2g/L，pH 5.8。

生根培养基为1/2MS +蔗糖15g/L+琼脂7.2g/L+NAA1.0mg/L。培养温度为25.2℃，光照强度为2000lx，光照时间10h/天。培养材料接种后1月左右转入增殖、分化培养基培养。待无根苗长至2～3cm时转入生根培养基，15天后即可长出不定根。苗高4cm左右、有2～3条不定根时，进行移栽（孙晓萍，2009）。

五、林木培育

1. 立地选择与整地

选择海拔1000m以下土壤肥沃、排水良好的山地阳坡。沿等高线鱼鳞坑整地。条件允许时可施入适量腐熟的有机肥。

2. 苗木准备

选用当年生或2～4年生生长旺盛的留床苗或移植苗造林。苗木按要求严格检疫，杜绝携带病虫的苗木。起苗时应尽量保留较大根幅，将劈裂根、病虫根、过长根剪除，保留根系长度为苗木干径的10～15倍。荒山及干旱地区造林前可将根系在清水中浸泡24h，并对苗干适当疏剪、短截。

3. 栽植密度

根据不同目的，确定造林密度，防护林可采用1m×2m株行距，混交林2m×3m，风景林和母树林2m×4m或3m×4m。

4. 混交林营造

黄栌可以作为建群种形成天然矮林，亦可与多种树种如油松、侧柏、华山松、白皮松、元宝枫、栎类、刺槐、合欢、胡枝子、紫穗槐、酸枣、荆条等混交。混交方式以带状或块状混交为好。带状混交时，3~4行黄栌与2~3行其他树种混植（罗伟祥等，2007）；块状混交时，黄栌与常绿树种面积比例为2：1，林分密度900~1100株/hm²时景观效果最佳（李效文等，2013）。

5. 造林时间

春、夏、秋三季均可栽植，以春季栽植为佳。新植苗木未成活的，及时清理后在雨季补植，种植后要对地上部分进行适当疏剪。

6. 抚育管理

除蘖 结合苗木生长情况，适时除蘖，均匀保留3~4个健壮枝条进行培育。去蘖工作不可一步到位，应分多次进行。

灌溉 春季栽植后立即浇透水，4~6月每月至少浇一遍透水，7~8月雨季可根据降雨情况适量少浇或不浇，大雨过后应注意排水，秋末冬初要及时浇足冻水，翌年早春解冻后及时浇解冻水，连续进行3年。此后，在正常年份可不灌溉，干旱时期适当补水即可。

施肥 地势平坦处开环状沟、陡峭处开条状沟施肥。先施入有机肥，再施入颗粒复合肥，回土、踏实、及时浇水。不同树龄可根据表1方法

施肥（DB11/T 1358-2016）。

栽植第一年若树势不旺，可用0.5%尿素溶液喷施叶面，每10天1次，连续喷洒3次。

整形修剪 黄栌在园林中有小乔木和灌木状两种树形，可根据需要进行整形修剪。风景林可对下部侧枝进行适当修剪，促进主干生长，并形成圆满的树冠；水土保持和水源涵养林可在造林后3~5年进行平茬，形成稠密的枝叶以覆被地表。

修剪应在落叶后的休眠期进行，剪去干枯枝、折枝、病虫枝，适当剪除过密的重叠枝、内膛枝，尽量减少伤口。整形效果要与周围环境协调，增强园林美化效果。

冬季防护 当年新植苗要封堰，埋土至树干基部以上20cm。两年以上小苗可在树坑内覆盖树叶保温、保湿，干部防护视情况而定。

其他 针对黄栌风景林，成林后要注意通过水肥管理、补植、割灌、修枝、复壮、间伐、病虫害防治等抚育管理措施营造冠大、叶多的健康林分，提高其景观质量。亦可通过物理、化学方法调控黄栌叶色。有条件的地区，可根据不同情况对黄栌林分实行分级管理。

六、主要有害生物防治

1. 黄栌枯萎病（黄萎病）

黄栌的重要病害防治难度大，目前仍未有行之有效的防治方法。黄栌枯萎病病原菌为半知菌亚门丝孢目轮枝孢属的大丽轮枝菌（*Verticillium dahliae*），危害主要表现为树木叶部枯萎、维管束变色和树势衰退，属土传性病害。可通过加强

表1 不同树龄黄栌施肥方法

树　龄	挖沟位置	挖沟深度（cm）	有机肥（kg）	复合肥（kg）	施肥次数（次/年）
幼龄树（树龄≤6年）	树堰内	25	1	0.05	1~2
中龄树（6年<树龄≤30年）	树冠投影外围10~20cm	40	3	0.25	1~2
老龄树（树龄>30年）	树冠投影外围	30	5	0.50	2~3

检验检疫、清理染病植株、加强抚育管理、营造混交林等措施综合防控。从早春黄栌萌芽前开始，使用甲壳素等生物药剂灌根或树干高压注射可起到一定防治效果（宋立洲，2011）。

2. 黄栌白粉病

黄栌白粉病病原菌为子囊菌门的漆树沟丝壳（*Uncinula verniciferae*）。发病初期在叶面上出现白色针尖状斑点，发病后期病斑连成片，叶面上布满白粉。林内清杂疏剪、通风透光，可防治白粉病。在发病初期，喷施杀菌剂进行预防和防治，每隔1月1次，共3~4次。

3. 黄栌黄点直缘跳甲（*Ophrida xanthospilota*）

黄栌黄点直缘跳甲在北京市1年发生1代，以卵在枝条杈、树疤或树皮缝中越冬，翌年4月上旬幼虫孵化，5月中旬老熟幼虫入土化蛹，6月中下旬成虫羽化。该虫春季幼虫孵化后取食花蕾、幼芽，夏秋季成虫取食叶片。加强灌溉、施肥、修剪和清杂等栽培管理，可以增强苗木抗病虫能力。冬春季剪除有卵块树枝，减少卵块数量。4月底5月初，轮换使用无公害药剂防治。7~9月可在黄栌林内悬挂黄板诱杀成虫。保护和利用蠋蝽、猎蝽、赤眼蜂、跳小蜂等天敌。

4. 黄栌丽木虱（*Calophya rhois*）

黄栌丽木虱在北京市1年发生2代，以第二代成虫在枯枝落叶、杂草丛及土缝中越冬，4月初越冬成虫在黄栌发芽时出现。以若虫、成虫刺吸危害黄栌顶梢的嫩芽、幼叶及花序，造成叶片皱缩、枝梢弯曲变黑，严重时造成叶片枯黄早落。4月下旬结合去蘖以及人工修剪，剪除受危害严重的枝条。5月初喷施内吸性相关药剂防治。5~8月可在黄栌林间悬挂黄色环保捕虫板诱杀成虫，同时还可人工释放天敌异色瓢虫，保护和利用大草蛉、食蚜蝇等天敌。

七、材性及用途

黄栌广泛应用于园林及山区造林，可丛植于草坪、土丘或山坡，亦可混植于其他树群，尤其是常绿树群中，也可在郊区山地、水库周围等营造大面积的风景林。其材质硬，是房屋、农具、薪炭的优良用材，也可用于盆景或制作根雕。叶含芳香油，为调香原料；嫩芽可炸食；红叶制成的艺术卡片及覆叶工艺品也成为旅游留念及馈赠佳品；根、枝、叶均可药用，具有抗菌、抗炎、抗氧化、抗病毒、抗疲劳、抗凝血、降血压、增强免疫功能等作用。黄栌含有许多有色物质，其提取物经适当处理可用作人造纤维和棉纤维的染料；含有丰富的单宁类物质，其叶、根和茎可供提取栲胶，为鞣料工业原料。因此，黄栌具有很好的综合开发利用价值。

（李广德，宋立洲，贠小琴）

别　名 | 平基槭、华北五角槭、元宝枫、五脚树
学　名 | *Acer truncatum* Bunge
科　属 | 槭树科（Aceraceae）槭属（*Acer* L.）

元宝槭为我国特有树种，根系发达，生长速度中等，树姿优美，适应性强，适生范围广，是营造城市风景林的重要树种，也是我国重要的木本油料树种之一。元宝槭木材强度大，木质细腻，既是高档家具的优良用材，也是纺织工业材料。种仁含油率高，蛋白质含量丰富，油渣可供制取酱油。果皮可供提取单宁，叶可作保健茶。

一、分布

元宝槭在我国分布较广，北起内蒙古、吉林，南至安徽、江苏，东达河北、山东，西抵甘肃、陕西，地理位置在32°～45°N，105°～126°E，主要分布于陕西、河南、山西、河北、山东等省份。垂直分布在海拔400～1500m的低山丘陵区。在年平均气温9～20℃、绝对最低气温-33℃、年降水量250～1000mm的范围内均可生长。以年平均气温10～14℃、7月平均气温19～29℃的地区生长最佳。

二、生物学和生态学特性

落叶乔木。高8～10m。树皮纵裂。单叶对生，常5裂，长5～10cm，宽8～12cm，基部截形，全缘，裂片三角形，叶柄长3～5cm。花整齐，杂性，黄绿色，伞房花序顶生。翅果，翅宽与小坚果等长。

具有很强的萌芽能力，1年生枝的萌芽率可达80%～100%，成枝率达80%以上。2年生的伐桩一般可萌生10个左右的萌条。树高生长在幼龄期迅速，栽培条件下，1～8年生苗木以每

元宝槭树干（刘仁林摄）

元宝槭叶片（刘仁林摄）

元宝槭枝叶（刘仁林摄）

年0.6～1.5m的速度递增，8年后树高生长减缓，40年后树高年生长量高者仅有10cm左右。为深根性树种，主根明显，侧根发达，根系垂直分布受树龄、土壤质地和土层深浅等影响（王性炎，2013）。生长在土质疏松的沙壤土或壤土上的8年生以上大树，根系垂直分布可达5m以上，而侧根主要分布在120cm以内的土壤中。生长在土质黏重或土层较薄、石砾较多土壤上的元宝槭，主侧根一般较浅，根系深度随土层厚度变化，主要分布在50～100cm以内。元宝槭于4月上旬开始展叶，随着树梢的生长，叶片迅速增大，生长高峰期一般在4月中旬到5月上旬。叶片厚度在刚定型时较薄，至8月上旬基本稳定。通常3月下旬发芽，花期4月，10月果实成熟；一次结实丰年后，需间隔1年才能再有一次丰年结实。结实量随树木的年龄和生长发育状况而定，15年生树木一株可采收翅果10～15kg，20年生者可采收20～25kg。

元宝槭主要分布在温带及暖温带地区，为喜温性树种，对温度的适应幅度较宽，在年平均气温9～15℃、极端最高气温42℃以下、极端最低气温不低于−30℃的地区均能正常生长发育。耐旱能力较强，在年降水量250～1000mm条件下均能正常生长。元宝槭为喜光树种，幼苗可忍耐侧方庇荫，光照充足的地方树木枝条生长充实，树势强壮，而生长在光照较差的林下或常年光照不足的地方生长势弱。对土壤有较强的适应性，除种子萌发期外其幼树和成年树对土壤酸碱度的适应范围较广，在微酸性、中性、微碱性及钙质土壤上均能正常生长。能够形成VA菌根，VA菌根能促进林木对矿质养分和水分的吸收，增强林木的抗逆能力，促进生长发育。

三、良种选育

1. 初选优株

按照元宝槭植株生长势、树冠形状、翅果外形、无病虫害作为初选指标进行初选，且候选优株必须在生长量、产量、抗逆性等方面明显优越于周围植株，不能是孤立木、林缘或林中空地植株，筛选数量应小于林中数量的1%，优中选优，

决选出优良单株。

2. 复选优株

第二至第四年间，继续调查候选单株的翅果产量、千粒重、含仁率、种仁含油率等经济性状指标，应用综合核心因子逐级淘汰筛选法，复选优良单株。

3. 决选优株

在复选优株的基础上，结合无性系测定结果，应用综合核心因子逐级淘汰筛选法，决选出候选优良无性系。

4. 无性系测定

可通过小苗造林、大树高干嫁接等方式开展优良无性系测定。小苗造林的林分可从第六年开始观测，大树高干嫁接的试验林可从第四年开始观测，连续测定4年，观察候选良种是否保持了母株的基本特性，其形态特征、生长发育、适应性、抗逆性等指标是否与母株及原产地林分基本一致。

5. 生产性试验

在3个以上市（县）开展大面积生产性推广栽培试验，完成连续4年盛果期的性状评价，检验候选良种的丰产性、适应性、稳定性等指标，最终确定最佳适宜区、一般适宜区和不适宜区的气候环境要求，为今后推广应用提供参考依据。

四、苗木培育

1. 种子生产

作为播种育苗的种子宜选择10年以上生长健壮的母树采种。当翅果由绿变为黄褐色时，可将果穗剪下或直接敲落收集，晒3～4天，风选去杂。种子的子叶应新鲜并带有黄绿色，果皮为棕黄色，种皮为棕褐色，种仁为米黄色，种子应无病虫危害。果实千粒重125.2～175.5g。

2. 播种育苗

（1）播种

以春播为好，播种期为4月初至5月上中旬进行条播，行距为30～40cm，深度为3～5cm，播种量为每公顷225～300kg。播种后将搂沟时搂

起的土回填沟内，稍加镇压，最好在播种前灌底水，待水渗透后播种。播种后经2~3周可发芽出土，发芽后4~5天长出真叶，出苗盛期约5天，一周内可以出齐。6月幼苗生长增速，月平均高生长8cm左右；7月生长最快，月平均生长量达19.7cm；8月平均生长量约17.5cm；9月生长显著下降，仅3.5cm。

（2）苗期管理

苗齐后灌水1次，及时清除杂草。小苗长至2~3片小叶、苗高10cm时可以间苗，间苗2~3次，定苗后立刻浇水培土，防止透风伤苗。根据土壤湿度定期浇水和追肥，6~8月底加强水肥管理，两周左右浇1次水，一般20天左右追肥1次，每亩每次施尿素10kg左右。随着空气温度不断升高，喷洒65%的代森锌400~500倍液，或1%的硫酸锌液，预防褐斑病（梁艺馨等，2015）。

3. 扦插育苗

（1）插条处理

选择幼嫩枝条的中部作为插条。插条采回后，先用清水浸泡，然后截成一定长度的茎段（嫩枝12~15cm，硬枝20cm），下切口削成单马耳形，硬枝上切口要求平滑，距第一个芽约1cm。嫩枝要求摘除插穗下部的叶片，保留上部3~4片小叶或2片1/4~1/3大叶。将处理过的插穗每30~50根为一组捆好，用生长素处理。

（2）扦插方法

采用硬枝扦插时，扦插前一天用0.2%高锰酸钾溶液喷淋土壤进行消毒。扦插时开沟，将插穗埋入土中，扦插深度为15~17cm，插后灌足水。扦插密度为10cm×15cm，在插穗未生根前，土壤含水量应保持在60%~70%。

采用嫩枝扦插时，扦插前两天用0.5%高锰酸钾溶液喷淋沙床进行消毒。扦插时先用与穗基粗细相当的小棍在沙床上戳一深为3~5cm的小洞，然后插入插穗并压实，株行距为5cm×6cm，插后灌足水，盖好草帘或塑料薄膜。根据光照、温度、湿度情况，不定期进行喷水、放风、遮阴等，保持棚内相对湿度为85%~95%，平均温度为20~28℃。

4. 嫁接育苗

（1）砧木选择

将种子直接播入苗床，管理措施参照播种育苗。当苗木长至8月初时，摘心，促使加粗生长，待地径长到0.5cm以上时作为砧木，进行嫁接。或选用1年生实生苗，于春季芽未萌动时（2~3月），在苗木基部平茬。待平茬桩上的芽萌动时，保留一个饱满的芽，使其抽生成枝，当年进行嫁接。

（2）接穗采集

采集接穗的母树必须是适应性强、丰产稳产、无病虫害感染的青壮年母树。采集时应采用母树树冠外围生长健壮、芽饱满的营养枝。夏秋季嫁接所用的接穗最好随采随用。如需运输与贮存，必须在低温条件并保持插穗的湿润，保存期一般不宜超过10天，时间太长会降低嫁接成活率。

（3）嫁接时间

夏秋季是主要时期，自7月上旬至9月上旬，以芽接为主，成活率可达80%以上，最高可达90%以上。注意避开阴雨天气。

（4）嫁接方法

带木质部嵌芽接 在采集的接穗上选1饱满芽，在芽下部1.5~2.0cm处用芽接刀斜面下切削木质部达1/3深，呈短削面；在接芽上部2cm处，由浅入深推切达第一刀口的削面处，取下芽片作接芽。在选好的砧木上选距地面10cm，切出同接芽大小相同的切口，把接芽嵌入砧木切口处，两者形成层对齐、密接，用塑料布条全部绑扎接芽（刘卫东和刘友全，2006）。

"T"字形芽接 在采集的接穗上选一饱满芽，在芽下部1.0~1.5cm处用芽接刀从下往上，由浅入深推切达木质部，在接芽上部1.0~1.5cm处横切1刀深达第一切口底部，取下接芽。在砧木上选距地面5cm左右光滑皮处横切1刀，深达韧皮部，长与接芽横切口相同，再从横切口中间向下垂直切入韧皮部，用刀向两侧挑开，把削好的接芽插入"T"形口内，接芽上端与"T"形切口贴紧，用塑料布条绑紧。

五、林木培育

1. 立地选择

元宝槭喜光、耐阴，喜温凉湿润气候，耐寒性强，但过于干冷则对其生长不利，最好选择灌溉方便、地势平缓、背风向阳、土层深厚、质地疏松、排水良好的地块种植。选择酸性土、中性土及石灰性土均可，以湿润、肥沃、土层深厚的土最好。土壤酸碱度以中性为宜，pH 6.5～7.0，有机质含量高并且应含有较丰富的磷酸盐和钾盐。

2. 整地

元宝槭适应性强，既可营造片状、块状纯林，也可与侧柏、白皮松、油松、华北落叶松等多种树种混植。从水土保持和充分利用空间方面考虑，应采用带状或穴状整地。坡度在5°以下时，可以全面整地，整地深度30～50cm。坡度在5°～10°时，应水平沟整地，防止水土流失。整地时应施腐熟的厩肥500～1000kg/hm²。在地下害虫严重的地方应施钾拌磷进行防治。

3. 造林

可在秋末冬初和春季栽植，具体时间根据各地气候条件和土壤水分状况而定。黄河中下游一带较温暖地区，春、冬季均可栽植，在有灌溉条件的地块或土壤墒情较好的年份，最好能在秋末造林；在无灌溉条件而又干燥的地区，在春季土壤解冻后至树芽萌动前进行栽植。在北方冬季寒冷、干燥甚至多风的地区，宜在春季造林。

苗木最好随取随栽，运输距离越短越好。如要长距离运输，根部要带泥浆，并用塑料布包好，塑料布应留有透气孔。种苗要选用生长健壮、主干端直、根系发达、无病虫害的3年生以上嫁接苗或胸径5cm左右的实生幼树或大苗。栽植时应采用穴状定植。栽前应先挖好80～100cm见方的定植穴或深宽为80～100cm的定植沟，并回填部分表土，将充分腐熟的厩肥或土杂肥与表土拌匀后填入穴内，再填入10～20cm的好土，使根系不直接接触肥料，以免烧根。栽植按照"三埋两踩一提苗"的要求进行。株行距可采用

5m×6m，也可根据立地条件及栽培类型调整，树龄较小的嫁接苗，初植密度可按1.5m×4.0m的株行距栽植，每亩110株，成林后酌情移栽。旱地栽植可采取"随挖沟、穴，随栽植"的办法，在土壤墒情较好的时候进行栽植。栽植后在苗干四周做一直径为40～50cm的蓄水埂进行浇灌。多风干旱地区采用深挖浅埋法，把苗木深栽15～20cm，栽植后，定植穴表土距地面有15～20cm的高差，既不影响幼树生长，又利于积蓄雨雪，降低蒸发。荒山地区造林，山地坡度在25°以上，要求修筑反坡梯田或水平沟。反坡梯田内低外高，易拦雨水，避免冲刷；35°以上可以开挖撩壕；地形破碎，坡度过陡沟坡上，可修筑鱼鳞坑，按三角形布置，挖成半圆形的土坑，下沿修筑半圆型土坑，上沿修筑半圆型土埂（王性炎，2013）。栽植后，最好进行截干以提高成活率。

（1）果用林

矮化密植栽培在土层深厚、土壤肥沃、有灌溉条件的平地上，密度宜稀，株行距（3～4）m×（4～5）m；土层薄或浅山地宜密，株行距（2～3）m×（3～4）m。

乔干稀植栽培一般通过嫁接后，结果年限提前，栽后3～4年可结果，8～10年可丰产。

（2）叶用林

按茶园式的栽培模式经营。球形栽培，行距2～3m，穴距2m，每穴栽4～6株成丛状，留主干0.5～0.7m，萌条后逐步剪成球形。宽窄行带状栽培，株行距0.5m×（0.5～1.0）m，两行构成一组林带，带内三角形定植。还可以采取高密度栽植，单行式，株行距0.6m×0.6m、0.5m×0.8m或0.5m×1.0m。

（3）农田防护林

主林带双行栽植，三角形定株。株行距3m×5m、4m×5m。农田林网用单行栽植，株距6～8m。

4. 抚育

松土除草 春季松土能提高土壤温度，利于根系提早活动；夏秋干旱季节松土，能有效

降低土壤水分蒸发，同时改善通气性、透水性和保水性。幼林期每年松土除草2次，第一次在4月下旬进行，第二次在8月上旬；结合除草，松土3~5cm，并从定植穴向外扩展树穴，促进根系生长。

灌溉 在夏季干旱季节，根据旱情提前灌溉，灌水量要充足，并注意松土，减少蒸发。在生长季节可结合追肥及时灌水。秋末在北方地区应浇1次封冻水，灌溉的方法有穴灌、沟灌、为了节约用水还可采用喷灌、滴灌等灌溉技术。

施肥 一般于每年4月下旬至8月上旬追肥2~3次，以速效氮肥为主。在9~10月底，结合深翻改土施1次有机肥，施肥量为每株5~15kg，加饼肥0.3~1.0kg。元宝槭成年结果树的施肥，一般每年分休眠期的基肥与生长期的土壤追肥，秋季叶子变红或变黄时施肥，以农家肥、人粪尿、饼肥为主，也可增施复合肥、过磷酸钙、磷酸二铵等（王性炎，1998）。可根据本地土壤养分状况，补施一些土壤缺乏的微肥。成年结果树于3月中旬、5月上旬各施1次，以氮肥为主，每次施尿素0.5kg/株；7月上旬和8月上旬可再追施，以氮、钾肥为主，一般施尿素0.1~0.5kg/株，钾肥0.1~0.3kg/株。多年生大树可减少追肥，1年1次，每株0.5~1.0kg，离主干1.5~2.0m以外，采用多点追肥。

冠层管理 以疏剪、摘心和剥芽为主。对顶芽优势强的种苗，修去侧枝，促进主枝。对顶芽枯死或发育不充实的，需对顶端摘心。为了防止产生副梢，应进行2~3次摘心。摘心后选其下侧枝代替主枝，或在剪口下留第一靠近主轴的壮芽，剥除另一对生芽。苗木移植后，若欲培养成6~8个主干丛形苗，则需在距地表3~4cm处留2芽断主梢，每苗即可抽生2个芽梢；若每穴仅植一株苗的，应距地表6~8处平断，剪口下有3~4个较饱满芽，形成具有3~4个主干的丛状树。

六、主要有害生物防治

1. 黄刺蛾（*Cnidocampa flavescens*）

黄刺蛾又叫洋辣子、刺毛虫。在陕西、辽宁1年1代，在北京、安徽、四川等地1年2代，均以老熟幼虫在枝干和枝丫处结茧越冬。在陕西5月下旬化蛹，6月中旬至7月上旬羽化、产卵，7月上中旬幼虫孵化，9月下旬越冬，主要以幼虫取食叶片表皮和叶肉，发生严重时把叶片吃光，仅留叶脉和叶柄，严重影响植株生长，甚至造成植株枯死。冬季落叶后在受害枝干上采集虫茧，并将其集中烧毁。在成虫羽化期设置黑光灯诱杀，在幼虫危害期喷施化学农药。

2. 光肩星天牛（*Anoplophora glabripennis*）

1年1代或2年1代，以幼虫或蛹在被害树木的木质部越冬。越冬的老熟幼虫翌年直接化蛹，越冬幼虫3月下旬开始取食活动，4月底至5月初开始在隧道上部做蛹室化蛹，6月中下旬为化蛹盛期。6月中旬至7月上旬为成虫羽化盛期，成虫在树皮上咬刻槽产卵。成虫啃食嫩枝和叶片进行补充营养，幼虫蛀食韧皮部和边材，并在木质部内蛀成不规则坑道，严重地阻碍养分和水分的输送，影响树木的正常生长，使枝干干枯甚至全株死亡。严格检疫制度，对可能携带天牛的调运苗木、幼树、原木、木材进行检查，确定是否有天牛的卵、入侵孔、羽化孔、虫道和活体虫等。适地适树，营造抗虫林和混交林，加强林分管理，提高树势，促进林木健康生长。保护和利用啄木鸟、肿腿蜂、花绒寄甲等天敌进行防治。采用人工捕杀成虫、锤击产卵刻槽、树干涂白、设置饵木、虫害木水浸等物理防治方法。采用药剂喷涂枝干、注孔、堵孔防治树干内的幼虫。成虫羽化期喷施化学农药，对虫害原木进行熏蒸。

七、材性及用途

边材与心材区别不明显，木材淡红色至褐红色带灰色，有时心材部分比边材部分颜色深，偶见红褐色带紫色。生长轮明显或略明显，轮间界以浅色细线，宽度在1~5mm间，不均匀，多在3mm左右。木射线细，肉眼下可见，数量较多。木材纹理直或微斜，结构细致均匀。木材较重和硬，髓心圆形，直径1～2mm，实心，浅褐色。常具髓斑。木纤维长度580～1100μm，一般长度800μm；胞壁厚度1.5～2.5μm间，弦向直径10～20μm。

元宝槭是优良的园林绿化植物，其树姿优美、叶形秀丽，入秋后叶片变色，红绿相映，甚为美观，是优良的庭园绿化和道路绿化树种，而且能耐烟尘及有害气体。元宝槭叶中含黄酮、类胡萝卜素和多种维生素，可精制加工成绿茶，也是系列保健产品的原料（王性炎，1998）。元宝槭种子粒大，种仁含油率高，且含人体所必须的脂肪酸、亚油酸和亚麻酸，对肿瘤细胞有抑制作用。元宝槭种子除油脂外，还含蛋白质和人体必需的氨基酸，可供制作酱油和糖尿病人食品。元宝槭果壳中单宁含量为73.6%，是优质鞣料和纺织印染的固色剂，同时具有抗菌消炎、镇静、抗凝等诸多药用价值（马德滋等，2007）。

（董娟娥）

附：茶条槭（*Acer ginnala* Maxim.）

别名茶条、华北茶条槭、茶条木、黑枫、北茶条。产于我国黑龙江、吉林、辽宁、内蒙古、河北、山西、山东、河南、陕西、宁夏、甘肃；在东北地区常生于海拔800m以下向阳山坡、河岸或湿草地，在华北地区多生在海拔400～1900m的阳坡灌丛或疏林中。其材质坚硬，供农具、细木工等用；树皮、叶和果可供提制栲胶及黑色染料；嫩叶烘干可代茶；叶部含有大量的没食子酸；种子含油11.56%，为较好的制皂用硬化油。茶条槭是我国北方极其重要的城市绿化、公路绿化和庭院观赏树种，也为良好的芳香及蜜源植物。

喜温凉湿润气候，耐寒；喜光，略耐庇荫，喜肥沃湿润土壤，亦抗干旱瘠薄，生长于山谷湿地、林缘、林下，亦生长于向阳山坡灌丛，在土层深厚肥沃、排水良好的向阳缓坡山地生长较好，在瘠薄的空旷地易招日灼病；深根性，萌蘖力强，抗风雪及烟尘。

主要采用播种育苗，北方以春播为佳。在垄上或床上采用条播方法，播种量为15kg/亩，当年苗高可达90～120cm，每亩可产64800～72000株。翌年春季4月中旬出圃造林或用于绿化。以春季造林为主，人工栽植时宜采用2～3株苗一丛栽植，株行距可采用2.5m×2.5m、2.0m×2.5m。易患黑斑病、腐烂病（烂皮病）。黑斑病可喷洒70%甲基托布津可湿性粉剂1000倍液或80%代森锌500倍液防治。腐烂病可用刀将病斑和树皮变褐部分斜划成网状，深达木质部，然后涂抹碱水或退菌特200倍液，用40%福美胂100倍液涂抹病斑或喷雾，或50%退菌特1000倍液喷施等方式防治。

（周玉迁）

内蒙古赤峰翁牛特旗松树山林场科尔沁沙地天然元宝槭疏林秋景（魏玉艳摄）

别　名｜色木（《东北经济木材志》）、五角槭（《江苏南部种子植物手册》）、五角枫（《华北经济植物志要》）、水色树（《中国树木分类学》）、地锦槭（《中国高等植物图鉴》）

学　名｜*Acer mono* Maxim.

科　属｜槭树科（Aceraceae）槭属（*Acer* L.）

> 色木槭集中分布于中国东北小兴安岭和长白山林区，是温带阔叶红松林具有标志意义的伴生树种，也是具有广阔开发应用前景的用材林树种、园林绿化树种以及经济林树种。

一、分布

色木槭是槭属树种中变异最大的物种，种下变种极多，分布于亚洲东部的广大区域，东起日本（北海道、本州、九州、四国及其众多的岛屿）、朝鲜，经我国长江流域，西达我国西藏察隅，南自我国长江流域，向北经华北平原到我国东北、内蒙古，最北达俄罗斯的萨哈林岛。在亚洲东部，垂直分布于海拔0～3000m，即从海岛至大陆，从平原到高山均有分布。

二、生物学和生态学特性

落叶乔木。高可达20m。树皮灰色或灰褐色，纵裂。幼枝淡黄色或灰色，老枝灰色或暗灰色。叶对生，常5～7裂，偶有3裂或9裂，裂片全缘，基脉5，叶长6～8cm，宽9～11cm，叶基部近心形或平截。顶生伞房圆锥花序，虫媒传粉，单花为形态上两性花或单性花，但其在功能上仅表现为雄花或雌花，为雌雄异型异熟物种，自交率很低。翅果长2.0～2.5cm，淡黄色；翅长圆形，成锐角或近钝角。

弱喜光树种，稍耐阴，抗寒性强，在半阴半阳且土壤湿润条件下生长良好，根系较深且发达，喜欢腐殖质肥沃的土壤。色木槭对土壤酸碱性要求不严，在酸性、中性、石灰岩上均可生长，常生于河边、河谷、林缘、林中、路边、山谷栎林下、疏林中、谷水边、山坡阔叶林中、杂木林中。

三、苗木培育

色木槭育苗目前主要采用播种育苗方式。

采种与调制　色木槭尚未建立母树林和种子园，采种在普通林分中进行。应根据培育目的不同，选择合适的优良母树采种。色木槭种子9月下旬成熟后应立即采收，采收后种子经晒干、揉搓去翅、风选后即可得到纯净种子，干藏。

种子催芽　播前应经过湿沙层积催芽。春季播种前60天，将种子用清水浸泡12h，0.5%高锰酸钾消毒30min后，加3倍量的湿润细沙拌匀（湿度80%），装入透气容器中，于2～5℃冷层积，每隔5天翻动检查一次，保持种子湿润。层积60天后，种子萌发率可达70%以上。

播种　壤土或沙壤土地块高床育苗。床面耙细整平，浇1次透水，待床面稍干时即可播种。

黑龙江省张广才岭色木槭秋叶（沈海龙摄）

可在播种前5～6天，用2%～3%的硫酸亚铁溶液或其他有效方法进行土壤消毒。在4月中旬至5月上旬，温度升至15℃以上时播种。采用床作条播或撒播方法，每亩播种量20～25kg。条播播种沟深4～5cm，播幅4～5cm。播种下种要均匀，播后覆土2～3cm，然后镇压一遍。镇压后浇水，床面再覆盖细碎的草屑、松针或木屑等覆盖物，保持床面湿润、疏松、无草。

苗期管理　播种后要始终保持床面湿润，播种后经过2～3周种子发芽出土。出土后3～4天长出真叶，1周内出齐，3周后当苗木长到1.5～2.0cm高时即可进行第一次间苗（一般在雨后进行），留苗200株/m²；当苗木长到2.5～3.0cm高时可定苗，留苗150株/m²，定苗后要及时灌溉。苗期灌溉要本着少量多次的原则，在早晚进行，切忌中午大水漫灌。苗木速生期要追施肥料，氮、磷、钾适当配合追施，施肥量为每亩10～15kg；苗木硬化期以钾肥为主，停施氮肥（胡兴无等，2008）。

留床育苗　色木槭当年苗高可达30～60cm，地径3～5mm以上；1年生苗木也可根据需要再留床生长1～2年，留苗100株/m²，苗木在留床生长期间，每年要追施2次氮肥，适时除草和松土。色木槭2年生苗木高60～100cm、地径5～7mm；3年生苗木高100～150cm，地径7～10mm。留床生长1～2年后的2～3年生苗木根系发达，干形好，更适于造林或培育大规格苗木。

越冬防寒　由于色木槭1年生苗尚未充分木质化，所以需要进行越冬管理。当苗木进入休眠期时，及时加盖草帘，草帘周围覆土，入冬下雪后，要对苗床覆盖厚雪，使苗木安全越冬。

移植育苗　色木槭1年生苗通常长势较弱，造林成活率和保存率低，可以通过移植育苗培育2年生以上根系发达、生长势旺盛的移植苗。一般可以采用大垄育苗的方式进行。

目前，虽然有关于色木槭嫩枝扦插和组培育苗的研究，但还未形成生产应用技术。

四、林木培育

1. 人工林营造

选择土壤深厚、腐殖质丰富、无季节性积水的立地（如采伐迹地、退耕还林地、撂荒地、荒山荒地等），选用2～4年生长势旺盛的留床苗或移植苗造林。为了有效控制枝丫发育、培育良好干形，初植株行距以1m×1m或1.0m×1.5m为宜，或者采用植生组（块状）造林，植生组内株行距1m×1m或1.0m×1.5m。如果采用一般造林的1.5m×2.0m或更大的株行距，则早期整形修枝是必需的培育环节。其他方面遵循一般造林方法即可。

2. 天然林改培

色木槭天然林资源丰富，其中幼中龄林占绝大多数，可选择色木槭比例较大的林分，通过适当抚育间伐和修枝，集约培育色木槭资源。

3. 观赏树木栽培

选择胸径为2～4cm的苗木，于春季或秋季树液停止流动时，裸根起苗，根幅直径50～60cm。苗木起出后抖去宿土，尽量保留好须根。起苗后栽植前，用50～200mg/kg生根粉浸泡苗木根系

黑龙江省五常市雪乡公路色木槭树体（沈海龙摄）

黑龙江省张广才岭色木槭秋景（沈海龙摄）

24h以上，适当进行修枝、修根及截干处理，注意截干后在截口处涂抹油漆，防止水分蒸发。苗木采用穴植法栽植，栽植穴直径和深度应大于苗木根系。遵循"三埋两踩一提苗"的规则精细栽植。栽植后第二年夏季，可对苗木进行整形修剪，采用短截或中短截进行。

五、主要有害生物防治

色木槭苗期主要病害是猝倒病、褐斑病，可在幼苗全部出土后15天左右喷洒药剂进行防治。色木槭育苗过程中易发生蚜虫和立枯病、叶锈病危害。蚜虫成虫通过吸食色木槭的幼叶、嫩芽、枝梢的液汁，造成植株落叶、生长停滞，乃至死亡，可喷洒药剂毒杀。立枯病可采用定期喷洒波尔多液等进行防治。叶锈病发病严重时要及时喷洒药剂防治（吴宏，2015）。

六、综合利用

色木槭是优秀的用材林、园林绿化以及经济林树种。色木槭木材坚韧致密、材质优良、光泽度好、纹理美观，可用作雕刻、建筑、车辆、家具、船舰、胶合板、乐器及细木工等多种用材，是公认的制造压缩木的理想材料。色木槭因其树姿优美、叶形秀丽、叶色丰富，是我国北方、日本、韩国等地极其重要的秋叶树种，同时也是非常理想的行道树、城市绿化和庭园观赏树种。色木槭的叶、果实和树汁均具有很高的药用和保健价值，其树液可用于医药，叶子中含有保肝苷苷，幼芽、嫩叶制成茶叶后饮用，具有清热祛痰等功效，因此色木槭可作为药用树种栽培。色木槭的木糖含量较高，茎皮可供提制栲胶、可作为人造棉及造纸原材料，种子可供榨油（含油量达22%），因此可作为多用途经济林树种栽培。

（刘春苹，陆秀君，沈海龙）

附：白牛槭（*Acer mandshulicum* Maxim.）

别名东北槭、白牛子、关东槭，主要分布于中国东北东部山地，朝鲜、俄罗斯有少量分布。木材材质坚硬细密，可以用于制作家具、造船和人造板；种子可以供提炼工业用油；树皮可以供提制栲胶。白牛槭是东北地区季节性彩叶树种，初生叶淡粉色，成熟叶绿色，9月中下旬叶片开始变大红色至深红色，是园林绿化和行道树优良树种。白牛槭为落叶乔木，树高可达到20m，生于山坡针阔混交林中、林缘，海拔500～1300m。花期5～6月，果期8～9月。

白牛槭育苗主要为播种育苗。种子8月下旬至9月上旬成熟，采集来的种子先进行水选，除去不成熟种子，将选出的成熟种子晾干放于阴凉处保存。白牛槭种子需经低温变温二次冷冻法催芽处理（梁鸣等，2005），具体过程如下：①9月下旬气温下降到15℃以下后，将经过水选的种子用清水浸透，放于室外约25天进行种胚后熟处理；②经后熟处理的种子置于−18～−10℃进行冷冻处理（10天）；③将种子置于0～5℃的温度环境条件下（地窖或室内，约110天）；④再次将种子置于−18～−10℃低温条件下冷冻（8天）；⑤将经过二次冷冻的种子重新置于0～5℃的温度环境条件下解冻；⑥播种前15天将种子置于自然温度环境，用温水浸透后摊平，每天翻动2～3次，适当淋水保持种子湿度，晚间用草帘盖好。

黑龙江省森林植物园白牛槭叶片形态（单琳摄）

选择疏松、肥沃、排水良好的壤土，将催好芽的种子（种皮裂口现绿种子达到80%以上），按25～50kg/m²用量撒播床面，覆土2cm并镇压。播种约30天开始出苗，出苗后减少浇水量，出苗期1个月左右，及时对育苗床除草。1年生苗留床越冬，2～3年生苗植苗造林。

白牛槭主要用于培育城乡绿化树木。春季土壤解冻30cm或秋季土壤封冻前，在穴状整地的栽植穴里，用白牛槭2～3年生苗植苗造林，造林密度为5000～10000株/hm²。造林后应及时松土除草，在幼树生长稳定后，应适时进行除蘖、修枝、整形等抚育工作。

白牛槭幼苗在高温高湿条件下容易发生白粉病，苗出齐后夜间适当掀开遮阳网通风。发生白粉病可用50%甲基布托500～1000倍液喷洒防治。

（孙文生）

附：拧筋槭（*Acer triflorum* Kom.）

别名伞花槭、三花槭，主要分布于黑龙江省东南部、吉林和辽宁等地，生于海拔400～1000m的林缘、石质山坡、针阔叶混交林或次生阔叶林中，喜光，耐寒，耐旱性差。拧筋槭材质坚硬而重，可作细工、旋工、文教用品等用材；茎皮纤维则是人造棉及造纸的原料；五倍子酸等提取物应用广泛；而其最突出的价值则在于良好的观赏性，其优美的树姿、独特的叶形与艳红的叶色相结合，形成北方独特的地域风情。

拧筋槭目前主要采用播种育苗，种子需采用

黑龙江省森林植物园拧筋槭叶片形态（单琳摄）

黑龙江省森林植物园拧筋槭树干（单琳摄）

黑龙江省五常市磨盘山水库拧筋槭秋态（沈海龙摄）

隔年埋藏法进行催芽处理。春季通过苗床育苗，播种量525～750kg/hm²（朱景秋，2014），播种当年主要工作是苗床保湿和除草管理。隔年5月中旬出苗，幼苗出全后5～6周，应间苗移栽，留苗密度100株/m²。之后进行大苗培育，株行距为1m×1m或1.0m×1.5m。当树高达到3m以上、胸径3～4cm时即可出圃。拧筋槭主要病虫害是立枯病、褐斑病、蚜虫和蛴螬。立枯病、褐斑病、蚜虫防治参考色木槭；蛴螬用克百威3%颗粒剂防治。

（李滨胜）

梣叶槭

别　名 | 白蜡槭（《中国树木分类学》）、美国槭（华北地区）、复叶槭（《经济植物手册》）、糖槭（东北地区）

学　名 | *Acer negundo* L.

科　属 | 槭树科（Aceraceae）槭属（*Acer* L.）

梣叶槭原产于北美洲，广泛分布于美国及加拿大，于19世纪末引入我国，并被广泛栽培。梣叶槭喜光，喜冷凉气候，较耐干冷，对土壤适应性极强，耐修剪，生长较快。其枝叶繁茂，入秋叶色金黄，颇为美观，可作为城市园林绿化树种；木材材质好，用途广，可作为用材林树种。目前，梣叶槭在我国北方地区生长表现较好，在东北、华北、西北及长江流域各省份主要城市作为行道树栽培。

一、分布

梣叶槭原产地几乎遍布整个北美洲，分布区跨亚热带、暖温带、温带及寒温带，在墨西哥可生长在海拔2680m的河床底部和洼地。自引入我国后，黑龙江、吉林、辽宁、内蒙古、河北、北京、天津、江苏、山西、河南、山东、江西、甘肃等多个省份的城市都将其作为城市园林绿化树种。

二、生物学和生态学特性

落叶乔木。高可达23m。小枝常具白粉。羽状复叶对生；小叶3～5枚，长卵形、卵形或卵状披针形，基部宽楔形，具不规则粗锯齿，叶下表面沿脉及脉腋被毛。总状花序；花无瓣。果序下垂，两翅开展成锐角。4～5月先于叶开花，8～9月果熟。喜光、耐旱、耐寒、耐干冷，在极端最低温-41.5℃，极端最高气温40.3℃下均能正常生长，对土壤要求不高，无论是在干旱和湿润的地带，还是在贫瘠土壤上都能生长，但在温暖湿润地区生长较差。幼苗喜深厚、肥沃、湿润土壤，稍耐水湿，耐烟尘，对石油化工大气污染的抗性较强；其根萌芽性强，生长较快（潘志刚和游应天，1994）。木材脆，枝条易被大风和积雪折断，也易受天牛侵害。

北京植物园梣叶槭雄花花序（付其迪摄）

北京植物园梣叶槭叶与花序（付其迪摄）

北京植物园梣叶槭果序（付其迪摄）

三、良种选育

国外槭树资源不如我国多，但开发利用较早。梣叶槭是栽培中最常见的槭树之一，国外已培育出一些观赏性强的梣叶槭品种，国内亦有引进和栽培。目前，国内梣叶槭育种较落后，河南省20世纪70年代初期开始有引种，以后陆续推广应用。河南1995年成立了复叶槭研究所，开始了系统的研究，仅培育出少量品种。目前国内梣叶槭主要品种及适应地区如下。

（1）'金黄叶'梣叶槭（*Acer negundo* 'Auratum'）

产于德国，雌株，叶金黄色，耐寒性极强，是我国南北地区均适宜栽植的优良耐寒彩叶品种。

（2）'花叶'梣叶槭（*Acer negundo* 'Variegatum'）

产于法国，雌株，银色花叶，耐烟尘、抗污染、生长迅速，在我国东北、华北、西北及长江流域各省份有广泛栽植。

（3）'火烈鸟'梣叶槭（*Acer negundo* 'Flamingo'）

产于荷兰，'火烈鸟'花叶早春叶片边缘泛桃红色，随着时间逐渐变成白色，红、白和绿等各色相间，色彩美丽。该品种适生范围广，在华北、江浙一带均能生长。

（4）'青竹'复叶槭（*Acer negundo* 'Qingzhu'）

1995年，河南叶县发现一株复叶槭，在当地

表现良好，进行了栽培试验，培育出青竹复叶槭，其主要特征是幼树树干青绿色，呈竹节状；主干通直，侧枝交互对生，上下成排，似鱼翅分列；先花后叶，每个花苞吐数十根花丝，长达30～40mm，颜色粉红，满树皆花；树冠圆形，树形美观，速生、适应性强、无病虫害危害，是我国北方城乡绿化理想树种之一（赵庆涛，2009）。

四、苗木培育

梣叶槭育苗目前主要采用播种育苗和扦插育苗。

1. 播种育苗

梣叶槭4～5月开花，8～9月果熟，种子在冬季脱落，采种宜在10月进行。在品质优良的健壮母株上采集种子，种子需进行调制，并在干燥通风的凉棚及室内贮存。

催芽宜在春季播种前20～30天，用40℃温水浸种。边倒种子边搅拌，水自然冷却后换清水浸泡24h，每10h换一次清水。捞出后控干，用0.5%高锰酸钾溶液消毒4h，再用清水冲净种子，混3倍湿沙，均匀搅拌，堆于背风向阳处。每天喷1次温水，保持湿润（沙含水量为60%），要防止积水，以避免种子腐烂。每天中午翻动1次，待50%种子露白时即可播种（田吉国，2014）。

播种采用床面撒播，床宽100～110cm、床高15～20cm，每亩播种16kg；垄播时垄宽65cm，每亩播种13kg，覆土1.2～1.5cm。

苗期管理期间采用除草醚除草，用量为1g/m²，施后8h内不能浇水。播种1天后要始终保持床面湿润，浇水要本着少量多次的原则，进入8月不旱不浇，浇则浇透，并及时间苗。

2. 扦插育苗

嫩枝扦插的枝条取自伐桩当年萌蘖的生长健壮的半木质化枝条，插穗直径0.3～1.0cm，长度15cm左右。顶端留一叶片，其余剪除。硬枝扦插宜选取母树外围发育充实的1年生枝条中下端部分为插穗，粗度0.8～1.5cm，长度20～25cm。

扦插采用直插法，插穗最好随采随扦。硬枝扦插需去掉顶端较细的部分和下端老化的部分，

然后剪成长15cm左右的插穗,每个插穗保留2个芽,上端平切,下端切口为单斜面。嫩枝扦插每个插穗保留2个芽顶端保留一个叶片,其余剪除。以低浓度的(200mg/L)ABT生根粉处理插穗较好。梣叶槭的嫩枝扦插生根率较硬枝扦插生根率高,而且生根速度快。

五、林木培育

立地选择与整地 种植地宜选择地势平坦、向阳通风、土层深厚、土壤肥沃、灌溉方便、排水良好地段。整地必须做到细致,每隔100m做1条上宽0.5m、下宽1.0m的土埂,高0.5m,后开设树沟,沟间距4m,树沟上口宽0.8m,下口宽0.4m,深0.5m,沟垄要求拍实,畦面保证平整,利于灌溉。

栽植 营造防护林宜与柳、榆等混交,行距4m,株距3m,以2年生苗移栽易较快成林,亦可与铅笔柏混交。营造用材林亦应混交,以免受天牛、柳毒蛾危害时整个林分受害。营造风景林,如用大规格苗木,苗木需带土球栽植。梣叶槭无性系具有成枝、生根能力强的特性,推荐采用深埋造林技术,在提高成活率的同时,还可以解决梣叶槭浅根性带来的易倒伏问题。

园林绿化一般用带土球大苗,挖60cm×60cm×60cm种植穴。栽植前每穴撒施1kg腐殖酸,用细土搅拌均匀后填埋于土球下方及周围,同时每穴撒施80g保水剂,适当深植,但土球表面埋土不宜超过10cm。带土栽植的关键:一是起苗尽量护好苗木根系部分土壤,必须用草绳包裹紧,防止土球散落,严禁栽植无土球或土球损毁苗木;二是栽植时轻拿轻放土球,扶正苗木,栽植过程中要边填土边踩实,且保证苗木立直,避免倾斜或倒伏。

抚育与管护 梣叶槭喜光、喜肥、耐旱、耐寒、怕涝,对水肥要求高,生长速度极快,因此,要施足基肥。基肥以腐熟的农家肥并加入少量的饼肥,效果会更明显,栽培期间要保证水肥的供给,雨季做好排涝措施。栽植后,应及时浇水、抹芽、剪除根部萌蘖枝、涂白、松土、除草等。为防止牲畜啃食,人为破坏,需经常性巡护,且做好病虫害防治工作(王永全,2012)。

六、主要有害生物防治

1. 枯梢病

梣叶槭枯梢病的病原菌为球壳孢菌(*Sphaeropsis sapinea*),隶属半知菌亚门腔孢纲球壳孢目。该病一般在当年新梢长度达5cm左右时开始出现,会反复侵染新梢,使上部枝梢呈扫帚状丛生,抑制生长。可在秋冬季剪去病梢并集中烧毁,清理染病植株,加强抚育管理等采取综合防控措施。初春萌芽至抽梢前,可施用多菌灵进行防治。连续喷施3次,每次间隔1星期。

2. 天牛(*Anoplophora hope*)

天牛虫害及其防治参见杨树。

3. 黄刺蛾(*Cnidocampa flavescens*)

黄刺蛾虫害及其防治参见欧美杨。

七、材性及用途

梣叶槭主要作为园林绿化树种,彩叶和花叶特征是其最大的观赏点。原种常用于贫瘠土壤和易被水淹或其他环境恶劣之地的绿化,观赏品种常用来美化水体周围环境,其色彩总是引人入胜。梣叶槭对有害气体抗性强,对氯气吸收力好,可作为防污染绿化树种。其木材纹理直,结构细、均匀,质量轻,硬度软,干缩性中或小,力学强度中,木材材质好,可制作细木工板、单板及胶合板,用途广(刘一星,2004)。此外,梣叶槭早春开花,花蜜很丰富,还可作为蜜源植物,是具有多种利用价值的经济林树种。

(张川红,付其迪)

别　名｜梭椤树、梭椤子、天师栗、开心果、猴板栗
学　名｜*Aesculus chinensis* Bunge
科　属｜七叶树科（Hippocastanaceae）七叶树属（*Aesculus* L.）

> 七叶树是观赏树种。树干挺拔，树冠开阔庞大、呈圆球形，树型美观，叶片浓绿肥大，冠如华盖。夏季，花盛开时满树白花，硕大的花序犹如一盏盏华丽的烛台，蔚为壮观；入秋后，叶色红黄相间，别具一格，十分美丽；深秋，果实串状倒垂，外观新颖。因此，七叶树是不可多得的集观叶、观花、观果于一身的珍稀园林绿化树种，观赏价值极高。

一、分布

七叶树主要分布于中国北部和西北部，黄河流域一带较多。河北南部、山西南部、河南北部、陕西南部均有栽培，仅秦岭有野生；自然分布在海拔700m以下的山地，在黄河流域该种是优良的行道树和庭园树。

二、生物学和生态学特征

落叶乔木。高达25m。树皮深褐色或灰褐色。小枝圆柱形，黄褐色或灰褐色，无毛或嫩时有微柔毛，有圆形或椭圆形淡黄色的皮孔。冬芽大，有树脂。掌状复叶，由5～7小叶组成，叶柄有灰色微柔毛；小叶纸质，长圆披针形至长圆倒披针形，稀长椭圆形，先端短，锐尖；花序圆锥形，花序总轴有微柔毛，小花序常由5～10朵花组成，有微柔毛；花杂性，雄花与两性花同株，花萼管状钟形，外面有微柔毛；花瓣4枚，白色，长圆倒卵形至长圆倒披针形，边缘有纤毛，基部爪状。果实球形或倒卵圆形，顶部短尖或钝圆而中部略凹下，直径3～4cm，黄褐色，无刺，具很密的斑点。种子近于球形，直径2.0～3.5cm，栗褐色。花期4～5月，果期10月（《中国植物志》编辑委员会，1985）。

生长速度中等偏慢，但寿命长，在条件适宜的地区生长较快，低幼龄植株生长缓慢，3年后生长明显加快，25～30年生后生长放慢，从播种到开花结果需10年左右。

七叶树为中性深根性树种，萌芽力强，喜光但稍耐阴，酷暑烈日下易遭日灼。喜温暖湿润气候，在深厚肥沃、排水良好、湿润疏松的酸性或

南京林业大学七叶树花序（沈永宝摄）

中性土壤中长势良好。较耐寒，在瘠薄及积水地上生长不良。

三、苗木培育

1. 播种育苗

播种繁殖是七叶树主要繁殖方式。仲秋时节，七叶树果实外皮由绿色变成棕黄色，并有个别果实开裂时就可以采集。果实采集后进行阴干，待果实自然开裂后剥去外皮。种子为顽拗性种子，成熟时种子含水量高达60%，易干燥失水，含水量降至40%左右时种子就丧失发芽能力。七叶树播种繁殖可随采随播，也可将筛选出的纯净种子按1∶3的比例与湿沙混匀进行贮藏，贮藏过程要经常翻动通气。种子湿藏过程易萌发，应经常检查，发现有萌动迹象及时播种（Yu et al., 2006）。

种子在播种前要提前两三个月进行深翻，清除杂质并晾墒，播种前要进行细致整地使地面平坦，土粒粗细均匀。按2500kg/亩的用量施用经腐熟发酵的牛马粪或其他有机肥作基肥。点播，株行距为20cm×25cm，深度为3～4cm，播种时横放，避免种脐朝下或朝上。覆土3～4cm，覆盖稻草或其他保湿材料。

2. 扦插育苗

春季多采用苗根进行根插，初夏则用嫩枝进行扦插（陈西仓和张振纲，2003）。也可采用空中压条法，在春季4月中旬进行，并进行环状剥皮处理，秋季发根，入冬即可剪下培育（陈西仓和张振纲，2003）。

3. 嫁接繁殖

采用靠接（贴接）方法。

四、林木培育

1. 立地选择

选择土层深厚肥沃、排水良好的中性或微酸性的沙质壤土作为造林地。

2. 整地

采用穴状整地，穴的大小应在60cm×60cm×60cm以上。大苗培育也可全面深翻整地，深度应大于60cm。

南京林业大学七叶树全株（沈永宝摄）

3. 造林

七叶树造林要在春秋两季进行，一般以春季为好，尤其在萌芽期到来前20天栽植是七叶树造林的最好时期。选用1~2年生健壮苗作为造林材料。造林要做到随起苗、随运输、随栽植、随浇水（黄江鹏等，2009）。七叶树主根深而侧根少，属于不耐移植的树种，大苗移栽时必须带土球，土球直径为地径的10~12倍。栽植时，栽植深度可略高于土球上表皮的3~5cm。栽植时回填土要分层踏实。栽后要浇透水，上盖杂草、秸秆或塑料薄膜，以利于保温保湿。

4. 抚育

施肥 以环状沟施肥为宜，即在树冠垂直投影内缘开沟，沟深10cm左右，沟宽10cm，将肥与少量土拌匀放在沟底，然后覆土盖好。基肥以迟效性肥为主（如草木灰、绿肥等），最好在休眠季节进行。小树可1次施足基肥，大树应在开花前后追施1次速效性肥（如化肥），并在春梢生长接近停止前再追施1次，促进花芽分化和果实膨大。施肥要注意树势，强壮树少施，并以磷、钾为主；弱树，特别是开花结果多的树应多施肥。

浇水 在年生长期中，关键的灌水有4次，即花前水、花后水、果实膨大水和封冻水。

修剪 七叶树的整形修剪要在每年落叶后冬季或翌春发芽前进行，因七叶树树冠为自然圆形，故以保持原始冠形为佳。整形修剪主要以保持树冠美观、通风透光为原则，对过密枝条进行疏除，过长枝条进行短截，使枝条分布均匀、生长健壮。还要将干枯枝、病虫枝、内膛枝、纤细枝及生长不良枝剪除，有利于养分集中供应，形成良好树冠。

五、主要有害生物防治

七叶树主要的病害是早期落叶病、根腐病和炭疽病，早期落叶病发病条件是生长期光照不足，生长势弱或干燥少雨，发病时期为5~7月。根腐病发病条件是排水不良或雨季积水过多，发病时期为6~8月。早期落叶病防治方法：加强水

肥管理。壮树罹病，清扫有病落叶集中烧掉，消灭病源，在发病前10天左右喷洒1次200~240倍波尔多液，若春雨连绵，以后每半月喷1次。根腐病防治方法：开沟排水，雨季扒土晾根，并进行土壤消毒，即用石灰拌土撒在根周围，用土覆盖（黄江鹏等，2009）。

七叶树常见的害虫有迹斑绿刺蛾、铜绿异金龟子、金毛虫、桑天牛等。如果有迹斑绿刺蛾发生，可在成虫期用黑光灯诱杀，幼龄幼虫期喷洒3%高渗苯氧威乳油3000倍液进行防治。如有铜绿异金龟子发生，也可用黑光灯诱杀成虫，用绿僵菌感染和杀灭幼虫。如有金毛虫发生，幼虫发生危害期，可喷施下8000IU/mL苏云金杆菌可湿性粉剂400~600倍液或25%灭幼脲悬浮剂2000~2500倍液。如有桑天牛发生，可人工捕杀成虫，钩除幼虫，用磷化铝片剂堵塞熏蒸树干内幼虫。

六、综合利用

绿化及观赏树种 树干挺拔，树型美观，寿命长，树冠开阔庞大，叶片浓绿肥大，是不可多得的集观叶、观花、观果于一身的珍稀园林绿化树种，园林观赏价值极高（李鹏丽等，2009）。可作人行道、公园、广场绿化树种，既可孤植也可群植，或与常绿树和阔叶树混种。七叶树与悬铃木、椴树、榆树属的树种同列为世界四大阔叶优美行道树种。

用材树种 七叶树木材纹理通直，材质轻软，木质结构紧密，良好、白色、微黄、干缩条数小，干后不变形。易加工，供建筑、细木家具和工艺品、造纸等用，是一种特殊的用材树种（李鹏丽等，2009）。

经济树种 七叶树种子富含淀粉、脂肪油、粗蛋白和粗纤维等多种成分（张建国等，2005），可食用。可用种子榨油作为制造肥料的原料；嫩叶可食或制茶。叶含单宁，可作黑色颜料。七叶树的果实又名娑罗子，为常用中药，原名为天师栗，始载于《本草纲目》，已被列入果部五果类（张建国等，2005）。具有疏肝、理气、和胃、

止痛、杀虫之功效，用于治疗肝胃气滞，脘腹胀满，小儿疳积、冠心病等症状，对抗炎消肿也有较好的疗效。内服七叶树种子的干燥粉末，可治肩肌僵硬、跌伤、风湿痛等。树皮煎液敷患处，可治粉刺、汗疮，叶煎服可治百日咳，生叶揉搓敷患处，可治刀伤和蚊虫叮咬，具有极高的药用价值。除此之外，还有防止皮肤衰老，制造化妆品用于去眼袋、抗黑眼圈等作用，同时还能用于减肥产品中。

（沈永宝）

附：浙江七叶树（*Aesculus chinensis* var. *chekiangeasis*）

别名七叶树，产于浙江北部和江苏南部（常为栽培）。生于低海拔的丛林中。浙江七叶树为七叶树的变种，落叶乔木，高达25m，树皮深褐色或灰褐色。掌状复叶，由5～7枚小叶组成，小叶纸质，长圆状披针形至长圆状倒披针形。夏季开白色花，花序圆筒形；花杂性，雄花和两性花同株，花萼管状钟形，无白色短柔毛；花瓣4枚，白色，长圆状倒卵形至长圆状倒披针形。果实球形或倒卵圆形，蒴果的果壳较薄，干后仅厚1～2mm，种脐较小，仅占种子面积的1/3以下。花期6月，果期10月。

（沈永宝）

附：欧洲七叶树（*Aesculus hippocastanum* Linn.）

原产于阿尔巴尼亚和希腊。我国引种，在上海和青岛等城市都有栽培。落叶乔木。小枝淡绿色或淡紫绿色，嫩时被棕色长柔毛，其后无毛。冬芽卵圆形，有丰富的树脂。掌状复叶对生，有5～7小叶；小叶无小叶柄，叶柄无毛。圆锥花序顶生，无毛或有棕色绒毛；花较大，花萼钟形；花瓣4或5枚，白色，有红色斑纹，后变棕色。果实系近于球形的蒴果，褐色，有刺长达1cm。种子栗褐色，通常1～3粒，稀4～6粒，种脐淡褐色，约占种子面积的1/20～1/3。花期5～6月，果期9月。有毒植物，其毒性为全株有毒，嫩芽和成熟的种子毒性较大。

喜光，稍耐阴，耐寒，喜深厚、肥沃而排水良好的土壤。

（沈永宝）

别　名｜水条

学　名｜*Staphylea bumalda* DC.

科　属｜省沽油科（Staphyleaceae）省沽油属（*Staphylea* L.）

省沽油是我国珍贵的乡土木本油料、可食用灌木和优良的园林绿化树种，分布区广，推广潜力巨大。在林间空地、林地边缘、河流两岸、田埂地边、荒山荒地均可种植，尤其在疏松、通透气性良好的沙壤土地上适生，并有耐阴的特性，与乔木等树种混交时是较好的伴生树种。对气候等自然条件要求不严格，适应性强，易管理。省沽油幼嫩芽尖及其花蕾可加工成味道鲜美、清香可口的森林蔬菜。省沽油油脂富含维生素、氨基酸、矿物质等，多不饱和脂肪酸占80%以上，具有较高的食用、医疗及保健价值。

一、分布

省沽油主要分布于北半球温带、亚热带和热带地区。在我国，自然分布于东至东部沿海的浙江、江苏、山东等省份，西起陕西、四川，南达江西、湖南、贵州、云南、广东、广西，北至东北的黑龙江、吉林、辽宁和内蒙古，主要分布在黄河和长江流域内，河南、湖北、安徽、四川、陕西、浙江六省的桐柏山区、大别山区、皖南山区、秦巴山区、天目山区。

省沽油多以团状或散生于路旁、沟壑、山地或丛林中，自然分布以北坡、半阳坡为主，多生于灌丛、疏林下或山冲溪边、沟谷山凹处或山坡丛林，海拔一般在150～1600m，1600m以上稀有分布。

二、生物学和生态学特性

落叶灌木。高约2m，稀达5m。树皮紫红色或灰褐色。树形伞形。叶片为鸟足状三出复叶，对生。花期3～5月，圆锥花序顶生，每个花序有20～50朵小花，花白色、淡粉色。5月初至6月中旬结果，8月中下旬至9月果实成熟，蒴果膀胱状，每个果序上着生4～6个膀胱状蒴果，蒴果内有种子4～10粒。种皮坚硬、蜡质。

从植株立地条件看，省沽油主要分布在山冲溪边和深山沟边，于石缝具腐殖质的土层中，根系扎入阴湿的沟边土壤里。在干燥的坡地、灌木林、乔木林和干燥的山地几乎不能生长，沟边积水的石缝中也不见其生长。具有喜湿润、怕积水、怕干旱的生态学特性。

省沽油主要分布在山中部南麓偏北区域，每年清明节前后是省沽油现蕾开花的季节，人们在这时采摘花蕾。省沽油对气温变化适应性强，并具有一定的抗寒性。

省沽油生长发育与光照有密切关系，在郁闭度较高的天然次生林分中，与各种乔木、小乔木混生，处于下层时，往往其单株树势弱，冠幅小，枝条稀疏，开花结果少，果实较小。在林缘开阔地分布的省沽油，树体相对生长旺盛，结果量较多。

省沽油适宜生长在土层深度22cm以上的沙壤土、麻骨土（花岗岩风化土）和乌麻骨土，有机质含量高、速效钾含量高、pH 5～6之间的酸性或偏酸性的疏松土壤。在土层瘠薄、有机质含量低、速效钾含量低的沙土、石砂、石灰性土壤中，省沽油几乎不能生长（张兴军等，1996）。

三、良种选育

1. 良种选育方法

（1）优树选择标准

油用标准　树冠圆满，树形完整，树势旺

盛，树龄在7年以上，生长良好，没有或极少病虫害危害；果实大小分布均匀，按冠幅乘积计算每平方米树冠垂直投影面积产籽量0.15kg以上，每平方米产油量0.025kg以上，每亩产油15kg以上；干出籽率15%以上，干籽出仁率48%以上，干种仁含油率35%以上。

菜用标准　树势健壮，树体较大，无明显病虫害，丰产期平均单株产量可采花蕾和嫩叶2kg以上，亩产300kg以上。

（2）优树选择步骤

按照初选、复选和决选三个程序进行，采取农户报优、上门走访和实地调查相结合的方式，在栽培区广大范围内调查省沽油优良单株，进行逐株登记，利用标准差法、独立指数法和标准地法分别选择优良单株，三种方法重叠入选的优良单株为目标优株。

2. 良种特点及适用地区

（1）'皖字'系列良种

由安徽省林业科学研究院选育，包括'皖庐1号''皖庐2号''皖石1号'和'皖石2号'4个认定良种，适宜安徽省省沽油种植区栽培。

'皖庐1号'　3月中旬初花，果实成熟期为9月下旬，种子千粒重37.1g；果实鲜出籽率35.05%，干出仁率53.4%，种仁出油率44.8%；油脂中含不饱和脂肪酸80%以上。折合亩产产籽量为93.8kg，折合产油量为22.4kg。

'皖庐2号'　3月中下旬初花，果实成熟期为9月下旬，种子千粒重39.70g；果实鲜出籽率40.87%，干出仁率46.7%，种仁出油率44.2%；油脂中含不饱和脂肪酸80%以上。折合亩产产籽量为103kg，折合产油量为21.3kg。

'皖石1号'　4月中旬初花，果实成熟期为9月底，种子千粒重34.4g；果实鲜出籽率23.16%，干出仁率52.4%，种仁出油率45.5%；油脂中含不饱和脂肪酸80%以上。盛果期亩年产可达102.3kg，折合产油量为24.4kg。

'皖石2号'　4月上旬初花，果实成熟期为9月底，种子千粒重43.60g；果实鲜出籽率34.61%，干出仁率49.8%，种仁出油率47.3%；油

脂中含不饱和脂肪酸80%以上。连续3年平均单株产籽量0.84g，盛果期亩年产可达98.3kg，折合产油量为23.2kg。

（2）'豫字'系列良种

由河南省林业技术推广站选育的'豫选1号''豫选2号'和'豫选3号'3个品种，适宜在河南省豫西、豫南地区推广应用。

'豫选1号'　花期3月中旬至4上旬，果期9～10月；丰产期平均单株产量可采花蕾和嫩叶2.80kg，亩产可达400kg以上。

'豫选2号'　花期3月中下旬至4上旬，果期9～10月；丰产期平均单株产量可采花蕾和嫩叶2.50kg，亩产可达375kg以上。

'豫选3号'　花期3月下旬至4上中旬，果期9～10月；丰产期平均单株产量可采花蕾和嫩叶2.1kg，亩产可达320kg以上。

四、苗木培育

1. 播种育苗

种子采集与处理　省沽油一般8～9月种子成熟，蒴果微黄时采摘，果实成熟后并不自行脱落，果壳会开裂，种子落到地上，因此要适时采收。直接用手捋下果实，摘后将果实置于阴凉处晾干，忌太阳暴晒，待果荚80%左右开裂时，果壳变脆，用手揉搓，风选种子，将晾晒干的种子置于0.5%氢氧化钠溶液中快速搅拌，10min后将种子捞出，迅速用清水冲洗干净，即可冬播或是经过沙藏翌年春播。

圃地选择与整地作床　圃地宜选水源好、土壤疏松、透气性好、肥沃、微酸性的沙壤土，忌碱性、黏重土壤。整地时每亩施有机农家肥1000kg以上或饼肥100kg以上，深耕细耙，做到地面平整。苗床规格为床面宽1m、床高25～30cm、步道宽30cm，以便浇水和管理。

播种方法　播种时常用条播或撒播，为便于除草管理，最好采用条播，条播行距为20cm，在床面上开出1cm左右深的小沟，将种子混沙均匀地撒播于播种沟，用过筛后的细土或食用菌废弃料覆盖，厚度0.5cm左右，浇足一次水后，用

草帘覆盖床面。幼芽80%以上出土时，在阴天或17:00后将床面上覆盖的稻草掀去。每亩播种量7kg。

间苗 为培育优质苗木，要及时分期间苗，待芽苗长出2片叶时即可进行，定植苗的苗木要均匀，要做到间早、拔小、留壮、去弱，对有缺苗的部位结合间苗进行移植补栽，通过2~3次间苗，每亩保持3万~4万株为宜。

松土除草 在苗期管理中，松土除草是一项经常性的工作，下雨、施肥后要进行松土除草。

施肥 苗高15cm以上时可采用赤霉素等助长剂进行叶面施肥，每15~20天1次；也可把鸡粪、猪粪等有机肥溶解成60%~80%的水状浇灌床面施肥。

幼苗遮阴 在没有任何遮阴措施的情况下，省沽油幼苗遭日灼危害率达30%~40%，因此，遮阴防灼伤是省沽油苗木繁育过程中的重要措施，遮阴可以采用上方遮阴和侧方遮阴，可在床畦间作玉米，或育板栗苗、杨树苗等其他阔叶植物。

2. 扦插育苗

（1）硬枝扦插

插穗母树和枝条的选择 秋末冬初采条，选择结果丰盛、籽粒数多、种粒较大、无病虫害的壮年树作为采穗母树。剪取母树上1年生生长健壮、整齐一致、无病虫害、腋芽饱满的枝条作为插穗，插条采回后置于70%~80%湿沙中保存。

插穗处理 扦插前剪除枝梢先端不充实部分，然后将枝条剪成带2~3个芽、长约10cm的插穗。扦插前用0.1%的高锰酸钾溶液消毒10min，清水洗净后用100mg/kg的ABT1号处理12h有利于提高成活率，扦插后第34天，有部分插穗皮部出现不定根，第40天有少量不定根出现在愈伤组织上，第45~65天是插穗生根的高峰期（张华新，2012）。

扦插时间和方法 春插以2~3月为宜，扦插时先开沟，再插入插穗，地面露出1~2个芽，下端插入深度为插条长的2/3，插穗与地面垂直，盖土压实，插后喷透水，使插穗与基质密切接触。在大棚内加1.5m高小拱棚，以保持棚内温度及湿度，棚内温度控制在20℃左右，当温度达到35℃以上，及时加盖遮阳网并进行通风降温。

插后管理 扦插初期为保证插穗不失水应多喷水，当插穗开始生根时则适当减少喷水，以利于插穗生根。扦插后每隔10~15天喷洒1次多菌灵消毒液，防止霉烂，及时清除腐烂的插穗。幼根形成后喷施1~2次营养液。

（2）嫩枝扦插

插穗的选择与处理 剪取当年春季抽出的新梢作为插穗，剪成长10~15cm，插穗保留3~4片具有1/3~1/2叶面积的叶片，基部叶片除去。用0.5%高锰酸钾溶液消毒1~2min，清水洗净后再浸入200mg/kg NAA中处理0.5h，第30天插穗开始有不定根生成，主要集中于插穗的皮部，插穗的切口处开始有愈伤组织形成，第40~50天是插穗生根的高峰期（张华新，2012）。

扦插时间和方法 在6~7月扦插，扦插前先用与枝条同粗的竹签插入基质，形成孔槽，再将处理好的插穗插入孔槽中，扦插深度以插穗长度的1/3~1/2为宜。

插后管理 扦插后浇透水，使插穗与基质密切接触，覆盖塑料小拱棚保持插床内适宜的温度、湿度、光照及空气等条件。

五、林木培育

1. 立地选择

要求造林地肥沃，疏松土层在16~22cm，有机质含量高，速效钾含量高，氮、磷含量一般，pH 5~6之间的酸性、偏酸性沙壤土或壤土；不适宜土层瘠薄、有机质含量低、速效钾含量低的沙土、石灰性、积水及过于黏重板结的土壤。

2. 整地

应在栽植前1~2个月进行，整地挖出的心土经风化后先表土、后心土回填，以80cm×80cm×60cm的规格进行穴状整地，有条件的每穴可施有机肥5~10kg，饼肥0.5kg以上或复合肥0.2kg。

3. 造林

造林时间 造林季节为冬春两季，冬季造林

以9月下旬至11月中旬为宜，此时苗木已停止生长进入休眠期，更重要的是苗木经过越冬过程，根系在地温的作用下，断根易形成愈伤组织，形成新根系的生长点，待翌春随着气温的逐渐升高，很快长出新根系，减少了栽植后的缓苗期，促进了苗木快速生长。春季造林在2月中旬至3月中旬，此时已过寒冷期，又处苗木萌芽前，地温、气温逐渐升高，易生根发芽。

造林密度 造林密度根据经营目的而定，以菜用经营为目的可培育密植丰产园，株行距1.5m×2.0m，以油用经营为目的的造林密度可选择3m×4m。

栽植 栽植时要选地径0.6cm以上、无病虫害、根系完整的优质苗木，因苗木须根多，要随起苗、随蘸泥浆、随栽植，严防太阳暴晒伤根，植苗时不宜太深，苗基部与地面平为宜，要做到根直、填平土、砸实、浇透水，堆土高10～20cm。栽植后及时从已封好的地面处截干，成活率可达100%。

4. 幼林抚育

中耕除草与施肥 在每年的5、6、7月中下旬分别进行3次中耕除草。结合冬季深耕抚育时每株施农家肥10kg以上，5～7月每亩追肥1～2次，每次每株施复合肥0.2kg。

幼林遮阴 由于省沽油野生于山林间，它的生长需要一定的光照，但又不宜直接照射时间过长。张玉洁等（2001）通过前2年幼林遮光20%、40%、60%、0%四种处理的试验表明，以40%遮光极显著地优于其他处理，平均单株产量0.99kg，分别比其他处理提高53%、21%、101%。通过间种玉米、豆类等农作物遮光可有效地促进当年栽植幼苗的生长，同时增加了复种指数，提高了土地收入。

整形修剪 对生长较弱的苗木可在春季萌发前平地面截干，促其发出粗壮通直的主干。截干后注意及时除萌，选留1株健壮通直的作为主干，其余全部除去，保留的植株在生长期及时摘芽修枝，促使其主干通直。对以采花、叶为主的幼树，前5年每年的4月中下旬、10月上旬进行2次短截修剪；对以采种子为主的幼树，每年10月上旬进行1次短截修剪，以促进幼林快速形成丛状形树冠。采收后剪去枝条上部10～15cm，促使下部重新萌芽再次采收，待进行3～4次后，从枝条基部以上3～5cm处修剪，促使基部萌发新的枝条，保留2～3个枝条作为翌年产量枝（张玉洁等，2001；杨献忠，2008）。

5. 适时采收

花序采摘期为现蕾至开花期，时间很短，待芽萌发长度3～7cm，连同嫩芽、花蕾一起摘下。此期采摘，加工过程不会造成花蕾脱落，所加工的珍珠菜营养成分高，一般每年清明前后可采摘3次。由于春季植株生长旺盛，且花蕾饱满、富含营养、味道鲜美，以6cm长、整齐一致、嫩壮的珍珠菜为优质品，将采收后的省沽油鲜叶及花烘晒干或沸水杀青晾干制成珍珠花菜。采摘收时要注意：采摘时间要一致，花序大小一致，不采正在开花或花已开过的花序，以使加工后的珍珠花菜整齐一致，嫩柔清香，无纤维感和粗糙感；采摘时不要造成枝条机械损伤，不采摘未现蕾嫩芽，保证第二批采摘枝条完好无损；不要采摘1年生枝条上的花序，应将它留作第二年春季备用枝条（王厚勋等，2010）。果实可在9月中下旬果夹裂开之前采收。

六、主要有害生物防治

省沽油主要病害有猝倒病、根腐病和叶枯病，虫害主要为蚜虫、地老虎、蛴螬。防治方法：发生猝倒病可用0.5：0.5：100或1：100倍半量和等量波尔多液喷雾进行防治，每隔7～10天喷施1次，连续3～5次。发生根腐病可用多菌灵或托布津1：500倍溶液进行防治，每隔5～7天防治1次，连续3次，并及时拔除病株。地老虎、蛴螬危害可用呋喃丹挖条撒施于苗床上防治（江荣辉，2011）。蚜虫初迁至树木危害时，随时剪掉树干、树枝上受害严重的萌生枝，或喷洒清水冲洗，防止蔓延；在蚜虫发生初期，根施噻虫嗪、吡蚜酮或吡虫啉；在蚜虫高发期，花蕾采收后向植株喷施25%吡蚜酮可湿性粉剂5000倍液、除虫菊素500倍液，注意花蕾采摘前不宜向枝叶上喷洒农药，以免农药残留。

七、综合利用

省沽油是一种多功能经济树种，可作森林蔬菜、木本油料、生物质柴油及绿化荒山、保持水土、园林绿化等多种用途。

省沽油俗称珍珠菜，将其芽及其花蕾烘晒干或沸水杀青晾干制成干菜，凉拌或炒食均可，味道鲜美，具有较高的营养和保健价值。杨新河等（2008）研究表明，100g干菜中粗蛋白质含量为34.94g，可溶性糖含量为9.25g，粗脂肪含量为1.95g，总灰分含量为4.22g。省沽油作为保健森林蔬菜开发利用，具有较高的商品价值，市场前景广阔，将会逐渐成为森林蔬菜产业中的热点。

省沽油种子油的医疗保健价值比茶籽油、橄榄油和文冠果油等价值高，堪比核桃油、小麦胚芽油等功能性植物油。贾春晓等（2004）研究发现，省沽油油脂中亚麻酸和亚油酸比例仅为1∶6左右，是高级保健食用油及高档化妆品新油源，可作为食用、医疗及保健价值等多功能性植物油脂开发。

省沽油是观花观果兼观叶树种，顶生圆锥花序，或洁白映绿，或白里透红，每年3～5月，可见整株开满大量的淡雅清香花朵，含苞待放时似串串晶莹的珍珠。花后果实累累，膨胀成膀胱状，果形奇特，果期为每年的5～9月，有效观果期长达近半年，具有较强的观赏价值。省沽油可作为庭院观赏树、行道树、公园树，适宜在路边、角隅孤植或片植。

省沽油具有水土保持生态价值，其主根不明显，侧根系密集而发达，造林成活率高，生长迅速，有固土蓄水抗涝性能，用于荒坡岗地造林，能够有效地保持水土。

（季琳琳）

安徽省庐江县省沽油结果枝（季琳琳摄）

安徽省庐江县省沽油开花状（蔡新玲摄）

安徽省石台县省沽油树体（蔡新玲摄）

别　名｜瘿椒树、泡花（广西）、皮巴风（湖南）、瘿漆树（湖北）、丹树（广东）
学　名｜*Tapiscia sinensis* Oliv.
科　属｜省沽油科（Staphyleaceae）银鹊树属（*Tapiscia* Oliv.）

> 银鹊树星散分布于我国华东、华中、西南、华南地区，天然林实施保护前林场砍伐严重，自我更新能力又弱，植株数量较少，现已被列为国家重点保护树种。其花黄色、芳香，枝繁叶茂，秋叶金黄，可作园林观赏树种。其木材色白轻软，纹理直，刨面光滑，可作家具、胶合板等用。

一、分布

银鹊树主要分布于浙江、安徽、湖北、湖南、广东、广西、四川、云南、贵州，最北分布于陕西省宁陕县。生于海拔400～1400m的山地林中。

二、生物学和生态学特性

落叶乔木。高达15m。树皮灰黑色或灰白色，小枝无毛。芽卵形。奇数羽状复叶，长达30cm；小叶5～9枚，狭卵形或卵形，基部心形或近心形，边缘具锯齿，两面无毛或仅背面脉腋被毛，上面绿色，背面带灰白色，密被近乳头状白粉点；侧生小叶柄短，顶生小叶柄长达12cm。圆锥花序腋生，雄花与两性花异株，雄花序长达25cm，花黄色，有香气；两性花的花序长约10cm，花萼钟状，长约1mm，5浅裂；花瓣5枚，狭倒卵形，比萼稍长；雄蕊5枚，与花瓣互生，伸出花外；子房1室，有1胚珠，花柱长过雄蕊。果序长达10cm，核果近球形或椭圆形，长仅达7mm。

雄全异株植物。两性花中含有功能性花粉，且自交亲和，但雄花花粉活力和萌发力是两性花的10倍以上。雄株和两性植株具有相同开花物候期，花期均为5月下旬至6月上旬，单花期为4～5天，雄花和两性花的5枚花药开裂的不同步性明显延长了散粉时间。两性花雌蕊先熟，柱头可授性较长，具有适应风媒和虫媒传粉的花部特征

（吕文和刘文哲，2010）。

中性偏喜光树种，喜生于山谷、山坡、溪边湿润肥沃向阳的环境。幼苗较耐阴，10年生树喜充足光照，生长快。5～7年后开花结实，常出现隔年结实现象，果实常有虫瘿。浅根性树种，萌蘖性强。怕旱不耐涝，有一定耐寒性。孟承安（2006）认为-13℃低温下无冻害，但许惠（2009）认为在江淮地区冬季不能低于-7℃。

三、良种选育

1. 良种选育方法

银鹊树以人工采种、播种育苗为主，但因胚根休眠而发育困难，生产上良种选育工作仍欠缺，各地以本地的地理种源为主进行播种育苗，自然选育良种。

2. 现有变种的特点及适用地区

（1）瘿椒树（原变种）（*Tapiscia sinensis* var. *sinensis*）

产于浙江、安徽、湖北、湖南、广东、广西、四川、云南、贵州。小叶长6～14cm，边缘有粗锯齿，下面粉白色，密生乳头状白粉点，无毛或仅下面脉腋被毛。果实为核果状浆果，椭圆形或近球形，长6～7mm，成熟的为深紫色或紫黑色。

（2）大果瘿椒树（*Tapiscia sinensis* var. *macrocarpa*）

与原变种不同处在于果较大，直径13～

19mm。产于四川（峨眉山）。

四、苗木培育

1. 播种育苗

种子采集与处理　种子10月成熟。选择树龄15年以上的母树采种。果皮由青转紫再变黑色时为成熟，及时采集。采后不宜堆积，及时将鲜果浸入水中2～3天，每天换水1次，而后搓去果皮，在水中漂去残渣。捞取后拌以草木灰摊晾一昼夜，进行脱脂，洗净晾干。晾干的种子用湿沙（沙：种子＝3：1）贮藏，湿度以手抓紧不滴水为好，于露天或室内通风处堆藏。在室外埋藏可加盖稻草保湿，室内贮藏的每周翻动1次。

选地作床苗圃　地选在山沟谷地，光照不强、土壤湿润、土层较厚的平坦地或缓坡地。2月中下旬，对圃地进行三犁三耙，用石灰水消毒并施以基肥、堆肥或腐熟饼肥，或复合肥150kg。苗床宽1.2m，行距15～20cm；开播种沟，沟宽5～7cm、深5cm。

播种方法　3月上旬播种，采用条播，播种前将种筛出水选，除去空粒、病粒，并用0.5％高锰酸钾溶液浸种2～3h杀菌消毒，消毒后捞起晾干，每米播种沟播种30粒左右。播后，盖过筛黄土1～2cm厚，并填平，盖稻草或茅草，播种量一般每亩3.6～4.0kg。

苗期管理　幼苗大部出土，在阴天或晴天傍晚揭除覆盖的稻草，并加盖遮阳网。幼苗生长到5cm以后，利用阴天进行移密补稀，调整株距，每米留苗10～12株。移密苗时要注意保证其他苗木根部不受影响，因此必须掌握要移小，一般在幼苗出现2片真叶时即可移植，通常在4月中上旬按需要的株行距进行小苗切根移栽，并用透光度25％的遮阳网搭棚。4～5月雨水较多的季节，要疏沟排水，7～8月天气炎热、干旱，要注意圃地灌水，保持土壤湿润，并适时除草追肥，9月可以完全揭棚全光培育。一般在苗木生长高峰到来之前的6～7月进行追肥，用0.5％的尿素，少量多次进行。

2. 容器育苗

容器制作　用塑料薄膜材质的育苗容器，直径10cm左右，高13cm左右，底部有4～5个小孔，孔径1cm，下侧四周也具有同样大小的小孔4～5个，以利于排水。也可用泥碳土容器育苗。

营养土配制　沙壤土或园地土为主，拌厩肥及少量饼肥。将堆肥过筛装入营养袋和容器中，整齐排列在平整空床床面上，杯袋之间空隙填入碎土，畦的两边培土拍成斜面。

移栽　当幼苗长出2片真叶时于阴天或多云天气的傍晚，用小铲挖取小苗移栽到容器中，每个容器栽植1株。栽后浇定根水。床面加遮阳网，定根后每周施1次薄肥。缺苗应及时补齐，秋后除去遮阳网。

3. 压条繁殖

选条　4月下旬至6月初，选择大树根际萌发的幼条，粗度不超过2cm，长度不超过2m。

压条　将其中部压入土中，入土处的皮层用刀削去一条表皮，压入土中后上面压一块较大的石头，使压条不弹起，再用一块石头将梢端顶起，使其直立或斜立地面，或立一根小木桩将其绑牢，使条端向上。

移栽　翌年3月切除连接母株一端，挖取根部土球，进行包扎带土移栽。在压条较多的附近沟谷缓坡，选择土层深厚肥沃、空气土壤湿度较大而不积水的地方，建立小片采条田。田地进行深挖，施以腐熟基肥，或收集林地有机质丰富的土壤加以覆盖作为基肥。将压条成活的植株集中移栽，培育健壮穗条，株行距80cm左右。

截干　等生长2～3年以后，在入冬以后距地表6～7cm处进行截干，促其萌生穗条，切口平整，勿伤皮层。第二年夏季剪除基桩萌生的细弱枝条，每个根桩保留3～4根健壮穗条，并在根际外围距根桩15～20cm处，挖环状沟施以腐熟追肥，或埋以青草绿肥。

4. 扦插育苗

作床　选择气候凉爽湿润、接近水源的山谷坡地，且土层深厚、排水良好的沙质壤土地带建苗床。要求苗床深挖20cm，施以腐熟有机肥，株

安徽天马自然保护区银鹊树树干（左图）、叶及果实（右图）（王雷宏摄）

行距20cm×25cm，每亩9000株左右，床面加盖3～4cm厚细黄心土。3月至4月初选取采穗田或老树根部萌蘖的2年生壮穗条，剪成12～15cm长的插穗。基部削成马耳状斜面，扦插前用生根粉等药剂处理。

扦插 要求浅沟开2cm深，将土壤用雾状水稍加湿，水入渗略干后，将插穗沿沟中插入4～5cm深，覆土压紧，喷水使床面湿透。插完加盖拱形薄膜，四周用土块压实，使苗床保温保湿。

五、林木培育

1. 立地选择

选择海拔300～800m的山地中缓坡地块，且具有较厚土层的残次林、灌木丛林或小块状采伐迹地，造林前不宜砍除灌木、杂草，更不宜火烧死炼地（许惠，2009）。

2. 整地及造林

不需要全面整地。利用原有灌木杂林中的疏林空地、林间隙地或在一定距离内伐除少量枯枝和用途不大的树木，创造小块人工林地天窗，进行块状整地，挖穴造林。栽植穴一般为40cm×40cm×40cm。植株采取见缝插针与天然次生林混交，造林时间为3月上中旬。银鹊树造林时用生根粉、磷肥泥浆沾根，适当深栽打紧土

壤（许惠，2009）。

3. 抚育

造林后3年可郁闭成林，这三年中要加强幼林抚育管理，每年抚育1～2次。栽植当年抚育2次，第一次松土除草应在5～6月进行，第二次应在8～9月进行。前3年内也可以结合林粮间作，间种豆类和绿肥，进行以耕代抚，若不进行林粮间作，至少进行1次全垦深翻埋青。15年左右时，快速生长，可进行第一次抚育间伐，间伐要本着留优去劣、砍密留稀、分布均匀的原则进行，逐步形成以银鹊树为主的林分，且保持一定的林分密度。30～40年时，根据林分的郁闭度和密度还可以进行1次抚育间伐，间伐强度为10%～15%。

六、主要有害生物防治

1. 小地老虎（*Agrotis ypsilon*）

低龄幼虫在植物的地上部危害，取食子叶、嫩叶造成孔洞或缺刻；中老龄幼虫取食植物近土面的嫩茎，使植株枯死造成断苗断垄，甚至毁苗。防治方法：①毒饵诱杀幼虫，于傍晚把呋喃丹撒在植株周围裸露表土的地方，4～5天撒1次，每亩可用呋喃丹2～3kg。②诱杀成虫，按6（红糖）：3（醋）：1（白酒）：10（水）的比例配制糖醋液，每升糖醋液再加30g固体敌百虫，把配好的液体盛在大粗瓷碗或小搪瓷盆中，将其架

在用竹竿或木棍支起的三脚架上，碗（盆）口距地面1m高，早晨捞出诱杀的蛾子后把碗（盆）盖上盖，日落前再揭开，并不断补充酸汤废糖蜜液。6～7天更换1次。每亩摆3～4碗（盆）。③喷药杀虫，随时检查虫情，一旦发现有1～2龄幼虫危害症状，要及早喷药杀虫。可喷洒500倍25%杀虫双水溶液，或2500倍的5%定虫隆乳油水液，或喷5000倍的2.5%溴菊酯乳油水液，或喷5000倍的10%氯氰菊酯乳油水液等。一般6～7天后，可酌情再喷1次。

2. 桑叶蝉（*Erythroneura mori*）

幼龄幼虫群集叶背食害表皮组织和叶肉。越冬幼虫在早春食害桑芽，仅留芽苞鳞被。严重时，整株桑芽食尽。防治方法：①及时清除桑园内杂草，秋冬清除落叶，集中深埋或烧毁，可减少越冬成虫；②发生期及时喷洒40%菊马乳油或40%乐果乳油1000倍液。晚秋蚕结束后，可喷残效期较长的20%速灭杀丁乳油4000倍液等菊酯类杀虫剂。

3. 天牛（*Cerambycidae*）

幼虫期最为强烈，幼虫蛀蚀钻坑，使树木产量减低，树势降低，寿命减少，易受风折等危害，严重时，树株迅速枯萎与死亡。防治方法：①当发现有天牛蛀食现象时，要及时用40%乐果乳剂400倍液或敌杀死药液，采用一次性注射器注入虫孔，然后用黏土堵孔；或用森防上用的毒棉签直接插入虫孔进行熏杀。②使用天牛—插灵（10mL/瓶）。天牛—插灵具有内吸、熏蒸、触杀、胃毒等多重功效，强力渗透于植物组织中，传导性好，防治天牛等蛀干害虫有特效。

七、材性及用途

银鹊树木材白色微显黄色，易变为浅黄褐色，心材与边材区别不明显，光泽微弱。纹理顺直偶微斜，结构细而均匀，质地松软，重量轻，硬度低，强度低至中，切削容易，切削面光洁，握钉力低至中，不易劈裂。干缩系数小，干燥过程不易开裂。其材性及材质和杨属、椴属木材相近似，但木纤维更长一些，因此适用于制作胶合板，火柴盒及火柴杆，木尺、绘图板等文具用品等（赵砺等，1994）。根、果实具有解表、清热、祛湿的功效（中国药材公司，1994）。

银鹊树枝繁叶茂，叶色浓绿，叶柄红色鲜艳，秋叶金黄，花具芳香，是优良的绿化观赏树种。

（王雷宏）

别　名｜野鸦椿（《广东植物志》）、鸡肾果、鸡眼睛、鸡肫子（《华南药用植物》）、小山辣子、山海椒、鸡肫果（《云南种子植物名录（上册）》）

学　名｜*Euscaphis konishii* Hayata

科　属｜省沽油科（Staphyleaceae）野鸦椿属（*Euscaphis* Sieb. et Zucc.）

圆齿野鸦椿是我国特有的药用和园林绿化树种。该树种主要分布于江西、福建和广东，常绿小乔木，中性树种，耐水湿，不耐贫瘠，果期特别长，可用于庭院、公园、行道树和矮化盆栽。同时，其根、果、花均可入药，是良好的药用树种。其木材可用于器具制造，树皮可供提取栲胶，种子可供榨油制皂，可作为多用途的经济林树种。

一、分布

圆齿野鸦椿主要生长于24°32′54″～27°07′20″N，114°09′54″～118°08′43″E，垂直分布于海拔130～600m的山地林缘或山谷溪边，主要分布于江西信丰、龙南、全南、安远、大余，福建南靖、平和、永泰、南平，广东始兴、南雄等地。

二、生物学和生态学特性

常绿小乔木。奇数羽状复叶；小叶5～7枚，对生，椭圆形或长椭圆形，边缘具钝圆锯齿。伞房状二歧聚伞花序顶生；花小、密集，黄白色或黄绿色。果皮肉质，成熟时反卷露出鲜红色的内果皮；种子黑色，1～4粒，近球形且有光泽。红

果期从9月至翌年3月，长达7个月之久（中国科学院华南植物园，2009）。

圆齿野鸦椿为南亚热带树种，喜温暖湿润气候，在年平均气温18℃以上、年降水量1400～1800mm、相对湿度80%以上的地区生长良好；能耐-8℃的低温，也能忍耐一定的高

江西农业大学圆齿野鸦椿开花（涂淑萍摄）

江西农业大学圆齿野鸦椿12年生挂果树（涂淑萍摄）

温和干旱；喜肥沃、湿润、疏松的酸性土壤，pH 4.5～6.5，能耐水湿，在瘠薄干旱土壤上生长不良；幼年期较耐阴，随着树龄增加，对光照需求渐增，属中性树种（许方宏等，2009）。

三、苗木培育

圆齿野鸦椿育苗目前主要采用播种育苗方式（胡松竹等，2012）。

采种与调制 选10～30年生长健壮、结实多、果实鲜红艳丽，挂果期长的优良母树采种。最佳采种期为10月下旬至11月。果实采回后摊放在阴凉通风处，去掉果皮，筛选净种。

种子催芽 种子有深休眠现象，需经过湿沙层积贮藏12～15个月。于春季播种前，将种子置于68℃的热水中浸种，并搅拌种子，待水温自然冷却，淘净种子，再换清水浸种三昼夜，每昼夜换水2次（早、晚）。捞出种子略控干，用0.4%高锰酸钾水溶液浸泡消毒2h后，把种子捞出洗净，混入3倍体积的干净湿河沙中拌匀，装入透气容器内，置于20～25℃温度下进行催芽，使种沙混合物保持60%湿度。整个催芽过程中要经常翻动种沙混合物，促使温、湿度均匀，至1/3种子裂口时即可播种。

播种 选择土层厚度50cm以上的微酸性壤土或沙壤土地块高床育苗，苗床宽100～120cm，床高20cm，耕作层深度25cm以上，床面耙细整平。耕地时每亩施厩肥2500～3000kg，3%敌百虫3～4kg，翻入土中，作床前施菜枯饼100kg、过磷酸钙50kg。播种前用2%～3%的硫酸亚铁溶液浇洒床面或其他方法进行土壤消毒。2月至3月上旬播种。采用条播法，行距25cm，播幅宽6～8cm，播种沟深2～3cm，播种后用火烧土或细土覆盖，厚度1.0～1.5cm，镇压后浇水，再用稻草覆盖，厚度以不见床面为宜。播种量5～

江西农业大学野鸦椿营养钵育苗（涂淑萍摄）

6kg/亩。

苗期管理　播种后要始终保持床面湿润，幼苗出土前，及时搭阴棚，选用透光度40%～50%的遮阳网覆盖，9月下旬撤除阴棚，增强苗木抗性。当有60%～70%的种子发芽，幼苗出土时分2次揭草，选阴天或傍晚时进行，第一次揭草2/3，隔7～10天再将剩余草全部揭除。揭草后要做好防旱、保湿和防冻等工作。育苗地应根据杂草生长和土壤板结情况，及时中耕除草，保持育苗地疏松，无杂草。幼苗4～5cm时（5月中下旬）进行间

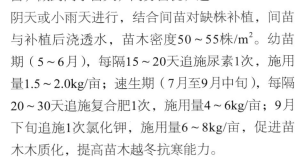

苗，做到间小留大，间劣留优，选阴天或小雨天进行，结合间苗对缺株补植，间苗与补植后浇透水，苗木密度50～55株/m²。幼苗期（5～6月），每隔15～20天追施尿素1次，施用量1.5～2.0kg/亩；速生期（7月至9月中旬），每隔20～30天追施复合肥1次，施用量4～6kg/亩；9月下旬追施1次氯化钾，施用量6～8kg/亩，促进苗木木质化，提高苗木越冬抗寒能力。

越冬防寒　由于圆齿野鸦椿1年生苗尚未充分木质化，抗寒性较弱，当越冬温度低于0℃时，应及时加盖草帘或塑料薄膜，使苗木安全越冬。

苗木出圃　1年生苗在2月中旬至3月上旬芽萌动前起苗，如遇土壤干旱，起苗前1～2天灌溉，使土壤湿润疏松，方便起苗和减少根系损伤。要求苗木粗壮，充分木质化，根系发达，无病虫危害和机械损伤，长度超过5cm的Ⅰ级侧根数≥15条；Ⅰ级苗高≥60cm，地径≥0.7cm；Ⅱ级苗高≥50cm，地径≥0.6cm。

目前，虽然有关于圆齿野鸦椿嫩枝扦插和组培育苗的研究，但还未形成生产应用技术。

四、林木培育

1. 人工林营造

选择土壤深厚、腐殖质丰富、无季节性积水的立地造林。为了有效控制枝丫发育、培育良好

婺源汇森园林苗圃3年生圆齿野鸦椿（涂淑萍摄）

干形，初植株行距以1m×1m或1.0m×1.5m为宜。如果采用一般造林的1.5m×2.0m或更大的株行距，则早期整形修枝就是必需的培育环节。其他方面遵循一般造林方法即可。

2. 观赏树木栽培

于秋末苗木开始休眠至第二年早春萌动前，选择阴天或雨前进行。选择胸径为2～4cm的苗木，修剪部分枝叶，截除过长根系（主根留20cm），用泥浆沾根，栽植时做到扶正、舒根、打紧，大苗移栽应带土球，栽植完毕，浇足定根水。苗木采用穴植法栽植，栽植穴规格为50cm×50cm×40cm，每穴施腐熟菜枯饼0.5kg或腐熟厩肥5kg，肥料与土壤充分拌匀。栽植密度一般采用株距1.5m、行距2.0m，220株/亩。定植2年后，幼苗高1.5～2.0m时进行整形修剪，控制高生长，促茎粗生长，防主梢弯曲，春秋季节疏剪过密枝、交叉枝、徒长枝、下垂枝和病虫危害枝。

五、主要有害生物防治

1. 立枯病（damping-off diease）

立枯病是圆齿野鸦椿苗期的重要病害，其病原菌为半知菌亚门无孢目丝核菌属的立枯丝核菌（*Rhizoctonia solani*），主要危害幼苗茎基部或幼

中国林业科学研究院亚热带林业实验中心圆齿野鸦椿人工林林相（涂淑萍摄）

根，主要表现为幼苗出土后，茎基部变褐色，呈水渍状，病部缢缩萎蔫死亡但不倒伏，且幼根腐烂，病部淡褐色。防治方法：整地时用五氯硝基苯、敌克松按一定比例混合进行土壤处理，防止立枯病的发生。同时，定期喷洒波尔多液或多菌灵可湿性粉剂溶液进行防治。

2. 神泽氏叶螨（*Tetranychus kanzawai*）

神泽氏叶螨在我国1年发生10～21代，以雌成螨在缝隙或杂草丛中越冬，主要发生在夏季，成若螨聚集在叶背面危害。被害叶片呈现黄色小斑点，造成大量落叶。防治方法：通过加强育苗地管理，清除枯枝落叶，消灭虫源，增施磷肥，增强苗木抗性，保护利用本地自然天敌，如捕食螨、草蛉，控制神泽氏叶螨的发生与蔓延。用三氯杀螨醇乳油液或克螨特乳油液喷洒，防止虫害蔓延。

3. 茶枝镰蛾（*Casmara patrona*）

茶枝镰蛾1年生1代，以老熟幼虫在受害枝干中越冬，以幼虫从上向下蛀食枝干，致枝干中空，枝梢萎凋，日久干枯。防治方法：8月中旬发现有虫梢及时剪除，冬季、翌春要细心检查有虫枝并齐地剪除，及时收集风折虫枝，集中烧毁或深埋，可压低虫口，减少危害。必要时用脱脂棉沾敌敌畏乳油液，塞进虫孔后用泥封住，可毒杀幼虫，同时利用灯火诱杀。

4. 蛴螬（grubs）

蛴螬是金龟子幼虫，俗名白土蚕，发生多为1年1代或1年2代，以老熟幼虫或成虫在土下越冬。在地下咬断苗木根系，取食根皮造成苗木死亡。防治方法：通过冬季深耕，将蛴螬翻出地面冻死；成虫期用黑光灯诱杀；整地时施敌克松将其翻入土中；危害严重时用辛硫磷或乙酰甲胺磷乳油液，浇灌被害植株周围。

六、综合利用

圆齿野鸦椿是具有多种用途的优良资源树种，其观果期特别长，从9月至翌年3月间红果累累，经久不落，观赏价值极高，是优良的观果树种，对于丰富秋冬季园林景观和生物多样性具有十分重要的意义，可孤植、丛植或群植于草坪或疏林内，也可用于庭院、公园等的布景，或作为行道树，以供观果赏叶，或作矮化盆栽，以供室内观赏。圆齿野鸦椿还是一种良好的中草药材，其根或根皮、花、干果均可供药用。干果性温，味苦，有温中理气、消肿止痛的功效，主治胃痛、寒疝、泻痢、脱肛、月经不调、子宫下垂、睾丸肿痛，此外，还具有杀虫杀菌、抗炎、抗肝纤维化及抗癌作用；根有祛风除湿、健脾调胃的作用，治痢疾、泄泻、疝痛、风湿疼痛、跌打损伤；花主治头痛眩晕。种子含脂肪油25%～30%，种子油可供制皂。树皮含鞣质，可供提制栲胶。木材还可为器具用材。因此，圆齿野鸦椿可作为多用途经济树种栽培。

（涂淑萍，胡松竹）

学　名 | *Fraxinus mandshurica* Rupr.
科　属 | 木犀科（Oleaceae）白蜡树属（*Fraxinus* L.）

水曲柳是中国东北东部山地地带性顶极群落阔叶红松林的主要伴生树种，为第三纪孑遗种。其生长较快、寿命长、材质优良、树形优美，具有较高的经济价值，是我国东北地区的重要珍贵用材树种，与胡桃楸和黄波罗一起并称为"东北三大硬阔"，被广泛用于营造用材林、水源涵养林，以及城市和道路两侧绿化。水曲柳以材质优良而著称，其木材坚硬致密，纹理美丽，是工业和民用的高级用材，常被用于制作家具、室内装修、地板、建筑、造船、运动器材、仪器、枪托、工具把等，也是制造胶合板的良好原料，在国际木材市场亦享有盛誉。因长期的采伐，该树种资源已明显减少，被列为国家三级重点保护植物（《中国珍稀濒危保护植物名录》，1984年国务院环境保护委员会公布；1987年国家环境保护局，中国科学院植物所修订）和国家二级重点保护野生植物（《国家重点保护野生植物名录》，国务院1999年批准）。

一、分布

水曲柳天然分布区在我国东北、华北、西北，朝鲜半岛北部，俄罗斯远东，直至日本北部。地理分布的大致范围是从30°N（湖北宜昌）到53°N（黑龙江北部）；从100°E（甘肃东部）到146°E（库页岛和日本的北海道）（王义弘等，1994）。在日本北海道等地区分布的水曲柳，有些日本专家将其命名为一个变种——日本水曲柳（*Fraxinus mandshurica* var. *japonica*）。这个变种主要分布在日本的本州（岐阜县以北）、北海道的暖温带和温带地区，尤其在北海道分布最多。

水曲柳在我国境内，主要集中分布于小兴安岭、长白山、完达山以及辽宁东部山地，最北可达大兴安岭的中国最北村镇北兴安乡（53°32′N，123°30′E），但在大兴安岭山地只有零散分布，向南可以零星分布到华北和华中（湖北宜昌），向西零星延伸到陕西、甘肃（王义弘等，1994）。在水曲柳分布的北部，其分布界限和纬线大体平行，因此，温度特别是活动积温是影响水曲柳分布的重要因子。

在水曲柳天然分布区内，其垂直分布范围在200~1500m。分布在原始林区的水曲柳，在长春图们一线以北地区，生于混有水曲柳的蕨类红松林、河岸草类春榆红松林中，在长春图们一线以南地区则主要生于宽溪谷丁香春榆红松林中。在大兴安岭，水曲柳零星生于河岸甜杨林的下层。在东北东部山地次生林区，沿溪流可见小片水曲柳纯林，或与胡桃楸和黄波罗混生，形成沟谷硬阔叶林，也常混生于坡地的各群落类型中，甚至混生于各类人工林中，尤其在一些人工针叶林（落叶松、红松、樟子松）中更新表现良好。在东北平原地区出现的水曲柳均为人工引种栽培。此外，水曲柳还被引种栽培到浙江、江西等地，不过大面积的人工造林主要还是集中在东北东部山地。

在水曲柳集中分布的东北东部山地已进行了产区区划，区划主要根据对水曲柳分布与生长影响较大的气候因子进行，首先将该地区分布的水曲柳划分成6个立地区，然后进一步根据各立地区水曲柳生长状况划分出中心产区、一般产区和边缘产区，划分的6个立地区代表性地点如下。

小兴安岭山地区：嘉荫县、伊春市、铁力市。

三江平原低平区：萝北县、鹤岗市、富锦

县、饶河县、宝清县、桦南县、虎林市。

长白山北部山地区：绥化市、依兰县、通河县、尚志县、哈尔滨市、敦化地区北部、吉林地区北部和中部。

长白山东北部山地区：林口县、鸡西市、牡丹江市、绥芬河市、敦化地区中部和南部、安图县、汪清县、珲春市、延吉市、和龙县、长白县。

长白山南部山地区：吉林地区南部、长春市、桦甸市、磐石市、靖宇县、抚松县、临江市、通化县、清原县。

千山低山丘陵区：集安市、草河口、恒仁县、宽甸县、凤城县、丹东市、岫岩县。

其中，长白山北部山地区，水曲柳分布最多，生产力最高，是中心产区；长白山东北部山地区、长白山南部山地区和三江平原低平区，水曲柳分布略少，生产力次之，为一般产区；而小兴安岭山地区和千山低山丘陵区，水曲柳分布最少，生产力最低，为边缘产区（马建路等，1991）。

二、生物学和生态学特性

1. 形态特性

落叶乔木。成熟林木高达30m，胸径可达60~100cm。根系较深、侧根发达，萌蘖性能强。树龄较长，可达250年。幼年树皮灰白色，成年树皮灰褐色，纵向浅裂。枝对生，幼枝绿色，常呈四棱形。叶为奇数羽状复叶，对生；小叶7~11（~13）枚；叶轴具狭翅，着生小叶处具绣色绒毛。花单性，雌雄异株。花期5~6月，果实成熟期9~10月。翅果长圆状披针形或长圆形，长3~4cm；种子浅褐色，长圆状披针形或长圆形，扁平，长2.5~3.5cm，千粒重约60g。

2. 生态学特性

水曲柳幼年耐阴，成年喜光，幼苗在全光照的50%~75%时生长最佳（薛思雷等，2012），随年龄增大，对光照的需求逐渐增加，幼树所需的遮阴条件为全光照的70%~90%，在这个光照条件下，幼树生长表现较好。当光照低于全光照的50%以下时，随着光照的下降，幼树生长逐渐降低。成年水曲柳在全光和适当侧方遮光下生长良好。

水曲柳主要分布在我国的温带和寒温带地区，能忍耐-40.0℃的低温。在其集中分布的小兴安岭、长白山、完达山以及千山山地，≥10℃的有效积温为2160~3300℃，年平均气温为-1.1~8.5℃，最冷月（1月）的平均气温为-28.5~-8.6℃，最热月（7月）的平均气温为21.0~24.6℃。在最适合水曲柳生长的长白山北部山地，≥10℃的有效积温为2450~2700℃，年平均气温为2.0~3.5℃，最冷月（1月）的平均气温为-22~-19℃，最热月（7月）的平均气温为21~22℃。

尽管水曲柳比较耐低温，但在其集中分布的东北地区，该树种常常在春季受到晚霜的危害。水曲柳一般在5月上旬至6月上旬放叶，放叶时期，其幼叶和嫩芽抗低温能力较差。此时，尽管气温已经变得较温暖，但还不稳定，常因气

黑龙江省东北林业大学帽儿山实验林场水曲柳天然林和人工林林相（张彦东摄）

温的波动或山地逆温,使气温突然下降到0℃以下。寒冷的空气直接进入细胞组织中间,导致柔嫩的组织受冻而死。当霜害严重时,顶芽被冻死亡后,新发的侧芽代替顶芽继续生长,导致树干弯曲,或形成分叉的奇形树干,影响木材的出材等级。

水曲柳喜水湿,适生于湿润、肥沃、土层深厚、排水良好的土壤。天然水曲柳通常生长在溪流岸边、沟谷地带,以及山坡下部。水曲柳虽喜湿润,但不耐水渍,在季节性积水或排水不良的地方栽植,常导致生长不良甚至死亡。水曲柳稍耐盐碱,在pH 8.4的盐碱土上也能生长。

3. 生长进程

水曲柳天然林81～120年进入成熟期,60年生天然树木高可达19.9m、胸径达22cm。水曲柳经过幼苗期后很快就进入速生期,速生期持续时间相对较长,速生期后生长开始逐渐下降。在黑龙江尚志,天然林树高生长的速生期从5年生开始持续到近30年生,速生期的平均高生长量为0.47m/年。胸径生长的速生期从10年生开始,可以持续到40年以后,速生期胸径平均生长量为0.46cm/年(丁宝永等,1991)。在吉林省白石山林业局,天然林树高生长从5年生开始加快,约持续到35年生,速生期树高的年生长量在0.22～0.40m。胸径生长从10年生开始加快,持续到45年生之后,速生期胸径年生长量在0.32～0.52cm(陈晓芬等,2006)。因水曲柳人工造林时间较短,关于其人工林的整个生长规律还不完全了解。通常人工造林后的2～3年内生长较慢,树高生长量为0.20～0.50m,3～4年后生长开始加快。在吉林省白石山林业局24年生的人工林,树高生长从3年生开始加快,速生期持续到约20年生,速生期的树高年生长量为0.50～1.00m。胸径生长从第6年生开始加快,直至24年生均处于快速生长,期间的胸径年生长量为0.40～0.67cm(陈晓芬等,2006)。在整个生命周期中,水曲柳胸径生长的速生期持续时间较长,这就决定了水曲柳适合作为大径材进行培育。

从季节生长周期看,水曲柳的树高生长主要集中于生长季前期,生长期相对较短,而胸径生长可持续整个生长季。在黑龙江尚志,幼林高生长一般从5月中旬开始,6月上中旬进入速生期,到7月下旬高生长停止,高生长持续时间大约70天,高生长速生期约持续40天。直径生长一般从5月初开始,到8月下旬或9月上旬结束,直径生长约持续100天以上(丁宝永等,1991)。在吉林省白河林业局,水曲柳幼苗高生长从5中旬开始到7月中旬结束,高生长期约为60天。直径生长一般从6月上旬开始,到8月下旬结束。在辽宁新宾县,幼林高生长从5月初开始到7月初结束,高生长持续时间大约60天。在该地当≥10℃的有效积温达100℃时,高生长开始,有效积温达253℃时,进入高生长速生期,有效积温达1017℃时,高生长停止。从不同地区对水曲柳生长的观测数据看,水曲柳在不同地区年生长节律有一定的差异。这可能与调查林分所处的立地条件有关。

4. 天然更新

水曲柳结实量大,种子来源丰富,具有较强的天然更新能力。在天然林中约20年生开始结实,30年生进入大量结实,2～3年出现1次结实丰年,借助风力种子可传播60～80m,但约70%以上都散布在距离母树10m范围内(王义弘等,1994)。种子落地后休眠,经过冬—夏—冬,于第三年春天萌发形成幼苗。水曲柳在采伐迹地的更新不如在林下好,通常在次生林下或者人工林下均表现出良好的更新。在东北东部山地的次生林中除蒙古栎林外,水曲柳在多数群落中均表现出明显的更新优势,更新的幼苗数量可达900～4000株/hm²。尤其在一些针叶树人工林(落叶松、红松、樟子松)下其更新优势更加明显,更新幼苗常可达1000～50000株/hm²。但在以水曲柳为主要组成树种的天然林下,更新的水曲柳幼苗数量通常并不高于其他次生林,甚至还低于其他林分,而且只有极少数的幼苗能转化成幼树。这一方面可能是随着幼树年龄增加对光照等的资源需求增加,受到来自母树的竞争压力加大引起死亡,另一方面也可能是因"自毒"原因而导致死亡。

水曲柳天然落种在中等强度光照、土壤湿润的环境下萌发率较高，在山地的沟谷、山坡下部最适于其天然更新，山坡中部次之，山坡上部更新困难。水曲柳天然更新幼苗与杂草的竞争能力较弱，故在杂草和灌木较多的林下常常更新不良。

除天然下种更新外，水曲柳还具有萌芽更新的能力。依靠伐桩上的休眠芽或不定芽发育成萌芽条，进而长成植株。通常萌条主要萌发于伐根切口周围，伐根直径越大，萌芽条数越多，但伐根高度越低，萌芽条数却越多，一般控制伐根高度在10cm以内为佳。水曲柳萌芽自然定株结果以2~4株为主，自然定株为每丛1株的比例很低。在生产实践中可以根据需要采用人工定株，这将更利于萌条的生长。

三、良种选育

水曲柳人工造林历史较短，因此，其遗传改良工作开展得较晚，良种选育工作仍处于起步阶段。早期主要开展优良林分选择和母树林建设，20世纪80年代开始，进行种源试验研究，与此同时，优树选择、种子园建设也逐渐展开，并建立了少量种子园。

1. 优良种源

我国水曲柳种源试验主要在其集中分布的小兴安岭、长白山、完达山以及辽宁东部山地范围内进行，综合东北林业大学和吉林市林业科学研究院等单位的研究结果（赵兴堂等，2015；王继志等，2004），水曲柳种源间在种子性状、高生长、光合能力等性状上存在着显著的差异，树高、地径、种子性状均受一定的遗传控制，不同种源的生长能力和稳定性有显著的差异。水曲柳生长性状地理变异规律为以经纬双向渐变为主。总体上，生长性状与纬度和经度是负相关关系，随纬度和经度增加，生长降低，而且纬度对生长的影响更重要。

在水曲柳集中分布的东北东部地区，可划分为4个种源区：①长白山南部种源区，该区以长白山南部山脉为主，本区种源间遗传关系较近，高生长表现稳定而高产，为4个种源区中整体最好的。②长白山北部种源区，该区包括牡丹岭以北的长白山北部山脉，北至三江平原及完达山南端。③完达山三江平原种源区，该区包括完达山脉及三江平原。④小兴安岭种源区，该区包括整个小兴安岭山脉，南端包括大青山直至其南麓。

水曲柳种源与地点间交互作用显著，同一种源在不同地点生长表现差异较大，同一种源区内的种源在同一地点表现也不同。因此，需要根据各地点的试验结果选择适宜种源。根据已有的多点种源试验结果，在黑龙江伊春带岭生长表现较好的是兴隆、友好和临江种源；在吉林抚松县露水河生长表现较好的是海林、桦南、带领和绥棱种源；在黑龙江尚志帽儿山生长表现较好的是五常、桦南和汤旺河种源；在吉林松花湖生长表现较好的是辉南、大海林种源；在吉林蛟河生长表现较好的是通化、辉南种源。这些试验结果可为当地或者附近地区造林优良种源选择提供依据。此外，辉南、大海林种源属高产型种源，可作为优良种源在吉林省中东部生态区推广。

2. 种子园

我国从20世纪70年代末和80年代初开始进行水曲柳种子园建园工作，在东北地区的珍贵阔叶树种中水曲柳种子园建立较早而且研究的也最多，如黑龙江带岭林业局水曲柳种子园、黑龙江苇河林业局青山水曲柳种子园。目前建立的种子园基本为1代水曲柳无性系种子园，一些早期建立的种子园进行了优树半同胞子代测定、优良家系选择，并开始建设改良种子园（1.5代）。因已建立的种子园规模较小，总面积不大，生产的种子数量有限，还远远满足不了生产造林用种需要。

目前，在国家级林木良种基地，建立水曲柳种子园的有：龙江森工集团带岭林业局国家红松落叶松良种基地、龙江森工集团苇河林业局国家红松落叶松良种基地、吉林森工集团露水河林业局国家红松良种基地、吉林森工集团临江林业局红松水曲柳国家重点林木良种基地、吉林森工集团三岔子林业局国家红松良种基地。建立水曲柳

母树林的有：黑龙江省五常市宝龙店国家落叶松良种基地、辽宁省清原县大孤家林场国家落叶松良种基地。

四、苗木培育

水曲柳育苗目前主要采用播种育苗方式。

1. 裸根苗培育

（1）采种与贮藏

种子于9月中下旬开始成熟，种子成熟后应立即采集。水曲柳20年生开始结实，30～70年生为结实盛期，2～3年丰收1次。采种应选择结实盛期的母树，尽量选择种子园或母树林中的母树，如没有种子园或母树林，可以选择优良林分中的优良单株进行采种。采的果枝不得超过1cm，以防破坏母树。刚采集的种子去除果梗、清除夹杂物，放在通风干燥的地方晾晒2～3天即可。水曲柳种子适宜干藏，短期贮藏放于通风干燥的库房中即可，长期贮藏要采用密封干藏法。种子贮藏安全含水量10%～12%。新采收的种子、常温通风室内贮藏1年内的种子或在安全含水量和0～5℃低温密封条件下贮藏4年内的种子可以进行催芽和播种育苗。

（2）种子催芽

水曲柳种子中含有抑制发芽的化学物质，播种前必须进行催芽。种子催芽可以选择以下两种方法之一进行。

室内混沙变温层积催芽　在室内有控温设备或设施的条件下进行。种子先用温水（约30℃）浸种96h，每天换水1～2次，捞出控干后，用0.5%高锰酸钾溶液浸种1h进行消毒，洗净后进行混沙变温层积催芽。如果是隔年贮藏的种子，可在播种前1年的8月进行（种子与沙子体积比为1∶3，湿度50%～60%，层积条件为暖温15～20℃4个月+低温3～5℃4个月）。如果是当年新采收的种子，可在种子采收后立即进行混沙变温层积催芽（种子与沙子体积比为1∶3，湿度50%～60%，层积条件为暖温15～20℃3～4个月+低温3～5℃3个月）。定期检查种子，注意通气保湿，当发现有30%的种子裂口时即可播种。

隔年或经夏越冬埋藏催芽　选择地势高、干燥、排水良好的地方，土壤结冻前挖好埋藏坑，坑深1m、宽1m左右，长度依种子数量多少而定。坑底中间挖深、宽各25cm的小沟，内铺卵石，以利排出积水，坑底铺上10cm河沙，将种子混以2～3倍体积的湿润河沙（手握成团湿润而不出水即可），放入坑内，当堆至离地面10～20cm时，再覆盖湿沙，其上盖土成丘状。坑中间每隔1m设置竖直的通气孔。坑上要架设阴棚防雨防晒。种子在坑中经历冬季、春季、夏季、秋季、冬季（为隔年埋藏法），也可以只经历夏季、秋季、冬季（为经夏越冬埋藏法），播种前3～5天取出种子，加温催芽至种子在20%左右裂嘴时即可播种。

（3）选地与整地

育苗地应选排水良好的平坦地，土层深厚、肥沃、疏松的沙壤土或壤土，土壤pH 5.5～6.5为佳，不应选择低洼地、盐碱地（pH＞8.0）或黏重土壤的地块育苗。

育苗地播种前1年秋翻地深25～30cm，翌年春旋耕、碎土，捡除杂草宿根。在翻地、耙地或作床时可施基肥，基肥可施腐熟农家肥75～90m³/hm²，或者施磷酸二铵120kg/hm²，结合机械翻地、耙细、作床、搂平等作业程序均匀混入土中。水曲柳通常采用高床育苗，但也可以采用垄作育苗。播种前1周使用克百威3%颗粒剂60kg/hm²，混细土拌入床面或垄面顶层6cm厚土中，防除蛴螬、线虫危害；使用五氯硝基苯40%粉剂30kg/hm²+福美双50%可湿性粉剂30kg/hm²拌入床面或垄面顶层2cm土中，防治立枯病等病害。

（4）播种

经过催芽的种子采取春播。辽宁可于4月中下旬播种，吉林和黑龙江可于5月上中旬播种，个别地区可于5月下旬播种。播种量一般225～375kg/hm²。播种方式为条播，在床面或垄面钩沟撒播（床作行距20cm），沟深1.5～2.0cm，播幅3～5cm，覆土1.5～2.0cm，播种后镇压。

（5）苗期管理

水曲柳春季出苗期容易发生霜冻，预防晚霜

一般可通过控制播种时间，以尽量避开当地的晚霜期。从出苗至春季霜冻结束，注意收集当地霜冻天气预报信息。霜冻到来时采用灌水或步道沟堆放火堆放烟雾的方法防止霜害。

播种后至出苗前，每天早晚各浇1次晾晒水，保持床面湿润。5月初到6月末，前期每天浇水2次，后期依天气情况可适当减少为1次或不浇。7月初到8月末，逐渐减少浇水次数或不浇，维持苗木不干旱即可。从6月末开始，每10天可追肥一次，以尿素为主，最后一次施肥时间不能晚于7月末。施肥后要及时将苗地灌水，避免产生肥害。

为减少杂草危害和降雨、灌水所致的土壤板结，每次灌水后及时中耕，经常除草松土。除草主要以人工除草为主，幼苗在出苗结束后6周，可喷拿捕净20%乳油900mL/hm²加水450kg，防除杂草。

幼苗出齐半个月后进行第一次间苗，间苗时比预定的育苗密度多保留20%～30%。以后根据幼苗生长情况进行第二、三次间苗和定苗。在7月中旬定苗，每播种行或每延长米应留苗25～30株。苗木出齐后立即喷洒0.5%～1.0%的波尔多液，连续喷洒3～5次，每周1次，或者喷施3～5次敌克松500～800倍液，每10天1次，可起到防治立枯病作用。

（6）换床

水曲柳视地区情况不同可培育1-0、1-1型苗木。培育1-1型苗木在春季换床，换床时密度一般为100～120株/m²。换床后要精心地进行田间管理。

（7）起苗

在秋季土壤冻结前要完成掘苗，起苗时保留主根长15cm以上，掘苗损坏苗木株率应低于1%，起苗后入假植场或窖藏越冬。合格苗木分Ⅰ、Ⅱ两个等级，以苗高、地径和根系长度为确定指标。各项指标不属于同一等级的，以单项低的指标定级。合格苗木可以出圃，不合格苗木需要留圃继续培养，达到合格苗标准后才能出圃。1-0型苗木：Ⅰ级苗木的地径＞0.5cm，苗高＞15cm，主根长＞20cm；Ⅱ级苗木的地径0.4～0.5cm，苗高10～15cm，主根长15～20cm。1-1型苗木：Ⅰ级苗木的地径＞0.6cm，苗高＞40cm，主根长＞22cm；Ⅱ级苗木的地径0.5～0.6cm，苗高30～40cm，主根长18～22cm。

2. 容器苗培育

水曲柳裸根苗造林成活率较高，但在特殊情况下，如为了满足造林不受季节限制等要求，可培育容器苗，容器苗培育1年即可用于造林。

（1）育苗基质

基质既要有较高的肥力又要有良好的透气性。可选用腐殖土（75%）+焦泥灰（20%）+基肥（5%，可为鸡粪、马粪、过磷酸钙等）、腐殖土（70%）+锯末（或松针、废菌棒，20%）+基肥（10%）等进行配制。将配制的基质喷洒浓度为0.3%的高锰酸钾溶液消毒，充分搅拌后堆放，用塑料薄膜覆盖密封7天备用。基质pH应控制在5.5～6.5。

（2）育苗容器

育苗容器常选用塑料薄膜容器。考虑水曲柳苗木根系较大的特点，容器直径8cm以上、高15cm以上为好。在装基质时要注意填实装满（约低于容器上口1cm），完成后将容器整齐地排在苗床上，尽量减少容器间的空隙，防止高温时基质干燥。

（3）播种

将经过催芽和消毒的种子于春季播种在装有基质的容器中。播种时采用点播，每个容器播入种子2～3粒，播种深度1.5～2.0cm为宜。

（4）苗期管理

在播种后至幼苗出土1个月之内，要保持土壤湿润，除阴雨天外每天需浇水1～2次，或喷雾状水1～2次，以土壤湿透为止。后期依天气情况可每天浇水1次或不浇。7月初到8月末，逐渐减少浇水次数，维持苗木不干旱即可。水曲柳容器苗可在苗圃地或者温室内培育，育苗期间最好采用遮阴措施。容器内如有杂草，应及时采用人工拔除，或用23.5%果尔600～750mL/hm²兑水600～750kg/hm²，喷雾。

水曲柳嫁接育苗目前主要应用于种子园建设。扦插育苗、组培育苗技术虽然已经取得一定进展，但尚未应用于育苗生产。

五、林木培育

水曲柳可直播造林，但幼苗在林地上生长较慢，需要长时间抚育，目前生产上以植苗造林为主。

1. 立地选择

在山区宜选择坡度≤15°的山坡中下部、山麓或山间平地，坡向以半阴坡（方位角45°~135°）、半阳坡（方位角225°~315°）或阴坡（方位角45°~315°）为宜；在丘陵漫岗区坡度≤15°的地方可全坡位造林。应选择疏松、湿润、排水良好的土壤，土层厚度≥45cm为宜。水曲柳喜水湿，不耐水渍，立地选择时一定要保证土壤湿润，但不应选择排水不良的涝洼地，以及迎风口、窄沟谷等易发生霜害的地段。水曲柳适合在采伐迹地、火烧迹地、退耕还林地、宜林的荒山荒地，以及林冠下等多种地类进行造林。在东北东部山地影响水曲柳生长的主要立地因子是坡度、坡向、土壤A层厚、土层厚和坡位，最佳适生立地是较缓的半阴坡或半阳坡中下部。

2. 整地

造林整地在春、夏、秋都可进行。凡杂草和灌木丛生的造林地，在整地前应进行清林作业。可全面、带状或团块状割除地表的灌木和杂草。整地方式宜采用穴状整地，穴面圆形，穴径50~70cm，穴深25~30cm。整地时间宜在造林前一年进行。因水曲柳造林地土壤含水量较高，在易发生冻拔害的地区可不整地造林。在新采伐迹地，土壤结构较好，可随整地随造林。

3. 造林

（1）造林时间

水曲柳造林成活率较高，是东北地区造林较易成活的树种，常以裸根苗造林为主。裸根苗造林，栽植时间宜选择春秋两季，春季应顶浆造林，秋季应在土壤冻结前完成栽植，水曲柳春季和秋季造林成活率相差不大。容器苗造林可在春、夏、秋三季进行。在易发生冻拔害的地区可选择春季造林，避免秋季造林在春季化冻时发生冻拔害。造林方法主要采用穴植法，在易发生冻拔害的地段，当土层深厚时也可采用缝植法。

（2）造林密度

因水曲柳具有一定忍耐庇荫的能力，因此造林密度对幼林成活与保存影响不大，但却对幼林郁闭时间早晚和生长具有较大的影响。造林密度为10000株/hm²时，大约7年郁闭；造林密度为6600株/hm²时，大约10年郁闭；造林密度为4400株/hm²时，大约12年郁闭。在幼林期间，水曲柳单位面积蓄积随造林密度的增加而增大，因此，如果以培育小径材为目标可采用较高密度造林，如采用造林密度为6600株/hm²。但当以培育大中径材为目标时，则可适当降低造林密度，采用3300~4400株/hm²之间为宜。在立地条件较好的地块，为了加快实现培育大径材的目标，也可以采用2500株/hm²的造林密度，但造林后一定要增加抚育次数，避免幼林郁闭过晚，灌木杂草滋生。此外，水曲柳树干容易分叉，适当增加造林密度对其形成良好干形具有促进作用，通常生产上水曲柳造林密度以3300株/hm²或4400株/hm²最为常见。

（3）混交树种

水曲柳根系数量较大，细根密度较高，其光合产物的较大比例被分配给地下部分，据测定，在幼苗期间其地下/地上约可达0.65。庞大的根系及其较高的根密度导致其地下部分对水分和养分的竞争能力较强。因此，当水曲柳营造纯林时，幼年期间地下根系尚未充分接触，生长表现良好。但当随年龄增加地下根系充分接触时，其个体之间即开始激烈竞争从而严重影响生长（张彦东等，2001）。根据水曲柳这一特点，建议尽量不要营造水曲柳纯林。根据东北林业大学等单位的研究，水曲柳与落叶松、樟子松、红松和云杉等针叶树种混交均具有增产的效应，尤其水曲柳与落叶松混交增产效应更加明显。水曲柳与落叶松等针叶树混交能够增产的主要原因是针叶树根系量较小，根密度较低，水曲柳与这些针叶树混交后利用其较大的根系在水分和养分吸收竞争上占有优势，从而表现增产。为此，在生产上应积极提倡营造水曲柳和针叶树的混交林。

水曲柳与落叶松混交增产效果比较明显，当种间关系调整好时混交林中水曲柳和落叶松均能表现增产，尤其水曲柳的增产效果更大。据在黑龙江的调查，在10年生的5行落叶松3行水曲柳带状混交林中的水曲柳与纯林相比，胸径生长可增加32.3%，树高生长增加25.5%。在26年生的15行落叶松15行水曲柳带状混交林中的水曲柳与纯林相比，胸径生长可增加29.8%，树高生长增加36.1%，单株材积生长增加104.6%。水曲柳与落叶松以带状混交增产效果更加明显，而且种间关系比较容易调整，因此，营造水曲柳落叶松混交林时尽量采用带状混交。当水曲柳与落叶松以宽带混交时，靠近落叶松的水曲柳第一和第二行产量增加明显，越向带中间生长越差，从带的横断面看形成了两侧高中间低的"U"字形。因此，为了充分发挥混交增产效应，提倡进行窄带状混交。造林时宜采用3行水曲柳与3～5行落叶松带状混交，或者2行水曲柳与3行落叶松带状混交。采用这样的混交模式，当林分进入间伐阶段，可采用机械间伐的方法，将紧邻水曲柳带的落叶松行伐掉。水曲柳与落叶松混交后，水曲柳始终都能表现增产，但混交林中的落叶松却可能增产，也可能产量不变或者减产，关键在于落叶松是否在混交林中处于树冠的上层。落叶松属于强喜光树种，而水曲柳具有耐阴性，因此，当落叶松在混交林中处于林冠上层，二者都能表现增产；而当落叶松高度与水曲柳相当或者低于水曲柳，则落叶松就会出现产量不变或者减产的情况。故在营造水曲柳落叶松混交林时，一定要做到水曲柳的苗木高度不能高于落叶松的高度。

水曲柳与樟子松混交也表现增产效果，但水曲柳与樟子松混交种间关系较难调整。通常在较好的立地条件下水曲柳的生长速度可能要超过樟子松，而樟子松又是强喜光树种，故在林分郁闭后常常出现樟子松被压死亡的现象。在营造水曲柳樟子松混交林时，可采用3行水曲柳与3～5行

樟子松带状混交，或者2行水曲柳与3行樟子松带状混交。造林时可提前一定时间营造樟子松，等樟子松长到一定高度后再开始营造水曲柳，这样就能保证混交林中的樟子松不会被压死亡。

水曲柳与红松、水曲柳与云杉混交均表现增产效果，因红松、云杉均是耐阴树种，而且其生长速度低于水曲柳，故在这两种混交林中，种间关系较为缓和。水曲柳与红松、水曲柳与云杉也以窄带状混交为好。在我国东北地区从20世纪50年代开始陆续营造了较大面积的落叶松人工林，目前这些人工林基本接近主伐年龄。据研究，落叶松二代林有出现地力衰退的危险，故当这些落叶松人工林主伐之后应尽量考虑营造阔叶树种林分。可在这些落叶松林分主伐之前，于林下营造水曲柳与红松、水曲柳与云杉的窄带状混交林，形成复层林。这样利用上层落叶松林冠的庇护，水曲柳可以在一定程度减轻晚霜的危害，红松和云杉也可以在庇荫的环境下顺利地生长。经过一些年后，将上层的落叶松主伐，下一代混交林也初具规模。这既避免了落叶松人工林地力衰退问题，也节省了育林时间。

（4）幼林抚育

水曲柳造林后应立即开展幼林抚育工作，幼林抚育以除草松土为主。

抚育年限与次数 造林后应连续抚育4年，总抚育次数7次。可采用3-2-1-1型抚育，也可以采用2-2-2-1型抚育。采用3-2-1-1型抚育，造林当年抚育3次，第一次镐抚，造林后立即进行，第二、第三次刀抚；第二年抚育2次，第一次镐抚，第二次刀抚；第三年刀抚1次；第四年刀抚1次。采用2-2-2-1型抚育，造林当年抚育2次，第一次镐抚，造林后立即进行，第二次刀抚；第二年抚育2次，第一次镐抚，第二次刀抚；第三年刀抚2次；第四年刀抚1次。当一年进行3次抚育时，第二、第三次刀抚，分别在7月初和8月中旬进行；当1年进行2次抚育时，第一次抚育在6月中上旬进行，第二次抚育7月中下旬进行；当1年进行1次抚育时，可在6中下旬进行。

抚育方法 除草松土，主要采用镐抚和刀抚

两种方法进行。镐抚主要用于扩穴、培土，适宜在春季或5月末进行。镐抚时以植苗穴为中心呈块状进行，镐抚范围大于栽植穴面积。刀抚主要用于割灌、清除杂草，适宜在夏季进行。刀抚时可采用块状抚育、带状抚育或者全面抚育的方式进行。

4. 修枝与抚育间伐

（1）修枝

为了提高水曲柳木材等级，减少木材节疤，在幼林郁闭后应进行修枝。第一次修枝开始时间在林分郁闭后产生2轮以上枯死和濒死枝时进行。第一次修枝高度以不超过树高的1/3为宜，且修枝高度不要超过最长活水平枝。每次修枝后的5～8年即可进行下次修枝，第二次以后的修枝高度以不超过最长活水平枝为宜。修枝时间宜选在树木萌动前或树木停止生长后进行。修枝时切口要平，切口处涂防腐剂。

（2）抚育间伐

因水曲柳人工造林历史较短，现有的水曲柳人工林年龄较小，故水曲柳人工林的抚育间伐尚未建立完整的技术体系。根据已有人工和天然水曲柳林生长与密度变化状况，对于水曲柳人工用材林初步确定抚育间伐开始期可选在15～20年。在初次间伐时，平均胸径6～8cm的林分，可保留密度2000～1500株/hm²；平均胸径8～10cm的林分，可保留密度1500～1100株/hm²。初次间伐之后每隔5～10年间伐1次，每次间伐强度可在15%～40%。

现有的水曲柳人工林多为混交林，尤其以水曲柳落叶松混交林为多。对于混交林的抚育间伐除调整林分密度外，还要对种间关系进行调整，混交林中种间关系的调整首先应保证主要目的树种水曲柳能更好地生长。在水曲柳落叶松带状混交林内，可主要采用2种方法进行间伐：①对于落叶松带的间伐可采用机械间伐方式进行，将紧邻水曲柳带的落叶松行整行伐除，或者在落叶松带内每隔1株伐除一株。而在水曲柳带内以"留优去劣"的原则，进行选择性均匀间伐。②对于落叶松带和水曲柳带均采用"留优去劣"的原

则，进行选择性均匀间伐，但落叶松带的间伐强度适当高于水曲柳带。

与人工林相比，水曲柳天然林具有较大的面积，对现有的水曲柳天然林进行抚育间伐，也可以达到促进生长，加快出材的目的。水曲柳天然林抚育间伐，选择的天然林应以水曲柳为主要组成树种，采用均匀间伐方式进行。如间伐的水曲柳天然林处于幼龄阶段，对林分中萌生的水曲柳幼树每簇保留1株，其余伐掉，保留的萌生幼树应生长正常，主干明显，无病虫害。对实生幼树保留生长正常、无病虫害的作为培育对象，伐除周围生长不正常、有病虫害及对保留木生长有不良作用的林木。实生幼树与萌生幼树相遇时，在保证生长正常的条件下，优先保留实生幼树。间伐时做到林木分布均匀，不出现林窗，伐后郁闭度不低于0.5。如间伐的水曲柳天然林处于中壮龄阶段，保留木应选择生长正常、干形良好、无分枝分叉、自然整枝好、枝下高长、无病虫害的林木。将一定范围内有碍于保留木生长发育的林木或有病虫害及生长极不正常的林木伐除。间伐强度可用郁闭度控制，做到保留林木分布均匀，不出现林窗，伐后郁闭度不低于0.5。

5. 主伐与更新

（1）主伐

一般水曲柳人工林61～80年达到成熟，即可进行主伐，而在天然林中水曲柳要在81～120年才能达到成熟进行主伐。在一些大径级用材林也可以根据胸径大小控制主伐时间，如胸径达到40cm以上才能进行主伐。主伐年龄的确定要充分考虑工艺成熟和经济成熟两方面要求，即要林分材积平均生长量达到较高数量，同时又要满足国民经济对材种的要求达到经济效益最大化。

水曲柳天然林传统上采用皆伐方式进行主伐，目前生产上多采用小面积皆伐。但考虑到水曲柳林分的天然更新，以及生态功能的发挥，建议对天然林采用择伐方式进行主伐。对于水曲柳人工林可采用小面积皆伐，或者采用择伐。

（2）更新

采伐后林分的更新主要有2种方式，即人工

造林和天然更新。人工造林主要采用植苗造林的方式，可在任何条件下应用，具体按前述造林方法进行。水曲柳具有较强的天然更新能力，因此可尽量利用水曲柳天然更新优势形成下一代森林。天然更新则要根据采伐方式、林分状况、母树分布条件等而采用不同的方法。①在择伐的林分中，因林分上层长期有水曲柳母树存在，靠母树下种林下可以形成连续的天然更新。②在小面积皆伐的林分中，可利用皆伐前水曲柳母树下种形成的更新幼苗，经过抚育形成新的林分，如更新的幼苗达不到要求可进行人工补植。同时注意保留其他有经济价值树种的更新幼苗，形成多树种混交林。③对于主林层中有水曲柳母树分布的结构不良次生林，可对林分进行带状采伐改造，采伐带和保留带相间隔，采伐带宽度在6～10m为宜。采伐时保留水曲柳母树，伐后在采伐带上采用人工促进天然更新措施，促进水曲柳天然更新发生，形成以水曲柳为主的林分。人工促进天然更新措施主要是局部去除枯枝落叶层或地表植被，露出土壤表面。一般在种子丰年的9～10月进行。④在已经结实的水曲柳林分附近的落叶松、红松、樟子松等人工林中，可利用水曲柳母树下种进行更新，或者在林下采取人工促进天然更新措施，促进水曲柳完成天然更新，同时对上层的针叶树进行间伐，保证林下水曲柳顺利生长。等到上层的针叶树主伐后，下一代水曲柳林即可形成。

水曲柳具有萌芽更新的能力。当林下种子更新的幼苗数量达不到要求时，可通过保留伐根切口周围形成的萌芽条完成更新。一般控制伐根高度在10cm以内，每丛萌芽条第一次人工定株时保留1～3株优良的个体，在之后进行抚育间伐时再保留1株优良个体，伐除其他个体。

六、主要有害生物防治

水曲柳有病害10余种，虫害20余种，但危害较严重的是柳蝙蛾和白蜡窄吉丁等蛀干害虫，病害发生相对较少。

1. 柳蝙蛾（*Phassus excrescens*）

柳蝙蛾在我国分布范围较广，其幼虫喜欢寄生在水曲柳的干部或枝部，在干部和枝部钻洞蛀出坑道，木屑及粪便排出坑道外明显可见。30年以下水曲柳受害部位集中在树干的基部和干部，枝部只有少量被害，而30年以上的受害部位主要为侧枝。柳蝙蛾危害的树木，轻则生长衰弱，重则发生折断或枯死（高宇和李海峰，2008）。防治方法：①化学防治。②人工放养天敌中华广肩步行虫、芳香木蠹蛾、棕腹啄木鸟和土鸡等。③加强抚育管理，在5月下旬或6月初幼虫上树前清除林下杂草烧毁，去除幼虫寄主；冬季结合间伐、修枝，将有虫树木清除或将有虫枝条剪下烧毁，以消灭虫源；在造林时营造混交林也可以减少危害。

2. 白蜡窄吉丁（*Argils planipennis*）

白蜡窄吉丁在我国东北、华北都有分布。除成虫外，其他虫态都在树干内度过。幼虫蛀入树干，在韧皮部与木质部间取食，形成"S"形虫道，导致树皮死亡，严重时造成整株树木死亡（高宇和李海峰，2008）。防治方法：①严格进行植物检疫，杜绝感染的树苗、原木、带皮木等远距离传播，防止灾害的扩散蔓延。②对已发生虫害的树木，于6月初成虫羽化高峰期化学防治。③人工放养白蜡吉丁柄腹茧蜂和白蜡吉丁啮小蜂等天敌常能获得良好效果。④加强营林管理，增强树势，增强树木的抗虫能力；营造混交林造成不利于白蜡窄吉丁繁殖的环境，减少危害；清除林分中的被害木，消灭虫源。

3. 东方盔蚧（扁平球坚蚧）（*Partheno-lecanium corni*）

东方盔蚧在我国大部分地区均有分布。在东北地区以2龄若虫在树皮缝处越冬，4月开始成群固定在枝条上，以喙刺入表皮吸取养分，5～6月是危害盛期；在华北地区3月开始取食危害。危害期间虫体分泌大量无色黏液，经常使叶面滋生一层黑色霉菌，严重时使树势衰弱，枝条枯死。防治方法：①化学防治；②放养黑缘红瓢虫和寄生蜂等天敌进行控制。

4. 水曲柳梢头腐朽

水曲柳梢头腐朽的病原菌为粗毛纤孔菌

（ *Inonotus hispidus* ），病菌担子孢子靠风力传播，从伤口侵入，子实体多生长在寄主木材裸露处。腐朽多发生在树干中上部或梢部，腐朽初期树干外部很难诊断，典型腐朽表现为树梢心材黄白色。染病树木木材失去使用价值，常形成断梢或折干。防治方法：①去除树体上的病菌子实体，消灭病菌侵染来源；②在每年的5月中旬至6月初，对水曲柳易染病或发病部位喷洒波尔多液进行防治；③修枝时不要伤及干皮，修枝后用保护剂涂抹伤口，以免病菌侵入，同时加强林分的抚育管理，保证树木生长健壮。

七、材性及用途

水曲柳树干通直，木段径级较大，木材的基本密度为0.50～0.56g/cm³，材质略重坚硬。材面纹理直，结构粗，花纹美丽，径切面呈平行条状花纹，弦切面呈山水形花纹，美丽而明显。木材力学强度大，并富有韧性，刨面光滑耐磨，弯挠性能高，强韧兼备，幼树小杆弯挠性能更佳。干缩性大，体积干缩系数0.51%～0.62%，不易干燥，易翘曲及开裂。握钉力大，易钉裂。耐腐、耐虫、耐水性较好，切削加工、油漆涂饰、胶（合）接等性能均良好。木质素含量约20.1%，纤维素含量约51.8%，木纤维长0.75～1.35mm（陆文达等，1991）。由于水曲柳木材力学强度高、耐磨损性强、弯曲性好，并具有良好的装饰性能，故是制作家具、进行室内装饰的理想材料，也常用于地板、建筑、造船、车辆、运动器材、仪器、枪托、工具把和制造胶合板等。水曲柳树冠圆形，可作为绿化树种培育庞大树冠。

（张彦东，张鹏）

附：花曲柳（ *Fraxinus rhynchophylla* Hance ）

别名大叶白蜡树、大叶梣。花曲柳主产于长白山区，在黑龙江东南部山地，吉林和辽宁东部山地，以及华北各省份均有分布。在国外主要分布于朝鲜和俄罗斯远东地区。花曲柳适应能力较强，耐严寒，耐干旱，稍耐水湿，成年喜光，幼年耐阴，在碱性土壤上亦能生长，在其天然分布区内花曲柳主要生长于土壤肥沃、排水良好的山地阳坡、半阳坡中上部，谷地和沟旁也有少量分布，常形成小块状纯林。成熟的花曲柳高达25m，胸径达70cm，45年生时胸径可达19cm。花曲柳胸径生长的速生期可持续到40年左右，40年后其径生长开始变得缓慢。高生长速生期持续到20～30年，30年后其高生长变得相对缓慢。花曲柳在自身林下更新良好，具有萌生能力，在天然林中，萌生更新亦占有一定的比例。花曲柳对气候、土壤要求不严，在长江流域各省份以及福建、云南和西藏均有引种栽培。

黑龙江省孟家岗林场60年生花曲柳
（沈永庆和徐惠德摄）

花曲柳以播种育苗为主，尽管以花曲柳合子胚的单片子叶为外植体成功诱导出了体细胞胚，并获得再生植株，但还未达到生产应用阶段。种子千粒重约22g，为深休眠类型，育苗前需要对种子采用变温层积催芽处理（先高温40天，再低温120天），然后于翌年春季播种，播种苗的育苗密度以120～160株/m²为宜。花曲柳造林地宜选择阳坡或半阳坡，坡位可从坡下到山坡中上部，且要求排水良好、土层深厚的壤土、沙壤土。花曲柳以植苗造林为主，造林极易成活，因其树冠狭小，故造林密度不宜过小，初植密度可采用6600株/hm²，可与落叶松等针叶树营造混交林。造林后，抚育年限一般为4～5年，抚育次数为2-2-1-1或2-2-2-1-1。为保持形成良好的干形，应及时抹去下部枝芽，或进行修枝。花曲柳形体端正，观赏性较强，抗烟尘，常被用于园林绿化，生长过程中很少发生病虫害，主要虫害就是东方盔蚧（防治方法参见水曲柳）。树皮经干燥后为中药秦皮，含有秦皮甲素，具有抗菌作用，主治细菌性痢疾。花曲柳木材坚硬而有弹性，材色较浅，木纹美丽，可供作家具、车辆、建筑、农具等用材，其木材及各种木制品价格较为昂贵。

（杨玲）

黑龙江省孟家岗林场花曲柳苗圃育苗秋景（沈永庆摄）

别　名｜暴马子（东北）、白丁香（吉林）、荷花丁香（宁夏、河南）
学　名｜*Syringa reticulata* (Bl.) Hara var. *amurensis* (Rupr.) Pringle
科　属｜木犀科（Oleaceae）丁香属（*Syringa* L.）

暴马丁香主要分布于我国东北、华北和西北等地，是北方重要的园林绿化树种，也是很好的蜜源、药用、提取芳香油的特用经济树种和特种用材树种。

一、分布

暴马丁香主要分布于黑龙江、吉林、辽宁、北京、河北、河南、山西、陕西、甘肃、宁夏、内蒙古等省份。

二、生物学和生态学特性

落叶大灌木或小乔木。高达10m。树皮紫灰褐色，具细裂纹。枝条带紫色，有光泽，皮孔灰白色。单叶对生，多卵形或广卵形，基部通常圆形。圆锥花序宽大；花萼、花冠4裂；花冠白色，呈辐射状，花冠管短于花冠裂片；雄蕊外露，花丝细长。蒴果扁矩圆形，先端钝，熟后干燥2裂。花期6～7月，果期8～10月（臧淑英和崔洪霞，2000）。

暴马丁香属温带喜光树种，稍耐阴，喜温暖湿润气候，抗寒，耐干旱，能耐−35℃的低温；对土壤要求不严，喜湿润冲积土；常生于海拔300～1200m的山地阳坡、半阳坡、林缘、河岸及沟谷灌丛中，是红松、云冷杉混交林或针阔混交林的主要下木之一（张秋艳，2009）。

三、良种选育

1. 良种选育方法

世界上现有2000余个丁香品种，主要通过杂交育种和选择育种获得。丁香人工杂交育种一般经去雄、人工授粉、套袋、挂牌、采种、保藏、播种等一系列操作，产生大量杂种后代，以保证目标性状能够充分体现。丁香在其系统发育过程中由于环境条件的差异和异花授粉的影响出现了丰富的变异类型，因此选择育种也是其最重要的育种方式之一，如著名品种玛达姆·列蒙奈（Madame Lemoine）和一些花色艳丽的欧洲丁香品种由此选育而成（臧淑英和崔洪霞，2000）。

暴马丁香蒴果（孙学刚摄）

暴马丁香花序（孙学刚摄）

暴马丁香树干（孙学刚摄）

2. 良种特点及适宜地区

国内选育的丁香主要品种有'紫云''佛手''罗蓝紫''香雪''春阁''长筒白''晚花紫''四季蓝''紫霞''紫玉'和'金园'等，适宜在我国华北、西北和东北等寒旱地区园林中栽培（臧淑英和崔洪霞，2000）。

我国北方园林中应用的欧美国家选育品种主要有'波峰''康果''康德塞特''奈特''鲁别总统''亨利''什锦'和'S. Mille Florent Stepman'等（臧淑英和崔洪霞，2000）。

四、苗木培育

暴马丁香主要采用播种、扦插和嫁接3种方式育苗。

1. 播种育苗

选用充分成熟的种子，低温沙藏1～2个月后播种。华北地区于4月上中旬以行距10cm露地条播，长至1～2对叶片间苗，幼苗期冬季埋土防寒，第二年早春移栽。

2. 扦插育苗

嫩枝扦插 在气温达到28℃以上时可进行半木质化嫩枝扦插。插穗长度为10～15cm，带有2～3对芽，保留顶端的一对叶片，但单叶剪半。河沙、珍珠岩、蛭石或者其混合物均可作为扦插基质。使用50mg/L ABT1号处理3h（李广春和孙丽萍，2006）或1500mg/L IBA速蘸（颜婷美等，2014）处理插穗后，插入基质1/3～1/2，扦插

后保证基质水分与空气湿度（李广春和孙丽萍，2006；颜婷美，2014）。

硬枝扦插 采集发育充实的休眠期枝条，春天萌动前处理后扦插，插穗至少保留3对芽，上剪口应距离顶芽节上方2cm，下剪口应离下方芽2～3cm（李广春和孙丽萍，2006）。

3. 嫁接育苗

常用劈接法，生长期嫁接最常用"T"形芽接。

五、林木培育

1. 立地选择

能在年降水量300mm左右的干旱荒漠草原或荒山上形成茂密的灌木林，适宜在年平均气温

暴马丁香（孙学刚摄）

5～7℃、≥10℃的有效积温2700～3100℃的地区造林。一般选择海拔3400m以下、坡度45°以下的阳坡、半阳坡作为造林地，要求土层深30cm以上、土质疏松、肥力较好、排水良好。

2. 整地

可在春、夏、秋三季进行，最好在造林前一年的夏季或秋季整地，以便更好地蓄积水分以增加造林地的墒情。在坡度＞20°的坡地采用鱼鳞坑整地，规格60cm×40cm×30cm；在20°以下坡地，采用80cm×60cm×40cm鱼鳞坑整地，也可采用反坡梯田方式整地。

3. 造林

造林时期　一般在当地土壤解冻后即可造林，也可在雨季第一次有效降雨结束后立即造林。

造林密度　应根据立地条件、经营状况而定，适当密植。坡向朝北、坡度＜20°、土层厚度在1m以上区域栽植5000株/hm²（1m×2m），立地条件较差的南坡向、坡度＞20°、土层厚度在1m以下区域栽植2500株/hm²（2m×2m），或初植1665株/hm²（2m×3m）。

栽植　造林时选用2～3年生苗为宜。苗木栽植前用水浸根24～36h，使苗木充分吸水，剪掉腐烂或过长的根系、病虫枝和折断枝，并使用生根剂和杀菌剂处理。植苗造林要严格按照"三埋两踩一提苗"的栽植方法，做到苗木直立、填土踏实、根系舒展，植苗完成后随即浇足定根水。有条件时可在栽植穴覆膜或做围堰，可极大地提高干旱地区造林成活率。

4. 抚育

暴马丁香适应性强，管理比较粗放，平时注意除草，雨季防涝，特别干旱时应补充水分，便可顺利生长。休眠期可对病虫枝、干枯枝、细弱枝、重叠枝、过密枝进行疏剪，并对徒长枝、开花结果枝进行适当短截，使枝条分布匀称，保持圆头形树冠即可，以利翌年生长发育。有条件时每年或隔年花后或秋季落叶后视植株大小每株穴施复合肥100～400g。中幼龄林阶段应注意适度间伐，以确保景观效果和防护效益。

六、主要有害生物防治

1. 丁香白粉病

该病发生在丁香的叶片。发病初期，病叶上产生零星的小粉斑，逐渐扩大，粉斑相互连结覆盖叶面；发病后期白色粉层变得稀疏，呈灰尘状，其上出现白色小点粒，最后变成黑色点粉（闭囊壳），为该病的有性时代，白色粉层为无性时代。该病的病原菌是丁香叉丝白粉菌（*Micrasphacra syringae*），以闭囊壳在病落叶上越冬，孢子借风雨和气流传播。该病6月下旬开始发病，直至秋季。植株下部叶片或蔽阴处的叶片先发病，逐渐向上蔓延，生长季节可多次再侵染。株丛过密、通风透光不良等条件有利于病害发生。防治方法：加强养护管理，种植密度适宜，株丛过大应分株或合理修剪，以利通风透光；及时清除病残体，并做深埋处理；发病初期喷药，轻时可不防。

2. 丁香褐斑病

该病侵染丁香叶片。发病初期，叶片上出现小病斑，中央浅褐色，边缘色深，其上散生小霉点。发生严重时，叶片布满病斑，常常几个小斑合成大块枯斑，导致丁香叶片枯黄，提早落叶，影响绿化景观。其病原菌为尾孢霉菌属真菌（*Cercospora lilacis*），以菌丝和分生孢子器在寄主病残体上和土壤中越冬。翌年春季，分生孢子器产生孢子，借风雨等传播，可多次侵染。5～6月气温（26℃左右）适宜时发病重。北方地区秋季多雨、土壤湿度大、通风不良和高温多露条件下发病严重。秋后随着气温下降，病情逐渐减轻直至停止发病。防治方法：加强管理，及时清除枯枝落叶等病残体，并集中烧毁，以减少病原菌重复侵染；发病初期喷施杀菌剂。

3. 柳蝙蛾（*Phassus excrescens*）

在哈尔滨1年1代，少数2年1代，6月中旬幼虫开始危害丁香，7月下旬是危害盛期，8月中旬开始化蛹，8月底至9月初为成虫羽化盛期。幼虫环割危害韧皮部，蛀食木质部和髓心，上下蛀食，危害处常见木屑包。林木被害后，轻者树势衰弱、折枝断头，重者整株枯死。防治方法：可在秋冬时节剪除、销毁枝条；在幼虫活动期间向排粪孔内注射熏蒸剂，封闭孔口，熏杀蛀道内的幼虫。

4. 康氏粉蚧（*Pseudococcus comstocki*）

康氏粉蚧1年2代，以卵囊在树干及枝条的缝隙等处越冬。5月底出现1代幼虫，8月中旬出现2代幼虫，成虫分别出现在7月和9月。康氏粉蚧以若虫和雌成虫群集刺吸丁香芽、叶、果实和枝干，排泄蜜露诱发煤污病。该虫在阴生环境下发生较多，被害处叶片卷曲或开裂。成虫在小枝分叉处或树皮裂缝处固定产卵，卵囊白色棉絮状。防治方法：从9月开始，在树干上束草把诱集成虫产卵，入冬后至丁香发芽前取下草把烧毁消灭虫卵。在若虫分散转移期和介壳形成前，喷施化学农药进行防治。注意保护和引放天敌。

七、综合利用

暴马丁香是北方重要的园林绿化和风景林树种；树皮、树干及茎枝入药，具消炎、镇咳、利水作用；材质优良，纹理美观，可供作器具和细工用材；叶中富含单宁，是栲胶工业的重要原料；花的浸膏质地优良，可广泛用于调制各种香精，是一种使用价值较高的天然香料，也是很好的蜜源树种。

（黄海霞，李捷）

附：紫丁香（*Syringa oblata* Lindl.）

别名华北紫丁香、丁香、紫丁白、龙背木。产于东北、华北、西北（除新疆）及四川西北部，生于海拔300～2400m山坡林下、溪边、山谷及滩地水边（张秋艳，2009）。其栽培历史悠久，主要变种有白丁香（*S. oblata* var. *alba*）、紫萼丁香（*S. oblata* var. *giraldii*）。紫丁香具很强抗寒性，适应除强酸性外的各类土壤，但以排水良好、疏松、含腐殖质较多的中性壤土为佳。枝叶繁茂、花色淡雅而芳香，为我国主要园林绿化树种。其全株可入药（藏淑英和崔洪霞，2000）。对烟尘、氟化氢及二氧化硫等都有一定抗性，也可作为工矿区绿化树种。

紫丁香（李敏摄）

紫丁香单株（李敏摄）

其繁殖方法为播种、扦插、嫁接、分株、压条。播种育苗以春播为佳，3年生实生苗可出圃，3～4年生苗木即可开花。紫丁香主要病害有萎蔫病、褐斑病、花斑病、白粉病等，虫害主要有卷叶蛾、介壳虫、蚜虫、刺蛾等。

（刘玮）

别　名｜中国蜡、青榔树、水白腊、川蜡
学　名｜*Fraxinus chinensis* Roxb.
科　属｜木犀科（Oleaceae）白蜡树属（*Fraxinus* L.）

> 白蜡树在我国作为放养白蜡虫寄主树种的栽培利用具有悠久历史，是我国著名的经济林树种。白蜡树木材坚韧，耐水湿，可用于制作家具、农具、胶合板等，其枝条可用来编筐，树皮可用作中医清热药，称"秦皮"。白蜡树干通直，枝叶繁茂而鲜绿，秋叶橙黄，移栽成活率高，造价低廉，是我国北方重要的行道树（刘国荣，2013）。

一、分布

白蜡树主要分布于北半球温带，极少数向南延伸至热带，北自东北中南部，经黄河流域、长江流域，南达广东、广西、云南，东自江苏、浙江、福建，西达四川、贵州。常见于海拔800～1600m山地的杂木林中，在四川西部可分布于海拔3100m的山地。越南、朝鲜也有分布。18世纪末期引入印度、日本以及欧洲和美国。

二、生物学和生态学特征

落叶乔木。高10～12m。树皮黄褐色，纵裂。小枝光滑无毛。羽状复叶对生；小叶5～9枚，通常7枚；卵形、倒卵状长圆形至披针形；长3～10cm、宽2～4cm，先端锐尖至渐尖，基部钝圆或楔形；叶缘具整齐锯齿；上下面均无毛或沿中脉两侧有白色长柔毛。圆锥花序顶生或腋生于当年生枝上，花雌雄异株；雄花密集，花萼小，钟状，长约1mm，无花冠，花药与花丝近等长；雌花疏离，花萼大，桶状，长2～3mm，4浅裂，花柱细长，柱头2裂。翅果匙形，长3～4cm，宽4～6mm。花期3～5月，果10月成熟。

白蜡树属于喜光、稍耐阴树种，对霜冻较敏感。喜深厚较肥沃湿润的土壤，常见于平原或河谷地带，较耐轻度盐碱性土。

三、苗木培育

1. 播种育苗

播种育苗分春播和秋播。播种前苗圃地要施

山东东营中国白蜡（白蜡树）林相（王振猛摄）

足底肥，深耕细作，进行土壤消毒，灌足底水，使土壤保持湿润。

春播 沙明良等（2012）研究表明：春播时间为3月下旬至4月上旬。播种前，用40~50℃温水将种子浸泡24h，捞出后置于室内竹筐内催芽，每天用温水冲洗1~2次，种子裂嘴时即可播种。采用条播，条幅10cm、行距60cm，开沟深度3~4cm，覆土3cm。每公顷播种450kg，每公顷产苗约15万株。一般当年生苗高30~40cm。

秋播 种子采集后即播，这样可以提前发芽，又可免去种子贮藏和催芽。秋播覆土要比春播略厚，顺沟覆土培成垄状，厚4~5cm，播后浇水，翌年2月再浇1次水。苗木出土后注意保墒，中耕除草；10~15天开始间苗，最后按株距8~10cm定苗。

白蜡树（刘仁林摄）

2. 扦插育苗

选择1年生芽饱满的健壮枝条，截成24~30cm长的插穗；上端剪平，下端呈马耳形。在马耳形背面轻刮两刀，长3~5cm、深至形成层，促其生根。将插穗浸入ABT生根粉含量为0.08%~0.10%溶液中30s后再扦插；扦插时先在苗床上用木橛打1个小孔，把马耳形一端插入孔中，周围用土挤实，株行距15~30cm；插后保持苗床湿润，1个月后可生根发芽。要注意经常抹去下部萌芽，保证顶芽正常生长。苗高60~100cm时，即可出圃造林。

四、林木培育

1. 造林地选择与整理

选水源方便、光照好、土层厚、肥力较好、保水保肥的平地或缓坡地块造林。造林前，除去地面杂草，撒适量生石灰粉消毒，挖翻深度20~25cm。在挖翻后的土面上撒施农家肥，用畜禽粪、草木灰和20%的钙镁磷肥混匀，每平方米撒肥1~2kg。撒后耙土整细，使土与肥拌匀。

2. 造林技术

选择1年生壮苗进行造林。张文英等（2013）研究表明：造林时间为2月下旬至4月中旬。造林起苗运苗时间尽量缩短，并防止风吹日晒。采用穴植，穴的规格为0.8m×0.8m×0.6m，加施底肥，株行距以2.0m×1.5m或2m×2m为宜。栽植时保证苗木根系舒展、并使其与土壤之间不留空隙，防止漏风、失水而影响造林成活率。

3. 抚育管理

为保证造林成活率，必须采取必要的措施对白蜡树幼林进行抚育。及时松土除草，每年2次，以防止杂草与幼苗的养分竞争；设专人看管，防止猪、牛、羊等动物踩踏破坏。于造林当年的秋季进行造林成活率检查，当其低于85%时，应于翌年春季及时进行补植。

4. 主伐、更新

当白蜡树生长至7~12年时可以采伐，此时采

山东东营中国白蜡（白蜡树）冬季林相（刘德玺摄）

伐主干材积大、经济效益较好。白蜡树萌芽力强，采伐第一代林木后，可利用一代萌芽林。采伐时离地面20cm左右高度砍伐，注意不使树皮开裂，采伐时避免砸坏林木、幼树，集材尽量采用人力或畜力，以利生长萌芽条，选留1～2根健壮、靠近地面的萌条培育成大树（宋永贵等，2001）。

白蜡树很容易用种子和萌蘖更新。在林冠下经常生长着大量幼树，由于采伐使母树突然暴露于直射阳光下，使母树大量死亡。在这种情况下，要适当间伐幼树，保持合理密度，促进林木更新。

五、主要有害生物防治

白蜡树主要以病害危害为主，虫害危害较少，常见病害有白蜡褐斑病、白蜡树流胶病等，危害特征以及防治方法如下。

1. 白蜡褐斑病

白蜡褐斑病主要危害白蜡树的叶片，引起早期落叶，影响白蜡树当年生长量。防治方法：①播种苗应及时间苗，前期加强肥、水管理，增强苗木抗病能力；②秋季清扫留床苗地面上的病落叶，减少越冬菌源；③6～7月喷200倍波尔多液或喷克菌800～1000倍液或65%代森锌可湿性粉剂600倍液2～3次，防病效果良好。

2. 白蜡树流胶病

流胶病一般分为生理性流胶，如冻害、日灼、机械损伤造成的伤口和蛀干害虫造成的伤口等；还有侵染性流胶，即细菌、真菌引起的流胶，如白蜡干腐病、腐烂病等。防治方法：①加强管理，增强树势。增施有机肥、疏松土壤，适时灌溉与排涝，合理修剪，树干涂白，避免机械损伤，使树体健壮增强抗病能力。②及早防治白

山东东营中国白蜡（白蜡树）果枝（王振猛摄）

蜡害虫，如白蜡吉丁虫、蚜虫、天牛等。早春白蜡树萌动前喷石硫合剂，每10天喷1次，连续喷2次，以杀死越冬病菌。发病期用50%多菌灵800～1000倍液或70%甲基托布津800～1000倍液与任意一种杀虫剂（如20%灭扫利乳油1000倍液或5%氯氰菊脂乳油1500倍液）混配，进行树干涂药，防治白蜡树流胶病。

3. 白蜡树害虫

白蜡树害虫有白蜡吉丁虫、天牛、蚜虫等。防治方法：发现吉丁甲和天牛钻蛀树干时，用铁丝掏出害虫粪便和蛀屑，用棉签浸化学药剂插入蛀孔内，用泥巴封堵，熏杀幼虫；结合病害防治，用化学药剂防治蚜虫。

六、综合利用

白蜡树可作为多用途经济林树种，可放养白蜡虫，以取白蜡；树皮称"秦皮"，含有香豆素类、裂环环烯醚萜类、苯基乙醇类等化合物，其

中裂环环烯醚萜类主要以苷的形式存在，还含有木脂素类、黄酮类、单酚类化合物等。药理实验表明，秦皮具有抗菌、抗炎、抗肿瘤和保肝等作用，临床上广泛用于眼科疾病的治疗和细菌性痢疾等肠胃病的治疗（王芳等，2018）。白蜡树木材坚韧，可用于制作家具、农具、车辆、胶合板等，叶可供编制各种用具。白蜡树还可用作营建防护林（李俊杰，2008）。

白蜡树形体端正，树干通直，枝叶繁茂而鲜绿，秋叶橙黄色，是优良的行道树和遮阴树，其又耐水湿，抗烟尘，可用于湖岸绿化和工矿区绿化。成形的球形白蜡树适合于厂区、校园和绿地的路旁列植，于草坪上和草地的边缘丛植，于居住区人口和小型建筑物前独植，也可以与其他植物搭配造景。因此，也可作为园林绿化树种。

（李丕军，邢文曦）

别　名｜绒毛梣（《中国植物志》）、津白蜡（天津）、毡毛梣（《河北植物志》）

学　名｜*Fraxinus velutina* Torr.

科　属｜木犀科（Oleaceae）白蜡树属（*Fraxinus* L.）

绒毛白蜡系欧洲白蜡亚属红梣组树种，原产于北美，我国华北、华东、西北、东北南部等地区均有栽培。绒毛白蜡树体较高大、寿命长、材质优良、树姿优美、抗逆性强，多用于北方盐碱地、沙化瘠薄地造林及城乡绿化，是重要的防护林、用材林及园林绿化树种。

一、分布

绒毛白蜡原产于北美，多分布于海拔1500m以下瘠薄丘陵及沙漠边缘，1911年由美国传教士聂会东（James Boyd Neal）引种济南，1952年引到天津，1984年被选为天津市树。绒毛白蜡广泛栽培于黄河流域、长江中下游、东部滨海盐碱地区和西北内陆盐碱地区等19个省份（孟昭和，2006）。

二、生物学和生态学特性

落叶乔木。高达25m。干皮灰色，浅纵裂。小枝叶密被短绒毛（有疏毛、无毛变异）。枝叶对生，奇数羽状复叶，小叶3～7枚，披针形、长圆状披针形或卵形。圆锥花序腋生于去年生枝上，花有花萼无花瓣。翅果长圆柱形，长1～2（～2.5）cm，花萼宿存；翅长略短于果体，下延至果中部以上。花期4月，果熟期9～10月。

绒毛白蜡喜光，稍耐阴，根系发达，耐寒冷、耐干旱瘠薄、耐水湿、抗盐碱、抗污染，适应范围广。

三、良种选育

1987年，山东省林业科学研究院刘德玺等承担山东省"三〇"工程"白蜡良种选育"项目，经国内外种质资源调查搜集，获得优树和优良种质1000余个品系。选育出'鲁蜡1号''鲁蜡

绒毛白蜡3种种子形态比较（东营）（王振猛摄）

绒毛白蜡3种叶片形态比较（王振猛摄）

东营绒毛白蜡果枝（王振猛摄）

2号''鲁蜡3号'和'鲁蜡4号'4个优良品种，获得国家植物新品种权，并审定为山东省林木良种。

'鲁蜡1号'（新品种权：20100011；良种证：鲁S-SV-FV-001-2010）　速生型。耐盐能力在滨海＞0.3%，在内陆＞0.5%，耐干旱。南至浙江宁波，北至辽宁沈阳，西至新疆乌鲁木齐均可栽培。

'鲁蜡2号'（新品种权：20100012；良种证：鲁S-SV-FV-002-2010）　长绿期型，速生。顶端优势强，树形优美，落叶晚，耐盐能力适生范围同'鲁蜡1号'。

'鲁蜡3号'（新品种权：20100013；良种证：鲁S-SV-FV-003-2010）　高耐盐型。耐盐能力达0.6%，适生范围同'鲁蜡1号'。

'鲁蜡4号'（新品种权：20100014；良种证：鲁S-SV-FV-004-2010）　高耐盐型，适应性同'鲁蜡3号'。

四、苗木培育

绒毛白蜡一般用播种育苗和嫁接育苗。

1. 播种育苗

圃地选择　土壤质地沙壤或轻壤质，含盐量不大于0.2%。

种实采集及处理　采种母树应选择成年无病虫害的健壮植株，秋季翅果黄熟后采种。种实阴干，去杂，通风、干燥、常温储存。

催芽与播种　种子催芽方法见表1。

播种时间根据气温确定，南北差异较大。萌动种子在气温18～25℃时春播，未萌动种子于土壤解冻后尽早进行春播。未处理种子可秋冬播。

播种方法多采用条播或点播。点播：行距50～100cm，点距20～40cm，每点播种3粒左右。

条播：行距50～100cm。种子覆土深度4～6cm。播种量见表1。提倡地膜覆盖。亦可容器育苗。

幼苗3～5对真叶时间苗定苗，留苗25050～225000株/hm²。适时松土除草、浇水、施肥和防治病虫害。

苗龄1年或以上时按培育目标可留圃或出圃。若培育大苗，应每1～2年降低1/2～3/4密度。及时修枝整形，苗高3～4m时，冠高比3/4左右；苗高5～7m时，冠高比2/3左右。

2. 嫁接育苗

春季嫁接条穗应在秋季落叶后春季萌芽前采集，蜡封低温保存，春季也可即采即用；夏秋芽接应随采随用。

嫁接主要采用芽接和枝接。芽接时间为春季萌芽前后至秋季9月上旬（落叶前1个月），以春接为主。枝接多宜春季萌芽前后。

密度一般25050～100050株/hm²，秋季芽接（培育半成品苗）密度可达100050～225000株/hm²。移植密度10005～30000株/hm²。大苗培育密度应每1～2年降低3/4左右。

五、林木培育

1. 立地选择

对土壤质地要求不严，可在含盐量不高于0.3%的地区直接造林，高于0.3%需进行盐碱地改良（LY/T 2753—2016）。

2. 整地

黏土，中、重壤土全面深耕30cm以上或大穴造林，轻壤土、沙土可直接挖穴造林。

3. 造林

可营造生态防护林、用材林或景观林。根据造林目的选择苗木，四旁及园林绿化可选用胸径5cm以上的苗木，成片造林选择1～2年生2～4cm

表1　催芽及播种方法

千粒重（g）	处理方法	播种方法	播种量（kg/hm²）
20～30	春播，浸泡6～8天，每天换水，防止霉烂，种子充分吸胀后播种，亦可将吸胀种子保温20～25℃催芽，露白30%后播种	点播	15.0～22.5
		条播	60～90

的苗木，密度840～1650株/hm²。造林后，按林种要求进行抚育管理。

六、主要有害生物防治

1. 白蜡外齿茎蜂（Stenocephus fraxini）

在山东地区1年发生1代，以老熟幼虫在当年生枝条髓部越冬，翌年3月中下旬（萌动前后）化蛹，4月上中旬成虫羽化钻出枝条，在新梢基部或叶轴基部产卵，4月下旬至5月上旬，幼虫进入嫩枝髓部危害，虫粪及碎木屑塞满蛀道，危害处可见枝梢上出现萎蔫青枯的羽状复叶，5月下旬至6月上旬危害达到高峰，此后幼虫一直在当年生枝条内串食危害。防治方法：4～5月在林内悬挂黄色粘虫板诱杀成虫，使用触杀性药剂防治成虫和钻蛀前幼虫。使用内吸性药剂防治危害期幼虫。及时剪除销毁有虫枝条，减少虫口数量。

2. 枣豹蠹蛾（Zeuzera coffeae）

在山东1年发生1代，以老熟幼虫在受害枝中越冬，翌年4～5月间化蛹羽化。幼虫孵化后自半木质化枝条叶轴基部或皮部蛀入，向上沿髓部取食，致虫枝枯死，危害期至10月中下旬。防治方法：4～5月在林内以粘虫板或灯光诱杀成虫，使用触杀性药剂防治成虫和钻蛀前幼虫。使用内吸性药剂防治危害期幼虫。及时剪除销毁虫枝，减少虫口数量。

3. 花曲柳窄吉丁虫（Agrilus marcopoli）

为检疫虫害，毁灭性虫害，一般1年发生1代，以老熟幼虫在树干木质部表层内越冬，少数在皮层内越冬，4月中旬开始化蛹，5～6月为成虫羽化，羽化孔半圆形。成虫取食嫩叶，1周后开始交尾产卵。初孵幼虫蛀入韧皮部表层取食，后危害韧皮部至木质部外层，虫道"Z"字形，严重破坏疏导组织而造成林木死亡。防治方法：加强检疫，防止传入。一旦发现危害，及时伐除并销毁受害植株。受害较轻或外疫区附近健康植株，于羽化期以触杀、胃毒药剂防治，幼虫期以内吸性药剂防治。

4. 美国白蛾（Hyphantria cunea）

美国白蛾为世界性检疫虫害，在山东1年发生3代，以蛹于土壤、地表覆盖物、草丛、树皮、墙缝等处越冬。第一代3月下旬开始羽化，4月中旬至5月上旬达到盛期。美国白蛾以幼虫取食叶片危害。防治方法：幼虫结网幕，对农药较敏感，可使用无公害药剂防治。

5. 绿盲蝽（Apolygus lucorum）

在山东一般1年发生3～5代，以卵在树皮或土中越冬，翌年3～4月中旬卵开始孵化，以若虫、成虫刺吸危害嫩芽、幼叶，对苗木、幼树威胁较大，造成叶片皱缩、顶芽畸形，并能传播病害。防治方法：冬春季结合清杂、修剪等管理措施，清除虫源。危害期内，适时使用内吸性药剂防治。

6. 小线角木蠹蛾（Holcocerus insularis）

在山东2年发生1代，以幼虫在枝干蛀道内越冬，翌年3月开始活动，5～8月化蛹，6～8月为羽化期，多产卵于树皮裂缝、伤痕、旧虫孔附近。该虫主要以幼虫群栖于木质部危害，造成树势衰弱，严重时造成林木死亡。防治方法：羽化期以灯光和性信息诱杀成虫，使用药剂喷洒树干灭杀初孵幼虫。幼虫危害期虫孔置毒签或者注射药剂灭杀。保护、利用姬蜂、肿腿蜂和鸟类等天敌（另有芳香木蠹蛾等危害，防治方法相同）。

7. 蚜虫

参见槐树。

8. 云斑天牛

参见杨树。

七、材性及用途

绒毛白蜡可用于营造生态公益林、用材林以及城乡园林绿化。其木材坚韧，纹理美观，是世界著名的高档硬阔叶材，可用于木建筑、家具、家装、体育器械、木质工具等制造。树皮、种子可用于制药，嫩叶、种子可用作饲料。

（刘德玺，王振猛，杨庆山）

附：美国白蜡（*Fraxinus americana* L.）

别名白桦、大叶白蜡，是欧洲白蜡亚属红桦组树种，原产于北美中东部，北起加拿大新斯科舍，南至美国佛罗里达州北部，西至明尼苏达州、田纳西州（魏忠平等，2015）。我国新疆、内蒙古、北京、河北、山东、河南等地有引种栽培，具体引入我国时间不详。美国白蜡多作为园林绿化树种，在东部省份多与绒毛白蜡、美国红桦等树种混杂栽培，难以区分。该树种春夏叶色浓绿，秋季叶色金黄，观赏效果佳，喜光，对气候、土壤要求不严，抗逆性强，耐寒，耐干旱，耐水湿，是较好的造林绿化树种。美国白蜡具多个彩叶品种，我国近年有引种，表现良好。

山东省东营市省林业科学研究院东营分院美国白蜡果枝（王振猛摄）

落叶乔木。高达40m。复叶长20～37cm；小叶5～7（～9）枚，常7对，长椭圆状披针形或卵形，长5～15cm，宽2～6cm。翅果矩圆状披针形、长矩圆形至条形；果长2～5cm。

美国白蜡主要采用播种育苗。秋季采种，可直接播种，可秋采春播，春播种子可冬季层积催芽（石玉琼，2013），或参照绒毛白蜡育苗方法。其彩叶品种多以嫁接方法育苗，可高接换头。砧木可使用美国白蜡、美国红桦、绒毛白蜡等。

林木培育及抚育管理参考绒毛白蜡。

美国白蜡是我国重要的进口木材，为白蜡类之首，用于制作台球杆、棒球棒、高档家具等。

（刘德玺，王振猛）

附：美国红桦（*Fraxinus pennsylvanica* Marsh.）

又名洋白蜡、红桦，是欧洲白蜡亚属红桦组树种，原产于美国东海岸至落基山脉一带，生于河湖岸边湿润地段。我国引种已久，栽培区同绒毛白蜡，是重要的防护林树种和园林绿化树种。林分普遍与绒毛白蜡混杂，难以区分。该树种较绒毛白蜡高大挺拔。

山东省寿光市省林业科学研究院盐碱地造林试验站'鲁蜡5号'造林（王振猛摄）

落叶乔木。高可达30m。翅果倒披针形、匙形或条形；果长2.5～5.0（～7.5）cm，果翅下延至果体中部以下。

优良品种有山东省林业科学研究院等单位选育的'鲁蜡5号''鲁蜡6号''园蜡2号'。'鲁蜡5号'具速生、主干通直等优良特性，已在我国北方大规模推广，被誉为"速生白蜡"。

育苗、林木培育及抚育管理参照绒毛白蜡。

美国红桦也是重要的用材林树种，用途同美国白蜡。

（刘德玺，王振猛）

别　名 | 小叶白蜡、天山白蜡、欧洲白蜡、天山梣楞

学　名 | *Fraxinus sogdiana* Bunge

科　属 | 木犀科（Oleaceae）白蜡树属（*Fraxinus* L.）

新疆白蜡是新疆珍贵的第三纪温带落叶阔叶林孑遗树种，是距今7000万年前遗留下来的古老树种，有"阔叶树活化石"之称。其树形优美，树干高大挺拔，木材坚韧有弹性，叶面如同涂了一层蜡质，光泽闪亮，是园林绿化、用材林、农田防护林的首选树种，具有很高的观赏和科研价值（哈那提·胡赛音和赵静，2016）。

一、分布

新疆白蜡集中分布于伊犁河河口地区，主要包括新疆伊犁地区巩留、尼勒克和伊宁等地，野生于海拔400~1500m的范围内，呈天然纯林或混交林分布。新疆南北疆均有栽培，中亚、伊朗也有分布（杜宪威，1997）。

1983年11月23日，新疆维吾尔自治区批准建立"新疆伊犁小叶白蜡自然保护区"，2016年5月16日，升级为国家级自然保护区，保护区总面积9103.47hm²，位于新疆伊宁县东部约50km（43°42′N，81°50′E），是全国野生新疆白蜡唯一的集中分布地和天然林保护区。林中新疆白蜡数代共存，对研究中亚、新疆植物的起源具有重要独特的科学研究价值和很高的观赏价值（刘芳等，2009）。

二、生物学和生态学特性

落叶乔木。高达25m。树冠圆形。树皮灰褐色，纵裂翘开。冬芽暗绿色，小枝棕色。小叶5（~7）~9（~13）枚，卵形或卵状披针形，长3~6cm，宽1.5~3.0cm，先端渐尖，叶正面基部微被毛。总状花序侧生于2年生枝上；雌雄异株或杂性花，无花被。翅果长卵状，呈倒卵形并扭曲，长3.0~3.5cm。新疆白蜡4月中旬萌动抽芽，4月下旬展叶，10月种子成熟，叶片到9月下旬开始呈黄绿色，随后叶色逐渐转黄，直至金黄色或深橘色。

新疆白蜡喜光，喜湿润肥沃土壤，适应性强，在年平均气温5~12℃、极端最高气温42.9℃、最低气温-35.9℃、年平均降水量50~800mm的地区

新疆白蜡果枝（俞言琳摄）

新疆白蜡枝叶（俞言琳摄）

新疆白蜡树皮（俞言琳摄）

生长，对土壤适应性强，属中度耐盐树种（佐艳和古丽孜亚，2008）。

三、苗木培育

新疆白蜡育苗目前主要采用播种育苗方式。

采种 新疆白蜡树种子10月成熟。选择生长健壮的优良植株，种仁发硬时采摘，去除杂物，将种子装入容器内，放在经过消毒的低温、干燥、通风室内贮藏。

播种 根据时期分春播、秋播。生产中每亩用种量5～8kg。播种前细致整地、作畦，开沟条播，行宽30～40cm，播深1.5～2.0cm，把种子均匀地撒播于沟内，播后踩实，随后覆土2～3cm，覆土后稍加镇压，小水漫灌，以防种子被冲走。

种子催芽 新疆白蜡种子休眠期长，春播必须先催芽，具体有2种。①低温层积催芽：秋季选地势较高、排水良好的地方挖层积沟，沟深40cm，长、宽以种子量定。先将种子用清水浸泡6～8h，然后将种子与湿沙按1：2比例混合，放入层积沟，离地面10cm加盖湿沙，然后覆土使沟顶呈屋脊状，一般层积处理时间为60～80天。②高温快速催芽：冬季未进行低温层积催芽的种子，春季可用38℃温水浸种，自然冷却后再浸泡2～3天，捞出种子混以3倍湿沙，放在温炕上催芽。温度宜保持在20～25℃，露白达到40%时即可播种（孙时轩，1981）。

春播 春季土壤解冻后，气温稳定在12℃时进行，一般新疆北疆在4月上中旬。先将层积处

理好的种子起出，种子如没有露白，发芽时应放在温度较高的地方（如温室）催芽，待有1/4的种子露白时即可播种。

秋播 封冻前完成，一般新疆北疆在10月下旬至11月上旬。种子在地里经过一个冬季，可以自然通过后熟。播种前种子用清水浸泡6～8h，至种子吸水饱和，待其沉淀除去水面漂浮起的空粒种子后，取出直接播种。翌年春季种子可及早萌发出苗，生长期长，苗木生长健壮。

苗期管理 进入旺盛生长期，每10～15天灌溉1次。为调整苗木密度，需间苗、补苗。白蜡种子育苗圃地，一般间苗2次，第一次在苗木出齐长出2对真叶时进行，第二次在苗木叶片互相重叠时进行。幼苗期追施氮肥，苗木速生期多施氮肥、钾肥或几种肥料配合使用，7月10日后停施氮肥，多施钾肥。追肥应用速效性肥料，少量多次施用。

病害防治 苗期主要虫害是白蜡吉丁虫、蚜虫等，发病期用杀虫剂喷施防治。主要病害是立枯病，发病期用50%多菌灵800～1000倍液或者0.5波美度喷石硫合剂防治。

移植育苗 当干径基部长到粗0.5～1.0cm、植株高80～100cm时，即可移栽。移栽时间为10月下旬至封冻前，或开春4月中下旬，这两个时段移栽的小苗成活率较高。栽植时，株行距以30cm×30cm为宜。栽植后的管理，根据植株生长特性随水施肥，适度修剪，以培育主干的直立性，增强成龄苗的商品质量。

四、林木培育

1. 人工林营造

以选择土层深厚、排水良好的沙壤土为宜。造林常采用1～2年生苗木，防护林株行距以2m×3m为宜，用材林株行距为（2～3）m×（4～5）m。

栽植时间从春季、秋季休眠期均可进行。胸径3cm以下的可裸根栽植，胸径＞3cm的应带土球。有条件的地区，栽植时施入经腐熟发酵的羊牛马粪作基肥较好，栽植后马上浇透水，每隔7

新疆白蜡单株（俞言琳摄）

天浇透水1次，连续浇水3次。3次后每月浇1次透水，浇水后应及时松土保墒。6~7月追施1次氮磷钾复合肥，10月底至11月上旬要结合浇防冻水再施1次基肥。第二年早春4月上旬浇解冻水，萌芽后追施1次氮肥，4~8月每月浇1次透水，8月下旬开始控水，秋末按第一年的方法浇封冻水，施基肥。

2. 天然林改培

新疆白蜡天然林目前正处于旺龄期。林中老树新枝，几世同堂，高低错落，长势旺盛。在林间被风刮倒的树干上，随处可见萌发的幼枝、幼树。在小叶白蜡比例较大的林分，通过适当抚育修枝，培育小叶白蜡资源。

3. 观赏树木栽培

新疆白蜡用作行道树定干高度一般为2.5~3.0m，常见树形为自然开心形，定干萌芽后，待新芽长至30cm左右时，在干最上端选择3~5个长势健壮的枝条作主枝培养，所选枝条要分布均匀，角度开张，且不在同一轨迹上，其余枝条全部疏除。秋季落叶后，对所选留的主枝进行中短截，短截时所留的芽应是外芽。第二年初夏，对每个主枝上的新生侧枝进行修剪，秋末再对侧枝进行短截，继续留外芽。照此方法进行修剪，3~4年后，基本树形就可以确定，以后只需对过密枝、病虫枝、干枯枝、下垂枝进行修剪即可。

五、主要有害生物防治

1. 草履蚧 (*Drosicha corpulenta*)

1年1代，以卵囊在土中越夏和越冬。翌年1月下旬至2月上旬，在土中开始孵化，能抵御低温，孵化期要延续1个多月。若虫出土后沿树干爬至梢部、芽腋或初展新叶的叶腋刺吸危害。雄性若虫4月下旬化蛹，5月上旬羽化为雄成虫，羽化期较整齐；雌性若虫3次蜕皮后即变为雌成虫，从树干下树后潜入土中产卵，卵有白色蜡丝包裹成卵囊。在引进苗木时，应加强检疫。冬季在树干周围翻土晾晒，杀死越冬虫卵。可用透明、光滑的胶带纸缠绕树干一周，阻止其上树；在胶带下面涂药环，可杀死环下活虫。在若虫孵化盛期

喷施化学农药。注意保护和利用红环瓢虫、黑缘红瓢虫等天敌。

2. 小线角木蠹蛾 (*Holcocerus insularis*)

在北京2年1代，以幼虫在被害树的枝、干内越冬。翌年4月开始危害，可见新虫粪和木屑排出，粪粒、木渣粘连在一起成棉絮状悬挂在排粪孔周围。6月下旬为成虫羽化盛期，成虫羽化外出后，将蛹壳的一半留在羽化孔口外。成虫喜产卵于树干、大枝的伤疤、树皮裂缝处。幼虫在树干内危害2年，受害树木树皮易剥落，树干、枝条枯死。合理混植，加强管理，增强树势。结合冬剪，清除虫枝。在虫孔塞磷化铝熏杀树干内的幼虫。

3. 扁平球坚蚧 (*Parthenolecanium corni*)

1年1~2代，以2龄若虫在嫩枝条、树干嫩皮上或树皮裂缝内越冬。翌年春季开始大量取食，4月中下旬寻找合适的寄主固定，5月下旬产卵于体壳下。若虫于6月中旬大量孵化，初孵若虫较活泼，离开母体后爬行至叶片、嫩梢固定下来危害。加强种苗检疫，剪除虫口较多的枝条，集中销毁。在初孵若虫活动期，喷施化学农药。保护利用自然天敌。

六、综合利用

新疆白蜡是具有木质材料和非木质材料（观赏、药用、食用等）等多种用途的优良资源树种。木材坚韧有弹性，为建筑、纺织、车辆、家具优良用材。小叶白蜡树形优美挺拔、叶面如同涂了一层蜡质，光泽闪亮，叶色丰富，是我国北方、伊朗等地极其重要的秋叶树种，另外，其耐盐碱中度，抗逆性强，水土保持效应好，是农田防护、道路绿化、庭园观赏首选树种之一。新疆白蜡树皮具有很高的药用和保健价值，树皮入药，即"秦皮"，有泻热、明目、清肠、止痢之效，可作为药用树种栽培。因此，新疆白蜡可作为多用途经济树种栽培。

（张东亚，杜研）

别　名｜木犀、岩桂
学　名｜*Osmanthus fragrans* (Thunb.) Lour.
科　属｜木犀科（Oleaceae）木犀属（*Osmanthus* Lour.）

　　桂花在中国至少有2500年的栽培历史。桂花是色、香、形俱佳的优美园林绿化树种。作为崇高、贞洁、荣誉、友好和吉祥的象征，桂花不仅是诗词歌赋的吟咏对象，更是古今造园的重要材料，从古典的皇家、私家、寺庙园林到现代的道路、居住区、广场等各种园林空间，从室内的盆景、庭院的组景到主题公园，桂花已深入到园林的各个角落，可谓"无桂不成园"（向其柏和刘玉莲，2008）。

一、分布

自然分布　桂花原产于我国西南部和喜马拉雅山东段，印度、尼泊尔和柬埔寨也有分布。桂花的水平分布主要在我国的西南、华中、华东等地区；垂直分布在华中和华东地区海拔1000m以下，在西南的云南、四川等省份，其分布海拔可达2500m。

栽培分布　在淮河流域至黄河下游以南各地普遍有栽培。其中，秦岭以南至南岭以北广大北亚热带和中亚热带地区，是桂花集中分布和栽培地区，并形成了江苏苏州、浙江杭州、湖北咸宁、四川成都和广西桂林等中国有名的五大桂花商品生产基地。在秦岭—淮河以北的南温带地区，如徐州、郑州、洛阳和西安一带，局部区域有桂花栽培。桂花露地栽培的北界可达36°N的山东青岛和威海，再往北则以盆栽桂花居多。

在南岭以南，隶属南亚热带的广东、广西沿海地区以及热带边缘的海南与台湾，桂花栽培以四季桂品种居多，秋桂类品种较少。台湾的台南市有栽培桂花的习惯，桂花还是台南市的市花。由此可见桂花栽培之广泛，在我国从南到北都有其踪影。

我国的桂花最先传入日本，约于1771年经广州、印度传入英国，此后即在英国迅速扩展，之后，又传入法国、荷兰以及印度尼西亚等国。现在欧美许多国家以及东南亚各国，都有桂花栽培，并以地中海沿岸国家生长的桂花最好。近年来，在加拿大和澳大利亚也有桂花引种成功的报道。

二、生物学和生态学特性

形态特征　桂花为木犀科木犀属常绿阔叶灌木或小乔木，高可达18m。树姿秀丽，树势强健。枝叶常集中分布在树冠表层，一般幼年树树冠多呈圆头形，成年树树冠呈椭圆形或疏散圆筒（柱）形。树皮灰褐色或灰白色。单叶，对生，革质光亮；椭圆形至长椭圆形；全缘或波状全缘，具锯齿或仅前端疏生锯齿；成熟叶深绿色；新叶红色、深红色或乳黄色等。桂花的花芽常

'朱砂丹桂'（杨秀莲摄）

'多芽金桂'（杨秀莲摄）

桂花扦插苗（杨秀莲摄）

桂花资源圃（杨秀莲摄）

'天香台阁'扦插苗（杨秀莲摄）

2～3对叠生于叶腋芽，花序为无总梗的聚伞花序和具有总梗的圆锥花序；花两性或单性，花冠筒较短，花冠裂片4枚；花冠颜色因品种而异，有金黄色、淡黄色、乳黄色和橙红色；花具芳香；花期一般在9～10月（秋桂类），也有四季开花的种类（四季桂类）；桂花为雄全异株，有些品种雌蕊退化，子房萎缩，通常不能结实。果实为核果，秋冬幼果绿色，翌年4～5月间果实成熟，果实椭圆形，果皮紫黑色。

生态习性 桂花喜温暖，既耐高温，也较耐寒，在秦岭—淮河以南地区可露地越冬。最适生长温度15～28℃。较喜阳光，亦能耐阴。在全光照下枝叶生长茂盛，开花繁密，在阴处枝叶稀疏、花稀少。一般要求每天7～8h光照。若在北方室内盆栽尤需给予充足光照，以利于生长和花芽的形成。性好湿润，畏淹涝积水（王良桂和杨秀莲，2009）。湿度对桂花生长发育极为重要，要求年平均空气相对湿度75%～85%，年降水量800～1000mm，特别是幼龄期和成年树开花时需要水分较多。喜土层深厚、疏松肥沃、富含腐殖质的沙质壤土，除碱性土和低洼地或过于黏重、排水不畅的土壤外，一般土壤均可生长，以pH 5.5～6.5的微酸性为好，土质偏碱会导致桂花的生理缺铁症。若土壤干瘠，则生长缓慢，叶片黄化，甚至发生周期性枯顶现象。

三、苗木培育

1. 育苗

主要采用播种、扦插、嫁接、压条等，由于地域不同，各个产区采用的繁殖育苗方法也不尽

相同。例如，广西桂林采用传统的播种育苗法，浙江、四川普遍采用扦插繁殖等。

（1）播种育苗

每年4～5月果实成熟，当果皮变为紫黑色时即可采收。洒水堆沤，使果皮软化，捣碎后洗净果肉，取得种子后阴干表皮。种子具休眠特性，需要通过沙藏完成生理后熟（杨秀莲和郝其梅，2010），贮至当年10月秋播或翌年春播。如不经贮藏就播种，则发芽很不整齐，有的到第二年才能发芽。

条播法播种，条沟宽12cm、深3cm、条间距20cm。在条沟内每隔2～3cm播种子1粒，每亩播种40～50kg，可产桂花苗50000～60000株。播种后要随即覆盖细土，盖土厚度以不超过种子横径的2～3倍为宜。盖土后整平沟面，以免积水；再盖上薄层稻草，以不见泥土为度。

种子萌发后揭除覆盖物，高温季节适当遮阴，及时松土除草，干旱季节注意抗旱保苗，幼苗出土1个月后，进入苗木旺盛生长时期。每月应浇施1次腐熟稀薄的沼液或尿素。沼液浓度为每10kg兑100kg水，尿素浓度为1%。随着幼苗的生长，施肥浓度可以适当增加。入秋后，停止追肥，以防苗木徒长和遭受冻害。

2年生苗高可达60cm左右，3年生苗高约1m，即可视情况进行移植。移植大田后3年可长到高1.8～2.0m、地径4～5cm，5年长到地径7～8cm、冠幅达1.5m左右（汪小飞，2015），此时可用作绿化。

桂花实生苗木生长健壮，生命力强，寿命长，干形发育良好。但一般开花晚，个体性状变异大。广西桂林多用此法培育单干桂花，用作园景树。

（2）扦插育苗

普遍采用塑料小拱棚加搭架遮阳法，成活率可达到95%以上。

扦插时间 硬枝扦插，华东地区如上海、杭州、南京、合肥等地于8月中下旬进行，华中和西南地区如武汉、咸宁、成都、桂林等地于8月中旬至9月上旬进行。硬枝扦插苗当年发根很少，或产生愈伤组织但不生根。所以，应注意冬季的保暖，入冬时搭暖棚保温，以使幼苗安全越冬。嫩枝扦插，华东地区在5月底至6月底进行，华中和西南地区在6月上旬至7月上旬进行。此时新梢生长已停止，并呈半成熟状态，插穗内部的活力比较旺盛，加上此时温度适宜，湿度较高，有利于插穗的愈合与生根。插穗的基部要带有部分老枝，称"带踵"，以利于插穗生根。

插床准备 插床土壤最好选择地下水位较低的水稻田，不宜用黏土、重黏土和老苗圃地，盐碱地和太过肥沃的土壤也不能用。入冬前将土壤翻耕风冻，3月底前做好苗床。每床连沟宽1.5m、长10～15m。苗床做好后在其上覆盖3cm厚的黄心土，并将黄心土耙细整平，轻压实。扦插前半个月用福尔马林100倍液消毒土壤，以防止插条感染病菌而烂根。施药后，土表盖上塑料薄膜，同时搭建遮阴棚，棚高2m，用遮阳率75%的遮阳网覆盖，并在四周用遮阳网围住，以防止阳光斜照。10天后揭除土表上的塑料薄膜，以散发余药，防止药害。临插前2～3天浇透水待插。

插条剪切与处理 宜从品种优良、植株健壮的10年生以上的桂花母树上，剪取树冠中上部向阳的当年生半成熟枝条作为插条。插条长5～6cm、粗0.3～0.5cm，一般含2个节间，第一节的1对叶片摘除，并在节处0.3cm处剪下（俗称"带踵"）；保留上部1对叶片，并在叶片上方1cm处剪下。如果叶片大，应剪去叶片的1/3，以减少水分蒸发。桂花顶枝有同时生1～3枝的习性，一般应选用顶生的中央枝条，这种枝条发根快、成活率高。剪取的插条如不马上扦插，应迅速摊晾在室内通风阴凉处，及时喷雾湿润叶面，以保持插条新鲜。插条剪好后整齐排放，然后用100mg/L ABT生根粉水溶液进行速蘸30s处理插条（杨秀莲等，2015a），能使插条发根早而且生根数量多，成活率也高。

插条扦插 扦插一般在上午10:00以前及下午16:00以后进行。当天剪条要求当天插完。将插条直接插入沙质壤土的苗床中，扦插深度为插条长的2/3。插时要求均匀整齐，叶片的朝向一致，保证通风透光。插后用手将土压实，并浇足透水，使土壤与插条密接。扦插密度为行距10cm、株距3～4cm，每亩可扦插10万根左右。

扦插后管理 插条插好后，用50%多菌灵可湿性粉剂喷洒消毒，并用塑料薄膜小拱棚将苗床盖好。扦插后要保持充足而不过多的土壤水分。多雨季节注意排水，以免切口腐烂，难以愈合生根。及时防除杂草，然后喷施1次40%多菌灵悬浮剂800～1000倍液，随后立即将薄膜盖上，用湿土将薄膜封压实，以防止漏气。如有薄膜破损，要及时更换。在9月中旬后早上盖、晚上揭，晴天盖、阴雨天揭；如苗床水分过大，则可减少浇水次数或早上晚盖阴棚1h，下午早揭1h，让其蒸发部分水分。阴棚内的温度要求保持在20～25℃，空气相对湿度保持在80%～90%。约2个月后，插条产生愈合组织，新根陆续产生。10月上中旬开始掀除遮阳网，逐步增加光照时间，并减少喷水次数。10月下旬可掀小拱棚薄膜，先掀两头，再掀半边，进行炼苗，塑料薄膜不要拆除。因插条生根需要较长时间，当年发根很少，或仅愈合而不发根，因此必须注意保护好幼苗，使其顺利过冬。翌年春季3月上旬，可掀掉小拱棚的薄膜。4月底可全部除去薄膜。梅雨季节，可增施稀薄畜粪水。年底，扦插苗的平均高度可长到40～60cm，冬季不必采取防寒措施，晚秋和早春可进行移栽培育大苗。

（3）嫁接育苗

砧木选择 常用砧木种类有大叶女贞、小叶女贞、水蜡、小蜡、流苏树和小叶白蜡等，但这些砧木都有亲和力不良的缺点，已逐步淘汰。现多采用本砧嫁接，即培育桂花的播种苗作砧木嫁接优良桂花品种，以解决亲和力差的问题，也可提高优良品种穗条利用率，加快桂花良种化生产。

接穗选择 接穗应从品种优良、生长健壮、已开花且无病虫害的青壮年母树上，选取发育充实的1～2年生枝条。穗条采下时要剪去接穗的叶片，留下叶柄，捆好保湿。从远地剪来的接穗，要用湿青苔或浸水的脱脂棉花包裹，以保持接穗

新鲜。如果就地取材，应随剪随接；一时嫁接不完，可用湿沙贮藏，但贮藏的时间不宜过长。

嫁接时间 新梢抽梢前，即6月中旬到7月中旬，或8月中旬到9月底前，均可进行硬枝嫁接。一般华东地区在6月中旬到8月底，华中和西南地区在6月底到9月底嫁接。

嫁接方法 枝接，常用切接、腹接、皮接、劈接和靠接等。

嫁接苗管理 嫁接后约20天，即可成活发芽。嫁接苗成活后，选留1个健壮的新梢加以培养，除去多余的新梢和全部砧木上的萌芽。嫁接苗新梢抽长达15～20cm时，应设支柱加以固定，生长期间注意中耕除草和抗旱排涝。当嫁接苗生长高达10cm以上时，应追施稀畜粪水1次，以促进苗木生长；以后每隔1个月追肥1次。1年生嫁接苗当年苗高可达30～40cm，最高可达70cm以上。可在晚秋或翌年春季进行移植，继续培育。

如在苗木和大树上的不同部位嫁接数种花色和花期不同的品种，待成长之后，就可以使一株桂花树上，开放出多种色泽鲜艳或花期不同的花，大大提高桂花栽培的观赏效果。

2. 桂花圃地栽植

（1）生产条件

圃地要选择交通便利、避风向阳、地势平坦、靠近水源的地方，以土层深厚、疏松肥沃、富含腐殖质的沙质壤土为好。桂花不耐土壤干瘠，在贫瘠土壤上生长特别缓慢。宿根性杂草多、石砾多、地下害虫严重的地方，不宜选择作圃地。凡曾经种过烟草、麻类和蔬菜等作物的田块，易发生菌核性立枯病和根腐病，也不宜选择作圃地。

（2）圃地整理

圃地选定后，进行整地和土壤改良。一般来说，整地宜在栽植前3个月进行，包括浅耕、耕地、镇压等耕作方法。浅耕的深度一般为4～8cm，在生荒地或旧采伐迹地上开辟的圃地，由于杂草根系盘结紧密，要适当加深，尽量达到15～20cm；播种区耕地深度以20～30cm为宜；移植苗和插条苗因根系分布较深，耕地深度

25～45cm即可。

（3）移栽季节

桂花的适宜移栽季节为春季和秋季。春季栽植应在土壤解冻以后至发芽前；秋季栽植在土壤冻结之前都可进行。夏季可采用容器苗栽植，带土球苗须适当加大土球，尽量保持原有树形，采用摘叶、疏枝、缠干、树冠喷水和树体遮阴等措施。冬季栽植要特别注意保护好根系，最好随起随栽，不能久放。远途运苗要做好保护工作，以免伤根、失水、干枯、脱叶。苗木要埋到原来土印以上8～10cm，每层都要踏实，防止寒风跑墒而引起霜冻伤害。栽好后要立即浇1次定根水，等表土出现干皮时及时埋成土堆，防止跑墒和刮风摇晃苗木基部及雨水过多入穴而引起烂根。在寒冷的山地阳坡栽树，土壤结冻时膨胀，树坑里的土壤消冻时下沉，很容易将苗根撕断造成死苗。所以，在止冻前和消冻时，要分别将树坑踩一遍，以压实土壤，防冻害死苗发生，确保苗木成活率。

（4）苗木移栽

移植前，必须对移植地深耕细耙，要求达到"三耕三耙"，改良土壤的物理性质，使土壤疏松，增强透气性和保水能力，有利于好氧性细菌的活动，促进有机肥的分解，同时给桂花根系营造良好的生长环境。切忌边翻地，边作床，边育苗。

在深耕移植地的同时，施入底肥，如豆饼和菜籽饼等，以满足桂花在生长期间所需的养分。施肥翻耕后，做成宽1.5～2.0m、高20～25cm的苗床，以便于操作管理。苗床间的步行道，底宽30cm左右，两边稍低，中央略高，以利于排水。随挖随栽，并保持土球完好，防止损伤根系。

（5）栽植方式和栽植密度

常用的栽植方式有长方形、正方形、三角形栽植。

成片种植密度的株行距主要按照树的干径大小而定：干径3cm左右的，株行距为2.0m×2.0m；干径5.0cm以上，株行距3.0m×3.0m；其余，根据培养目标和培养年限，再适当调整株行距。

3. 桂花圃地养护管理

（1）深耕扩穴

移植成活以后，应逐年深耕扩穴。第一年在原栽植穴以外深耕扩穴，以后逐年扩大深耕范围。幼年桂花在花后至入冬前结合施用基肥进行深翻。深翻时，将肥料与土壤混合均匀，不断熟化土壤，提高土壤肥力。在桂花成林后，应采用培土与深耕结合的方法进行深翻扩穴。有条件时，可在地面再铺盖一层稻草，以减少雨水对桂树林地表土的冲刷。对土壤黏重的圃地，在深耕的同时，要注意施入植物秸秆和枯枝落叶，以及有机肥料、草塘泥、垃圾肥等，以增加土壤的有机质，改善土壤团粒结构，提高土壤肥力，改良土壤。对土壤过于黏重的圃地，或地表以下有黏盘层的地块，应全面深耕，互相连通，便于排水，以防积水成涝，造成烂根，妨碍桂花的正常生长。

（2）松土除草

一般1年生播种苗年生长期内松土除草8～10次，2年生苗为5～8次，生长后期即应停止，以促进桂花木质化。当土壤板结时，即使无草也要松土。松土初期宜浅，一般为2～5cm深，随着苗木的长大，可逐步加深到10～20cm。人工除草，适当使用除草剂。

（3）水分管理

灌溉　灌水时期根据桂花在1年中各个物候期对水分的要求、气候特点和土壤水分的变化规律等而定。也可根据桂花外部形态，上午看桂花叶片是上翘还是下垂，中午看桂花叶片是否萎蔫及其程度轻重，傍晚看萎蔫后恢复的快慢等，以此作为是否需要灌溉的参考。灌水量受气候、树龄、土质、桂花生长状况等多方面因素的影响。灌水要一次灌透，一般对于深厚的土壤需要一次浸湿0.8m以上深度，土壤浅薄经过改良的也应浸湿0.8～1.0m深。灌水量一般以达到土壤最大持水量的60%～80%为标准。

可采用机械喷灌，也可畦灌、盘灌、沟灌等。有条件的圃地可用滴灌，利于节约用水。

排水　根据土壤种类、质地、结构以及肥力等不同，排水有所区别。低洼地注意不要积水。

较黏重的土壤，保水力强，灌水次数和灌水量应当减少。

（4）施肥

桂花是常绿树种，1年内枝梢生长要消耗大量的养分。如不及时补充养分，则树体生长不良，开花也会受影响。科学施肥，能促进桂花生长，增强树势，调节开花。

桂花在苗圃栽植期，每年需施肥2~3次。早春，芽开始膨大前，根系就已开始吸收肥料。因此，应在早春萌芽前施入腐熟的豆饼。为了恢复树势，补充营养，宜在花后至入冬前在树盘内施入腐熟的厩肥，其间可根据桂花生长情况施肥1~2次。以速效性氮肥为主，并配合施用磷钾肥，以促进桂花的树干增长和树冠的扩展。可采用撒施、条施、穴施、环施、浇施或根外追肥。

（5）整形修剪

桂花树体的骨干构架不仅关系到树冠的形态和生长速度，而且进一步影响树体的景观效果和存活寿命。良好的树体构建必须从幼树开始，从圃地的培育开始。

除萌、抹芽　除萌、抹芽的重点在幼树近地面的根颈部位，1年要进行多次，特别在春梢、夏梢、秋梢旺发前要及时进行。

摘心、扭梢　桂花苗基部分枝多，主干不明显的时候，选留1个位置着生好、生长相对比较强的新梢，予以保留，对其他嫩枝予以摘心或扭枝，则保留的新梢由于顶端优势得到加强，营养集中，高度迅速增加。如此反复操作3~4次，可以培养出粗壮的主干。主干生长过于迅速，出现太长太细的徒条或者出现竞争枝时都可以通过摘心予以调节。

短截、回缩和疏删　短截多用于主枝延长枝的修剪，短截时应该注意剪口芽的饱满程度和芽位方向，通常选择发育饱满的芽作剪口芽，以抽生生长势强的延长枝。回缩修剪主要用于骨干枝的换头，改变大枝的延伸方向、开张主枝角度，以及调整枝序之间生长势的平衡。疏删主要用于处理生长过于密集的枝条。

圃地整形注意事项　圃地整形主要是培养好的主干和侧枝，为构建良好的树体骨架打好基础，但在实际操作过程中应综合考虑，权衡各项技术措施的利弊，把握轻剪为主的原则：小苗期，叶面积少，每张叶片都很宝贵，修剪时要注意减少枝叶的损耗，尽量采用抹芽、除萌、摘心、扭梢的手段，少动剪刀。苗木在生长过程中会逐渐形成顶端优势，待主干明确后再适当加以引导，千万不要操之过急，强行修剪。一次修剪量过大，树冠损伤严重，难以恢复，达不到整形的效果。对于一些不符合要求的徒长枝，较大的枝序，要通过去强留弱、去直留斜的方式，削弱其生长势，然后分段处理、逐级回落，等待养留的主枝发育成形以后，再剪除不必要的枝条。

四、主要有害生物防治

1. 桂花褐斑病（*Cercospora osman-thicola*）

地栽、盆栽的桂花植株都有发生，发病时轻者影响观赏效果，重者造成植株死亡。被侵染的叶片发病初期表面散生一些褐色小斑点，以后逐渐扩展成近圆形或不规则形黄褐色或灰褐色病斑，边缘具有浅褐色晕圈，叶背病斑褐色。发病严重时，多个病斑连接在一起，形成大斑，其上密生灰黑色霉点，此病在4~10月均有发生，以多雨季节和年份发病严重，并以7~8月病害蔓延最快。老叶发病较嫩叶重，生长衰弱和当年移栽的植株容易发病。防治方法：①进入冬季，及时清除、烧毁病叶，以减少越冬病源；②在发病期间，用相关药剂进行防治。

2. 桂花枯斑病

病原为木犀生叶点霉（*Phyllosticta osmanthicola*），隶属半知菌亚门腔孢纲球壳孢目叶点霉属真菌。常见于叶缘或叶尖。最初为淡黄绿色，后慢慢扩展，呈灰褐色或灰色，接近圆形或椭圆形。后期病斑上着生诸多黑色小点，叶片几乎全干枯。此病多发生于树冠中下部，老叶易得此病，新叶少见。防治方法：①入冬时，及时摘除病叶并烧埋；②发病期间，用杀菌剂防治，每隔10~15天喷1次，连续2~3次即见效。

桂花资源圃（杨秀莲摄）

'金满楼'（杨秀莲摄）

'苏州浅橙'（杨秀莲摄）

'满条红丹桂'（杨秀莲摄）

3. 柑橘全爪螨（*Panonychus citri*）

柑橘全爪螨是危害桂花的主要害螨之一。1年发生12~16代。柑橘全爪螨成虫、若虫、幼虫均危害桂花叶片，受害叶片变成灰黄色，失去光泽，并出现许多失绿斑点，严重时造成大量落叶，树势衰败，不开花。越冬卵在翌年2~3月大量孵化，4~5月间盛发成灾。若遇冬暖春旱的天气，越冬虫口密度大，往往猖獗危害。所以，春季常是防治柑橘全爪螨的关键时期。柑橘全爪螨在桂树上的分布是随枝梢抽发的顺序而转移，所以各季均以新梢危害较为严重。光照强时，柑橘全爪螨多在叶背上；反之，在叶面正面上。防治方法：①药剂防治；②改善环境条件，保护和散放捕食螨，建立稳定的捕食螨群落，对长期抑制柑橘全爪螨至关重要，这是防治柑橘全爪螨的根本性措施。四川等地饲养释放尼氏钝绥螨，在益螨与害螨比例为1:（5~10）时，有良好的防治效果。

4. 桂花叶蜂（*Tomostethus* sp.）

1年发生1代，以幼虫危害嫩叶及嫩梢，大发生时能在短期内把整株桂花的叶片及嫩梢吃光。进入4月中下旬，幼虫大量孵化，群集在一起危害叶片；进入4龄后，食量剧增，很快把叶片吃光，仅剩叶脉或叶柄；经20多天，幼虫开始老熟，于4月下旬至5月上旬钻入土壤10cm深处结茧越冬。防治方法：①对上年受害重的桂花树，于4月上旬成虫大量产卵期间，仔细检查，发现有虫卵的叶片要及时剪除，集中深埋或烧毁；②在幼虫群集危害期，剪除虫叶或虫枝，消灭幼虫，也可在幼虫初期喷施杀虫剂，效果明显。

五、综合利用

桂花树干端直，树冠圆整，枝繁叶茂，四季常青，花期正值仲秋，香飘数里，"独占三秋压群芳，何夸橘绿与橙黄"，是我国人民喜爱的传统园林花木，常作行道树、庭院树、林荫树、景观树和盆景树等，也可建桂花专类园。桂花对二氧化硫和氯化氢有一定的抗性，还可吸附粉尘和减弱噪声，是工矿区绿化的好花木。桂花的花朵含有多种维生素和微量元素（杨秀莲等，2014），自古以来，民间就用桂花来酿酒（杨秀莲等，2016）、泡茶或腌制作为食品的佐料。桂花还是一种天然的药材，它的根、枝叶、花和果实都可供药用。此外，桂花是名贵的香花，富含萜类芳香成分（杨秀莲等，2015b；Yang et al.，2018），可提炼芳香油。桂花树材质致密，纹理美丽如犀，坚实有光泽，是雕刻的良材。桂木制成的装饰品和高级家具，具有精美、耐用、色丽和清香的特点。白居易曾赞其木材道："纵非栋梁材，犹胜寻常木。"

（王良桂，杨秀莲）

别　名｜齐墩果

学　名｜*Olea europaea* L.

科　属｜木犀科（Oleaceae）木犀榄属（*Olea* L.）

　　油橄榄是世界闻名的重要经济林树种，与油茶（*Camellia oleifera*）、油棕（*Elaeis guineensis*）、椰子（*Cocos nucifera*）并称为世界四大木本油料树种。用其鲜果冷榨制成的橄榄油，保存了天然营养成分，是当今世界上公认的食用油脂中最有益于人体健康的木本植物油，长期食用能增强消化系统功能，降低胆固醇，减少心血管疾病，消除炎症，促进骨骼发育，是欧洲、美洲人们的主要食用油，而且也是酿酒、饮料、医药、日用化工、纺织印染、电子仪表等行业的重要原料、添加剂或润滑剂，被誉为"液体黄金"。

一、分布

　　油橄榄原产于地中海沿岸的西班牙、意大利、希腊、摩洛哥、土耳其、叙利亚等国，有6000多年的栽培历史。全球分布在南、北纬各25°～40°的两条适生带上，广泛种植于欧洲、非洲、亚洲、大洋洲、南美洲、北美洲的40多个国家，目前全世界油橄榄种植总面积1100万hm²，总株数10亿株，近10年平均年产鲜果1700万t，生产消费橄榄油300万t，餐用橄榄油220万t（Darid Grigg，2001）。我国于1964年正式引种油橄榄，经过50多年的引种试验已基本确定了白龙江低山河谷区、金沙江干热河谷区、长江三峡低山河谷区3个一级适生区和秦岭南坡汉水流域上游地带以及四川盆地边缘地带、以昆明为中心的滇中地带、长江中下游亚热带4个二级适生区。目前，主要种植在甘肃、四川、云南、重庆、湖北、湖南、贵州等省份，栽培面积6.8万hm²，鲜果年产量3.5万t，年产初榨橄榄油5000t（施宗明等，2011；李聚桢等，2010）。

二、生物学和生态学特性

　　常绿乔木。主干明显，木质细腻；枝条下垂、开张或直立，小枝灰褐色，无绒毛，4棱。

甘肃省陇南市武都区大堡油橄榄基地油橄榄花序（贾忠奎摄）

甘肃省陇南市武都区大堡油橄榄基地油橄榄开花状（贾忠奎摄）

单叶对生，偶有三叶轮生现象；全缘；革质；叶片披针形、长椭圆形或椭圆形，叶长2.7～9.3cm，叶宽0.4～1.7cm；叶面灰绿色，叶背密被银绿色鳞片，叶尖渐尖或急尖，叶基楔形。4～5月开花，圆锥花序，着生于叶腋，单花或2～3朵花并生，有短柄；花两性，多异花授粉，雄蕊2枚，花序上有完全花和不完全花2种类型，花瓣8～13片，略连生；雄蕊多数，排成4～6轮，长1.0～1.5cm；花柱长1cm；子房1～3室，稀5室，有毛，每室有胚珠2枚。核果椭圆形、球形或肾形，纵径1.77～3.80cm，横径1.2～3.0cm，单果重1.12～16.00g；果肉中含种子1粒，粗糙而坚硬，纵径1.18～2.70cm，横径0.55～1.30cm，核重0.25～2.00g；9～12月果实成熟，成熟时外果皮紫黑色，有果斑，被果粉，果肉乳白色或紫红色，多汁，富含油脂。

油橄榄是亚热带树种，引种到中国后能耐-8℃的极端低温，适宜降水量500～1000mm，嗜长日照和强光照，在年日照时数大于1400h较为适宜。油橄榄耐干旱，耐瘠薄，嗜钙嗜硼，适宜生长在石灰岩发育而成的中性偏碱（pH 6.0～8.2）的钙质土壤，要求土层深厚，通气透水性好，忌地下水位过高、排水不良、土壤积水。主要病虫害有孔雀斑病、炭疽病和大粒横沟象等。

三、良种选育

在长期的生物进化、自然选择和人工选育作用下，极大地丰富了油橄榄的种质资源和遗传多样性，为选育不同种植区域的适宜品种提供了基础材料。目前，世界上名称不同的油橄榄品种有2000多个，从形态学、分子生物学、遗传学的角度进行分类有600多种，其中主要栽培品种320种，国际油橄榄理事会出版的《世界油橄榄品种图谱》（Diego and Antonio，2000）中收录了来自23个国家的140个常见品种。我国的油橄榄种质资源引种从1964年开始，至今引种过312批次，先后引入种子、穗条和苗木为繁殖材料的油橄榄品种156个，近年来甘肃、四川又进行了新品种引进，丰富了种质资源。主栽良种（徐纬英，2001；贺善安和顾姻，1984；邓煜，2014）简要介绍如下。

'莱星'（'Leccino'） 原产于意大利的世界著名油用品种，中国于1991年从意大利引入枝条扦插繁育而成。在甘肃、四川、云南、湖北都有栽培。'莱星'对环境适应能力强，较耐寒，能适应碱性土壤，耐干旱，在土层深厚、通透性良好的钙质土上生长旺盛，结果较早，产量高，丰产性好。管理适当时定植，5～6年开花结果，但大小年明显。生长季如遇高温、高湿，在通透性不良的酸性黏土上生长不良，生理落叶严重，产量低。对孔雀斑病、叶斑病、肿瘤病、根腐病有较强的抗性。自花不孕，适宜的授粉品种有'配多灵'（'Pendolino'）和'马伊诺'（'Maurino'）。成熟期基本一致，油质色、香、味俱佳。

'佛奥'（'Frantoio'） 原产于意大利的世界著名油用品种，现为中国国家级良种。已推广到四川、云南和甘肃。'佛奥'适应性强，适宜于年平均气温16℃左右的地区生长，定植后5～8年开花结果，8～10年进入盛果期，不耐寒，不耐旱，长期干旱时叶片卷曲失绿，果实皱缩。在云南、四川表现出结实率高，丰产稳产。适宜在疏松、肥沃、排水良好的石灰质土壤上种植。对叶斑病、肿瘤病、果蝇等抗性低。以'马拉纳罗'（'Morachiaio'）及'配多灵'做授粉树可提高结实率，油质佳。

'科拉蒂'（'Coratina'） 从意大利引入枝条繁育而来。'科拉蒂'适应性广，适宜于土层深厚、通透性好、阳光充足的地方集约栽培，抗旱耐寒，结实较早，产量高，大小年明显，小年结果部位上移，自花结实率高，异花授粉条件下产量更高，适宜授粉品种为'切利那'（'Cellina di Nardo'），扦插易生根。不抗孔雀斑病，密度过大、通风不良或干旱、水渍都易感病落叶。不宜在生长季雨水多、空气相对湿度高于75%、易板结的黏土地上种植，油浅绿色，油质中上乘，色、香、味俱佳。

'鄂植8号'('Ezhi 8') 中国自己选育的油果兼用品种。其为油橄榄种子繁殖的实生群体中选出的优良单株，然后再从其单株上剪取枝条扦插繁育而形成的无性系品种。曾在湖北广泛种植，现已被引种到甘肃、四川、云南、浙江等省份。'鄂植8号'适应性强，较耐寒，单株产量高，丰产稳产，是一个中实晚熟品种，大小年不明显。在土壤质地疏松、排水良好、光照充足的地方种植后通常3～4年可开花结果，病虫害少，树体矮小，采果方便，长势弱，可密植。油质中上乘。

'城固32号'('Chenggu 32') 中国自己选育的油果兼用品种。由江苏省植物研究所贺善安先生从'柯列'品种种子繁殖的实生群体中选育出的优异单株。1965年，陕西城固县柑橘育苗场引种试种，1977年入选为中国自育品种，现已推广到甘肃、四川、云南、江苏、浙江等省份。'城固32号'对不同气候和土壤适应性强，病虫害少，结果较早，定植后3～5年开花结果，特早熟，成熟后容易落果，丰产稳产性好，但种内株间分化严重，有些单株连年产量低甚至不结果；扦插生根率高，根系发达，固地性好，生长旺盛，树冠宽大，适合在阳光充足的地块栽植。但在连续干旱、土壤瘠薄、水肥管理不善、密度较大的橄榄园中容易落叶形成"光杆枝"，树体易早衰，抗寒性强，在管理好的橄榄园能实现连年丰产稳产，但果肉率低，工业出油率不高，油质较好，苦味重，是豆果的调配油。

'阿斯'('Ascolano Tenera') 是意大利最古老的果用品种，也可做油用。中国从意大利引入枝条扦插繁育而成。'阿斯'对栽培条件要求很严，高温、高湿及酸性黏土条件下生长不良，易落叶、早衰、不结果。喜光，耐寒性强，怕热喜凉爽气候。树体长势强、生长快，结果早，定植5年后开花结果，果实大，产量高，较稳产，自花不孕，坐果率中等，以'塞维利诺'('Sevillano')及'列阿'('Lea')作授粉树可提高结实率，抗叶斑病、孔雀斑病和油橄榄果蝇，遇到冰雹灾害后果果易感染炭疽病。果实成熟后易脱落，果实含水率高，易变软难运输存放，扦插生根率较低。

'配多灵'('Pendolino') 为油用品种，可作为'莱星''佛奥''阿斯'等品种的授粉树。中国从意大利佛罗伦萨引入枝条繁殖而来。'配多灵'耐寒耐旱，可耐-5℃低温，结果稀少，可与'莱星''佛奥'互交授粉。抗果蝇、晚霜和孔雀斑病能力中等，不抗叶斑病、肿瘤病和煤污病。

'奇迹'('Koroneiki') 原产于希腊的油用品种。2011年1月，由邓煜等人从西班牙引入裸根原种苗进行繁育栽培，2012年由陇南市油橄榄研究所申报审定为甘肃省林木良种。'奇迹'结果早，产量高，果型小，大小年不明显，果实成熟期特晚，耐瘠薄，抗盐碱，耐旱，耐水分胁迫，抗风，干旱时不能忍受低温，要求气候温和。抗油橄榄叶斑病，较抗立枯病，适宜于山地建园、地埂栽植和作为行道树栽植。含油率高，油质评价高，果味非常浓，辛辣味中等，色泽非常绿，油酸含量非常高，油质稳定性强。

四、苗木培育

油橄榄属于难繁树种，传统的繁殖方法有营养包分蘖、埋干、实生播种、嫁接，现较多采用扦插育苗和组培快繁，生产实践中主要采用冷沙床扦插育苗和智能温室轻基质网袋扦插育苗技术繁育容器苗。

1. 插床建立

选择背风向阳，地下水位3m以下，有水有电，排水好，光照足，便于管理的地方设置插床。先沿四周筑一土墙，墙高50cm，墙厚50cm，床宽5m，床长10～20m，用塑料小拱棚覆盖，稻草帘遮阴和保温，床底垫10cm鹅卵石，上层铺20cm厚的清洁河沙作插壤，用浓度为0.4%的高锰酸钾溶液消毒后使用。

2. 基质配制

如果采用智能温室扦插育苗，可用椰糠或泥炭+泡沫颗粒按3：1混合配成轻基质，填装在72孔或105孔的塑料穴盘中，上覆一层白色石英砂备用。

甘肃省陇南市武都区大堡油橄榄基地油橄榄结实状
（贾忠奎摄）

3. 插穗准备

应在品种来源清楚、生长健壮的良种采穗树上剪取当年生枝作插条，将其剪成长10～15cm、留1～2对叶、4～6个芽的茎段做插穗；上剪口距第一对芽0.5cm处斜剪，以利排水，防止剪口积水腐烂，下剪口离节部1cm平剪，有利愈合；剪好后随即扎捆，每捆50～100根；随即放入1000mg/kg的吲哚丁酸（IBA）滑石粉水糊中速蘸或在400mg/kg的吲哚丁酸（IBA）水溶液中浸泡10～12h。

4. 扦插方法

沙床扦插时在插壤表面先开沟，沟深6～7cm，先把插条按2～3cm株距放入沟内，再回填插壤并埋实插条基部，深度为3～5cm，沟行距10cm，一般每平方米插500株为宜，插后立即浇透水，覆盖塑料膜和遮阴帘。温室轻基质育苗时将生根激素处理过的插穗插入穴盘，深度3cm，然后整齐摆放于苗床，立即用移动式灌溉机浇透水，保持湿度90%，温度20～25℃。

5. 插后管理

插穗在愈合和生根过程中要求温湿度相对稳定。做好浇水、保温、通风、透光、遮阴等各个环节。冬季气温逐渐降低，管理的重点是保温防寒。4月以后，插条已大部分生根发芽并抽出新梢，逐渐揭开草帘，通风透光进行炼苗，4～5月如温度过高，在遮阴条件下，揭开插床两端的塑料棚膜通风降温。

6. 下床及苗期管理

当插穗下部新根长至5cm、上部发芽展叶抽出新梢时即可下床移栽，先用花铲翻起插壤轻轻取苗，防止碰伤嫩根。将黄土或椰糠（泥炭）、废菌棒混合打细，将幼苗栽入上口直径15cm、高25cm的塑料容器中，摆入苗床；根据幼苗生根多少、健壮程度分级移植，以便分类管理，提高苗木质量。移栽后立即浇透定根水，架网遮阳，15天后拆除遮阳网，苗木成活并抽出新梢时，少量多次施肥，适时灌溉，当新梢长至10cm时剪除多余侧枝，只留一根强壮的顶梢，用细竹棍立扶杆绑扎，促进直立生长，以培育成株形整齐的合格优质苗。经过精心管理，1年生苗高≥60cm、2年生苗高≥100cm时，可起苗、出圃、栽植。

五、林木培育

1. 立地选择

（1）生境因子

中国经过50多年的引种试验和最佳适生区的主要气象要素分析，以甘肃陇南、云南、四川等油橄榄适生区为例，其基本生境要求为：年平均气温12.3～19.0℃，1月平均气温2.1～10.0℃，7月平均气温25℃，极端最低气温−9.4℃，全年降水量400～1200mm，年日照时数＞1400h，无霜期250天（邓明全和俞宁，2011；张东升，2011）。

（2）立地要求

在油橄榄适生区选择交通便利、排水良好、灌溉方便、日照充足、土层深厚、土壤肥沃、疏松通透、pH 6～8的平地、山地或丘陵缓坡地建园。不宜选择酸性过强、黏重板结、土层浅薄、排水不良、易于积水、湿度过大、日照不足、低洼风口的立地种植。

2. 整地技术

（1）建园区划

将拟种植油橄榄的山坡地、农地、退耕还林地、撂荒地、疏林灌木草地等，依地形、地势进行建园区划，设计道路、作业小区、灌溉和排水系统，便于耕作、施肥、灌溉和排水等综合管理。

（2）土地整理

一般在种植前1～2年整地，先进行土地清理，清除杂草、杂灌和石块，然后整地。平地建园采用全面深翻，山地建园依地形沿等高线修筑水平梯田，坡度较大或黏土上栽植油橄榄，宜采用"深翻浅栽"的穴状整地，用挖机挖1m×1m见方的大坑，翻出生土，熟土混肥料回填；在降雨量偏大的地区，先顺坡开沟，再表土混肥料回填起垄，垄高大于50cm。

（3）深施基肥

以腐熟的厩肥、堆肥、饼肥、成品有机肥和氮、磷、钾、硼复合肥作基肥，每穴施5～10kg，与表土充分拌匀回填，酸性土壤可在距地表深30～50cm处撒施0.5～1.0kg石灰与表土拌匀，待沉降后栽植。

3. 种植设计

（1）栽植密度

从我国引种栽培油橄榄的实践来看，栽植密度并非越密越好，密度过大，在尚未结果或结果初期，单株树冠和果园群体就已郁闭，光照变差，通风不良，病害感染，生理落叶落果严重，产量低或不能结果。因此，栽植密度必须适当，日照时间短、湿度大的地区及大冠形品种宜稀植，小冠形品种可适当密植，主栽品种栽植密度由大到小依次为：'佛奥'＞'莱星'＞'城固32号'＞'科拉蒂'＞'鄂植8号'，宜采用6m×6m、5m×5m、4m×4m、3m×3m等几种株行距组合。

（2）配置方式

依地形地貌、间作与否、机械化程度和经营制度采用正方形、长方形、三角形和篱状栽植4种配置方式。

4. 栽植技术

（1）栽植时间

容器苗一年四季均能栽植；裸根苗在北方及高海拔区春季栽植，南方及低海拔区秋、冬季栽植，干旱地区秋雨季栽植。

（2）栽植方法

在预先经过深翻整地和培肥的园地上，挖栽植坑定植。栽植坑的规格依容器大小而定，以略大于苗木根系为宜，一般为30cm×35cm。栽时取掉容器，把土坨放入定植坑，深度与原容器钵的根系深度一致，不宜过深或过浅。在苗木周围培土，填满土坑，沿土坨外围轻轻踩实，在植株旁10～20cm处插入长2～3m的竹竿或木杆作支柱并绑扎，在定植坑周围培成直径1m的树盘，浇定根水，也可覆盖地膜，增温保墒，促进根系生长。

（3）栽后管理

栽植后要及时定干，除萌抹芽，加强水肥管理，适时松土除草、灌溉施肥和防治病虫害，按栽培管理技术规程进行管护。

5. 整形修剪

（1）修剪原则

油橄榄整形修剪要本着建立合理的树冠结构，增加有效光合面积、扩大有效结果面积，改善通风透光条件，控制徒长，均衡树势，促进成花坐果，达到丰产稳产的目的。一般应因枝修剪，随树作形，主从分明，强弱搭配，以轻为主，轻重适宜，远近结合。

（2）修剪方法

包括疏剪、缩剪、短截、撑枝、长放、除萌、扭梢、摘心、环剥等方法。幼树以轻剪为主，多留辅养枝，构建基本树形骨架、促进新梢生长，尽快形成树冠；初果树以轻剪为主，多疏少截，继续扩大树冠，积极培育结果枝组；盛果树以调节营养平衡为主，疏剪和短截结合，大年宜重剪，多留营养枝，小年宜轻剪，多留结果枝，均衡产量，丰产稳产。

（3）修剪时间

一般在果实采收后的休眠期进行，南方温暖区在11～12月修剪，北方寒冷区在翌年2～3月进行，于开花前完成修剪；生长期修剪应在每年生长开始时到立夏前完成。受冻树的修剪不宜过早，应在晚春树液开始流动，萌芽开始，冻害症状全部表现出来时修剪较好。

（4）常见树形

主要有"Y"形、圆头形、自然开心形、自然扁冠形和单锥形几种常见树形。

6. 更新复壮

（1）修剪复壮

对于早衰树首先是调整主枝，分年度将过多的主枝沿基部疏除，留2～3个主枝构成新的树冠，其次是调整侧枝，先疏剪后回缩，做到干老枝不老。

（2）截冠更新

由于管理不善或受到冻害、风灾等自然灾害后，树冠整体衰老，可采取截枝更新或截冠更新的方法，截去衰老大枝或将树冠整体截除，降低树冠高度，保留主干和根系，重建新冠，恢复生产能力。

（3）高接换优

对于品种不良的大树，选择适当的高度截去树冠的主枝和侧枝，采用插皮接、长穗腹接的方法改良品种，嫁接后要加强接后管理，及时进行遮阴护干、除萌抹芽、去除嫁接膜、绑立支柱、整形修剪，确保愈合快，成活率高，形成树冠早（刘志峰等，2014）。

7. 果实采收

（1）采收时期

成熟过程 油橄榄果实的成熟过程可分为着色期（始熟）、转色期（中熟）和黑色期（完熟）三个时期，采收期因品种、树龄、长势、单株结果量，栽培区气候、土壤条件、栽培技术措施、果实用途、年份等不同而存在差异。

成熟指数 国际上以成熟度指数（MI）来计算，它将果皮和果肉颜色从绿（0）到紫黑色（7）划分为8个级别，用加权平均法求算出成熟指数，从而决定采收时间。

采收时期 一般油用果MI值达到4～6时采收，餐用果MI值达到1～2时采收。我国的油橄榄采收期由南到北依次为云南8～9月，四川9～10月，甘肃10～12月。

（2）采收方法

常用手工采摘、地网收集和机械采收等方式收获橄榄果。我国的橄榄园多建在山区，规模不大，大型采收机难以适用，各地以手工采摘和小型采果机采收为主。

（3）鲜果装运

油橄榄鲜果离开树体后极易发酵变质，不能长期存放，采摘后要分品种倒入专用硬质果框中及时运输，切忌用软袋装运碰伤果实，要求轻装轻运，随采随运，及时加工。

六、主要有害生物防治

油橄榄是常绿阔叶树种，在其全部生命周期中均可遭受病虫危害。但由于引种时间短，种植规模小，栽培区为独立区块，病虫害种类少，目前危害油橄榄的主要病虫害有"两病两虫"。

1. 油橄榄孔雀斑病（*Spilocaea oleagina*）

孔雀斑病是地中海地区油橄榄的常见病害，随引种传入中国。最早在云南、广西、四川、重庆等油橄榄园发病，随后在湖北、陕西、甘肃等油橄榄园发病危害。发病时病斑在叶片上呈褐黑色小点，逐渐扩大，形成褐色的同心圆环，中心颜色稍浅，形如孔雀羽斑，故名孔雀斑病。在叶片的上表面有1至多个明显的病斑，多时常连接成片，呈污斑状，多集中在主脉及叶柄处。病斑在果实上初为褐黑色小圆斑，以后继续扩展成霉环状，并稍有下陷。受害树的叶、果全部脱落，新梢枯死，不仅影响当年新梢生长，无产量，也影响下一年树的生长和产量，造成严重减产及经济损失。防治方法：可用波尔多液或绿乳铜乳剂进行预防。严格控制病原，防止病菌随枝条、种苗等携带物传播。做好清园工作，对已发病的果园和发病的品种单株进行彻底修剪，清除病枝、叶、果等带菌体，并集中焚毁，清除浸染源。发病期选用高效低毒的多菌灵可湿性粉剂，苯溴硫磷乳剂，苯来特可湿性粉剂进行防治。每隔15～20天喷药1次，连续喷3～4次。各种农药轮换交替使用，可有效地控制病害蔓延。

2. 油橄榄炭疽病（*Gloeosporium olivarum*）

炭疽病借风雨和其他携带物传播，通过气孔和伤口侵染，全年均可发病，四川西昌、广元10～11月在高湿条件下发病较重。叶、果均能发病，以果实受害较严重。果实病部黑褐色或暗

褐色，果肉失水干缩，成僵果，不脱落，湿度大时病斑黄褐色，全果腐烂脱落。老叶发病时先在叶缘或叶端，后扩散至全叶，呈黄褐色斑点。嫩叶感病后失绿，变脆脱落。受害树体叶、果全部脱落，新梢枯死。防治方法：选择通风透光、光照充足、湿度相对较小的地区种植油橄榄，可有效预防；及时清理病害枝条或病残体，并烧毁防止传播。采果后喷1次石硫合剂，春季以波尔多液或绿乳铜乳剂液预防。发病期选用高效低毒的多菌灵可湿性粉剂倍液、苯来特可湿性粉剂进行防治。

3. 大粒横沟象（*Dyscerus cribripennis*）

大粒横沟象属鞘翅目象甲科。在四川、云南、湖北、陕西、甘肃油橄榄园均有发生，常集中危害成灾。主要以幼虫危害树干的内皮层，取食韧皮部及木质部。成虫危害嫩枝、叶片及果实，被害叶片被咬成钝齿形深裂，使叶片失去功能；被害果蛀孔深达果核，果肉腐烂。防治方法：利用成虫的假死性，在树下设网，清晨振动树枝，成虫受惊落入网内，集中处理。在成虫出土产卵前，用涂白剂或林木长效保护剂涂刷树干及根茎部，防止产卵。成虫越冬初期或即将出土期，用毒死蜱（乐斯本）喷洒地面，毒杀成虫，幼虫孵化及危害初期，用氧化乐果乳油、敌敌畏乳油和柴油配成混合液喷涂危害部位，幼虫危害盛期用毒死蜱乳油注射于树皮层内毒杀幼虫。

4. 油橄榄片盾蚧（*Saissetia oleae*）

在地中海地区，油橄榄片盾蚧是油橄榄的主要害虫。我国云南、四川、湖北、陕西、甘肃等地区均有发生。主要以幼虫和雌成虫危害树干、枝、叶、花序和果实，吸取组织汁液营养虫体。其排泄物和分泌的蜜露又诱发煤污病，致使受害的枝、干、叶变成紫黑色或煤污色。受害的叶片失去光合能力，果实出现大小不同的斑点，影响果实产量和油质。受害严重时枝干枯萎或整株枯死。防治方法：10月中旬至翌年4月上旬，结合修剪清除有虫枝条。对于虫口密集又需要保留的大型骨干枝，采用细钢丝刷，刷除枝条上的越

冬虫体并收集烧毁。危害严重并染有煤污病，已丧失生长和结果能力的树体，应沿根颈处整株伐除，留根颈萌芽更新，将伐除的树体及时运出果园并烧毁。4月中旬至6月上旬、8月上旬至9月下旬幼虫孵化盛期，轮换交替使用速扑杀乳油加害立平、绿颖喷淋油、乐斯本乳油加害立平淋洗式地喷洒树体。

七、材性及用途

油橄榄是常绿乔木，树冠圆满美观，枝繁叶茂，叶色灰绿，根系发达，耐旱耐瘠，病虫害少，生命力强，树体寿命长，是优美的绿化树种和水土保持树种，在园林绿化中常用于庭院造景、盆景桩材、行道树和绿篱；其木质细腻，花纹清晰，是制作手串、书签、木珠等工艺品的上等原料；其果实椭圆形，成熟时由绿转红直到紫黑色，被白色果粉，具果斑，挂果期长，观赏价值大；果实油果兼用，既可供腌制餐用橄榄，又能用于榨油，用其果实榨出的橄榄油是上乘的高端食用油，是制作西餐和中餐凉盘的主要用油，被称为"液体黄金"和"植物油皇后"。橄榄油的最显著特点是不饱和脂肪酸含量高，其中包括不饱和油酸（55%～83%）、亚油酸（3.5%～21.0%）、棕榈油酸（0.3%～3.5%）、亚麻酸（1.5%）、饱和脂肪酸棕榈酸（7.5%～20.0%）和硬脂酸（0.5%～5.0%）。除食用外，橄榄油最早作为制作各类软膏的原料油脂，可直接涂抹于烧烫伤创面以加速伤口愈合，还是理想的防晒油。现在医药、日用、化学、食品和纺织等行业中均具有广泛用途。油橄榄叶提取物具有抗菌作用，且可作为海产品的天然防腐剂。其叶片提取物的抗氧化活性优于橄榄果，尤其是含有裂环烯醚萜类（主要成分橄榄苦苷）；每100g橄榄叶含抗氧化成分6～9g，每100g橄榄果含抗氧化成分1～4g，而每100g橄榄油仅含抗氧化成分2～50mg。因此，油橄榄是具有良好开发前景的用材林、园林绿化、多用途经济林树种。

（贾忠奎，邓煜，杜晋城，汪加魏，邓世鑫）

别　名｜女桢、青蜡树（江苏），大叶蜡树（江西），白蜡树（广西），蜡树（湖南）
学　名｜*Ligustrum lucidum* Ait.
科　属｜木犀科（Oleaceae）女贞属（*Ligustrum* L.）

　　女贞是我国温带地区常见阔叶树种，在民间具有广泛的经济利用价值：其种子油可供制肥皂；花可供提取芳香油；果含淀粉，可供酿酒或制酱油；枝、叶上放养白蜡虫，能生产供工业及医药用的白蜡；叶药用，具有解热镇痛的功效；植株可作丁香、桂花的砧木或行道树。

一、分布

　　女贞分布于我国长江以南至华南、西南各地区，向西北分布至陕西、甘肃等地。日本、朝鲜也有分布。在中国主要生长在海拔2900m以下疏、密林中。

二、生物学和生态学特性

　　灌木或乔木。高可达25m。树皮灰褐色。枝黄褐色、灰色或紫红色，圆柱形，疏生圆形或长圆形皮孔。叶片常绿，革质，卵形、长卵形或椭圆形至宽椭圆形，上面深绿色，下面浅绿色，两面无毛；叶长6～17cm，宽3～8cm，基部圆形或近圆形；侧脉4～9对，在两面稍凸起或有时不明显。顶生圆锥花序，花萼无毛，花冠反折。果肾形或近肾形，深蓝黑色，成熟时呈红黑色，被白粉。花期5～7月，果期7月至翌年5月。

　　弱喜光树种，喜温暖湿润气候，喜光耐阴，但耐寒性好，耐水湿。女贞为深根性树种，须根发达，生长快，萌芽力强，耐修剪；对土壤要求不严，以沙质壤土或黏质壤土栽培为宜，在红、黄壤土中也能生长，尤以在深厚、肥沃、腐殖质含量高的土壤中生长良好。对大气污染的抗性较强，对二氧化硫、氯气、氟化氢及铅蒸气均有较强抗性，也能忍受粉尘、烟尘污染（王红梅等，2011）。

三、苗木培育

　　育苗目前主要采用播种育苗方式。

　　采种与调制　采种在普通林分中进行，选择树势壮、树姿好、抗性强的树作为采种母树。种子11～12月成熟，种子成熟后，可用高枝剪剪取

女贞果实（陈世品摄）

福建女贞花序（陈世品摄）

果穗，捋下果实，将其浸入水中5~7天，搓去果皮，洗净，阴干。

种子催芽 种子会有一段休眠期，为打破种子休眠，播前先用550mg/kg赤霉素溶液浸种48h，每天换1次水，然后取出晾干。放置3~5天后，再置于25~30℃的条件下水浸催芽10~15天，注意每天换水。

播种 选择背风向阳、土壤肥沃、排灌方便、耕作层深厚的壤土、沙壤土、轻黏土为播种地。底肥以粪肥为主，多施底肥有利于提高地温，保持土壤墒情，促使种子吸水发芽。用50%辛硫磷乳油6.0~7.5L/hm²加细土45kg拌匀，翻地前均匀撒于地表，整地时埋入土中消灭地下害虫，整平床面。播种前将去皮的种子用温水浸泡1~2天，采用条播行距为20cm，覆土厚1.5~2.0cm，播种量为105kg/hm²左右。女贞出苗时间较长，约需1个月，播后最好在畦面盖草保墒。

苗期管理 女贞是偏喜湿性的植物，但要严格控制好水分，水分过多容易引发疾病，可每天进行适当喷水，以符合女贞对生长环境的需求。喷水可以利用喷灌设施进行，既能保证水分散发的面积，很好地维持地面湿度，又能合理地控制水分不过量。喷水时间最好选择在每天早晚进行，小苗怕涝，要注意排水。女贞在苗期只要适当地追施水溶性叶面肥即可，每15天进行1次。在光照特别强的时，要用遮阳网，以避免强光带来高温，影响到小苗的生长速度。一般每月除草1次。小苗出土后要及时松土除草，进行间苗。

病害防治 苗期植株容易受到蚜虫的侵害，主要以预防为主，可以用氧化乐果800倍液进行喷洒，时间可以选择在8:00~10:00或者16:00以后，药量以将叶片完全喷洒1遍为准。

留床育苗 当年苗高可达40~60cm，如作绿篱不需移植，可再培育1年，于第三年春季出圃。

移植育苗 培育大苗均应于翌年春季移植，移植密度为株行距20cm×20cm。如作行道树培育，还要进行2次或3次移植，加大株行距，培育4~5年后，胸径至5cm以上时出圃。

目前虽然女贞可用扦插法、压条法进行繁殖，但扦插法和压条法繁殖系数低，生产上一般不采用。

四、林木培育

1. 人工林营造

人工林用苗采用2年生高1m左右的移植苗，视具体栽培目的确定栽植密度。用材林及花果用林株行距4m×5m为宜；护坡林株行距2m×2m

女贞果簇（陈世品摄）

为宜；放养白蜡虫林的育虫树株行距2m×3m为宜，产蜡树株行距4m×5m为宜，树穴规格40cm×40cm×40cm即可。

2. 天然林改培

女贞天然林资源丰富，其中，幼中龄林占绝大多数，可选择女贞比例较大的林分，通过适当抚育间伐和修枝，培育女贞资源，对针叶林进行改造。

3. 园林栽培

女贞的园林栽培主要用作行道树和绿篱。作行道树栽植时通常单行列植，株距4～5m，树穴规格不小于100cm×100cm×80cm。清除砖、石等杂物，穴施有机肥30～50kg。栽时截干以利于成活，截干高度为3m。栽植后浇透水，封土保湿，并立支架防摇摆松动。作绿篱栽植时，挖深、宽各40cm的带沟，用丛生状的幼苗沿沟两侧作双行栽植即可。栽植后一次性剪去苗梢，定下篱高，然后浇水封土（戴启金等，2005）。

五、主要有害生物防治

女贞的抗性强，较少发生病虫害。常见的病害主要是叶斑病。防治方法：可喷洒百菌清或波尔多液（1∶160）。虫害主要是天蛾和水蜡蛾危害叶片。防治方法：可喷施20%除虫脲悬浮剂3000～3500倍液，或25%灭幼脲悬浮剂2000～2500倍液等仿生农药防治幼虫（冉战杰和何国景，2014）。

六、材性及用途

女贞是具有木质材料和非木质材料（观赏、药用、化工材料等）等多种用途的优良资源树种。女贞木材细密，纹理直，刨面光，是农具、家具及小型工艺品的理想用材。女贞四季常绿，枝冠宽阔，叶片光亮，花香繁茂，秋果累累，是理想的园林绿化树种。女贞的叶、果实和皮均具有很高的药用和保健价值，果实入药，有滋补肝肾、强腰膝、乌发明目之效；叶、皮亦入药，有清热利咽、祛风明目、消肿止痛之效，因此可作为药用树种栽培。种子含油率约15%，种子油中不饱和脂肪酸的比例较大，并含有α-亚麻酸，且不饱和脂肪酸容易为人体所吸收，α-亚麻酸则更有降血脂和降血压、抗血栓、防治动脉粥状硬化、抗癌及提高机体免疫力的作用，并有延缓衰老的功效，因此女贞种子油是一种值得开发利用，营养价值较高的食用植物油，也可用于制造肥皂及润滑油。女贞是白蜡虫的寄主之一，可放养白蜡虫，而白蜡虫分泌的白蜡则是重要的化工原料及医药原料，也是我国传统的出口物资。

（陈辉）

别　名｜黄花杆、黄寿丹、连壳、青翘、落翘、空壳、连苔（《中国植物志》）

学　名｜*Forsythia suspensa* (Thunb.) Vahl

科　属｜木犀科（Oleaceae）连翘属（*Forsythia* Vahl）

> 连翘是我国重要经济林树种，其干燥果实主要含有连翘苷、连翘酯苷、齐墩果酸等稀有化学成分，可以入药，用于治疗急性风热感冒、痈肿疮毒、淋巴结结核、尿路感染等症（魏惠华等，2014）。连翘也是我国北方常见的优良早春观花植物。

一、分布

连翘主要分布于河北、山西、陕西、山东、安徽、河南、湖北、四川等地，常生于山坡灌丛、林下、草丛，或山谷、山沟疏林中，分布区海拔250～2200m。我国除华南地区外，其他各地均有栽培。

二、生物学和生态学特性

多年蔓生落叶灌木。高1～3m，基部丛生。枝条拱形下垂，棕色、棕褐色或淡黄褐色。早春开花，先花后叶。果实为蒴果，卵圆形，初熟尚带绿色时采收，习称"青翘"，多未开裂，表面绿褐色，质硬。晾干后脱粒，筛取种子，习称"连翘心"或"连翘子"。种子多数，细长，一侧有翅，为黄绿色或棕色。

连翘对气候、土壤适应性很强。喜欢温暖、湿润气候，又有较强的耐寒、耐旱能力，可耐受−50℃的低温；喜欢光照充足，也具有一定的耐阴能力；在酸性、碱性土上均可生长，其中以棕壤土、褐土为最佳，但在干旱阳坡或有土的石缝，甚至在基岩或紫色砂页岩的风化母质上也能生长，但不耐盐碱。总体上，在温暖湿润、阳光充足、土壤深厚肥沃地段生长较好。同时，连翘侧根和须根发达，生长快、萌发力强。

三、苗木培育

连翘可用播种、扦插、压条、分株等方法进行繁殖，生产上以播种、扦插育苗为主。

1. 播种育苗

（1）种子采集与调制

采种母树要选择优势木，生长健壮、枝条节间短而粗壮、果实密集而饱满，无病虫害。因其

北京林业大学校园连翘单丛（戴腾飞摄）

山西省安泽县黄花岭连翘果实（史敏华摄）

分布广泛，各地种子成熟时间不同，因此采种前注意观察开花、结实情况，掌握适宜的采种时间，避免种子成熟后自行脱落。一般情况下，连翘果实于9月中下旬到10月上旬成熟，呈黄褐色。采集后将其薄摊于通风阴凉处，阴干后脱粒；经过精选去杂，选取整齐、饱满又无病虫害的种子贮藏备用。

（2）种子处理与催芽

连翘种皮比较坚硬，不经过处理直接播种需1个多月时间才发芽出土。因此，在播前可进行催芽处理，通常采用温水浸种和沙藏法。选择成熟饱满的种子，放入30℃左右温水中浸泡4h左右，捞出后掺3倍湿沙装入木箱或小缸，上面封盖塑料薄膜，置于背风向阳处。然后，每天翻动2次，经常保持湿润，10天左右种子露白即可播种。播后8～9天即可出苗，比不经过预处理种子可提前出苗20天左右。

（3）整地作床与播种

育苗地最好选择土层深厚、疏松肥沃、排水良好的沙壤土或壤土，然后适当施入腐熟的农家肥、翻耕、整平、作床。经过催芽的种子采用春播，时间为"清明"前后；未经催芽的种子采用冬播，即土壤封冻之前播种。播种方式采用条播，先在苗床开挖深1cm、间距20～25cm的播种沟，将种子掺细沙均匀地撒入沟内，覆土约1cm，搂平、稍加镇压，然后覆盖草、秸秆或薄膜，种子出土后随即揭去。通常情况下，播种量为每亩2～3kg。播种时如遇土壤干旱，可先浇水，水渗下表土后再播种。苗高10cm时，按株距10cm定苗；第二年4月，苗高30cm左右时即可用于造林。

2. 扦插育苗

在生长旺盛的中幼年母树上，选择生长健壮、无病虫害的中、下部枝条截取穗条，然后将其剪成插穗。插穗长20～30cm，上端为平口、下端为斜口（马耳形）；上剪口距最上端的芽1～2cm，整个插穗保证有饱满芽2～3个以上。为提高扦插成活率，可将插穗分扎成30～50根一捆，用0.05% ABT生根粉或0.05%～0.10%吲哚丁酸溶液将基部（1～2cm处）浸泡10s，取出晾干待插。扦插可在秋季落叶后或春季发芽前进行，但以春季为好。扦插前，选择沙壤土、水源方便的地段，将其耙细整平、作床；苗床高出地面20cm、宽1.0～1.5m，按行株距10cm×20cm进行扦插。扦插时，采用直插或斜插，将插穗插入土内18～20cm，然后埋土压实。如遇天旱，要经常灌水，保持土壤湿润但不能积水，否则插穗入土部分会发黑腐烂。秋后苗高可达50cm以上，翌年春季即可用于造林（郎莹和汪明，2015）。

3. 压条育苗

压条育苗是在春季（3～4月）萌芽前，将母树上下垂的枝条弯曲压入土中，并在入土部位适当刻伤（不能砍断），这样便可以生根、形成新的植株。第二年春季便可带土、带根挖出，即可作为完整的苗木移栽。

4. 分株育苗

连翘萌蘖能力较强，因此秋季落叶后或春季

萌芽前，可以挖取母株周围的根蘖苗作为移栽材料。由于这些根蘖苗拥有自己的根系，因此容易移栽成活。

四、林木培育

1. 造林地选择与整理

连翘的造林地应选择在背风向阳、土壤疏松、深厚肥沃的地段，阳坡、半阳坡、半阴坡的平缓地段均可，切忌在低洼、积水地段栽植。造林地选好后，采用水平阶、穴状整地均可，水平阶阶面宽度大于1m，栽植穴长、宽、深为30~60cm。

2. 栽植技术

连翘造林可在秋季落叶后或春季萌发前进行，纯林密度3300株/hm²，即株行距1.5m×2.0m；混交林密度1666株/hm²，即株行距2.0m×3.0m。由于该树种属于同株自花不孕植物，因此要将长花柱连翘与短花柱连翘成片（行）相间栽植，以利于传粉和开花结实。

3. 林分抚育

除了施肥、灌水、松土、除草，连翘整形修剪是促花、促实的有效措施。冬季落叶后，将主干在距地面80cm处剪去，再通过夏季摘心促进枝条萌发，然后在不同方向上选择3~4个发育充实的侧枝培育成主枝。以后在主枝上再选留3~4个健壮枝条培育成副主枝，在副主枝上培育侧枝。经过几年修剪，使其形成内空外圆、通风透光、稀疏相宜的自然开心形树形，促使其早花早实、多花多实。同时，冬季将枯死枝、病虫枝、

纤弱枝、交叉枝、重叠枝剪除。生长期要适当进行疏删短截，对衰老植株要回缩重剪，可促使其复壮，维持产量，延长寿命。此外，连翘萌蘖能力强，可采用平茬技术促进其萌蘖更新（王治军等，2006）。

五、主要有害生物防治

柳蝙蛾（*Phassus excrescens*）危害连翘。幼虫危害枝条，把木质部表层蛀成环形凹陷坑道，导致受害枝条生长衰弱，易遭风折，受害重时枝条枯死。防治方法：①化学防治，在5月下旬至6月上旬低龄幼虫地面活动期，及时喷洒化学药剂；中龄幼虫钻入树干后，可用化学药剂滴入虫孔。②经营防治，及时清除园内杂草，剪除被害枝条，集中深埋或烧毁；5月下旬，将枝干涂白防止受害。

六、综合利用

连翘是华北地区常见的抗旱造林和药用观赏植物，绿化价值和经济价值高。其早春先叶开花，花开香气淡艳，满枝金黄，艳丽可爱，是早春优良观赏灌木。连翘以果实入药，于10月中下旬成熟，果实初熟尚带绿色时采收，蒸熟、晒干的称为"青翘"；果实熟透时采收晒干的称为"老翘"。连翘果实中主要含有黄酮类、木脂素类、苯乙醇苷类、天然醇及其苷类、萜类及挥发油等化合物，药理研究表明，其具有抗菌和抗病毒、抗炎、抗氧化和保肝作用，临床上有清热解毒、消肿散结、疏肝风热的功能；连翘叶的活性成分有木脂素类（连翘脂素）、黄酮类（槲皮素和芦丁）、三萜类（熊果酸）、连翘苷、连翘酯苷、多酚类、绿原酸、（+）-松脂醇、（-）-松脂醇、齐墩果酸等，可作为保健茶饮用，用于咽喉红痛等症（马丽莎等，2018）。产品开发利用方面，以连翘为主要原料的中成药有双黄连口服液、连花清瘟胶囊、双黄连粉针、银翘解毒合剂、银翘解毒丸、VC银翘解毒片等。

山西省平顺县自新村天然连翘林春景（申俊平摄）

（徐文晖，梁倩）

297 团花

别　名｜黄梁木、咪亚昔（壮语）

学　名｜*Neolamarkia cadamba* (Roxb.) Bosser

科　属｜茜草科（Rubiaceae）团花属（*Neolamarkia* Bosser）

团花是热带造林树种，原产于东南亚各地。团花不仅速生，而且材质良好、锯刨切削容易、顺纹刨面光滑、干燥快、变形较小，适用于制作箱侧板、火柴杆、茶叶箱或其他包装箱；在建筑上可用作门窗、檩条、椽子、天花板、室内装修等用材。其纤维长，故又是人造纤维、纤维板、胶合板和浆粕等工业的理想原料。另外，因其枝叶繁茂、树形优美，被认定为是一种优良的园林绿化树种。

一、分布

团花在中国主要分布在广东、广西和云南，生于山谷溪旁或杂木林下，其中，在云南主要分布在南部海拔450～650m的地方，在广西主要分布在200～300m的丘陵、低山、沟谷等土壤湿润的地区。在云南南部海拔低至100m、高至1200m的某些地区也有少量分布（朱桂兰，1994），在云南南部有部分地区适合种植团花，从经济效益上考虑是十分可取的。团花在国外主要分布于斯里兰卡、印度、菲律宾、印度尼西亚、缅甸、越南等（朱积余和廖培来，2006）。

二、生物学和生态学特性

大乔木。树干通直，生长迅速。壮龄树的树皮平滑、灰白。树枝水平或下垂伸展。树冠圆形、茂密。叶对生，叶面深绿光亮，叶背具茸毛。小花密集聚生于小枝末端，为球形头状花序，看似一团花，故名"团花"。果实为肉质浆果；种子多数，极为细小，每千克约有2000万粒。花期6～8月，果熟12月至翌年2月。

典型的强喜光树种，喜湿热气候，通常多生长于河岸冲积土上，也生长于沼泽地上，尤喜生于深厚而排水良好的潮湿冲积土，在板结黏土上生长很差。在其自然分布区，绝对最高气温为30～40℃，绝对最低气温为4～10℃，正常年降水量为1500～5000mm，基本无霜，属热带气候型。团花喜光，抗风力强；幼苗忌霜冻，大树能耐0℃左右极端低温及轻霜。另外，团花人工林在杂草蔓生地段生长很差，对小气候颇为敏感，尤其对土壤湿度极为苛求。团花为深根性树种，枝疏叶大，侧根发达，易种易管。团花生长速度初期极速，但达到成熟龄时生长渐缓。团花萌芽力强，可以用来经营矮林作业（华南主要经济树木编写组，1976）。

生长十分迅速，10年以前年均高生长量2～3m、直径4.5～5.5cm，每年每公顷蓄积生长量可达80～90m³。在西双版纳，树高可达25m、胸径55cm。其中，造林后2～5年树高生长最快，年生长量达2～3m，5年以后减缓；胸径生长高峰期出现在3～7年，年生长量3.0～4.5cm；材积的生长高峰期出现在5～10年，单株材积增长约0.2m³，10年以后逐渐减少，但其增长仍在0.15m³以上（苏光荣等，2007）。

三、苗木培育

1. 种子采收及贮藏

团花种植后5年开始结实，此时树高达10～12m以上。果实于11～12月以后，由绿色变为棕色时即成熟。成熟后的种子鸟兽喜食，因此

应适时采收。因种子细小而果肉多，一般用离析法处理，即将果实干燥、压烂、晒干，并簸出种子。由于种子细小，适宜随采随播，如需贮藏应置于密封玻璃瓶内贮藏或置于5℃条件下，否则种子会完全丧失其发芽能力。

2. 育苗地选择与整理

种子细小，育苗技术要求高，必需精心选择苗圃地，苗圃地要求地势平坦、土壤肥沃、疏松、排灌方便的南坡，土壤以酸性或中性为宜，切忌选择黏重的土壤和积水地段。苗圃地选好后，于12月进行1次全面整地，深挖翻土、捡净石头和杂草根。经过一段时间的暴晒和风化，于2～3月或播种前再挖一次，碎土后作高床，床底铺厚5cm的细沙（朱先成等，2005）。

3. 播种育苗及苗期管理

通常采用播种育苗，亦可枝插或根插繁殖。播种前，先将育苗地翻晒后进行土壤破碎、杀虫、消毒、起畦；播种时，需将种子与5～10倍并经过消毒的细沙拌匀，均匀撒播于苗床或苗箱上，每平方米播种量5～10g；播种后，苗床或苗箱需注意遮阴挡水，以防日灼和雨水冲失，并用极细孔喷水器淋水，淋水宜少量多次。播种可在3～6月进行，等到幼苗长出2对真叶时移入营养袋继续培育。营养袋的规格要求可根据造林的需要，选用8cm×12cm或10cm×14cm或12cm×18cm，营养土配制采用85%的森林表土+1%的复合肥+10%的火烧土。以后进行定期淋水、施肥和防治病虫害，温度高时还需要架设遮阴棚，温度低时要注意保温。经过5～6个月左右的精心管理，可长成20cm以上的Ⅰ级苗木，即可出圃造林或进行城市绿化美化种植。必须注意，种子发芽后数星期内，幼苗很细弱，以后生长加快幼龄阶段对干旱与过湿都极敏感，小苗（高达5cm左右）易遭猝倒病而死亡，应及时调节湿度、防治猝倒病。

四、林木培育

1. 造林地选择

团花对水、肥和热量条件要求较高，选择土壤深厚肥沃、水湿条件充裕的山谷、阳坡及海拔1000m以下的砖红壤、赤红壤山地最为理想；江河两岸及房前屋后四旁和公园、街道绿化地段，也是种植团花的理想地段。土壤瘠薄、板结、干旱、排水不良和不能生长杂木的地段，不能用作团花的造林地。

2. 整地与栽植技术

1～3月清理造林地，将造林地上的杂灌木砍除，在防火季来临前炼山清地，清山后及时进行整地（任盘宇和邹寿青，2004）。株行距随地形而定，缓坡地可采用5m×4m或4m×4m，每亩种植33～42株；15°以上的山地，可以根据不同坡度采用4m×3m或3m×3m，每亩种植56～74株。栽植穴可根据土壤结构采用50cm×50cm×50cm或50cm×50cm×40cm，回穴种植时修筑成反倾斜的小平台。

挖穴后土壤晒白干透，即可施用基肥回穴，每穴施鸡粪1kg、复合肥0.25kg，与表面松土全

华南农业大学团花单株（潘嘉雯摄）

部混合均匀堆沤，待春天下雨湿透后再堆沤10～15天，于清明后下雨淋透后再施入栽植穴。栽植时要先除去塑料袋再下穴并应扶正压实，再在营养土上加盖2～3cm厚的细土，苗头加盖的细土一定要高于地面，确保幼苗不受积水危害；种植7～10天后，查苗补苗1次。

山坡地造林用当年容器小苗，在6～7月定植；四旁栽植可用1年生大苗。作园林大苗或大树移栽需带土球，宜在春季阴雨天进行移栽。如与观光木、铁力木、红锥等珍贵树种混交营造风景林时，可适当加大株行距，栽植1～2年内每年进行2～3次松土除草施肥，以促进幼树快速生长。

3. 营林管理技术

（1）林地施肥

造林2～3个月后（6～7月）立即进行第一次施肥，每穴在距离树冠50cm以外的上坡方向，挖沟15cm施入复合肥0.15kg、尿素0.05kg。结合施肥将栽植穴扩大至1m×1m，施肥时必须离开树冠50cm以上，以确保幼苗不受肥害。

（2）松土除草

松土和除草可以结合进行，除草可以采用全面或带状刈割的方式。雨季杂草生长快，造林30天以后用锄铲除幼树根周围的杂草，铲除的规格是植株周围80cm×80cm或100cm×100cm。8～9月，离树根20cm左右进行植株周围80cm×80cm松土，再培土（朱先成等，2005）。松土一般可在除草后以铲塘的方式进行，一般铲塘直径1.5m左右。松土除草一般从造林后开始，连续进行数年，直到幼林郁闭为止（任盘宇和邹寿青，2004）。

（3）林农间作与修枝

栽植的头年可在行间间种花生、豆类等低矮农作物，有利于保水保湿和防止杂草丛生，促进团花树快速生长。同时，每隔1～2年在春季芽萌动前进行修剪，前去枯枝和过密枝，以维持良好树形。

五、主要有害生物防治

1. 主要病害

苗期主要有立枯病和茎腐病，分别叙述如下。

（1）立枯病

由许多团花幼苗的重要病害病原丝核菌（*Rhizoctonia solani*）和多种镰刀菌（*Fusarium* spp.）引致。

有4种类型：①种芽未露土，就腐烂死去，叫种腐型。②幼苗刚出土，子叶尖端变褐色，腐烂钩头死亡，叫梢腐型。③幼苗出土不久，苗茎近地面处变色水渍状腐烂缢缩，幼苗倒伏而死，叫猝倒型，是危害严重的一种类型。④幼苗出土2个月以后，茎基已木质化，幼根受侵腐烂，苗木直立枯死，叫立枯型。防治方法：立枯病的防治应以育苗技术措施为主，化学防治为辅。①选择地势平坦、排水良好、疏松肥沃的土地育苗，忌用黏重土壤和前作物为瓜类、棉花、蔬菜等的土地作苗圃，选晴天整地，精细筑床，用黄心土垫床厚1～2cm，然后播种。②精选种子，做好催芽工作，适时播种，及时揭草，旱灌涝排，保证出苗整齐，苗全苗壮。③播种时可在苗床或播种沟内撒药土。药土可选用敌克松每亩1.0～1.5kg，苏农6401每亩2.5～3.0kg。④幼苗发病期间，也可撒施上述药土。如天晴土干，则可淋洒敌克松500～800倍液或苏农6401可湿性剂800～1000倍液或1%～3%硫酸亚铁液，以淋湿苗床土壤表层为度，硫酸亚铁对苗木有药害，施用后应再喷清水洗苗。药土或药液每隔10天左右施用一次，共2～3次，可抑制病害发展，施用草木灰石灰粉也有效果。

（2）团花茎腐病

由半知菌类无孢菌目小核菌属的甘薯小菌核菌（*Sclerotium bataticola*）引致。

苗木发病初期，茎基部变褐色，叶片失去绿色而发黄，稍下垂，顶梢和叶片逐渐枯萎，以后病斑包围茎基部并迅速向上扩展，全株枯死，叶片下垂，不脱落。团花等树种苗木茎基部皮层较薄，发病后期，病苗茎部皮层皱缩，内皮组织腐烂变为海绵状或粉末状，灰白色，其中有许多黑色微小的菌核，严重受害的苗木，病菌也侵入到木质部和髓部，髓部变褐色，中空，也有小

菌核产生。最后病菌扩展到根部时，根部皮层腐烂。如拔出病苗，根部皮层全部脱落，仅剩木质部。茎部皮层较薄的苗木，发病后，病部皮层坏死不皱缩，坏死皮层紧贴于木质部，皮层组织不呈海绵状，剥开病部皮层，在皮层内表面和木质部表面。防治方法：①增施有机肥料，育苗时用有机肥料。如棉籽饼、豆饼和腐熟的家畜粪便等作基肥或追肥，不仅可提高土壤肥力，促进苗木生长，增强抗病力，而且可以增加土壤中颉颃微生物的活动，可以显著降低发病率。②搭阴棚，7～8月高温季节，在苗床上搭阴棚遮阴，降低苗床温度，减轻苗木灼伤危害程度，起到防病效果。遮阴时间，自每天上午10:00至下午16:00即可，雨天不遮盖，遮阴时间过长，影响苗木生长，9月以后撤除阴棚。此外，夏季在苗木行间盖草、浇水、雨后及时松土也可降低土温，并有利于苗木生长，减少发病。

2. 主要虫害

（1）团花枯叶蛾

该虫7月初开始出现幼虫，世代重叠，繁衍速度快，食量大。7月中旬开始严重危害团花，单株虫口密度达30头以上，可在短短一周内食光整株团花树叶，造成严重危害。防治方法：与松毛虫防治方法相同，主要使用多角体病毒、灭幼脲、绿得宝等生物、仿生物药剂进行越冬代幼虫防治。

（2）团花绢螟（*Diaphania glauculalis*）

该虫1年发生6～7代，幼虫在枯枝落叶、树皮缝隙等处越冬。幼虫危害叶片，能蛀食嫩梢，导致顶梢死亡，危害高峰期为6～8月。卵块状，多产于被害叶的卷口附近，低龄幼虫有群集性，

2～3月后才分散取食。防治方法：在2龄幼虫期用化学药剂防治。冬季用药剂涂树干可杀死越冬幼虫。

（3）咖啡旋皮天牛（*Dihammus cervinus*）

该虫食性广泛，对咖啡、团花、云南石梓、柚木等均能造成危害。防治方法：保持林内卫生，清除受害植株以减少虫源；造林地远离咖啡园，以免虫害互相传播；每年4～5月，用相关化学药剂涂在树干下部90～100cm高处，可预防害虫产卵，减少危害；发现树干受害时，用铁丝刺杀蛀孔内幼虫，或掏空蛀孔，用棉签蘸化学药剂插入蛀孔，用泥巴封口熏杀幼虫。

六、材性及用途

团花生长迅速，十年前后可成材，树高达30m以上，胸径可达1m以上，主干通直，是发展人工造林最理想的树种。此外，团花树枝叶繁茂、树形优美，被认定为是一种优良的园林绿化树种。

团花干形通直圆满，系软木类，材质不易开裂，材质轻，黄白色，纤维粗大且长（纤维长达1.5mm），纹理直、均匀，可作为木浆和人造板工业的原料，是纤维板、胶合板和人造纤维的理想材料。木材可供制箱板、火柴杆、卷轴、雕刻品、独木舟，特别适宜作茶叶包装箱用材，也可作梁、椽、窗料。缺点是未经防腐处理的，用于室外很不耐久，并易受白蚁危害。树叶可用来制作饮料，树皮可作清凉解热药，还可治小儿腮腺炎（华南主要经济树木编写组，1976）。

（邓佳，何茜）

别　名｜丁木（四川）、大叶水桐子（浙江）、小冬瓜（云南镇雄）、茄子树（湖南沅陵）

学　名｜*Emmenopterys henryi* Oliv.

科　属｜茜草科（Rubiaceae）香果树属（*Emmenopterys* Oliv.）

香果树特产于中国，是我国单属单种子遗植物，起源于距今约1亿年的中生代白垩纪，被列为国家二级重点保护野生植物，生于430～1630m处的山谷林中，喜湿润而肥沃的土壤。香果树为中性偏阳树种，幼树喜阴湿，成年树较喜光；木材结构细致，色纹美观，材质优良，可供建筑、家具、细木工等用；其枝皮纤维细柔，是供制蜡纸和人造棉的好原料；树干高耸，白花迎夏，红果送秋，花大色艳，极为适宜作庭院观赏树和行道树。

一、分布

香果树主要分布在安徽、浙江、江西、江苏等亚热带中山或低山地区的落叶阔叶林或常绿、落叶阔叶混交林中，零星分布于福建、湖南、湖北、四川、河南、陕西、甘肃、广西、贵州、云南等地，多生于深山沟谷或山坡谷地的阔叶林中，海拔700～1300m（江西、安徽境内可下降至400m，而在云南海拔1600m仍有生长）。

二、生物学和生态学特性

落叶高大乔木。高可达30m，胸径达1m。树皮灰褐色，鳞片状剥落。小枝有皮孔和托叶环。叶对生，厚纸质，宽椭圆形至短渐尖；托叶大，三角状卵形，早落。圆锥状聚伞花序顶生，花芳香，花梗长约4mm；萼管长约4mm，裂片近圆形，具缘毛，脱落，变态的叶状萼裂片白色、淡红色或淡黄色，纸质或革质，匙状卵形或广椭圆形，长1.5～8.0，宽1～6cm，有纵平行脉数条，有长1～3cm的柄；花冠漏斗形，白色或黄色，长2～3cm，被黄白色绒毛，裂片近圆形，长约7mm，宽约6mm；花丝被绒毛。聚伞花序排成顶生，花萼近陀螺形；花冠漏斗状；子房下位，2室。蒴果近纺锤形，具纵棱，成熟时红色，室间开裂为2果瓣。种子多数，小而有阔翅。花期

7～9月，果熟期10～11月。

香果树3月下旬萌动，抽春梢（芽内分化）发叶4～6片，4月中旬春梢停止伸长，在梢顶形成芽。在以后发育过程中由于基枝的营养状况不同，一部分生长健壮、营养充足的春梢的芽可分

香果树花（黄少容摄）

香果树叶（徐克学摄）

化成混合芽，当年开花结果。在生长细弱的春梢上形成叶芽，是来年春梢的基础，所以香果树的芽分为叶芽和混合芽两种。花芽分化大体上可分为花序分化期、小花各组成部分分化期和大小孢子形成期。

香果树为中性偏喜光树种，幼苗和10龄以内的幼树能耐荫蔽，10年生以上多不耐阴，常生长于阴坡或半阴坡。喜生于空气湿度大，日照短的山腰、沟谷、溪旁或阔叶林中。香果树幼苗有主根或无主根，侧根大多分布在20～50cm的土层中，为浅根性树种。喜温和或凉爽的气候和湿润肥沃的土壤，在水肥条件优越的酸性黄壤、红黄壤上生长良好；但在土壤瘠薄、岩石裸露的砂砾中甚至在岩石缝中也能生长，适应性较强。其树高和直径生长前期很迅速，树高生长在20年后渐缓，胸径生长在60年后渐缓，材积生长到100年仍不减弱，适宜作大径级用材树种。

三、苗木培育

1. 播种育苗

苗圃地的选择及处理　选择易排灌的肥沃土壤，每亩施腐熟饼肥50kg，用退菌特2kg进行土壤消毒，然后作床。要求床面平整、土细，并在床面覆盖一层厚约3cm的土火粪，整平备播。

播种前种子的处理　用40℃温水浸种，至冷却后再浸泡24h。捞出种子，1份种子混入2份锯末和1份黄沙，摊放簸箕内放入室内，催芽15～20天，再播种（潘德权等，2014）。

播种方法与播种量　长江以南地区宜在3月中旬进行播种，采用条播或撒播，每亩播种子1kg左右。播时，种子连同锯末、细沙一起撒入床面。播后镇压，然后覆盖草木灰或细粪土，以不见种子为度，上面盖草，保持湿润。约1个月后，相继发芽出土。

幼苗生长规律与管理　幼苗生长缓慢，2片子叶期约长达3个月，此时主要表现为地下根系生长，地上部幼苗娇嫩，应注重喷灌保湿，遮阴除草，防日灼（郭连金，2014）。

2. 扦插育苗

苗圃地选择　选择土壤疏松、排水良好的沙质土壤，pH 5.5左右。

插穗的选取与处理　选择当年生嫩枝或2年生枝条均可，插条粗以0.4～0.6cm为宜；采下的条穗须用湿布包好，或浸入清水中，剪截成长5～10cm；上切口要平，每根插穗须留一发育饱满的顶芽或距上切口1～2mm处留一腋芽，并带一枚叶片，下切口在芽的下方2～3mm，剪成马耳形的切口，要平滑。将插穗捆扎成把，用500mg/L萘乙酸快速处理插穗基部或用ABT1号处理。当天采回插穗，当天要插完。

扦插方法与管理　扦插前在整理好的圃地上开一浅沟，插条入土深度为插穗长的2/3左右，露出上切口、芽和叶片。行距10cm，株距以叶片互不重叠为宜。插完即浇透水1次。

3. 组织培养

组织培养技术对香果树种群数量的扩大和保护有重要的现实意义。目前较为成功的途径是外植体（叶或芽）—诱导丛芽—壮苗培养—生根培养—移栽。韦小丽等（2005）指出ZT是香果树组织培养中愈伤组织诱导和芽增殖最关键的激素。胡梅香等（2015）以叶片为外植体进行组织培养，可直接诱导出不定芽。

四、林木培育

1. 立地选择

贯彻"适地适树"的原则，选择地势平坦、排灌方便、病虫害和杂草少、通透性好的沙质壤土。香果树喜酸性土壤，宜生长在透气疏松酸性腐叶土上，最好选用山林中的腐叶土来栽培。

2. 整地

实施"二犁二耙"，前一年的12月深耕，让土壤风化，使之结构疏松，增加土壤肥力，减少杂草，冻死越冬害虫；翌春3月初，播种前10天耕耙，并进行土壤消毒和施基肥。基肥每亩可施腐熟的饼肥150kg和复合肥50kg；土壤消毒每亩用呋喃丹5kg和退菌特粉2kg，拌土均匀撒于床面，或每亩喷洒1%～2%的硫酸亚铁溶液350～400kg。苗床最好是东西向，采用高床（宽1.2m、高30cm），土壤要求细碎。整个苗圃地喷洒丁草胺除草剂，待一周后，再在床面上铺2cm厚过筛的黄心土，用板压平。

3. 抚育

香果树苗木出齐后，要视杂草生长情况，不定期及时除草。6月下旬至9月上旬，要及时间苗，做到：间早、间密、留强去弱、分次实施、间补结合，使幼苗分布均匀（靳鹏等，2016）。为促进苗木正常生长，苗木长高至约5cm时开始追肥，追肥以尿素为主，每月1次，浓度随苗木的生长逐渐加大。每亩使用量3～5kg，在雨后撒或溶解在水中喷施。

五、主要有害生物防治

香果树病虫害防治上以严格实施育苗措施为主，药物防治为辅，应选择病菌少、适合香果树苗木生长的生荒地、林间空地和高山圃地育苗。加强管理、注意防病。

1. 小地老虎（*Agrotis ypsilon*）等害虫

在3月至5月下旬使用敌杀死2000～3000倍液喷布苗床，隔7～10天再喷布1次，以防治小地老虎。防治危害树叶的绿刺蛾（*Latoia sinica*），采用50%杀螟松1000倍液喷布。对蚂蚁、蜗牛的防治可采用20%乐果粉剂喷洒形成药带，蜗牛还可人工捕捉。

2. 叶斑病

在危害严重时可用65%可湿性代森锌500倍液，或50%退菌特500倍液喷布。

3. 黑腐病和疫霉病

用50%福美双600倍或40%灭菌丹600倍，每隔1周左右喷1次，连续3～4次即可。

六、材性及用途

香果树可作为用材树种。其木材纹理通直，比重适中（0.513g/cm³），加工容易，是建筑、家具、细木工艺、雕刻及大型雕塑等优良用材。

香果树是一种珍贵的药用植物。香果树的叶片中含有鞣质、生物碱、黄酮等次生代谢产物；其枝干含蒲公英赛酮、蒲公英赛醇、熊果酸乙酸酯等药用化学成分。《中华本草》记载：取香果树的根、树皮切片晒干，煎汤内服，可温中和胃，降逆止呕。

它又是油料树种，其果实含油率47.2%。

香果树枝皮纤维细柔，是供制蜡纸及人造棉的好原料。

香果树是著名的绿化、观叶、观花、观果树种。叶柄粉红色，花冠大艳丽，叶绿花白柄红，令人赏心悦目；蒴果由青变红，似纺锤形倒挂在枝头；秋季可观黄叶；其树姿雄伟，是理想的庭院观赏树种，作为园景树或庭荫树尤其恰当，也可用于营造风景林。

（傅松玲，任媛）

别　名｜小粒种咖啡、阿拉比卡咖啡

学　名｜*Coffea arabica* L.

科　属｜茜草科（Rubiaceae）咖啡属（*Coffea* L.）

　　咖啡与茶、可可等并称为世界三大饮料作物，其产量、消费量和经济价值均居世界三大饮料之首。咖啡用途广泛，其种子味苦、涩，性平和，具助消化、利尿、提神之功效。咖啡含有淀粉、脂类、蛋白质、糖类、芳香物质和天然解毒物等多种有机成分，在食品开发、医药用品和工业上均颇具发展前景，属典型的热带特色经济林树种。

一、分布

　　咖啡原产于非洲埃塞俄比亚，主要种植于南北纬25°之间的地带，栽种于巴西、哥伦比亚、越南、印度尼西亚、埃塞俄比亚、肯尼亚等拉丁美洲、亚洲以及非洲等气候温凉或海拔较高的地区，我国云南、海南、四川、台湾地区均有栽培。

二、生物学和生态学特性

　　多年生常绿小乔木或大灌木。高可达5m。枝条密集，树冠呈紧凑型圆筒状。嫩茎略呈方形，绿色，木栓化后呈圆形，褐色。老枝灰白色，节膨大，幼枝无毛，压扁形。叶对生，叶片小而尖，革质，卵状披针形或披针形，叶缘有波纹，叶色深绿色。聚伞花序数个簇生于叶腋，每个花序有2～5朵花；花白色，芳香，两性花，自花授粉。浆果椭圆形，成熟时多呈鲜红色至紫色。每个果实含两粒种子，少量仅含1粒；种子为椭圆形或卵形，呈凸平状。盛花期2～4月。

　　咖啡为适阴性植物，强烈阳光不适合咖啡生长，幼苗需要一定的遮阴。多生长于海拔800～1100m；喜温凉气候，冬季无霜，年平均气温19～21℃，绝对最低温度1℃以上，耐短期低温，年降水量不少于1000mm。喜疏松、肥沃、土层深厚、排水性良好的壤质或沙壤质土壤，pH为5.5～6.5。

海南省大路六次产业基地咖啡种植示范园中小粒咖啡
（闫林摄）

三、苗木培育

目前主要采用实生苗培育方式（董云萍等，2009）。

制种 在果实盛熟期，选择生长健壮、无病虫害的优良母树，采摘充分成熟、果形正常、饱满、具有2粒种子的果实。采果后立即脱去果皮。可用清水浸泡24h后手搓脱胶，也可用0.05mol/L氢氧化钠溶液浸泡种子5min或0.1‰～0.4‰果胶酶水溶液浸泡种子40min后手搓脱胶；用清水洗净，同时除去浮在水面上的空瘪及损伤的咖啡豆，然后晾干，切忌暴晒。晾干的种子最好在一个月内播种，或置于阴凉通风处保存，不应超过3个月。

沙床催芽 用干净中粗河沙作催芽床，厚度为15～20cm。播种前，种子用常温清水浸泡24h，然后用1%硫酸铜溶液浸泡5min。用50%多菌灵可湿性粉剂500倍液淋沙床和稻草、椰丝等覆盖物。种子均匀撒播于沙床上，按300～500g/m²播种，表面覆盖1.0～1.5cm厚沙。再盖消毒过的草或椰丝，淋透水，搭拱棚、盖薄膜。温度过高时揭膜通气。催芽期间视情况及时淋水，保持沙床湿润。播种后40～60天，出芽10%时揭除草和薄膜。盖70%～80%荫蔽度的遮阳网。

移苗 以子叶平展、真叶尚未长出前移植为宜。采用肥沃表土与腐熟有机肥混合基质（体积比8∶2）和0.2份过磷酸钙或钙镁磷肥加适量腐熟椰糠或腐殖质作为育苗基质。营养袋规格为（18～20）cm×（12～15）cm。营养土装袋后6～8袋排一行，苗床间留40～50cm的小路。移苗后淋足定根水。注意移苗前需搭好阴棚。

苗木管理 移植后视袋土干湿情况适时淋水。在幼苗长出2～3对真叶后开始施肥，视苗木叶色情况施肥，叶色绿不用施肥，叶色发黄，施用0.5%复合肥（15∶15∶15）水溶液、腐熟的清粪水300～500倍液，15天左右追肥1次。当苗木长出8～9对真叶后，出圃前1个月进行炼苗，早、晚可打开遮阳网，炼苗20天后全光照。炼苗期间应适当减少淋水次数，并停止施肥。苗期易发生炭疽病、褐斑病、立枯病以及蚂蚁、大头蟋蟀等病虫害，应注意防控。

苗木出圃标准 培育当年苗，苗高20cm以上，真叶4对以上，茎粗壮，主根直，须根发育好，无病虫害；培育2年苗，苗高30cm以上，真叶6～8对，一级分枝2对以上，茎粗壮，主根直，须根发育好，无病虫害。

四、林木培育（莫丽珍等，2012）

1. 园区规划与开垦

咖啡适宜种植区为年平均气温19～21℃、海拔800～1100m的热带南亚热带区域，选择近水源、土层深厚、土壤肥沃的平地或平缓坡地栽培。5°以下平缓坡地或平地，采用"十"字定标法种植；5°以上坡地宜开垦等高梯田，种植台面1.8～2.0m宽，株行距0.8m×2.0m。一般11月至翌年5月挖沟（穴），规格为上口宽60cm、深50cm、下口宽40cm。定植前半个月每株施农家肥5～10kg、普钙磷肥100g作基肥。

2. 定植

定植前应种植临时遮阴树如山毛豆、木豆等。当年苗定植，从雨季开始至立秋前结束。具灌溉条件的可立春后移栽1年生苗。阴天或晴天下午定植。定植后应浇透定根水，并用草覆盖根圈，插荫蔽枝遮阴。注意定期淋水、及时补植。

3. 肥水管理

幼龄期以氮、磷肥为主；投产期以氮、钾肥为主，适当施磷肥和其他微量元素。化肥、有机肥、微生物肥配合使用。在干旱季节、咖啡开花期、幼果期、雨季中较长间隙性干旱期灌水，灌水量以渗透土层深度20～30cm为宜。

4. 除草和覆盖

雨季台面应勤除草，台埂杂草每2个月至少砍割1次。旱季则保留咖啡树冠外的低矮草和台埂上的草丛。死覆盖物选用容易腐烂的植物，距咖啡树主干10cm外的台面环状或带状覆盖，覆盖厚度10cm；也可在咖啡行间种植矮生豆科绿肥或花生、大豆等农作物做活覆盖。

5. 修枝整形

树高1.7m时摘顶，剪去一级分枝上长出的近树干10～15cm以内的二级分枝，保留中外部二级分枝，每节保留1～2条，分布要均匀。剪去直生枝、枯枝、病虫枝、弱枝。低产植株在果实采收结束后于主干离地30cm处锯干，选留2条健壮新主干培养成丰产植株。

6. 复合经营

选择价值高的经济作物如澳洲坚果、橡胶、杧果等作为荫蔽树，采用宽行窄株行间间种。种植密度取决于植株品种和土壤条件，树冠较大的澳洲坚果、橡胶为（14～16）m×（5～6）m，杧果为8.0m×6.0m，咖啡为2.0m×0.8m。

五、主要有害生物防治

1. 咖啡锈病（*Hemiliea vastrix*）

病原菌为驼孢锈属真菌。主要危害叶片，初期叶片表面有奶白色圆点，叶背无孢子，后期叶表面有黄色圆点，叶背上病斑有橙黄粉末，危害严重的导致叶片脱落。防治方法：选种抗锈品种，加强水肥和除草管理，适时修剪和适宜的荫蔽，培养健壮树。掌握发病规律，适时喷施农药。

2. 咖啡炭疽病（*Colletotrichum coffeanum*）

病原菌为盘长孢状刺盘孢属真菌和咖啡刺盘孢属真菌。叶片感病产生浅褐色至黑褐色病斑；果实染病在果皮上形成紫色、凹陷病斑，受害的果皮变干褐（黑）挂在枝条上。防治方法：加强栽培管理，合理施肥，保持树冠通透，增强植株抗性。在发病季节喷施杀菌剂进行防治。

3. 咖啡褐斑病（*Cercospora coffeicola*）

病原菌为尾孢属真菌。在叶上产生近圆形、边缘褐色、中央灰白色的病斑（在幼苗叶上为红褐色病斑），在果实上形成果斑。防治方法：加强栽培管理，合理施肥，适当荫蔽，提高植株抗病能力。在发病季节喷施杀菌剂进行防治。

4. 咖啡灭字虎天牛（*Xylotrechus quadripes*）

1年2～3代，世代重叠，5～7月、9～10月为成虫羽化高峰期。主要危害树干，受害部位以上的叶片变黄下垂，整株呈现凋萎状。5～8年的咖啡树受害重。防治方法：清除寄主树，种植永久荫蔽树。3～4月从成熟主干至地表下5cm主干涂生石灰浆，能抑制产卵；5月中下旬至7月上中旬，交替使用药剂淋喷树干或枝条。

5. 咖啡旋皮天牛（*Dihammus cervinus*）

1年1个生活世代，一般4～6月为成虫羽化高峰期。主要危害60cm以下的树干至主根。受害部位以上的叶片变黄下垂、凋萎。2～5年的咖啡树受害重。防治方法见咖啡灭字虎天牛。

六、综合利用

咖啡中所含的化学物质非常丰富，包括淀粉、脂类、糖类、芳香物质、碳水化合物、蛋白质、氨基酸、生物碱、绿原酸、酯类化合物等复杂成分，在食品工业中应用广泛，如用于制作咖啡糖果、果脯、冰淇淋、果冻、饮料等。可供提取咖啡碱（具有很强的中枢兴奋作用）、咖啡油（食用），咖啡碱，具有提神醒脑、提高学习效率、减肥、增强运动能力、利尿、解酒、抑制动脉硬化等多方面的作用，在医药上可作麻醉剂、兴奋剂、利尿剂和强心剂。果肉含有糖分，鲜果肉可用来制造酒精以及酿醋、酿酒和提炼果胶、制造糖蜜，提取蛋白质、咖啡因；干果肉含粗蛋白、粗纤维以及各类氨基酸，可作饲料。内果皮可用来生产糖醛。干果壳可用于生产肥料、炭砖、燃料以及硬纤维板等。咖啡果中的单宁可制作鞣料。咖啡花含有香油，可供提取高级香料。此外，咖啡还具有降低癌症风险、保护心血管、增强记忆力、预防糖尿病、有助于长寿、降低脂肪肝风险等功效。因此，小粒咖啡可作为多用途经济林树种。

（闫林，董云萍，黄丽芳）

別　名 | 金丝楸（山东、河南）、金楸（山东）、梓桐（河南）、楸
学　名 | *Catalpa bungei* C. A. Mey.
科　属 | 紫葳科（Bignoniaceae）梓树属（*Catalpa* Scop.）

> 楸树是我国所特有的重要珍贵阔叶用材林树种和园林绿化树种，树体高大，主干通直，材质优良，深受人民群众喜爱。其适应性强，主要分布在我国北方、中部及江浙等地区，已有2600多年的栽培历史。由于其木材不易翘裂，耐腐蚀，是制作高档家具、乐器、造船等的理想材料。同时，其花色鲜艳、花量大、花期长，对粉尘等污染物具有较强的吸附能力，也是优异的庭园、四旁、污染防治的理想树种。

一、分布

楸树广泛分布于我国北方、中部和江浙等地区（如河北、北京、山东、河南、山西、安徽、江苏、浙江、湖北等），一般为降水量高于600mm的平原区、山地丘陵区。

二、生物学和生态学特性

落叶高大乔木。高达15m以上。树皮灰色，条状浅纵裂或斑块状翘裂。叶三角状卵形、阔卵形，叶背面基部脉腋处有紫色腺斑。顶生伞房状总状花序；花朵为五瓣二唇裂，花色丰富，白色至深紫色；花冠内有紫斑点。蒴果线形，长25～80cm。种子梭形，长0.8～1.2cm，宽0.3cm，两端具有种翅。3月中旬萌动，4月初展叶，4月中旬至5月上旬开花，8月底果实成熟，10月下旬封顶，11月初落叶。年速生期约为120天，从6月中旬至10月中旬结束。该树种喜光、喜温暖湿润气候、不耐寒冷，适生于年平均气温10～15℃的地区；对土肥水条件要求较为严格，在深厚、湿润、肥沃、疏松的中性土、微酸性土和钙质性土中生长迅速；对土壤水分很敏感，不耐干旱与水湿，在积水低洼地和地下水位过高（0.5m以下）的地方不能生长；对二氧化硫、氯气等有毒气体有较强的抗性。

三、良种选育

楸树良种选育成功实现了从"天然资源利

湖北襄阳楸树优树花色对比（麻文俊摄）

湖北石首市楸滇杂交家系对比试验林（贾黎明摄）

用"到"有性创制"的转变。良种选育工作始于20世纪80年代，由洛阳林业科学研究所牵头，联合南阳林业科学研究所、安徽林科所等单位组成了协作组，通过收集优树、营建无性系试验林，于2010年选育出优良无性系。2002年以来，由中国林业科学研究院林业研究所联合洛阳农林科学院等单位，分别利用楸树、滇楸、灰楸的特性，建立了以花粉收集保存和人工授粉为核心的不去雄、人工杂交育种方法，选育出了'洛楸''天楸''中林''中滇''楸丰'系列良种。其中，楸楸杂和楸滇杂以速生性和材性为育种目标，楸灰杂以抗性为育种目标，灰滇杂和灰楸杂以速生、材性和抗性为育种目标。以下是近年选育的优良杂种无性系品种及其适生地区。

（1）'洛楸'系列楸树优良品种

该系列良种具有速生、材质优良等特性，在珍贵用材林培育中具有广泛前景，适宜在河南、山东、湖北、安徽等年降水量600mm以上平原区栽植。

'洛楸1号' 分枝角度小，主干明显，极性强，具有较强的自然接干能力；三叶轮生，叶片披针形，全缘，长宽比近等于2。在河南洛阳，1年生嫁接苗可高达4.07m；年高生长速生期为122天，平均每天生长量为2.47cm；8年生树高、胸径和材积分别可达10.3m、12.45cm和0.231m^3。

'洛楸2号' 侧枝较粗，自然接干能力强；叶阔卵形，全缘。苗高生长6月中旬进入速生期，10月中旬速生期结束，花期一般为4月23日至5月6日；10月下旬至11月初落叶。在河南洛阳，1年生嫁接苗苗高达3.78m；8年生树高、胸径和材积分别可达9.5m、13.29cm和0.235m^3。

（2）'天楸'系列楸树优良品种

该系列良种具有抗旱性强、速生、材质优良等特性，在珍贵用材林培育中具有广阔前景，适宜在甘肃、陕西、山西等海拔低于1800m、年降水量600mm以上的低山丘陵区栽植。

'天楸1号' 主干通直，树冠呈阔卵形，分枝角度小，顶端优势明显。耐旱性和抗虫性较强。3月下旬发芽，4月上旬展叶，6月中旬进入速

生期，10月中旬速生期结束，花期一般为4月23日至5月6日，10月下旬至11月初落叶。在甘肃天水，1年生嫁接苗苗高达到1.79m，9年生时胸径、树高和材积分别达到14.45cm、11.23m和0.342m^3。

'天楸2号' 主干通直，树冠呈阔卵形，分枝角度较小，顶端优势明显。具有较强的耐旱性和抗虫性。3月下旬发芽，4月上旬展叶；6月中旬进入速生期，10月中旬速生期结束，花期为4月23日至5月6日，10月下旬至11月初落叶。在甘肃天水，1年生嫁接苗高生长可达1.99m，9年生时胸径、树高和材积分别达到12.34cm、9.87m和0.224m^3。

（3）园林观花楸树优良品种

该系列良种具有初花期早、花色鲜艳、花期长、花量大、树体高大、干形通直等特性，在园林绿化中具有广阔的应用前景，适宜在河南、山东、湖北、安徽等年降水量600mm以上平原区栽植。

'朝霞楸' 无性系，花量大、花色鲜艳、开花持续期长。复伞形花序，顶生，花序长度平均为7.4cm，变幅为5.5～9.5cm，单花序7～15朵花；花朵为五瓣二唇裂，花瓣及花筒外部分布浓密的红色小斑点，所以花朵呈鲜艳的红色。栽植4年时开花，以后花量逐年增大，10年后开花量逐渐稳定，开花持续期可达12天以上，具有较高观赏价值。

'云朵楸' 无性系，花量大、白色，花冠内有紫红色斑点，下颚内部有2条黄色条纹；伞形花序，顶生，花序长度9～16cm，单花序6～20朵花。栽植4年进入开花期，开花持续期可达15天，具有较高观赏价值。

'彩云楸' 无性系，复伞形花序，顶生，花序长度平均为7.6cm，变幅为5.5～11.1cm，花量较大，单花序6～12朵花；花瓣和花筒的底色为白色，其上分布较密的红色小斑点，所以花朵呈粉红色。栽植4年时开花，以后花量逐年增大，10年后开花量逐渐稳定，开花持续期较长，可达15天，具有较高观赏价值。

四、苗木培育

苗木培育主要采用嫁接和扦插两种方式。

1. 嫁接育苗

（1）砧木培育

宜选择梓树（*Catalpa ovata*）作为嫁接砧木，砧木培育见梓树播种育苗。

（2）砧木的定植

圃地选择 选择灌溉和交通方便的苗圃地。排水良好的缓坡地（坡度<5°）或平地。坡度较大的山地修水平梯田，并修建配套的灌溉设施。以土层厚度60cm以上，土壤结构疏松的壤土、沙壤土等为宜。pH 6~8，含盐量低于0.15%，地下水位低于1.5m。

整地施肥 以育苗前一年秋季进行整地为宜。对选择的圃地清除杂草、杂物等，进行土地平整、翻耕和耙细作业，翻耕深度0.3m以上。结合整地施有机肥30~45t/hm²。

定植时间 一般在嫁接前20~30天进行砧木的定植。北方一般在春季土壤化冻后进行定植，南方一般在2月进行定植。

定植要求 培养1年生苗，株行距30cm×40cm。

浇定植水 苗木定植后浇2遍定根水，定植当天浇1次，隔天再浇1次。

（3）嫁接

接穗采集 选择经国家或地方林木良种委员会审（认）定的良种，从生长正常、主干通直、无病虫害的采穗圃中采集穗条。在冬季停止生长、封顶1个月后，或初春树液流动前采集。

接穗制作 选择1年生健壮、芽饱满、无病虫害枝条，粗度0.5~1.0cm，长度30cm以上。剪除顶梢木质化程度差的部分。剪取接穗时保持剪口平整，防止劈裂。分品种打捆、挂标签编号，详细记录采集的品种、地点、时间、采集人等信息。

接穗贮藏 秋季采集的接穗应在室外沙藏、窖藏或冷库保存。冷库保存温度为0~5℃，用浸湿的麻袋或白色薄膜包装接穗。贮藏过程中及时观察接穗，防止失水、干枯或发霉等。

嫁接 当春季砧木芽体膨大、树液开始流动，且接穗芽膨大前，在无雨天嫁接。嫁接前灌足水，保持土壤湿润。采用木质部贴芽接。在接穗芽基以下1.0~1.5cm处削成带木质部的芽片，在上部横切一刀，接芽片长3~5cm。在砧木离地面5~10cm处选取光滑部位，按照取芽的方式，由上向下垂直切削。将芽片贴于砧木嫁接口上，注意接芽片与砧木切口两者形成层对齐，勿错位。用宽1.5cm左右、长20~25cm的塑料条严紧绑缚嫁接部位。随嫁接随剪砧，将接芽上部砧木剪去，剪口在接芽上部1cm左右，并稍有倾斜，剪砧后立即抹接蜡。

（4）管理

抹芽与除萌 嫁接后至停止生长前，及时抹除砧木和接穗上的萌芽及萌条。

解绑 在嫁接后90~110天当嫁接苗长到50~70cm时解绑。

追肥 嫁接后当年施肥3次，肥料以尿素和硝酸磷钾复合肥为佳。第一次在5月下旬，肥料为尿素，施肥量为150kg/hm²，沟施或穴施。第二次施肥以在6月下旬为最佳，肥料为尿素，施肥量为225kg/hm²，施肥方法同上，施肥位置距苗30cm为宜。第三次施肥应在苗木第二次生长高峰期之前进行，即7月下旬，在距苗40cm处采用沟施法，肥料为硝酸磷钾复合肥，施肥量为300kg/hm²。

松土除草 圃地要经常松土保墒，清除杂草。

（5）苗木调查、分级和出圃

调查 年底对扦插苗进行全面调查，调查指标为苗高、地径。

分级 年底在对苗木全面调查基础上进行分级（表1）。

表1 楸树嫁接苗质量分级标准

生长指标	Ⅰ级	Ⅱ级
地径（cm）	≥2.5	2.0~2.5
苗高（cm）	≥190	150~190
苗干	通直，色泽正常，无机械损伤，无病虫害，嫁接愈合良好	
根系	根系新鲜、发达，分布均匀	

苗木出圃 苗木品种纯正。苗干通直、色泽正常，根系发达，分布均匀，无机械损伤，不失水或很少失水。起苗前2～3天内灌水，使土壤湿透，少伤根。出圃苗除符合表1规定外，还必须根系发达，苗木长势好，无机械损伤。

出圃时间 当年嫁接的苗木，宜在年底或第二年春出圃。

起苗前2～3天内灌水，使土壤湿润，根系水分充足，减小起苗引起的根系机械损伤；起苗时尽可能多带侧根、毛根。春季嫁接的苗木，宜在落叶后到第二年春季萌芽前出圃。

2. 嫩枝扦插育苗

（1）培育穗条

根段或硬枝穗段采集 秋季落叶后，从良种或新品种楸树采集直径为1.5～3.0cm的根，截成长度为40～50cm的根段；秋季落叶后或春季萌动前，采集1年生苗干或树干基部的萌条，截成长度为50cm左右的穗段。根段或穗段的越冬贮藏方法同上。

催芽床制作 在温室或温棚中，将地面清理干净、平整后，先撒施一遍呋喃丹，杀灭地下害虫，用量为5g/m²（3%粒剂）。催芽床宽度为1.0～1.5m，长度依据需要设置，四周用砖砌成，高度20cm。床底铺10cm牛粪或锯末，然后铺一层6～8cm厚的细河沙，撒施3%的呋喃丹与25%的多菌灵按1∶1混合的药粉，用量为10g/m²，2天后喷一遍清水。

埋根或干 在我国中部、南方及西北地区分别于3月上旬、2月下旬和3月中下旬进行。按照品种，将根段或苗干整齐排列，间距为3～5cm。埋入河沙中，埋藏深度为3～4cm，使覆沙厚度达到2cm即可。每天白天每隔2h进行温度和湿度观测。催芽床温度保持在12～25℃，室温或棚温保持在15～30℃；相对湿度保持在75%～80%（注意观测沙子湿度，以手握成团为佳，若过干则进行喷水处理）。补水时采用喷雾器向催芽床喷水，防止将表层河沙冲毁。

嫩枝插穗采集 根段或苗干上的芽萌发后，快速生长。当嫩枝高度达到8～12cm，具4～6片叶，呈半木质化状态时，进行嫩枝采集。采集时，用手从基部将嫩枝掰下。

（2）嫩枝扦插

插床准备 设置在温室或温棚内，插床底部铺厚度为5～10cm的牛粪或锯末，然后铺10cm左右厚的细河沙。扦插前3天，对插床进行消毒、灭菌处理。在河沙上撒施3%的呋喃丹与25%的多菌灵按1∶1混合的药粉，用量为10g/m²，2天后喷1遍清水。

激素处理 扦插前，插穗在浓度为100mg/L的ABT1号溶液中浸泡0.5h，或在浓度为500mg/L的萘乙酸（NAA）溶液中速蘸3s。

扦插 在夏季进行。采用随采枝、随处理、随扦插的原则。在整好的插床上，用削尖的竹签（粗度约为3～4mm）打孔，深度为4～6cm。将用激素处理后的插穗垂直插入插孔内，扦插深度为插穗长度的1/2～2/3。插后用手轻轻捏压基部周围河沙，使插穗与河沙紧密接触，防止插穗歪斜等。

密度株行距为5cm×8cm左右，每平方米控制在250株以内。

（3）插后管理

水分管理 扦插后实行严格的水分控制，浇水采用喷雾方式。依据天气情况设置喷水时间间隔，晴天多喷，每小时喷水1次，阴天或雨天少喷。每次喷水使插穗叶片和插床表面湿润即可。

追肥 扦插后每7～9天喷施1次3‰磷酸二氢钾。施肥在傍晚进行。

病虫害防治 扦插后主要对插床进行消毒灭菌和地下害虫防治。每隔7天，将3%的呋喃丹与25%的多菌灵按1∶1混合后溶于水，均匀喷洒到插床上，用量为10g/m²。

（4）炼苗和大田移栽

炼苗 当插穗生根15天后，开始炼苗。主要措施是通风、减少喷水量、增加光照强度等。炼苗时间为15天左右。移栽前4～5天停止浇水。

大田移栽 炼苗后，将扦插苗进行大田移栽。移栽时分品种进行栽植，株行距为30cm×40cm左右（保证苗木当年正常生长）。移栽当天浇定植水，后期进行常规管理。

追肥 整个苗期施肥3次。第一次在5月下旬，肥料为尿素，施肥量为150kg/hm²，沟施或穴施；第二次施肥以在6月下旬为最佳，肥料为尿素，施肥量为225kg/hm²，施肥方法同上，施肥位置距苗30cm为宜；第三次施肥应在苗木第二次生长高峰期之前进行，即7月下旬在距苗40cm处采用沟施法，肥料为复合肥，施肥量为300kg/hm²（麻文俊等，2013；王军辉等，2015）。

松土除草 圃地要经常松土保墒，清除杂草，保持圃地卫生，此外，还要加强灌溉。

（5）苗木调查、分级和出圃

调查 年底对扦插苗进行全面调查，调查指标为地径、苗高。

分级 年底在对苗木全面调查基础上进行分级（表2）。

表2 楸树扦插苗苗木质量分级标准

生长指标	Ⅰ级	Ⅱ级
地径（cm）	≥2.2	1.5~2.2
苗高（cm）	≥190.0	160.0~190.0

苗木出圃 苗木品种纯正。苗干通直、色泽正常，根系发达，分布均匀，无机械损伤，不失水或很少失水。起苗前2~3天内灌水，使土壤湿透，少伤根。出圃苗除符合表2规定外，还必须根系发达，苗木长势好，无机械损伤。

出圃时间 当年扦插的苗木，宜在年底或第二年春出圃。

五、林木培育

1. 立地选择

选择深厚（50~60cm以上）、湿润、肥沃、疏松的中性土、微酸性土和土层深厚的钙质土；不宜选择土壤含盐量超过0.10%、干燥瘠薄的砾质土和结构不良的死黏土；不宜选择干旱、水涝的土壤。在平原地区要求土壤质粒为沙壤土、壤土和土层中有黏土层的土壤，地下水位1.5m以上；山地要求低山山坡下部、河流的两侧、沟谷地带；黄土高原地区要求塬面、沟坡下部、川道。

2. 培育目标

20~25年达到中径材或大径材采伐期，大径材胸径为30cm，中径材胸径为20cm；平均树高达14m以上，年平均树高生长量为0.5~1.2m；平均胸径达24cm以上，年平均胸径生长量为0.6~2.0cm。

3. 造林模式

（1）楸农间作

平原地区非基本农田提倡楸农间作，行距为30~50m，株距4~5m，每公顷60~90株，以培养大径材为主，可兼作农田防护林。在丘陵山地的梯田或条田楸农间作，行距与梯田或条田的宽度相等，株距可采取4~5m，以栽植田埂外沿为主。

（2）四旁栽植

根据四旁的立地条件和周围环境确定单株栽植或群植，要求栽植胸径大于6cm以上的大苗。

（3）片林

在平原地区，设计间伐的株距为2~3m，行距为4m，待胸径达到20cm左右时进行间伐；设计不间伐的株行距宜为4m×5m。低山丘陵和黄土高原的栽植密度比平原地区稍大一些。

4. 造林技术

（1）造林地清理及整地

造林前应对造林地进行清理。春季造林，在前一年的秋末冬初整地最佳。根据立地条件和造林模式分三种整地方式。

穴状整地 适用于楸农间作、四旁植树及坡度不大的岗坡。植树穴呈方形或圆形，穴径50~60cm，深50cm。

鱼鳞坑整地 适用于山坡地。坑呈"品"字形排列，长1.0~1.5m、宽0.5~1.0m、深40cm，坑外缘筑半月形土埂，埂高0.2~0.3m。

水平沟整地 适用于干旱陡坡山地。水平沟一般长3m左右，在山坡上交错排列，土埂面宽30cm，沟底宽30~50cm，深30~50cm。

（3）造林方法和时间

苗木保护 起苗时应保留苗木根系70%以上，起苗后及运输中要注意苗木保湿。栽植前，根系应在水中浸泡1天，使苗木充分吸水。

栽植 北方春季土壤解冻后造林，一般为3月至4月上旬。南方秋末冬初造林，一般为10月至11月上旬，即落叶后造林。采用常规栽植技术，埋土深度超过苗木原土印痕的3~5cm，随栽植、随浇水，要浇足浇透。在平原区为防止干热风危害和促进苗木主干生长，提倡平茬造林。在栽植后距地表面3~5cm进行平茬，并涂抹接蜡，防止水分散失。栽植后第二天，对平茬苗培土堆。按照楸农间作、四旁栽植、片林三种模式确定（郭从俭，1988；王军辉等，2013）。

（4）幼林抚育

抹芽与定干 平茬后，待需要保留的生长最健壮的萌生枝高度达到10~15cm时，及时抹掉其他的萌生枝育干。每年在树木进入生长旺季时，及时抹除主干上萌生的所有侧芽，以保证主干的生长。

截顶造林 翌年发芽前，在幼树主梢上部10~20cm处的芽眼以上1~2cm进行短截，并及时涂抹接口蜡等对植物无害的防水物。

定主芽 在顶部萌芽生长高度5~10cm时定主芽，抹去其他萌芽，促进顶芽生长，以形成高大主干。

修枝 造林第三年应开始修枝，前10年修枝强度枝下高应为树高的2/3，以后修枝使枝下高为6~8m。

（5）施肥、松土和除草

提倡按照营养诊断或施肥试验结果进行合理施肥。造林后应及时松土除草，要连续松土除草3~5年，每年2~4次；松土除草深度5~10cm，随幼林年龄增加，6年以后深度增加到20cm左右，干旱地区应深些。在楸农间作的情况下，行间的松土除草结合农作物的松土除草进行。

六、主要有害生物防治

楸树苗期和幼龄林阶段主要害虫有楸梢螟和根瘤线虫。

1. 楸梢螟（*Omphisa plagialis*）

在每年的5~8月，每隔1周，树干喷施70%吡虫啉500倍液1次。对已遭危害的幼嫩树干，用针管注射70%吡虫啉50倍液防治。

2. 根瘤线虫（*Meloidogyne* sp.）

为防治根瘤线虫，选择新圃地时，深翻，并在播种前进行全面土壤消毒。对已遭危害的树根，用3%呋喃丹根施，在行间挖沟，沟深20cm，单株用药量50g。施后浇水，然后覆土；或用80%二溴乳剂溶液进行病株浇灌。

七、材性及用途

楸树为我国重要的珍贵阔叶用材树种。其为环孔材，早材窄，晚材宽，年轮清晰；成熟材基本密度为0.38~0.43g/cm³，早材和晚材纤维长度分别达到850μm和1000μm以上。楸树干型通直，节少；材质好、用途广、经济价值高。其木材纹理通直，花纹美观；质地较致密；绝缘性能好，耐水湿、耐腐，不易虫蛀；具有较高的涂饰加工性能。因此，楸树主要用于制作高档家具、贴面板材、乐器、造船、枪托等方面。

（王军辉，麻文俊）

附：滇楸 [*Catalpa fargesii* Bur. f. *duclouxii*（Dode）Gilmour]

滇楸是西南地区重要的商品用材树种，主产于云南中北部，四川、贵州、湖北、湖南、广西、广东等省份也有分布。在云南，海拔1500~2500m的平坝地区较为普遍；在贵州，除干热河谷地区外均有分布，主要集中在中部、西北部、南部和黔西南，在海拔1000~1600m的地方多见，最高海拔可达2000m左右。此外，浙江、江苏、山东、陕西、河南、福建等省均有引种栽培。滇楸喜光、喜温暖湿润气候，在年平均气温15℃左右、年降水量1000mm以上的地区生长较好，适宜在土层深厚肥沃、疏松湿润而又排水良好的中性土、微酸性土和钙质土壤上生长。

与同属的其他种相比，滇楸自花授粉可孕性

强，自然结实量相对较大。贵阳市一带多年来都以种子繁殖滇楸苗木。采种以15～30年生健壮母树为宜，果熟期10～11月，以长60cm以上的蒴果为好，其种子饱满、发芽率高（姚淑均等，2013）。

滇楸适宜造林地区为华东、华中、四川盆地以及云贵高原地区。一般立地条件相对较好，但往往灌木、杂草丛生，宜宽带清理，大穴整地，大苗栽植，规格要比北方的标准高。土壤黏重、板结的林地整地应深一些；草根盘结或排水不良的宜林地可以采用高墩式整地（郭从俭等，1988）。

滇楸材质较楸树略差，干缩系数高于楸树，气干容重、顺纹抗压极限强度、静曲极限强度、硬度均低于楸树。

（姚增玉）

附：梓树（*Catalpa ovate* G. Don）

梓树为我国的重要乡土树种，广泛分布于我国东北（辽宁、黑龙江、吉林）、西北（甘肃、陕西）、华北（山西、河北、北京、天津）、华东（江苏、安徽、浙江、山东）、华中（河南、江西、湖南、湖北）、华南（广东）和西南（四川、云南、贵州），以及台湾区域的平原和低山丘陵区，其垂直分布在海拔1000m以下。

梓树为落叶乔木，高达20m，喜光，耐寒，抗旱，耐盐碱。树冠卵形，分枝角大。树皮灰褐色，浅纵裂。叶对生或轮生，阔卵形，先端急尖，基部圆形或心形，3～5浅裂；叶被有毛；叶脉基部有1～6个紫色腺斑。圆锥花序，顶生；花淡黄色，内有2条黄色条纹和紫色斑点。蒴果线形，长10～30cm，常经冬不落；种子梭形，两端有毛，种长0.7～0.9cm，种宽0.25cm左右。花期5～6月，果期9～10月。梓树一般在气候温凉、水分条件较好、土层厚的地方生长良好。

梓树材质好，花纹美观，适用于制作家具、室内装饰、乐器；因其树形优美，花色鲜艳，花量大，也可用于园林绿化；叶片总酚含量较高，具有较强的抗氧化能力；果实中黄酮类化合物含量较高，具有利尿消肿的作用，可入药。

（王军辉，麻文俊）

附：灰楸（*Catalpa fargesii* Bur.）

灰楸与楸树同为梓树属的姐妹种，常与楸树混生，是优良园林绿化树种和珍贵用材林树种。灰楸主要分布于我国甘肃、陕西、山西、河南境内，生长于海拔500～2800m之间的村庄边、山谷中。灰楸在我国西部的汾河、泾河、渭河、嘉陵江等4个流域以及黄河流域均有分布，其中渭河流域、汾河流域主要为天然分布和人工栽培混合，泾河流域天然野生较少，以人工栽培为主，多分布在房前屋后和道路两旁，嘉陵江流域天然野生较多，次生林区较为常见，人工栽培较少。

灰楸为落叶乔木，速生，喜光，稍耐阴，高达25m。幼枝、花序、叶柄均有分枝毛。树皮粗糙，灰褐色至灰白色，有纵纹及裂隙，并有少数圆形凸起的皮孔。花期3～5月，果期6～11月。

苗木培育、林木培育及有害生物防治等参照楸树。

梓树新品种开花（王军辉摄）

（王军辉，麻文俊）

柚木

别　名｜胭脂树、紫柚木（云南）、石盐（海南）、麻栗（台湾）
学　名｜*Tectona grandis* L. f.
科　属｜马鞭草科（Verbenaceae）柚木属（*Tectona* L. f.）

柚木是我国热带、南亚热带地区外来引种的重要珍贵用材树种，栽培历史悠久，在云南、台湾、海南、广东、广西、福建、四川、贵州等省份均有种植。其树叶宽大，生长迅速，干形通直，是行道树、四旁和庭院的优良园林绿化树种。其木材花纹美丽、材质优良，用途广泛，是军舰和海轮等军需与航海的重要用材，用于码头、桥梁、建筑、车厢、高档家具、木地板、雕刻、木器、贴面板及镶贴板等，是世界上最贵重的用材之一。

一、分布

柚木天然分布于缅甸、印度、泰国和老挝，地理位置约9°~25°33′N，70°~104°30′E（Kaosaard，1981；White，1991）；其分布不连续，有印度次大陆和缅甸—泰国—老挝两个独立的分布区，从干旱的稀树草原至潮湿的热带雨林均有柚木生长。垂直分布从海平面到海拔1500m的印度半岛最南部山地，多见于海拔700~800m以下的低山丘陵和平原。2010年，全球柚木天然林面积2903.45万hm²，其中，缅甸1347.9万hm²，占46.42%；泰国874.4万hm²，占30.12%；印度681万hm²，占23.45%；老挝0.15万hm²，占0.01%（Kollert and Cherubini，2012）。

世界引种栽培柚木范围已扩大到非洲、中南美洲和大洋洲，远远超越了25°33′N的原产分布北缘，达到喜马拉雅山南麓和巴基斯坦约32°N的拉合尔一带。据联合国粮食及农业组织（FAO）统计，2010年全球柚木人工林面积为434.64万hm²，其中，热带亚洲359.80万hm²，占82.78%，尤以印度面积最大，达166.7万hm²，其次是印度尼西亚，面积为126.9万hm²，缅甸39.0万hm²，位居第三；热带非洲46.98万hm²，以加纳面积最大，达21.4万hm²，其次是尼日利亚，达14.6万hm²；热带美洲27.04万hm²，巴西面积最大，为6.5万hm²

（Kollert and Cherubini，2012）。

我国早在1820年前，在与缅甸和老挝接壤的云南南部和西南部边境就有零星种植。中国台湾于1900年在高雄等地试种，至1965年营造0.5万hm²；1914年，广东引种于广东省博物馆院内；海南最早在1930年引种于琼中县松涛镇。目前，引种栽培范围遍及8个省份70多个县（市），面积约3.5万hm²，以云南和台湾面积最大，海南、广东、广西、福建、贵州亦有规模种植。

二、生物学和生态学特性

落叶或半落叶高大乔木。树高达50m，胸径达3m。树干通直圆满，老树基部常成凹槽或板根状隆起。树皮暗褐色，条状纵裂或块裂。叶大，长30~40cm，最长可达70cm，宽20~30cm，交互对生，厚纸质。大圆锥花序顶生或腋生，由二歧聚伞小花序组成；花两性，直径0.7~0.9cm，白色或乳白色。核果，近球形，内有种子1~2粒，稀有3~4粒。

柚木生长最适温度为年平均气温22~26℃；其苗木生长最佳的昼夜温度为27/22~36/31℃，平均气温为30/25℃，临界温度为21/16℃。柚木不耐长久低温，尤其是苗木，在霜冻低温下易受害或冻死。一般来说，寒潮对海南、中国台湾以及云南南部热区的柚木栽培影响较小；但在广东、广西和福建南部的局部地区或个别年份，出现气温降至-2~-1℃的大寒潮，即使持续时间短（2~3天），或者遇低温0~5℃、持续时间10天以上的天气，1~3年生幼树易受寒害，导致地上部分或整株死亡。因此，极端最低温度是评估柚木能否种植的最关键指标，而>10℃的有效积温是预估柚木生长与产量的最重要指标之一，原产地>10℃的有效积温在8000℃以上。

柚木天然分布区年降水量变幅较大，500~5000mm均可生长，年降水量1200~1600mm的湿润、温暖热带气候条件下生长最好（Kaosa-ard，1981）。在干旱地区，柚木通常生长缓慢、树体矮小；而在雨量充沛的地方，柚木生长高大（White，1991）；柚木不耐极端干旱，但其生长需3~5个月明显旱季（月累计雨量少于50mm）（Keogh，1987）。柚木不能忍受较长时间积水，超过一周容易死亡。

柚木为强喜光树种，除在小苗出土初期，需短期侧方遮阴外，其他各个生长发育阶段均需要充足光照，不能忍受遮阴和被压。柚木天然分布区内无台风，在静风条件下，干形通直，净干材率高；而多风地区，柚木干形略差。少主根，侧根发达，大部分侧根分布在0~50cm的表土层，易风倒。随着树龄增大，抗风性有所增强，10级风力大树少有严重风害，但也偶有连根拔起的风倒木发生。

柚木能在多种类型土壤生长，如石灰岩、片岩、片麻岩、砂岩、页岩及玄武岩等发育的土壤。但在由花岗岩和片麻岩发育的土壤如沙质、石砾多、孔隙多则生长不良，而在变质砂岩或石灰岩风化缓慢、土层浅薄的土壤则生长较差。泰国中部平原因土壤板结、排水不良，少有柚木种植。因此，在沙质土、重黏土、土层薄（<50cm）和低洼、排水不良、黏重易板结的土壤上不宜种植柚木。

土壤pH被认为是限制柚木天然分布的重要因素之一，生长和发育最适宜的土壤pH为6.5~7.5，也有不少柚木人工林成功种植在pH 5.0~6.0的土壤上，但在pH<4.5的强酸性土壤因铝毒作用影响了根系生长发育，普遍生长不良。

柚木亦是一个喜钙树种，印度中央邦柚木生长好的土壤交换性钙离子浓度超过0.3%，镁与柚木分布也表现出相似的相关性。在钙、镁和磷含量丰富、盐基含量及阳离子交换量高、土层深

广西凭祥热带林业实验中心柚木家具（梁坤南摄）

贵州罗甸柚木组培穴盘苗（梁坤南摄）

海南尖峰岭柚木花枝（梁坤南摄）

厚、通透性好的冲积土上，柚木生长最好。

我国早期引种栽培的柚木生长量达到原产国缅甸以及引种最成功国家如特立尼达和多巴哥、斯里兰卡等的水平。海南尖峰岭10年生柚木人工林平均树高13.4m，平均胸径16.8cm，其中选出的一株优树10年生胸径达到33.0cm，20年生胸径达58.0cm。云南河口红沙沟10年生林分平均树高14.8m，平均胸径15.7cm；河口安家河水肥条件较好的11株四旁柚木，16年生平均胸径达38.3cm。云南勐腊县柚木人工林标准地调查显示13年生最好林分平均树高、胸径和年均蓄积量分别达20.3m、20.5cm和24.15m³/hm²。广东西江林场四旁水湿条件较好的冲积沙壤土上种植柚木，种植后连续4年施肥，16年生时，9株平均树高14.5m，平均胸径32.7cm。种植在广东龙门县冲积土上的一株散生柚木，14年生树高18.0m，胸径45.5cm，单株材积1.7839m³。在广东揭阳酸性土壤的柚木，7年生优势木胸径达22.5cm。在福建长泰6年生优势木最大胸径达18.9cm；而在引种最北缘的福州，栽植在树木园内的14年生柚木平均树高为8.0m，平均胸径14.1cm。柚木萌芽力强，伐后可以萌芽更新，第一年萌芽条高生长达3m左右，以后逐年生长稳定。

柚木实生林通常8～10年生正常开花，也有27年生优树尚未开花的记录。柚木个体第一次开花通常是由顶芽发育成花芽，因此，开花早的个体导致主干分叉，净干材低。柚木属虫媒花植物，其花期5～9月。尽管单个圆锥花序有数千个花蕾形成，但每日同步开花数量少，花期持续达2～4周，单朵花开花时间仅10h，最佳授粉期仅3h（10:00～13:00），仅有0.5%～5%的花自然发育成果。花期多雨和台风、自交不孕率高（96%～100%）、授粉昆虫不足、日开花数量少、最佳授粉期短等是柚木结实率低的主要原因（梁坤南等，2006）。

三、良种选育

20世纪70年代初，中国林业科学研究院热带林业研究所开始柚木系统引种与遗传改良。

1973年联合国粮食及农业组织/丹麦林木种子中心组织了柚木国际种源试验的多边协作，1974年，丹麦国家林业代表团访问我国，赠送5个国际地理种源；1981年我国又从联合国粮食及农业组织/丹麦林木种子中心获得9个国际地理种源，分别在广东、广西等省份4个地点进行了柚木地理种源区域性试验，其中的几个印度种源为我国柚木抗性（抗锈病、抗旱等）育种奠定了基础。40多年来，我国通过收集保存了12个国家106个种源（其中72个为国内次生种源）309个家系632株优树，在海南尖峰岭、广西凭祥、云南河口和广东揭东等地构建了柚木育种群体和生产群体95hm²；开展了94个种源245个家系328个无性系的大田试验和实验室测定，为各地区选出速生、抗性和材质优良的种源67个、家系89个以及包括金柚木和黑丝金柚木在内的优良无性系98个，其中4个种源、19个无性系兼具有抗病、抗旱、抗风和速生等多个优良性状。20世纪80年代初，采用1～2年生萌条和苗茎尖组培增殖，在国内率先生产出柚木组培苗，"九五"期间采用优树侧芽组培，取得突破性进展，形成了一套成熟的组培快繁及移植生根技术，现有10余个无性系实现工厂化大规模组培生产。"十五"期间开展采穗圃营建和嫩枝扦插技术研究，成功扦插繁殖出生根无性系。"十二五"开展了柚木种源水平的遗传结构、遗传变异、亲缘关系的研究，摸清了柚木28个种源遗传变异规律和遗传结构，构建了我国柚木26个无性系的DNA指纹图谱，为品种权的保护、品种鉴定奠定了基础。

四、苗木培育

1. 实生苗培育

（1）种实采收与贮藏

柚木种实12月至翌年3月成熟。当种实的宿存花萼由青色变枯黄色即可采种。应选择实生或无性系种子园、母树林或树龄15年以上优良林分中干形通直、圆满、无病虫害的母树采种（梁坤南等，2010）。采集后在太阳下暴晒，搓去宿存的花萼，然后装入布袋，置于干燥通风处存放。

如数量大，建议密封贮藏于冷库中，可存放2～3年；如数量少，则可瓦罐密封存放1年、干燥器密封存放2～3年或5℃低温的冰箱内密封存放多年。

（2）种实催芽处理

柚木种实千粒重为280～900g，每千克1100～3500粒。种实外被毡状绒毛，内果皮骨质，透水透气性差。播种前必须进行种实催芽处理，否则种子发芽率低，发芽持续时间长，甚至延续到第二年。

种实催芽常用方法（李炎香，1985；梁坤南等，2010）有以下3种。

石灰浆浸沤法 种实与石灰粉按5∶1的重量比置于容器内，加清水搅拌成浆，面撒少量石灰粉，以不见种实为度。浸沤8～10天，以中果皮变软至用手捏去为度，取出种实，放入臼内，轻轻舂捣去中果皮、洗净可播种。发芽率达80%左右，成苗率为95%。

冷热干湿交替法（变温法） 清晨将种实摊晒于水泥地板上，午后气温最高时，堆积种实，淋透清水，用薄膜覆盖，重复此过程7～10天，

印度1846年造的现存最大柚木，材积24.46m³（梁坤南摄）

即可播种。该法适于干热少雨季节处理大量种实。发芽率达65%左右，成苗率90%。

综合处理法 先采用石灰浆浸沤5天，冲洗果实至干净，再日晒夜浸法处理5～7天，至脱去大部分绒毛后播种。催芽效果优于上述两种方法。

此外，还有生长激素处理法（适用于种子量少或科研目的，催芽效果极好）、农用薄膜覆盖法、浓硫酸处理法、坑沤法等。

（3）播种与床苗管理

避免选择菜地、木薯地等作苗圃。圃地经多次犁耙翻晒后，平整做成1m宽、25cm高的播种床，床面均匀撒入1cm的火烧土与细沙各50%的混合土。播种时间宜在3～4月，除海南外，8月后不宜再播种。采用撒播，每平方米播种约1kg。在每天太阳最烈、地表温度达最高的午后（下午13:00～14:00时）浇水。播后10～15天开始发芽，每粒种实一般出苗1～2株，少数3株。

（4）苗木培育方式

当苗高3～5cm、出现1对真叶时，按以下方式培育苗木（梁坤南等，2010）。

截干苗培育 按发芽先后移植小苗至床宽1m、高25～35cm的种植床，适当遮阴，至小苗恢复生长。移植株行距为（20～25）cm×（25～30）cm，每公顷产苗9万～12万株。加强水肥管理，10～12个月后可出圃，出圃苗地径1.5～3.5cm，离地面2～3cm左右截干，地下留主根长15～20cm，修剪侧根和须根后可上山造林。

小棒槌苗培育 当播种床的种子发芽率达50%后，在床内间密补稀，控制密度为250～400株/m²，每公顷产苗170万～280万株。这种密度控制方式的苗木主根呈"小棒槌"状。出圃时按上述截干苗要求制备苗木。

营养袋苗培育 营养袋大小采用7cm×14cm的规格，每公顷可产苗150万～160万株。营养土基质用60%～70%新表土、30%～40%火烧土，外加3%～5%钙镁磷肥混合配制而成。当芽苗长出1对真叶时，可移植入袋。移植后10天，用复合肥（氮∶磷∶钾＝15∶15∶15）与尿素按4∶1

混合，配制成0.3%～0.5%的水溶液淋施，施后即用清水淋洗，此后每周施肥一次。可适当追施0.5%～1.0%钙肥和磷肥。苗高20～30cm时可出圃。

2. 无性系苗培育

国内柚木种子园面积小，产种量低，良种实生苗大规模造林比较困难。目前，组培快繁已达规模化生产，随着今后无性系良种的审定，采用优良无性系组培苗或扦插苗造林，将成为发展趋势。

（1）无性系材料选择

选择的无性系材料是经区试测定的优良无性系或选育的优树。

（2）组培繁殖与移植前制备

采取成年优树中上部侧枝顶芽，用75%酒精处理30″+0.5%升汞处理45″，然后切除顶芽周边组织后，用MS培养基附加2mg/L 6-BA培养25天，继代增殖的6-BA与盐浓度比控制在1/3900～1/3600之间，加入适量IBA和0.25mg/L的GA₃制成TM培养基。经过继代培养的无根瓶苗，经炼苗10～15天后取出，剪去其下部的愈伤组织和近切口处小叶，以备扦插。

（3）采穗圃营建与插穗剪取

以0.5～1.0年生无性系组培苗建立采穗圃，按床宽100cm，株行距40cm×30cm，每床4行种植，步道宽50cm。3～4月定植母株，6～7月施150g/m²五氧化二磷和100g/m²氧化钾，翌年3月截干，留干高15cm。4月中下旬当侧芽长至7～10cm剪取扦插，间隔7～10天剪取一次。每根穗条留顶芽及2～3对叶，顶叶小则全留，大则剪去1/2，其余叶片剪去2/3～3/4。每年采条时间为4～8月，每月可采2～3次。每次采条后喷施1%的复合肥（氮：磷：钾＝15：15：15）和加喷100mg/kg的6BA，以提高采穗量（梁坤南等，2010）。

（4）扦插苗管理

无根组培苗和采穗圃嫩枝的扦插与培育必须在具自动喷雾系统设施的阴棚中进行。制备好的组培小苗和插穗蘸粉状或糊状生根剂（1kg滑

云南景谷柚木6年生无性系测定林（梁坤南摄）

石粉+0.05mg IBA调配），移植至消毒基质（黄心土：泥炭＝1：2或黄心土：河沙＝1：1或泥炭：黄心土：椰糠：蛭石＝5：2：2：1）的容器（8cm×12cm的塑料薄膜袋或轻基质无纺布网袋或50孔深11cm的聚苯乙烯林木穴盘）。扦插后塑料薄膜全密封覆盖保湿，强光照下，薄膜上加盖一层遮阳网。喷雾次数以保持叶片坚挺新鲜为度，晴天次数增加，阴雨天适当减少，20～30天后揭开薄膜两端，30～45天后揭开薄膜，早晚各淋水1次。生根前，每星期喷1次0.3%复合肥（氮：磷：钾＝15：15：15）或0.2%～0.3%磷酸二氢钾的水溶液。生根后，将复合肥（氮：磷：钾＝15：15：15）与尿素按4：1混合，配制成0.1%～0.2%浓度的水溶液，5天喷施一次，随幼苗生长逐渐加大浓度（不得超过0.6%）。施肥后立即薄淋清水一次。棚内或床内温度宜保持在25～30℃范围内。温度过高时，在薄膜上喷水降温。扦插后1个月，揭去棚四周的遮阳网；2个月后揭开顶部的遮阳网。插后每隔2～3天，交替喷800倍的多菌灵、甲基托布津和0.1%的高锰酸钾溶液各一次，之后每隔5天交替喷施。发现腐烂插条，及时清除（梁坤南等，2010）。

不同无性系扦插生根率不一，组培苗扦插生根率85%～95%，采穗圃嫩枝扦插生根率为

70％～90％，一般出圃率为60％～90％；出圃规格为苗高25～35cm，苗木健壮，根系发育良好，无病虫害；采穗圃嫩枝扦插要求新出叶2～4对。

五、林木培育

1. 立地选择

柚木对气温敏感，历年极端最低气温必须在－1.0℃以上，无霜或短暂轻霜。小地形应为避风、开阔、向阳的平地、坡地及河谷盆地。不宜选择寒流通道及冷空气易沉积的低洼地和谷底造林。在适宜的生态气候区域，选择pH 5.5～7.5（最适pH范围为6.5～7.5），盐基饱和度＞30％，钙、磷、钾、镁和有机质含量较高（尤其是钙含量高）的土壤，以土层深厚（＞80cm）的土壤或排水性好的冲积土最好，在沙质土、重黏土、土层薄（＜50cm）和排水不良的土壤则生长不良。如土壤pH 4～5，则应通过施碱性肥料、改土适树或选择耐酸性的柚木无性系（梁坤南等，2010）。

2. 整地

整地方式 坡度在25°以上山地、土壤立地条件较差，水蚀严重地带，宜采用穴状整地；坡度15°～25°的山地，宜带状整地，挖平台，宽1m；地势较平坦、便于机械作业的台地可机耕全垦。

造林密度 视立地条件、集约经营强度以及是否混交等确定：立地条件好、集约经营程度高或采用良种，宜采用1000～1111株/hm²，即株行距2.5m×4.0m～2.0m×4.5m或带状造林的2m×2m×7m～2m×2m×8m；立地条件一般或受台风影响的地方或采用普通实生苗造林，宜采用1667～2500株/hm²（2m×3m或2m×2m）。

植穴规格 根据整地方式而定。采用穴状整地宜60cm×60cm×50cm；带状整地和全面整地宜50cm×50cm×45cm。如施基肥量大，则要求植穴更大些。一般要求在雨季或春季前完成整地为好，植穴和挖出的土壤经过1个月的风化。

3. 造林

（1）壮苗选择

苗木宜选用Ⅰ级和Ⅱ级的容器苗、截干苗和

小棒槌苗造林：容器苗高14～36cm、截干苗地径1.5～3.5cm、小棒槌苗的棒槌度（主根段膨大处直径与地径之比值）1.57以上。

（2）施基肥

柚木造林需施足基肥，每穴施1.0～1.5kg钙镁磷肥和1～2kg有机肥为宜，可每穴追加0.5～1.0kg沸石作为肥料增效剂。如土壤pH低于5，则要追加1kg石灰作基肥。

（3）种植时间与方法

春季或雨季造林，造林时应注意深栽。截干苗和小棒槌苗种植时，回土应覆盖截干处1cm，穴面成龟背状，防止穴面积水，以免烂根影响成活。容器苗种植时，覆土应高于苗茎土痕2～3cm，晴天需剪去2/3的叶片后种植。截干苗和小棒槌苗一般栽后半个月开始萌芽抽梢，成活率达95％以上，而容器苗的成活率会更高些。

4. 抚育

（1）幼林抚育与施肥

柚木为强喜光树种，早期生长不耐杂草竞争，加强幼林的抚育管理是提高柚木保存率、促进生长的最关键技术措施。造林当年需抚育2次，第二至第五年每年抚育3次，除草松土与扩穴，抚育结合施肥，效果更好。追肥则以复合肥为主，在造林第二至第四年每年开始萌芽后半个月施复合肥1次，每次100～250g/株。造林当年的10月施钾肥100g/株，以增强柚木的抗寒能力。此外，酸性土壤追肥要视土壤条件和植株营养状况增施有机肥和碱性肥料。追肥方法可采用穴施或沟施，即在幼树两侧，距树干基部25～50cm（第一年25～35cm、第二年至第四年40～60cm）处各挖一个长、宽、深为20cm的施肥穴，或开环形沟，或在株间开沟，沟深20cm、宽20cm、长60～80cm，施肥后覆土。在坡度较大的低山、高丘应在上坡树行间内侧开施肥沟（梁坤南等，2010）。

（2）幼林管护

在抚育管理时，应摘除基部的萌芽条，以促进主干的生长。台风过后要及时扶正歪斜的受害株，如有风倒、风折的，可再行低截干处理（平

茬），让其重新萌芽生长。同样，植后1～2年内植株弯曲、歪斜或生长不良等，可进行平茬，使其形成通直的树干。平茬时间可在4月左右进行。平茬后应及时定株，以免影响生长。

偶有霜冻发生的地方，对1～3年生幼林采取以下措施：在冬季来临之前，每株施150～200g氯化钾，并对根颈培土；清除枯枝落叶，铲除杂草；在谷底、低洼处，用杂草、谷壳、木屑等熏烟增温；石灰浆涂干1m高。林木冻害后，当气温回升时采取以下措施：及时追施复合肥（氮：磷：钾＝15：15：15），每株100～200g，施肥后培土；剪除冻死的顶芽；留1个顶芽生长；及时平茬地上部分冻死的植株。

（3）修枝与间伐

林分郁闭后分期进行修枝，间隔期为3～4年。修枝自下而上，每次修枝高度不超过树高的1/3。切口与树干平行，平整光滑，切忌损伤树皮。

柚木轮伐期一般30～35年，立地条件较好或高集约栽培的人工林可缩短至20～25年。在立地条件较好或集约栽培的条件下，柚木幼林可在6～7年生开始第一次间伐，间伐强度视造林密度、林分生长情况、立地及混交的伴生树种情况等确定，一般为25%～35%。第一次间伐后5～6年再进行第二次间伐。间伐原则为砍弯留直、砍小留大、砍劣留优、砍弱留强、砍坏留好、留疏间密。通过多次间伐后，最终保留225～375株/hm²培育大径材。

5. 混交与间种

提倡混交造林，以增大林地覆盖度，改善土壤结构与营养状况，且实现提早郁闭，减少抚育次数等。混交或间种的树种宜采用豆科或非豆科固氮树种，如台湾相思、大叶相思、厚荚相思或木豆、花梨等乔木固氮树种，或套种花生、大豆等矮秆作物或山毛豆、柱花草等豆科固氮植物；林下可种植如砂仁、益智等南药。必要时对乔木混交树种进行修枝，减少对柚木生长的影响。柚木与混交树种混交比例可以1：1或2：1，行距以柚木间和柚木与混交树种间等距为宜。

六、主要有害生物防治

1. 柚木白绢病（*Sclerotium rolfsii*）

柚木白绢病为菌核性根腐病，常出现于8～9月阴雨天的分床苗，严重时，发病率达40%。苗木基部接近土处感病变褐色，叶片逐渐枯萎，根皮层腐烂。防治方法：对轻病圃地应拔除病苗烧毁，清除病源，整地时施石灰可减轻下一年度的病害；有机肥需充分腐熟后施用；发病初期用石灰水或杀菌剂浇灌苗根。

2. 青枯病

由*Pseudomonas solanacearum*引起，通常发生在6个月至2年生幼树。发病初期，叶片失去光泽，变黄，然后枯枝，最后全株枯萎死亡；根系部分，先从细根开始腐烂，然后是侧根和主根。其与根腐病的区别在于，根木质部变黑褐色，横切面可见黄色菌浓，而根腐病无黄色浓浊的菌液。防治方法：避免选用种过茄科作物和花生等土地育苗，施用有机肥要充分沤熟；发现病苗清除烧毁；发现刚染病的植株，将病部切除后用杀菌剂消毒，而对于发病严重的幼苗要及时清除，连根烧毁，并用石灰对穴土消毒。

3. 柚木锈病

由柚木周丝单孢锈菌（*Olivea tectonae*）所引起，于苗期或幼林期的叶背成片产生铁锈色的夏孢子，正面叶色变黄或呈小块枯斑，严重时落叶，生长量受到影响，干热气候有利于该病的发生。防治方法：可采用杀菌剂或通过疏伐、修枝等方法防治；也可通过抗性育种，选用具抗锈病的种源或无性系。

4. 柚木野螟（*Eutectona machae-ralis*）

柚木野螟是一种专吃叶肉的雕叶虫。在海南省尖峰岭1年发生11～12代。海南省旱季柚木落叶，虫口甚少，随着雨季到来，新叶萌发，虫口数量增多，生长季（海南7～8月）达到高峰，进入9月后叶变老，或受台风影响，虫口数量下降。幼虫蚕食叶肉，严重时整株叶片的叶肉被吃光，仅剩下网状叶脉和维管束，林相如同火烧一般，严重影响柚木生长。成虫白天藏匿于林内杂草灌丛，加强幼林抚育除草，可破坏成虫的栖息环境；成虫晚上飞翔，有一定的趋光性，可用黑光灯诱杀；营造混交林，注意保护及引进赤眼蜂等天敌。发生虫害时可用杀虫剂或白僵菌喷杀。

5. 柚木弄蛾（*Hyblaea puera*）

柚木弄蛾又称全须夜蛾，一种食嫩叶害虫，在海南尖峰岭1年发生12代。幼虫仅取食嫩叶的叶肉和叶脉，在嫩叶边缘处咬一半圆形缺刻，以丝折叠该处叶片，置身其中，严重时整片叶仅留几根主脉。6月中旬至7月中旬虫口数量最多，以后随着柚木叶变老变硬而虫口骤减，除在苗圃及一些萌条的嫩叶上可见少量幼虫外，成林树上则很难见到幼虫危害。老熟幼虫多在树上化蛹，大发生时可在地上灌木、杂草上化蛹。成虫夜间羽化。成虫白天躲于林下杂草灌丛、落叶等暗处，有较强的趋触性，夜间飞翔能力强，有一定的趋光性。防治方法：苗圃或幼林受害，可用杀虫剂进行喷杀；成林或郁闭林分受害，可用白僵菌或青虫菌进行防治，同时加强幼林抚育除草，破坏成虫的栖息环境。夜间可进行灯光诱杀。

6. 柚木豹蠹蛾（*Xyleutes ceramicus*）

该虫为柚木蛀干害虫。严重时虫口处以上部分枯死，容易折断。防治方法：可用刺激性较强的农药注入虫孔，以泥团封闭虫孔；或与糯米粉制作黏性强的毒饵，堵死虫眼，熏死幼虫于内；成虫出现前用石灰涂白树干，可防止产卵。

七、材性及用途

柚木心材呈黄褐色至暗褐色，密度中等，基本密度为0.49～0.62g/cm³，气干密度0.58～0.69g/cm³，强度大；纹理通直，结构致密而美观，耐磨损；硬度适中，易于加工；干缩小，不翘不裂，抗压和抗弯曲力强；耐水耐火性强，能抗白蚁和其他虫蛀，极耐腐。木材触之有油性感，新切面具天然芳香气味。国外常用柚木的物理、力学性能等指标作为衡量其他树种木材材质优劣的标准。

柚木木材是古代用于宫殿、庙宇和建筑以及制造高档家具、高级木地板、室内装修、乐器外壳和雕刻工艺品的上等材料。印度和缅甸有些宫殿庙宇中的柚木梁，超千年仍完好。泰国建有世界规模最大、质地最优良的全柚木宫殿，称金柚木宫、云天行宫。

柚木具耐腐性、抗虫蛀，与金属结合不易变质或变黑等特性，是船舶、军舰甲板和木渔船舷侧板的首选材，被航海者认为是世界上最万能的硬木。暴露在外的柚木甲板，在海水侵蚀和阳光暴晒下，不翘不裂。柚木也是露天建筑、桥梁等的优质材料。户外柚木制品、家具不需上漆，可经受热带酷暑、严冬暴雪和绵绵雨季的考验，不会降低其强度。木材对多种化学物质有较广的耐腐蚀性能，适宜制作化工厂及实验室的桌、椅、试验台板和容器等，在油田作业中主要被用来承受腐蚀，适应沙漠极度干燥环境，以及用于因绝缘漏电易导致爆炸危险的工业材。

柚木木屑浸水可治皮肤病或煮水治咳嗽；花和种子有利尿功效。在菲律宾，花和根的提取物用于治疗白癜风、痢疾等。从花提炼的精油可促进生发，也可治疥疮。木粉做成的膏药可治头痛。在缅甸，从木材提取的精油可代替亚麻籽油的药用功效。从其树叶中提取的一种染料，可为丝绸、毛织品和棉织品的着色剂。

（梁坤南）

别　名 | 云南石梓、滇石梓（云南）、酸树（云南）、甑子木（云南）
学　名 | *Gmelina arborea* Roxb.
科　属 | 马鞭草科（Verbenaceae）石梓属（*Gmelina* L.）

石梓是热带、南亚热带地区优良速生珍贵用材树种之一，生长快，材质好，其木材性能与世界名贵材柚木相似，价值高，用途广，适用于高级家具、室内装修和造船等，也是优良的造纸原料。其树形优美，花多且色艳，也可作为园林绿化树种。

一、分布

石梓天然分布于亚洲的孟加拉国、斯里兰卡、印度、巴基斯坦、尼泊尔、缅甸、泰国、柬埔寨、老挝、越南和我国西南部，位于5°~30°N，70°~110°E，垂直分布在海拔50~1300m（Alison et al., 2011）。我国西双版纳、德宏以及普洱和临沧南部属其天然分布的北缘。

石梓被广为引种到亚太地区的马来西亚、菲律宾、印度尼西亚、斐济、所罗门群岛等，非洲的塞拉利昂、尼日利亚、冈比亚、象牙海岸、马拉维、加纳、喀麦隆和拉丁美洲的巴西、洪都拉斯、巴拿马、哥斯达黎加、厄瓜多尔、萨尔瓦多、危地马拉、墨西哥、哥伦比亚、委内瑞拉等国家和地区，业已成为一个重要的商品林树种；在我国海南、广西、贵州、广东、福建等地有引种栽培。

二、生物学和生态学特性

落叶大乔木。高达35m，胸径可达1m。树皮灰棕色。叶片厚纸质，广卵形，近基部有2至数个黑色盘状腺点。聚伞花序组成顶生的圆锥花序；花萼钟状，顶端有5个三角形小齿；花冠黄色，二唇形，上唇全缘或2浅裂，下唇3裂，中裂片长而大；雄蕊4枚，二强，长雄蕊及花柱略伸出花冠喉部；子房无毛，柱头不等长2裂。核果椭圆形或倒卵状椭圆形，成熟时呈黄色，干后黑色。花期4~5月，果期5~7月。

石梓常天然散生于湿润落叶林与半湿润落叶林中，在旱季较长地区呈灌木状。降水量是影响石梓生长的重要因素，其次是气温和土壤含水率。适生区年降水量为1800~2300mm，且有明显旱季，但相对湿度不低于40%。石梓喜高温，最适温度范围为19~35℃（Lamb，1968）。在海南尖峰岭生长旺季为6~11月，生长最旺盛时期平均气温在22~29℃，20℃以下生长缓慢，能适应0~2℃的低温，但不能忍耐急剧降温（李炎香等，1990）。

石梓属喜光树种，为浅根系树种，适宜静风环境，台风制约其在沿海地区发展；对土壤类型和成土母质要求不严格，可适生于如酸性土壤、石灰性土和红壤，但在土层深厚、肥沃、富钙和pH 5~8的土壤上生长最好，忌排水不良的土壤，在干旱贫瘠或板结土壤上生长较差。

中国林业科学研究院热带林业研究所石梓果和种子（梁坤南摄）

石梓为速生树种，早期生长较快。在适宜立地条件下，5年生树高年均生长量一般为1.5~2.0m，胸径年均生长量2.0~2.5cm，以后逐渐下降。海南尖峰岭热带树木园引种的32年生树高22m，胸径54cm。石梓萌芽能力强，基部萌条嫩枝扦插生根容易。

石梓开花较早，3年生即可开花结实，一般先于叶开放。

三、苗木培育

石梓育苗目前主要采用播种育苗方式。

种子采收、处理与贮藏　宜选择10年生以上的健壮母树采种。当果实成熟从树上掉落时仍呈绿色，1周后变为黄色，此时种子才成熟，约3周后果实变褐色和黑色，种子开始腐烂。可将绿色果实平摊于阴凉处，厚度不超过15cm，待果实变黄后须在24h内去除果肉、洗净并晾干种实。采集果实宜用布袋和网袋，避免阳光暴晒。

果实出种率一般为5%~8%，因种源或产地而异，每千克种实660~3000粒，平均每千克1600粒；每个种实含1~3粒种子。新鲜种实易发芽，种实发芽率为90%~187%（Lauridsen，1986）。种实贮存的安全含水率为10%~11%，以干燥器或4~6℃低温贮存效果最佳，贮藏6~12个月发芽率未见明显下降；室内常温贮藏6~12个月，发芽率即丧失60%~100%（魏素梅和李炎香，1989）。

种子催芽　国外将种实埋入湿润沙土中，置于约26℃黑暗环境30天。我国主要采用浸沤法、浸晒法、中午淋水法和温箱湿沙催芽法。浸晒法和中午淋水法适用于干热季节，浸沤法除低温季节不适用外，其他季节均适用；而温箱湿沙催芽法最适用于低温季节（魏素梅和李炎香，1989）。

播种育苗　宜选用沙壤土筑床，采用散播方式，发芽后分床移植培育截干苗，或移苗上袋培育容器苗。海南宜在7~8月播种，而在大陆地区，宜在3~5月气温回升后即播种。

容器育苗　用5cm×10cm规格的塑料薄膜袋，以黄心土加20%~30%的泥炭土或火烧土、3%过磷酸钙为基质。芽苗1~2片真叶后即可移苗，移植后浇透水，每天早晚1次，移后1周内适当遮阴。20天后每周喷施1次0.1%尿素溶液，在苗木出圃前应停施氮肥，改施磷钾肥以提高苗木质量。

四、林木培育

1. 造林地选择

适宜栽培于年降水量1200~2500mm、年平均气温>20℃、极端最低气温≥−1.5℃的北回归线以南地区。选择冲积盆地、山间谷地、山洼、坡麓、坡脚地形及静风环境，要求土层深厚、肥沃、排水良好，pH 4.5~7.5的土壤。

2. 整地

采穴状或带状整地，挖穴规格为60cm×60cm×50cm。造林株行距一般为2m×3m，以便提早郁闭、培育通直干形。若立地条件好、经营水平高，可采用3m×3m或3m×4m株行距。

3. 造林

基肥　造林前每穴施磷肥0.5kg和1~2kg堆沤的有机肥作为基肥。

壮苗选择　选择地径≥1.5cm的截干苗造林或苗高25~40cm的容器苗造林。截干苗地上部分留苗干高3~5cm，地下主根留20~25cm长，剪除所有须根和侧根。

定植　广东、广西春季造林，海南、西南地区雨季造林。截干苗造林时，回土穴面成龟背形，截干顶埋入土面1cm。

定株　截干苗在造林后3~4个月结合第一次抚育选择萌条，每穴保留1~2根通直健壮萌条，待第二年抚育时选留1根。

4. 抚育间伐

造林后头两年需要加强抚育管理，每年砍草、松土扩穴2~3次，并进行修枝整形。若主干弯曲或受低温伤害，宜在其萌动前及时平茬重萌。造林后3~4年开始郁闭，可适当减少抚育，重点砍除藤蔓。每年结合抚育施复合肥1次，每穴150~200g。选择萌条后的1~2年内要注意抹芽修枝。

培育大径材宜于第5、10、15年进行间伐，最终保留300~450株/hm²；经营短轮伐期纸浆材林则无需间伐。

五、主要有害生物防治

石梓病害较少，苗期病害可用杀虫剂喷杀。而危害石梓最严重的害虫主要有石梓金花虫（*Craspedonta leayana*）、粗盘锯龟甲云南亚种（*Basiprionota sexmaculata rugosa*）、黄带并脊天牛（*Glenea indiana*）和石梓长足象（*Alcidodes* sp.）等，尤其是石梓金花虫，以幼虫、成虫危害叶片，在海南5~7月、云南6~8月受害严重。防治方法：人工捕杀成虫；4~5月间喷洒化学杀虫剂，杀死幼虫、卵和蛹。石梓长足象蛀食嫩梢，用杀虫剂液涂抹受害枝条，可杀死髓部幼虫。

六、综合利用

石梓木材构造、力学性质与柚木相近。其为散孔材，心材浅黄色或草黄色，与边材区别常不明显。木材具光泽，纹理交错或波状，结构均匀，重量轻，干缩比小，耐腐，锯刨加工容易，刨面光滑，可用于室内装修、家具、造船、车辆、桥梁、建筑、单板、胶合板、雕刻、模具等；材色淡，易漂白，制浆性能优，造纸光洁度高，是一种优良的制浆造纸用材。西双版纳少数民族喜用其作木甑子蒸饭，可防米饭变味。其花为傣族传统食材，具保健作用；具特殊香味，可供提取食用色素和香料。树皮研粉具止血、消炎、消肿等功效。树形优美，花多且色艳，是一个优良的道路绿化和庭园观赏树种。

（梁坤南）

附：海南石梓（*Gmelina hainanesis* Oliv.）

别名石织（海南）、个片公（海南东方）、苦梓。海南岛特有树种，产于海南东南与西南部的万宁、陵水、三亚、乐东、东方以及中部五指山一带的屯昌、保亭、琼中和五指山，现已引种至

海南尖峰岭国家森林公园路边海南石梓（梁坤南摄）

广东、广西、云南、福建、江西等省份。木材耐腐，干燥后极少开裂，木材结构和物理力学性质与石梓相近，但干形通直度比石梓稍差，适作造船、建筑、桥梁及高级家具等用材。

该种形态特征与石梓区别在于：前者嫩枝圆柱形，花萼裂片大，阔三角形，子房有毛；而后者则嫩枝扁平，花萼裂片尖三角形，子房无毛。

海南石梓天然分布于海南，散生于海拔750m以下山地和丘陵的半落叶季雨林和常绿季雨林中，以雨量丰富的海南山地外围的次生季雨林中生长最好，如吊罗山林区边缘的山地以及尖峰岭和黎母岭等山腰地带，常有小块群状分布；喜温暖、风小的环境，怕霜冻，在极端最低气温-1℃以下受寒害；在土层深厚、肥沃湿润的沙质壤土和粗砂砾土上生长良好。

海南石梓苗木培育、林木培育与有害生物防治参照石梓。

（梁坤南）

303 牡丹（油用）

别　名｜富贵花（南京）、百两金（《唐本草》）、木芍药（《本草纲目》）、天香国色（《广群芳谱》）、
　　　　鼠姑（《神农本草经》）、花王、洛阳花
学　名｜*Paeonia suffruticosa* Andrews
科　属｜芍药科（Paeoniaceae）芍药属（*Paeonia* L.）

牡丹是我国传统名花中的精品，素有"国色天香""花中之王"的美誉，具有悠久的栽培历史，具有较高的观赏价值，还可用作鲜切花，插制插花作品供观赏和礼仪之用；具有药用价值，牡丹根和叶片中的药用成分具有镇痛散瘀和抑菌作用；具有极高的食用价值，油用牡丹籽油含油率可达24%～37%，因此牡丹是一种新兴的木本油料作物（李嘉珏，2006）。

一、分布

牡丹（油用）是牡丹组植物中产籽出油率高于22%的种的统称，目前以'凤丹'和'紫斑'两种牡丹为主要油用栽培推广对象。'凤丹'牡丹主要分布在山东、河南、湖北、陕西、安徽、重庆等地区，分布范围广，适应性强，在南、北方均适宜种植；'紫斑'牡丹耐寒耐旱，对海拔要求较高，适宜种植于海拔1100～2800m的山坡丛林间，主要分布在陕西秦岭、四川北部及甘肃陇东等地区。目前，全国油用牡丹种植面积已达30多万亩，主要分布在山东、安徽、河南、湖北、甘肃等地（李红星，2015）。

二、生物学和生态学特性

落叶灌木。高达2m。分枝短而粗。叶通常为二回三出复叶，偶尔近枝顶的叶为3小叶；顶生小叶宽卵形，长7～8cm，宽5.5～7.0cm，3裂至中部，裂片不裂或2～3浅裂，表面绿色，无毛，背面淡绿色，有时具白粉，沿叶脉疏生短柔毛或近无毛，小叶柄长1.2～3.0cm；侧生小叶狭卵形或长圆状卵形，长4.5～6.5cm，宽2.5～4.0cm，不等2裂至3浅裂或不裂，近无柄；叶柄长5～11cm，和叶轴均无毛。花单生于枝顶，直径10～17cm；花梗长4～6cm；苞片5枚，长椭圆形，大小不等；萼片5枚，绿色，宽卵形，大小不等；花瓣5枚，或为重瓣，花色为红紫色、粉红色至白色；花丝下部为紫红色、粉红色，上部白色，花药为长圆形；花盘革质，杯状，紫红色，顶端有数枚锐齿或裂片，完全包住心皮，在心皮成熟时开裂；心皮5枚，稀更多，密生柔毛。蓇葖果长圆形，密生黄褐色硬毛。花期5月，果期6月。

油用牡丹还具有良好的生态效益。适宜生长的范围较广，适宜生长在排水良好、土质疏松透气的地方，既耐旱又耐寒，即使在连续数十月不降水的地带也可以很好地生存。此外，油用牡丹外观上十分漂亮，既可观花又可结果，还可以作为丰富环境的树种，能有效地改善产业基地的环境。此外，牡丹（油用）具有较高的社会效益。作为优良的木本油料作物，牡丹（油用）可以缓和油用市场的严峻形势。

三、苗木培育

牡丹育苗主要采用分株、嫁接和播种等方法，但以分株及嫁接居多，播种方法多用于培育新品种和大量繁殖嫁接用砧木（代小惠，2014；康真等，2014）。

1. 播种育苗

种子的采收　当牡丹蓇葖果呈蟹黄色时即可采收，过早则种子不够成熟，过晚则种皮变黑发

陕西商州油用'凤丹'牡丹（成仿云摄）

北京延庆油用紫斑牡丹'京红'（成仿云摄）

硬而不易出苗。

播前处理　牡丹种子播种前可用水选法选种，用水将种子浸泡12h，取水中下沉颗粒饱满的种子，水上浮起的不实种子弃之。播种前用50℃温水浸种24～30h，使种皮脱胶变软，然后再用ABT3号25×10^{-6}倍液浸种2h即可播种。如不能立即播种，可按种子和湿细沙1：3的比例拌种放在屋内，也可用湿布盖上以待播种。500mg/LGA$_3$处理'紫斑'牡丹种子后沙藏，可加快生根的速度和提高生根率（姚刚等，2016）。

播种时间　牡丹种子宜当年采当年播。牡丹种子具有上胚轴休眠特性，当年秋末播种后，只发出幼根，幼芽需经过冬季低温，完成休眠的生理变化，来春方可萌发。也可在种子生根后往胚芽上滴加赤霉素液，每天1～2次，即解除休眠（叶艳涛和李艳霞，2015）。

播种及育苗　处理好的种子，便可播在苗床上。苗床分为室内苗床和室外苗床。只要下种适时，土壤湿度适宜，一般播种后30天左右即可长出幼根，当年长至10～12cm。翌年温度上升5℃以上，种子幼芽开始萌动，此时应去掉覆土，浅松表土。幼苗生长主要靠底肥，对2年生苗要加强苗圃管理，适时追肥浇水，浇水或雨后及时松土保墒。对于室内温床播种的牡丹，此时主要是注意室内湿度及光照的控制。

牡丹春栽不易成活，管理好的幼苗可在当年秋季移栽，生长不良的幼苗需2年后再移栽，移栽可于9月间进行。

2. 分株繁殖

母株选择　分株繁殖的母株选择很重要，母株应选择生长3～6年、枝条数多、品种纯正、生长健壮、无病虫害的植株。母株苗圃地应特殊管理，提前1～2年平茬、培土、少抹芽，留足养好萌蘖芽，保证分株后的子株有一定数量的枝和根（曾端香等，2000）。

分株时间　分株时间在秋分与寒露之间进行，分栽过迟，发根弱或不发生新根，到了来年春季不耐干旱，容易造成植株死亡；也不可分株过早，过早天气还热，容易引起"秋发"。但在较寒冷地区，如甘肃等地，由于冬季寒冷漫长，春季分株仍应用较多。

分株方法　分株方法包括3个步骤：分、剪和种。分即选择4～5年生、生长健壮的母株挖出，去掉附土，视其枝、芽与根系的结构，顺其自然生长纹理，用手掰开。分株的多少，应视母株丛大小、根系多少而定，一般可分2～4株。剪就是分株后，若无萌蘖枝，可保留枝杆上潜伏芽或枝条下部的1～2个腋芽，剪去其上部；若有2～3个萌蘖枝，可在根茎上部3～5cm处剪去。分株后为避免病菌侵入，伤口可用1%硫酸铜或0.25%多菌灵浸泡，消毒灭菌。种即是把分株挑选苗按其品种分区栽植，栽植时要使根系在穴内均匀分布，自然舒展，不可卷曲在一起，深度以根茎处与地面平齐或稍低为宜，封土时应分层填土，层层填实，然后浇水，培土越冬。

3. 嫁接育苗

嫁接时间　牡丹自8月下旬（处暑）至10月

上旬（寒露）期间均可嫁接，但以白露（9月7～8日）至秋分（9月23～24日）为宜，在白露前后嫁接成活率最高。此时气温在20～25℃，地温为18～23℃，相对湿度较大，接口处愈合较快，极易产生愈伤组织，成活率较高（张钦和李春燕，2012）。

砧木的选择 ①芍药根砧：芍药根木质部较柔软，嫁接易成活，成活后生长也快，但寿命短、分株少。以粗度在1.5～2.0cm、长20cm以上、带有须根为好。②牡丹根砧：一般用生长3～4年，须根多的牡丹粗根做砧木，长以25～30cm为宜。③牡丹实生苗：用2～3年生、根茎粗1cm以上的'凤丹'实生苗作砧木，嫁接成活率高，且成活后植株生长旺盛。砧木挖出后晾晒1～2天，失水变软后可进行嫁接，这样不但切口不易劈裂，便于操作，而且短暂失水更有助于水分吸收。

接穗的选择 接穗宜选择健壮植株上1年生粗壮萌蘖枝（俗称土芽），其髓心充实，接后易成活，也可选植株上部当年生枝。接穗一般长约为6～10cm，带有健壮的顶芽和一个或几个小侧芽。接穗要随剪随接，不可久放。

嫁接方法 油用牡丹嫁接多以裸根嫁接为主，常称为掘接；但也可以地接（或称居接），俗称'抹头'，抹头多用牡丹品种'凤丹'、杂交牡丹的2、3年实生苗作砧木。嫁接按照接穗的性质分，有根接法、枝接法与芽接法。按砧木的状况分，有掘接法和地接法、枝接法一般采用较粗的3～4年生'凤丹'实生苗做砧木，不将砧木挖起，直接就地嫁接。

四、林木培育

土地选择 牡丹栽植最好选择土层深厚、质地疏松、肥沃、排水良好的中性微碱性沙壤土。黏土、粗沙土、酸性、碱性土壤、低洼易涝的土地均不适宜（张钦和李春燕，2012）。

栽植季节 牡丹栽植一般在秋分后寒露前进行。

整地 苗圃地应提前1个月深耕翻晒，深度

30～50cm左右。翻地前每亩施用800～1500kg有机肥，40～50kg复合肥（15：15：15或18：18：18）作底肥，同时施入土壤杀虫、杀菌剂。

栽植 栽植前先剪掉断根和病根，然后将牡丹在500～800倍的甲基托布津与700～900倍的甲基柳磷乳油的混合液中浸泡15min进行药物处理。栽完后，浇透水，周围封上土丘，以保温、保墒，安全越冬。观赏园株行距以1.5～2.0m为宜。生产苗圃株行距以60～70cm为宜。

田间管理 ①松土除草：可以采用常规的中耕除草措施，还可以采用黑地膜技术以及生物技术（养鹅、养鸡等措施）。②施肥：牡丹喜肥。一般从定植后第二年开始，每年需追肥2～3次。第一次在3月上中旬，主要追施速效肥，氮磷钾比例为2：2：1或2：1：1，保证新枝迅速生长和花蕾的发育有足够的养分。第二次在开花后，5月上中旬，此时正值叶片充分发育，花芽开始分化。第三次在11月上旬土壤封冻前，既提高土壤肥力又有助于牡丹的越冬保护。③浇水：施肥应结合浇水进行。④整形修剪：从定植后第二年春季开始进行整形。一是定主枝，选留主枝的数量根据品种、株丛大小及栽培目的而定。二是选留花枝，清除其他多余侧枝。一般顶端枝条只选留一个花枝，特别是矮型牡丹。三是适时清除萌蘖枝。

五、主要有害生物防治

牡丹生长发育过程中易发生介壳虫、天牛、白蚁、蜗牛、红斑病、灰霉病、褐斑病、锈病、炭疽病、白粉病、根腐病等病虫害（易图永等，2006），但主要的病虫害有以下几种。

1. 牡丹根腐病

又称烂根病。主要危害牡丹根部，受害根发黑变腐，病株生长衰弱，叶小发黄，植株萎蔫直至枯死。其病原菌主要为茄类镰刀菌（*Fusarium solani*），以菌核、厚垣孢子在病残根上或土壤中或进入肥料中越冬，经虫伤、机械伤、线虫伤等伤口侵入。翌年3～4月发病，5月进入发病高峰期。地下害虫危害形成伤口、连作以及树龄大是发病的主要原因。该病的防治需从生产的各个环

节入手，加强综合防治。防治方法：提倡与水稻轮作；采用营养钵育苗移栽，减少根部伤口；施用腐熟饼肥或酵素菌沤制的堆肥；发现病株及时拔除，病穴用石灰消毒；移栽时用杀菌剂加入微肥和肥土调成糊状，蘸根后栽苗；冬、春季彻底清除园内病残体。

2. 牡丹白粉病（*Erysiphe* sp.）

叶面或茎干上常覆满一层白粉状物，后向叶两面及叶柄上扩展形成白色霉点，后期在粉层中散生许多黑色小粒点，即病原菌闭囊壳。该病的病原菌有2种，即芍药白粉菌（*Erysiphe paeoniae*）和蓼白粉菌（*E. polygoni*），以菌丝体在病芽上越冬。翌春病芽萌动，病菌随之侵染叶片和新梢。栽植过密，偏施或过施氮肥，通风不良或阳光不足易发病。防治方法：以农业技术措施为主，如合理密植，通风透气；科学配方施肥，增施磷钾肥，提高植株抗病力；适时灌溉，雨后及时排水，防止湿气滞留。冬季修剪时，注意剪去病枝、病芽，发现病叶及时摘除。发病初期喷施化学农药。

3. 牡丹灰霉病（*Botrytis* sp.）

主要危害牡丹的叶、叶柄、茎及花。叶片染病初期在叶尖或叶缘处产生近圆形至不规则形水渍状斑，后病斑扩大变成褐色至灰褐色或紫褐色，有的产生轮纹。湿度大时病部长出灰色霉层。叶柄和茎部染病形成水浸状暗绿色长条斑，后凹陷褐变软腐，造成病部以上的倒折。花染病后，花瓣变褐烂腐，产生灰色霉层。其主要病原菌有2种，即牡丹葡萄孢（*Botrytis paeoniae*）和灰葡萄孢（*B. cinerea*）。病菌以菌核随病残体或在土壤中越冬，翌年3月下旬至4月初萌发，产生分生孢子侵染。防治方法：以农业技术措施为主，实行轮作，合理密植，注意通风透气；科学配方施肥，增施磷、钾肥，提高植株抗病力；适时灌溉，雨后及时排水，防止湿度过大。此外，发病初期喷洒杀菌剂。

4. 吹绵蚧（*Icerya purchasi*）

年发生代数因地而异，我国南部3～4代，长江流域2～3代，以若虫、成虫或卵越冬。浙江1年2代，第一代若虫发生盛期在5月上旬至6月下旬，第二代若虫发生盛期在8～9月。以若虫和成虫群集在叶芽、嫩芽、新梢上危害，造成落叶和枝梢枯萎。防治方法：人工剪去虫枝、虫叶，保护或引放天敌大红瓢虫和澳洲瓢虫；在初孵若虫扩散转移期，喷施化学农药。

六、材性及用途

中国牡丹（油用）资源十分丰富，适合栽培种植的范围广泛，目前全国牡丹（油用）种植面积已达30多万亩，主要分布在山东、安徽、河南、湖北、甘肃等地。

牡丹（油用）是新兴的重要木本油料作物，种籽含油量很高（含油率可达24%～37%），含有高达82%～93%的不饱和脂肪酸，其中主要包含亚麻酸、亚油酸，是人体所必需的不饱和脂肪酸，具有抗心血管疾病、抗炎消菌、防癌抗癌以及促进大脑发育等功效。此外，牡丹籽油富含蛋白质、锌、钙、镁、磷及维生素群、类胡萝卜素、氨基酸、多糖，是迄今为止所发现的油脂中最适合人体营养的一种油脂。另外，牡丹籽油还含有独特的牡丹皂甙、牡丹酚、牡丹多糖、牡丹甾醇等多种极其重要的天然生物活性成分，对预防和治疗高血压、高血脂等常见心血管疾病有一定疗效，对糖尿病患者也有显著的食疗效果。

牡丹的根和叶片均具有很高的药用价值，牡丹根的韧皮部和皮层含牡丹酚、芍药苷、苯甲酸等成分，具有清热凉血、活血散瘀、抗菌消炎等功效，为妇科良药；牡丹的叶片含没食子酸，具有显著抗菌作用，因此牡丹可作为药用树种栽培。牡丹还具有很高的食用和保健价值，花瓣、花粉、种籽等均含有大量有益于人体健康的营养成分，可用来生产各种保健用品或天然健康营养食品。

（张延龙）

304 胡椒

别　名｜古月、白川、黑川、浮椒、昧履支、玉椒
学　名｜*Piper nigrum* L.
科　属｜胡椒科（Piperaceae）胡椒属（*Piper* L.）

胡椒原产于印度，我国于20世纪40年代引进，现在已经成为我国热带和南亚热带特色经济林树种（制调料和药用）。

一、分布

胡椒原产于印度西高止山脉的热带雨林，早在2000多年前已有栽培，现已遍及东南亚、非洲、拉丁美洲的40多个国家和地区，栽培面积达800多万亩，年产量超过40多万t，主要生产国为印度、越南、巴西、印度尼西亚、中国和马来西亚。海南和云南是我国胡椒主要栽培分布区，广东、福建和广西等地也有一定的栽培分布（邬华松，2012）。

二、生物学和生态学特性

常绿木质藤本植物。封顶后植株圆柱形，高度2.5m左右，冠幅1.4~1.8m。插条繁殖的植株根系由骨干根、侧根和吸收根组成，主要分布在0~60cm土层内。蔓近圆形，略弯曲，初期紫色，后转为绿色，木栓化后呈褐色，表皮粗糙，基部粗3.5~5.0cm，蔓有膨大的节，节上有排列成行的气根，叶腋内有处于休眠的腋芽。叶阔卵形至卵状长圆形，全缘，互生，叶长10~15cm、宽5~9cm，叶柄长1~2cm，两面均无毛，近革质，叶基圆，常稍偏斜，顶端短尖。叶脉5~7条，其中最上1对互生，离基1.5~3.5cm从中脉发出，余者均基出。雌雄同株，穗状花序下垂，花序长6~12cm，着生30~150朵小花，花杂性，螺旋状排列。子房球形，上位，柱头3~4。雄蕊2枚，花药肾形，花丝粗短。浆果球形，无柄，直径3~4mm，初期绿色，成熟时黄色至红色；种子球形，黄白色。

胡椒是典型的热带植物，喜高温、多雨、静风、土壤肥沃和排水良好的环境，具有攀援生长习性。适宜种植在年降水量800~2400mm、年平均气温21~26℃的无霜冻地区。周年开花结果，主花期集中于春季（3~5月）、夏季（5~7月）和秋季（9~11月）。

三、良种选育

我国在生产上推广的胡椒栽培品种主要为'热引1号'胡椒，推广面积占全国总面积95%以上。

'热引1号' 从印度尼西亚引进，经60多年试种种植选育而成。周年开花结果，定植后2~3年投产、5年丰产，经济寿命达20~30年。在海南平均单产白胡椒1845kg/hm²，在云南可单产白胡椒3105kg/hm²。种子黄白色，辛辣味，品质优良。

四、苗木培育

1. 苗圃选地、规划和建设

宜选择交通方便、地势平坦、靠近水源、排灌良好的静风环境，土层深厚疏松、有机质丰富、肥力中等以上的沙质土壤，面积2000~3000m²。提前1个月将苗圃反复犁耙2~3次，清除杂草杂物，平整起畦，畦宽高约500cm×120cm×30cm，畦间距40cm，便于排水和管理。构建遮光、喷淋棚架，筑造蓄水、排

海南省大路六次产业基地胡椒种植示范园印度尼西亚大叶种胡椒（郝朝运摄）

水、苗床等设施。阴棚高度以2.5～2.8m为宜，遮阳网能控制收放。育苗前进行土壤消毒处理。

2. 营养土配制

生根营养土用细河沙和椰糠按照7∶3比例充分混匀而成，用于气根少的插条生根培育。假植营养土用沙壤土和椰糠按照7∶3比例充分混匀而成，用于气根多的插条生根培育，经过生根培育的插条也可进行假植。

3. 插条苗培育

选取株龄1～3年、主蔓生长健壮、气根发达、无病虫害的植株作为母树，提供插条苗来源。割蔓前10～15天，修剪主蔓顶端2～3节的幼嫩部分，去除多余分枝，抑制顶端优势。剪断主蔓，由下而上逐节从支柱解开。按约50条一捆，集中存放在阴凉处，保持湿润，尽快进入苗圃假植。将苗床按行距20cm开成45°斜面，将插条按

株距约10cm排列在斜面上，气根紧贴斜面，回土压实，淋水保湿（邢谷杨，1999）。

4. 抚育管理

插条苗假植培育期可采用遮阳网荫蔽，荫蔽度60%～80%。经常淋水肥，保持苗床土壤湿润，确保插条苗的养分吸收，水肥主要是约0.3%尿素、0.3%磷酸二氢钾水溶液，或是约20%牛粪的腐熟水溶液，可每7天施水肥1～2次。

5. 种苗出圃

种苗培育约45天便可起苗出圃。出圃时，叶片完整度和主蔓生根率均不低于95%。种苗主蔓粗壮、光洁，叶色浓绿，富有光泽。无检疫性病虫害，枝条、叶片无病斑，种苗出圃时杀菌杀虫消毒。根据分级，用草绳或塑料绳等按种苗30～50株绑成一捆，或置于竹筐、塑料筐等，枝条叶片应外露，洒水保湿。

五、林木培育

1. 立地选择

选择坡度不超过10°的缓坡地，不宜选用低洼地或地下水位高的地方。易受霜冻危害的地区，应选阳坡地，如云南、广西等地。土壤应选择土层深厚、结构良好、肥沃、微酸性、易于排水的沙壤土或中壤土。

2. 整地

在易遭受台风影响的地区，园地面积以3~5亩为佳，并在周边设置防风林。排水系统由园地四周的环园大沟、园内纵沟和垄沟或梯田内壁小沟互相连通组成。大沟一般距离胡椒园2.5m，沟宽60~80cm、深80~100cm。园内每隔12~15株胡椒开一条纵沟，沟宽50cm、深60cm。可利用垄沟和梯田内壁小沟灌水，也可采用喷灌、地灌、滴灌等。沤肥池建于胡椒园旁边，根据园地和园地之间的距离确定大小和数量，一般每3~5亩至少修建一个直径3m、深1.2m的圆形沤肥池。

3. 开垦与定植

定植前3~4个月进行深耕全垦，清除树根、杂草、石头等。坡度5°以下开大梯田，面宽6m，种2行；坡度5°以上开小梯田，面宽2.5m，种1行。定植前2个月挖穴，长、宽、深均为80cm，定植前15天施基肥和回土。海南一般在春季和秋季定植，云南等冬季气温较低的地区宜3~5月定植，利于植株越冬。单苗定植时，种苗放置于斜面正中，对准标杆；双苗定植时，两条种苗对着柱呈"八"字形放置。定植时每条种苗上端2节露出土面，根系紧贴斜面，分布均匀，自然伸展，盖土压紧，在种苗两侧放腐熟有机肥5kg，再回土做成中间呈锅底形的土堆，淋足定根水，并在植株周围插上荫蔽物，荫蔽度以80%~90%为宜。

4. 造林密度

平地或缓坡地，支柱地上高度2.2m以上时，造林株行距采用2.0m×（2.0~2.5）m；土壤肥沃、坡度较大，株行距采用2.0m×（2.5~3.0）m；矮柱种植，造林株行距可采用1.8m×2.0m。

5. 幼龄胡椒抚育

胡椒种植后应经常淋水，如遇晴天，宜连续3天淋水，以后每隔1~3天淋水1次，幼苗成活后，淋水次数可减少。以施速效肥为主，配合有机肥。每20~30天施水肥1次，一般1龄椒每株每次施2~3kg，二龄椒每株每次4~5kg，三龄椒每株每次6~8kg。春季施有机肥和磷肥，一般每株施牛粪堆肥30kg、过磷酸钙0.25~0.50kg、饼肥1kg。胡椒园应及时除草，通常每1~2个月锄草1次，梯田埂上或排水沟上杂草不必清除。浅松土在雨后和结合施肥时进行，深度10cm，深松土每年3~4月和11~12月进行2次，深度20cm。旱季初期需要进行覆盖，一般采用稻草、椰糠等死覆盖物，也可在梯埂上种卵叶山蚂蝗等活覆盖作物。新蔓长出3~4个节时绑蔓，每隔10天左右绑1次。剪蔓应在春、秋雨季进行，植后6~8个月、大部分植株高1.2m时第一次剪蔓，第二、三、四次剪蔓应在所选留新蔓高1m以上时进行，第五次剪蔓应在新蔓第二层分枝之上，待新蔓生长超过支柱30cm时将主蔓向支柱顶部中心靠拢，按顺序交叉绑好。在离交叉点3节处将主蔓去顶，逐渐形成圆柱形树冠。

6. 结果胡椒抚育

摘除非主花期的花，海南主花期一般为秋季，云南、广东等主花期在春季或夏季。每隔2~3年对生长势旺盛、冠幅大、老叶多的植株适时合理摘叶，一般在8月下旬进行，留长果枝（4~7节）顶端3~5片叶，短果枝（1~3节）1~3片叶。及时切除树冠内部抽出的徒长蔓。已封顶投产的植株用尼龙绳绑蔓，一般40cm绑一道，每道绳子绕两圈，不要太紧，打活结。起垄栽培胡椒可以进行沟灌，水位不宜超过垄高2/3，不平整胡椒园可在垄沟中分段堵水，使全园土壤湿透。每年立冬和施攻花肥时各进行一次全园松土，先在树冠周围浅松，后逐渐往树冠外围深松，深度15~20cm。覆盖方法与幼龄胡椒相同。一般每年或隔年在冬春季培土1次，每次每株培1~2担较为肥沃的新土，也可在冬季结合松土时

培土。一般每个结果周期施肥4~5次，每株施牛粪或堆肥30~40kg、过磷酸钙1.5kg、饼肥1.0kg、水肥40~50kg、尿素0.2~0.3kg、氯化钾0.4kg和复合肥1kg。化学肥料、腐熟的牛粪、堆肥等多采用沟施，半腐熟有机肥一般穴施，火烧土、草木灰等肥料一般撒施，叶面肥一般根外追肥。

六、主要有害生物防治

胡椒生产中易受胡椒瘟病、细菌性叶斑病等危害。

1. 胡椒瘟病（*Phytophthora capsici*）

胡椒最主要的病害，防治难度大。胡椒瘟病病原菌为鞭毛菌亚门霜霉目疫霉属辣椒疫霉菌，属土传病害。病菌能有效地侵染植株主蔓基部、根、叶、枝条、花、果穗等器官，以侵染茎基部（胡椒头）危害最严重，易造成植株死亡。由于侵染部位不同，其症状也有差异。多采用农业措施和药剂防治相结合的综合防控措施。防治方法：发病初期在中心病区树冠下淋药进行土壤消毒，病株周围3~4行的土壤也要淋药消毒。感病植株可整株喷药。病死株要及时挖掉，并清除残枝蔓根，集中到园外低处烧毁。病死株植穴用火烧、喷药或暴晒至少半年。

2. 胡椒细菌性叶斑病（*Xanthomonas campestris* pv. *betlicola*）

胡椒细菌性叶斑病病原菌为黄单胞菌目黄单胞菌科黄单胞菌属甘蓝黄单胞菌萎叶致病菌变种。感病叶片、枝蔓和果穗容易脱落，甚至整株死亡。防治方法：在雨季到来前将园内感病叶片全部摘除并集中烧毁，选用杀菌剂喷洒病株及邻近植株，病株地面要同时喷药消毒，7~10天喷1次，连喷3~5次。

七、综合利用

胡椒种子含有挥发油、胡椒碱、粗脂肪、粗蛋白、木质素等成分，既是世界最重要的香辛料，又具有药用价值和工业利用价值，在医学领域可被用作健胃剂、解热剂和支气管黏膜刺激剂等，在食品工业上可用作抗氧化剂、防腐剂和保鲜剂等。挥发油中的单萜和倍半萜类物质具有令人愉快的、清淡的香脂气味，烹调时风味物种溶解在水或油中，刺激胃液分泌使人胃口大开。胡椒碱具有镇静安神、温中散寒、开胃下气、清痰、调五脏、壮肾气、减肥、美容、解毒等功效。主要产品包括黑胡椒、白胡椒、青胡椒、胡椒油树脂、胡椒精油等。同时，在我国海南、广东、广西、福建等省份，胡椒根也可入药，尤以15年以上的胡椒根为佳，可用于治疗消化不良、寒痛、脚气、发痧、坐骨神经痛、风湿性关节炎等。

（郝朝运，杨建峰，桑利伟）

别　名｜蒙古沙拐枣
学　名｜*Calligonum mongolicum* Turcz.
科　属｜蓼科（Polygonaceae）沙拐枣属（*Calligonum* L.）

沙拐枣分布范围广，适应性强，是防风固沙的先锋植物、优等饲用植物、良好的能源和蜜源树种，具有多种开发利用价值。

一、分布

沙拐枣产于内蒙古中部及西部、甘肃西部、宁夏西部、青海、新疆东部，生于海拔500～1800m流动、半固定、固定沙丘、沙砾质荒漠、砾质荒漠。蒙古国也有分布。

二、生物学和生态学特性

落叶小灌木。高达1.5m。老枝灰白色或淡黄色，膝曲；1年生小枝草质，灰绿色，具关节。叶线形，长2～4mm。花2～5朵簇生于叶腋；花梗细，下部具关节；花白色或淡红色，长约2mm，果时水平开展。瘦果不扭曲或扭曲，果肋稍突起，沟槽明显，每肋具2～3行刺，毛发状，质脆，易折断；瘦果（包括翅和刺）宽椭圆形，稀近球形，长0.6～1.3cm，直径0.5～1.1cm，黄褐色。花期5～7月，果期6～8月。

沙拐枣果枝（李敏摄）

喜光；旱生，极耐旱；抗高温、耐盐碱、耐风蚀、耐瘠薄、抗沙埋；速生；易繁殖；枝条茂密，萌蘖能力强，根系发达；寿命20年以上。在高温、干旱的夏季，沙拐枣常会生长停滞，脱落部分当年生枝，出现"假休眠"。

三、苗木培育

1. 播种育苗

采种与种子处理　果实成熟后容易脱落，随风飞走。果皮和刺毛干燥，果皮木质化时应及时采集。种子采集后去刺，晒干后干藏。种子生活力不易丧失。播种前需要催芽处理，低温层积1～2个月，翌春种子露白时即可播种；也可在秋季采种后，用浓硫酸浸种3～4h后用水冲洗，再放入温水中浸泡3昼夜，置于20～25℃条件下催芽，种子露白时即可播种。

整地与作床　对土壤要求不严格，圃地以盐碱轻、地下水位低、便于排灌的沙土、沙壤土为好。苗圃要有一定的防风条件。平整土地后作床育苗，可采用平床，开沟播种，沟深3～5cm、行距30cm。播种前用2%～3%的硫酸亚铁溶液等进行土壤消毒，施腐熟有机肥作基肥。

播种　种子生命力强，对播种季节要求不严，可随采随播，但以春季、夏季和冬季（秋末）播种为好。早春播种要进行催芽，冬播和夏播不必催芽。为防止根瘤病、白粉病发生，催芽前可用0.1%～0.2%硫酸铜溶液等消毒剂浸种。可用条播，行距30cm，覆土3～5cm，每公顷用种

75kg左右。播前灌足底水。

播后管理　播种后及时灌水，冬播后要灌足冻水。灌水间隔宜长不宜短，灌水量不宜过大；冬季和春季播种，苗期前3个月每隔20~30天灌溉一次，以后可不再灌溉；夏季播种后半个月内每隔2~3天浇水一次，以后逐渐减少至每半个月或1个月灌水一次。苗高5~7cm时按5cm株距进行间苗定苗。幼苗出土30~50天开始追肥，以尿素为主，磷肥为辅。及时松土除草，防治病虫及鼠兔害。当年雨季或第二年春季即可出圃。造林前3天起苗，挖苗深30~40cm，起苗后立即造林或假植。

2. 扦插育苗

秋、冬季采1、2年生枝条作为插穗，或春季萌动前采集，沙藏。春季采集的插穗成活率最高。一般在3~5月扦插。插穗长15~20cm，直径0.4~1.0cm，剪口为平口。扦插时，插穗要与地表平或略高出地面。扦插前插穗在冷水中浸泡一昼夜，成活率更高。扦插后根据降雨、圃地土壤墒情灌溉3~4次，每次灌溉量不宜过大。

3. 组织培养

以1年生实生苗茎段（长1.5~2.0cm）为繁殖材料。诱导培养基为MS+6-BA 0.05mg/L+IAA 0.01mg/L，愈伤组织长至黄豆大小后进行增殖；增殖培养基为MS+6-BA 0.4mg/L，培养1~2周；将经增殖的愈伤组织转接于分化培养基上，10~15天后长出丛芽，分化培养基为MS+6-BA 0.4mg/L+2,4-D 0.5mg/L；将丛芽剪成1.5~2.0cm长进行继代培养，培养基为MS+6-BA 0.05mg/L+IAA 0.1mg/L；将继代培养所得丛芽剪成1.5~2.0cm长接入生根培养基中（MS+IAA 0.1mg/L）进行生根培养。以上培养基中加2.0%蔗糖和0.55%琼脂，pH 5.8~6.0，培养温度为25~27℃，光照时间14h/天，光照强度30~40μmol·m²/s。当具有主根试管苗高5cm左右时，转移至有散射光的自然环境中炼苗1周，打开瓶塞放置3~4天后移栽至温室中的基质中继续炼苗1个月（苏世平等，2008）。

四、林木培育

1. 立地选择与整地

应选质地疏松、通透性良好的沙质立地。固沙造林以流动、半流动沙丘和平沙滩地为主。在沙丘上造林可不整地，但应建立沙障。丘间低地或平坦滩地造林时，可根据地形开沟或挖整地穴造林。

2. 造林方式

可采用植苗造林、直播造林和扦插造林。

（1）植苗造林

在春、秋均可进行，春季为宜。宜用1年生苗，苗木根系要完整。苗龄越大，造林成活率越低。穴植或缝植。在水分条件好，春季沙面湿润，干沙层薄的地区，直接造林；而干沙层厚的地方要铲去干沙层后再造林。干旱区（年降水量100~250mm，4000m高原面以北）、极干旱区（年降水量小于100mm，4000m高原面以北）造林最低初植密度分别为300株/hm²和210株/hm²，但不宜过大。沙拐枣可营造纯林，也可与梭梭等树种双行带间混交（徐呈祥，1987）。

（2）扦插造林

采条时间为冬、春季，插穗为1~2年生粗壮枝条，长40~50cm，粗0.5cm以上，剪口应为平口；插穗采后先将其沙藏。造林前用凉水浸泡

沙拐枣生长状（李敏摄）

24h，造林时插穗完全埋入土中或少露。在流动沙丘上扦插造林时，在插穴内可紧贴插穗放置2根（每根长约60cm）用清水浸透的玉米秸秆保水，也可应用一定的保水剂，提高造林成活率。

（3）直播造林

在设有沙障的地段进行，一般是早春抢墒或雨季造林。采用穴播或开沟点播造林，深5cm，覆沙5～8cm，每穴下种10～15粒。造林前要进行种子催芽处理。

在降水量150～200mm的地区，也可飞播造林，作为目的树种也可作为保护树种。可单播也可混播。沙拐枣常与沙蒿、草木樨等混播。飞播种子的净度应大于90％，发芽率高于70％。飞播在有效降水前7～15天进行，冬播在积雪开始融化前播种。单播的播种量为每亩1.5～2.0kg，混播的播种量为每亩1.0～1.5kg。在静风条件下，航高为70～90m。第一次飞播后需要补播，一般补播量小于第一次（罗伟祥等，2007）。

3. 抚育管理

为了减轻风沙对幼苗的危害，提高造林保存率，在流动沙丘造林时，应建立沙障。在造林前2年，发现苗木死亡要及时补苗，沙障损坏要及时修补。造林地如过于干旱，可在6～7月间浇水1～2次。幼林要注意看护，避免牲畜践踏啃食。成林后结合采穗或薪柴，进行平茬复壮，可采用隔株、隔行或隔带方式在休眠期进行平茬。

五、主要有害生物防治

注意防治白粉病、枯枝病、沙拐枣蛀虫、食叶害虫（蚜虫）、鼠害、兔害等。

1. 白粉病

危害1年生枝条，严重者可致死。防治方法：保持圃地或林地干燥环境，控制浇水。发病后可用石硫合剂或波尔多液喷洒，降低感染，防止蔓延。也可间隔7～15天用70％可湿性粉剂甲基托布津800倍液和50％可湿性粉剂五氯硝基苯600倍液轮流喷洒（王占林，2013）。

2. 沙拐枣蛀虫

主要危害1年生同化枝，特别是当年种植的沙拐枣幼树，严重时可使苗木死亡。防治方法：虫害盛期喷40％乐果乳剂2000～3000倍液或敌敌畏乳剂1000倍液防治，也可采用人工摘取虫巢的办法消灭成虫。

六、材性及用途

生态幅较宽，适应性较强，固沙效果明显，是固沙先锋植物之一，是极干旱、干旱、半干旱区防风固沙、绿化戈壁的优良树种。

沙拐枣生物量高，出薪量大，是沙区很好的能源树种，在造林后5年内每公顷可产薪材7.5～30.0t。沙拐枣也是很好的蜜源树种。其果枝内含单宁酸，是提取单宁的原料。其嫩枝、幼果、头年干枯细枝是骆驼、羊等的饲料，因此沙拐枣是沙荒区优良的饲用植物，如果与其他饲草植物配合大面积种植，可作为沙区夏季牧场。沙拐枣亦可作为城市园林绿化或盆景观赏之用。

（李广德）

别　名 ｜ 琐琐、梭梭柴（甘肃、青海、新疆）、梭梭树（内蒙古、宁夏、甘肃）
学　名 ｜ *Haloxylon ammodendron* (C. A. Mey.) Bunge
科　属 ｜ 藜科（Chenopodiaceae）梭梭属（*Haloxylon* Bunge）

　　梭梭在我国西北干旱、半荒漠、荒漠地区分布较为普遍，主要生长在流动沙丘、半固定沙丘、盐渍土及砾质戈壁上，是防风固沙的优良树种。其适应性强，生长迅速，具有抗寒、耐旱、耐热、耐盐碱、耐风蚀、耐土壤贫瘠的独特特性。根系发达，分布广而深。梭梭生物量高，材质坚硬，燃烧时火力强，有"荒漠活煤"之称，是优质的能源林树种；当年嫩枝是优良的饲料，是荒漠草场主要木本饲料树种，也是"沙漠人参"肉苁蓉的寄生植物。我国有梭梭和白梭梭（*Haloxylon persicum*），均被列为国家珍稀濒危保护植物。

一、分布

　　梭梭是我国西北干旱、半荒漠、荒漠地区的乡土树种，产于新疆、甘肃西部、宁夏西北部、青海北部、内蒙古。东界位于内蒙古乌拉特后旗（约为107.6°E），西界位于新疆的阿图什市（约为77.3°E），北界位于新疆的吉木乃县（约为47.4°N），南界位于青海的都兰县（约为36.1°N），集中分布区海拔87～3174m。从地貌上分析，现存梭梭荒漠植被在新疆主要分布在阿尔泰山以南、天山以北的准噶尔盆地以及天山以南、昆仑山以北塔里木盆地的北缘；在内蒙古，主要分布在巴丹吉林、乌兰布和、腾格里三大沙漠和库布齐沙漠西部；在青海，主要分布在柴达木盆地；在甘肃，主要分布在河西走廊一带（郭泉水等，2005）。梭梭适生于地下水位高、年降水量低于180mm的荒漠、半荒漠的干涸湖盆周边沙地、沙丘、丘间低地、砂砾质戈壁、干河床、盐渍土、侵蚀河沙土地段。

二、生物学和生态学特性

　　小乔木，有时呈灌木状。高3～8m，多分枝。嫩枝绿色，有节，细长，多汁。叶退化为极小的鳞片状，部分幼嫩同化枝自动脱落，并且其

梭梭花枝（赵挺和张旭东摄）

梭梭老树树干（赵挺和张旭东摄）

嫩枝肉质化，细胞液黏滞度很大，蛋白质凝固点很高，原生质亲水力很强，所以抗旱能力极强，在气温高达43℃而地表温高达60～80℃的情况下仍能正常生长。茎枝坚硬，木质部发达，韧皮部极度退化，抗寒性强，能耐-40℃低温。梭梭喜光、不耐阴，在条件较好的地区，树龄可达50年。5～6年生高生长最为迅速，树高达3m以上，开始结实。10年生进入中龄林时期，树高4～5m，地径可达10cm，开始大量结实。20年之后生长逐渐停滞，开始进入衰老期。35～40年开始枯顶逐渐死亡。其根系发达，主根深达3～5m，侧根少，呈水平状分布在40～90cm土层，长成上下两层充分吸收土壤内的不稳定水和悬着水。为有效减少水分蒸发，梭梭的叶片退化成细长圆棍，仅靠绿色的嫩枝进行光合作用。6月初至8月底，型小而数量繁多的花5～8天迅速开放后，子房暂不发育，进入休眠状态，9月初结实，9月末或10月底种子成熟，随即进入冬眠。抗盐性很强，土壤含盐量在1%时生长很好，甚至在3%时成年树仍能生长。

1. 生物学特征

树皮灰白色。老枝淡黄褐色或灰褐色，通常具环状裂隙；幼枝直径约1.5mm，往往斜升，具关节，节部长4～12mm。叶鳞片状，宽三角形，边缘膜质，先端钝或尖（但无芒尖）。花单生于叶腋，排列于当年生短枝上；小苞片舟状，宽卵形；花被片5枚，矩圆形。翅膜质，褐色至淡黄褐色，肾形至近圆形，基部心形至楔形；胞果黄褐色；种子黑色；胚陀螺状。花期6～8月，果期8～10月。

2. 生态学特征

典型的超旱生植物，适生于荒漠地区的流动沙丘、半固定沙丘或厚层沙质地上。水分凭大气降水与沙层凝结水供给，在沙层含水量5g/kg、土壤含水量13.2～26.0g/kg能正常生长。多年平均降水量超过180mm地区，含水量持续在200～300g/kg、<10g/kg的黏土上生长不良。以含有一定盐分（含盐量2%）的土壤或沙地上生长最好，低于0.1%反而生长不良，耐盐临界范围可达4%～6%。

植株吸盐后，嫩枝含盐可高达17%，被称为"盐木"；能耐42℃和-45℃的高低气温和70℃的地表温度。

三、良种选育

从20世纪80年代开始，主要开展了种子园营建、母树林营建、优树选择等良种选育工作。1980—1982年新疆林业科学院和新疆林木种苗站配合中国林业科学研究院建成种子园70亩、母树林470亩，1987年10月测定产种量达1263kg（带翅种子）（张鸿铎，1990）。阿拉善治沙所（武志博等，2013）对分布在东起阿拉善右旗巴音木仁西至额济纳旗马鬃山的天然梭梭林进行优树选择，选择优良林分3块，从15万株树中选出优树16株，其中阿拉善左旗吉兰泰优树5株，阿拉善右旗塔木素优树5株，阿拉善额济那拐子湖优树6株。新疆农业大学展了梭梭的种源对比试验，从造林3年的效果看，在新疆干旱区梭梭人工造林中，首选吐鲁番白梭梭种源，其次是吐鲁番梭梭。

在奎屯河建立母树林：位于新疆甘家湖地区奎屯河现代河谷南岸，为古河流域积平原，地形平坦，坡向北，坡度1/1000，该母树林表现出三种情况，第一种为原生梭梭林；第二种为原生梭梭遭受破坏，而为天然更新起来的次造林占主要地位，处于中龄和幼林期，生长旺盛，是结实盛期；第三种是梭梭遭破坏严重，但天然更新的幼树、幼苗较多，生长较好，目前虽不能提供种子，不久将来进入结实龄期，现状可完全改观，成为良好母树林。

2008年，吕朝燕等调查准噶尔盆地克拉玛依、甘家湖和奇台6种典型生境上梭梭种子产量，单株种子产量从0.02g到1555.63g不等，对应的单株平均种子数量从7粒到782825粒不等，千粒重1.15～3.67g。生境水分条件较差的种群种子产量低，但种子千粒重大；生境条件相对较好的种群种子产量相对较高，但千粒重较小。单株梭梭种子产量与植株冠幅、基径、树高等参数相关关系显著，相关系数由大到小依次为冠幅、基径、树高。梭梭种子产量模型：$M =$

$178.572+3.47\times10-5\times CH-1.106\times H-0.007\times C$。梭梭植株形态参数——冠幅、高度、基径，与种子产量间均具有较高的相关系数（Chaoyan LV et al., 2012）。

四、苗木培育

目前主要采用播种育苗方式，当前虽然有关于容器育苗和组织培养育苗的研究，但还未成熟。

采种 应在优良的母树林或种子园进行。梭梭5年生就能开花结实，花期一般在6～8月，受粉后子房不发育而处于休眠状态，到8～9月气候凉爽湿润时，迅速发育并长出果翅。一般在8～10月间果翅变白，中间红色或绿色扁圆球状的小坚果变干呈黄褐色或黑褐色时，果实即成熟。成熟期因不同地区和年份略有差异，成熟果实易被大风吹散和遭受鼠害，应及时采收。采种期一般在10～12月，最佳采种期为11月。目前，采种仍为手工作业，常用的方法有以下三种。折枝法：将果枝折断，收集到袋子中，带回进行种子脱粒。地面收集法：将采种布铺在树冠下，摇晃或敲打果枝，使种子落于布上。装袋法：将果枝装入袋内敲打，使种子落入袋内。

调制 新采集种子含水量在30%左右，不宜进行去翅和贮藏，必须摊开晾晒，至水分降到20%以下，用手抓有沙沙声、夹杂小枝易断，可进行风选。风选后的带翅种子仍继续晾晒，水分降到10%以下，才能入库。比较理想的是去翅种子，无去翅机械可用手工揉搓，种子净度达到90%，安全含水量8.5%左右，进行干藏，在自然状态下至翌年初春（即贮存期半年）。

选地 宜选择在距造林地近，不受风沙危害的地势平坦的沙壤土或轻度盐渍沙地，含盐量不超过1%，忌在黏质土、下潮地或盐碱化过重、排水不良的土地上育苗。

整地 育苗对土壤肥力要求不太严格，头年秋季围地深耕晒垄，初春播种前按小畦或大田式细致整地，使土地平坦细碎无石块，完善灌溉系统。新围地不需要做土壤消毒处理，旧围地应进行一般性土壤消毒无菌和杀虫工作。另外，日光温棚育苗（容器育苗）正在逐步被人们采用。

播种 育苗以春季为宜。播种前将采收的种子用0.1%～0.3%的高锰酸钾或硫酸铜水溶液浸泡30min进行消毒，以防止根腐病和白粉病发生。种子消毒后捞出，再用25～30℃的温水或凉水浸泡种子3～4h，然后拌干沙（种子的4～8倍）播种。灌过冬水的土地，早春3月上中旬根据墒情播种，土温在5℃以上时播种最好。没有灌过冬水的土地4月上旬气温较高时播种较好。

昌吉奇台县奇井公路荒漠梭梭天然林树姿（赵挺和张旭东摄）

昌吉奇台县奇井公路荒漠梭梭天然林（赵挺和张旭东摄）

播种方法如下。条播：在整平的苗床上，按行距25～30cm人工或机械（手扶拖拉机牵引）开浅沟，把种子撒在沟内，覆土1～2cm，镇压，播种后及时浇水或带墒播种也可。播种量1.5～2.0kg/亩。窄带播种：苗床床面宽20～30m，长度视地块而定，用铁耙子搂松表土，播下种子，而后用耙子挡平、浇水，带距30～40cm，播种量以1.5kg/亩、每亩留床苗6万～10万株为宜。落水播种：把苗床先碾压平整，再用耙子将苗床表土搂松，然后在苗床内漫灌10～15cm深的水，按每亩1.5～2.0kg的播种量，将种子均匀播撒在水面上，用细竹竿轻拍水面，使其均匀散开，随水面下降附着在苗床上，然后再均匀撒上覆土，覆土厚度以稍见种子即可。

苗期管理 播种后到苗木出土前，应保持圃地土壤湿润。落水播种育苗应注重防鸟鼠等危害。风沙危害严重地区的育苗地，应合理设置风障。出苗前切忌大水漫灌或苗床积水，待出苗整齐后，一般一个生长阶段浇水3～4次，一次浇水不宜太多，水深不超过10cm。松土除草视具体情况而定。出苗期注意防治蚂蚁等虫害。通常1年生苗木出圃造林成活率高，苗龄越大，造林成活率越难保证，因此当年苗高30cm以上即可出圃。

五、林木培育

可采取直播造林和植苗造林。

立地选择 在基质中等湿润、水分较好的沙丘和砾质丘间低地、平原、中轻度盐渍化沙地上，只要栽植在含水率不低于2%的湿沙层内，都可成活，在半固定沙地上和没有沙障的流动沙丘迎风坡中下部造林成活率也较好，但不适合在干沙层很厚的沙丘、水位很高的下湿地、盐渍化重的滩地或黏土地上造林。

整地 在沙丘上造林可不整地，在丘间低地和平坦地上造林，可根据地形开沟挖穴。沟状整地：适用于植苗造林，用拖拉机牵引开沟犁，按4～6m沟距，开成40～60cm宽、40cm深的沟，利用冬季降雪，改善土壤墒情。穴状整地：适用于植苗造林，在有滴灌设施的地区，宜按造林

设计进行穴状整地。带状整地：适用于植苗造林，主要用于地势平坦，无风蚀或风蚀轻微的造林地，按带宽2～3m，用拖拉机翻耕平整，带间距离2～4m，深度一般为25cm，长度根据地形而定。对于有灌溉条件的地区宜春季整地，边整边造林。播种造林整地：适用于播种造林，采用拖拉机牵引开沟犁，开深15～20cm的浅沟，沟距4～6m，长度根据地形而定，开沟既可疏松土壤，利于扎根，又可利用冬季降雪，起到保墒的作用。

造林 植苗造林，2年生苗由于根系木质化程度高，苗木比较大，造林成活率低，造林选用无病虫害的1年生Ⅰ级苗（地径0.7cm，苗高60cm），要求主根长度30cm以上。在立地条件较差的区域，根据地形，顺等高线确定栽植行，行距4～6m，株距1.5～2.0m，挖40cm×40cm×40cm定植穴，将苗木放入穴内，填入1/3湿沙，边提苗边踏实，保证根系伸展。在立地条件较好区域，开沟栽植，在沟底挖穴，栽植技术与前相同，每株浇3～4kg清水，然后再回填湿沙踏实，直到与地面平行。在风蚀较严重地区和流动沙丘上，用麦草、芦苇、玉米秆等材料设置沙障（沙障材料埋深20～30cm，露沙面10cm），当沙障栽植行距与沙障间距等宽时，也可采用缝植法，将栽植点干沙铲掉，在湿沙层上用铁锹开缝深15～20cm，埋入苗木轻提踩实。

播种造林 在年降水量≥100mm且冬季有稳定积雪地区，春季在积雪融化末期（3月中旬），冬季在降雪之前（一般在11月上旬），选择无风天气进行播种。常用的播种方法有撒播、沟播、穴播。撒播：人工撒播，每人手提准备好的种子一边前行，一边取种子左右撒，撒播宽度1.5～2.0m；骑马撒播方法与人工相同，但速度快；开沟撒播，是人工或用手扶拖拉机开浅沟（2～4cm），将种子撒于沟内，覆土1～2cm，沟距2～4m。穴播：人工用锄头刨开3～5cm深的小坑，将10～20粒种子撒于坑中，稍微露土1～2cm，穴距1.0～1.5m，行距2～4m。

梭梭易选择沙质土、半固定沙丘和固定沙

丘地造林，春季造林在土壤已解冻，墒情较好的3月中旬进行。秋季造林时间选择在秋末冬初时期，积雪厚度年均积雪达到15cm的地区。张月梅等（2014）研究在内蒙古阿拉善地区秋季造林较春季造林提高成活率10%～20%；王占林等（2012）等研究发现，柴达木盆地区冬季漫长，夏季、春季造林明显高于秋季；朱玉伟等（2009）等研究发现，在玛纳斯地区造林秋季好于春季，有灌溉条件的春秋都可，造林密度可根据当地具体降水量、地下水位、土壤肥力及水分含量而定，水分条件较好密度应大些，反之密度应小些，造林密度不能低于675株/hm²（国家标准）。

接种肉苁蓉培育技术 接种肉苁蓉培育选择接种率高的梭梭为寄主，接种时间一年四季均可，最适合季节是春秋季。接种选用2种方式：①造林接种，造林坑深40～80cm、宽30cm、长40cm，将种子纸横放在造林坑内一头，吸水纸面向上，回填适量土，将寄主植于造林坑另一头，回填土踩实；②在寄主外根系密集区挖长40cm、宽30cm、深40～80cm的坑，将种子纸放入，吸水纸面向上，回填土至坑沿10cm左右，不可填满，利于贮存雪水或雨水。接种后，根据降水量的多少适量灌水，施肥以农家肥为主，确保肉苁蓉野生品质。

抚育更新 有灌溉条件的梭梭幼林每年可浇水2～4次。造林第一、二年发现缺苗时要及时补苗，沙障损坏要及时补修。原则上不用松土除草及修剪。但幼林易受牲畜践踏、啃食，应加强封禁管护，有节制地放牧或轮封、轮牧。一般幼林封育期5年，干旱时适当灌水。

梭梭主要分布在温带干旱半干旱荒漠区，其生长更新与生态环境关系密切（贾志清等，2004）综述梭梭在沙壤质灰棕色荒漠土亚型和缓起伏沙地亚型天然更新能力最强；沙质灰棕色荒漠土亚型和砾质戈壁亚型次之；盐土亚型、高大沙丘亚型天然更新能力最差。刘光宗等（1995）研究发现，梭梭林隔带樵采，可有效促进其萌芽更新，据甘家湖梭梭试验区调查，樵采5年后，樵采带

内天然落种更新幼树平均1hm²达4000余株，此种更新方式适用于沙壤、壤土生态类型。目前，梭梭林主要是靠天然落种更新。

六、主要有害生物防治

1. 梭梭白粉病（*Leveillula saxaouli*）

白粉病是梭梭林的主要病害，感病初期梭梭同化枝先端由绿色变成淡黄色或黄绿色，并出现水肿现象，之后病斑处长出白色粉霉，呈毡絮状，受害严重的整个同化枝被白色粉霉覆盖。发病后期，在白色粉霉中出现淡黄色至黄灰色的小圆点，即病原菌的闭囊壳，导致被害的枝条最后枯死。其病原菌以闭囊壳在枝条上越冬，翌年春季由闭囊壳释放出子囊孢子侵染新的同化枝，是当年的初染源。当年受害枝上的白色粉霉中形成的分生孢子，在梭梭生长期间发生多次再侵染。8月是梭梭白粉病扩展延期，危害明显加重，9月闭囊壳形成，9月下旬病情减缓，病原菌以闭囊壳越冬。梭梭白粉病主要靠风力和动物的活动进行传播。地势低洼和潮湿的地段梭梭发病重，沙丘上的梭梭发病轻。梭梭长成灌丛状，萌发的枝条多而密集，利于白粉病发生。防治方法：根据梭梭的生长情况，干旱时适当浇水，以增强树势，促使枝条健康生长，减少侵染。组织人员人工疏除过密枝和病枝，并统一集中后挖坑焚烧深埋或运到林外焚毁处理。在7～8月发病严重时进行化学防治。

2. 梭梭漠尺蛾（*Desertobia heloxylonia*）

该虫在新疆石河子1年1代，以蛹在树干基部周围浅层土壤中越夏、越冬，3月中旬日平均气温达10℃左右越冬蛹开始羽化为成虫，将卵成堆产于寄主枝干上。幼虫5龄，3～5龄食量大，取食全叶，只留叶脉。防治方法：在发生严重的地段，进行挖蛹。人工刮除卵块，或敲打树枝震落卵块。成虫羽化期用黑光灯诱杀。幼虫发生盛期喷施化学农药。

3. 黄古毒蛾（*Orgyia dubia*）

该虫在新疆阿勒泰地区1年2代，以卵在茧内越冬。翌年5月上中旬幼虫孵化，6月上旬在枝干

上结茧化蛹；6月中旬成虫产卵，第二代幼虫7月上旬孵化，7月中下旬化蛹，8月中旬第二代成虫羽化，产卵于茧内开始越冬。1龄幼虫主要取食梭梭鲮叶肉，2龄开始蚕食鳞叶，咬断嫩叶嫩梢，逐步危害梭梭林。防治方法：在秋季和冬季人工采集茧，及时烧毁。保护和利用自然天敌，发生严重时喷施生物农药防治低龄幼虫。

4. 鼠兔害

梭梭林的主要鼠兔害有大沙鼠、三趾鼠和草兔，主要危害根皮和树干表皮，主要依赖天敌、自然控制，洞口密度大可用0.1%浓度的肉毒素与胡萝卜制成毒饵，时间4月中下旬，或幼嫩枝喷洒磷化锌。

七、材性及用途

作为薪炭林、饲料林和药用植物肉苁蓉的寄主，梭梭已被国务院列为国家三级重点保护野生植物。材质坚硬重实，含水率低，几乎不含硫，灰分少，气干材比重＞1g/cm³，热值为18912J/g，一般天然林产干柴2～4t/hm²，可用作薪材。同化枝鲜嫩，含盐分多，是骆驼、羊喜食的饲料。梭梭是"沙漠人参"肉苁蓉的寄主植物。

附：白梭梭（*Haloxylon persicum* Bunge ex Boiss et Buhse*）

白梭梭在我国分布于古尔班通古特沙漠、艾比湖东部沙漠和伊犁地区霍城沙漠，零星见于乌伦古河和额尔齐斯河沿岸地段，甘肃、内蒙古、宁夏均有引种。在形态特征方面白梭梭与梭梭区别在于：白梭梭叶片三角形，先端具芒状尖，花单生于上年生枝短枝上，小苞片卵圆形，舟状，与花被等长，钝圆，胞果淡黄褐色，种子直径约2.5mm，花期4～5月，果期9～10月；而梭梭叶片退化呈宽三角形，先端钝，花单生于叶腋，小苞片宽卵形，与花等长，花被片5枚，矩圆形，胞果黄褐色，种子直径2～5mm，花期6～8月，果期8～10月。白梭梭极喜光、耐严寒、耐高温、

昌吉玛纳斯县梭梭天然林（赵挺摄）

昌吉玛纳斯县梭梭更新（赵挺摄）

耐干旱，根系发达，抗风力强。其生态幅较窄，只能生长在基质中等、水分较少、盐分较轻的风积固定、半固定沙丘和厚层沙地上，对水分适应性较差，仅适宜非盐化沙地，有比较发达的高度木质化纤维，是沙漠地带主要的固沙造林树种和饲料。

野生白梭梭生长很缓慢，5～10年生高度仅1m左右，15年以上进入成熟阶段。人工栽培条件下的梭梭生长较快，造林第三年树高达1.5～2.0m，因此是速生固沙造林树种。目前，生产上主要采用播种造林。

（张旭东，赵挺，李建贵）

307 宁夏枸杞

别　名 | 茨、枸杞子、中宁枸杞、枸杞
学　名 | *Lycium barbarum* L.
科　属 | 茄科（Solanaceae）枸杞属（*Lycium* L.）

> 宁夏枸杞耐盐碱、较抗旱，果实富含有枸杞多糖等生物活性物质及多种人体必需氨基酸和维生素等，具有降血糖、降血脂、补肾养肝、调节免疫等药用和保健功效，是一种优良的药食同源的经济林树种，是唯一被载入《中华人民共和国药典》的枸杞种类。

一、分布

宁夏枸杞原产于我国北部，河北北部、内蒙古、山西北部、陕西北部、甘肃、宁夏、青海、新疆均有野生，在中南部地区也有引种栽培，但以宁夏栽培为多，其次为青海、甘肃、内蒙古等地。欧洲、地中海沿岸国家及北美洲有引种栽培。宁夏枸杞主产于我国宁夏，人工栽培历史悠久，得益于宁夏特定生态地理环境和优越的水土光热条件，宁夏生产的枸杞果实粒大色鲜、皮薄肉厚、营养丰富，品质优异，素有"世界枸杞看中国，中国枸杞看宁夏"之说（白寿宁，1999；马德滋等，2007）。

二、生物学和生态学特性

灌木或小乔木。高1.0~2.5m。分枝较密，披散或斜生、弓曲，灰白色或灰黄色，有棘刺。单叶互生或丛生于短枝上，披针形或长椭圆状披针形，长4~10cm，宽5~10mm，略带肉质，先端短渐尖或急尖，基部楔形，全缘，叶脉不明显。无限花序，花腋生，多在短枝上2~6朵同叶簇生；花梗长0.5~1.4cm，花萼钟状，常2中裂，裂片有小齿或顶端又2~3齿裂；花冠漏斗状，粉红色或紫色，5裂；裂片卵形；雄蕊5枚；雌蕊1枚，子房2室，花柱线形，柱头头状。浆果卵圆形、椭圆形或椭圆柱形，纵径10~20mm，横径5~10mm，红色或橘红色，果皮肉质。种子

棕黄色，近圆肾形而扁平。花期5~10月，果期6~10月。

宁夏枸杞喜光、耐严寒、耐盐碱、较抗旱，野生的多生于向阳湿润的沟岸、山坡、农田地埂及渠旁。在风沙地、轻度盐碱地、戈壁荒漠地均可种植存活；人工栽培以≥10℃的有效积温高、日温差大、有灌溉条件的沙质壤土、壤土或轻盐碱土、灌淤土立地为好。

宁夏中宁县枸杞种植园宁夏枸杞叶、果实（曹兵摄）

宁夏中宁县枸杞种植园宁夏枸杞花、幼果（曹兵摄）

三、良种选育

1.'宁杞1号'

树势强健，生长快，树冠开张。当年生枝青绿色，嫩枝梢部淡紫红色，多年生枝褐白色，节间长1.3~2.5cm，成熟枝条较硬，刺极少，节间1.09cm。叶色深绿色，质地较厚，横切面平或略微向上突起，高级钝尖。当年生枝单叶互生或后期有2~3枚，披针形，长宽比3.31~3.42，厚0.64mm，嫩叶中脉基部及叶中下部边缘紫红色。花长1.6cm，花瓣绽开直径1.5cm，花萼2~3裂。鲜果橙红色，平均单果质量0.586g，大单果质量1.42g。鲜果果型指数2.2，平均纵径1.68cm，横径0.97cm，果肉厚0.14cm，内含种子10~30粒。果实鲜干比4.4∶1，鲜果千粒重586.3g；干果色泽红润，果表有光泽，含总糖54%、枸杞多糖3.34%、类胡萝卜素1.29g/kg、甜菜碱9.3mg/g（钟鉎元等，1988）。

2.'宁杞5号'

生长旺盛、成枝力强、树体成形快，结果枝条细软、多下垂，节间1.13cm。叶色深灰绿色，中脉平展，质地较厚，当年生枝叶互生，披针形，长3~5cm，长宽比4.12~4.38；2年生老枝叶条状披针形，簇生。花长1.8cm，萼片多2裂，稀1裂。青果尖端平，鲜果橙红色，果皮光亮，平均单果质量1.1g，最大单果质量3.2g。鲜果果形指数2.2，纵径2.54cm，横径1.74cm，果肉厚0.16cm，内含种子15~40粒。果实鲜干比4.3∶1，干果色泽红润，干果含总糖560mg/g、枸杞多糖34.9mg/g、类胡萝卜素1.20mg/kg、甜菜碱9.8mg/g（秦垦等，2013）。

3.'宁杞7号'

树势健壮，树冠呈自然半圆形，成枝力中等，果枝粗长。叶片厚，青灰色，宽披针形，叶脉清晰。起始成花节位2~3节；腋花芽为主，2年生枝花量极少，每叶腋花多2朵，花冠裂片瑾紫色；自交亲和，幼果粗直，成熟后呈长矩形；鲜果深红色，口感甜味淡。平均鲜果单果质量0.72g，横径1.18cm，纵径2.2cm，果肉厚1.2mm；籽粒平均数29粒，鲜干比4.1~4.6。干果药香浓郁，口感好；干果枸杞多糖含量39.7mg/g、甜菜碱10.8mg/g、类胡萝卜素1.385mg/g。种植当年挂果，第四年达到盛果期，抗逆性和适应性较强（秦垦等，2012）。

4.'宁杞9号'

生长旺盛，萌芽力强，抽枝量大。当年生枝条灰白色，枝梢深绿色，枝长40~50cm，枝条长而弓形下垂，刺少。叶肥厚，长椭圆形，叶长5.2~8.4cm，宽1.7~2.4cm、厚0.95~1.50mm。在当年枝上单叶互生，2年或多年生枝条上3叶簇生，少互生。也可开花结果，但果实含糖量高，不易晾干，果内种子数少，且多为瘪籽。

本品种为叶用枸杞，叶芽含有17种氨基酸，氨基酸总量是枸杞鲜果的2.18倍；叶芽中胡萝卜素含量150.6mg/kg、维生素B$_1$含量0.2mg/kg、维生素B$_2$含量2.4mg/kg、维生素C含量320mg/kg，锌、铁、钙矿质元素含量分别为12.3mg/kg、73.5mg/kg和1565.0mg/kg。定植第三年枸杞鲜芽产量达22.5t/hm^{2}以上（南雄雄等，2015）。

四、苗木培育

宁夏枸杞可用播种、扦插、分株等方式繁殖。生产中多采用扦插繁殖。

扦插时期　北方地区硬枝扦插在为3月下旬至4月上中旬，嫩枝扦插在5月下旬至8月。

采条与制穗　自健壮宁夏枸杞优良品种植株上采集徒长枝、基部萌条或中间枝条为扦插原条（粗度0.6cm以上），截成10～15cm长插穗，下剪口靠近芽（节）基部，上剪口距芽（节）1.0cm左右，50或100根一捆备用。

插穗处理　用100～200mg/kg的α-萘乙酸溶液浸插穗基部24h，或800～1000mg/kg的α-萘乙酸溶液浸插穗基部5～10min（处理前插穗基部用水浸泡24h）；也可用ABT生根粉或国光生根粉处理插穗基部。如果土壤黏重，可将激素或生根粉按浓度配制后加入滑石粉、多菌灵杀菌剂，将插穗基部挂浆后扦插，能防止插穗腐烂。

整地与扦插　选用沙壤土平整、消毒后作苗床，覆地膜；按行距25～40cm、株距10～20cm直接扦插于苗床（采用宽窄行扦插便于操作），覆湿润土踏实，插条上端露出地面约1cm。

插后管理　插后立即灌水。覆膜扦插20天左右插穗生根，要及时去除多余萌发枝条，留1个条。定期追肥、灌水，以培育壮苗。

嫩枝扦插　5月下旬至8月，自健壮植株采集当年生半木质化枝条（粗度0.5cm以上），截成5～10cm的插穗，去除下端节上的叶片，留1～2片小叶（叶片大的需剪去一半），将插穗基部速蘸800～1000mg/kg　α-萘乙酸溶液或ABT生根粉和滑石粉调制成的生根剂，按5cm×10cm的株行距插入沙床上（用多菌灵或百菌清消毒），深度1.5～2.0cm，插后喷多菌灵或代森锰锌杀菌剂，盖塑料拱棚保湿（可采用内挂弥雾喷头使空气相对湿度保持在90%以上；棚外覆盖遮阳网，温度不能高于35℃）。有条件的可在智能控制温室内进行嫩枝扦插繁殖。

五、林木培育

1. 人工林营造

沙荒地、河滩地、盐碱地均可作为造林地，植苗造林。在春、秋两季进行造林。选用

宁夏中宁县枸杞种植园宁夏枸杞（曹兵摄）

2年生以上苗木（地径0.8cm以上），穴植（直径40~60cm），提前局部整地（扩穴、施入有机肥），株行距（2~3）m×（2~4）m。栽植前用清水浸泡苗木根系24h，用保水剂或生根粉蘸根，栽后立即灌水。覆膜栽植、滴灌补水更有利于促进成活（钟鉎元，2002）。

2. 枸杞园建立与栽培管理

园址选择 选地势平坦、有灌溉条件、地下水位在1.5m以下的地块，沙壤土、中壤土和灌淤沙壤土最佳。

定植 平整土地，亩施有机肥1800~2000kg；选2年生以上苗木（地径0.8cm以上），穴植（直径40~60cm）或开沟种植（深40~60cm，宽30~40cm），坑内或沟底先施入有机肥2kg/株，及适量秸秆；株行距（1~2）m×（3~4）m（为便于机械化作业，采用宽行距、窄株距定植）。栽前用清水浸苗木根系24h，保水剂或生根粉蘸根，栽后立即灌水。覆膜栽植、滴灌补水更有利于保活。定植严格按照"三埋两踩一提苗"操作，做到"根伸、苗正、行要直"。

土肥水管理 在5~8月，每月中旬进行一次除草松土，深度10~15cm。也可行间生草（自然生草或种植黑麦草、三叶草、小冠花等），在秋季进行割草压埋，但树冠两侧各50cm要定期除草清耕或覆防草布。秋季或早春深翻施腐熟优质有机肥1500~2000kg，或油饼渣500~800kg加多元复合肥150kg左右。土壤黏重的枸杞园，用作物碎秸秆或者种植绿肥作物翻入土壤，增加土壤有机质，改良土壤。在6~8月追肥2~3次，施入氮、磷、钾复合肥加锌、硼微肥，成龄株施0.5kg，幼龄株施0.25kg，拌土封沟后灌水；叶面喷施0.3%~0.5%的尿素或磷酸二氢钾，或微量元素复合液肥，每亩喷液肥50~70L。常采用畦灌、沟灌方式浇水，在北方地区，萌芽前和休眠越冬前分别灌萌芽水和封冻水；生长季期间根据土壤干湿情况，灌水5~8次；有条件果园可采用滴灌等节水灌溉的水肥一体化技术供肥供水。

果实采摘 自5月下旬开始开花，10月结束；自6~10月间果实分批成熟，每7~10天采摘果实一次。

整形修剪 多采用自然半圆形或3层楼树形（60~80cm、120cm左右、160cm左右3个层次），或2层楼树形（60~80cm、120~140cm2个层次）。幼树修剪以培养树形为主，开始大量结果的成年枸杞植株的修剪基本要求是"去直要留斜，去旧要留新；密处要疏剪，缺空留油条（徒长枝），清膛截底，树冠丰满"；在2~3月中旬进行休眠期修剪，夏季修剪主要任务是疏密枝、去油条。

六、主要有害生物防治

1. 枸杞黑果病

又名炭疽病，病原菌为胶孢炭疽菌（*Colletotrichum gloeosporioides*）。5~8月发病。主要危害果实，可侵染嫩枝、叶和花。青果发病初期，果面出现针头大的褐色小圆点，后扩大呈不规则形病斑；后病斑凹陷、变软，果实整个或部分变黑。干燥时果实干缩，病斑表面长出近轮纹状排列的小黑点，为病菌的分生孢子盘；潮湿时病果表面出现橘红色孢子团。侵染嫩枝、叶尖或叶缘，出现半圆形褐色斑，潮湿条件下呈湿腐状，表面出现橘红色黏液小点。发病始期和发病程度与降雨量的多少、空气相对湿度及温度的高低有关，干旱少雨的年份发病较轻。防治方法：在早春或晚秋剪除残枝、病枝，清理病果，集中处理；3月下旬全园喷施3~5波美度石硫合剂，雨后24h内喷施70%代森锰锌可湿性粉剂500倍液、50%退菌特可湿性粉剂1000倍液或等量式波尔多液100倍液等（陈君等，2003）。

2. 枸杞根腐病

该病病原菌为镰刀菌属（*Fusarium*）尖孢镰刀菌（*F. oxysporum*）、茄类镰刀菌（*F. solani*）、同色镰刀菌（*F. concolor*）和串珠镰刀菌（*F. moniliforme*）。多在4~6月中下旬发病，7~8月扩散，主要危害植株根部及茎基部。病株根和根颈部发生腐烂，茎秆维管束变褐色，潮湿时病部偶尔长出白色或粉红色霉层（病原菌）；而后地上部植株枯萎，全株死亡。病菌通过植株病处或者生病残枝越冬，第二年条件适宜时，进入

植株发病，常随降雨、灌溉时的水传播。防治方法：发病初期，可用50%的多菌灵可湿性粉剂400～600倍液灌根防治，或立即拔除病株，并用石灰消毒病株周围土壤。

3. 枸杞流胶病

病原菌为头孢霉属（*Cephalosporium*）、镰刀菌属（*Fusarium*）。在2年生以上枝干上全年季节均可发病。初春树液开始流动，枝干树皮或树皮裂缝处分泌出黏稠的泡沫状黄白色胶状液体，有腥味；流出的胶液与空气接触后逐渐变为红褐色且呈胶冻状，干燥后变硬变脆。在流胶过程中遇到细菌感染，则流出的树胶变为淡黄色或黄褐色不透明的脓痰状黏稠物。人为和机械损伤、蛀干害虫蛀伤、冻伤或冰雹打伤造成的伤口易刺激树体流胶；修剪过重、结果过多、施肥不合理、土壤黏重等原因引起生理失调，也易导致流胶病发生。防治方法：加强栽培管理，提高树体抗病能力；刮除老翘树皮，再用多菌灵原液或2%硫酸铜溶液或5波美度的石硫合剂涂刷。

4. 枸杞蚜虫

主要发生在夏末秋初，1年发生10～15代。枸杞蚜虫是以绵蚜（*Aphis gossypii*）为优势种，与桃蚜（*Myzus persicae*）和豆蚜（*Aphis craccivora*）混合发生。主要以成、若蚜危害植株的嫩叶、花和果实等器官，吮吸汁液同时分泌黏稠液体；严重时其分泌物覆盖整个受害器官表面，影响植株生长发育。防治方法：可挂设黄板诱蚜，利用瓢虫、草蛉等天敌防蚜虫，萌芽前全园喷施石硫合剂，生长期参照无公害管理标准喷施生物源农药进行防治。

5. 枸杞木虱（*Paratrioza sinica*）

1年发生3～4代，以成虫在土块、树干上及附近墙缝间、枯枝落叶层越冬，翌年4月下旬、5月上旬开始活动，产卵于叶背或叶面，卵为黄色，密集如毛，至6、7月，卵、若虫、成虫盛发，8～9月达到发生高峰期。成虫和若虫布满叶背或嫩梢，刺吸危害嫩叶、嫩枝、花及幼果，导致新叶畸形、提早落叶，同时排泄出大量的白色分泌

物黏附于叶片上，易致煤污病。防治方法：春季人工摘除卵叶、剪除虫枝；挂黄板诱杀成虫，保护利用异色瓢虫、七星瓢虫等天敌。萌芽前全园喷施石硫合剂，生长期参照无公害管理的标准选用生物源农药喷施防治成虫和若虫。

6. 枸杞瘿螨（*Aceria pallida*）

1年发生8～12代，主要危害叶片、嫩梢、花瓣、花蕾和幼果，被害部位呈紫色或黄色痣状虫瘿。气温5℃以下，以雌成螨在当年生枝条的越冬芽、鳞片内以及枝干缝隙越冬；4月上中旬越冬成螨开始活动，或由木虱成虫等携带传播，5月上旬至6月上旬和8月下旬至9月中旬是瘿螨发生的两个高峰期。以成、若螨危害枸杞新叶、新梢、茎及花蕾等幼嫩部位，枸杞叶部被侵袭后出现黄色近圆形隆起的小疱斑，随着危害的严重性增加形成直径为1～7mm的紫色或黑色痣状虫瘿，沿叶脉分布，虫瘿正面外缘呈紫色环状，中心为黄绿色，周边凹陷，背面凸起。受害严重的叶片扭曲变形、提前脱落。防治方法：及时摘除卵叶、剪除虫枝；加强管理，增强树势；萌芽前全园喷施石硫合剂，生长期参照无公害管理标准喷施生物源农药。

七、材性及用途

宁夏枸杞果实富含枸杞多糖、类胡萝卜素、牛磺酸、黄酮、甜菜碱等多种生物活性物质和多种维生素、19种氨基酸（其中包括8种必需氨基酸）等人体必需营养成分，干果的总糖含量约46%、枸杞多糖3%以上。宁夏枸杞是我国传统的名贵中药材，具有调节免疫功能、抗衰老、调节血脂、补肾养肝、润肺明目等功效。其嫩芽、嫩叶可制成茶叶或做菜用。目前，已开发出枸杞籽油、枸杞软胶囊、枸杞酒、枸杞芽茶、枸杞姜汤、枸杞果麦片、枸杞醋等系列产品。宁夏枸杞适应性强，也可作为水土保持和造林绿化树种（张磊等，2012；郑国琦和胡正海，2008）。

（曹兵）

泡桐

泡桐为玄参科（Scrophulariaceae）泡桐属（*Paulownia*）落叶乔木的总称，是原产于我国重要的多用途速生用材树种，栽培和利用历史十分悠久。泡桐在我国的天然分布达24个省份，大致位于20°～40°N，98°～125°E之间，有11个种、2个变种和6个变型。以秦岭、伏牛山、淮河为界，可分为南北两大分布区。北方桐区包括黄淮海平原区和西北干旱半干旱区，北起辽宁金县和营口以南、北京、山西太原、陕西延安、甘肃平凉一线，东自辽宁大连、山东和江苏北部沿海，西至甘肃东部，主要种是毛泡桐（*P. tomentosa*）、兰考泡桐（*P. elongata*）和楸叶泡桐（*P. catalpifolia*）。其中，黄淮海平原区为传统主栽区，栽培方式由过去的以农桐间作、四旁植树为主，转变为现在的以农田林网、四旁植树为主。南方桐区，南到广东、广西和云南南部，东起台湾，西至四川大雪山和云南的高黎贡山，种类资源丰富，主要种是白花泡桐（*P. fortunei*）、华东泡桐（*P. kawakamil*）、川泡桐（*P. fargesii*）、台湾泡桐（*P. taiwaniana*）等。该区水热条件优越、宜桐林地充裕，近年来泡桐发展迅速，将成为我国重要的泡桐速生丰产基地。从20世纪70年代初开始，各地广泛开展泡桐优良品系的选、育、引工作，极大丰富了两大桐区的种类和品系。泡桐生长迅速、繁殖容易、花大色美、材质优良、用途广泛等特性，适于速生丰产材、农田防护林、四旁植树、园林绿化和农（林）桐复合经营等多种栽培方式，正呈现出从北方向南方、从平原区向低山丘陵区、从单一木材目标经营向提质增效的多目标经营转变的明显趋势。泡桐叶、花、果、根、皮均可入药，叶、花也可作饲料，木材广泛用于家具、装饰材拼板、人造板、弦乐器等的制作，是我国重要的民族传统出口创汇木材。泡桐产业在缓解木材供求矛盾、改善生态环境、抵御突发性风沙和干热风等自然灾害、促进农林业生产和出口创汇等方面，一直发挥着重要作用，受到国际社会的高度重视。

（王保平）

別　名｜梧桐（河南、湖北、湖南、江西、安徽、江苏等）

学　名｜*Paulownia* Sieb. et Zucc.

科　属｜玄参科（Scrophulariaceae）泡桐属（*Paulownia* Sieb. et Zucc.）

泡桐是原产我国重要的短周期多用途速生用材树种，栽培和利用历史十分悠久，适生范围广阔，栽培方式多样，其木材材质轻软、纹理通直、不翘不裂、强重比高、隔潮防腐，声乐性质优异，是建筑装饰、家具、包装、工艺品、乐器等的优良用材，产品远销日本、韩国、美国、意大利、英国、德国等20多个国家。

一、分布

泡桐属在我国分布广泛，北起辽宁南部（金县、营口以南）、北京、山西太原、陕西延安、甘肃平凉一线，南到广东、广西和云南南部（20°~40°N），东起台湾，西至甘肃岷山、四川大雪山和云南高黎贡山（98°~125°E），总计24个省份均有分布。其栽培区域可划分为黄淮海平原区、西北干旱半干旱区和南方低山丘陵区，其中，黄淮海平原为传统主栽区。近年来，南方低山丘陵区因水热条件优越、宜桐地充裕而发展迅速，将成为我国重要的泡桐速生用材林基地。泡桐属的垂直分布随地区的纬度、海拔高度、地形的变化而变化。例如，其在河南适生的最高海拔达1400m，在云南却高达3000m（倪善庆，1986；蒋建平，1990；竺肇华，1995）。

二、生物学和生态学特性

1. 形态特征

落叶乔木，但在热带偶有常绿或半常绿个体。树皮灰褐色，幼时平滑，皮孔明显，老时纵裂。树冠圆锥形至伞形，通常假二叉分枝，常无顶芽，小枝粗，节间髓心中空。侧生叶芽常叠生，芽鳞2~3对。单叶对生，偶有互生或3~4叶轮生；叶全缘、有角或3~5浅裂；具长柄。顶生聚伞圆锥花序；苞片叶状；花蕾密被黄色星状毛，无鳞片；花紫色或白色；萼5裂，宿存；花冠漏斗状或钟状，二唇形，上唇2裂稍短，常向上反折，下唇3裂较长，多直伸；雄蕊4（5~6）枚，二强，内藏，花药叉分；花柱细长，柱头微下弯。蒴果，室背开裂；种子小，两侧具叠生白色有条纹的翅（蒋建平，1990）。

2. 生态习性

泡桐为强喜光树种，树冠开阔，叶大枝疏，透光度大。泡桐对温度的适应范围较大，不同种和不同种源的泡桐对温度的生长反应不同，适宜生长的日平均气温在24~29℃，日平均气温超过30℃时可能会引起树干灼伤，影响生长。对低温的抵抗能力不同，如毛泡桐、兰考泡桐、楸叶泡桐和白花泡桐（不同种源差异较大）分别能耐−25~−20℃、−18~−15℃、−18~−15℃和−15~−10℃的低温。泡桐是侧根发达的深根性树种，根肉质多汁，适宜生长于土层深厚、通气性好（一般要求总孔隙度在50%以上）的沙壤土或砂砾土中。泡桐树龄1~3年时根系分布较浅，4年后，0~40cm土层多为中根与大根，根量占总根量的30%~35%，80%以上的细根和吸收根分布在40cm以下土层。泡桐喜湿怕淹，地下水位宜在2m以上，最适的土壤含水量为田间持水量的50%左右。水淹28h时蒸腾速率降至最低，10日时吸收根全部腐烂。在不进行人工灌溉的区域，年降水量500~600mm即可满足泡桐生长需要，年降水量1000mm左右对泡桐的生长更为适宜。若降水量过高，且无有效排水条件，水分就会成为泡桐生长的限制因素。泡桐对土壤pH的适应范围为4.1～8.9。泡桐耐贫瘠，在较瘠薄的低山、丘陵或平原地区也能生长。

3. 生长发育特征

泡桐生长十分迅速，民间有"1年1根杆，3年像把伞，5年能锯板"之说，7～8年即可成材。但其速生特性因品种、立地条件和抚育管理措施的不同，表现出来的生长差异十分明显。在北方地区，以兰考泡桐生长最快，楸叶泡桐次之，毛泡桐生长较慢。在大部分分布区的温度范围内，泡桐顶芽多在冬季枯死，常呈假二叉分枝状，高生长有明显的阶段性。不同种类的生长过程也有所不同，如兰考泡桐能由不定芽或潜伏芽形成强壮的徒长枝自然接干。栽植后经过2～8年，自然接干向上生长。在整个生长过程中，一般能自然接干3～4次，个别能自然接干5次。第一次自然接干高生长量最大，可达3m以上，以后逐渐降低。胸径的连年生长量高峰在第4～10年。材积连年生长量高峰出现在第7～14年。

4. 泡桐属主要树种特性

（1）白花泡桐　又名大果泡桐（河南）[*Paulownia fortunei* (Seem.) Hemsl.]

树干通直，自然接干能力强，树形多为长卵形、塔形。叶厚，叶形狭长，叶面少毛有光泽。花序短小，圆柱形，总梗与花梗近等长；花蕾大，倒长卵形，被毛易脱落；花萼肥大，浅裂；花大，近白色；花筒内腹部有较大紫斑，喉部背腹明显压扁。果大，矩状长椭圆形，果壳厚，结果较多。白花泡桐是南方泡桐的代表树种，分布范围十分广泛，遍布长江流域以南的各省份，多为天然分布，生于低海拔的山坡、林中、山谷及荒地，越向西南分布海拔越高，最高可达海拔2000m。越南、老挝也有分布（蒋建平，1990）。

喜光，稍耐阴；喜温暖湿润气候，不耐严寒；喜深厚、肥沃、湿润、疏松和排水良好的壤土和黏壤土，pH 4.0～7.5均能正常生长；能生于

流水沟边或水田间较宽的土埂上，但积水1周以上就烂根死亡；深根性，速生（郑万钧，2004）。

（2）兰考泡桐　又名河南桐（青岛口岸）、大桐（山东）（ *Paulownia elongata* S. Y. Hu ）

树冠多为卵圆形，分枝角度大，多以徒长枝接干，树干尖削度大，树冠层性明显。花序枝狭圆锥形，总梗与花梗近等长；花蕾较大，倒长卵形；花萼下部较瘦长，外被黄褐色分枝毛，开花后脱落，花萼浅裂；花密集，紫红色；花筒腹部具2条明显皱褶，筒内密布细而均匀的紫色斑点。果卵圆形，较小，蒴萼直立，结果较少。兰考泡桐是完全靠人工栽培的泡桐种类，集中分布于我国以黄淮海平原为代表的黄河流域。

喜光，不耐庇荫；喜温暖气候，较耐寒，生长季节最适气温为25～27℃，超过30℃时生长速度下降，38℃以上生长受阻，最低气温-20℃（北京）能安全越冬，-25℃有冻害；年降水量500～1000mm适宜生长；喜深厚、疏松、湿润、肥沃和排水良好的沙壤土或壤土，在沙土、黏土或黏壤土均生长不良，积水和地下水位过高，均引发根腐或死亡；土壤pH 6.0～7.5最好，如其他条件适宜，pH 8.5～8.7也能正常生长；深根性，速生。

（3）毛泡桐　又名紫花桐（《桐谱》）、日本泡桐（《中国树木分类学》）[*Paulownia tomentosa* (Thunb.) Steud.]

叶近圆形，正反两面均被毛。幼果、幼叶有黏质腺毛。花序广圆锥形，聚伞花序，总梗与花梗近等长，花序枝上部较长一段无分枝；花蕾小，圆形；花梗弯曲呈直角；花紫色，较小；花萼深裂。果近圆形，果壳薄，结果多。毛泡桐是北方泡桐种类的代表种，分布范围广泛，从长江中下游一直到泡桐属分布区的北界，其重点分布区为大别山和神农架及其周边地区，属天然分布，有大量野生种群，其余地区多为人工栽培。毛泡桐抗旱耐寒，适应能力强，木材材质致密，是优良的家具用材。

喜光，喜温暖气候，耐寒冷及干旱，在北京-20℃低温下生长正常，喜深厚、肥沃、湿润、疏松沙质壤土；深根性，速生。

（4）楸叶泡桐　又名胶东桐（山东）、小叶桐（河南）、无籽桐（河北）（*Paulownia catalpifolia* Gong Tong）

树冠塔形或长卵形，冠幅窄。分枝角度小，自然接干能力强。叶狭长、内折，叶片厚，叶面少毛、有光泽，着生状态下垂。花序狭圆锥形，总梗与花梗近等长；花蕾细长，长卵形；花萼浅裂；花淡紫色；花筒较细；花药败育，无花粉。果长矩圆形，果壳较厚，果尖偏斜，除胶东半岛外，其他地方结果极少。楸叶泡桐是一个典型的北方泡桐种类，分布于黄河流域中下游，主要靠人工栽培，长期进行无性繁殖。

喜光，稍耐庇荫，适于温凉、较干冷的气候，耐寒、耐旱、耐瘠薄，在沙壤土至黏土均能生长，土层深厚、疏松、湿润、排水良好的壤土为最好；深根性，速生。

（5）川泡桐（*Paulownia fargesii* Franch.）

花序枝广圆锥形，基部几对侧枝常与主枝近等长，花序稀疏，上部不分枝，总梗短于花梗；花蕾较小，呈多棱状，密被黄色绒毛；花萼深裂；花紫色，稍大，花冠从基部起突然膨大呈钟形。果卵圆形，较小，果壳薄，宿萼不反卷，结果多。川泡桐以天然分布为主，人工栽培较少，大多分布于湖北西部、湖南西部、云南、贵州、四川海拔1000m以上的山地和高原地区。

喜光，稍耐庇荫，喜凉润气候，喜疏松黏壤土，常生于沟边或水田土埂；抗病虫害能力强。

上述5个种为生产上采用的主要造林桐种。华东泡桐、台湾泡桐、山明泡桐、宜昌泡桐、鄂川泡桐和建始泡桐的分布范围相对狭窄，尚未大面积栽培利用，其特征不再展开描述。

三、良种选育

国内系统的泡桐良种选育工作始于20世纪70年代，专家学者开展了选择育种（种源选择、类型选择、优树选择、实生选择）和杂交育种，随后陆续开展了诱变育种（射线、激光和化学药剂等诱变）、航天育种、倍性育种等工作，迄今已选育出50余个优良无性系/品种，并先后在生产上推广应用（蒋建平，1990；李宗然，1995）。

选择育种　采用绝对值评选法、综合评分法和5株大树对比法，通过对优树选择，直接形成无性系，如'C125''C161'等。也可以通过在优树上采集种子进行育苗、苗期测定、无性系测定和区域性试验选择出优良无性系，如'C001''C020''9501''苏桐70''01−22''01−23''1−58'等。

杂交育种　泡桐属的杂交育种始于1972年，专家学者在种间、种内做了大量的杂交组合。通过采集种子播种育苗和选择超级苗，经过无性系测定，培育出了'豫杂1号''桐杂1号''毛白33''陕桐3号''陕桐4号''中桐6号''中桐7号''中桐8号''中桐9号'等优良杂交品种。大量研究表明，杂交组合后代分离明显，不同个体在许多性状上也存在着巨大的差异。从生长和抗丛枝病能力来看，毛泡桐和白花泡桐的杂交组合杂种优势最为明显。兰考泡桐和白花泡桐的杂种后代抗丛枝病能力强，接干能力也强，且树冠较窄。

倍性育种　河南农业大学以毛泡桐、兰考泡桐和白花泡桐等无菌苗为试验材料，利用秋水仙素结合组培方法诱导获得了泡桐多个种或无性系的四倍体植株，建立了四倍体泡桐体外再生体系，为泡桐四倍体新品种选育奠定了基础（王晓丹等，2014）。

近年选育的部分优良无性系/品种特点及适用地区如下。

'9501'　为白花泡桐天然杂种，由"九五"攻关泡桐协作组选育，2000年9月国家林业局认定。主干通直圆满，树冠卵形，冠幅中等，侧枝较粗。自然接干能力较强，具有较强的丛枝病抗性。材色较淡，木材密度较'C125'高13%，白度高21.6%，达到优质桐材标准。适应范围包括我国北方桐区的黄淮海平原、西部半干旱黄土区和长江流域温暖湿润的浅山丘陵地区。

'9502'　为毛泡桐×白花泡桐的杂交种，由"九五"攻关泡桐协作组选育，2000年9月国家林业局认定。主干通直圆满，树冠长卵形，冠幅较窄，侧枝细。自然接干能力强，具有较强的丛枝病抗性。木材密度和白度略高于对照优良品种'C125'，达到优质桐材标准。适应范围同'9501'。

'中桐6号'和'中桐7号' 为毛泡桐×白花泡桐的杂交种，由国家林业和草原局泡桐研究开发中心选育，良种编号豫S-SC-PT-043-2018和豫S-SC-PT-044-2018。具有生长速度快、自然接干能力和抗丛枝病能力强等优良特性。树冠圆锥形，侧枝与主干夹角45°～60°，属连续自然接干类型。沙土立地条件下，8年生平均主干材积'中桐6号'和'中桐7号'较对照'C125'分别提高44.28%和44.82%。适宜在黄河中下游、黄淮海平原区栽培，在白花泡桐和毛泡桐自然分布区也可引种栽培。

'中桐8号' 为白花泡桐×毛泡桐的杂交种，由国家林业和草原局泡桐研究开发中心选育，良种编号豫S-SC-PT-045-2018。具有生长速度快、自然接干能力和抗丛枝病能力强等优良特性。树冠塔状圆锥形，侧枝与主干夹角45°～60°，属连续自然接干类型。沙土立地条件下，13年生平均主干材积较对照'C125'提高43.71%。适宜区域同'中桐6号'。

'中桐9号' 为毛泡桐×白花泡桐的杂交种，由国家林业和草原局泡桐研究开发中心选育，良种编号豫S-SC-PT-046-2018。具有生长速度快、自然接干能力和抗丛枝病能力强等优良特性。树冠圆锥形，枝条细，主干高生长量表现较为突出，侧枝与主干夹角40°～50°，属连续自然接干类型。沙土立地条件下，13年生平均主干高和主干材积较对照'C125'分别提高26.63%和41.64%。适宜区域同'中桐6号'。

'毛白33' 为毛泡桐×白花泡桐的杂交种，由河南农业大学选育。主干通直圆满，易人工接干。树皮黄褐色，较粗糙。树冠卵形，侧枝粗壮，分枝角度较大。叶卵圆形，革质，叶背多分枝状毛兼有腺毛和长直毛，花序枝短圆锥形。其树高、胸径和材积分别比兰考泡桐提高15%、55%和75%。抗病能力较强，感病指数和发病率均低于兰考泡桐。适于华北和中原地区。

'陕桐3号' 为毛泡桐×白花泡桐的杂交种，由西北农林科技大学林业科学研究院选育，陕西省良种编号QLS032-K13。材质优良、速生、感染丛枝病轻，抗虫能力强。7年生幼树平均单株材积比'豫杂1号'大47.6%。木材物理学性质及纤维形态显著优于'豫杂1号'。7年生丛枝病感病指数仅为28.8%。宜作优质家具及出口创汇用材无性系推广。'陕桐3号'枝条细密，叶色墨绿，形态美观，亦可作为行道树。适应范围包括我国北方桐区的黄淮海平原、西部半干旱黄土区和长江流域温暖湿润的浅山丘陵地区。

'陕桐4号' 为毛泡桐×白花泡桐的杂交种，由西北农林科技大学林业科学研究院选育，陕西省良种编号QLS033-K14。速生、抗旱性强。7年生幼树平均单株材积比'豫杂1号'大63.78%，比'陕桐1号'大4.83%。木材纤维形态与'豫杂1号'接近，主要用作速生的纤维用材无性系推广，在栽培上应注意丛枝病综合防治。适应范围包括我国北方桐区的黄淮海平原、西部半干旱黄土区和长江流域温暖湿润的浅山丘陵地区。

四、苗木培育

泡桐既可有性繁殖又可无性繁殖。育苗方法主要有：播种、埋根、平茬、组培等。播种育苗常用于引种和科研中杂交育种，由于技术要求高，种子苗分化大，一般不用于生产培育。埋根育苗是当前生产培育高干壮苗采用的主要方法，它具有简单、管理方便、成苗率高、生长快、成本低等优点。

1. 大田埋根育苗

苗圃地选择 选择交通便利、临近造林地、地势平缓、肥力中等以上、土层深厚（耕作层>40cm）、地下水位1.5m以下、不积水、光照充足，排灌良好的壤土或沙壤土立地，避免使用风口地、泡桐育苗重茬地、地下害虫发生严重的土地和水稻地。

整地 在秋冬季节翻耕，在翌春2～3月进行

河南长葛泡桐农田林网（王保平摄）

浅耕细耙。每公顷撒施腐熟的农家肥60～90m³，或腐熟饼肥3000kg，或复合肥750kg。缺磷的土壤每公顷增施磷肥375～750kg。均匀撒施肥料，然后翻耕埋入耕作层。根据土壤理化性质和病虫害发生情况因地制宜选用硫酸亚铁、代森锌、辛硫磷、噻唑膦等杀菌杀虫药剂进行土壤消毒。深耕细整，翻耕深度40～50cm，做到平、整、净、碎、匀。作床方式常用的有高垄、低床和平床3种。气候湿润、多雨地区和水源充足、灌溉条件好或地下水位高的圃地宜采用高垄；春季风沙严重、干旱、灌水不便的圃地宜采用低床和平床。高垄一般按行距做成高20～30cm、顶宽30～40cm、底宽40～50cm的垄。低床畦面低于畦埂15～20cm，畦宽1～2m，以育苗1～3行为宜。平床按带宽2～3m带状作业。

种根采集与处理 根据区域适应性，选择当地主栽和经过正式审定或认定的泡桐优良无性系/品种。在泡桐落叶后至翌春发芽前的非冰冻时期，采挖品种纯正、生长良好、无病虫害的1～2年生苗木根系，选择小头直径0.8～3.0cm、无严重劈裂或损伤的，剪成长10～15cm的种根，剪口要平滑、上平下斜。剪好的种根按粗度0.8～2.0cm、2～3cm等分级，30～50根一捆捆扎，及时晾晒1～3天。若不立即育苗，应妥善贮藏，

贮藏以湿沙坑藏为好。在种根贮藏期间，每隔1月左右应检查一次，如发现霉烂，应翻坑晾晒，也可用0.1%的高锰酸钾溶液浸根30min，如沙子过干，应及时洒水，保持湿度。种根数较少时，也可在室内或空窖内沙埋贮藏。泡桐种根催芽的方法有阳畦催芽、温床催芽、火坑催芽、塑料大棚催芽等多种，以阳畦催芽最为常用。具体方法为：在埋根前10～15天选择背风向阳的地方，挖宽1.5m、深30cm、东西方向的阳畦，畦底铺5cm厚湿沙，种根大头向上，成捆直立于坑内，种根间填充湿沙，上盖塑料薄膜，10～15天后幼芽萌发露白即可育苗。

埋根时间 北方一般在3月上旬至4月上旬，南方一般可相应提前15～20天，也可在冬季11月下旬至12月上旬埋根。根据气候条件，在幼苗出土后不受晚霜危害情况下，埋根时间越早越好。

埋根密度 应根据苗木培育目标、土壤肥力和管理水平而定。一般行距1.0～1.2m，株距0.8～1.0m。

埋根方法 按株行距定点、打孔。将种根大头向上直立穴中，顶端与地面平，然后封土按紧，再用湿松土封成高5～10cm、直径15～20cm的小土堆以防风保墒。对于冬季埋根或土质疏松、风沙较大、保水差的圃地，土堆应稍大一

些。埋根后及时浇水，保持土壤湿润。埋根后即可进行覆膜，覆膜前土壤要有充足的底墒。地膜育苗埋根时间可稍早于一般埋根。

苗期管理 出苗期与生长初期遇干旱应及时灌水，宜小水侧灌，忌大水漫灌；速生期，苗木生长需要大量水分，要及时灌水浇透；生长后期一般不必灌水；北方地区在封冻前要浇一次透水。圃地如有积水及时排除。生长初期和速生期分别追肥1~2次，选用尿素、硫酸铵或含氮量较高的复合肥。生长初期施肥每株每次20~30g，速生期每株每次30~50g，速生期末追施1次磷、钾肥或复合肥，每株20~30g。根据苗木大小，距苗木20~40cm处，两侧穴施。采用地膜覆盖的大田埋根育苗，要在出苗期（从埋根到幼苗出土，一般30~45天）及时检查出苗情况，发现幼苗出土要及时破膜，并用湿土将口封好。埋根苗在苗高10~20cm时进行定苗，每个根穗仅保留

1个壮芽。采用清根、黑膜覆盖等方法，保持圃地无杂草；生长期注意松土；生长初期和速生期各培土1次。生长期苗木叶腋处萌发的侧芽要及时抹除。苗木的出圃要与造林季节结合，一般在苗木生长停止后至翌年萌动前起苗，避免在0℃以下的温度时起苗。起苗时根幅大小一般应保持40~50cm。

埋根育苗，除直接在苗圃地作床、作垄埋根育苗外，有些地方还采用了容器埋根育苗。

2. 平茬育苗

平茬育苗是一种主要用于播种、埋根育苗达不到出圃标准而采用的育苗方法。平茬时间一般应在苗木休眠期进行，最迟要在发芽前完成。平茬部位在苗干基部，根干交接处。平茬后抚育管理，可参照埋根育苗。

3. 组培育苗

自20世纪80年代开展泡桐组培技术研究以

河南兰考农桐复合经营林（乔杰摄）

湖北赤壁泡桐丰产林（乔杰摄）

来，已进行多种泡桐外植体材料繁育研究。针对泡桐老龄种质资源繁育，原国家林业局泡桐研究开发中心研制了适宜不同种质组培幼化繁殖技术体系。

（1）无菌体系

采用75%酒精对培养材料带芽嫩枝消毒处理5～10s，再用0.1%氯化汞消毒处理5～8min，无菌水冲洗4～5遍。

（2）茎段再生技术体系

带芽茎段可置于添加了不同激素的MS培养基上启动萌发。不同品种，适宜的初代培养、继代培养和生根培养的培养基有所不同（表1）。

表1　不同泡桐种质的组培和试管嫁接培养基配方

组培	毛泡桐、川泡桐、台湾泡桐	白花泡桐	白花泡桐试管嫁接
初代培养	MS+4.0mg/L6−BA+0.3mg/LNAA	MS+4.0mg/L6−BA+0.3mg/L NAA	MS+0.3mg/L NAA+30g/L 蔗糖
继代培养	MS+0.1mg/L NAA和MS+4.0mg/L6−BA+0.3mg/L NAA交替培养	1/2MS+4.0mg/L6−BA+0.3mg/L NAA	1/2MS+6−BA6.0mg/L+0.3mg/L NAA+20g/L 蔗糖
生根培养	1/2MS+0.1mg/L NAA 或1/2MS+0.05mg/L NAA或1/2MS+0.1mg/L IBA	1/2MS+0.1mg/L NAA 或1/2MS+0.2mg/L NAA 或1/2MS+0.1mg/L IBA+0.1mg/L NAA	1/2MS+0.1mg/L NAA

五、林木培育

1. 立地选择

泡桐喜肥沃、土层深厚、通气性好的土壤，同时又怕盐碱、怕水淹，极喜光。造林地以沙壤土、壤土为宜，其次为黏土、沙土。地下水位在生长季节应不高于2m，活土层应大于80cm，且土壤肥力较高。在山区，坡度<30°的缓坡，只要土层较厚，各个部位均可作为造林地。坡度在30°~45°，应在中坡以下选择造林地；坡度在45°以上，应在山坡下部或坡脚选择造林地。营造速生丰产林，以在海拔600m以下选择造林地为宜。避免在风口地造林。

2. 整地

整地是实现泡桐林速生丰产的重要技术之一。细致的整地是实现泡桐林速生丰产的重要技术之一。整地前应清除地上杂草、灌木和伐根，一般在造林前的秋冬季进行。

穴状整地 整地深度一般0.8~1.0m。在土质疏松的情况下，深度可略小。方形穴的长、宽一般是0.8~1.0m，圆形穴的直径一般0.8~1.0m。整地规格不同，泡桐幼树生长量有一定差异，特别在山区，整地越深，幼树生长量也越大。

带状整地 适用于水肥条件较好的缓坡。整地的带宽因立地条件不同而有差异，一般带宽为1~2m，坡度较大时，可适当减小带宽。整地深度一般30~50cm，带间距离因造林行距而定，一般是3~7m。栽植前，在带状整地的基础上还应参照穴状整地的方法挖栽植穴。

全面整地 在条件比较好的丘陵和缓坡，拟采用农桐间作模式的造林地可全面整地。整地深度30~50cm。栽培前应挖栽植穴。

3. 造林

泡桐的造林方法有植苗造林、播种造林、埋根造林、容器苗造林等。目前在生产上主要采用植苗造林或其派生方法——根桩造林。

造林时间 在整个树木休眠期都可进行（1月除外），一般以晚秋、早春为宜。

苗木规格 一般为1年生苗或2年根1年干的平茬苗，地径>4cm，苗高>3m。以1年生为好，缓苗期短。山地造林或苗木需要长途运输时，可以考虑用1~2年生根桩（地径≥3cm）和当年容器苗（苗高20~30cm）作为造林材料。

密度 以培育大、中径阶材为目标大的造林，根据不同的造林类型，可以采用的造林密度如下。①四旁植树，若单行造林，株距3~5m；双行及多行造林，株行距（5~6）m×（5~6）m，三角形配置。②营造丰产林，较好立地条件，密度应较小；较差立地条件，密度可以适当加大，以株行距（3~5）m×（4~6）m为宜。③以林为主的桐农间作，根据间作物的不同，造林密度可以考虑株行距（3~5）m×（8~15）m。④混交造林，桐杉混交泡桐可以按（5~7）m×（5~10）m株行距栽植。杉木以2m×2m株行距在泡桐行间混交；桐竹混交也可以按（5~7）m×（5~10）m株行距栽植，毛竹距泡桐60cm仍不影响正常生长和出笋，而毛竹形成的下层冠层可以促进泡桐自然整枝，枝下主干高可达9m以上；桐茶混交泡桐的造林密度一般为（5~7）m×（5~7）m，可以改善茶园的生态环境，增加氨基酸积累，降低茶多酚含量和酚氨比，从而提高茶叶品质。

栽植 泡桐苗木一般不宜栽得太深，否则幼树生长不旺，而浅栽需要高培土以防倒伏。一般栽植深度以苗木根颈处低于地表15cm左右为宜。根桩造林根颈处应低于地表5cm左右。放苗时根系要理顺，避免根系卷曲、窝根、架空。苗木放入栽植穴中后，分层填土、分层轻轻踏实。有条件的地方，栽后应立即灌一次透水，以保证土壤与根系密接，提高造林成活率。

4. 抚育

（1）幼林抚育

松土除草 当年即进行，直到幼林郁闭为止。除草松土的次数和时间，依当地具体条件而定，以保证林内土壤疏松、无杂草丛生为宜。造林后1~3年，采用桐农复合经营，以耕代抚效果较好。

灌溉 在黄淮海平原，造林后头2年灌溉尤

为重要。春季树液流动前应浇1次萌动水，苗木抽枝时应灌1次抽枝水。生长关键期和降水较少的旱季4～7月为其高效灌溉时期。灌溉时间、次数及灌水量可根据气候和土壤条件决定。

施肥　施肥方法有施基肥和追肥2种。施基肥应和挖栽植穴回填土同时进行，将基肥与表土混合均匀填入穴内。施肥一般采用腐熟的厩肥、堆肥或混合肥，每株10～15kg，或饼肥1kg，或用二铵、复合肥等化肥0.25kg左右。追肥可在栽植后第二年、第三年进行，每株施腐熟的土杂肥20kg左右，或施碳铵、尿素、复合肥等化肥0.3～0.5kg。在距离树干50～60cm处挖20～30cm环状沟，将肥料均匀撒入沟内，回填平沟。

接干　由于泡桐的假二叉分枝特性，"冠大干低"问题十分突出。尽管一些泡桐种或新选优良无性系可利用顶端强势侧枝或利用潜伏芽和不定芽萌发徒长枝自然接干，但由于泡桐发生自然接干的树龄和部位常不确定，其接干强度（接干高度、粗度和连续接干次数），接干后的分枝强度（分枝数、小枝数、分枝角、分枝粗和分枝长），接干质量（通直度、圆满度）和主干生长等均难以符合目标要求，多数不易自然形成通直高干。因此，众多研究者都认为，采用人工促控的接干措施对培育泡桐通直高干极为重要。接干方法各地因情况不同而不同，主要有以下6种。

①平茬接干法，也称平茬换干法。利用泡桐根桩具有很强的不定芽萌发能力这一特性，在冬春季节将1～3年生苗木或幼树的地上部分全部去掉，由根桩萌发出更高、更健壮的苗木（当年高度可达4～5m）。此方法适于较好立地条件的各种泡桐。在我国北方桐区常用于育苗地培养高干壮苗和造林地改造2～3年生低干细弱幼树。平茬接干在整个休眠季节都可进行，一般宜在春季树液流动前进行。主要技术环节：一是茬口高度要适当，一般为离最上层侧根3cm为宜；二是茬口要平滑，防止劈裂。此方法虽简单，但对平茬后的生长期管理（水肥管理、定苗除萌、丛枝病防治等）要求较高，且延缓成林期。

②钩芽接干法。利用近顶端腋芽因组织充实而具有较强的萌发和生长能力这一特点，在造林后当年钩去其上部及对生腋芽，促使保留芽生长而形成接干枝。其主要技术环节是选芽和钩芽，选芽要在芽萌动后或在芽长到10cm左右时，选择靠近上面、位于主干迎风面且夹角较小、生长健壮的芽留作接干枝；钩芽时钩去保留芽的对生芽和其上部各节间的芽，同时钩除苗干下部芽，依苗干高度和立地条件保留4或6对芽。此法技术简单，易于管理，特别适用于分枝角度较小、自然接干能力较强的白花泡桐、楸叶泡桐和多个泡桐优良无性系。对于一些分枝角度较大的泡桐可在接干枝未木质化前利用钩过芽的梢部校正接干枝的夹角。但由于泡桐栽植当年处于缓苗期，接干枝的高度仅1m左右，需进行第二或第三次接干，且与苗干部往往形成一定的夹角影响通直主干的形成。

③剪梢接干法，是采用重截刺激剪口下腋芽萌发形成徒长枝的接干方法。剪梢接干适宜于1～2年生苗木，在春季萌芽前进行较好。主要技术环节包括选芽、剪梢、抹芽和控制竞争枝等，选留的芽要健壮、饱满、无机械损伤、无病虫害，应位于主干充实部分的迎风面且夹角较小，以45°角斜剪（一般在顶芽向下5～6对腋芽处，剪口线的上方距剪口芽1～2cm，下方在剪口芽的对生芽下边），剪口要平滑、避免劈裂和剪破节间横隔，芽萌发后保留靠近叶痕的芽，及时抹去近剪口处的副芽，同时抹除苗干下部芽，依苗干高度和立地条件保留4或6对芽，采用压枝或拉枝的方法控制竞争枝。此方法的接干效果与钩芽接干方法的相近，也需连续进行2～3次接干，且因泡桐种类不同而有所差异，适宜品种为白花泡桐、楸叶泡桐、兰考泡桐、山明泡桐等种类和多个优良无性系。

④目伤接干法。利用3～5年生时树势和潜伏芽萌发能力强这一特点，于春季发芽前半月左右选择树干最上部侧枝上方且与主干通直的潜伏芽，目伤其上侧（距芽眼2～3cm用刀横砍2刀深达木质部，剥去皮层，伤口宽0.8～1.0cm、长占目伤枝的1/3～1/2），并结合截枝（在目伤前一

对分枝处）和疏枝（对生枝、目伤位置附近和上方枝），促使该潜伏芽萌发和徒长形成与基部主干通直的接干主干。此方法所形成接干高度可达4m左右，适用于各种泡桐，尤其是兰考泡桐、台湾泡桐等可依赖潜伏芽萌发徒长形成自然接干的泡桐种类，要求较好的立地条件，但由于下层侧枝的影响，接干的径生长受到限制，其主干材多为两节材。

⑤平头接干法。利用苗干较下部位潜伏芽在得到充足养分供应条件下具有很强的萌发和徒长能力这一特性，对2～3年生主干低矮或弯曲或树冠丛枝病严重的幼树，在春季树液流动前全部锯除树冠和弯曲部位，促使近锯口位置潜伏芽萌发徒长形成接干。锯口应在芽眼上方1cm左右，要锯成斜面，防止劈裂。此方法对立地条件要求不甚严格，适用于各种泡桐，一些用其他接干法不易达到接干目的的泡桐，如华东泡桐、毛泡桐、光泡桐等，使用此法均可形成较通直的接干，接干高度可达4m左右，但苗干部径生长量有显著降低。

⑥修枝促接干法。在造林后第三年的春季，对未自然接干泡桐修除顶部分权枝和部分下层枝，修枝强度60%～70%、保留下层2～3轮枝，在翌年全部修除剩余下层枝；以修枝当年的抚育管理为重点，在4月中下旬至5月上中旬做好抹芽、定芽和定干工作，并加强该时期及此前1个月的水肥管理。对水肥条件较好，前期生长旺盛的泡桐，可在造林后第二年修枝促接干；对于普遍存在的3～6年生矮干泡桐，同样可采用该方法；用矮壮苗（苗高＞2.8m、地径＞5cm）造林并采用该技术可达到提高造林成活率、培育高干并降低成本的目的。此法促进接干形成和生长的成功率达97%，当年接干高平均可达5.7m。11年时的主干总材积生长量和4～11年的累积生长量分别提高77.61%～79.12%和96.85%～98.74%（王保平，2008）。

（2）抚育间伐

泡桐定植3～4年后，林分进入完全郁闭、林木生长发育尚未受到影响、林木分化还没有表现

出来以前，即可进行间伐。间伐要考虑造林密度的大小，间伐材的利用等因素。造林密度为（3～5）m×（4～6）m的泡桐丰产林，可采取隔行间伐或隔株间伐。

5. 主伐、更新

根据造林地的立地条件，树木生长情况及其生产经营目的，确定泡桐采伐期。一般生长好的泡桐树8～10年就可以采伐。采伐时间以秋冬季为好，有利于清理林地、杀灭病虫害，为来年留桩萌芽更新或留根萌芽更新创造良好的环境。采伐后的林地，做到及时全垦深翻整地，并及时进行间作，减少翌年杂草、灌木的生长，增加经济收入。

六、主要有害生物防治

1. 泡桐丛枝病（Paulownia witches' broom）

我国北方泡桐栽培区最普遍、最严重的病害。泡桐丛枝病病原为植原体（*Phytoplasma*/6 Sr I-D亚组）。主要表现为枝叶丛生状、细小黄化，当年冬季地上部枯死。幼树发病后，多在主干或主枝上部丛生小枝小叶，形如扫帚或鸟窝，生长缓慢，严重者甚至死亡。可通过病根及嫁接苗传播，亦可通过昆虫介体茶翅蝽、烟草盲蝽等昆虫传播。通过加强检验检疫、杀死媒介昆虫、选用抗病品系、培育无病壮苗、对病枝进行修除或环状剥皮等措施可以降低丛枝病发病率。对发病初期的植株用盐酸四环素进行髓心注射可起到一定的防治效果。

2. 泡桐炭疽病

泡桐炭疽病病原菌为半知菌亚门的胶孢炭疽菌（*Colletotrichum gloesporioides*），主要危害幼苗或幼树的叶、叶柄和嫩梢。发病时，病斑连成片，常引起叶片和嫩梢枯死。在选择苗床地时，应考虑选择距泡桐林较远的地方，四周开设排水沟以降低苗床湿度。加强苗床的田间管理，促进泡桐苗木健壮生长，提高抗病能力。发病期可喷施代森锌、代森锰锌进行防治，每10～15天喷1次，连续2～3次。

3. 根结线虫病

泡桐根结线虫病在沙质土壤中发生较普遍，在连作苗圃地发病较重，病原菌为花生根结线虫（*Meloidogyne arenaria*），表现为在主根、侧根和细根上呈串生或单生的小瘤，直径0.3~1.0cm。病瘤腐烂会影响根的吸收机能及采根繁殖，严重者甚至死亡。在病苗行间开10~15cm深的垄沟或在病株周围钻孔，倒入噻唑膦或阿维噻唑膦颗粒剂，然后覆土以熏杀线虫。

4. 泡桐叶甲（*Basiprionota bisignata*）

泡桐叶甲1年发生2代，以成虫在树皮裂缝、树洞及石块等地被物下，甚至表土内越冬。翌年4月中下旬出蛰，在新叶上取食、交配产卵。幼虫孵化后，群集叶面啃食叶肉，残留下表皮及叶脉。5月下旬幼虫老熟化蛹，5月底至6月初第一代成虫羽化产卵，6月上旬第二代幼虫发生。8月中旬以后第二代成虫陆续羽化，10月底相继寻找适宜场所越冬。加强越冬期防治，营建混交林，保护和利用无脊大腿小蜂、七星瓢虫、虎蛛、灰

湖北钟祥白花泡桐优树（王保平摄）

喜鹊等天敌能够显著降低虫口密度，也可在幼虫发生期喷洒高效氯氟氰菊酯等进行防治。

七、材性及用途

泡桐木材材色浅，纹理通直美观，呈丝绢光泽，其材质轻软（气干密度为0.19~0.32g/cm³）、不翘不裂、强重比高、隔潮耐腐，声乐性质优异，是我国重要的民族传统出口创汇木材之一，产品深受国内外消费者喜爱，主要出口日本、美国、澳大利亚、意大利、英国、法国、德国等国家。泡桐木材广泛用于建筑装饰（墙壁板、地板、成型实木门、窗、百叶窗、装饰线材等）、人造板（胶合板、刨花板、纤维板）、集成材（重组木、层集材等）、改性材（碳化木、表面强化木）、拼板、家具、工艺品、乐器制作，还可用于航模、防水滑板、包装盒、礼品盒、餐具制作等方面（常德龙等，2016）。

（乔杰，王保平，赵阳）

附：白花泡桐［*Paulownia fortunei*（Seem.）Hemsl.］

白花泡桐是泡桐属植物在南方分布区的代表种，天然分布于长江流域以南15个省份，20°~32°N，100°~122°E之间，海拔高度在东部为120~240m，在西南部可达2000m。山东、河南、陕西等省有引种。除我国外，越南、老挝有延伸分布，美国、巴西、巴拉圭、阿根廷、澳大利亚、缅甸等20余个国家有引种。白花泡桐是南方桐种中最优良的树种之一，种内变异丰富，按花色、果形、冠形和分枝特点等可分为多种类型，在泡桐育种中占有重要地位，在现有的50余个泡桐优良品系中，来源于白花泡桐亲本的占80%以上。目前，南方多地注重泡桐的改良土壤、少化学污染等优势和较高的经济、生态效益回报，已将泡桐作为优质高效培育的主要造林树种。

一、苗木培育

低山丘陵区是南方适于培育白花泡桐的主要

立地，针对大田埋根育苗存在不易管理、不易转运、造林受季节限制、成本高等问题，该区域苗木培育应以容器埋根育苗为主。主要技术环节如下：选择当地主栽品种和经过审定或认定的泡桐品种/优良无性系，如'9501''C001''C020'等。在泡桐落叶后至翌春发芽前的非冰冻时期，采挖生长良好、健壮的1～2年生苗木根系，剪成10～15cm长的种根（小头直径0.8cm及以上）。选用可降解材料或厚度为0.02～0.06mm的无毒塑料薄膜制成的桶状容器，规格为15cm×20cm。配制基质应因地制宜、就地取材，可选用火烧土30%～40%、圃地土40%～50%、腐熟有机肥10%～20%、复合肥1%，或圃地表层土80%、草炭土20%、复合肥1%，或合适的轻基质材料。选用硫酸亚铁、代森锌、辛硫磷、噻唑磷等杀菌杀虫剂进行消毒。在临近造林地、有排灌水条件、光照充足、便于管理处设置苗床。床宽1.0～1.2m，长度依需要而定；床间步道较苗床低10～15cm，宽40～50cm，在苗床四周挖排水沟。按10%～15%的含水量湿润基质后，装实至离容器口0.5～1.0cm处，整齐摆放到苗床上。插根时间自秋末至夏初均可，将经过催芽的种根大头向上垂直插入容器中央，顶端低于土面2～3cm，然后封土按紧，插根后随即浇透水。可搭盖弓形塑料薄膜棚，有条件的可利用大棚或温室。及时喷水，保持苗床内土壤湿润。夜间温度低时可加盖草苫，棚内温度超过35℃时要及时通风降温。苗高10～15cm时，及时定苗。可用苯甲嘧菌酯或代森锰锌防治炭疽病，可用0.5%～1.0%硝酸钾或0.3%～0.5%尿素叶面追肥。出圃前及时炼苗，苗高20～30cm时，即可直接造林，或移栽至大田继续培育大苗。

二、林木培育

造林 在南方桐区常用容器苗造林或根桩造林。山地造林应选择土层深厚、沙壤土—重壤土、坡度平缓、肥力中等及以上的地块，避免洼地、风口地。宜在秋冬季整地，应先清除地上杂草、灌木和伐根。常用带状梯田整地（带宽1～2m、带间距离3～7m），农（林）桐复合经营的造林地可全面整地，整地深度50～70cm，整地后挖栽植穴，其深、长、宽均为0.8～1.0m。造林季节以晚秋至初夏为宜。基肥施用可与回填土同时进行，将基肥与表土混合均匀填入穴内，一般每株施用腐熟厩肥10～15kg，或有机肥3～5kg，或复合肥0.25～0.40kg。可根据培育目标、立地条件和泡桐种类确定株行距。以培育大、中径阶材为目标，速生丰产林的株行距宜（3～5）m×（4～6）m；以林为主的桐农复合经营林，株行距（3～5）m×（8～15）m；若营造混交林，桐杉和桐竹混交林的泡桐株行距可按（5～7）m×（5～10）m。栽植时宜浅栽、高培土。有条件的地方，栽后应立即灌一次透水。

幼林抚育 松土、除草在造林当年直到幼林郁闭期间进行，采用农（林）桐复合经营、以耕代抚效果较好。在容器苗和根桩造林当年，需及时抹芽、追肥和病虫害防治。在速生期宜追肥1～2次，每株每次复合肥30～50g。灌水可根据土壤和管理条件进行。对主干低矮、弯曲的幼树可在冬、春季节平茬，促其长出更高更健壮的主干。在造林后第2～3年每株可追施复合肥0.3～0.5kg。及时抹除苗干下部侧芽，对接干且上层树冠已形成的泡桐可及时修除下层侧枝。

间伐、主伐与更新 造林第4～5年时隔行间伐或隔株间伐。根据造林地的立地条件、泡桐生长情况及培育目标，确定主伐年龄。宜在秋冬季采伐，以利于来年萌芽更新。

（王保平，赵阳，乔杰，李丕军）

别　名｜多油辣木（广东、广西、海南）、印度辣木（云南、四川）、印度传统辣木（台湾）、辣根树（东南亚）、鼓槌树（非洲）

学　名｜*Moringa oleifera* Lam.

科　属｜辣木科（Moringaceae）辣木属（*Moringa* Adans.）

辣木具有优良的速生性状，种植6个月后即可开花结实，且喜温耐旱；其叶片含有丰富的蛋白质、维生素和矿物质，可用作蔬菜或饲料，种子油可作润滑油或化妆品原料，是具有多用途的经济林树种（张燕平等，2004）。辣木起源于印度西北部的喜马拉雅山地区，目前世界各地已广泛引种；在我国台湾、广东、广西、海南、云南和四川等省份引种栽培。

一、分布

辣木原产于热带干旱或半干旱地区，现已成为非洲、中东、东南亚国家的常见树种。太平洋、加勒比海群岛及南美洲的许多国家也有多年的引种栽培历史。种植较多的国家和地区有印度、斯里兰卡、马来西亚、菲律宾群岛，非洲如坦桑尼亚、苏丹、马拉维、尼日尔和塞内加尔等，美洲如尼加拉瓜、墨西哥和巴西也多有栽培。我国最早于19世纪从印度引种至台湾，大陆到1999年才开始小规模商业化种植。现主要分布于广东、广西、海南、福建、云南的南亚热带和四川的干热河谷地区。

二、生物学和生态学特性

多年生常绿或落叶乔木。树高一般达5～12m，树冠伞形，树干通直，软木材质，较脆。主根粗壮，树根膨大似块茎，可贮存大量的水分。枝干细软，树皮软木质。三回羽状复叶，长30～60cm。花具芳香味，白色或乳白色，直径约2.5cm，放射状排列。果实三棱状，长30～120cm，直径约1.8cm，干燥后纵裂成3部分，每荚果内具种子20粒左右。亚洲地区的果实成熟期多在5～8月，部分地区开花结实2次，每年出现2次花期的时间分别是12月至翌年1月、8～9月。

辣木为喜光树种，喜温耐旱，日平均气温15℃以下生长缓慢，易风折，在我国北回归线以南，海拔1200m以下的干热河谷地区生长较好。自然分布区和栽培地区年平均降水量1100mm；年平均气温19～28℃。辣木肉质主根发达，侧根较少，在通透性较好的沙壤、腐殖质土及疏松壤土中生长较好，忌土壤积水和台风，耐微酸和弱碱。不宜选坡地、地下水位较高的洼地造林。

三、良种选育

1. 良种选育方法

'中林1号''中林2号'和'中林3号'是中国林业科学研究院资源昆虫研究所采用引种选育方法培育出的我国第一批辣木良种。经过对辣木人工林生长过程的观测及果荚与种子质量和数量性状、植株萌枝能力、鲜叶产量及其营养品质的比较，分别筛选出了若干株以高油丰产果用型、营养丰产叶用型和荚长饱满果用型为特点的优良单株，分别在云南省楚雄州、玉溪市和红河州开展家系测定试验，前后历时10年选育出上述3个辣木优良家系。

2. 良种特点及适用地区

目前选育出的3个辣木优良家系树体主干明显，发枝能力强。优良立地5～6个月可开花结实，2年可进入采叶盛产期，3年后进入采果盛产期。3个优良家系分别具有较高的产量：年均种子产量可达1245kg/hm²；鲜叶产量可达30000kg/hm²；嫩果年产量可达30000kg/hm²。同时分别具有较高的经济性状：种仁含油率可达42.5%；叶粉蛋白质含量可达29.3g/100g；果肉厚实，果肉/果荚重量比约83%。兼具较强的抗旱和抗寒能力。

3个辣木优良家系均适宜于我国西南部及南部年平均气温大于19℃、短暂极端最低气温大于-2℃，且年平均降水量600~1500mm的热区、干热地区以及部分亚热带地区。其中，'中林1号'和'中林3号'果用型辣木良种对立地质量要求较高，且全年无霜期也须达到345天以上，而叶用型良种'中林2号'在不满足温度条件的地方也可进行季节性的温室栽培。

四、苗木培育

辣木叶用林以直播造林为主，果用林一般用容器苗造林，不提倡使用裸根苗和扦插苗，组培苗培育已无技术障碍，因生产周期长和成本高而未在实际应用中推广。

种子无后熟期，也不休眠，成熟后只要条件合适就可萌发。辣木种子发芽以环境温度不低于25℃为好，日平均气温达30℃时发芽整齐且发芽率高。尽量使用经引种驯化或定向培育种子园提供的种子，或在人工林中选择经济性状符合培育目标的采种母树上采集种子；春季育苗，在日均温不足20℃的地方，可在薄膜小温棚或温室大棚内育苗，春季育苗到清明后即可移栽。

采种与调制 辣木要求从母树林和种子园内采种，4~11月都有种子成熟可采收，但以9~10月相对集中，采收种子晾干、风选除瘪粒和杂质、人工拣除白籽并搓去纸质种翅后干藏。中国林业科学研究院选育的辣木良种'中林1号''中林2号'和'中林3号'，适宜在滇川干热河谷地区推广种植。

种子催芽 种子播种前要求经过沙床催芽。春季播种前7天，将种子用清水浸种12h，捞出种子控干，用0.4%高锰酸钾水溶液浸泡消毒2h后，把种子捞出淘净，混入3倍体积的干净湿河沙拌匀，均匀铺撒于催芽床上，在20~30℃温度下催芽5~8天，催芽期间保持80%以上湿度。种子"露白"即可播种。

播种 叶用辣木培育一般宜直播，播种前5~10天，完成整地并施足底肥。采用穴播，每穴1粒，每亩播种量1kg左右。果用辣木林培育先培育容器苗，当催芽床种子芽长1~2cm时移入育苗容器内。

苗期管理 容器苗播种后要始终保持床面湿润但不能有积水，光照充足，芽苗移植后经过2~3天种子发芽出土。辣木苗期生长速度快，播种后6~7周，当苗高达40cm左右时即可出圃，出圃3天前停止浇水。

辣木种子园一角（张燕平摄）

叶用辣木试验示范林（张燕平摄）

五、林木培育

1. 立地选择

可选择干热地区具备灌溉条件的荒地、退耕地、农地或四旁地种植，并要求果用林土层厚度≥100cm，叶用林和芽菜园土层厚度≥80cm。

2. 整地

种植目的不同整地方式也完全不同。培育荚果的果用林采用穴状或全耕加穴状整地，栽植穴规格最低要求60cm×60cm×60cm；叶用林采用全垦整地，深犁40cm以上；培育鲜条的芽菜园则采用种植沟整地，挖间距130～150cm、深50～60cm的种植沟。

3. 造林

密度与植点 果用林的种植密度42～74株/亩，植点配置为3m×3m、3m×4m或4m×4m；叶用林要求种植密度达30000～45000株/hm²，植点配置根据当地耕作习惯安排宽窄行栽植，可挖种植沟或植苗穴；芽菜园造林密度9000～15000株/hm²，植点配置为宽窄行，种植沟内株距80～90cm。

定植 具备灌溉条件的地块于清明后定植，无灌溉条件的地方待雨季雨水浸透植塘内土壤达30cm以上时选阴雨天定植。定植前20天将挖出的表土回填种植沟或植塘内，每植塘施腐熟农家肥5～10kg或磷肥1kg+复合肥0.4kg。回土塘深1/3时，施入磷肥；回土塘深2/3时，施入复合肥或农家肥，拌匀。定植15个月后检查成活率并及时补苗。

4. 抚育

浇水 定植后浇足水，并于雨季到来前每10～20天浇水1次。辣木的需水量不大，幼苗时期只要保持适当湿度即可，但干旱季节要适当灌水，以利于生长。

除草 定植2个月后视杂草生长情况适时铲除杂草，铲草时注意避免伤到根和树干。

施肥 可结合铲草进行，树冠下墒面每株撒施氮肥40～50g，并加土覆盖。施肥量根据树木长势、土壤肥力、树龄和施用肥料的种类确定。

肥料为农家肥配以氮、磷、钾肥，每株施用量分别为5kg有机肥、100g尿素、100g过磷酸钙、25g硫酸钾。以后每年酌情增量。

修枝 果用林定植第二年春进行修枝截顶，控制营养生长和促进果枝均匀分布。叶用林和芽菜园幼树高达150～200cm时首次截顶定干，留桩高45～80cm。

5. 采收

种子和叶片待自然成熟时以人工或机械采收。鲜条采收期为5月下旬至10月下旬，每周人工采摘1次，以生长期15天以内、长30cm左右的芽条商品价值最高。为避免高温脱水，鲜条采收时间以上午10:00前或下午17:00后为宜，采收后进入冷库预冷，以内层保鲜袋、外层泡沫箱包装。

六、主要有害生物防治

1. 豆荚褐腐病

由病原菌半裸镰刀菌（*Fusarium semitectum*）引起。症状表现为未成熟豆荚感病初期病部呈水渍状，病斑呈褐色，在持续降雨天气过程中，病斑迅速扩展，病部逐渐变褐色、缩小，果皮变薄，严重时整条豆荚变褐色腐烂。主要发生在4～7月豆荚快速生长期和接近成熟期，连续2～3天高温阴雨天气就可造成病害流行，多雨年份常造成种子失收。首先于3～6月嫩果期及时防治虫害，最大限度减少病原菌入侵伤口，及时剪去病虫枝、过密枝、弱枝，适当疏果，同时结合农药防治。

2. 棉斜纹夜蛾（*Prodenia litura*）

初孵幼虫群集叶背，吐丝结网，取食叶肉，3龄后幼虫分散危害，取食叶片及嫩豆荚，严重时叶片仅剩叶脉和叶柄。老熟幼虫入土，吐丝筑室化蛹，深度0.5～3.0cm，也可在植株基部隐蔽处化蛹。成虫昼伏夜出，白天隐藏在杂草、土块、土缝、枯枝落叶等浓荫处，晚上20:00～24:00活动最盛。成虫对糖、醋液及发酵液有强趋化性，对黑光灯有较强趋光性。一般在3～5月、9～11月危害较重。采用黑光灯，或利用糖、

酒、醋混合液加少量敌百虫诱杀成虫，发生初期摘除有卵块和初孵幼虫叶片。农药防治要从害虫发生初期就开始喷药，在上午8:00以前，或下午18:00以后，害虫正在叶表面活动时施药杀虫效果最好。

3. 小菜蛾（*Plutella xylostella*）

幼虫取食嫩叶和嫩茎、嫩豆荚。初龄幼虫仅取食叶肉，留下表皮，在叶片上形成透明虫斑；3～4龄幼虫取食叶片成孔洞和缺刻，严重时叶片被食殆尽，仅余叶脉成网状，可造成受害株死亡。成虫有趋光、假死特性，昼伏夜出，白天多藏在叶丛、土缝或杂草中，活动高峰在19～23时，卵多产于叶背脉间凹陷处。一般在3～5月、9～12月危害。成虫期用黑光灯或频振式杀虫灯诱杀成虫，减少落卵量、虫源。喷洒苏云杆菌（Bt）悬浮剂500～800倍液防治幼虫。防治小菜蛾化学农药选择较多，老龄幼虫产生抗药性能力强，切忌连续使用单一种类农药，要多种农药交替使用或混用，减缓产生抗药性。

七、材性及用途

辣木全株均可作食材。幼嫩的花、叶、果是美味的蔬菜，种子和幼苗的干燥根可以碾成粉末作为调味料。辣木叶富含维生素A、维生素B、维生素C、维生素E、蛋白质及钙、铁、钾等矿物质，可作为饲料添加剂（Afuang et al., 2003）。辣木种仁含油20%～40%，油质清澈、不黏、细腻、润滑且芳香，具有良好的芳香固着性和极佳的氧化稳定性。辣木油富含不饱和脂肪酸，是很好的化妆品原料和精密仪器润滑油，也可用作生物柴油原料（Rashid et al., 2008）。其叶片、果实和根含有降低血压和胆固醇的功能成分（Ghasi et al., 2000）和抑制真菌的成分（Chuang et al., 2007）。叶片提取物能调节甲状腺机能亢进，抗动脉粥样硬化。叶和种子中的硫代氨基甲酸盐对爱泼斯坦巴瑞病毒有明显的抑制作用，硫氨基甲酸酯能抑制肿瘤细胞生长（Guevara et al., 1999）。种仁含有一系列大量的低分子水溶性蛋白质，可与溶液中混浊微粒如泥沙、细菌等结合凝成絮状沉淀，研究表明，可用于软化水质、饮用水净化和污水处理。辣木种仁的净水效率优于明矾，与聚合氯化铝相当，且能避免常用化学净水剂中的铝离子残留对人体健康的损害，可作为化学净水剂的替代品（段琼芬等，2008）。

（张燕平，吴疆翀）

单子叶植物

别　名｜唐棕、拼棕、中国扇棕、棕树、山棕（云南）
学　名｜*Trachycarpus fortunei* (Hook.) H. Wendl.
科　属｜棕榈科（Arecaceae）棕榈属（*Trachycarpus* H. Wendl.）

棕榈是以采剥棕片为主的特有经济林树种，具有很高的生态及经济价值，主要分布在南方各省份，北方大部分地区有引种栽培。棕榈全身是宝，其棕片纤维具有质地坚韧、牵引力大、耐湿抗腐的特性，可制作绳索、蓑衣、床垫、毛刷等物，以及沙发、运动垫、马鞍等的填充物；棕夹板可加工成棕丝，是制作棕床垫的优良材料；棕叶可制作各种手工艺品；棕干材质坚硬、耐腐、耐湿，可用作小型建筑和手工艺品用材；花序、种子、根系均可入药，棕籽含脂16.3%，可提蜡，又富含淀粉和蛋白质，可作饲料。棕榈植株直立挺拔，枝叶优美，是优良的园林绿化树种；其根系发达，固土能力强，是山区重要的水土保持树种。目前，云南红河县种植棕榈27万亩，形成了以棕纤维加工为龙头的产业链，带动了整个县的经济发展。

一、分布

棕榈原产于我国，主要分布在秦岭以南长江中下游温暖、湿润多雨地区，东至福建，西至四川、云南，南达广西、广东北部，北至陕西、甘肃，以四川、云南、贵州、湖南、湖北、陕西最多。其垂直分布在海拔300～1500m处，在云南、四川西部可达2700m；多在四旁栽培，稀疏林中有野生植株，成片种植的人工林集中在云南红河县，主要分布在1000～2700m的山区。日本、印度、缅甸也有分布。

二、生物学和生态学特性

1. 形态特征

乔木，高8～10m或更高，直径20～25cm甚至更粗。树干圆柱形且不分枝，被不易脱落的老叶柄基部（棕夹板）和棕片包裹；剥除棕夹板和棕片的裸露树干上具环状叶痕，呈节状。叶圆扇形，簇生于树干顶端向外展开，掌状深裂至中部以下；叶柄两侧有锯齿，叶基的苞片扩大成黄褐色或黑褐色的纤维状鞘包被树干，称为棕片（张

茂谦，1982）。雌雄异株，雄花黄绿色，雌花淡绿色。核果肾状球形，直径1.0～1.2cm，蓝褐色，微被蜡和白粉。花期3～5月，果期11～12月。

2. 生长发育

棕榈生长慢，主茎长出土壤表面需3～5年，形成掌状有皱折的正常叶片要3～4年，5～6年干高50～60cm；7～8年（立地条件差的地方10年）树干粗度基本稳定，高1.2～1.5m，即可开割棕片；8～10年为生长旺盛期，高生长快，节间相对较长，每年可产棕片12～18片，棕片宽大，产量高；20年后处于生长衰退期，生长速度下降，

棕榈花（韦小丽摄）

干节增密，棕片薄而小，产量渐低。

3. 生态学特性

棕榈喜温暖湿润气候，是国内分布最广、分布纬度最高的棕榈科种类，也是最耐寒的棕榈科植物之一，在四川，可耐-7.1℃低温。在北京，引种实生苗可耐-17.8℃的短暂低温，但不能耐受太大的昼夜温差。较耐阴，幼苗、幼树可在林下更新；适生于排水良好、湿润肥沃的中性、石灰性或微酸性土壤；耐轻盐碱，抗旱能力也很强。棕榈最忌积水的低洼地，在许多容易积水的低洼处栽植棕苗，因土壤通气差，会引起根腐，造成叶色发黄，生长衰退，多则2～3年，严重者当年即会死亡。棕榈须根发达，浅根性，在喀斯特地区表土肥厚、富含腐殖质、土层30～40cm厚、下层有石砾的立地条件下，棕榈根群因受石砾阻止难以向下生长，而促使须根系扩展到周围肥沃的表土层，更多地吸收养分，加速生长。因此，宋代《山海经》上有"石山之翠，其木多棕"的记载。

贵州栽植的棕榈（韦小丽摄）

三、苗木培育

1. 播种育苗

种子采集及处理　选择生长健壮、树干粗、棕片宽大且长、棕片厚、无病虫害、结实多的10～15年生母树采种。当果实由绿色变紫黑色时采集，连果枝一起割下，摘下浆果。将收集的浆果视成熟度在清水中浸2～5天，用手揉搓或棍棒捣碎果皮，淘洗出种子，再拌草木灰脱脂12～24h，洗净阴干。种子安全含水量控制在20%～25%，去除杂质即可贮藏，宜采用沙藏。唐安军等（2005）的研究发现：棕榈种子脱水耐性低，其半致死含水量为19%。棕榈种子对低温较敏感，且含水量较低的种子也易受低温伤害。因此，棕榈种子贮藏时应避免失水和零下低温伤害。棕榈果实出籽率达60%～85%，种子千粒重300～450g，发芽率60%～80%。

播种　选择土壤肥沃、排水良好、较庇荫、坡度平缓的湿润壤土或沙壤土作苗圃地。翻土深度15～20cm，用50%多菌灵可湿性粉剂拌土，用量1.5g/m²，或用代森锌5kg与12kg细土拌匀后撒于床面上；以1/1000辛硫磷（原液浓度40%）喷洒床面杀虫。结合整地作床施入土杂肥或牛、马粪15000～22500kg/hm²，或施复合肥225～300kg/hm²。床面平整后，开沟条播，沟距20cm，播种量450～600kg/hm²，播后覆土1.5～2.0cm，上盖稻草或山草，搭遮阳网遮阴，遮阳网透光度以60%～80%为宜。

苗期管理　幼苗出土前后要经常保持土壤湿润，夏季要及时除杂草，待长出2片披针形叶片时开始间苗，分2～3次进行，间苗后保持育苗密度60～70株/m²。定苗10～15天后，施入适量复合肥，隔15～20天后可再施入1次磷酸二氢钾。每株幼苗当年可长出3～4片披针形叶，叶片长可达18cm，短叶长也可达5～6cm。高纬度、高海拔地区霜降前应搭塑料小拱棚防寒越冬。第二年4月上旬开始追肥，追施适量磷、钾肥，追肥量120～150kg/hm²；在6～7月生长旺盛期追施尿素2～3次，每次追肥量为225～270kg/hm²，沟施；9月追施1次磷、钾肥，施肥量270～360kg/hm²。适时灌溉，及时松土除草。有些地区采用两段育苗，即1年生时在苗床上密集育苗，密度100～120株/m²；第二年春季进行1年生苗移栽，株行距20cm×25cm，移栽成活后初期喷施0.2%的磷酸二氢钾1～2次，并在6～8月追施速效氮肥，每月施1次，施肥量225～270kg/hm²。松土除草按常规管理。

苗木出圃　以2年生苗出圃造林。2年生苗高35～50cm（因主干未长出，其高度为叶片自然伸展的高度，下同），地径0.30～0.45cm，即可出圃造林。在贵州兴义，2年生棕榈苗高46.8cm、地径0.45cm；在云南红河，2年生平均苗高50.5cm、地径0.54cm。

2. 容器育苗

基质配制及装填　选用黄心土、泥炭土、珍珠岩，按2∶1∶1的体积比，并按每50kg基质加入2kg的腐熟鸡粪、10g多菌灵，混拌均匀后备用。当年生苗不能出圃造林，宜选12cm×15cm的无纺布容器或8cm×12cm的塑料薄膜容器袋育苗。

播种　播种前2个月，将处理好的种子用0.5%高锰酸钾消毒后，按种沙比例1∶3进行层积催芽，3～4月当种子露白达30%～40%时即可播种，每袋播种1粒种子，播于容器正中央，再用相同基质覆盖，均匀浇透水。余下胚根未长出的种子继续放入沙中催芽至胚根长出达到要求后再行播种。

容器苗管理　播后喷雾浇水。次数视天气和基质湿度而定。播种后2周即可长出1片叶，待长出2片披针形叶后每隔半个月喷施1次尿素，浓度从0.1%起，不超过0.3%，9月喷施0.1%的磷酸二氢钾1次后停止追肥，其间适时除去袋中杂草。当年生容器苗可长出3～4片披针形叶。进入休眠后搭塑料小拱棚，防寒越冬。第二年3～4月气温

云南红河棕榈苗（韦小丽摄）

稳定在10℃以上时撤除拱棚，撤棚后20天喷1次0.2%的磷酸二氢钾。5~8月每周喷0.2%的尿素溶液1次，9月喷施0.2%的磷酸二氢钾1次后停止追肥。

四、林木培育

1. 立地选择

大多数地区造林适宜海拔为800~1500m。云南红河县棕榈在1400~1800m生长良好，小地形以阳坡山谷生长最佳。除低湿地、黏土、死黄泥、风口等地外，均可造林，但以土壤湿润、深厚肥沃、排水良好的地方为好；在土层深厚的石灰土、黄壤、红壤、黄棕壤上均生长良好，微酸至微碱性土壤均可。零星栽植以土质肥沃、水肥来源好的坎、堤、坝、塘边为好。

2. 整地造林

山地栽植多采用穴状整地，规格为40cm×40cm×30cm。造林方式有纯林、棕粮间作或棕茶、棕桐或与其他喜光性树种混交。适宜株行距纯林为1.5m×2.0m或1.5m×1.5m，棕粮间作为2m×2m或2.5m×2.5m。宜在春季芽苞将要萌动之前定植，冬季少霜冻地区也可在冬季造林，春旱严重地区可进行雨季造林。山地栽植一般用2年生苗造林，苗高≥35cm、地径≥0.3cm。栽苗前先对棕苗进行修剪，修除过长须根。棕桐无主根，须根发达呈爪状斜下生长，栽植时稍不注意就会使根卷曲或断落。为提高造林成活率，栽植技术必须适应根系生长的特点，先挖40cm见方、深30cm的穴，将穴底用松土填至1/2坑深，呈四周低中间高的馒头形（A），可在穴底中间放些碎石或瓦砾（B），有利于排水和根系向四周肥沃表土层发展。贵州、四川有"栽棕放瓦片，三年有棕割；栽棕不放瓦，十年才有棕割"之说。栽植时在瓦砾或碎石上放些泥土，将苗根舒展摆在穴中，用细土填塞根间，把苗向上轻提一下，使根系舒展，再填满细土，压实，盖土至土痕高，埋土呈馒头形以利排水，注意不要用土掩埋棕心（张茂谦，1982）。定植1个月后，需进行查苗补缺。

3. 幼林抚育

定植后2~3年内，要加强管理。纯林种植，每年在4~5月和8~9月松土除草，但注意不

云南红河阿扎河乡沿等高线带状种植的棕榈人工林（韦小丽摄）

云南红河阿扎河乡棕榈人工林（韦小丽摄）

云南红河阿扎河乡棕粮间作（韦小丽摄）

云南红河阿扎河乡棕榈人工林（韦小丽摄）

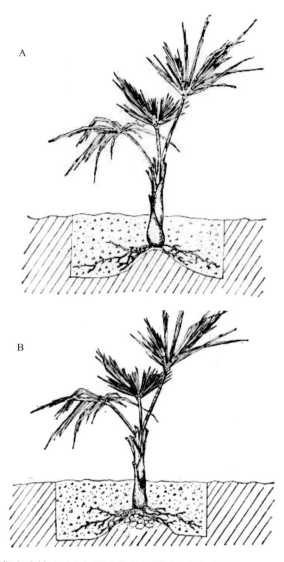

棕榈穴底填土（A）和穴底放瓦砾（B）示意图
（张茂谦，1982）

贵州兴义石漠化地区棕榈造林（韦小丽摄）

要伤及根系，并结合施肥、培土，防止露根或泥土掩埋棕心。有条件时可追加肥料，根据长势，每年可施1~2次有机肥或复合肥，施肥量50~100g/株。施肥时，要将肥施到须根伸展范围内的40~60cm处，使其迅速生长。棕粮间作实行以耕代抚。新叶发出后，要及时剪去下部干枯的老叶，待干径长到10cm左右时，要剥除外面的棕皮，以免棕丝缠紧树干而影响加粗生长。大龄棕榈由于干高根浅，易遭风灾，所以定植时应注意避开风口。

4. 成林管理及割棕

生长到7~8年时，树高达1.2m，树干粗度基本定型，树冠开始平顶，即到开割棕片的树龄，以后可年年割棕。每年一般割2次，第一次在3~4月，第二次在9~10月，切忌在冬季和夏季割取棕片，以免棕树受冻害和灼伤。割棕要选在晴天进行，雨天易引起棕心腐烂。割棕片时，用棕刀沿棕夹板（叶基部）两侧由上而下各竖割一刀，使棕片与棕夹板脱离，然后由棕片着生的干节处环割一个圆圈使棕片与树干脱离；头几年适当少割，每年5~6片，以后可增加。1年割2次的，每次只能割取5~6片；1年仅割取1次的（3~4月为宜），可割10~12片，但必须保留叶片10~12片以上，且割后茎不露白。同时，要严格控制环割和茎干割口深度，以刚好取下棕片为度，切勿伤及树干，否则，树干变形，粗细不均，棕片呈三角形，产量和质量都会下降（郭津伍，1998）。每株树每年一般可割棕1.0~1.5kg，有的可达2kg。棕夹板加工后抽出的丝强度更高，因此，割棕时不要丢弃棕夹板。

在进入割棕年龄后，为保证棕片丰产，应加强林地的抚育管理。一是对密植棕林进行密度调控，过密的棕林导致林木分化严重，应通过适当的抚育间伐，调整密度到1.5m×1.5m或1.5m×2.0m；二是适当进行垦复，疏松土壤，促进根系吸收水肥。

五、主要有害生物防治

1. 棕榈腐烂病

又名枯萎病、烂心病、腐烂病。病原菌为拟

青霉（*Paecilomyces varioti*）。棕榈腐烂病在我国浙江、江西、湖南、福建、上海等地均有发生，危害严重，是棕榈的重要病害。病害多从叶柄基部开始发生，首先产生黄褐色病斑，并沿叶柄向上扩展到叶片，病叶逐渐凋萎枯死。病株顶部心叶灰黄色，幼叶皱缩不展，基部腐烂。病斑延及树干产生紫褐色病斑，导致维管束变色坏死，树干腐烂，叶片枯萎，植株趋于死亡。病菌在病株上越冬，每年5月中旬开始发病，6月逐渐增多，7～8月为发病盛期，至10月底，病害逐渐停止蔓延。该病对小树和大树均有危害。棕榈树遭受冻伤或剥棕太多，树势衰弱易发病（李文彪等，1988）。防治方法：合理施肥，适时、适量割棕有助于防治棕榈腐烂病；及时清除病叶等患病组织，刮去树干部病斑后，涂敷25%腐必治可湿性粉剂20倍液。秋后喷施含0.5mL三十烷醇、0.01mL芸苔素内酯、0.2mL富滋的溶液3～5次。每年4月，在干基周围挖沟，每株浇灌1.8%爱多收水剂2000倍液10～15kg，间隔15天浇1次，连续3次，也可起到很好的防治效果。

2. 红棕象甲（*Rhynchophorus ferrugineus*）

属鞘翅目象甲科。1年发生2～3代。世代重叠。每年4～10月为虫害盛期。成虫在1年中有2个出现盛期，即6月和11月。以幼虫取食寄主内部组织，穿孔危害。受害株初期表现为树冠周围叶片发黄枯萎，后扩展至中部叶片枯黄。植株受害，轻则树势衰弱或植株折断，重则整株死亡。防治方法：①检疫防治。在棕榈科植物调运前，仔细清查茎干是否被红棕象甲蛀食，防止将携带该虫的寄主植物从疫区运出。②化学防治。植株受害初期或受害程度较轻时，植株在5m以下的，可注射内吸性杀虫剂噻虫啉、二嗪磷、杀螟丹等防治，先用3mm粗的钻头在树干受害部位的正下方钻一深10cm、斜向下的洞口，再用注射器向洞内注入10mL内吸性杀虫剂原液，最后用水泥封堵洞口。③引诱防治。在受害种植园内，每隔30m挂置1个引诱桶，桶上端无盖，底部钻一小孔防止雨天积水，桶内放入发酵的发出浓烈酸味的假槟榔、甘蔗等作为引诱材料，引诱材料切口保持参差不齐，以便引诱成虫前来交配产卵。每天坚持收集引诱到的成虫。

六、材性及用途

棕丝是目前开发利用度最高的棕榈产品，是由棕片、棕夹板加工成的棕纤维，是自然界最耐腐蚀的天然纤维，可制成棕丝软床垫、软座垫、软枕垫、棕绳等系列生活产品等，一级棕丝价格达每吨7500～8500元；老龄棕树干质地坚硬，耐潮防腐，可作立柱，是优良的建筑材料，也可加工成各种精美的工艺品；种子中的粗淀粉含量高达48.3%，可提供极高的热量；棕嫩心、棕苞、棕花、乳熟棕果都是具有较高开发价值的无公害特种稀有菜果，营养丰富（朱杰英等，2014）。新鲜棕榈花苞中蛋白质含量达5.08%，含粗纤维1.16%、粗脂肪0.37%、维生素C 18mg/100g、钙、钾等多种营养成分，含总酚（平均值为1266.4mg/100g）、总黄酮（平均值为1103.2mg/100g）等功能成分，同时富含17种氨基酸，其中，人体必需氨基酸占25.8%（刘龙云等，2017）。棕榈花苞具有高蛋白、低脂肪的营养优点，功效成分含量很高，是一种宝贵的森林可食用资源。棕榈花、果、根等可加工入药，主治金疮、疥癣、带崩、便血、痢疾等多种疾病。棕榈子正丁醇层是主要的抗肿瘤活性部位，鞣质极可能为其主要活性成分（陈小会等，2012）。此外，棕榈树具有生长容易，适应性广，抗病、抗虫、抗恶劣环境能力强，保持水土功效明显等特点，对于山区绿化特别是石漠化治理有着极好的适用性。

（韦小丽）

别　名｜葵树（广东）、扁叶葵、扇叶葵（《中国植物志》）
学　名｜*Livistona chinensis* (Jacq.) R. Br. ex Martius
科　属｜棕榈科（Arecaceae）蒲葵属（*Livistona* R. Br.）

　　蒲葵是一种重要的园林绿化树种，同时也是工艺经济林树种。葵叶可制成原扇和织扇，加工成精美画扇、绣扇，编织成花篮、通帽等生活用品和工艺品；树形美观，且耐水湿，可用于道路、庭园、四旁绿化和室内观赏以及水边造景；此外，葵叶可提取上好的纤维，种子还具有较高的药用价值。

一、分布

　　蒲葵原产于我国南方，广东、广西、福建、台湾等地栽培普遍，尤以广东新会市和电白县种植较多，历史悠久。湖南、江西、四川等地亦有引种。

二、生物学和生态学特性

　　常绿乔木，高达15～20m，直径20～30cm。单干直立，基部常膨大。叶集生于顶部，叶大，叶片阔肾状扇形，长达1.2～1.5m，开裂成多数裂片，裂片前端又深裂为2片，狭渐尖，下垂；叶

广州天河蒲葵果实（张继方摄）

广州天河蒲葵植株（张继方摄）

柄长约1.0~1.2m，边缘有刺。花序呈圆锥状，长约1m，总梗上有6~7个分枝花序，每分枝花序基部有1个佛焰苞，分枝花序具有2~3次分枝，小花枝长10~20cm；花小，两性，长约2mm；雄蕊6枚。核果，卵形至长椭圆形，成熟时墨绿色或紫黑色（裴盛基等，1991）。

蒲葵为热带和南亚热带树种，喜温暖湿润气候，能耐0℃左右低温，在华南北部可安全越冬，但在华中北部只能盆栽和在室内越冬（吴芝杨等，2002）。蒲葵无主根，但侧根异常发达，抗台风能力强，能在沿海地区生长。蒲葵性喜湿润、肥沃、有机质丰富的黏壤土，能耐一定的水湿，以水分充足的平地最为适宜。蒲葵对二氧化硫、氯气和氯化氢的抗性较强，适宜于厂矿地区绿化。

三、苗木培育

目前主要采用播种育苗。

采种与调制 选择20~30年生、生长健壮、无病虫害的植株为采种母树。9月下旬至10月上旬，当果实呈墨绿色或紫黑色时即可采集下来，并浸水3~5天，去除果皮，洗净阴干后获得纯净种子。

催芽与播种 偏南温暖地区宜随采随播，且播种于苗床，而偏北地区则宜混湿沙贮藏至翌春发芽后点播于营养袋中。偏南地区采用：①苗床播种。适宜的苗床高度为20~30cm，播种前3~5天

用0.3%~0.5%的高锰酸钾进行苗床消毒。采用条播或撒播的方法，每亩播种量为32~35kg，播后覆土2~3cm，用木板轻压后淋水，最后覆盖椰糠或木屑，以保持床面湿润。②营养袋点播。采用沙床层积催芽，保持合适湿度。10天后，种子陆续发芽。每隔1~2天，选取发芽的种子点播至营养袋。

苗期管理 播种苗床保持湿润，一般60天左右基本出齐苗（陈振鑫等，2005）。苗期需要一定的庇荫，同时做好保温、保湿和除草施肥工作。第一片真叶展开时进行第一次施肥，以氮肥为主，可施0.2%的尿素水溶液；随后追施复合肥，逐渐加大施肥量至0.5%~1.0%，并于入冬前1个月停止施肥。偏北地区需注意苗木的保暖防冻。

苗木移栽与换袋 苗床幼苗1年生并长出2片真叶时，按20cm×30cm的株行距进行分床。2~3年生且长有5~7片大叶时，便可出圃定植。起苗时应先剪去基部枯黄老叶，将保留叶片捆扎成束，于起苗前一天淋湿圃地，带土球起苗。营养袋苗长出3~4片叶时可上盆制作盆景观赏，或6~10片叶时更换较大的营养袋继续育苗，供园林绿化造林种植。

四、林木培育

1. 工艺经济树种栽培

平缓地、四旁地、堤坝、山麓、山窝或土层深厚的丘陵坡地可营造蒲葵工艺经济林。带状清理，穴状整地，种植穴规格50cm×50cm×40cm。清明前后适宜栽植，植后1个月内保持植穴湿润，且不要松开绑扎的苗叶。定植株行距因经营目标而定："长柄"和"三旗"主要是采老叶和叶柄，株行距2m×2m；"玻璃扇"是采收未开放的嫩叶，株行距0.67m×0.84m。

抚育管理主要是除草、施肥、松土和培土。每次除草后，要及时施肥。4年生以上"长柄"林分，施高氮的复合肥50~75kg/（亩·年），密度大的"玻璃扇"林施100~150kg/（亩·年）。松土和培土常在秋末冬初进行。有霜冻的偏北地

广东新会蒲葵叶片（吴世军摄）

区，冬季应用稻草包裹新芽，以防霜害。

定植4年后，便可开始采收葵叶。①"长柄"：每年5月、8月各割叶1次，仅留下最顶端的3片开放叶不割，且尽量从叶柄基部割叶。②"三旗"：每年5月、8月和11月割叶，第一、二次保留下层2片叶和顶部1片叶，将中部叶片全部割去；第三次割叶时只留顶部2片叶。③"玻璃扇"：只采割新抽出的嫩叶，留下老叶不割。每年5月开始，在新叶抽出约20cm时，即作第一次捆叶，使新叶不能张开；待长出叶柄时，再作第二次捆叶；当叶柄长达27～30cm时，便把"扇笔"割下来。

2. 园林观赏用大树栽植

蒲葵大树的最佳移植季节是早春的2～4月和晚秋的10～11月（吴芝杨等，2002）。起挖大苗前3～4个月，按土球直径60～70cm、高45～50cm的规格要求，切断四周的侧根，同时进行割叶，仅保留顶部2～3片叶。移植时挖出树头土球，用草绳等编织物包扎土球。挖土球时，要支撑树干，让其慢慢倒下。最后，对树叶进行捆扎，且用草绳包裹树干。在整个挖掘、装卸与运输过程中，应保护好新根、土球、树干和树梢。种植穴应比土球直径大40～50cm和深15cm，穴底应回填细碎沙质壤土20cm。移植时注意扶直树干，回填土要细碎，分层夯实，且灌足水。植后1个月内每天树盘浇水、树体淋水，恢复期约6个月。恢复生长后即可施肥，以氮肥为主，施肥约50kg/（亩·年），并及时割下枯叶和老叶（吴芝杨等，2002；陈振鑫等，2005）。

五、综合利用

蒲葵是制作工艺品、园林观赏、药剂开发和提取纤维的多用途树种。葵叶可制作精美的原扇、织扇、画扇、绣扇、花篮和通帽等；葵叶和叶柄表皮可加工蓑衣、席子、船篷和房屋遮盖物等。蒲葵树形美观、叶簇素雅，是良好的添景树和行道树；蒲葵对二氧化硫、氯气、氟化氢等有毒气体的抗性较强，也是厂矿污染区的优良绿化树种（吴芝杨等，2002）。蒲葵种子可入药，具有抗癌、凉血和止血的功效。此外，葵叶的纤维素含量高，纤维性能介于棉与麻纤维之间，是良好的再生纤维原料（林丽霞，2014）。

（杨锦昌）

广东新会蒲葵行道绿化（吴世军摄）

别　名｜油椰子、非洲油棕
学　名｜*Elaeis guineensis* Jacquin
科　属｜棕榈科（Palmae）油棕属（*Elaeis* Jacq.）

油棕是典型的热带木本油料树种，是世界第一大油料作物，与油茶、油橄榄和椰子并称为世界四大木本油料树种，也是我国拟重点发展的木本油料作物之一。我国发展油棕产业潜力巨大，对减缓我国"粮油争地"矛盾、提高我国食用油自给率等有一定意义。

一、分布

油棕起源于热带西非，主要分布在10°S～15°N之间的43个亚、非、拉热带国家和地区，其中主要生产国为印度尼西亚、马来西亚、尼日利亚和泰国等国家（Corley and Tinker，2003）。我国自1926年开始引种，目前主要分布在18°～25°N之间的海南岛全境、云南西南部、广东沿海地区、福建厦门和漳州地区、广西崇左地区，但主要作为行道树、绿化树种种植，目前暂无商业栽培（曾宪海等，2015）。

二、生物学和生态学特性

常绿乔木，植株高大。无主根，须根发达，主要分布在地表1m以内，由大量的从茎基部长出的丛生须状的不定根组成，四级根系，直径0.5～10.0mm不等，其中，一级根系最粗，四级根系最细，为主要吸收根。根系存在小的凸起的根系气囊，具有通气功能。

茎干直立，无分枝，圆柱形，残存叶基并包裹着茎干，具叶环痕。茎干年增长45～100cm，最大高度达15～18m，最大茎粗达45～60cm。茎干顶部仅有一个顶端分生组织，叶片和花序常螺旋状聚生于茎顶。茎干为原生组织，仅有散生的管状维管束，负责机械支撑和营养运输，无维管形成层。

叶大型，常螺旋状聚生于茎顶而形成"棕榈型"树冠。叶序排列形式有两种，其中，大

部分为向右螺旋形排列，少部分为向左螺旋形排列。叶片年生长量达24～48片，长度可达9m，羽状全裂，复叶，羽片外向折叠，线状披针形，长70～80cm，宽2～4cm。

雌雄同株异序，花单性，花序腋生，花序梗短。雄花序由多个指状排列的穗状花序组成，雄花序苞片长圆形，顶端为刺状小尖头。穗状花序长12～20cm，直径1～2cm，上面着生密集的花朵，雄花小，数量达600～1200朵。雌花序为肉穗花序（佛焰花序），由疏松、覆瓦状排列的苞片状佛焰苞花序组成，近头状，长24～45cm，花小，数量达数千。

果实为无柄核果，由外果皮、中果皮、核壳和核仁组成，长4～5cm，直径1～3cm。未成熟果实通常呈黑色，成熟时呈橙红色。外果皮光滑，中果皮厚，肉质，具纤维，内果皮骨质，坚硬，顶端有3个萌发孔，每串果穗结果1000～1600个，聚合成球状，单果粒重5～30g，单果穗重可达35kg，果实含油率达50%，果穗含油率达32%。根据油棕果实核壳厚度，可分为厚壳型油棕（*Dura*种）和薄壳型油棕（*Tenera*种）两种，其核壳厚度分别为2～8mm和0.5～4.0mm。目前，商业栽培种为薄壳型油棕，厚壳型油棕通常作为育种母本材料。

油棕喜高温、多雨、强光照和土壤肥沃的环境，以年平均气温20～33℃、年降水量2000～2500mm且降水均匀而无明显干湿季、月降水量不少于100mm、每天日照时间不少于

海南省儋州市油棕树（曾宪海摄）

海南省儋州市油棕果穗（曾宪海摄）

5~7h的地区最为适宜。油棕种植后2~3年投产，经济寿命25~30年，自然寿命可达100年，其果肉和果仁含油率可达40%~60%，是生产毛棕榈油和棕仁油的主要部分，单位面积毛棕榈油产量达250kg/（亩·年）。

三、良种选育

中国热带农业科学院橡胶研究所1998年开展了我国新一轮油棕引种试种，首批引进的12个热油系列品种经过十多年试种，部分品种表现出矮生、早熟、高产、优质、抗逆性强等特点：年增高约26cm；24个月结果；年单产毛棕榈油200kg/亩以上；油碘值60；经历了2004年和2005年大旱，2005年和2011年强台风，2008年和2016年南方低温天气等。2010年，中国热带农业科学院橡胶研究所初选的'热油2号''热油4号''热油6号''热油8号'等品种被农业部指定用于全国区域性试种。2019年1月，选育出我国第一个油棕品种'热油4号'（审定编号：2018002）。

海南省儋州市油棕雄花序（曾宪海摄）

海南省儋州市油棕雌花序（曾宪海摄）

四、苗木培育

1. 种子育苗

选择合适的油棕优良亲本材料进行人工杂交授粉获得成熟的新鲜果穗，鲜果穗经过脱果粒、去果肉后获得种子。

种子催芽方法：①自然催芽法。利用河沙或表土作为基质在室外沙床或土床上进行催芽，催芽3～12个月，发芽率约为50%。沙床或土床的规格宽100cm×长1000cm×高15cm。播种时，种子发芽孔与沙面或土面平行，切忌朝上或朝下播种，播种间距2～4cm，播后覆沙或土1cm，然后淋水保湿。②干热催芽法。将种子在50%福美双和20%农用链霉素水溶液中浸泡3～5min，然后将种子放置在干燥房中干燥约2天，使种子含水量减至17%左右，将干燥的种子用厚的塑料封口袋装好后（500粒/袋）放置在温度为38～40℃的绝缘恒温房内加热约40天。加热结束后，将种子用清水浸泡2天，使种子的含水量达到约22%，再用50%福美双和20%农用链霉素水溶液浸泡3～5min。待种子晾干后再次用塑料封口袋装好，在常温条件下放置7～10天后种子开始发芽，发芽时间缩短为30～40天，发芽率可达85%～90%。

苗圃选择有灌溉条件，交通便利，土地平坦，远离病虫害源头，表土肥沃、疏松的圃地。苗圃建立包括前期苗圃（培育3～4个月小苗）和后期苗圃（培育8个月以上大苗），两者按1∶20的比例配置。小育苗袋规格为宽15cm×长23cm，大育苗袋为宽25cm×长45cm。育苗基质通常为疏松、肥沃、无病虫害源头的表土，育苗袋装土时，装土至离袋口1.5cm处即可。小育苗袋播种时应芽朝上、根朝下，播后盖土2cm，播种时不得混入任何化学农药或肥料等，播后淋足定根水。小袋育苗移栽至大育苗袋前，需要进行苗木优选。大育苗袋按等边三角形（80～90cm间距）摆放，亩育苗800株左右。在移入大袋培育至12个月后，可出圃种植，定植时需苗木分级。

2. 组培育苗

与传统的商业杂交种相比，油棕组培苗能提高油棕产量20%～30%。利用油棕叶片、花序为外植体材料，通过油棕体胚发生途径，建立高效油棕组织培养体系，实现优良单株的规模化无性扩繁。油棕组培已逐渐成为油棕优良种苗繁育的新途径。

五、林木培育

1. 选地、整地

选择立地环境条件一致的地块（包括坡度、坡向、坡位等），其中，以坡度不超过20°、土壤肥沃、土层深厚、排水性好、地势比较平缓、交通比较便利的地块为宜。整地时，使地面上没有明显起伏，植被高度不超过15cm，农用车辆能基本通行。

2. 定标

坡度<8°时，可采用等边三角形种植模式，株距8～9m，种植密度123～156株/hm²。土地肥沃、坡向阴坡的可适当疏植。在坡度为8°～20°时，应设置环山行，行距7～11m，株距>7m。在定标过程中，地块不规整致使行距过宽或过窄时，往往需要插行或断行。

3. 整地

平缓坡地一般结合挖穴修建小种植平台。坡度较大的坡地需要结合挖穴修建环山行。环山行宽一般3～4m，环山行面内倾不超过15°。植穴的规格为长、宽、深均约1.2m。植穴挖好后暴晒15～20天，挖出的表土堆放于植穴的上方待回穴，心土于植穴下方修成挡水埂或建种植小平台。先将部分表土回穴垫底，将腐熟牛栏肥（约50kg/穴）和少量磷肥与部分表土混匀回穴，然后将植穴四周直径约2m宽范围内表土刨出填于植穴至满穴，并使植穴上方形成一个浅盘状、盘底在植穴中心的根盘。

4. 定植

在雨季开始时定植。低温、干旱季节（有灌溉条件的除外）不定植；若植穴干燥，在定植前一天下午淋水使穴内土壤湿润。若苗木过大，可适当剪掉部分老叶片或过长的叶片。根据定植时育苗容器大小，在植穴中间挖小洞，然后割开育苗袋垂直放入植穴中，调整定植深度使苗木茎基略露出植穴表面，分层多次回土压实，淋定根水

30kg/株以上至植穴表面起泥浆，若定植后遇干旱应连续淋水6天左右。

5. 植后管理

植后在根盘盖草或覆盖地膜，根盘范围内及时除草。行、株间杂草一般控制在约50cm高以不影响油棕生长为宜；植后3～6个月对缺株、死苗和不正常植株进行补换植；有条件的可在行、株间种植豆科覆盖作物；在植后3个月后开始施肥，年施复合肥2次，分别为200g/株和300g/株，穴施或沟施。植后第二、三、四年施肥量分别为2～3kg、4～5kg、6～8kg，植后第五年及以上施肥量为9kg。一般沿最大冠幅滴水线处沟施。

六、主要有害生物防治

1. 果腐病

主要由低温、风害、过度叶片修剪和受精不良等引起，会出现花序"干苞""烂穗"的现象。海南油棕产区的发病率在7%～60%。该病害是非传染性的落果生理性病害。防治方法：可通过加强施肥，及时人工授粉，多保留有效叶片等措施降低果穗的发病率。

2. 红脉穗螟（*Tirathaba rufivena*）

主要为幼虫啃吃嫩果造成果实早期脱落，以4～5月和8～9月危害最为严重。防治方法通常采用清除产卵的雄花序和人工授粉的方法进行防治。

3. 茶刺蛾（*Darna trima*）

主要为幼虫危害叶片。防治方法：以加强预报工作，掌握天敌对刺蛾的抑制作用为主。

七、综合利用

油棕成熟果肉的含油量高达56%～70%，是单位面积产油量最高的油料，为世界四大木本油料之一。棕榈油中含有40%～50%的饱和脂肪酸（以棕榈酸为主）、35%～40%的单不饱和脂肪酸（以油酸为主）和大约10%的多不饱和脂肪酸，一般用作食用油，在化工以及生物能源方面也有广泛的应用；除脂肪酸外，棕榈油还含有丰富的维生素E，主要是α-生育三烯酚、γ-生育三烯酚、δ-生育三烯酚和α-生育酚，其中生育三烯酚含量高达600～1000mg/kg，约占总维生素E含量的70%（罗婷婷，2017）。棕榈油被广泛用于餐饮业、食品制造业和油脂化工业等；油棕副产品如茎叶、核壳等可用于制作家具、工艺品、生物质燃料、造纸、肥料、动物饲料、活性炭等；棕榈油还可作为生物柴油的优质原料。

海南省儋州市油棕种植园（曾宪海摄）

棕榈具有修长的树干和华丽的叶片，是热带景观植物的象征。其植物外形独特，植株形态富于变化，其叶片、主干、花果乃至整个植株有较高的观赏价值，在营造热带风光景观方面独具特色。在热带和亚热带地区，棕榈作为行道绿化树、庭园观赏树、园林景观树被广泛应用，海南、广东、福建、广西、云南等地常用棕榈造景以营造热带风光氛围（唐岱等，2018）。

（曾宪海）

别　名｜胥椰、胥余、越子头、椰傈、胥耶、越王头、椰糇

学　名｜*Cocos nucifera* L.

科　属｜棕榈科（Palmaceae）椰子属（*Cocos* L.）

> 椰子是我国热带著名的经济林树种，与油茶、油橄榄和油棕并称为四大木本油料树种。椰子在我国已有两千多年的栽培利用历史。现有椰林栽培面积64万亩，年产椰子果2.4亿个。

一、分布

椰子产于热带，主要分布在热带和南亚热带地区，印度尼西亚、菲律宾、印度、斯里兰卡、泰国、马来西亚、巴布亚新几内亚及斐济等90多个国家或地区均有栽培分布。在中国主要栽培分布于16°~22°N，海南、广东雷州半岛、广西合浦地区、云南西双版纳和河口地区、福建厦门和漳州地区，以及台湾南部地区均有种植，但以海南的椰子生长最旺盛、产量较高。

二、生物学和生态学特性

常绿乔木。树干挺直，高15~30m，单顶树冠。叶羽状全裂，长4~6m，裂片革质，线状披针形，长65~100cm，宽3~4cm，先端渐尖；叶柄粗壮，长约1m。佛焰花序腋生，长0.5~1.0m，多分枝；雄花具萼片3片，鳞片状，长3~4mm，花瓣3片，革质，卵状长圆形，长1.0~1.5cm；雄蕊6枚；雌花基部有小苞片数枚，萼片革质，圆形，宽约2.5cm。果实倒卵形或近球形，顶端微具3棱，长15~25cm，内果皮骨质，近基部有3个萌发孔（其中只有1个可发芽），种子1粒；胚乳内有一富含液汁的空腔。成龄树每年产生约12片叶，抽花苞10~12个，全年开花，果实成熟约需12个月。

喜高温、多雨、阳光充足、年平均气温24~25℃以上、温差小、全年无霜环境，且年降水量1500~2000mm及以上。适宜在低海拔地区

的滨海、河岸冲积土，沙壤土和砾土种植。地下水位要求1.0~2.5m，具备较好的水肥条件，土壤pH 5.2~8.3。抗风性强，12级以下强台风对椰子生长无太大影响。

海南椰子单株（贾黎明摄）

三、良种选育

椰子主要栽培品种分为三种类型：高种、矮种和杂交种。其中，高种茎高、果大，矮种茎矮、果小，而杂交种通常是高、矮种的杂合，是一种中间类型。目前，世界各国均以发展高种椰子为主，是产品加工材料的主要来源（方嘉禾和常汝镇，2007）。种果的选择有穗选和单果选两种。种果应选择中部果穗，果实比较充实、饱满、发芽正常。单果选法按"密""重""熟"三个标准进行："密"就是结果量大、产量高，其主要标志是果肩上有2～3个压痕，果实大小中等而均匀；"重"就是果实比重大，皮薄肉厚；"熟"就是雌花受精后12个月左右，"响水"（摇动时有清脆响声），果皮由绿色变为黄褐色。完全成熟的椰子，2个月后即可发芽。

四、苗木培育

采收的种果放在通风、荫蔽和干燥处20～30天。催芽圃要求半荫蔽、通风、排水良好，耕深15～20cm，开沟，将种果斜靠沟底45°，埋土至果实的1/2～2/3。当芽长10～15cm时，移芽到有适度荫蔽的苗圃中，苗高约1m便可出圃定植（唐龙祥，2010；2014）。

五、林木培育

高种椰子每公顷165～180株，株行距8m×8m；矮种椰子每公顷225～240株，株行距6m×6m；杂交种每公顷165～195株，株行距介于高、矮种之间。种植深度为种果顶部（茎基）离地平面30cm左右。初期可以在林间种

植绿肥、牧草、西瓜、玉米、花生、蔬菜等；后期可在林下种植芋头、姜、蔬菜等，或与可可等作物混种。在椰树施肥方面，除需常规营养元素外，通常要补充一定量的海盐，以满足其对氯、钠及镁等元素的特别需求，通过合理施肥可增产50%～150%。主要施肥方法：离茎干1.0～1.5m的范围内，开环状施肥沟，沟深20cm，宽25cm左右，施肥后回土填沟。

六、主要有害生物防治

主要害虫有椰心叶甲、红棕象甲、二疣犀甲等，病害不多见。

1. 椰心叶甲（*Brontispa longissima*）

主要危害椰树的心叶和未完全展开叶。危害较轻时呈白色条斑状，严重时导致全部干枯，甚至整株死亡。防治方法：挂椰甲清药包在椰树的心叶上或进行生物防治，最有效的天敌是椰心叶甲啮小蜂、椰心叶甲姬小蜂。

2. 红棕象甲（*Rhynchophorus ferrugineus*）

成虫专门侵害有伤口的椰子树，并在上面产卵繁殖。幼虫取食椰树的幼嫩组织，直到整

海南椰子果实（唐龙祥摄）

海南椰子林分（贾黎明摄）

株死亡。防治方法：早期采取磷化钙灌药或啶虫脒喷药防治，或对椰树主干注射80%敌敌畏乳油；也可采用聚集信息素与乙酸乙酯混合来吸引捕捉。

3. 二疣犀甲（*Oryctes rhinoceros*）

成虫喜欢取食椰树未展开心叶基部的嫩叶杆，将其咬出一个洞，常常吸引红棕象甲前来危害，导致椰树死亡。防治方法：主要是清理椰林，林中不能存在腐殖质和朽木以及大牲畜粪便等；另外，可用2%的二溴磷灌侵害的伤口等。

七、综合利用

椰木质地坚硬，花纹美观，可作家具和建筑材料。椰纤维拥有多种用途，如可作衬垫填料、扫帚、毛刷及海上缆绳等，特别在园艺、绝缘、腐蚀控制和农业方面。由于它吸水能力超强，在防腐方面比塑料和铁丝更为有效，而且还能为蔬菜和树木提供生长环境。椰叶可用于编织，制作日常生活用品，也是日常燃料。椰花苞可割取椰花汁酿制椰花酒，或提炼椰汁糖等。椰壳质地坚硬，冷热不变形，可制优质活性炭，或加工成椰雕、乐器等工艺品。椰肉可制成椰干、椰奶粉、椰蛋白、椰子汁、椰蓉及无色椰子油等。椰水含有维生素B和C、激素、糖等成分，是天然的清凉饮料，也可用于加工其他食品。椰油主要是工业用油，为制皂的优质原料，发泡力强可制高级香皂、牙膏。同时，椰子根系发达，茎叶坚韧，抗风性非常强，常用作海岸、村庄防护林树种，另外，椰子树姿美观，终年开花结果，是沿海混交林和四旁绿化的好树种。

（唐龙祥）

别　名｜大王椰子、古巴王棕（古巴）、佛罗里达王棕（美国）
学　名｜*Roystonea regia* (Kunth) O. F. Cook
科　属｜棕榈科（Arecaceae）王棕属（*Roystonea* O. F. Cook）

> 天然分布于美洲热带地区，广泛引种栽培至世界热带和南亚热带国家和地区。王棕是优良的园林绿化树种，也可作为用材林树种和防护林树种。

一、分布

王棕原产于美国佛罗里达州南部、墨西哥和中美洲及加勒比海部分地区（潘志刚和游应天，1994）。我国热带、南亚热带地区有引种栽培，东至福建和台湾，西至贵州和云南，南至海南，北至湖南和江西南部。

二、生物学和生态学特性

常绿大乔木，树高达20m，胸径达50cm。5～8年生开花结实，7～10月果实成熟。热带地区树高年生长0.5～1.0m，胸径年生长0.5～1.5cm。耐寒性一般，能承受的最冷月平均气温不低于15℃，适宜气温28～32℃，安全越冬温度为6℃。喜光树种，较耐水湿，在湿润肥沃、土层深厚的酸性或微酸性土壤上生长迅速，不耐干旱瘠薄。抗风性强，可抗8～10级台风。

三、苗木培育

1. 采种与调制

7～10月果实呈紫黑色时可采集或地面收集。鲜果可直接播种，也可按肉质果类调制获得新鲜种子，千粒重175～350g。种子忌日晒和脱水，宜随采随播；或进行沙藏，5～10℃保存，贮藏时间不超过60天。发芽不整齐，可层积催芽，催芽温度大于20℃（潘志刚和游应天，1994）。

2. 播种育苗

裸根苗培育可采用作床条播，7～8月播种，播种量16.5～22.5g/m²。种子发芽后需不定期间苗和补苗，第一年苗木适宜密度22.5万～30.0万株/hm²，第二年为15万～18万株/hm²。夏季应适当遮阴，冬季搭棚防冻，按常规追肥、松土和除草管理。大苗培育第三年需移植容器或大田培育，株行距为80cm×80cm，

中国林业科学研究院热带林业研究所王棕果序（李荣生摄）

继续培育3年后苗高4.5～5.5m，干高1.8～2.0m，1m处茎干直径4.0～6.0cm（廖美兰，1997），具10片以上健康叶和流线型茎干即可出圃（欧永森，2002）。

四、林木培育

1. 立地选择与整地

造林地要求排水良好、湿润肥沃、土层深厚，土壤条件略差时可添加客土和施用有机肥改良，积水洼、干旱贫瘠、盐碱地不宜种植。可采用全面整地、带状整地或块状整地。

2. 栽植

株行距（3～6）m×（3～6）m。80cm×80cm×60cm大穴栽植。春季或初夏造林，即起即栽。回填土时，扶正植株，固定树干，及时浇足定根水。

广州王棕列植景观（李荣生摄）

五、主要有害生物防治

1. 干腐病（*Thielaviopsis paradoxa, Phytophthora palmivora*）

干腐病为王棕苗期主要病害。发病初期在树干呈现不规则浅红色病斑、裂缝或流胶；严重时主干褐变、腐烂，由下向上蔓延，树体凋萎直至死亡（王彬，2009）。可通过加强苗圃卫生管理，做好通风、排水、轮作和土壤消毒，清除病株和病穴的消毒。台风过后，及时用80%代森锰锌700倍液，或乙磷铝50倍液和甲霜灵50倍液喷洒，每周1次，连喷2～3次，能有效防止干腐病发生。

2. 椰心叶甲（*Brontispa longissima*）

在海南1年发生4～5代，世代重叠，成虫寿命平均200天，幼虫期30～40天，卵期3～4天，预蛹期3天，蛹期5～6天。成虫和幼虫取食心叶及茎尖幼嫩组织，受害心叶伸展后呈枯黄状，严重时新抽叶片呈火烧枯萎状，树势衰败至整株枯死。可通过加强检验检疫防止虫源传播；对受害株通过选用虫无踪等农药喷雾，或将椰甲清粉剂药包固定在植株心叶上，让药剂随雨水流入危害部位而杀死害虫；还可释放姬小蜂和啮小蜂等天敌进行防控（覃伟权等，2006）。

3. 红棕象甲（*Rhynchophorus ferrugineus*）

在热带地区和亚热带地区1年发生2～3代，一代需103～215天，其中卵期2～5天，幼虫期30～90天，蛹期8～20天，成虫寿命63～100天。以幼虫蛀食梢部细嫩组织使心叶呈现脱水垂软干枯；严重时整个梢部干枯折断，甚至整株死亡。可通过加强检验检疫防止虫源传播，对心叶脱水垂软的植株采用细铁丝沿蛀洞深入捅死幼虫，或对土壤根部或蛀洞灌入0.2%乐果或0.15%毒虫蜱等农药灭杀；严重时将受害株伐出集中焚烧。还可利用性信息诱捕成虫，减少其产卵量，降低虫口密度。

六、材性及用途

木材材质一般，可加工为器具及工艺制品。叶子可分离纤维，叶鞘宽而坚韧，可制作坐垫和扫把，叶柄可制作牙签。果实种子可作饲料（潘志刚和游应天，1994）。

（李荣生）

别　名 | 亚历山大椰子（大洋洲）
学　名 | *Archontophoenix alexandrae* (F. Muell.) H. Wendl. et Drude
科　属 | 棕榈科（Arecaceae）　假槟榔属（*Archontophoenix* H. Wendl. et Drude）

> 假槟榔，其树形优美，集观叶、花、果、茎于一体，是热带、亚热带地区美化环境的特色树种。目前，已广泛应用于道路、公园、生活小区、庭院等场所的绿化、美化。

一、分布

假槟榔原产于澳大利亚东部，热带地区普遍栽培，华南地区以及云南、福建、台湾等省均有引种栽培，是一种树形优美的园林绿化树种。

二、生物学和生态学特性

高大常绿乔木，挺拔隽秀，自然生长最高可达18m，基径达35cm。茎圆柱状，单生，基部略膨大，落叶处有环状痕。叶簇生于干的顶端，叶长约2m，羽状全裂，羽片呈2列排列，表面绿色，叶背银绿色，四季常绿。花序生于叶鞘束之下，花单生，雌雄同序，花序穗状、乳黄色、下垂；雄花生于上部，雌花生于下部。成熟果实近似圆形，鲜红艳丽。5～8月开花，翌年1～2月果熟。

假槟榔适应性强，对土壤、气候要求不严，喜高温、高湿和避风向阳的气候环境，能耐-2～0℃的最低气温，是棕榈科植物中耐寒性

最强的树种之一。在土层深厚、肥沃、排水良好和微酸性的沙质壤土中生长良好，最适温度为28～30℃，在无极端低温情况下，3～5年生的成龄树可安全越冬。假槟榔有一定抗旱能力，但暑天久旱无雨、干热高温会引起叶片变形枯黄（杨余红和张品英，2013）。

三、苗木培育

1. 种子采收与处理

种子采集与处理　假槟榔一般只能用种子繁殖。果实采收时间为1～2月，采收后应洗净果肉，或用稻草覆盖堆沤1周，待果皮松软后洗净果肉即可收集到种子。种子忌脱水，不宜暴晒，宜随采随播或置于湿沙中贮藏。播种前用35℃温水浸泡2天，播后保持20～25℃，10～15天可发芽出土（张林辉等，2007）。

后熟处理及催芽　因种子有约3个月的休眠后熟期，宜混湿沙贮藏催芽。可在背风向阳处挖一小坑，将种子拌在素沙中装入深15～20cm的滤水容器（如木箱）中，放入小坑，四周填满土，浇水使沙保持湿润。待芽长约1.5cm时将沙连同种子取出，撒入准备好的苗床上。

2. 播种及繁殖技术

圃地选择　地势平坦开阔的苗圃地即可。

整地作床　育苗床的位置应尽量选在背风向阳、底土肥沃、排水良好的地方。播种前一个半月，清理苗圃地，除去杂草和石砾，深挖翻土40cm左右。由于冬春季节，雨量较少，应作

华南农业大学假槟榔（李吉跃和潘嘉雯摄）

华南农业大学假槟榔林相（李吉跃和潘嘉雯摄）

低床，略低于步道5cm，床宽为1.2～1.3m，长度不限，用草甘膦、土菌消等药剂除草和土壤消毒灭菌，2周后在苗床土中施入适量腐熟细碎的农家肥，并与土壤混拌均匀（周春涛和肖顺斌，2008）。

播种 播种前将苗床用水浇湿浇透，将湿藏的发芽种子连沙撒入苗床，密度不超过30粒/m^2，用准备好的肥土均匀地盖在发芽种子上，厚约1.5cm，然后覆盖一层厚度不超过10cm的茅草或稻草，浇透水。以后视土壤干湿情况每隔2～3天浇透水1次。约20天，长出第一片"V"形叶，进入幼苗期，分批移至圃地培育，搭棚遮阴。一般5年生大苗方可出圃。

苗期管理 假槟榔移植期间需较细的管理，成活后可转为粗放管理。苗木生长过程中应经常保持土壤湿润，除定植时要施足基肥外，在苗木移植成活后，每年用有机肥或复合肥追肥3～4次，施肥量依树龄、树势增加。

四、林木培育

1. 林地管理

大树栽好后马上浇1次透水，并用细土将缝隙填严，植后2～3天浇第二次水，1周后浇第三次，以后浇水间隔期可适当延长；在高温天气还要向树冠喷水，每天早晚各喷洒1次，以降低植株温度，减少蒸腾，直至成活为止。

2. 越冬管理

在华南以北地区栽培，每年10月后应停止追施氮肥，改施磷、钾肥为主的有机肥或化肥。入秋后，尽量减少苗木浇水。当秋冬季平均气温低于10℃时，应及时加盖塑料薄膜或草进行保温防寒，直至翌年3月气候转暖，平均气温稳定在10℃以上，再陆续拆除覆盖物。在遮盖过程中应注意浇水和通风。

3. 露地移栽管理

露地移栽前2～3个月，沿树基周围环状挖沟，环径为干粗的6～8倍，沟深为环径的0.8倍左右。沟挖好后回填沙土，浇入托布津等杀菌剂和水。经过围根处理的植株，起苗时把填土挖起再切断底部，即可带土移植。

定植地应选择排水良好、质地疏松、肥沃的土壤。起苗时可保留4～7片叶，运输前把叶片向上包好，保护好尾梢。用编织袋将土球包严，再用绳子打网状将编织袋缠紧。尽量做到随掘、随运、随到、随栽植。栽植前，应根据苗木土球规格定点挖穴，穴规应比土球直径大1/3左右，深度比土球高度大20cm左右。在受台风影响严重的地区，大树种植后需立柱支撑（杨好珍，2007）。

五、主要有害生物防治

主要病害有炭疽病和叶斑病，防治方法参见其他树种。

主要虫害有蝼蛄、地老虎、钻心虫、灰象甲及其他咀嚼式害虫。将"椰甲清"挂包绑扎在心叶上可有效防治椰心叶甲的危害。

六、材性及用途

假槟榔树干挺拔，无论是作为孤植树、行道树，还是庭院及小景绿化，其观赏性都非常高，常作为大树移植的首选树种。假槟榔除了用于美化环境、净化空气之外，还有独特的文化内涵，可作为一种热带风情的象征。假槟榔的叶鞘纤维煅炭，可用于外伤止血。

（李吉跃）

别　名｜宾门、仁频、仁榔、洗瘴丹、仙瘴丹、螺果
学　名｜*Areca catechu* L.
科　属｜棕榈科（Arecaceae）槟榔属（*Areca* L.）

槟榔在我国引种栽培已有1500年的历史，海南栽种槟榔已有500年的历史，属我国四大南药之一，是集药用、庭院绿化于一体的优良经济林树种和园林绿化树种。

一、分布

槟榔原产、主产于中非和东南亚，印度、巴基斯坦、斯里兰卡、马来西亚、孟加拉国、印度尼西亚、菲律宾、缅甸、泰国、越南、柬埔寨等国均种植槟榔。中国槟榔产区主要集中在海南和台湾两省，广东、广西、福建、云南等省份均有小面积种植。在海南，主要集中在东南部、南部和中部地区（覃伟权和范海阔，2010）。

二、生物学和生态学特性

茎直立，单轴不分枝，株高10~20m，成年

海南万宁槟榔林分（余雪标摄）

树干胸径10~20cm，基部膨大不明显。茎干有明显的环状叶痕，树皮灰褐色。成年树每年抽生新叶5~7片，叶片羽状全裂，簇生于茎顶，长1.3~2.0m，叶片和叶柄成绿色，叶轴基部膨大成三棱形，叶轴上分布多对裂片，长30~60cm，宽2.5~4.0cm。穗状花序，着生于节上，花序有10~18个分枝，长25~30cm，每个分枝又分生5~7个小枝，成圆锥形；萼片3片，卵形，长约1mm；花瓣3片，浅黄色；花单性，雌雄异花；雄花小，无柄，通常单生，着生于花枝上部，形似稻粒，白绿色，有2000~3000朵；雄蕊6枚，花丝短，线性；雌花较大，无柄，萼片卵形，花瓣近圆形，长1.2~1.5cm，每序有250~550朵，着生于花枝的基部或花序轴上，花被2轮，每轮3片；子房长圆形，一室，柱头3裂，胚珠1枚，倒生。雌雄同株，花期短期重叠，异花授粉。果为核果，卵形，一般长4~6cm，未成熟果皮为绿色，成熟后为橙黄色，基部有宿存的花萼及花瓣，果实由果皮和种子组成。种子1粒，扁球形、椭圆形或橄榄形，直径1.5~3.0cm。

槟榔属于湿热型喜光树种，喜温、喜湿而忌积水，好肥，不耐寒。年平均气温是最重要指

标，最适宜生长温度为23～26℃；叶片寒害指标为16℃，16℃以上可以安全过冬，16℃以下老叶提前脱落，10℃以下叶片开始出现寒害症状；槟榔果寒害指标为3℃，3℃以下果实发黑死亡，1℃以下植株开始死亡。在海拔300m以下，年降水量1200mm以上的地区均能生长。幼苗期郁闭度宜50%～60%，至成龄树应全光照。槟榔喜富含腐殖质的微酸性至中性沙质壤土或土层深厚的石砾土，底土为砖红壤或红壤最为理想。花期一般是3～6月，果期10月至翌年1月；一般定植后5～6年开花结果，10年后达到盛产期，寿命最高可达100年以上。

海南琼海槟榔花果（余雪标摄）

三、苗木培育

种苗繁育主要采用种子繁殖。通常有以下步骤。

选种　目前推广品种有中国热带农业科学院选育的'热研1号'。选择果型以椭圆形、长卵形，饱满无裂痕无病斑，充分成熟为金黄色、大小均匀，每500g鲜果9～11个最佳，严禁从槟榔黄化病疫区选种或购进种苗。选树龄20年左右的本地种作为留种树，且生长健壮、茎干粗壮一致、节间均匀且短、叶片8片以上且青绿、叶梢下垂、每年4蓬以上果穗、年结果多而稳定。果穗宜选择5～6月间充分成熟、结果大且多、果大小均匀的第二、三穗。

种子处理　槟榔种子采集后应将槟榔种子摊晒3～5天，果皮略干。将晒好的槟榔果实装入编织袋中，放在阴凉处，每天早晚浇水1次，连续15～20天，果实表面开始发酵腐烂，待果皮松软，用清水冲洗干净后，重晒1～2天，注意翻动，提高发芽温度，接着催芽。

催芽　选择荫蔽地，作宽130cm、高10cm的苗床，床底铺一层河沙。将清洗好的槟榔果实果蒂向上，按3cm行距排好，表面盖5cm的土层，再盖上稻草等保湿物，每天浇水1次。25～30天后槟榔种子开始萌芽，此时剥开果蒂，发现白色生长点即可播种。

育苗　用高15cm、宽10cm的营养袋装入营养土（表土、火烧土、土杂肥按6∶2∶2混合），然后放入萌芽的槟榔种子，芽点向上，再用营养土覆盖1～2cm，后再盖草，用水淋全湿为止，每天淋水1次，苗床上空架设遮阳网以减少阳光直射。待苗有4～5片叶时，便可出圃。移栽前7天施1次农家肥，以人粪尿为好。

四、林木培育

园地建设　一般选择背风向阳、土壤疏松肥沃的山坡谷地、河沟边、房前屋后、田头、地边种植。若在常风大或台风必经之处种植，要营造防护林。

整地　在雨季前或雨季进行整地。在坡度超过15°的山地，要挖宽1.5～2.0m、台面向内倾15°的环山行或梯田。种植前开挖种植穴，山地沿等高线环山行内侧挖穴，规格为80cm×80cm×45cm；平地挖穴的规格是上口60cm、下口50cm、深40cm；低湿地挖穴应在畦上，不宜太深，15cm即可。挖穴后应先回表土，再用过磷酸钙或农家肥混均匀后回入穴中。

定植 选苗：经过1～2年的培育，选择5～6片浓绿叶片、高50～80cm的健壮苗定植。定植：一般于春季3～4月、秋季8～9月定植，以8～9月雨季定植最佳。行距2.5～3.0m，株距2.0～2.5m，定植1500～1650株/hm²。定植方法：以雨后种植为宜，种植前应将营养袋从下向上去除；不宜种深，以覆土袋表面2～3cm为宜，植苗后淋足定根水，并盖根圈草。遇旱应适时淋水。

五、主要有害生物防治

1. 槟榔黄化病

现已经证实植原体（*Phytoplasmas*）是该病害的病原。一般槟榔园的发病率为10%～30%，重病区发病率高达90%，造成减产70%～80%，甚至绝产。

症状 最初在叶片上出现直径1～2mm的半透明的梭形病斑，在未展开的叶片上出现与叶脉平行的褐色腐烂条纹，以后叶片顶端变黄，并逐渐扩展到整个叶片。到后期，树冠变小，叶片变小、变短，不易弯曲，成丛生状，皱缩，最终脱落，仅存树干。侧根气根稀少，变黑，根尖褪色，外表层变色，逐渐腐烂。果实变黑，脱落。果核畸形，胚乳不发育。防治方法：①增施氮、磷、钾肥，石灰，喷撒低剂量的镁与锰，合理排灌，能减轻症状。②前期发现病株施用内吸杀虫剂、减少槟榔纺锤盲蝽的危害；同时施用益生菌，改善土壤结构；发病严重时，立刻砍伐烧毁病株，并对病株周围土壤消毒，控制病株的土壤传播。③采用槟榔生长促进剂，促进生根、增强树体、恢复生长或维持产果。

2. 红脉穗螟（*Tirathaba rufivena*）

红脉穗螟幼虫钻入槟榔的花苞多数不能展开而慢慢枯萎。已展开的花苞也会被幼虫危害，幼虫把几条花穗用其所吐出的丝缀粘起来，加上其排泄物筑成隧道，幼虫隐藏于其中，取食雄花和钻蛀雌花。幼虫也钻食槟榔的幼果和成果的幼嫩组织，以造成严重落果。此外，幼虫还钻食槟榔心叶的生长点，导致整株槟榔死亡。防治方法：①从槟榔花开至与收果前，及时消除被红脉穗螟幼虫危害的花穗和被蛀的果实。②冬季结合清理槟榔园，把园内的枯叶和枯花、落果集中烧毁或堆埋。③在幼虫出现的高峰期可采用化学药剂喷杀。

3. 槟榔炭疽病（*Colletotrichum gloeosporioides*）

防治方法：①合理施肥，促使植株生长健壮，增强抗病能力。②保持田园卫生。对槟榔园中的病死叶片和落地的花枝、果实要清除干净，集中烧毁。③可在发病初期，用波尔多液喷雾保护，也可用杀菌剂喷雾防治。

六、综合利用

食用功能 果实中含有多种人体所需的营养元素和有益物质，如脂肪、槟榔油、生物碱、儿茶素、胆碱等成分。东南亚及中国南方地区的一些地方，人们有嚼食未成熟的槟榔果实的习惯。槟榔作为继香烟、酒精、可卡因之后的第四大嗜好品，现有多种品牌加工的干果，消费群体逐年扩大。

药用功能 居四大南药（槟榔、砂仁、益智、巴戟）之首，槟榔性味苦、辛、温，归胃、大肠经，具有杀虫、消积、下气、行水、截疟等功效，主要用于治疗虫积食滞、脘腹胀痛、水肿、脚气、痢疾等，外用治疗青光眼等症。其果皮（大腹皮）、花、花苞（大肚皮）和根等常用作中药。

园林绿化 由于其茎干挺拔修长，树姿优美，和椰子并称"夫妻树"，常用作园林绿化。

（余雪标）

317 棕榈藤

别　名｜棕榈科藤类、省藤
学　名｜*Calamus* spp., *Daemonorops* spp., *Plectocomia* spp.
科　属｜棕榈科（Arecaceae）

棕榈藤是棕榈科省藤族植物，目前已知有13属之多，是重要的经济林树种。棕榈藤有狭义和广义之分。狭义为天然分布于旧大陆且茎干长大后不能独立直立的藤本植物，是加工业原料藤的主要来源植物。目前，国内外规模化栽培的藤种均为此类，主要来自于省藤属（*Calamus*）、黄藤属（*Daemonorops*）和钩叶藤属（*Plectocomia*）。广义棕榈藤还包含与狭义棕榈藤同属的直立型或短茎型的植物，据估计全球已知约有600种。棕榈藤用途广泛，有的茎尖可食用，有的果实可药用，以狭义棕榈藤的茎干——原藤或藤条为原料的藤加工业更是国民经济的重要组成部分。国内外均有悠久的棕榈藤利用历史，棕榈藤加工业至今已是一个年产值上百亿元的产业，全球藤制品国际贸易总值也高达数十亿美元，吸纳就业人数达100余万。我国藤工业已有百余年的发展史，年产值达数亿元人民币，出口创汇超亿美元（江泽慧，2002；江泽慧和王慷林，2013）。

我国优良栽培藤种有黄藤（*Daemonorops jenkinsiana*）、单叶省藤（*Calamus simplicifolius*）、短叶省藤（*C. egregius*）、南巴省藤（*C. nambariensis*）和白藤（*C. tetradactylus*）等，小省藤（*C. gracilis*）、桂南省藤（*C. austro-guangxiensis*）等因分布范围窄、资源数量少，尚未广泛利用，但材性优良，也具有很大发展潜力。

一、分布

棕榈藤原产于旧大陆泛热带地区，即亚洲、非洲和大洋洲热带地区和与其相邻的南亚热带地区。南美洲的古巴有引种栽培。我国海南、广东、广西、云南、福建、贵州、香港、澳门和台湾地区均有原产及引种栽培自东南亚的棕榈藤。

二、生物学和生态学特性

狭义棕榈藤为热带植物区系成分，一般喜温暖、潮湿、光照充足的环境，要求排水良好、土质肥沃、土层深厚的土壤。要求较高的温度条件，气温＞25℃为茎生长高峰期，＜20℃生长速率明显下降，＜10℃生长基本停止；当气温降至0℃且延续较长时，绝大部分国内藤种遭受轻微冻害，成藤叶尖和幼苗嫩叶整叶冻死，部分苗木可能冻死；当气温降至-1.5℃时，成藤茎梢和顶端嫩叶受冻，苗木死亡率则高达95%；引自东南亚热带国家的藤种，除异株藤（*Calamus dioicus*）、黄藤和马尼拉藤（*C. manillensis*）等少数藤种可忍受较低温度外，其余藤种如西加省藤（*C. caesius*）、玛瑙省藤（*C. manan*）、美丽省藤（*C. merrillii*）等在气温降至0℃时，嫩叶及茎梢受冻，直至整株死亡。过高的温度也不利于棕榈藤的生长，如异株藤苗木在地表温度连续3天达到52～53℃时即大量死亡（许煌灿等，1994）。

当温度适宜时，月平均降水量＞150mm、相对湿度＞78%时，绝大部分藤种均能正常或快速地生长。长时间的干旱可导致藤株生长停滞，甚而整株死亡，如种植在海南西南部的玛瑙省藤、欧切利藤（*Calamus ochrolepis*）、马尼拉藤、莫力士藤（*C. mollis*）以及短叶省藤等藤种因每年长达4～5个月的旱季而死亡，也有少数藤种如黄藤、白藤、异株藤和杖藤（*C. rhabdocladus*）表现出较强的耐旱性，在少雨低湿的条件下尚能正常生长（许煌灿等，1994）。

三、良种选育

棕榈藤的栽培历史悠久，但良种选育工作比较滞后。在20世纪90年代引起关注并开始起步，马来西亚沙巴州开展了疏刺省藤（*Calamus subinermis*）的种源选择研究，我国21世纪初先后开展了单叶省藤、黄藤、南巴省藤的种源家系联合选择研究工作以及单叶省藤的无性系选择研究，但尚未有认定和审定的良种。

四、苗木培育

1. 种子生产

棕榈藤果实采集时间因种而异，海南的单叶省藤采种时间为11月中旬至12月下旬，白藤为4月中旬至6月中旬，黄藤主要为10月上旬至12月下旬，其他时段偶有少量果实成熟；云南的南巴省藤为10月中旬至翌年4月，云南省藤（*Calamus yunnanensis*）为12月至翌年1月，钩叶藤（*Plectocomia kerrana*）为1~2月（王慷林等，2002；杨成源等，2004）。同一藤种果实从南到北、从东到西逐渐推迟，相差一般不超过1个月。果实成熟时多呈黄白色或黄色，而云南省藤果实成熟时为橘红色（王慷林等，2002；杨成源等，2004）。采收果实后，通过堆沤软化脱粒和粒选得到合格种子。调制后的种子不能暴晒，阴干后即可播种，也可在6~10℃的温度条件下湿藏，但湿藏时间一般不超过3个月。棕榈藤种子大小因种而异，白藤种子千粒重为95g，单叶省藤为846g，黄藤为1536g。一般播种后1~3个月开始陆续发芽，发芽延续时间为60~90天，发芽率在60%~90%之间（许煌灿等，1994）。

2. 容器育苗

适宜于苗床播种，将种子撒播或条播在沙床或土床上，出芽后移植到容器中培育至出圃。播种时间因种而异，一般为果实成熟期，白藤的播种时间为6~7月，单叶省藤和黄藤11~12月。播种量如表1所示。发芽时间也因种而异，白藤发芽快且整齐，单叶省藤和黄藤则2个月后发芽才基本结束。棕榈藤苗在全光或过度荫蔽条件下均生长不良，白藤、单叶省藤和黄藤的最适相对光照强度分别为50%~65%、20%~35%和80%。

3. 苗木出圃

出圃时，合格的棕榈藤苗木应具活叶数3~5叶、苗高30~50cm、根系完整、无病虫害。

海南白沙单叶棕榈藤苗木（李荣生摄）

五、林木培育

1. 立地选择

栽培区域 我国北回归线以南的低山丘陵均为适宜的棕榈藤造林区域，根据温度和降雨量等因素分为4类，每类栽培区的条件和适宜造林藤种有所不同。第一类为最适宜栽培区，该区含2个分区：琼雷区和滇南区。琼雷区包括除海南岛西南部干旱地区以外的全岛和广东雷州半岛直至高州、阳江及广西南部的东兴、防城、钦州、北海、合浦，适宜种植的藤种有黄藤、单

表1 主要栽培藤种单位面积播种量及场圃发芽率

项 目	藤 种			
	白藤	黄藤	单叶省藤	异株藤
最大播种量（g/m²）	1440	4690	4000	1370
场圃发芽率（%）	80~95	40~75	50~60	80~95

叶省藤、白藤、短叶省藤、柳条省藤（*Calamus viminalis*）以及异株藤。滇南区包含云南省的麻栗坡、河口、金平、绿春、江城、勐腊、景洪、勐海、勐连、澜沧、西盟、沧源、陇川、瑞丽、畹町等地，适宜种植的藤种有长鞭藤（*C. flagellum*）、云南省藤、小省藤、南巴省藤和滇南省藤（*C. henryanus*）。第二类为适宜栽培区，包括广东恩平、阳春、信宜，广西博白、上思、凭祥以北，福建南靖、南安，广东梅县、河源、英德，广西昭平、柳州、巴马以南，广西凭祥、田阳、巴马以东直至福建东南沿海的广大地区和台湾，适宜种植的藤种有黄藤、单叶省藤、白藤和异株藤。第三类为次适宜栽培区，包括海南岛的昌江、东方、乐东和白沙西部、三亚、崖城等海南西南部的低海拔地区，本区适宜在沟谷、四旁等水分条件较好的地段种植，适宜栽植的藤种有白藤、杖藤（*C. rhabdocladus*）、多果省藤（*C. walkerii*）。第四类为局部可植区，包括闽中及南岭边缘区和滇中、黔南、桂西山原区，适宜种植的藤种有黄藤和杖藤（许煌灿等，1994）。

海拔 华南地区海拔不高于800m，云南南部和西南部可达1600m（王慷林等，2002）。

套种林分 棕榈藤种植可进行纯林种植，但一般采用林藤套种，多选择轮伐期长的人工林或次生林套种棕榈藤。林藤间种要求支撑林分郁闭度为0.3～0.6，郁闭度过高的应适当疏伐。

土壤要求 土壤为砖红壤、红壤或黄红壤，土层厚度40cm以上，pH 4.5～6.5。

2. 林地清理

一般沿等高线进行带状清理，带宽1.0～1.5m。

3. 整地

穴状整地，整地规格一般为50cm×50cm×40cm。栽植前将穴周边表土填回穴内，同时每穴施放0.5～1.0kg有机肥、0.15～0.25kg磷肥、0.15～0.25kg复合肥作基肥。

4. 造林

初植密度 小径藤为1250～1660穴/hm²，中大径藤为830～1660穴/hm²。

栽植方式 白藤、黄藤每穴一般栽植1株，单叶省藤、南巴省藤每穴一般栽植1～2株，双株栽植时穴内株距20～25cm。

造林季节 选择雨季栽植。

5. 抚育

栽植后3个月，全面检查成活率并及时补植。栽植后第二年检查保存率，保存率低于90%时应及时补植。连续3年抚育，种植当年抚育1次，8～9月进行；第二年和第三年各抚育2次，分别于3～4月和8～9月进行。铲除植株周围60～80cm范围内的杂草，并松土、扩穴。结合松土除草进行追肥，采用沟施或环施。第一次每株施0.1kg尿素，以后每次每株施复合肥0.15～0.25kg。

6. 经营

藤茎长度超过6m以上即可采收，但对林分而言，黄藤、单叶省藤和南巴省藤的初次采收年龄为种植后9～10年，白藤为6～7年。采收宜于秋、冬两季作业，藤茎含水量低，易处理，不易霉变，同时利于翌年藤林的正常生长。白藤和黄藤株数采收强度一般为25%～35%，单叶省藤和南巴省藤株数采收强度一般为15%～25%。采用择采法，白藤起采茎长为4m，黄藤、单叶省藤和南巴省藤起采茎长为6m。采割时，自基部将藤株割断钩出，边拖拽边砍削叶鞘，直至藤茎梢部，获得鲜藤材。黄藤、单叶省藤和南巴省藤应弃除尾梢嫩茎1.0～1.5m，白藤弃除0.6～1.0m。单叶省藤、黄藤和南巴省藤藤材截成4m长度的规格，白藤则不拘长度，一般打捆或绕成线圈状。采收间隔期指连续两次采收之间的间隔时间，白藤为2～3年，黄藤为3～5年，单叶省藤和南巴省藤为4～6年。

六、主要有害生物防治

1. 白藤叶枯病（*Phyllosticta* sp.）

主要危害白藤幼苗，以10cm以下的幼苗发病较多。发病初期，外缘老叶叶尖开始发病，出现叶尖枯死症状，渐向叶基部发展，病斑浅褐色，边缘清晰；后期病斑呈灰白色至浅褐色，其上可见有许多黑色小点。病害发生严重时，其内部新抽叶片也可发病，待全部出现枯叶后，苗木整株死亡。可通过改善苗圃卫生状况、通风或喷施杀

广西凭祥夏石单叶棕榈藤幼林（李荣生摄）

菌剂进行防治。

2. 白藤环斑病（*Coniothyrium* sp.）

环斑病主要危害苗圃及种植期的幼苗，在叶片上产生大小不等、形状不规则的褐色枯斑，枯斑边缘清晰，外围深褐色，中间浅褐色，其上可见若干病原菌子实体组成的环状斑纹，病斑有时受叶脉限制而呈条状。初期病斑少，后期较多并相互连接成大斑，严重时全叶枯死，对幼苗生长影响较大。可通过改善苗圃卫生状况、通风或喷施杀菌剂进行防治。

3. 枯斑病（*Pyrenochaeta* sp.）

主要危害叶片，造成叶片枯死。发病叶片一般从叶尖或叶边缘处产生褐色斑点，逐渐扩大至0.5～2.0cm，病斑近圆形或不规则，有时可相互连接成片。病斑边缘深褐色，不清晰，其外缘有时可出现白色晕圈，不规则，其外缘有一条深褐色、清晰可见的线条围绕，晕圈宽度0.5～1.0cm，病斑后期中央呈蛋壳色或浅灰白，其上有一些小黑点排列成轮纹状，病斑多破碎。可通过改善苗圃卫生状况、通风或喷施杀菌剂进行防治。

4. 老鼠（*Rattus* sp.）

主要取食藤苗的嫩梢，鼠害表现为苗木折断、折断处有齿印痕迹。可通过清除林地杂草以减少鼠类栖息地和使用鼠药诱杀进行综合防控。

5. 红棕象甲（*Rhynchophorus ferrugineus*）

在海南该虫1年发生2～3代，世代重叠。成虫在6月和11月出现峰期。雌成虫产卵于茎干顶部伤口及裂缝中。幼虫孵出后即向四周钻洞取食柔软组织的汁液（覃伟权等，2002），危害成年藤茎尖幼嫩组织和生长点，表现出梢部心叶枯干和叶鞘流胶等症状。可通过植物检验检疫降低害虫传入风险；对受害植株可采用扦捅或灌入化学药剂灭杀蛀食幼虫，也可砍伐受害株并劈开焚烧灭杀该虫；还可通过性信息诱捕法或释放天敌寄生蜂降低虫口密度。

海南白沙南美岭单叶棕榈藤红棕象甲虫害导致的枯梢
（李荣生摄）

七、材性及用途

藤材因种而异，新采藤条表面呈奶黄色、乳白色、灰褐色、黄褐色等颜色。藤条长度可达上百米，藤节长度5～60cm，直径3～80mm。藤条根据直径大小分为大径藤（＞18mm）和小径藤（＜18mm）。我国藤材根据纤维壁厚、纤维比率和后生木质部导管直径可分为5类，黄藤和钩叶藤各自单独一类，而省藤属的藤材分为3类。优质藤材主要来自省藤属的藤材，其维管束分布、纤维壁厚和基本薄壁细胞壁厚均内外一致，组织结构和物理特性均一（许煌灿等，1994）。

藤材的强度、抗压强度、抗弯强度、握钉力和硬度一般从外向内、自基部向上逐渐减小。随着藤龄增长，纤维壁厚增加，密度增大，因而强度增大。藤材内应力发源于纤维，纵向压应力存在于外围，纵向拉应力存在于心部。自基部向上及外围向内，藤材应力减小，纤维比量减少。

藤材含有丰富的淀粉、糖类、水和碱可溶物等营养物质，易受真菌、昆虫侵害。大多数藤种在表皮、纤维束和纤维帽中含有硅，但优质藤的皮层含硅少，外围维管束不含硅。根据表面特性，藤材可分成硅质藤和油质藤。小径藤多为硅质藤，大径藤及少数小径藤为油质藤。硅质藤表皮硅质化，覆盖硅质层，弯曲时可弹出硅沙。油质藤表皮角质层蜡质丰富，使加工、编织过程的摩擦力增大。

藤材的独特性在于柔韧性强，适当加热后，藤材可在不改变其机械特性的情况下弯曲加工成各种特定形状。质量好的大径藤可直接用于制作藤家具和室内装饰的框架，质量较低的大径藤可加工成藤芯、藤皮或藤片、藤丝等，用于室内装饰和藤织品、工艺品编制。小径藤可直接用于编织篓框和工艺品。藤材加工剩余物可用作家具填充材料或镶饰材料，也可与水泥混合制成水泥纤维板、水泥刨花板等多种板材，作为低承载室内用材（江泽慧等，2007）。

（尹光天）

竹

竹类植物属多年生禾本科（Poaceae）竹亚科（Bambusoideae）植物，全世界约123属1642余种，面积2200万hm²，占森林总面积的1%左右，主要分布于热带和亚热带地区，少数种类分布于温带和寒带。按地理分布，可分为亚太竹区、美洲竹区和非洲竹区三大区，其中，亚太竹区为世界最大的竹区，拥有全球45%的竹林面积和80%的资源总量。中国是全球竹类植物的起源地和分布中心之一，栽培历史悠久，且竹子种类、面积、蓄积量和产量均居世界之首，被誉为"世界竹子王国"。

除引种栽培的竹种，中国现有竹种43属647余种（含变种），竹林面积达641万hm²，以毛竹（*Phyllostachys edulis*）林面积最大，达468万hm²。竹林的分布也相对集中，覆盖18个省份，其中，福建、江西、浙江、湖南、四川、广东、广西、安徽等4省份约占全国竹林面积的89%。所有竹种中，我国较大面积栽培的经济竹有50余种，包括毛竹、刚竹（*Phyllostachys sulphurea*）、早竹（*Phyllostachys violascens*）、麻竹（*Dendrocalamus latiflorus*）等，而金佛山方竹（*Chimonobambusa utilis*）、巴山木竹（*Bashania fargesii*）、缺苞箭竹（*Fargesia denudata*）等为中国特有竹种，分布在海拔1000～3500m的山地上，是世界竹类之珍品。

竹子喜温暖湿润的气候，在土质深厚肥沃的偏酸性土壤上生长良好，是一种速生型木质化草本植物，具有庞大而复杂的地下系统。根据地下茎的分生特点和形态特征，竹子可分为单轴散生竹、合轴丛生竹和复轴混生竹三大类型。单轴散生竹具地下鞭根，鞭上有节，节上生芽，芽繁殖新竹，竹秆在地面呈散射状，如毛竹、刚竹等；合轴丛生竹地下鞭短缩成竹蔸，由母竹蔸基部的芽繁殖新竹，竹秆在地面呈丛生状，如麻竹、硬头黄竹（*Bambusa rigida*）等；复轴混生竹兼具散生竹和丛生竹的特点，既有横走地下的竹鞭又有可以繁殖新竹的竹蔸，地上竹秆呈现分散和密集丛状两种类型，如金佛山方竹等。由于竹子较少开花结实，因此竹类栽植一般采取无性繁殖方式，多用移母竹造林，栽培技术在不同类型竹种间也有较大差异。

竹材具有强度大、韧性好、纤维含量高等优点，在建筑材、家具材、竹浆造纸、竹纤维纺织等方面被广泛应用；同时，还在食品、保健品、工艺品、竹文化、生态功能及观光旅游等多个行业产生巨大的经济、社会和生态效益。目前，竹子利用已覆盖十大领域100个系列和1万多种产品，竹产业与花卉、森林旅游、森林食品并驾齐驱，成为我国林业四大朝阳产业。

（范少辉）

别　名｜糯米香竹（西双版纳）、埋邦、埋毫啷、埋毫勐（均傣语）
学　名｜*Cephalostachyum pergracile* Munro
科　属｜禾本科（Poaceae）竹亚科（Bambusoideae）空竹属（*Cephalostachyum* Munro）

　　珍稀竹种香糯竹不仅在竹亚科系统分类学研究中具有重要学术价值，而且具有特殊的文化内涵。滇南傣族人民利用其幼秆烧制成的竹筒饭，清香可口，是具有深厚民族文化底蕴的绿色食品和生态食品。随着特色文化旅游产业的发展，市场需求不断增长，开发前景极其广阔。

一、分布

　　香糯竹在滇西南并不多见，在临沧、德宏偶见分布，而向东南延伸集中分布在思茅和西双版纳部分地区。主要分布于湿润或半湿润热带常绿阔叶林区，缅甸、老挝、泰国亦有分布。主要分布在海拔550～1000m低山地带，在沟谷和山脊均能很好地生长。

二、生物学和生态学特性

　　天然香糯竹秆高6～12m，直径2～5cm，节间长30～50cm；竹林平均胸径2.9cm，最粗7.8cm，平均高11m，每公顷立竹可达3422秆，约500丛，丛径0.98m，冠幅2.8m，叶面积指数1.52，由于野象、竹鼠的啃食和破坏，有时出现较多断梢、歪倒或生长不良现象。其对水热条件要求较高，对光照要求不严，属中性竹类，有一定耐阴性。其适生条件为年平均气温21.7℃，年降水量1207.9mm，年降雨日197.7日，年日照时数2151.9h，相对湿度83%；5～10月为雨季，11月至翌年4月为干季，冬春季有辐射雾条件。分布区土壤为赤红壤，土层深厚（杨宇明等，1989；辉朝茂和谷中明，2003）。

三、竹林培育

1. 造林技术

　　由于香糯竹须根不甚发达，育苗和造林成

瑞丽植物园香糯竹秆箨（辉朝茂摄）

活率较低，属于造林难度较大竹种。在生产实践中以分蔸移栽为主。虽然此法受种源限制，竹蔸挖取和搬运均较费工费时，生产成本较高，但对于香糯竹这种成活困难竹种可在造林中使用。

林地选择　选择土质较好，肥力中上的阴坡、半阴坡进行造林，尤其选择溪流两岸的冲积地带，土层深厚、疏松肥沃的地点更好。最好成片规模造林，以便经营管理。

造林季节　根据云南气候特点，采用6月上旬雨季来临时造林。在雨季移栽能够获得较高的成活率，若造林地具有浇水条件，可在3～4月移栽，效果更好。

造林方法　在头年秋冬季至翌年3月进行整地，清除造林地杂草、灌丛、石块。部分秆型较好的幼树可适当保留。有条件实行以耕代抚的地块应进行全面整地。根据造林地实际情况选择带状、块状或点状整地方式。造林时挖取1～3年生竹蔸连带部分秆段作为母竹，所带竹秆长度根据竹蔸大小和竹秆粗细而定，但一般要保留秆上2～3个具有活芽或分枝的节间。初植密度一般为495株/亩，株行距5m×4m。定植时切口处紧贴植穴的下侧壁，竹秆要端正，分层填土和灌水进行打浆定植，使竹蔸的根系与土壤紧密接触，适当踏实，并浇透定根水。

2. 抚育技术

为了提高竹林成活率和加快成林，根据需要对新造的竹林进行灌溉、除草、松土和施肥。为了达到丰产目标，必须通过人工措施对竹林结构进行定向控制（杨宇明等，1989；辉朝茂和谷中明，2003）。

密度结构控制　竹丛和竹林密度大小是影响竹丛和竹林生长量以及竹秆秆形最直接的生长结构因素，也是人工经营条件下最主要的调控目标。因为立地条件相对一致且不增加水肥和其他技术措施的情况下，只要密度结构合

勐仑植物园香糯竹景观（辉朝茂摄）

理也能有效提高竹林单位面积生产力，保证秆形优良。

秆龄结构控制　由于丛生竹不同于散生竹，发笋是由1~2年生的新壮秆基部的竹苑产生，因此每丛竹子1~2年生秆的保留和3~5年生秆的去留比例直接影响新笋的产生和幼竹的生长，即每丛竹子和整片竹林不同秆龄的组成比例相较散生竹而言显得更为重要。

分布均匀度控制　均匀度直接影响竹丛、竹秆对有限空间的利用效率。合理的分布均匀度调控，可优化丛秆数和竹丛度。主要手段是疏笋及留母技术，在疏笋及留母时要遵循"适时、适量、适地"三原则。

3. 低产林改造

由于香糯竹天然竹林的生长处于一种自然的状态，其成熟秆的比例往往过大，这显然不利于林分的更新和立竹的生长发育，从而影响竹林的生产力。由于1~2年生的幼竹常被砍伐作烤饭之用材，以致林分老化情况更加突出，老龄秆比例可高达70%，枯立秆也显著增多。老秆比重过大，不仅影响下一年发笋成竹，而且还直接影响新秆的质量。天然香糯竹林人工改造的主要途径如下：①主伐4年生达到材性成熟的老龄秆，并开辟对老龄秆的利用途径。②按照20%~30%的采伐量逐年清理林地，使老秆比例逐步减少到20%左右，以建立合理的立竹年龄结构，并保持相对稳定的密度。③为提高Ⅰ、Ⅱ龄组立竹的比例，应严格控制打笋和对1~3年生新秆的采伐量。

四、主要有害生物防治

未发现明显病虫害，偶见笋横锥大象（*Cyrtotrachelus buqueti*）危害，具体防治方法见"附表"。

五、综合利用

香糯竹是一种具有特殊文化内涵的优良品种，其幼秆可用来烧制竹筒饭；其竹笋品质较好，可供食用；其秆形优美，秆箨栗棕色而光亮，有较高的园林绿化价值；其秆型中等、秆壁偏薄、材质细致、韧性较强，是优良的材用、编织和造纸的原料。此外，其也常作围篱、盖房之用。长期过度采伐天然竹林作为造纸原料和烧制竹筒饭，造成资源枯竭，而旅游业发展又使其价值倍增，因此出现供不应求的局面（辉朝茂和谷中明，2003；杨爱芝等，2008）。

（辉朝茂，刘蔚漪，石明）

别　名｜椽子竹、条竹（勐海）、实心竹（勐腊）、南洋竹（厦门）、埋霍（傣语）

学　名｜*Thyrsostachys siamensis* (Kurz ex Munro) Gamble

科　属｜禾本科（Poaceae）竹亚科（Bambusoideae）泰竹属（*Thyrsostachys* Gamble）

> 泰竹秆丛密集，秆稍直立，分枝较高，枝叶细柔，外形极其优美，具有很高的观赏价值，是云南最具特色的优秀园林绿化观赏竹种。其秆节间近于实心，秆劲直而坚韧，上下均匀，宜做椽子，做材经久耐用。

一、分布

泰竹产于云南南部至西南部，在西双版纳有单优群落。我国台湾、福建、广东有栽培。缅甸和泰国有分布，马来西亚有栽培。

陇川泰竹竹秆（辉朝茂摄）

二、生物学和生态学特性

秆直立，形成极密的单一竹丛，梢头劲直或略弯曲，傣语"埋霍"即密如头发之意。秆高5～8m，径粗4～6cm，节间长15～30cm，秆壁甚厚，基部近实心。笋期6～8月。适生区域为终年基本无霜的南部热区。栽培成活率极高，成活率几乎达100%。在许多造林难度较大的地区可采用泰竹建立生态防护竹林体系（薛纪如和孙吉良，1983）。

三、竹林培育

一般采用分蔸培育法培育成竹。分蔸繁殖成竹快、成材早，虽受种源和运输的限制不利于大面积造林，但用于培育观赏竹是较好的方法。具体方法：选择1～2年生并木质化的母竹，要求具有完好的节芽和根眼，保留竹秆100～150cm。先用锄头去掉竹丛四周及竹蔸周围的土，注意不要损伤竹蔸笋芽，同时用特制的铁凿和斧头，在竹蔸与母竹相连的部位切断。将切断下来的竹蔸，立即蘸泥浆，并放置于阴凉处保湿。具备浇水条件时可直接定植，成活率极高，若无浇水条件则应采用营养袋定植，统一管护，待雨季到来时下地定植。

四、主要有害生物防治

未发现明显病虫害，偶见笋横锥大象（*Cyr-*

totrachelus buqueti）危害，具体防治方法详见"附表"。

制作伞柄等，经久耐用。产区群众也将其称作"椽子竹"。在园林绿化中泰竹可作主景（竹林、竹径、竹篱等形式），也可用作配景（配景树、点缀树或隐蔽树等形式），特别适于作为行道树，还可用于制作大型盆景等（薛纪如等，1995）。

五、综合利用

秆直丛密，枝柔叶细，外形优美，是优秀观赏竹的典型代表，被称为"竹中少女"；其节间近于实心，劲直而坚韧，粗细均匀，宜做椽子、

（石明，辉朝茂，刘蔚漪）

陇川泰竹竹林景观（辉朝茂摄）

别　名｜青丝金竹（广东）

学　名｜*Bambusa vulgaris* f. *vittata* (A. et C. Riv.) T. P. Yi

科　属｜禾本科（Poaceae）竹亚科（Bambusoideae）簕竹属（*Bambusa* Retz. corr. Schreber）

> 　　黄金间碧竹是龙头竹（*Bambusa vulgaris*）的一个变型，原产于印度，是世界上分布最广泛的热带竹种之一，其生长适应性强、容易繁殖、形态优美、观赏性强，是一个良好的园林绿化观赏竹种。

一、分布

　　黄金间碧竹广泛分布于热带、亚热带地区，我国广西、海南、云南、广东和台湾等地的南部地区庭园中有栽培。分布范围相当于23°N以南地区，1月平均最低气温为8～10℃，年降水量1000～1600mm（易同培等，2008）。该竹子被广泛引种栽培到南美洲和非洲的热带地区。

二、生物学和生态学特性

　　地下茎为合轴丛生型，其地下茎入土浅，笋芽易露出地表，笋期5～11月。竹秆高6～12m，直径5～13cm，节间长20～30cm，秆基部数节节内具短气生根。箨鞘早落，新鲜箨鞘为绿色且具宽窄不等的黄色纵条纹，背面密被棕黑色刺毛，先端弧拱形；箨耳发达，长圆形或肾形；箨舌高3～4mm，边缘具细锯齿。叶舌全缘，叶片长10～20cm，宽1.5～2.5cm，无毛。秆黄色至金黄色，其上具有宽度不等的纵向绿色条纹，是具有较高观赏价值的观赏竹种（易同培等，2008；Ted，2009）。

　　适合于温暖湿润的气候环境中，喜光，稍耐阴，不耐寒，0℃以下受冻害。土壤以深厚、疏松、肥沃、富含腐殖质的中性至酸性的壤土、沙壤土或冲积土为宜。适合在溪边湖畔、房前屋后及公园游步道旁种植。

三、苗木培育

　　可采用扦插育苗。每年的10～11月开始扦插，采用当年生半木质化的竹条，留4个竹节。竹苑除去竹箨，采用斜插法插在经过消毒的苗圃地上，以留2节竹芽露出土面为宜。扦插以株距10～15cm、行距15～20cm为佳。插后压实并浇足水，使插条与土壤密接。

　　插后需搭遮阴棚，2周内棚内相对湿度保持在90%左右，地温控制在20～25℃，温度过高时要适当通风，注意观察，做好保温、保湿、除病工作。待竹芽长出竹叶后，将遮光网两头揭去，使棚内通风，使幼苗逐渐适应外面环境，以后逐步揭去遮光网，增强光照。可施用速效氮肥，促进根系及竹苗生长，翌年3～4月即可移植造林。

四、竹林培育

　　整地　由于该竹种不耐霜冻，宜选择阳光充足、土壤疏松、腐殖质厚、湿润、保水良好的阳坡。适合带状造林，带状整地挖穴。穴间距长4m、宽3m，穴规格50cm×50cm×40cm（陈宜庭，2006）。

　　造林方法　在起苗时根部应带有母土。造林前施足基肥，并与附近的表土拌匀后一起回穴，穴填满后，逢透雨后种植。种植时，要与地面保持45°夹角，使竹苑靠紧穴壁的上方，深度以留2个竹节露出土面为宜。然后回土用锄头打实，注意保护竹苗的母土及竹眼。再回土分层踏实，

福州黄金间碧竹竹丛（陈凌艳摄）

使竹根与土壤密接。种植后四周覆盖杂草保湿，3个月后植株成活率基本稳定。在有2～3个笋芽形成时进行除草、施肥，每株施尿素50g，每年抚育2次。逢透雨后种植，成活率达95%以上（陈宜庭，2006）。

新造林地要进行全封管理。严禁在林地放牧，同时做好除草、施肥、病虫害防治等抚育工作。

五、主要有害生物防治

黄金间碧竹的主要病虫害有竹秆锈病（*Stereo-stratum corticioides*）和竹煤污病（*Meliola stomata*）等，具体防治方法见"附表"。

六、综合利用

黄金间碧竹是一种以园林绿化观赏为主，兼具材用的竹种。其形态优美、观赏性强；同时，竹秆纤维质量较好，可作家具、农具、造纸原料、建筑用材、包装材料等。

（陈凌艳，何天友，郑郁善，张迎辉）

321 撑篙竹

别　名｜油竹（广西）、白眉竹（广西）、篙竹（广东、广西）、泥竹（广东）
学　名｜*Bambusa pervariabilis* McClure
科　属｜禾本科（Poaceae）竹亚科（Bambusoideae）簕竹属（*Bambusa* Retz. corr. Schreber）

撑篙竹是华南地区常见栽培的材用竹种之一。竹材秆形通直，材质坚硬，大小适中，尖削度小，是建筑业和农副业的优良用竹，主要用于建筑棚架、制作家具等，还可劈篾编制竹器、制成竹浆。竹茹可入药，具有清热功效。成丛成片种植的撑篙竹林在河流两岸具有保持水土的作用，是珠江流域不可替代的防护林树种之一。

一、分布

撑篙竹主要分布于珠江中下游地区的河岸和低山丘陵。东至福建中南部，西达广西百色、河池，南至广西沿海及海南，北沿广西漓江、融江两岸直达湘桂交界。以粤西的广宁、清远、三水、四会、封开、郁南等地，桂东南的梧州、玉林、贵港等地较为集中。广西现有撑篙竹林面积20570hm²，占竹林面积的5.6%，桂平、贵港、平南一带主产撑篙竹，河溪两岸村屯四周均广泛种植，形成桂东南"有村必有竹，有竹必有屋"的自然景象。柳州北部的融江两岸也有大片的撑篙竹正常生长。

二、生物学和生态学特性

秆高10～15m，胸径4～6cm，粗的胸径可达8cm，竹壁厚0.5～1.0cm，节间长20～40cm。分枝从秆基部开始，主枝粗长。天然分布区年平均气温20～24℃，1月平均气温8～13℃，可耐短暂0℃的低温，无霜期在310天以上；年降水量1700～2000mm。土壤多为河流冲积土或沙质壤土，呈微酸性或酸性，其生境多为河流沿岸的河滩地、村前屋后、水塘和水库周围、平地、丘陵地和山间谷地，呈带状或片状分布。年产竹材可达75t/hm²，在干旱瘠薄地，粗放经营的竹林年产竹材不及10.5t/hm²。通常每丛立竹15～30株，采

伐少的，每丛有100多株。

四季常绿，但冬季竹叶黄绿色，春季3～5月换叶。撑篙竹嫩竹由竹蔸上的笋芽萌发生长，在地面成丛生长。每年6～9月出笋，笋期长达120天。竹蔸有笋芽4～5对，往往出笋2～4个，能成竹的仅1～2个，50%以上的笋不能长成竹子。竹林很少成片开花，零星开花时有可见。开花后自然结实率很低，种子15～30天成熟，新鲜种子发芽率却很高（宁材强，1981）。广东、广西利用撑篙竹难得的开花机会，将它与麻竹、青皮竹进行人工授粉，得到'撑麻青''青麻撑''撑麻7号''撑青4号'以及以撑篙竹为母本、大绿竹为父本的撑绿杂交竹3、6、8和30号等优良杂交品种（宁材强，1995）。

广西苍梧木双撑篙竹竹箨（黄大勇摄）

三、苗木培育

1. 育苗材料

开花后要人工辅助处理方能获得质量较好、数量较多的种子。生产中多利用母竹、粗壮枝条作育苗材料。常用育苗方法是利用母竹带蔸育苗、利用断头竹上萌生的粗壮主枝或次生枝扦插育苗。

2. 育苗方法

播种育苗 自然开花的撑篙竹林，受雨、雾不良气候影响，自然授粉结实很少。要获得种子，需将开花母竹集中移到采种圃，增施磷、钾肥，搭架遮阴、盖膜防雨，开花期人工辅助授粉，约20天后种子成熟、脱落可获得种子。种子千粒重约22g，场圃发芽率约30%，无休眠期，不宜久藏，要随采随播。先室内催芽，待胚根露白后播到圃地，每穴2~3粒，覆土0.5~1.0cm，淋水、遮阴。播种后4~5天出土，约15天施0.2%的尿素液，之后每15天施肥1次，淋水保湿。幼苗出土1个月后移苗，每穴只留1株。幼苗出土后约50天开始分蘖，之后每个月分蘖1次，分蘖苗一次比一次高，半年生苗每株分蘖3~5株，苗高15~20cm，1年半生苗每丛约有20株，地径0.6~1.0cm，高1.5~2.0m（宁材强，1981）。

带蔸埋秆育苗 也称节间切口带蔸埋秆繁殖、母竹埋秆繁殖。在2~4月选择直径3~4cm的1年生健壮母竹，在竹蔸秆柄处切断，将母竹挖起，砍去梢部，留10~15节，在竹蔸相反方向的一侧，每个节间锯一个深达节间直径2/3的切口。育苗时，将竹秆平放于育苗沟中，秆柄向下，节间切口向上，芽向两侧，盖土5~10cm，踩实后盖草淋水。此法优点是切口促进各节的芽萌发，克服不切口时中部节芽不萌的缺点，各节又相

广西蒙山新圩河边撑篙竹人工林（黄大勇摄）

连，营养可输送，避免在幼芽出根前，因营养不足，水分不足而死亡，提高成活率。

埋秆育苗 也称节间切口埋秆育苗。此方法与带蔸埋秆育苗相似，但不用挖竹蔸，降低劳动强度，适宜就地取种育苗。每秆可出苗4～5丛。

竹枝扦插育苗 采集断头竹上萌生的粗壮主枝或次生枝，保留枝蔸完整，截取枝条基部2～3节用于扦插育苗，方法与带蔸埋秆育苗相同。

四、竹林培育

1. 竹林经营

林地选择 宜选河流两岸土壤肥沃疏松、土层深厚、湿润的地方作造林地。整地挖穴，一般株行距为3m×3m。若采用竹苗造林，穴的大小为50cm×50cm×40cm；用母竹造林，穴的大小为100cm×50cm×40cm。

苗木种植 有竹苗造林和母竹造林两种类型。造林前下足基肥，施厩肥等每穴10～15kg，或复合肥1kg。2～3月初雨后造林，采用培育好的竹苗或挖母竹造林，要求竹苗截秆留高40～50cm，母竹留秆70～90cm。

抚育管理 竹林结构保持"公孙见面，母子相连"，竹丛内1年生、2年生竹孕笋能力强，宜全部保留；3年生竹虽很少孕笋，但竹材较坚实，在林中起扶持作用，可防止幼竹风倒，也要保留一部分；4年生竹已经衰老，留在林中不仅消耗养分，还阻碍幼竹光合作用，要全部采伐。竹丛内的立竹始终保持1～3年生竹株共存的年龄结构，竹林才能维持生机，持续稳产高产（黄云杰，1995）。

2. 低产林改造

低产林有两种类型：一是久不采伐型，多因立地条件恶劣造成。山坡地由于土壤缺肥缺水，新竹生长较小，立竹达不到建筑材使用规格，因此久不砍伐，致使老竹密集，林地板结，竹林产量逐年降低。二是采伐过量型，因立地条件好或管理到位，立竹粗壮，竹材畅销而掠夺式采伐粗壮立竹，只留下少量小竹、老竹，采伐后留下大量的竹蔸，久不清理，造成新竹萌发细小。对这些竹林实施技术改造，大幅度提高产量，所产生

的经济效益比新造竹林来得快。撑篙竹低产林改造的主要措施如下。

砍老竹、挖老蔸 对于两类低产林，都要结合竹材砍伐，挖除竹丛中老蔸、死蔸。每年从竹丛一侧向竹丛中心挖除全部老竹蔸，利用2～4年时间清除竹丛内的老竹蔸，竹丛即恢复到丰产状态。对久不砍伐型的竹林，还要在12月至翌年3月砍伐竹林内的老、小、弱、病竹，让出空间供新竹生长。

松林地、砍杂灌 砍竹、挖蔸后，对竹林地全面松土1次，深土约20cm。5～6月，砍除竹林内的杂草、灌木，将杂草、灌木的嫩枝铺于竹丛周围，保湿增肥。

施肥促笋 5～6月和7～8月各施肥1次，施放速效性化肥，每次每丛施复合肥0.5～1.0kg或尿素0.2～0.3kg。

合理留竹 对久不采伐型低产林，冬季保留1年生、2年生立竹，以及3年生的健壮竹株，只砍伐4年生以上的竹株以及生长势弱的3年生立竹加以利用。对于采伐过量型低产林，减少采伐量，或停止采伐1～2年，待每丛立竹量恢复到10株以上时，再择伐老竹。

五、主要有害生物防治

撑篙竹病虫害有竹茎扁蚜（*Pseudoregma bambusicola*）、笋直锥大象（*Cyrtotrachelus thompsoni*）、黄脊竹蝗（*Ceracris kiangsu*）等，具体防治方法见"附表"。

六、综合利用

撑篙竹用途广泛，以材用、纸用和绿化护岸最为普遍，是广东、广西重要材用竹种，也是森林植被重要的护岸竹种；竹材坚实挺直，大小适中，尖削度小，主要用做建筑棚架、船上撑篙，加工制作各种家具，又可劈篾编制竹笼等粗竹器；节间去皮刮下中层为"竹茹"，可入药用以清热、治吐血和小儿惊病等。

（黄大勇，苏文会）

别　名 | 硬头黄

学　名 | *Bambusa rigida* Keng et Keng f.

科　属 | 禾本科（Poaceae）竹亚科（Bambusoideae）箣竹属（*Bambusa* Retz. corr. Schreber）

硬头黄竹是我国栽培历史悠久、分布广泛的优良丛生竹，是我国原生特有竹种之一。竹秆通直，节平而疏，纤维长，材质坚厚强韧，是优良的纸浆用材竹种，并在编织、农用建筑、庭园绿化、护堤护岸等方面广泛应用。其地下茎纵横盘结，具有很强的固土、保水、护坡作用，在退耕还林工程中得到广泛应用。

一、分布

硬头黄竹产自四川（耿伯介和王正平，2004）。在四川、重庆、云南、广东、广西、福建、江西等省份，栽培历史悠久，是四川盆地的主要经济竹种（马乃训，2004）。四川现有硬头黄竹林约8万hm²，在丘陵山地的低海拔河谷滩地、平坝和溪河沿岸附近广泛分布。

二、生物学和生态学特性

地下茎合轴丛生，属中小型竹种。竹秆高5～12m，直径2～6cm，节间长30～50cm，秆壁厚1.0～1.5cm。分枝常自秆基部第一或第二节开始，主枝显著较粗长，直径粗4～6mm（耿伯介和王正平，2004）。适宜在年平均气温14℃以上，极端最低气温-4℃以上，全年≥10℃的有效积温5000℃以上，无霜期280天以上，年降水量1000mm以上，海拔500m以下的地区生长。在平原地区排水良好、疏松、透气、肥沃、富含有机质的沙壤土、冲积土，土壤pH 5.0～7.5的河边或宅旁空地均可栽植（耿伯介和王正平，2004）。笋期7～9月。

三、苗木培育

1. 育苗材料

繁殖材料主要是母竹和小母竹（LY/T 1904－2010）。母竹竹龄1～2年生、直径2～4cm，保留3～4个竹节，无病虫害、笋芽饱满、无破损。小母竹要求直径2～4cm，保留3～4个竹节，竹蔸左右两侧各具2个以上饱满笋芽，根点发育成熟，竹蔸、竹秆无破损，无明显失水，无病虫害。

2. 育苗方法

分蔸育苗　在2月下旬至4月上旬，将母竹或小母竹竹蔸部分倾斜放在挖好的栽植穴中，竹秆倾斜，使竹蔸的两排笋芽及竹秆节上的侧芽分别处于竹蔸和竹秆两侧。放好母竹或小母竹后，分层覆土填实，将靠近竹蔸的两个节埋入土中，用细土覆盖压实。栽好后立即浇灌透，使栽植穴中土壤湿透，并用稻草或薄膜覆盖。

埋秆育苗　母竹可保留8～12个竹节，先在母竹各节间锯一深度为秆径1/2～3/4的切口，再将其平卧于做好的苗床沟内，秆柄向下，秆芽向两侧，

四川长宁硬头黄竹林相（蔡春菊摄）

竹蔸覆土10~15cm，竹秆覆土6~10cm，用细土覆盖并压实，再覆盖松散细土（LY/T 1904-2010）。

四、竹林培育

1. 竹林营造

造林 宜选择海拔500m以下，土层深度在40cm以上，疏松、透气、肥沃，排水良好，pH 5.0~7.5的沙壤土和壤质土作造林地。采用穴状整地，整地宜在冬季进行。栽植穴的大小60cm×60cm×40cm。采用小母竹和母竹1~4月造林。栽植前穴底先填表土，然后将母竹置于穴中，斜放角度为30°~45°。笋芽在穴的两侧，填入细土，分层覆土压实，覆土厚度以超过母株原入土深度5~10cm为宜。栽植后将水从切口处灌入，并以泥浆封住。有条件的造林地，竹苗定植后，应浇透定根水，并以稻草或塑料薄膜覆盖土表，防止水分蒸发，提高造林成活率。

抚育 新造林后连续抚育3年。每年6月和10月松土除草1~2次，深度15~20cm，不要损伤竹蔸和笋芽；每年施肥1~2次，在4~9月进行。年施肥量为尿素0.1~0.5kg/丛，复合肥以有机肥为主，0.2~1.0kg/丛，肥饼0.6~1.0kg/丛，或厩肥、农家肥15000~20000kg/hm²；成林每年施肥2~3次，第一次在3月中下旬进行，每丛施10~20kg，第二、三次在6~8月分别进行，以腐熟的有机肥或速效肥为主，每丛施有机肥25~35kg或尿素0.5~1.0kg。环状沟施，施肥同时对竹丛进行培土，厚5~10cm。新造林以留养新竹为主，及时疏去弱笋、小笋、退笋及病虫笋。成林选取中期出土的竹笋留养为母竹，每丛保留5根健壮竹笋，尽量在竹丛边缘选留竹笋，竹林过密时应于秋冬季节进行疏伐。

2. 低产林改造

深挖垦复 一般在10月上旬进行，垦复深度为30~40cm，挖掉老竹蔸，保证来年有足够数量新竹上林。

结构调整 采伐4年生（含4年）以上的全部竹株，除去病竹、弱竹、风倒竹。按照竹林经营目标，逐渐调整竹林结构，以达到最佳的年龄结构、立竹密度和平均胸径。

施肥 每年施肥2次。第一次在4月施笋前肥，第二次在9月施长竹肥，每次施复合肥1kg/丛。笋前肥尿素、氯化钾比例要大，长竹肥过磷酸钙比例要大，全年氮磷钾比例1.5：1：1。

培土 不宜将竹蔸暴露在土层之上，要结合深挖垦复对竹丛进行培土。

3. 竹林采伐

根据"砍弱留强、砍密留稀、砍老留嫩、砍内留外"的采伐原则，避开出笋时间，其他季节均可采伐，以每年10月至翌年2月为最佳采伐季节。采伐3年生及3年生以上老竹，保留1~2年生竹株和部分3年生竹，采伐量不超过生长量，采伐后1年生：2年生：3年生竹比例为1：1：1，竹林郁闭度控制在0.7~0.8。

五、主要有害生物防治

主要病虫害有笋横锥大象（*Cyrtotrachelus buqueti*）、居竹伪角蚜（*Pseudcregma bambusicola*）、竹秆锈病（*Stereostratum corticioides*）等，防治方法见"附表"。

六、综合利用

硬头黄竹是一种优良的材用竹种（马乃训，2004）。竹秆通直、节平而疏、纤维长、材质坚厚强韧，1~2年生就可成材利用，每公顷年产量可达30~60t，经济价值高，广泛用于竹人造板、造纸、医药保健品及生态应用等领域；笋味苦，可食用；此外，硬头黄竹生长适应性强，枝叶茂盛、碧绿，竹秆通直，观赏价值高，可用于城市、庭院绿化和园林绿化造景。

（蔡春菊，范少辉）

别　名 | 车角竹（广西、福建）、笆竹（广西）、簕楠竹、水簕竹（广东、广西）、刺竹（广西）、刺楠竹
学　名 | *Bambusa sinospinosa* McClure
科　属 | 禾本科（Poaceae）竹亚科（Bambusoideae）簕竹属（*Bambusa* Retz. corr. Schreber）

> 车筒竹属大型丛生竹种，其秆形高大通直，尖削度小（苏文会等，2011），材性优良，适合作板材、炭材和造纸原料，曾是我国南方主要材用竹种之一，同时水土保持功能很强，是开发潜力很大的优良树种。

一、分布

车筒竹广布于福建、广东、海南、广西、四川和贵州等地，以广东、广西为主分布区，云南红河哈尼族彝族自治州内大部分地区有栽培，越南北部亦有分布，覆盖面北起中亚热带的南缘，南达北热带地区与簕竹交错分布，东临福建南部，西至云南南部以及四川盆地南缘。多见于海拔1000m以下的村旁、丘陵、沟谷和河流两岸，如桂林漓江两岸就生长有大量的车筒竹，形成良好的防护林和风景林。

二、生物学和生态学特性

秆高可达20m，胸径10~15cm，节间长20~35cm，胸高处壁厚约1cm，基部节间竹壁更厚，节间绿色，光滑无毛。分枝从基部秆节开始，主枝粗壮，与竹秆近成直角，次生枝常硬化为锐刺。出笋时间在7~10月。

适生区内年平均气温18~21℃，1月平均气温6~13℃，7月平均气温27~28℃，极端最低气温-0.5℃，极端最高气温40.4℃，年降水量1000mm以上。为喜光树种，好肥喜湿，抗寒性强，在河流两岸、沟谷等土壤湿润条件下生长良好，秆型高大挺拔，根系较深且发达。车筒竹对土壤适应性强，在酸性、中性、石灰岩上均可生长，广西石灰岩山区中下坡仍可见零星种植，其秆型显著高于当地广泛种植的吊丝竹、花吊丝竹和粉单竹。

三、苗木培育

开花结实少见，种子不易采收，不能开展播种育苗，因此，人工培育车筒竹苗多采用母竹埋蔸、埋节、主枝或次生枝扦插繁殖，但培育出的竹苗枝刺发达，增加管理成本和采挖难度，因此单纯竹苗培育作业较少，在生产中多采用母竹直接造林。车筒竹育苗目前可采用带蔸埋秆、埋双节和插枝等方式（苏文会等，2011）。

带蔸埋秆育苗　常选用直径3~5cm的1年生母竹，将母竹连蔸挖起，勿伤蔸部，砍去梢部，留秆4~5节，育苗时将竹秆平放于育苗沟中，竹蔸向下，笋芽自然向两侧，盖土5~10cm，踏实后盖草淋水。这种方法也可直接用于造林。

埋双节育苗　将母竹齐地砍倒或带蔸挖起，用利锯将竹秆截成双节段，即保留完整节间2个，截后具有3个节环，节段上、下各留10cm和20cm左右，节部枝条仅留主枝一节间及周围侧芽，在30~50mg/kg的GGR溶液中浸泡30min后取出，平放于育苗沟内，枝芽向两侧，将节段两端切口塞满湿泥，在两节间上方凿一小孔，注满GGR6号溶液并封泥，覆土3cm，踏实、淋水、遮阴。

插枝育苗　车筒竹的主枝和次生枝（主枝蔸部的笋芽萌发出的枝条）粗壮，枝蔸发达，具有粗大的笋芽和根点，犹如缩小的母竹，可用作育

苗。常选取秆中下部枝蔸发达、笋芽饱满、无病虫害、直径在1.5cm以上的1年生主枝和次生枝。取种枝时用刀将枝条平竹秆削下，削去竹梢，留基部2～3节。将枝条斜插入育苗沟中，枝蔸部埋土深6～8cm，踏实后盖草淋水。这种育苗方法不伤母竹，一般在老竹上采集，不影响出笋，育苗季节长，2～9月均可，最适育苗时间为2～3月。

竹苗管护的主要内容有淋水保湿、施肥、除草松土等。育苗后，注意竹苗的遮阴保湿，要保持原有的覆盖物，以降低地表温度，避免竹苗遭受日灼；同时，及时淋水防旱，保持土壤湿润，使竹苗根系迅速生长。竹枝或母竹发芽出土半个月后，可从竹枝蔸部追肥，淋施尿素或碳氨，浓度为0.3%～0.5%，同时及时拔除苗床的杂草，拔草时避免触动母竹。

四、竹林培育

1. 造林技术

造林地的选择　常选择土壤深厚、疏松、湿润、排水良好的地方造林，如山脚、塘边、村边、河流两岸等。首先是块状整地或全面整地，造林密度控制在400～500株/hm^2。造林穴长宽深为50cm×50cm×40cm，如果是母竹造林则需挖100cm×50cm×40cm的种植坎，造林前下足基肥。

造林时节　宜选在2～3月，此时气温已逐渐回升，雨水较充足，空气湿度大，有利于竹子发芽生根，成活率高；5月以后气温较高，保湿、降温较难，造林成活率下降。

造林方法　主要采用母竹造林、插枝造林和竹苗造林三种方法。母竹造林和插枝造林具体操作方法与育苗相似，竹苗造林则是选取基径大于1cm的1～2年生竹苗栽植。挖苗前先剪去大部分枝秆，仅留基部3～4节（高约50cm），将竹苗成丛挖起，按2～3秆一丛，分成若干小丛，包扎好根蔸后运往造林地种植。先将表层土少量回填，然后将竹苗竖直放入造林穴内，覆土踏实，盖草淋定根水。

2. 幼林抚育

造林后能否成活，关键看造林当年的护理，这一时期，竹苗还很弱小，人畜极易破坏，如牛羊啃食竹叶，竹苗就会失去养分而逐渐死亡，成林的车筒竹人畜破坏性明显降低。同时，尽量做到有草即除，一般每2个月除草1次；每年松土1～3次，5～6月、7～8月各浅松土1次，深度10cm，12月至翌年1月深挖1次，深度20cm。幼林期间还应做好养分管理，在5～10月施放速效性化肥，每年1～3次，每次每穴施尿素或碳氨0.1～0.3kg；冬季结合松土工作施放农家肥，每穴15～20kg，施肥时距竹丛30～40cm开环状沟，施肥后盖土。造林后1年，竹秆生长高达3～4m，勤于护理的林分，造林后第三年就可以成林，竹秆高达12m，胸径可达到8～10cm。

广西靖西岳圩车筒竹竹笋（黄大勇摄）

3. 成林抚育

首先要调整适宜的年龄结构，1～2年生竹孕笋能力强，宜全部保留，3年生竹干物质积累基本完成，材性物理力学性能稳定，可以采伐。车筒竹秆形高大，同时竹枝带刺，所以要保持适宜的丛内株密度，宜年年采伐，否则会增加采收难度。

五、主要有害生物防治

车筒竹林生长稳定，无重大病虫害，生长退化的竹林，偶有真菌引起的丛枝病（*Aciculosporium take*）危害，具体防治技术见"附表"。

六、综合利用

车筒竹是我国南方，尤其是广东、广西常见的大型竹种，秆通直、粗大，尖削度小，产量高，竹材坚韧，可用于建筑用材、家具等，同时也适宜作造纸原料。但由于竹丛锐刺较多，不易采伐，因此目前车筒竹仍以水土保持林为主。

（苏文会，黄大勇，范少辉）

广西上林三里洋渡河边车筒竹景观（黄大勇摄）

324 青皮竹

别　名｜篾竹、山青竹、地青竹、晾衣竹、搭棚竹（广东）、黄竹、小青竹（广西）
学　名｜*Bambusa textilis* McClure
科　属｜禾本科（Poaceae）竹亚科（Bambusoideae）簕竹属（*Bambusa* Retz. corr. Schreber）

青皮竹是丛生竹类中一种重要的用材林竹种，成材期短、用途广、经济价值高，且具有适应性强、繁殖容易等特点，既是优良的材用竹种，也是美化环境、绿化荒山、护岸固沙的生态竹种。集约经营的材用丰产青皮竹林每年产竹15000～45000kg/hm²，收获期可达数十年。

一、分布

青皮竹主要分布在我国华南地区，原产广东和广西，以广东广宁最多，江西、福建、湖南、贵州、云南南部均有引种栽培。适生范围远远超过其自然分布区域，在年平均气温18～20℃，年降水量1400mm以上的地区都能良好生长（杨淑敏等，2007）。

二、生物学和生态学特性

地下茎为合轴丛生型竹种。发笋从5月下旬开始，7～8月最盛，9月基本结束。幼竹高生长历时85～100天，至翌年春季，从梢端开始由上而下先抽枝，后放叶，从芽萌发到新竹枝叶发放完的全过程约需10～12个月。适生于温暖湿润的气候环境中，喜光，耐半阴，略耐旱瘠和水湿，对土壤的要求不严，以在河岸沙壤土或冲积土生长最好。

三、苗木培育

育苗方法有埋秆、埋节、埋蔸、主枝或次生枝扦插育苗等方法（参考麻竹），其中埋节育苗在生产上应用最广。埋节育苗可分为平埋、斜埋和直埋竹节，其中斜埋成活率最高。埋节育苗以2月中旬至3月中旬为宜，一般每公顷可埋竹节12万～15万个。

四、竹林培育

1. 造林技术

常用移植母竹或竹苗造林。

移植母竹造林　造林时间以3月为宜。株行距为3m×4m～4m×5m。选择竹丛边缘1～2年生、胸径1.5～2.0cm，枝叶繁茂、发枝低矮、节

江西省林科院竹类国家林木种质资源库青皮竹竹丛
（余林摄）

江西省林科院竹类国家林木种质资源库青皮竹（余林摄）

芽饱满、秆基肥大充实、无病虫害的竹株为母竹。母竹连蔸挖出，斩去竹梢，留秆1.5～2.0m，2～3盘枝。种植时挖一浅沟，削平竹蔸切口，将蔸头压入实地后覆土。此法成活率较高，发笋多而大，3～5年即可成林。

竹苗造林　采用地径0.5～1.5cm的1年生竹苗造林。一年四季均可进行，以4～7月为好。

2. 抚育技术

栽植当年4月下旬在竹株周围除草、松土、培蔸，在新造竹林郁闭前，每年抚育2次（4月和9月）。竹林施肥以有机肥为主，速效肥为辅，有机肥最好在冬季施，速效肥应在春、夏季施。施有机肥可在竹丛附近沟施或穴施；笋前肥，催芽肥应泼施或穴施；笋后肥，孕笋肥应铺施。采伐宜在晚冬和早春1～3月进行，应采3年生竹，保留1～2年生的嫩竹。

五、主要有害生物防治

青皮竹的主要病虫害有竹金黄镰翅野螟（*Circobotys aurealis*）、枝枯病（*Fusarium equiseti*）、竹秆基腐病（*Fusarium moniliforme*）等，具体防治技术见"附表"。

六、综合利用

青皮竹秆通直，节平而疏，材质柔韧，抗拉力强，干后不易开裂，为优质篾用竹种之一，宜编织农具、工艺品和各种竹器等；整秆可用于建筑搭棚、围篱、支柱、家具，也是造纸的上等原材料；同时也可在庭院、公园成片栽植，是优良的园林绿化观赏竹种。

（余林，彭九生，曾庆南）

别　名｜枝尖慈（云南）、刺天慈（云南）、直颠慈（四川）、苦慈竹（四川）

学　名｜*Bambusa distegia* (Keng et Keng f.) Chia et H. L. Fung

科　属｜禾本科（Poaceae）竹亚科（Bambusoideae）簕竹属（*Bambusa* Retz. corr. Schreber）

> 料慈竹是西南地区的优良材用竹种。其竹秆梢头略有弯曲而不下垂，尤其是具有节间较长、纤维细腻、劈篾性能良好等特点，使其成为高级工艺竹编的上乘材料和优质的造纸原料。竹秆挺拔，枝叶飘逸，白粉绿秆，丛型美观，亦是四旁和园林绿化重要的观赏用竹。

一、分布

料慈竹主要分布在云南、四川、贵州、重庆等地，尤以滇川黔三省交界区域自然分布面积最大。在滇东北（彝良、威信、大关、盐津、水富、绥江）、川南（合江、江安、长宁）、黔北（赤水）等地集中分布于海拔900m以下的江河两岸、平地和坡地，在山间沟谷可达1200m；在滇中（昆明）海拔1900m以下也能正常生长。

二、生物学和生态学特性

料慈竹为中型材用丛生竹。秆直立，顶端略作拱形弯曲但不下垂，秆高6～21m，胸径2.5～10.0cm，节间长45～104（～120）cm。笋期7月上旬至8月下旬。竹丛零星开花，果实4月下旬至5月初成熟。适生于气候温暖、雨量充沛、湿度较大的亚热带季风气候区。适生环境的年平均气温15℃以上，极端最低气温≥-6℃，全年≥10℃的有效积温4500℃以上，无霜期340天以上；对降水量和湿度要求较高，年平均降水量≥900mm，全年空气相对湿度>70%，发笋期的空气相对湿度≥80%。多生长于黄壤、紫色土之上，在红壤上亦可生长，喜深厚、肥沃、湿润的中性或微酸性土壤。

云南彝良料慈竹竹秆与竹箨（董文渊摄）

三、苗木培育

圃地选择与整地作床　选择背风向阳、土层厚度≥50cm、疏松、肥沃、排灌良好的平地或缓坡地作为苗圃地，红壤、黄壤和紫色土均可，pH 5.5～7.5的沙壤土或壤土为宜。在10～12月深翻土壤；施腐熟的有机肥4500～6000kg/hm²或复合肥750～1050kg/hm²作为基肥，均匀施放。翌年育

苗前2周浅耕细耙并进行土壤消毒。作高床，床宽1.0～1.2m，床高20～25cm，步道40cm。

播种品质与种子处理 要求种子净度≥75%，带稃千粒重在44～48g，种子含水量≥30%，实验室发芽率≥75%，场圃发芽率≥60%。种子不耐贮藏，应随采随播。在播种前1～2天，用浓度为0.15%的福尔马林溶液浸种15～30min，取出后密闭2h；或者用0.3%～1.0%浓度的硫酸铜溶液浸种4～6h。种子清洗干净后，温水浸泡12～24h，3%～5%的种子露白时，即可播种。

育苗方法与苗期管理 4月下旬至5月中旬进行育苗（段春香等，2007）。①裸根苗培育：采用条播，按行距10～20cm开播种沟，沟深5cm；将种子均匀地撒在沟内，覆盖1～2cm厚草木灰或细土；盖草、浇水保湿。播种3天后幼苗开始出土，17天左右竹苗出齐，分批揭草。搭盖遮阴棚，透光度为45%。幼苗出土1个月后，进行间苗；6月和7月，结合松土除草，追施浓度为0.5%尿素溶液2次。②轻基质容器育苗：使用规格为直径15cm、高20cm无纺布容器，按照锯末∶蛭石∶复合肥=0.6∶0.35∶0.05的比例，配制基质装袋。5月下旬，当播种苗高达5cm、地径0.1cm时，将幼苗移入容器中培育。加强病虫害防治工作。

竹苗出圃 1年生裸根苗，Ⅰ级苗高>110cm，地径>2.7cm，5株/丛以上；Ⅱ级苗高95～110cm，地径2.0～2.7cm，4～5株/丛；Ⅰ、Ⅱ级合格竹苗占总数的80%以上。半年生容器苗，Ⅰ级苗高>80cm，地径>0.7cm，4株/丛以上；Ⅱ级苗高60～80cm，地径0.5～0.7cm，3～4株/丛。达到质量要求的竹苗，即可出圃造林。

四、竹林培育

1. 造林技术

造林地选择 选择江河两岸、溪沟、山谷、坡脚及山坡中下部土层厚度≥50cm的红壤、黄壤、紫色土地块作为造林地，适生于中性或微酸性土壤。

造林地清理与整地 按照1.5m×1.5m的规格块状清理杂草和灌木，避让和保留原有乔灌木树种，禁止炼山清理。在秋冬季进行整地或雨季初期随整随栽；平缓地块状整地规格为60cm×60cm×40cm；>16°的坡地，整地规格为50cm×50cm×30cm，将心土和表土分别堆放。

种植点配置与造林密度 "品"字形配置；坡度≤15°的平缓地，造林密度为625株（丛）/hm²，株行距4m×4m；坡度>15°时，造林密度为833～1111株（丛）/hm²，株行距为3m×3m～3m×4m。

造林季节与栽植方法 2月中旬至4月上旬或雨季初期造林。将裸根苗蔸部或容器苗置于栽植穴底部中央，扶正竹苗，根系舒展，分层覆土、压实，覆土超过竹苗原土印3cm时踩实，上部用细土堆成馒头形。春季用裸根苗造林时，浇足定根水，覆盖地膜以保持土壤湿润。

2. 抚育技术

幼林抚育 竹笋出土后，及时揭去地膜。新造竹林在郁闭前连续3年除草松土；每年2次，第一次在5～6月，第二次8～9月。割除竹丛周围杂草，按照里浅外深原则，松土5～10cm。结合除草松土进行环状沟施肥料，第一次施尿素50～100g/丛，第二次施复合肥200～300g/丛。造林当年保留健壮幼竹2～3株/丛；翌年选择4～6株健壮竹笋护笋养竹。造林后的前4年，间种绿肥、大豆、绿豆等矮秆作物，以耕代抚。

成林抚育 每年8月上旬至9月下旬，距竹丛边沿1m左右范围内浅挖10～15cm，铲除杂草。坡度≤25°的竹林，每隔4～5年在11月上旬至12月下旬，全面垦复培土1次，近竹蔸处浅垦10～15cm，远处深翻20～30cm，清理石块、树桩、竹蔸；坡度>25°的竹林，进行等高带状或块状垦复，每隔3年1次。在垦复的同时，将周围疏松表土覆盖竹蔸，培土厚5～10cm。每年对竹林施肥2～3次：3次施肥时，第一次为3～4月，第二次为7～8月，第三次为11～12月；2次施肥时，在3～4月和7～8月。第一次和第三次施复合肥2～3kg/丛，第二次施尿素0.5～1.0kg/丛、过磷酸钙0.5～1.2kg/丛、氯化钾0.15～0.25kg/丛，环形沟施。

云南彝良料慈竹人工林林相（董文渊摄）

7月上旬至8月上旬发笋初期和盛期（张伟焕等，2011），在竹丛外围选择均匀分布、生长健壮的竹笋，留笋养竹5~8株/丛。各龄立竹比例构成为1年生：2年生：3~4年生=1：1：0.5~1.5，丛内常年保持15~28株/丛。每2~3年将竹丛中的伐桩、竹蔸挖除，扩大空间，疏松土壤。

3. 采伐技术

竹丛为异龄结构，龄级择伐4年生及以上立竹，3年生立竹择伐50%。造纸等工业原料竹材规模性采伐，以冬季（11月至翌年1月）砍伐为主；发笋期禁止砍伐立竹。采伐强度为总蓄积量的25%~30%，伐后保留丛内密度为15~20株/丛，郁闭度保持在0.65~0.75之间。在竹丛中由内向外确定、标记需砍伐的立竹；齐地砍除，伐桩低于10cm，避免立竹砍伐位置逐年升高和丛内立竹拥挤，降低成竹质量。

五、主要有害生物防治

无明显病虫害，偶见黄脊竹蝗（*Ceracris kiangsu*）、蚜虫（*Oregma bambusicola*），具体防治方法见"附表"。

六、综合利用

料慈竹节间特长、竹质细腻、纤维韧性强，所启竹篾薄如蝉翼、细如发丝，是著名的青神竹编、赤水大同竹编的重要原料。以其竹丝编成似绸、似绢的竹编工艺精品，有着极高的观赏、艺术和实用价值。其竹材纤维形态和造纸性能均优于许多竹种，在竹浆造纸、竹纤维工业化利用方面具有广阔的前景；其竹丛高挺，节长奇特，枝叶秀雅，是城乡园林绿化重要的观赏竹种。

（董文渊）

326 粉单竹

别　名 | 白粉单竹（广东深圳）、丹竹、单竹（广西）、双眉单竹（四川部分地区）、黑节粉单（广东）
学　名 | *Bambusa chungii* McClure
科　属 | 禾本科（Poaceae）竹亚科（Bambusoideae）簕竹属（*Bambusa* Retz. corr. Schreber）

粉单竹生长周期较短，竹材产量较高，一般竹林每公顷年产竹材10～15t，丰产林可达25～35t；竹材韧性强，节平而节间长，适合劈篾编织家具、农具以及造纸和制布等。竹丛疏密适中，优姿挺秀，宜作为庭园绿化之用，在实现山区农民增收和美化环境上有积极作用。

一、分布

粉单竹原产于中国南部，主要分布于广东、广西、湖南、福建等地，是产区广泛栽培的优良竹种；垂直分布海拔可达500m，但以在300m以下的缓坡地、平地、山脚和河溪两岸生长为佳。常见于河流两岸、村前屋后、低山台地等土壤疏松肥沃之地（易同培和史军义，2008）。

二、生物学和生态学特性

地下茎为合轴丛生，笋期5～10月，7～8月出笋最多，竹笋出土到高生长停止需要90天左右，到枝叶展开约1年时间。喜温暖湿润气候，对水分的要求较高，在年降水量1200mm以上、年平均气温17～22℃的地区生长较好，在出笋期对降雨的要求更为明显，不喜积水，不耐低温（但能耐−3℃短期低温1～2天）。对土壤要求不严，在酸性土或石灰质土壤上均能正常生长，但在过酸或偏碱性的土壤中生长不良。

三、苗木培育

主要采取埋节育苗方法。

母竹选择　选择1～2年生、生长健壮、隐芽饱满、无病虫害、胸径2～4cm的竹株为母竹，截取竹节段作为育苗材料。锯截竹秆单节段时，节上留10cm左右，节下留20cm左右，双节段可以适当留短些。上下切口都削成方向相反的马耳形，尽量避免损伤竹青或削破竹筒。单节段育苗成活率约为60%，双节段育苗成活率可达90%。

埋节时间　必须选在竹秆养分积累充足，芽眼尚未萌发，竹液开始流动前进行。在偏南地区以2月中旬至3月中旬为宜，偏北地区特别是山区，可推迟到3月中旬至4月上旬。

埋节方式　①平埋竹节育苗。在整好的苗圃地上，按株距（两竹节段竹节之间距离）14～16cm，行距25～30cm，开水平沟，深宽各10～14cm。把节段平放沟中，节芽朝向两侧，覆土5～10cm，稍加压实，盖草淋水。平埋竹节育苗可以减少竹节蒸发失水，适用于圃地较高、土壤较干、日晒强烈的地方。②斜埋竹节育苗。对节段的处理和埋放的株行距与平埋竹节育苗完全相同，只是把各节段放在沟侧斜面上，节上切口向上，节下切口向下，节芽向两侧与地面成20°左右的角度，排成一行，各节段应在同一水平上，即行覆土，厚约5cm（从地面到竹节），露出切口，稍加压实，盖草淋水。③直埋竹节育苗。将节段下切口直插土中，以竹节入土5cm左右为宜，其他操作和要求与斜埋竹节育苗相同。

四、竹林培育

采用移母竹造林和竹苗造林。

1. 造林技术

选择土壤酸性至中性（pH 4.5～7.0），土层深厚、肥沃、疏松透气、排灌方便的沿岸河滩地、村前屋后或丘陵山脚地种植（徐平等，2007）。于造林前一年冬季整地，全面垦复20～30cm深。竹苗造林的株行距为3m×4m，种植穴常用规格60cm×60cm×50cm；移母竹造林的株行距为4m×4m，种植穴规格100cm×60cm×50cm。基肥以优质有机肥、复合肥等为主，深翻入土混拌均匀。

2月中旬至4月上旬造林。竹苗造林，要求竹苗截秆，即从节间斜向切断，切口呈马耳形，留高50～60cm；移母竹造林，截秆留高150～200cm。栽植时，将竹苗竹蔸平放，竹秆与地面成呈45°～60°角，切口朝下，基部芽眼水平朝向两旁，精细栽植。竹苗栽植深度以刚露出竹枝的一个节为准，移母竹栽植深度一般为30cm。

2. 幼林抚育

新造竹林要认真管理，特别是出笋前后，要严禁人畜进入林地，及时防治病虫害。

间作 新造竹林地，竹子稀疏，空间较大，造林1～3年内，最好进行竹农间作，以耕代抚，促进新竹生长。竹农间种，应以抚育竹林为主，在整地、中耕、收获时，注意勿损伤竹蔸和笋芽。随着竹丛扩大，逐年缩小间种面积，最后停止间种。

松土除草 除草应结合松土，深度一般在15～20cm，将杂草埋入土中，充作肥料。在竹林郁闭前，每年除草1～2次，第一次在5～6月、第二次在8～9月。如果每年除草松土1次，宜于7～8月间进行。松土除草切勿损伤竹蔸和笋芽。

施肥 新造竹林施肥以有机肥为佳，如厩肥、土杂肥、塘泥等，在秋冬施用。速效肥料如硫酸铵、尿素等，应在春夏施用。施用迟效性有机肥，可以在竹丛附近沟施或者穴施，每亩可施厩肥或者土杂肥1500～2500kg，或者塘泥2500～4000kg；施用速效性化肥，每年2～3次，新竹0.15～0.25kg/（丛·次），宜用水冲稀，直接浇灌在竹蔸附近，以利鞭根吸收。

粉单竹茎秆（苏文会摄）

福州森林公园粉单竹竹林（郑蓉摄）

3. 成林管理技术

护笋养竹　出笋的时间较长，初期和盛期出笋的数量，占全年出笋量的80%以上，竹笋粗壮，成竹质量较好，应尽量留养。末期出土的竹笋数量少，细弱，成竹质量差，可以割取食用。割取竹笋时，注意保护竹笋秆基。竹笋出土的初期和盛期，易发生蛀食竹笋的虫害，应及时防治。同时，防止人畜和野兽危害竹笋，严禁在竹林放牧。

福州森林公园粉单竹竹丛（郑蓉摄）

削山松土　竹林每年夏季削山，冬季垦复。削山和松土应掌握"近蔸丛浅，远蔸丛深"，一般近蔸处削山深6～10cm，松土深15～20cm；远蔸处削山深12～15cm，松土深20～30cm。同时，注意用土覆盖竹蔸，防止笋芽裸露，减少蒸腾失水。坡度较大的竹林，可成水平带状削山松土，利于水土保持。

竹林施肥　成林施肥与幼林一样，以有机肥为主，速效肥为辅。施肥季节和方法参照幼林施肥。南竹北移引种地区，霜冻后不宜施用速效肥，以免晚秋出笋过多，影响越冬。

低产林改造　竹林经长期采伐利用，竹丛老残竹头充塞，竹林产量逐年下降，可采取如下更新措施：①伐残竹、挖老蔸。在3月左右，砍除竹丛中所有生长不良的细小残竹，挖除老、死竹头，疏松竹丛土壤，每一竹丛保留生长好的1年生竹8～10株，2年生竹5～6株，3年生竹3～4株，共计16～20株，作为竹丛更新的基础。②松林地、盖青草。竹林经过伐残竹、挖老蔸后，应全面垦复1次，深15～20cm。然后割青草覆盖竹丛蔸部，防止水分蒸发，并做绿肥，有利于保留的健壮竹蔸发笋成竹。③控制出笋方向、进行定向培育。

合理采伐　在采伐中要掌握砍弱留强、砍老留幼、砍密留疏、砍内留外的原则。1年生竹子，萌发力最强，全部保留；2年生竹子，生长旺盛，养分积累丰富，基本保留；3年生竹子，生活力逐渐减弱，但组织老熟，在竹丛中起扶持新竹的作用，适当保留；4年生竹子，生长衰退，全部砍伐。采伐一般在11月至翌年2月，过早伐竹会影响新竹的正常生长，过迟伐竹竹液流动旺盛，伐桩液流过多，损伤竹林"元气"。

五、主要有害生物防治

常见病虫害有笋腐病（*Fusarium moniliforme*）、竹黑粉病（*Ustilago shiraiana*）、长足大竹象（*Cyrtotra chelus longimanus*）等（周纪刚等，2014），具体防治技术见"附表"。

六、综合利用

粉单竹除了用作农业器具、花篮等的编织材料外，还可用于造纸；在生态环境建设上，还可用于房前屋后、河边沟谷、公园绿化种植。

（应叶青，桂仁意）

别　名 | 毛单竹、王竹（浙江温州）、九层脑（福建福鼎）
学　名 | *Bambusa wenchouensis* (Wen) Q. H. Dai
科　属 | 禾本科（Poaceae）竹亚科（Bambusoideae）簕竹属（*Bambusa* Retz. corr. Schreber）

> 大木竹属优良材笋兼用竹种，产量高，是优良制浆造纸原料（苏文会，2005），也可作板材原料、建筑用材和劈篾编制农具；竹笋味微苦，具开胃止泻功效；从生长量、热值、理化性能等指标来看，大木竹亦可作为能源林培育（吴志庄等，2013）。

一、分布

大木竹适生于24°～28°N，主要分布于浙南、闽北、闽东一带，北达浙江永嘉，南至福建厦门。浙江的平阳、苍南和福建的福鼎、柘荣、霞浦、宁德、罗源、连江、长乐、福清等县是该竹种分布的中心产区。

二、生物学和生态学特性

1. 生物学特性

大木竹是簕竹属合轴丛生竹，高12～18m。5～9月发笋，90天内完成高生长；植后3～4年可采伐利用，盛期竹林年产竹材57～70t/hm²。

笋芽萌发　秆基肥大多根，沿竹秆的分枝方向，每节着生一芽眼，有6～8个，交互排列成2行，近似对生，从下往上，依次称为头目、2目……秆基中下部的芽眼，充实饱满，生命力强，萌发较早。笋芽4月初开始萌动，5月为萌动盛期，6月以后渐趋减少，整个笋芽萌动期约65天左右。萌动之后，先在土中或紧贴地面作不同距离的横向生长，然后梢端弯曲向上，膨胀肥大形成竹笋。浙南地区6月初开始出笋，至7月上旬为出笋初期，7月中旬至8月下旬为出笋盛期，9月为出笋末期。与其他竹林一样，常因养分不足出现退笋现象，盛期和末期出的笋，多为3目、4目所发，母竹养分供应不足，退笋率较高。

秆生长　幼竹秆生长遵从"慢—快—慢—停"的节律，高生长历时90天左右。生长初期需20天，日生长量1～3cm；上升期约需15天，日生长量5～7cm；盛期约需30天，日生长量15～20cm，最大日生长量达31cm；末期约20天，日生长量逐渐减少直至停止。高生长时，由于受顶端优势的影响，侧芽处于休眠状态，很少抽枝长叶。所以，除部分早期出土长成的幼竹有萌发枝叶外，大部分幼竹上仅有箨鞘，直至翌年开春之后，才从幼竹梢端开始，自上而下萌生枝叶，到了立夏至小满时期，才基本结束，成为能独立生活的竹株。竹秆各节侧芽内有一个肥大的主芽和若干副芽，主芽萌发为主枝，副芽在主芽抽枝后萌发为次主枝和簇状丛生的小枝。幼竹经过2～3年的生长发育，竹秆组织相应老化充实，水分减少，干重增大，机械强度增强，即可采伐利用。

开花　为多年生一次开花植物，竹丛开花后竹秆枯萎死亡，自然结实率很低。同一竹林中的少数竹丛开花，并不蔓延及其他竹丛。开花竹丛一般在开花前一年出笋量明显减少，枝梢出现缩小数信的叶片。处于同一生理成熟阶段的竹子，不论老竹、新竹或移植后分生各地，都可能先后开花。

2. 生态学特性

分布区为亚热带海洋性季风气候，多分布在海拔300m以下的山脚缓坡或溪河沿岸的冲积土上，气候温暖，雨量充沛，年平均气温为16.8～20.0℃，最冷月平均气温6～8℃，年降水量1500mm以上，微酸性土壤pH 4.5～7.0。

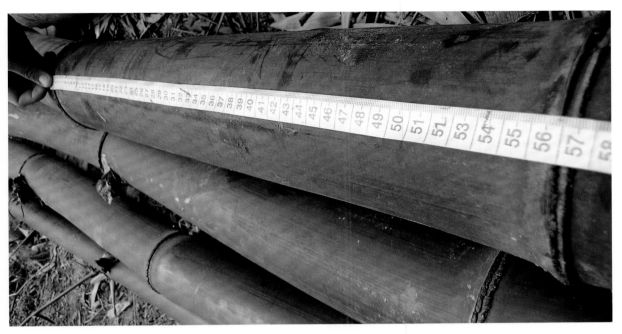

浙江平阳南湖大木竹竹秆（苏文会摄）

耐−5℃低温，逢霜冻严重时，竹叶部分变黄脱落，但翌年仍能正常发笋长竹。

三、竹林培育

1. 造林技术

立地选择 选择土层深厚、有机质含量较多、微酸性土壤造林，尤以溪河沿岸冲积土、山麓缓坡地为宜。

造林地整理 造林前1个月内整地挖穴，规格60cm×50cm×40cm，表土与心土分开置放，任阳光暴晒以增加地温。初植密度为375～525株/hm²。造林前7天施基肥，每穴施土杂肥20kg或干鸡粪5kg，再加复合肥200g与表土拌匀并填回。

造林季节 造林时间为2～3月新叶萌动之前，宜选择在连续阴雨的时期内。

母竹选择与挖取 挖掘胸径4～6cm、下部萌芽饱满、生长健壮的1年生竹，最大程度保留竹根，秆基的笋目无损伤，秆柄与母竹连接处用利器砍断，无撕裂。挖出后，45°斜持母竹，使蔸部弯曲部向上翘，用利刃在竹秆高1.5～1.8m处斜砍断，注意切口呈马耳形且不开裂。

栽植 倾斜30°放入穴中，竹蔸弯曲部向上，此时竹秆上马耳形切口向上，以承接雨水。分层填土、踏实，使根系与土壤紧密接触，浇水后覆松土成馒头形。勿将石块、硬土块填入。若造林后数日无雨，需根部和竹秆的马耳形切口内灌水。在干旱山地，可放入适量保水剂，以提高造林成活率。随挖、随运、随种，当天栽不完的应注意根部保湿。

2. 抚育技术

造林后1～4年是竹林高产经营的关键阶段，一年种、二年养、三年有效益、四年郁闭成林（王月英和金川，2012）。

除草松土 5～6月浅铲除草松土1次，8～9月除草并在竹蔸部培土，11月至翌年2月竹蔸周围环状深翻土1次。

灌溉 沿山坡挖设引水渠灌溉以提高竹林的土壤湿度，促进大木竹的丰产。

施肥 每年在4月底、7月中旬和秋冬季各施肥1次，距竹丛20cm开深10cm的环形沟施肥，每丛施复合肥0.4kg或磷酸二氢钾0.2kg，秋冬季每丛施复合肥250g＋土杂肥20kg或干鸡粪5kg。

适时留母 竹笋主要为1年生竹的笋目萌发而成，应做好前一年的母竹留养工作，原则为"留外去内、留壮去弱、留稀去密、留低去高"。留养初期和盛期出的竹笋，其成竹质量好，有利

浙江平阳南湖大木竹竹丛（苏文会摄）

于第二年发笋长竹。

散生化培育 丛生竹丛性强，若疏于管理，竹丛逐年抬高，竹蔸和竹根裸露，产量降低，竹林衰败。需散生状栽培，以便砍伐。除"留外去内、留稀去密"的留母调节外，也可采用施肥引导法，先在竹丛外圈施肥，把新竹引向外围萌出，3～4年后把原植母竹竹蔸挖掉，挖穴施肥，将竹笋引向丛内萌出，3～4年后再挖掉竹丛外围老竹，并施肥，将竹笋往外引。通过如此循环，使丛性不明显，立竹合理。

竹材采伐 在冬季至翌年春季采伐，伐竹株数不应超过当年新竹株数，一般每年每公顷伐竹300～450株。砍伐3年（含）以上及部分2年生竹、病虫竹、风倒竹和小径竹，原则为"砍小留大、砍老留幼、砍密留疏、砍内留外"，调整竹林内1年生母竹与2年生母竹比例在2∶1左右，每丛尽可能控制在立竹10～15株。

竹蔸挖除 结合采伐竹材，每年挖除一次老竹蔸，为新竹腾出地下空间，利于萌发和管理。

3. 低产林改造技术

大木竹低产林主要原因为疏于管理，久不砍伐，老竹较多，竹蔸抬高。其改造的主要措施如下（王月英和金川，2012；陈金辉，2015）。

砍老竹、挖老蔸 利用2～4年时间，在12月至翌年3月，砍伐竹林内3年生（含）以上的老竹及小、弱、病、残竹，减少立竹度，促进保留幼竹发笋。全部挖除竹丛内的老、死竹蔸，扩大竹丛生长的地下空间。

松林地、砍杂灌 3～4月，对竹林地全面松土1次，深土约20cm。5～6月，砍除竹林内的杂草、乔灌木，扩大竹丛生长的地上空间。

四、主要有害生物防治

易受竹织叶野螟（*Algedonia coclesalis*）、蚜虫（*Oregma bambusicola*）和笋横锥大象（*Cyrtotrachelus buqueti*）等害虫危害，具体防治技术见"附表"。

五、综合利用

大木竹是典型的材用竹种，出材周期短，产量高，可用作造纸、板材原料；同时，该竹种竹笋味清鲜（出土后微苦），具开胃止泻等多种作用，经漂洗后可供食用或做竹笋罐头；由于其秆形高大，亦可用作防风固堤、保持水土等防护林。

（金川，李效文，苏文会）

麻竹

别　名｜甜竹（广东、广西）、大头竹、八渡竹（广西）、坭竹（海南）、吊丝甜竹、大叶乌竹、六月麻（福建）

学　名｜*Dendrocalamus latiflorus* Munro

科　属｜禾本科（Poaceae）竹亚科（Bambusoideae）牡竹属（*Dendrocalamus* Nees）

麻竹是我国南方主要的大型丛生竹种之一，具有较高的笋用、材用、浆用和园林绿化观赏价值。与我国主要经济竹种毛竹相比，麻竹规模化造林和开发利用较迟，在立地条件、分布范围、培育方法和加工利用技术等方面均存在较大差别。供笋季节与毛竹互补，笋味甜美，每年均有大量笋干和罐头上市，甚至远销日本和欧美等国。麻竹用途广泛，开发利用潜力巨大，受到广泛关注。

一、分布

麻竹在中国华南地区分布广泛，包括福建、台湾、广东、香港、广西、海南、四川和贵州等。在浙江南部、江西南部及云南部分地区亦见少量栽培。越南、缅甸有分布。湖南、江西、浙江、云南等省也有发展，表现良好（邱尔发，2007）。

二、生物学和生态学特性

1. 形态特征

地下茎合轴丛生竹，秆高20～25m，直径15～30cm，直立或外倾，梢常下垂呈吊丝状；节间长45～60cm，节间圆筒形，分枝类型常为一主多分枝；壁厚1～3cm。箨鞘厚革质，易早落，背面略被小刺毛；箨耳常不明显或缺如，箨舌明显，1～3mm；箨片外翻，卵形至披针形，腹面被淡棕色小刺毛。叶鞘长19cm，叶耳无；叶舌突起，高1～2mm，截平，边缘微齿裂；叶片长椭圆状披针形，长15～35（～50）cm，宽2.5～7.0（～13.0）cm，次脉7～15对，小横脉尚明显。

2. 生物学特性

主枝和侧芽有较高萌发能力，秆部各节芽为复芽，可生长发育为主枝和侧枝数条。正常经营竹丛夏秋出笋，幼竹至秋末冬初时，地上茎秆已脱箨成竹，节上芽要先后生出侧枝数条，其中有

1～2节有时亦能生出主枝1条。一般要在翌年清明前后竹秆脱箨完毕后，才从其顶端渐次向下方开始抽枝发叶，至6～7月形成新竹。小径竹丛或新造竹林中幼竹生长则可能表现为主侧枝自地上秆基部与梢部在同一夏秋间萌发完毕。

多年生一次开花植物，竹丛开花结实后竹秆枯萎死亡。同一竹林中的少数竹丛开花，并不蔓延及其他竹丛。开花竹丛一般在开花前一年出笋量明显减少，枝梢出现缩小的变型叶片。花两性。花枝无叶或有时具叶。小穗无柄，数枚至多数簇生于花枝各节上，甚至密集成球状；小穗具1至多数小花，小穗轴不具关节。颖1至多数。外稃似颖，向小穗顶端依次变狭长。下部小花的内稃具2脊，最上的完全小花或仅具1花的内稃无脊。鳞被通常缺。雄蕊6枚，花丝分离。子房上位，卵形，顶端被毛，具短柄。花柱长而被毛，柱头单一，羽状。

据在广西南宁的观察，麻竹一年四季均可开花，开花始期1月，盛花期2～6月，末期7～12月。每批花开后20天左右果实成熟。果实成熟始期3月，盛期4～7月，果实成熟特征为稃呈黄色，果皮淡褐色，脱落期4～7月。颖果形状为卵球形，腹部有长沟，果长8～12mm，直径4～6mm，呈淡褐色。果皮薄脆，易与种子分离。

3. 生态学特性

喜温暖湿润，忌霜冻寒冷，要求年平均气温

20℃以上，1月平均气温8℃以上，不耐−5℃以下的低温，年降水量要求在1500mm以上，适生于土层深厚、疏松肥沃的溪河两岸土壤水分充足的冲积土、钙质土，pH 4.5～7.0的微酸性至酸性土壤，忌低洼积水立地，在黏重土壤上生长不良。

三、苗木培育

天然结实周期长，人工利用频繁和管护干扰的情况下，一般难以开花结实，种子发芽率不高，大批量获得种子进行播种育苗较难。

1. 播种育苗

结实母竹管理 母竹开花后，为保障充足营养和光照，提高种子播种品质，宜对其采用断秆处理，即将开花竹砍去中上部，仅留基部1～3m竹秆。竹丛周围清杂，保证母竹通风透光条件。

种子采集与贮藏 种子4～7月成熟后，极易自然脱落，应立即进行采收。种子无休眠习性，不耐贮藏，宜随采随播，也可在0～4℃的低温条件下贮藏至翌年3月播种。1年后种子发芽率将完全丧失。种子带稃千粒重为51～57g，去稃千粒重为45～50g，纯净种子数量为2.0万～2.2万粒/kg，发芽率约为70%（邢新婷等，2004）。

种子消毒和催芽 用0.1%的退菌特溶液消毒3～4h，也可用0.1%高锰酸钾浸种消毒24h。然后用温水浸种24h，待种子充分吸水膨胀后，阴干，即可播种。

圃地准备 苗圃地施肥宜选用农家肥，施用7500kg/hm²厩肥和75kg/hm²复合肥作为基肥，并进行消毒、整地和作床。容器育苗基质可采用泥炭土和蛭石按1∶1或3∶2混合，但也可采用火烧土和黄心土按4∶6混合，外加3%左右的过磷酸钙及其他部分化肥，同时进行消毒而制成。

播种 播种时间主要考虑播种地的晚霜和梅雨因素，最好选在两者之间，大致在2月中旬至3月中旬较为合适。条播或点播，条播量约为15～18g/m²；点播株行距25cm×30cm，每穴播3～5粒；容器育苗每个容器播2～3粒；覆土1.0～1.5cm。在幼苗未出土前，注意防止鸟兽危害。

苗期管理和出圃 播种5天后种子将陆续发芽出土，1个月后基本出齐。适时揭草，当地面温度达到30℃以上时，为防止竹苗灼伤，搭棚遮阴，透光50%～60%，竹苗充分木质化时，可拆除。幼苗出齐2周后开始追肥，每隔15～25天追肥1次。前期用浓度0.2%的尿素进行追施。出苗2个月后，随着苗木的生长和分蘖，可加大施肥量，增施0.5%磷酸氢二铵，4个月后浓度可为0.6%～1.0%，且施肥后及时清水洗苗。在9月中下旬停施氮肥，适当施磷、钾肥，为苗木安全越冬做好准备。需经常保持苗床湿润和疏松状态，浇灌时间最好是早晨或傍晚。雨季做好清沟排水，确保苗圃无积水。除草可结合浅耕，但要注意保护竹苗。1～2年生苗可出圃。

2. 营养繁殖育苗

与散生竹相比，丛生竹的秆环和竹蔸是营养物质主要贮藏部位。因此，丛生竹的生根发芽能力比散生竹高，其营养繁殖育苗方法比散生竹要丰富，按育苗所用的材料可分为：埋秆（分带蔸、不带蔸）育苗、埋节（分埋单节、双节、三节）育苗、扦插（分主枝、次生枝）育苗，还有分株繁殖育苗、组织培养育苗等。传统的麻竹造林采用分株造林，但取苗难、运输栽植不便，造林成活率低，成本高。而采用扦插育苗苗木造林具有繁殖系数高、劳动强度小、成本低、造林成活率高等优点，目前已在生产实践中广泛应用。目前，麻竹生产上常用的是主枝扦插、次生枝扦插、埋节育苗以及组培育苗。

（1）主枝扦插育苗

利用主枝基部具有隐芽和根点的特点进行育苗。选2～3年生母竹竹秆上生长健壮且具饱满隐芽的1～2年生主枝。取无撕破和损伤根点枝蔸，留3节，切口离顶节约2cm，保留顶节部分枝叶或不留叶，去枝箨，随采、随运、随插，或流水中或阴凉地贮藏，注意经常保湿，切勿阳光暴晒。扦插前宜用ABT生根粉、双吉尔—GGR或吲哚丁酸（IBA）进行催根处理，按株行距16cm×（25～30）cm斜插，注意使枝上未萌发节芽朝向两侧，最下一节入土深度5～6cm，浇透水，覆草

3cm保墒。

苗圃地应选交通方便、水电充足、地势平缓、阳光充足、土壤疏松肥沃的地方。土壤以沙壤土或壤土为好。扦插季节通常以春季芽尚未萌动或刚刚开始萌动时为最好，此时枝条积累的养分充足，有利于提高扦插成活率。扦插时间放在雨季来临之前7～10天进行为宜。施足基肥，竹苗生根后1周左右便可施追肥，第一次追肥每株施尿素2.5g，以后每隔半月至1月施肥1次。具体时间最好在竹苗分蘖前，以促进分蘖苗生长，提高竹苗产量与质量。

翌年2月左右可逐渐拆去遮阴棚，进行全光炼苗，3月左右可出笋长成新竹苗。然后出圃造林。

（2）次生枝扦插育苗

次生枝是主枝基部的隐芽抽发而长成的侧枝。1年生新竹的次生枝很少，2～3年生母竹渐发次生枝。选取次生枝要注意以下几点：①次生枝的枝龄宜在0.5～1.0年，以粗壮、节短、基部直径1cm的枝条为好。②枝条上1～3节的芽要肥大、饱满，并正处于萌动状态。③枝荵肥大，有根点，枝箨脱落或开始松脱。④枝条半木质化，枝色青绿。取枝和埋插方法同主枝扦插育苗。通常1～2周以后，次生枝即可萌发新芽，随后生根，长成一独立竹株。经过1年生长、分蘖，可成为一小竹丛，再经分株便可用于造林。

（3）埋节育苗

选择竹龄1～2年生、生长正常、无病虫害的母竹，齐地切取竹秆，削去尾梢，秆上各节仅留一条粗壮的枝条，其余的枝条全部剪去；所留的枝条在第一枝节的上方约2cm处切去枝梢，然后将竹秆截成单节或双节段。通常节上方留10cm，节下方留20cm，切口呈马耳形。

埋节时，在作好床的圃地上开沟，沟深15cm左右，把处理好的节段平放在沟内，枝向两侧。株行距15cm×40cm。覆土3～5cm，浇透水。竹段埋下去后10天左右开始发芽抽枝，但生根要40天以上，有时候会更长。这种"假活"现象，特别容易使人疏忽，期间要注意保持苗床湿润，一

般育苗成活率在50%～60%。

麻竹埋节育苗要注意：采穗母竹宜选用1～2年生健壮母竹，生根能力强，扦插成活率高，季节应以节芽未萌动、雨季来临前为宜，埋节节段以双节或三节为好。

苗圃地选择和管理可参照扦插育苗。

（4）组培育苗

目前，有学者利用麻竹种子、茎尖等为材料成功培育出再生植株。

种胚萌发芽的组培技术　选取成熟饱满的种子，除去所有颖壳，洗净、消毒、浸泡后，接种于MS培养基，培养基中蔗糖3%、琼脂0.6%、pH 5.8，培养温度26～30℃，每天光照13h，光照度1000～1500lx。种胚开始萌动，胚芽长成约1cm高的小苗后，取出切除胚乳和胚根，转接到培养基MS+5.0～8.0mg/L 6-BA（6-苄氨基腺嘌呤）+1.0～2.0mg/L IAA（吲哚乙酸）中，待芽高达2cm以上时，可切下在相同培养基上继代繁殖。每26天左右可继代培养1次，每次可增殖2～4倍。小苗长至2～4cm高时，进行诱导生根。诱导生根小苗长至2～4cm高时，切出转移到生根培养基，生根培养基配方为1/2MS+2.0mg/L IBA +活性炭0.3%。待试管苗长成后进行炼苗移栽。

种子实生苗无性系的组培技术　种子经消毒后接种于3/4MS+0.5mg/L BA的培养基中，pH 5.8～6.4，温度25～30℃。每天辅助光照9～10h，光照强度为1600～2000lx。待萌发芽长为1cm时转接入3/4MS+4.0mg/L BA+100mg/L CW（椰子水）培养基中，每隔15～20天进行继代增殖培养1次，培养基的配方为3/4MS+100mg/L CW，加入不同浓度的BA与KT（激动素）。不同培养期BA与KT的浓度配比分别为：2～3个月，2.0mg/L BA+0.5mg/L KT；6个月，3.0mg/L BA+0.5mg/L KT；12个月，4.0mg/L BA+1.0mg/L KT；18个月，3.0mg/L BA+1.0mg/L KT。

嫩枝休眠芽茎尖的组培技术　幼嫩枝条消毒，切取长约2mm的茎尖，接种，培养20～30天，长成2～3cm高，将小苗分割成1～2个节的茎段，接种到诱导丛生芽的MS培养基，配方

为MS+6.0～7.0mg/L BA+0.01mg/L NAA（萘乙酸）。放在25～28℃、光强度为1500～2000lx的培养室内，每天光照16h，每两周继代培养1次。试管苗增殖的培养基配方为MS+2.0～3.0mg/L BA+0.2mg/L NAA；待苗木长成2～4cm高时，进行试管苗接种生根，其培养基配方1/2MS+2.0mg/L IBA+活性炭0.3%。

四、竹林培育

1. 造林技术

（1）造林地选择

造林地必须选在极端低温不低于−2℃、年平均气温17.0～22.5℃，年降水量1000mm以上，海拔600m以下，地势平缓处。要求土壤深厚、疏松、肥沃，且pH 4.5～7.0的沙壤土或轻壤土。除传统的河滩、路边、房前屋后等地段外，也可在山地造林。山地造林选择缓坡地，坡度一般在25°以下，坡位为中坡以下，且供水方便的地方。干旱贫瘠，土壤过于黏重，地下水位太高地段，不宜作为造林地。

在造林前应进行清杂、整地、挖穴。在山地或台地，其整地方式为水平带状或块状整地，平地株行距为4m×4m，山地株行距为3m×5m，移栽母竹造林整地规格一般为70cm×50cm×50cm，而扦插苗造林穴的规格一般为50cm×50cm×40cm。栽植密度600～675丛/hm²。在种植前10天左右施基肥或0.5kg钙镁磷（或过磷酸钙），最后回填半

穴土。

（2）造林季节

多选生长缓慢时期或休眠期。如在福建闽南地区最好选2～3月，而在海南等地则应选1～2月。但由于造林材料不同，对造林季节要求也不一样，其中，移栽母竹对造林季节要求较高，且要求较高技术，最好选阴雨天，随挖苗、随种植，并加强栽后水分管理，防止母竹失水而影响成活率。

造林调苗时，若长距离调苗或大面积造林，应带宿土，以提高成活率。

（3）造林方法

麻竹造林主要有植苗造林和母竹造林。

①植苗造林

起苗及处理 经过一年育苗，可出圃造林。起苗造林时应选阴雨天气，用快刀或利剪剪去新苗上端枝叶，保留秆长0.6～1.0m，起苗应少伤根，多留宿土，当天起苗，最好当天造林，尽量不要超过2天，否则应对根系进行包扎等处理，以保证苗木水分平衡。

栽植 由于育苗期间多次发笋形成新竹，如用竹丛苗造林成活率更高，如果竹苗紧缺，也可以将其分株进行造林，地径1cm以上、竹龄7个月以上的可单株用于造林。

造林时，保持苗干直立，栽植深度比原土印略深1～2cm。一年生麻竹苗，根系十分发达，只要起苗略加注意，一般根系损伤不大，所以造林

福建南靖麻竹林（郑蓉摄）

福建南靖麻竹林（郑蓉摄）

成活率极高，而且发笋量比采用母竹造林有一定程度提高。栽植时土壤应踩实，并适当盖草保湿，在干旱无雨情况下，应进行浇水。

②母竹造林

移栽母竹造林又称"分蔸造林""母竹造林"。此法因其造林成林快、投产期早，是竹农最常用的传统造林方法。

母竹选择 母竹应选生长健壮、无病虫害、年龄为7个月至1年生的幼竹。2年生或2年以上的麻竹，由于其基部芽眼大多已萌发成笋，留下的芽眼萌发能力较差，故一般不选取。同时，从保持水分平衡及便于运输角度出发，所选母竹胸径不宜过大，应选胸径在4～6cm范围的竹株为宜。

母竹挖掘 选好母竹后，将竹株四周土壤扒开，找出母竹和老竹的连接处后，用利刀切断取出。然后，保留竹秆长1.2～1.5m，上部用快刀劈断，使切口呈马蹄形。在母竹的挖掘过程中，应注意不伤芽，少伤根，各切口平整，避免撕裂，同时注意最上一节尽量留长一些，以利于母竹在栽植后最大限度地截留降水或灌泥浆，保持其水分平衡，以提高成活率。

栽植 栽植时将穴内的基肥与土壤拌匀，将母竹斜置穴内，分层回土踏实，避免悬空，斜植角度30°～45°，斜植的垂直深度比母竹原土深度略深3cm左右即可，上端的马耳形切口向上，以便接存雨水或灌泥浆。也可把竹秆上端用塑料袋套扎，防止失水过多而干枯。由于斜植，使入土的竹节增多，紧贴地面能减少水分蒸发，减轻风吹摇摆的现象，所以成活率可大大提高。其次，斜植可使当年新笋生长的距离相对增大，有利于新竹生长。种植后地上应盖草保湿，有条件的地方或较长时间过于干旱时，应适当浇水。

③植苗造林与母竹造林比较

造林成活率 苗木由于竹秆小、根系完整且发达，其起苗、运输较移栽母竹损伤少，所以成

福建南靖麻竹新林（郑蓉摄）

活率高；而移栽母竹由于竹秆粗、根系损伤较为严重，常由于根系裸露而失水较多，且起苗运输较易损伤，通常成活率较低。根据对福建省南靖县麻竹两种材料造林研究（董建文等，1999），移栽母竹造林当年成活率为62.6%，而植苗造林年成活率为97.4%，造林成活率高出移栽母竹34.8%。

经济效益 一方面，植苗造林比母竹苗造林降低成本1600元/hm²（董建文等，1999）；另一方面，植苗造林当年及翌年出笋数及竹笋直径与母竹造林没有显著差异，而植苗造林由于补植量少，可增加随后第二年、第三年的笋产量，因此，植苗造林投产快，具有较高的经济收益。

因此，植苗造林具有省工、省成本、方便运输、成活率高、投产快、产量高等特点，其经济、社会和生态效益显著，适合大面积推广造林。

2. 竹林抚育

主要措施包括施肥、灌溉、除草松土、培土与扒土等措施。

造林当年一般抚育2次，第一次于母竹成活并开始进入旺盛生长时期，在6～7月，主要进行锄草、培土，同时进行追肥；第二次可于9～10月进行全面锄草，并进行追肥，有条件的可采用挖沟埋施有机肥，其效果将更佳。

栽植后第二年开始，在即将萌动或生长缓慢期（一般在1～3月），应进行扒土晒目，并结合回土进行施肥。扒土晒目的具体做法是：在麻竹萌动生长前期，将竹蔸周围表土扒开，暴露竹蔸上的笋目，利用阳光刺激笋芽萌动，提高土温，疏松土壤，促进和提早笋芽当年发笋。同时，在扒土晒目后的回土过程中，拌入肥料进行施肥，促进竹笋的生长发育。另外，在开始进入生长旺盛的前期、生长盛期及发笋末期，分别进行1次除草追肥。

一般分别在每年的3～4月、6～8月和9～10月进行除草松土，松土深度为5～10cm。施肥结合除草松土进行，距离母竹30cm左右分两个方向开3～5cm深的施肥沟。幼龄竹第一次施肥每株施农家肥10kg+尿素50g；第二次施肥每株施农家肥10kg+尿素50g或碳铵100g；第三次施肥每株施农家肥15kg+尿素100g（或碳铵150g）。在分蔸苗栽植成活的第二年以后，每年施肥4次。第一次在3月进行扒土时施春肥（基肥），每丛施入腐熟的农家肥（厩肥、堆肥、猪牛粪等）25～50kg，随即覆土培高；第二次在5月结合除草松土施笋前肥，先在竹丛周围离竹蔸50cm处开环形沟，每丛均匀施尿素或碳铵0.5kg左右，施后立即覆土盖肥；第三次在7月施笋（叶）期肥，每丛施尿素或碳铵0.5kg，施肥方法同第二次；第四次在采完笋后10月施养竹肥，每丛施复合肥0.5kg，方法同第二次。

另外，在笋用林的抚育管理中，应加强竹林的水肥补充。特别是在发笋旺盛时期，更应注意水肥的管理，以保证麻竹笋用林生长发育的水、肥需求，提高麻竹出笋率和竹笋个体质量。

3. 新竹留养

造林后1个月左右即可成活，2～3个月可出

福建南靖麻竹林（陈礼光摄）

笋，有时移栽母竹造林由于选苗不当或管理不良等原因，也有成活而当年不出笋，若第二年还不出笋，应更换竹苗。集约经营竹林时，造林当年每株可发笋1~4个，但所发竹笋一般较小，每株各留首批出土的笋1~2个培育新竹，后长的竹笋可割去，以减少竹林养分消耗。

造林第二年2月左右，锯去原种植母竹，保留造林当年留养的新竹1~2株。当麻竹进入发笋旺盛期，每丛留2~3个健壮竹笋培养为新竹，其余全部割除利用。造林第三年，也同样每丛保留2~3个健壮竹笋培养为新竹。由于造林前期，竹丛根幅较小，为充分利用营养空间，造林第三年每丛麻竹可保留母竹5~7株，以后可根据竹林郁闭情况确定留养新竹数，但为了保证竹林发笋的质量和产量，应留健壮竹笋作为母竹。

4. 收获技术

竹笋采收 每年5~10月陆续出笋，菜笋在出土后30~40cm时采割，加工笋在竹笋出土后露1个笋节时采割。出笋初期（5~6月）和末期（10~11月）气温较低，笋生长较慢，一般3~5天采割1次。出笋盛期（7~9月）气温高，笋生长快，2~3天就要采割1次。割笋最好在早上进行，用割笋刀平地面将竹笋割断，切面要求平整，不要伤及旁边的嫩笋，同时笋蔸要保留完好，以便再发笋。

竹材采伐 根据留养新竹数量，可在冬季或早春，将部分3年生母竹和全部4年生以上的母竹砍伐，每丛伐前留竹秆龄结构1~4年生的比例为3∶3∶3∶2。

竹叶采摘 新叶成形后15天左右，选叶面干净、叶形完整、无枯黄、无虫眼、无白斑、无煤烟病、叶面最宽处>8cm、长>38cm的嫩绿色尾端3~4片鲜叶，沿竹叶茎上部2~3cm处割断。

5. 更新技术

随着经营年限的增加，每丛竹蔸幅不断扩大，竹丛中间老蔸所占的空间也随之逐渐扩大。由于老蔸为砍过竹或割过笋多年所留下，已没有发笋能力，属于无效竹蔸，过度消耗竹丛的营养，将影响竹笋的产量。为了更好地利用营养空间，促进生长，提高竹林生产力，应进行更新。一般来说，集约经营的林分在12年左右进行全面采伐，而后在原有林地的空地中间按原有密度再进行造林，让其全新恢复成林。而原有竹蔸长笋前2年连续割除，并培土埋蔸，由于竹蔸没有母竹补充养分，将逐渐自然腐烂，不会妨碍新造麻竹竹蔸的扩展，并且有利于增加土壤的养分，促进生长。至此，麻竹林又进入一个新的良性循环过程，实现竹林的可持续培育。

五、主要有害生物防治

主要病虫害种类包括竹煤污病（*Meliola stomata*）、麻竹枯萎病（*Fusarium semitectum*）、竹弧蠹蛾（*Azygophleps* sp.）、沟金针虫（*Pleonomus canaliculatus*）、竹蚜虫（矢竹斑蚜*Takecallis takahashii*）、竹梢凸唇斑蚜（*Takecallis taiwanus*）、竹色蚜（*Melanaphis bambusae*）、黄脊竹蝗（*Ceracris kiangsu*）、竹笋禾夜蛾（*Oligia vulgaris*）、一字竹笋象（*Otidognathus davidis*）、竹织叶野螟（*Algedonia coclesalis*）、蠕须盾蚧（*Kuwanaspis vermiformis*）等（赵仁发，2006；罗集丰等，2013；谢卿楣等，1987），具体防治技术见"附表"。

六、综合利用

麻竹是一种笋材兼用竹种，同时具有较好的观赏功能，是我国南方主要的大型丛生经济竹种之一。竹笋脆嫩香甜、味道鲜美、营养丰富，含有20种氨基酸和多种人体必需的微量元素，且有清凉解暑的功效，可以鲜食或制成各种笋罐头、笋干及酸笋等系列产品，具有广阔的国内外市场。麻竹竹杆粗大、径直，可作建筑材料、竹筏等；竹壁较厚，竹质松软，更易漂白解离，是理想的制浆材料，能够作为风电叶片复合材料的增强相；竹材及枝叶还可加工成竹工艺品、造纸、食品包装等；根系发达，枝叶繁密，具有较好的观赏性和较好的生态功能。

（陈礼光，郑郁善，范少辉，邱尔发，郑蓉，荣俊冬）

别　名｜乌药竹（广东乐昌）

学　名｜*Dendrocalamus minor* (McClure) Chia et H. L. Fung

科　属｜禾本科（Poaceae）竹亚科（Bambusoideae）牡竹属（*Dendrocalamus* Nees）

> 　　吊丝竹是华南地区的优良材用竹种之一，是广西西部、贵州南部石质山地种植面积最大的经济竹种和石漠化治理的先锋树种。吊丝竹及其变种花吊丝竹（*Dendrocalamus minor* var. *amoenus*）是集笋、材、观赏、水土保持等多用途于一身的丛生竹种。

一、分布

　　吊丝竹分布于中国南部广大区域，东起福建中部，西至云南东部，南到广东、广西南部，北达贵州（贵阳、安顺、兴义）、湖南衡阳，浙江南部有引种栽培。以广西中西部、贵州西南部石质山地为主要栽培区，广西现有吊丝竹林面积19541hm²，占竹林面积的5.3%，常见生长在山脚、房前屋后土层深厚肥沃处。

二、生物学和生态学特性

　　吊丝竹为热带、亚热带喜光竹种，四季常绿，秆高6~8m，土肥湿润处可达12m，胸径3~6cm，最粗可达9cm，胸高处竹壁厚5~6mm，节间长30~40cm。分枝高达2m以上，枝条细小，林相较整齐。性喜温暖湿润环境，生长要求年平均气温16℃以上，1月平均气温在6℃以上，极端最低气温不低于−5℃，年平均降水量1200mm以上。较耐旱、喜钙、耐瘠薄，在石质山地常单独成林，也可与任豆（*Zenia insignis*）、香椿（*Toona sinensis*）、菜豆树（*Radermachera sinica*）等高大树种混生，吊丝竹成为第二林层，二者生长均不受影响（梁盛业，2015）。虽然主要分布于石质山区，但在土山区生长更好。在桂东南土山区，立竹胸径在8cm以上，年产竹材达30~45t/hm²。福建龙岩市栽培的笋用林，每年产笋量可达18t/hm²。

　　一般3~4月新叶萌发，竹林开始换叶，5月笋芽萌动，至6月中旬开始出土，一直持续至10月。在春季雨水充足、水肥条件好的地区，出笋可提早，结束时间也推迟。在干旱的石质山区，常在6月底至7月中旬才出土。6~9月中旬出土的笋肥大粗壮，成竹质量高，9月下旬出土的笋多位于竹蔸上部，笋蔸较浅或露出土面，笋体弱小，不能成竹或成竹质量差。从竹笋出土到幼秆高生长停止历经80~120天。

三、苗木培育

　　主要采用带蔸埋秆育苗方式。

1. 育苗材料

　　开花后罕见结籽，因此少见播种育苗。正常分枝时主枝细小，枝条基径常<7mm，用于插枝育苗成活率低；当幼竹在笋期受损折断时，顶端萌发的2~3条主枝直径超过1cm，可用于插枝育苗。但管理水平较高的竹林，断头竹少，此类枝条

广西平果太平吊丝竹竹箨鞘口（黄大勇摄）

数量少，不能满足生产用苗。此外，枝条竹壁较薄，本身贮存养分有限，枝条扦插成活率常不足50%，因此培育吊丝竹苗常选用健壮嫩竹为母竹。

2. 圃地选择

苗圃地深翻20～25cm，将土壤整碎耙平，施农家肥22.5t/hm²，与土壤拌匀，开好排水沟，做成长5～10m、宽1.0～1.2m、高30cm的苗床。

3. 育苗

一般在2～3月选择生长健壮、无病虫害、直径2.5～4.0cm的1年生母竹，在竹蔸秆柄处切断，将母竹挖起，砍去梢部，留10～15节，在竹蔸秆柄相反方向的一侧，每个节间锯一个深达节间直径2/3的切口。母竹要随挖随育，如长途运输，需做好保湿措施。育苗时，将竹秆平放于育苗沟中，秆柄向下，节间切口向上，芽向两侧，盖土5～10cm，踩实后盖草淋水。

4. 苗期管理

育苗后及时浇水和排水，出现露秆要培土。通常秆节上的芽首先萌发出土，每节出芽多数，当芽苗出土3cm左右时，及时抹去过多弱芽，每节保留2～3条健壮芽苗培育成竹苗。在竹苗生长期内加强松土除草、施肥培土、遮阴保湿，9月底停止施氮肥，结合培土施钾肥，促进竹苗木质化。利用此法每年可产竹苗3.0万～4.5万株/hm²。当年育竹苗翌年春季造林（黄大勇等，2009）。吊丝竹变种花吊丝竹的组培快繁育苗技术正处于探索中（张玮等，2010）。

四、竹林培育

1. 造林技术

林地选择　适宜在村前屋后、田边地头、沟边河岸等土壤肥沃、湿润地方种植。石质山区选择中下坡土层深厚、疏松的地方，石头土隙中见缝插针地也可种植，能充分利用土地。如用于石漠化治理，可种植至上坡，但上坡的竹林生长矮小，经济价值不高。

清理整地　在冬季挖好种植穴，按825～900株/hm²种植，株行距4m×3m，要求穴的长、宽、深为（50～100）cm×50cm×30cm。在石质山区根据土壤分布、土层厚度、岩石裸露等实际情况而定，见缝插针，不强调整齐的株行距。造林前下基肥，常施厩肥、绿肥等，每穴10～15kg，或复合肥1kg。

造林季节　2～3月阴天或雨后种植，造林方法采用移母竹造林和竹苗造林，成活率高，成林快，效果好。

苗木定植　利用母竹造林时，母竹选择、挖取方法、种植方法与育苗相同，但母竹只需留秆3～4节，秆长60～80cm。利用竹苗造林时，选用地径1cm以上的1年生竹苗，起苗前先剪去梢部枝叶，留苗秆高60cm左右，将竹苗挖起，1～3秆作一小丛，保湿运往造林地，种植时将竹苗竖直放入穴内，回填表土踏实，填土超过竹苗土痕3～4cm，盖草保湿。

幼林抚育　幼林期通常3年。要防止牛、羊等牲畜啃食竹叶、践踏竹笋；做好竹苗的遮阴保湿，有条件的在旱季及时淋灌；每年锄草松土2次，平缓的造林地实行林粮间种，以工代抚，将

广西田阳那满石山区吊丝竹人工林（黄大勇摄）

广西上林塘红石山上的吊丝竹（黄大勇摄）

杂草、农作物的秸秆铺在竹兜周围或翻埋入土中；每年施肥2～3次，新造竹林出笋早，化肥在4～8月出笋初期和盛期施放，每次每穴施放尿素0.1～0.2kg或复合肥0.5kg，农家肥宜在秋冬季结合深挖抚育开沟施肥，每丛施放10～15kg。造林后第二年，每丛可出笋成竹6～8株；第三年多达10～20株，竹林郁闭成林，冬季将竹丛中生长衰老的小竹及时清除，减少竹林养分消耗（黄大勇等，2009）。

2. 成林抚育技术

竹林施肥 每年施肥1～2次。催笋肥在4月底至6月初施，每丛沟施复合肥1kg；壮笋肥在7～8月施放，每丛开环状沟施尿素0.5kg，施后覆土20cm。

结构调整 冬季，每丛保留分布均匀、健壮无断头的1～2年生立竹8～10株，将其余老竹、小竹及断头竹采伐利用。

竹兜清理 对于长年经营的吊丝竹林，老竹丛的老兜充塞，新兜上浮，致使根系分布在土壤浅层，吸收能力减弱。同时，竹笋从浅土层发生，很早露出土面，容易老化，品质不良。冬季结合采伐，挖除竹丛中老兜、死兜，疏松土壤，为竹笋生长让出林地空间。

五、主要有害生物防治

吊丝竹常见的虫害有蚜虫（*Oregma bambusicola*）、笋横锥大象（*Cyrtotrachelus buqueti*）、笋直锥大象（*Cyrtotrachelus thompsoni*）等，具体防治技术见"附表"。

六、综合利用

吊丝竹及其变种花吊丝竹是材用竹种。旧时竹秆常用做搭棚架及农具柄等；竹材秆壁虽较厚，但篾性尚好，主要用做劈篾编织竹器，是广西石质山区竹编业的主要原料；在丘陵土山区种植，出笋成竹量大（黄大勇和戴启惠，2002），是优良的造纸原料；同时，吊丝竹是园林绿化和水土保持的优良树种。

（黄大勇，苏文会）

别　名｜绵竹（四川南部、重庆、贵州东北部）、大叶慈（云南富民）
学　名｜*Dendrocalamus farinosus* (Keng et Keng f.) Chia et H. L. Fung
科　属｜禾本科（Poaceae）亚科（Bambusoideae）牡竹属（*Dendrocalamus* Nees）

> 梁山慈竹是优良的纤维浆、人造板原料竹种，2龄秆材即达到制浆工艺成熟，集约经营条件下秆材年产量在30～45t/hm²。随着退耕还林工程建设和制浆造纸原料基地建设，竹林资源面积已近15万hm²，与慈竹、硬头黄竹一起，成为我国西南地区重要的制浆工业原料和生态建设用竹种。

一、分布

梁山慈竹为中北亚热带竹种，是牡竹属中耐瘠薄、耐寒性较强的竹种，自然分布于四川东南部、重庆西南部、贵州北部、云南西北部海拔150～1700m的低山、丘陵、台地及溪河两岸。随着退耕还林工程建设和竹材制浆工业原料林基地建设，四川盆地中部和西缘，贵州中部进行了规模化栽培。

二、生物学和生态学特性

1. 生长发育特征

竹笋生长　梁山慈竹为合轴丛生竹种，秆基两侧着生笋目6～8枚，依入土深浅分为头目、2目、3目、4目。气温回升超过20℃时，头目、2目开始萌发，3目、4目萌发可滞后1年或不萌发。笋目萌发后，秆柄酌情在土中横向生长，然后弯曲向上，笋芽膨胀成笋。出笋初期（6月至7月上中旬），占总数约20%，成竹率约60%；盛期（7月下旬至8月底），约占出笋67%，成竹率约25%；末期（8月底至9月中旬），出笋数约占13%。笋期特点属于迟发短历期单峰型，发笋历期70余天（熊壮，2007）。

竹笋—幼竹的生长　竹笋出土后的30～70天高生长十分迅速，占整个生长量70%以上，竹笋—幼竹平均日生长量约为28cm。

2. 生态学特征

水热条件、光照条件及温湿同步与其生长发育密切相关。生长适宜气候为年平均气温16.0～18.5℃，年降水量1100～1600mm，7～10月降水量＞800mm，年平均相对湿度80%左右，全年≥10℃的有效积温4800～5600℃，1月平均气温≥0℃，日照时数1148h，无霜期达350天以上。应规避随纬度的平流霜冻和随地形的辐射霜冻，引种梁山慈竹区域纬度不宜超过31°N，海拔不宜超过800m。

在一定的气候区内，竹林生产力受地形条件的影响。总体来说，就海拔而言，以低海拔立地的生产力高；就坡向而言，以阴坡、半阴坡立地生产力较高；就地形而言，以沟槽地、台地立地生产力为高。

对土壤条件要求不高，在黄壤、红壤、（中性偏酸）紫色土、冲积土等土壤上都能正常生长发育，以土壤深厚、肥沃为好，忌干燥的沙荒石砾地、盐土、碱土或低洼积水的立地。

三、苗木培育

偶有开花结实，有性繁殖尚处试验阶段，无性繁殖是其种苗繁育的主要方式。

1. 苗圃地选择与处理

山顶、风口、沟槽低洼容易积水立地不宜作育苗圃地。土壤以沙壤土或壤土为最佳，pH微酸至中性。碱性土壤，或过于黏重的土壤，或常年水稻土未经改良不宜作育苗圃地。整地工作要求深耕细作，整地同时施入基肥，施腐熟的厩肥、堆肥45~60t/hm²或者沤熟的饼肥7.5t/hm²左右，并适量加入磷钾肥。一般采用高床作业，苗床高25~30cm，床面宽120cm左右，沟底（步道）宽40cm。

2. 带蔸埋秆育苗

繁殖材料 1年生带蔸母竹，秆基具笋目2~4对，秆基根点萌动未及1/3，秆柄、秆基无劈破或撕裂，秆径≥2.5cm，竹秆保留3~4节。定植前应修剪小母竹秆基已萌发的粗根和过密的须根。

育苗季节 4月上中旬为宜。

栽植密度与布局 小母竹育苗栽植株行距为1.6m×0.5m。栽植点在苗床上"品"字形布局，即竹蔸分置于苗床两侧40cm处。

栽植方法 "斜埋式"定植。秆柄朝下，秆基背朝上，母竹秆与地面呈约15°，两侧笋目与厢面平行，秆切口呈马耳形，切口面朝上；2节竹秆埋于土中，仅留1节母竹秆节于土外，分层踏实覆土，填至近地表时浇足定根水，再覆一层土，可用周边的杂灌物或薄膜覆盖穴面保水（土外秆节需置于薄膜之外）。

苗期管理 苗期应保持圃地土壤湿润，防止积水。苗床应经常除草，除草时注意不要伤及节枝、嫩笋或松动根部。雨后、浇水或追肥后可适当松土、培土。施肥应坚持"少量多次"的原则，5月中旬开始每15天对萌发的节枝进行0.5%尿素+0.2%磷酸二氢钾的根外追肥1次，施3~4次，7月初可施入清粪水，8月下旬可在施入清粪水的同时，加入0.3%~0.5%尿素，9月底可施入少量氯化钾和过磷酸钙。笋竹萌发高生长超过1.3m时断梢，促进新竹节枝、母竹其他笋目萌发。

合格苗产量 42500株/hm²。

3. 分株留蔸育苗

由传统的带蔸埋秆和埋蔸育苗实践中发展起来的分株留蔸育苗是一种低投入高产出的育苗方法。分株留蔸育苗特点在于：主要适用于固定苗圃，而其他方式不限圃地经营年限；仅将苗丛中合格苗蔸部土壤挖开，用特制刀具进行商品苗分株，仍留存原竹丛1~3株立竹，覆土踩实，即可进入较粗放田间管理，而其他方式均是对离体种质材料进行定植繁育，成活后仍需精细管理。

分株留蔸育苗法与带蔸埋秆育苗法相比，平均每丛增产竹苗184%，竹苗平均地径比后者大154%，并表现出5个方面的技术经济优势：①用工量少，降低育苗成本；②成活率高；③枝叶萌发早，出笋早；④产苗量大，竹苗质量好；⑤操作简便易行（干少雄等，2004）。

四、竹林培育

1. 造林技术

造林地选择 因合轴丛生不具鞭根拓展性，2m²以上的四旁土地资源均可利用，忌干燥的沙荒石砾地、盐土、碱土或低洼积水的立地。

整地 穴状整地。株行距一般为4m×4m，立地质量为Ⅰ级且实施集约经营的为5m×5m或4m×6m，Ⅲ级为3m×4m。横山为行，"品"形布穴，清除种植穴周围2m范围内的树蔸、灌木和杂草。栽植穴规格为60cm×60cm×40cm。挖好穴后，可施入堆肥10~20kg/穴，或施入0.5kg/穴的氮、磷、钾总含量在35%以上的迟效复合肥，

四川泸州梁山慈竹竹丛俯瞰（马光良摄）

与表土混合回填置于穴底。

造林季节　以3月下旬至4月上旬为宜。春旱严重的地区，可在雨季来临时造林。

种苗规格　带蔸母竹（同前带蔸埋秆育苗"繁殖材料"）。

种植方法　"斜埋式"定植（同前带蔸埋秆育苗"栽植方法"）。

2. 幼林抚育

新造1年、2年的竹林应进行幼林抚育。

水分管理　若土壤墒情较好或进行了定根水浇灌，穴面有地膜覆盖，可抵御短期春旱；新竹萌发后，如遇久旱不雨，则需半月一次浇灌，灌水量以竹丛蔸部土壤湿润为度，浇水后还应锄松表土并覆盖杂草。生长季浇水，可加入少量氮肥。久雨不晴，竹穴或林地积水时，需及时挖沟排水。

施肥与土壤管理　定植后1个月，母竹笋芽即可萌发，长出新根。为促进生长，提早发笋，每15天可用0.5%尿素溶液进行叶面施肥1次，计3~4次；6~7月结合中耕除草，施人畜粪水10kg/穴；10~11月施三元复合肥1~2kg/丛，离竹丛30~40cm开环沟均匀施入并覆土。

新造竹林中，各种肥料都可使用。迟效性的有机肥料，如人畜肥、土杂肥、塘泥等，最好在秋冬季节施用，可在竹丛附近开沟或挖穴，施后盖土，用量10kg/丛；速效性的化肥，如尿素等，应在春夏季节施用，可直接撒施0.1kg/（丛·次）在竹蔸附近林地上。

除草松土　新竹林郁闭前，每年应该除草松土2次。第一次在6~7月较好，竹笋开始陆续出土；第二次在8~9月为好。除草松土在竹丛周围0.5~1.0m范围内进行，随着竹丛的扩大和根系的蔓延，除草松土的范围应逐年扩大，除草松土时，应注意不要损伤笋芽。

竹农间作　新竹造林在1~3年内宜与豆类、绿肥、薯类、花生等低矮作物进行竹农间作，以耕代抚。间作作物收获时，可将秸秆撒于林地，翻入土中，增加林地肥力。在间作整地、中耕、收获时，应注意不要损伤竹子的根系和

笋芽。

间伐抚育　应去小留大，去弱留强，去密留疏，及早挖除一些竹笋，保留2~3个健壮竹笋成竹。前两年幼林新竹在抽枝后展叶前，折去梢部，去掉顶端优势。第三年春伐除2龄竹。

3. 成林抚育

（1）结构调整

综合熊壮等（2012）、马光良等（2012）、周益权（2010）对竹丛、竹林立竹密度、龄级生物量等的研究成果，林分密度宜400~833丛/hm²，立竹密度在11100~15390株/hm²，以1龄、2龄竹为主。

留养疏笋　1龄母竹秆基中下部的头目、2目出笋成竹能力强，3目、4目则在母竹2龄时有所萌生，但成竹率较低。以最小间距10cm留养头目、2目萌发的健壮竹笋，且均匀分布于丛内。除留养笋以外，及时采挖其他竹笋，保障留养笋竹生长的营养供给，并减小地力消耗。

合理择伐　立竹龄级可划分为幼龄（<1龄）、壮龄（1~2龄）、老龄（≥3龄）三个阶段。竹材秆龄低则利于制浆工艺的碱回收，2龄竹材达到制浆工艺成熟。按"砍老留幼，砍密留疏，砍小留大，砍弱留强"和"爷孙可见、母子相依"的择伐原则，择伐2.5~4.0龄秆材。合理丛内立竹密度1龄：2龄：3龄为6：3：1。留养3龄立竹是为保证丛内立竹均匀度和叶面积指数在8左右。择伐时，对各龄病虫竹、雪压竹、风倒竹应及时伐除。

砍伐季节　一般白露至立春前砍伐，竹林孕笋和发笋长竹期不可伐。伐桩不超过10cm，并随即将其劈破或打通节隔，以利腐烂。

（2）施肥维持地力

冬春施基肥　每年冬春季采伐竹材后，应在距竹丛30~50cm范围内对林地进行深20cm的翻土施肥，诱导竹笋向竹丛外围生长。每五年打除老蔸一次，诱导竹笋向竹丛内生长。视竹林长势施有机肥10~20kg/丛，如厩肥、猪牛肥、塘泥、堆肥、垃圾肥等。

夏季施追肥　第一次在5月下旬于1龄立竹四周撒施尿素0.5kg/丛，以促进笋体肥大和多出笋；

四川泸州梁山慈竹丰产林（马光良摄）

第二次在7月下旬距竹蔸丛20cm开环状沟，施专用复合肥1.2kg/丛，补充出笋和新竹生长养分（邱尔发等，2001；刘广路，2012）。

4. 冻害竹丛生产恢复

梁山慈竹为中北亚热带丛生竹种，受纬度的平流霜冻和地形的辐射霜冻，在冬季时有冻害现象。

伐除枯秆 从林地卫生角度，需将冻害枯秆、枝伐出：1龄、2龄竹秆的留秆高度为"青节+0.5个枯节"；伐出3龄以上竹秆、冻害达1/2的立竹、竹叶受冻70%的弱小老竹。

竹蔸清理 1年生、2年生竹丛冻害较重，不少林地因间种形成竹蔸处杂物较多或农作物荫蔽竹蔸。由此，应在春季清理出1m×1m左右，略低于第一个竹节的空间，为竹蔸处的笋、枝叶萌发提供良好的地上营养空间。进行浅松土，挖除烂竹蔸。

水肥管理 受冻竹丛中仍具生命力的秆节、枝，春季可陆续抽叶发枝。1年生、2年生竹丛林地的水肥管理是竹丛恢复生长的重要促进措施。新竹萌发，如遇久旱不雨，则需半月1次浇灌，促进笋竹生长。结合竹蔸清理，泼施30%人畜肥10kg/丛；竹丛萌发新叶1个月，每15天可用0.5%尿素溶液进行叶面施肥1次，共3次；6～7月结合中耕除草，撒施0.1～0.5kg/丛尿素；10～11月施有机肥10kg/丛，离竹丛30～40cm开环沟均匀施入并覆土。

留养母竹 加大竹丛2.5龄以上老竹比例有助于提高竹丛抗性，并根据丛内立竹分布均匀原则，尽量留养冻害竹丛新笋，丛内立竹密度1龄：2龄：3龄为5：3：2。冻害将促使竹蔸部大量萌发枝条。从养分、透光的角度考虑，对粗壮的抽枝笋蔸选留生长较好枝条2～3条，其余除去。

冻害预防 一般连续3次以上的霜冻将引起梁山慈竹的冻害，危及1龄、2龄立竹的秆、枝、叶。防冻措施：在霜冬来临前，对新造竹丛进行垒蔸培土，保护地下笋目不受冻害（春天需刨去培土以利出笋长竹）；有条件的还可进行叶面喷施150mg/kg多效唑，可提高竹叶耐寒力2℃左右。

五、主要有害生物防治

主要害虫有一字竹笋象（*Otidognathus davidis*）、竹螟（Bamboo-moth）、蚜虫（*Oregma bambusicola*）等，主要病害有竹煤污病（*Meliola stomata*）、笋腐病（*Fusarium moniliforme*）等，具体防治方法见"附表"。

六、综合利用

竹秆壁薄、中空、尖削度大、篾性一般，竹秆利用水平不高；竹材适合制浆造纸和竹束单板层积材加工；此外，竹丛婀娜多姿、枝叶秀美，也运用于园林绿化。

（孙鹏，马光良，熊壮）

别　名｜埋博（云南傣语）、歪脚龙竹（竹类研究）、喔斯布（佤语）
学　名｜*Dendrocalamus sinicus* Chia et J. L. Sun
科　属｜禾本科（Poaceae）竹亚科（Bambusoideae）牡竹属（*Dendrocalamus* Nees）

> 云南省西南部特产的珍稀竹种巨龙竹是世界上最大的竹子，其秆高可达30m以上，秆径可达30cm，单秆竹材鲜重200～300kg。秆型高大，用途广泛，堪称竹中之王、世界之最。巨龙竹是竹亚科中优良特性突出，推广、发展和开发利用潜力极大的特大型工业用材竹种，具有生长发育独特、自然分布局限、传播繁育脆弱、文化内涵丰富、保护发展紧迫等特点（辉朝茂等，2006；2004）。

一、分布

巨龙竹仅见分布于云南省沧源、耿马、西盟、孟连、澜沧、勐海、勐腊等地海拔600～1800m的局部地区，大都分布在低中山平坝和河谷地带，范围大致介于98°50′～101°40′E，21°～23°40′N之间，在背风、土质疏松的沙壤土上生长最好。现分布区基本在北回归线以南，在河谷特殊地形区可略超。

本种是20世纪80年代初在我国云南西双版纳发现的新种（贾良智和孙吉良，1982）。后来西南林业大学竹藤研究所调查发现其原产地和现代分布中心并不在西双版纳，而是位于云南西南部边远的南亚热带中山地区（辉朝茂和张国学，2004；2006），分布在该地区的种源秆型高大通直，而分布在西双版纳地区的种源秆型相对较小，且基部节间短缩和偏斜，称为"歪脚龙竹"。

二、生物学和生态学特性

1. 生长发育规律

分布于较低海拔的巨龙竹一般于5月末或6月初开始发笋，8月中旬或下旬结束，发笋历期65～70天，发笋量多集中在6月中下旬至7月中下旬。在海拔高处发笋稍晚，一般阳坡先发笋，阴坡后发笋。竹丛发笋量、退笋量、成竹数受立地条件、竹丛营养状况、竹丛年龄和竹丛秆龄结构的影响。产区竹丛发笋量3～19头/丛，平均8.2头/丛；退笋量0～7头，平均3.1头/丛；成竹2～11秆/丛，平均5.1秆/丛；竹丛发笋率40.0%～83.3%，平均66.2%；退笋率0%～66.7%，平均33.7%；成竹率28.6%～100%，平均64.7%。成竹平均秆径

云南沧源巨龙竹竹笋（辉朝茂摄）

云南孟连厚壁型巨龙竹（辉朝茂摄）

云南孟连薄壁型巨龙竹（辉朝茂摄）

18.5cm。一般1年生、2年生竹的发笋量较大，发笋量占总发笋量的89%，且发笋率特别高，平均达到145%~200%；3年生竹发笋较少，只占总发笋量的11%，一些3年生竹基本不发笋，即使发笋，笋体也小，多成退笋；4年生以上竹不发笋。

2. 个体和群体结构

个体结构各因子之间相关关系显著，根据标准竹调查实测数据，可拟合出相关的数学模型表示胸径与秆高、胸径与枝下高、胸径与秆重、胸径与材积的相关性，并给出二元材积方程和二元重量方程：①秆重与胸径的相关性 $W=0.4531D^{1.7961}$；②秆高与胸径的相关性 $H=8.737713D^{0.288803}$；③枝下高与胸径的相关性 $H_{ub}=0.6863D^{0.9703}$；④材积与胸径的相关性 $V=0.0015（1.0729^{D}）$；⑤二元材积、重量方程为 $V=3.97×10^{-5}×D^{0.2001845}×H^{1.286321}$，$W=0.02017×D^{0.630812}×H^{2.030059}$。

3. 气候适应性

原产区对其分布起限制作用气候因子临界

值：海拔<1800m，年降水量≥1200mm，年平均气温>15.2℃，最冷月平均气温>10℃，极端最低气温≥-5.4℃，年平均有霜日≤12天，日最低气温≤0℃的日数≤4.1天。

三、苗木培育

埋节育苗生根率较低，生产上多采用分蔸移栽。已开展过组培育苗试验研究（李在留和辉朝茂，2006），但目前尚无可供生产推广的批量苗木。常见零星开花结实，条件较好时可进行播种育苗。

种子储藏 种子生命期很短，种子采收后应及时处理，或直接播种育苗。置于干燥、通气、阴凉处自然风干（或置于有吸湿剂的密封容器或密封袋中），使种子含水率降至8%，然后将种子装入盛有少许硅胶或无水氯化钙的瓶中（或塑料袋）密封，置于冰箱冷藏室或其他3~5℃的环境中保存。但存放时间仍不宜超过6个月。

浸种 播种前用0.75%高锰酸钾溶液浸泡30min，或用水浸泡2~3天，保湿30min。

催芽 用40℃温水浸泡5h，或置于恒温箱内加温至33～38℃，必要时可用低浓度生长素或萌动激素处理，使种子充分吸水并打破休眠。

播种 播种前将处理好的种子剥去外壳（可部分保留），播于苗箱或苗床内，基质除用一般苗圃熟土外，配入适量细河沙、锯末（阔叶树种）和腐殖土。株行距5cm×10cm，覆土12～15mm。

浇水和施肥 适量浇水保持床面土壤湿润，环境温度控制在20～25℃。适当施用有机肥或无机复合肥料，以促进种苗健康生长，最好掺和一些已经分解腐烂的竹叶。

分株和上袋 种子萌发出苗2个月后，采用现地分株分苗技术，可按6个月1次进行扩大繁殖苗木，逐年增加。在起苗后应先栽于营养袋中，并在苗圃中经过几个月的适应性锻炼后再定植。

苗木标准 种子繁殖分株培育的2～3年生竹苗，必须培育成袋苗或盆苗，每袋（盆）发苗3株以上，地径0.5cm以上，苗高50～100cm，修去梢头和枝叶，根系发育良好。

四、竹林培育

1. 造林技术

造林季节和林地选择 一般3～4月育苗，翌年6月上旬雨季到来时出圃造林。选择土质较好、肥力中上等的阴坡、半阴坡造林，尤以溪流两岸的冲积地带上，土层深厚、疏松肥沃的地点为好。

整地方法和造林密度 头年秋冬季至翌年3月进行林地清理和整地，根据造林地情况选择带状或块状整地方式。有条件实行以耕代抚的地块应进行全面整地。挖穴规格根据不同竹苗类型而定，一般为80cm×80cm×60cm。初植密度为株行距7m×8m，立地条件较差地块初植密度适当加大。

竹苗出圃和包装运输 圃地苗要小心起苗，尽量多带宿土，保护根系完整；容器苗或袋苗在栽植前1～2天不宜浇水，保持所带宿土；采用分蔸苗时，选择1～2年生健康母竹，先将竹秆

云南沧源巨龙竹竹丛（辉朝茂摄）

截剩50～100cm，保留秆基部2～3个节间，在竹蔸周边约50cm范围内开沟去土，待竹蔸基本露出时，再用锋利的工具在秆柄基部切开，取出竹蔸，置于阴凉处等待运输。如路程较远，用潮湿麻袋、草席等将竹苗包好运输，车厢前后应用篷布密封。运输时切忌风吹，时间最好不超过2天。运输途中或不能及时运输的母竹或竹苗要注意保湿，防止失水过多，运到造林地后应尽快定植。

造林方法 ①分蔸移栽。在母竹竹秆第一节打孔灌水并用塑料膜包扎，定植时分层填土和灌水进行打浆定植，使竹蔸的根系与土壤紧密接触，适当踏实，并浇透定根水。由于竹蔸挖取和搬运均较费工费时，生产成本较高，此法不宜在大面积造林中使用。在生产实践中，可选取竹丛内的侧生小竹蔸，参照扦插育苗方法在苗圃地进行集中培育，当年即可出圃造林。此法简单易行，采集和运输方便，成活率高，生根发芽快，

云南沧源巨龙竹竹林（辉朝茂摄）

造林效果也较好。②竹苗造林。定植时在植穴底部施用约10cm充分熟化农家肥，回填厚约20cm土壤，不宜栽植过深。将竹苗直立穴中，切口处紧贴植穴的下侧壁，竹苗要端正，分层填土和灌水进行打浆定植，使竹菀根系与土壤紧密接触，适当踏实，并浇透定根水，在竹苗周围覆以杂草，减少水分蒸发。竹苗定植后若超过5天不下雨需及时浇水保湿。若在雨季到来前造林，需在浇透定根水后用塑料薄膜覆盖，达到保温、保湿目的。

2. 抚育技术

幼林管护 为了提高造林成活率和加快成林成材，根据需要对新造的竹林进行灌溉、除草、松土和施肥。避免攀援和缠绕植物，严禁人畜的践踏、破坏，还要防治食笋害虫和食叶害虫对新竹林的危害。由于冬春干旱，每年10月雨水减少，12月至翌年5月长期降水较少，水分缺乏成为影响竹林孕笋和生长的主要制约因素。因此，定期浇水是促进巨龙竹良好生长的重要措施。

成林抚育 在造林后的几年内，要严格保护健康新笋，只可除去少量弱笋、病笋和退笋，以促进竹林尽快发展。在6月上旬开始出笋，初期和末期竹笋个头小，不宜留作母竹。出笋盛期竹笋个头大，生长旺盛，应加以保护，形成大竹。根据其生物学特性，造林后第三年即可开始有计划地进行幼林疏笋和间伐抚育，主要清理隔年小竹、歪竹、病竹、老竹，清理后每丛留取健康母竹3~5株，同时适当修理基部分枝，使林地获得充足的阳光，为新笋孕育提供足够的养分空间。

培土施肥 根菀裸露和气候干燥常导致新笋较大但缺乏生长后劲，使其菀部直径较大而秆径急剧缩小，竹秆尖削度较大不利于加工，不符合优质秆材要求。因此，每年需在冬春季节结合除草、浇水和施肥进行适当培土。一般每年施肥一次，以农家肥为主，适当施用氮、钾复合肥。施肥方法一般在竹丛根部周围开沟，放入农家肥和复合肥后覆土。施肥过量或施肥方法不当会导致竹子灼伤。

适时采伐 竹丛郁闭后就应进行疏伐以加快竹林更新，保持合理的秆龄结构、较高的生命力和旺盛的生长势头。根据竹丛的大小和密度，保留1~2年生新竹，保留部分3年生壮竹，尽量除去4年生以上老竹，这样竹林可保持较高的生产力。采伐时间一般在每年12月到翌年3月，通过采伐将各年龄竹的比例分别调整到25%左右，采伐强度25%~35%为宜。坚持砍小留大、砍老留嫩、砍弱留强、砍密留疏的原则，控制竹林均匀，并培育出特大型特殊用途秆材。

五、主要有害生物防治

未发现明显病虫害，偶见笋横锥大象（*Cyrtotrachelus buqueti*）危害，具体防治方法见"附表"。

六、综合利用

径级粗大，以材用为主，可作建材、竹质人造板和竹浆造纸原料等。其笋味略苦，一般不食用。以其整竹制作组装式竹建筑和特大型整竹竹工艺品，市场潜力巨大，开发前景广阔。西南林业大学竹藤研究所研发成果"巨大型竹材制作的工艺性产品"和"一种特大型竹根菀生态茶具"获国家发明专利，所选育的厚壁型巨龙竹将具有更高的经济价值。

（辉朝茂，石明，刘蔚漪）

别　名 | 苦龙竹（云南通称）、埋波（傣语）、喔努（佤语）、袜卡（拉祜语）、马跨（傈僳语）

学　名 | *Dendrocalamus giganteus* Munro

科　属 | 禾本科（Poaceae）竹亚科（Bambusoideae）牡竹属（*Dendrocalamus* Nees）

> 龙竹秆型高大，秆高达20m以上，直径可达20cm，是产区最重要的以材用为主的笋材两用竹种。其分布范围较广，在产区有悠久的栽培利用历史，积累了丰富的培育经验。

一、分布

龙竹主产于云南西部至南部海拔500～1500m的低山河谷坝区，在滇西北怒江和澜沧江上游、滇中金沙江河谷均有栽培，中国台湾也有栽培，是东南亚热带至南亚热带地区分布最广、栽培最多和用途最大的大型丛生竹种。在其自然分布区域内与村寨聚落的生产生活范围重合，因此几乎无天然林存在。由于分布范围广，而且多系人工栽培，分布区气候和土壤条件差异较大（石明等，2011）。

二、生物学和生态学特性

龙竹为暖热性竹种，喜温怕寒，其主产区的气候特点为热量较高、干湿季分明，但冬季多雾、无霜冻或霜冻较轻。其垂直分布高度在滇南、滇西南可达2200m，适生海拔为1200～1800m；在滇中、滇西可达1950m，适生海拔为1000～1600m。其适生区与季雨林及季风常绿阔叶林、思茅松林分布界线大体吻合。适生气候条件为年平均气温＞17℃，＞10℃的有效积温为5500℃以上，绝对最低气温−2℃，无霜期320天以上；年降水量应＞1000mm，年平均相对湿度应＞75%。有一定的抗旱耐瘠薄能力，主要分布区的土壤以赤红壤为主。在各种母岩发育而成的酸性土壤（pH 5～7）上生长良好。较喜光，幼林时需有一定的荫蔽环境，成丛成林后则需较强的光照条件（辉朝茂和杨宇明，1998）。

每年4月中旬至5月中旬笋眼开始萌动，6月下旬陆续出土，其稳定发笋期为7月初至8月底，至9月中下旬后基本不再发笋，其发笋高峰期在7月中下旬。秆高生长分为三个阶段，8月中旬以前为开始阶段，称为上升期，增长缓慢，增量平均为45.1cm/周；8月中旬和下旬则为生长高峰期，增长迅速，增量平均为200.4cm/周；8月底以后进入生长后期，增长速度下降，称为下降期。一般在8月盛夏为高峰期，在材用林生产经营中应保证此期的水肥等营养生长条件。

三、苗木培育

目前生产上一般采用分蔸移栽和埋节（埋

云南沧源雨后龙竹新笋（辉朝茂摄）

云南沧源龙竹秆箨（辉朝茂摄）

云南沧源龙竹竹秆（辉朝茂摄）

秆）育苗，具体技术可参考甜龙竹。

四、竹林培育

1. 造林技术

造林季节和林地选择　造林季节选择在龙竹休眠期间的2～3月，但由于主产区干湿季分明，因此在缺乏灌溉条件时一般选择在雨季来临前后造林。最好选择土壤肥沃、湿润、深厚、排水透气性好、pH 5.5～7.0的沙质土或沙质壤土最宜。宜于山谷、山麓、山腰地带造林，避开干燥多风山脊、山坡和容易积水地带。如营造防护竹林则可相应放宽造林地条件（辉朝茂等，1997）。

林地清理和整地　清除灌木和草丛，原有的乔木可以适当保留。条件允许时可全面整地或沿水平带按0.5～1.0m进行带状整地，也可按2m直径作块状整地，部分造林地只作点状整地。

造林方法　初植密度一般为225～330丛/hm²，可据造林地情况和需要进行适当调整。采用分蔸造林时，一般选择在雨季来临时直接分株造林即可。如采用竹苗造林，方法如下：①起苗和出圃。在离竹苗10～20cm周围开小沟，将竹子成团挖取。挖取丛生竹时应注意尽量不损伤根蔸和根系。起苗后砍去梢头，保留50～100cm主秆，尽量剪去叶片及带叶小枝，以避免运输和初植阶段失水而影响成活。②包装和运输。如运输距离较远，挖出的竹苗，应及时用草席等材料仔细包裹捆扎，尽快装车直接运到定植地。竹秆上部砍断的切口处用白乳胶封口，也可用稀泥涂抹后用塑料薄膜包扎。最好用集装箱运输，避免风吹日晒，运输途中应注意浇水保湿。③挖穴和定植。挖穴深20～40cm、直径50～60cm。穴底放约5cm厚的细土或3～5kg腐殖土。定植时先将穴内泥土灌水打成泥浆，再将竹苗根部置于泥浆中栽下。如宿土抖落露出竹蔸，应将竹蔸浸水1h，再用泥浆浸涂后方可培土种植。定植时要"浅种—盖土—踩压苗"，覆土较原地表略高即可。竹苗不宜埋得过深，以覆土至苗根部2～3cm即可。若有条件，可在穴中放0.2kg的过磷酸钙。浇透定根水，在浇水的同时将土踏实，避免竹根底部有空洞影响成活。定植要求做到深挖穴、浅栽竹、紧埋土、松盖草、浇足水。

2. 幼林抚育

竹苗定植后遇干旱天应及时浇水，抚育管理如除草或松土工作只是根据需要进行，尽量避免攀援或缠绕植物，防止牲畜啃食竹苗，可用简易竹篱维护，干季注意防火。适当施农家肥及其他有机肥可较好地促进生长发育。在竹林营造的头几年，为保证竹丛生长，促使尽快成林，应禁止盲目打笋，仅清除少量弱笋、病笋、退笋和过密的笋。

3. 成林抚育

疏笋　要清除生长势弱、个体小或受蚂蚁等害虫侵害的非正常笋。一般发笋早期和末期所发笋退笋率较高，一秆多笋、2年生秆所发笋、密丛笋容易出现退笋，及时清除退笋可促进竹林生长。如竹丛发笋量过大、过密也会影响竹林生长，除清除非正常笋和退笋外，还应适当疏采一部分正常笋，一般可全部采除早期或末期所发笋，保留盛期所发的个体大、生长健壮、成竹质量好的壮笋。

疏伐　造林后经营管理较好，一般在3～4年即郁闭成林，如果发笋数量过大，将导致竹丛密度加大，影响成竹质量，造成采伐困难。因此，在竹林郁闭后应适当进行疏伐。根据竹丛大小和密度，按一定的比例伐去3～4年生及以上老秆，特别是竹丛中部过于密集或生长不良的竹秆应及时伐除。通过疏伐不仅可以调整竹丛适应的空间结构，使竹丛尽量向四周发展，保持竹丛合理的秆龄结构和分布均匀度，保持竹丛旺盛的生命力，减小竹秆尖削度从而提高秆材质量。

采伐　竹秆采伐应考虑秆龄、强度、时间3个因素。3～5的成熟秆材已充分木质化，作为

云南沧源龙竹竹林（辉朝茂摄）

云南芒市上百根竹秆的巨大龙竹竹丛（辉朝茂摄）

材用最为合适。此后其生命力便逐渐减弱，竹秆老化并会逐渐枯死。3年生以上竹秆一般已不再发笋，而且影响新笋发生和新竹生长，从而导致竹丛秆龄结构老化和竹林生产力衰退。因此，造林后第五年开始采伐比较合适，通过采伐保持合理的秆龄结构。新造林采伐强度应适当降低，以后老竹林视经营目的而异。如果以材用为目标，应使1、2、3、4年生竹秆分别占25%；如果以笋用为目标，则一般不保留4年生竹秆，3年生竹秆也不能超过10%，1、2年生竹秆分别占大约50%和40%。采伐时间一般在1～4月干季进行。对竹秆密集的竹丛可分2次采伐，第一次从竹秆距地面2～3m处砍断，第二次约在6个月后再从基部伐下。

4. 低产竹林改造

针对秆龄结构严重失调，丛秆过密和老秆比例过大，秆径大小参差不齐，发笋量减小等退化老竹林，都需通过疏伐和抚育进行改造（薛纪如等，1995）。

疏伐原则和方法　需分阶段逐步实施，不可一次完成或采伐量过大，应至少经过3～5年

云南沧源优美的龙竹竹林景观（辉朝茂摄）

逐步完成，每年疏伐1～2次。改造完成后建立起合理的林分结构，以后则进入正常的生产性采伐。

疏伐时间和年龄　最佳伐秆时间是每年干季。一开始多凭经验鉴别出最老的竹秆，其秆龄一般多在6年以上，第一年先将这部分最老的竹秆伐去，其后疏伐秆龄逐年递减。第三年后，约伐到3～4年生秆时，要求标定出竹丛准确的秆龄组成情况，并结合疏伐调整秆龄组成比例，逐步建立起合理的秆龄结构，择伐4年生以上竹秆，形成合理的秆龄结构，恢复和保持旺盛的长势和生产力水平。

疏伐强度　以每丛4年生以上老秆总数为采伐基数，第一次采伐强度应控制在25%～50%，小丛、疏丛在25%左右，大丛、密丛最大强度不可超过50%，以后每次疏伐也参照这个比例。

疏伐方式　先从竹丛外部开始，伐除5年生以上老秆和病残秆；然后分次伐除竹丛中央部分的所有4年生以上老秆、枯立秆和有病虫害、断梢及畸形秆。天然林分或老竹林，老秆和新秆在同一竹丛中分布常不均匀，如果新秆多集中在竹丛中央，需要从老秆生长较密的边伐去较密的老秆，形成一个相对较疏散的开口。如果新秆相对集中于竹丛的一侧，应在与其相对的另一侧进行疏伐，以诱导新秆向疏丛方向发展。此后有了准确的秆龄档案，根据秆龄组成比例的要求，每年调整择伐秆数和次数，开始进入正常的生产经营性择伐。

丰产结构　材用龙竹林以定向培育获得较高的秆材产量为主，影响成竹秆材质量的各因素最佳组合和丰产改造措施应为：去除枯立秆、弱秆、老秆，增大竹丛整齐度，调整竹丛秆数为16～20秆/丛；秆龄结构调整为1年生秆40%，2年生秆30%，3年生秆20%，4年生秆10%；年施肥2kg，其氮：磷：钾配比约为5：4：1，灌溉次数12次/年。

五、主要有害生物防治

未发现明显病虫害，偶见竹蠹螟（*Omphisa fuscidentali*）、笋横锥大象（*Cyrtotrachelus buqueti*）和竹煤污病（*Meliola stomata*）危害，具体防治方法见"附表"。

六、综合利用

秆型高大，产量较高，用途十分广泛，是优良的笋材两用竹种，是产区传统的建筑和编织用材，也常用于制作各种农具、家具和筷子等，可加工成各种竹建材、竹家具和竹工艺品，也是较好的造纸原料。其笋味苦，不宜鲜食，但经蒸煮漂洗后可做笋干、笋丝，色泽金黄，口感较好，是传统食品，深受欢迎。同时，以龙竹笋加工成的酸笋也是产区最重要的笋产品和调味料之一（辉朝茂，2002）。

附：云南龙竹（*Dendrocalamus yunnanicus* Hsueh et D. Z. Li）

本种产于云南南部至广西西南部，在广西被称为"越南巨竹"。秆高达20～25m，直径15～25cm，秆型高大，景观优美，形态特征近似麻竹（*Dendrocalamus latiflorus*），竹笋品质优于龙竹（*Dendrocalamus giganteus*），可鲜食、宜加工，竹材用于建筑、造纸和加工各种竹质人造板，是我国南方推广价值较高的优良经济竹种。其生物学特性近似龙竹，育苗和造林技术可参考龙竹。

附：锡金龙竹（*Dendrocalamus sikkimensis* Gamble ex Oliver）

本种产于云南南部至东南部，不丹、印度和斯里兰卡等国有栽培。因秆之节间表面呈草绿色，色泽鲜明而被称为"碧玉龙竹"。其秆高15～25m，胸径可达15～25cm，是目前所知仅次于巨龙竹的大型丛生竹种。其秆型通直高大，秆不斜依，梢不弯曲，秆材上下粗细均匀，是优良建筑用材和造纸原料，具有广阔的推广发展前景。其生物学特性近似龙竹，育苗和造林技术可参考龙竹。

（石明，辉朝茂，刘蔚漪）

别　名｜甜竹（云南通称）、甜龙竹（《云南植物志》）、勃氏甜龙竹（《竹子研究汇刊》）、云南甜竹（通用）、埋弯（滇南傣语）、喔歹（佤语）、袜绰（拉祜语）

学　名｜*Dendrocalamus hamiltonii* Nees et Arn.

科　属｜禾本科（Poaceae）竹亚科（Bambusoideae）牡竹属（*Dendrocalamus* Nees）

> 　　甜龙竹属于大型丛生竹，是云南及东南亚热带至南亚热带地区最重要的笋用竹种之一。其笋体肥壮、产量较高、品质优良、肉质细嫩、食无苦味、鲜甜可口，无论炖、炒都是宴上佳品，也可加工作保鲜笋和调味笋产品，是国内外品质一流的特种优质笋用竹种。

一、分布

　　甜龙竹是东南亚热带地区分布较广的大型丛生竹，广泛分布于云南南部至西部地区，栽培于村旁寨边，因此也是产区群众广泛栽培食用的传统笋用竹，分布海拔380～1900m。缅甸、老挝、越南、泰国亦有分布，印度有栽培。

二、生物学和生态学特性

　　6月上旬开始发笋，初期生长分为三个阶段，发笋历期120天左右。出笋初期20～25天为上升期，发笋量占全期发笋量的21.4%，增长较缓慢，增量平均为29.3cm/周，每天平均增高3.83cm。此后25天左右则为生长高峰期，发笋量占全期发笋率的62.9%，高生长迅速，增量平均为97.95cm/周，每天平均增高23.75cm。随后进入生长后期，增长速度下降，称为下降期，发笋量占15.6%，增量平均为31.93cm/周，到90天左右时秆高生长基本停止。盛期出的笋高生长周期比初期笋短10天左右，即出笋后约80天便基本停止高生长；末期笋生长缓慢。甜龙竹物候期的出现时间、长短随温度的变化而有较大的差异。

　　从发笋历期上看，1年生竹始笋期早，终期也早，2年生竹始笋期较1年生竹稍迟，而终期也相对较迟，1、2年生竹发笋量随时间的变化基本均为单峰分布，在8月中上旬达到发笋高峰期。

云南沧源甜龙竹竹笋的采收（辉朝茂摄）

云南新平甜龙竹竹笋（辉朝茂摄）

不同秆龄竹的发笋量和发笋率均为1年生竹＞2年生竹＞3年生竹，3年生秆少量发笋，3年生以上老秆则不再发笋。从发笋成竹质量上看，发笋初期发笋量少、笋体最大、生命力强、退笋少、成竹率高；盛期所发笋数量多、笋体较大、退笋率较高；末期所发笋数量少、笋体小、生命力弱、退笋率最高。1年生竹在发笋初期所发笋平均地径最大，而最大地径出现于2年生竹在发笋盛期所发笋中。从目次上看，头目的发笋率较高，笋体大而粗壮，出笋期较早；3目的笋体小，发笋率较低；4目则很少发笋；2目介于1目与3目之间。甜龙竹常见零星开花，但均未见结实（石明等，2007）。

属热性竹种，喜温暖湿润气候，不耐霜冻。分布区气候属亚热带季风气候类型，干湿季分明，年平均气温16℃以上，最冷月平均气温5℃以上，绝对最低气温−2℃，≥10℃的有效积温＞5500℃，年均无霜日＞300天且无重霜，年降水量1100～2000mm，年日照时数2100h以上，相对湿度＞75%。分布区土壤属赤红壤。甜龙竹在疏松肥沃、湿润的土壤上生长最好，在丘陵山坡、路旁、河岸、溪边或宅旁空地均可种植。

三、苗木培育

甜龙竹一般采用分蔸育苗、埋节或埋秆育苗、主枝扦插育苗、空中诱根育苗等。育苗时间以3月上旬至4月中旬为宜。根据云南冬春干旱的气候特点，为了提高造林成活率和保存率，最好采用当年育苗翌年雨季出圃造林的方式（辉朝茂和杨宇明，2002）。

1. 分蔸移栽

在生产实践中，挖取1～3年生竹蔸连带部分秆段作为繁殖体进行移栽，是传统的造林方法，效果较好。在雨季移栽能够获得较高的成活率，若造林地具有浇水条件，可在3～4月移栽，效果更好。所带竹秆长度根据竹蔸大小和竹秆粗细各不相等，可长可短，但一般要保留秆上2～3个节间，节上必须保留具生命力的芽。但由于此法受种源限制，竹蔸挖取和搬运均较费工费时，生产成本较高，不宜在大面积造林中使用。

2. 埋节育苗

育苗时间　3～4月较为适宜，可根据当地气候特点适当调整。

母竹选择　选择1～3年生、具有活动芽或隐芽的健康母竹。

截秆方法　分为单节截秆、双节截秆、多节截秆、埋秆育苗和带蔸埋秆育苗等。带蔸埋秆成活率较高，受季节限制较小，3～6月均可育苗，虽然连蔸挖取比较费工而且运输不便，但还是值得提倡的最佳育苗办法。多节截秆：竹秆中下部截为多节。根据育苗地规格将竹秆截成若干段，每段双节或多节。上下端均保留节间的1/2，截为平口，修去过长分枝。单节截秆：竹秆梢部已萌发主枝部分截为单节。上端保留节间的1/3，截为平口；下端保留节间的1/2，截为斜口；保留1枚主枝，其枝长以至少保留2～3个枝节为宜，剪去过长的部分和其他多余分枝。埋秆育苗：在地形平坦，土壤肥沃的稀疏竹林中，选择透光度大的竹丛边缘，选定1～2年生，生长健壮，隐芽饱满的竹秆作母竹。从母竹基部向外开一水平沟，深、宽各15～20cm，在压条竹秆基部的背面用刀砍一缺口，深度达竹秆的2/3，然后将竹秆向开沟方向慢慢压倒，留20节左右，削去竹梢，保留最后1节枝叶，其余各节枝条除留主枝2～3节和隐芽外，全部从基部剪掉。再把母竹秆压入沟内，覆土3～5cm，轻轻压实，露出末端1节的枝叶，浇水盖草。

育苗方法　通常情况下，选择排灌方便的沙壤土作为苗圃地，条件允许时可掺和适量细河沙或锯末，以增加基质的透水和透气性。多节截秆采用平埋法，截秆两端切口用潮湿的黏性泥土塞满封口，再在每个节间开一直径5～10mm的小孔，并向节间内注满清水后用不干胶带或黏土封孔。然后将节段平放于苗圃地深宽各10～15cm的沟中，分枝及芽与地面平行各向两侧，边冲水边回土，覆土厚度3cm左右，保证其节部充分接触

土壤。简易工作时，也可平埋后用刀开口，保留完整的竹片，注水后合上竹片覆土即可。单节截秆采用斜埋法，截口向下，分枝向上，露出所保留主枝的第一节，边冲水边覆土，保证其节部充分接触土壤。

圃地管护　埋节或埋秆并浇透定根水后，采用地膜覆盖保温保湿。竹节发芽后应及时撕开地膜，防止幼芽被灼伤，便于幼苗正常生长。此后，适时除草并根据需要进行浇水灌溉。

3. 主枝扦插

主枝扦插育苗是利用主枝基部有根点进行扦插育苗。从2~3年生的竹秆上，选择生长健壮、隐芽饱满的1~2年生有根点的主枝。从主枝基部砍下，尽量避免损伤根点，在第三节上约2cm处剪断，最上节适当保留些枝叶，宿存枝箨应将其剥去，露出芽眼。在苗床上按14~16cm的株距和25~30cm的行距开沟，将枝段斜埋，使之与地面成30°~40°的角度，枝（芽）向两侧，最下一节入土3~6cm，切口约与地面平行，然后盖草3cm左右，充分淋水。主枝扦插后10天内要适当遮阴，久雨要除积水，天旱要经常浇水，露节要培土覆盖。

4. 空中诱根育苗

材料准备：用8cm×25cm普通聚乙烯塑料袋，剪去开口端两侧边各一部分，使其呈倒"T"形，基部三边封口完好；袋里填充泥炭藓或其他吸水材料。选择母枝：1~2年生竹秆，保留一健壮分枝，修剪去细小侧枝。包扎母枝：将装有吸水材料的倒"T"形塑料袋内充水后，使袋口上紧包于分枝基部，并将两带缠绕于上一节间基部，使袋子固定。切取母枝：处理后约15天，可从分枝基部长出数条根伸入袋内的泥炭藓，此时可将竹秆砍下，按单节截秆并修去过长的分枝，植于苗圃中培育。此法能较好地保护母竹，取苗根系完整。

5. 其他育苗方法

在竹丛和竹林内广泛选取侧生小竹苑，参照上述扦插育苗方法进行培育，成活率高，生根发芽快，可当年育苗当年造林，是值得提倡的育苗

方法。组培育苗是今后竹类大规模繁殖中最具潜力的人工快速繁殖方法，但目前成年竹组培育苗技术尚未成熟，应加强研究和试验。

四、竹林培育

1. 造林技术

甜龙竹与龙竹秆型大小、生物生态学特性均相似，造林技术可参考龙竹。在无林地造林时，初植密度一般为22株/亩，株行距5m×6m。若是造林地立地条件较差的地块，初植密度可为33株/亩，株行距4m×5m。如果是疏林地或灌木林地造林，初植密度可为10株/亩，株行距8m×8m，适当保留原有林木，结合后述竹林经营措施，实现生物多样性控制的生态栽培，提高甜龙竹林地生态防护效能和经济产出的可持续性。

2. 幼林抚育

幼林是成林的基础，健壮成长的幼林是竹林丰产的先决条件。为了提高竹林成活率和加快成林，根据需要对新造的竹林进行除草、松土、施肥及适当灌溉。避免攀援和缠绕植物，严禁人

云南新平甜龙竹竹丛（辉朝茂摄）

畜的践踏、破坏，还要监测和防治食笋害虫和食叶害虫对新竹林的危害。在竹苗成活开始恢复生长时施肥效果较好，无机肥料更有利于竹苗的营养生长，施用农家肥效果较好，如人畜家禽粪便，混合堆肥以及其他有机肥料均可促进竹林的生长。

3. 成林抚育

适时松土和合理施肥 施肥要结合中耕除草、培土进行，以竹丛为中心的1m半径范围内进行松土，松翻30～50cm，近竹丛处要避免伤及竹蔸秆基上的芽眼和根系。竹蔸裸露的要进行培土。施肥量每亩20kg，按氮∶磷∶钾=5∶4∶1的比例于每年3月、7月、11月分3次混合施用，在离竹丛30～50cm处开沟，深50cm，宽30m，将肥料均匀地撒放于沟中，覆土即可。

疏笋育竹及留笋养竹 采笋、留笋养竹作为结构控制的主要内容，在笋用林定向培育中意义重大。在留养母竹时要做到"适时、适量、适地"。"适时"即留养母竹要选择最好的时期。发笋初期留笋养竹，大量消耗竹丛营养，影响当年笋产量，因此初期笋应全部采收，末期笋笋体较小，难以成竹，也应完全采收，应当留盛期（7月下旬到8月中旬）所发笋。"适量"即留养新竹的数量要适当，每丛留笋养竹2株便可，如果竹丛分布不均，可留到3株，每亩约留母竹48～60株。以后每年留笋养竹，且每年砍去老竹，调整到合理的秆龄结构。"适地"就是新竹留养的位置要适当，做到留疏挖密，尽量挖取竹丛中部竹笋，留养竹丛周围竹笋。

云南思茅甜龙竹竹丛景观（辉朝茂摄）

老秆间伐和竹林清理 竹丛郁闭后就应进行老秆间伐，以防竹丛密度过大，加快竹林更新，保持合理的秆龄结构、较高的生命力和旺盛的生长势头。通过疏伐可以调整竹丛空间结构，使竹丛尽量向四周发展，竹秆和竹冠都变得比较疏散，有利于新笋发生和竹笋生长，确保整个竹丛的母竹均匀分布并逐步走向散生化经营。根据竹丛的大小和密度，保留1～2年生新竹，保留部分3年生壮竹，除去4年生以上老竹，这样竹林可保持较高的发笋能力。每年12月到翌年3月是竹子生理活动较弱的时期，此时秆内糖分及其他有机物含量低，伐竹对竹丛影响不大，有利于竹材利用，且能较好地保护竹丛。疏伐坚持砍小留大、砍老留嫩、砍弱留强、砍密留疏的"四砍四留"的原则。

扒晒除蔸和覆盖培土 3月底至4月初，扒开竹蔸周围的土层，露出竹蔸芽眼，让笋芽接受光、热刺激，促进提早发笋；挖除或劈除无发笋能力的老竹蔸。根据气候情况，4月底至5月初将竹丛周围的竹叶覆盖于竹蔸周围，充分浇水灌溉，适量撒施尿素，然后覆土将竹蔸覆盖。主要目的是提高土壤温度，促进竹林提早发笋，提高鲜笋上市价格。

竹林丰产结构 甜龙竹的林分结构主要包括物种组成、立竹度（秆/亩）、竹丛度（丛/亩）、丛径、竹丛分布均匀度、秆龄结构（林分秆龄、竹丛秆龄）、竹秆大小、竹秆大小的整齐度、叶面积指数和丛秆数（秆/丛）10个主要结构因子。由于丛生竹与散生竹在生物学物性、生理特征和生态习性及个体与林分结构上有着根本区别，丛生竹林分结构是以竹丛为单位，因此在丛生竹的林分结构与竹丛结构中，竹丛结构更为重要，且在竹丛度一定的条件下，竹丛结构决定林分结构。在相同条件下竹林结构对产量的提高极为重要。

五、主要有害生物防治

甜龙竹未发现明显病虫害，偶见竹蠹螟（*Omphisa fuscidentali*）、笋横锥大象（*Cyrtotrachelus*

云南新平甜龙竹（辉朝茂摄）

buqueti）和竹煤污病（*Meliola stomata*）危害，具体防治方法见"附表"。其中，竹蠹螟的幼虫是民间常见的食用昆虫（一般称为"竹虫"，傣语叫"咩"），长于1年生秆内，长2～3cm，体细呈乳白色，喜群居，一节幼秆内常有数十条至数百条，滇南许多民族都喜食善捕。

六、综合利用

甜龙竹鲜笋品质优良，鲜甜可口，产区群众均以"甜竹"或"甜笋"相称（史正军等，2009）。其秆型高大，材质优良，用途广泛，因此也是一种优良的以竹代木材料。我国西南部和南部南亚热带至热带北缘地区，气候温暖、雨量充沛、热量丰富，特别适宜甜龙竹生长，具有产业化开发的优越条件（张家社和辉朝茂，2012）。应积极推广通过多物种复合经营实现生物多样性控制的生态栽培技术，选育优良品种建立规模化优质高效竹林基地，研发甜笋活体保鲜技术，促进甜龙竹资源的产业化开发（杨宇明和辉朝茂，1998）。

附：版纳甜龙竹（*Dendrocalamus hamiltonii* Nees et Arn.）

产于云南省南部地区，优质笋用竹种。本种近似甜龙竹，但秆型相对较小，箨片直立。其生物学和生态学特性以及竹笋品质与甜龙竹相似，育苗方式及竹林培育措施可参考甜龙竹。

（辉朝茂，石明，刘蔚漪）

别　名｜埋桑（云南傣语）

学　名｜*Dendrocalamus membranceus* Munro

科　属｜禾本科（Poaceae）竹亚科（Bambusoideae）牡竹属（*Dendrocalamus* Nees）

> 黄竹是云南南部比较常见的野生竹种，黄竹林也是珍稀野生动物亚洲象重要栖息场所和食物来源。其材质优良，可作造纸原料、建筑用材、扁担和筷子等竹木制品材料，用途广泛，经济价值较高。云南澜沧江流域有我国分布面积最大的天然黄竹林，逾7万hm²，秆材蓄积量达700万t。

一、分布

黄竹主要分布于中国西南部及缅甸、泰国、越南、老挝等东南亚国家，在我国，集中分布于云南南部澜沧江下游河谷地区，包括西双版纳各县，临沧市沧源县、耿马县、普洱市思茅区、江城县、红河哈尼族彝族自治州金平县等，各地村寨周围也有零星栽培。分布区属于滇南热带季雨林区，21°～23.7°N，98.8°～103.4°E，一般为海拔550～800m，有时在山地可分布到海拔1000～1100m以上（薛纪如等，1995）。

二、生物学和生态学特性

黄竹属合轴丛生型竹类，秆高10～15m，直径7～10cm。一般在7月上旬即开始发笋，退笋率高；8月上旬至中旬为发笋盛期，所发笋大多能正常生长；8月下旬后进入发笋末期；9～10月为高生长旺季，10月下旬后逐渐停止。笋高在50cm以下时高生长缓慢（前期），平均0.04m/天，即全高的0.3%（竹高以15m计，下同）；以后生长速度渐快，直至长足全高之前（中期），生长量平均为0.31m/天，即全高的2.0%；长足全高前一段时间生长速度最慢（后期），仅为0.02m/天，即全高的0.1%。整个生长过程平均生长速度为0.18m/天，为全高的1.2%（辉朝茂，1989）。

基径和胸径生长无明显变化，基径在出笋后20～30天即可长到最大值；胸径在竹株长至胸高

后3～5天即可长足。秆高1～2m时，基部秆箨即开始脱落，随后侧芽开始萌发，逐渐抽长枝条，进入发叶期。出笋量一般在阴坡多于阳坡，坡下部和山谷多于坡上部，高生长也以阴坡稍快。生长也受气候条件影响而呈现季相变化，每年1～4月形成干季落叶，阴坡或山脚生境较为湿润处

云南思茅黄竹羽毛状分枝（辉朝茂摄）

仍保留部分叶片或有极少数落叶不明显。常见零星开花结实，种子能天然更新，也可采收播种育苗（辉朝茂，1990）。

黄竹是一种较耐干热、偏旱性的竹种。其适生气候是年平均气温19.8～21.5℃，年日照时数1862～2153h，年降水量1207～1533mm。适生土壤为砖红壤和赤红壤。

三、苗木培育

育苗方式主要是分蔸移栽，具体技术可参考甜龙竹，也可收集种子进行播种育苗。

四、竹林培育

黄竹林主要为天然低产竹林，秆龄结构多老化，秆型大小不均匀，采用选择性疏伐进行人工改造。具体方法可参考龙竹，但根据黄竹特点，在技术实施中应注意以下问题：①由于本种分枝较低，竹丛内枝条交互缠夹，人工采伐和疏伐都比较困难。在进行人工改造时需用利器先将竹丛基部枝条砍伐修整和清理，再按既定方案进行疏伐改造。在改造后竹林经营过程中，要定期修整竹秆中下部枝条，便于采伐。②在开始改造的

云南景洪黄竹天然竹林景观（辉朝茂摄）

1～2年内，一定要注意区分大小丛，采取不同强度的疏伐，对较大竹丛进行较大强度改造，对较小竹丛进行较小强度改造。③由于秆丛密集，可采用中部皆伐、轮边皆伐和对角线皆伐的方式进行采伐（辉朝茂，1990）。

五、主要有害生物防治

主要有丛枝病（*Aciculosporium take*）、长足大竹象（*Cyrtotrachelus longimanus*）、竹纵斑蚜（*Takecallis arundinariae*）、煤污病（*Neocapnodium tanakae*）等危害，具体防治技术见"附表"。

六、综合利用

黄竹为材笋兼用竹。秆型高大，径粗壁厚，纤维较长，材质坚韧，不但为优良的材用竹，而且是当地建造傣家竹楼的主要材料，同时也是编织和造纸的优质原料。本种分布面积广、竹笋产量大、加工品质佳，西双版纳和普洱所产笋干多由其制成（辉朝茂，1986）。

（刘蔚漪，辉朝茂，石明）

云南芒市黄竹人工栽培竹丛（辉朝茂摄）

别　名 | 棉竹、石竹、篓竹（福建）、桂竹（台湾）
学　名 | *Phyllostachys makinoi* Hayata
科　属 | 禾本科（Poaceae）竹亚科（Bambusoideae）刚竹属（*Phyllostachys* Sieb. et Zucc.）

> 台湾桂竹是一种笋竹兼用竹种，具有生长快、成材早、产量高的特点。其竹材用途广泛，材性在日常用具和农具生产方面远胜毛竹，是竹器生产的主要原料；竹笋味甜美，可鲜食，也可制作笋干、罐头；枝叶青翠，挺拔秀丽，也是庭园园林绿化的优良竹种。

一、分布

台湾桂竹产于福建（永定、福州、闽侯、永泰、闽清、罗源、宁德、南平、建瓯、武夷山）、台湾、安徽（金寨、皖南）、江西（万载、德兴、泰和、瑞金）、浙江等地，在福建和台湾等地可成片分布（马乃训，2014）。浙江、江苏和安徽有引种栽培。

二、生物学和生态学特性

竹秆高10~20m，胸径3~8cm，节间最长可达40cm，壁厚达10mm。地下鞭数量94.6%分布在0~20cm的土层中，竹鞭分岔少，"向上"方向生长多，壮芽、笋芽随鞭龄增大而减少，老龄鞭中空芽节所占比例最多（黄克福等，1994）。笋期为4月底至5月底，盛期在5月初。

在其分布区范围内，年平均气温为15~20℃，1月平均气温为5~8℃，极端最低气温在-10℃以上，年平均降水量为1000~1500mm，要求干旱季节的降水量在40mm以下的月不超过3个月，相对湿度60%左右。其垂直分布上限一般在海拔1000~1200m，在台湾可高达1500m，但在800m以下的低山、丘陵生长较好。山洼谷地、山麓及平缓山坡栽培的台湾桂竹生长较好；河滩、江河两岸抛荒的水田、排水不良的谷地不宜种植（黄盛林，2004）。

三、竹林培育

1. 造林技术

整地　要求土壤疏松、透气、肥沃，土层深厚，保水性能好，深度50cm以上，以微酸性或中性土壤为宜。土壤贫瘠浅薄、石砾过多或土壤过于黏重、透气性能差等立地不宜发展。根据林地实际情况整地挖穴，造林密度600~900株/hm²。栽植穴长80cm×宽50cm×深40cm，在有坡度的林地，其穴长边与等高线平行，挖穴时应把表土和心土分别放置穴的两侧。

造林季节　冬至至清明（12月中旬至翌年3月）造林成活率最高，也可梅雨季和秋季9月种竹。

移母竹造林　选择1~2年生、胸径1.5~2.5cm、竹秆直、枝叶繁茂、叶色深绿、生长健壮的竹子作为母竹。栽植深度比原苗深2cm，竹鞭在土中15~20cm为好。种竹时根系舒展，然后回填表土，要做到下紧上松、鞭土密接，最后盖一层茅草。

2. 幼林抚育

栽后如遇天晴不雨，土地干燥，需及时浇水。除草松土时间可选择5~6月或9~10月，以浅削为好，松土除草可与施肥结合进行，当年母竹可施复合肥50~150g/株。春季种竹，部分母竹当年就会出笋，每株母竹可留养1株健壮的笋培育新母竹，其余可疏去。在造林第二年起应积极

福建漳平台湾桂竹新竹（荣俊冬摄）

疏笋，留远挖近、留强挖弱、留稀挖密。

3. 成林抚育

一般成林每年6月深翻松土1次，结合施肥进行，深度在25cm左右。集约经营竹林1年施肥3次，第一次施肥在6月，每公顷施尿素375kg、氯化钾225kg、过磷酸钙750kg，施肥方法采用翻施；第二次施肥在9月，采用低浓度液体肥料进行泼施，以促进笋芽分化；第三次施肥在笋期4月，每公顷可施尿素375kg，可延长笋期，增加单株笋重，提高竹笋产量和新竹成竹率。

立竹度以7500株/hm²为宜，1～2年生的母竹应占70%以上，4～5年以上的老竹应挖除。挖除老竹的时间以6月为最好，可结合松土连竹蔸一并挖除（郑郁善和梁鸿燊，1998；郑郁善等，1999）。

四、主要有害生物防治

台湾桂竹主要病虫害有异歧蔗蝗（*Hieroglyphus tonkinensis*）、毛竹尖蛾（*Cosmopterix phyllosta-*chysea）、刚竹毒蛾（*Pantana phyllostachysae*）、竹笋禾夜蛾（*Oligia vulgaris*）等，具体防治技术见"附表"。

五、综合利用

台湾桂竹用途很广，竹秆可制作竹笛、南箫等乐器；篾性好，是很理想的劈篾制作竹编原料，福建东部、南部广泛使用台湾桂竹劈篾制作各种竹编、竹制工艺品，还可广泛用于制作各种精美的竹制家具、竹制农具；纤维长，也适用于造纸和人造纤维；竹笋甜美，可鲜食，也可制作罐头、笋干；竹秆光滑柔韧，可制包装材料、斗笠衬垫、船篷的内衬等；台湾桂竹枝叶青翠，挺拔秀丽，也是很好的园林绿化竹种；其地下茎系统及庞大的根系对固土保水起很大的作用（彭彪和宋建英，2004）。

（荣俊冬，郑郁善，张迎辉，陈礼光）

别　名｜花竹（湖南、陕西、贵州），白夹竹（重庆、四川），扫帚竹（河南），厘竹，笼竹、枪刀竹（浙江）
学　名｜*Phyllostachys nidularia* Munro
科　属｜禾本科（Poaceae）竹亚科（Bambusoideae）刚竹属（*Phyllostachys* Sieb. et Zucc.）

> 篌竹是我国亚热带及暖温带地区中小型笋材两用竹种，竹材可作篱笆、农具和造纸原料，竹笋可食用。其竹冠挺拔、笋箨多彩，也是很好的园林绿化树种。

一、分布

篌竹主要分布于西起四川和云南的长江流域及以南各省份，大致地理分布范围为25°～35°N、105°～120°E。垂直分布上限在东部浙江天目山可达1200～1500m，西部四川和贵州可达1800m，分布区北缘的秦岭、桐柏山和伏牛山可达1000m。篌竹多与村居相伴，呈小块状散生，其中四川东部和重庆东北部、贵州东北部、浙江西北和安徽南部山区是其集中分布区，成片面积近$10×10^4$hm²。

二、生物学和生态学特性

秆高10m左右，粗4cm左右，笋期4～6月，花期4～8月、少见。实肚竹（*Phyllostachys nidularia* f. *farcata*）、蝶竹（*Phyllostachys nidularia* f. *vexillaris*）、光箨篌竹（*Phyllostachys nidularia* f. *glabrovagina*）、黄秆绿槽篌竹（*Phyllostachys nidularia* f. *speciosa*）和绿秆黄槽篌竹（*Phyllostachys nidularia* f. *mirabillis*）5个变型的主要生态学特性和原种相近，均分布于篌竹的自然分布区内。中心分布区地处东南季风带，年平均气温14～18℃，1月平均气温2～8℃，7月平均气温26～28℃，≥10℃的有效积温4500～6000℃、230～280日。全年无霜期≥300天，年降水量800～1800mm，年太阳总辐射量4000～4500MJ/m²。篌竹适宜于黄壤、红壤、黄棕壤、淋溶性石灰土和河流冲积土生长，在土壤瘠薄的山坡地、河溪旁及沙滩地上也能生长，以在土层深厚、肥沃湿润，酸性或微酸性沙质壤土上生长较好。

三、苗木培育

1. 母竹培育

宜靠近造林地选址，以海拔高度<800m、土层厚度>30cm、坡度<20°阳坡中下部，黄壤、红壤和河流冲积土生长的篌竹林较理想。以纯林为主、混交林上层乔木郁闭度<0.3，林分密度20000～50000株/hm²，平均胸径1.5～2.5cm，1年生竹：2年生竹：3年生竹：≥4年生竹的株数比例为1:1:1:1，母竹年生产量可达2000～4000株/hm²。

冬季在平地宜全垦，坡地沿等高线带状垦复、年度间轮垦。深翻土壤至20cm左右，清除石块、伐桩及老旧鞭根。结合松土，施有机肥2万～3万kg/hm²或复合肥6000～15000kg/hm²。早春适量增施氮、磷、钾速效肥，有利于出笋。

重庆梁平篌竹出笋（丁雨龙摄）

2. 起苗运输

起苗母竹年龄2~3年，胸径1~2cm，生长健壮、枝盘低矮、枝叶繁茂、无病虫害，宜在鞭芽萌动出土前起苗。在确定竹鞭走向后，离母竹30~50cm处开挖，1~2株/丛。保留竹冠2~3层枝，来鞭和去鞭长度不小于10cm，土球直径≥20cm，用草绳等裹缠包裹土球。起苗和运输母竹时力求避免损伤鞭芽和秆柄"螺丝钉"。起苗后，宜及时覆土、施肥，促进竹鞭萌芽孕笋。

四、竹林培育

中心分布区水热条件好，适宜营建篌竹材用林、笋用林和笋材兼用林。篌竹丰产材用林秆材蓄积量和年生长量可达50~70t/hm²和12~15t/hm²。

1. 栽植

选择立地 贵州铜仁海拔650~850m间的光箨篌竹林发笋量、1年生竹数量和平均胸径值较高（张喜等，1995），四川华蓥海拔1050~1100m间的篌竹林平均胸径也可达1.88cm（沈承权等，1993）。篌竹林地上生物量呈阳坡＞阴坡、斜坡（15°~30°）＞缓坡（＜15°）＞陡坡（≥30°）、下坡＞中坡＞上坡、厚土层（≥80cm）＞中土层（40~80cm）＞薄土层（＜40cm）及厚腐殖质层（≥5cm）＞薄腐殖质层（＜5cm）的趋势（张喜等，1995；黄甫昭等，2012）。因此，海拔高度600~900m、阳坡、斜坡、下坡位、厚腐殖质及厚土层适宜营造篌竹人工林，生产力较高。

整地栽植 种植前一年冬季清林整地。清除杂灌，适量保留优质珍贵树种。坡度＜15°宜全面整地；15°~25°宜沿等高线带状整地，一般带宽和间距1~2m；≥25°宜穴状整地。整地深度≥30cm，清除石块和树蔸等。栽植株行距2m×3m或3m×4m，密度为830~1660株（丛）/hm²。穴规格为50cm×40cm×30cm，表土和底土分置于栽植穴两侧，便于表土回填。经营条件许可的地方可每穴施入腐熟有机肥5~10kg，或复合肥0.25~0.50kg，并与回填表土充分混合。提倡随起随栽。竹苗入土后鞭根放置水平、根系舒展，

分层回土侧方压实，覆土厚度高于原土层3~5cm为宜、壅土呈馒头形。覆土过程中切勿在正上方用力踩踏鞭根或任意扭动"螺丝钉"。栽后需浇足定根水。

2. 幼林培育

新造竹林应防止人畜践踏，造林当年成活率＜85%或第三年出竹率＜80%的造林地应及时补植。留大笋，清除退笋、弱笋及病虫笋，清除林地非目标培育树种。幼林地可间种豆类及草本中药材，间种作物和竹苗的间距≥30cm，间作物废弃物宜蓄留林地，保育土壤。每年秋季或冬末春初清除灌草、松土1次，松土深20cm左右，壅土扶苗。可结合松土施肥1次，沿竹苗根盘两侧30cm处，施肥深度20cm左右，肥量为腐熟厩肥15t/hm²，或堆肥10t/hm²，或氮磷钾复合肥0.45t/hm²。

3. 成林抚育

劈山 1~2年秋季或冬季劈山抚育1次，清除林地杂灌、藤草，以及老弱病残竹等。篌竹林抚育后比对照的出笋量和成竹量分别提高21.05%和48.86%（沈承权等，1993）。

贵州荔波篌竹丰产林林相（丁雨龙摄）

垦复 3~4年秋季或冬季垦复林地1次，可结合劈山进行。坡度<15°宜全垦或块状垦复；≥15°宜带状轮垦，水平带宽及带间距2~3m。垦复深度≥20cm，清除伐桩、老鞭和竹蔸等。

4. 定向培育

（1）材用林培育

林分密度 贵州铜仁光箨篌竹密度为52500株/hm²的林分年新竹产量达6800株/hm²、秆材生长量达8.93t/hm²（张喜等，1995），同四川华蓥篌竹林的密度试验结论相似（沈承权等，1993）。年新竹和秆材产出量呈年年间伐>隔年间伐>隔2年间伐的趋势（张喜等，1995）。篌竹材用林中1年生竹：2~3年生竹：≥4年生竹的株数比例宜为1：2：2。

留笋养竹 依据林分设计密度及年龄结构蓄留一年竹数量。宜留出笋期的前期笋和大径笋，不留病弱笋、小径笋和后期笋，留笋均匀分布。

施肥 同肥种及等量的月施肥试验发现，篌竹林3月和8月施肥的新竹产量较高、达到13900株/hm²和12400株/hm²，尿素（810kg/hm²）+过磷酸钙（667.5kg/hm²）+硫酸钾（207kg/hm²）组合的新竹产量较高，为对照的140.63%（沈承权等，1993）。撒施常用于有机肥，结合林地垦复进行。沟施常用于复合肥和无机肥，施肥沟深≥20cm、宽15~20cm、沟距2~3m，施后覆土填平。

（2）笋用林培育

光箨篌竹林出笋量和新生竹的平均胸径在30000~45000株/hm²间出现峰值，分别为9200~50900株/hm²、0.92~1.86cm，是笋用林的适宜密度（张喜等，1995）。笋用林宜年年间伐，其1年生竹：2~3年生竹：≥4年生竹的株数比例宜为1：1：1。留笋养竹和施肥等经营措施同材用林。

（3）笋材兼用林培育

篌竹笋材兼用林适宜密度界于笋用林和材用林之间，宜年年间伐，其1年生竹：2~3年生竹：≥4年生的株数比例宜为1：2：1，留笋养竹和施肥等经营措施同材用林。

5. 伐竹采笋

伐竹 遵循"砍老留幼、砍密留稀、砍小留大、砍劣留优、小年少砍和大年多砍"的原则，采伐>4年生的老龄竹。伐竹季节为秋冬季，齐地采伐。

采笋 遵循"采小留大、采密留稀、采劣留优、不采林缘笋、少采走鞭笋、留前期笋采中后期笋、小年少采和大年多采"的原则，除预留母竹外，全部采收。采笋时间为开始出笋10天左右至出笋结束，采收高度20~30cm，齐地采摘。

五、主要有害生物防治

篌竹病虫害种类较多、成灾较少，笋期虫害明显。虫害主要有竹笋禾夜蛾（*Oligia vulgaris*）、一字竹笋象（*Otidognathus davidis*）和毛笋泉蝇（*Pegomya phyllostachys*）等（王亿成，2008）；病害主要有竹秆锈病（*Stereostratum corticioides*）、竹丛枝病（*Aciculosporium take*）和竹枯梢病（*Ceratosphaeria phyllostachydis*）等，具体防治技术见"附表"。

六、综合利用

竹笋笋味鲜美，可鲜食或加工成保鲜笋及干笋制品；竹材柔韧、尖削度小，细秆可作篱笆、粗秆可劈篾编织农具；竹材纤维性能良好，是优质竹浆原料；竹叶提取物具有抑菌性，寄生的竹黄菌具有镇痛消炎和治癌护肝的效用，有悠久的民间应用历史与现代临床应用潜力；植株冠幅狭窄而挺立、叶下倾，体态优雅，笋箨纹路明晰，是优异的园林绿化竹种。

（张喜，霍达，张佐玉，孙鹏）

别　名 | 楠竹（西南）、孟宗竹（东南）
学　名 | *Phyllostachys edulis* (Carr.) H. de Lehaie
科　属 | 禾本科（Poaceae）竹亚科（Bambusoideae）刚竹属（*Phyllostachys* Sieb. et Zucc.）

　　毛竹是我国栽培面积最大、开发利用最好的经济与生态竹种，具有生长快、产量高、材质好、用途广等特点。目前，毛竹林面积已达443万hm²，占全国竹林总面积的74%（国家林业局森林资源管理司，2013），在我国竹产业发展中发挥着重要作用。

　　毛竹的现代栽培技术起源于20世纪60年代初，经过几十年的研究，在林地管理和林分结构调整等方面形成了一套操作简便、见效快的实用栽培技术，对提高竹农培育水平、解决就业、改善生活，尤其是边远山区脱贫致富起到了重要支撑作用。毛竹材利用在我国可以追溯到史前，用作梁、柱、椽、壁等；目前，毛竹制品已经形成竹笋、竹板材、竹炭、手工艺品等十二大类近万种产品，广泛应用于生活中的方方面面，同时毛竹林在水源涵养、水土保持、固碳增汇和改善环境等方面也发挥着巨大的生态效益，在国家生态建设与国土安全维持等方面发挥着重大作用。

一、分布

　　毛竹是我国竹类植物中分布最广的竹种，广泛分布于南方27省份，自然分布东起台湾，西至云南东北部，南自广东和广西中部，北至安徽北部、河南南部，相当于24°～32°N，102°～122°E。分布区内有大面积人工纯林，也有与杉木、马尾松或其他阔叶树组成的混交林。福建、江西、浙江、湖南、四川、广东、广西、安徽等省份是毛竹资源最丰富地区，约占全国毛竹林总面积的90%，竹林培育和产业开发也较为发达。垂直分布从海拔几米到1000m左右，生长较好的毛竹一般都分布在海拔800m以下的山地。在20世纪60年代的"南竹北移"中，毛竹被引种到山东、山西、陕西、河南等北方部分地区栽培。

　　毛竹在海外亦有分布。早在1736年，毛竹就被引种至日本，现广泛分布在九州、四国、本州直至北海道的函馆（41°45′N），成为日本主要栽培竹种；19世纪以来，英、法、美、苏联等国都引种过毛竹，并有成片竹林。

二、生物学和生态学特性

1. 形态特征

　　地下茎属单轴型，具粗壮横走的地下径（竹鞭），秆高可达20m以上，直径可超过20cm，最长节间可达40cm以上。

2. 生态学特征

　　分布的主要制约因素为水分和温度，温暖湿润的气候条件适合毛竹生长；在其分布范围内，年平均气温15～20℃，1月平均气温1～8℃，年降水量800～1800mm。分布的北缘地带，年平均气温14℃左右，1月平均气温1℃左右，极端最低气温-15℃左右，年降水量800～1000mm，年蒸发量为1200～1400mm。垂直分布上限的气温又常常低于其水平分布北限的气温，例如，在庐山海拔1000m左右的地方，有生长良好的毛竹纯林和毛竹杉木混交林，当地的年平均气温为11.1℃，1月平均气温为-0.2℃，极端最低气温为-16.7℃。鞭根系统发达，既需要充裕的水湿条件，又不耐积水淹没，对土壤的要求高于一般树种，在砂岩、页岩、石英岩、花岗岩等为母岩的厚层酸性土壤上生长良好，过于干燥的沙荒石砾地、盐土、碱土或低洼积水的地方不适宜毛竹生长。在海拔800m以下的丘陵、低山地区生长最好，尤其是在山谷地带土层深厚肥沃、水湿条件好、避风温暖，竹林产量高，竹材品质好。

3. 生长发育特征

（1）种子萌发

种子萌发时先出胚根，再出胚芽。出土后，在适宜的条件下经40～50天（秋播要经过100天左右），开始第一次分蘖，约需1个月时间完成分蘖苗的高生长。随后不断地又从苗基部位分蘖新苗，第一年内可分蘖4～6次（北方地区分蘖3～4次），每次分蘖苗都比前一次高大，而且大部分只分蘖新竹苗，不长横走地下径（竹鞭），呈合轴丛生态。1年生苗丛有10～15株竹苗，生长好的可达20株以上；苗高20～40cm。叶片生长也有别于成年毛竹，每一枝上生长十几个叶片，比成年毛竹叶片大3～5倍。2年生苗春季开始由原来1年生幼苗秆基部位分蘖新笋，长出小竹；4月下旬，开始第二次分蘖，此时竹笋要在地下横走一段距离，再出土长成小竹；5月下旬至6月上旬起，大量形成地下茎（竹鞭），地下茎不再伸出土面。3年生苗只在春季发笋1次，不仅秆基部位发笋，横走地下的竹鞭也开始出笋。长出的小竹秆高1～2m，地径0.3～0.6cm。一般1～3年生的实生苗均可出圃，用作造林（江泽慧，2002）。

（2）鞭根生长

地下茎即竹鞭是同一鞭竹系统间相互连接，进行物质、能量和信息交换的重要通道，也是水分、养分输送的重要器官，是毛竹的营养繁殖器官。竹鞭一般分布在15～40cm深度的林地表层，在土壤肥沃丰厚的地方可达1m左右，最深可达4～5m。大小年分明，且我国大部分毛竹林为大小年竹林（马乃训等，2014），鞭一般在小年的5～6月萌动生长，7～10月达到旺盛期，11月生长速率趋于减缓，12月至翌年1月停止生长，3～5月笋芽出土成竹。鞭根生长所需营养靠所连接的母竹提供，如果在母竹生长活跃期砍竹挖笋，易引起大量伤流，影响鞭根生长发育，甚至萎缩

死亡。因此，在对竹林的经营中，应遵循鞭根发育节律，尽量减少孕笋及冬笋期对林地的干扰，以保证竹林的健康生长。

经营措施对毛竹地下系统影响显著，竹林常规经营措施如锄草松土、深翻垦复、林地施肥等可起到促进扩鞭成林的作用：锄草松土与深翻垦复使鞭节变短，鞭段数增加，萌动竹笋多，新竹株数多。混交对竹林地下系统结构有重要影响，在杉木—毛竹混交林中，杉木对竹鞭向纵深延伸、壮芽数的比例提高有促进作用。

（3）竹秆生长

竹秆的生长可分为三个阶段（周芳纯，1998）：冬笋生长阶段（竹笋的地下生长）、春笋—幼竹生长阶段（秆形生长）和成竹生长阶段（材质生长）。

冬笋生长阶段　大小年分明的竹林，在小年的夏末，竹鞭上的部分肥壮芽开始分化萌动并逐渐膨大成"冬笋"。初冬，冬笋箨呈浅黄色，被有绒毛，随着温度的降低，生长减慢，到翌年春季，气温回升，生长加速，出土成为"春笋"。"冬笋"转变为"春笋"的时间长短，跟温度、湿度和竹鞭入土深度有关，一般为20～30天。根据竹笋出土的数量和质量，可分为初期、盛期和末期三个阶段。初期笋数量较少，个体大，养分充足，退笋率低；盛期笋数量最多，健壮肥大，成竹率高；末期笋因养分不足，退笋率高。在竹林培育时，应留养盛期笋，采挖末期笋，初期笋可部分采挖，以减少对养分的过度争夺。

春笋—幼竹生长阶段　该阶段从竹笋出土到高生长结束，主要完成秆形生长，通常需要40～60天，可分为初期、上升期、盛期和末期四个阶段。生长初期是竹笋地下生长的延续，笋尖出土，笋体仍在土中横向膨大生长，高度增加很少；上升期时竹笋地下部分节间拉长基本停止，逐渐发育为秆基，竹根大量抽发，地上生长加快，每天可伸长10～20cm；盛期为幼竹生长的直线上升期，一昼夜生长量可达1m，开始抽枝，侧根逐渐形成；末期时，叶片展放，梢部弯曲，笋箨脱落，形成新竹。

成竹生长阶段　新竹形成后，其秆形生长结束，秆高、秆径和体积基本不再变化，但竹秆组织幼嫩、水分含量高，竹子进入干物质积累期，即成竹生长阶段。

（4）竹林生长

竹林生长呈现出明显的周期性，每2年为一个周期，称为"度"。依据出笋换叶周期，可把竹林分为大小年竹林和花年竹林。大小年分明的毛竹林，一年大量发笋长竹，一年换叶生鞭，交错进行。在大年，竹株的叶色深浓，光合作用旺盛，竹林的地下系统和地上部分积贮丰富的养分，供给竹笋、幼竹生长消耗；当竹林进入小年，幼竹新叶初放，老叶变黄，竹林的营养水平和代谢能力降低，鞭梢生长一般在新竹长成以后，持续时间较长。花年毛竹林每年都有新笋生长和竹株换叶生鞭等活动，在出笋长竹的同时，约有半数处于小年的竹株换叶，新竹长成后，鞭梢生长加快，秋季因竹笋形成而逐渐停止，一年之间，出现长竹、生鞭、孕笋等连续生产性状。翌年春季竹笋出土，另半数处于小年的竹株换叶，竹鞭生长和竹笋形成过程与上年相同。

（5）开花结实

开花结实属于毛竹生长的正常生理过程，处于同一生理成熟阶段的毛竹，不论老竹或新竹，都可能先后开花结实。外界环境包括人为影响对毛竹开花有一定的调控作用，水肥条件好，竹子的营养生长处于优势主导地位，不断产生新组织、新器官来更替老组织、老器官，促进竹林复壮更新，抑制生殖生长的发展，从而延长竹子开花的间隔期；相反，不良的环境条件会抑制营养生长，促进组织和器官老化，加速生殖生长的进程，从而促进竹子开花。

花期较长，一般以5～6月为盛花期。花丝长，花柱短，授粉率很低，十花九不孕。种实的成熟期也很不整齐，一般授粉2个月后，种子陆续成熟，随即脱落飞散。开花初期花总是零星散在少数竹株上，有的全株开花，竹叶脱落，花后死亡；有的部分开花，部分生叶，持续2～3年，直至全株枝条开完后死亡。一片毛竹林全部开花

结实，一般要经历5～6年。

三、苗木培育

1. 播种育苗

种子的采集与贮藏　种子8～10月成熟，熟后逐渐自然脱落，在产区多数情况下都是9～10月立即进行采收。不同年龄竹株上的种子发芽率存在差异，以2～3年生竹株结的种子发芽率高，随母竹年龄增加，发芽率下降；同一竹株的不同部位所结种子，以竹秆上部采收的种子发芽率高。采种时砍倒母竹，时间以清晨露水未干之前为宜，使花穗和苞片处于湿润状态，在砍竹时，种子不易震落。砍倒竹株后，立即剪下果枝，稍晒干后，将种子打出，去掉空粒和杂质。

种子没有后熟过程，成熟的种子，只要有适宜的温、湿度条件就可发芽。种子一般不耐贮藏，如果在常温下贮藏过久，会明显降低发芽率，贮藏8个月以后，发芽能力几乎完全丧失。因此，毛竹种子最好随采随播。秋季采收的种子，在北方一些地区由于气温降得早，需等翌

江苏宜兴毛竹春笋（范少辉摄）

年春季播种，应将种子装入布袋或麻袋中，在低温、干燥、通风的条件下贮藏。在5℃冷藏条件下，毛竹种子至少能保存半年，不会显著降低发芽率，也可采用超低温贮藏。

播种及育苗 种子发芽要求气温在20℃以上，以20～25℃为宜。考虑到种子是在秋季成熟，随采随播具有较高的发芽率，所以南方冬季不太冷的地区，可在秋季采种后立即播种；北方一些地区宜在翌年3～4月播种。

播种可采用点播、条播或撒播几种方法。一般大田直接育苗以点播或条播为好，方便造林时出圃起苗；如果采用幼苗移床法培育毛竹实生苗，为达到省工省地、便于管理的目的，则可选用撒播的方法，将种子集中播于一处苗床，待幼苗展叶3～5片分蘖前，起竹苗，移栽大田定植培育。播种量多少视种子质量好坏而定，通常100m²用种约200g，实际出苗约3000株。幼苗移床法应加大种子用量，100m²苗床播5kg种子。下种要均匀，用过筛的草木灰或细土覆盖，以不见种子为度。最后盖草淋透水。在播种后到发芽前这段时间，要注意经常淋水，保持土壤湿润。

种子播后一般需经20余天幼苗开始出土，经50天左右全部出齐，到时要分批揭草。幼苗出土后，有的会出现枯黄，有的竹叶会出现黄、白花斑，应及时防治。每隔半个月左右，可轮换喷洒波尔多液、硫酸亚铁4～6次，能收到较好治疗效果。

幼苗在组织幼嫩时期，既不耐低温侵袭，又不能忍受阳光直射。因此，揭草后除应加强水分管理外，对秋播的幼苗初霜前要搭上弓形架，覆盖塑料薄膜防寒。次春回暖后，白天揭膜，夜晚盖膜，经10余天后撤去薄膜。春播的幼苗要及时搭好遮阴棚，防止阳光直晒。遮阴棚透光度一般为50%左右。到9月天气凉爽时，拆除遮阴棚。

苗期还需加强土壤的水肥管理，根据天气、土壤情况，适时浇水和排水。毛竹幼苗在一年内分蘖4～6次，要经常保持苗床湿润、疏松。幼苗出土约15天后开始追肥，以后隔1个月需追肥1次。小苗宜施较稀的粪水或尿素（浓度

0.2%～0.3%），随着竹苗的生长，肥料浓度可适当增加。

2. 实生苗分株育苗

利用毛竹实生苗分蘖丛生的特性，可以进行连续分株育苗。在春季，将1年生竹苗整丛挖起，根据竹丛大小和生长好坏，用快锹或剪子从竹苗基部切开，分为2～3株/丛，尽量少伤分蘖芽和根系，剪去竹苗枝叶1/2，按30～35cm的株行距，在圃地打浆栽植，浇水壅土，成活率可达90%以上。分株苗1年后每丛可分蘖10株以上，平均高0.5～1.0m，抽鞭数根。第二年将大竹苗出圃造林，小竹苗又可同法分株移植，连续4～5年，竹苗仍保持良好分蘖性能，每年可以不断大量生产优质竹苗。

3. 实生苗压条育苗

实生分蘖苗的节芽具有萌蘖生根的能力，也可以用来育苗。在竹苗丛的周围选择出土不久且尚未展叶的分蘖苗，轻轻向外压倒，基部和中部埋入土中，梢部留外。压条埋土后1个月左右，入土苗节即可生根。生根后，剪去梢部，促使土中各节抽枝成苗。3～8月均可压条，但以5～6月的效果最好，生根最快。

4. 毛竹埋鞭育苗

毛竹具有横走地下的竹鞭，鞭节上休眠芽是繁殖的重要器官。利用鞭段育苗造林是比较成熟和传统的方法，在生产上经常采用，是解决发展竹林母竹来源不足以及长距离引种不便的重要手段。

育苗季节选择 一般在春季发笋成竹，而鞭上的笋芽在上一年的秋季即已萌动，竹株和竹鞭开始吸收储藏大量养料，供翌年竹笋的出土成竹。因此，选择春季的2～3月挖鞭和埋鞭，不仅能使鞭段上拥有较多养分，促进笋芽出土成竹，而且埋鞭后短期内休眠芽就可萌动出土，避免离体竹鞭长期埋于土内，造成逐渐干枯、失活情况。

鞭段选取 埋鞭育苗靠的是竹鞭上的休眠芽萌发成新竹，所以要想提高成苗的质量和数量，首先必须十分注意鞭的质量。应选择芽壮根多的2～3年生、呈鲜黄色的竹鞭。鞭段长度一般取>60cm，成苗质量较好。挖鞭时要多带宿土，一旦断了鞭根，

则无法从已木质化的鞭节处再生新根。

埋鞭管理　在整好的苗床上将选取的鞭段按约30cm的行距开沟，埋下竹鞭，让鞭根舒展，芽尖向上，芽分列两侧，覆土10cm，并盖草浇透水，保持苗床土壤经常湿润。引种地偏北的地区，由于早春气温较低，埋鞭后笋芽不易萌发，特别在多雨年份，较长时间不能萌发易造成侧芽腐烂，可采用塑料薄膜覆盖技术，提高苗床的温度，促进笋芽萌发和出土整齐。

一般情况下，毛竹埋鞭约1个月开始萌笋出土。6月结合松土除草可施入稀薄的人粪尿或尿素，每3～5kg尿素加水50kg浇于行间，夏季高温、日照太强的圃地应设置遮阴棚，并经常灌溉，以达到施肥、抗旱、保苗的目的。

四、竹林培育

1. 造林技术

（1）造林地选择

生长需要充足的降水和适宜的温度，适宜的年降水量应在1200mm以上，年平均气温14℃左右，1月平均气温为2℃左右。土壤厚度50cm以上，pH 4.5～7.0，肥沃、湿润、排水和透气性能良好的轻壤土或壤土适合营造毛竹林。

（2）造林季节

在分布范围内，晚秋、冬季和早春除严寒天气外，都可以造林。理想的栽竹时节为10月至翌年2月，尤以10月的"小阳春"最好。

（3）造林方法

造林方法主要有苗木造林和移母竹造林。

苗木造林　利用以上方法培育的苗木造林。1年生苗尚未行鞭，成丛生长，可用锄头将苗丛挖起后，轻轻抖落根部泥土，修剪掉1/3枝叶，随即用黄泥浆根，运往林地。种植前先行分苗，将幼苗3～4株为一丛，在蔸部分开。2年生以上的苗木造林，要注意多带宿土，保护鞭芽，根蔸留来去鞭各15cm，竹秆留枝3～4盘，剪去梢部，适当疏叶。将苗木放置于栽植穴，如带有竹鞭，保证其在穴内保持平展，填土，沿四周分层踏实，注意竹蔸底部要与土壤密接，否则容易积水烂

鞭，最后回填一层松土，并盖上杂草，防表土冲刷和旱季的水分蒸发。若分株困难的话，可2～3株为一墩，一同挖起种植。远途运输，应适当淋水，以防竹苗失水干燥，最好能做到当天起苗当天种完。造林密度一般按1000丛/hm²，株行距3m×3m开穴栽植。

移母竹造林　生产上最常用的是母竹造林。母竹年龄以1～2年生为宜，鞭色鲜黄、鞭芽饱满、鞭根健全，移栽后容易成活和长出新竹、新鞭。母竹胸径3～5cm为宜，既可保证成活率又可降低挖大径级母竹的人力和物力。母竹以分布在林缘生长健壮、枝下高低、无病虫危害的竹株为宜。挖掘母竹时，留来鞭和去鞭各30cm以上，然后沿鞭两侧逐渐深挖，注意不要猛烈摇动母竹竹秆，以免损伤秆柄和竹鞭的连接点，最后用山锄伸入竹蔸下部，轻轻撬起，去鞭方向多带宿土，保护鞭芽和鞭根。依母竹枝叶繁茂程度，留枝5～8盘，及时砍去顶梢，减少母竹水分蒸腾，以保证成活率。

初植密度掌握在600～1000株/hm²即可。根据造林地状况，可均匀布点，挖穴栽植，也可选择立地条件好的地块，先群状栽植，便于集中管理，待成活后靠竹鞭向四周扩展，郁闭成林。母竹挖掘后要及时栽种，避免风吹日晒。栽时先在穴内回填一层表土，小心将母竹放入穴中，坡地种竹要注意竹鞭沿山坡等高线水平放置，同时使鞭根舒展，然后填土，先将根盘底部填实，以免留下空穴，积水烂鞭，再分层填土，沿四周踩紧，使

四川长宁毛竹林相（范少辉摄）

鞭根与土壤密接，切忌敲打和踩踏原土球，以免损伤鞭根和笋芽；浇足定根水，覆盖3～5cm松土；周围开排水沟，以防雨季积水烂鞭；最后盖草，减少旱季的水分蒸发和防雨水直接冲刷表土。

2. 新造林抚育

新造林指苗木或母竹造林后至竹株胸径和林分密度达到毛竹林平均生长水平的竹林。新造林的抚育管理非常重要，可直接影响到造林成活率和成林速度，甚至决定造林的成败。通常情况新造竹林是一年种、二年养、三年有效益、四年长成林，1～4年是营建竹林的关键阶段。

（1）除草松土

新造竹林，竹株稀疏，林地光照充足，杂草、灌木容易滋生，每年应进行松土除草2～3次。第一次6月，中国江南一带正进入雨季，杂草灌木生长很快，结合松土进行除草，杂草容易腐烂，并且此时嫩草不带种子，除后林地比较干净，可减轻第二年的杂草生长。同时，6月又是毛竹完成出笋成竹过程的时期，地下竹鞭系统生长加快，因此这时松土要深，要创造一个有利于竹鞭系统伸展的疏松、透气的土壤环境，便于竹鞭的深扎、蔓延。第二次9月，杂草生长已近尾声，选择这一季节松土，可以改善林地卫生环境，清除病虫寄生和越冬场所，减少翌年病虫危害，注意松土以不伤竹鞭为宜。第三次2月，天气逐渐回暖，杂草开始生长，此时松土除草，可将杂草扑灭在萌芽期，有利于竹子生长。注意2月的松土以浅削，除去杂草为宜，勿松土太深，否则容易伤及竹笋。

（2）灌溉

除了在母竹栽植时要浇足定植水外，造林后的第一年加强水分的管理至关重要。如遇久旱不雨，应及时进行浇水灌溉。浇水后可以覆盖秸秆等，减少林地水分蒸发，同时也可抑制杂草生长。相反，多雨季节，在地下水位高的平地和低洼之处要设法开沟排水，以防林地积水烂鞭。在母竹成活后，也要适时浇水灌溉，同时加入少量的人粪尿或氮素化肥，促进生长，提早成林。

（3）施肥

在毛竹的幼年阶段，选择6月和9月的生长旺季施肥对加速竹鞭的生长和提高翌年的出笋、成竹数量具有明显作用，有机肥和化肥均可使用，但应掌握浓度不宜太大。

（4）留笋护竹

毛竹新造林在前两年，由于竹林稀疏，要保护所有出土竹笋，严禁采笋，增加立竹度，促进翌年的发笋和成竹。新造竹林在进入第三、四年时，随着竹鞭的向外扩展和立竹数量的增加，出笋已开始远离母竹，此时应根据留远挖近、留强挖弱、留稀挖密的原则，疏除离母竹较近的部分竹笋，促进林内竹株从原先的丛状分布向分散状分布转变。

3. 成林抚育

（1）土壤垦复

方式 毛竹林垦复分为全垦、带垦和块垦三种。垦复作业应在坡度25°以下的较平缓竹林地实施，主要是挖除林内的杂灌、树蔸、竹伐蔸和石块等。

时间 通常选择毛竹出笋大年的冬季为宜，此时林地无冬笋孕育，垦复作业不会对翌年的竹林产量造成负面影响，且冬垦可直接击毙越冬的害虫，有效地降低下年的虫口密度；也有选择新竹完成抽枝长叶后的6～7月进行垦复。

深度和频度 竹林垦复的主要目的是改善林地土壤的物理性状，创造一个行鞭孕笋的良好地下环境，因此，垦复必须达到一定深度。垦复深度与壮鞭数呈正相关，竹鞭段的数量以土层20～50cm为最多，垦复松土须达到20cm左右，并尽可能地将竹蔸和老竹鞭清除。山地竹林垦复忌浅锄（15cm以下），浅锄除可导致"跳鞭"等现象外，锄松了的表土容易被雨水冲刷，加重水土流失。对材用毛竹林来说，可5～6年垦复一次，并结合竹林结构管理等配套技术措施，控制杂草灌木的生长；笋用或笋材两用竹林可结合每年的挖笋和施肥作业进行。

（2）灌溉

竹林主要分布在山地斜坡，通常情况下无法

像农田那样实施灌溉，而夏秋季节的干旱会影响翌年竹林出笋，如能适时引水灌溉，可明显提高笋竹产量，但土壤水分过多会导致通气不良，对低洼积水的竹林，也应适时排涝。

（3）施肥

施肥是当前提高毛竹林产量的重要抚育手段。

施肥种类与施肥量 毛竹生长必需的矿质元素有10余种，除氮、磷、钾以外，其他一般都可以从土壤中得到满足，因而毛竹施肥基本集中在三大营养元素上。施肥种类分有机和无机两大类别，有机肥是农村的主要肥料，种类复杂，肥效差异也较大，因此施肥量多凭经验，一般来说，大概为10～20t/hm²。值得注意的是，在施用秸秆、青草等没有充分腐熟或碳氮比例较高的有机肥时，需配合施用尿素等氮肥，以利于调整有机肥的碳氮比例，促进微生物的分解作用。无机化肥的作用主要在于能根据土壤缺素情况和竹子生长对不同营养元素的需求，有针对性地适时、快速补充矿质营养。

20世纪90年代初，为了指导大面积毛竹林的丰产经营，国家制定了中华人民共和国林业行业标准《毛竹林丰产技术》（LY/7 1059-1992），提出了材用毛竹林每公顷施肥量为含氮量60kg、含磷量20kg和含钾量30kg的复合肥或其他肥料，即尿素130kg/hm²、过磷酸钙125kg/hm²、氯化钾57kg/hm²，三要素的配比为氮：五氧化二磷：氧化钾=1：0.3：0.5；关于毛竹林施肥量，不同学者在不同区域运用不同的方法开展了诸多研究，提出的结论也不尽相同，例如，有学者运用回归组合和回归旋转方法，建立了毛竹林氮、磷、钾施肥因子与竹材产量之间的效应模型，提出了最优施肥量为尿素325～413kg/hm²、过磷酸钙208～295kg/hm²、氯化钾198～267kg/hm²（顾小平等，1998）。在实际生产中，还应结合立地状况、林分结构及培育目标等具体条件来选择肥料量。

施肥方式与施肥对象 当前生产上有撒施、带施（沟施）、穴施、竹蔸施和竹腔施肥等，不同的施肥方式产生的效果不同，可以根据经营目标进行选择。研究表明，1～3年生度竹生理活性较

强，对肥料利用率最高，是较为理想的施肥对象。

施肥时间 不同生理阶段对养分的敏感度不同，生产实践中有机肥一般都结合冬季的竹林垦复，开沟深施。而速效性化肥比较公认的施用时间为换叶后6～7月和孕笋期9月，也有研究表明冬笋出土前（大约在2月左右）追肥对降低退笋率和提高成竹质量效果明显。通常来说，多次施肥的效果优于单次施肥效果，但次数越多，成本越大，实际当中应灵活掌握。

（4）结构调控

结构调控主要包括树种组成、密度结构与秆龄结构调控。

树种组成调控 密度适宜的毛竹混交林，能够提高光能和营养空间的利用率，提高生物多样性与生态系统的稳定性，有效改善林地生态质量，其毛竹胸径、单株材积及生物量均比纯林的大。竹阔混交和竹杉混交具有较高的生产力和显著的经济效益，是比较理想的竹林经营模式。混交树种的选择、混交比例、混交方式等会对混交林的结构和功能产生重要的影响，不同的学者对混交比例的研究得出的结论也不尽相同，可能跟研究区域、经营目标、立地条件和评价方法不同有关。有研究表明竹木混交比例为8：2时具有较好的综合效益。

密度调控 毛竹林合理密度随经营目的、经营措施、立地条件的不同而不同。研究表明，立地条件好的毛竹林密度为2700～3000株/hm²时可取得较好的综合效益；在立地条件较差的林地适当留养大龄毛竹，维持系统完整性，经营目标以实现竹林生态效益为主，兼顾经济效益。此外，适当增加竹林立竹度可以提高竹林对雪灾的耐受能力。

秆龄结构调控 20世纪80年代初，中国科学家就对毛竹林地上结构做了较为系统的研究，提出了毛竹林丰产的合理群体结构应贯彻"纯、密、匀、齐、壮、大"六字方针，提倡"留三砍四莫留七"的原则，即留养3度以下竹，砍伐4度以上竹。随着竹材加工工艺的提升及市场需求的改变，当前毛竹林采伐年龄提前，5年生即行采伐，

江苏宜兴毛竹林相（范少辉摄）

年龄结构调控可遵循"留二砍三莫留五"的原则。

（5）采伐

伐竹季节 大小年分明的毛竹林砍伐，一般是在出笋大年的晚秋或冬季，此时竹株的生理活动减弱，竹液流动缓慢，竹材力学性质好，不易遭虫蛀，而且竹林出笋后，营养消耗大，立竹开始进入落叶—换叶季节，竹材砍伐后对竹林的影响小。但近年来，考虑到竹材加工连续化生产的需求，学者在对毛竹大小年一个生理周期（24个月）不同年龄的伐竹伤流分布规律研究的基础上，提出了毛竹生长周期内多次采伐的方案，但一定要避免在孕笋季砍竹，否则会影响翌年竹林的发笋和成竹。

伐竹年龄 在确定了竹林合理密度结构和年龄结构的情况下，采伐立竹的原则是"砍老留幼、砍密留疏、砍小留大、砍弱留强"。

伐竹方式 通常有齐地伐竹、带蔸伐竹和带半蔸伐竹等。齐地伐竹是最常用的伐竹方法，适用于一般竹林采伐。作业时用砍刀或斧、锯等工具沿伐竹的蔸部齐地砍倒立竹。要尽量降低伐桩，提高竹材的利用率。同时，伐后最好将留下的伐蔸劈成几片，或打通竹蔸的节隔，促其加速腐烂，有利于林内土壤空间的尽快释放。带蔸伐竹起源于渔用大毛竹和柄用竹的生产，比较费工，但竹材利用率高，因伐后林地不留伐桩，有利于竹林行鞭生长。作业时可用山锄等刨开竹蔸四周土壤，并用柄铲或斧子斩断竹根，掘出带蔸竹秆即可。注意不要损伤所连竹鞭，并随手用土填平土穴，以免竹鞭暴露和积水烂鞭。带半蔸伐竹是集约经营林分尤其是笋用竹林培育中采用的一种伐竹方式，具体作业类似于带蔸伐竹法，其主要目的不在于对竹蔸的利用，而是为了垦复松土，释放林地空间。

随着时代的发展，农村劳动力逐渐减少，单纯依赖人力的采伐方式正面临着巨大的挑战，成为当前竹林经营的瓶颈问题，所以应积极探索竹林机械采伐方式，降低经营成本。

（6）采笋留竹

笋既是竹林成竹的基础，也是重要的竹林产品之一，合理采笋留竹对提高竹林收入同时保证林分持续生产力至关重要。根据经营目标，可将毛竹林分为笋用林、笋材两用林、材用林三大类型，按生产的目的要求，合理地调整挖笋和养竹的矛盾。

冬笋的管护与挖掘 竹林经小年6月的换叶以后，就开始进入孕笋季节。随着笋芽的逐渐膨大，慢慢地冬季来临，由于气候寒冷，不适宜继续生长，就在土中发育成为冬笋，等待翌年春季气温回升，冬笋破土长成春笋。科学合理地采挖冬笋能很大程度地提高竹林的产值，同时有效地控制对翌年春笋和新竹产量的负面影响。挖冬笋时需注意挖笋方法和强度，避免沿鞭寻笋，要注意不伤根、伤鞭，挖后要覆土盖穴。

春笋的留养与疏笋 随着春季气温的渐渐回升，林内平均气温达10℃左右时，孕育的冬笋开始破土而出，长成春笋。在自然状态下一般总有50%的春笋会在生长中途败退死亡，被称为"退笋"。

材用竹林一般留养早出土的成竹笋，挖掘退笋及那些无法成竹的春笋，并在出笋早期疏除一些弱小的浅鞭笋，既提高成竹质量，又增加收益。笋材两用竹林提倡采用疏笋的方式，人为地淘汰一部分春笋，以保证留养一定数量的竹笋长成新竹和提高成竹质量。笋用林可适当推迟留母竹时间，以调节竹林养分，促进后期笋的萌发，增加出笋株数，从而达到提高竹笋产量的目的。

鞭笋的保护和挖掘 鞭笋指的是毛竹鞭梢的可食部分。由于毛竹靠鞭笋的生长，保证每年有大量的芽发鞭长笋，更新扩展。材用林经营一般都禁挖鞭笋，以免断鞭后，产生许多细弱叉鞭，降低翌年的出笋质量。笋用毛竹林在经营上要挖鞭笋，以增加林地收入。鞭笋生长在土中波状起伏，遇土壤板结或干燥瘠薄的林地常钻出地面，俗称"跳鞭"。在林地抚育管理时，应及时覆土加以保护。林地"跳鞭"多，应及时采取垦复等措施，疏松土壤。对一些林缘和林间空地应有意识地深翻，并施足基肥，以诱导新竹鞭向内生长，有利于竹鞭延伸，扩大竹林面积和立竹在林内分布均匀。

（7）毛竹林生态经营技术

随着时代发展和森林经营要求及目标的转变，毛竹林生态经营成为竹林可持续发展的必然要求。

基于生态经营策略的竹林地管理制度　对常规经营措施进行组合、轮替以及同一经营措施的间隔应用是该管理制度核心内容。例如，垦复、施肥及劈草作业控制在2～3年1次，垦复抚育应适当降低强度，并结合施肥作业进行，每年垦复面积应不超过全林1/3，可与灌水作业交替应用。养分管理上，有机肥和化肥交替应用，化肥应用不能连续5年以上，每3～5年交替使用有机肥。

推广混交经营模式　毛竹林较好的混交模式为竹阔混交，最佳配置为8竹2阔。在抚育中，有目的地保留林中阔叶、针叶树种，纯毛竹林可引种乡土树种，也可结合珍贵阔叶树种营造，以提升林分生态效益。以深根性和窄冠型树优先种，避免霸王树，同时具有根瘤菌或菌根菌的树种也是理想选择。推荐选择丝栗拷、拟赤杨、枫香、南酸枣、楷木、木荷、拟赤杨、杨梅等。对于立地条件较好林分，推荐阔叶树比例为8%～16%；对于立地条件较差林分，阔叶树比例适当增大至12%～30%。

竹林生物多样性保育策略　高强度经营措施极大地影响竹林生物多样性的维持以及土壤肥力的自然恢复，应通过合理的林分结构、收获周期、收获强度和林下植被保护技术措施等的综合应用，实现竹林生物多样性保育。

（8）碳储（汇）林经营技术

碳储（汇）林立地级划分　立地级是根据立地对毛竹碳汇林经营适宜程度而划分的若干立地质量等级，通常分为Ⅰ、Ⅱ、Ⅲ级。Ⅰ立地级：低山山坡中、下部及深丘地带缓坡、坡脚，土壤疏松、湿润、腐殖质丰富，土层厚度80cm以上，土壤pH 5～7。Ⅱ立地级：低山山坡中下部及深丘地带缓坡、坡脚，土壤疏松、湿润、腐殖质较丰富，土层厚度60～80cm，土壤pH 5～7。Ⅲ立地级：中山下部、低山山坡上部及浅丘台地，土壤疏松、湿润、腐殖质中等，土层厚度60cm以下。

竹林结构调整　对一般条件下毛竹碳汇林，立竹度宜控制在3000～3600株/hm²，竹龄结构

浙江安吉毛竹钩梢林（范少辉摄）

（度）Ⅰ：Ⅱ：Ⅲ：Ⅳ及以上为3：3：3：1时达到最佳状态，并长期稳定，但不宜经营大面积毛竹纯林，要有目的地保留林分中阔叶、针叶树种，在新竹林营造中引进乡土树种，尤其选择窄冠的乡土珍贵阔叶树种混交。

施用有机肥 半月形环施或竹蔸施。其中，半月形环施在距竹秆基部30cm处的坡上方开深15cm左右的半月形，施入有机肥并随之覆土；蔸施时，使用钢钎破开竹蔸隔膜，施入有机肥并覆土，覆土厚度3～5cm。每次每竹1.5～8.0kg腐熟人粪尿，或每次每亩1500～2000kg厩肥。每3～5年施肥1次。

留养新竹 选取中期出土的竹笋留养，每公顷留养新竹900～1000株。

采伐 采伐时间一般在冬季竹林休眠期，竹林孕笋和出笋期间禁止砍竹。砍伐对象一般是4度以上老龄竹或病虫危害的竹子，尽量减少对竹林及林下植被和土壤层的干扰，砍伐量不能高于生长量。留足3度（1～5年生）竹，适当保留4度（6～7年生）竹补空。

（9）抗灾毛竹林经营技术

竹林的常见环境灾害主要包括持续低温、冰雹、冻雨、积雪或大风等极端气候条件。在极端环境影响下，竹林表现出弯曲、搭棚、折断、破裂和翻蔸等多种受害形态，降低了竹材的利用价值和竹林的生产与生态服务功能。

抗灾竹林抚育措施 ①竹木混交。混交树种宜选择深根、窄冠、耐压、落叶阔叶的乔木，主要有枫香、檫木、泡桐、栎类和杉木、马尾松等。混交比例为10%，在风口、山脊、山体中上部可增加到20%。②钩梢。钩梢可一定程度减轻大径竹风倒雪压的危害，但应控制勾梢强度。③合理的结构调整。在雪灾较为频繁的地段，应合理留养并适当增加立竹密度，同时应根据地形和立地条件、经营方向，合理调整年龄结构，适当增加3度以上竹株比例。④科学采伐。坚持"春护笋、夏养竹、秋管理、冬砍竹"的原则，对经常发生雪压冰挂的地段（如山体中上部），在不发笋的小年，可实行初春伐竹，即在雪压冰挂期过后进行采伐。

灾后快速恢复 ①斩梢除冰。雪压是毛竹林最为常见的极端气候影响，而斩梢摇冰是灾后减轻灾害影响的主要应急措施。在积雪初期（雪尚未凝结成冰时）和化雪初期（气温回升至0℃以上，冰雪开始融化时），对弯曲型和搭棚型的竹株，尽快地组织人员斩梢摇冰，仅保留竹株基部的20盘枝条，以减轻竹株的栽冰重量。②及时清理竹林。对大年竹林，清理宜在笋期（6月）以后进行，竹株尽管雪压劈裂，翻蔸倒伏，但通常不会死亡，甚至还能继续进行光合作用，生产有机物，过早砍伐，会形成"哭娘笋""哭娘竹"，对竹林更新极为不利。待竹林出笋结束，新竹发枝长叶后，可对竹林进行清理。弯曲竹宜尽量保留，梢部断裂竹如断裂部位高，可砍去梢部。对翻蔸竹、劈裂竹可全树砍伐。对目前仍处于弯曲的竹子应当及时钩梢，使其直立，减少竹材品质的损失。小年竹林当年没有大的培笋目标，宜及时清理，以保证受害竹材的质量和有效利用。当损毁竹株比例不超过20%时，可一次性地清理完受害竹株；当损毁竹株比例超过20%时，应分2批清理受害竹株。③倒竹扶正。对2～3年生、分枝较低、生长正常、有望成活的部分翻蔸竹，砍去顶梢，保留5～6盘枝条，培土扶正；有条件的地方，可组织劳力对竹林全面蔸部培土并踩实。④护笋养竹。重灾后3年内不挖冬笋及鞭笋，而对春笋要实行严格的禁笋制度，灾后一律不挖前中期春笋，促进竹林满园，只及时挖除退笋。⑤加强竹林肥培。施肥以尿素等速效氮肥和猪栏粪、牛栏粪或饼肥为主的有机肥为主，尿素每亩15～20kg，施肥方法和时间同常规竹林。⑥加强病虫害防治。灾害后病虫害往往加重，应加强笋期害虫（竹笋夜蛾、竹笋象虫、竹笋泉蝇）和食叶害虫（竹蝗、竹毒蛾、竹舟蛾）的预测预报，采取捕捉成虫、人工挖卵等病虫害生物方法进行防治。

（10）竹林复合经营模式

以竹林丰富的资源为依托，因地制宜地在毛竹林下开展林下种植和林下养殖活动，可以获得

更大的综合收益。①林下种植，包含林药、林菌、林草和林菜等形式多样的种植模式，当前较成熟的复合模式有毛竹林下种植多花黄精、栽培竹荪、种植菖蒲等。②林下养殖，包括林禽模式、林畜模式等，目前竹林下养殖家禽、饲养竹鼠、放养家畜等多见。

五、主要有害生物防治

主要病虫害有竹笋禾夜蛾（*Oligia vulgaris*）、一字竹笋象（*Otidognathus davidis*）、竹丛枝病（*Aciculosporium take*）等，具体防治技术见"附表"。

六、综合利用

毛竹是我国的传统经营竹种，集材用、食用、观赏等众多用途于一体，广泛应用于建材、建筑、绿色食品、医疗保健、家具农具、日用品、旅游工艺品、文体文艺器材及园林绿化美化等各个领域。毛竹竹笋质地细嫩、清脆爽口、营养丰富，是一种极好的食物资源，可以鲜食或制成各种笋罐头、笋干等系列产品，具有广阔的国内外市场；竹秆高大通直，材质坚韧性强、割裂性高、收缩量小、硬度大、纤维长、篾性优良、纹理通直、光滑亮洁，竹材广泛应用于各行工程领域和人们日常生活的各个方面，不仅原竹可作梁、柱、椽、檩、壁，其竹材还可制作管道、管廊、建筑装修用品、日常用具用品、工艺品、体育器材、乐器等，随着现代加工技术的提升，毛竹利用领域越来越广泛；毛竹具有粗壮横走的地下径（竹鞭）、秆形粗大通直，具有较好的生态功能和较强的观赏性。

（范少辉，王福升，郑郁善，刘广路，苏文会）

浙江安吉毛竹林相远眺（范少辉摄）

別　名｜五月季竹、麦黄竹（浙江）、小麦竹（安徽）、斑竹（四川、河南）、大金竹（广西）、大叶金竹（河南）
学　名｜*Phyllostachys bambusoides* Sieb. et Zucc.
科　属｜禾本科（Poaceae）竹亚科（Bambusoideae）刚竹属（*Phyllostachys* Sieb. et Zucc.）

> 　　桂竹是优良的笋材两用竹，具有抗性较强、生长迅速、成材早等特点。其秆材材质坚韧，具有良好的篾性；竹笋味美可食，市场前景广阔。

一、分布

　　桂竹是刚竹属自然分布范围较广的竹种之一，广泛分布在我国黄河流域和长江流域各省份，东自江苏、浙江，西至四川、贵州，南至广东和广西北部，北至河南、河北均有分布。

二、生物学和生态学特性

　　竹秆可达16m，胸径达14cm，中部节间长40cm。3～5月出笋成竹，6～7月生长旺盛，8～10月行鞭排芽。其出笋历期在32～52天，平均历期40天，中期出笋量多。超过80%的竹鞭分布于0～20cm土层中。虽然能够开花，但可孕可育种子极少，不能依靠有性繁殖进行更新（张文燕等，1992）。

　　能耐-18℃的低温，一般情况下当日平均气温上升到15℃以上时竹笋出土生长。在年降水1200～1800mm地区生长最好，具有较强抗逆性，适生范围大。生长良好的桂竹多生长在山坡下部和平地土层深厚肥沃的地方，在黏重土壤上生长较差。

三、苗木培育

　　通常采用埋鞭育苗。

　　竹鞭选择　选择芽壮根多的2～3年生、呈鲜黄色的竹鞭，鞭段长度一般>60cm。挖鞭时要多带宿土，一旦断了鞭根，则无法从木质化的鞭节处再生新根。

　　育苗季节　选择2～3月挖鞭和埋鞭不仅能使鞭段上拥有较多的养分，促进笋芽的出土成竹，而且埋鞭后短期内休眠芽就可萌动出土，避免了离体竹鞭长期埋于土内，逐渐干枯、失活的情况。

　　苗床管理　在整好的苗床上将选取的鞭段按约30cm的行距开沟，埋下竹鞭，让鞭根舒展，芽尖向上，覆土10cm。盖草浇透水，保持苗床土壤湿润。在偏北地区，由于早春气温较低，埋鞭后笋芽不易萌发，特别在多雨年份，较长时间不能萌发易造成侧芽腐烂，可采用塑料薄膜覆盖技术，提高苗床温度，提升笋芽出土整齐度。

四、竹林培育

1. 造林技术

　　整地　选择土层厚度>50cm，土质肥沃湿润，排水和通气性能良好的沙壤土或壤土栽植，在背风谷地生长更好。水土流失风险小的地方，可以全面整地，深挖25cm左右，清除杂灌及杂草，根据种植密度确定株行距。在坡地通常采用穴植，通常栽植穴的长、宽、深比栽植苗木根系大20cm即可。

　　造林季节　11月至翌年2月，是最佳栽竹季节。

　　造林方法　移竹造林：选带鞭的1～2年生母竹造林，挖母竹时尽量少伤根、伤芽，保护竹秆与竹鞭连接处不受扭伤。按照来鞭30～40cm、去

安徽太平桂竹竹笋（岳洋华摄）

鞭50~60cm截断，带土移栽。栽植前砍去竹梢，留4~6盘枝，栽植时来鞭紧靠栽植穴的一边，去鞭的一端留有发鞭的余地，然后覆土，边填土边轻踩，填土高出地面10cm左右，并浇足定根水。选定的母竹通常生长在老母竹与它长出的最远新竹中间地段，挖前先根据立竹走向，断定去鞭的方向，端点竹不挖，靠近老母竹1m范围内的不挖。

2. 幼林抚育

间作 幼林期间可以种植油菜、花生、豆科植物，以耕代抚，成林后劈山松土。

灌溉 在竹叶受旱微卷时及时灌溉，防止土壤干旱板结，影响竹子正常生长。

松土除草 11月至翌年2月，结合伐竹进行松土除草。在林缘边向外垦复5~10cm远，深25cm，以利于竹鞭扩展，可扩展竹林面积。

养分管理 竹林定期施用有机肥料，如塘泥100~150kg/亩，土杂肥100kg/亩，饼肥150kg/亩。采伐竹子时，保留剩余物，加速养分自然归还。

留笋护竹 不挖鞭笋、冬笋，保护春笋，及时挖除退笋，减少竹林养分消耗；禁止林内入牧，防止牲畜危害。

3. 成林抚育

营养管理 土壤有机质对竹林产量影响最大，水解氮、有效磷、速效钾影响较大；速效钾和有效磷对竹林平均胸径影响较大。建议多施有机肥，配施氮、磷、钾混合肥，补足钾肥。

结构调控 不同区域桂竹林合理密度不同，"密度11000株/hm²、胸径5cm、株高11m、枝下高4m、秆重8kg、林相整齐、均匀"的结构具有较高的生产力（徐振国等，2012）。林龄应该保持在1、2、3年竹各占30%，4年生竹占10%左右。

采伐管理 桂竹是典型的单轴散生型竹种，采伐应采取择伐方式。以篾用为主时，采伐4年及以上竹株，季节以11月至翌年3月为宜；当作为纸浆林时，采伐2~3年生竹株。

五、主要有害生物防治

主要虫害包括黄脊竹蝗、竹笋象、竹笋夜蛾、竹笋泉蝇、竹织叶螟、竹斑蛾等，主要病害有竹丛枝病、秆锈病等，具体防治技术见"附表"。

六、综合利用

桂竹是一种优良笋材两用竹种。竹笋味道鲜美，可以制作种类丰富的鲜笋和干笋产品；竹秆材质坚韧，篾性良好，可用作板材、艺术品编织原料，也用于制作常用工具，具有较大的开发利用潜力。

（刘广路，范少辉）

附：寿竹（*Phyllostachys bambusoides* f. *shouzhu* Yi）

禾本科（Poaceae）竹亚科（Bambusoideae）刚竹属（*Phyllostachys* Sieb. et Zucc.）。寿竹为桂竹的变型，在重庆和四川东部有大量分布，是产区的重要经济竹种。笋味甜，为优质食用笋；竹秆材供制作凉床、竹椅、蒸笼和竹帘等；笋箨可用于食品包装。竹秆的高生长持续60天左右。出笋从5月初开始，中旬达到出笋盛期，盛期出笋数量占总出笋量的80%以上，出笋全部持续时间约30天。引起寿竹退笋的主要原因是虫害，主要为竹笋泉蝇，占退笋的70%以上（吕大勇等，2012）。防治方法：采取竹笋出土后培土，阻止成虫产卵；成虫羽化期采用药物防治。

（刘广路，范少辉）

别　名｜灰金竹（云南）、金竹（河南、江西）、金毛竹、白竹（江苏）、毛巾竹（浙江）

学　名｜ *Phyllostachys nigra* var. *henonis* (Mitf.) Stapf ex Rendle

科　属｜禾本科（Poaceae）竹亚科（Bambusoideae）刚竹属（*Phyllostachys* Sieb. et Zucc.）

> 毛金竹是优良笋材两用竹种，笋可供食用，鲜美可口，风味独特；竹材篾性柔韧，宜作劈篾，供编织用；中药之"竹茹""竹沥"一般取自本种。

一、分布

毛金竹原产于我国黄河流域以南地区，是刚竹属自然分布最广的竹种之一，西起云南、贵州，东迄江苏沿海，北至陕西、河南。日本、欧洲及美洲均有引种栽培。垂直分布在海拔50~1500m。

二、生物学和生态学特性

属地下茎单轴散生型竹种，与原变种的区别在于：秆绿色，不变为紫黑色，形体较为粗大。秆高可达18m，胸径可达10cm，中部节间

江西省林业科学院竹类国家林木种质资源库毛金竹竹笋（曾庆南摄）

长达34cm。地下鞭根系统主要分布于0~20cm土层中，地下鞭芽数量为1028.7个/m²（孟勇等，2015）。竹笋淡红褐色或带褐色，在平均气温15℃以上时开始出土，到高生长结束需13~22天（余志华和饶慧萍，2011）。

适应性和抗逆性均强。具有较强的耐寒性，能耐-20℃低温；较耐干旱瘠薄，喜欢深厚肥沃、排水良好的土壤，忌排水不良的低洼地。地形、地貌、气候、土壤、植被等生态因子对其生长发育均有影响，其中，海拔、降水和土壤类型起主导作用（王海霞等，2015）。

三、竹林培育

1. 造林技术

母竹选择　宜选择生长健壮、秆形良好、无病虫害、分布于中等肥沃土壤的无性系种群作为母竹林。母竹要求有完整的来鞭（15cm以上）和去鞭（25cm以上），挖掘和运输过程中注意保护好鞭芽和鞭根，带足宿土，留3~5盘枝叶，砍削切口平滑不开裂，枝叶浓密时可适当修剪。

造林地选择　选择疏松、透气、肥沃的土壤，尤以土层深厚、透气、保水、保肥能力良好的沙质壤土为好。

整地　造林地应在种植前一年的秋冬季进行全垦、带垦或块状深翻垦覆，平均深翻30cm左右。栽植穴规格为60cm×60cm×40cm，也可以按地势沿等高线挖宽度60cm、深40cm的种植沟。

栽植　时间一般以春季为宜，雨季亦可。栽

植时做到深挖穴、浅栽种，先填入一层表土，再放下母竹，在母竹四周填满土，打紧塞足，使穴底和四周与土壤密接，要求下紧上松，不留空隙，浇透定根水；宿土上覆盖4～5cm厚的松土。

2. 抚育技术

幼林成活阶段，抚育措施包括适时浇水、除草松土、合理施肥和及时补植，同时要防止人畜践踏。郁闭成林阶段，每年6～7月松土除草1次，深度为10～20cm，也可以结合施肥进行。施肥主要为饼肥、厩肥及青草等有机肥。留笋养竹应在出笋中期结束前进行，适宜的立竹度为12000～15000株/hm²，具体立竹度视立地条件、经营目标而定。每年留养的新竹应达到3750～4500株/hm²，竹林的合理年龄结构为1～4年生竹各占25%。

四、主要有害生物防治

主要病虫害有黑粉病（*Ustilago shiraiana*）、黑团子病（*Myriangium haraeanum*）、淡竹笋夜蛾（*Kumasia kumaso*）等，具体防治技术见"附表"。

五、综合利用

竹笋味道鲜美，含有较高的粗蛋白和一定量的维生素C、粗纤维及人体必需的微量元素，其中，铁含量较高，达47mg/kg，还含有一定数量的锌、硒等微量元素；至少含有17种氨基酸，其中，7种为人体必需的氨基酸，并且异亮氨酸、蛋氨酸、苯丙氨酸等含量比较高（王国玉等，2014）。竹秆通直，节间长度变幅不大，竹壁较厚，竹材篾性柔韧，宜劈篾供编织用，亦可作农具柄、撑篙、建筑、晒衣竿等用材。毛金竹在我国具有悠久的药用历史，有清热除烦、生津利尿的功效，竹叶有抗菌、抗衰老及抗氧化作用（张英和唐莉莉，1997）。

（彭九生，曾庆南，余林）

江西遂川五指峰国营林场毛金竹林相（彭九生摄）

别　名 | 花皮淡竹、麻壳淡竹（浙江安吉）、红淡竹（江苏）、洛宁淡竹、麦荐淡竹（河南）、水竹（山东）、青竹（山东、山西、陕西、河南）

学　名 | *Phyllostachys glauca* McClure

科　属 | 禾本科（Poaceae）竹亚科（Bambusoideae）刚竹属（*Phyllostachys* Sieb. et Zucc.）

> 淡竹集材用、笋用、观赏、药用等用途于一体，是我国分布较广、面积较大的中小型散生竹种，具有适用性强、抗逆性好、生长快、成材早、产量高、用途广等优点，经济与生态价值较高。

一、分布

淡竹广泛分布于黄河流域及长江流域。在黄河流域曾有大面积分布，因气候变化，面积逐渐减少。江西、福建、浙江、江苏、安徽、河南、山东、山西、陕西、甘肃、湖北、湖南、四川等省均有分布。印度、日本、朝鲜、美国有引种。江西瑞昌是淡竹重点产区之一，现有林面积1万hm²（范方礼等，2012）。垂直分布最高可达海拔1640m，主要分布区年平均气温12～17℃，年降水量500～1400mm。

二、生物学和生态学特性

地下茎为单轴散生型竹种。秆高5～12m，胸径2～5cm，中部节间长30～40cm。3月竹鞭开始生长，4月中旬至5月下旬为竹笋生长期，生长高峰期日生长量可达1m左右，幼竹高生长历时40～70天（毕红玉等，2010）。淡竹具有较强的耐寒性和耐旱性，也较耐水湿、耐瘠薄和轻度盐碱，喜欢深厚肥沃、疏松、排水良好的土壤，忌排水不良的低洼地，在-20℃低温下能正常生长。

三、竹林培育

1. 造林技术

母竹选择　在竹林边缘或稀疏竹林中，选择1～2年生、竹秆直、枝叶繁茂、叶色深绿、生长健壮、无病虫害的竹株作为母竹。母竹挖掘时，先在周围50～60cm挖开上层，在40～50cm处斩断竹鞭，至少保留1～2根竹鞭，有3～4个健壮芽。

造林地选择　宜选择坡度平缓、光照充足的地块，土壤pH 5～7，土层深厚肥沃、疏松透气、

江西省林业科学院竹类国家林木种质资源库淡竹笋
（余林摄）

排水良好的沙质壤土。

整地 清除造林地内乔木、灌木及树桩、石块等。种植穴规格为80cm×50cm×40cm，表土和底土分别放于穴的两侧。常规造林密度为1200～2500株/hm²。

栽植 栽植时间一般以春季发笋前最好，雨季亦可。栽植母竹时穴底要平，穴宜略大，种竹宜浅不宜深，栽时做到不紧不松，鞭土密接，浇透定根水。

2. 抚育技术

幼林阶段，抚育措施包括适时浇水、除草松土、合理施肥、及时补植，同时要防止人畜践踏。郁闭成林阶段，每年垦复1～2次。垦复在盛夏、冬季或新竹长成后，或结合施肥进行，深度一般不少于30cm。施肥主要为饼肥、厩肥及青草等有机肥。

成林抚育中，主要控制好密度结构，淡竹砍伐以每年秋末或冬季为主。每年砍伐量不超过新竹生长量，保留1～3年生健康竹株，禁止砍伐1年生幼竹，1～3年生不健康竹株和4年生以上竹株全部砍伐利用。伐竹后保留竹株在

6000～9000株/hm²，具体立竹度视立地条件、经营目标而定。

四、主要有害生物防治

淡竹的主要病虫害有华竹毒蛾（*Pantana sinica*）、竹叶枯型丛枝病（*Phaeosphaeria bambusae*）、灰色膏药病（*Septobasidium bogoriense*）等，具体防治技术见"附表"。

五、综合利用

秆形通直，材质好，韧性强，篾性好，用途广，是制作工艺美术、乐器和文化用品的上佳材料，也可生产竹编胶合板、工艺品、农具柄、晒衣竿、棚架等。淡竹笋鲜嫩可食，营养丰富，可鲜食或加工成笋干、竹笋罐头，是山珍佳品。淡竹四季常绿，婀娜多姿，是美化环境、调节气候、保持水土、改良生态环境的优良竹种。淡竹竹叶、竹汁均可入药，有清热除烦、除暑利尿解毒的功效。

（彭九生，余林，曾庆南）

江西瑞昌肇陈淡竹林相（彭九生摄）

假毛竹

别　名｜假楠竹（融水）、楠竹（金秀）、金竹（湖南）
学　名｜*Phyllostachys kwangxiensis* Hsiung et al.
科　属｜禾本科（Poaceae）竹亚科（Bambusoideae）刚竹属（*Phyllostachys* Sieb. et Zucc.）

> 假毛竹竹秆通直，竹材坚韧细密，篾性好，是劈篾编织、生产竹筷和圆竹家具等的优良材用竹种，尤其用来加工凉席，色泽美观，凉爽耐用；同时，也是优质造纸材料，其笋味鲜美。

一、分布

自然分布区主要集中在广西中北部的昭平、金秀、融安、融水和永福等地，是当地广泛栽培竹种之一，常与毛竹林毗邻，也可在针叶林或阔叶林中形成混交林。与广西东北部相邻的湖南省宜章、江永、江华，以及广东西北部的连州等地也有其分布。江苏、浙江、福建、江西等地有引种栽培。

二、生物学和生态学特性

竹秆高可达16m，直径达10cm，因幼秆被密白色柔毛，节下有白粉环等特点与毛竹相近而被称为假毛竹。与毛竹相比，其秆茎较细，节间长度均匀而且较长，箨鞘的斑点较小而稀疏，箨舌截平或呈拱形，叶片较大，叶片上下表面均疏生柔毛，颇易区别。假毛竹适生于中亚热带山地，与毛竹生境相似，但海拔上限可达1600m，对土壤要求不严（黄大勇和戴启慧，2009）。笋期4月，花期4~5月。

三、竹林培育

1. 造林技术

母竹选择　选择1~2年生、生长健壮、分枝较低、无病虫害、秆径1.5~3.0cm的母竹。1~2年生竹所连竹鞭处于壮龄阶段，根健芽壮，行鞭发笋能力强。

挖取母竹　首先确定竹鞭走向，截取来鞭30cm、去鞭50cm。注意少伤鞭根，保护鞭芽，不猛摇竹秆，以免伤及螺丝钉和减少带土量。留枝5~6盘，锯去竹梢。

母竹运输　远距离运输，宜用集装箱运输，运输途中注意保湿。装卸时，轻装轻卸，以防损伤母竹。就地栽植，不要打包，搬运途中，不能震落土球，防止损伤竹鞭上的芽。

母竹栽植　造林密度一般以每亩70株为宜。挖穴规格长100cm，深、宽各50cm。施足基肥，填入表土，去掉母竹包扎物，将母竹放入穴中，按竹蔸形状，使竹鞭、竹根自然伸展，分层填土踏紧，然后浇足定根水，培土略高于地面。

2. 抚育技术

幼林抚育　栽植头3年，易滋生杂草，可林农间作，种植豆类或绿肥植物以耕代抚。冬季松土，有利于来年行鞭。新竹展叶后每亩增施有机肥2t左右。如遇久雨不晴，及时开沟排涝，防止烂鞭死亡。孕笋季节，如遇久晴不雨，及时浇水抗旱。笋期注意留笋养竹，对弱小、病虫笋宜早挖除。

成林抚育　造林5~6年可成林。竹林郁闭后，可通过新竹留养和采伐措施调控竹林密度。留养母竹应遵循去小留大、去弱留壮，龄级组成为1~3年生分别保留30%，个别空处可留4年生5%~10%。挖除竹蔸，结合松土，增施肥料，笋期注意防控病虫危害。

四、主要有害生物防治

主要病虫害有一字竹笋象（*Otidognathus davidis*）与叶斑病（*Phyllosticta bambusina*）等，

具体防治技术见"附表"。

五、综合利用

笋材两用竹。竹秆圆直，尖削度小，分枝高，枝下秆环平，释环微凸，纹理细密，篾性好，虫蛀少，刮去竹青的制成品光滑且呈金黄色，竹材物理力学性质与水竹相近。除可作建筑、家具、农具外，还可用于制作竹沙发、茶几、办公椅及凉席等工艺品；为优质造纸材料；其笋味鲜美。

（魏强，丁雨龙）

广西桂林假毛竹（丁雨龙摄）

别　名｜实心竹、木竹
学　名｜*Phyllostachys heteroclada* Oliv.
科　属｜禾本科（Poaceae）竹亚科（Bambusoideae）刚竹属（*Phyllostachys* Sieb. et Zucc.）

> 水竹为笋材两用竹，其笋味鲜美，营养丰富，风味独特，且笋期为4月下旬至6月上旬，是大部分散生竹食用鲜笋供应淡季，市场前景良好；水竹竹材韧性好，栽培水竹对发展山区经济有积极意义。

一、分布

水竹产于淮河以南各地，多生于河流两岸及山谷中，也常在樵后山场或疏林大片分布，为长江流域及其以南常见竹种。

二、生物学和生态学特性

人工栽培水竹秆高4~8m，直径3~8cm，节间长度可达35cm。野生水竹秆高1.0~1.5m，直径3~8cm。适应性强，耐水湿，耐干旱瘠薄。最适宜区的特点为气候温和，降水丰富，湿度大，土壤湿润肥沃。笋期为4月下旬至6月上旬，5月为水竹集中发笋期（刘迪钦和马宗艳，2005）。

三、苗木培育

母竹育苗　在成林竹林中培育和选择母竹。选择竹鞭芽眼充实肥大、生长健壮、分枝低、无检疫

江苏南京溧水水竹花序（丁雨龙摄）

性病虫害的1~2年生、地径1~2cm的竹株作母竹。

埋鞭育苗　选用1~2年生直径＞0.6cm的壮龄鞭，用ABT3号50×10⁻⁶倍溶液浸泡8h，将竹鞭平铺于苗床中，并覆土3~5cm厚。

四、竹林培育

1. 造林技术

造林地选择与整地　选交通相对方便、背风向阳、土壤深厚疏松、坡度较小的山坡或平缓的坡耕地、河（路）边、宅旁等空闲地作为造林地。整地在造林前的秋冬季进行。在坡度小的地方，进行全垦整地，全面深翻25~30cm，按2m×3m的株行距挖穴；在坡度＞15°的地方，采用水平带整地。宽度视坡度陡缓及栽植密度而定，挖栽植穴的长边与等高线平行。在有条件的地方，结合整地要在穴中施一些熟腐的农家肥，每穴3~5kg。

移竹造林　冬季和早春（即11月至翌年2月）或梅雨季节（6月上中旬）造林。选生长健壮、无病虫害的1~2年生竹作母竹。母竹土球直径20~30cm，挖时不伤母竹，多带宿土。母竹留3~5盘枝，砍去竹梢。远距离运输须用稻草等包扎。栽植时据竹蔸大小修整穴坑，在穴底垫上表土，解去母竹捆扎物，放入穴中使鞭根舒展，下部与底土密接，回填表土，填土踏实时，要防止损伤鞭根和笋芽。填土深度比母竹原入土深度多3~5cm，浇足定根水并填土成馒头形（汪爱君等，2012）。

江苏南京溧水野生水竹林相（丁雨龙摄）

2. 幼林管理

新造林地一般应每年松土除草2次，第一次5~6月，深度25cm；第二次8~9月，在有竹鞭的周围，深度15cm左右，此时要注意保护竹鞭和鞭芽。也可间种豆类等矮秆作物，以耕代抚。水竹生长快，产量高，吸收养分多，为促进地下鞭生长，应去劣留优、去老留幼、去密留稀。造林后2~3年，每株成活母竹分别留养1~2株和3~4株新竹。

五、主要有害生物防治

主要病虫害有竹枯梢病（*Ceratosphaeria phyllostachydis*）、黄脊竹蝗（*Ceracris kiangsu*）和竹镂舟蛾（*Periergos dispar*）等，具体防治技术见"附表"。

六、综合利用

水竹竹材韧性好，栽培的水竹竹竿粗直、节较平，宜编制各种生活及生产用具，著名的湖南益阳水竹席就是用本种为材料编制而成的；笋供食用。

（刘国华，王福升，丁雨龙）

别　名｜雷竹（浙江大部分地区、安徽）、早园竹（浙江德清）、天雷竹（浙江金华）、燕竹（江苏）

学　名｜*Phyllostachys violascens* (Carr.) A. et C. Riv.

科　属｜禾本科（Poaceae）竹亚科（Bambusoideae）刚竹属（*Phyllostachys* Sieb. et Zucc.）

　　早竹是中国特有的优良笋用竹种，笋粗壮，笋肉白色，质脆，味甘，在刚竹属中出笋最早，产量高，覆盖提早出笋技术的应用使竹笋价格进一步提高，经济效益显著，为目前竹林经营中单位面积经济效益最高的竹种，在调整农村产业结构、实现山区农民增收过程中发挥着重要作用。

一、分布

　　早竹原产于浙西北丘陵平原地带，以临安、余杭和德清为最多，杭州市郊、富阳、安吉、余姚、鄞县和安徽的宁国等地也有分布。由于早竹经济效益显著，在浙江及江西、上海、江苏、安徽、福建等南方各省份得到了大面积推广。

二、生物学和生态学特性

1. 出笋

　　笋期为2月中下旬至4月中下旬。据调查，在浙江临安早竹笋自2月15日开始出土至4月27日停止，笋期前后历时72天，其中，3月11日至4月3日的出笋量较为集中（胡超宗等，1992）。在出笋期间，气温平均每降低1℃，出笋数量减少64～78株/hm²（胡超宗等，1994）。降水对早竹出土生长也有影响，春季雨后，温度上升，往往有大量竹笋出土。但久旱不雨，土壤过于干燥，即使温度适宜，早竹笋仍出土缓慢，数量也少，早竹笋期的月降水量应不少于105mm。

2. 秆形生长

　　早竹秆形高生长过程可分为4个阶段。初期历时约15天，日高生长量2～4cm；上升期历时7～9天，日高生长量10～20cm；盛期历时15～20天，日高生长量20～30cm，最大可达50cm以上；末期历时12～14天，日高生长量7～12cm。5月中旬以后，幼竹高生长基本停止，幼竹秆形生长完成。不同出土时间长成的幼竹，其竹高和胸径存在一定的差异。在早竹秆形高生长过程中，昼夜生长呈"昼慢夜快"的规律（胡超宗等，1992）。早竹高生长的适宜温度为17～19℃。降水量对生长的影响主要表现在水分条件的改变导致湿度增大，有利于竹子生长（胡超宗等，1994）。

3. 开花结实

　　早竹为零星开花竹种。一般开花竹林除较为寒冷的12月和1月，一年四季都在零星开花，但有较为集中的2～3月、4～5月和9～10月3个盛花期，其中，又以4～5月开花为最多。开花前具有明显征兆，一般竹笋提前出土，产量明显下降，笋个体偏小，呈红色。开花最初始于个别竹株，而后向周围蔓延，逐渐形成大小不等的开花斑块。早竹开花类型复杂多样，包括老竹全株开花型、老竹部分枝条开花型、新竹开花不长叶型、新竹开花长叶型和矮小灌丛状开花型。开花死亡与否要根据开花程度而定，一般过多开花且开花后无叶或少叶竹株更容易死亡。早竹结实率很低。

4. 适生立地条件及引种区划

　　早竹要求温暖湿润的气候条件，其原产地——浙江的临安、余杭和德清一带的气候特点是：年平均气温15.4℃，1月平均气温3.2℃，极端最低气温−13.3℃，7月平均气温29.9℃，极端最高气温40.2℃，全年＞10℃的有效积温为

早竹笋（林新春摄）

5100℃左右，年无霜期235天左右，全年日照1850～1950h，全年降水量1250～1600mm，有明显的春雨期、梅雨期和秋雨期。

结合早竹生物学特性及生态学特性，划分适生与引种区域如下：①最适宜引种区，包括浙江大部分地区、上海、江苏太湖流域、安徽南部、江西北部、湖北江汉平原和湖南中北部。②适宜引种区，北部包括江苏南部、安徽巢湖和大别山一带，南部包括浙南山区、福建北部、江西和湖南的南岭以北地区，西部包括贵州乌江流域、湖北汉水流域和陕西的汉中、安康一带。③尚适宜引种区，北部为淮河流域至秦岭一带，南部为珠江流域、福建中南部及台湾岛，西部为四川盆地和云贵高原地区，这些地区引种要注意灌溉。

三、竹林培育

1. 造林技术

早竹造林基本采用母竹移植造林。

（1）造林地选择

根据早竹引种区划，在适宜引种区内引种。考虑地形条件与土壤条件，一般以海拔600m以下，坡度20°以下，光照充足，土层深厚肥沃、疏松透气的沙质壤土为好。

（2）造林地整理

整地方法 为提高造林的质量，促使新造林快速成林，在坡度20°以下，可采用全垦整地；在坡度20°以上，应选择带状或穴状整地。

开沟排水 在平地、农田发展笋用竹，整地时应进行开沟排水，降低地下水位。在地下水位高、土壤黏重、林地面积较大、易积水的平地，宜开沟做畦，将林地每隔4～5m开一条沟作畦。沟的宽度和深度各30cm，也可以根据具体情况而定，总沟宜宽深，支沟可略窄浅。开沟时还应注意沟的方向，要有利于排水，还应有利于施肥、挖笋等生产经营活动。

挖穴 一般栽植密度为900～1500株/hm²，4年就可郁闭成林。穴的大小为长60cm、宽40cm、深40cm。在有坡度的林地，其穴的长边应与等高线平行。穴与穴之间的配置，可以采用梅花形、三角形等。挖穴时应把表土和心土分别放置穴的两侧。

（3）造林方法

母竹选择 优良母竹通常有如下条件：1～2年生、胸径2～4cm、第一盘枝应在1.5m以下、生长健壮、无病虫害、不开花。

母竹挖掘与运输 母竹挖掘前先判断竹鞭走向，一般竹子的最下一盘枝条伸展方向和竹鞭走向大致平行。挖掘母竹时，先在母竹60cm周围轻轻挖开土层，找到竹鞭，再沿母竹的来、去鞭两侧开沟，按一定长度截断竹鞭。截鞭时，要求截面光滑，无撕裂现象。不可摇动竹秆，以免损伤"螺丝钉"。母竹保证来鞭10～15cm，去鞭20～30cm，所带竹鞭为壮龄鞭，鞭色金黄，芽体饱满，"螺丝钉"未受伤。带土10kg左右。短距离移植去梢留枝5～7档，长距离移植4～5档。母竹运输一般采用抬运或挑运，保持竹杆直立搬送母竹。短距离运输母竹不必包扎，长距离运输一般应用稻草或编织袋将鞭包裹，在装卸车时要防止损伤母竹。运输时间越短越好，途中应覆盖好竹株，避免直接风吹。在整个运输过程中，要轻放、轻运，保护好鞭芽，避免"螺丝钉"受伤、宿土震落。

种植时间选择 在主产区一年四季均可种竹，以春季2月、梅季6月、秋冬季10～11月为好。其适生区域可根据本地的气候条件，适当提前或延迟。长距离运输移竹以10～11月较好，此时当年生竹子已成竹，挖掘母竹对竹林影响较小，母竹质优价廉，此外，气温较低也利于提高成活率。

种植要点 深穴：30～40cm。浅种：表土或有机肥垫于穴地，一般厚度10～20cm，穴底土应耙平，竹株鞭根在土中20cm左右位置。鞭平：栽种时，竹鞭宜种平，且与等高线平行。鞭土密接：表土回填，母竹放入穴底，下部与土密接，两侧用表土回填，轻轻压实，下紧上松，表面做成馒头形。表面可用草覆盖，以利保湿，在天气干旱或土壤干燥地区要适当浇灌。浇水应一次灌透，根据天气情况，7～15天以后可再次浇灌。

在沿海或有风地区，新栽母竹需打桩固定。

栽植可单株或丛栽，成丛栽植一般可2～3株一丛；栽植时竹鞭应水平，鞭向一致，或成离心状。如栽植的母竹虽枝叶茂密，但到第二年仍不出笋，需进行补植。

2. 幼林抚育

从母竹种植至成林，竹林管理的主要目的是扩鞭成林和林地空间利用，除做好除草松土、施肥、灌溉排水等常规管理外，主要是留笋养竹和间作。

间作 新造竹林1～2年内，可进行间作，以耕代抚。间种作物最好采用能起固氮作用的豆类植物或能改良土壤的绿肥、蔬菜、瓜果类，忌种高秆作物及耗肥量大的作物。间作必须以抚育竹林为主，在整地、锄草、施肥、收获时，要考虑到对早竹生长有利。如整地时，在母竹附近要深松土并施些经腐熟的有机肥，促使行鞭和行深鞭；锄草时不伤鞭根和笋芽；间种作物收获时，应将草秆铺于林地，翻入土中增加林地肥力。随着竹鞭根的蔓延，应逐渐缩小间种面积。

松土除草 在新竹林郁闭前，每年要除草松土1～2次。第一次在6月，这时新竹已长出，将除下的杂草铺于地面，可保持地面湿润和增加肥力。第二次，在8～9月间，这时竹子正在行鞭长芽，需要消耗大量水分和养分，松土和除草有利于长鞭长芽，但不要损伤竹鞭、笋芽。

施肥 在新造林的当年7月，施速效性肥料。如，在晴天每隔7～10天每株施尿素50g，或每株施经过腐熟厩肥10～15kg，铺于竹蔸旁，这样能防止干旱，促使发鞭。9月施迟效有机肥，如厩肥、土杂肥、塘泥等，既增加土壤肥力，又增加土温，保护鞭芽顺利越冬。

水分管理 母竹栽植后，若遇天晴不雨，土壤干燥，竹叶萎蔫，必须及时进行灌溉；在孕笋行鞭阶段，也要保持土壤湿润，做好保湿工作，必要时进行灌溉。

合理留笋养竹 母竹种植当年长成的小竹往往较细，应该去除，第二年就可发笋养竹。为了协调竹子生长和地下鞭生长对养分需求的矛盾，

幼林期留笋养竹应遵照"稀、壮、远"原则。①留笋成竹应稀：一般第二年母竹和留笋成竹比为1:0～1:1；第三年为1:1～1:2；第四年为1:3～1:4。通过3年留养，立竹密度达到9000～12000株/hm²。②在所发竹笋中应选择生长最为强壮的竹笋进行留养，所成竹也更为强壮。③受竹子养分极性运输的影响，通常离母株较近的笋芽先萌发，若对此笋进行留养，则离母株较远的笋芽，会因营养条件不足而败育或潜育。而且，留养新竹过于靠近母竹，不利于扩鞭和竹林满园。

3. 成林抚育

（1）土壤管理

培土是竹笋生产的重要措施之一。培土后土壤疏松深厚，可以延长竹笋在地下生长的时间，保持竹笋的鲜嫩，并增加竹笋的粗生长和高生长，从而提高单位面积产量。不同竹鞭深度对应的竹笋平均重量是不一样的，竹笋个体重量随竹鞭深度的增加而增大。各出笋时期的竹鞭分布深度范围不同，出笋早期竹鞭一般在6～20cm，中期在6～30cm，后期在16～40cm。早、中、后3个时期的发笋深度有依次下延的现象，每期下延10cm左右。因此，培土宜分期逐渐加厚，而不是把所有的竹鞭覆埋在同一深度里；要避免竹鞭拥挤，以创造良好的地下空间结构。一般来说，瘠薄土层培土宜厚些，土层深的培土可薄些。每年一次性培土厚度约5cm，不宜超过10cm。培土可结合施肥进行，尤其是施用有机肥后，培土覆盖，能促进肥料分解和防止肥料的流失。

林地土壤管理分别在5～6月和8～9月进行。5～6月，通常在新竹已基本展枝发叶后进行，主要进行：①竹株采伐和清理。根据竹林结构要求，伐除老龄竹和病残竹，挖掉竹蔸，并清理出林外，保持林地卫生状况良好。②土壤深翻。全林深翻25～30cm，并结合施肥将肥料翻入土层。③地下鞭管理。结合土壤深翻，清除老龄鞭，并对浮鞭进行埋鞭处理。埋鞭方法为：开掘深25cm、宽20cm的沟，将鞭置于其中，鞭梢向下，先覆土8～10cm，逐渐踏实，继续覆土耙平即可，

如镇压不实,往往降雨后又会上浮。8~9月,主要工作为施笋芽分化肥和松土锄草,并通过松土将肥料翻入土中。

(2)定量施肥调控技术

施肥是笋用林管理的重要环节,根据林地养分状况、林地产量要求和竹子生长发育规律,一般采用测土平衡配方"四次施肥法"。

发鞭长竹肥 施肥时间在5~6月,氮:磷:钾=6:1:2,按30%有效量计算,用量为900~1200kg/hm²,撒施在林地地表,并可混施有机肥(厩肥、饼肥等),结合林地翻耕,翻入土中。

笋芽分化肥 施肥时间在8~9月,施肥种类为氮:磷:钾=2:1:2或1:1:1,按30%有效量计算,用量为225~300kg/hm²,撒施在地表,结合林地浅耕除草(10cm),翻入土中。

孕笋肥 施肥时间在11~12月,施肥种类为有机肥或绿肥,可不经堆沤,撒施在地表,用量为22500~37500kg/hm²。

养竹肥 施肥时间在3月初,施肥种类为氮肥,如尿素、碳氨等,用量为150~225kg/hm²,结合挖笋,将肥料施在笋穴中,加土覆盖,以补

充笋期对速效氮的大量需求,提高成竹率。

(3)水分定量调控管理技术

竹子生长过程中对水分的需求很大,其中,笋芽分化期和孕笋期林地水分条件的状况是翌年发笋的限制因子,直接影响翌年发笋的多少和竹笋单株的大小。经营集约度较高的林地宜在干旱时进行水分管理。水分管理关键时期为笋芽分化期(8~9月)。连续干旱25~30天,进行一次灌溉。

可利用山地自然水源,通过建蓄水池等方法蓄水浇灌,或利用灌溉设施进行灌溉。灌溉方法可采用浇灌或滴灌。其中,滴灌设施主要技术参数为:滴灌间距2.0m×0.3m,一次灌溉时间2.5~3.0h,用水量为37500~45000kg/hm²。自然浇灌的用水量150000~180000kg/hm²。

(4)立竹结构调控

通过母竹留养和竹林择伐建立合理竹林结构,调整林内光、水、肥的合理利用,达到丰产稳产。

母竹留养 竹林合理年龄组成为1年生:2年生:3年生:4年生=3:3:3:1,竹林密度达到12000~15000株/hm²,每年(度)留养新母竹3000~3750株/hm²左右为宜。母竹留养宜在出笋盛期,因为盛期所发之竹最为健壮。

竹林择伐 通过新竹留养和老竹采伐,保持合理的竹林密度,是获得竹笋高产的重要技术措施。竹林砍伐在新竹成林后的6~7月结合松土进行。

合理钩梢 钩梢目的在于防止风倒雪压,在风雪危害少的地方,可不进行钩梢。6月新竹展枝放

浙江临安早竹林(林新春摄)

叶后，用刀钩去竹梢，合理留枝15～16档。钩梢后，如遇上大雪，仍应及时进行人工摇雪，以减少雪压损失。

（5）地下结构管理

竹鞭管理 萌发竹笋最多的是壮龄鞭。竹鞭的生长延伸速度快，每年可延伸2～3m，最长可达7～8m。由于笋用竹林土壤疏松，施肥量大，竹鞭若不作适当处理，将会出现两种情况：一种是竹鞭生长旺盛，形成大量的长鞭段，有效发笋鞭段比例不大；另一情况是竹鞭受趋肥性影响，大部分竹鞭分布在土壤表层，不能深入土中。通过松土、施肥、断鞭和埋鞭等措施可以控制竹鞭延伸生长，调整竹鞭在地下空间的分布。

竹蔸处理 伐蔸在林地中占据了一定的空间，自然腐烂难，砍竹后应挖去竹蔸。老竹蔸如不挖去，留在林内一时难以腐烂，使土地利用率下降，影响竹鞭的延伸和竹笋的出土。

4. 早出笋技术

在浙江等地通过在冬季进行保温、施肥和浇水处理，满足笋芽萌发所需的温度、水分和养分的需要，使竹林提早出笋。由于春节前早竹笋价格高昂，采用该技术可使春笋冬出，笋期提前，极大地提高了早竹栽培的经济效益。

（1）覆盖保温

覆盖材料 一般采用竹叶、稻草、谷壳等。利用微生物繁殖、分解，使覆盖物在发酵时产生热量提高土壤温度，促进笋芽萌发生长。酿热物发热温度高低和持续时间取决于覆盖材料、覆盖厚度及好气性细菌的活动强弱，覆盖酿热物的碳氮比（C/N）是衡量酿热材料酿热性能的主要指标。竹叶C/N为20～30，属中温型酿热物，发热正常而持久；稻草等C/N为70左右，属低温型酿热物，发热时间持久，但发热慢、温度低，所以出笋时间要长；相反，菜饼、豆饼等C/N均在6以下，为高温型酿热物，其特点是发热快、温度高，出笋需要的时间短。因此，可以根据酿热物的酿热特性和C/N，调整、控制覆盖材料厚度，以维持适宜的发热时间和温度，收到良好的酿热效果。

覆盖时间 各种覆盖处理出笋所需的时间是不同的。应根据酿热材料有计划地安排，必要时铺以高温型酿热物以起到临时增温作用，确保能在预定的时间内出笋，取得良好的经济效益。一般覆盖时间在11～12月。

酿热物增温处理方法 酿热物的含水量应保持在70%左右，倘若水分不足，则不会发热，发热也不会持久；水分过多则通气不良，发热困难，反而降低温度。另外，要考虑酿热物的厚度，一般中温型酿热物以20cm左右为宜，低温型酿热物以25～30cm为宜。适当添加高温型酿热物，可以减少覆盖用量，减薄厚度。控制地表温度在15～20℃，发热太强，升温过高，将发生烧鞭现象。

（2）水分管理

因林地地表被有机物覆盖，自覆盖之日起至翌年3月，长达5个月的时期内，林地不能得到自然降水和人工灌溉水分的补充，而竹林的生长和发笋对水分需求量很大，因此，覆盖前应给予林地补充充足的水分。一般用量控制在15万～18万kg/hm²（轻壤土）。林地水分状况和土壤类型密切相关，在林地土壤黏重而作业地块较大（超过数亩）时，林地透气性差，此时过多的水分将导致林地土壤空隙减小，使鞭根和笋芽窒息，影响竹林的生长和发笋。因此，水分管理要适量，保证林地有足够水分和良好的透气性。

（3）竹林结构动态管理

实施覆盖栽培的早竹林前期（一般为3～5年）立竹密度应保持12000～15000株/hm²，5年以后保持立竹密度为18000株/hm²左右；竹株钩梢留枝15～16档；竹株胸径2～4cm；年龄组成为3年生以下的竹株超过70%。

覆盖竹林要特别注意建立合理的母竹留养制度，可实行以下两种留养母竹方法：①每年留养一定数量母竹，形成均年竹林结构。实施方法为在笋期过半后，减少覆盖物厚度或清除覆盖物，降低土壤温度，延迟竹笋出土，以利母竹留养。该留养方法基本能每年留养一定立竹，保持竹林结构稳定，但降低了当年的早竹笋产量，影响经济效益，而且留养的母竹通常生长势较弱，影响立竹质量。②不覆盖年留养母竹，覆盖年不留。通过对林地间歇实施覆盖栽培，在覆盖年不留养或极少留养，不覆盖年留养健壮母竹，以保证竹林的可持续。目前可采用两年覆盖，一年休闲留养母竹，使竹林1～3年竹保持较高比例（75%），立竹生活力旺盛。

注意适时留养，通过及时去除覆盖物（2月中旬），用物理方法降低温度，在3月中旬留养健壮的后期笋。留养的母竹通过母竹复壮处理，提高抗寒能力，主要措施为竹笋套袋物理保温处理和在竹笋基部施复合肥（用量是30～50g/株），促使竹笋复壮，取得良好效果。

（4）地下鞭更新与调控

实施覆盖栽培的早竹林竹鞭提前1年进入壮龄期，每年发笋消耗鞭上的壮芽数量比常规经营的笋用林多。由于壮龄鞭上的壮芽迅速减少，壮龄鞭较快进入老龄期，因此，应及时清除覆盖物，每年5～6月对林地全面深垦，深施肥，控制地下鞭在不同的地下层分布，并尽可能将老龄鞭清除，以保证地下鞭系统的年轻化，具备良好的发笋能力，以保证竹林的持续丰产。

（5）竹笋采收

采用笋锹采收，扒开覆盖物，在竹笋一侧挖开部分土壤，让笋锹沿竹笋壁向下，在"螺丝钉"上方斜用力，采收竹笋，不可伤及竹鞭。

（6）早出丰产栽培注意问题

后期覆盖物清除　覆盖栽培竹林3月以后只有零星竹笋发生。尔后地下鞭进入生长旺季，留养的母竹开始发根、展枝、长叶。及时去除覆盖物对土壤通气、保护母竹、防止地下鞭向上生长和烂鞭等都有积极作用。

覆盖栽培作业制度　为使竹林连年取得良好的经济收入，竹农通常连年实施覆盖栽培。大部分林地连续实施覆盖超过2年，部分林地已连续7～8年实施覆盖栽培，使竹林不能得到及时更新，竹林衰退。一般早竹成林宜采用3年2覆盖为好，以保证早竹笋用林的可持续经营。

5. 退化林地改造技术

经过一定时间的经营，尤其是连年覆盖后，竹林容易退化。竹林地下鞭根纵横交错，土壤板结，老鞭竹蔸充塞林地，新鞭变少变浅；长期覆盖经营的竹林土壤往往酸化严重，氮、磷、钾过量富集。而在地上部分，竹林出笋减少，产量降低，新竹少，老竹多，竹株抗病虫能力减弱，病虫危害严重，竹林开花现象明显。此时，应积极采取应对措施，对退化竹林及时更新复壮。当然，在竹林退化前，避免过度掠夺式经营而实现竹林的可持续经营更为重要。具体改造技术如下。①5～6月，垦复深翻松土30～40cm，挖去老鞭、老蔸，挖除3年生以上老竹，保留1～2年生母竹。②5～6月，结合松土施生物有机配方肥1200kg/hm²或腐熟农家有机肥15000kg/hm²，深翻入土；9～10月，再施生物有机配方肥1200kg/hm²，浅翻入土并浇水。③8月，施生石灰4500kg/hm²，小块状施入，自然分化后浅翻入土。④9月下旬至10月上旬，加客土6～8cm；早出覆盖经营4年可加土1次。

四、主要有害生物防治

主要病虫害有竹丛枝病（*Aciculosporium take*）、竹疹病（*Phyllachora phyllostachydis*）、竹笋禾夜蛾（*Oligia vulgaris*）、沟金针虫（*Pleonomus canaliculatus*）、竹瘿广肩小蜂（*Aiolomorphus rhopaloides*）等，具体防治技术见"附表"。

五、综合利用

早竹是中国特有的优良笋用竹种，笋粗壮，笋肉白色，质脆，味甘，含水量多，风味好，产量11250～15000kg/hm²，高可达45000kg/hm²以上；其竹秆壁薄性脆，整秆可作一般柄材、晒衣竿等。

（林新春，方伟）

344 石竹

别　名｜灰竹（安徽）、净竹（福建）、轿杠竹（台湾）
学　名｜*Phyllostachys nuda* McClure
科　属｜（Poaceae）竹亚科（Bambusoideae）刚竹属（*Phyllostachys* Sieb. et Zucc.）

石竹为优良笋材两用竹种，笋味甜美、脆嫩、壳薄肉厚，俗称"石笋"，也是加工天然笋干的优质原料，每公顷产2250～3000kg，最高可达7500kg。杭州的传统名菜天目笋干以"清鲜盖世""甲于果蔬"著称，其中最著名的便是石笋干。

一、分布

石竹分布于浙江、江苏、安徽、江西、陕西、湖南、福建、台湾等地。

二、生物学和生态学特性

多野生于海拔300～1100m区域，喜高湿阴凉生境，在浙皖边界的天目山和龙王山一带有大面积纯林或混生于阔叶林中。笋期4月中下旬至5月下旬。

三、竹林培育

结构调控　通过留笋养竹及母竹采伐，控制平均立竹胸径2.5～3.0cm、立竹密度18000～24000株/hm²。可依据立地条件进行调整，立地条件好、竹株较细的林分密度可适当提高。

笋竹采收　出笋盛期，均匀留养生长健壮竹笋，数量为立竹量的1/3略多一些。挖除不符合留养要求的笋，在其出土15～20cm时，及时采挖利用。采伐4年生及以上竹株，以及病、残、弱和开花竹株，保留1～3年生竹，使1年生、2年生、3年生竹比例各占1/3。

土壤和地下结构管理　每2～3年进行1次深翻垦复，深度20～25cm。结合松土、砍竹，挖除5年生以上的老竹鞭，适当培埋跳鞭。

施肥　新竹抽枝展叶后，施尿素450kg/hm²和钙镁磷肥200kg/hm²，可撒施后浅削入土，或结合松土进行。提倡施用农家肥，具体用量根据立地条件确定，一般不少于15000kg/hm²。

四、主要有害生物防治

常见病虫害有竹笋禾夜蛾（*Oligia vulgaris*）、毛笋泉蝇（*Pegomya phyllostachys*）、贺氏线盾蚧（*Kuwanaspis howardi*）、煤污病（*Capnodium* sp.）和竹筒卷病（*Meliolales* sp.）等，具体防治方法见"附表"。

五、综合利用

主要作笋用，秆型较小，节肿胀，不宜破篾，但较坚硬，宜作钓竿、刀柄及其他农具柄用。

浙江安吉竹种园石竹当年生新竹（林新春摄）

（桂仁意，应叶青，林新春）

别　名｜园竹（安徽）、褐条乌哺鸡

学　名｜*Phyllostachys propinqua* McClure

科　属｜禾本科（Poaceae）竹亚科（Bambusoideae）刚竹属（*Phyllostachys* Sieb. et Zucc.）

> 早园竹是笋材两用竹。该竹姿态优美，生命力强，具有很高的观赏价值，广泛用于绿化公园、庭院、厂区等，也用于绿化边坡、河畔、山石。早园竹成本较低，而绿化效果好，深受各地园林绿化工程的喜爱。早园竹笋味道鲜美、产量高、出笋时间早，亦为优良笋用竹。早园竹材可劈篾供编织，整秆宜作柄材、晒衣竿等，是我国重要的经济竹种之一。

一、分布

早园竹分布很广，产于河南、安徽、浙江、贵州、广西、湖北等省份，山东、北京等地区有栽培，北方多有栽培，长江流域多为野生，是中国分布最广的竹种之一。其主要分布区年平均气温12～18℃，极端最低气温不低于−13℃，年降水量1250mm以上。

二、生物学和生态学特性

笋期3月下旬开始，出笋持续时间较长。早出笋期分为三个阶段，各阶段时间大致相等，为6～7天。前期笋的高生长期长，后期笋的高生长期短，它们高生长期结束时间基本一致。高生长遵循"慢—快—慢"规律，竹笋破土后14天和36天左右是高生长期的2个转折点。日最大高度生长量为51～75cm（马乃训等，2014）。早园竹喜温暖湿润气候，耐旱力、抗寒性强，能耐短期−13℃低温；适应性强，在轻碱地、沙土及低洼地均能生长。

三、苗木培育

育苗主要采用埋鞭育苗。挖取壮鞭，保留鞭根、鞭芽，多留宿根土，将竹鞭截成50～60cm的鞭段，平理于苗床上，覆土厚5～8cm，保持苗床湿润。埋鞭时间宜选择在早春竹笋出土前一个月。埋鞭后根据天气、土壤情况，适时浇水和排水。出苗后适时施氮肥，如尿素、硫酸铵和腐熟农家肥等，并及时除草。每条鞭可长出2～3条竹苗，供翌年春季造林用。

四、竹林培育

1. 造林技术

造林地选择　选择疏松、肥沃，排水性好的

浙江安吉竹博园早园竹竹笋（林新春摄）

沙壤土，也可选普通红壤、黄壤，土壤深度要求在50cm以上，pH 4.5～7.0左右，以微酸性或中性为宜，地下水位应在1m以上为宜。坡度在20°以下、海拔250m以下为好。早园竹喜湿润、怕积水，喜光怕风，应种在背风向、光照充足的东南坡、南坡。

整地挖穴　整地时间在造林之前，亦可随整随栽。整地之前首先清除林地内乔、灌木及树桩、石块等。然后三角形配置挖栽植穴，每公顷挖穴1500～1800个。栽植穴规格为长50cm、宽40cm、深40cm。有坡度的林地，穴的长边与等高线平行。挖穴时把表土和底土分别放于穴的两侧。

母竹挖掘与运输　选生长健壮、枝叶茂盛、无病虫害，且所连竹鞭健壮并具5个以上健壮侧芽的优良母竹。年龄以1～2年为好，胸径以2～4cm为宜。挖掘时按来鞭10cm、去鞭20cm左右长度截取竹鞭，切口要平滑，不可损伤"螺丝钉"，留枝4～6盘，剪去1/3的枝条长度。在装卸车时要保护好鞭芽与螺丝钉，避免震落宿土；尽可能缩短运输时间；长途运输应用油布覆盖竹株。

栽植　除大伏天、冰冻天和竹笋生长期外均可种植，但以2～3月上旬、5月下旬至6月上旬、10～11月为宜。栽植时，先施适量有机肥，再回填表土，母竹的竹鞭平置，深20～25cm，鞭土密接，下紧上松，浇水保湿，打桩固定。

栽后管理　栽植后要随即浇水，使土壤与鞭根密接，以后经常保持土壤湿润。特别是第一年夏季，看天气情况适时浇水，一般15～20天浇水1次，并注意清除杂草、增施肥料和防治病虫害等。

2. 幼林抚育

造林的前两年，应十分注重水分管理。长期干旱要浇水：在坡地围绕母竹挖环状沟浇透水后封土，在平地在行间挖浅沟灌水后覆土。夏季降雨集中时，一定要及时清沟排水，以防竹子积水死亡。

抚育套种　新造竹林前两年可间作农作物，但不宜间作芝麻、荞麦等高秆作物。间作以抚育竹林为主，中耕不能损伤竹鞭和鞭芽。若未间作农作物，宜松土除草。1年2次，5～6月深翻25～30cm，8～9月松土15～20cm，直至竹林郁闭。用杂草铺于地面或翻埋土中。

合理施肥　第一年种植时，每株（丛）母竹可施复合肥0.15kg和腐熟有机肥10kg。第二、三年，2月和9～10月施复合肥2次，每年50kg/亩。第四年起，按照成林管理施肥。

留笋养竹　造林后第一年，留新竹1500～2400株/hm²；第二年、第三年，留新竹3450～4500株/hm²。留远挖近、留大挖小、疏笋养笋，选留均匀分布的健壮母竹，促使提早成林。6月进行新竹钩梢，留枝10～16盘。

抗旱排水　新造林鞭根较少，竹秆较嫩，抗旱能力较差，造林后当年夏秋季要注意保护竹秆，浇水抗旱，以提高新造林的成活率。到了春雨连绵季节，竹地积水过多，又要注意开沟排水，防止地下竹笋和鞭、根腐烂。

3. 成林管理

新竹留养　每年留养新竹3750～4500株/hm²。出笋盛期开始留养，立竹量一般保持在12000～18000株/hm²。

松土　5～6月，深翻松土，深25～30cm，结合施肥进行。

灌溉　遇连续干旱天气，宜及时灌溉。

施肥　第一次施肥在2月中旬，施尿素，沟施

浙江安吉竹博园早园竹竹林（林新春摄）

浙江湖州德清城山早园竹新造林林相（王波摄）

或撒施，450～750kg/hm²。第二次施肥在5～6月，施尿素450～750kg/hm²，腐熟厩肥30～45t/hm²，垦翻入土20～25cm。第三次施肥在9～10月，施复合肥300～450kg/hm²，厩肥30～45t/hm²，垦翻入土15～20cm。

钩梢 抽枝展叶后进行钩梢，留枝12～16档。

开花竹处理 及时挖去开花竹，加强管理，增施氮肥，促进更新复壮。

五、主要有害生物防治

病害主要有竹丛枝病（*Aciculosporium take*）、竹秆锈病（*Stereostratum corticioides*）等，虫害主要有竹介壳虫（*Eriococcus rugosu*）、竹笋禾夜蛾（*Oligia vulgaris*）等，具体防治技术见"附表"。

六、综合利用

早园竹是刚竹属中出笋较早、笋期较长的竹种。笋味甘、微寒、无毒，有消渴、利尿、清肺、化痰的功效，且脂肪、糖类含量低，所含纤维素能促进肠壁蠕动，增进消化腺分泌，利于消化排泄，减少有害物质滞留肠道。竹笋食用方法很多，炒、焖、炖、煮皆可，还可加工成笋干、酸笋、咸笋、清汁笋、笋丝、酱笋、干菜笋、五香笋等，便于长期保存，供常年食用。竹材的伸缩性小，劈割性、弹性和韧性高，可在建筑方面广泛应用这些竹材，如作竹楼、竹廊。竹林还具有一定的园林绿化和旅游观赏开发价值。

（王波，李琴，赵建诚，沈鑫）

别　名 ｜ 毛环竹（《华东禾本科植物志》）、浙皖淡竹（《南林科技》）、黄壳竹（《植物研究》）、河淡竹、
　　　　　元竹（安徽）

学　名 ｜ *Phyllostachys meyeri* McClure

科　属 ｜ 禾本科（Poaceae）竹亚科（Bambusoideae）刚竹属（*Phyllostachys* Sieb. et Zucc.）

> 　　浙江淡竹为材用竹，用途较为广泛，主要用于花卉、蔬菜的棚架和果实结实时的支杆；另外，可用于室内装潢和别墅门前篱笆的制作，还可用于海洋水产养殖器具的制作。具有较高的经济价值，素有"一亩园十亩田"之赞誉，对改善农民生活、促进农村经济发展起到积极的推动作用。

一、分布

　　浙江淡竹分布很广，在我国25°～37°N之间，从海拔几十米到逾1000m都能生长，主要分布于浙江、安徽（南部）、湖南、福建、湖北，一般生长在山坡河滩。其主要分布区年平均气温12～17℃，1月最低气温-21～-4℃，年降水量500～1200mm（林新春等，2005）。

二、生物学和生态学特性

　　地下茎为单轴散生型。秆高5～14m，胸径2～5cm，中部节间长30～40cm。笋期4月下旬，出笋历期短，十分集中，出笋高峰期在出笋后的第四至第九天，其出笋数量占总数的73.8%。退笋率平均为33.3%，尤其是出笋高峰期以后退笋率高达46.0%。平均日生长量22.6cm左右，幼竹高生长历时约30天（朱志建等，2003；马乃训等，2014）。浙江淡竹是喜光竹种，适生于背风向阳、土壤深厚、疏松、肥沃的地方，常在山坡下部和河漫滩上组成大面积纯林。

三、竹林培育

1. 造林技术

造林地选择　选择疏松、透气、肥沃的土壤，尤以土层深厚、透气、保水、保肥能力良好的乌沙土、沙质壤土为好。有效土层厚度40cm以上，以酸性或中性土为宜。地下水位在1m以下。

整地挖穴　时间在造林之前，亦可随整随栽。按2m×2m株行距，三角形配置挖栽植穴，每公顷挖穴2490个。栽植穴规格为长80cm、宽50cm、深40cm。在有坡度的林地，穴的长边与等高线平行。挖穴时把表土和底土分别放于穴的两侧。

母竹挖掘与运输　年龄以1～2年为好，胸径以6～12cm为宜。其他同早园竹。

栽植　一般以春季为宜，雨季亦可。栽植母竹时根据根盘大小对种植穴进行修整，穴底要平，穴宜略大。种竹宜浅不宜深，栽时做到不紧不松，鞭土密接。

栽后管理　同早园竹。

2. 幼林抚育

除草施肥　施肥量要逐年增加。肥料种类根据需要而选择，3月、6月施速效肥，如氮肥、复合肥等；9月施缓效肥，如腐熟饼肥、农家肥等。施肥方式：前两年竹鞭伸长不远，可围绕竹株开环状沟，均匀施入肥料后覆土；从第三年开始，竹林密度增大，采用撒施，配合松土将肥料埋入土中。

留笋护竹　为促进竹林郁闭，对前两年所出竹笋，要全部保留，严禁采笋和牲畜危害。第三年如果出笋较多，可挖除小笋、虫笋，保留壮

浙江余杭骑鹤浙江淡竹新造林笋期林相（王波摄）

笋。后期长出笋一般不能成竹，可以挖掉。

覆土 竹鞭分布太浅，往往只能长出小笋。在9月第二次施肥后再覆盖3cm土，既能改良土壤，又能提高春笋的鲜嫩度。

3. 成林管理

适时留养，合理挖笋 一般每年五一节前后开始留养，留15000～18000株/hm²。当笋出土10～15cm时，沿竹笋周围刨开泥土，从竹笋与竹鞭接点处切断，不要切断竹鞭。每2～3天挖1次。

松土 每年6月深翻松土，挖除老鞭、竹蔸，深翻时即使鞭段有损伤，也可很快抽发新鞭，促发岔鞭。对林间空地增施有机肥，利用竹鞭趋松趋肥性诱来嫩鞭，使竹林地下系统分布均匀。

砍除老竹，更新竹园 6～7年生的竹子，生产力已衰退，应及时除去。可结合6月松土，将老竹连蔸挖去，保留少量4～5年生竹，1～3年生竹占70%以上，伐竹的枝叶最好留盖林地，增加养分。为便于识别竹子年龄，可对当年新竹标号。对于冬季雪害严重地段的竹林，在新竹完成伸枝展叶后的6月可对竹子钩梢，每株留枝12～15档。老竹园更新复壮可采用带状伐竹深垦作业法：把竹园划成宽2～3m的林带，隔带砍去带上竹子，深垦50cm，把新老鞭都挖出，施入有机肥，拌匀覆土，2～3年后带上长出新竹，再伐去保留带的竹，按同样方法处理。

肥水管理 6月每亩施速效肥75kg，结合垦复松土进行。一般不需浇水，但夏秋季如遇长期干旱，会导致地下茎生长不良，竹鞭节短缩，鞭芽不齐，有条件的应对竹林进行灌水。

四、主要有害生物防治

易发生竹笋禾夜蛾（*Oligia vulgaris*）、竹螟虫和竹丛枝病（*Aciculosporium take*）等危害，具体防治技术见"附表"。

五、综合利用

浙江淡竹用途较为广泛，历史上传统用途是制作"三杆"（旗杆、晒衣杆、蚊帐杆）、"三帘"（门帘、窗帘、画帘）、"三具"（农具、家具、日常用具）、"三食"（食竹菇、食竹沥、食竹笋），随着时代发展，主要用于花卉、蔬菜的棚架和果实结实时的支杆；另外，可用于室内装潢和别墅门前篱笆的制作、海洋水产养殖围栏等；可进行深加工，生产出竹制风铃、观赏性的插花竹篮、小型精巧的竹椅、民乐器——笙等。竹叶用于作其他笋用竹早出覆盖材料；笋壳用来制作沙发丝。竹林还具有一定的旅游观赏开发价值。

（王波，李琴，赵建诚，沈鑫）

别　名｜红壳竹（江苏）、红竹（浙江）

学　名｜*Phyllostachys iridescens* C. Y. Yao et S. Y. Chen

科　属｜禾本科（Poaceae）竹亚科（Bambusoideae）刚竹属（*Phyllostachys* Sieb. et Zucc.）

红哺鸡竹主要分布于浙江、江苏一带，生态适应性强，经济产量高。竹笋甘甜鲜美，供鲜食或制作笋干；竹材韧性强，可制作晒衣杆、棚架、农具柄等，是我国特有的优良笋材两用竹种，在福建局部地区有引种栽培。

一、分布

红哺鸡竹原产于浙江临安、安吉等地区，后经引种栽培，目前在我国的浙江、江苏、安徽、福建、上海、湖南等地均有分布（朱石麟等，1994）。

二、生物学和生态学特性

乔木状竹类，秆高6～12m，茎粗4～7cm，中部节间长17～24cm，壁厚6～7mm，幼秆被白粉，1、2年生的秆逐渐出现黄绿色纵条纹，老秆无条纹；箨鞘紫红色或淡红褐色，边缘紫褐色，背部密生紫褐色斑点，无毛，箨舌边缘具长纤毛。笋期4月中旬至下旬，花期4～5月。

适应性较强，对立地条件要求不高，在气候温暖湿润的高低山地、岗地、河漫滩、道路旁等处均能正常生长，但更适宜于生长在海拔400m以下，主要由花岗岩或板岩所发育的黄红壤为主的山坡下部或山麓地带，不宜在海拔较高的石灰岩发育的黄红壤、下蜀黄土发育的薄层黄红壤及紫砂岩所发育的紫色土地带生长（傅乐意和彭仁奎，2005）。

三、竹林培育

1. 造林技术

造林地选择　适宜生长在以花岗岩、板岩所发育的沙质黄红壤上，第四纪红色黏土所发育的稍黏重土壤也可，土壤pH 5～7，土层厚度应不低于40cm，排水良好，坡度＜30°的山坡中下部或山麓地带（傅乐意和彭仁奎，2005）。

整地　可采用全垦、带状、块状的整地方法，其中全垦整地效果最好，适用于坡度不大的造林地。开垦深度需在30cm以上，40cm为宜。整地结束后挖栽植穴，规格为150cm×60cm×50cm，将挖出的心土、表土分置于穴的两侧，在坡地上挖穴时需注意穴长边与等高线平行（董军，2006）。

造林密度　为600～900株/hm²，株行距一般为4m×4m，采用正三角形配置方式（董军，2006）。

母竹选择、挖掘及运输　母竹选择1～2年生的中小径竹为宜，该年龄母竹发笋成竹能力较强。要求胸径达到1.8～3.0cm、生长健壮、分枝较低、枝叶繁茂、无病虫害。挖掘母竹之前应根据最下一盘枝的方向判断竹鞭的位置走向，然后在离母竹基部30cm处挖开土层，找到竹鞭，截取母竹来鞭长度15～20cm、去鞭25～30cm，留枝5～6盘，同时截取竹梢。采挖母竹应多带宿土且及时进行包扎和运输，远距离运输母竹需用稻草、蒲包等将竹蔸鞭根和宿土一起包好扎紧（何希成等，1997）。

栽植母竹　宜选择阴天进行，栽竹时需根据竹蔸大小和带土情况适当修整栽植穴，如有条件，可先在栽植穴内施入适量腐熟有机肥、饼肥和复合肥作基肥，并与表土混匀。将母竹小心放入穴中，顺应竹蔸形状使鞭根自然平展。竹蔸下部要与土紧密结合，先填表土，后填心土。填土时要分层踏实，需做到近根紧、竹鞭两头松，栽植深度20cm为宜。栽植后需浇足定根水，覆松土3～5cm，培成馒头形。另外，应设立防风支架，以避免大风摇动母竹造成"螺丝钉"断裂。

2. 抚育技术

对新造竹林应及时松土、除草和施肥。松土除草可以在每年的5～6月和8～9月间进行，同时在林间种植大豆、绿豆、豌豆等豆科植物，或苜蓿、紫云英等植物，达到以耕代抚。新造竹林施肥应以土杂肥为主，尤以厩肥、堆肥、饼肥为佳，也可以草代肥。其中，迟效性的有机肥在秋冬季施用，速效性的化肥、饼肥等应在春夏季施用。竹林可施土杂肥22500kg/hm²左右，施化肥、饼肥需先将肥料用水冲稀，直接浇灌在竹蔸附近，每竹蔸每次施化肥0.15kg或饼肥0.25kg左右。造林前两年要全部留笋养竹，第三年可保留早笋、壮笋，除去晚笋和弱笋（周芳纯，1998）。

成林需留养新竹6000～9000株/hm²，1～4年生竹株的比例为3∶3∶3∶1，5年生及以上竹株需全部挖除（方栋龙，2009）。每年6～7月进行浅松土，深度为15～20cm，每2年深翻松土1次。每年施肥3～4次，其中，2～3月施速效化肥300kg/hm²，用于催笋；5～6月施尿素300～400kg/hm²和猪栏肥7500kg/hm²，用于补充新竹生长所需的养分，促进竹林行鞭；8～9月施用速效化肥1000kg/hm²，用于促进笋芽的分化。施速效肥以沟施为宜，即在林地内开深宽都为20cm的水平沟，沟距3～4m，之后将肥料撒入沟内，回土覆盖。

四、主要有害生物防治

主要病虫害有竹丛枝病（*Aciculosporium take*）、竹笋禾夜蛾（*Oligia vulgaris*）、竹织叶野螟（*Algedonia coclesalis*）等，具体防治技术见"附表"。

五、综合利用

红哺鸡竹是具有笋用、材用和观赏等多用途的优良竹种。竹笋产量较高，肉质肥厚鲜美，富

浙江省林业科学研究院竹类植物园红哺鸡竹片林（沈鑫摄）

含多种氨基酸，适合鲜食，也可用于制作笋干，笋干色泽和口感俱佳。竹秆通直、壁厚、韧性强，可用于制作大棚支架、建筑支架、农具柄、船篙等，也可用于制作高级凉席和坐垫。另外，竹秆刚劲挺拔、枝叶繁茂翠绿、竹笋呈红色且箨叶红黄绿色相间，是城镇园林绿化的理想竹种（何希成等，1997）。

（沈鑫，李琴，王波）

附：乌哺鸡竹（*Phyllostachys vivax* McClure）

禾本科（Gramineae）竹亚科（Bambuso-

浙江省林科院竹类植物园乌哺鸡竹片林（沈鑫摄）

ideae）刚竹属（*Phyllostachys* Sieb. et Zucc.）。乌哺鸡竹与红哺鸡竹的主要区别在于笋箨的颜色，其箨鞘背面淡黄绿色带紫色至淡褐黄色，无毛，微被白粉，密被黑褐色斑块和斑点。乌哺鸡竹的栽培和利用与红哺鸡竹近似，具体参见红哺鸡竹。

（沈鑫，李琴，王波）

附：花哺鸡竹（*Phyllostachys glabrata* S. Y. Chen et C. Y. Yao）

禾本科（Gramineae）竹亚科（Bambusoideae）刚竹属（*Phyllostachys* Sieb. et Zucc.）。花哺

浙江省林业科学研究院竹类植物园花哺鸡竹片林（沈鑫摄）

鸡竹与红哺鸡竹的主要区别在于笋箨的颜色，其箨鞘背面淡红褐色或淡黄色带紫色，密布紫褐色小斑点，此斑点可在箨鞘顶部密集成云斑状，无白粉，光滑无毛。花哺鸡竹的栽培和利用与红哺鸡竹近似，具体参见红哺鸡竹。

（沈鑫，李琴，王波）

附：白哺鸡竹（*Phyllostachys dulcis* McClure）

浙江省林业科学研究院竹类植物园白哺鸡竹单株（沈鑫摄）

禾本科（Gramineae）竹亚科（Bambusoideae）刚竹属（*Phyllostachys* Sieb. et Zucc.）。白哺鸡竹与红哺鸡竹的主要区别在于笋箨的颜色，其箨鞘质薄，背面淡黄色或乳白色，微带绿色或上部略带紫红色，有时有紫色纵脉纹，有稀疏的褐色至淡褐色小斑点和向下的刺毛，边缘绿褐色。白哺鸡竹的栽培和利用与红哺鸡竹近似，具体参见红哺鸡竹。

（沈鑫，李琴，王波）

别　名｜台竹、江南竹、石竹、轿杠竹、榉竹、胖竹、柄竹、光竹、燕竹（安徽）
学　名｜*Phyllostachys sulphurea* (Carr.) A. et C. Riv. var. *viridis* R. A. Young
科　属｜禾本科（Poaceae）竹亚科（Bambusoideae）刚竹属（*Phyllostachys* Sieb. et Zucc.）

> 刚竹秆高挺秀，枝叶青翠，是优良的笋材两用及观赏竹种。

一、分布

刚竹原产于我国黄河流域、长江流域，福建及台湾均有分布。国内河南、山东、河北、陕西、山西有栽培；韩国、美国、法国也有栽培。

二、生物学和生态学特性

秆高6~15m，胸径4~10cm，节间长20~45cm，壁厚约5mm，淡绿色，初时微被白粉。秆环在无分枝节上不明显，秆每节分枝2；各节箨环稍隆起；箨鞘早落，具绿色脉纹，微被白粉，无毛，有淡褐色或褐色圆形斑点或斑块，背面乳黄色或绿黄褐色带灰色；箨耳及鞘口繸毛俱缺；箨舌拱形或截形，边缘具纤毛；箨片外翻，狭三角形至带状，绿色而边缘橘黄色，微皱曲。小枝具叶2~5枚；叶耳及鞘口繸毛发达，叶片长6~13cm，宽1.1~2.2cm。盛笋期5月中旬。

刚竹抗性强，适应酸性土至中性土，但在pH 8.5左右的碱性土及含盐0.1%的轻盐土亦能生长，但忌排水不良。能耐−18℃的低温。

三、竹林培育

一般采用移植母株造林方法，造林密度900~1350株/ hm²。刚竹培育技术可参照高节竹。

四、主要有害生物防治

主要病害有刚竹紫斑病（*Fusarium* spp.）等，具体防治技术见"附表"。

五、综合利用

刚竹兼具材用和园林绿化功能，也可配植于建筑前后、山坡、水池边、草坪一角，宜在居民新村、风景区种植；宜筑台种植，旁可植假山石衬托，或配植松、梅，形成"岁寒三友"之景。竹材强韧，可用于做晾衣杆。生笋味微苦，熟笋无苦味，味淡，供食用。

安徽广德刚竹竹笋（赖光辉摄）

（谢锦忠）

安徽广德刚竹林相（赖光辉摄）

349

高节竹

别　名｜洋毛竹（浙江、安徽）、黄露头（浙江）、钢鞭哺鸡竹（浙江）、爆节竹（安徽）
学　名｜*Phyllostachys prominens* W. Y. Xiong
科　属｜禾本科（Poaceae）竹亚科（Bambusoideae）刚竹属（*Phyllostachys* Sieb. et Zucc.）

> 高节竹集中分布于浙江、安徽、江苏等省份，竹林经营相对粗放，开发利用潜力大，是优良的笋材兼用竹种，也具有很好的观赏价值。

一、分布

高节竹自然分布于浙江、安徽、江苏等地，南方各省份均有引种栽培。

二、生物学和生态学特性

秆高可达10m，胸径达7cm，中部节间长达22cm，除基部数节外，节间近等长，秆环强烈隆起。地下茎单轴散生。适宜年降水量1200mm以上、年平均气温15～19℃、极端最低气温不低于−20℃的地区栽培。要求土壤pH 4.5～7.0，疏松、透气、肥沃，土层50cm以上的红壤或黄壤。笋期4月下旬至5月中下旬。

三、竹林培育

1. 造林技术

造林地选择　大气、土壤和灌溉水无污染，坡度<25°，非低洼积水处。

母竹采挖　在成林中培育和选择母竹。选择胸径3～5cm、生长健壮、枝叶茂盛、分枝低、不开花、无病虫害的1～2年生竹株作母竹。挖取母株时需注意，所连竹鞭留来鞭长15～20cm、去鞭长20～30cm；秆柄（螺丝钉）无损伤；竹秆留枝4～6盘，顶部切口平整、不开裂；带宿土，总重每蔸8kg以上。远距离运输时，应将母竹的竹蔸用稻草或编织袋等包扎，平放或斜放在车厢内，并用篷布覆盖，保持根部湿润。装车、卸车和搬运时，母竹应手提或肩挑，不可肩扛或丢抛，不能损伤竹鞭的侧芽与秆柄，尽量减少宿土掉落。母竹应做到随挖、随运、随栽。若条件限制，存放期不超过3天，并做好保湿、降温、通风、防止日晒雨淋等措施。

造林方法　整地：坡度15°以下的造林地，全面垦复整地；坡度15°～25°的造林地，沿等高线带状或块状整地；带状整地，带宽2～3m；块状整地，规格为2m×2m；翻垦深度30cm以上，清除造林地内的根蔸、杂灌和石块等。挖穴：规格为长80cm×宽50cm×深40cm；坡地造林穴的长边与等高线平行，挖穴时把表土和心土分别放置在穴的两侧。造林时间和造林密度：除冰冻期和出笋期以外的季节均可造林，最适宜造林季节为春季2月和秋末冬初9～11月；造林密度900～1500株/hm²。栽植：穴内先回填表土，并踩实，后将母竹置于穴中，母竹鞭的种植深度20～25cm，鞭、根平展；覆土分层踏实，鞭土密接、下紧上松；浇足定根水，并打桩固定母竹。

2. 幼林抚育

补植　对新造林地的死亡母竹，要及时清除并补植。

水分管理　母竹栽种后，遇连续干旱7天以上的天气，需及时浇水。浇水应一次浇透。遇天气多雨，对平地、低洼地、地下水位高的林地，开沟排水。

施肥　1年施肥2次，4月、6～7月各施肥1次，株穴施肥或撒施。以6～7月结合松土除草的施肥为主，4月施催笋肥。造林当年施尿素（含氮46%）45～60kg/hm²或复合肥（氮+五氧化二磷+

浙江桐庐莪山高节竹林相（郭子武摄）

氧化钾含量≥45%）90～180kg/hm²，第二年、第三年施肥量每年增加1倍。

套种 新造林2年内提倡以耕代抚，套种豆类、西瓜、中药材等。

新竹留养 按照"留远去近、留强去弱、留稀去密"的要求留养新竹。

3. 成林培育

（1）自然笋培育

丰产林分结构 立竹密度7500～9000株/hm²，胸径5～6cm，1年生：2年生：3年生：4年生立竹数量比例为3：3：3：1，立竹在林中分布均匀。

林地垦复 6～7月，深翻林地1次，深度15～25cm，挖除老鞭、竹伐蔸，保护新鞭和壮龄鞭。

施肥 1年施肥3次。开沟施肥方法为在竹林中沿等高线每隔3m左右，开深20cm、宽10cm左右的施肥沟，施入肥料后盖土。挖穴施肥方法为在竹林中每平方米左右挖一个深20cm左右的施肥穴，施入肥料后盖土。

采笋 当笋尖露土10～15cm，用笋锹或笋锄挖取整株竹笋，不损伤竹鞭、鞭芽，挖后盖土。

新竹留养 在出笋盛期的后期（4月下旬至5月上旬）留养新竹，每年留养新竹2250～2700株/hm²。留养的新竹应健壮、无病虫害、胸径5～6cm，在林中分布均匀。

伐竹 6～7月，新竹长成后，结合林地垦复，伐去4年生以上老竹及部分4年生竹，清理病虫竹、风倒竹、雪压竹和弱小竹。每年伐竹数量2250～2700株/hm²，不超过新竹留养数量。

钩梢 雪压、冰挂、台风等危害严重的地区，应采取新竹钩梢，防止立竹倒伏、翻蔸、劈裂、折断等。6～7月，新竹抽枝展叶后钩去竹梢，留枝15～20盘。

（2）覆土控鞭"白笋"培育

竹林选择 选择具有自然笋丰产栽培的林分结构，竹笋产量22500kg/hm²以上，坡度20°以下，交通便利，土壤深厚、疏松、水肥条件好的高节竹林进行覆土控鞭"白笋"培育。

覆土时间与方法 9月至翌年2月在高节竹林

中均匀覆土30～40cm。覆土的客土为红壤或黄壤，团聚体结构好，pH 4.5～5.5。不用沙石土、泥沙土。去除客土中的石块、树苑（根）等。一次覆土可保持3～5年的"白笋"生产。

林分结构调控 参照高节竹成林自然笋栽培。

林地垦复与控鞭 覆土后前两年进行每年2次的林地垦复，深度25～30cm。第一次为6～7月，结合伐竹和新竹抽枝长叶期施肥进行，清除伐苑和覆土层中的竹鞭；第二次为9～10月，结合笋芽分化期施肥进行，清除覆土层中的竹鞭；覆土后第三年起，按自然笋栽培进行林地垦复。林地垦复时清除覆土层中的竹鞭是生产"白笋"的重要措施。

施肥 覆土肥：覆土前在竹林中先均匀撒施复合肥750～900kg/hm²，然后覆土。笋前肥：3～4月，在竹林中采用开沟施肥方法施尿素300～450kg/hm²。新竹抽枝长叶肥：6～7月，先在林地中均匀撒施复合肥750～900kg/hm²，后深翻林地。笋芽分化肥：9～10月，先在林地中均匀撒施复合肥600～750kg/hm²，后深翻林地。

采笋 除留养的竹笋外，其余竹笋及时采挖。在早晨采挖竹笋。竹笋刚露土时或土壤开裂处，用锄头挖开竹笋四周土壤，用笋锹整株挖起，不损伤竹鞭。

轮闲覆土 覆土控鞭"白笋"培育3～5年，后自然笋培育3年，可再进行覆土控鞭"白笋"培育。

覆土控鞭栽培不仅能明显改善高节竹笋外观品质，而且能明显增加竹笋的香味和甜味，减少酸涩味和粗糙度，明显提高竹笋营养品质和适口性（郭子武等，2015b）。

（3）林地有机材料浅层覆盖鞭笋培育

竹林选择 选择具有自然笋丰产栽培的林分结构，坡度20°以下，土壤深厚、疏松、肥力好，向阳，近水源，交通便利的高节竹林进行有机材料浅层覆盖鞭笋培育。

浅层覆盖 6月，结合林地浅锄，在竹林中均匀撒施复合肥750～900kg/hm²，然后充分灌溉林地，再覆盖厚5cm左右的稻草或竹叶。

鞭笋采收 覆盖15天后，每隔4～5天采挖1次鞭笋。扒开覆盖物，挖取鞭笋（长20～30cm），后重新盖上覆盖物。立竹空处不挖，稀处少挖，密处多挖。鞭笋挖至9月下旬结束。

林地垦复 10月，深翻林地15～25cm，将覆盖物翻入土中作肥料，挖去老竹苑和老竹鞭，保护笋芽和竹鞭。

林分结构调控和施肥 参照高节竹成林自然笋培育。

轮闲覆盖 连续有机材料浅层覆盖鞭笋培育2年，自然笋培育2年，可再进行有机材料浅层覆盖鞭笋培育。

四、主要有害生物防治

主要病虫害有黄脊竹蝗（*Ceracris kiangsu*）、竹织叶野螟（*Algedonia coclesalis*）、筛胸梳爪叩甲（*Melanotus cribricollis*）、竹笋禾夜蛾（*Oligia vulgaris*）等，具体防治技术见"附表"。

五、综合利用

高节竹抽鞭发笋能力强，竹笋产量高，竹笋鲜嫩，出肉率高，可以鲜食或加工成罐装笋和即食方便笋，制成的笋干细软味鲜，质量上乘。竹鞭粗壮，也适用于鞭笋高效栽培，鞭笋质嫩味鲜，质量优于毛竹鞭笋（郭子武等，2015a）。竹秆不易劈篾，坚韧，可作柄材、棚架，也可加工成竹板材。

（陈双林，郭子武，李迎春）

金佛山方竹

学　名｜*Chimonobambusa utilis* Keng f.
科　属｜禾本科（Poaceae）竹亚科（Bambusoideae）方竹属（*Chimonobambusa* Makino）

> 金佛山方竹是优良的笋用竹，秋季出笋，笋味鲜美，被誉为"竹笋之冠"。竹秆略呈四方形，材质坚硬，适合圆竹利用制作工艺品和家具。金佛山方竹主枝开展，叶片茂盛，形态优美，亦是优良的园林绿化用观赏竹。其竹材纤维长度适中，也是造纸和制造纤维板的原料。

一、分布

金佛山方竹是方竹属集中连片分布最广的一个种，主要分布于贵州、重庆、四川和云南东北部，总面积约7万hm²，以野生为主，通常在阔叶林下形成复层竹阔混交林，由于人为经营，也形成一定面积纯林。

二、生物学和生态学特性

喜阴湿凉爽、空气湿度大的环境，自然分布在海拔1000～2300m范围内，但生长良好的竹林分布在1200m以上，在海拔1000m以下不宜作为生产性引种栽培。笋期为9月上中旬至10月中下旬，出笋顺序自高海拔向低海拔逐渐过渡。日最大发笋量出现在9月下旬（綦山丁等，1997）。曾于1930—1940年大面积开花，花后竹林死亡，但种子落地后自然更新良好。自1980年后又出现小面积零星开花至今。因此，其开花周期为50～80年。开花竹秆通常在夏末时形成花枝，翌年3月上旬开花，4月下旬种子成熟。由于种子无后熟期，采集的种子最好随采随播。

贵州桐梓县九坝镇金佛山方竹竹秆（丁雨龙摄）

三、苗木培育

可播种育苗和移母竹育苗，下面只介绍播种育苗。

圃地选择 应选在海拔1000~1200m，以接近水源，坡度不大，排水良好、疏松肥沃的沙质壤土为最好。苗圃地应全面翻耕，清除杂草根，平整土地、碎土，结合翻耕施农家肥30t/hm²。

苗床设置 宜高床筑垄条播，垄高20cm、垄宽100cm，条播行间距25cm，播种沟宽10cm、深

贵州桐梓县九坝镇金佛山方竹竹林（丁雨龙摄）

贵州桐梓县九坝镇金佛山方竹新竹（丁雨龙摄）

4cm。播后用细土覆盖1~2cm厚，上面盖一层稻草（郑翼和罗吉斌，2008）。

浸种催芽 播种前对种子先行筛选，除去杂质、霉变、破损和小粒种子，然后用0.3%高锰酸钾浸种消毒3~4h，然后换清水催芽，待胚根突破种皮后即可取出播种。

苗期管理 ①保湿遮阴。要随时检查以保持育苗床土壤湿度，土壤湿度以手紧握成团，落地松散为宜。播种45天左右，幼苗出土展叶后，去掉稻草，同时搭遮阳网进行遮阴，防止发生日灼。②除草施肥。要经常除草，做到除早、除小、除了。施肥是提高竹苗质量的关键，一般在出土10~15天追肥，以后每隔半个月到1个月追肥1次。小苗宜施尿素（浓度0.2%~0.3%）。随着竹苗长大，肥料的浓度可适当增加，立秋前后施适量复合肥，促进竹苗木质化，以防止深秋徒长，利于越冬。③及时间苗和移栽。在立夏之前应进行间苗和移栽，在第一代苗高生长停止后的阴天或小雨天，将苗株密的连根带土移植到缺苗的地方，使之均匀。④病虫害防治。幼苗出土后可每隔10天喷1次多菌灵，共喷2~3次进行预防病害。幼苗易受土蚕、蟋蟀、蝼蛄、蛴螬、黄蚂蚁、金针虫等危害，应适时防治（郑先蓉等，2007）。

四、竹林培育

1. 造林技术

造林地选择 应选择海拔高度1200m以上的地段，以坡度平缓、土层深厚肥沃、疏松透气、排水良好的乌沙土和沙质壤土为好，空气年平均相对湿度80%。注意避开阳光暴晒以及冬季西北风的迎风面。造林密度1500~1800株/hm²，种植穴规格长60cm×宽60cm×深50cm。

栽植 冬初至早春、梅雨季节是造林的适宜季节。造林时，先将表土回填种植穴内，厚度10~15cm，然后解除母竹（含竹苗，下同）根盘的捆扎物，将母竹放入穴内，宜浅栽不可深栽，母竹根盘表面比种植穴面低3cm，使鞭根舒展，与土壤紧实相接。然后浇定根水，进一步使根土密接，等水全部渗入土中后再覆土，在竹秆基部堆成薄馒头形。

幼林抚育 新栽母竹经过挖取、运输和栽植的过程，鞭根受到损伤，只有在土壤湿润又不积水的条件下，才有利于恢复生长。新栽竹如遇久旱不雨、土壤干燥，要适时适量浇水灌溉。而当久雨不晴、林地积水时，必须及时排水。新造竹林稀疏，前三年可以套种红薯、大豆等作物，以耕代抚。新造竹林前两年发的新竹尽量保留，以提高竹林整体的光合能力，为新鞭发育提供足够的养分。第三年发笋期要留笋养竹，原则是去密留稀，确保母竹留养均衡（郑翼和吴延亮，2006）。

2. 抚育技术

同方竹。

五、主要有害生物防治

主要病虫害有刚竹毒蛾（*Pantana phyllostachysae*）、竹织叶野螟（*Algedonia coclesalis*）、竹煤污病（*Meliola stomata*）等，具体防治技术见"附表"。

六、综合利用

竹秆直径小、材质坚硬，一般不适宜板材加工，主要是圆竹利用生产各类工艺品。笋期为秋季，与春季出笋的刚竹属笋用竹和夏季出笋的丛生笋用竹相比，具有独特的优势。竹笋风味独特，味道甘甜鲜美，是笋食中的上佳之品，是我国目前最具开发前景的优良笋用竹之一。其枝条平展，层次感强，叶片茂密秀丽，具有极高的观赏价值。

（丁雨龙，刘国华，李丽）

别　名｜大竹、箐竹（赤水）

学　名｜*Chimonobambusa hejiangensis* C. D. Chu et C. S. Chao

科　属｜禾本科（Poaceae）竹亚科（Bambusoideae）方竹属（*Chimonobambusa* Makino）

> 合江方竹是一种优良的笋用竹，其特点是笋肉肥厚鲜嫩，香脆可口，富含蛋白质和氨基酸，笋期9～10月，为我国鲜笋供应的淡季，因而经济效益高。

一、分布

合江方竹自然分布区在四川（合江、叙永、古蔺）和贵州（赤水、习水、息烽）两省交界的狭小范围内，海拔400～1200m，浙江丽水有引种栽培（刘跃钧等，2012）。由于竹笋口味鲜美，在分布区内群众栽培历史悠久。尤其是实施退耕还林工程以来，叙永县和赤水市等进行了大面积推广，目前人工经营的合江方竹林面积达到6667hm²以上。

二、生物学和生态学特性

较耐阴，常与杉科、壳斗科、樟科、山茶科等植物混生，形成林下灌木层。喜温凉湿润气候，笋期9月下旬至10月底，花期4月，果期6月。喜土层深厚、疏松透气、湿润的山地黄壤或黄棕壤，在腐殖质含量高的微酸性肥沃土壤上生长最为良好，在向阳、干燥、瘠薄的山脊生长不良（马光良等，2006）。20世纪80年代合江方竹曾有零星开花，结实率高，果实（种子）较大，直径4～8mm，长8～18mm，千粒重113g，含水率42%，种子休眠期很短，可随采随播（张家贤等，1991）。

三、竹林培育

1. 造林技术

造林地的选择　宜选择海拔500～1200m、坡中下部的山地进行造林，土壤条件最好为砂岩上发育起来的山地黄壤或黄沙壤土，可以选择荒地或次生林地，以及二代杉木林采伐迹地和退化林地等进行造林，有条件地段也可与檫木、漆树等阔叶树种，杉木、马尾松等针叶树种进行混交。混交树密度以1500～300株/hm²为宜，即成林后保持0.2～0.3的上层郁闭度。

造林季节　通常在11月中旬至翌年3月下旬造林。在郁闭条件较好的林下，除严冬和盛夏，其他时间也可造林。

整地方法及造林密度　最好采用等高线带状整地，定植带和保留带宽度根据造林密度而定，一般2～3m，然后根据造林密度挖定植穴，定植穴长60cm、宽50cm、深40cm。母竹移栽造林密度通常为833株/hm²（株行距3m×4m）或1111株/hm²（株行距3m×3m）。

施基肥　每株施钙镁磷肥0.5kg或过磷酸钙0.25kg，有条件的施25kg/株有机肥最好。施底肥结合植穴回填进行。

母竹选择　母竹应选用2～3年、地径2～3cm、生长旺盛的母竹。挖取母竹时一定要细致，绝不能伤及鞭根和鞭芽。挖取的母竹土球大小30～40cm，鞭上有4～5个饱满的芽；秆基（螺丝钉）与竹鞭结合完好，并带适量宿土。母竹应以2～3株为一蔸进行挖掘。挖掘后砍去顶梢，留3～5盘枝叶，砍口要求平滑，呈马耳形，不得破裂。

栽植　栽植时，将母竹置于栽植穴内，使其竹鞭平展，深度20cm左右，然后覆土踏实，特别

贵州省赤水市两河口乡合江方竹竹林（丁雨龙摄）

注意竹蔸底部不能有空隙，浇足定根水。

2. 抚育技术

（1）幼林抚育

从造林到成林投产，一般需要3～5年的时间，因此对母竹的留养很关键，一般在造林的前三年中除采取必需的疏笋和采伐老龄的细小母竹外，应保留林地一定的立竹数（1～3株/m²），当立竹数达到要求时即开始逐步进入正常采笋。每年笋盛期（大约10月上中旬）的竹笋应予以适当保留作留养母竹，其余阶段发的笋原则上予以采挖（王光剑等，2016）。

（2）成林抚育

立竹度调整 调整办法是砍除林中4年以上的老竹、病腐竹、倒地竹、断竹、细小稠密竹等衰老和影响林内作业的竹秆。调整一般2～3年完成，最终保留立竹数为2～3株/m²（王光剑等，2006）。

松土施肥 立竹度调整后，可在每年春季进行松土，深度一般10～20cm。同时，在林内开沟施入复合肥或有机肥，促进竹林生长发育。结合松土施肥挖除竹林内老鞭，促使萌发新鞭。

四、主要有害生物防治

主要病虫害有蚜虫（*Oregma bambusicola*）、竹卵圆蝽（*Hippotiscus dorsalis*）、介壳虫（*Eriococcus rugosu*）、竹基腐病（*Fusarium moniliforme*）等，具体防治技术见"附表"。

五、综合利用

以笋用为主。除了鲜食以外，发笋盛期多余的竹笋主要用于制作笋干。砍伐的老竹秆可用来制作日常用具或作为造纸原料。该竹种秆形优美，也可用于城镇园林绿化。

（张春霞，刘国华，马光良）

别　名｜四方竹、箬竹、四季竹（江南各地）、方苦竹、标竹（四川）、四角竹
学　名｜*Chimonobambusa quadrangularis* (Fenzi) Makino
科　属｜禾本科（Poaceae）竹亚科（Bambusoideae）方竹属（*Chimonobambusa* Makino）

> 方竹是优良的笋用竹和观赏竹。秋季出笋，笋肉厚、味鲜美。竹秆近四方形，材质坚硬，适合圆竹利用制作工艺品。

一、分布

方竹主要分布于浙江、江西、福建、湖南、广西、贵州、安徽、江苏和台湾等省份，以野生为主，通常在阔叶林下组成复层竹阔混交林，一般分布在溪沟边，农民房前屋后常有小片栽培，大规模人工经营的纯林较少。日本也有分布，欧洲和北美洲一些国家有引种栽培，用于园林观赏。

二、生物学和生态学特性

秆呈钝圆四棱形，幼时密被向下的黄褐色小刺毛，毛落后仍留有疣基，故甚粗糙。喜光，适生于气候温暖湿润，土质肥厚、排水良好的立地。叶薄而繁茂，蒸腾量大，容易失水，故多自然分布于阴湿凉爽、空气湿度大的环境中。在长江流域以南各地，年平均气温12～20℃，绝对低温不低于−8℃，年降水量1000mm以上的低山缓

福建武夷山方竹竹秆（丁雨龙摄）

坡及平原均可栽培。方竹通常分布在海拔800m以下，但以海拔200～600m生长最好。土壤要求酸性，在黏土、重黏土和沙土上均能生长，在丘陵山地的山脚、田边、山间盆地栽培较为理想（连华萍等，2000）。

出笋最早在处暑前后，结束于霜降前，笋期近2个月。出笋盛期在白露至寒露间。早期笋和盛期笋退笋率均较低，长成的幼竹当年就能抽枝长叶，新竹既粗且高；晚期笋退笋率高，一般长成的幼竹要在翌年清明至谷雨间才能抽枝长叶，而且新竹细弱。

三、竹林培育

1. 造林技术

应选择坡度平缓、土层深厚肥沃、疏松透气、排水良好的乌沙土和沙质壤土。种植时应避免阳光暴晒，避开冬季西北风迎风面。造林密度1500～1800株/hm²，种植穴规格40cm×40cm×30cm。

冬初至早春、梅雨季节是造林适宜季节。母竹在挖、运和栽的过程中根系应采取保湿措施。造林时，先将表土回填穴内，厚10～15cm，然后解除母竹根盘捆扎物，将母竹放入穴内，根盘面与地表面保持平行，使鞭根舒展，下部与土壤紧实相接。然后浇定根水，进一步使根土密接，等水全部渗入土中再覆土，在竹秆基部堆成薄馒头形。宜浅栽不可深栽，母竹根盘表面比种植穴面低3cm。

新栽方竹林如遇久旱不雨、土壤干燥，要适时适量灌溉。而当久雨不晴、林地积水时，必须及时排水。新造竹林稀疏，前三年可套种红薯、大豆等作物，以耕代抚。新造竹林前两年发的新竹尽量保留。第三年发笋期要留笋养竹，原则是去密留稀，确保母竹留养均衡（刘常骏等，2011）。

2. 抚育技术

垦复抚育　在4～5月劈除方竹林分中的灌木、藤蔓、杂草、老竹、虫病竹及细小竹，在缓坡地段可对林分进行垦复抚育。垦复深度20～25cm，除去老竹蔸和衰老竹鞭。结合垦

福建武夷山野生方竹竹林（丁雨龙摄）

复抚育进行施肥。肥料可用尿素、常规复合肥和竹笋专用肥，以竹笋专用复合肥效果较好。施肥量因肥料种类不同而不同，一般每次施肥量600～1200kg/hm²。

合理采笋与留养母竹　出笋期长，数量多，应及时挖掘。早期的竹笋出土25cm左右时全部挖掉。盛期的竹笋出土10cm左右时挖掘，并按350～400株/亩的标准留养母竹。留养母竹应遵循"去小留大、去弱留壮"原则，立竹保持15000～18000万株/hm²，龄级组成为1年生、2年生和3年生各占30%，个别空处可留4年生5%～10%。在新竹抽枝展叶后可进行钩梢，留枝10～12档，在无风倒雪压的情况下可不钩梢（万鹰和张德权，2011）。

四、主要有害生物防治

主要病虫害有刚竹毒蛾（*Pantana phyllostachysae*）、竹织叶野螟（*Algedonia coclesalis*）、竹蚜（*Oregma bambusicola*）、竹煤污病（*Meliola stomata*）、竹秆锈病（*Stereostratum corticioides*）和竹黑粉病（*Ustilago shiraiana*）等，具体防治技术见"附表"。

五、综合利用

竹秆直径小、材质坚硬，一般不适宜作板材加工。竹主要是生产各类工艺品。方竹笋风味独特，味道甘甜鲜美，是笋食中的上佳之品，是我国目前最具开发前景的优良笋用竹之一。方竹秆形奇特，叶片茂密秀丽，具有极高的观赏价值。

（时培建，丁雨龙）

353 | 刺黑竹

别　名 | 刺竹子、刺竹、刺刺竹、牛尾竹、白油笋、牛尾笋（四川）
学　名 | *Chimonobambusa neopurpurea* Yi
科　属 | 禾本科（Poaceae）竹亚科（Bambusoideae）方竹属（*Chimonobambusa* Makino）

刺黑竹是优良的笋用竹和观赏竹，产量高，秋季出笋，笋质脆嫩，鲜甜可口。1年生新秆和枝条在冬季和早春呈紫黑色，有较高的观赏价值。秆供造纸，制作各种柄、竿具及搭楼棚用。

一、分布

刺黑竹自然分布区为陕西南部、湖北西部、重庆及四川，海拔250～1800m，野生状态下常与其他常绿阔叶林或杂灌林混生，农户房前屋后常有栽培，但大面积纯林较少（易同培，1997）。重庆市南川区近年来引导农民大力发展刺黑竹，规模化经营的竹林面积达1333hm²。由于刺黑竹可以分布到较低海拔，现浙江、江苏等地有引种栽培。

二、生物学和生态学特性

喜水喜肥，喜温暖湿润气候，但生态幅度较宽，在年平均气温12～20℃，1月平均气温5℃，极端最低气温-5℃，年降水量1100mm以上，土壤pH 5～7，土壤厚度40cm以上的紫色土和山地黄壤，海拔300～1500m的环境条件下生长良好。笋期9～11月，发笋能力强，中等经营水平产量可达11250kg/hm²。南京地区冬季-6℃超过1周，新竹梢部易出现冻害。

三、竹林培育

1. 造林技术

造林地选择　以平缓，土层深厚肥沃、疏松透气、排水良好的黑沙土和沙质壤土为好，普通紫色土、黄棕壤上也可栽培，要求微酸至中性。低洼积水、地下水位高的地方及高山风口处不宜栽培。

整地开穴　地势平缓的坡地可以采用全垦整地，深度30cm左右，清除林地中的树桩、石块。坡度15°以上造林地，一般采用水平带状整地，带宽100cm。一般株行距为2.0m×2.5m，穴规格为长50cm×宽50cm×深40cm。

造林季节　以3月造林为宜。此时母竹正处于休眠期向萌动期过渡，栽植的成活率高。栽植后随着气温回升，母竹即可开始走鞭，造林效果较好。

母竹选择　以1～2年生分枝低、秆径1cm左右、生长健壮的竹株最好（罗启高等，2013）。

2. 幼林抚育

新造竹林郁闭前每年除草松土1～2次，或套种红薯、大豆等作物。施用有机肥料有助于促进新鞭发育。在竹林未满园之前，留笋养竹是关键，发笋初期和末期及时收获过密、过细小的竹笋，在发笋盛期选择粗壮的新竹留作母竹。

3. 成林抚育

立竹度调整　通常是砍除林中4～5年以上的老竹、病腐竹、倒地竹、断竹、细小稠密竹等衰老和影响林内作业的竹秆。调整一般要经过2～3年的时间才能完成，最终保留立竹数为2～3株/m²。

挖取老鞭　结合松土施肥挖取竹林老鞭，促使萌发新鞭。

松土施肥　通过清林调整立竹度后，在每年11月至翌年6月进行松土，深度宜浅，一般10～20cm。同时，在林内开沟施入氮磷钾复合肥或有机肥，促进竹林生长发育。

四川省沐川县刺
黑竹竹林（丁雨
龙摄）

四、主要有害生物防治

主要病虫害有竹蚜（竹梢凸唇斑蚜）
（*Takecallis taiwanus*）、竹卵圆蝽（*Hippotiscus dorsalis*）、竹基腐病（*Fusarium moniliforme*）等，具体防治技术见"附表"。

五、综合利用

刺黑竹以笋用为主。砍伐的老竹秆可供制作日常用具和作为造纸原料。该竹种秆形优美、竹秆墨黑色，具有较高的观赏价值，可用于城镇园林绿化。

（王福升，刘国华）

别　名 | 高山箭竹（通称）、五枝竹（平武）、黄竹子（北川）、团竹（松潘）
学　名 | *Fargesia denudata* Yi
科　属 | 禾本科（Poaceae）竹亚科（Bambusoideae）箭竹属（*Fargesia* Franeh emend Yi）

> 缺苞箭竹林是横断山脉中山、亚高山森林群落结构中的重要层片，同时又是国宝大熊猫主要食用竹种，因此开展退化箭竹林的群落恢复与重建意义重大。

一、分布

　　缺苞箭竹从秦岭南坡佛坪经四川盆地北界的九寨沟县、平武县、北川县、松潘县、宝兴县至川南的雷波县，缺苞箭竹呈弧形分布于四川盆地西缘海拔1920～3200m的阔叶林和亚高山暗针叶林下。

二、生物学和生态学特性

　　每年4月底至5月初开始笋芽分化，7～9月形成笋芽，10月以后进入休眠；翌年5月下旬至7月下旬出笋长竹，约1/4早期笋竹当年抽枝放叶；5月中旬至8月下旬高生长期，9月末停止生长，翌年6～7月抽枝展叶。

　　系复轴型亚高山竹种，抗寒性强，喜酸性土壤，在土层疏松肥沃的缓坡、台地生长良好。生境中森林树种有栎类、杨树、桦木、铁杉、麦吊云杉、紫果云杉、云杉、岷江冷杉、红杉等。

三、苗木培育

　　高山天然林区的箭竹林呈现开花衰败、林下种子发芽率低、幼苗生长缓慢、群落自然更新恢复期长等特点。温室人工播种育苗、人工造林可缩短群落恢复期5～6年。

　　种子贮藏　种子应选海拔2500m以上的低温、干燥环境贮藏为宜。贮藏种子的含水量控制在6%～11%。用种子重量0.6%的（70%）甲基托布津混合拌种，贮期不超过1年。

　　基肥与苗厢　人畜肥2kg/m²+过磷酸钙0.50kg/m²，精细翻作苗床，厢沟深20cm，厢面宽1.5m。

　　催芽　50℃温水中浸种24h，再用0.2%高锰酸钾消毒30min，用水冲洗，拌草木灰待播。

　　播种方式　4月下旬至5月初，于苗床上撒播400粒/m²，覆盖细土厚0.5～1.0cm。

四川唐家河国家级自然保护区缺苞箭竹的地下结构（陈万里摄）

四川唐家河国家级自然保护区缺苞箭竹枝叶（陈万里摄）

苗期管理 35天的种子发芽和真叶期，随时注意温室空气畅通，保持空气湿度85%左右及土壤含水率17%～23%；40天幼苗生长期，加强水、肥和气的管理，适时除草、松土，并每10天1次0.5%尿素+0.2%磷酸二氢钾的根外追肥，共4次；150天幼苗分蘖生长期，为满足苗木生长对土壤水分和养分需求，特别是对氮肥、磷肥的需要，每20天施入清粪水+2.5%的氮、五氧化二磷、氧化钾为5：2：1的复合肥1次，共3次；随时除草，要适时盖草帘或竹帘防止日灼；40天竹苗硬化期，8月底施入适量氯化钾和过磷酸钙1次，加速竹苗木质化速度，提高抵御冬季严寒的能力。

四、竹林培育

1. 造林技术

造林地选择 林下造林。造林地宜选择在郁闭度0.5～0.7中等疏密度的暗针叶林和桦木林、云杉和落叶松人工林；若在宜林空地造林，则需同时营造速生乡土阔叶林，实行竹树混交造林，满足缺苞箭竹对上方庇荫的生态需求。不宜选用高山草甸、稀疏灌丛及荒地的阳坡立地类型。

整地 穴状整地。种植穴株行距一般为3m×3m，沿等高线按"品"字形配置种植穴，穴规格为35cm×35cm×20cm，清除种植穴周围1m²范围的苔藓层、凋落层。

苗木标准 高50cm以上、径0.25cm以上，7株/丛。

造林季节 宜选在5月、9月雨日之后。

种植方法 竹丛根系舒展放置穴内，覆土略近穴口，轻提苗丛使根系与覆土加大接触，踩实再覆土培成"馒头形"。

2. 幼林管护

锄抚施肥 定植1年、2年各在6月锄抚1次，浅锄种植穴四周1m²土壤，清除杂草，结合锄抚每穴施尿素100g。

刀抚除草 定植3年、4年各在7月刀抚1次，砍除影响竹株生长的杂草、藤蔓。

3. 成林抚育

密度控制 按照留竹盖度50%～60%，留竹块数2700块/hm²，每块留竹面积1.5m×1.4m，清除块间杂草和块内苔藓。

竹林复壮 伐出4龄以上竹株和零星开花竹株，并辅以施尿素、磷肥、2,4-D、α-萘乙酸、培土等复壮措施。通过移植健壮母竹于实生苗幼竹林，建立同种异龄甚至异种异龄混交林。

五、主要有害生物防治

无明显病虫害，偶见青脊竹蝗（*Ceracris nigricornis*）、峨眉腹露蝗（*Fruhstor feriola omei*）、黄环链眼蝶（*Lopinga achine*）对竹株叶部危害，具体防治方法见"附表"。

六、综合利用

缺苞箭竹以维护高山、亚高山森林群落健康稳定，提供大熊猫天然食源为主。在大熊猫栖息地之外，可进行笋用开发。此外，秆可用于作晾衣杆、烤烟杆、豆荚杆，以及破篾编织竹器等。

四川唐家河国家级自然保护区缺苞箭竹竹丛与生境（陈万里摄）

（刘兴良，孙鹏）

别　名｜香笋竹（云南宾川）、实心竹（昆明）、南嫩竹（云南昌宁）

学　名｜*Fargesia yunnanensis* Hsueh et Yi

科　属｜禾本科（Poaceae）竹亚科（Bambusoideae）箭竹属（*Fargesia* Franch.）

云南箭竹是秋季产笋的中小型优质笋用竹种，其笋鲜嫩味美，品质细嫩，口感较好，是云南传统笋用竹。本种也是箭竹属中秆型较大的一种，分布海拔较低，适宜在滇中高原和川西南中高海拔种植，不适于发展热性大型丛生竹地区推广发展。

一、分布

云南箭竹分布于滇西至滇西北海拔1500～2500m的局部地区，四川西南部也有分布，多为天然或人工栽培的纯林。其分布区南端可达云南省临沧市临翔区，北端分布到四川省冕宁县。分布的最低海拔为四川省盐边县箐河乡，只有700m；最高海拔是云南省宾川县鸡足山，可达2848m。昆明西山海拔2000m左右的云南箭竹林，系早年寺庙僧人由滇西鸡足山引种栽培竹林。

二、生物学和生态学特性

地下茎合轴型，秆柄可延伸成短假鞭，其延长的秆柄（假鞭）能蔓延成"林"，竹林呈疏丛状或散生状。秆高6～10m，胸径3～5（～6）cm，节间长28～36（～50）cm，基部节间实心。云南箭竹在天然状况下成丛不明显，林分高9～12m，平均径粗3～4cm，立竹度为4100株/hm²；而在人工栽培状况下成丛明显，竹丛度为165丛/hm²，平均每丛有活立竹约86秆，立竹度为14190株/hm²。其中，1年生新秆每丛26株，立竹度4290株/hm²；2年生秆每丛22株，立竹度3630株/hm²。云南箭竹是箭竹属中秆型较大的一种。发笋季节为9月中旬至10月中旬，新秆秆箨宿存，当年不分枝长叶，直至来年春夏雨季来临。

云南箭竹具有较强的抗寒性，适宜在滇中高原和川西南海拔1500～2500m地区发展，适生主

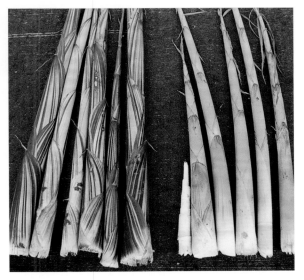

云南箭竹竹笋（辉朝茂摄）

云南箭竹秆和秆箨（辉朝茂摄）

要气候要素是：年平均气温12.6℃，最冷月平均气温6℃，日最低气温≤0℃日数50天，年平均有霜日80天，极端最低气温−7.5℃。

三、苗木培育

繁殖主要以传统的分蔸移栽为主，西南林业大学开展了试管快繁（姬丽粉等，2015）和扦插繁殖（王曙光等，2009）试验并取得一定进展，但尚未获得可在生产上推广的批量竹苗。

云南箭竹竹林（辉朝茂摄）

四、竹林培育

1. 造林技术

造林地选择　要求土层深厚、肥沃、疏松、湿润、腐殖质含量高、排水良好、微酸性的暗棕壤。

母竹选择　选择2～3年生、生长健壮、无病虫害母竹，挖取母竹时一般应3～5秆相连。

造林季节　在春季新秆枝叶萌发前或6月上中旬雨季来临时为最佳。

造林方法　保留母竹20～50cm高度，用稀泥土封闭剪口，注意保护鞭芽和鞭根。初植密度630株/hm²，株行距4m×4m定植；立地条件较差可适当加大初植密度。

2. 抚育技术

主要抚育技术为松土施肥。采用充分沤熟的农家肥1000kg+精致干鸡粪200kg+尿素20kg，充分拌匀后施用。施肥前先把竹丛周围的杂草铲除，对竹丛四周进行松土；距竹丛35cm进行围塘挖沟，沟深20cm、沟宽15cm；围塘挖好后按每丛（塘）施配好的混合肥10kg；覆土并浇透水，浇水要每隔2天浇1次，连浇5次；5月中旬和10月中旬结合松土进行施肥，必要时浇水保湿。

五、主要有害生物防治

无重大病虫害，生长退化的竹林时有丛枝病（*Aciculosporium take*）危害，具体防治技术见"附表"。

六、综合利用

鲜笋营养成分丰富，秆壁厚、实心程度高，具有较好的抗寒性；材质坚硬，大量用作花卉和蔬菜大棚，也可代藤制作家具，也是制作柄具、杆具和抬杆杠的材料。笋材市场较好，开发前景广阔。

（刘蔚漪，辉朝茂，石明）

别　名 | 黄间竹、甜笋竹、甜竹（福建）

学　名 | *Acidosasa edulis* (Wen) Wen

科　属 | 禾本科（Poaceae）竹亚科（Bambusoideae）酸竹属（*Acidosasa* C. D. Chu et C. S. Chao）

> 黄甜竹鲜笋营养丰富、品质优良、质脆味甜，具有高蛋白质、低脂肪、多磷钙等优点，还含有多种人体必需氨基酸。其节间长、竹壁厚、秆通直、韧而坚，既可以作为普通竹材用，也可以用来劈成篾条编制成工艺品。其竹节间匀称、分枝开展、枝叶繁茂、色泽浓绿、秀雅怡人，具重要庭院观赏价值。

一、分布

黄甜竹原产于福建，自然分布在闽江流域的戴云山、鹫峰山及福建与江西交界的武夷山等海拔800m以下山地。其引种地区有浙江杭州、永嘉、龙游、金华、富阳、丽水、安吉、余姚及江西、湖南、广西等地（黄盛林，2004）。

二、生物学和生态学特性

秆高10～12m，直径4～6cm，节间长25～40cm，除节下外无白粉，节下可见猪皮状凹孔，箨舌基部与箨片之间无长繸毛。黄甜竹的笋期依各地的土壤、立地、气候等条件不同而略有不同，在福建地区笋期3月上旬至5月上旬，出笋期历时约45天；在引种地浙江省笋期4月下旬至6月中旬，出笋期历时约60天（薛贵山，1990）。

天然分布区年平均气温15～22℃，1月平均气温5～13℃，无霜期250～336天，年降水量1100～2000mm。黄甜竹一般垂直分布在海拔800m以下的山坡、丘陵，形成纯林或混交林。

三、竹林培育

1. 造林技术

整地 最好选择海拔800m以下、背风朝南的阳坡山地，坡度在25°以下，排水良好，土层深厚，含有较多的有机质及矿质营养，尤其在山脚、山谷，避风向阳，土壤疏松、深厚肥沃、湿润的酸性至中性土中生长更佳。根据造林地实际情况整地挖穴，初植密度约1050株/hm²，即株行距3m×3m左右。栽植穴长100cm×宽40cm×深45cm，在有坡度的林地，其穴长边与等高线平行，挖穴时应把表土和心土分别放置穴的两侧。

造林季节 冬初和早春（12月初和3月）是黄甜竹造林的最佳季节。梅季（6月）和秋季（10～11月）也可栽植。

造林方法 通常采用移母竹造林。选择1～2年生、胸径2～3cm、秆直、分枝较低、枝叶繁茂、生长健壮、无病虫害的竹子，作为母竹。栽前，修穴并回填部分表土，再将母竹放入穴内，让鞭根自然平稳舒展，回填穴土，做到竹蔸下部及竹鞭与土密接，下紧上松，稻草覆盖。也可2～3株为一丛植于穴中。

2. 幼林抚育

母竹栽后连续5天无降水，需浇水1次。幼林松土除草1年2次，6～7月深翻25cm，注意不能伤及竹鞭；9～10月浅铲10cm。每年2次施肥，结合松土进行。第一次施肥在6～7月，施复合肥，撒施后经松土翻入地下，第一年每株母竹施0.25kg，第二年450kg/hm²，第三年750kg/hm²。第二次施肥在9～10月，施用经腐熟达到无公害要求的农

福建闽侯移栽黄甜竹母竹（郑郁善摄）

家肥，第一年每株母竹施5kg，第二年9t/hm²，第三年15t/hm²。造林后3年内尽量多留笋养竹，加快郁闭成林。

3. 成林抚育

造林第四年后，每年每公顷留3750个壮笋育竹，留养新竹以盛期笋为宜。合理挖竹笋，当笋出土30cm左右及时挖取，挖笋时应注意不伤鞭、不伤芽，挖后覆土。每两年进行1次浅翻，每年松土除草2次。第四年以后按成林标准施肥，每年可施肥3次，第一次在2月底或3月施笋前肥，第二次在6月施促鞭肥，第三次在10月施催芽肥，每次可施尿素225kg/hm²，另加过磷酸钙75～120kg/hm²。合理竹林结构立竹度为10250株/hm²，林分保留1～3年生竹，第四年采伐，每年新竹占1/3，即每年留养新竹3750株/hm²，80%以上竹子应在平均胸径（5～6cm）范围内（方栋龙，2005）。

四、主要有害生物防治

黄甜竹主要病虫害有竹笋禾夜蛾（*Oligia vulgaris*）、一字竹笋象（*Otidognathus davidis*）等，具体防治方法见"附表"。

五、综合利用

黄甜竹是一种以笋用为主，兼具材用和观赏功能的竹种。竹笋营养丰富、品质优良，可鲜食或制干，还可制作成软包装调味笋。黄甜竹节间长、竹壁厚、秆通直、韧而坚，既可以作为普通竹材用，也可以用来劈成篾条编制成工艺品。此外，黄甜竹竹秆挺直、节间长且均匀、分枝较高、冠幅小、竹丛密集、枝繁叶茂，可用在城市园林绿化或庭院造景中。

（郑郁善，张迎辉，荣俊冬，陈凌艳）

别　名｜节竹、甜竹（福建）

学　名｜*Acidosasa notata* (E. P. Wang et G. H. Ye) S. S. You

科　属｜禾本科（Poaceae）竹亚科（Bambusoideae）酸竹属（*Acidosasa* C. D. Chu et C. S. Chao）

> 福建酸竹是福建省特有竹种之一，其笋质脆嫩，味甘甜且不含涩味，可直接煮食，营养丰富，产笋量高，是很有发展前途的优良笋用竹种。

一、分布

福建酸竹分布于福建省南平、建瓯、顺昌、安溪、龙岩等地，垂直分布一般在1000m以下的山坡、丘陵地区。常散生于路旁、林缘，或与阔叶树混交，亦有组成单优势群落（郑清芳，1990）。

二、生物学和生态学特性

竹秆高3～6m，胸径1.6～4.0cm，秆壁厚约3mm，中部节间长20～25cm，秆中部每节具3枝，秆箨与箨耳和肩毛发达，小穗柄短，长2～13mm，颖片2枚，小穗轴被微柔毛，内稃和外稃被短柔毛。地下鞭数量80%左右分布于0～40cm土层中，竹鞭分岔不多，侧芽数量和壮芽数量随年龄呈抛物线趋势，壮芽数量以3～4龄鞭为最多。笋期为4月下旬至5月下旬，5月中旬为出笋盛期，前期笋成竹质量差且退笋率低，后期笋成竹质量好并且退笋率高（姜必亮等，1995）。

天然分布区年平均气温15～22℃，1月平均气温5～13℃，无霜期250～336天，年降水量1100～2000mm。喜肥沃湿润土壤。

三、竹林培育

1. 造林技术

整地　选择土壤疏松透气、排水良好的沙质壤土或红黄壤土，土层深50cm以上缓坡进行造林。造林前，先清除园内杂草、灌木、石头等物，按株行间距3m×4m的密度挖栽植穴，栽植穴规格为长60cm×宽50cm×深40cm。每穴施复合肥0.25kg于穴底，回填表土，等待种植。

造林季节　应选择在雨量充足、温度较低、湿度较大的2月或3月，此时笋芽活动微弱，鞭根积累养分多，同时外界温度较低且湿度大，栽植成活率高。

造林方法　通常采用移母竹造林。选择2年生、胸径2～3cm、生长健壮、分枝低、枝叶繁茂、无病虫害的竹子作为母竹（许冰峰，2000），来鞭15cm以上，去鞭25cm以上。栽种时要适当修穴和回垫表土，再将母竹放入穴内，让鞭根自然舒展，注意表土回穴，竹蔸下部与垫土密接，使母竹蔸深度比原入土深3～5cm，再自下而上，分层回填穴土，踏实竹蔸，使竹鞭与土紧密接合，再培土成馒头状。

2. 幼林抚育

6～7月进行一次锄草松土，9月进行一次劈山除草。结合锄草松土进行施肥，6～7月施复合肥750kg/hm²，埋入地表20cm以下。对于新造竹林，第一年每株母竹保留1株竹笋成竹，第二年保留2～3株竹笋成竹，第三年基本成林。做到"挖近留远、挖弱留强、挖密留稀"，留好母竹，加快成林。

3. 成林抚育

要对竹林进行间伐，砍伐过密及4年及以上的竹子，立竹度控制在9000～12000株/hm²（郑清芳，1996）。

福州福建酸竹丰产林（何天友摄）

四、主要有害生物防治

福建酸竹笋用林的主要虫害有一字竹笋象（*Otidognathus davidis*）和竹笋禾夜蛾（*Oligia vulgaris*），具体防治技术见"附表"。

五、综合利用

福建酸竹是一种具有发展潜力的地方笋用竹种，同时兼具农用和园林绿化观赏功能。竹笋营养丰富，有高蛋白、低脂肪、多磷钙、富纤维等特点，除鲜食或制干外，还可制作成软包装调味笋。秆端直、坚固，可作晒衣杆、瓜棚、豆架、围篱等。枝叶翠绿，高矮适中，亦可作为庭园绿化竹种。

（何天友，郑郁善，荣俊冬，陈礼光）

358 苦竹

别　名｜伞柄竹
学　名｜*Pleioblastus amarus* (Keng.) Keng. f.
科　属｜禾本科（Poaceae）竹亚科（Bambusoideae）苦竹属（*Pleioblastus* Nakai）

> 苦竹是我国长江流域优良的乡土竹种和笋材两用竹种。竹笋可食用，嫩叶、嫩苗、根茎等均可供药用，苦竹叶、苦竹笋、苦竹茹、苦竹沥、苦竹根等具有清热、解毒、凉血、清痰等功效。竹材可用于造纸，秆材能作伞柄或菜园支架以及旗杆、帐杆等，也可制作农具。

一、分布

苦竹主产于江苏、安徽、浙江、福建、湖南、湖北、四川、贵州、云南等省份，在低山、丘陵、平地均能生长。苦竹在土层疏松深厚处，生长良好，呈散生状；土层薄处，则近于丛生而作灌木状。

二、生物学和生态学特性

地下茎复轴混生，生长特性既有散生竹的特性，又有丛生竹的特性。母竹秆基节间较长，竹根少，两侧有芽眼2～6枚，秆基上的芽既可形成细长的竹鞭，并从鞭上抽笋长新竹，稀疏散生，又可以从母竹秆基芽眼直接萌发成笋，长出成丛的竹秆。竹秆直立，高3～5m，粗1.5～2.0cm，厚约6mm。秆节间长27～29cm，幼秆淡绿色，具白粉，老后渐转绿黄色，被灰白色粉斑，秆散生或丛生，圆筒形。在肥沃土壤中，由于鞭梢生长和竹秆顶端生长优势，秆基的芽眼处于休眠状态，芽眼失去萌发力，靠竹鞭上的侧芽长出新竹秆，呈稀疏散生，表现出与散生竹竹林相同的特点。在瘠薄土壤条件下，秆基芽眼一般萌发抽笋，长出成丛竹秆，表现出丛生的特征。

苦竹适宜在年平均气温16～20℃以上生长，1月平均气温4℃以上，极端最低气温-4℃以上，全年≥10℃的有效积温4000℃以上，年降水量1000mm以上，空气相对湿度75%以上，海拔1200m以下地区生长。苦竹喜深厚、湿润、肥沃、疏松的红壤、黄壤、紫色土、冲积土等土壤，pH 4.5～7.0，厚度40cm以上（LY/T 1769-2008）。笋期6月，花期4～5月。

三、苗木培育

1. 育苗材料

繁殖材料主要有小母竹、母竹和竹鞭。母竹要求直径1～3cm，秆高2m以下（带3～4盘枝），竹鞭直径2～3cm，来鞭10～20cm，去鞭20～30cm，竹株生长健壮，分枝较低，枝叶茂盛，竹节正常，笋色鲜黄，鞭芽健壮，无病虫害。小母竹要求苗龄直径2～4cm，保留3～4个竹节，秆径0.5cm以上，竹秆保留长度60cm，鞭2条以上，鞭长10cm以上，鞭芽饱满，竹苗新鲜，无明显失水，无破损，无病虫害。用作繁殖材料的竹鞭要求鞭段长40～80cm，鞭径2～3cm，鞭根健全，鞭色鲜黄，鞭芽健壮，无病虫害。

2. 育苗方法

小母竹育苗　将竹苗按株行距2m×3m栽植于规格为长50cm×宽50cm×深50cm的植苗穴内，分层覆土填实浇水，第二或第三年起，每年挖取健壮竹苗用于造林。

母竹育苗　将母竹按株行距2m×3m栽植于规格为80cm×50cm×30cm的植苗穴内，分层覆土填实浇水，第二或第三年起，每年挖取健壮竹苗用于造林。

埋鞭育苗　先按30～50cm的沟距开沟，再将鞭段连续平放沟内，芽向两侧，覆土约为鞭径的3倍，压实、盖草、浇水。第二或第三年起，每年挖取健壮竹苗（小母竹）用于造林。

四、竹林培育

1. 竹林营造

造林地选择　宜选择海拔1200m以下，疏松、透气、肥沃、排水良好、pH 4.5～7.0的红壤、黄壤、紫色土和冲积土等土壤类型，土层深度在40cm以上。笋用林生产基地应选择在无污染和生态条件良好的地区，远离工矿区和公路铁路干线，避开工业和城市污染源的影响。

竹苗栽植　采用小母竹和母竹，一般早春或秋季进行造林。栽植穴长80～100cm、宽40～60cm、深40～60cm。栽前穴底先填表土，

母竹置于穴中，使鞭根舒展，分层覆土压实，让鞭根与土壤密接，竹鞭或根盘上面与穴面持平或略低。干旱或土壤湿度较低的地方，要先适当浇水，再覆土，厚度以高出原入土深度3～5cm为宜，将栽植穴堆成馒头形，表层覆松土，浇透定根水。

抚育管理　在郁闭前，每年5～6月和7～8月除草松土2次，松土深度5～15cm。除草松土时不要损伤竹鞭、竹蔸和笋芽。新造林当年出笋尽量不留或留养少量壮笋培养母竹，造林后从第二年起应及时疏去弱笋、小笋、退笋及病虫笋。幼林期间，竹株过密应于秋冬季进行疏伐。成林期间从出笋高峰前期所发竹笋中均匀留选健壮的竹笋，蓄笋长竹。留养母竹在林中分布均匀，每年留养母竹数为竹林总株数的

四川长宁苦竹林林相（蔡春菊摄）

30%～35%。保留1～3年生母竹，冬季采伐4年生以上老竹，清理病虫竹、风倒竹和雪压竹。采伐量与当年留养新竹数大体相当，保留密度为9000～12000株/hm²。

覆盖促笋　选择结构合理、壮龄竹达3/4、生长旺盛、无病虫害、坡度较小、水肥管理方便的竹林地。11月下旬至12月上旬，采用竹叶、松针、谷壳、作物秸秆、锯木屑、有机肥等覆盖竹林地，覆盖厚度15～30cm，覆盖物保持60%水分，可在覆盖物上加盖一层农膜。竹林覆盖1～2年后，应间歇2～3年，进行轮换，以恢复林地生产力。

施肥　郁闭前采用穴施，郁闭后沟施，沟间距0.5m、深10cm，施后覆土。栽植当年7～8月，结合中耕除草施复合肥0.25～0.50kg/株，11～12月施有机肥10～20kg/穴；以后每年施肥4次，每年施肥总氮素60～90kg/hm²，磷素12～20kg/hm²，钾素25～40kg/hm²，氮、磷、钾比例4.5：1：2。第一次于2～3月施长笋肥，以有机肥和复合肥为主；第二次在5～6月施产后肥或长鞭肥，以复合肥、磷肥和尿素为主；第三次在9～10月施催芽肥，以复合肥和尿素为主；第四次结合覆盖于11～12月施孕笋肥，以有机肥或农家肥为主。

2. 竹笋采收

采挖时间　苦竹笋采挖应在发笋期（因经营水平和气候差异，各地笋期有所不同）进行，除蓄笋养竹部分外，其余全部采挖；鞭笋应少挖多埋。

采笋方法　挖活笋、挖全笋，并及时挖去病虫笋、弱笋；采挖时应注意不损伤竹鞭、鞭芽和鞭根，挖后覆土；采挖的鲜竹笋应立即装箱，运离采挖现场。

合理挖笋　覆盖竹林，出笋盛期能提前1～2月，此时气温较低，不宜留养母竹，所有竹笋一律挖取；已经满园的竹林，应在出笋盛期留养母竹。挖笋后，宜在穴内施少量尿素后覆土。

五、主要有害生物防治

主要病虫害有毛笋泉蝇（*Pegomya phyllostachys*）、竹丛枝病（*Aciculosporium take*）等，具体防治技术见"附表"。

六、综合利用

苦竹是优良的笋材两用林，竹笋可食用与药用，含丰富的蛋白质、植物纤维和多酚类物质，味鲜嫩脆、清香可口，是优质的森林绿色食品。苦笋是医食俱佳的珍稀竹笋。李时珍《本草纲目》载："苦笋味苦甘寒，主治不睡、去面目及舌上热黄，消渴明目，解酒毒、除热气、益气力、利尿、下气化痰，理风热脚气，治出汗后伤风失音。"竹秆是良好的造纸原料，通直、节间长，还可用来作伞柄和伞骨，制作旅游绸伞、团扇和折扇。此外，苦竹还用来制作乐器臂、笛及竹筷、笔杆等。

（范少辉，蔡春菊）

别　名｜毛绿竹、乌药竹

学　名｜*Bambusa oldhamii* Munro

科　属｜禾本科（Poaceae）竹亚科（Bambusoideae）簕竹属（*Bambusa* Retz. corr. Schreber）

> 绿竹是亚热带地区优良的笋材两用丛生竹种，具有笋期长、产量大等特点。绿竹笋俗称"马蹄笋"，营养丰富，笋味鲜美，是备受消费者喜爱的天然绿色食品。绿竹是优质的造纸原料和建筑用材，在美化环境、涵养水源、防风固土等方面也发挥了良好的生态与社会效益。

一、分布

绿竹主要分布在中国、印度、缅甸、孟加拉国、泰国、马来西亚等国家，在我国分布于浙江（南部）、福建、台湾、广东、广西和海南等地区，常栽植于冲积平原、溪边、低丘或房前屋后（易同培，2008）。

二、生物学和生态学特性

地下茎合轴型，秆丛生，高6～12m，直径3～9cm，幼时被白粉，粉退后呈绿色或暗绿色，枝条簇生，节间长20～35cm，邻近的节间稍作"之"字形曲折，秆壁厚4～12mm。笋期5～10月，7～8月是盛笋期，花期在夏秋季（易同培，2008）。

天然分布于亚热带季风气候区，喜温暖湿润、向阳避风，要求年平均气温18～21℃，1月平均气温8～12℃，极端最低气温高于-5℃，海拔高度一般在300m以下，年降水量1400～2000mm，相对湿度75%以上（郑蓉等，2007）。

三、苗木培育

1. 圃地选择与处理

选择土壤疏松、排灌方便、背风向阳，pH 5.5～7.0的沙质壤土作苗圃用地。土壤要冬耕晒白，育苗前进行全面整地，施足基肥，并用生石灰10～15kg/亩消毒土壤，将肥料和石灰均匀撒施，翻入土中。整地深度30cm左右，然后作高床。

2. 带蔸埋秆育苗

繁殖材料为1～2年生、节芽数量多、节芽或枝芽饱满、无病虫害的母竹。育苗季节为3～4月。育苗时，将母竹整株挖起，勿伤笋芽，砍去竹梢，留10～15节，修去所有侧枝，仅留1条中心主枝，然后在秆柄弯曲方向的相反一侧，用锯子在每节间中央锯深为竹秆直径的1/2～2/3的切口。在苗床上挖平行沟，埋秆时将母竹与地面倾斜15°放于育苗沟中，使秆柄向下，节间切口向上，覆土5～10cm，踏实，盖草淋水。

3. 主枝扦插育苗

插穗选择与处理　选择1年生健壮母竹中部以下色泽青绿的粗壮枝条，枝基部要有饱满芽2个以上，插穗长度从茎基部算起留30cm左右，一般3～4节。修剪去枝蔸基部过长的竹皮及枝条

浙江平阳绿竹鲜笋（官凤英摄）

上其他侧枝，枝尾部斜45°剪去，每枝留3～5片叶，每片叶剪去一半，其余叶剪除。取枝当天扦插，最好在阴天进行，晴天扦插需将插穗插入水中保湿。

扦插方法 3月下旬至4月上旬，先在苗床上按25cm间隔开深12～15cm小沟，株间距15cm，然后将插穗统一斜放40°～50°，斜向与竹秆基部弯曲方向相同。插穗入土长为穗长1/2～2/3，一般入土2个竹节以上，地面留1～2个节，然后覆土踩实，最后浇定根水。扦插密度为8500～9000株/亩。

管理 扦插后应适时浇水保湿，用稻草或麦秆铺于行间，并搭设高度80cm以上遮阴棚。

四、竹林培育

1. 造林

（1）种苗质量

通常采用移母竹造林，选择生长健壮、无病虫害、胸径3～5cm、基部芽眼饱满、发枝低的1年生竹株作为竹苗。挖掘时竹蔸要带须根，从秆柄与母竹的连接处截取，或连同母竹根系一同挖取，笋目和秆柄无撕裂损伤；竹秆保持3～4个饱满枝芽，上部截顶，切口与竹蔸走向平行，呈马耳形，且平整不开裂，离节隔10～15cm。竹苗随挖随栽，放置时间不应超过2天以上，远距离运输，用150g磷酸二氢钾拌50g土加水成浆或用浓黄泥浆沾蔸保湿，运输过程中防止宿土掉落或损伤芽眼。

（2）造林地选择

土层厚度50cm以上，腐殖质含量高，疏松、肥沃，pH 5.5～7.0，红壤土、沙壤土或冲积土。

（3）造林季节

3～4月中旬，阴雨天最佳。

（4）整地挖穴

坡度15°以下宜全垦整地，翻耕深度30cm；坡度15°～20°造林地沿等高线带状整地，带宽2～3m；坡度20°～25°造林地按照造林密度定点块状整地，规格2m×2m。清除树桩石头等杂物。采取"品"字形配置进行挖穴，穴的规格长80cm×宽70cm×深60cm，表土与心土分开置放，表土回填30cm，养分不足地方造林前一个月可施基肥。

（5）种植方法

种植密度450～600株/hm²，也可适当密植，最高不宜超过900株/hm²。种植深度20～30cm为宜。种植时竹蔸放平，竹秆顺向倾斜，使两列笋目倾向水平位置分列两侧，马耳形切口向上，切口用泥浆灌入，以防止竹秆干枯。竹苗入土时要分层填土，边填边踏实，栽后应立即浇定根水，再覆松土成龟背状，覆土应比种苗原入土高

北京市日光温室培育绿竹（官凤英摄）

10cm。也可2~3株为一丛进行种植，死株应在当年5月上旬前或翌年补植。

2. 幼林抚育

移栽后可遮阴处理，每隔5~6天浇水1次。对新造竹林可套种豆类、绿肥等低矮作物，以耕代抚，及时排水灌溉。第二年可进行扒土晒目、覆土、施肥等作业，及时疏去弱笋、小笋及退笋，留优去劣，直至成林。

3. 成林抚育

（1）扒土晒目

清明前，将竹丛根际土壤挖开，暴露所有笋目，提高土温，疏松土壤，刺激和促进笋芽萌发；清除缠绕在笋目上的须根，暴晒20~30天。

（2）覆土培笋

扒土晒目后，当气温回升到15~20℃时，结合施春肥及时培土，重新覆盖笋目，将周围土壤向竹丛中央聚拢，覆土呈龟背状，以高出原竹蔸10cm为宜。

（3）水肥管理

绿竹笋对水分要求较高，在连续晴天或干旱季节，特别是在夏秋季发笋期间如果连续6~7天无雨，及时引水灌溉保持土壤湿润，遇竹林地易积水时要及时排水。

扒土晒目后覆土施春肥，沟施腐熟的农家肥或商品有机肥20~100kg/丛；5月初施笋前肥，施尿素0.3~0.5kg/丛；7~8月产笋盛期，离割笋处10cm，施入速效复合肥0.5kg/丛，施2~3次，时间间隔为15~20天，同时松土、除草、培土；9月以后施养竹肥，以施钾肥为主，每丛施复合肥0.5~0.7kg/丛或焦泥灰10~20kg，同时松土，除草（顾小平，2015）。

（4）采笋

宜在早晨土壤龟裂、湿润，竹笋将出土前采笋，以笋尖出土<3cm时为宜。采笋时，先扒开笋周围土壤露出笋体，用笋凿或割笋刀沿笋蔸上部从内向外割下未出土竹笋，并保留残蔸上2~3个饱满笋目，以便再次孕笋成竹。出笋初期和末期气温较低，竹笋生长缓慢，5~7天割笋1次；出笋盛期气温高，竹笋生长快，可3~5天割笋1次。

盛笋期前后（6月中旬前和9月上旬后）挖的笋穴可以立即封土踏实；盛期挖的笋穴于挖笋后3~5天后封土，以免切口感染腐烂。

（5）留养母竹

7月底或8月初选择在竹丛外圈的、生长健壮的"二水笋"留养母竹，每丛宜留养母竹5~7株，使丛内竹株分布均匀，呈"散生状"。

（6）伐老竹

冬季或早春，按照"砍老留新、砍弱留强、砍密留疏、砍病留健、砍内留外"的原则，伐除林内全部3年生老竹和部分2年生竹，砍竹的位置应尽量低，最好低于地面，以砍竹后阳光能照到竹蔸处为宜，每丛保留2年生竹2~3株。

（7）挖除老蔸

结合砍老竹，挖除3年以上的老竹蔸，以留足绿竹笋生长的地下空间。

（8）竹株开花

造林时避免在有开花迹象或已开花的竹丛选择母竹，及时挖除开花竹丛，补植造林，合理施肥。做好合理采笋，避免过度采笋等可一定程度上减少开花现象。

（9）防低温冻害

将采伐老竹时间推迟到春季，9月以后配施钾肥。冻害发生后，及时清除受冻枯死的枝梢，保留健康枝条。

五、主要有害生物防治

绿竹病虫害主要有长足大竹象（*Cyrtotrachelus longimanus*）、竹纵斑蚜（*Takecallis arundinariae*）、煤污病（*Neocapnodium tanakae*）等，具体防治技术见"附表"。

六、综合利用

绿竹是优良的笋材两用竹种。竹笋营养丰富，清甜可口，宜鲜食，也可加工成笋干或罐头；竹秆可作家具、农具、建筑用材等；绿竹材纤维优良，是优质造纸、纤维板的原料。

（官凤英，范少辉）

360 大绿竹

学　名｜*Dendrocalamopsis daii* Keng f.

科　属｜禾本科（Poaceae）竹亚科（Bambusoideae）绿竹属［*Dendrocalamopsis* (Chia et H. L. Fung) Keng f.］

大绿竹分布于广西柳州及南宁地区的河旁或村旁路边，是优良笋材兼用竹种之一。

一、分布

大绿竹原产于广西柳州及南宁地区，常见于河旁或村旁路边，厦门植物园、福建华安竹种园等地有引种。以大绿竹为父本、撑篙竹为母本的'撑绿杂交竹3号'和'撑绿杂交竹6号'在广西、贵州、云南、四川、重庆等地的退耕还竹工程中大面积应用（宁材强和戴启惠，1995；陈其兵等，1998；陈代喜，2000）。

二、生物学和生态学特性

秆直立，高10～15m，胸径8～10cm，梢端呈弓形下弯，节间长30～40cm，其节下部常略肿大，被稀疏脱落性针状刺毛；第四节间的秆壁厚2.0～2.5cm；节处略隆起，均具秆芽；秆每节簇生多枝，主枝粗长。箨鞘脱落性，顶端狭窄，两肩广圆，背面幼时被有深褐色刺毛，后毛脱落；箨耳窄长，线形，稍外翻；箨舌高3～5mm，边缘呈细齿状，两侧向上延伸各形成三角形的小尖头；箨片直立或外翻，卵状披针形，先端渐尖，基部两侧向内紧收窄，背面无毛，腹面生有向上的粗硬毛。末级小枝具6～10叶，叶鞘长8～12cm，被易落的粗硬短毛；叶耳和鞘口繸毛俱缺；叶舌高1.0～1.5mm；叶片线状披针形，长15～20cm，宽3～5cm，两面均无毛，次脉8或9对，小横脉在叶片下表面明显存在；叶柄长约3mm。假小穗在花枝每节上单生或簇生，紫色，长卵形，长1.5～2.0cm，先端尖，两侧扁；小穗含成熟小花4～8朵，顶端小花有时不孕；小穗轴节间长2mm，中空，被白色微毛；颖片1枚，宽卵形，边缘的上部生纤毛而下部则无毛；外稃宽卵形，长1.0～1.2cm，边缘生纤毛；内稃较其外稃甚窄，无毛，顶端钝，背部2脊间宽2～3mm，并具2或3脉，脊上及顶端生纤毛；鳞被3枚，近相等，扇状兼倒卵形，先端及边缘均生有长纤毛；花药长6mm，顶端具小尖头；子房倒卵形，上部被小刺毛，花柱长，亦被小刺毛，柱头单一，呈大波浪状折曲的帚刷状。笋期5月下旬至11月。果实不详。

三、竹林培育

大绿竹的育苗、造林技术可参照麻竹、绿竹；其材用林培育技术可参照撑篙竹；其笋用林培育技术可参照绿竹。

四、主要有害生物防治

危害大绿竹的主要害虫有篁盲蝽（*Mystilus priamus*），具体防治技术见"附表"。

五、综合利用

大绿竹竹材坚硬，可作建筑之梁柱、引水管以及编扎竹排，亦可作挑杠等用；笋味美，供食用。

（谢锦忠）

苍梧木双大镇大绿竹笋期林相（黄大勇摄）

别　名 | 钓鱼慈
学　名 | *Bambusa emeiensis* L. C. Chia et H. L. Fung
科　属 | 禾本科（Poaceae）竹亚科（Bambusoideae）簕竹属（*Bambusa* Retz. corr. Schreber）

慈竹是我国西南地区重要的丛生竹种，具有秆壁薄、节间长、篾性好、纤维长等特点，是优良的竹编、纸浆原料。慈竹嫩竹加石灰浸煮成竹筋，可以用来粉坭墙壁。笋味苦，煮后去水，可食用，是一种产量高、用途广的重要经济竹种。

一、分布

慈竹以四川为分布中心，遍布云南、贵州、广西、湖南、湖北等省份，一般栽培在村旁宅旁、河溪两岸以及丘陵山麓地带，广东、浙江近年来亦有引种。

二、生物学和生态学特性

竹秆顶梢细长作弧形下垂，高5～10m，胸径4～8cm，基部节间长15～30cm，中部最长可达60cm，枝下各节无芽。通常6月出笋，持续至9～10月，外径的加粗生长约在幼笋出土半月内完成。幼笋出土后15天左右开始退笋，第18天前后退笋率高达52%（苏智先，1995）。1年生个体秆高生长迅速，2年生个体枝叶的水平扩展速度最大。

适生环境要求年平均气温为14～20℃、少霜无雪的地方。1年生竹苗及幼竹能耐-6～-5℃低温，2年生以上竹苗及成年竹能耐-9～-8℃低温。要求年降水量在950mm以上，在水源旁及有地下水的干热地区年降水量在600mm以上也能生长良好。在土层深厚、排水良好且有机质和矿物质丰富的沙壤土或轻黏土上生长良好。不宜在光照太强、保水力差和风力大的上坡或山脊及排水不好的低洼地造林，也不宜在海拔较高的山地造林。慈竹与阔叶树或杉木混交可以营造适宜慈竹生长的小环境，同时也可以减少雪压、狂风等气象灾

害和病虫害的发生。

三、苗木培育

1. 带蔸埋秆育苗

母竹选择　选2～3年生无病虫害或无机械损伤的带蔸竹秆作母竹，带蔸挖出，注意保护秆基芽眼和节芽，留竹节10节左右，削去竹梢，切口呈马耳形。每节枝条除留主枝1节（2cm左右）及周围侧芽，其余全部贴秆剪除。竹节间锯两环，环距1.5cm左右，深约0.2cm。

苗床管理　在已整理好的苗床上，按畦长方向，每20cm左右开一平行沟，沟宽和深各12～15cm，埋竹蔸处适当深些宽些，然后将处理好的母竹平放于苗床沟内，蔸部切口向下，枝（芽）向两侧，各相邻行间的竹蔸反向放置，即头尾调换。覆土5cm左右，竹蔸处稍厚些，压实并灌水。合理的入圃时间为3～4月。

圃地管理　母竹入圃后，适当浇水保持土壤湿润。当幼芽出土3～5cm时，抹除过多的弱芽，每节保留1～3个健壮芽。6月下旬除草1次。竹秆入圃后，45天左右开始萌发，经历40天基本出齐，竹苗在6月下旬开始发笋生根。

2. 埋节育苗

选取生长健壮、秆芽饱满、无病虫害、胸径4cm左右的当年生及2年生母竹，从中部截取含有单节、双节或三节的茎段，竹筒两端削成圆形。单节采取浸泡处理，双节或三节采取凿洞灌水或

灌入激素处理，ABT1号能显著改善双节育苗的出笋及成活。

3. 主枝扦插育苗

从2～3年生竹秆上选择生长健壮、隐芽饱满的1～2年生有根点竹枝，直径以0.5cm以上为宜，剥掉宿存枝箨，露出芽眼，竹枝留1～2个节，长20～25cm，用ABT1号处理可以提高萌芽率、生根率和发笋率。

四、竹林培育

1. 造林技术

（1）造林地选择

适合种植于溪河两岸、四旁、山谷沟槽、山腰缓坡等50cm以上的疏松肥厚、微酸性、中性或微碱性土的地带。每年1～2月将肥沃的土壤全面翻挖，表土在下，底土在上，晾干1周后，开挖定植穴。栽植穴规格为长60cm×宽60cm×深40cm，在坡度＞15°的坡地或窄台地造林，栽植穴规格为长50cm×宽50cm×深30cm，并沿等高线按"品"字形配置。

（2）造林季节

慈竹造林季节以2～4月为宜。春旱严重的地区，可在雨季造林。

（3）造林方法

移母竹造林　选生长健壮、无病虫害、枝叶繁茂、分枝低、芽眼饱满、胸径3～5cm的1～2年生分株作为母竹。每丛选2～3株分株，在离母竹30cm处环形挖掘，细心寻找母竹与竹丛秆基连接的秆柄并截断，连蔸带土挖起，母竹留2～3盘枝，在竹秆1.5m左右，从节间中部斜向切断。尽快栽植，避免暴晒。立地条件不同，栽植密度不同，通常来说纸浆用材林栽植密度为4m×4m或4m×3m。造林时可以在栽植穴内施用有机肥或者复合肥，每穴施有机肥10～15kg或复合肥1kg，充分与土壤混合后回填穴内，回填肥土高出穴口10～15cm。

竹蔸造林　选1～2年生竹蔸，距地面20cm处伐去母竹，挖取竹蔸，注意保护笋芽和秆基，随挖随栽，量大时应将根包膜保鲜。栽植时秆柄朝

四川长宁慈竹纯林林相（刘广路摄）

四川长宁慈竹混交林林相（刘广路摄）

四川长宁慈竹施肥（刘广路摄）

上，根系朝下，笋芽朝左右，斜栽，踏实，浇足定根水，栽植深度15~20cm。

竹苗栽植 竹苗3~4株丛植，苗木剪去80%以上枝叶，留苗高40~60cm。栽植深度比苗原土高3~5cm。如为容器苗，栽植时去除容器，边填土边踩实，浇足定根水。

2. 幼林抚育

水分管理 如遇久旱不雨，应及时灌溉；当久雨不晴，应及时挖沟排水防涝。

除草松土 郁闭前，每年2次除草松土，第一次在5~6月，第二次在8~9月。若每年只进行1次，应安排在7~8月。注意不要损伤竹蔸、笋芽和嫩笋。松土深度5~15cm，近竹蔸浅，远竹蔸深。

养分管理 竹林定期施用有机肥料，最好在秋冬季节施用；速效肥（如尿素、碳铵、复合肥等）应在夏季施用。在春夏季施肥时，也可速效肥与缓效肥搭配施用（如尿素和过磷酸钙混施）。一般年施肥量为饼肥350~750kg/hm²，农家肥、厩肥15~30t/hm²；速效肥氮、磷、钾总量可控制为0.75~0.93kg/丛，施肥2~3次/年，氮、磷、钾肥比例为1：0.5：0.5，微肥施硼肥或锌肥（隆学武等，1996）。

留笋护竹 不挖鞭笋、冬笋，保护春笋，及时挖除退笋，减少竹林养分消耗；禁止林内入牧。

钩梢防灾 生长成林后枝叶茂密，易受风害和雪害，5~9月可砍除部分竹梢。

3. 成林抚育

养分管理 有机肥可选用厩肥、堆肥和绿肥等，用量为22.5~37.5t/hm²，或饼肥3.0~4.5t/hm²，或塘泥15~30t/hm²。速效肥用量在氮肥181.25~191.67kg/hm²、磷肥10.05kg/hm²、钾肥32.25~49.00kg/hm²时，生物量增长较大。

结构调控 慈竹为合轴丛生竹种，竹丛结构是否合理，是竹林丰产的关键。立竹密度小于12000株/hm²，每丛留养母竹6~15株。平均胸径4~5cm，1年生母竹所占比例为50%~70%时具有较大的繁殖率和生物量增长率。慈竹和其他乔木混交的复层林生长量较高，建议应以培育混交林为主。

采伐 造纸用慈竹采伐年龄可缩短到1.5年，采用"1年生为主，2年生为辅"的短轮伐期培育技术；竹编用慈竹采伐年龄为4年。采伐时间以冬季11月至翌年1月砍伐为宜。

4. 低产林复壮

结构调控 停止采伐当年竹和过伐2年生竹，只砍伐弱细竹、病虫竹、风倒竹等。除竹稀少处保留部分3年生竹外，其余老竹全部伐除。

林地管理 打除老竹桩、竹蔸，除草松土，垦抚竹丛；施肥或压青，以作物秸秆、细嫩杂草、畜圈肥、堆渣肥等为主，有条件的区域也可增施化肥。

五、主要有害生物防治

常见病害有竹丛枝病、竹根腐病、笋腐病、竹螟、竹蚜、竹象、竹蝗和竹螨等（覃志刚等，2008），具体防治技术见"附表"。

（刘广路，范少辉，覃志刚）

别　名｜沙白竹、亚白竹、厘竹（广东）、苦竹（湖南）

学　名｜*Pseudosasa amabilis* McClure

科　属｜禾本科（Poaceae）竹亚科（Bambusoideae）茶竿竹属[*Pseudosasa amabilis*（McClure）Keng f.]

> 　　茶竿竹是我国特有的优良材用竹种，也是我国传统出口商品竹。茶竿竹具有造林生长快、适生范围广、无性繁殖能力强、竹材性能好等特点，是一种极具开发价值的经济竹种。茶竿竹中心产区在广东省怀集县和广宁县。

一、分布

　　茶竿竹主要分布在广东、广西、江西、福建、湖南等省份，江苏、浙江、安徽、山东、山西有引种栽培，一般垂直分布在海拔400~800m的中低山、丘陵地带，在600~800m呈聚集分布。

二、生物学和生态学特性

　　地下茎为复轴混生型竹种，秆高5~13m，胸径2~6cm。地下鞭根系统垂直分布浅，一般在0~30cm土层中，竹鞭寿命7~8年（陈达等，2002）。出笋一般在3~5月，4月较为集中。茶竿竹喜温暖、潮湿的气候，耐寒能力稍强，适生于低丘、山脚、斜坡、平地、平原、溪河两岸的冲击地带，在土层30cm以上的红壤、黄壤或沙质土上都能生长，以在深厚、肥沃、湿润、排水良好的酸性或中性（pH 4.5~7.0）的沙质土壤上生长最好，而在低洼积水和干旱贫瘠、多石砾的黏重土地不宜栽植。

　　茶竿竹多人工经营，大多呈纯林，林相整齐，结构简单，生长茂盛。纯林的生命周期一般为40年左右，竹林衰败开花，生长力大为减弱，但并不完全枯死，经6~7年可自然更新。茶竿竹也可零星分布在常绿阔叶林和针叶林下，当郁闭度<0.70时，立竹发育良好，胸径可达2~3cm；当郁闭度>0.85时，立竹矮小，新竹细弱（代全

林，2002）。茶竿竹原产于南亚热带北部，但表现出较强的耐寒性，引种到长江流域生长良好，在南京引种栽植的胸径可达4~5cm。

三、竹林培育

1. 造林技术

　　母竹选择　宜选择1~2年生、叶色深绿、生长健壮、无病虫害的竹株作为母竹。母竹至少保留1~2根竹鞭，有3~4个健壮芽，挖掘和运输时注意保护好鞭根和鞭芽。

　　造林地选择　选择土质肥沃湿润、排水和通气性能良好的沙壤土或壤土为宜。

　　整地　造林地应在种植前一年的秋冬季进行全垦、带垦或块状深翻垦复。清除造林地内乔木、灌木及树桩、石块等。栽植穴规格为80cm×50cm×40cm，表土和底土分别放于穴的两侧。

　　栽植　栽植时间一般以春季为宜，雨季亦可。栽植时做到深挖穴、浅栽种，先填入一层表土，再放下母竹，在母竹四周填满土，打紧塞足，使穴底和四周与土壤密接，要求下紧上松，不留空隙，浇透定根水；宿土上覆盖4~5cm厚的松土。

2. 抚育技术

　　在秋冬季节，采取环山等高线水平带状垦复，带宽30~50cm、深15~20cm，带间距2m。垦复完成，在带内侧均匀追施尿素、碳酸氢铵或复合肥，施肥量为150~225kg/hm²，施后盖薄土。

江西省林业科学院竹类国家林木种质资源库茶竿竹林相（曾庆南摄）

留笋养竹应在出笋盛期进行，施用发笋肥可提高笋产量。茶竿竹不同出土高度采笋会影响采笋数量和笋产量，高度高时其采笋数量减少，但单支笋的重量较大（欧建德，2002）。于每年冬季生理休眠期采伐3度以上竹株，伐竹后至少保留竹株37500株/hm²。

四、主要有害生物防治

茶竿竹的主要病虫害有淡竹笋夜蛾（*Kumasia kumaso*）、两色绿刺蛾（*Parasa bicolor*）、枝干锈病（*Uredo haloxyli*）等，具体防治技术见"附表"。

五、综合利用

茶竿竹秆通直，节间长，壁厚节平，材质坚韧，抗压性能强，质量好。其材用加工产品主要为原竹、香棒，少量用来造纸等，其中以原竹利用为大宗。茶竿竹笋是天然的保健食品，是苦笋系列中的珍品，可加工成笋干、罐头及其系列产品。茶竿竹还适用于园林绿化，可配植于亭榭叠石之间，作温室花卉支柱、花园竹篱等，为优良园林绿化观赏竹种。

（曾庆南，彭九生，余林）

别　名｜木竹（陕西）、法氏箬、秦岭箬竹（《秦岭植物志》）

学　名｜*Bashania fargesii* (E. G. Camus) Keng f. et Yi

科　属｜禾本科（Poaceae）竹亚科（Bambusoideae）巴山木竹属（*Bashania* Keng f. et Yi）

> 巴山木竹是秦岭山脉高海拔地区最重要的笋材两用竹种，分布范围广，面积大，仅陕西省镇巴县的竹林面积就达56万亩。鲜笋肉厚，品质好。竹秆材质坚韧、结实，当地居民原常用于编制房屋脊坡衬里、墙壁或作阁楼隔板等建筑材料，也是上等造纸材料，圆竹还广泛用于编织，制作架杆、烤烟杆和农具等。巴山木竹还是大熊猫重要主食竹种，为其生存与繁衍提供了重要栖息地（唐建文等，1983）。

一、分布

巴山木竹分布在陕西南部、甘肃南部、湖北西部、湖南北部、重庆东北部、四川东北部至西部布区，以大巴山脉和秦岭为主，跨暖温带、北亚热带、中亚热带3个气候带，多见于海拔1100～2500m的山地，形成大面积纯林或生长在疏林下（史军义等，2008；唐新成和王逸之，2012）。经引种驯化，在长江流域、华北低海拔地区已有栽培。

二、生物学和生态学特性

复轴混生型竹种，无性系种群的克隆生长型中以合轴型分株占主导地位（王太鑫，2005）。具有很强的耐寒性，能够忍受−18℃的极端最低气温，但不耐高温，海拔1700～2000m是其最适生长范围。在其自然分布区内，出笋期在3月下旬至5月中旬（田星群，1989）。20世纪70年代曾经出现较大面积的开花现象，2000年前后又有零星开花，一般8月开始花芽分化，翌年4月开花，5月果实成熟。该竹种结实率较高，种群天然更新良好。种子（颖果）不耐储藏，用种子育苗应随采随播（唐建文等，1983）。实生苗具有更好的适应性，能够在低海拔夏季高温、冬季寒冷干旱的地区生长。

三、竹林培育

1. 造林技术

造林地准备　应选择背风向阳、光照充足、坡度平缓、土层深厚肥沃、疏松透气、排水良好

江苏省宜兴市竹海巴山木竹分枝（丁雨龙摄）

的棕色森林土和黄棕壤。种植穴规格为长40cm×宽40cm×深30cm。

造林季节 北方雨季较南方迟，有灌溉条件的地方可选择春季发笋前造林。如无灌溉条件，雨季是最适宜的造林季节。

母竹选择 选择生长健壮、无病虫害、1~2年生的竹株为母竹，从老竹林中挖掘单秆母竹时尤其要注意竹鞭的年龄，以颜色鲜黄色的2~3年生竹鞭最好；2~3秆发自同一个竹苑的宜整丛挖掘，不要劈开。挖掘的土球直径要>30cm。

种植 造林密度1500~1800株/hm²。先将表土回填种植穴内，厚度10~15cm，然后解除母竹根盘的捆扎物，将母竹放入穴内，根盘面与地表面保持平行，使鞭根舒展，下部与土壤紧实相接。然后浇定根水，进一步使根土密接，等水全部渗入土中后再覆土，在竹秆基部堆成薄馒头形。

2. 抚育技术

幼林管护 新造竹林如遇久旱不雨、土壤干燥，要适时适量灌溉。而当久雨不晴、林地积水时，需及时排水。新造竹林稀疏，前三年可套种红薯、大豆等，以耕代抚。新造竹林前两年发的新竹尽量保留，为新鞭发育提供养分。第三年发笋期要留笋养竹，原则是去密留稀，确保母竹留养均衡。

垦复抚育 在当年9~10月劈除老竹林中的灌木、藤蔓、杂草、老竹、虫病竹及细小竹，在缓坡地段可对林分进行垦复抚育，深度20~25cm，除去老竹苑和衰老竹鞭。结合垦复抚育进行施肥。

合理采笋与留养母竹 原则上早期和末期出土的竹笋可以全部挖掉。盛期出土的竹笋按每公顷6000~7500株的标准留养母竹，应去小留大、去弱留壮，每公顷立竹保持1.8万~2.3万株，龄级组成为1~3年生竹各保留30%，个别空处可留4年生竹子5%~10%。

江苏省宜兴市竹海巴山木竹竹丛（丁雨龙摄）

四、主要有害生物防治

虫害主要有竹斑蛾（*Artona funeralis*）和木竹泰广肩小蜂（*Tetramesa cereipes*）等，具体防治方法见"附表"。

五、综合利用

巴山木竹是笋材两用的经济竹种，笋营养丰富，品质优良，内含17种氨基酸。其分布区群众利用巴山木竹资源的历史悠久，巴山木竹不仅是优质的造纸原料而且其大径竹还可广泛用于建筑。作为大熊猫的主食之一，各地动物园种植巴山木竹，为大熊猫提供食物。

（林树燕，时培建）

别　名 | 苦竹（四川、重庆）、光竹、广西苦竹（广西）

学　名 | *Pleioblastus maculatus* (McClure) C. D. Chu et C. S. Chao

科　属 | 禾本科（Poaceae）竹亚科（Bambusoideae）大明竹属（*Pleioblastus* Nakai）

> 斑苦竹是我国长江流域著名的笋用竹种。竹笋营养丰富，笋微苦，可鲜食、制罐头，具清热退火功效。笋用经营已成为乌蒙山集中连片特殊困难地区农户脱贫致富、区域竹产业发展的重要途径。

一、分布

斑苦竹为亚热带竹种，分布区东起江苏、浙江、福建、安徽，西到重庆、四川、云南、贵州丘陵、低山区，多见村舍旁栽培，海拔可达1200m。

二、生物学和生态学特性

1. 生长发育特征

笋竹生长　竹笋地下生长跨两个年份，在8～9月笋芽开始分化、孕笋至11月下旬，日平均气温降至10℃左右进入休眠，翌年3月气温回升，笋芽继续生长。当月降水量达到90mm、日平均气温稳定在16℃时，开始大量出笋，笋期50天左右。在低海拔丘陵地区，斑苦竹4月上旬出笋至5月中旬结束；在海拔较高的低山区5月上旬出笋至6月中旬结束。竹林出笋有明显大小年现象（杨冬生等，2005）。

竹笋成竹率51.25%。笋竹高生长呈渐进式，出土以2～3cm/天的速度生长至笋高50cm，而后以5～10cm/天的速度生长至幼竹高2m，此后最高速度可达30cm/天以上，高生长历期80天左右。高生长结束即开始抽枝展叶，大多数幼竹当年就可形成竹株。但在高海拔地区，部分笋竹发育滞后，在翌年3月或4月后才能完成抽枝展叶。老龄竹株也在3月或4月长出部分新枝、新叶进行竹株换叶。

鞭根生长　斑苦竹系复轴混生型竹种，鞭根多以单轴型生长，少数复轴型生长，鞭根大多分布于地下10～30cm，少数深达40cm，鞭上各节段有芽、根源体。鞭芽于3月萌动生长，4～6月生长最旺，10月以后停止。大年鞭芽长笋，小年长鞭。当年鞭生长平均在1.5m左右，最长可达3m；鞭径1～2cm，最粗可达3cm。鞭生长总体沿母鞭向前生长，遇障碍绕过或断梢，断梢处重抽新鞭继续生长。成年竹林竹鞭存量12～27m/m²，当年生长的新竹鞭2～4m/m²（杨冬生等，2005）。

2. 生态学特征

斑苦竹为喜光竹种，喜温暖、湿润的气候，中心分布区在26°～30°N，海拔1200m以下，年平均气温16～20℃，极端最低气温在-6℃以上，年降水量在1000mm以上。在低山、丘陵、平坝湿润的山地黄壤、老冲积黄壤和紫色土上都能正常生长，丰产林多在山地黄壤和沙质壤土上。

三、苗木培育

一般在生产林中选挖母竹育苗，也可通过"埋鞭+小母竹"二段式无性繁殖（具体方法可参考毛竹）解决规模化造林种苗供给，节约物流成本。

四、竹林培育

1. 造林技术

造林地选择　要求土壤深度40cm以上，pH 4.5～7.0，肥沃、湿润、排水和透气性能良好的壤土。忌干燥多风的山脊和容易积水的平地、洼地。笋用林生产基地应选择无污染和生态条件良好的区域。基地选点应远离工矿区和公路、铁路干线，避开工业和城市污染源，产地环境应符合食用农产品产地环境质量评价标准的规定（LY/T 1769-2008）。

整地　全垦+穴状整地。全垦整地深度30cm左右，清除林地中树蔸、灌木和杂草等杂物，沿等高线按"品"字形配置种植穴，种植穴株行距一般为2m×3m，长边沿等高线，穴规格为长60cm×宽40cm×深40cm，穴底平整。有条件的可施25kg/穴有机肥，肥与表土拌匀回填于穴内，分层压实。

造林季节　一般在春季2~3月、秋季10~11月种竹。

种苗规格　选用1~2年母竹，胸径2~3cm，生长健壮，节间匀称，分枝较低，无病虫害，无开花枝，留枝盘3~5档，断秆切口平滑，保留来鞭10~20cm、去鞭20~30cm，鞭色鲜黄，鞭芽健壮，鞭径2~3cm，尽可能多带宿土。

种植方法　移竹造林方法，定植时应掌握四点：①穴底要平，根据母竹种蔸大小，填回表土修平穴底。②竹鞭放平，使鞭根自然舒展。③适当浅栽，一般以竹鞭在土中20~25cm为宜。④鞭土密接，鞭根要与回填的表土紧密接触，表土回填，分层踏实，回填近穴口时每株浇5~10kg淡水粪，再覆土培成馒头形。

2. 幼林管护

幼林管护主要目的是扩鞭成林和林地空间利用。

保护管理　对于造林成活率低于85%的应及时补植，遇有露鞭或竹蔸松动，要及时培土填盖。在幼林阶段应禁止放牧。

水分管理　根据土壤墒情和天气情况，生长季持续15天晴天，应进行1次浇灌，浇水应1次灌透。灌溉用水应符合农业灌溉水质标准所规定的三类水质标准。当林地积水时，应及时挖沟排涝。

留笋养竹　母竹种植的第二年即可发笋成竹，协调竹株生长和地下鞭生长对养分需求，幼林期留笋养竹应遵循"稀、壮、远"的原则，及时疏去弱笋、小笋、退笋及病虫笋，每穴选留不超过7株健壮竹笋成竹。斑苦竹一般造林后3~4年郁闭成林。

松土施肥　新造竹林应在郁闭前每年除草松土2次，第一次在7~8月，第二次在11~12月。除草松土时，注意不要损伤竹鞭、竹蔸和笋芽。松土深度5~15cm，结合松土施复合肥（氮、五氧化二磷、氧化钾比例为3：2：1）0.25~0.50kg/株，施入方式为环施。11~12月于鞭根两侧沟施有机肥10~20kg。

3. 成林培育

竹林结构控制　采收竹笋和挖除老竹都要注意调节竹林结构。立竹年龄比例结构应为1龄：2龄：3龄：4龄为4：3：2：1，郁闭度0.6~0.8。立竹密度结构依竹林立竹平均胸径大小确定：胸径2~3cm的密度为15000~18000株/hm²，5~6cm的密度为12000~13500株/hm²，6cm以上的密度为10000株/hm²左右，且立竹分布均匀。

锄草松土　发笋期间禁止牲畜进入林地；每年进行1次刀抚，砍去竹林中的杂草、藤蔓及灌木；每隔2~3年锄抚1次，冬末至初春进行，深10~20cm，松土时应挖去老蔸、老鞭，保护保留新鞭。

施肥管理　每年施肥4次，第一次在立春后

四川省乐山市斑苦竹丰产林分结构（孙鹏摄）

四川乐山斑苦竹林相远景（孙鹏摄）

于雨前施长笋肥，以有机肥和复合肥为主，撒施尿素600～750kg/hm²；第二次于5～6月施长鞭肥，以复合肥、磷肥和尿素为主，挖笋后空穴内施入复混肥25～50g/穴，并还土覆盖；第三次于9～10月施催芽肥，以复合肥和尿素为主，于雨前撒施尿素450～600kg/hm²；第四次于11～12月施孕笋肥，以有机化肥或农家肥为主，撒施复混肥600～750kg/hm²或农家肥15000kg/hm²，撒施后浅挖盖肥。斑苦竹一般以生产食用笋为目的，限制使用含氯化肥和含氯的复合（混）肥。

覆盖促笋 竹笋是极具特色的美味佳肴，但笋初期与盛期经济效益差达十余倍。可采用覆盖增温技术（具体技术可参考早竹）调整笋期，提高斑苦竹林经营效益。

4. 采笋挖竹

竹笋如采挖过早，则笋芽膨大不够，笋味平淡，竹笋个数多而产量较低；采挖过迟，则笋肉空洞变老，纤维化，竹笋质量变差，且过多消耗耗竹林肥力，严重影响后期出笋。以在嫩笋出土至30～40cm，笋的长度与笋基径比在8.5～11.5之间时采挖为宜，此时笋肉质正从实心向空心转化，笋肉洁白、清香脆嫩，能够达到质量与产量

的协调。挖取嫩笋注意不要损伤竹鞭。在出笋盛期留养健壮新竹2500～3000株/hm²，留养时注意保持竹林稀疏均匀。根据"三采三留"原则，即采小留大、采密留稀、采劣留壮，保持竹林常年郁闭度0.6～0.8。结合冬季施肥翻土，连蔸挖除4龄以上的老竹，使之"公孙同林，三代同堂"。挖竹量与当年留养新竹量大致相等。

五、主要有害生物防治

危害竹笋的主要有竹笋禾夜蛾（*Oligia vulgaris*）、一字竹笋象（*Otidognathus davidis*）等，危害竹叶的主要有竹黛蚜（*Melanaphis bambusae*）、华竹毒蛾（*Pantana sinica*）等，主要竹病有竹丛枝病（*Aciculosporium take*）、竹煤污病（*Meliola stomata* sp.）等，具体防治技术见"附表"。

六、综合利用

竹笋可鲜食，也可制罐头，笋味苦，具有清热退火之功用。秆供造纸，或作晾衣杆、烤烟杆、豆荚杆或蜡烛轴心。斑苦竹竹林常绿挺秀，是庭院绿化的优良树种。

（覃志刚，孙鹏）

别　名 | 黑灰竹（云南金平）

学　名 | *Chimonocalamus delicatus* Hsueh et Yi

科　属 | 禾本科（Poaceae）竹亚科（Bambusoideae）香竹属（*Chimonocalamus* Hsueh et Yi）

> 香竹属是竹亚科植物中唯一发现能分泌芳香油脂的竹类，其秆节间空腔内能分泌淡黄色芳香油脂，秆材坚硬，不易被虫蛀而经久耐用；因具有特殊香味用作茶叶包装制成"竹筒茶"，颇受市场欢迎。其笋鲜嫩可口，产区群众均以"香笋"相称，为著名的笋用竹。

一、分布

香竹属现知共有10种与1变种，除2种特产于缅甸，1种分布到喜马拉雅（也见于我国西藏东南部）外，其余8种1变种均为云南南部亚热带山区所特有，较为集中分布于云南西南部和东南部。香竹是本属的模式种，分布于云南金平县海拔1400～2000m山区，常与阔叶树混生，多为天然纯林，也有人工栽培（薛纪如和易同培，1979）。

二、生物学和生态学特性

秆高5～8m，胸径3～5cm，节间长20～30cm，节内具有密集的刺状气生根。笋期6～7月，常为夏秋两季发笋。香竹是耐寒性较强的小型丛生竹，适生海拔为1500～2000m，适生区气候条件为：平均气温＞12℃，最冷月平均气温＞6℃，极端最低温＞-7.5℃，≥10℃的有效积温约为4500℃，年降水量1200mm以上，相对湿度80%以上。

三、竹林培育

传统上多采用分蔸移栽，雨季造林。偶遇开

云南昌宁香竹竹秆特征及节内刺状气根（辉朝茂摄）

云南普洱竹博园香竹竹笋（辉朝茂摄）

花结实，可采用实生苗造林。初植密度840株/hm²，株行距3m×4m。选择1～2年生母竹，2～3株成丛挖掘，留秆100～150cm，尽量保留2～3台分枝，截去顶梢及过多枝叶。最好能打浆定植并浇透定根水，造林后加强竹林管护。由于香竹是中小型丛生竹，秆丛较为密集，在竹林经营中要偏重采收竹丛中部竹笋及4年生以上老秆，使竹丛向四周扩展并趋向散生化，能大幅度提高竹林质量和竹笋产量。

四、主要有害生物防治

竹林生长稳定，无重大病虫害，生长退化的竹林时有丛枝病（*Aciculosporium take*）危害，具体防治技术见"附表"。

五、综合利用

香竹用途广泛，利用香竹节间空腔内分泌淡黄色芳香油脂的特点，可开发出许多特色产品，如竹汁酒、竹香米、竹筒茶等；利用其不易遭虫蛀特点，秆材用于盖房、围篱和编织等；其笋鲜嫩可口，适于食用和加工，是传统的优质笋用竹；其秆型优美，是优良观赏竹种，近年来被成功引种作为城市园林绿化竹种，可作竹篱、竹径、园林配景和特色盆景，深受欢迎。

（刘蔚漪，辉朝茂，石明）

昆明世博园香竹竹丛（辉朝茂摄）

学　名｜*Oligostachyum lubricum* (Wen) Keng f.

科　属｜禾本科（Poaceae）竹亚科（Bambusoideae）少穗竹属（*Oligostachyum* Z. P. Wang et G. H. Ye）

四季竹多处于野生分布状态，出笋期较晚，出笋时为主要分布区的鲜笋供应淡季，市场潜力大，是尚未得到充分开发利用的夏秋季笋用竹种，也是优良的园林绿化观赏竹种。

一、分布

四季竹自然分布于浙江、江西、福建等省份，可在长江以南各省份引种栽培。

二、生物学和生态学特性

秆高4～6m，地径1～3cm，节间长约30cm，每节3分枝。地下茎复轴混生，既有地下蔓延生长的竹鞭系统，又可以从立竹秆基的侧芽直接萌发成笋（竹）。笋期5～10月，有两个出笋高峰期，分别为5～6月、8～9月。四季竹适宜于年平均气温12～20℃，年降水量1000mm以上，6～9月有较丰富的降水，冬季最低气温不低于−15℃的地区栽培，要求土壤pH 4.5～7.5，土层厚度

杭州竹文化园四季竹竹笋（郭子武摄）

50cm以上，疏松、透气、肥沃。四季竹成林速度快，新栽竹林3年成林投产。

四季竹生态适应性强，适于红壤、黄壤等多种土壤中生长，具有较强的耐土壤瘠薄、耐干旱、耐水涝和耐盐碱能力。在土壤盐度1‰～2‰下生长良好，3‰～5‰下能自然更新，6‰是其致死浓度（顾大形等，2011；顾大形和陈双林，2011）；在土壤相对含水率<30%的土壤中生长不良，40%～90%的土壤中正常生长，能忍耐不超过28天的水淹胁迫（顾大形和陈双林，2012）；对臭氧和二氧化碳浓度倍增的环境适应能力强（庄明浩等，2012）。

三、竹林培育

1. 造林技术

造林地选择 大气、土壤和灌溉水无污染，背风向阳、光照充足、靠近水源的缓坡地（坡度<15°）。

造林地整理 造林前全面垦复整地，深翻25cm以上，清除石块、树蔸等。在排水不畅的土地种植，每隔20m开一条深、宽各30cm的排水沟。按造林密度定造林穴间距，穴长、宽、深各30cm。

母竹挖掘与运输 在成林竹林中培育和选择母竹。选择秆基芽眼充实肥大、生长健壮、分枝低、无检疫性病虫害的1～2年生、竹秆地径1.0～2.0cm的竹株作母竹。由于在一年中的出笋时间长，1年生母竹应选择已完成抽枝长叶的竹株，否则会因为竹株鞭根、蔸根生长发育不良而导致造林成活率低。选择好挖掘母竹后，在母竹外围10cm处扒开土壤，注意保护秆基芽眼和鞭芽不受损伤，连蔸挖起。母竹可单株挖掘，也可2～3株成丛挖掘，成丛母竹栽植能保障和提高成活率，加快成林速度。竹秆留枝3～5盘，顶部切口平整、不开裂。母竹带宿土，总重每蔸2kg以上。

母竹挖掘后要及时运送到造林地造林。远距离运输要包扎保湿，装车后用篷布覆盖，以防止母竹失水、叶片脱落。装车、卸车和搬运时，母竹应手提或肩挑，不可肩扛或丢抛，不能损伤芽

和秆柄（"螺丝钉"），尽量减少宿土掉落。

造林时间和造林密度 2～3月和11～12月造林。造林密度1500～2250株（丛）/hm²。

栽植方法 穴内先回填表土至穴面20cm左右，踩实，然后将母竹置于穴中，母竹离穴面3～5cm，分层填土压实，浇足定根水，表面再覆一层松土成馒头状。

2. 幼林抚育

松土 幼林期每年全面松土2次。第一次在4月，浅削，深度5～10cm；第二次在10～11月，深度15～20cm。

施肥 栽植后第一年，施肥1次，在母竹栽植成活后，结合浇水、中耕施稀释的人粪尿；栽植后第二年、第三年，每年施肥2次，4月结合浅削撒施复合肥，7月降雨前撒施复合肥，年施肥量分别为300～450kg/hm²和450～600kg/hm²，每次施肥量各占1/2。使用的复合肥（氮+五氧化二磷+氧化钾）含量≥45%。

新竹留养 造林后第一年，近竹秆基部出土的竹笋悉数留养新竹；造林后第二年，种植的每株（丛）母竹留养新竹2～3株；造林后第三年，种植的每株（丛）母竹留养新竹5～6株。

套种 栽植后前两年提倡以耕代抚，套种豆类、西瓜、中药材等。避免种植高秆作物和高耗肥作物。

水分管理 多雨天气遇林地积水，要及时排水。栽植后连续7天以上没有降水，需浇水1次，以土壤浇透水为度。幼林期遇严重干旱天气，应及时灌溉。

3. 丰产林培育

丰产林分结构 立竹密度30000～37500株/hm²，胸径1.5～3.0cm，1年生：2年生：3年生立竹数量比例为4：4：2。立竹在林中分布均匀。

新竹留养 7月开始留养新竹。年留养新竹12000～15000株/hm²，新竹胸径1.5～3.0cm。留养的新竹应健壮，无病虫害，在林中分布均匀。

伐竹 10～11月，连蔸挖除或齐地砍伐3年生以上和部分3年生立竹及弱小竹、病虫竹和风倒竹，年伐竹数量12000～15000株/hm²，不超过

杭州竹文化园四季竹竹林林相（郭子武摄）

年新竹留养数量。

林地垦复 10～11月，结合挖除老龄竹、弱小竹、病虫竹和风倒竹进行林地垦复，深度15～20cm。

施肥 采用测土平衡施肥方法。年产竹笋15t/hm^{2}的四季竹丰产笋用林，每年施氮300～750kg/hm^2、五氧化二磷100～150kg/hm^2、氧化钾200～300kg/hm^2，氮、磷、钾比例3～5：1：2。根据目标竹笋产量与土壤测试情况适当增减。1年3次施肥。4～5月、7～8月分别在降水前撒施；10～11月，结合林地垦复撒施。每次施肥量各占年施肥量的1/3。

水分管理 7～9月遇严重干旱天气，应及时进行林地灌溉，以土壤浇透水为度。

竹笋采收 凡竹秆基部萌发的竹笋全部采收。除留养新竹的竹笋外，其余竹笋及时采收，宜用笋锹、笋锄等工具挖取。竹笋出土高度10～15cm时采收。

四、主要有害生物防治

主要病虫害有竹丛枝病（*Aciculosporium take*）、竹织叶野螟（*Algedonia coclesalis*）等，具体防治技术见"附表"。

五、综合利用

四季竹笋质脆嫩，笋味略苦，营养丰富，丰产笋用林年产竹笋达15t/hm^2，是优良的夏秋季笋用竹种，可应用于地方特色竹笋业经营，满足区域市场鲜笋供应淡季的竹笋大量需求。四季竹枝叶茂盛、碧绿，观赏价值高，可用于园林绿化。

（陈双林，李迎春，郭子武）

别　名｜罗汉竹

学　名｜*Qiongzhuea tumidinoda* Hsueh et Yi

科　属｜禾本科（Poaceae）竹亚科（Bambusoideae）筇竹属（*Qiongzhuea* Hsueh et Yi）

筇竹属竹种是我国珍贵而特有的竹子资源，主要分布于云南、四川南部等地，是我国西南高山地区水土保持、生态维护的天然屏障，具有重要的笋用、秆用和观赏价值，是当地山区居民的重要经济来源。筇竹属包含筇竹、平竹、实竹子等10种1变型，属名即因筇竹而来。筇竹是国务院公布的第一批《中国珍稀濒危保护植物名录》中列入的两个二类保护竹种之一。其秆节膨大、形态奇特，具有较高的文化、经济和观赏价值，是制作工艺竹杖、烟杆的上等材料，也是园林绿化的佳品。筇竹笋肉厚质脆味美，营养丰富，可供鲜食或制成笋干外销，为著名的笋用竹种，清朝以前就出口日本、韩国等国家和我国港澳台地区，是我国较早外销的经济竹种（薛纪如和易同培，1979；1980；傅立国和金鉴明，1992；董文渊，2006；马乃训和张文燕，2007；袁金玲等，2009）。

一、分布

筇竹属主要分布于我国西南的四川、云南、重庆、贵州、湖北等地，集中生长于海拔1200～2200m的高山地区，常居于乔冠层之下，与上层乔木组成混交林，有时也可为纯林。

二、生物学和生态学特性

筇竹属为灌木状中小型竹类，四季常绿，地下茎复轴混生。竹鞭浅生，节间细长，横切面圆形，一般生长在20cm内的土壤上层，靠鞭梢的引导生长起伏前进，但上下移动的幅度不大，通常不露出地面，鞭芽既可以抽出新鞭，又可以发笋成竹，故而其地上部分的竹秆或散生或丛生。

秆直立，秆高通常2～5（～7）m，直径粗（0.5～）1～3（～5）cm，节间长（8～）10～25（～29）cm，壁厚（2～）3～5（～8）mm。节间圆筒形或基部数节略呈方形，分枝一侧略扁平，无毛或有时具微毛，秆下部实心或近实心。分枝通常3枚，有时上部成多分枝。箨鞘早落，稀宿存，厚纸质；箨耳缺无；箨片退化，常不及1cm。

四川叙永筇竹开花结实（袁金玲摄）

云南昭通筇竹笋期（袁金玲摄）

叶片披针形至狭披针形，小横脉清晰。每亩立秆800～4000根。笋期4月。

箬竹属喜冬冷、夏暖和空气湿度较大的气候条件，多见于常绿阔叶林下，常构成灌木层的主要成分，以在上层林木郁闭度0.2～0.3的林下生长最好，在局部地区亦可出现大片纯林。分布区内气候湿润，雨量充沛，云雾浓厚，日照时数少，年平均气温10℃左右；极端最高气温29℃，极端最低气温-10℃，年降水量1100～1400mm；空气相对湿度大，一般在90%左右；冬季多冰冻。土壤多为山地黄壤或棕色森林土，酸性或微酸性，pH 4.5～5.5（傅立国和金鉴明，1992；马乃训和张文燕，2007）。

三、苗木培育

1. 播种育苗

箬竹3月下旬开花，4月下旬至5月中旬种子陆续成熟。箬竹种子含水率高，可达68%～72%，不耐贮藏，随采随播发芽率达80%以上。播种前用0.15%的福尔马林溶液浸种15～30min或0.3%的高锰酸钾溶液浸种10～20min，取出后密闭2h，然后用清水冲洗干净后即可播种。

（1）大田畦床播种育苗

在原产地或与之生态条件类似的高海拔地区，选择土壤疏松、湿润、土层深厚的山地或退耕地，土壤酸性至微酸性，深翻土壤，细致整地，每公顷掺入450～750kg复合肥或者4500～6000kg有机肥，制成高约20cm、宽约1m的苗床，长度依地形而定，步道40cm。点播，每穴2～3粒，覆土2cm厚，株距10～20cm，行距20～30cm，播种后浇透水，并对苗床进行覆草等保湿处理。

畦床育苗苗木规格：1年生苗达到3～5株/丛，苗高20～40cm，地径0.15～0.20cm；2年生苗达到6～12株/丛，苗高80～120cm，地径0.25～0.30cm，鞭长10～20cm。轻基质容器苗规格：1年生苗4～8株/丛，苗高20～40cm，地径0.20～0.34cm。符合规格的实生苗可出圃造林。

（2）轻基质容器育苗

无纺布容器袋直径10～14cm。按照树皮10%～

浙江杭州箬竹播种育苗（袁金玲摄）

20%，锯末10%～20%，腐殖质土40%～50%，有机肥15%～30%，复合肥5%～10%，蛭石10%～20%的比例，配制轻基质装袋。每袋穴播种子2粒，覆土约2cm。播种后浇水保持湿润，一般3～4天种子开始发芽并陆续出土，发芽期历时15～30天。幼苗出土后及时搭盖遮阴棚，透光度为45%。幼苗出土1个月后，进行间苗；6～7月，结合松土除草，追施浓度为0.1%的尿素溶液2次；8月下旬至9月中旬可撤除遮阴棚。

2. 分蔸移栽育苗

从竹林中挖取2～3年生母竹，多带鞭段且勿劈裂，保护好秆基和鞭段上的芽眼，多留宿土，对母竹和鞭根系统注意保湿，适当去除梢头和叶片，保留分枝4～6盘，作为母竹进行育苗。育苗地生态和土壤条件要与原产地一致或接近，母竹栽植时要保证鞭根舒展，填土后踏实并浇足水。育苗季节可选择春季2～3月或者秋季9～10月，此时遇雨季最好。春季育苗一般当年可萌发细小新竹，夏季行鞭，翌年有新竹从鞭段生出，经历3～4年即可出圃造林。

四、竹林培育

1. 造林技术

造林地选择及整地 造林地宜选择与原产地生态和土壤条件一致或接近的夏无酷暑、空气湿度较大的山区。造林前先进行整地，劈除杂灌。由于山区地形、土壤和经济条件的限制，可采用块状整地或带状整地，翻挖土壤深度达30cm以上，植穴规格40～50cm，每穴施2～3kg有机复合肥作为基肥。

造林季节 可以在春季的2～3月，也可在秋季的9～10月。

移母竹造林 选用2～3年生幼竹，直径0.8～1.5cm，去梢留高100～200cm，留枝3～5盘，带土球25～30cm，每丛5～6枝，健壮无病虫害的母竹。株行距2m×2（～2.5）m。移母竹造林由于母竹根盘带土往往比较困难，母竹质量较差，成活率不够理想，因此造林时要保证母竹质量并且严格控制造林技术，做到深挖坑、填表土、施基肥、浇足定根水，母竹随挖、随运、随栽，有

云南昭通筇竹天然林（袁金玲摄）

条件的情况下最好覆盖一层稻草或地膜，以增加保湿和保温的效果，保证成活。

实生苗造林 实生苗造林选择2～3年生播种实生苗，地径0.3～0.8cm，高80～120cm，略微去梢去叶，带土球15～20cm，每丛5～8枝，健壮无病虫害的苗丛。株行距2m×2（～2.5）m。实生苗造林可以携带较多宿土，且根系损伤少，相同的造林技术下，成活率明显高于移母竹造林，可达95%以上。

幼林抚育 造林后的前三年，每年抚育2次，第一次在5～6月，第二次在8～9月。抚育时清除母竹根基周围杂草、藤、灌，第一次每丛环状沟施100～200g化肥，第二次施300～500g复合肥。

2. 低产林改造

筇竹天然林地处偏远高山地区，交通不便，且竹区经济贫困，高强度、高投入但见效快的培育措施难以实施，低产天然林的改造措施主要是调整丰产结构和适度施肥。

调整竹林密度 合理的竹林密度随竹林平均胸径大小而有变化，平均胸径达2cm以上时，每亩留养2000～3000株；平均胸径达不到2cm时，每亩留养3000～4000株。

调整竹林年龄结构 2～3年生母竹是竹林生竹产笋的主体，4年生及以上母竹生活力明显衰退，应及时砍除，使竹林中1、2、3年生母竹的数量比例大致为1∶1∶1。每年11～12月，砍伐4年生及以上老竹，但稀疏地带老竹可酌情多留养1～2年。筇竹属竹种年龄难以识别，为实现按年龄砍伐，防止误砍青壮年竹或漏砍老龄竹，每年对新竹实行号竹，通过简单地对不同年份号记红、白、黑等三种不同颜色的油漆，可实现依据年龄伐竹。

留笋养竹和采收竹笋 低产林改造的起始2～3年按调整竹体结构的要求实行留笋养竹和采收竹笋。待合理的竹林结构建成后，逐步改变为笋用林的留笋养竹和采收竹笋经营模式，具体为：早期笋和盛期笋粗大健壮，留笋养竹，每亩留养1000～2000株，留养之外的早期、盛期笋采收食用；小笋、坏笋、过密的笋挖除；末期笋通常全部采收。

适度施肥 为加快低产林改造速度，作为辅助性营林措施，在坡度较小的竹林地上适量施一些速效化肥，如尿素225～375kg/hm²或复合肥450～750kg/hm²，达到提高竹笋产量和质量目的。

五、主要有害生物防治

主要病虫害有竹黛蚜（*Melanaphis bambusae*）、竹蝉（*Platylomia pieli*）等，具体防治技术见"附表"。

六、综合利用

筇竹竹笋质地细腻、营养丰富，自古以来一直是产区群众的重要蔬菜和出口创汇的经济产品（袁金玲等，2008）。筇竹秆节异常膨大，利用其天然奇形的竹秆研制成的工艺手杖、文件架、茶几等各种特色竹工艺品，是深受顾客欢迎的旅游和竹子特色产品。特别是筇竹手杖，远在汉唐时期就已远销至印度及中亚、欧洲和非洲，具有悠久的历史和文化经济价值。除了经济价值外，筇竹属竹种还具有重要的生态保护价值。

（袁金玲，董文渊，岳晋军）

附表1 竹类虫害

中文名称	拉丁学名	主要危害竹种	生物学特性	主要防治方法
一字竹笋象	*Otidognathus davidis*	黄甜竹、麻竹、毛竹、桂竹、毛金竹、福建酸竹、淡竹、假毛竹、台湾桂竹等	小径竹竹林中，一字竹笋象大小年为1年1代，在有出笋大小年的毛竹林中，分出笋大年型与出笋小年型2年1代，以成虫越冬	(1) 人工捕捉：成虫有假死性，捕捉容易 (2) 药剂防治：对棱小的竹林，5月初可喷洒2.5%溴氰菊酯2000倍液防治成虫；或在象虫成虫出土初期，用50%乙酰甲胺磷原液对竹笋进行注射，每笋1.5～2.0mL
竹笋禾夜蛾	*Oligia vulgaris*	黄甜竹、毛竹、福建酸竹、麻竹、苦竹、茶竿竹、淡竹、方竹、石竹等	竹笋基夜蛾为1年1代，危害竹笋，以卵越冬	(1) 11月至翌年3月清除竹林中杂草是治虫关键 (2) 及早挖除退笋 (3) 危害严重的竹园，5月底或6月初安装黑光灯诱杀或使用夜蛾性信息素诱杀 (4) 2龄幼虫4月初上笋期用杀灭菊酯1500～2000倍液在林地和笋上喷雾，间隔10天喷2次以上 (5) 幼虫4月初上笋前用8%绿色威雷250倍液在林地和笋上喷雾1次
竹笋基夜蛾	*Kumasia kumaso*	黄金间碧玉、桂竹竹等	1年1代，危害竹笋，以卵越冬	同竹笋禾夜蛾
异歧蔗蝗	*Hieroglyphus tonkinensis*	台湾桂竹等	1年1代，以卵在土中越冬	(1) 挖卵：春天在异歧竹蝗若虫孵化前，于异歧竹蝗产卵地点挖除卵块，子以消灭，可以降低翌年虫口密度 (2) 防治初孵若虫：使用25%灭幼脲3号胶悬剂，用药量为300～375mL/hm²，加清水稀释至15～75kg；使用灭幼脲3号粉剂，用药量为300～450g/hm²，或使用10%吡虫啉可湿性粉剂按1000倍液喷雾，喷洒前加入填充剂15kg/hm²左右；或使用1%锐劲特乳剂3000倍液喷雾。施放林丹，阿维菌素等点燃式烟剂，使用1%锐劲特乳剂3000倍液喷雾，阿维菌素药量为3.0～4.5L/hm²，林丹药量为7.5～15.0kg/hm² (3) 竹腔注药：当跳蝻上竹危害后竹高射程而又缺乏可竹高射程的药械时，可采取竹腔注药方法防治。根据虫情选取嫩梢较多的立竹，在基部第一、二节处，用手摇钻钻孔或马钉打孔，用注射器直接吸取5%吡虫啉乳油，按小、中、大竹子每株分别注约1～2mL，3～4mL，5～6mL到竹腔内，然后用黏土塞孔
毛竹尖蛾	*Cosmopterix phyllosta-chysea*	台湾桂竹等	1年1代，以幼虫潜伏在竹叶内越冬	(1) 5～6月成虫期，设置黑光灯诱杀成虫 (2) 5月中旬成虫产卵期，在叶面喷施22%噻虫嗪·高氯氟微囊悬浮剂2000倍液，或1%甲维盐阿维1500倍液，或10%吡丙·吡虫啉悬浮剂1500倍液 (3) 成虫羽化前，摘除受害竹叶

续表

中文名称	拉丁学名	主要危害竹种	生物学特性	主要防治方法
刚竹毒蛾	*Pantana phyllostachysae*	台湾桂竹等	浙江、福建1年3代；江西、四川1年4代。以卵和以1～3龄小幼虫在竹叶上越冬	（1）加强竹林管理，保持竹林合理密度：刚竹毒蛾一般是先发生在湿度较大的山凹或立竹密度较大的竹林，危害后再向山坡、山脊转移，逐渐加重。竹林密度合理，保持竹林通风透光，可以降低该虫的危害 （2）保护天敌：卵期有赤眼蜂、黑卵蜂寄生。幼虫有茧蜂、姬蜂寄生，寄生率均较高，对控制该虫的虫口密度起重要作用，也是该虫大发生后下一年虫口即下降的重要原因 （3）灯光诱杀：该虫有趋光性，成虫期可以用黑光灯诱杀 （4）药剂防治：利用夏天中午幼虫下竹庇荫的习性，用2.5%溴氰菊酯500倍液，超低容量喷洒竹秆及竹头 （5）生物防治：喷施白僵菌粉剂，或使用白僵菌粉炮，每亩2个，虫口可下降60%～70%，且能反复感染
竹弧臀蠹蛾	*Azygophleps* sp.	麻竹等	1年1代，以老熟幼虫在竹笋虫道内越冬	（1）加强竹林管理：在越冬期及蛹期（2月中旬前），挖掘老笋头、枯竹笋集中销毁，减少虫源 （2）人工捕捉：加强调查观察，在3月中下旬，抓住该虫羽化出土后，捕捉成虫，消灭大量虫源 （3）化学防治：抓住该虫卵孵期在4月上中旬的时机，用辛硫磷800倍液喷施竹丛地面，每隔7天喷1次，连续喷4次，能有效控制该虫害
筛胸梳爪叩甲	*Melantous cribricollis*	麻竹、早竹等	约需4年完成1代，第一年至第三年以幼虫越冬，第四年以成虫越冬	（1）挖笋除虫：挖笋时，将蛀入笋内的沟金针虫携带出竹林。1年内可减少沟金针虫900多头 （2）黑光灯诱杀：在成虫出土期内，单盏黑光灯每年的平均诱捕量可达1144头 （3）药剂防治：早笋挖掘结束后，翻土施肥时，将"辛硫磷+毒死蜱"拌入肥中施入地下，每亩5kg，施肥后立即覆盖好土壤以防药物分解 （4）生物防治：4月底，施用高效绿僵菌（混同培养基、沟施），对沟金针虫有一定的控制作用 （5）性信息素诱杀：利用性信息素引诱剂诱杀或迷向干扰

续表

中文名称	拉丁学名	主要危害竹种	生物学特性	主要防治方法
矢竹斑蚜	*Takecallis takahashii*	麻竹等	1年数十代，无越冬虫态和越冬阶段，一年四季繁殖，以有翅蚜营孤雌生殖	（1）人工防治：该虫群集在竹秆竹枝上取食、繁殖。只要蚜的口器刺入竹内就终身不离开，竹秆上蚜虫密集，又危害部位较低，可以用毛刷或草把将蚜虫刷下。离竹的蚜虫不会再上竹 （2）保护天敌：该蚜虫群集危害，天敌多，以蚜灰蝶、食蚜蝇、瓢虫为常见 （3）化学防治：用5%蚜虱净或2.5%功夫乳油或20%杀灭菊酯乳油1∶1500倍液竹冠喷雾，防治效果达98%以上。水源紧缺的高山竹园，可用每亩1.5亩每1kg的敌马烟剂在无风或微风的早晨或傍晚人工流动放烟，防治效果好
竹梢凸唇斑蚜	*Takecallis taiwanus*	麻竹等	余杭地区1年20~23代，7~8月1代仅需15天	同矢竹斑蚜
竹色蚜	*Melanaphis bambusae*	麻竹等	1年30余代，无越冬虫态和越冬阶段	同矢竹斑蚜
黄脊竹蝗	*Ceracris kiangsu*	麻竹、撑篙竹、毛竹、硬头黄竹、苦竹、桂竹、慈竹、淡竹、水竹、粉单竹、高节竹等	1年1代，取食竹叶，以卵在土表1~2cm深的卵囊内越冬	同异歧蔗蝗，有可用人尿诱杀成虫；用发酵人尿加18%的杀虫双配制成药尿诱杀，效果显著
竹织叶野螟	*Algedonia coclesalis*	麻竹等	浙江1年1~4代，以老熟幼虫越冬	（1）劈山松土，可减少虫茧50% （2）选择较高开阔地点，装置黑光灯诱杀成虫 （3）幼虫期施放白僵菌粉炮，或喷粉（养蚕地区不能用） （4）释放赤眼蜂：6月上旬，成虫刚产卵时，释放赤眼蜂（每亩15万头，分2~3次放） （5）药剂防治：用90%敌百虫400倍液，或用20%杀灭菊酯乳油1000倍液喷雾防治（因天敌较多，仅在虫情严重，小范围用药——虫源地用药）。对竹林附近的板栗及栗树可用80%敌敌畏乳油或菊酯类乳油1000倍液喷雾毒杀成虫

续表

中文名称	拉丁学名	主要危害竹种	生物学特性	主要防治方法
蠕须盾蚧	*Kuwanaspis vermiformis*	麻竹等	该虫1年2代，大量以成虫和少量以卵在雌介壳中越冬	(1) 保护好天敌——瓢虫、寄生蜂等 (2) 清理竹林，危害严重的老竹清出竹园烧毁 (3) 5月中旬用蚧克1号或吡虫啉克1000～1500倍喷雾防治 (4) 5月中下旬竹腔注射蚧克1号或蚧克2号1：2兑水溶液，每竹2mL (5) 用速扑杀或蚧宝直接喷雾，可以溶解蚧虫外面蜡质后杀死蚧虫
蚜虫	*Oregma bambusicola*	吊丝竹、合江方竹、刺黑竹、撑篙竹、早竹、撑篙竹、大木竹、筇竹等		(1) 人工防治：该虫群集在竹秆上取食、繁殖，只要蚜虫的口器剩入竹内就终身不离开，竹秆上蚜虫密集，又危害部位较低，可以用毛刷或稻草把将蚜虫刮下。离竹的蚜虫，不会再上竹。 (2) 保护天敌：该蚜虫群集危害，天敌多，以蚜灰蝶、食蚜蝇、瓢虫为常见 (3) 化学防治：用5%蚜虱净或2.5%功夫乳油或灭杀菊酯20%杀灭菊酯乳油1：1500倍液冠层喷雾，防治效果达98%以上。水源紧缺的高山竹园，可用每亩1.5亩1kg的敌马烟剂在无风或微风的早晨傍晚人工流动放烟，防治效果好
笋横锥大象	*Cyrtotrachelus buqueti*	吊丝竹、撑篙竹、龙竹、巨龙竹、泰竹、香糯竹等	1年1代，以成虫在土下蛹室内越冬	(1) 加强竹林抚育，增强竹林抵御能力。秋冬两季，劈山松土破坏土虫或出土主道，每年或隔年进行1次 (2) 利用其假死性采取人工捕捉或信息素诱捕成虫。成虫可食用 (3) 在产卵孔附近，用利刀轻剥开笋壳，剥杀或挖出卵和小幼虫，捕捉幼虫，幼虫可食用 (4) 大发生初期可用溴氰菊酯乳油（5～10mL/亩），或20%氰戊菊酯乳油，或绿色威雷，8%氯氰菊酯触破式微胶囊制剂喷雾防治，也可在林间喷施施斯氏线虫进行防治 (5) 在竹笋生长期间，使用竹筒套、篾箩套、薄膜套为渐生竹笋套袋防治 (6) 利用竹腔的传导性，在笋高1.5～2.0m时，用50%乙酰甲胺乳油，40%氧化乐果乳剂竹腔注药，每株注射0.5mL
笋直锥大象	*Cyrtotrachelus thompsoni*	吊丝竹、撑篙竹等	取食竹笋，1年1代，以成虫越冬	同笋横锥大象

续表

中文名称	拉丁学名	主要危害竹种	生物学特性	主要防治方法
竹卵圆蝽	*Hippotiscus dorsalis*	毛竹、毛金竹等	浙江1年1代，以2~4龄若虫越冬	（1）人工捕捉：4月上中旬用手直接抹杀或用塑料袋沿竹秆兜取，然后杀死或深埋 （2）涂环：在4月上旬，用黄油1份加柴油3份于竹秆基部涂10cm圈以阻止若虫上竹，最为简便、经济、有效 （3）喷雾：①用8%绿色威雷300倍液，3月底4月初在基部50cm内竹秆上喷雾1次，防治效果良好。注意喷雾均匀不下淋，喷雾后6h以上不下雨。②若虫在竹秆下部时直接用80%敌敌畏1500倍液喷杀 （4）竹腔注射：4月上旬用5%吡虫啉1:2倍液，每竹注射1~2mL。此防治效果很好，但对竹材质量有影响
竹篦舟蛾	*Besaia goddrica*	毛竹、淡竹等	浙江1年4代，以幼虫在竹上越冬	（1）加强竹林抚育：科学肥水、合理砍伐，保持竹林适当密度，提高植株抗性，减少危害；及时中耕松土，翻出蛹越冬，夏季椎园，应砍除当年新发的鞭梢竹，避免小幼虫在上取食，减少竹林中虫口密度 （2）灯光诱杀：在各代成虫发生期，利用黑光灯诱杀，效果良好 （3）保护与利用天敌 （4）药剂防治：各代幼虫大发生时，防治应控制在3~4龄幼虫。可用敌敌畏插管烟剂，每公顷15kg，或喷2.5%敌百虫粉；用3%阿维菌素水乳剂，稀释2000倍，或2.5%溴氰菊酯8000倍液，喷雾
沟金叶虫	*pleonomus canaliculatus*	毛竹、高节竹等	浙江3~4年1代，各龄幼虫越冬	参考筛胸梳爪叩甲
居竹伪角蚜	*Pseudoregma bambusicola*	硬头黄竹、慈竹、梁山慈竹等	浙江1年20代左右，12月此蚜越冬，在竹秆上消失	（1）人工防治：该蚜虫群集在竹秆上取食、繁殖，只要蚜的口器刺入竹内就终身不离开，因此竹秆上蚜虫密集，又危害部位较低，可以用毛刷或草把将蚜虫刷下。离竹的蚜虫，不会再上竹 （2）保护天敌：该蚜虫群集危害，天敌多，以蚜灰蝶、食蚜蝇、瓢虫为常见 （3）化学防治：用5%蚜虱净或2.5%功夫或20%杀灭菊酯乳油1:1500倍液冠喷雾，防治效果蚜达98%以上。水源紧缺的高山竹园，可用每亩1.5至1kg的敌马烟剂在无风或微风的早晨或傍晚人工流动放烟，烟剂无风效果差

续表

中文名称	拉丁学名	主要危害竹种	生物学特性	主要防治方法
竹笋泉蝇	*Pegomyia phyllostachys*	苦竹、桂竹、淡竹等	1～2年1代，以蛹在土中越冬	（1）合理经营，维护林健康：该虫主要危害林中衰弱竹笋，及时挖除退笋，这样既减少了成虫产卵寄主，又获取可食用竹笋；对有虫竹笋亦挖掘运送下山，减少竹林中虫口密度。逐年减少虫害 （2）诱杀成虫：该虫成虫产卵前需补充营养，对腥臭物品、鲜笋汁液、新鲜土壤有特强的趋性，可以用这些物品加适量物品的敌百虫诱杀，效果显著
三星象	*Otisognathus* sp.	苦竹等	1年1代，危害竹笋，以成虫越冬	同笋横锥大象
竹黛蚜	*Oregma bambusicola*	苦竹等	浙江余杭地区1年18～21代，越冬代及7～8月发生的10～13代，出现有翅孤雌蚜，其时间则为无翅孤雌蚜	同居竹伪角蚜
竹釉盾蚧	*Unachionaspis bambusae*	苦竹等	浙江1年3代，以交尾后雌成虫越冬	（1）保护好天敌——瓢虫、寄生蜂等 （2）清理竹林，危害严重的老竹清出竹园烧毁 （3）5月中旬用蚧克1号或用吡虫啉1000～1500倍喷雾防治 （4）5月中下旬竹腔注射蚧克1号或蚧克2号1：2水溶液，每竹2mL （5）用速扑杀或蚧宝直接喷雾，可以溶解蚧虫外面蜡质后杀死蚧虫
竹纵斑蚜	*Takecallis arundinariae*	绿竹等	浙江地区1年18～20代，发生周期与竹黛蚜基本相似	同居竹伪角蚜
密竹链蚧	*Bambusaspis miliaris*	绿竹、大木竹等	1年1代，以大量的1龄若虫和少量的1龄雌若竹秆、枝条和叶子上越冬	同竹釉盾蚧
绿竹链蚧	*Bambusaspis notabile*	绿竹、大木竹等	在福建尤溪1年2代，以卵和1龄若虫在绿竹竹秆部越冬	同竹釉盾蚧
南京裂爪螨	*Schizotetranychus nanjingensis*	慈竹等	杭州1年6～8代，以成螨和卵在竹叶叶背面丝网内越冬	（1）清理病株：结合抚育欲伐砍除老竹及衰弱株，病虫株并烧毁，以减少虫源 （2）施用药肥：于5～6月或7～8月雨后，结合施肥，按药肥比1：14在肥料中加入竹螨灵一起施用，防效显著 （3）采用竹腔注射法：药剂选用10%的吡虫啉可湿性粉剂，2～3倍液，每株2～5mL

续表

中文名称	拉丁学名	主要危害竹种	生物学特性	主要防治方法
竹斑蛾	*Artona funeralis*	桂竹、毛金竹、茶竿竹、青皮竹、淡竹、巴山木竹等	浙江1年3代，广东1年5代，以老熟若虫在茧内越冬	(1) 结合竹林管理摘除卵块，捕杀初孵幼虫 (2) 在竹林地多保留一些灌木和植被，增大郁闭度 (3) 幼虫期喷洒每克100亿孢子的青虫菌500倍液或25%灭幼脲3号胶悬剂2000倍液、10%天王星乳油6000倍液、2.5%功夫乳油1500倍液，5%抑太保乳油3000倍液
淡竹笋禾夜蛾	*Kumasia kumaso*	茶竿竹、淡竹、毛金竹等	1年1代，取食竹笋，以卵越冬	同竹笋禾夜蛾
两色绿刺蛾	*Latoia bicolor*	茶竿竹、淡竹等	江苏、浙江1年1代，广东1年3代，以老熟幼虫在茧内越冬	(1) 保护天敌：捕食性天敌有中华草蛉、丽草蛉，幼虫期有猎蝽、成虫期有蜘蛛。寄生性天敌有姬蜂1种，茧蜂2种，寄蝇1种及白僵菌等 (2) 灯光诱杀：成虫有趋光性，可以用黑光灯诱杀 (3) 人工灭杀：小幼虫聚集在叶片背剥食竹叶下表皮，留下枯白的上表皮非常明显，将竹叶摘下踩脚死 (4) 生物防治：竹林在虫情严重时，可用白僵菌粉炮消灭
竹金黄镰翅野螟	*Circobotys aurealis*	青皮竹、淡竹、红哺鸡竹等	1年1代，老熟幼虫在似胶质茧中越冬	(1) 劈山松土，可减少虫茧50% (2) 选择较高开阔地点，装置黑光灯诱杀成虫 (3) 幼虫期施放白僵菌粉炮，或喷粉（养蚕地区不能用） (4) 释放赤眼蜂：6月上旬，成虫刚产卵时，释放赤眼蜂（每亩15万头，分2~3次放） (5) 药剂防治：用90%敌百虫400倍液，或用20%杀菊酯乳油1000倍液喷雾防治（因天敌较多，仅在虫情严重，小范围虫源地用药）。对竹林附近的蜜源地的板栗及柞树可用80%敌敌畏乳油或菊酯类乳油1000倍液喷雾多毒杀成虫
华竹毒蛾	*Pantana sinica*	淡竹等	1年3代，以蛹在竹秆中下部越冬	同刚竹毒蛾

中文名称	拉丁学名	主要危害竹种	生物学特性	主要防治方法
木竹泰广肩小蜂	Tetramesa cereipes	巴山木竹等	北京1年1代，11月下旬以老熟幼虫在寄主虫瘿内过冬	(1) 加强竹林管理，保持竹林合理密度：广肩小蜂均爱强光，向阳的竹林危害特别严重。竹林砍伐不要过度，保持竹林合理的密度，可以减轻危害 (2) 保护天敌：在广肩小蜂的虫瘿中，曾见到过6~7种小蜂寄生。鸟常啄破有小蜂的叶柄取食小蜂幼虫，维护竹林生态。保持这些天敌的存在，可以减轻广肩小蜂的发生 (3) 药剂防治：危害特别严重的竹林，在5月上旬内用次药加乙酰甲胺磷原液注射，每竹1mL。如果迟于5月中旬注射，则效果不好
竹镂舟蛾	Loudonta dispar	水竹等	浙江1年3~4代，湖南1年4代。在浙江1年3代者以蛹越冬，1年4代者以老熟幼虫越冬	同竹篦舟蛾
介壳虫	Eriococcus rugosu	梁山慈竹、箭竹等		(1) 加强竹林管理：结合修剪，合刈中耕除草，清蔸亮脚，改善竹林通风透光条件，抑制其发生 (2) 生物防治：应用韦伯虫座孢菌粉0.5~1.0kg/亩喷施，或用挂菌枝法即用韦伯虫座孢菌枝分别挂放案丛四周，5~10枝/m² (3) 保护、利用天敌：禁止使用高毒高残留化学农药，创造有利于红点唇瓢虫、草蛉等天敌繁殖、生息，迁移活动的场所，培殖利用天敌让天敌发挥自然控制效能 (4) 药剂防治：根据虫情预报于卵孵化盛期喷10%吡虫啉2000~3000倍液或乐斯本乳油3000倍液，注意务必喷湿叶背
贺氏线盾蚧	Kuwanaspis howardi	麻竹、早竹等	湖北1年2代为主，少数1代或3代，大部分以第二代受精雌虫越冬	同竹釉盾蚧
竹瘿广肩小蜂	Aiolomorphus rhopaloides	早竹等	1年1代，以蛹越冬	同木竹泰广肩小蜂
竹象鼻虫	Cyrtotra chelus longimanus	粉单竹等	1年1代，以成虫在土中越冬	同笋横锥大象

续表

中文名称	拉丁学名	主要危害竹种	生物学特性	主要防治方法
毛笋泉蝇	*Pegomya phyllostachys*	石竹等	1～2年1代，以蛹在土中越冬	(1) 合理经营，维护竹林健康：该虫主要危害竹林中衰弱竹笋，及时挖除退笋，这样既减少了成虫产卵寄主，又获取了可食用竹笋；对有虫身亦挖掘运送下山，减少竹林中虫口密度。逐年减少虫害 (2) 诱杀成虫：该虫成虫产卵前需补充营养，对腥臭物品、鲜笋汁液、新鲜土壤有特强的趋性，可以用这些物品加适量的敌百虫诱杀，效果显著
竹织野螟	*Crocidophora evenoralis*	红哺鸡竹等	1年1代，以2～3龄幼虫在当年小年竹竹叶上卷1片叶中为苞在内越冬	同竹金黄镰翅野螟
竹云纹野螟	*Demobotys pervulgalis*	红哺鸡竹等	1年1代，以老熟幼虫在地面笋箨、枯叶中越冬	同竹金黄镰翅野螟
赭翅双叉端环野螟	*Eumorphoboty sobscuralis*	红哺鸡竹等	浙江1年2～3代，1年2代者以老熟幼虫越冬，3代者以幼虫越冬	同竹金黄镰翅野螟
竹蝉	*Platylomia pieli*	筇竹等	浙江6年1代，以各龄若虫在土穴中及卵在枯枝中越冬	(1) 加强竹林管理，保持竹林合理密度：及时砍伐林中老竹，降低竹林密度，减少竹上自然枯枝，增强竹子自身抗御能力。对竹林中已有枯枝，应人工剪除烧毁，杀死当代枯枝中的蝉卵，减少下代竹蝉成虫产卵场所 (2) 挂枯竹枝，诱蝉产卵：在7月上旬，竹蝉成虫产卵前，于竹林内收集枯死2年以上的枯竹枝，以2～3枝扎成束，均匀捆挂于竹林中，立竹枝下高3m左右处的主秆上，每公顷140余束，诱集雌成虫产卵，并在10月底前收集烧毁 (3) 灯光诱集成虫：在成虫羽化前，安装黑光灯，7月初开灯诱集成虫，诱集的成虫可食用 (4) 人工捕捉：在老熟若虫出土时，成虫羽化前的晚上，捕捉待羽出孔后停息的老熟若虫，或停息在杂草、灌木上的初羽成虫，此时该虫活动能力极弱，很易捕捉，捕后若虫、成虫可食用或作饲料
笋秀禾夜蛾	*Oligia apameoidis*	高节竹等	1年1代，以卵越冬	同竹笋禾夜蛾

续表

中文名称	拉丁学名	主要危害竹种	生物学特性	主要防治方法
篁宫蜡	*Mystilus priamus*	大绿竹等		（1）冬季松土，可以破坏成虫的越冬环境，低温可以冻死一部分成虫 （2）用杀灭菊酯、敌百虫晶体、敌敌畏等触杀性衣药喷雾，毒杀若虫和成虫 （3）用西维因粉剂、巴丹粉剂（1～2kg/亩）、避蚜雾粉剂（0.5～1.0kg/亩）防治 （4）用8%绿色威雷300倍液，于山竹绿蜡上笋危害初期或初期在苦笋上喷雾1次。注意喷雾均匀不下淋，喷雾后6h以上不下雨 （5）烟雾剂防治

（舒金平，王浩杰）

附表2 竹类病害

中文名称	拉丁学名	主要危害竹种	发生规律	主要防治方法
竹秆锈病	*Stereostratum corticioides*	黄金间碧玉、麻竹、筱竹、硬头黄竹、桂竹、斑苦竹等	病原菌以菌丝体和不成熟的冬孢子越冬，冬孢子堆于9月至翌年3月间产生，3月中下旬成熟脱落，夏孢子堆显露出来，5~6月成熟的夏孢子由风传播，侵染寄主	(1) 选用抗病竹种，不用带病竹造林 (2) 合理砍伐，防治竹林过密，可减少病害发生 (3) 竹林中一旦发现个别病株时，应及早砍伐，并进行烧毁，以免蔓延 (4) 株发病率在20%以下的轻病竹林，在3月底用刀刮除冬孢子堆及其周围上下10cm、左右5cm的健组织（竹青），并用20%粉锈宁乳油5倍液涂抹冬孢子堆，能彻底防治病害
竹煤烟病	*Aithaloderma bambu-si-num*、*Capnophaeum ischurochloae*、*Neco-ca-pnodium tanakae*、*Scorias capitata*、*Scorias communis*、*Scorias spin-giosa*、*Tripospo-riopsis spinigera*、*Chattothyrium echinula-tum*、*Phaeo-saccardinula javanica*、*Meliola stoma-ta* sp. nov.	黄金间碧玉、龙竹、甜龙竹等	病菌借风雨和昆虫传播，常在春秋两季发病。竹煤污病的发生常与竹林管理不善、竹林密度过大、竹子生长细弱以及蚜虫的危害有密切关系	(1) 营林措施：适当疏伐老竹，使竹林通风透光，可大大抑制此病发生；竹林开始发病时，都是先在个别枝、叶上出现霉斑和诱病若虫，这些带病虫的枝叶，并加以烧毁，可以有效地控制煤污病菌的扩散和蔓延 (2) 化学防治：抑制和消灭竹株上的蚜虫和蚧虫，可用20%阿维螺螨酯1500~2000倍液，50%马拉松乳剂1000倍液等喷洒防治。喷洒阿维螺螨酯可杀蚜虫和蚧虫的若虫，松脂合剂12~20倍液对防治蚧壳虫有特效。当虫害严重时，可喷洒石灰硫磺合剂，夏季用0.5~1.0波美度石硫合剂，冬季用3~5波美度石硫合剂，具有杀虫和杀菌的作用
竹枯萎病	*Fusarium semitectum*	麻竹等	镰刀菌是一类世界性分布的真菌，在土壤中越冬越夏，侵染竹子引起根腐、茎基腐，破坏植物的输导组织维管束	(1) 加强检疫，禁止有病母竹运往新区种植，防止用病株、病梢等作为露天作物，以免产生病菌孢子传播蔓延 (2) 每年的冬季或早春清理病枝、病梢、病株，防止竹林过密，集中于林外烧毁，可减少病害的发生源。平时要加强竹春经营管理 (3) 在病菌侵入期（即5月下旬至6月上中旬）用50%的多菌灵可湿性粉剂或70%的甲基托布津可湿性粉剂800~1000倍液隔1周喷1次，连续防治3~4次，可取得良好的防治效果

续表

中文名称	拉丁学名	树种名	发生规律	防治方法
竹丛枝病	*Aciculosporium take*	毛竹、苦竹、慈竹、桂竹、车筒竹、早竹、早园竹、浙江淡竹、红哺鸡竹、粉单竹、淡竹等	病害的发生是由个别竹发枝发展至其他竹枝，由点扩展至片。在老竹林及管理不良、生长细弱的生林各易发病。4年生以上的竹子，或日照强的地方的竹子，均易发病	（1）加强竹林抚育管理。按年龄的大小及时合理砍伐，保持适当密度，并进行松土、施肥，以促进竹生长旺盛，减少病害发生 （2）严格检查，避免选取有病母竹造林 （3）在每年的3月底至4月初，9月初至9月中下旬，子实体没有释放前发现丛枝病株，要及时剪除病枝，重病株连根挖除，并集中烧毁。同时可用50%的多菌灵可湿性粉剂或20%的三唑酮乳油1：500倍液喷雾，每周喷雾1次，连续防治3次，效果明显
竹枯梢病	*Ceratosphaeria phyllostachydis*	毛竹、水竹等	病菌借水、风雨传播或从病区传播。在发病区，凡遇7～8月高温、干燥的年份，此病易流行	（1）加强检疫，禁止有病母竹运往新区种植，防止用病株、病梢、病枝传播蔓延。病枝筑篱笆等作为露天作物，以免产生病菌孢子传播蔓延 （2）每年的冬季或早春清理病枝、病梢、病株，集中于林外烧毁，减少侵染源。平时要加强竹林经营管理，防止竹林过密，可减少病害的发生 （3）在病菌侵入期（即5月下旬至6月上中旬）用50%的甲基托布津可湿性粉剂800～1000倍液或70%的多菌灵可湿性粉剂的浓度隔1周喷1次，连续防治3～4次，可取得良好的防治效果
竹叶斑枯病	*Coccostroma anundinariae*	毛竹等	病原菌子囊孢子于5～6月随风传播，从竹叶背面侵入	（1）劈青锄草：每年2月和6月劈草，砍去竹林内杂草、灌丛，以免与毛竹鞭根争夺养分和水分，阻碍竹鞭的发展 （2）合理采伐：在发笋当年的秋冬季进行合理的采伐，调整竹林分结构。采伐要求砍小留大，砍密留稀，砍弯留直，保持林同整齐的原则 （3）深翻抚育：每年深翻1次，在6月或9～10月进行深翻，要求全部挖掉树根桩、树蔸、把茅草、灌木连根挖掉，根上宿土用锄头打碎净，翻入土中
竹苗立枯病	*Rhizoctonia solani*	苦竹、箬竹等	病菌以菌丝和菌核在土壤或寄主病残体上越冬，腐生性较强，可在土壤中存活2～3年。病菌通过雨水、流水，沾有带菌土壤的农具以及带菌的堆肥传播，从幼苗茎基部或根部从口侵入，也可穿透寄主表皮直接侵入	（1）选择好苗圃地。前作是蔬菜、棉花、瓜类及松、杉苗等的圃地，不宜用来育竹苗 （2）整地时进行土壤消毒 （3）播种前种子消毒。用种子重量的0.2%～0.3%的退菌特拌种；或施用0.5%的敌克松连同种子和10～15倍细土拌匀播下 （4）出苗后，发生立枯病、笋腐病等时，可喷1：100～1：150的波尔多液，或施用0.1%的高锰酸钾液，每10天左右喷1次

续表

中文名称	拉丁学名	树种名	发生规律	防治方法
根腐病	*Fusarium moniliforme*	慈竹等	病菌在土壤中和病残体上过冬,一般多在3月下旬至4月上旬发病,5月进入发病盛期,其发生与气候条件关系很大	(1) 避免选择低洼积水的山脚平地种植毛竹 (2) 低洼积水有病林地,实行开沟排水,降低地下水位,控制病害的发生条件 (3) 病期过后,立即清除林内病竹,并将病根挖掘运出林外烧毁 (4) 有条件的地方,出笋前,在林地土表上加垫黄土,厚20cm,隔绝病菌和降低地下水位,效果较好 (5) 竹笋生长到1.5m左右时,用50%的根腐灵或30%的稻病宁可湿性粉剂的400~500倍液喷雾,每周喷1次,连续防治3次
笋腐病	*Fusarium moniliforme*	慈竹、粉单竹、箣竹	病菌在土壤中和病残体上过冬,一般多在3月下旬至4月上旬发病,5月进入发病盛期,其发生与气候条件关系很大	(1) 避免选择低洼积水的山脚平地种植,低洼积水有病林地,实行开沟排水,降低地下水位,控制病害的发生条件。病期过后,立即清除林内病竹,并将病蔸头、病根挖掘运出林外烧毁 (2) 有条件的地方,出笋前,在林地土表上加垫黄心土,厚20cm,隔绝病菌和降低地下水位。竹笋生长到1.5m左右时,用50%的根腐灵或30%的稻病宁可湿性粉剂的400~500倍液喷雾,每周喷1次,连续防治3次
黑团子病	*Myriangium haraeanum*	毛金竹	病菌子囊座在病组织上越冬,5~6月子囊孢子成熟,借风雨传播	(1) 加强竹林抚育管理,及时合理砍伐老竹,保持竹林适当密度,并进行松土、施肥,促进竹林生长旺盛,提高抗病力 (2) 冬季或早春,结合抚育管理时,清除重病株和病枝,并带出林外,集中销毁,减少侵染源 (3) 发病较普遍且严重的林子,在5~6月子囊孢子释放期,可用70%的甲基托布津可湿性粉剂500~800倍液,或50%的杀菌王可溶性粉剂的500倍液喷雾,每周喷1次,连续防治3次
叶锈病	*Puccinia phyllostachydis*	毛金竹、茶竿竹、淡竹等	病菌以冬孢子和菌丝中病部或者病落叶中越冬,翌年春2~3月冬孢子借气流传播,3~11月夏孢子多次重复侵染	(1) 清除病落叶,集中销毁,减少侵染源 (2) 加强林木抚育管理,保持适当密度,并进行松土、施肥,促进竹子生长,提高抗病能力 (3) 从3月中下旬开始,喷洒20%的三唑酮乳油的800~1000倍液,每周喷1次,连续防治3~4次

续表

中文名称	拉丁学名	树种名	发生规律	防治方法
竹痣病	*Stereostratum corticioides*	毛金竹等	病菌以菌丝体和不成熟的冬孢子越冬，4~5月吸水脱落露出夏孢子堆，夏孢子5~6月由风传播	(1) 加强竹林抚育管理，增施有机肥，促进竹子生长，提高抗病力 (2) 结合冬季钩梢时，把重病株、病落叶清理至林外，集中销毁，减少第二年的侵染源 (3) 5月在新竹放枝叶前，选择阴雨天或黎明和傍晚之际，每亩用敌马烟剂1~2kg放烟，效果较好 (4) 采用打腔注药法，即在竹秆基部竹节上方用铁钉打一小孔，用金属连续注射器（兽医上用）将药液注入竹腔内，药剂可选用10%的吡虫啉可湿性粉剂，稀释2~3倍后使用，每株注射2~5mL
黑粉病	*Ustilago shiraiana*	毛金竹、淡竹、粉单竹等	病原在病竹上越冬，厚垣孢子由风传播到当年嫩梢或笋尖上，仅春季发生1次	加强竹林的经营管理，适当砍伐，以促使竹林生长旺盛，可减少发病机会。如竹林内出现少数竹怀发病时，应及时砍除病竹（最好在黑粉飞散前），并把有黑粉的小枝烧毁，以免蔓延
枝干锈病	*Uredo haloxyli*	茶秆竹等	病菌以菌丝体和不成熟的冬孢子越冬，4~5月吸水脱落露出夏孢子堆，夏孢子5~6月由风传播	(1) 园艺防治：按景点要求和环境条件选用抗病竹种；地势高，排水好，杂草少等环境能明显地降低危害程度。结合常规砍伐砍除病竹，及早砍除病竹，烧除病竹。以免病菌继续传播危害。加强竹林的抚育管理，保持合理的竹林结构，密度不宜过大，以增强竹子的抗病能力 (2) 药剂防治：3月中旬前，结合砍除病竹和刮除冬孢子堆，涂抹煤焦油和煤油，或柴油混合液，每年涂抹1次，连续涂抹3年。发生重的竹林可用药剂防治。由于竹秆表面蜡质层较厚，用三唑酮等药剂防治基本无效。该病病菌可在寄主体内存活多年，可于每年5月（产生夏孢子），10月（产生冬孢子）前，用氨基苯磺酸喷酒，7天1次，连续3次。5~6月，用粉锈宁250~500倍液或0.5波美度的石硫合剂喷酒病竹，每隔7~10天喷1次，共喷3次。也可以在6~10月，用0.5~1.0波美度石硫合剂喷酒。或100~150倍的敌锈钠 (3) 每隔10天左右，用25%可湿性粉剂500倍液，50%可湿性粉剂1000倍液，喷射2~3次 (4) 对于留养在竹林内的轻病株，可在3月上中旬刮除病部的冬孢子堆及周围的竹青，疗效较好 (5) 2月，用煤油或清漆涂于冬孢子堆上，可防止夏孢子堆的产生 (6) 加强检疫，防止病株引入

续表

中文名称	拉丁学名	树种名	发生规律	防治方法
枝枯病	Fusarium equiseti	青皮竹等	病菌在土壤中和病残体上过冬，一般多在3月下旬至4月上旬发病，5月进入发病盛期，其发生与气候条件关系很大	(1) 加强检疫，禁止有病母竹运往新区种植，防止用病株、病梢、病枝筑篱笆等作为露天作物，以免产生病菌孢子传播蔓延 (2) 每年的冬季或早春清理病枝、病梢、病株，集中于林外烧毁，减少侵染源。平时要加强竹林经营管理，防止竹林过密 (3) 在病菌侵入期（即5月下旬至6月上中旬）用50%的多菌灵可湿性粉剂或70%的甲基托布津可湿性粉剂800～1000倍液隔1周喷1次，连续防治3～4次，可取得良好的防治效果
竹秆基腐病	Fusarium moniliforme	青皮竹等	病菌在土壤中和病残体上过冬，一般多在3月下旬至4月上旬发病，5月进入发病盛期，其发生与气候条件关系很大	(1) 避免选择低洼积水的山脚平地种毛竹 (2) 低洼积水有病林地，实行开沟排水，降低地下水位，控制病害的发生条件 (3) 病期过后，立即清除林内病竹，出笋前，在林地土表上加垫黄心土，厚20cm，隔绝病菌和降低地下水位，效果较好 (4) 有条件的地方，出笋前，在林地土表上加垫黄心土，厚20cm，隔绝病菌和降低地下水位，效果较好 (5) 竹笋生长到1.5m左右时，用50%的根菌灵30%的稻病宁可湿性粉剂的400～500倍液喷雾，每周喷1次，连续防治3次
黑痣病（竹疹病）	Phyllachora phyllostachydis	青皮竹、淡竹、早竹等	病菌以菌丝体或子座在病叶中越冬，翌年4～5月子实体成熟，释放孢子堆，借风雨传播	(1) 减少侵染来源：在早春之际，收集病枝、叶，集中销毁 (2) 加强抚育管理：及时松土、施肥，以促进竹子生长，增强抗病力 (3) 药剂防治：发病初期，喷施1：1：100波尔多液，或75%百菌清，或50%托布津500～800倍液，每隔10～15天喷1次，喷1～2次
叶黑痣病	Phyllachora shiraiana	青皮竹、淡竹、早竹等	病菌以菌丝体或子座在病叶中越冬，翌年4～5月子实体成熟，释放孢子堆，借风雨传播	(1) 减少侵染来源：在早春之际，收集病枝、叶，集中销毁 (2) 加强抚育管理：及时松土、施肥，以促进竹子生长，增强抗病力 (3) 药剂防治：发病初期，喷施1：1：100波尔多液，或75%百菌清，或50%托布津500～800倍液，每隔10～15天喷1次，喷1～2次
叶枯病	Phyllosticta take、Phaeosphaeria bambusae	青皮竹等	病菌以菌丝体在病叶中越冬，翌年3～4月子囊孢子借雨滴顺着组织流下或借飞溅传播，雨天扩展很快	(1) 劈草清杂：每年2月和6月劈草，砍去竹林内杂草、灌丛，根草夺养分和水分，阻碍竹鞭的发展 (2) 合理采伐：在发笋当年的秋冬季进行合理的采伐，调整竹林分结构，采伐要砍小留大，砍密留稀，砍弯留直，保持林相整齐的原则 (3) 深翻抚育：深翻20～30cm，每年深翻1次，在6月或9～10月进行深翻，要求全部挖掉竹桩、树蔸，灌木连根挖掉，把杂草、捡去石块，眼上宿土用锄头打净，翻入土中

中文名称	拉丁学名	树种名	发生规律	防治方法
竹叶锈褐斑病	*Schizotetranychus bambasae* var. *osmophila*	淡竹等	病菌以菌丝体在病叶中越冬，翌年3～4月子囊孢子借雨滴顺着病组织流下或飞溅传播，雨天才扩展很快	（1）加强竹林抚育管理，增施有机肥，促进竹子生长，提高抗病力 （2）结合冬季钩梢时，把重病株、病落叶清理至林外，集中销毁，减少第二年的侵染源 （3）5月在新竹放枝展叶前，选择阴雨天或黎明和傍晚之际，每亩用敌马烟剂1～2kg放烟，效果较好 （4）采用竹腔注药法，即在竹秆基部竹节上方用铁钉打一小孔，用金属连续注射器（兽医上用）将药液注入竹腔内，药剂可选用10%吡虫啉可湿性粉剂，稀释2～3倍后使用，每株注射2～5mL
竹叶枯型丛枝病	*Phaeosphaeria bambusae*	淡竹等	病原菌6～7月子囊孢子成熟时随风传播	（1）加强竹林抚育管理。按年龄的大小及时合理砍伐，保持适当密度，并进行松土、施肥，以促进竹林生长旺盛，减少病害发生 （2）严格检查，避免选取有病母竹造林 （3）在每年的3月底到4月初、9月初到9月中下旬，子实体没有释放前发现丛枝病株，要及时剪除病枝，重病株连根挖除，并集中烧毁。同时可用50%的多菌灵可湿性粉剂或20%的三唑酮乳油1：500倍液喷雾，每周喷1次，连续防治3次，效果明显
灰色膏药病	*Septobasidium bogoriense*	淡竹等	病菌以菌膜在被害枝干上越冬，翌年5月产生担子及担孢子。担孢子借风雨及介壳虫等昆虫传播蔓延。孢子附着在蚧壳虫分泌物上生长，病害的发生发展与蚧虫的种群消长密切相关	该病由蚧虫、蚜虫诱发引起，应及时防治虫害
竹秆褐色条斑病	*Arthrinium arundinis*	早竹等	病菌以分生孢子在落糠中越冬，翌年4月借助气流及雨水传播	在3～4月及时清理林间落糠，5～7月使用杀菌剂

（舒金平、王浩杰）

参考文献

艾军，沈育杰，2009．特种经济果树规范化高效栽培技术［M］．北京：化学工业出版社．

安国凤，谷杰超，2012．杏树的实用价值、种植前景及栽培技术［J］．中国园艺文摘，5：164-165．

安间舜，铃木由惠，1980．Decotylated Embryo Culture in Tea Plant［J］．茶叶研究报告，（52）：7-10．

安守芹，张吉术，李华，1997．兴安落叶松林冠下天然更新的研究［J］．内蒙古林学院学报，19（1）：1-8．

白嘉雨，周铁烽，侯云萍，2011．中国热带主要外来树种［M］．昆明：云南科技出版社．

白平，陈海云，杨嫱，2012．滇润楠播种育苗技术［J］．林业实用技术，（10）：32-33．

白寿宁，1999．宁夏枸杞研究［M］．银川：宁夏人民出版社．

白云峰，李百东，吴作文，等，2012．枫杨苗木繁育及防护林营建技术［J］．防护林科技，（3）：117．

拜得珍，纪中华，杨艳鲜，等，2004．银合欢冲沟治理水土保持效益研究［J］．水土保持研究，11（3）：226-228．

班勇，徐化成，1995．大兴安岭北部原始老龄林内兴安落叶松幼苗种群的生命统计研究［J］．应用生态学报，6（2）：113-118．

包建中，1999．中国的白色农业［M］．北京：中国农业出版社．

毕君，赵京献，王春荣，等，2002．国外花椒研究概况［J］．林业经济研究，20（1）：46-48．

蔡宝军，2015．北京主要造林树种［M］．北京：中国林业出版社．

蔡桁，蒋祥娥，汪建亚，等，2005．鹅掌楸组织培养技术研究［J］．安徽农业科学，33（4）：624-626．

蔡年辉，2007．云南松群落动态特征及其在近自然改造中的应用［D］．昆明：西南林业大学．

蔡万里，高宇，李海峰，2011．核桃楸主要病虫害及防治技术［J］．现代农业科技，（24）：162-164．

蔡乙东，曾巧如，2006．任豆育苗及造林实用技术［J］．热带林业，34（2）：45-47．

曹兵，2011．臭椿生理生态学特征及在混交林中的应用［M］．银川：黄河出版传媒集团阳光出版社．

曹福亮，刘成林，1995．美国落羽杉种源试验初报［J］．南京林业大学学报，19（1）：65-70．

曹福亮，汪贵斌，郁万文，2014a．银杏果用林定向培育技术体系集成［J］．中南林业科技大学学报，34（12）：1-6+15．

曹福亮，汪贵斌，郁万文，2014b．银杏叶用林定向培育技术体系的集成［J］．南京林业大学学报：自然科学版，38（6）：146-152．

曹福亮，2007．中国银杏志［M］．北京：中国林业出版社．

曹均，2014．2013全国板栗产业调查报告［M］．北京：中国林业出版社．

曹先发，1991．介绍黄杉育苗造林技术［J］．云南林业，（2）：20．

曹永慧，李生，陈存及，等，2005．乳源木莲杉木混交林生长及其竞争关系分析［J］．林业科学，41（5）：201-206．

岑炳沾，冯惠玲，谢海标，2004．广东马占相思病害调查研究［J］．广东林业科技，20（1）：1-7．

常德龙，胡伟华，张云玲，等，2016．泡桐研究与全树利用［M］．湖北：华中科技大学出版社．

常兆丰，屠震栋，1993．沙枣资源开发研究综述［J］．林业科技开发，（2）：39-40．

畅晋钢，2013．桑树栽培与管理技术［J］．农业技术与装备，（5）：38-40．

陈爱国，1991．薪炭林铁刀木的产量和经营方式［J］．云南林业调查规划，1：30-32．

陈碧华，姚庆端，李乾振，等，2010．降香黄檀组织培养技术研究［J］．武夷科学，26（12）：47-51．

俞建妹，2010．降香黄檀组织培养和扦插繁殖技术的初步研究［D］．南宁：广西大学．

陈炳星，李光荣，黄光霖，等，2000．引种四川桤木

木材化学组分的分析与评价［J］. 中国造纸，（4）：22-25.

陈波浪，盛建东，李建贵，等，2011. 施肥对红枣生长及营养特性的影响［J］. 西南农业学报，24（2）：644-648.

陈波生，李斌，佘汉荣，2006. 人面子的引种试验［J］. 粤东林业科技，（2）：8-10.

陈辰，刘桂华，赵海燕，等，2011. 华东楠叶绿素的荧光特性［J］. 东北林业大学学报，39（10）：50-53.

陈椽，1986. 制茶学［M］. 2版. 北京：中国农业出版社.

陈存及，陈伙法，2000. 阔叶树种栽培［M］. 北京：中国林业出版社.

陈存及，刘宝，李生，等，2007. 闽楠人工林的经营效果［J］. 福建林学院学报，27（2）：101-104.

陈德祥，李意德，骆土寿，等，2004. 海南岛尖峰岭鸡毛松人工林乔木层生物量和生产力研究［J］. 林业科学研究，17（5）：598-604.

陈德叶，2008. 福建柏人工林栽培技术［J］. 广东林业科技，24（4）：102-105.

陈德照，吴陇，陈德懋，2010. 国外引进树种栽培与利用［M］. 昆明：云南科技出版社.

陈典，李金平，王晓建，2004. 不同造林技术措施对榉木幼林生长影响的研究［J］. 中南林业调查规划，23（1）：56-57.

陈定如，2006. 华南园林树木［J］. 广东园林，28（6）：6.

陈东升，2010. 落叶松人工林大中径材优化经营模式的研究［D］. 哈尔滨：东北林业大学.

陈端，1994. 巨柏育苗造林技术［J］. 林业科技，19（2）：6-7.

陈芳，宁德鲁，陈少瑜，等，2010. 丽江云杉体细胞胚胎发生［J］. 林业科学，46（8）：162-167.

陈广全，钟声，钟青，等，2006. 木波罗嫁接技术简介［J］. 中国南方果树，35（2）：42.

陈国彪，2004. 刨花楠的利用与培育技术［J］. 广西林业科学，33（4）：212-213.

陈国德，苟志辉，吴挺佳，等，2016. 海南木莲育苗技术研究［J］. 热带林业，44（1）：29-31.

陈汉林，1995. 鹅掌楸叶蜂的研究［J］. 浙江林业科技，15（5）：49-52.

陈荷美，1979. 母生种子采集、品质检验及其贮藏［J］. 热带林业科技，2：26-28.

陈鸿雕，刘志成，潘成良，等，1995. 抗病速生新杂交种辽宁杨、辽河杨、盖杨的选育［J］. 辽宁林业科技，5：1-6.

陈鸿雕，1985. 辽宁省优良小钻杨调查报告［J］. 辽宁林业科技，（3）：6-11.

陈继红，2015. 丝栗栲实用栽培技术［J］. 北京农业，23：84-85.

陈剑成，黄丽丹，玉桂成，等，2011. 火力楠种子园自由授粉家系子代测定［J］. 林业科技开发，25（2）：79-81.

陈进成，付小华，何百锁，等，2014. 白辛树人工繁育造林与生长研究［J］. 陕西林业科技，（5）：77-79+85.

陈军，2011. 新疆大叶榆大苗繁育技术［J］. 辽宁林业科技，6：59-60.

陈君，程惠珍，张建文，等，2003. 宁夏枸杞害虫及天敌种类的发生规律调查［J］. 中药材，（6）：391-394.

陈俊卿，杨家驹，刘鹏，等，1992. 中国木材志［M］. 北京：中国林业出版社.

陈美卿，王崇云，张宗魁，等，2010. 云南油杉种子散布的生态适应特征研究［J］. 云南大学学报：自然科学版，32（2）：233-238.

陈敏，刘林德，张莉，等，2012. 黑河中游和烟台海滨中国柽柳的传粉生态学研究［J］. 植物学报，47（3）：264-270.

陈强，袁明，刘云彩，等，2012. 秃杉的物种确立、天然林种群特征、保护、引种和种源选择研究［J］. 西部林业科学，41（2）：1-16.

陈强，周筑，毕波，等，2009. 断根对滇润楠生长发育的影响［J］. 广西林业科学，38（1）：23-25.

陈青度，李小梅，曾杰，等，2004. 紫檀属树种在我

国的引种概况与发展前景 [J]. 广东林业科技, 20
（2）：38-41.

陈守常, 肖育贵, 1993. 冷杉腐朽病研究：Ⅳ. 冷杉
腐朽病对经济出材影响的研究 [J]. 四川林业科技,
14（4）：1-8.

陈书文, 李娟娟, 雷新彦, 等, 2005. 观赏植物黄栌
快繁技术研究 [J]. 西北农林科技大学学报：自然
科学版, 33（9）：117-120.

陈舒怀, 伍聚奎, 1987. 云南松种子区划的初步研究
[J]. 西南林学院学报,（2）：1-6.

陈帅飞, 2014. 中国桉树真菌病原汇录, 2006—2013
[J]. 桉树科技, 31（1）：37-65.

陈文红, 税玉民, 王文云, 2001. 云南易门翠柏和黄
杉的群落调查及保护 [J]. 云南植物研究, 23（2）：
189-120.

陈西仓, 张振纲, 2003. 七叶的开发利用 [J]. 特种
经济动植物, 6（4）：25-26.

陈向珍, 2016. 拉萨河谷乡土树种苗木活力维持机制
研究 [D]. 拉萨：西藏大学.

陈晓芳, 凌宪法, 王钦刚, 等, 2006. 水曲柳人工林
生长特性研究 [J]. 吉林林业科技, 35（5）：1-6.

陈孝, 纪程灵, 黄生忠, 等, 2013. 细叶桢楠生长
与材性性状研究 [J]. 湖南林业科技, 40（3）：
27-29.

陈秀虹, 伍建榕, 张金良, 1991. 云南樟的一种新
病害——白脉病 [J]. 西南林学院学报, 11（2）：
205-207.

陈秀蓉, 2017. 火炬树的特征特性及育苗技术 [J].
现代农业科技, 2：131.

陈延惠, 冯建灿, 郑先波, 等, 2012. 山茱萸研究现
状与展望 [J]. 经济林研究, 30（1）：143-149.

陈艳彬, 沙万友, 2015. 印度黄檀引种试验初报 [J].
四川林业科技, 36（1）：114-116.

陈益泰, 李桂英, 王惠雄, 1999. 桤木自然分布区内
表型变异的研究 [J]. 林业科学, 12（4）：643-
648.

陈英林, 查广林, 1998. 麻楝蛀斑螟生物学及其防治
研究 [J]. 北京林业大学学报, 20（4）：59-64.

陈迎辉, 彭春良, 李迪友, 等, 2010. 珙桐的生物生
态特性和人工引种促花研究 [J]. 中南林业科技大
学学报, 30（8）：64-67.

陈永忠, 2008. 油茶优良种质资源 [M]. 北京：中国
林业出版社.

陈勇, 唐昌亮, 吴忠锋, 等, 2016. 洋紫荆资源培育
及其应用 [J]. 中国城市林业, 14（6）：43-46.

陈有超, 2013. 贡嘎山东坡峨眉冷杉林碳贮量与碳平
衡 [D]. 北京：中国科学院大学.

陈有民, 2006. 园林树木学 [M]. 北京：中国林业出
版社.

陈玉德, 侯开卫, 1979. 紫胶虫优良寄主树——钝叶
黄檀的生态生物学特性 [J]. 广西林业科学,（3）：
2-15.

陈元生, 金志芳, 涂小云, 2015. 桉树枝瘿姬小蜂化
学防治药剂的筛选 [J]. 河南农业科学, 44（4）：
106-109.

陈子牛, 1997. 滇中翠柏纯林的生态研究 [J]. 昆明
师专学报, 12（2）：15-22.

陈祖旭, 刘水娥, 孟宪法, 等, 2006. 马占相思无性
系选择研究 [J]. 广东林业科技, 22（1）：59-63.

成仿云, 2012. 园林苗圃学 [M]. 北京：中国林业出
版社.

成浩, 李素芳, 1996. 茶树微繁殖技术的研究与应用
[J]. 中国茶叶, 2：29-31.

成俊卿, 1985. 木材学 [M]. 北京：中国林业出版社.

成俊卿, 杨家驹, 刘鹏, 1992. 中国木材志 [M]. 北
京：中国林业出版社.

成子纯, 等, 2004. 湿地松的系统经营 [M]. 长沙：
湖南科学技术出版社.

程广辉, 2007. 刺五加人工促进更新及丰产栽培技术
[J]. 中国林副特产,（2）：41-42.

程积民, 朱仁斌, 2012. 中国黄土高原植物图鉴 [M].
北京：科学出版社.

程世, 饶玮, 张艳杰, 等, 2008. 观光木1年生播种苗
生长发育规律及育苗技术研究 [J]. 现代农业科技,
（19）：17-18.

程晓彬, 张旭, 何操, 等, 2014. 川滇高山栎繁育技

术研究［J］. 林业实用技术，（11）：38-40.

程晓建，黎章矩，喻卫武，等，2007. 榧树的资源分布与生态习性［J］. 浙江林学院学报，（4）：383-388.

程中倩，李国雷，2016. 氮肥和容器深度对栓皮栎容器苗生长、根系结构及养分贮存的影响［J］. 林业科学，52（4）：21-29.

池毓章，2007. 观光木播种苗生长规律及育苗技术研究［J］. 福建林业科技，34（1）：122-126.

楚秀丽，王艺，金国庆，等，2014. 不同生境、初植密度及林龄木荷人工林生长、材性变异及林分分化［J］. 林业科学，50（6）：152-159.

楚燕杰，2002. 鲜食杏优质丰产技术［M］. 北京：金盾出版社.

崔汝光，王心慈，2010. 北方地区桧柏的扦插育苗技术［J］. 山西农业科学，38（5）：92-94.

崔志学，1993. 中国猕猴桃［M］. 济南：山东科学技术出版社.

大青杨种源试验课题组，1993. 大青杨种源试验及优良个体选择的研究［J］. 吉林林业科技，（1）：1-6.

代莉，2014. 山桐子种实地理变异研究［D］. 郑州：河南农业大学.

代小惠，2014. 油用牡丹栽植及管理技术［J］. 北京农业，15：36.

戴启金，杨林，朱正普，2005. 女贞的综合利用及栽培技术［J］. 林业实用技术，（6）：38-40.

戴文圣，黎章矩，程晓建，等，2006. 杭州市香榧生产的发展前景与对策［J］. 浙江林学院学报，23（3）：334-337.

旦正加，2013. 青海云杉扦插育苗技术试验［J］. 青海农林科技，（1）：70-72.

党常顺，毕连东，刘克武，2016. 北五味子规范化培育生产技术标准［J］. 中国林副特产，（6）：62-65.

邓波，杨万霞，方升佐，等，2014. 青钱柳幼龄期生长与木材性状表现及其性状相关分析［J］. 南京林业大学学报：自然科学版，38（5）：113-117.

邓明全，俞宁，2011. 油橄榄引种栽培技术［M］. 北京：中国农业出版社.

邓煜，2014. 油橄榄品种图谱［M］. 兰州：甘肃科学技术出版社.

邓元德，刘志中，2013. 朴树种子不同贮藏方法的播种育苗试验［J］. 福建林业科技，40（3）：97-99.

邓运川，李艳，2011. 楝树栽培管理技术［J］. 南方农业，5（3）：49-50.

邓兆，韦小丽，孟宪帅，等，2011. 花榈木种子休眠和萌发的初步研究［J］. 贵州农业科学，39（5）：69-72.

邓振权，吴祖强，2003. 橄榄早结丰产栽培［M］. 广州：广东科技出版社.

邓志力，王晓娅，2013. 青海云杉嫩枝扦插育苗技术试验研究［J］. 山东林业科技，43（6）：27-28.

狄贵明，2008. 栾树育苗技术［J］. 山西林业，3：31-32.

刁松锋，2014. 无患子花果性状多样性及果实发育规律研究［D］. 北京：中国林业科学研究院.

丁宝永，沈海龙，刘强，等，1991. 天然水曲柳林生长发育规律及抚育间伐的研究［J］. 东北林业大学学报，19（水胡黄椴专刊）：147-155.

丁崇明，2011. 鄂尔多斯植物资源［M］. 呼和浩特：内蒙古大学出版社.

丁次平，胡绪森，文雪峰，等，2012. 江汉平原水杉人工林生长规律研究［J］. 安徽农业科学，40（18）：9734-9735+9968.

丁贵杰，吴协保，齐新民，2002. 马尾松纸浆材林经营模型系统及优化栽培模式研究［J］. 林业科学，38（5）：7-13.

丁贵杰，谢双喜，王德炉，2000. 贵州马尾松建筑材林优化栽培模式研究［J］. 林业科学，36（2）：69-74.

丁贵杰，严仁发，齐新民，1994. 不同种源马尾松造林效果及经济效益对比分析［J］. 林业科学，30（6）：506-512.

丁贵杰，周志春，王章荣，2006. 马尾松纸浆用材林培育与利用［M］. 北京：中国林业出版社.

丁贵杰，1998. 贵州马尾松人工建筑材林合理采伐年龄研究［J］. 林业科学，34（3）：40-46.

丁贵杰，2000. 马尾松人工纸浆材林采伐年龄初步研究 [J]. 林业科学，36（1）：15-20.

丁华，彭思红，2006. 栾树播种育苗及造林技术 [J]. 安徽林业科技，(Z1)：35-37.

丁向阳，2005. 枳椇种质资源及利用 [J]. 经济林研究，23（3）：85-88.

丁奕炜，2015. 红锥种苗生长及抗旱性评价 [D]. 杭州：浙江农林大学.

董金伟，白世红，李杰，等，2008. 日本落叶松林修枝技术研究 [J]. 山东林业科技，(2)：18-19.

董鑫，杨珍，杨林，2000. 云杉顶芽瘿蚊发生与危害规律 [J]. 昆虫知识，37（3）：152-155.

董雁，王丽君，王胜东，等，2003. 抗寒速生杨树新品种辽育1号、辽育2号选育的研究 [J]. 辽宁林业科技，2：1-3.

董云萍，龙宇宙，孙燕，2009. 咖啡高产栽培技术 [M]. 北京：中国农业出版社.

杜红岩，胡文臻，刘攀峰，等，2016. 我国杜仲产业升级关键瓶颈问题思考 [J]. 经济林研究，34（1）：176-180.

杜红岩，胡文臻，2013. 杜仲产业绿皮书：中国杜仲橡胶资源与产业发展报告（2013）[M]. 北京：社会科学文献出版社.

杜红岩，胡文臻，2015. 杜仲产业绿皮书：中国杜仲橡胶资源与产业发展报告（2014—2015）[M]. 北京：社会科学文献出版社.

杜红岩，1996. 杜仲优质高产栽培 [M]. 北京：中国林业出版社.

杜红岩，2014. 中国杜仲图志 [M]. 北京：中国林业出版社.

杜铃，周菊珍，蓝田，等，2001. 观光木的采种育苗技术 [J]. 广西林业科学，30（2）：101.

杜天真，2006. 主要阔叶用材林培育技术 [M]. 南昌：江西科学技术出版社.

段爱国，张建国，罗红梅，2012. 中国沙棘（♀）×蒙古沙棘（♂）杂种F₁重要选种性状表型多样性与选优研究 [J]. 林业科学研究，25（1）：30-35.

段琼芬，马李一，李珍贵，等，2008. 辣木种仁净水效果研究 [J]. 林产化学与工业，28（3）：71-74.

段小平，陈卫军，1991. 华南五针松种子休眠生理的初步研究 [J]. 湖南林业科技，19（3）：25-30.

樊金栓，2006. 中国冷杉林 [M]. 北京：中国林业出版社.

樊巍，2003. 优质高档杏生产技术 [M]. 郑州：中原农民出版社.

范定臣，董建伟，骆玉平，2013. 皂荚良种选育研究 [J]. 河南林业科技，2013，33（4）：1-3.

范国才，张茂钦，2006. 特色经济林木栽培技术 [M]. 昆明：云南科技出版社.

范晓明，袁德义，段经华，等，2014a. 锥栗种仁发育期叶片与果实矿质元素含量变化 [J]. 园艺学报，41（1）：44-52.

范晓明，袁德义，唐静，等，2014b. 锥栗开花授粉生物学特性 [J]. 林业科学，5（10）：42-48.

范志浩，2015. 西藏"两江四河"流域生态化造林绿化模式的探讨 [J]. 中南林业调查规划，(2)：29-33.

方芳，彭祚登，郭志民，等，2013. 刺槐种子硬实特性及萌发促进的研究 [J]. 中南林业科技大学学报，(7)：72-76.

方嘉兴，何方，1998. 中国油桐 [M]. 北京：中国林业出版社.

方坚，俞旭平，徐秀瑛，等，1991. 药用植物种子生理的研究——XXII 浓硫酸处理对儿茶种子萌发的影响 [J]. 中药材，14（4）：7-8.

方精云，郭庆华，1999. 我国水青冈属植物的地理分布格局及其与地形的关系 [J]. 植物学报，41（7）：766-774.

方精云，王志恒，唐志尧，2009. 中国木本植物分布图集 [M]. 北京：高等教育出版社.

方珏，2013. 矮化密植枣园修枝剪的优化设计与可靠性分析 [D]. 石河子：石河子大学.

方升佐，催同林，虞木奎，2007. 成土母岩和条龄对青檀檀皮质量的影响 [J]. 北京林业大学学报：自然科学版，29（2）：126-131.

方升佐，李光友，李同顺，等，2001. 经营措施对青

檀人工林生物量及檀皮产量的影响［J］. 植物资源与环境学报，10（1）：21-24.

方升佐，尚旭岚，洑香香，2017. 青钱柳种子生物学研究［M］. 北京：中国林业出版社.

方升佐，徐锡增，吕士行，2004. 杨树定向培育［M］. 合肥：安徽科学技术出版社.

方升佐，1996. 青檀的栽培及檀皮采集加工技术［J］. 林业科技开发，（4）：40-42.

方文亮，宁德鲁，2015. 云南核桃栽培管理技术［M］. 昆明：云南科技出版社.

方夏峰，方柏洲，2007. 闽南格木木材物理力学性质的研究［J］. 福建林业科技，34（2）：146-147+154.

费世民，何亚平，2013. 麻疯树生殖生态研究［M］. 北京：中国林业出版社.

费小娟，朱惠英，常承秀，等，2016. 苗圃地云杉常见病虫害防治技术［J］. 现代农业科技，（11）：173-174.

封磊，洪伟，吴承祯，等，2003. 珍稀濒危植物南方铁杉种群动态研究［J］. 武汉植物学研究，21（5）：401-405.

冯建灿，张玉洁，谭运德，等，2000. 喜树与喜树碱开发利用进展［J］. 林业科学，（5）：100-108.

冯巾帼，胡庆恩，1986. 侧柏嫁接圆柏试验初报［J］. 河北农业大学学报，3：5.

冯京华，2016. 速生国槐苗木培育技术［J］. 山西林业科技，45（2）：45-48.

洑香香，方升佐，杜艳，2002. 青檀种子休眠机理及发芽条件的探讨［J］. 植物资源与环境学报，11（1）：9-13.

洑香香，方升佐，汪红卫，等，2001. 青檀1年生播种苗的年生长规律［J］. 南京林业大学学报：自然科学版，25（6）：11-14.

符毓秦，刘玉媛，李均安，等，1990. 美洲黑杨杂种无性系——陕林3、4号杨的选育［J］. 陕西林业科技，3：1-9+13.

付贵生，差鹏，张垒旺，等，2014. 汇林88号杨的选育［J］. 防护林科技，2：24-27.

付玉嫔，祁荣频，李玉媛，2005. 榉树容器苗苗木分

级与种源研究［J］. 广西林业科学，34（3）：127-131.

傅大立，2002. 辛夷与木兰名实新考［J］. 武汉植物学研究，20（6）：471-476.

傅建平，2013. 杨树人工林滴管技术研究［D］. 北京：中国林业科学研究院.

傅立国，陈潭清，郎楷永，等，2001. 中国高等植物［M］. 青岛：青岛出版社.

傅立国，2000. 中国高等植物（第3卷）［M］. 青岛：青岛出版社.

傅立国，1992. 中国植物红皮书：稀有濒危植物（第一册）［M］. 北京：科学出版社.

傅松玲，黄成林，曹恒生，等，2000. 黄山松更新特性与光因子关系的研究［J］. 应用生态学报，11（6）：801-804.

傅志明，吴永福，2011. 废弃茶渣综合再利用研究进展［J］. 中国茶叶加工，（1）：17-20.

高爱平，李建国，陈业渊，2003. 菠萝蜜对环境条件的要求［J］. 世界热带农业信息，6：26-27.

高发明，陈磊，田呈明，等，2015. 云杉矮槲寄生的侵染对青杆光合与蒸腾作用的影响［J］. 植物病理学报，45（1）：14-21.

高凤山，魏建华，胡英阁，等，2001. 樟子松遗传改良研究概述［J］. 辽宁林业科技，（3）：5-8.

高娟娟，李红，李照玲，等，2016. 栾树育苗栽培管理技术探析［J］. 农业与技术，（8）：179.

高利祥，周永东，高瑞清，2014. 柳杉木材加工利用现状及趋势［J］. 木材加工机械，1：52-56.

高顺良，高顺全，2004. 黄杉育苗造林技术［J］. 云南林业，（4）：17.

高艳平，丁访军，潘明亮，等. 贵州西部光皮桦天然次生林碳素积累及分配特征［J］. 南京林业大学学报：自然科学版，2014，38（4）：51-56.

高永刚，白明祺，王淑华，等，2008. 不同地温播种对红松新播苗生长的影响［J］. 中国农学通报，24（6）：146-150.

高宇，葛士林，蔡万里，等，2011. 黄檗主要病虫害及无公害防治技术［J］. 北方园艺，（20）：144-

147.

高宇，李海峰，2008. 水曲柳主要病虫害及防治技术 [J]. 长春大学学报，18（3）：103-107.

高媛，贾黎明，高世轮，等，2016. 无患子树体合理光环境及高光效调控 [J]. 林业科学，52（11）：29-38.

高媛，贾黎明，苏淑钗，等，2015. 无患子物候及开花结果特性 [J]. 东北林业大学学报，43（6）：34-40.

高兆蔚，2004. 森林资源经营管理 [M]. 福州：福建省地图出版社.

高智辉，王云果，韩丽，等，2005. 雪松枝枯病病原和生物学特性研究 [J]. 西北林学院学报，20（3）：127-130.

格日乐，斯琴，马红燕，2013. 杨柴枝条生物力学特性的初步研究 [J]. 内蒙古农业大学学报，34（2）：46-51.

葛永金，王军峰，方伟，等，2012. 闽楠地理分布格局及其气候特征研究 [J]. 江西农业大学学报，34（4）：749-753.

耿星河，苏亚拉图，敖日格尔，等，2006. 笃斯越橘阴干果实的营养成分及其食用价值分析 [J]. 内蒙古师范大学学报：自然科学汉文版，35（2）：223-225.

耿以龙，张鹏，林巧娥，等，1998. 浙江朴盾木虱的生物学特性及其防治 [J]. 东北林业大学学报，26（2）：29-32.

宫伟光，石家琛，张国珍，1992. 帽儿山红松人工林立地类型划分 [J]. 东北林业大学学报，20（4）：22-29.

龚榜初，2008. 图说柿子高效栽培技术 [M]. 杭州：浙江科学技术出版社.

龚固堂，黎燕琼，朱志芳，等，2012. 川中丘陵区人工柏木防护林适宜林分结构及水文效应研究 [J]. 生态学报，32（3）：923-930.

龚固堂，牛牧，慕长龙，等，2015. 间伐强度对柏木人工林生长及林下植物的影响 [J]. 林业科学，51（4）：8-15.

龚峥，张卫华，张方秋，等，2013. 2种银桦属树种石山造林试验初报 [J]. 广东林业科技，29（4）：60-63.

谷勇，李福强，刘富泰，等，2003. 不同整地方法对木豆植株生长及结实的影响 [J]. 云南林业科技，11（2）：44-46.

顾茂彬，刘元福，1980. 麻楝蛀斑螟初步研究 [J]. 昆虫知识，（4）：118-120.

顾万春，李斌，孙翠玲，2001. 皂荚优良产地和优良种质推荐 [J]. 林业实用技术，（4）：10-13.

关秋芝，宋宇栋，张斌，2008. 枫杨繁育技术 [J]. 现代农业科技，（6）：50.

关欣，王玉红，李晔男，等，2015. 不同植物生长调节剂对山槐播种育苗的影响 [J]. 林业科技，40（1）：18-19.

管秀兰，2006. 桧柏——梨锈病及防治 [J]. 园林，（11）：27.

管中天，陈尧，徐润青，1984. 峨眉冷杉林森林类型的研究 [J]. 植物生态学与地植物丛刊，8（2）：133-145.

管中天，1981. 四川松杉类植物分布的基本特征 [J]. 植物分类学报，19（4）：393-407.

管中天，1982. 四川松杉植物地理 [M]. 成都：四川人民出版社.

广东省林业局，广东木材利用调查研究组，1975. 广东木材识别与利用 [M]. 广州：广东科技出版社.

广东省林业局，广东省林学会，2002. 广东省商品林100种优良树种栽培技术 [M]. 广州：广东科技出版社.

广东省林业科学研究所，1964. 海南主要经济树木 [M]. 北京：中国农业出版社.

广东省水松研究组，1991. 水松栽培技术和防护效能的研究 [J]. 广东林业科技，（3）：1-7+27.

广西林业局，广西林学会，1980. 阔叶树种造林技术 [M]. 南宁：广西人民出版社.

贵州省林科所森工室，1977. 枫香木物理力学性究研究报告 [J]. 贵州林业科技，（3）：40-44.

郭宝章，1995. 台湾贵重针叶五木 [M]. 台北：中华

林学会.

郭春会，梅立新，张檀，等，2001. 扁桃的园艺技术［M］. 北京：中国标准出版社.

郭丛俭，钱士金，王连卿，1988. 楸树栽培［M］. 北京：中国林业出版社.

郭惠如，牟正华，1988. 防火树［M］. 北京：中国林业出版社.

郭俊杰，尚帅斌，汪奕衡，等，2016. 热带珍贵树种青梅苗木分级研究［J］. 西北林学院学报，31（3）：74-78.

郭连金，2014. 濒危植物香果树幼苗空间格局及数量动态研究［J］. 西北植物学报，34（9）：1887-1893.

郭起荣，2011. 南方主要树种育苗关键技术［M］. 北京：中国林业出版社.

郭强，2012. 滇朴育苗造林技术［J］. 中国林业，（1）：51.

郭泉水，王春玲，郭志华，等，2005. 我国现存梭梭荒漠植被地理分布及其斑块特征［J］. 林业科学，41（5）：2-7+219

郭群，涂忠虞，潘明建，等，1997. 工业用材柳树新无性系生长、干形及适应性比较研究［J］. 江苏林业科技，24（1）：7-13.

郭树平，李春明，2012. 中国山杨资源与发展状况［J］. 林业科技，37（1）：48-52.

郭文福，蔡道雄，贾宏炎，等，2006. 米老排人工林生长规律的研究［J］. 林业科学研究，19（5）：585-589.

郭文福，1997. 热带树种山白兰人工幼林的生长规律［J］. 林业科学研究，10（1）：60-63.

郭文福，2009. 米老排生长与立地的关系［J］. 林业科学研究，22（6）：835-839.

郭文扬，1990. 东北野生可食植物［M］. 北京：中国林业出版社.

郭宇渭，赵文书，汪福斌，等，1993. 思茅松优良种源选择［J］. 云南林业科技，（4）：25-29.

郭玉硕，2006. 乳源木莲人工栽培技术研究［J］. 林业勘察设计，（1）：160-161.

国家林业局，2009. 全国油茶产业发展规划（2009—2020年）［M］. 北京：中国林业出版社.

国家林业局，2016. 中国林业统计年鉴［M］. 北京：中国林业出版社.

国家林业局国有林场和林木种苗工作总站，2001. 中国木本植物种子［M］. 北京：中国林业出版社.

国家林业局国有林场和林木种苗工作总站，2016. 中国油茶品种志［M］. 北京：中国林业出版社.

国家林业局科技司，2008. 麻疯树丰产栽培实用技术［M］. 北京：中国林业出版社.

国家林业局，2014. 中国森林资源报告（2004—2013）［M］. 北京：中国林业出版社.

国家林业局速生丰产用材林基地建设工程管理办公室，2010. 社会投资造林指南：杨树速生丰产林［M］. 北京：中国林业出版社.

国务院环境保护委员会，1984. 中国珍稀濒危植物名录［M］. 北京：科学出版社.

哈那提·胡赛音，赵静，2016. 小叶白蜡栽培养护管理技术［J］. 现代园艺，（6）：37.

韩超，徐建民，唐红燕，等，2014. 南亚松引种种源/家系苗期选择研究［J］. 中国农学通报，30（19）：7-12.

韩承伟，张顺捷，李相林，等，2008. 刺五加双向经济林规模化种植可行性剖析［J］. 中国林副特产，（2）：85.

韩铭哲，1994. 兴安落叶松自然更新格局和种群的生态对策［J］. 内蒙古林学院学报，1（2）：1-9.

郝海坤，唐玉贵，等，2011. 浓硫酸和热水处理对铁刀木种子发芽的影响［J］. 林业科技开发，25（2）：99-101.

郝小燕，1999. 观光木和云南含笑精油化学成分的研究和比较［J］. 贵州科学，17（4）：287-290.

何承忠，车鹏燕，周修涛，等，2010. 滇杨基因资源及其研究概况［J］. 西南林业大学学报，30（1）：83-88.

何方，方嘉兴，凌鹿山，1988. 中国油桐科技论文选［M］. 北京：中国林业出版社.

何方，何柏，王承南，等，2005. 油桐产品质量等级标准制订说明［J］．经济林研究，23（4）：118-120.

何方，谭晓风，王承南，等，1991．油桐优良无性系的选育［J］．中南林学院学报，11（2）：120-124.

何方，谭晓风，王承南，1987．中国油桐栽培区划［J］．经济林研究，5（1）：1-9.

何方，谭晓风，刘益军，1993．贵州望谟山苍子考察报告［J］．经济林研究（S1）：264-268.

何富强，1994．云南松无性系种子园建园的方法和技术［J］．云南林业科技，（1）：1-5.

何海洋，胡春芹，丁强强，等，2013．不同pH对光皮桦种子萌发及幼苗生长的影响［J］．西南林业大学学报，33（5）：29-33+39.

何开跃，李晓储，张双全，等，2007．观光木叶片挥发油成分及对超氧阴离子抑制与清除活性研究［J］．林业科学研究，20（1）：58-62.

何梦玲，戚树源，胡兰娟，2010．白木香离体侧根中色酮类化合物的诱导形成［J］．中草药，32（2）：281-284.

何其智，龙作义，谢虎风，等，1989．红皮云杉短周期育苗技术［J］．林业科技，（4）：9-13.

何天华，李祥贵，2004．木棉大苗培育技术［J］．林业科技开发，18（6）：66-67.

何伟民，刘蕾，2010．米老排区域化推广试验研究［J］．山东林业科技，（6）：38-40.

何小勇，袁德义，柳新红，等，2007．珍稀速生树种翅荚木的特性及开发利用［J］．亚热带植物科学，36（1）：75-78.

何新华，潘鸿，佘金彩，等，2006．杨梅研究进展［J］．福建果树，（4）：22-29.

何志瑞，李博，唐玉洁，2016．臭椿播种育苗技术［J］．林业科技通讯，（3）：74-75.

贺家仁，1993．甘孜州树木［M］．成都：四川科学技术出版社.

贺军虎，陈业渊，魏守兴，2006．中国杧果产业的现状、存在问题与发展对策［J］．热带农业科学，26（6）：62-69.

贺善安，顾姻，1984．油橄榄驯化育种［M］．南京：江苏科学技术出版社.

贺震旦，彭勇，肖培根，2010．苦丁茶研究与开发［M］．北京：科学出版社.

侯伯鑫，林峰，余格非，等，2006．福建柏地理种源试验幼林期综合评价［J］．南京林业大学学报，30（3）：41-46.

胡芳名，谭晓风，刘惠民，2006．中国主要经济树种栽培与利用［M］．北京：中国林业出版社.

胡华，王军辉，颜芳，等，2015．丽江云杉优良家系选择［J］．湖南林业科技，42（4）：16-19.

胡吉萍，2013．福建四种实木家具用材涂饰性能的研究［D］．福州：福建农林大学.

胡梅香，张国禹，黄桂云，等，2015．香果树叶片直接诱导不定芽技术研究［J］．中国园艺文摘，31（8）：46-47.

胡勐鸿，欧阳群芳，贾子瑞，等，2014．欧洲云杉扦插生根影响因子研究与生根力优良单株选择［J］．林业科学，（2）：42-49.

胡盼，2015．短枝木麻黄种质资源遗传多样性研究［D］．北京：中国林业科学研究院.

胡希华，2006．刨花润楠的优良特性及育苗栽培技术［J］．湖南林业科技，33（1）：65-66.

胡先菊，伍孝贤，汪全林，等，1982．华山松种源试验苗期研究［J］．种子，2：30-35.

胡先骕，1955．经济植物手册［M］．北京：科学出版社.

胡兴无，杨树玲，武殿波，2008．色木槭绿化用大规格苗木的培育［J］．特种经济动植物，11（7）：23-24.

花锁龙，1991．油桐抗枯萎病株系的选鉴研究［J］．林业科学研究，4（2）：160-166.

华凤鸣，倪良才，金敏信，2000．防治枫香吹绵蚧的几种药剂药效试验［J］．园林科技信息，（3）：21-22.

华凤鸣，倪良才，金敏信，2000．防治枫香黄刺蛾的几种药剂药效试验［J］．园林科技信息，（1）：23-24.

华南植物研究所，1987．广东植物志（第一卷）［M］．

广州：广东科技出版社.

华南主要经济树木编写组，1976. 华南主要经济树木〔M〕. 北京：中国农业出版社.

黄桂华，周再知，梁坤南，等，2012. 珍稀植物海南粗榧扦插繁殖技术研究〔J〕. 广东林业科技，28（5）：40-44.

黄国弟，2000. 我国杧果选育研究现状及发展趋势〔J〕. 中国果树（2）：47-49.

黄宏文，2007. 猕猴桃研究进展（Ⅳ）〔M〕. 北京：科学出版社.

黄慧，黄小春，王小东，等，2016. 6种江西常见速生阔叶材纤维形态及材性比较〔J〕. 南方林业科学，44（2）：52-55.

黄慧茵，2009. 黄皮树种植地环境及育苗技术研究〔D〕. 长沙：中南林业科技大学.

黄佳聪，阚欢，伍建榕，等，2012. 腾冲红花油茶栽培与籽油制取技术〔M〕. 北京：科学出版社.

黄江鹏，王晓玉，周大林，等，2009. 七叶树造林技术〔J〕. 现代农业科技，（18）：195.

黄锦荣，谢金兰，张冬生，等，2013. 红楠的价值、育苗和造林技术〔J〕. 广东林业科技，29（4）：101-103.

黄俊华，买买提江，杨昌友，2005. 沙枣研究现状与展望〔J〕. 中国野生植物资源，24（3）：26-28.

黄俊华，买买提江，2005. 新疆胡颓子属植物（*Elaeagnus*）分类探讨〔J〕. 植物研究，25（3）：268-271.

黄康有，廖文波，金建华，等，2007. 海南吊罗山植物群落特征与生物多样性分析〔J〕. 生态环境，16（3）：900-905.

黄科朝，胥晓，李霄峰，等，2014. 小五台山青杨雌雄植株树轮生长特性及其对气候变化的响应差异〔J〕. 植物生态学报，38（3）：270-280.

黄兰仙，2011. 史密斯桉育苗技术〔J〕. 中国西部科技，1：57+54.

黄烈健，陈祖旭，张赛群，等，2012. 马占相思优树组培快繁技术研究〔J〕. 林业科学研究，25（2）：227-230.

黄名广，罗致迪，2015. 阿丁枫育苗技术规程〔J〕. 福建农业，8：268-269.

黄其城，2017. 火力楠人工林不同密度效应探究〔J〕. 绿色科技，（3）：124-125.

黄秦军，黄国伟，苏晓华，等，2013. 蒙古栎生长及生理特征的种源间差异〔J〕. 林业科学，49（9）：72-78.

黄铨，于倬德，2006. 沙棘研究〔M〕. 北京：科学出版社.

黄铨，2007. 沙棘育种与栽培〔M〕. 北京：科学出版社.

黄世钰，王建国，1983. 刺槐干腐病的研究〔J〕. 林业科学，（4）：366-370.

黄树军，荣俊冬，张龙辉，等，2013. 福建柏研究综述〔J〕. 福建林业科技，40（4）：236-242.

黄松殿，梁机，梁小春，等，2012. 不同育苗基质对擎天树容器苗生长的影响〔J〕. 中国农学通报，28（4）：28-31.

黄文标，2015. 黄杞容器扦插繁殖技术试验研究〔J〕. 绿色科技，7：67-69.

黄雯，林富聪，张庆美，2010. 珍稀树种枳椇研究现状与应用前景〔J〕. 福建热作科技，35（3）：44-48.

黄先智，秦俭，沈以红，2017. 中国桑树生态产业化研究〔M〕. 北京：中国农业出版社.

黄雄峰，钟秋珍，林燕金，等，2010. 番木瓜标准化栽培技术〔J〕. 现代农业科技，（19）：126-127.

黄永芳，庄雪影，2007. 华南乡土树种育苗技术〔M〕. 北京：中国林业出版社.

黄永权，1999. 澳大利亚昆士兰肯氏南洋杉林木改良进展及其造林情况〔J〕. 热带林业，27（2）：65-73.

黄振宏，2012. 黄刺玫栽培技术〔J〕. 现代化农业，（7）：31-32.

黄芝云，陈团显，余志刚，2009. 国家一级保护树种华木莲及其主要栽培技术〔J〕. 现代园艺，（10）：24-25.

黄忠良，郭贵仲，张祝平，1997. 渐危植物格木的濒危机制及其繁殖特性的研究［J］. 生态学报，17（6）：671-676.
霍宏亮，马庆华，李京璟，等，2016. 中国榛属植物种质资源分布格局及其适生区气候评价［J］. 植物遗传资源学报，17（5）：801-808.
霍俊伟，杨国慧，睢薇，等，2005. 蓝靛果忍冬（*Lonicera caerulea*）种质资源研究进展［J］. 园艺学报，32（1）：160.
吉林省主要造林树种种源研究组，1997. 吉林省长白落叶松种源选择的研究［J］. 吉林林业科技，3：1-4.
季东发，闫朝福，朴楚炳，2000. 黄菠萝采种及育苗技术的研究［J］. 吉林林业科技，（4）：18-20.
季海红，姚永章，2010. 青海云杉容器育苗技术［J］. 安徽农学通报，（10）：204-205.
季蒙，杨俊平，邵铁军，2004. 白刺属引种及育苗试验研究［J］. 甘肃科技，20（3）：7-10.
加藤美知代，黄华涛，1986. 从茶茎愈伤组织诱导小植株的再生［J］. 福建茶叶，2：41-42.
贾春晓，毛多斌，孙晓丽，等，2004. 省沽油种子油亚麻酸、亚油酸的分析［J］. 营养学报，26（5）：410-411.
贾德昌，2013. 白榆杂交与苗期选择［J］. 中国园艺文摘，1：31-32.
贾宏炎，赵志刚，蔡道雄，等，2009. 格木轻基质容器苗分级研究［J］. 种子，28（11）：19-21.
贾黎明，孙操稳，2012. 生物柴油树种无患子研究进展［J］. 中国农业大学学报，17（6）：191-196.
贾黎明，邢长山，韦艳葵，等，2004. 地下滴灌条件下杨树速生丰产林生长与光合特性［J］. 林业科学，40（2）：61-67.
贾瑞丰，2015. 降香黄檀人工促进心材形成的研究［D］. 北京：中国林业科学研究院.
贾姗姗，2016. 不同品种榧树化学成分分析及生物活性研究［D］. 杭州：浙江农林大学.
贾贤，黄秋生，刘光华，等，2014. 我国楠木资源的研究现状［J］. 中国园艺文摘，30（10）：55-59.
贾云飞，方春子，王冰，等，2001. 关于黑龙江省杨树引种与发展乡土树种大青杨展望［J］. 林业科技通讯，（4）：23-25.
贾志清，卢琦，2004. 沙生植物梭梭研究进展［J］. 林业科学研究报，37（4）：74-81.
贾志清，卢绮，郭保贵，等，2004. 沙植物——梭梭研究进展［J］. 林业科学研究，（1）：125-132.
贾忠奎，公宁宁，姚凯，等，2012. 间伐强度对塞罕坝华北落叶松人工林生长进程和生物量的影响［J］. 东北林业大学学报，40（3）：5-7.
江刘其，王国强，王春法，1997. 晚松球果烘干取种试验［J］. 浙江林学院学报，14（4）：415-418.
江荣辉，周冬云，董忠，等，2011. 省沽油主要特性及种子育苗技术［J］. 中国园艺文摘，2：192-193.
江西省林学会，2006. 主要园林绿化观赏树种［M］. 南昌：江西科学技术出版社.
江西省上饶地区林业科学研究所，1983. 优良速生珍贵树种［M］. 南昌：江西人民出版社.
江希钿，黄增，江传阳，等，2005. 柳杉人工林密度效应新模型［J］. 福建林学院学报，25（3）：193-196.
江锡兵，龚榜初，李大伟，等，2014. 山桐子实生优株选择研究初报［J］. 植物遗传资源学报，15（4）：738-745.
江香梅，刘尖，2000. 国外松简介及江西各生态区适栽松种的研究［J］. 江西林业科技，28（6）：21-27.
江香梅，俞湘，2001. 红楠及其研究进展［J］. 江西农业大学学报，23（2）：231-235.
江由，1999. 锥栗栽培新技术［M］. 福州：福建科学技术出版社.
江泽慧，彭镇华，2001. 世界主要树种木材科学特性［M］. 北京：科学出版社.
江泽平，王豁然，2000. 日本扁柏生物学及其引种研究［J］. 林业科学研究，13（3）：308-315.
姜帆，陈秀萍，胡文舜，等，2015. 32份龙眼种质资源花氨基酸的分析评价［J］. 福建农业学报，30（1）：26-32.
姜景民，2010. 湿地松丰产栽培实用技术［M］. 北京：中国林业出版社.

姜清彬，李清莹，仲崇禄，2017. 乡土珍贵树种火力楠的培育与综合利用［J］. 林业科技通讯，（8）：3-7.

姜清彬，文珊娜，仲崇禄，等，2016. 灰木莲开花结实生物学观察［J］. 西南农业学报，29（9）：2229-2233.

姜荣波，刘军，姜景民，等，2011. 红楠主要表型和苗期形状地理种源变异［J］. 东北林业大学学报，39（5）：9-11+23.

姜笑梅，叶克林，吕建雄，等，2007. 中国桉树和相思人工林木材性质与加工利用［M］. 北京：科学出版社.

姜雁，李近雨，1998. 花楸育苗及引种试验初报［J］. 河北林业科技，（4）：1-4.

彭方仁，1989. 水杉硬枝扦插若干问题的探讨［J］. 林业科技开发，（4）：32-35

姜岳忠，2006. 毛白杨人工林丰产栽培理论基础与技术体系研究［D］. 北京：北京林业大学.

蒋建平，1990. 泡桐栽培学［M］. 北京：中国林业出版社.

蒋军，2013. 温室电热催根技术在胡杨扦插育苗中的应用［J］. 新疆农业科技，（1）：24-25.

蒋林，廖承锐，陈丽芳，2012. 经营密度及混交对广西柳杉林分生长的影响［J］. 南方农业学报，43（5）：662-665.

蒋鹏，李文骅，2012. 枫杨特征特性及造林技术［J］. 现代农业科技，（3）：269-270.

蒋谦才，廖围春，袁中桂，等，2008. 山桂花的种子繁殖与栽培管理［J］. 广东园林，（3）：60-61.

蒋善友，2010. 南方铁杉的育苗与栽培［J］. 林业实用技术，（5）：28-29.

蒋小庚，钱之华，邱国金，等，2014. 朴树硬枝扦插育苗技术试验［J］. 中国林副特产，（6）：20-22.

蒋小林，贾晨，代玲莉，等，2015. 川西高原大叶杨生长特性研究［J］. 四川林业科技，36（3）：13-17.

蒋燚，朱积余，2003. 广西红锥初选优树子代苗期变异性和相关性研究［J］. 广西林业科学，32（4）：169-174.

蒋延玲，周广胜，1999. 中国主要森林生态系统公益的评估［J］. 植物生态学报，23（5）：426-432.

蒋云东，张荣贵，李思广，等，2001. 蓝桉纸浆林综合培育技术研究［J］. 福建林业科技，1：8-10+54.

缴丽莉，路丙社，白志英，等，2006. 四种园林树木抗寒性的比较分析［J］. 园艺学报，33（3）：667-670.

杰科布斯，1979. 桉树栽培［M］. 罗马：联合国粮食及农业组织.

金国庆，陈爱明，储德裕，等，2013. 柏木无性系种子园营建技术［J］. 林业科技开发，27（2）：112-115.

金振洲，彭鉴，2004. 云南松［M］. 昆明：云南科技出版社.

靳景春，胡勐鸿，张宋智，等，2009. 欧洲云杉扦插生根特性的研究［J］. 西北林学院学报，24（5）：70-73.

靳鹏，宋建文，王莹，等，2016. 香果树繁育与栽培管理技术［J］. 现代农业科技，（4）：171-173.

景美清，李志辉，杨模华，等，2012. 赤皮青冈种子质量与萌发特性研究［J］. 中国农学通报，28（34）：27-30.

康建军，朱丽，张志胜，等，2014. 祁连山青海云杉扦插繁殖技术及其生根机理研究［J］. 防护林科技，（5）：8-12.

康世勇，夏素华，李志忠，1998. 鄂尔多斯沙区飞播杨柴固沙技术的研究［J］. 中国沙漠，18（1）：57-63.

康向阳，张平冬，高鹏，等，2004. 秋水仙碱诱导白杨三倍体新途径的发现［J］. 北京林业大学学报，26（1）：1-4.

康向阳，2016. 新一轮毛白杨遗传改良策略的思考和实践［J］. 北京林业大学学报，38（7）：1-8.

康永武，2012. 优良乡土树种乳源木莲的研究现状与发展前景［J］. 林业勘察设计，（2）：98-101.

康永祥，刘建军，何景峰，2012. 毛梾油料能源林高效培育技术研究［M］. 杨凌：西北农林科技大学出版社.

康真，张雪莲，刘藕莲，等，2014. 油用牡丹繁育和造林技术研究［J］. 农村经济与科技，12：54-55+178.

康志雄，等，2002. 杨梅栽培气候区划与应用研究［J］果树学报，19（2）：118-122.

孔雪华，2015. 文冠果的病虫害防治［J］. 特种经济动植物.（4）：52-54.

匡可任，郑斯绪，李沛琼，等，1979. 中国植物志（第21卷）［M］. 北京：科学出版社.

邝雷，邓小梅，陈思，等，2014. 4个任豆种源苗期生长节律的研究［J］. 华南农业大学学报，35（5）：98-101.

拉巴片多，2014. 藏青杨硬枝扦插及其苗期管理技术分析［J］. 中国农业信息，（7）：216.

来端，2006. 乐昌含笑种子育苗和扦插繁殖技术研究［J］. 林业科学研究，19（4）：441-445.

赖剑雄，2014. 可可栽培与加工技术［M］. 北京：中国农业出版社.

赖永琪，2003. 印棟栽培［M］. 昆明：云南科技出版社.

赖永祺，1986. 五倍子丰产技术［M］. 北京：中国林业出版社.

兰丽萍，2013. 园林绿化树种圆柏的病虫害防治［J］. 中国园艺文摘，（4）：97-98.

兰彦平，林富荣，顾万春，2007. 皂荚种子萌发的酸蚀处理效应［J］. 种子，26（11）：1-3.

郎莹，汪明，2015. 春、夏季土壤水分对连翘光合作用的影响［J］. 生态学报，35（9）：3043-3051.

雷妮娅，陈勇，李俊清，等，2007. 四川小凉山珙桐更新及种群稳定性研究［J］. 北京林业大学学报，29（1）：26-30.

雷泞菲，苏智先，陈劲松，等，2003. 珍稀濒危植物珙桐果实中的萌发抑制物质［J］. 应用与环境生物学报，9（6）：607-610.

雷玉山，王西锐，姚春潮，等，2010. 猕猴桃无公害生产技术［M］. 杨凌：西北农林科技大学出版社.

黎明，蔡道雄，郭文福，等，2006. 15种热带南亚热带阔叶树种容器育苗技术［J］. 广西林业科学，35（增刊）：10-13.

黎兆海，蒙兴宁，2016. 相思拟木蠹蛾危害洋紫荆发生特点及防治研究［J］. 绿色科技，（11）：17-19.

李保平，马雪霞，Jack De Loach，2005. 柽柳柽瘿蚊的生物学特性［J］. 中国生物防治，21（1）：18-23.

李蓓，邵以德，郭济贤，等，1999. 枫香脂和苏合香的心血管药理学研究［J］. 天然产物研究与开发，11（5）：72-79.

李博，李火根，王光萍，2006. 水松的组织培养及植株再生［J］. 植物生理学通讯，42（60）：1136.

李博，李火根，2008. 水松扦插繁殖技术的研究［J］. 桂林师范高等专科学校学报，22（3）：151-156.

李昌珠，蒋丽娟，程树琪，2005. 生物柴油——绿色能源［M］. 北京：化工出版社.

李昌珠，蒋丽娟，2013. 工业油料植物利用新技术［M］. 北京：中国林业出版社.

李昌珠，张良波，李培旺，2010. 油料树种光皮树优良无性系选育研究［J］. 中南林业科技大学学报，30（7）：1-8.

李昌珠，2007. 光皮树优株遗传多样性及其果实脂肪酸的研究［D］. 北京：北京林业大学.

李成德，2004. 森林昆虫学［M］. 北京：中国林业出版社.

李承彪，1990. 四川森林生态研究［M］. 成都：四川科技出版社.

李春明，白卉，卢慧颖，等，2011. 山杨工厂化育苗技术体系的研究［J］. 黑龙江生态工程职业学院学报，24（3）：19-21.

李春牛，董凤祥，王贵禧，等，2010. 平欧杂交榛抗抽条能力及抽条临界含水量研究［J］. 林业科学研究，23（3）：330-335.

李春萍，2014. 云杉病虫害防治技术［J］. 现代园艺，5：64.

李党训，李昌珠，陈永忠，等，2005. 植物燃料油原料树种光皮树繁殖技术的研究［J］. 林业科技开发，19（3）：33-35.

李冬林，丁彦芬，向其柏，2003. 浙江楠引种育苗技术［J］. 林业科技开发，17（3）：43-45.

李冬林，金雅琴，向其柏，2004. 我国楠木属植物资

源的地理分布、研究现状和开发利用前景 [J]. 福建林业科技,（1）：5-9.

李冬林,金雅琴,向其柏,2004. 珍稀树种浙江楠的栽培利用研究 [J]. 江苏林业科技,31（1）：23-25.

李二波,奚福生,颜慕勤,等,2003. 林木工厂化育苗技术 [M]. 北京：中国林业出版社.

李发根,夏念和,2004. 水松地理分布及其濒危原因 [J]. 热带亚热带植物学报,12（1）：13-20.

李凡海,张秀省,王桂清,等,2014. 我国臭椿繁殖技术研究概况 [J]. 北方园艺,（3）：50-53.

李峰,周广胜,曹铭昌,2006. 兴安落叶松地理分布对气候变化响应的模拟 [J]. 应用生态学报,17（12）：2255-2260.

李根有,陈征海,邱瑶德,等,2002. 浙江省长柄双花木数量分布与林学特性 [J]. 浙江林学院学报,19（1）：20-23.

李广春,孙丽萍,2006. 紫丁香扦插育苗技术试验研究 [J]. 林业科技情报,38（3）：1.

李贺,张维康,王国宏,2012. 中国云杉林的地理分布与气候因子间的关系 [J]. 植物生态学报,36（5）：372-381.

李红星,2015. 油用牡丹及栽植技术 [J]. 河北林业,4：30-31.

李宏,2003. 新疆杨树产业发展的技术阶梯 [M]. 乌鲁木齐：新疆人民出版社.

李华春,黎景泽,李胜启,等,1979. 采伐迹地快速更新技术的研究——大青杨人工更新技术总结 [J]. 吉林林业科技,（4）：1-31.

李慧,曹秀英,陈敏,等,1991. 乌鲁木齐市榆树的几种害蚜 [J]. 新疆农业科学,5：210-213.

李继承,李玉文,葛剑平,等,2000. 红松容器苗的培育技术 [J]. 东北林业大学学报,3：13-17.

李嘉珏,2006. 中国牡丹品种图志：西北·西南·江南卷 [M]. 北京：中国林业出版社.

李建贵,英胜,殷传杰,等,2015. 骏枣生理生态学研究 [J]. 经济林研究,24（3）：88-91.

李建国,2008. 荔枝学 [M]. 北京：中国农业出版社.

李建民,2000. 光皮桦天然林群落特征研究 [J]. 林业科学,36（2）：122-124.

李金良,郑小贤,陆元昌,等,2008. 祁连山青海云杉天然林林隙更新研究 [J]. 北京林业大学学报,30（3）：124-127.

李景文,1997. 红松混交林生态与经营 [M]. 哈尔滨：东北林业大学出版社.

李景云,于秉君,褚延广,2002. 帽儿山地区21年生长白落叶松种源试验 [J]. 东北林业大学学报,30（4）：114-117.

李聚桢,2010. 中国引种发展油橄榄回顾及展望 [M]. 北京：中国林业出版社.

李俊,2013. 连香树的培育与利用 [J]. 安徽林业科技,39（3）：68-70.

李俊杰,2008. 白蜡的育苗技术与园林绿化 [J]. 科技情报开发与经济,18（29）：206-207.

李俊钰,胥晓,杨鹏,等,2012. 铝胁迫对青杨雌雄幼苗生理生态特征的影响 [J]. 应用生态学报,23（1）：45-50.

李克志,1983. 红松生长过程的研究 [J]. 林业科学,19（2）：126-136.

李林初,1988. 若干铁杉属植物核型的比较研究 [J]. 广西植物,8（4）：324-328.

李明仁,1986. 台湾桤木天然林放射菌根瘤生物量及共生固氮作用之季节性变异 [J]. 中华林学季刊,19（3）：13-23.

李楠,1993. 黄杉属植物地理学的研究 [J]. 植物研究,13（4）：404-411.

李盼威,胡庆禄,2003. 华北落叶松速生丰产林培育技术 [M]. 北京：中国林业出版社.

李鹏丽,时明芝,王绍文,2009. 珍稀观赏树种七叶树的研究现状与展望 [J]. 北方园艺,（9）：115-118.

李巧明,何田华,许再富,等,2003. 濒危植物望天树的遗传多样性和居群遗传结构 [J]. 分子植物育种,（Z1）：819-820.

李荣伟,2004. 长江上游防护林体系建设与经营利用 [M]. 成都：四川科学技术出版社.

李瑞霞，2017. 火炬优良特性与潜在危害性分析 [J]. 林业科技，246（1）：32-33.

李绍家，侯开卫，刘凤书，等，1997. 几种紫胶虫优良寄主树的自然分布概况及耐旱性与水分生理 [J]. 林业科学研究，10（5）：519-524.

李世华，方存幸，1993. 综合开发利用云南樟 [J]. 云南农业科技，（2）：39-40.

李树琴，张战勇，2004. 青杆育苗及造林技术 [J]. 陕西林业科技，（3）：95-96.

李双福，张启昌，2005. 白刺属植物研究进展 [J]. 北华大学学报，6（1）：78-81.

李思广，张荣贵，蒋云东，等，2002. 史密斯桉优良家系的早期选择研究 [J]. 云南林业科技，1：1-3+5.

李腾飞，李俊清，2008. 中国水青冈起源、分布、更新以及遗传多样性 [J]. 中国农学通报，24（10）：185-191.

李伟，2013. 中国南方皂荚遗传资源评价研究 [D]. 北京：中国林业科学研究院.

李文良，张小平，郝朝运，等，2008. 珍稀植物连香树（Cercidiphyllum japonicum）的种子萌发特性 [J]. 生态学报，28（11）：5445-5453.

李文荣，2007. 香椿栽培新技术 [M]. 北京：中国林业出版社.

李文英，王冰，2001. 栎类树种的生态效益和经济价值及其资源保护对策 [J]. 林业科技通讯，（8）：13-15.

李喜春，2016. 探讨云杉育苗造林抚育管理技术 [J]. 中国林业产业，（9）：147.

李小双，赵安娜，党承林，等，2013. 昆明西山云南油杉针阔混交林的群落结构及其更新特征研究 [J]. 云南大学学报：自然科学版，35（4）：549-557.

李晓储，黄利斌，施士争，等，2001. 深山含笑和乐昌含笑的引种栽培技术 [J]. 江苏林业科技，28（3）：37-38.

李晓亮，王洪，郑征，等，2009. 西双版纳热带森林树种幼苗的组成、空间分布和旱季存活 [J]. 植物生态学报，33（4）：658-671.

李晓清，代仕高，龙汉利，等，2016. 桢楠种源幼苗细根形态和生物量研究 [J]. 热带亚热带植物学报，24（2）：208-214.

李晓清，罗建勋，2001. 粗枝云杉纸浆材种源林分区划研究 [J]. 四川农业大学学报，19（1）：34-36.

李晓清，唐森强，隆世量，等，2013. 桢楠木材的物理力学性 [J]. 东北林业大学学报，41（2）：77-79.

李晓铁，1990. 猫儿山林区南方铁杉生态学特性初步调查研究 [J]. 广西林业科学，（4）：19+22-23.

李效文，贠小琴，贾黎明，等，2013. 黄栌针叶树混交林的景观评价和经营管理模式 [J]. 林业科学，49（6）：154-159.

李新伟，2007. 猕猴桃属植物分类学研究 [D]. 武汉：中国科学院研究生院（武汉植物园）.

李馨，姜卫兵，翁忙玲，2009. 栾树的园林特性及开发利用 [J]. 中国农学通报，25（1）：141-146.

李信贤，温远光，温肇穆，1991. 广西海滩红树林主要建群种的生态分布和造林格局 [J]. 广西农学院学报，10（4）：82-89.

李星，2004. 喜树的分布现状、药用价值及发展前景 [J]. 陕西师范大学学报：自然科学版，（S2）：169-173.

李兴军，吕均良，李三玉，1999，中国杨梅研究进展 [J]. 四川农业大学学报，17（2）：224-229.

李秀文，姜树新，王玉忠，2010. 白榆育苗技术要点 [J]. 河北林业科技，（1）：87-88.

李学文，2000. 寒地经济林培育实用技术 [M]. 哈尔滨：东北林业大学出版社.

李亚东，张治安，吴林，等，1995. 红豆越橘光合作用特性的研究 [J]. 园艺学报，23（1）：86-88.

李亚东，2010. 小浆果栽培技术 [M]. 北京：金盾出版社.

李炎香，谭天泳，魏素梅，等，1990. 石梓栽培技术的研究 [J]. 林业科学研究，3（5）：447-452.

李炎香，1985. 柚木的造林技术 [J]. 热带林业科技，（2）：1-9.

李邀夫，吴际友，2004. 四川桤木的丰产性能及栽培技术 [J]. 湖南林业科技，31（1）：18-19.

李耀先，2001．华南龙眼种植气候生态区域的综合分析［J］．广西农业科学，（4）：221-222．

李夷荔，林文莲，2001．杉木米老排混交林水源涵养功能的研究［J］．福建水土保持，（12）：43-46．

李意德，方洪，罗文，等，2006．海南尖峰岭国家级保护区青皮林资源与乔木层群落学特征［J］．林业科学，42（1）：1-6．

李迎超，2013．木本淀粉能源植物栓皮栎与麻栎资源调查及地理种源变异分析［D］．北京：中国林业科学研究院．

李云，姜金仲，2006．我国饲料型四倍体刺槐研究进展［J］．草业科学，（1）：41-45．

李允菲，张跃敏，刘代亿，等，2011．云南松苗期生长对激素浸种的响应［J］．云南大学学报：自然科学版，33（3）：350-359．

李泽，谭晓风，张琳，等，2012．油桐种胚再生体系的建立［J］．经济林研究，30（4）：9-12．

李正明，武斌，许艳，等，2015．乌桕良种丰产栽培技术［J］．湖北林业科技，44（4）：88-90．

李志国，汤先赤，夏定久，2008．中国五倍子［M］．昆明：云南科技出版社．

李志军，刘建平，于军，等，2003．胡杨、灰叶胡杨生物生态学特性调查［J］．西北植物学报，23（7）：1292-1296．

李忠洪，张洪清，1996．响叶杨次生林改造试验［J］．贵州林业科技，24（2）：37-39．

李宗然，1995．泡桐研究进展［M］．北京：中国林业出版社．

厉月桥，李迎超，吴志庄，2013．不同种源蒙古栎种子表型性状与淀粉含量的变异分析［J］．林业科学研究，26（4）：528-532．

梁丛莲，侯典云，王蕾，等，2018．优质山茱萸栽培技术探讨［J］．世界科学技术——中医药现代化，20（7）：1130-1137．

梁宏温，黄恒川，黄承标，等，2008．不同树龄秃杉与杉木人工林木材物理力学性质的比较［J］．浙江林学院学报，25（2）：137-142．

梁坤南，白嘉雨，周再知，等，2006．珍贵树种柚木良种繁育发展概况［J］．广东林业科技，22（3）：85-90．

梁李宏，张中润，Peter A L，等，2016．腰果栽培与加工［M］．北京：中国农业出版社．

梁李宏，张中润，2007．腰果病虫害［M］．北京：中国农业出版社．

梁鸣，杨轶华，徐海军，2005．白牛槭与假色槭种子繁育技术研究［J］．国土与自然资源研究，（4）：93-94．

梁森苗，2000．杨梅优质高效生产关键技术［J］．西南园艺，28（1）：13-14．

梁维坚，王贵禧，2015．大果榛子栽培实用技术［M］．北京：中国林业出版社．

梁维坚，2015．中国果树科学与实践榛［M］．西安：陕西科学技术出版社．

梁纬祥，王道植，1980．华山松类型调查研究初报［J］．贵州林业科技，3：11-18．

梁卫芳，2007．南洋楹的造林技术［J］．林业实用技术，（4）：18．

梁艳，沈海龙，高美玲，等，2016．红松种子发育过程中内源激素含量的动态变化［J］．林业科学，52（3）：105-111．

梁燕，张铁奇，1992．山槐优树标准的研究［J］．吉林林业科技，（1）：4-7．

梁子超，岑炳沽，1982．木麻黄抗青枯病植株小枝水培繁殖法［J］．林业科学，18（2）：199-202．

廖宝文，郑德璋，郑松发，等，1998．红树植物桐花树育苗造林技术研究［J］．林业科学研究，11（5）：474-480．

廖涵宗，邱道生，张春能，等，1989．樟树、楠木人工林密度管理［J］．福建林学院学报，（S1）：80-84．

廖森泰，肖更生，2006．蚕桑资源创新利用［M］．北京：中国农业科学技术出版社．

廖晓丽，2008．山苍子无性繁殖技术的研究［D］．福州：福建农林大学．

廖迎芸，彭明春，党承林，2013．威远江自然保护区思茅松种群的林窗更新研究［J］．环境科学导刊，

32（2）：20-25.

林大斯，梁文，1991. 蝴蝶果木材的物理力学性质研究［J］. 广西林业科技，20（2）：94-97.

林德喜，韩金发，肖正秋，等，2000. 老排对土壤理化性质的改良［J］. 福建林学院学报，20（1）：62-65.

林更生，1981. 杧果花果的生物学特性［J］. 福建热作科技，（2）：34-39.

林红，2010. 甜槠林的经济价值与作用［J］. 吉林农业，（8）：96.

林金国，郑郁善，张金洋，1999. 福建含笑木材物理力学性质的研究［J］. 西北林学院学报，14（2）：33-36.

林开勤，赵志刚，郭俊杰，等，2010. 西南桦嫩枝扦插繁殖试验［J］. 种子，29（9）：70-72.

林开文，苏光荣，郭永杰，等，2009. 不同种子处理方法对铁刀木种子萌发的影响［J］. 四川林业科技，30（2）：33-37.

林来官，1985. 福建植物志［M］. 福州：福建科学技术出版社.

林丽媛，韩小娇，陈益存，等，2013. 山鸡椒的愈伤组织诱导及植株再生［J］. 植物生理学报，49（10）：1047-1052.

林鹏，韦信敏，1981. 福建亚热带红树林生态学的研究［J］. 植物生态学与植物学丛刊，1981，（3）：177-186.

林祁，孙茜，孙苗，等，2007. 中国被子植物28个名称的后选模式指定［J］. 西北植物学报，27（6）：1247-1255.

林青，吴玲利，张琳，等，2014. 油桐叶柄高效直接再生体系的建立［J］. 植物生理学报，50（10）：1608-1612.

林盛松，2006. 黄山松大田苗切根培育技术研究［J］. 福建林业勘察设计，（2）：122-125.

林晞，闫中正，王文卿，2004. 榄仁树的生态分布与耐盐性研究［J］. 亚热带植物科学，33（4）：22-25.

林翔云，2009. 香樟开发利用［M］. 北京：化学工业出版社.

林业部造林司，1982. 杉木林丰产技术［M］. 北京：中国林业出版社.

林玉梅，任军，杨轶囡，等，2013. 长白山区三种观赏树木物候与生长节律研究［J］. 吉林林业科技，42（5）：1-4.

凌麓山，何方，方嘉兴，等，1991. 中国油桐品种分类的研究［J］. 经济林研究，2：1-8.

凌涛贤，2015. 乌桕的栽培技术［J］. 园林园艺，32（11）：193-194.

刘爱勤，桑利伟，孙世伟，等，2012. 海南省波罗蜜主要病虫害识别与防治［J］. 热带农业科学，32（12）：64-69+74.

刘春华，张春能，郑燕明，1993. 观光木及其混交林生态系统生物量和生产力研究［J］. 福建林学院学院，13（3）：267-272.

刘春燕，赵丹阳，黄茂俊，等，2015. 广东省黎蒴病虫害种类及危害情况调查［J］. 林业与环境科学，31（3）：97-101.

刘粹纯，黄伟锋，2012. 羊蹄甲属乔木的文化意蕴及其园林应用［J］. 现代园艺，（4）：37.

刘东玉，周安佩，纵丹，等，2014. 不同处理措施对滇杨根萌苗形成与生长的影响［J］. 西南林业大学学报，34（1）：31-36.

刘方炎，李昆，廖声熙，等，2010. 濒危植物翠柏的个体生长动态及种群结构与种内竞争［J］. 林业科学，46（10）：23-28.

刘芳，张鲁男，张宝恩，等，2009. 新疆特色树种——小叶白蜡［J］. 新疆林业，6：37.

刘凤芝，杨晓华，赵文清，等，2010. 11个黑穗醋栗品种主要经济性状比较［J］. 中国林副特产，（2）：33-35.

刘福忠，周娜，刘红霞，等，2015. 树干韧皮部注药防治臭椿沟眶象试验研究初报［J］. 宁夏农林科技，（9）：41-42.

刘光正，曹展波，肖水清，等，2000. 江西9个优良阔叶树种栽培试验［J］. 林业科技开发，14（4）：38-40.

刘光宗，周彬，宁虎森，1995. 新疆荒漠林生态类型特征及更新复壮技术 [J]. 新疆农业科学，(3)：129-132.

刘桂丰，褚延广，时玉龙，等，2003. 17年生帽儿山地区樟子松种源试验 [J]. 东北林业大学学报，31 (4)：1-3.

刘桂丰，杨传平，赵光仪，2002. 珍贵树种西伯利亚红松引进的可行性 [J]. 应用生态学报，13 (11)：1483-1486.

刘桂丰，杨书文，李俊涛，等，1991. 胡桃楸种源的初步区划及最佳种源选择 [J]. 东北林业大学学报，1991 (52)：189-196.

刘桂丰，杨书文，邵顺流，等，1991. 红皮云杉扦插繁殖技术的研究 [J]. 东北林业大学学报，19 (5)：161-165.

刘桂华，1996. 青檀耐荫性的初步研究 [J]. 经济林研究，14 (2)：7-11.

刘桂民，燕丽萍，尹国良，等，2012. 国槐组织培养生根的研究 [J]. 山东林业科技，42 (4)：42-44.

刘国道，1995. 世界银合欢研究进展 [J]. 热带作物研究，(2)：78-81.

刘国民，1997. 海南岛野生苦丁茶树的发现及其植物学特征特性的观察 [J]. 海南大学学报：自然科学版，15 (2)：129-133.

刘国荣，2013. 我国白蜡属植物的园林研究进展 [J]. 中国园艺文摘，(12)：73-74.

刘洪谔，张若蕙，丰晓阳，2000. 台湾珍贵针叶树种引种造林试验结果 [J]. 浙江林学院学报，17 (1)：16-17.

刘荟，2004. 国槐嫩枝扦插技术研究 [J]. 防护林科技，(3)：12-13.

刘继生，张鹏，吴玉德，等，2003. 桧柏种子的催芽技术 [J]. 延边大学农学学报，25 (1)：29-31.

刘佳嘉，2017. 胚根短截和容器类型对栓皮栎容器苗苗木质量和造林初期效果的作用机制 [D]. 北京：北京林业大学.

刘建林，夏明忠，袁颖，等，2003. 葛藤的繁殖方法及其栽培技术 [J]. 西昌农业高等专科学院学报，17 (4)：25-26.

刘金福，朱德煌，兰思仁，等，2013. 戴云山黄山松群落与环境的关联 [J]. 生态学报，33 (18)：5731-5736.

刘景芳，童书振，1996. 杉木经营新技术 [J]. 世界林业研究，9 (专辑).

刘举，陈继富，2013. 木兰科四种植物种子油的提取及脂肪酸成分分析 [J]. 广西植物，33 (2)：208-211.

刘君良，1991. 大青杨与小叶杨木材构造和材性的比较研究 [J]. 吉林林学院学报，7 (1)：75-78.

刘侃诚，许伟，郁世军，等，2015. 榉树枯萎病的发生危害及病原鉴定 [J]. 南京林业大学学报：自然科学版，39 (6)：24-28.

刘丽娟，张卫东，秦佳梅，等，2010. 辽东桤木对土壤肥力的影响 [J]. 东北林业大学学报，38 (1)：54-55.

刘孟军，汪民，2009. 中国枣种质资源 [M]. 北京：中国林业出版社.

刘孟军，1999. 枣属植物分类学研究进展——文献综述 [J]. 园艺学报，26 (5)：302-308.

刘孟军，2001. 枣优质丰产栽培技术彩色图说 [M]. 北京：中国农业出版社.

刘孟军，1998. 中国野生果树 [M]. 北京：中国农业出版社.

刘铭庭，1995. 柽柳属植物综合研究及大面积推广应用 [M]. 兰州：兰州大学出版社.

刘铭庭，2014. 中国柽柳属植物综合研究图文集 [M]. 乌鲁木齐：新疆科学技术出版社.

刘培林，1995. 山杨育种研究 [M]. 哈尔滨：黑龙江科学技术出版社.

刘佩梁，罗玉姝，2006. 新疆大叶榆的引种驯化及栽培技术的研究 [J]. 中国林业产业，5：28-29.

刘清玮，高延辉，2010. 北五味子育种研究现状与展望 [J]. 人参研究，(3)：43-46.

刘庆云，邹寿青，姜远标，等，2006. 思茅市山桂花育苗技术研究 [J]. 思茅师范高等专科学校学报，22 (6)：12-14.

刘如增，2008. 树莓实用栽培［M］. 北京：中国劳动社会保障出版社.

刘婷，李兆琴，赵云丽，等，2016. UPLC-MS/MS法同时测定火炬树茎枝中没食子酸等7种化学成分的含量［J］. 沈阳药科大学学报，33（1）：34-41.

刘卫东，刘友全，2006. 林木种苗繁育新技术［M］. 长沙：国防科技大学出版社.

刘文明，宋学之，1989. 青皮种子主要储藏条件的研究-I. 种子含水量与测控［J］. 林业科学研究，2（3）：214-220.

刘小金，徐大平，张宁南，等，2010a. 赤霉素对檀香种子发芽及幼苗生长的影响［J］. 种子，29（8）：71-74.

刘小金，徐大平，张宁南，等，2010b. 苗期寄主配置对印度檀香幼苗生长影响的研究［J］. 林业科学研究，23（6）：924-927.

刘晓，陈健，1999. 澳洲坚果的起源、栽培史及国内外发展现状［J］. 西南园艺，27（9）：18-20.

刘晓芳，蒋腾，李萍，等，2006. 新疆发展特色林果的优势与途径［J］. 经济林研究，24（3）：88-91.

刘晓燕，2007. 濒危植物华东黄杉遗传多样性分析及保育［D］. 南昌：南昌大学.

刘新田，唐仲秋，李华，1998. 中国两种越橘资源的现状与开发前景［J］. 世界林业研究，2：64-68.

刘兴聪，1992. 青海云杉［M］. 兰州：兰州大学出版社.

刘兴良，2006. 川西巴郎山川滇高山栎林群落生态学的研究［D］. 北京：北京林业大学.

刘亚俊，1993. 晚松、桤木、秃杉、福建柏引种试验简报［J］. 江西林业科技，（6）：27.

刘一星，2004. 中国东北地区木材性质与用途手册［M］. 北京：化学工业出版社.

刘英，曾炳山，裘珍飞，等，2003. 西南桦以芽繁芽组培快繁研究［J］. 林业科学研究，16（6）：715-719.

刘瑛心，1987. 中国沙漠植物志（第二卷）［M］. 北京：科学出版社.

刘永春，桑文华，董国正，等，1987. 西藏高原乔松幼苗生长适宜条件的研究［J］. 东北林业大学学报，15（3）：16-23.

刘永富，陈建军，吴俊遥. 等，2008. 笃斯越桔组培繁殖育苗技术研究初报［J］. 吉林林业科技，37（4）：41-43.

刘友樵，武春生，2001. 危害黄杉球果的实小卷蛾属一新种（鳞翅目：卷蛾科）（英文）［J］. 昆虫学报，44（3）：345-347.

刘有成，曾令海，连辉明，等，2012. 黎蒴培育技术［J］. 广东林业科技，26（3）：99-102.

刘玉兰，王小磊，刘海兰，等，2018. 盐肤木果及其果油与籽油品质比较［J］. 食品科学，39（20）：197-201.

刘元，1990. 乐昌含笑木材构造和性质［J］. 中南林学院学报，10（2）：201-206.

刘泽铭，苏光荣，杨清，等，2008. 铁刀木经营方式与造林技术研究［J］. 林业实用技术，4：11-13.

刘增力，方精云，朴世龙，2002. 中国冷杉、云杉和落叶松属植物的地理分布［J］. 地理学报，57（5）：577-586.

刘占德，2014. 猕猴桃规范化栽培技术［M］. 杨凌：西北农林科技大学出版社.

刘震，王玲，2000. 不同种源山桐子冬芽休眠的温度特性［J］. 河南农业大学学报，34（3）：252-254+297.

刘志峰，汪加魏，邓世鑫，等，2014. 油橄榄夏季芽接技术研究［J］. 西北林学院学报，（4）：119-122.

刘志龙，谌红辉，贾宏炎，等，2014. 广西望天树优树选择标准和方法研究［J］. 林业实用技术，（9）：13-16.

刘志龙，2010. 麻栎炭用林种源选择与关键培育技术研究［D］. 南京：南京林业大学.

刘志强，肖水清，邹元熹，等，2001. 3种阔叶树育苗技术及苗木生长规律研究初报［J］. 江西林业科技，（3）：14-15.

柳学军，曹福亮，汪贵斌，等，2006. 落羽杉优良种源选择［J］. 南京林业大学学报：自然科学版，30（2）：47-50.

龙汉利，张炜，宋鹏，等，2011. 四川桢楠生长初步分析［J］. 四川林业科技，32（4）：89–91.

龙双畏，刘济祥，郑伟，2009. 优良园林绿化树种阿丁枫育苗技术研究［J］. 北方园艺，5：199–201.

楼君，金国庆，丰忠平，等，2014. 柏木无性系扦插育苗技术的研究［J］. 浙江林业科技，34（4）：34–40.

卢琦，王继和，褚建民，等，2012. 中国荒漠植物图鉴［M］. 北京：中国林业出版社.

卢启锦，魏开炬，2004. 火力楠的栽培与综合利用［J］. 特种经济动植物，7（2）：23+30.

陆俊琨，2011. 印度檀香与寄主植物间寄生关系的研究［D］. 北京：中国林业科学研究院.

陆俊锟，徐大平，杨曾奖，等，2011. 慢生根瘤菌DG的分离、鉴定及其与降香黄檀的共生关系［J］. 应用与环境生物学报，17（3）：379–383.

陆平，1989. 新疆森林［M］. 乌鲁木齐：新疆人民出版社.

陆文达，安玉贤，刘一星，1991. 东北四种重要阔叶树木材构造、材性和加工性能述评［J］. 东北林业大学学报，19（水胡黄椴专刊）：312–316.

陆元昌，张文辉，曹旭平，等，2009. 黄土高原油松林近自然抚育经营技术指南［M］. 北京：中国林业出版社.

陆支悦，姜卫兵，翁忙玲，2009. 重阳木的园林特性及其开发应用［J］. 江西农业学报，21（6）：64–67.

栾庆书，罗凤霞，2001. 刺槐组织培养研究现状［J］. 辽宁林业科技，（5）：28–31.

罗德光，2003. 杜英播种育苗技术研究［J］. 福建林业科技，30（1）：31–34.

罗会生，2016. 无患子病虫害防治［J］. 中国花卉园艺，（2）：48–50.

罗基同，吴耀军，奚福生，2012. 速生桉林重大病虫害控制技术彩色原生态图鉴［M］. 广西：广西科学技术出版社.

罗建勋，宋亨龙，汪庆四，等，2005. 峨眉冷杉无性系种子园生长性状变异和利用途径初探［J］. 四川

林业科技，26（5）：20–24.

罗建勋，王芋华，辜云杰，等，2014. 云杉天然群体遗传多样性综合评价［M］. 北京：中国林业出版社.

罗建中，Roger Arnold，项东云，等，2009. 邓恩桉生长、木材密度和树皮厚度的遗传变异研究［J］. 林业科学研究，22（6）：758–764.

罗良才，1987. 云南主要树种木材的物理力学性质和用途［M］. 昆明：云南科技出版社.

罗良才，1989. 云南经济木材志［M］. 昆明：云南人民出版社.

罗强，夏明忠，刘建林，2005. 漆树的生物学特性及繁殖栽培技术要点［J］. 中国林副特产，78（5）：23–24.

罗庆新，1988. 广西垦区橡胶有性杂交总结报告（1955—1985）［J］. 热带作物研究，4：1–5.

罗伟祥，刘广全，李嘉珏，等，2007. 西北主要树种培育技术［M］. 北京：中国林业出版社.

罗伟祥，张文辉，黄一钊，等，2009. 中国栓皮栎［M］. 北京：中国林业出版社.

罗旭，兰士波，王福德，等，2006. 天然黄菠萝林分布特性及改建母树林的方法［J］. 黑龙江生态工程职业学院学报，（1）：20–21.

罗学兵，2011. 芒果的营养价值、保健功能及食用方法［J］. 中国食物与营养，7：77–79.

罗扬，2011. 贵州主要阔叶用材树种造林技术［M］. 贵阳：贵州科技出版社.

罗玉亮，李红艳，2017. 欧洲花楸国内引种及繁育技术研究进展［J］. 中国林副特产，（3）：60–63.

罗在柒，王军辉，许洋，等，2010. 观光木网袋容器苗生指标测定与基质筛选［J］. 林业技术开发，24（1）：94–97.

罗仲春，徐玉书，1995. 赤皮青冈造林技术应用研究［J］. 中南林业调查规划，3：23–25.

骆文坚，金国庆，何贵平，等，2010. 红豆树等6种珍贵用材树种的生长特性和材性分析［J］. 林业科学，23（6）：809–814.

骆文坚，金国庆，徐高福，等，2000. 柏木无性系种

子园遗传增益及优良家系评选［J］．浙江林学院学报，23（3）：259-264．

骆耀平，2008．茶树栽培学［M］．4版．北京：中国农业出版社．

吕宏伟，2016．云杉育苗栽培及造林管理技术分析［J］．黑龙江科技信息，（6）：275．

吕建雄，骆秀琴，蒋佳荔，等，2006．红锥和西南桦人工林木材力学性质的研究［J］．北京林业大学学报，28（2）：118-122．

吕静，胡玉熹，1994．伯乐树茎次生木质部结构的研究［J］．植物学报（英文版），36（6）：76-85．

吕泰省，毛士龙，易杨华，等，2001．铁刀木三萜类活性成分的研究［J］．第二军医大学学报，22（3）：241-244．

吕泰省，易杨华，毛士龙，等，2001．铁刀木的蒽醌类成分［J］．药学学报，36（7）：547-548．

吕泰省，易杨华，毛士龙，等，2003．铁刀木中一个新的色酮苷［J］．药学学报，38（2）：113-115．

吕文，刘文哲，2010．雄全异株植物瘿椒树（省沽油科）的传粉生物学［J］．植物学报，45（6）：713-722．

麻建强，徐奎源，赖江，等，2009．柏木容器育苗造林技术［J］．现代农业科技，（8）：39．

麻文俊，张守攻，王军辉，等，2012．1年生楸树无性系苗期生长特性［J］．林业科学研究，25（5）：657-663．

马常耕，曹福庆，富裕华，等，1992．落叶松种和种源选择［M］．北京：北京农业大学出版社．

马潮，富春祥，刘宝林，等，1985．关于大青杨人工林速生丰产可行性的调查分析［J］．东北林学院学报，13（1）：47-55．

马传达，2015．国槐育苗造林技术要点［J］．安徽农学通报，21（18）：109．

马德滋，刘惠兰，胡福秀，2007．宁夏植物志［M］．银川：宁夏人民出版社．

马冬雪，刘仁林，2012a．天然群落枯枝落叶浸提液与其他处理对伯乐树种子发芽的比较研究［J］．林业科学研究，25（5）：672-637．

马冬雪，刘仁林，2012b．伯乐树幼苗特性与不同年龄阶段苗木生长规律研究［J］．安徽农业科学，40（17）：9344-9346．

马宏宇，催凯峰，黄炳军，等，2015．长白山区珍稀濒危植物钻天柳种群现状及保护［J］．北华大学学报：自然科学版，16（5）：658-660．

马华明，2013．土沉香［*Aquilaria sinensis*（Lour.）Gilg.］结香机制的研究［D］．北京：中国林业科学研究院．

马建路，石家琛，景凤鸣，1991．水曲柳立地区划［J］．东北林业大学学报，19（水胡黄椴专刊）：62-68．

马建平，2008．中国柽柳育苗及应用技术研究［D］．杨凌：西北农林科技大学．

马金娥，金则新，张文标，等，2007．蓝果树光合生理生态特性研究［J］．浙江林业科技，27（6）：33-36．

马丽莎，贾金萍，张元波，等，2018．连翘不同部位生物活性比较研究［J］．化学研究与应用，（2）：177-182．

马莉薇，张文辉，周建云，等，2013．秦岭北坡林窗大小对栓皮栎实生幼苗生长发育的影响［J］．林业科学，49（12）：43-50．

马履一，甘敬，贾黎明，等，2011．油松、侧柏人工林抚育研究［M］．北京：中国环境科学出版社．

马履一，2011．油松丰产栽培实用技术［M］．北京：中国林业出版社．

马双喜，2013．易门县华山松采种基地与种子选育［J］．云南林业，6：54-55．

马婷，宁德鲁，2013．云南核桃低产林提质增效措施［J］．安徽农学通报，19（23）：38-39．

马骁勇，林秀莲，阮凌暄，等，2016．宫粉紫荆栽培技术规程［J］．园艺与种苗，（6）：7-9．

马英刚，2012．栾树作绿化观赏树木栽培的护养技术［J］．浙江农业科学，（5）：675-676．

马跃，谌红辉，李武志，等，2012．望天树苗木分级技术研究［J］．西北林学院学报，27（4）：153-156．

美国农业部林务局，1984．美国木本植物种子手册

［M］. 北京：中国林业出版社.

孟承安，2006. 瘿椒树的树种特性研究［J］. 黄山学院学报，3：70-71.

孟广涛，郎南军，方向京，等，2001. 滇中华山松人工林的水文特征及水量平衡［J］. 林业科学研究，1：78-84.

孟强，2013. 对小兴安岭本地樟子松种子的研究［J］. 林业勘察设计，（4）：36-37.

孟少童，2006. 铅笔柏种源引进及栽培技术研究［D］. 杨凌：西北农林科技大学.

明安刚，郑路，麻静，等，2015. 铁力木人工林生物量与碳储量及其分配特征［J］. 北京林业大学学报，37（2）：55-62.

缪林海，2002. 观光木高龄植株扦插繁殖技术的初步研究［J］. 福建林业科技，29（1）：47-49.

缪松林，张跃建，梁森苗，1996，施肥时期对杨梅大小年的影响［J］. 果树科学，（1）：15-18.

莫丽珍，闫林，董云萍，2012. 小粒种咖啡高产优质栽培技术图解［M］. 昆明：云南人民出版社.

牟大庆，2007. 杉木、檫木不同混交方式效果分析［J］. 武夷科学，（1）：94-97.

牟智慧，王继志，陈晓波，等，2012. 蒙古栎母树林营建技术［J］. 北华大学学报：自然科学版，13（6）：710-713.

南京林产工业学院《主要树木种苗图谱》编写小组，1978. 主要树木种苗图谱［M］. 北京：中国农业出版社.

南雄雄，王锦秀，刘思洋，等，2015. 叶用枸杞新品种'宁杞9号'［J］. 园艺学报，42（4）：811-812.

尼珍，2014. 西藏沙生槐萌蘖特性与平茬技术研究［D］. 林芝：西藏大学.

倪健，宋永昌，1997. 中国青冈的地理分布与气候的关系［J］. 植物学报，39（5）：451-460.

倪善庆，1986. 泡桐［M］. 江苏：江苏科学技术出版社.

聂琳，彭杰，常军，等，2013. 四倍体刺槐研究现状及进展［J］. 中国农学通报，29（4）：1-4

宁世江，赵天林，唐润琴，等，1997. 木论卡斯特林区翠柏群落学特征的初步研究［J］. 广西植物，17（4）：321-330.

牛文娟，张涛，邓东周，等，2013. 珙桐繁殖技术及生长发育研究进展［J］. 植物生理学报，49（10）：1018-1022.

牛西午，2003. 柠条研究［M］. 北京：科学出版社.

农东新，吴望辉，蒋日红，等，2011. 广西翠柏属（柏科）植物小志［J］. 广西植物，31（2）：155-159.

欧斌，2004. 5种木兰科树种育苗技术及苗木生长规律研究［J］. 江西林业科技，（6）：7-10.

欧文琳，2000. 杉、松人工林混生天然檫木生长状况的调查研究［J］. 福建林业科技，（4）：64-66.

欧阳芳群，蒋明，王军辉，等，2016. 补光对欧洲云杉苗木生长的生理影响研究［J］. 北京林业大学学报，38（1）：50-58.

欧芷阳，苏志尧，彭玉华，等，2013. 桂西南喀斯特山地蚬木幼龄植株的天然更新［J］. 应用生态学报，24（9）：2440-2446.

潘爱芳，黄以平，何学友，等，2016. 枫香害虫名录及3种主要害虫的防治方法［J］. 防护林科技，（8）：106-109.

潘德权，陈景艳，李鹤，等，2014. 香果树实生苗培育技术及苗木质量分级［J］. 种子，33（4）：113-115.

潘刚，2008. 西藏雅鲁藏布江柏木生长特性研究［J］. 西藏科技，7：72-74.

潘金贵，徐应善，黄俊明，等，1997. 红桧台湾扁柏在遂昌的造林试验［J］. 浙江林学院学报，11（3）：325-326.

潘明建，2004. 柳树的遗传改良及栽培技术［J］. 林业科技开发，18（3）：13-16.

潘晓云，曹琴东，尉秋实，2002. 白刺属的系统进化和生物多样性研究进展［J］. 中国医学生物技术应用杂志，（4）：1-6.

潘燕，王帅，王崇云，等，2014. 云南松与云南油杉种子风力传播特征比较［J］. 植物分类与资源学报，36（3）：403-410.

潘一乐，2003. 桑树良种化与蚕业发展［J］. 蚕业科学, 9（1）: 7-13.

潘涌智, 阿兰·罗阔斯, 李维刚, 等, 1998. 丽江云杉种子大痣小蜂的研究［J］. 西南林业大学学报, 18（2）: 118-120.

潘志刚, 陈贰, 1999. 国外松（加勒比松、杂交松、湿地松、火炬松）扦插繁殖技术和采穗的营建［J］. （4）: 159-161.

潘志刚, 吕鹏信, 潘永言, 等, 1989. 马占相思种源试验［J］. 林业科学研究, 2（4）: 351-356.

潘志刚, 游应天, 等, 1994. 中国主要外来树种引种栽培［M］. 北京: 北京科学技术出版社.

潘志刚, 游应天, 1991. 湿地松火炬松加勒比松引种栽培［M］. 北京: 北京科学技术出版社.

庞正轰, 2013. 中国桉树有害生物的发生现状和发生趋势预测［J］. 广西科学院学报, 29（3）: 192-206.

裴东, 鲁新政, 2011. 中国核桃种质资源［M］. 北京: 中国林业出版社.

佩格, 王国祥, 1993. 粗皮桉家系试验初报［C］// 洪菊生. 澳大利亚阔叶树研究. 北京: 中国林业出版社.

彭东辉, 2004. 樟树优良单株选择与组培研究［D］. 福州: 福建农林大学.

彭其龙, 2014. 南方次生林珍贵乡土树种的价值评价和高效利用研究［D］. 长沙: 中南林业科技大学.

彭守璋, 赵传燕, 许仲林, 等, 2011. 黑河上游祁连山区青海云杉生长状况及其潜在分布区的模拟［J］. 植物生态学报, 35（6）: 605-614.

彭小列, 易能, 程天印, 2008. 乌桕药用成分与药理作用研究进展［J］中国野生植物资源, 27（3）: 1.

彭徐剑, 鞠琳, 胡海清, 2014. 黑龙江省4种针叶树的燃烧性［J］. 东北林业大学学报, 42（1）: 71-75.

彭言劼, 李明勇, 赵亚津, 等, 2015. 大叶杨组培快繁体系的建立［J］. 湖北林业科技, 44（2）: 13-16.

彭玉华, 郝海坤, 何琴飞, 等, 2012. 不同基质对印度紫檀幼苗生长的影响［J］. 林业科技开发, 26（4）: 105-109.

彭祚登, 2011. 北方主要树种育苗关键技术［M］. 北京: 中国林业出版社.

蒲金基, 周文忠, 2012. 杧果病虫害的监测化学防治指标和化学防治技术［J］. 植物保护, 49: 45-48.

普绍林, 2014. 滇润楠育苗造林技术［J］. 林业实用技术, （6）: 31-32.

齐鸿儒, 1991. 红松人工林［M］. 北京: 中国林业出版社.

齐力旺, 陈章水, 2011. 中国杨树栽培科技概论［M］. 北京: 科学出版社.

祁承经, 汤庚国, 2010. 树木学（南方本）［M］. 北京: 中国林业出版社.

吴丽君, 李志辉, 2014. 不同种源赤皮青冈幼苗生长和生理特性对干旱胁迫的响应［J］. 生态学杂志, 4: 996-1003.

祁述雄, 1989. 中国桉树［M］. 北京: 中国林业出版社.

祁述雄, 2002. 中国桉树［M］. 2版. 北京: 中国林业出版社.

钱存梦, 江周, 周健, 等, 2016. 珙桐种子层积过程中抑制物活性的变化［J］. 南京林业大学学报, 40（3）: 188-192.

钱能志, 费世民, 韩志群, 2007. 中国林业生物柴油［M］. 北京: 中国林业出版社.

钱晓鸣, 黄耀坚, 张艳辉, 等, 2007. 武夷山自然保护区南方铁杉外生菌根生物多样性［J］. 福建农林大学学报: 自然科学版, 36（2）: 180-185.

乔来秋, 荀守华, 何洪兵, 等, 2006. 柽柳优良无性系选育研究［J］. 林业科学研究, 19（2）: 129-134.

乔雪, 吴舒同, 刘零怡, 等, 2017. 不同山核桃及其油脂品质对比分析［J］. 中国油脂, 42（1）: 139-143.

覃冬韦, 2014. 任豆树用材林培育关键技术的探讨［J］. 现代园艺, （5）: 53.

覃杰凤, 罗莲凤, 阳艳华, 2012. 波罗蜜优质丰产栽培技术［J］. 南方园艺, 2: 21-22.

覃尚民, 石清峰, 1994. 中国主要植物热能［M］. 北京: 中国林业出版社.

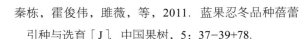

秦栋，霍俊伟，眭薇，等，2011. 蓝果忍冬品种蓓蕾引种与选育［J］. 中国果树，5：37-39+78.

秦垦，戴国礼，曹有龙，等，2012. 制干用枸杞新品种'宁杞7号'［J］. 园艺学报，39（11）：2331-2332.

秦垦，戴国礼，刘元恒，等，2013. 鲜干两用枸杞新品种'宁杞5号'［J］. 北方果树，39（1）：60.

秦岭林区速生树种及适生立地条件课题组，1989. 白辛树群落特征与生长调查［J］. 陕西林业科技，（1）：28-30.

丘瑞强，2011. 乌榄优质丰产栽培［M］. 广州：广东科技出版社.

邱琼，杨德军，王达明，等，2004. 木荷育苗技术［J］. 广西林业科学，33（4）：204-207.

邱勇斌，乔卫阳，刘军，等，2016. 容器、基质和施肥对浙江楠容器大苗的影响［J］. 东北林业大学学报，44（9）：20-23.

曲芬霞，陈存及，韩彦良，2006. 樟树扦插繁殖技术［J］. 林业科技开发，21（6）：86-89.

曲芬霞，2005. 纯种芳樟扦插繁殖技术研究［D］. 福州：福建农林大学.

全国杨树科技协作组，王明庥，1977. 我国杨树良种选育的进展［J］. 中国林业科学，（4）：20-25.

冉战杰，何国景，2014. 女贞栽培技术问题研究［J］. 科技向导，（35）：10-11.

任盘宇，邹寿青，2004. 热带速生树种团花的造林技术［J］. 林业实用技术，（6）：6-8.

任玮，周彤燊，陈玉惠，1992. 云南油杉叶锈病及其病原菌的研究［J］. 西南林学院学报，12（2）：148-155.

任宪威，李珍，1981. 北京树木物候谱［J］. 北京林业大学学报，（1）：1-9.

任宪威，1997. 树木学［M］. 北京：中国林业出版社.

任雪梅，马兆生，2011. 黄刺玫育苗技术［J］. 甘肃林业，（5）：37-38.

任智勇，王君，郑宗友，1997. 重阳木引种指南［J］. 河南林业，（5）：28-29.

沙明良，李岩，徐辉，等，2012. 白蜡苗木培育技术

探讨［J］. 绿色科技（2）：92.

尚帅斌，郭俊杰，汪奕衡，等，2014. 果实成熟度对青皮种子萌发与幼苗生长的影响［J］. 种子，33（7）：27-29.

邵梅香，2012. 南亚热带红椎与西南桦生态化学计量学特征研究［D］. 南宁：广西大学.

邵文豪，姜景民，董汝湘，等，2012. 不同产地无患子果皮皂苷含量的地理变异研究［J］. 植物研究，32（5）：627-631.

申文辉，谭长强，何琴飞，等，2016. 桂西南蚬木优势群落物种组成及多样性特征［J］. 生态学杂志，35（5）：1204-1211.

沈广宁，2015. 中国果树科学与实践——板栗［M］. 西安：陕西科学技术出版社.

沈国舫，翟明普，2011. 森林培育学［M］. 2版. 北京：中国林业出版社.

沈海龙，丁宝永，王克，等，1992. 山地樟子松人工林天然更新特点及影响因子分析［J］. 东北林业大学学报，20（4）：30-37.

沈海龙，吴吕梁，孙广祥，1994. 樟子松人工林鼠害问题的探讨［J］. 东北林业大学学报，22（4）：89-93.

沈海龙，杨玲，张建瑛，等，2006. 花楸树种子休眠影响因素与萌发特性研究［J］. 林业科学，42（10）：133-138.

沈海龙，1994. 东北东部山地樟子松人工林定向培育的林学基础及技术体系研究［D］. 北京：北京林业大学.

沈立新，梁洛辉，王庆华，等，2009. 腾冲红花油茶自然类型及其品种类群划分［J］. 林业资源管理，（6）：75-79.

沈如江，2010. 银杏—华东黄杉—长柄双花木植物区系［D］. 广州：中山大学.

沈绍南，柳尚贵，蔡焕留，2009. 珍贵树种花榈木丰产栽培技术［J］. 现代农业科技，（1）：81+84.

沈熙环，2015. 油松、华北落叶松良种选育实践与理论［M］. 北京：科学出版社.

沈作奎，2006. 辛夷植物繁殖技术概况［J］. 湖北民

族学院学报：自然科学版，24（4）：259-362.

圣倩倩，文冰，祝遵凌，2014. 北美红栎容器苗育苗基质的综合评价及筛选［J］. 北方园艺，（7）：65-69.

盛能荣，刘昭息，丁林，1996. 乐昌含笑的分布与引种［J］. 浙江林业科技，16（3）：24-30.

盛炜彤，施行博，1992. 杉木速生丰产培育技术［M］. 北京：中国科学技术出版社.

盛炜彤，2014. 中国人工林及其育林体系［M］. 北京：中国林业出版社.

师晨娟，刘勇，胡长寿，2002. 青海云杉硬枝扦插繁殖研究［J］. 江西农业大学学报，24（2）：259-263.

施行博，洪菊生，1999. 秃杉种源试验与选择的研究［J］. 林业科技通讯，（9）：4-8.

施季森，成铁龙，王洪云，2002. 中国枫香育种研究现状［J］. 林业科技开发，16（3）：17-19.

施建敏，裴利洪，黄芝云，等，2013. 基于光照强度探讨珍稀树种华木莲绿化生境的选择［J］. 广东园林，35（2）：62-64.

施翔，唐翠平，吴轲，等，2013. 准噶尔盆地农田防护林树种青杨的生长规律研究［J］. 干旱区资源与环境，27（7）：155-160.

施宗明，孙卫邦，祁治林，等，2011. 中国油橄榄适生区研究［J］. 植物分类与资源学报，33（5）：571-579.

石进朝，2001. 国槐扦插繁殖试验研究［J］. 林业科技开发，15（2）：21-23.

石雷，2012. 中国大陆地区黄山松地理变异的形态和RAPD分析［D］. 合肥：安徽农业大学.

石玉琼，2013. 大叶白蜡栽培技术及应用［J］. 现代农村科技，12：53-54.

史凤友，陈喜全，陈乃全，等，1991. 胡桃楸落叶松人工混交林的研究［J］. 东北林业大学学报，（51）：32-44.

史富强，杨斌，陈宏伟，2011. 旱冬瓜育苗技术［J］. 林业实用技术，2：30-31.

史红安，魏晓，王立华，等，2016. 枫杨树各部位对油茶炭疽病的抑制作用研究［J］. 湖北工程学院学报，36（6）：25-28.

史骥清，滕士元，周玉珍，2008. 耐水湿树种水松容器育苗技术［J］. 林业科技开发，22（3）：105-106.

史晓华，史忠礼，1990. 浙江楠种子与休眠及其解除途径的研究［J］. 种子，（3）：76.

史晓华，徐本美，黎念林，等，2002. 长柄双花木种子休眠与萌发的初步研究［J］. 种子，（6）：5-7.

史玉群，2001. 全光照喷雾嫩枝扦插育苗技术［M］. 北京：中国林业出版社.

舒树森，赵洋毅，关平高，2015. 滇中高原滇油杉林群落多样性分析及种群时序预测［J］. 林业资源管理，（2）：82-89.

舒裕国，余忠杰，徐国祯，1985. 薪炭林［M］. 北京：中国林业出版社.

四川省云杉纸浆材协作组，2001. 云杉人工林材性变异的初步研究［J］. 西北农林科技大学学报：自然科学版，29（3）：29-34.

四川植物志编辑委员会，1988. 四川植物志（第四卷）［M］. 成都：四川科学技术出版社.

宋保伟，2009. 秦岭紫柏山中国红豆杉的保护生物学研究［D］. 杨凌：西北农林科技大学.

宋立洲，2011. 香山公园黄栌枯萎病防治技术研究［J］. 北京园林，27（96）：51-56.

宋明明，尚志春，周辉，等，2013. 黄杞叶化学成分的定量分析［J］. 中国实验方剂学杂志，19（21）：150-154.

宋晓凯，吴立军，屠鹏飞，2002. 观光木树皮的生物活性成分研究［J］. 中草药，33（8）：676-678.

宋学之，陈青度，王东馥，等，1984. 坡垒种子主要贮储藏条件的研究［J］. 林业科学，20（3）：225-236.

宋永贵，李荣芹，李晓东，等，2001. 白蜡大苗培育技术研究［J］. 山东林业科技，（6）：24-24.

苏爱平，陈艳峰，陈凤响，等，2014. 圆柏繁殖技术及园林应用［J］. 现代农村科技，（22）：46-47.

苏光荣，易国南，杨清，2007. 团花生长特性研究［J］

西北林学院学报，22（5）：49-52.

苏柳，邵东华，段立清，等，2016. 砂地柏精油对枸杞木虱的生物活性及亚致死作用测定［J］. 东北林业大学学报，（12）：64-67.

苏世平，李毅，马彦军，2008. 沙拐枣的组织培养［J］. 植物生理学通讯，44（2）：286.

苏松锦，刘金福，兰思仁，等，2015. 黄山松研究综述（1960—2014）及其知识图谱分析［J］. 福建农林大学学报：自然科学版，44（5）：478-486.

苏晓华，黄秦军，张冰玉，2007. 杨树遗传育种［M］. 北京：中国林业出版社.

苏秀芳，梁振益，张一献，2008. 人面子茎皮挥发油化学成分的研究［J］. 时珍国医国药，19（7）1640-1641.

苏秀芳，张一献，黄锡山，2009. 人面子根挥发油化学成分的研究［J］. 时珍国医国药，（4）：771-772.

苏治平，2000. 山杜英人工林生长状况分析［J］. 福建林学院学报，20（1）：38-41.

苏宗明，1983. 广西亚热带中山针阔混交林［J］. 广西植物，3（1）：33-42.

孙操稳，2017. 无患子种实性状变异与环境效应研究［D］. 北京：北京林业大学.

孙成志，谢国恩，曹葆卓，等，1986. 马尾松全树材性与制浆的研究［J］. 林业科学，22（1）：45-53.

孙鸿有，陈赛娟，宋小友，等，1993. 檫木种源、类型、家系三水平选择的研究［J］. 林业科技通讯，（7）：1-2.

孙辉，2003. 鹅掌楸黑斑病的研究［D］. 南京：南京林业大学.

孙军，赵东钦，赵东武，等，2008. 望春玉兰品种资源与分类系统的研究［J］. 安徽农业科学，36（22）：9492-9493+9501.

孙丽坤，刘万秋，陈拓，等，2016. 柽柳属（*Tamarix*）植物生境适应机制与资源价值研究进展［J］. 中国沙漠，36（2）：349-356.

孙绍美，宋玉梅，刘俭，等，1995. 木豆素制剂药理作用研究［J］. 中草药，（3）：147-148.

孙时轩，刘勇，2013. 林木育苗技术［M］. 2版. 北京：金盾出版社.

孙时轩，1981. 造林学［M］. 北京：中国林业出版社.

孙时轩，1987. 林木种苗手册［M］. 北京：中国林业出版社.

孙晓萍，2009. 观赏植物良种繁育技术［M］. 杭州：浙江人民出版社.

孙雪新，韩泽民，1992. 甘肃省胡杨资源现状及发展［J］. 资源科学，14（2）：51-56.

孙莹莹，邓泽东，马俊龙，等，2016. 枫杨树造林和抚育技术［J］. 农家致富顾问，（2）：21-22.

孙岳胤，申志芳，祝旭加，2005. 黑龙江省东南部沙松人工林立地指数的编制［J］. 林业科技，30（4）：11.

孙仲序，刘静，王玉军，等，2000. 山东茶树良种组织培养及繁殖能力的研究［J］. 茶叶科学，20（2）：129-132.

《山西森林》编辑委员会，1992. 山西森林［M］. 北京：中国林业出版社.

邰眦生，1985. 重阳木木质素的研究Ⅰ. 重阳木木质素的特性与分类［J］. 南京林学院学报，（4）：63-70.

谭晓风，蒋桂雄，谭方友，等，2011. 我国油桐产业化发展战略调查研究报告［J］. 经济林研究，29（3）：1-7.

谭晓风，李泽，张琳，等，2013. 油桐叶片愈伤组织诱导及植株再生［J］. 植物生理学报，49（11）：1245-1249.

谭晓风，袁德义，袁军，等，2011. 大果油茶良种'华硕'［J］. 林业科学，47（12）：57.

谭晓风，2006. 油桐的生产现状及其发展建议［J］. 经济林研究，24（3）：62-64.

檀丽萍，陈振峰，2006. 中国红豆杉资源［J］. 西北林学院学报，21（6）：113-117.

汤榕，汤槿，黄利斌，2014. 青冈栎栽培技术［J］. 现代园艺，（11）：59-60.

唐红燕，许玉兰，唐海英，等，2011. 思茅松嫩枝扦插育苗技术研究［J］. 西南林业大学学报，31（2）：24-28.

唐建维，邹寿青，2008．望天树人工林林分生长与林分密度的关系［J］．中南林业科技大学学报，4（28）：83-86．

唐社云，1999．思茅松无性系种子园营建关键技术［J］．西部林业科学，（3）：13-17．

唐世俊，王相宝，范国忱，1984．桓仁小钻杨［J］．辽宁林业科技，（5）：13-15+37．

唐树梅，2007．热带作物高产理论与实验［M］．北京：中国农业大学出版社．

唐苏慧，朱宁华，张亚男，等，2016．武陵山区乡土树种生物能源性能初步研究［J］．中南林业科技大学学报，36（6）：75-78．

唐甜甜，2007．滇润楠和香樟对水分胁迫的生理响应［D］．昆明：西南林业大学．

唐万鹏，史玉虎，漆良华，等，2004．辐射松、马尾松、长叶松与晚松人工林的生长规律比较研究［J］．湖北林业科技，（3）：1-4．

唐永奉，闫争亮，杨建荣，等，2014．5种药剂防治核桃膏药病的试验［J］．西部林业科学，43（4）：128-131．

唐勇，陈艳彬，2012．印度黄檀的丰产栽培技术［J］．四川林业科技，33（3）：121-122．

唐宇，吉牛拉惹，刘建林，2003．火棘的繁殖技术和管理措施［J］．林业实用技术，（2）：45．

唐宇丹，普布次仁，次旦卓嘎，2012．地域环境对青藏高原特有植物藏川杨生物学特性的影响［J］．中国野生植物资源，31（2）：24-28．

陶宏斌，2013．火棘栽培技术［J］．中国花卉园艺，（22）：49-50．

田吉国，2014．浅谈北美复叶槭的培育技术［J］．魅力中国，（7）：140．

田建保，2008．中国扁桃［M］．北京：中国农业出版社．

田丽杰，隋新，杨奎民，等，2006．铅笔柏引种及栽培技术［J］．林业实用技术，（2）：17-18．

田胜平，汪阳东，陈益存，等，2012．不同居群山苍子果实精油和柠檬醛含量及其与地理—气候因子的相关性［J］．植物资源与环境学报，21（3）：57-62．

田文翰，梁丽松，王贵禧，2012．不同品种榛子种仁营养成分含量分析［J］．食品科学，33（8）：265-269

田新华，翁海龙，李京，等，2015．笃斯越橘新品种'紫水晶'离体培养关键技术研究［J］．安徽农业科学，43（9）：30-32+69．

佟达，宋魁彦，张燕，2012．人工林核桃楸木材纤维长度径向变异规律研究［J］．森林工程，（4）：5-8．

童方平，龚树立，邓德明，等，2012．翅荚木优质苗木培育技术［J］．湖南林业科技，39（1）：89-90+98．

童方平，吴际友，龙应忠，等，2005．珍稀速生树种翅荚木栽培技术研究［J］．湖南林业科技，32（4）：13-15．

童书振，盛炜彤，张建国，2002．杉木林分密度效应研究［J］．林业科学研究，15（1）：66-75．

童跃伟，项文化，王正文，等，2013．地形、邻株植物及自身大小对红楠幼树生长与存活的影响［J］．生物多样性，21（3）：269-277．

涂忠虞，等，1996．金丝垂柳的选育［J］．江苏林业科技，23（4）：1-5．

涂忠虞，潘明建，郭群，等，1997．柳树造纸及矿柱用材优良无性系选育［J］．江苏林业科技，（1）：3-8+23．

涂忠虞，潘明建，1987．乔木柳四个无性系的选育与利用［J］．江苏林业科技，（3）：1-23．

涂忠虞，1982．柳树育种与栽培［M］．南京：江苏科学技术出版社．

屠振栋，常兆丰，1993．甘肃省沙枣品种资源调查［J］．甘肃林业科技，（4）：35．

吐尔汗巴依·达吾来提汗，牛景军，王念平，2007．雪岭云杉育苗技术［J］．现代农业科技，16：35．

汪贵斌，曹福亮，2002．落羽杉抗性研究综述［J］．南京林业大学学报，26（6）：78-82．

汪贵斌，曹福亮，2004．盐分和水分胁迫对落羽杉幼苗生长量及营养元素含量的影响［J］．林业科学，40（6）：56-62．

汪丽，李志辉，2014. 植物生长调节剂对赤皮青冈扦插生根的影响［J］. 广西林业科学，1：24-29.

汪企明，王伟，1999. 落羽杉［M］. 南京：南京出版社.

汪书丽，李巧明，2007. 中国木棉居群的遗传多样性［J］. 云南植物研究，29（5）：529-536.

汪松，谢焱，2004. 中国物种红色名录［M］. 北京：高等教育出版社.

汪小飞，2015. 桂花栽培实用技术［M］. 福州：福建科学技术出版社.

汪兴汉，2004. 香椿栽培实用技术［M］. 北京：中国农业出版社.

王白坡，王利忠，邱程明，2002. 浙江省杨梅优株资源库的建立及初步表现［J］. 浙江林学院学报，19（4）：433-436.

王柏青，黎敏霞，王耀辉，2009. 沙枣引种试栽的研究［J］. 安徽农业科学，（23）：45-47.

王保平，2008. 泡桐修枝促接干技术及其效应的研究［D］. 北京：北京林业大学.

王伯荪，廖宝文，王勇军，等，2002. 深圳湾红树林生态系统及其持续发展［M］. 北京：科学出版社.

王朝晖，费本华，祝四九，等，1998. 水杉木材性质及综合利用［J］. 安徽农业大学学报，25（4）：408-412.

王朝霞，2008. 珍稀树种枳椇的生态习性及繁殖栽培与利用［J］. 黑龙江农业科学，5：105-107.

王承南，夏传格，2003. 厚朴药理作用及综合利用研究进展［J］. 经济林研究，21（3）：81-84.

王传贵，柯曙华，刘秀梅，等，1994. 毛梾的木材材性及用途［J］. 安徽农业大学学报，21（3）：366-369.

王春荣，毕君，曹福亮，2009. 蓝果树的离体培养和植株再生［J］. 植物生理学通讯，45（11）：1107-1108.

王春胜，赵志刚，吴龙敦，等，2012. 修枝高度对西南桦拟木蠹蛾危害的影响［J］. 西北林学院学报，27（6）：120-123.

王达明，龙素珍，赵文书，等，1988. 山桂花育苗技术［J］. 云南林业科技，（4）：2-9.

王达明，杨绍增，张懋嵩，等，2012. 云南珍贵用材树种的产材类别品性及分布特征［J］. 西部林业科学，41（1）：7-16.

王大为，刘克彪，2015. 四种生长调节剂对胡杨嫩枝扦插成苗的影响［J］. 甘肃科技，31（6）：142-145.

王德祯，陈伯珊，罗祖先，等，1980. 三种桃花心木在我所的引种鉴定和评价［J］. 热带林业科技，（1）：9-11.

王东光，2013. 闽楠嫩枝扦插繁殖技术及生根机理研究［D］. 北京：中国林业科学研究院.

王东光，2016. 白木香结香促进技术研究［D］. 北京：中国林业科学研究院.

王芳，王晓婷，白吉庆，2018. 中国桦属植物药用研究进展［J］. 中国现代中药，（2）：239-243.

王凤，徐颖，赵志勇，等，2012. 6种药剂对重阳木帆锦斑蛾的毒力测定和药效试验［J］. 中国森林病虫，31（2）：9-42.

王国祥，刘学勤，乔俊，1992. 山西森林［M］. 北京：中国林业出版社.

王国严，徐阿生，2008. 川滇高山栎研究综述［J］. 四川林业科技，29（2）：22-32.

王国义，商永亮，张淑华，等，2011. 红松樟子松异砧嫁接建立红松果林技术［J］. 林业实用技术，（11）：17-18.

王国玉，安树康，姬学虔，2014. 大叶柳特性及其栽培技术［J］. 安徽农学通报，20（21）：97-98.

王海洋，2015. 山桐子无性繁殖技术研究［D］. 郑州：河南农业大学.

王红梅，邵明丽，吉付印，2011. 女贞特征特性及播种栽培技术［J］. 林业科学，（5）：204-206.

王厚勋，罗建勋，赵世东，2010. 四川万源乡土树种省沽油人工林培育技术及产业化分析［J］. 四川林业科技，31（6）：78-81.

王豁然，2010. 桉树生物学概论［M］. 北京：科学出版社.

王缉健，杨秀好，梁晨，等，2014. 竹柏重要食叶害虫——橙带丹尺蛾 [J]. 广西植保, 27（2）: 22-23.

王继志, 杨励, 陈晓波, 等, 2004. 水曲柳优良种源选择及造林技术 [J]. 林业科技开发, 18（3）: 17-20.

王建友, 韩宏伟, 张永威, 2004. 我国选育的4个扁桃良种丰产栽培试验 [J]. 中国果树, （3）: 51-52.

王江民, 2005. 儿茶树的人工栽培技术 [J]. 农村实用技术, （1）: 14-15.

王金锡, 吴宗兴, 龙汉利, 等, 2013. 台湾桤木研究与引种 [M]. 北京: 科学出版社.

王晶, 2009. 六盘山南部华北落叶松人工林生长特征及其影响因子 [D]. 哈尔滨: 东北林业大学.

王晶晶, 2008. 桤木与台湾桤木人工林木材性质比较分析 [D]. 南京: 南京林业大学.

王景山, 2010. 轻木在我国南方三省引种成功 [J]. 农村实用技术, 13（12）: 25.

王景升, 郑维列, 潘刚, 2005. 巨柏种子活力与濒危关系 [J]. 林业科学, 41（4）: 37-41.

王九龄, 1992. 中国北方林业技术大全 [M]. 北京: 北京科学技术出版社.

王娟, 刘仁林, 2008. 伯乐树生长发育节律与物候特征研究 [J]. 江西科学, 26（4）: 552-555.

王军辉, 顾万春, 万军, 等, 2006. 桤木不同种源球果及种子性状的遗传变异 [J]. 东北林业大学学报, 34（2）: 1-2+17.

王军辉, 顾万春, 夏良放, 等, 2001. 桤木种源（群体）/家系材性性状的遗传变异 [J]. 林业科学研究, 14（4）: 362-368.

王军辉, 顾万春, 夏良放, 等, 2004. 桤木人工林木材性质的径向变异模式研究 [J]. 河南农业大学学报, 38（4）: 400-413.

王军辉, 张建国, 张守攻, 等, 2006. 丽江云杉硬枝扦插繁殖技术与生根特性研究 [J]. 西北农林科技大学学报: 自然科学版, 34（11）: 97-101.

王军文, 2009. 雪岭云杉育苗技术要点 [J]. 中国园艺文摘, 6: 141-142.

王开芳, 吴德军, 臧真荣, 等, 2014. 国槐良种'鲁槐1号' [J]. 林业科学, （9）: 189.

王克建, 蔡子良, 2008. 热带树种栽培技术 [M]. 南宁: 广西科学技术出版社.

王蕾, 王双燕, 吴兴德, 等, 2013. 翠柏的化学成分研究 [J]. 昆明医科大学学报, 34（7）: 8-11.

王立, 杨素娟, 王玉书, 1988. 茶树未成熟胚离体培养及植株的形成 [J]. 中国茶叶, 4: 16-18.

王丽, 2013. 黄刺玫栽培管理 [J]. 中国花卉园艺, （14）: 44-45.

王莲, 左娟, 王戈, 等, 2010. 灯台树幼苗对不同光环境的光合生理响应 [J]. 西南大学学报, 32（10）: 82-86.

王良桂, 杨秀莲, 2009. 淹水对2个桂花品种生理特性的影响 [J]. 安徽农业大学学报, 36（3）: 382-386.

王良衍, 杨永川, 宋垚彬, 2005. 浙江天童国家森林公园金钱松人工林生长动态研究 [J]. 浙江林业科技, 25（2）: 4-8.

王良衍, 2004. 小果冬青栽培技术 [J]. 林业实用技术, （12）: 15-16.

王林和, 党宏忠, 张国盛, 等, 2014. 中国天然臭柏群落的分布与生物量特征 [J]. 内蒙古农业大学学报: 自然科学版, 35（1）: 37-45.

王林和, 张国盛, 温国胜, 等, 2011. 臭柏生理生态特性及种群恢复与重建 [M]. 北京: 科学出版社.

王录和, 刘得利, 泉志和, 等, 1995. 红皮云杉温室容器育苗技术 [J]. 林业科技, 20（3）: 13-14.

王明怀, 陈建新, 梁胜耀, 等, 2007. 秃杉优良种源选择及种源区划 [J]. 广东林业科技, 23（1）: 7-13.

王鸣凤, 徐八骏, 季根田, 等, 2000. 青檀嫩枝扦插育苗技术 [J]. 林业科技开发, 14（3）: 49.

王木林, 孙福生, 1996. 复硝钠能促进白皮松生长 [J]. 林业科技通讯, （5）: 34.

王鹏, 李国江, 王石磊, 等, 2010a. 帽儿山实验林场白桦人工幼林适宜微立地研究 [J]. 森林工程, 26（3）: 11-13+17.

王鹏, 王石磊, 王庆成, 等, 2010b. 帽儿山实验林

场白桦适生立地条件［J］．东北林业大学学报，38（10）：9-11．

王倩，1999．香椿栽培技术［M］．北京：中国农业出版社．

王仁梓，2009．图说柿高效栽培关键技术［M］．北京：金盾出版社．

王荣臻，王仲林，者士正，1982．钻天小青杨研究初报［J］．河北林业科技，2：24-28．

王胜东，彭儒胜，2015．杨树速生耐盐碱良种'辽胡1号杨'［J］．林业科学，51（7）：166．

王胜东，彭儒胜，2015．杨树速生耐盐碱良种'辽胡2号杨'［J］．林业科学，51（10）：156．

王胜东，杨志岩，2006．辽宁杨树［M］．北京：中国林业出版社．

王世绩，陈炳浩，李护群，1995．胡杨林［M］．北京：中国环境科学出版社．

王帅，2017．北京市栾树观赏价值评价及苗木质量分级［D］．北京：北京林业大学．

王水平，谢振华，王国平，等，2010．红楠苗木培育技术［J］．现代农业科技，（5）：194-195．

王涛，敖妍，牟洪香，等，2012．中国能源植物文冠果的研究［M］．北京：中国科学技术出版社．

王涛，2005．中国主要生物质燃料油木本能源植物资源概况与展望［J］．科技导报，23（5）：12-14．

王甜，2009．甜槠种群结构与动态规律的研究［D］．南京：南京林业大学．

王卫斌，景跃波，蒋云东，等，2008．云南热区七种乡土阔叶树种容器育苗试验研究［J］．福建林业科技，35（2）：64-70．

王卫斌，景跃波，杨德军，等，2008．云南热区7个乡土阔叶树种的种子采集与处理技术研究［J］．西部林业科学，37（2）：17-20．

王卫斌，史鸿飞，张劲峰，等，2002．热带珍稀树种—铁力木资源可持续经营对策研究［J］．林业资源管理，6：35-38．

王卫斌，王达明，2006．云南红豆杉［M］．昆明：云南大学出版社．

王文卿，陈琼，2013．南方滨海耐盐植物资源（一）［M］．厦门：厦门大学出版社．

王文卿，王瑁，2007．中国红树林［M］．北京：科学出版社．

王贤民，陈晓波，王重舒，等，2011．紫椴、黄波罗混交造林技术［J］．北华大学学报：自然科学版，12（4）：443-446．

王献溥，李俊清，张家勋，1995．珙桐的生物生态学特性和栽培技术［J］．广西植物，（4）：347-353．

王小明，2002．甜槠林群落恢复生态学研究［D］．福州：福建农林大学．

王小平，2002．白皮松生物学及种子生理生态［M］．北京：中国环境科学出版社．

王晓丹，赵振利，范国强，等，2014．5种四倍体泡桐生长特性的研究［J］．西部林业科学，4：72-77．

王馨，杨淑桂，于芬，等，2015．檫木的研究进展［J］．南方林业科学，43（5）：29-33+39．

王性炎，1998．元宝枫栽培与加工利用［M］．西安：陕西人民教育出版社．

王性炎，2013．中国元宝枫［M］．杨凌：西北农林科技大学出版社．

王秀花，陈柳英，马丽珍，等，2011．7年生木荷生长和木材基本密度地理遗传变异及种源选择［J］．林业科学研究，24（3）：307-313．

王秀华，林晓洪，1993．台湾桤木木材超微结构的研究［J］．中华林学季刊，26（1）：77-92．

王雅，赵萍，王玉丽，等，2006．野生沙枣果实营养成分研究［J］．甘肃农业大学学报，（16）：130-132．

王雅莉，2015．黄刺玫在太原地区造林方面的作用［J］．山西林业科技，44（3）：57-58．

王亚南，王军辉，祁万宜，等，2015．华山松种源对树高生长模型参数的影响［J］．西北农林科技大学学报：自然科学版，43（7）：74-81．

王彦彬，颉玉敏，陈荣，等，2002．紫椴的组织培养技术研究［J］．防护林科技，51：37-38．

王烨，2015．毛白杨速生纸浆林地下滴灌施肥效应研究［D］．北京：北京林业大学．

王义弘，柴一新，慕长龙，1994．水曲柳的生态学研究［J］. 东北林业大学学报，22（1）：1-6.

王银柱，2010. 猕猴桃主要病虫害及其防治［J］. 河南农业，8（17）：22.

王永奇，宋明明，周辉，等，2012. 黄杞属植物的研究概况［J］. 大连大学学报，33（6）：81-85.

王永全，2012. 昌吉北部荒漠区复叶槭造林技术［J］. 农村科技，（8）：61.

王玉华，1994. 辽宁省小钻杨优树无性系的区域选择［J］. 辽宁林业科技，（6）：1-6.

王玉霞，张明兰，洛英，等，2012. 藏川杨的扦插繁殖技术［J］. 西藏农业科技，（1）：19-24.

王育水，权玉萍，辛泽华，等，2014. 南太行山区黄刺玫资源调查及开发利用［J］. 焦作师范高等专科学校学报，（2）：77-79.

王占林，2013. 柴达木盆地沙拐枣属树种育苗造林技术［J］. 防护林科技，7：108-110.

王战，张颂云，1992. 中国落叶松林［M］. 北京：中国林业出版社.

王志峰，胥晓，李霄峰，等，2011. 青杨雌雄群体沿海拔梯度的分布特征［J］. 生态学报，31（23）：7067-7074.

王治军，解诗和，马云攀，等，2006. 连翘育苗及造林技术［J］. 陕西林业科技，（2）：94-95.

韦戈，陈正麟，杨峰，等，2011. 广西南宁市园林树木白蚁发生种类及危害情况［J］. 应用昆虫学报，48（3）：769-774.

韦睿，滕文华，赵光仪，等，2011. 引种西伯利亚红松种源试验［J］. 东北林业大学学报，39（1）：5-6+16.

韦善华，唐天，符韵林，等，2011. 灰木莲树皮率、心材率及木材密度研究［J］. 西北林学院学院，26（3）：152-155.

韦小丽，朱忠荣，廖明，等，2005. 香果树组织培养技术研究［J］. 种子，（10）：27-29.

韦晓霞，吴如健，胡菡青，等，2009. 大果优质南酸枣新株系'南酸枣3号'选育研究［J］. 福建果树，（3）：11-13.

卫尊征，潘炜，赵杏，等，2010. 我国东北及华北地区小叶杨形态及生理性状遗传多样性研究［J］. 北京林业大学学报，32（5）：8-14.

魏安智，杨途熙，撒文清，等，2003. 仁用杏无公害高产优质栽培技术［M］. 北京：中国农业出版社.

魏安智，杨途熙，杨恒，2012. 花椒安全生产技术指南［M］. 北京：中国农业出版社.

魏丹，唐洪辉，赵庆，等，2016. 景观树种宫粉羊蹄甲的扦插育苗试验［J］. 森林工程，32（1）：1-5.

魏和军，2009. 枫香造林技术［J］. 现代农业科技，（13）：209+212.

魏惠华，郭静，黄孝春，等，2014. 连翘子药材质量标准研究［J］. 中成药，36（4）：870-872.

魏素梅，李炎香，1989. 石梓种子发芽试验［J］. 林业科学研究，2（2）：185-189.

魏学智，胡玉熹，林金星，等，1999. 中国特有植物金钱松的生物学特性及其保护［J］. 武汉植物学研究，17（增刊）：73-77.

魏忠平，范俊岗，高军，等，2015. 美国白蜡天然分布的影响因素及其生物学特性［J］. 防护林科技，11：72-73+75.

温胜房，李祥云，2008. 刨花润楠育苗与造林技术［J］. 广东林业科技，24（2）：115-116+121.

文珊娜，姜清彬，仲崇禄，等，2016. 灰木莲不同种源种子形态变异分析［J］. 中南林业科技大学学报，36（7）：7-11.

闻殿墀，1991. 红松樟子松落叶松丰产林营造技术［M］. 哈尔滨：东北林业大学出版社.

翁甫金，骆文坚，王远平，2000. 日本栎类树种枯死原因及防治研究［J］. 浙江林业科技，20（6）：46-49.

翁海龙，2008. 思茅松优树选择指标研究［D］. 昆明：西南林业大学.

翁启杰，刘有成，2006. 银桦生物学特性及栽培技术［J］. 广东林业科技，22（1）：101-103.

翁启杰，2007. 山桂花栽培技术［J］. 林业科技开发，21（3）：95-96.

邬华松，2012. 胡椒安全生产技术指南［M］. 北京：中国农业出版社.

邬可义，徐成立，赵久宇，等，2014. 北方育林新探索——中欧专家森林经营对话［M］. 北京：中国林业出版社.

巫鑫，廖红波，朱晓辉，等，2016. 紫穗槐种子体外抗肿瘤活性部位的筛选［J］. 药学研究，35（8）：449-452.

吴初平，邹慧丽，袁位高，等，2013. 浙江楠适生环境研究［J］. 浙江林业科技，33（2）：1-4.

吴德邻，陈帮余，卫兆芬，等，1988. 中国植物志（第39卷）［M］. 北京：科学出版社.

吴刚，陈海平，桑利伟，等，2013. 中国菠萝蜜产业发展现状及对策［J］. 热带农业科学，33（2）：91-97.

吴宏，2015. 彩叶树种色木槭人工栽培丰产技术［J］. 中国林副特产，（2）：65-66.

吴慧源，2015. 不同种源山桐子年生长发育规律差异性研究［D］. 郑州：河南农业大学.

吴清坚，胡松竹，连芳清，1980. 江西檫木人工林的调查研究初报［J］. 江西农业大学学报，2（1）：75-87.

吴文谱，1989. 中国的木荷林［J］. 江西大学学报：自然科学版，13（3）：18-23.

吴希从，温小玲，2005. 灯台树全光扦插繁殖技术［J］. 林业科技开发，19（3）：75-76.

吴小林，张玮，李永胜，等，2011. 浙江省3种楠木主要天然种群的群落结构和物种多样性［J］. 浙江林业科技，31（2）：25-31.

吴秀菊，李桂琴，苍晶，2002. 蓝靛果芽特性与花芽分化的研究［J］. 东北农业大学学报，33（2）：165-169.

吴应建，廉凯敏，张金朝，等，2017. 中条山天然黄菠萝群落调查［J］. 山西林业科技，46（1）：3-5.

吴云峰，周礼洋，姚理武，等，2009. 丝栗栲等9个树种容器育苗技术及应用效果［J］. 林业科技开发，23（3）：112-116.

吴则焰，刘金福，洪伟，等，2012. 水松扦插繁殖体系研究［J］. 中国农学通报，28（22）：22-26.

吴泽民，黄成林，韦朝领，2000. 黄山松群落林隙光能效应与黄山松的更新［J］. 应用生态学报，11（1）：13-18.

吴征镒，1983. 西藏植物志（第一卷）［M］. 北京：科学出版社.

吴征镒，1985. 西藏植物志（第二卷）［M］. 北京：科学出版社.

吴中伦，1959. 川西高山林区主要树种的分布和对于更新及造林树种规划的意见［J］. 林业科学，5（6）：455-478.

吴中伦，1984. 杉木［M］. 北京：中国林业出版社.

吴中伦，1989. 中国农业百科全书（林业卷）［M］. 北京：中国农业出版社.

吴忠锋，杨锦昌，成铁龙，等，2014. 海南油楠重要生物学特性及产油特征［J］. 林业科学，50（4）：144-151.

伍孝贤，熊忠华，2001. 响叶杨群落物种多样性及改造技术研究［J］. 林业科技通讯，（2）：4-6.

伍孝贤，朱忠荣，1996. 响叶杨良种选育［J］. 贵州农学院学报，15（3）：17-21.

伍征明，2002. 刺槐的经济价值与造林技术［J］. 湖南林业科技，29（1）：79-80+86.

武冲，2013. 麻楝种质资源遗传多样性研究［D］. 北京：中国林业科学研究院.

武春生，曹诚一，杨光，1992. 云南油杉的害虫种类及其治理［J］. 西南林学院学报，12（1）：70-76.

武志博，田永祯，赵菊英，等，2013. 阿拉善地区天然梭梭优树选择研究［J］. 干旱区资源与环境，（6）：88-91.

郗荣庭，刘孟军，2005. 中国干果［M］. 北京：中国林业出版社.

郗荣庭，张毅萍，1995. 中国果树志·核桃卷［M］. 北京：中国林业出版社.

郗荣庭，1990. 中国核桃（*Juglans regia* L.）起源考证［J］. 河北农业大学学报，（1）：89-94.

奚声珂，王哲理，游应天，1995. 美国核桃、黑核桃引种试验［J］. 林业科学研究，（3）：285-290.

席本野，2013. 毛白杨人工林灌溉管理理论及高效地下滴灌关键技术研究［D］. 北京：北京林业大学.

夏德安，杨书文，杨传平，等，1991. 红松种源试验研究（I）——种源的初步区划［J］. 东北林业大学学报（S2）：122-128.

夏鹏飞，2014. 枫杨叶鞣质提取纯化工艺的研究［D］. 淮南：安徽理工大学.

夏萍，石常兰，2013. 小青杨新无性系选育报告［J］. 青海农林科技，3：36-37.

夏涛，2016. 制茶学［M］. 3版. 北京：中国农业出版社.

向成华，刘兴良，宿以明，等，1996. 峨眉冷杉人工林生长分析［J］. 四川林业科技，17（1）：32-37.

向其柏，刘玉莲，2008. 中国桂花品种图志［M］. 杭州：浙江科学技术出版社.

向祖恒，2013. 武陵山区光皮树（Swida wilsoniana）种质资源研究［D］. 长沙：中南林业科技大学.

肖葆华，李瑞良，1995. 晚松营养袋育苗造林试验初报［J］. 浙江林业科技，15（6）：32-33.

肖杰易，周正，1997. 儿茶引种栽培的研究［J］. 中国中药杂志，22（6）：334-336.

肖良俊，马婷，宁德鲁，2013. 云南省核桃主产区气候因子分析［J］. 广东农业科学，40（9）：29-31.

肖祥希，杨宗武，卓开发，等，1998. 福建柏人工林生长规律研究［J］. 福建林业科技，25（3）：31-35.

肖正东，2012. 安徽林木特色资源［M］. 北京：中国林业出版社.

萧运峰，1983. 安徽省毛红椋子的调查报告［J］. 植物生态学报，7（2）：152-157.

谢芳，李建民，2000. 光皮桦育苗和造林实用技术［J］. 林业科技开发，14（6）：44-45.

谢枫，金玲莉，涂娟，等，2015. 茶废弃物综合利用研究进展［J］. 中国农学通报，31（1）：140-145.

谢继红，2011. 园林绿化优良树种——印度紫檀［J］. 广东园林，（2）：43.

谢圣冬，2008. 刺槐的选育及造林技术［J］. 现代农业科技，（20）：57+61.

谢晓春，2015. 五味子栽培技术［J］. 农民致富之友，（4）：88

谢耀坚，2015. 真实的桉树［M］. 北京：中国林业出版社.

谢永刚，关丽霞，韩德伟，2007. 刺拐棒（短梗五加）露地栽培及反季节生产技术［J］. 辽宁农业职业技术学院学报，9（3）：12-14.

谢宗万，余友岑，1996. 全国中草药名鉴（上册）［M］. 北京：人民卫生出版社.

谢左章，1998. 马占相思叶粉饲用开发价值及经济预测［J］. 广东林业科技，5（3）：23-26.

辛福梅，杨小林，赵垦田，2015. 不同种源沙生槐种子萌发特性的比较研究［J］. 种子，37（7）：1-5.

辛娜娜，张蕊，徐肇友，等，2014. 不同产地木荷优树无性系生长和开花性状的分析［J］. 植物资源与环境学报，23（4）：33-39.

辛培尧，周军，段安安，等，2010. 我国华山松遗传改良研究进展［J］. 北方园艺，19：210-214.

邢付吉，2002. 云南油杉"百日苗"培育及人工栽培技术［J］. 林业调查规划，（增刊）：116-117.

熊友华，寇亚平，2011. 澳大利亚花卉银桦、蜡花的生物学特性及引种栽培［J］. 云南农业科技，5：61-62.

宿以明，刘兴良，向成华，2000. 峨眉冷杉人工林分生物量和生产力研究［J］. 四川林业科技，21（2）：31-35.

虚怀春，解成骏，2007. 瑶药竹柏的药用研究［J］. 文山师范高等专科学校学报，20（3）：104-107.

徐呈祥，1987. 沙拐枣在甘肃民勤沙区的适应性及其固沙造林技术研究［J］. 甘肃林业科技，1：7-21.

徐大平，邱佐旺，2013. 南方主要珍贵树种栽培技术［M］. 广州：广东科技出版社.

徐大平，杨曾奖，梁坤南，等，2008. 华南5个珍贵树种的低温寒害调查［J］. 林业科学，44（5）：1-2.

徐东翔，于华中，乌志颜，等，2010. 文冠果生物学［M］. 北京：科学出版社.

徐汉虹，2004. 杀虫植物与植物性杀虫剂［M］. 北京：中国农业出版社.

徐化成，班勇，1996. 大兴安岭北部兴安落叶松种子在土壤中的分布及其种子库的持续性［J］. 植物生

态学报，20（1）：28-34.

徐化成，1993. 油松［M］. 北京：中国林业出版社.

徐嘉科，陈闻，王晶，等，2015. 不同施肥方式对红楠生长及营养特性的影响［J］. 生态学杂志，34（5）：1241-1245.

徐建民，白嘉雨，吴坤明，等，1993. 细叶桉地理种源生长性状遗传变异的分析与评价［J］. 林业科学研究，6（3）：242-248.

徐俊玲，王小平，张荣梅，2012. 栾树主要病虫害及防治方法［J］. 河北林业科技，（4）：88.

徐奎源，徐永星，徐裕良，2005. 红楠等4种楠木树种的栽培试验［J］. 江苏林业科技，32（2）：26-27.

徐良，2001. 中国名贵药材规范化栽培与产业化开发新技术［M］. 北京：中国协和医科大学出版社.

徐漫平，郭飞燕，周侃侃，2009. 浙江主要乡土珍贵木材刨切加工与装饰适应性研究［J］. 浙江林业科技，29（2）：38-41.

徐明慧，1993. 园林植物病虫害防治［M］. 北京：中国林业出版社.

徐勤锋，王勇，教忠意，2010. 枫杨的开发利用价值及栽培技术研究［J］. 安徽农业科学，38（34）：19426-19427.

徐润青，唐巍，1994. 峨眉冷杉人工林地位指数表的编制［J］. 四川林勘设计，（3）：38-41.

徐圣旺，方晓东，章高升，等，2010. 深山含笑的特性及种子繁育技术［J］. 现代农业科技，2：228-229.

徐世松，2004. 浙江楠种群生态及引种栽培研究［D］. 南京：南京林业大学.

徐纬英，1988. 杨树［M］. 哈尔滨：黑龙江人民出版社.

徐纬英，2001. 中国油橄榄种质资源与利用［M］. 长春：长春出版社.

徐祥浩，黎敏萍，1959. 水松的生态及地理分布［J］. 华南师范学院学报，（3）：84-99.

徐燕千，劳家骐，1984. 木麻黄栽培［M］. 北京：中国林业出版社.

徐英宝，罗成就，1987. 薪炭林营造技术［M］. 广州：广东科技出版社.

徐英宝，余醒，1980. 珠江三角洲的水松生长调查［J］. 华南农学院学报，1（4）：107-118.

徐永椿，1988. 云南树木图志（上）［M］. 昆明：云南科技出版社.

徐有明，江泽慧，鲍春红，等，2001. 樟树5个品系精油组分含量和木材性质的比较研究［J］. 华中农业大学学报，20（5）：484-488.

许方宏，张倩媚，王俊，等，2009. 圆齿野鸦椿的生态生物学特性［J］. 生态环境学报，18（1）：306-309.

许惠，2009. 银鹊树的生物学特性及应用前景［J］. 安徽林业，2：50-51.

许俊萍，刘庆云，朱臻荣，等，2016. 不同育苗基质对铁力木苗木生长的影响［J］. 热带农业科技，39（1）：27-29.

许再富，陶国达，1992. 望天树保存及繁殖技术研究报告［M］. 北京：中国林业出版社.

许增辉，林大家，赵发桐，1988. 福建木材识别与用途［M］. 福州：福建科学技术出版社.

薛思雷，王庆成，孙欣欣，等，2012. 遮荫对水曲柳和蒙古栎光合、生长和生物量分配的影响［J］. 植物研究，32（3）：354-359.

薛婷，黄峻榕，李宏梁，2013. 国内外花椒副产物的研究现状及其发展趋势［J］. 中国调味品，38（12）：106-110.

薛晓明，谢春平，孙小苗，等，2016. 樟和楠木的木材解剖结构特征和红外光谱比较研究［J］. 四川农业大学学报，34（2）：178-184.

薛周莲，白成喜，2011. 杜梨育苗、造林技术［J］. 科技资讯，（19）：176.

荀守华，乔玉玲，张江涛，等，2009. 我国刺槐遗传育种现状及发展对策［J］. 山东林业科技，39（1）：92-96.

闫桂琴，张伟，张艳芳，等，2003. 翅果油树脱毒试管苗的组织培养技术研究［J］. 西北植物学报，23（7）：1297-1303.

闫兴富，曹敏，2008. 濒危树种望天树大量结实后幼苗的生长和存活［J］. 植物生态学报，32（1）：55-64.

闫学民，张凤杰，付玉杰，等，2001. 钻天柳繁育技术研究［J］. 辽宁林业科技，（1）：3-5.

严学祖，马光良，王光剑，等，1996. 川南秃杉引种优良种源选择［J］. 四川林业科技，17（1）：46-50.

严言，王恩海，张守祥，等，1999. 大青杨、香杨种间及种源间的交配［J］. 东北林业大学学报，27（3）：20-25.

岩野，李学春，刘粉珍，2000. 云南油杉与油杉吉松叶蜂两种群的相关性研究［J］. 云南林业科技，（3）：46-49.

颜婷美，张安琪，王峰，等，2014. 绣球丁香扦插生根过程中内源激素变化［J］. 中国农学通报，30（5）：186-189.

彦洪庆，付婷，2013. 不同近自然程度下黄檗生长过程的研究［J］. 中国林副特产，（4）：29-30.

杨斌，陈宏伟，史富强，等，2011. 我国旱冬瓜的研究动态及方向［J］. 西部林业科学，40（3）：86-89.

杨曾奖，徐大平，曾杰，等，2008. 南方大果紫檀等珍贵树种寒害调查［J］. 林业科学，44（11）：123-127.

杨曾奖，徐大平，张宁南，等，2011，降香黄檀嫁接技术研究［J］. 林业科学研究，24（5）：674-676.

杨传平，杨书文，刘传照，等，1990. 红皮云杉生长变异与早期选择的研究［J］. 东北林业大学学报，（18）：94-99.

杨传平，杨书文，吕清友，等，1991. 长白落叶松最佳种源选择的研究［J］. 东北林业大学学报，19：19-25.

杨传平，2009. 兴安落叶松种源研究［M］. 北京：科学出版社.

杨德军，邱琼，2007. 海南坡垒引种初步［J］. 江西林业科技，2：27-29.

杨国斌，1995. 浅谈华山松无性系初级种子园的规划设计［J］. 云南林业调查规划设计，2：48-50.

杨国慧，霍俊伟，睢薇，2002. 黑穗醋栗抗冻害能力的研究［J］. 东北农业大学学报，33（1）：29-33.

杨海东，詹潮安，2014. 华润楠培育技术［J］. 防护林科技，（8）：120-121.

杨汉乔，2007. 两种饲料槐的组织培养及紫穗槐的辐射诱变育种探讨［D］. 大连：辽宁师范大学.

杨宏伟，张凤岗，付贵生，1984. 耐盐碱杨树杂种小×胡-1号选育小结［J］. 内蒙古林业科技，4.

杨晖，王宇萍，2004. 漆树病虫害综合调查与监管技术［J］. 陕西林业科技（4）：65-67.

杨健全，2015. 印度黄檀的种植和管护［J］. 云南林业，1：67-68.

杨锦昌，李琼琼，尹光天，等，2016. 海南尖峰岭野生油楠不同单株树脂化学成分研究［J］. 林业科学研究，29（2）：245-249.

杨锦昌，尹光天，吴仲民，等，2011. 海南尖峰岭油楠树脂油的主要理化特性［J］. 林业科学，47（9）：21-27.

杨景泉，路春林，王同立，1986. 圆柏嫁接繁殖成活率高［J］. 林业科技通讯，7：10.

杨君珑，宋丽华，蒋万，等，2009. 新疆杨和臭椿混交林的生长及抗天牛虫害研究［J］. 农业科学研究，30（1）：16-19.

杨立志，2013. 南酸枣的传统繁育技术研究［D］. 南昌：江西农业大学.

杨利华，徐玉梅，杨德军，等，2013. 不同造林密度对思茅松中龄林生长量的影响［J］. 江苏林业科技，40（6）：43-46.

杨亮，郭志文，贺珑，2007. 杉木蓝果树混交林林分生产力及生态效应研究［J］. 江西林业科技，（1）：8-10.

杨玲，沈海龙，2017. 花楸组织培养技术［M］. 北京：科学出版社.

杨玲，2008. 花楸种子生物学［M］. 哈尔滨：东北林业大学出版社.

杨民权，曾育田，1989. 马占相思种源试验［J］. 林业科学研究，2（4）：351-356.

杨民权，等，1984. 非洲桃花心木造林技术研究［J］.

热带林业科技，（3）：10-15.

杨鹏，胥晓，2012. 淹水胁迫对青杨雌雄幼苗生理特性和生长的影响［J］. 植物生态学报，36（1）：81-87.

杨鹏，2011. 花榈木不同播种育苗方式效果研究［J］. 中国林副特产，（2）：26-27.

杨萍，茅裕婷，王上上，等，2016. 利用无人机近距离观察园林树木上的寄生植物［J］. 广东园林，38（5）：84-87.

杨钦周，1997. 四川树木分布［M］. 贵阳：贵州科技出版社.

杨清，马信祥，程必强，等，2002. 多用途树种——铁力木［J］. 广西植物，（4）：327-330.

杨清培，钟安建，金志农，等，2014. 江西武夷山南方铁杉群落分类及更新能力评价［J］. 江西农业大学学报，（6）：1275-1283.

杨庆山，王东升，郭专政，等，2001. 鲜食大杏［M］. 郑州：河南科学技术出版社.

杨荣慧，孙宝胜，赵霞，等，2012. 连香树播种育苗试验［J］. 西北林学院学报，27（1）：94-97.

杨绍增，王瑞荣，王达明，等，1996. 阿丁枫造林技术研究［J］. 云南林业科技，2：40-49.

杨士虎，蒋为民，刘国华，2007. 浅谈复羽叶栾树的播种繁殖［J］. 现代农业科技，（14）：27.

杨世龙，黄春丽，唐颖，等，2015. 配位法对银杏叶初提物银杏酚酸的效果［J］. 林业科技开发，29（2）：66-69.

杨书文，夏德安，彭洪梅，等，1991. 红松种源及其家系联合选择的初步研究［J］. 东北林业大学学报，（S2）：129-134.

杨献忠，2008. 省沽油育苗造林技术［J］. 河南林业科技，28（3）：77-78.

杨小建，王金锡，胡庭兴，2007. 台湾桤木育苗技术研究［J］. 四川林业科技，28（2）：33-37，53.

杨新河，吕帮玉，田春元，等，2008. 珍珠花营养成分的测定［J］. 安徽农业科学，36（22）：9601-9602.

杨秀莲，常兆晶，冯洁，等，2016. 桂花露酒浸提及营养成分研究［J］. 食品工业科技，37（21）：347-352.

杨秀莲，冯洁，王良桂，2015a. 朱砂丹桂扦插技术及生根过程中生理生化分析［J］. 江苏农业科学，43（03）：155-158.

杨秀莲，郝其梅，2010. 桂花种子休眠与萌发的初步研究［J］. 浙江林学院学报，27（2）：272-276.

杨秀莲，施婷婷，文爱林，等，2015b. 不同桂花品种香气成分的差异分析［J］. 东北林业大学学报，43（1）：83-87.

杨秀莲，赵飞，王良桂，2014. 25个桂花品种花瓣营养成分分析［J］. 福建林学院学报，34（1）：5-10.

杨旭林，2006. 珍稀树种——翅果油树的良种育苗［J］. 林业实用技术，（7）：46-46.

杨学义，朱立，孙超，2007. 喜树资源及其开发利用［J］. 资源开发与市场，（7）：618-619.

杨亚军，梁月荣，2014. 中国无性系茶树品种志［M］. 上海：上海科学技术出版社.

杨阳，刘振，杨培迪，等，2015. 8个茶树品种的黑茶适制性研究［J］. 茶叶学报，56（1）：39-44.

杨永川，王良衍，宋坤，等，2005. 2种优良乡土冬青的繁育及栽培技术［J］. 浙江林学院学报，22（4）：406-409.

杨勇，阮小凤，王仁梓，等，2005. 柿种质资源及育种研究进展［J］. 西北林学院学报，20（2）：133-137.

杨勇，王仁梓，2005. 甜柿栽培新技术［M］. 杨凌：西北农林科技大学出版社.

杨玉平，2008. 葛藤栽培与葛根采收加工［J］. 湖南林业，（1）：23.

杨玉坡，管中天，李承彪，等，1992. 四川森林［M］. 北京：中国林业出版社.

杨玉坡，李承彪，1990. 四川森林［M］. 北京：中国林业出版社.

杨源，2002. 核桃丰产栽培技术［M］. 昆明：云南科技出版社.

杨泽雄，李伟，余秋尚，2016. 滇润楠大苗培育技术［J］. 现代园艺，（3）：57-58.

杨照渠，2002. 杨梅高接换种技术［J］. 西南园艺，

30（2）：23-24.

杨政川，张添荣，陈财辉，1995. 木贼叶木麻黄在台湾之种源试验 I. 种子重与苗木生长 [J]. 林业试验研究报告季刊，10（2）：2-7.

杨之彦，冯志坚，曹忠元，2011. 羊蹄甲属观赏植物的辨别及其园林应用 [J]. 广东园林，33（1）：47-51.

杨志成，1991. 优良阔叶树种——桤木的分布、生长与利用 [J]. 林业科学，4（6）：643-648.

杨志武，罗成荣，刘娟，等，2016. 灵山正路花椒良种繁育技术研究 [J]. 四川林业科技，37（1）：72-75.

杨志香，周广胜，殷晓洁，等，2014. 中国兴安落叶松天然林地理分布及其气候适宜性 [J]. 生态学杂志，33（6）：1429-1436.

杨自湘，苏晓华，黄秦军，等，2004. 西丰杨系列无性系育种报告 [J] 青海农林科技，S1：11-13.

杨自湘，王守宗，徐红，等，1995. 不同产地青杨的幼树木材材性变异的研究 [J]. 林业科学研究，4：437-441.

杨宗武，郑仁华，肖祥希，等，1998. 珍稀树种——福建柏 [J]. 林业科技通讯，（7）：21-22.

姚方，吴国新，朱瑞琪，等，2011. 重阳木栽植技术及管理措施 [J]. 黑龙江农业科学，（1）：145-146.

姚刚，王丽，段小庆，2016. 油用牡丹凤丹播种育苗及林下栽培管理技术 [J]. 陕西林业科技，1：88-89.

姚继忠，2004. 洋紫荆繁殖技术初探 [J]. 广西热带农业，（4）：33-34.

姚利民，2013. 乡土树种南酸枣的栽培及综合利用 [J] 现代园艺，（7）：34-36.

姚茂华，张良波，向祖恒，等，2009. 光皮树生物柴油原料林营林技术 [J]. 湖南林业科技，36（3）：45-46.

姚淑均，张守攻，王军辉，等，2013. 滇楸结实特性及果实性状变异研究 [J]. 种子，32（3）：5-10.

姚元园，2014. 东南亚天然橡胶产业研究 [D]. 厦门：厦门大学.

叶捷，林雄，马化武，2013. 铁刀木育苗栽培技术 [J]. 林业实用技术，8：34-35.

叶钦良，2011. 石栎容器育苗及造林技术 [J]. 广东林业科技，27（3）：83-84.

叶如欣，莫树门，邹寿青，等，1999. 中国云南阔叶树及木材图鉴（第二册）[M]. 昆明：云南大学出版社.

叶显平，隆仕香，2012. 日本扁柏的人工育苗及栽培管理技术 [J]. 安徽林业科技，38（4）：65-67.

叶艳涛，李艳霞，2015. 油用牡丹'凤丹'播种育苗技术 [J]. 林业科技通讯，11：36-37.

易图永，吕长平，李璐，2006. 长沙地区菏泽牡丹病害发生规律及防治药剂筛选 [J]. 中国农业通讯，22（5）：356-359.

易咏梅，1999. 光皮桦与青冈栎1年生播种苗生长特性比较 [J]. 林业科技通讯，（9）：24-27.

殷寿华，帅建国，1990. 望天树种子散布、萌发及其种群龄级配备的关系研究 [J]. 云南植物研究，12（4）：415-420.

殷文娟，李经洽，马飞丽，等，2013. 北疆地区杜梨露地育苗技术深析 [J]. 园艺与种苗，（6）：46-48.

尹飞，毛任钊，张秀梅，等，2008. 枣粮间作养分利用与表观损失空间差异性 [J]. 生态学报，28（6）：2715-2720.

尹祚栋，李书靖，程同浩，等，2000. 落叶松引种栽培 [M]. 兰州：甘肃科学技术出版社.

尤根彪，叶和军，焦洁洁，等，2016. 丽水白云山红豆树人工林的径级结构和空间分布格局研究 [J]. 广西植物，37（6）：799-805.

尤文忠，董健，云丽丽，等，2005. 辽宁引种北美乔松研究概述 [J]. 防护林科技，（5）：44-45.

游娜，2018. 一个细胞的森林畅想——记南京林业大学教授施季森 [J]. 中国林业产业，12：40-45.

于宏，朱恒，徐福华，等，2014. 华南厚皮香扦插育苗技术研究 [J]. 江西林业科技，42（2）：11-13.

于培明，田智勇，徐启泰，等，2005. 辛夷研究的新进展 [J]. 时珍国医国药，16（7）：652-653.

于学领，2015. 茶塑复合材料的性能表征及应用研究

［D］. 福州：福建农林大学.

余贵湘，董诗凡，邵维治，等，2012. 铁刀木育苗技术研究［J］. 热带林业，40（4）：22-24.

余能健，游为贵，陈明武，等，1992. 马尾松扦插繁殖技术的研究［J］. 福建林学院学报，12（1）：19-25.

俞新妥，1982. 杉木［M］. 福州：福建科学技术出版社.

俞新妥，1978. 马尾松种源试验阶段报告［J］. 中国林业科学，14（1）：4-13.

俞志雄，林新春，李志强，等，1999a. 华木莲生长过程的初步分析［J］. 江西农业大学学报，21（1）：97-100.

俞志雄，廖军，林新春，等，1999b. 华木莲植物群落的生态学研究［J］. 江西农业大学学报，21（2）：73-77.

俞志雄，1994. 华木莲属—木兰科一新属［J］. 江西农业大学学报，16（2）：202-204.

袁金成，2004. 滇杨营林造林及病虫害防治技术［J］. 中国林业，2：40.

袁立明，王静萍，李京民，等，1993. 毛梾油中嗅味及非皂化物成分研究［J］. 中国粮油学报，8（1）：43-48.

袁录霞，张青林，郭大勇，等，2011. 中国甜柿及其在世界甜柿基因库中的地位［J］. 园艺学报，38（2）：361-370.

袁模香，2006. 漆树山地播种育苗技术［J］. 林业实用技术，（9）：30-31.

袁玮，李莹，刘圆，2009. 民族药儿茶的生药学鉴定［J］. 时珍国医国药，20（11）：2802-2803.

袁秀云，张仙云，马杰，等，2007. 国槐植株再生技术研究［J］. 安徽农业科学，35（35）：11418-11419.

云南省林业科学研究所，1981. 铁力木［J］. 西部林业科学，2：1-5.

云南省林业科学研究所，1985. 云南主要树种造林技术［M］. 昆明：云南人民出版社.

云南省林业厅，2015. 云南林产业主要树种培育技术丛书（旱冬瓜）［M/OL］.［2015-08-24］. http://www.ynly.gov.cn/8415/8462/103640.html.

臧淑英，崔洪霞，2000. 丁香花［M］. 上海：上海科学技术出版社.

翟海枝，郭景丽，王磊，等，2010. 栾树花黄酮类化合物的提取工艺研究［J］. 西北林学院学报，25（2）：136-139.

曾东，李行斌，于恒，2000. 新疆落叶松、新疆云杉迹地天然更新特点与规律的辨析［J］. 干旱区研究，（03）：46-52.

曾端香，尹伟伦，赵孝庆，等，2000. 牡丹繁殖技术［J］. 北京林业大学学报，22（3）：90-95.

曾广腾，丁伟林，董南松，等，2014. 桢楠轻基质网袋育苗试验及苗木生长节律研究［J］. 江西林业科技，42（4）：30-33.

曾觉民，1987. 云南高原濒危的黄杉林［J］. 西南林学院学报，（1）：18-31.

曾杰，郑海水，甘四明，等，2005. 广西区西南桦天然居群的表型变异［J］. 林业科学，41（2）：59-65.

曾杰，郑海水，翁启杰，1999. 我国西南桦的地理分布与适生条件［J］. 林业科学研究，12（5）：479-484.

曾杰，2010. 西南桦丰产栽培技术问答［M］. 北京：中国林业出版社.

曾懋修，童宗伦，1984. 伯乐树树干的解剖学研究［J］. 西南农业大学学报，（1）：26-32.

曾明颖，罗学刚，2000. 火棘（火把果）的开发利用［J］. 中国野生植物资源，19（5）：38-39.

曾绍林，2013. 滇润楠播种育苗技术简介［J］. 云南林业，34（3）：65.

曾志光，肖复明，包国华，等，2003. 山杜英种源苗期性状和木材材性遗传变异的研究［J］. 江西农业大学学报，25（6）：815-818.

张蓓，吕立才，庄丽娟，2011. 我国荔枝生产的区域性布局及发展分析［J］. 广东农业科学，23：174-176.

张畅，姜卫兵，韩健，2010. 论榆树及其在园林绿化

中的应用 [J]. 中国农学通报, 26 (10): 202-206.

张晨, 姜卫兵, 魏家星, 等, 2015. 枫杨的园林特性及其绿化应用 [J]. 湖南农业科学, (11): 147-150.

张川黔, 龙秀琴, 罗充, 2012. 葛藤繁殖技术的研究 [J]. 种子, 1 (2): 94-96.

张春华, 李昆, 崔永忠, 等, 2006. 川楝苗木失水处理对其活力及造林效果的影响 [J]. 林业科学研究, 19 (1): 70-74.

张春华, 李昆, 廖声熙, 等, 2008. 金沙江干热河谷退耕还林区川楝造林技术研究 [J]. 西北林学院学报, 23 (1): 115-120.

张春霞, 樊军锋, 黄建, 等, 2006. 滇杨的组织培养和植株再生 [J]. 植物生理学通讯, 42 (6): 1131.

张翠叶, 辛福梅, 杨小林, 等, 2014. 川滇高山栎体胚诱导关键影响因素研究 [J]. 西北农林科技大学学报: 自然科学版, 42 (1): 57.

张东升, 2011. 油橄榄丰产栽培实用技术 [M]. 北京: 中国林业出版社.

张都海, 袁位高, 陈承良, 等, 2003. 花榈木人工林生长规律的初步研究 [J]. 浙江林业科技, 23 (3): 9-11+27.

张敦论, 林新福, 王铁章, 等, 1984. 白榆 [M]. 北京: 中国林业出版社.

张二亮, 宫宇, 陈永军, 等, 2015. 华北落叶松生长规律初探 [J]. 河北林果研究, 30 (1): 30-32.

张方春, 巩树山, 韦占宇, 等, 1999. 五味子实生苗的培育技术 [J]. 林业科技, 24 (2): 49-50.

张方秋, 李小川, 潘文, 等, 2012. 广东生态景观树种栽培技术 [M]. 北京: 中国林业出版社.

张方秋, 2001. 中国热带主要经济树木栽培技术 [M]. 北京: 中国林业出版社.

张方秋, 梁东成, 扬胜强, 等, 2006. 红锥天然分布区表型变异研究 [J]. 浙江林业科技, 26 (1): 1-9.

张峰, 韩书权, 上官铁梁, 2001. 翅果油树地理分布与生态环境关系分析 [J]. 山西大学学报: 自然科学版, 2001, 24 (1): 86-88.

张桂芹, 张同伟, 杨秀华, 等, 2015. 东北大青杨选育研究概况及生长性状调查 [J]. 林业科技, 40 (3): 27-29.

张桂芹, 周建宇, 李国强, 等, 2013. 蒙古栎生物质能源林良种选育技术 [J]. 中国林副特产, (2): 50-51.

张国防, 陈存及, 赵刚, 2006. 樟树叶油地理变异的研究 [J]. 植物资源与环境学报, 15 (1): 22-25.

张国防, 2006. 樟树精油主成分变异与选择的研究 [D]. 福州: 福建农林大学.

张国夫, 李遵华, 刘跃辉, 等, 2000. 钻天柳育苗及栽培技术研究 [J]. 吉林林业科技, 29 (2): 24-27.

张含国, 潘本立, 1997. 中国兴安、长白落叶松遗传育种研究进展 [J]. 吉林林学院学报, 13 (4): 197-202.

张浩洋, 葛芳, 2014. 岫岩县柞树害虫栗山天牛防治技术研究 [J]. 防护林科技, (5): 37-38+40.

张宏斌, 吕东, 赵明, 等, 2013. 青海云杉半同胞子代测定和优良家系选择研究 [J]. 甘肃农大学报, 48 (3): 82-87.

张宏达, 颜素珠, 1979. 中国植物志 (第35卷第2分册) [M]. 北京: 科学出版社.

张鸿铎, 1990. 甘家湖人工梭梭母树林的营造 [J]. 新疆农业科学, (1): 29-31.

张虎, 祝建刚, 2004. 干旱荒漠区白刺种子育苗技术研究 [J]. 甘肃科技, 20 (12): 164-171.

张华, 于淼, 2005. 仁用杏发展及综合利用现状与潜力 [J]. 辽宁农业科学, 6: 40-42.

张华嵩, 李绳式, 1990. 速生丰产林栽培技术 [M]. 北京: 农村读物出版社.

张华新, 2012. 优良乡土油料树种省沽油培育与利用 [M]. 北京: 科学出版社.

张加延, 何跃, 李清泽, 等, 2005. 我国杏壳活性炭的产销现状与应用前景 [J]. 辽宁农业科学, 5: 23-25.

张嘉茗, 廖育艺, 谢国文, 等, 2013. 国家珍稀濒危植物长柄双花木的种群特征 [J]. 热带生物学, 4 (1): 74-80.

张建国，段爱国，黄铨，等，2007. 大果沙棘品种适应性及其综合评价［J］. 林业科学研究，20（1）：10-14.

张建国，段爱国，2004. 理论生长方程与直径结构模型的研究［M］. 北京：科学出版社.

张建国，宋福贤，殷秋燕，2005. 七叶树弓棚育苗技术［J］. 林业实用技术，（12）：40.

张建国，2006. 大果沙棘优良品种引进及适应性研究［M］. 北京：科学出版社.

张建国，2008a. 沙棘新品种适应性研究［M］. 北京：科学出版社.

张建国，2008b. 沙棘生态经济型优良杂种选育研究［M］. 北京：科学出版社.

张建国，2010. 沙棘属植物育种研究［M］. 北京：中国林业出版社.

张建国，2013. 森林培育理论与技术进展［M］. 北京：科学出版社.

张建珠，童清，贾平，等，2013. 思茅松容器嫁接苗培育技术［J］. 山东林业科技，（5）：81-82.

张杰，吴迪，汪春蕾，等，2007. 应用ISSR-PCR分析蒙古栎种群的遗传多样性［J］. 生物多样性，15（3）：292-299.

张静，2014. 植物红豆杉的抗癌药用价值研究［J］. 中国药业，23（1）：1-2.

张俊佩，奚声珂，裴东，等，2015. 核桃砧木新品种'中宁强'［J］. 园艺学报，42（5）：1005-1006.

张克迪，蔡督信，1980. 四个乌桕高产无性系的选育［J］. 林业科学，16（51）：95-99.

张克迪，林一天，1991. 中国乌桕［M］. 北京：中国林业出版社.

张鹍，宋德禄，段亚东，2014. 黑龙江省黑穗醋栗的研究进展［J］. 黑龙江农业科学，（5）：147-149.

张磊，郑国琦，滕迎凤，等，2012. 不同产地宁夏枸杞果实品质比较研究［J］. 西北药学杂志，27（3）：195-197.

张莉，1994. 银杏饮料的研制［J］. 食品科学，（8）：27-30.

张丽梅，汪树人，汪则纯，等，2013. 多用途优良树种——华东楠及繁殖栽培技术［J］. 中国林副特产，（4）：41-43.

张良，2006. 西双版纳望天树生长规律研究［J］. 林业建设，（5）：20-23.

张敏，郑道权，孟晓红，等，2014. 乌桕种植前景和苗木培育技术［J］. 林业实用技术，10：30-32.

张培，吴晶，余本渊，等，2014. 我国榆树害虫发生及研究现状［J］. 江苏林业科技，41（1）：46-49.

张平冬，姚胜，康向阳，等，2011. 三倍体毛白杨超短轮伐纸浆林产量及其纤维形态分析［J］. 林业科学，47（8）：121-126.

张平贤，何欢，罗正荣，等，2016. DISx-AF4S标记在柿及其杂交后代性别鉴定中的有效性研究［J］. 园艺学报，43（1）：47-54.

张萍，周志春，金国庆，等，2006. 木荷种源遗传多样性和种源区初步划分［J］. 林业科学，42（2）：38-42.

张萍，2004. 木荷地理种源变异及分子基础［D］. 北京：中国林业科学研究院.

张钦，李春燕，2012. 油用牡丹栽植技术［J］. 农业知识，28：58.

张清华，董凤祥，2007. 树莓发展现状与前景［J］. 林业实用技术，（11）：8-10.

张秋艳，2009. 暴马丁香（*Syringa reticular* var. *mandshurica*）胚胎学研究［D］. 哈尔滨：东北林业大学.

张少冰，郭曙生，蒋建军，2004. 湖南阳明山黄杉林群落的研究［J］. 生命科学研究，8（2）：178-184.

张少华，梅振根，王宗其，2006. 无公害厚朴生产主要技术环节［J］. 中国林副特产，17（2）：44-45.

张守攻，王军辉，刘娇妹，等，2005. 青海云杉强化育苗技术研究［J］. 西北农林科技大学学报（自然科学版），33（5）：33-38.

张松云，2007. 主要针叶树种应用遗传改良论文集［C］. 北京：中国林业出版社.

张宋智，王军辉，蒋明，等，2009. 欧洲云杉不同种源补光育苗试验［J］. 西北林学院学报，24（3）：75-79.

张天麟，2005. 园林树木1200种 [M]. 北京：中国建筑工业出版社.

张文辉，周建云，何景峰，等，2014. 栓皮栎种群生态与森林定向培养研究 [M]. 北京：中国林业出版社.

张文英，周汉清，李艳松，2013. 白蜡树育苗与造林技术 [J]. 中国林副特产，（4）：62-63.

张晓峰，潘涌智，李任波，2007. 黄杉实小卷蛾生物学特性研究 [J]. 西南林学院学报，（1）：59-62.

张新春，王洪学，王研革，等，2011. 大青杨优良无性系7号在退耕还林地上造林试验 [J]. 防护林科技，（4）：30-31.

张兴军，蔡明历，洪小平，1996. 大别山省沽油形态特征与生态特性初步调查 [J]. 湖北农业科学，6：58-62.

张兴旺，李垚，方炎明，2014. 麻栎在中国的地理分布及潜在分布区预测 [J]. 西北植物学报，34（8）：1685-1692.

张炎森，2007. 任豆在酸性土壤上的生长表现和栽培技术 [J]. 广东林业科技，23（1）：76-79.

张衍传，朱恒，徐福华，等，2015. 华南厚皮香在园林绿化中的应用 [J]. 南方林业科学，43（2）：60-61.

张彦东，沈有信，白尚斌，2001. 混交条件下水曲柳落叶松根系的生长与分布 [J]. 林业科学，37（5）：16-22.

张燕平，段琼芬，苏建荣，2004. 辣木的开发与利用 [J]. 热带农业科学，24（4）：42-48.

张轶中，王从皎，杨静榕，1995. 云南商品木材薄木手册 [M]. 昆明：云南科技出版社.

张毅萍，朱丽华，2006. 核桃高产栽培（修订版）[M]. 北京：金盾出版社.

张永贵，1993. 谈谈北美材黄杉和铁杉的识别 [J]. 中国木材，6：36.

张永强，2015. 翅果油树秋季播种育苗技术研究 [J]. 现代农村科技，（10）：32.

张永青，杨小林，赵垦田，等，2010. 拉萨半干旱河谷地带植被生态主要干扰研究 [J]. 西藏科技，203

（2）：72-74.

张勇，2013. 三种木麻黄遗传改良研究 [D]. 北京：中国林业科学研究院.

张瑜，贾黎明，郑聪慧，等，2014. 秦岭地区栓皮栎天然次生林地位指数表的编制 [J]. 林业科学，50（4）：47-54.

张宇和，刘銮，梁维坚，等，2005. 中国果树志·板栗榛子卷 [M]. 北京：中国林业出版社.

张玉洁，邓建钦，菅根柱，等，2001. 省沽油育苗及栽培技术 [J]. 林业科技开发，15（6）：34-35.

张玉静，郑旭煊，殷钟意. 花椒籽油的开发利用研究进展 [J]. 中国油脂，39（7）：8-11.

张媛，李宗波，2016. 2013年昆明市榕树植物冻害及恢复研究 [J]. 中国农学通报，（4）：21-25.

张月梅，河国庆，汤国柜，等，2014. 阿拉善干旱荒漠地区梭梭育苗及秋季造林技术 [J]. 内蒙古林业调查设计，37（3）：50-52.

张跃敏，李根前，李莲芳，等，2009a. 氮磷配施对云南松实生苗生长的效应 [J]. 西南林学院学报，29（3）：5-10.

张跃敏，李根前，李莲芳，等，2009b. 氮磷配施对云南松实生苗生长的影响 [J]. 林业调查规划，34（3）：27-32.

张占敏，侯利峰，2013. 枫杨育苗技术及其在园林绿化中的作用 [J]. 安徽农学通报，（11）：108.

张正竹，2013. 茶叶生产技术与电子商务 [M]. 北京：中国农业出版社.

张志祥，刘鹏，刘春生，等，2008. 浙江九龙山南方铁杉（*Tsuga tchekiangensis*）群落结构及优势种群更新类型 [J]. 生态学报，28（9）：4547-4558.

张志翔，2008. 树木学 [M]. 北京：中国林业出版社.

张中玉，张建华，2007. 凹叶厚朴育苗技术 [J]. 甘肃科技，23（2）：207-208.

张宗勤，刘志明，2010. 红豆杉 [M]. 杨凌：西北农林科技大学出版社.

章浩百，1993. 福建森林 [M]. 福州：福建科学技术出版社.

章今方，胡国良，汤仁发，1994. 华东黄杉的大痣小蜂

生物学特性初步观察［J］. 森林病虫通讯，2：8-9.

章亭洲，2006. 山核桃的营养、生物学特性及开发利用现状［J］. 食品与发酵工业，（4）：90-93.

章小金，邓文清，2009. 苦槠高效栽培技术［J］. 现代农业科技，5：33.

赵嫦妮，徐德禄，李志辉，2013. 配方施肥对赤皮青冈容器苗生长的影响［J］. 中南林业科技大学学报，5：22-25.

赵晨静，王腾翔，齐霁，等，2016. 人工诱导紫穗槐多倍体条件优化研究［J］. 现代农业科技，（11）：191-193.

赵光仪，1991. 大兴安岭西伯利亚红松研究［M］. 哈尔滨：东北林业大学出版社.

赵国锦，2007. 火棘的栽培管理方法［J］. 中国花卉园艺，（16）：45-46.

赵海莉，陈建军，王世海，等，2011. 大青杨HL系列无性系造林技术［J］. 吉林林业科技，40（2）：44-45.

赵罕，张华新，刘正祥，2009. 翅果油树嫩枝扦插繁殖技术［J］. 东北林业大学学报，37（9）：14-21.

赵合娥，朱青，刘建军，等，2009. 曹州国槐新品种选育研究［J］. 山东林业科技，39（4）：24-26.

赵瑾，2007. 不同圆柏品种（系）抗旱性抗寒性研究［D］. 呼和浩特：内蒙古农业大学.

赵克昌，屈金声，1995. 治沙保土灌木白刺开发利用现状及发展前景［J］. 中国水土保持，（1）：38-41.

赵砺，岳志宗，赵荣军，等，1994. 秦岭银鹊树木材构造及性质研究［J］. 西北林学院学报，9（3）：5-11.

赵砺，2005. 地板用木材［M］. 杨凌：西北农林科技大学出版社.

赵梁军，2002. 观赏植物生物学［M］. 北京：中国农业大学出版社.

赵敏冲，2009. 云南松扦插繁殖研究［D］. 昆明：西南林业大学.

赵能，1993. 四川及其邻近地区杨柳科植物分类的研究（二）［J］. 四川林业科技，14（1）：10-14.

赵培强，2014. 南亚热带地区常见树种生物特征与输

水能力的关系［D］. 北京：中国科学院大学.

赵庆涛，2009. 复叶槭优良无性系——青竹复叶槭选育及其特性研究［D］. 郑州：河南农业大学.

赵天锡，陈章水，1994. 中国杨树集约栽培［M］. 北京：中国科学技术出版社.

赵文书，郭宇渭，汪福斌，等，1993. 思茅松天然优良林分选择的研究［J］. 云南林业科技，（4）：2-10.

赵文书，龙素珍，1988. 山桂花苗木施肥试验报告［J］. 云南林业科技，（4）：10-15.

赵小亮，邓芳，王金磊，等，2007. 杜梨叶片中氨基酸及矿物质元素含量的测定［J］. 塔里木大学学报，19（2）：58-59.

赵晓彬，刘光哲，2007. 沙地樟子松引种栽培及造林技术研究综述［J］. 西北林学院学报，22（5）：86-89.

赵晓斌，李灵会，田卫斌，等，2013. 优良的多功能树种——盐肤木的栽培技术［J］. 现代园艺，16（8）：58-59.

赵兴堂，夏德安，曾凡锁，等，2015. 水曲柳生长性状种源与地点互作及优良种源选择［J］. 林业科学，51（3）：140-146.

赵一之，2005. 小叶、中间和柠条三种锦鸡儿的分布式样及其生态适应［J］. 生态学报，25（12）：3411-3414.

赵英，陈小斌，蒋昌顺，2006. 我国银合欢研究进展［J］. 热带农业科学，26（4）：55-58+63.

赵志刚，郭俊杰，沙二，等，2009. 我国格木的地理分布与荚果、种子表型变异［J］. 植物学报，44（3）：338-344.

赵志刚，王敏，曾冀，等，2013. 珍稀树种格木蛀梢害虫的种类鉴定与发生规律初报［J］. 环境昆虫学报，35（4）：534-538.

赵子青，2013. 大枣中功效成分的分析与提取［D］. 太原：山西大学.

浙江植物志编辑委员会，1993. 浙江植物志（第一卷）［M］. 杭州：浙江科学技术出版社.

郑诚乐，2008. 锥栗板栗无公害栽培［M］. 福州：福

建科学技术出版社.

郑诚乐, 2008. 锥栗若干生物学问题研究 [D]. 福州: 福建农林大学.

郑聪慧, 贾黎明, 段劼, 等, 2013. 华北地区栓皮栎天然次生林地位指数表的编制 [J]. 林业科学, 49 (2): 79-85.

郑德璋, 廖宝文, 郑松发, 等, 1999. 红树林主要树种造林与经营技术研究 [M]. 北京: 中国林业出版社.

郑国琦, 胡正海, 2008. 宁夏枸杞的生物学和化学成分的研究进展 [J]. 中草药, 39 (5): 796-800.

郑坚, 等, 2016. 无柄小叶榕新品种'亚榕1号'[J]. 园艺学报, 43 (S2): 2829-2830.

郑清芳, 1981. 新的珍贵阔叶树种——福建含笑 [J]. 福建林学院学报, (1): 52-53.

郑世锴, 2006. 杨树丰产栽培 [M]. 北京: 金盾出版社.

郑天汉, 2007. 红豆树生物生态学特征研究 [D]. 福州: 福建农林大学.

郑畹, 舒筱武, 李思广, 等, 2003. 云南松优良家系、单株主要性状的遗传分析及综合选择 [J]. 云南林业科技, 32 (4): 1-11.

郑万钧, 1983. 中国树木志 (第一卷) [M]. 北京: 中国林业出版社.

郑万钧, 1985. 中国树木志 (第二卷) [M]. 北京: 中国林业出版社.

郑万钧, 1997. 中国树木志 (第三卷) [M]. 北京: 中国林业出版社.

郑万钧, 2004. 中国树木志 (第四卷) [M]. 北京: 中国林业出版社.

郑维列, 薛会英, 罗大庆, 等, 2007. 巨柏种群的生态地理分布与群落学特征 [J]. 林业科学, 43 (12): 8-15.

郑永光, 韦如萍, 周小珍, 2003. 南洋楹的栽培技术 [J]. 广东林业科技, 19 (4): 69-71.

治沙造林学编委会, 1984. 治沙造林学 [M]. 北京: 中国林业出版社.

中国科学院华南植物园, 2009. 广东植物志 (第三卷) [M]. 广州: 广东科技出版社.

中国科学院昆明植物研究所, 1979. 云南植物志 (第二卷) [M]. 北京: 科学出版社

中国科学院昆明植物研究所, 1986. 云南植物志 (第四卷) [M]. 北京: 科学出版社.

中国科学院昆明植物研究所, 2006. 云南植物志 [M]. 北京: 科学出版社.

中国科学院青藏高原综合科学考察队, 1988. 西藏植被 [M]. 北京: 科学出版社.

中国科学院青藏高原综合科学考察队, 1983. 西藏植物志 (第一卷) [M]. 北京: 科学出版社.

中国科学院青藏高原综合科学考察队, 1985. 西藏森林 [M]. 北京: 科学出版社.

中国科学院西北植物研究所, 1985. 秦岭植物志 [M]. 北京: 科学出版社.

中国科学院植物研究所, 1972. 中国高等植物图鉴 (第一册) [M]. 北京: 科学出版社.

中国科学院植物研究所, 1994. 中国高等植物图鉴 [M]. 北京: 科学出版社.

中国科学院中国植物志编辑委员会, 1996. 中国植物志 [M]. 北京: 科学出版社.

中国科学院中国植物志编辑委员会, 1978. 中国植物志 (第七卷) [M]. 北京: 科学出版社.

中国科学院中国植物志编辑委员会, 1984. 中国植物志 (第二十卷第二分册) [M]. 北京: 科学出版社.

中国科学院中国植物志编辑委员会, 1998. 中国植物志 (第二十二卷) [M]. 北京: 科学出版社.

中国科学院中国植物志编委辑委员会, 2004. 中国植物志 (第四十八卷) [M]. 北京: 科学出版社.

中国科学院中国植物志编辑委员会, 1998. 中国植物志 (第五十卷) [M]. 北京: 科学出版社.

中国林学会, 2016. 桉树科学发展问题调研报告 [M]. 北京: 中国林业出版社.

中国森林编辑委员会, 1999. 中国森林 [M]. 北京: 中国林业出版社.

中国树木志编辑委员会, 1983. 中国树木志 (第一卷) [M]. 北京: 中国林业出版社.

中国药材公司, 1994. 中国中药资源志要 [M]. 北京:

科学出版社.

中国油脂植物编委员会，1987. 中国油脂植物［M］. 北京：科学出版社.

钟才荣，李海生，陈桂珠，2001. 无瓣海桑的育苗技术［J］. 广东林业科技，19（3）：68-70.

钟彩虹，刘小莉，李大卫，2014. 不同猕猴桃种硬枝扦插快繁研究［J］. 中国果树，（4）：23-26.

钟丽琪，王晓雯，郑云芳，2017. 杧果加工的综合利用综述［J］. 现代食品，12：65-66.

钟鉎元，李健，樊梅花，等，1988. 枸杞新品种'宁杞1号'的选育［J］. 宁夏农林科技，（2）：21-24.

钟鉎元，2002. 枸杞高产栽培技术［M］. 北京：金盾出版社.

钟伟华，2008. 林木遗传育种实践与探索［M］. 广州：广东科技出版社.

周福波，卢曦，2015. 入侵树种火炬树的利用现状和发展建议［J］. 现代园艺，4：121.

周建良，2007. 竹柏炭疽病研究初报［J］. 植物保护，33（2）：102-103.

周菊珍，杜铃，林榕庚，2001. 海南蒲桃的栽培技术［J］. 广西林业科学，30（2）：99-100.

周俊新，2008. 福建省竹柏资源状况及开发利用前景分析［J］. 江西林业科技，（5）：38-40+52.

周林元，1982. 胡杨无性繁殖的成轴条件及有关问题分析［J］. 新疆林业，（2）：15-18.

周妮，齐锦秋，王燕高，等，2015. 桢楠现代木和阴沉木精油化学成分的GC-MS分析［J］. 西北农林科技大学学报，43（6）：136-140.

周鹏，彭明，2009. 番木瓜种植管理与开发应用［M］. 北京：中国农业出版社.

周素梅，王强，2004. 我国茶籽资源的开发利用及前景分析［J］. 中国食物与营养，3：13-16.

周铁烽，2001. 中国热带主要经济树木栽培技术［M］. 北京：中国林业出版社.

周维，李昌荣，陈健波，等，2014. 大花序桉种源遗传变异及适应性研究［J］. 西南林业大学学报，（4）：36-41.

周晓峰，李俊清，1991. 次生黄波罗林的研究［J］. 东北林业大学学报，19（水胡黄椴专刊）：140-146.

周铁烽，2001. 中国热带主要经济树木栽培技术［M］. 北京：中国林业出版社.

周应书，1991. 华山松优树分级的FUZZY模型［J］. 贵州林业科技，1：13-16.

周永丽，刘福云，万军，等，2003. 四川桤木木材特殊初步研究［J］. 中川林业科技，（01）：75-78.

周玉石，陈炳浩，1987. 优良杂种——锦县小钻杨［J］. 林业科技通讯，（12）：18-20.

周浙昆，1993. 中国栎属的地理分布［J］. 中国科学院研究生院学报，10（1）：95-108.

周政贤，2001. 中国马尾松［M］. 北京：中国林业出版社.

朱崇付，2013. 朴树栽培管理技术研究［J］. 吉林农业，（20）：73.

朱光斌，1965. 轻木的林学特性和栽培技术［J］. 林业科技通讯，（5）：3-5.

朱桂兰，1994. 速生树种——团花［J］. 林业调查规划，（4）：58-59.

朱恒，俞方洪，徐福华，等，2008. 华南厚皮香苗木繁殖技术研究［J］. 江西林业科技，36（1）：22-26+63.

朱恒，俞方洪，徐福华，等，2008. 华南厚皮香造林技术研究［J］. 江西林业科技，36（1）：27-31+40.

朱鸿云，2009. 猕猴桃［M］. 北京：中国林业出版社.

朱积余，廖培来，2006. 广西名优经济树种［M］. 北京：中国林业出版社.

朱建峰，乔来秋，张华新，2016. 白榆研究利用现状及我国白榆良种化探讨与展望［J］. 世界林业研究，29（3）：46-51.

朱杰丽，柴振林，吴翠荣，等，2018. 浙江省香榧及其油脂综合性状研究［J］. 中国粮油学报，34（3）：63-69.

朱京琳，1983. 新疆巴旦杏［M］. 乌鲁木齐：新疆人民出版社.

朱景秋，2014. 4种槭树播种育苗技术［J］. 特种经济动植物，3：38-39.

朱守谦，何纪星，张喜，等，1991. 不同生物气候带马尾松生长节律的初步研究［J］. 贵州农学院丛刊（马尾松Ⅲ），（2）：54-66.

朱泰恩，2013. 简述黄杉容器育苗技术［J］. 广东科技，1（2）：86-87.

朱万泽，王金锡，薛建辉，2005. 台湾桤木引种气候生态适生区分析［J］. 热带亚热带植物学报，13（1）：59-64.

朱万泽，王三根，郝庆云，等，2010. 川滇高山栎灌丛萌生过程中的营养元素供应动态［J］. 植物生态学报，34（10）：1185-1195.

朱西存，宋金斗，王文莉，等，2005. 山杜英的特性及嫩枝扦插技术［J］. 山东林业科技，（6）：45-46.

朱惜晨，黄利斌，马东跃，2005. 乐昌含笑、深山含笑扦插繁殖试验［J］. 江苏林业科技，32（1）：14-16.

朱夏敏，夏林波，王鑫，等，2017. 川楝子不同药用部位的川楝素含量研究［J］. 时珍国医国药，（2）：257-259.

朱先成，陶永强，杨军，2005. 团花育苗与造林［J］. 林业实用技术，（2）：19-20.

朱艳，2010. 2008年宜昌城区榕树冻害调查［J］. 湖北农业科学，49（6）：1407-1410.

朱艳芳，2018. 复羽叶栾树种子老化的生理生态学研究［D］. 恩施：湖北民族学院.

朱雁，王玉奇，田华林，等，2012. 珍贵树种榉木芽苗移栽技术研究［J］. 中国林福特产，（4）：24-25.

朱雁，张季，田华林，等，2010. 南酸枣育苗技术及苗质量分级标准［J］. 中国林副特产，12（6）：38-39.

朱玉伟，陈启民，刘茂秀，等，2009. 准噶尔盆地南缘人工封育促进天然植被恢复的研究［J］. 新疆农业科学，46（5）：1144-1148.

朱元金，钟兆华，孙志虎，2010. 三江平原丘陵区长白落叶松适生立地条件分析［J］. 森林工程，26（5）：13-16.

朱之悌，2006. 毛白杨遗传改良［M］. 北京：中国林业出版社.

朱志松，丁衍畴，1993. 湿地松［M］. 广州：广东科技出版社.

朱忠荣，伍孝贤，1996. 响叶杨优树无性繁殖技术［J］. 贵州农学院学报，15（2）：17-22.

朱忠泰，2015. 银桦苗木容器育苗技术［J］. 福建农业科技，6：57-58.

竺肇华，1995. 关于泡桐属植物的分布中心及区系成分的探讨［C］//熊耀国，赵丹宁. 泡桐遗传改良. 北京：中国科学技术出版社.

祝旭加，孙岳胤，2013. 沙松球果表型性状地理变异规律的研究［J］. 防护林科技，120（9）：11.

祝云祥，丰柄财，丰晓阳，等，1994. 台湾扁柏红桧福建柏在千岛湖区的引种［J］. 浙江林学院学报，11（3）：320-323.

祝志勇，王强，阮晓，等，2010. 不同地理居群山桐子的果实含油率与脂肪酸含量［J］. 林业科学，46（5）：176-180.

庄平，2001. 峨眉山冷杉森林群落研究［J］. 广西植物，21（3）：223-227.

庄瑞林，姚小华，2008. 中国油茶［M］. 2版. 北京：中国林业出版社.

卓仁英，陈益泰，2005. 四川桤木不同群体间遗传分化研究［J］. 浙江林业科技，25（1）：13-16.

宗世贤，陶金川，杨志斌，等，1988. 毛红椿的生态地理分布及其南京引种的初步观察［J］. 植物生态学与地植物学学报，12（3）：222-231.

宗绪晓，2006. 木豆种质资源描述规范和数据标准［M］. 北京：中国农业出版社.

宗宇，孙萍，牛庆丰，等，2013. 中国北方野生杜梨分布现状及其形态多样性评价［J］. 果树学报，30（6）：918-923.

宗宇，2014. 中国北方野生杜梨的遗传多样性和谱系地理研究［D］. 杭州：浙江大学.

宗长玲，2012. 长白山笃斯越橘组培快繁、植株再生及耐弱碱突变体的筛选［D］. 延边：延边大学.

纵丹，员涛，周安佩，等，2014. 滇杨优树遗传多样性的AFLP分析［J］. 西北林学院学报，29（4）：103-108.

邹秉章，2006. 厚朴药材基地营建与管理技术［J］.

亚热带农业研究，2（3）：191-193.

邹高顺，1995. 台湾桤木引种造林及其培肥能力的研究 [J]. 福建林学院学报，15（2）：112-117.

邹慧丽，2012. 浙江省5个楠木类树种的林分特此的初步研究 [D]. 杭州：浙江农林大学.

邹利娟，苏智先，胡进耀，等，2009. 濒危植物珙桐的组织培养与植株再生 [J]. 植物研究，29（2）：187-192.

邹年根，罗伟祥，1997. 黄土高原造林学 [M]. 北京：中国林业出版社.

邹寿明，胡德活，韦如萍，等，2011. 南洋楹速生丰产用材林栽培技术 [J]. 中国园艺文摘，27（6）：187-188.

邹寿青，陈美玲，1984. 一种速生用材树种——大果人面子 [J] 南京林学院学报，7（3）：80-87.

邹寿青，郭永杰，2008. 大果紫檀的育苗栽培技术 [J]. 林业调查规划，33（5）：131-133.

邹寿青，2005. 轻木引种研究 [C] // 王豁然，江泽平，李延峻，等. 格局在变化——树木引种与植物地理. 北京：中国林业出版社.

邹学忠，钱拴提，2007. 林木种苗生产技术 [M]. 北京：中国林业出版社.

左家哺，1995. 贵州西部黄杉林群落特征与天然更新的研究 [J]. 贵州林业科技，23（1）：14-21.

佐艳，古丽孜亚，2008. 小叶白蜡生物学特性及栽培技术 [J]. 农村科技，（7）：78.

《浙江森林》编辑委员会，1984. 浙江森林 [M]. 北京：中国林业出版社.

《中国森林》编辑委员会，2003. 中国森林 [M]. 北京：中国林业出版社.

《中国树木志》编委会，1976. 中国主要树种造林技术 [M]. 北京：中国农业出版社.

劉震，2000. 亜熱帯域に分布するイイギリの休眠に関する研究 [J]. 三重大学演習林報告，24：107-161.

Achiwa Y, Hibasami H, Katsuzaki H, et al, 1997. Inhibitory effects of persimmon (*Diospyros kaki*) extract and related polyphenol compounds on growth of human lymphoid leukemia cells [J]. Biosci Biotechnol Biochem, 61(7): 1099-1101.

Adams R P, 2004. Junipers of the World: the Genus *Juniperus* [M]. Trafford: Victoria.

Afuang W, Siddhuraju P, Becker K, 2003. Comparative nutritional evaluation of raw, methanol extracted residues and methanol extracts of moringa (*Moringa oleifera* Lam.) leaves on growth performance and feed utilization in Nile tilapia (*Oreochromis niloticus* L.) [J]. Aquaculture Research, 34(13): 1147-1159.

Aher A N, Pal S C, Yadav S K, et al, 2009. Antioxidant activity of isolated phytoconstituents from *Casuarina equisetifolia* Frost (Casuarinaceae) [J]. Journal of Plant Sciences, 4:15-20.

Akagi T, Henery I M, Tao R, et al, 2014. A Y-chromosome-encoded small RNA acts as a sex determinant in persimmons [J]. Science, 346: 646-650.

Akagi T, Kajita K, Kibe T, et al, 2014. Development of molecular markers associated with sexuality in *Diospyros lotus* L. and their application in *D. kaki* Thunb [J]. J Jpn Soc Hortic Sci, 83: 214-221.

Alison K S Wee, Chunhong Li, William S Dvorak, et al, 2012. Genetic diversity in natural populations of *Gmelina arborea*: implications for breeding and conservation [J]. New Forests, 43(4): 411-428.

Bai Q, Su S C, Lin Z, et al, 2016. The Variation Characteristics and Blooming Phenophase of Monoecious *Pistacia chinensis* Bunge [J]. HortScience, 51(8): 961-967.

Banchulkar M, 1996. Note on a tree of *Bombax ceiba* L. with red and yellow flowers [J]. Phytotaxonomy, 10: 143-146.

Barlow B A, 1983. Casuarina-a taximimic and biologeoggraphic review [C]//Midgey S J, Tuenbull J W, Johnson R D. Casuarina Ecology, Management and Utilization. Melbourne: CSIRO. : 10-18.

Bartish J V, Jeppsson N, Nybom H, et al, 2002. Phylogeny of *Hippophae* (Elaeagnaceae) inferred from parsimony analysis of choloroplast DNA and morphology [J]. Syst Bot, 27: 41−54.

Bidarigh S, Azarpour E, 2011. The study effect of cytokinin hormone types on length shoot in vitro culture of tea (*Camellia sinensis* L.) [J]. World Appl Sci J, 13: 1726−1729.

Chaoyan LV, Ximing ZHANG, Guojun LIU, et al, 2012. Seed yield model of *Haloxylon ammodendron* (C. A. Mey) Bunge in Junggar basin, Pakistan [J]. Journal of Botany, 44(4): 1233−1239.

Chuang P H, Lee C W, Chou J Y, et al, 2007. Anti-fungal activity of crude extracts and essential oil of *Moringa oleifera* Lam [J]. Bioresource Technology, 98(1): 232−236.

David Grigg, 2001. Olive oil, the Mediterranean and the world [J]. GeoJournal, 53: 163−172.

Dickmann D I, Isebrand J G, Eckenwalder J E, et al, 2001. Poplar Culture in North America [M]. Ottawa: NRC Research Press.

Diem H G, Gauthier D, Dommergues Y R, 1982. Isolation of *Frankia* from nodules of *Casuarina equisetifolia* [J]. Can J Microbiol, 28: 526−530.

Fan Xiaoming, Yuan Deyi, Tang Jing, et al, 2015. Sporogenesis andgametogenesis in Chinese chinquapin [*Castanea henryi* (Skam) Rehder & Wilson] and their systematic implications [J]. Trees structure and function, 29: 1713−1723.

Fang Shengzuo, Li Guangyou, Fu Xiangxiang, 2004. Biomass production and bark yield in the plantations of *Pteroceltis tatarinowii* [J]. Biomass and Bioenergy, 26: 319−328.

FAO, 2007. The world's mangroves 1980−2005 [M]. Rome, Italy: Food and Agriculture Organisation.

Fisher W J, Pegg R E, Harvey A M, 1980. Planning, establishment and management of hoop pine plantations [M]. Brisbane, Australia: Department of Forestry.

Ghanati F, Ishka M R, 2009. Investigation of the interaction between abscisic acid (ABA) and excess benzyladenine (BA) on the formation of shoot in tissue culture of tea (*Camellia sinensis* L.) [J]. Intern J Plant Prod, 3(4): 7−14.

Ghasi S, Nwobodo E, Ofili J O, 2000. Hypocholesterolemic effects of crude extract of leaf of *Moringa oleifera* Lam in high-fat diet fed Wistar rats [J]. Journal of Ethnopharmacology, 69(1): 21−25.

Ghulam S, Famoq A , Bushra S, 2011. Antioxidant and antimicrobial attributes and phenolics of different solvent extracts from leaves, flowers and bark of gold mohar *Delonix regia* (Bojeret Hook.) Raf. [J]. Molecules, 16(9): 7302−7319.

Gorinstein S, Zachwieja Z, Folta M, et al, 2001. Comparative contents of dietary fiber, total phenolics, and minerals in persimmons and apples [J]. Agric Food Chem, 49(3): 952−957.

Gu Y, Li Z H, Zhou C H, et al, 2002. Field Studies on Genetic Variation for Frost Injury in Pigeonpea [J]. International Chickpea and Pigeonpea Newsletter, 3(9): 39−42.

Guevara A P, Vargas C, Sakurai H, et al, 1999. An antitumor promoter from *Moringa oleifera* Lam [J]. Mutation Research/Genetic Toxicology and Environmental Mutagenesis, 440(2): 181−188.

Higa M, Iha Y, Aharen H, et al, 1987. Studies on the constituents of *Casuarina equisetifolia* J. R. & G. Forst [J]. Bulletin of the College of Science, 45: 147−158.

Hu H H, Cheng W C, 1948.On the new family Metasequiaceae and on *Metasequoia glyptostroboides*, a living species of the genus *Metasequoia* found in Szechuan and Hupen [J]. Bulletin of the Fan Memorial Institute of Biology, 1(2): 153−161.

Jayaraman S, Mohamed R, 2015. Crude extract of *Trichoderma* elicits agarwood substances in cell suspension culture of the tropica tree, Aquilaria malaccensis Lam. [J]. Turk J Agric Fav, 39: 163−173.

Jiang Q B , Ma Y Z, Zhong C L, et al, 2015. Optimization of the conditions for *Casuarina cunninghamiana* Miq.

genetic transformationmediated by *Agrobacterium tumefaciens* [J]. Plant Cell, Tissue and Organ Culture (PCTOC), 121: 195−204.

Jiang Qingbin, Li Qingying, Chen Yu, et al, 2017. Arbuscularmycorrhizal fungi enhanced growth of *Magnolia macclurei* (Dandy) Figlar seedlings grown under glasshouse conditions [J]. Forest Science, 63(4): 441−448.

Juntunen V, Neuvonen S, 2006. Natural regeneration of Scots pine and Norway spruce close to the timberline in northern Finland. [J]. Silva Fennica, 40(3): 443−458.

Kalwij J M, 2012. Review of The plant list, a working list of all plant species [J]. Journal of Vegetation Science, 23(5): 998−1002.

Karlinasari L, Indahsuary N, Kusumo H T, et al, 2015. Sonic and ultrasonic waves in agarwood trees (*Aquilaria microcarpa*) inoculated with Fusarium solani [J]. Journal of Tropical Forest Science, 27(3): 351−356.

Kaosa-ard A, 1981. Teak (*Tectona grandis* L. f.) —its natural distribution and related factors [J]. Natural History Bulletin of the Siam Society, (29): 55−74.

Kawase M, Motohashi N, Satoh K, et al, 2003. Biological activity of persimmon (*Diospyros kaki*) peel extracts [J]. Phytother Res, 17(5): 495−500.

Keogh R M, 1987. The care and management of teak (*Tectona grandis* L. f.) plantations [R]. Universidad Nacional de Costa Rica: Heredia, Costa Rica.

Kevin L, Jonathan, Lathrop, et al, 2010. Restoration of old forest features in coast redwood forests using early-stage variable-density thinning [J]. Restoration Ecology, 18(S1): 125−135.

Kevin L, Lathrop P, Christopher R, 2012. Variable-density thinning and a marking paradox: comparing prescription protocols to attain stand variability in coast redwood [J]. West J Appl For, 27(3): 143−149.

Kossah R, Zhang Hao, Chen Wei, 2011. Antimicrobial and antioxidant activities of Chinese sumac (*Rhus typhina* L.) fruit extract [J]. Food Control, 22(1): 128−132.

Kumar V S, 2006. New combinations and new names in Asian Magnoliaceae [J]. Kew Bulletin, 61(2): 183−186.

Lamb A F A, 1968. Fast growing timber trees of the lowland tropics No. 1: *Gmelina arborea* [R]. Oxford, England: University of Oxford and Commonwealth Forestry Institute.

Lauridsen E B, 1986. *Gmelina arborea* Linn [R]. Humlebæk, Denmark: Seed Leaflet No. 6. Danida Forest Seed Centre.

Li G L, Zhu Y, Liu Y, et al, 2014. Combined effects of pre-hardening and fall fertilization on nitrogen translocation and storage in *Quercus variabilis* seedlings [J]. European Journal of Forest Research, 133(6): 983−992.

Liao S X, Cui K, Wan Y M, et al, 2014. Reproductive biology of the endangered cypress Calocedrus macrolepis [J]. Nord J Bot, 32(1): 98−105.

Liu J J, Bloombergm, Li G L, et al, 2016. Effects of copper root pruning and radicle pruning on first-season field growth and nutrient status of Chinese cork oak seedlings [J]. New Forests, 47(5): 715−729.

Liu Y, Chen H, Yang Y, et al, 2013. Whole-tree agarwood-inducing technique: an efficient novel technique for producing high-quality agarwood in cultivated *Aquilaria sinensis* trees[J]. Molecules, 18(3): 3086−3106.

Liu Yang, Chen Pei, Zhou Mingming, et al, 2018a. Geographic variation in the chemical composition and antioxidant properties of phenolic compounds from *Cyclocarya paliurus* (Batal) Iljinskaja leaves [J]. Molecules, 23(10): 2440.

Liu Yang, Fang Shengzuo, Zhou Mingming, et al, 2018b. Geographic variation in water-soluble polysaccharide content and antioxidant activities of *Cyclocarya paliurus* leaves [J]. Industrial Crops & Products, 121: 180−186.

Liu Zhilong, Fang Shengzuo, Liu Dong, et al, 2011. Influence of thinning time and density on sprout development, biomass production and energy stocks of sawtooth oak stumps [J]. Forest Ecology and Management, 262: 299−306.

Ma T, Wang J, Zhou G, et al, 2013. Genomic insights into salt adaptation in a desert poplar [J]. Nature Communications, 4: 2797.

Mohamed R, Jong P L, Kamziah A K, 2014. Fungal inoculation induces agarwood in young *Aquilaria malaccensis* trees in the nursery [J]. Journal of Forestry Research , 25(1): 201−204.

Morgan E D, 2009. Azadirachtin, A Scientific Gold Mine [J]. Bioorganic & medicinal, 17: 4096−4105.

Mukhopadhyay M, Mondal T K, Chand P K, 2016. Biotechnological advances in tea (*Camellia sinensis* L.): a review [J]. Plant Cell Rep, 35(2): 255–287.

National Academy of Science(NAS), 1984. *Casuarina*: Nitrogen-fixing Trees for Adverse Sites [M]. Washington DC: National Academy Press.

Ouyang F, Wang J, Li Y, 2015. Effects of cutting size and exogenous hormone treatment on rooting of shoot cuttings in Norway spruce [*Picea abies* (L.) Karst.] [J]. New Forests, 46(1): 91−105.

Pinyopusarerk K, Kalinganire A, 2003. Domestication of *Chukrasia* [M]. Canberra: Elect Printing, Australia.

Ranaweera KK, Gunasekara MTK, Eeswara JP, 2013. Exvitrorooting: a low cost micropropagation technique for Tea (*Camellia sinensis* L.) hybrids [J]. Sci Hort, 155: 8–14.

Rashid U, Anwar F, Moser B R, et al, 2008. *Moringa oleifera* oil: a possible source of biodiesel [J]. Bioresource Technology, 99(17): 8175−8179.

Reddell P, Bowen G D, Robson M, 1986. Nodulation of Casuarinaceae in relation to host species and soil properties [J]. Aust J Bot, 34: 435–444.

Reich P, Teshey P, Johnson S, et al, 1980. Periodic root and shoot growth in oak [J]. Forest science, (4): 590−598.

Richard E Litz, 2008. The Mango (2nd Edition): Botany, Production and Uses [M]. Bodmin: MPG Books Group.

Rugkhla A, McComb J A, Jones M G K, 1997. Intra-and inter-specific pollination of *Santalum spicatum* and *S. album* [J]. Australian Journal of Botany, 45(6): 1083−1095.

Sanginga N, Bowen G D, Danso S K A, 1990. Genetic variability in symbiotic nitrogen fixation within and between provenances of two *Casuarina* species using the 15N-labelingmethods [J]. Soil Bio Biochem, 22: 539−547.

Shi G L, Zhou Z Y, Xie Z M, 2012. A new Oligocene Calocedrus from South China and its implications for transpacific floristic exchanges [J]. Am J Bot, 99(1): 108−120.

Tamuli P, Boruah P, Saikia R, 2006. Mycofloral study of the phyllosphere and soil of agarwood tree plantation [J]. Plant Archives, 6(2): 695−697.

Taylor A H, 1990. Disturbance and persistence of Sitka spruce [*Picea sitchensis* (Bong) Carr.] in coastal forests of the Pacific Northwest, North America. [J]. Journal of Biogeography, 17(1): 47−58.

Tian Ning, Fang Shengzuo, Yang Wanxia, et al, 2017. Influence of container type and growth medium on seedling growth and root morphology of *Cyclocarya paliurus* during nursery culture [J]. Forests, 8: 387.

White KJ, 1991. Teak —Some Aspects of Research and Development [M]. Bangkok: FAO Regional Office for Asia and the Pacific (RAPA).

Wilson J L, Johnson L A S, 1989. Casuarinaceae. In: Flora of Australia. Hamamelidales to Casuarinales [M]. Canberra: Australian Government Publishing Service.

Wu C, Zhong C, Zhang Y, et al, 2014. Genetic diversity and genetic relationships of *Chukrasia* spp. (Meliaceae) as revealed by inter simple sequence repeat (ISSR) markers [J]. Trees, 28(6): 1847−1857.

Wu X D, Wang S Y, Wang L, et al, 2013. Labdane diterpenoids and lignans from *Calocedrus macrolepis* [J]. Fitoterapia, 85: 154−160.

Wu Z Y, Raven P H, 1999. Flora of China [M]. Beijing: Science Press.

Xu Yulan, Zhang Yuemin, Li Yunfei, et al, 2012. Growth promotion of yunnan pine early seedlings in response to foliar application of IAA and IBA [J]. International

Journal of Molecular Sciences, 13(5): 6507−6520.

Yang X L, Yue Y Z , Li H Y, et al, 2018. The chromosome-level quality genome providesinsights into the evolution of the biosynthesis genes for aroma compounds of *Osmanthus fragrans* [J]. Hoticulture Research, 5: 72.

Yang Y, Yang Z, Liu J, et al, 2015. Screening of potential anti-influenza agents from *Juglans mandshurica* Maxim. by docking and md simulations [J]. Digest Journal of Nanomaterials and Biostructures, (10): 43−57.

Yu Fangyuan, Du Yan, Shen Yongbao, 2006. Physiological characteristics changes of *Aesculus chinensis* seeds during natural dehydration [J]. Journal of Forestry Research, 17(2): 103−106.

Zhang Haifang, Shi Xiaohong, Wang Linhe, et al, 2016. Antibacterial Effect of Waste Liquor of Essence Oil Extraction from *Sabina vulgaris* Ant in Foods [J]. Agricultural Science & Technology, 17(2): 414−416.

Zhong C L, Jiang Q B, Zhang Y, et al, 2011. Genetic transformation of *Casuarina equisetifolia* by agrobacterium tumefaciens [C]//Zhong C L, Pinyopusarerk K, Kalinganire A and Franche C. Improving Smallholder Livelihoods through Improved Casuarina Productivity. Beijing: China Forestry Publishing House.

Zhu J, Wang K, Sun Y, et al, 2014. Response of *Pinus koraiensis* seedling growth to different light conditions based on the assessment of photosynthesis in current and one-year-old needles [J]. Journal of Forestry Research, 25(1): 53−62.

附录

附录1 林业有害生物防治常用药剂及使用方法汇总表

农药种类	序号	来源	药剂名称	英文名	药剂性能	防治对象	剂型	施药方式	常用浓度
杀虫剂	1	有机农药	灭幼脲Ⅲ号	Chlorbenzuron	几丁质合成抑制剂	食叶害虫	粉剂	喷粉	450～600g/hm²（25%粉剂）
						食叶害虫	烟剂	喷烟	15%烟雾剂
						食叶害虫	悬浮剂	喷雾	2000～2500倍液（25%悬浮剂）
						食叶害虫	乳油	喷雾	1500～2000倍液（25%乳油）
	2	有机农药	抗蚜威	Pirimicarb	神经毒剂	食叶害虫	可湿性粉剂	喷雾	3000～5000倍液（50%可湿性粉）
	3	有机农药	溴氰菊酯	Deltamethrin	神经毒剂	食叶害虫	乳油	喷雾	4000～8000倍液（2.5%乳油）
						蛀干害虫、刺吸害虫	乳油	喷雾	2000～6000倍液（2.5%乳油）
	4	有机农药	氰戊菊酯	Fenvalerate		蛀干害虫	乳油	浇灌	2000～4000倍液（2.5%乳油）
					神经毒剂	食叶害虫、刺吸害虫	乳油	喷雾	2000～8000倍液（20%乳油）
	5	有机农药	氧化乐果	Omethoate	神经毒剂	食叶害虫	烟剂	喷烟	5%烟剂
						食叶害虫	乳油	喷雾	1000～2000倍液（40%乳油）
						蛀干害虫	乳油	喷雾	100～200倍树干基部喷施（40%乳油）
						蛀干害虫、刺吸害虫	乳油	打孔注药	5～40倍液（40%乳油）
	6	有机农药	杀铃脲	Triflumuron	几丁质合成抑制剂	食叶害虫	乳油	喷雾	1000～2000倍液（20%乳油）
	7	有机农药	三氟氯氰菊酯	Cyhalothrwvin	神经毒剂	食叶害虫	乳油	喷雾	300～1000倍液（5%乳油）
	8	有机农药	高效氯氰菊酯	Beta cypermethrin	神经毒剂	食叶害虫、刺吸害虫	乳油	喷雾	1000～4000倍液（5%乳油）
						食叶害虫	微囊悬浮剂	喷雾	2000～3000倍液（8%微囊悬浮剂）

续表

农药种类	序号	来源	药剂名称	英文名	药剂性能	防治对象	剂型	施药方式	常用浓度
					神经毒剂	蛀干害虫	微囊悬浮剂	喷雾、超低容量喷雾	900mL/hm²或100～500倍液（8%微囊悬浮剂）
	9	有机农药	苯氧威	Fenoxycarb	神经毒剂	蛀干害虫	乳油	喷雾	400倍液（5%乳油）
						食叶害虫、蛀干害虫	乳油	喷雾	2500～4000倍液（3%乳油）
	10	有机农药	除虫脲	Diflubenzuron	几丁质合成抑制剂	食叶害虫	悬浮剂	喷雾	2500～7000倍液（20%悬浮剂）
	11	有机农药	吡虫啉	Imidacloprid	神经毒剂	食叶害虫	乳油	喷雾	1000～2000倍液（35%乳油）
						食叶害虫	胶囊剂	喷雾	3000～4000倍液（15%胶囊剂）
						食叶害虫、刺吸害虫	可湿性粉剂	喷雾	2000～3000倍液（10%可湿粉）
						蛀干害虫	可溶性液剂	喷雾	400～600倍液（20%可溶性粉剂）
						蛀干害虫	可溶性液剂	打孔注药	200～400倍液（20%可溶性粉剂）
						刺吸害虫	可溶性液剂	喷雾	5000～8000倍液（20%可溶性液剂）
	12	有机农药	啶虫脒	Acetamiprid	神经毒剂	食叶害虫、刺吸害虫	乳油	喷雾	3000～4000倍液（3%乳油）
	13	有机农药	高效氯氟氰菊酯	Lambda-cyhalothrin	神经毒剂	食叶害虫、刺吸害虫	乳油	喷雾	1000～4000倍液（5%乳油）
	14	有机农药	杀螟松	Sumithion	神经毒剂	食叶害虫、地下害虫	乳油	喷雾	1500～2000倍液（50%乳油）
						蛀干害虫、刺吸害虫	乳油	喷雾	100～300倍液（50%乳油）
						蛀干害虫	乳油	浇灌	1000～2000倍液（50%乳油）

续表

农药种类	序号	来源	药剂名称	英文名	药剂性能	防治对象	剂型	施药方式	常用浓度
	15	有机农药	辛硫磷	Phoxim	神经毒剂	食叶害虫	乳油	喷雾	300~500倍液（45%乳油）
						地下害虫	乳油	喷雾	1500~2000倍液（45%乳油）
						地下害虫	乳油	拌土	3750~7500g/hm²加水10倍喷干25~30kg稀土（50%乳油）
						地下害虫	微胶囊缓释剂	拌种	25%微囊缓释剂
	16	有机农药	乐果	Dimethoate	神经毒剂	食叶害虫	乳油	喷雾	800~2000倍液（40%乳油）
						蛀干害虫	乳油	喷雾	200~400倍液（40%乳油）
	17	有机农药	噻虫嗪	Thiamethoxam	神经毒剂	食叶害虫	水分散粒剂	喷雾	4000~8000倍液（25%水分散粒剂）
	18	有机农药	氟虫脲	Flufenoxuron	几丁质合成抑制剂	食叶害虫	可分散液剂	喷雾	1000~2000倍液（5%可分散液剂）
	19	无机农药	石硫合剂	Lime sulphur	多位点	食叶害虫	液剂	喷雾	3波美度
						刺吸害虫	液剂	喷雾	5波美度
	20	有机农药	虫酰肼	Tebufenozide	蜕皮激素	食叶害虫	悬浮剂	喷雾	1000~2000倍液（20%悬浮剂）
	21	有机农药	毒死蜱	Chlorpyrifos	神经毒剂	食叶害虫、刺吸害虫	乳油	喷雾	3000~4000倍液（48%乳油）
						地下害虫	乳油	喷雾	600~1200倍液（48%乳油）
						地下害虫	乳油	拌土	原油1:100质量比拌土（40%乳油）
	22	有机农药	乙硫苯威	Ethiofencarb	神经毒剂	食叶害虫	乳油	喷雾	500~1000倍液（25%乳油）
	23	有机农药	噻虫啉	Thiacloprid	神经毒剂	食叶害虫	乳油	喷雾	4000~8000倍液（10%乳油）
	24	有机农药	茚虫威	Indoxacarb	神经毒剂	食叶害虫	乳油	喷雾	150~270mL/hm²（15%乳油）
	25	无机农药	磷化铝	Aluminium phosphide	神经毒剂	蛀干害虫	烟剂	熏蒸	6~27g/m³
	26	有机农药	甲氰菊酯	Fenpropathrin	神经毒剂	蛀干害虫、地下害虫	乳油	喷雾	1000~3000倍液（20%乳油）

续表

农药种类	序号	来源	药剂名称	英文名	药剂性能	防治对象	剂型	施药方式	常用浓度
	27	有机农药	灭多威	Methomyl	神经毒剂	蛀干害虫	乳油	喷雾	3000~6000倍液（90%乳油）
	28	有机农药	杀虫双	Bisultap	神经毒剂	食叶害虫	水剂	喷雾	400~800倍液（18%水剂）
	29	有机农药	马拉硫磷	Malathion	神经毒剂	食叶害虫	乳油	喷雾	1000~2000倍液（50%乳油）
	30	有机农药	敌百虫	Trichlorfon	神经毒剂	食叶害虫	可溶性粉剂	喷雾	700~1000倍液（80%可溶性粉剂）
	31	有机农药	联苯菊酯	Bifenthrin	神经毒剂	食叶害虫	乳油	喷雾	2000~2500倍液（2.5%乳油）
	32	有机农药	甲萘威	1-Naphthalenyl methyl carbamate	神经毒剂	食叶害虫	可湿性粉剂	喷雾	400~500倍液（25%可湿粉）
	33	有机农药	杀螟丹	Cartap	神经毒剂	食叶害虫	可溶性粉剂	喷雾	1000~2000倍液（50%可溶性粉剂）
	34	有机农药	混灭威	Mixed Dimethylphenyl Methylcarbamate	神经毒剂	食叶害虫	乳油	喷雾	800~1000倍液（50%乳油）
	35	有机农药	溴虫腈	Chlorfenapyr	几丁质合成抑制剂	蛀干害虫、地下害虫	乳油	喷雾	1000~2000倍液（10%悬浮剂）
	36	有机农药	氟啶脲	Chlorfluazuron	几丁质合成抑制剂	蛀干害虫	乳油	喷雾	6000~8000倍液（50%乳油）
	37	植物源农药	苦参碱·烟碱	Matrine·	神经毒剂	食叶害虫	乳油	喷雾	1500~3000g/hm²或800~2000倍液（1.2%乳油）
						蛀干害虫	乳油	喷雾	1000~2000倍液（1.2%乳油）
						地下害虫	乳油	浇灌、灌根	500~800倍液（1.2%乳油）
	38	植物源农药	苦参碱	Matrine		食叶害虫	可溶性液剂	喷雾	800~2000倍液（1%可溶性液剂）
	39	植物源农药	印楝素	Azadirachtin	蜕皮激素	食叶害虫	乳油	喷雾	1000~2000倍液（0.3%乳油）
	40	微生物源农药	白僵菌	Beauveria		食叶害虫	粉剂	喷粉	15万亿~45万亿孢子/hm²（50亿/g粉剂）
						蛀干害虫	粉剂	喷粉	15kg/hm²（50亿/g粉剂）

续表

农药种类	序号	来源	药剂名称	英文名	药剂性能	防治对象	剂型	施药方式	常用浓度
	41	微生物源农药	苏云金杆菌	*Bacillus thuringiensis*		食叶害虫	粉剂	喷粉	6亿～30亿IU/hm²
						食叶害虫	乳剂	喷雾	800倍液
						食叶害虫	油悬浮剂	超低容量喷雾	4500～6000mL/hm²（8000IU/mL油悬浮剂）
						食叶害虫	可湿性粉剂	喷雾	1000～1500g/hm²（8000IU/mg可湿粉）
	42	微生物源农药	阿维菌素	Avermectin	神经毒剂	食叶害虫、蛀干害虫、刺吸害虫	乳油	喷雾	3000～8000倍液（1.8%乳油）
						蛀干害虫	油剂	喷烟	19～278mL/hm²（1%油剂）
	43	微生物源农药	枯草芽孢杆菌	*Bacillus subtilis*		食叶害虫	粉剂	喷粉	1亿孢子/mL，75～100kg/hm²
	44	微生物源农药	绿僵菌	Metarhizium		食叶害虫	粉剂	喷粉	50亿孢子/g，3.0～4.5kg/hm²
	45	微生物源农药	甲氨基阿维菌素苯甲酸盐	Emamectin Benzoate	神经毒剂	食叶害虫	颗粒剂	喷雾	4000～8000倍液（5%颗粒剂）
						蛀干害虫	水剂	打孔注药	30倍液（80%水剂）
杀菌剂	1	有机农药	多菌灵	Carbendazim	有丝分裂抑制剂	病害	可湿性粉剂	喷雾	800～1200倍液（25%可湿粉）
	2	有机农药	甲基托布津	Thiophanate-Methyl	有丝分裂抑制剂	病害	胶悬剂	喷雾	600～1000倍液（50%胶悬剂）
	3	有机农药	粉锈宁	Triadimefon	麦角甾醇抑制剂	病害	水剂	涂干	25%可湿性粉剂
	4	有机农药	百菌清	Chlorothalonil	呼吸抑制剂	病害	烟剂	放烟	15kg/hm²
						病害	可湿性粉剂	喷雾	700～1400倍液（70%可湿粉）
						病害	油剂	喷雾	800～1600倍液（10%油剂）

续表

农药种类	序号	来源	药剂名称	英文名	药剂性能	防治对象	剂型	施药方式	常用浓度
	5	有机农药	代森锌	Dithane Z-78	多位点	病害	可湿性粉剂	喷雾	300～600倍液（65%可湿粉）
	6	有机农药	福美双	Thiram	多位点	病害	可湿性粉剂	喷雾	1500～2000倍液（50%可湿粉）
	7	有机农药	炭疽福美	Thiram, ziram	多位点	病害	可湿性粉剂	喷雾	1500～2000倍液（80%可湿粉）
	8	有机农药	代森锰锌	Mancozeb	多位点	病害	可湿性粉剂	喷雾	800～2000倍液（70%可湿粉）
	9	有机农药	烯唑醇	Diniconazole	麦角甾醇抑制剂	病害	可湿性粉剂	喷雾	800～1000倍液（12%可湿粉）
	10	有机农药	氟硅唑	Flusilazole	麦角甾醇抑制剂	病害	熏蒸剂	熏蒸	2.5%熏蒸剂
	11	有机农药	咪鲜胺	Prochloraz	麦角甾醇抑制剂	病害	乳油	喷雾	2000～3000倍液（25%乳油）
	12	有机农药	噻螨酮	Hexythiazox	多位点	病害	乳油	喷雾	2000～3000倍液（5%乳油）
	13	有机农药	双甲脒	Amitraz	多位点	病害	乳油	喷雾	1500～2000倍液（20%乳油）
	14	有机农药	溴螨酯	Bromopropylate	神经毒剂	病害	乳油	喷雾	1000～2000倍液（50%乳油）
	15	有机农药	腐霉利	Procymidone	甘油三酯合成抑制剂	病害	可湿性粉剂	喷雾	500～1000倍液（50%可湿粉）
	16	有机农药	十三吗啉	Tridemorph	麦角甾醇抑制剂	病害	乳油	喷雾	100～400倍液（75%乳油）
	17	有机农药	甲霜灵	Metalaxyl	RNA合成抑制剂	病害	可湿性粉剂	喷雾	500～1000倍液（25%可湿粉）
	18	有机农药	异稻瘟净	Iprobenfos	几丁质合成抑制剂	病害	乳油	喷雾	200～500倍液（40%乳油）
	19	有机农药	敌克松	Fenaminosulf	多位点	病害	可湿性粉剂	拌种	0.2%～0.5%质量比（95%可湿粉）
	20	有机农药	萎锈灵	Carboxin	呼吸抑制剂	病害	乳油	拌种	0.5%～2.0%质量比（20%乳油）
	21	有机农药	苯醚甲环唑	Difenoconazole	麦角甾醇抑制剂	病害	水分散颗粒剂	喷雾	2000～5000倍液（10%水分散颗粒剂）
	22	有机农药	烯酰吗啉	Dimethomorph	麦角甾醇抑制剂	病害	水分散颗粒剂	喷雾	1500～2000倍液（50%水分散颗粒剂）
	23	有机农药	氟环唑	Epoxiconazole	麦角甾醇抑制剂	病害	乳油	喷雾	1500～2000倍液（7.5%乳油）
	24	无机农药	波尔多液	Bordeaux mixture	多位点	病害	胶体	喷雾	0.002～0.004%
	25	无机农药	氢氧化铜	Kocide	多位点	病害	可湿性粉剂	喷雾	500～1000倍液（77%可湿粉）

续表

农药种类	序号	来源	药剂名称	英文名	药剂性能	防治对象	剂型	施药方式	常用浓度
	26	无机农药	过氧乙酸	Peracetic acid	多位点	病害	水剂	喷雾	15~30倍液（20%水剂）
	27	无机农药	石硫合剂	Lime sulphur	多位点	病害	液剂	喷雾	5波美度
	28	无机农药	氧氯化铜	Dicopper chloride trihydroxide	多位点	病害	悬浮剂	喷雾	1000~2000倍液（30%悬浮剂）
	29	无机农药	氧化亚铜	Copper(I) oxide	多位点	病害	水分散粒剂	喷雾	56%水分散粒剂
	30	无机农药	硫磺粉	Sulphur powder	多位点	病害	粉剂	土壤消毒	75~225kg/hm²
	31	微生物源农药	农用链霉素	Streptomycin	蛋白质合成抑制剂	病害	可湿性粉剂	喷雾	2000~4000倍液（20%可湿粉）
除草剂	1	有机农药	草甘膦	Glyphosate	氨基酸合成抑制剂	有害植物	水剂	喷雾	6~8g/hm²（20%水剂）
	2	有机农药	2,4-二氯苯氧乙酸铵	Ammonium 2,4-D	干扰植物激素平衡	有害植物	水剂	喷雾	0.3%~0.6%水剂
	3	有机农药	苄嘧磺隆	Bensulfuron methyl	氨基酸合成抑制剂	有害植物	可湿性粉剂	喷雾	300~400倍液（70%可湿粉）
	4	有机农药	噁草酮	Oxadiazon	原卟啉原氧化酶抑制剂	有害植物	乳油	混土	250~500倍液（12%乳油）
	5	有机农药	二甲四氯	Chipton	干扰植物激素平衡	有害植物	水剂	喷雾	200~500倍液（20%水剂）
	6	有机农药	精喹禾灵	Quizalofop-p-ethyl	呼吸抑制剂	有害植物	乳油	混土	600~800倍液（5%乳油）
	7	有机农药	氟乐灵	Trifluralin	干扰植物激素合成和传递	有害植物	乳油	混土	350~500倍液（48%乳油）
	8	有机农药	莠去津	Atrazine	光合作用抑制剂	有害植物	可湿性粉剂	混土	150~250倍液（50%可湿粉）
	9	有机农药	乙草胺	Acetochlor	蛋白质合成抑制剂	有害植物	乳油	喷雾	450~900倍液（90%乳油）
	10	有机农药	禾草丹	Thiobencarb	影响有丝分裂	有害植物	颗粒剂	混土	960~1500g/mu（10%颗粒剂）

续表

农药种类	序号	来源	药剂名称	英文名	药剂性能	防治对象	剂型	施药方式	常用浓度
	11	有机农药	唑嘧磺草胺	Flumetsulam	乙酰乳酸合成酶抑制剂	有害植物	水分散粒剂	混土	18~60克/公顷（90%水分散粒剂）
	12	有机农药	烯草酮	Clethodim	呼吸抑制剂	有害植物	乳油	混土	500~750倍液（24%乳油）
	13	有机农药	丁草胺	Butachlor	蛋白质合成抑制剂	有害植物	乳油	喷雾	400~500倍液（60%乳油）
	14	有机农药	扑草净	Caparol	光合作用抑制剂	有害植物	可湿性粉剂	喷雾	100~150g/mu（50%可湿粉）
	15	有机农药	西玛津	Simazine	光合作用抑制剂	有害植物	胶悬剂	喷雾	80~200倍液（40%胶悬剂）
	16	有机农药	二甲戊乐灵	Pendimethalin	影响有丝分裂	有害植物	乳油	喷雾	70~100倍液（33%乳油）
	17	有机农药	甲嘧磺隆	Sulfometuron-Methyl	氨基酸合成抑制剂	有害植物	悬浮剂	喷雾	100~160倍液（10%悬浮剂）
	18	有机农药	吡氟氯禾灵	Haloxyfop	影响有丝分裂	有害植物	乳油	喷雾	70~100倍液（25%乳油）
	19	有机农药	敌草胺	Napropamide	蛋白质合成抑制剂	有害植物	可湿性粉剂	喷雾	350~500倍液（50%可湿粉）
	20	有机农药	苯磺隆	Tribenuron-methyl	氨基酸合成抑制剂	有害植物	可湿性粉剂	喷雾	150~300倍液（10%可湿粉）
	21	有机农药	2,4-二氯苯氧乙酸	2,4-D	干扰植物激素平衡	有害植物	粉剂	喷粉	750~1500g/hm²（80%粉剂）
杀鼠剂	1	有机农药	杀鼠醚	Coumatetralyl	抗凝血	害鼠	粉剂	毒饵	20倍（0.75%粉剂）
	2	有机农药	灭鼠优	Pyrinuron	烟酰胺代谢抑制剂	害鼠	原药	毒饵	1%毒饵（9%面粉及90%红薯或胡萝卜）

（李松卿，任利利）

附录2 主要造林树种木材的物理力学性质简表

树种	产地	气干密度 (g/cm³)	干缩系数(%)			顺纹抗压强度 (MPa)	抗弯强度 (MPa)	抗弯弹性模量 (GPa)	顺纹抗剪强度 (MPa)		横纹抗压强度 (MPa)				顺纹抗拉强度 (MPa)	冲击韧性 (kJ/m²)	硬度 (N)			抗劈力 (N/mm)	
			径向	弦向	体积				径向	弦向	局部		全部				径面	弦面	端面	径面	弦面
											径向	弦向	径向	弦向							
杉木	湖南	0.371	0.123	0.277	0.420	37.1	62.6	9.41	4.12	4.81	3.04	3.24	1.77	1.47	75.7	25.1	1598	1363	2481	5.10	6.96
杉木	安徽	0.394	0.115	0.257	0.391	37.6	72.3	9.22	5.88	6.08	3.73	4.22	2.75	3.14	77.6	24.3	1991	1814	2981	5.78	6.47
秃杉	云南	0.358	0.106	0.277	0.417	25.7	47.1	6.18	2.65	4.02	4.32	4.22	3.33	2.26	77.7	25.6	1226	1344	2334	5.29	7.84
落羽杉	广东	0.425	0.101	0.212	0.307	21.1	48.0	—	8.04	9.51	7.06	5.20	8.83	3.43	—	—	2579	2893	3266	7.64	8.33
水松	广东	0.578	0.156	0.270	0.445	34.2	68.6	9.81	8.34	5.98	2.26	6.57	1.37	3.53	—	—	2285	2442	2952	7.15	5.39
柳杉	福建	0.346	0.070	0.220	0.320	26.7	51.4	6.86	5.30	6.08	4.61	5.69	—	—	—	23.4	1549	1471	2765	5.19	7.06
水杉	湖北	0.291	0.110	0.291	0.427	25.3	47.1	7.06	4.51	5.39	4.02	3.82	—	—	44.8	27.7	1432	1618	2707	4.90	5.88
池杉	湖北	0.396	0.099	0.199	0.343	26.3	67.5	5.20	10.10	10.89	7.26	7.36	—	—	59.6	49.3	3364	3550	4276	8.82	10.78
红松	东北	0.440	0.122	0.321	0.459	32.8	64.2	9.81	6.18	6.77	3.63	3.73	—	—	96.2	34.3	—	—	2157	7.45	8.92
红松	辽宁(草河口)	0.438	0.131	0.324	0.316	34.1	66.7	—	6.18	5.69	—	—	—	—	—	—	1648	1657	2069	—	—
华山松	陕西	0.430	0.151	0.330	0.498	36.9	58.1	9.02	6.18	6.28	5.49	5.00	2.55	2.55	80.3	30.5	2040	1942	2471	7.74	10.58
华山松	贵州	0.476	0.116	0.308	0.449	35.3	63.4	8.53	6.77	7.45	4.32	4.32	2.94	2.55	85.5	36.3	2040	2167	2471	7.25	8.13
葵花松	贵州	0.419	0.100	0.298	0.373	31.6	62.7	8.73	7.45	7.36	5.00	4.51	3.14	2.75	78.8	39.2	1471	1648	2246	7.94	10.39
白皮松	山西	0.486	0.120	0.172	0.296	35.3	64.9	6.47	8.43	8.34	7.36	5.88	5.39	4.41	88.4	26.6	2540	2491	3295	7.35	9.80
马尾松	安徽	0.533	0.140	0.270	0.420	39.2	79.1	6.24	7.65	7.45	3.43	3.33	3.14	3.82	97.1	36.8	2452	2893	2913	10.09	10.98
马尾松	江西	0.476	0.137	0.303	0.508	32.9	74.8	10.29	7.45	7.36	3.92	4.12	2.84	2.35	—	43.3	2040	2305	2471	9.80	10.78
油松	陕西	0.432	0.112	0.301	0.416	34.6	75.1	9.32	7.65	8.63	5.59	6.37	4.22	4.32	73.0	—	2913	2942	3491	8.53	9.80
油松	湖北	0.537	0.160	0.298	0.476	41.6	96.9	11.28	6.67	6.18	4.12	5.39	2.94	3.53	118.3	42.1	2265	2609	2815	9.51	11.56
樟子松	大兴安岭	0.457	0.144	0.324	0.491	31.0	71.1	8.92	6.86	7.26	3.63	3.14	2.45	2.26	79.8	35.6	2461	2050	2069	11.76	8.82

续表

树种	产地	气干密度 (g/cm³)	干缩系数（%）径向	弦向	体积	顺纹抗压强度 (MPa)	抗弯强度 (MPa)	抗弯弹性模量 (GPa)	顺纹抗剪强度 (MPa) 径向	弦向	横纹抗压强度 (MPa) 局部 径向	弦向	全部 径向	弦向	顺纹抗拉强度 (MPa)	冲击韧性 (kJ/m²)	硬度 (N) 径面	弦面	端面	抗劈力 (N/mm) 径面	弦面
云南松	云南	0.588	0.196	0.404	0.612	44.6	93.5	12.65	7.94	7.55	3.33	4.71	2.35	3.14	118.2	55.3	2903	3158	3815	8.82	10.09
思茅松	云南	0.516	0.145	0.303	0.462	46.3	88.2	10.59	7.36	7.36	4.90	5.10	3.14	3.24	109.9	32.4	2481	2795	3628	7.94	10.88
黄山松	安徽	0.497	0.161	0.295	0.481	47.7	101.4	13.53	10.49	9.12	5.59	7.16	4.61	5.30	129.2	44.8	3148	3491	3442	11.37	10.88
南亚松	海南	0.656	0.210	0.297	0.529	42.9	93.5	12.06	9.71	10.89	5.79	6.37	3.43	3.63	—	47.0	4423	4776	4619	13.23	15.88
湿地松	安徽	0.446	0.114	0.197	0.335	30.5	63.5	7.06	8.14	7.65	5.10	5.69	3.73	4.02	67.9	29.4	2432	2677	3079	9.80	9.80
火炬松	广西	0.531	0.165	0.216	0.385	35.7	51.0	5.10	18.14	9.51	4.02	4.51	—	—	69.7	16.5	2157	2442	2530	11.27	10.78
加勒比松	广西	0.630	0.253	0.256	0.516	42.7	66.2	6.96	11.28	8.04	3.33	5.98	—	—	90.6	30.3	2932	3334	3393	9.90	9.31
长白落叶松	长白山	0.594	0.168	0.408	0.554	51.3	97.4	12.45	8.63	6.86	3.73	7.65	—	—	120.2	47.6	—	—	3275	8.92	8.82
兴安落叶松	大兴安岭	0.696	0.186	0.408	0.619	51.7	108.5	12.65	8.83	9.22	5.69	7.06	4.22	4.61	128.9	44.4	3177	3148	4070	12.74	12.74
新疆落叶松	新疆	0.563	0.162	0.372	0.541	38.2	83.0	10.00	8.53	6.57	3.82	5.98	2.84	3.33	110.8	50.6	2030	2187	3383	13.52	12.45
大白红杉	陕西	0.530	0.114	0.263	0.398	37.0	64.5	10.20	10.00	10.49	5.59	7.45	4.61	5.88	71.4	—	3177	3266	4580	9.80	9.02
四川红杉	四川	0.458	0.145	0.331	0.475	39.0	74.6	10.40	6.28	6.28	3.33	5.98	2.45	3.73	93.4	37.0	1961	1961	3069	5.68	6.47
红杉	四川	0.452	0.129	0.269	0.416	34.3	68.8	8.63	4.81	5.10	4.32	6.37	3.04	4.32	76.0	27.5	1912	1893	3060	7.15	8.53

续表

树种	产地	气干密度（g/cm³）	干缩系数（%） 径向	干缩系数（%） 弦向	干缩系数（%） 体积	顺纹抗压强度（MPa）	抗弯强度（MPa）	抗弯弹性模量（GPa）	顺纹抗剪强度（MPa） 径向	顺纹抗剪强度（MPa） 弦向	横纹抗压强度（MPa） 局部 径向	横纹抗压强度（MPa） 局部 弦向	横纹抗压强度（MPa） 全部 径向	横纹抗压强度（MPa） 全部 弦向	顺纹抗拉强度（MPa）	冲击韧性（kJ/m²）	硬度（N） 径面	硬度（N） 弦面	硬度（N） 端面	抗劈力（N/mm） 径面	抗劈力（N/mm） 弦面
日本落叶松	辽宁	0.536	—	—	0.250	46.1	82.4	—	12.65	9.61	—	—	—	—	—	38.2	3138	3628	4560	10.68	7.25
金钱松	安徽	0.503	0.126	0.275	0.431	45.6	82.7	10.59	8.63	7.45	4.61	7.16	3.04	4.61	92.6	27.8	2893	2609	3981	9.80	8.82
长苞铁杉	湖南	0.661	0.215	0.310	0.538	31.0	120.3	12.55	8.53	8.43	—	—	4.61	10.30	121.1	42.6	3952	3932	4795	9.80	11.17
云南油杉	云南	0.573	0.169	0.333	0.510	48.0	92.5	11.28	7.45	7.45	4.12	5.59	2.84	3.82	—	36.7	3060	3089	3991	8.92	10.58
黄杉	云南	0.582	0.176	0.283	0.468	46.6	94.4	11.67	8.83	8.34	4.32	6.77	3.33	4.81	124.2	60.4	3540	3540	4923	9.11	10.19
雪松	—	0.470	—	—	—	35.3	67.7	—	—	—	—	—	—	—	—	—	1716	2040	3668	—	—
云杉	四川	0.459	0.173	0.327	0.521	37.9	74.4	10.10	5.98	5.79	3.33	4.41	2.75	2.84	92.2	37.8	1804	2001	2471	7.84	8.13
天山云杉	新疆	0.432	0.139	0.309	0.458	31.4	60.9	8.63	8.43	6.86	6.08	4.22	2.84	2.55	—	35.7	1608	1795	2501	9.21	10.98
丽江云杉	云南	0.441	0.177	0.305	0.496	34.5	73.1	9.91	5.30	5.39	3.14	3.63	2.65	2.45	90.5	39.2	1697	2236	3246	7.55	9.02
鱼鳞云杉	黑龙江	0.451	0.171	0.349	0.528	41.6	73.7	10.40	6.08	6.37	4.32	4.32	3.04	2.75	99.0	47.4	1726	1579	2452	8.92	9.31
红皮云杉	吉林	0.435	0.142	0.315	0.455	35.3	73.3	10.79	6.28	5.59	3.82	4.41	2.65	2.65	93.8	35.7	1608	1795	2501	7.84	9.41
冷杉	四川	0.433	0.174	0.341	0.557	34.8	68.6	9.81	4.81	5.39	3.53	4.32	2.35	3.24	95.4	37.8	1746	2010	3060	6.08	7.35
臭冷杉	吉林	0.834	0.129	0.366	0.472	32.9	63.8	9.41	5.59	6.18	2.94	3.33	1.96	2.35	77.3	30.9	1608	1402	2157	5.68	7.25

续表

树种	产地	气干密度 (g/cm³)	干缩系数（%）径向	干缩系数（%）弦向	干缩系数（%）体积	顺纹抗压强度 (MPa)	抗弯强度 (MPa)	抗弯弹性模量 (GPa)	顺纹抗剪强度 (MPa) 径向	顺纹抗剪强度 (MPa) 弦向	横纹抗压强度 (MPa) 局部 径向	横纹抗压强度 (MPa) 局部 弦向	横纹抗压强度 (MPa) 全部 径向	横纹抗压强度 (MPa) 全部 弦向	顺纹抗拉强度 (MPa)	冲击韧性 (kJ/m²)	硬度 (N) 径面	硬度 (N) 弦面	硬度 (N) 端面	抗剪力 (N/mm) 径面	抗剪力 (N/mm) 弦面
沙松	吉林	0.390	0.122	0.300	0.437	32.0	65.1	9.12	6.08	6.37	2.75	3.53	1.96	2.45	72.2	29.6	1461	1608	2540	6.17	7.35
侧柏	安徽	0.612	0.093	0.132	0.248	46.1	95.7	8.43	12.26	14.81	10.89	9.32	8.24	7.06	82.9	77.2	4158	4491	5462	9.80	11.76
翠柏	云南	0.533	0.140	0.230	0.390	46.0	92.8	10.89	7.85	9.71	10.00	8.63	6.86	5.79	—	37.8	3893	4119	5943	7.06	11.56
柏木	湖北	0.600	0.127	0.180	0.320	53.3	98.6	10.00	9.41	10.89	10.49	9.41	7.75	6.57	114.8	44.9	4168	4266	5835	9.21	12.05
冲天柏	云南	0.518	0.255	0.270	0.403	49.0	91.2	10.49	5.88	7.85	8.14	8.43	7.36	6.28	101.6	52.8	3452	3707	5266	6.37	9.02
福建柏	福建	0.452	0.106	0.202	0.326	33.6	75.3	9.02	6.47	7.55	5.20	5.10	4.02	3.63	99.1	33.7	2628	2618	4217	6.96	9.11
圆柏	浙江	0.609	0.140	0.190	0.350	46.9	77.7	8.14	8.53	9.81	18.44	15.69	—	—	0.0	33.7	4305	4727	6257	6.57	8.72
竹柏	福建	0.529	0.110	0.250	0.390	44.2	77.2	7.75	11.18	14.12	11.77	9.61	—	—	0.0	27.4	2775	3109	4658	8.82	11.96
鸡毛松	广西	0.510	0.139	0.240	0.402	34.0	80.9	9.32	9.02	10.89	5.98	5.88	4.41	3.43	88.3	31.7	2834	2854	4197	7.45	8.53
红豆杉	四川	0.761	0.178	0.209	0.408	55.5	—	—	—	—	—	—	—	—	—	—	7286	6374	7718	—	—
东北红豆杉	东北	0.550	0.010	0.220	0.350	45.1	—	—	—	—	—	—	—	—	—	—	3579	3972	5786	—	—
榫树	安徽	0.499	0.154	0.257	0.434	38.1	71.4	—	—	—	—	—	—	—	—	—	3060	3226	4305	—	—
陆均松	海南	0.643	0.179	0.286	0.486	56.7	104.5	13.24	12.36	13.93	9.32	8.53	6.77	5.88	127.7	66.2	4864	5148	6061	9.31	12.05
银杏	安徽	0.532	0.169	0.230	0.417	40.2	76.3	9.12	8.92	10.79	5.98	5.20	3.82	3.14	80.4	32.7	3109	2952	4227	11.56	13.92
毛白杨	北京	0.525	0.142	0.289	0.458	38.2	77.1	10.20	7.36	9.41	6.08	3.43	5.10	2.75	91.7	78.5	3148	3217	3844	11.56	13.92
毛白杨	河南	0.502	0.131	0.285	0.432	39.3	74.8	9.22	7.45	9.91	7.45	3.73	4.81	2.55	0.0	76.8	3501	3383	3962	10.68	13.82
银白杨	新疆	—	—	—	—	34.3	55.7	—	7.75	8.73	—	—	—	—	—	—	—	—	—	—	—

续表

树种	产地	气干密度(g/cm³)	干缩系数(%) 径向	干缩系数(%) 弦向	干缩系数(%) 体积	顺纹抗压强度(MPa)	抗弯强度(MPa)	抗弯弹性模量(GPa)	顺纹抗剪强度(MPa) 径向	顺纹抗剪强度(MPa) 弦向	横纹抗压强度(MPa) 局部 径向	横纹抗压强度(MPa) 局部 弦向	横纹抗压强度(MPa) 全部 径向	横纹抗压强度(MPa) 全部 弦向	顺纹抗拉强度(MPa)	冲击韧性(kJ/m²)	硬度(N) 径面	硬度(N) 弦面	硬度(N) 端面	抗劈力(N/mm) 径面	抗劈力(N/mm) 弦面
新疆杨	新疆	0.542	0.135	0.319	0.475	36.5	72.5	9.22	7.75	10.89	6.77	4.12	5.30	2.65	0.0	78.2	3472	3413	4168	17.35	22.34
山杨	黑龙江	0.364	0.144	0.273	—	30.7	54.8	5.88	4.90	6.57	3.24	2.26	0.00	0.00	0.0	76.8	1520	1589	2001	7.74	9.80
小叶杨	青海	0.369	0.105	0.244	0.364	27.7	52.0	6.86	4.41	5.98	4.12	2.06	2.84	1.67	74.5	28.4	1412	1530	2658	6.47	8.62
香杨	黑龙江	0.417	0.159	0.320	0.503	32.3	59.8	8.34	5.30	7.06	4.02	2.45	2.35	1.27	75.8	49.3	1373	1500	2354	8.62	11.47
大青杨	吉林	0.390	0.140	0.293	0.452	25.3	55.5	9.41	5.49	5.79	2.94	2.06	2.26	1.47	79.8	36.7	1451	1648	2422	8.82	9.80
滇杨	云南	0.406	0.135	0.291	0.445	28.9	52.0	7.75	5.30	6.67	3.92	2.16	2.45	1.57	76.5	36.2	1549	1814	2501	8.33	10.98
箭杆杨	陕西	0.417	0.110	0.263	0.383	30.7	61.7	7.65	5.30	6.86	3.92	2.75	3.33	2.06	73.8	48.2	1844	1952	3148	9.80	11.76
加杨	河南	0.458	0.141	0.268	0.430	33.0	71.5	11.18	6.57	7.75	4.81	2.84	3.63	2.16	112.1	82.1	1824	1893	2432	14.31	16.66
健杨	辽宁	0.490	—	—	—	36.6	—	—	6.37	8.24	—	—	—	—	—	—	1510	—	—	—	—
沙兰杨	河南	0.376	0.122	0.231	0.381	27.6	55.0	8.04	5.79	7.26	2.94	1.96	3.14	1.37	79.5	47.9	1412	1491	2099	11.27	14.99
北京杨	北京	0.417	0.134	0.283	0.440	30.6	56.7	7.55	5.59	6.96	4.02	2.55	2.94	1.86	79.1	22.3	1628	2020	2824	8.53	10.58
小黑杨	北京	0.428	0.141	0.271	0.436	33.5	36.2	8.53	6.37	7.36	4.12	2.84	3.24	2.16	76.9	25.3	1687	2020	2795	9.41	10.68
大关杨	河南	0.412	0.127	0.271	0.426	20.6	58.4	8.04	—	—	4.90	2.84	3.82	2.35	78.6	66.0	1589	1893	2422	12.84	15.19
群众杨	北京	0.390	0.117	0.237	0.379	28.1	57.7	7.16	5.79	7.26	4.12	2.84	3.33	2.06	79.6	25.5	—	—	—	9.02	10.98
胡杨	新疆	0.469	0.118	0.290	0.431	29.3	61.4	—	6.47	8.83	—	—	—	—	—	19.3	1510	2275	3491	—	—
旱柳	河南	0.519	0.149	0.334	0.502	35.9	68.6	8.24	6.96	9.91	6.08	3.82	4.71	2.84	—	93.7	2805	2726	3511	13.72	18.42
兰考泡桐	河南	0.283	0.147	0.269	0.453	19.3	34.9	4.32	3.92	3.82	2.35	2.16	1.57	1.18	—	17.6	971	1196	1912	6.37	6.17

续表

树种	产地	气干密度 (g/cm³)	干缩系数 (%)			顺纹抗压强度 (MPa)	抗弯强度 (MPa)	抗弯弹性模量 (GPa)	顺纹抗剪强度 (MPa)		横纹抗压强度 (MPa)				顺纹抗拉强度 (MPa)	冲击韧性 (kJ/m²)	硬度 (N)			抗剪力 (N/mm)	
			径向	弦向	体积				径向	弦向	局部 径向	局部 弦向	全部 径向	全部 弦向			径面	弦面	端面	径面	弦面
毛泡桐	河南	0.315	0.105	0.203	0.327	21.9	39.8	4.71	5.00	5.49	3.43	2.75	1.96	1.96	59.3	34.1	1147	1324	1795	10.68	9.41
楸叶泡桐	河南	0.290	0.093	0.216	0.344	19.2	32.3	5.30	4.02	4.61	2.75	1.96	1.67	1.08	51.1	16.8	853	922	1481	7.55	8.13
白花泡桐	广西	0.299	0.122	0.209	—	23.5	39.8	—	—	5.30	—	—	—	—	—	—	1510	—	3825	—	—
隆缘桉	广西	0.843	0.245	0.343	0.608	80.2	122.4	14.61	13.83	13.83	13.63	10.10	7.94	7.16	106.7	77.0	8512	9434	9346	17.64	19.31
柠檬桉	广西	0.988	0.317	0.388	0.732	63.5	142.4	18.63	12.85	15.50	18.24	14.42	10.98	7.75	148.6	156.7	9022	8728	8483	19.21	23.13
细叶桉	贵州	0.865	0.267	0.362	0.657	73.0	135.4	16.28	12.55	13.73	15.30	12.75	16.67	13.53	133.2	101.9	8895	8855	9630	21.95	22.74
蓝桉	云南	0.711	0.224	0.397	0.631	48.6	102.8	12.65	8.53	11.47	9.61	6.08	6.37	4.12	114.9	117.8	5707	5482	6472	22.44	31.46
大叶桉	广西	0.695	0.214	0.303	0.541	51.8	90.9	12.36	10.59	12.85	10.69	7.45	6.37	4.51	90.7	44.4	5492	5619	6021	15.09	15.78
赤桉	云南	0.727	0.209	0.337	0.592	49.2	85.3	10.40	11.87	16.48	10.59	5.79	9.32	4.71	131.4	82.3	5806	5443	7090	18.82	25.48
直干桉	云南	0.727	0.172	0.287	0.479	44.4	103.8	12.36	11.28	15.10	12.65	9.12	9.71	6.28	98.5	77.6	—	—	—	23.03	29.69
乌墨	海南	0.760	0.181	0.314	0.512	57.4	96.7	10.40	10.59	12.75	11.57	7.45	7.85	5.49	—	48.3	6119	6502	8100	13.82	22.74
麻栎	安徽	0.930	0.210	0.389	0.616	51.1	126.1	16.48	15.59	17.65	12.55	9.91	8.14	6.37	152.4	119.9	7404	7277	7983	29.40	41.16
栓皮栎	贵州	0.890	0.200	0.426	0.630	63.3	102.1	8.83	16.28	19.81	25.01	19.61	15.50	13.53	122.4	140.0	10111	10366	10307	23.42	33.81
红锥	广东	0.733	0.206	0.291	0.515	53.1	98.4	12.16	9.51	11.18	7.85	5.39	6.57	4.22	124.5	96.1	4737	4746	5482	18.42	22.54
蒙古栎	黑龙江	0.748	0.181	0.318	0.520	53.4	116.3	12.95	12.75	13.63	10.69	8.34	7.36	5.30	137.9	111.7	5913	5884	7149	18.33	24.01
槲栎	湖南	0.878	0.228	0.354	0.608	55.9	122.5	15.79	10.30	14.12	15.00	10.89	—	—	—	120.9	7492	7502	7532	19.40	24.70

续表

树种	产地	气干密度（g/cm³）	干缩系数（%）			顺纹抗压强度（MPa）	抗弯强度（MPa）	抗弯弹性模量（GPa）	顺纹抗剪强度（MPa）		横纹抗压强度（MPa）				顺纹抗拉强度（MPa）	冲击韧性（kJ/m²）	硬度（N）			抗劈力（N/mm）	
			径向	弦向	体积				径向	弦向	局部		全部				径面	弦面	端面	径面	弦面
											径向	弦向	径向	弦向							
高山栎	云南	0.980	0.274	0.457	0.685	70.8	152.8	19.12	15.59	18.93	16.48	10.89	11.08	8.63	141.0	149.4	10415	10542	11317	23.03	26.07
辽东栎	陕西	0.774	0.139	0.261	0.403	55.4	116.7	18.24	12.36	14.42	13.53	11.18	9.02	6.08	127.5	108.0	6414	6855	8777	16.76	22.05
苦槠	福建	0.595	0.143	0.230	0.392	41.7	82.8	8.83	8.04	8.73	7.26	4.90	5.10	3.33	75.7	45.0	3511	3501	4678	12.35	14.99
椎栗	安徽	0.634	0.141	0.248	0.407	51.5	99.1	11.67	8.53	10.30	8.53	7.55	5.39	4.12	95.6	48.2	4452	4305	6021	15.68	16.66
青冈	安徽	0.892	0.169	0.406	0.598	64.2	141.8	16.28	16.97	20.69	17.46	12.95	10.40	8.34	—	111.1	10640	10660	11082	23.52	40.18
水青冈	云南	0.793	0.204	0.387	0.617	51.6	113.3	13.44	11.67	14.02	9.91	6.77	7.65	4.71	139.7	132.9	6110	5982	6217	16.86	24.11
樟树	湖南	0.580	0.154	0.245	0.412	40.8	73.7	9.02	8.24	9.12	7.75	7.06	—	—	—	38.6	3393	3138	3972	13.03	14.90
云南樟	云南	0.624	0.171	0.281	0.443	45.8	79.6	10.59	8.14	8.63	7.16	5.59	5.10	4.22	117.2	73.3	4835	5050	3972	14.41	17.35
楠木	四川	0.610	0.169	0.248	0.433	39.5	79.2	9.91	7.85	9.02	8.53	6.47	6.08	4.12	103.0	58.2	4001	4217	4462	14.31	15.97
闽楠	福建	0.537	0.130	0.230	0.380	43.0	77.2	9.41	10.30	13.53	13.53	11.28	—	—	—	21.6	3119	3589	5021	11.66	12.84
红润楠	湖南	0.569	0.156	0.268	0.457	35.4	83.0	—	8.53	9.12	—	—	6.57	5.49	100.0	—	2765	2962	3275	14.99	12.74
润楠	四川	0.565	0.171	0.283	0.480	38.8	80.9	10.98	7.06	8.53	7.55	4.71	5.69	3.63	—	62.3	3187	3364	4433	14.41	15.58
檫木	湖南	0.584	0.178	0.280	0.469	40.5	91.3	11.28	7.06	7.85	5.00	7.06	—	—	108.7	61.9	3923	3481	4070	11.47	14.21
海南木莲	海南	0.483	0.168	0.255	0.441	42.8	79.9	9.71	5.79	6.18	5.98	4.51	4.02	3.53	83.0	35.5	2628	3177	4384	8.62	10.39
火力楠	广西	0.646	0.195	0.289	0.506	51.5	105.5	13.04	13.73	14.22	11.47	9.61	8.14	6.67	138.1	58.0	4550	5247	6090	15.19	18.82
鹅掌楸	贵州	0.557	0.138	0.338	0.553	35.9	81.8	10.79	8.92	11.38	9.22	5.79	5.69	3.82	113.2	80.4	3570	3893	4158	17.93	14.80
木莲	云南	0.453	0.152	0.280	0.441	33.8	63.0	10.30	3.73	5.00	4.22	3.14	3.73	2.26	—	41.0	2187	2756	3501	6.86	9.21

树种	产地	气干密度 (g/cm³)	干缩系数 (%)			顺纹抗压强度 (MPa)	抗弯强度 (MPa)	抗弯弹性模量 (GPa)	顺纹抗剪强度 (MPa)		横纹抗压强度 (MPa)				顺纹抗拉强度 (MPa)	冲击韧性 (kJ/m²)	硬度 (N)			抗劈力 (N/mm)	
			径向	弦向	体积				径向	弦向	局部 径向	局部 弦向	全部 径向	全部 弦向			径面	弦面	端面	径面	弦面
白榆	安徽	0.639	0.191	0.333	0.550	39.4	87.6	10.59	12.55	12.75	6.77	5.69	4.90	4.22	91.6	94.8	4158	4511	5178	19.60	20.58
黄榆	安徽	0.667	0.238	0.408	0.680	44.3	94.1	—	12.26	11.77	—	—	—	—	—	52.8	4109	4825	5923	—	—
裂叶榆	黑龙江	0.548	0.163	0.336	0.517	31.8	79.3	11.67	8.04	8.34	5.49	4.22	4.51	2.94	114.6	56.4	2815	2834	3844	14.70	16.66
大叶榉	江苏	0.810	—	—	—	60.8	120.0	12.65	14.51	15.50	—	—	—	—	—	46.1	7698	7708	8914	—	—
青檀	安徽	0.810	0.212	0.325	0.557	60.1	128.1	12.65	17.85	19.61	10.98	8.43	9.12	6.47	136.0	182.7	9110	9277	9856	27.44	28.42
椴树	安徽	0.617	0.104	0.230	0.352	47.1	96.9	10.10	10.79	10.49	7.75	6.67	5.20	4.12	95.1	147.8	4335	4786	5178	15.68	15.68
滇楸	云南	0.472	0.120	0.235	0.368	33.6	69.5	7.94	6.96	7.26	4.61	3.92	3.24	2.65	104.2	50.6	2363	2491	3060	13.43	14.50
楝树	河南	0.605	0.221	0.317	—	42.8	85.7	—	9.32	10.69	—	—	—	—	—	32.3	—	—	5737	—	—
麻楝	海南	0.620	0.170	0.250	0.440	46.3	87.3	—	12.55	14.51	—	—	—	—	—	32.3	3030	3011	4040	—	—
香椿	安徽	0.591	0.143	0.263	0.420	43.2	98.4	9.91	12.16	11.77	7.94	7.06	5.79	4.61	110.4	71.1	4364	4756	5011	14.70	15.68
红椿	云南	0.477	0.150	0.278	0.445	35.1	68.6	8.83	7.16	9.32	5.20	3.33	3.63	2.06	86.0	35.7	2491	2579	3648	11.76	16.17
槐树	山东	0.702	0.191	0.307	0.511	45.0	103.4	10.20	12.36	13.63	9.32	8.14	7.45	6.47	—	126.4	5639	5884	6492	17.64	23.72
刺槐	陕西	0.811	0.158	0.207	0.396	63.7	137.4	12.95	13.73	14.61	20.20	16.38	13.63	11.28	144.8	146.8	8944	8130	7934	15.68	21.07
刺槐	北京	0.792	0.210	0.327	0.548	52.9	124.4	12.75	11.87	12.85	10.20	10.20	7.85	7.26	—	170.4	6512	6727	6718	13.82	16.56
花桐木	江西	0.588	0.145	0.284	0.448	40.8	91.7	8.91	11.77	13.44	7.75	5.98	5.30	3.53	0.0	85.1	4462	4874	5864	20.78	22.74
红豆树	浙江	0.758	0.130	0.260	0.410	46.8	88.6	10.59	9.91	9.32	16.77	19.32	—	—	85.1	49.0	6600	6080	7188	24.30	25.09
降香黄檀	海南	0.910	0.220	0.350	0.590	56.0	119.3	—	16.08	14.91	—	—	—	—	—	55.9	—	10130	—	—	—

续表

树种	产地	气干密度(g/cm³)	干缩系数(%) 径向	干缩系数(%) 弦向	干缩系数(%) 体积	顺纹抗压强度(MPa)	抗弯强度(MPa)	抗弯弹性模量(GPa)	顺纹抗剪强度(MPa) 径向	顺纹抗剪强度(MPa) 弦向	横纹抗压强度(MPa) 局部 径向	横纹抗压强度(MPa) 局部 弦向	横纹抗压强度(MPa) 全部 径向	横纹抗压强度(MPa) 全部 弦向	顺纹抗拉强度(MPa)	冲击韧性(kJ/m²)	硬度(N) 径面	硬度(N) 弦面	硬度(N) 端面	抗劈力(N/mm) 径面	抗劈力(N/mm) 弦面
格木	广西	0.888	0.158	0.199	0.374	72.0	—	—	—	—	—	—	—	—	—	—	—	—	7277	—	—
铁刀木	云南	0.750	0.201	0.377	0.569	44.9	91.9	11.08	11.38	11.67	9.91	9.32	9.12	7.16	100.5	70.6	6433	6845	7953	14.70	14.99
皂荚	陕西	0.736	0.130	0.190	0.325	44.9	123.6	8.83	14.32	13.44	10.30	8.53	9.22	6.47	118.4	—	7590	8022	8993	19.60	24.21
油楠	海南	0.682	0.172	0.274	0.459	54.9	109.6	11.38	10.79	12.26	10.49	8.14	7.45	5.49	118.8	80.1	6296	6806	7845	11.76	13.92
台湾相思	广东	0.828	0.154	0.346	0.526	64.6	—	—	—	—	—	—	—	—	—	—	—	—	—	—	—
黑荆树	云南	0.676	0.181	0.358	0.570	51.5	115.9	13.53	10.59	14.22	12.36	9.12	8.24	5.30	157.3	152.9	6345	6257	7061	17.35	23.23
拟赤杨	江西	0.435	0.119	0.280	0.414	27.4	60.8	7.94	6.86	9.32	4.51	2.55	3.14	1.86	73.8	50.8	1824	1961	2785	12.05	16.76
蓝果树	安徽	0.733	0.215	0.346	0.589	54.6	115.4	14.51	12.06	15.10	12.36	8.73	9.12	6.18	131.0	72.3	5835	6168	7296	23.52	29.11
喜树	四川	0.516	0.149	0.307	0.475	35.9	68.6	—	—	—	—	—	—	—	—	—	2785	2471	3785	—	—
米老排	广西	0.572	0.157	0.261	0.433	36.1	82.4	9.91	9.91	10.69	7.94	5.49	5.49	4.71	91.5	45.4	3874	4423	5109	20.48	18.03
悬铃木	河南	0.701	0.200	0.387	0.621	36.9	76.3	10.79	9.22	13.44	8.04	4.41	7.55	3.92	89.1	82.5	5766	5668	6011	15.29	32.54
白桦	甘肃	0.615	0.188	0.258	0.466	41.8	85.8	9.02	9.41	11.57	7.85	4.71	5.10	3.43	101.5	78.2	3776	3648	3756	15.68	19.40
光皮桦	安徽	0.723	0.243	0.287	0.557	58.3	127.9	14.32	15.99	19.03	12.16	9.41	8.53	6.47	148.1	86.1	6453	6767	8081	20.87	27.54
西南桦	云南	0.666	0.243	0.274	0.541	52.1	105.8	12.65	11.57	13.14	8.14	6.08	5.59	4.51	—	56.2	4639	4913	6276	14.90	17.84
旱冬瓜	云南	0.503	0.153	0.268	0.441	39.1	74.6	—	—	—	5.49	5.49	—	—	—	21.3	2501	2716	3785	—	—
枫杨	安徽	0.467	0.141	0.236	0.404	37.6	77.7	9.32	8.14	8.63	5.49	4.02	4.12	2.94	90.4	41.0	2452	2481	3481	16.66	19.60
黄杞	福建	0.569	0.159	0.223	0.411	44.2	89.4	9.91	9.12	9.81	8.63	5.49	6.28	4.32	113.3	42.5	3521	3815	5551	13.62	17.64

续表

树种	产地	气干密度 (g/cm³)	干缩系数 (%) 径向	干缩系数 (%) 弦向	干缩系数 (%) 体积	顺纹抗压强度 (MPa)	抗弯强度 (MPa)	抗弯弹性模量 (GPa)	顺纹抗剪强度 (MPa) 径向	顺纹抗剪强度 (MPa) 弦向	横纹抗压强度 (MPa) 局部 径向	横纹抗压强度 (MPa) 局部 弦向	横纹抗压强度 (MPa) 全部 径向	横纹抗压强度 (MPa) 全部 弦向	顺纹抗拉强度 (MPa)	冲击韧性 (kJ/m²)	硬度 (N) 径面	硬度 (N) 弦面	硬度 (N) 端面	抗劈力 (N/mm) 径面	抗劈力 (N/mm) 弦面
核桃	安徽	0.686	0.191	0.291	0.495	46.4	104.4	10.10	15.00	17.16	10.79	8.53	6.47	5.10	135.9	110.7	5835	6110	6757	23.52	30.38
核桃楸	吉林	0.526	0.192	0.291	0.465	36.0	75.3	11.77	8.63	9.81	6.28	4.51	—	—	125.1	51.7	—	—	3423	13.62	16.66
木麻黄	福建	0.859	0.192	0.502	0.706	57.1	138.6	15.30	13.63	18.14	11.08	10.98	6.37	5.88	134.6	141.1	7914	9208	8336	14.90	28.62
木波罗	广东	0.430	—	—	—	50.4	—	—	8.92	9.02	—	—	—	—	—	—	—	—	6011	—	—
木荷	湖南	0.611	0.173	0.273	0.473	43.8	91.1	12.75	7.85	10.00	6.86	4.71	—	—	121.1	68.1	4472	4335	5188	11.96	14.60
红荷木	广西	0.591	0.187	0.339	0.559	61.4	75.0	—	—	12.26	—	—	—	—	—	—	—	—	5403	—	—
西南木荷	云南	0.694	0.219	0.334	0.604	45.8	94.1	13.14	7.26	9.12	7.16	4.90	6.37	4.22	—	72.3	—	—	—	15.68	20.58
蚬木	广西	1.167	0.921	0.417	0.784	107.8	207.0	—	—	25.01	—	—	—	—	—	—	—	—	20947	—	—
紫椴	吉林	0.493	0.190	0.260	0.470	28.4	59.2	10.98	6.37	7.75	4.02	2.75	3.73	3.82	105.9	47.9	2344	2108	2275	11.96	15.58
黄波罗	吉林	0.449	0.128	0.242	0.368	33.0	74.6	8.83	8.83	9.02	4.81	4.61	—	—	—	41.9	2344	2108	3246	10.58	11.56
臭椿	北京	0.672	0.182	0.289	0.459	37.6	81.3	10.49	11.67	12.45	10.00	7.16	6.28	4.41	110.6	53.9	4393	4835	5374	18.72	21.17
元宝枫	陕西	0.738	0.169	0.279	0.454	56.7	130.3	14.12	16.77	18.34	18.63	12.36	12.85	9.02	150.6	84.7	7482	7924	9287	20.68	24.30
白牛槭	吉林	0.680	0.170	0.294	0.472	42.9	97.9	11.28	10.79	14.42	13.53	7.36	10.10	5.10		86.9	4982	4864	5835	17.54	21.46
七叶树	陕西	0.504	0.164	0.277	0.445	33.3	60.4	8.92	7.45	8.34	8.73	5.69	4.81	4.61	106.7	—	3442	3589	5178	11.76	16.37
荔枝	海南	1.102	0.236	0.358	0.612	77.4	153.7	14.51	15.79	17.16	17.26	13.73	11.87	9.81	172.2	133.3	15671	14063	16181	22.74	24.99
黄连木	河南	0.713	0.205	0.335	0.584	49.2	83.9	8.63	8.73	14.81	14.02	9.22	10.20	6.86	128.5	64.1	5913	5129	7051	20.38	28.71
水曲柳	吉林	0.686	0.197	0.353	0.577	51.5	116.3	14.32	11.08	10.30	7.45	10.49	—	—	136.0	69.8	—	—	6325	16.86	17.15

续表

树种	产地	气干密度（g/cm³）	干缩系数（%）			顺纹抗压强度（MPa）	抗弯强度（MPa）	抗弯弹性模量（GPa）	顺纹抗剪强度（MPa）		横纹抗压强度（MPa）				顺纹抗拉强度（MPa）	冲击韧性（kJ/m²）	硬度（N）			抗劈力（N/mm）	
			径向	弦向	体积				径向	弦向	局部 径向	局部 弦向	全部 径向	全部 弦向			径面	弦面	端面	径面	弦面
白蜡树	陕西	0.661	0.139	0.310	0.455	49.2	112.0	14.71	15.30	13.44	8.34	11.57	6.08	7.75	143.0	74.9	5786	5943	7610	22.34	16.95
女贞	安徽	0.660	0.154	0.280	0.456	46.1	108.3	12.85	12.65	14.51	10.98	9.51	8.14	6.67	138.7	54.7	5011	5168	7296	19.60	21.56
柚木	云南	0.601	0.144	0.263	0.413	49.8	103.3	10.00	4.02	4.71	8.53	7.26	5.98	5.00	79.4	45.7	4384	4423	4903	13.33	14.50
轻木	海南	0.240	0.070	0.160	0.250	16.8	28.8	4.61	3.82	3.33	0.78	0.88	0.39	0.49	33.0	15.7	863	941	1285	3.63	4.02
红花天料木	海南	0.840	0.210	0.410	0.640	64.2	120.3	—	13.04	14.61	—	—	—	—	—	26.5	—	—	10591	—	—
银桦	云南	0.538	0.092	0.243	0.360	30.5	55.4	7.26	6.37	7.16	9.22	4.90	7.55	3.92	88.0	36.8	3011	3236	2952	11.66	13.23
青皮	海南	0.837	0.180	0.349	0.546	63.1	124.4	13.53	10.49	12.65	13.14	9.41	8.43	5.98	132.9	83.2	6590	7355	8571	15.97	20.48
坡垒	海南	1.000	0.290	0.450	0.790	72.1	154.2	—	16.57	16.97	—	—	—	—	—	67.6	—	—	10101	—	—
鸡尖	海南	0.850	0.231	0.375	0.621	60.5	129.6	13.34	13.24	14.22	13.34	10.49	9.61	7.65	—	—	9709	10101	11346	17.93	20.58
沙枣	甘肃	0.539	0.133	0.309	0.451	39.9	77.9	7.45	11.67	11.28	9.02	8.04	6.18	5.30	—	52.3	4482	4825	5305	13.62	19.99
柿树	安徽	0.820	0.203	0.332	0.561	63.3	146.2	15.10	17.85	21.48	12.65	9.71	9.22	7.36	139.7	106.6	8875	9061	10503	30.38	36.26
无患子	安徽	0.651	0.196	0.328	0.554	49.5	118.8	14.22	14.32	16.28	9.91	8.43	8.24	6.08	168.3	96.9	6443	6973	7894	13.72	16.66
栾树	安徽	0.778	0.222	0.350	0.612	37.6	97.8	11.38	15.00	13.24	7.45	6.08	6.18	4.41	110.2	95.3	6237	5972	7286	21.56	22.54
琼崖海棠	海南	0.660	0.210	0.270	0.510	44.4	72.5	—	12.26	13.04	—	—	—	—	—	28.4	—	—	7767	—	—
团花	云南	0.372	—	—	0.358	25.7	50.0	—	—	—	—	—	—	—	—	—	—	—	6031	—	—
海南石梓	海南	0.690	0.200	0.290	0.530	70.4	80.4	—	12.16	15.50	—	—	—	—	—	—	—	—	3736	—	—

续表

树种	产地	气干密度 (g/cm³)	干缩系数（%）			顺纹抗压强度（MPa）	抗弯强度（MPa）	抗弯弹性模量（GPa）	顺纹抗剪强度（MPa）		横纹抗压强度（MPa）					顺纹抗拉强度（MPa）	冲击韧性（kJ/m²）	硬度（N）			抗劈力（N/mm）	
			径向	弦向	体积				径向	弦向	局部		全部					径面	弦面	端面	径面	弦面
											径向	弦向	径向	弦向								
乌桕	安徽	0.561	0.141	0.224	0.387	30.2	71.8	7.85	10.89	12.55	7.94	5.59	7.16	5.20	81.0	38.2	3207	3452	4305	13.72	18.62
板栗	江西	0.689	0.149	0.297	0.464	58.3	117.6	14.02	14.32	14.81	8.53	7.65	6.37	5.30	—	79.8	5276	5619	6992	14.99	18.13
漆树	陕西	0.496	0.125	0.212	0.335	35.7	88.8	9.12	8.14	7.45	6.47	6.08	3.82	3.33	93.7	—	2903	2942	4276	13.03	11.66
黑荆树	云南	0.676	0.818	0.358	0.570	51.5	115.9	13.53	10.59	14.22	12.36	9.12	8.24	5.30	157.3	152.9	6345	6257	7061	17.35	23.23

（姜笑梅，刘波，韩刘杨，何拓，张毛毛）

树种中文名索引

A

阿丁枫 **993**
阿尔泰红松 41
阿拉比卡咖啡 1693
挨刀树 845
矮桧 384
桉树类 1395
澳洲胡桃 1208
澳洲坚果 1208

B

八担杏 913
八渡竹 1813
巴旦姆 913
巴旦木 913
巴旦杏 913
巴尔沙木 1245
巴郎栎 593
巴沙木 1245
巴山木竹 1928
巴西橡胶树 1275
笆竹 1799
霸王 1252
白柏 367
白哺鸡竹 1890
白桦 1660
白川 1718
白刺 1248
白达木 449
白大树 449
白丁香 1649
白儿松 182
白粉单竹 1807
白橄 1528
白骨壤 1441
白骨松 51
白果 2
白果栒 203
白果松 51
白合欢 879
白花泡桐 1747
白花油茶 1326
白桦 1016
白槐 756
白夹竹 1848
白蜡槭 1617
白蜡树 1653,1680
白栎树 589
'白林85-68柳' **544**
'白林85-70柳' **545**

白柳 **546**
白麻子朴 1163
白眉竹 1794
白木莲花 748
白木香 1203
白柠条 829
白牛槭 1615
白牛子 1615
白皮柳 543
白皮松 51
白皮香椿 1535
白扦 182
白杆 182
白塞木 1245
白松 30,122,158,201
白梭梭 1730
白檀 1454
白檀木 1454
白相思子 879
白香樟 692
白椆树 644
白辛树 940
白杨 425
白杨树 438
白银香 1447
白油笋 1905
白榆 1135
白旃檀 1454
白櫧 647
白竹 1867
百华花楸 897
百两金 1714
百色木 1245
柏木 348,385
柏树 336,375
柏香树 348
柏枝树 348
斑苦竹 1930
斑皮抽水树 951
斑芝棉 1242
斑竹 1864
板栗 617
版纳甜龙竹 1843
半边风 993
半边枫 993
半风樟 701
蚌壳树 858
包罗剪定 1433
包蜜 1182
薄壳山核桃 1102

薄皮松罗 363
薄叶篦子杉 393
薄叶楠 683
薄叶润楠 683
宝芳 387
宝树 810
暴马丁香 1649
暴马子 1649
爆节竹 1893
北茶条 1610
北方红栎 597
北美红栎 597
北美红杉 331
北美黄杉 284
北美乔松 50
北美圆柏 378
北五味子 882
字字栎 589
背萌杉 390
倍子柴 1578
本沁桉 1418
鼻涕果 1587
鼻子果 1587
彼 406
荜澄茄 706
碧根果 1102
扁柏 336,367,396
扁桃 913
扁叶葵 1762
标竹 1903
宾门 1778
槟榔 1778
柄竹 1891
波罗蜜 1182
伯乐树 1572
驳骨树 1123
勃氏甜龙竹 1839
檫木 1504,1509
簸箕柳 556

C

曹楮 603
槽木 647
侧柏 336
梣叶槭 1617
叉子圆柏 **379**
茶藨子 932
茶竿竹 1926
茶核桃 1073
茶树 1294

茶檀 797
茶条 1610
茶条木 1610
茶条槭 1610
茶油树 1326
茶子树 1326
查干哈日格那 829
檫木 701
檫树 701
柴树 587
柴油树 858
蟾蜍青 817
朝鲜槐 839
朝鲜柳 566
朝鲜松 11
昌化山核桃 1094
常青红杉 331
长白赤松 86
长白落叶松 220
长白松 86
长柏 325
长苞铁杉 271
长柄翠柏 343
长柄双花木 1001
长梗润楠 692
长果赤松 86
长山核桃 1102
长寿果 1102
长叶孔雀松 309
长叶世界爷 331
长皂荚 852
车角竹 1799
车梁木 960
车筒竹 1799
沉水樟 665
沉香 1203
柽柳 1215
撑篙竹 1794
澄茄子 706
吃松 30
迟倍子树 1578
赤桉 1409
赤桉树 1409
赤柏松 403
赤果 406
赤栲 611
赤黎 605
赤木 1290
赤皮 650
赤皮椆 650

注：树种中文名索引中正名为黑体，别名为白体。

赤皮青冈 **650**
赤朴 728
赤松 **75**
赤心 1535
赤杨叶 936
赤叶栲 607
赤叶木 842
赤枝栲 611
赤锥 607
翅果油树 **1465**
翅荚木 855
冲天 1538
冲天柏 **356**
椆木 644
椆树 647
臭柏 379
臭椿 **1522**
臭桦 1021
臭冷杉 **203**
臭松 203
臭桐树 1286
臭梧桐 1286
臭油果树 706
臭樟 665
臭樟子 706
樗 1522
川滇高山栎 **593**
川滇无患子 **1564**
川黄柏 1509
川蜡 1653
川楝 **1533**
川朴 728
川西云杉 **189**
船家树 387
椽子竹 1790
莋 1294
垂柳 **537**
垂丝柏 348
垂丝柳 537
垂杨柳 537
垂枝柳 537
椿树 1522
椿甜树 1538
椿阳树 1538
茨 1731
慈竹 **1923**
刺柏 375
刺参 980
刺柴 763
刺刺竹 1905
刺儿松 179,182
刺拐棒 976,978
刺黑竹 **1905**
刺花棒 976
刺槐 **766**
刺栲 605
刺老鸦 981
刺龙芽 981

刺玫花 891
刺楠竹 1799
刺杉 286
刺天慈 1804
刺五加 **976**
刺枣 1478
刺竹 1799,1905
刺竹子 1905
枞树 87
粗皮桉 **1410**
粗皮云杉 183
粗云杉 183
粗枝云杉 183
醋柳 1468
醋酸果 1587
翠柏 **343**
翠蓝柏 343
搓目子 1561

D
搭棚竹 1802
大桉 1408
大别山五针松 **46**
大果白兰 748
大果榆 1143,1145
大果紫檀 **789**
大胡椒树 666
大花序桉 **1419**
大椒 1512
大金竹 1864
大鳞肖楠 343
大绿竹 **1921**
大木漆 1575
大木竹 **1810**
大柠条 829
大青树 1178
大青杨 **463**
大青榆 1145
大头榄 1433
大头竹 1813
大王椰子 1773
大橡子树 570
大叶白蜡 1660
大叶白蜡树 1647
大叶白杨 442
大叶栲 1647
大叶慈 1823
大叶枹 608
大叶钩栗 614
大叶金竹 1864
大叶九重吹 1179
大叶榉 **1151**
大叶蜡树 1680
大叶栎 608,647
大叶栎树 589
大叶柳 1108
大叶楠 683
大叶青冈 589,647

大叶榕 1177,1178
大叶水桐子 1690
大叶桃花心木 **1545**
大叶乌竹 1813
大叶杨 416,**517**
大叶榆 1145
大叶樟 665
大叶槠栗 608
大叶锥 608
大皂荚 852
大竹 1901
丹荔 1553
丹树 1629
丹竹 1807
单竹 1807
胆八树 1232
淡竹 **1869**
刀皂 852
倒挂柳 537
德国槐 766
灯笼花 1569
灯台树 **947**
邓恩桉 **1416**
邓氏白桉 1416
地果 1382
地锦槭 1612
地青竹 1802
滇柏 370
滇红山茶 1339
滇楸 **1701**
滇润楠 **692**
滇山茶 **1339**
滇石梓 1711
滇杨 **475**
滇桢楠 692
甸果 1382
吊皮锥 611
吊丝甜竹 1813
吊丝竹 **1820**
钓鱼慈 1923
掉皮榆 1155
丁木 1690
丁香 1652
东北刺人参 **980**
东北红豆杉 **403**
东北槭 1615
东北杏 **911**
东部白松 50
东部红栎 597
东陵冷杉 203
冬瓜木 936
冬瓜杨 449
斗栎树 647
斗霜红 1195
豆豉姜 706
豆槐 756
豆梨 921
笃斯 1382

笃斯越橘 **1382**
杜梨 **921**
杜杉 370
杜树 370
杜英 1232
杜莺 1232
杜仲 **1186**
短梗五加 **978**
短叶松 58,106
短枝木麻黄 1123
钝叶扁柏 367
钝叶黄檀 **802**
钝叶杉 182
多油辣木 1749
多枝柽柳 **1220**

E
峨眉冷杉 205
峨眉木荷 1353
鹅脚板 701
鹅掌楸 **723**
鄂西红豆树 810
鄂西野茉莉 940
儿茶 **873**
二球悬铃木 1003

F
法国枇杷 1444
法氏箬 1928
番瓜 1221
番木瓜 **1221**
反刺槠 603
饭桐 1195
方苦竹 1903
方叶杉 179
方竹 **1903**
芳樟 657
飞松 111
非洲楝 **1548**
非洲桃花心木 1548
非洲油棕 1766
榧树 **406**
榧子树 406
粉柏 343
粉单竹 **1807**
粉葛藤 836
粉桦 1016
风响树 438
枫荷 993
枫桦 **1021**
枫树 990
枫香 **990**
枫杨 **1108**
凤凰花 861
凤凰木 **861**
佛罗里达王棕 1773
佛指甲 2
肤盐树 1578

肤杨树 1578
芙蓉树 1286
浮椒 1718
辐射松 155
福建柏 370
福建含笑 720
福建酸竹 1913
复叶槭 1617
复羽叶栾树 1569
富丁茶 1451
富贵花 1714
富士松 249

G

甘青白刺 1248
橄榄 1528
冈桐 1253
刚毛白辛树 940
刚竹 1891
钢鞭哺鸡竹 1893
皋卢茶 1451
高阿丁枫 995
高钙果 912
高根 1200
高节竹 1893
高丽槐 839
高山箭竹 1907
高山栎 596
高山柳 563
高山榕 1178
高山松 121
高山杨 470
高桐 1264
膏桐 1286
篙竹 1794
鸽子豆 833
鸽子树 973
格木 842
格氏栲 611
葛藤 836
葛条 836
个片公 1713
公孙树 2
宫粉羊蹄甲 848
宫粉紫荆 848
珙桐 973
钩栲 614
钩栗 614
钩锥 614
狗欢喜 1236
狗皮花 951
枸 1493
枸杞 1731
枸杞子 1731
古巴王棕 1773
古月 1718
谷桉 1414
鼓槌树 1749

拐枣 1493
关东槭 1615
关黄柏 1504
观光木 752
观音柳 1215
观音树 396
光皮桦 1022
光皮楝木 951
光皮树 951
光桐 1253
光叶白兰花 717
光竹 1891,1930
广东含笑 714
广东厚皮香 1358
广东松 49
广东五针松 49
广西苦竹 1930
鬼见愁 1561
桂花 1665
桂南木莲 745
桂香柳 1459
桂圆 1557
桂竹 1846,1864
桧 375
桧柏 375
国槐 756
国庆花 1569
国外松 133
果松 11,30,46
过山风 1447

H

哈达杨 463
哈日一哈达 932
蛤塘果 1382
孩儿茶 873
海岸红杉 331
海豆 1441
海拉尔松 77
海榄雌 1441
海柳 1438
海梅 1370,1373
海南粗榧 393
海南红豆 817
海南黄花梨 791
海南柯比木 1370
海南木莲 743
海南蒲桃 1423
海南石梓 1713
海南松 130
海南五针松 48
海桑 1435
海松 11
海棠 1388
海棠梨 921
憨大杨 463
旱冬瓜 1039
旱莲 969

旱柳 529
旱葡萄 932
合果白兰花 748
合果木 748
合江方竹 1901
何树 1346
河北杨 424
河淡竹 1886
河柳 529
荷花丁香 1649
荷木 1346
荷树 1346
核桃 1061,1086
核桃楸 1086
褐条乌哺鸡 1883
黑茶藨子 932
黑川 1718
黑刺 1468
黑豆果 932
黑豆树 1382
黑枫 1610
黑果茶藨 932
黑桦 1021
黑槐 756
黑灰竹 1933
黑加仑 932
黑脚梗 1430
黑节粉单 1807
黑榄 1430,1526
黑木相思 870
黑色叶树 1565
黑杉 190
黑杉松 273
黑松 58,75
黑穗醋栗 932
黑瞎子果 983
黑心树 748,845
黑杨 480,481,508
黑叶树 1565
黑樟 810
黑枝 1430
红柏 378
红宝树 810
红背楮 607
红哺鸡竹 1888
红桉 1660
红椆 644,650
红椿 1538
红淡竹 1869
红豆 1379,1459
红豆柴 810
红豆树 396,810
红桧 363
红果臭山槐 897
红果冬青 1447
红荷木 1353
红厚壳 1388
红花椒 1512

红花天料木 1200
红花羊蹄甲 851
红花楹 861
红花紫荆 848
红筋条 1215
红荆条 1215
红栲 605,607
红柯 605
红壳松 393
红壳竹 1888
红榄 1428
红榔 1151
红浪 1428
红黎 605
红柳 1215,1220
红毛柳 566
红毛杉 179
红毛树 1353
红棉 1242
红皮臭 158
红皮柳 529
红皮云杉 158
红杆 182,237
红杆云杉 182
红润楠 697
红杉 245,278
红梢柳 566
红树类 1425
红薃 1430
红松 11
红桐 1290
红心柏 375
红盐果 1578
红叶 1600
红叶栲 607
红叶桃 1578
红椽栲 605
红枣 1478
红竹 1888
红锥 605
红子刺 894
洪都拉斯红木 1545
猴板栗 1620
猴欢喜 1236
猴挟木 666
猴樟 666
猴钻子 647
箭竹 1848
厚皮公 1535
厚皮松 87
厚朴 728
厚朴花 728
厚叶厚皮香 1358
胡椒 1718
胡桃 1061
胡桃楸 1086
胡桐 520,1388
胡杨 520

胡杨类杂交种　**524**
'胡杂'　527
葫芦松　30
槲栎　**589**
槲树　**592**
蝴蝶果　**1283**
虎皮松　51
虎尾松　158
虎子桐　1253
花棒　**830**
花哺鸡竹　**1890**
花柴　830
花椒　**1512**
花梨母　791
花梨木　810,814
花桐木　783,**814**
花帽　830
花皮淡竹　1869
花旗松　284
花楸　**897**
花楸树　701,897,1569
花曲柳　**1647**
花梢树　647
花桃　911
花桐　1264
花王　1714
花心木　1587
花竹　1848
华北茶条槭　1610
华北冷杉　203
华北落叶松　**237**
华北五角槭　1605
华北云杉　179
华北紫丁香　1652
华东黄杉　**281**
华东楠　**683**
华木莲　**737**
华南厚皮香　**1358**
华南五针松　**49**
华朴　1163
华润楠　**689**
华山松　**30**
华阴松　30
华中五味子　**886**
化妆柳　566
桦角　1022
桦木　1016
桦皮树　1016
桦树　1016,1026
桦桃木　1026
桦秧　830
怀槐　839
槐树　**756**
黄柏　1504
黄波罗　1504
黄波椤树　1504
黄伯栗　1504
黄檗　**1504**

黄檗木　1504
黄刺玫　**891**
黄刺莓　891
黄道栌　1600
黄葛榕　1177
黄葛树　**1177**
黄果朴　1163
黄花杆　1683
黄花落叶松　220
黄花松　220
黄华　1584
黄桦　1021
黄间竹　1911
黄金间碧竹　**1792**
黄桦　1120
黄梢树　1177
黄壳竹　1886
黄榄　1528
黄连茶　1584
黄连木　**1584**
黄楝木　1584
黄梁木　1686
黄林子　1584
黄栌　**1600**
黄栌材　1600
黄露头　1893
黄目树　1561
黄皮树　**1509**
黄杞　**1120**
黄杆　237
黄楸树　701
黄色木　839
黄山松　**106**
黄杉　**278**
黄寿丹　1683
黄甜竹　**1911**
黄榆　**1143**
黄栀榆　1151
黄肿树　1286
黄竹　1802,**1844**
黄竹子　1907
灰金竹　1867
灰梨　921
灰栎　597
灰毛黄栌　1600
灰木莲　**745**
灰楸　**1702**
灰杨柳　1412
灰竹　1882
椴　1512
火把果　894
火凤凰　861
火棘　**894**
火炬漆　1581
火炬树　**1581**
火炬松　**134**
火力楠　709
火烧柯　607

火绳树　**808**
火实　1011
火树　861

J
鸡翅木　845,1584
鸡毛松　**385**
鸡栖子　852
鸡榕　1178
鸡肾果　1633
鸡血椰　1151
鸡眼睛　1633
鸡腰果　1590
鸡爪榄　1433
鸡爪浪　1433
鸡爪树　1493
鸡爪子　1493
鸡肫果　1633
鸡肫皮　947
鸡肫子　1633
吉（蓟）瓦　763
棘皮桦　1021
加曾　647
加勒比松　**134**
加利福尼亚红杉　331
加拿大盐肤木　1581
枷定　1433
家白杨　442
家槐　756
家桑　1167
家榆　1135
假槟榔　**1775**
假花生　1286
假龙眼　1561
假毛竹　**1871**
假楠竹　1871
槚　1294
槚如树　1590
尖尖榆　1145
尖栗　634
剪包树　1435
剪定　1433
建柏　370
箭杆杨　**484**
江柳　529
江南竹　1891
江孜沙棘　**1476**
降香黄檀　**791**
降香檀　791
交趾黄檀　**796**
胶丝　810
胶枣　1478
椒　1512
轿杠竹　1882,1891
节竹　1913
介寿果　1590
金佛山方竹　**1897**
金果梨　1493

金毛竹　1867
金钱松　**262**
金楸　1696
金丝楸　1696
金松　262
金药树　756
金竹　1867,1871
津白蜡　1657
京比梅斯美特　1419
荆条　1167
景烈白兰　714
景烈含笑　714
净竹　1882
九层脑　1810
九丁榕　**1179**
柏树　1268
柏子树　1268
救必应　1447
救军粮　894
榉木　1151
榉树　1151
榉竹　1891
巨桉　**1408**
巨柏　**358**
巨龙竹　**1827**
卷柏　396
卷荚相思　**872**
桼子树　1268
绢柏　1212

K
喀西松　122
卡锡松　122
开心果　1620
楷木　1584
楷树　1584
砍头树　855
康定柳　**563**
糠娘子　993
栲木　607
栲树　**607**
柯　644
柯木　607,1346
科楠　858
壳菜果　996
可可　**1239**
肯顿白桉　1418
肯氏南洋杉　**334**
啃不死　1587
空壳　1683
苦慈竹　1804
苦丁茶　**1451**
苦丁茶冬青　1451
苦楝树　1561
苦栗　601
苦龙竹　1833
苦香　1373
苦槠　647

苦槠栲　601
苦竹　1915,1926,1930
苦锥　601
苦梓　1713
筐柳　560
葵树　1762
魁柳　1108
昆明朴　1166
昆士兰坚果　1208

L
腊子树　1268
蜡树　1680
蜡烛果　1430
辣根树　1749
辣木　1749
蓝桉　1412
蓝靛果　983
蓝果树　964
蓝松　49
澜沧黄杉　280
榄仁树　1444
烂心木　1584
榔头树　995
浪柴　1428,1430
老虎斑　993
老虎刺　829
老虎镣子　976
老胖果　1286
老鼠杉　304
乐昌含笑　714
勒荔　1553
箣楠竹　1799
雷竹　1875
冷杉　205
厘竹　1848,1926
离支　1553
梨火哄　701
黎木　605
黎蒴　608
黧蒴栲　608
黧蒴锥　608
理珞柏　348
丽江云杉　190
丽枝　1553
枥木　644
荔枝　1553
荔枝奴　1557
栎树　647
栗子树　647
连壳　1683
连翘　1683
连苔　1683
连香树　887
梁山慈竹　1823
亮皮树　1022
亮叶桦　1022
晾衣竹　1802

辽东楤木　981
辽东冷杉　201
辽东栎　587
辽东桤木　1047
辽东柞　587
'辽胡1号杨'　524
'辽胡2号杨'　525
'辽胡耐盐1号杨'　524
辽宁小钻杨　458
辽五味子　882
料慈竹　1804
烈朴　728
裂壳锥　608
裂叶白辛树　940
裂叶榆　1145
玲甲花　851
岭南罗汉松　385
柳　529
柳豆　833
柳杉　309
柳树　529
六角树　947
六月麻　1813
龙背木　1652
龙果　1382
龙目　1557
龙楠树　743
龙牙楤木　981
龙眼　1557
龙竹　1833
笼竹　1848
篓竹　1846
栌木　1600
鹿角漆　1581
栾树　1565
罗反柴　387
罗汉松　182,278
罗汉竹　1938
萝卜树　936
萝卜樟　665
螺果　1778
洛宁淡竹　1869
洛阳花　1714
落翘　1683
落叶木莲　737
落羽杉　320
落羽松　320
驴脚桦　1021
绿楠　743
绿竹　1918

M
麻菖蒲　1221
麻疯树　1286
麻嘎勒　434
麻壳淡竹　1869
麻栎　570
麻栗　1703

麻楝　1535
麻柳　1112
麻榆　1145
麻竹　1813
马鞍树　1569
马袋松　30
马格　1248
马褂木　723
马集柴　829
马加木　897
马跨　1833
马林果　926
马玲光　951
马榕　1178
马尾树　1123
马尾松　87
马占相思　865
吗哄罕　1286
埋邦　1787
埋波　1833
埋博　1827
埋冈莫喀　1392
埋毫啷　1787
埋毫勐　1787
埋黑嘿　845
埋洪　748
埋霍　1790
埋榄浪　995
埋桑　1844
埋弯　1839
埋细裂　845
埋章巴　748
麦秆壮　1376
麦黄竹　1864
麦荐淡竹　1869
唛别　1283
芒果　1593
杧果　1593
毛白杨　416
毛赤杨　1047
毛单竹　1810
毛红椿　1542
毛红楝　1542
毛红楝子　1542
毛环竹　1886
毛巾竹　1867
毛金竹　1867
毛梾　960
毛绿竹　1918
毛桃　1361
毛条　829
毛叶桉　1422
毛折子　1465
毛枝云杉　182
毛竹　1851
茅丝栗　603
梅播朗　1392
美国白蜡　1660

美国白杨　481
美国红栎　1660
美国槭　1617
美国山核桃　1102
美人松　86
美杨　481
美洲黑杨（北方型）　499
美洲黑杨（南方型）　485
美洲红木　1545
美洲木棉　1244
昧履支　1718
蒙古黄榆　1145
蒙古栎　581
蒙古柳　560
蒙古沙拐枣　1722
蒙海　1215
蒙栎　581
蒙自桦木　1026
檬果　1593
孟加拉海桑　1438
孟买黑檀　845
孟买蔷薇木　845
孟宗竹　1851
咪亚昔　1686
咪中　647
米老排　996
米显灵　996
米蚬　1229
'密胡杨'　527
'密胡杨2号'　527
密脉蒲桃　1423
绵竹　1823
棉槐　819
棉麻树　1587
棉木　1186
棉丝树　1186
棉竹　1846
面藤　882
篾竹　1802
闽楠　672
闽粤栲　608
明条　824,829
明杨　449
茗　1294
莫夫人含笑花　717
墨西哥柏　357
母生　1200
母楒　1535
牡丹（油用）　1714
木艾树　1346
木波罗　1182
木豆　833
木瓜　1550
木荷　1346
木花生　1286
木患子　1561
木菠白兰花　720
木姜子　706

木蜡树　1268
木栏牙　1565
木榄　1433
木蓼树　1584
木麻黄　1123
木棉　1186,**1242**
木芍药　1714
木威子　1526
木犀　1665
木烟　1353
木油树　1264,1268
木竹　1873,1928
目浪树　1561

N
南方白兰花　714
南方红豆杉　402
南方铁杉　269
南华木　1572
南京白杨　449
南岭黄檀　809
南嫩竹　1909
南酸枣　1587
南五味子　886
南亚松　130
南洋二针松　130
南洋楹　876
南洋油桐　1286
南洋竹　1790
楠柴　697
楠木　672,677
楠仔木　697
楠竹　1851,1871
讷日苏　1382
尼泊尔桤木　1039
坭竹　1813,1794
拟赤杨　936
拟含笑　748
拟五蕊柳　563
杻萨木　964
鸟啄李　983
宁夏枸杞　1731
柠檬桉　1420
柠条　824
柠条锦鸡儿　829
拧筋槭　1616
牛迭肚　926
牛筋木　802
牛筋条　829
牛肋巴　802
牛皮柞　720
牛尾梢　830
牛尾笋　1905
牛尾竹　1905
牛樟　665
挪威云杉　195
糯米香竹　1787
女儿木　947

女贞　1680
女桢　1680

O
欧李　912
欧美杨　508
欧洲白蜡　1661
欧洲白榆　1147
欧洲赤松　85
欧洲黑杨　480
欧洲花楸　900
欧洲七叶树　1623
欧洲云杉　195

P
爬柏　379
爬地柏　384
攀枝　1242
攀枝花　1242
蟠龙松　51
胖竹　1891
刨花润楠　691
泡被儿坚果　1208
泡花　1629
泡花树　1569
泡杉　205
泡松　168
泡桐　1737
泡樟　665
皮巴风　1629
枇杷树　1444
拼棕　1755
平基槭　1605
坡垒　1370
婆淡树　913
破木　1236
破皮刺玫　891
破云　1538
粕仔朴　1163
铺地柏　384
铺地松　384
匍地柏　384
菩提榕　1180
菩提树　1180
蒲葵　1762
朴郎　748
朴树　1163
朴榆　1163
朴仔树　1163
普通油茶　1326

Q
七里香　1459
七年桐　1264
七叶树　1620,1623
桤蒿　1033
桤木　1033
漆树　1575

齐墩果　1673
奇异果　1361
奇异莓　1369
杞柳　556
千层桦　1021
千层皮　1163
千粒树　1163
千年豆　833
千年桐　1264
千头椿　1525
千丈树　969
铅笔柏　378
钱榆　1135
枪刀竹　1848
乔松　49
巧克力树　1239
茄冬树　1290
茄行树　1428
茄藤树　1428
茄子树　1690
秦椒　1512
秦岭箬竹　1928
青檫　701
青柴　647
青冈　647
青冈栎　581,647
青冈柳　587
青冈树　589
青刚　647
青钩栲　611
青海云杉　168
青花椒　1512
青栲　647
青蜡树　1680
青榄　1528
青榔树　1653
青梅　1373
青楣　1373
青皮　1373
青皮树　995
青皮竹　1802
青朴　1163
青杆　179
青钱李　1112
青钱柳　1112
青翘　1683
青丝金竹　1792
青松　30,46,87,111
青檀　1155
青锡　644
青杨　425,442,449
青榆　1145
青竹　1869
青籽树　1584
轻木　1245
擎天树　1376
箐竹　1901
筇竹　1938

秋茄　1428
楸　1696
楸树　1696
楸子　1086
球果冬青　1449
曲脚楠　858
全缘叶栾树　1571
缺苞箭竹　1907
雀榕　1177
雀嘴桉树　1409

R
人棉果　1597
人面子　1597
仁椰　1778
仁面树　1597
仁频　1778
仁人木　876
仁仁树　876
荏桐　1253
任豆　855
任木　855
日本扁柏　367
日本柳杉　312
日本落叶松　249
绒花树　897
绒毛白蜡　1657
绒毛桦　1657
榕树　1173
榕树须　1173
肉枣　943
乳瓜　1221
乳源木莲　740
软木栎　574
软枣猕猴桃　1369
软枣子　1369
瑞木　947
润楠　688

S
塞纳加尔楝　1548
赛梓树　706
三春柳　1215,1220
三花槭　1616
三尖杉　390
三角枫　996
三角子　1392
三麻柳　1120
三年桐　1253
三叶豆　833
三叶树　1290
三叶橡胶树　1275
三针松　51
伞柄竹　1915
伞花槭　1616
桑树　1167
桑仔　1163
扫帚竹　1848

色木　1612
色木槭　1612
森树　1533
僧灯毛道　1550
沙白竹　1926
沙地柏　379
沙地云杉　200
沙拐枣　1722
沙棘　1468
沙冷杉　201
沙柳　560
沙木　286
沙朴　1163
沙生槐　763
沙树　286
沙松　201
沙糖叶　1163
沙枣　1459
砂地柏　379
砂生槐　763
山桉果　1587
山白果　887
山白兰　748
山白杨　438,449
山柏树　343
山板栗　1283
山苍树　706
山茶花　1339
山杜英　1232
山桂花　748
山海椒　1633
山核桃　1086,1094
山胡椒　706
山花椒　882
山槐　839
山鸡椒　706
山姜子　706
山椒　1512
山荔枝　993
山毛榉　654
山缅桂　748
山枇杷　1444
山漆树　1575
山茄子　983
山青竹　1802
山杉　387
山松　87
山桃　911
山桐子　1195
山新杨　437
山杨　434
山杨梅　1011
山黄肉　943
山枣　1587
山枣子　1587
山茱萸　943
山竹子　832
山棕　1755

杉木　286
杉松　201,273
杉松冷杉　201
扇叶葵　1762
蛇皮松　51
蔹　1294
深山含笑　717
深纹核桃　1073
肾果　1590
省沽油　1624
省藤　1781
湿地松　133
石虎　647
石榉　647
石栎　644
石连　1584
石栾树　1565
石头槠　647
石盐　1703
石织　1713
石竹　1846,1882,1891
石梓　1711
石梓公　1370
实心竹　1790,1873,1909
食虫树　817
史密斯桉　1414
柿　1496
柿子青　1496
守宫槐　756
寿竹　1866
梳子杉　313
蜀椒　1512
鼠姑　1714
树菠萝　1182
树豆　833
树花生　1590
树黄豆　833
树梅　1011
栓皮栎　574
双眉单竹　1807
双子柏　379
水白腊　1653
水白杂　969
水笔仔　1428
水枞　325
水帝松　325
水东瓜　1047
水冬瓜　517,1033,1195
水冬瓜赤杨　1047
水冬桐　1195
水沟树　1108
水槐树　1108
水结梨　964
水柯仔　1043
水簕竹　1799
水梨子　973
水莲　325
水柳　537

水麻柳　1108
水青冈　654,1033
水曲柳　1637
水色树　1612
水杉　313
水杉松　325
水树　262
水松　325
水条　1624
水桐　449,520
水桐树　969
水竹　1869,1873
顺河柳　566
朔潘　996
硕桦　1021
丝栗　603
丝栗栲　607
丝棉树　1186
丝树　1212
思茅黄檀　807
思茅松　122
思维树　1180
思仙　1186
思仲　1186
四倍体刺槐　782
四川红杉　244
四川落叶松　244
四川桤木　1033
四方竹　1903
四合木　1251
四季青　647
四季竹　1903,1935
四角竹　1903
四料木　855
松梧　363
苏海　1220
酸橼槠　603
酸刺　1468
酸酱头　1578
酸胖　1248
酸树　1711
酸枣　1587
穗花槐　819
梭椤树　1620
梭椤子　1620
梭梭　1725
梭梭柴　1725
梭梭树　1725
蓑衣龙树　273
琐琐　1725

T
塔落岩黄耆　832
塔杉　205
踏郎　832
台树　852
台湾白松　49
台湾扁柏　363

台湾赤杨　1043
台湾桂竹　1846
台湾柳　871
台湾桤木　1043
台湾松　49,106
台湾五须松　49
台湾五针松　49
台湾相思　871
台湾油松　106
台竹　1891
太白红杉　245
太白落叶松　245
泰国山扁豆　845
泰竹　1790
檀木　993
檀皮树　1155
檀香　1454
檀香紫檀　787
唐古特　1248
唐棕　1755
棠梨　921
糖鸡子　387
糖槭　1617
腾冲红花油茶　1339
藤梨　1361
天雷竹　1875
天山白蜡　1661
天山术桦　1661
天山圆柏　379
天山云杉　175
天师栗　1620
天香国色　1714
天梓树　969
甜茶树　1112
甜葛藤　836
甜栗　634
甜龙竹　1839
甜柿　1503
甜笋竹　1911
甜杨　469
甜槠栲　603
甜竹　1813,1839,1911,1913
甜锥　603
条竹　1790
铁刀木　845
铁冬青　1447
铁核桃　1073
铁甲树　387
铁甲子　993
铁棱　1392
铁梨木　1392
铁力木　1392
铁栎　647
铁栗木　1392
铁栗子　647
铁罗楇　1535
铁木　842,1229
铁丝槠　647

铁香樟　692
铁槠　647
桐花树　1430
桐油树　1286
桐子树　1253
桐梓树　701
凸脉榕　1179
秃杉　304
秃槠　647
荼　1294
土沉香　1203
土椿树　1578
土梨　921
土杉　304
团花　1686
团叶白杨　438
团竹　1907
托里桉　1422
托盘　926

W
瓦氏凉子木　960
袜绰　1839
袜卡　1833
歪脚龙竹　1827
晚松　135
万昌桦　1021
万年木　1370
万年青　817,1173
万年阴　1177
万寿果　1221
万字果　1493
王竹　1810
王棕　1773
望春玉兰　734
望天树　1376
尾叶桉　1399
文灯果　1550
文干革　1550
文官果　1550
文冠果　1550
文光果　1550
喔歹　1839
喔努　1833
喔斯布　1827
乌哺鸡竹　1889
乌爹泥　873
乌贯木　1423
乌桕　1268
乌拉　1565
乌榄　1526
乌墨　1423
乌苏里杨　463
乌酸桃　1578
乌犀　852
乌鸦子　978
乌牙树　947
乌杨　1290

乌药竹　1820,1918
无瓣海桑　1438
无梗五加　978
无患子　1561
梧桐　1737
五倍柴　1578
五倍子树　1578
五加参　976
五角枫　1612
五角槭　1612
五脚里　1433
五脚树　1605
五君树　887
五梨蛟　1433
五梅子　882
五味子　882,886
五乌拉叶　1565
五须松　30
五眼果　1587
五眼睛果　1587
五月季竹　1864
五针松　30
五枝竹　1907

X
西伯利亚白刺　1250
西伯利亚红松　41
西伯利亚落叶松　246
西伯利亚松　41
西伯利亚杏　910
西伯利亚杨　469
西藏红杉　244
西藏狼牙刺　763
西藏落叶松　244
西河柳　1220
西湖柳　1215
西桦　1026
西加云杉　200
西南桦　1026
西南木荷　1353
西南台杉　304
锡金龙竹　1838
洗手果　1561
洗瘴丹　1778
喜马拉雅杉　265
喜马拉雅松　49
喜马拉雅雪松　265
喜树　969
细果冬青　1449
细果桢楠　688
细皮青冈　589
细青皮　993,995
细叶桉　1411
细叶稠　647
细叶槐　756
细叶榄仁　1445
细叶榕　1173
细叶松　179

细枝岩黄蓍　830
瞎妮子　1575
狭叶木莲　740
夏勒哈日格那　824
夏栎　600
夏威夷果　1208
仙瘴丹　1778
咸水矮让木　1441
蚬木　1229
相思树　1163
相思仔　871
香柏　336
香扁柏　348
香椿　1538
香椿树　1538
香椿头　1538
香椿芽　1538
香翠柏　343
香榧　406
香果　1553
香果树　1690
香花木　752
香梨　993
香木楠　752
香糯竹　1787
香树　666
香笋竹　1909
香杨　468
香樟　657
香竹　1933
响杨　416,434
响叶杨　438
橡胶树　1275
橡树　570
橡子　570
小冬瓜　1690
小果冬青　1449
'小胡23'　524
小胡桃　1094
'小胡杨-1号'　525
小黄连树　1509
小黄橡　603
小粒咖啡　1693
小粒种咖啡　1693
小六谷　960
小麦竹　1864
小木漆　1575
小楠　697
小青杨　457
小青竹　1802
小山辣子　1633
小桐子　1286
小叶桉　1409
小叶白蜡　1661
小叶椴　1225
小叶榉树　581
小叶榄仁　1445
小叶牛筋树　1163

小叶朴　1163
小叶青冈　587
小叶杨　449
小叶樟　657
辛夷　734
新疆白蜡　1661
新疆大叶榆　1147
新疆落叶松　246
新疆五针松　41
新疆杨　425
新疆圆柏　379
星霞树　993
兴安茶藨　932
兴安落叶松　229
兴安楠木　672
杏　902
杏子　902,910
熊胆木　1447
宿轴木兰　752
脊耶　1770
脊椰　1770
脊余　1770
悬刀　852
悬钩子　926
悬铃木　1003
雪岭云杉　175
雪松　265
血榉　1151
蕈树　993

Y
鸭公青　817
鸭脚树　2
牙疙瘩　1379
牙皂　852
崖木瓜　1550
雅鲁藏布江柏木　358
亚白竹　1926
亚历山大椰子　1775
亚荔枝　1557
胭脂树　1703
岩桂　1665
岩杉　390
盐肤木　1578
盐树根　1578
盐酸白　1578
偃柏　384
燕竹　1875,1891
羊不食　1447
羊柴　832
羊奶子　983
羊屎树　1232
羊蹄甲　848,851
阳桃　1361
杨柴　832,832
杨梅　1011
洋白蜡　1660
洋草果　1412

洋槐 766
洋毛竹 1893
洋杨 1584
洋紫荆 848
漾濞核桃 1073
腰果 1590
摇钱树 1112
药木 1584
药树 1584
椰糅 1770
椰傈 1770
椰子 1770
野板栗 614
野茶花 1339
野葛 836
野梨子 921
野山茶 1339
野杏 910
野鸦椿 1633
一齐松 229
胰皂 852
椅 1195
椅树 1195
椅桐 1195
异叶罗汉松 385
异叶杨 520
益智 1557
意气松 229
翼朴 1155
银合欢 879
银桦 1212
银柳 1459
银鹊树 1629
银橡树 1212
银杏 2
印度传统辣木 1749
印度黄檀 797
印度辣木 1749
印度楝 1530
印度檀香 1454
印度紫檀 783
印楝 1530
英国梧桐 1003
英雄树 1242
罂子桐 1253
樱槐 1212
瘿椒树 1629
瘿漆树 1629
硬多波 1376
硬头黄 1797
硬头黄竹 1797
尤加利 1395
油茶 1326
油橄榄 1673
油患子 1561
油罗树 1561
油楠 858
油葡萄 1195

油朴 728
油树 951,960
油松 58,130
油桐 1253
油椰子 1766
油竹 1794
油籽（子）树 1268
油棕 1766
柚木 1703
鱼鳞杉 167
鱼鳞松 167
鱼鳞云杉 167
榆树 1135
羽叶檀 783
雨伞树 1445
玉椒 1718
玉勒滚 1220
玉山果 406
玉树油树 1412
玉丝皮 1186
元柏 1504
元宝枫 1108,1605
元宝槭 1605
元竹 1886
园竹 1883
圆柏 375
圆齿野鸦椿 1633
圆头柳 543
圆眼 1557
圆槠 887
圆枣 1369
圆枣子 1369
月亮柴 1600
越橘 1379
越南木莲 745
越王头 1770
越子头 1770
粤松 49
云南白杨 475
云南红豆杉 402
云南箭竹 1909
云南龙竹 1838
云南楠 692
云南楠木 692
云南润楠 692
云南杉松 273
云南石梓 1711
云南松 111
云南甜竹 1839
云南油杉 273
云南樟 664
云南桢楠 692
云杉 183

Z
早园竹 1875,1883
早竹 1875
枣 1478,1587

枣子 1478
皂荚 852
皂荚树 852
皂角 852
藏川杨 470
藏青杨 470
泽录旦 1465
甑子木 1711
柞栎 581
柞树 581
柞子 647
毡毛栲 1657
粘榆 1145
樟木 657
樟树 657
樟丝 810
樟子松 77
胀果红豆 817
爪哇罗汉松 385
爪哇木棉 1244
浙江淡竹 1886
浙江楠 668
浙江七叶树 1623
浙江铁杉 269
浙江紫楠 668
浙皖淡竹 1886
浙皖黄杉 281
浙紫楠 668
珍珠柏 375
桢楠 677
榛 1049
榛仔 634
榛子 1049
蒸枣花 1163
正木 286
正杉 286
枝尖慈 1804
直颠慈 1804
植苜 1575
枳椇 1493
中国板栗 617
中国红豆杉 396
中国槐 756
中国蜡 1653
中国扇棕 1755
中华大枣 1478
中华猕猴桃 1361
中华蕈树 993
中间锦鸡儿 824
中宁枸杞 1731
钟萼木 1572
重皮 728
重阳木 1290
重阳乌桕 1290
皱果桐 1264
皱皮桐 1264
皱桐 1264
朱果 1496

朱红 1011
朱树 403
珠蓉 1011
猪肝木 993
猪脚楠 697
猪牙皂荚 852
猪油木 387
槠 647
槠柴 603
槠木 647
槠仔 647
槠仔柴 647
竹柏 387
竹叶花椒 1512
竹叶楠 672
竹叶松 385
箸竹 1903
锥栗 634
锥子 603
籽椵 1225
梓木 701
梓树 1702
梓桐 1696
紫翠槐 819
紫丹树 1163
紫丁白 1652
紫丁香 1652
紫椴 1225
紫果云杉 189
紫花槐 819
紫花树 1533
紫荆朴 1163
紫荆叶木 887
紫木树 179
紫杉 403
紫树 964
紫穗槐 819
紫檀 783
紫心木 647
紫羊蹄甲 851
紫油厚朴 728
紫柚木 1703
棕榈 1755
棕榈科藤类 1781
棕榈藤 1781
棕树 1755
钻天柳 566
钻天杨 481
醉香含笑 709
左旋柳 552

树种拉丁名索引

A

Abies fabri (Mast.) Craib　205
Abies holophylla Maxim.　201
Abies nephrolepis (Trautv.) Maxim.　203
Acacia catechu (L.) Willd.　873
Acacia cincinnata F. Muell.　872
Acacia confusa Merr.　871
Acacia mangium Willd.　865
Acacia melanoxylon R. Br.　870
Acanthopanax senticosus (Rupr. et Maxim.) Harms　976
Acanthopanax sessiliflorus (Rupr. et Maxim.) Seem.　978
Acer ginnala Maxim.　1610
Acer mandshulicum Maxim.　1615
Acer mono Maxim.　1612
Acer negundo L.　1617
Acer triflorum Kom.　1616
Acer truncatum Bunge　1605
Acidosasa edulis (Wen) Wen　1911
Acidosasa notata (E. P. Wang and G. H. Ye) S. S. You　1913
Actinidia arguta (Sied. et Zucc.) Planch. ex Miq.　1369
Actinidia chinensis Planch.　1361
Aegiceras corniculatum (L.) Blanco.　1430
Aesculus chinensis Bunge　1620
Aesculus chinensis var. *chekiangeasis*　1623
Aesculus hippocastanum Linn.　1623
Ailanthus altissima (Mill.) Swingle　1522
Ailanthus altissima (Mill.) Swingle'Qiantou'　1525
Albizia falcataria (L.) Fosberg　876
Alniphyllum fortunei (Hemsl.) Makino　936
Alnus cremastogyne Burkill　1033
Alnus formosana (Burkill) Makino　1043
Alnus nepalensis D. Don　1039
Alnus sibirica Fisch. ex Turcz.　1047
Altingia chinensis (Champ.) Oliver　993
Altingia excelsa Noronha　995
Amorpha fruticosa L.　819
Amygdalus davidiana Carrière de Vos ex Henry　911
Anacardium occidentale L.　1590
Aquilaria sinensis (Lour.) Gilg　1203
Aralia elata (Miq.) Seem.　981
Araucaria cunninghamii Sweet　334
Archontophoenix alexandrae (F. Muell.) H. Wendl. et Drude　1775
Areca catechu L.　1778
Armeniaca sibirica L. Lam.　910

Artocarpus heterophyllus Lam.　1182
Avicennia marina (Forsk.) Vierh.　1441
Azadirachta indica A. Juss.　1530

B

Bambusa chungii McClure　1807
Bambusa distegia (Keng et Keng f.) Chia et H. L. Fung　1804
Bambusa emeiensis L. C. Chia et H. L. Fung　1923
Bambusa oldhamii Munro　1918
Bambusa pervariabilis McClure　1794
Bambusa rigida Keng et Keng f.　1797
Bambusa sinospinosa McClure　1799
Bambusa textilis McClure　1802
Bambusa vulgaris f. *vittata* (A. et C. Riv.) T. P. Yi　1792
Bambusa wenchouensis (Wen) Q. H. Dai　1810
Bashania fargesii (E. G. Camus) Keng f. et Yi　1928
Bauhinia purpurea L.　851
Bauhinia variegata L.　848
Betula alnoides Buch. –Ham. ex D. Don　1026
Betula costata Trautv.　1021
Betula davurica Pall.　1021
Betula luminifera H.Winkl.　1022
Betula platyphylla Suk.　1016
Biota orientalis (L.) Endl.　336
Bischofia polycarpa (Lévl.) Airy–Shaw　1290
Bombax malabaricum DC.　1242
Bretschneidera sinensis Hemsl.　1572
Bruguiera gymnorrhiza (L.) Savigny　1433

C

Cajanus cajan (L.) Millsp.　833
Calligonum mongolicum Turcz.　1722
Calocedrus macrolepis Kurz　343
Calophyllum inophyllum L.　1388
Camellia oleifera Abel.　1326
Camellia reticulata Lindl.　1339
Camellia sinensis (L.) O. Kuntze　1294
Camptotheca acuminata Decne.　969
Canarium album (Lour.) Raeusch.　1528
Canarium pimela Leenh.　1526
Caragana intermendia Kuang et H. C. Fu　824
Caragana korshinskii Kom.　829
Carica papaya L.　1221
Carya cathayensis Sarg.　1094

Carya illinoensis (Wangenn.) K. Koch　1102
Cassia siamea Lam.　845
Castanea henryi (Skan) Rehd. et Wils.　634
Castanea mollissima Blume.　617
Castanopsis eyrei (Champ.) Tutch.　603
Castanopsis fargesii Franch.　607
Castanopsis fissa (Champ.) Rehd. et Wils.　608
Castanopsis hystrix A. DC.　605
Castanopsis kawakamii Hayata　611
Castanopsis sclerophylla (Lindl.) Schott.　601
Castanopsis tibetana Hance　614
Casuarina equisetifolia L.　1123
Catalpa bungei C. A. Mey.　1696
Catalpa fargesii Bur. f. *duclouxii* (Dode) Gilmour　1701
Catalpa fargesii Bur.　1702
Catalpa ovate G. Don　1702
Cedrus deodara (Roxb.) Loud.　265
Ceiba pentandra L. Gaertn.　1244
Celtis kunmingensis Cheng et Hong　1166
Celtis sinensis Pers.　1163
Cephalostachyum pergracile Munro　1787
Cephalotaxus fortune Hook. f.　390
Cephalotaxus mannii Hook. f.　393
Cerasus humilis Bge. Sok.　912
Cercidiphyllum japonicum Sieb. et Zucc.　887
Chamaecyparis formosensis Matsum.　363
Chamaecyparis obtusa (Sieb. et Zucc.) Endl.　367
Chimonobambusa hejiangensis C. D. Chu et C. S. Chao　1901
Chimonobambusa neopurpurea Yi　1905
Chimonobambusa quadrangularis (Fenzi) Makino　1903
Chimonobambusa utilis Keng f.　1897
Chimonocalamus delicatus Hsueh et Yi　1933
Choerospondias axillaris (Roxb.) Burtt et Hill.　1587
Chosenia arbutifolia (Pall.) A. Skv.　566
Chukrasia tabularis A. Juss.　1535
Chukrasia tabularis var. *velutina* (Wall.) King　1535
Cinnamomum bodinieri Lévl.　666
Cinnamomum camphora (L.) Presl　657
Cinnamomum glanduliferum (Wall.) Nees　664
Cinnamomum micranthum Hay.　665
Cleidiocarpon cavaleriei (Lévl.) Airy–Shaw　1283

Cocos nucifera L. 1770
Coffea arabica L. 1693
Cornus controversa Hemsl. 947
Cornus wilsoniana Wanger. 951
Corylus heterophylla Fisch. 1049
Corymbia citrodoral (Hook) K. D. Hill et L. A. S. Johnson 1420
Corymbia torelliana F. Muell. 1422
Cotinus coggygria Scop. var. *cinerea* Engl. 1600
Cryptomeria fortunei Hooibrenk ex Otto et Dietr. 309
Cryptomeria japonica (L. f.) D. Don 312
Cunninghamia lanceolata (Lamb.) Hook. 286
Cupressus duclouxiana Hickel 356
Cupressus funebris Endl. 348
Cupressus gigantea Cheng et L. K. Fu 358
Cupressus lusitanica Mill. 357
Cyclobalanopsis gilva (Blume.) Oerst. 650
Cyclobalanopsis glauca (Thunb.) Oerst. 647
Cyclocarya paliurus (Batal.) Iljinsk. 1112

D

Dalbergia assamica Benth. 807
Dalbergia balansae Prain 809
Dalbergia cochinchinensis Pierre ex Laness 796
Dalbergia obtusifolia Prian 802
Dalbergia odorifera T. Chen 791
Dalbergia sissoo Roxb. 797
Davidia involucrate Baill. 973
Delonix regia (Boj.) Raf. 861
Dendrocalamopsis daii Keng f. 1921
Dendrocalamus farinosus (Keng et Keng f.) Chia et H. L. Fung 1823
Dendrocalamus giganteus Munro 1833
Dendrocalamus hamiltonii Nees et Arn. 1839
Dendrocalamus hamiltonii Nees et Arn. 1843
Dendrocalamus latiflorus Munro 1813
Dendrocalamus membranceus Munro 1844
Dendrocalamus minor (McClure) Chia et H. L. Fung 1820
Dendrocalamus sikkimensis Gamble ex Oliver 1838
Dendrocalamus sinicus Chia et J. L. Sun 1827
Dendrocalamus yunnanicus Hsueh et D. Z. Li 1838
Dimocarpus longan Lour. 1557
Diospyros kaki Thunb. 1496,1503
Disanthus cercidifolius Maxim. var. *longipes* Chang 1001
Dracontomelon duperreanum Pierre 1597

E

Elaeagnus angustifolia L. 1459
Elaeagnus mollis Diels 1465
Elaeis guineensis Jacquin 1766
Elaeocarpus sylvestris (Lour.) Poir 1232
Emmenopterys henryi Oliv. 1690
Engelhardia roxburghiana Wall. 1120
Eriolaena spectabilis DC. Planchon ex Mast. 808
Erythrophloeum fordii Oliv. 842
Eucalyptus benthamii Maiden et Cambage 1418
Eucalyptus camaldulensis Dehnhardt 1409
Eucalyptus cloeziana F. Muell. 1419
Eucalyptus dunnii Maiden 1416
Eucalyptus globulus Labill. subsp. *globulus* 1412
Eucalyptus grandis W. Hill. ex Maiden 1408
Eucalyptus pellita F. Muell. 1410
Eucalyptus smithii R. T. Baker. 1414
Eucalyptus tereticornis Smith 1411
Eucalyptus urophylla S. T. Blake 1399
Eucommia ulmoides Oliv. 1186
Euscaphis konishii Hayata 1633
Excentrodendron hsienmu (Chun et How) Chang et R. H. Miau 1229

F

Fagus longipetiolata Seem. 654
Fargesia denudata Yi 1907
Fargesia yunnanensis Hsueh et Yi 1909
Ficus altissima Bl. 1178
Ficus microcarpa L. f. 1173
Ficus nervosa Heyne ex Roth 1179
Ficus religiosa L. 1180
Ficus virens Ait. var. *sublanceolata* (Miq.) Corner 1177
Fokienia hodginsii (Dunn) Henry et Thomas 370
Forsythia suspensa (Thunb.) Vahl 1683
Fraxinus americana L. 1660
Fraxinus chinensis Roxb. 1653
Fraxinus mandshurica Rupr. 1637
Fraxinus pennsylvanica Marsh. 1660
Fraxinus rhynchophylla Hance 1647
Fraxinus sogdiana Bunge 1661
Fraxinus velutina Torr. 1657

G

Ginkgo biloba L. 2
Gleditsia sinensis Lam. 852
Glyptostrobus pensilis (Staunt.) Koch 325
Gmelina arborea Roxb. 1711
Gmelina hainanesis Oliv. 1713
Grevillea robusta A. Cunn. 1212

H

Haloxylon ammodendron (C. A. Mey.) Bunge 1725
Haloxylon persicum Bunge ex Boiss et Buhse 1730
Hedysarum laeve (Maxim.) 832
Hedysarum mongolicum Turcz. 832
Hedysarum scoparium Fisch. et Mey. 830
Hevea brasiliensis (H. B. K.) Muell. Arg 1275
Hippophae rhamnoides L. ssp. *gyantsensis* Rousi 1476
Hippophae rhamnoides L. 1468
Homalium hainanensis Gagnep. 1200
Hopea hainanensis Merr. et Chun 1370
Hovenia acerba Lindl. 1493

I

Idesia polycarpa Maxim. 1195
Ilex kudingcha C. J. Tseng 1451
Ilex micrococca Maxim. 1449
Ilex rotunda Thunb. 1447

J

Jatropha curcas L. 1286
Juglans mandshurica Maxim. 1086
Juglans regia L. 1061
Juglans sigillata Dode 1073
Juniperus procumbens (Endlicher) Siebold ex Miquel 384
Juniperus sabina L. 379

K

Kandelia obovata Sheue, Liu et Yong 1428
Keteleeria evelyniana Mast. 273
Khaya senegalensis (Desr.) A. Juss. 1548
Koelreuteria bipinnata Franch. var. *integrifoliola* (Merr.) T. Chen 1571
Koelreuteria bipinnata Franch. 1569
Koelreuteria paniculata Laxm. 1565

L

Larix chinensis Beissn 245
Larix gemelini (Rupr.) Rupr. 229
Larix griffithiana (Lindl. et Gord.) Hort. ex Carr. 244
Larix kaempferi (Lamb.) Carr. 249
Larix mastersiana Rehd. et Wils. 244
Larix olgensis Henry 220
Larix potaninii Batal. 245
Larix principis-rupprechtii Mayr 237
Larix sibirica Ledeb. 246
Leucaena leucocephala (Lam.) de Wit 879
Lichi chinensis Sonn. 1553
Ligustrum lucidum Ait. 1680
Liquidambar formosana Hance 990
Liriodendron chinense (Hemsl.) Sarg. 723
Lithocarpus glaber (Thunb.) Nakai 644
Litsea cubeba (Lour.) Pers. 706
Livistona chinensis (Jacq.) R. Br. ex Martius 1762

Lonicera caerulea L. var. *edulis* Turcz. 983

Lycium barbarum L. 1731

M

Maackia amurensis Rupr. et Maxim. 839

Macadamia integrifola Maiden et Betche 1208

Machilus chinensis Champ. ex Benth. Hems. 689

Machilus leptophylla Hand.–Mazz. 683

Machilus longipedicellata Lecomte 692

Machilus pauhoi Kanehira 691

Machilus pingii Cheng ex Yang 688

Machilus thunbergii Sieb. et Zucc. 697

Machilus yunnanensis Lecomte 692

Macrocarpium officinale (Sieb. et Zucc.) Nakai 943

Magnolia biondii Pamp. 734

Magnolia officinalis Rehd. et Wils. 728

Mangifera indica L. 1593

Manglietia conifera Dandy 745

Manglietia glauca auct. non Blume. 745

Manglietia hainanensis Dandy 743

Manglietia ruyuanensis Law 740

Melia toosendan Sieb. et Zucc. 1533

Mesua ferrea L. 1392

Metasequoia glyptostroboides Hu et Cheng 313

Michelia chapensis Dandy 714

Michelia fujianensis C. F. Zheng 720

Michelia macclurei Dandy 709

Michelia maudiae Dunn. 717

Moringa oleifera Lam. 1749

Morus alba L. 1167

Myrica ruba (Lour.) Sieb. et Zucc. 1011

Mytilaria laosensis Lec. 996

N

Neolamarkia cadamba (Roxb.) Bosser 1686

Nitraria sibirica Pall. 1250

Nitraria tangutorum Bobr. 1248

Nyssa sinensis Oliv. 964

O

Ochroma lagopus Swartz 1245

Olea europaea L. 1673

Oligostachyum lubricum (Wen) Keng f. 1935

Oplopanax elatus Nakai 980

Ormosia henryi Prain 814

Ormosia hosiei Hemsl. et Wils. 810

Ormosia pinnata (Lour.) Merr. 817

Osmanthus fragrans (Thunb.) Lour. 1665

P

Paeonia suffruticosa Andrews 1714

Paramichelia baillonii (Pierre) Hu 748

Parashorea chinensis Wan Hsie 1376

Paulownia fortunei (Seem.) Hemsl. 1747

Paulownia Sieb. et Zucc. 1737

Phellodendron amurense Rupr. 1504

Phellodendron chinense Schneid. 1509

Phoebe bournei (Hemsl.) Yang 672

Phoebe chekiangensis C. B. Shang 668

Phoebe zhennan S. Lee et F. N. Wei 677

Phyllostachys bambusoides f. *shouzhu* Yi 1866

Phyllostachys bambusoides Sieb. et Zucc. 1864

Phyllostachys dulcis McClure 1890

Phyllostachys edulis (Carr.) H. de Lehaie 1851

Phyllostachys glabrata S. Y. Chen et C. Y. Yao 1890

Phyllostachys glauca McClure 1869

Phyllostachys heteroclada Oliv. 1873

Phyllostachys iridescens C. Y. Yao et S. Y. Chen 1888

Phyllostachys kwangxiensis Hsiung et al. 1871

Phyllostachys makinoi Hayata 1846

Phyllostachys meyeri McClure 1886

Phyllostachys nidularia Munro 1848

Phyllostachys nigra var. *henonis* (Mitf.) Stapf ex Rendle 1867

Phyllostachys nuda McClure 1882

Phyllostachys prominens W. Y. Xiong 1893

Phyllostachys propinqua McClure 1883

Phyllostachys sulphurea (Carr.) A. et C. Riv. var. *viridis* R. A. Young 1891

Phyllostachys violascens (Carr.) A. et C. Riv. 1875

Phyllostachys vivax McClure 1889

Picea abies (L.) Karst. 195

Picea asperata Mast. 183

Picea crassifolia Kom. 168

Picea jezoensis Carr. var. *microsperma* (Lindl.) Cheng et L. K. Fu 167

Picea koraiensis Nakai 158

Picea likiangensis (Franch.) Pritz. 190

Picea likiangensis var. *rubescens* (Rehder et E. H. Wilson) Hillier ex Slsvin 189

Picea meyeri Rehd. et Wils. 182

Picea meyeri var. *mongolica* H. Q. Wu 200

Picea purpurea Mast. 189

Picea schrenkiana Fisch et Mey. 175

Picea sitchensis (Bong.) Carr. 200

Picea wilsonii Mast. 179

Pinus armandi Franch. 30

Pinus bungeana Zucc. ex Endl. 51

Pinus caribaea Morelet 134

Pinus dabeshanensis Cheng et Law 46

Pinus densata Mast. 121

Pinus densiflora Sieb. 75

Pinus elliottii Engelm. 133

Pinus fenzeliana Hand.–Mzt. 48

Pinus griffithii Mc–Clelland 49

Pinus kesiya Royle ex Gord. var. *langbianensis* (A. Chev.) Gaussen 122

Pinus koraiensis Sieb. et Zucc. 11

Pinus kwangtungensis Chun ex Tsiang 49

Pinus latteri Mason 130

Pinus massoniana Lamb. 87

Pinus morrisonicola Hayata 49

Pinus radiata D. Don 155

Pinus serotina Michaux 135

Pinus sibirica (Loud.) Mayr 41

Pinus strobus L. 50

Pinus sylvestris L. var. *mongolica* Litv. 77

Pinus sylvestris L. 85

Pinus sylvestris var. *sylvestriformis* (Takenouchi) Cheng et C. D. Chu 86

Pinus tabulaeformis Carr. 58

Pinus taeda L. 134

Pinus taiwanensis Hayata 106

Pinus thunbergii Parl. 75

Pinus yunnanensis Franch. 111

Piper nigrum L. 1718

Pistacia chinesis Bunge 1584

Platanus acerifolia Willd. 1003

Platanus hispanica Muenchh. 1003

Platycladus orientalis (L.) Franco 336

Pleioblastus amarus (Keng.) Keng. f. 1915

Pleioblastus maculatus (McClure) C. D. Chu et C. S. Chao 1930

Podocarpus imbricatus Blume. 385

Podocarpus nagi (Thunb.) Zoll. et Mov. ex Zoll. 387

Populus adenopoda Maxim. 438

Populus alba L. var. *pyramidalis* Bunge in Mem. 425

Populus cathayana Rehd. 442

Populus davidiana Dode 434

Populus davidiana×Populus bolleana Shen 437

Populus deltoides L. 499

Populus deltoides Marsh. 485

Populus euphratica Oliv. 520

Populus euramericana (Dobe) Guinier 508

Populus hopeiensis Hu et Chow 424

Populus koreana Rehd. 468

Populus lasiocarpa Oliv. 517

Populus nigra L. 480

Populus nigra var. *italica* (Moench) Koehne. 481

Populus nigra var. *thevestina* (Dobe) Bean 484

Populus pseudosimonii Kitag. 457

Populus simonii Carr. 449

Populus simonii Carr. × *Populus nigra* L. var. *italica* (Moench.) Kochne 458

Populus simonii×*Populus euphratica*-1 525

Populus simonii × *Populus euphratica* 524

(*Populus simonii* × *Populus euphratica*) × *Populus nigra* 525

Populus suaveolens Fisch. 469

Populus szechuanica Schneid. var. *tibetica* Schneid. 470

Populus talassica Kom. × *Populus euphratica* Oliv. 527

Populus tomentosa Carr. 416

Populus ussuriensis Kom. 463

Populus yunnanensis Dode 475

Populus × *xiaozhuanica* W. Y. Hsu et Y. Liang 458

Prunus armeniaca L. 902

Prunus dulcis (Mill.) D. A. Webb 913

Prunus mandshurica Maxim. Koehne. 911

Pseudolarix kaempferi (Lindl.) Gord. 262

Pseudosasa amabilis McClure 1926

Pseudotsuga forrestii Craib 280

Pseudotsuga gaussenii Flous 281

Pseudotsuga menziesii (Mirbel) Franco 284

Pseudotsuga sinensis Dode 278

Pterocarpus indicus Willd. 783

Pterocarpus macarocarpus Kurz 789

Pterocarpus santalinus L. f. 787

Pterocarya stenoptera C. DC. 1108

Pteroceltis tatarinowii Maxim. 1155

Pterostyrax psilophyllus Diels ex Perk. 940

Pueraria lobata (Willd.) Ohwi 836

Pyracantha fortuneana (Maxim.) Li 894

Pyrus betulaefolia Bge. 921

Q

Qiongzhuea tumidinoda Hsueh et Yi 1938

Quercus acutissima Carruth. 570

Quercus aliena Blume. 589

Quercus aquifolioides Rehd. et Wils. 593

Quercus dentata Thunb. 592

Quercus mongolica Fisch. 581

Quercus robur L. 600

Quercus rubra L. 597

Quercus semicarpifolia Smith 596

Quercus variabilis Blume. 574

Quercus wutaishanica Mayr 587

R

Rhus chinensis Mill. 1578

Rhus typhina L. 1581

Ribes nigrum L. 932

Robinia pseudoacacia 'Tetra–ploid' 782

Robinia pseudoacacia L. 766

Rosa xanthina Lindl. 891

Roystonea regia (Kunth) O. F. Cook 1773

Rubus crataegifolius Bge. 926

S

Sabina chinensis (L.) Ant. 375

Sabina virginlana (L.) Ant. 378

Salix alba L. 546

Salix babylonica L. 537

Salix babylonica×*Salix glandulosa* 'Bailin 85–68' 544

Salix babylonica×*Salix glandulosa* 'Bailin 85–70' 545

Salix capitata Y. L. Chou et Skv. 543

Salix integra Thunb. 556

Salix linearistipularis Franch. 560

Salix matsudana Koidz. 529

Salix paraplesia Schneid. var. *subintegra* C. Wang et P. Y. Fu 552

Salix paraplesia Schneid. 563

Santalum album L. 1454

Sapindus delavayi (Franch.) Radlk 1564

Sapindus mukorossi Gaertn. 1561

Sapium sebiferum (L.) Roxb. 1268

Sassafras tsumu (Hemsl.) Hemsl. 701

Schima superba Gardn. et Champ. 1346

Schima wallichii Choisy 1353

Schisandra chinensis (Turcz.) Baill. 882

Schisandra sphenanthera Rehd. et Wils. 886

Sequoia sempervirens (Lamb.) Endl. 331

Sindora glabra Merr. ex de Wit 858

Sinomanglietia glauca Z. X. Yu et Q. Y. Zheng 737

Sloanea sinensis (Hance) Hemsl. 1236

Sonneratia apetala Buch. Ham. 1438

Sonneratia caseolaris (L.) Engl. 1435

Sophora japonica L. 756

Sophora moorcroftiana (Benth.) Baker. 763

Sorbus aucuparia L. 900

Sorbus pohuashanensis (Hance) Hedl. 897

Staphylea bumalda DC. 1624

Swida walteri (Wanger.) Sojak 960

Swietenia macrophylla King 1545

Syringa oblata Lindl. 1652

Syringa reticulata (Bl.) Hara var. *amurensis* (Rupr.) Pringle 1649

Syzygium cumini (L.) Skeels 1423

T

Taiwania flousiana Gaussen 304

Tamarix chinensis Lour. 1215

Tamarix ramosissima Ledeb. 1220

Tapiscia sinensis Oliv. 1629

Taxodium distichum (L.) Rich. 320

Taxus cuspidata Sieb. et Zucc. 403

Taxus mairei (Lemeé et Lévl.) S. Y. Hu ex Liu 402

Taxus wallichiana var. *chinensis* (Pilger) Florin 396

Taxus yunnanensis Cheng et U. K. Fu 402

Tectona grandis L. f. 1703

Terminalia catappa L. 1444

Terminalia neotaliala Capuron 1445

Ternstroemia kwangtungensis Merr. 1358

Tetreaena mongolica Maxim. 1251

Theobroma cacao L. 1239

Thuja orientalis L. 336

Thyrsostachys siamensis (Kurz ex Munro) Gamble 1790

Tilia amurensis Rupr. 1225

Toona sinensis (A. Juss.) Roem. 1538

Toona sureni var. *pubescens* (Franch.) Chun 1542

Torreya grandis Fort. 406

Toxicodendron vernicifluum (Stokes) F. A. Barkl. 1575

Trachycarpus fortunei (Hook.) H. Wendl. 1755

Tsoongiodendron odorum Chun 752

Tsuga chinensis var. *tchekiangensis* Flous 269

Tsuga longibracteata W. C. Cheng 271

U

Ulmus laciniata (Trautv.) Mayr 1145

Ulmus laevis Pall. 1147

Ulmus macrocarpa Hance 1143

Ulmus macrocarpa var. *mongolica* Liou et Li 1145

Ulmus pumila L. 1135

V

Vaccinium uliginosum L. 1382

Vaccinium vitis-idaea L. 1379

Vatica mangachapoi Blanco. 1373

Vernicia fordii (Hemsl.) Airy–Shaw 1253

Vernicia montana Lour. 1264

X

Xanthoceras sorblfolium Bunge 1550

Z

Zanthoxylum armatum DC. 1512

Zanthoxylum bungeanum Maxim. 1512

Zelkova schneideriana Hand.–Mazz. 1151

Zenia insignis Chun 855

Ziziphus jujuba Mill. 1478

Zygophyllum xanthoxylum Maxim. 1252